대학 LIFE 수학

김웅용 지음

YOUNG MIN PUBLISH
도서출판 영민

머리말

수학을 공부하는 데 있어서 초급과정의 주요 목표는 학생들이 어떠한 문제라도 간단하고 논리적인 방법으로 해석하고 답을 구하는 데 몇 가지 잘 이해되는 기본원리나 정의를 적용하는 능력을 배양하는 데 있습니다. 이러한 사고과정을 거쳐 자연과 인간의 소통의 연결도구로서 수학이 창의적인 발견을 할 수 있도록 하는 언어로서의 역할을 하고 있습니다. 이를 바탕으로 실제 삶으로서의 생활과 과학적 원리들을 유연하게 해석하는데 수학적 도구를 활용하는 것을 목표로 합니다.

이 책은 대학의 1학년 학생이 두 학기 동안 이수하도록 구성된 수학교재입니다. 이 책은 수학을 많이 접해보지 않은 학생들이 수학의 이론에 대해 고등학교 수준의 수학을 포함하여 폭 넓고 깊이 있게 다룬 것으로 필수 문제를 중심으로 기본이론을 재미 있게 익히고 활용할 수 있는 능력을 높일 수 있도록 구성하였습니다.

또한 이 책은 학생들의 이해를 돕기 위하여 많은 보기와 연습문제를 수록하였으며, 다양한 내용으로 구성되어 있어 두 학기 동안 학습할 수 있도록 구성되어 있으나 학과 또는 전공의 성격이나 특성 등 필요에 따라 내용을 선택적으로 학습하거나 담당교수가 과감히 부수적인 내용이나 다소 기술적인 증명들을 생략하고 중요하고 핵심적인 내용을 보기를 통하여 의미를 명확히 설명하는 강의법을 택함으로써 한 학기에 강의가 가능하도록 구성되어 있습니다.

이 책을 출판할 수 있도록 많은 도움을 주신 영민출판사 사장님께 감사드립니다. 또한 이 책의 연습판으로 공부하고 실용적인 조언을 해준 학생들에게도 감사를 드립니다.

2024년 1월

도봉산 기슭에서 김 웅 용

차례

제1장

선행학습 수학기초

이 장에서는 수학을 여러 분야에 적용하기 위한 응용분야를 학습하기에 앞서 필수적인 기초 수학 내용을 간추려서 소개한다. 본 교재의 주 내용 시작 전에 미리 이 장의 내용을 숙지하여 앞으로의 수학 공부에 도움이 되었으면 하는 바램이다.

수학은 숫자와 문자를 함께 사용하여 관계(식)를 쉽게 표현하고 그 답을 찾는 학문이다. 즉 수학은 기호의 약속에 의하여 문제를 해결하는 언어라고도 할 수 있다.

1.1 기본용어

단항식: 숫자와 문자의 곱 또는 문자와 문자의 곱으로만 이루어진 식

$2xy$, ab, $\frac{1}{2x}y^2$ 등

다항식: 몇 가지 단항식의 합 또는 차로 이루어진 식. 다항식에서 각 단항식을 그 다항식의 항이라 한다.

예> $3xy+bc$, $\frac{2}{5}xy-6bc^3$ 등

계수: 단항식에서 문자 이외의 부분(숫자)을 그 단항식의 계수라 한다.

예> $3xy$에서 xy의 계수는 3, $\frac{1}{3}-2ab^3$에서 ab^3 의 계수는 2이다.

동류항: 계수(숫자)는 다르지만 문자 부분은 같은 항

예> $3x$와 $5x$, $2zx^2$와 $3zx^2$ 등

동류항끼리 덧셈, 뺄셈은 계수끼리 덧셈 뺄셈을 한다. 예를 들면

$3ax^2-5ax^2+7ax\,2=(2-5+7)ax^2=4ax^2$이다.

차수: 특정한 문자가 곱해진 횟수.

예> $2ax^2y^3$은 a가 한 개, x가 2개, y가 3개 곱해져 있으므로 a에 관해서는 1차, x에 관해서는 2차, y에 관해서는 3차라 하고 xy에 관해서는 5차라 한다.

지수: 문자의 오른쪽 위에 붙어있는 작은 숫자.

예> $2ax^3y^5$에서 x의 지수는 3이고 y의 지수는 5이다.

함수: 집합 A에 속하는 모든 원소에 집합 B에 속하는 원소를 하나씩 맺어주는 기능

예> $y=ax+b$는 문자 x에 관하여 1차 함수가 된다. $y=\sin x$는 삼각함수이다.

방정식: 어떤 문자(미지수)의 특수한 값에 대해서만 등식이 성립하는 식

예> $3x=6$은 $x=2$일 때에만 등식이 성립하므로 방정식이다.

항등식: 문자(미지수)가 어떤 값을 갖더라도 늘 성립하는 식

예> $3x+x=4x$는 항등식이다.

1.2 수의 구성과 연산

■ 수의 구성

복소수는 실수와 허수로 이루어지며 복소수 전체의 집합을 $\boldsymbol{C}$ 라 나타낸다.

(1) 실수 전체의 집합을 $\boldsymbol{R}$ 이라 나타내며 실수는 유리수와 무리수로 이루어져 있다.

(가) 분모, 분자가 모두 정수인 분수로 나타낼 수 있는 실수를 유리수라 하며, 유리수 전체의 집합을 $\boldsymbol{Q}$ 라 나타낸다. 특시, 유한소수와 순한되는 무한소수는 유리수이다.
정수는 자연수와 0, 그리고 음의 정수로 이루어져 있으며, 정수 전체의 집합을 $\boldsymbol{Z}$ 라 나타낸다.

(나) 분모, 분자가 모두 정수인 분수로 나타낼 수 없는 실수를 무리수라 한다. 비순환 무한소수, 제곱근 $\sqrt{2}$, $\sqrt{5}$와 원주율 π, 자연대수 e 등은 무리수이다.

(2) 허수

(가) 제곱하였을 때 음수가 되는 수를 순허수라 하며, 허수단위($i^2=-1$)을 써서 $3i$, $-5i$ 등으로 나타낸다.

(나) 일반적으로 허수는 '실수+순허수'의 꼴로 되어있다.

■ 사칙연산

덧셈, 뺄셈, 곱셈, 나눗셈의 네 가지 연산을 사칙연산이라 한다. 특히, 문자끼리의 곱셈에서는 곱셈기호를 생략하며 영문자의 알파벳 순으로 표기한다.

예> $2x\times 3a=6ax$, $3y^2\times 2ax=6axy^2$

1.3 기초대수

기본적인 기초대수의 법칙은 다음과 같다.

■ 실수의 법칙

덧셈과 곱셈에 관하여 다음의 법칙이 성립한다.

교환법칙 (덧셈) $a+b=b+a$

(곱셈) $a\times b=b\times a$ 또는 $ab=ba$

결합법칙 (덧셈) $a+(b+c)=(a+b)+c$

(곱셈) $a\times(b\times c)=(a\times b)\times c$ 또는 $a(bc)=(ab)c$

분배법칙 $a\times(b+c)=a\times b+a\times c$ 또는 $a(b+c)=ab+ac$

$(b+c)\times a=b\times a+c\times a$ 또는 $(b+c)a=ba+ca$

■ 등식의 성질

$a=b$이면 다음관계가 성립한다.

(1) $a\pm m=b\pm m$

(2) $a\times m=b\times m$

(3) $a\div m=b\div m$ $(m\neq 0)$

■ 인수분해

한 개의 다항식을 두 개 이상의 다항식의 곱으로 나타내는 것을 인수분해라 한다. 기본적인 인수분해 공식은 다음과 같다.

인수분해 공식

(1) $ma+mb=m(a+b)$

(2) $ma-mb=m(a-b)$

(3) $a^2+2ab+b^2=(a+b)^2$

(4) $a^2-2ab+b^2=(a-b)^2$

(5) $a^2-b^2=(a-b)(a+b)$

(6) $x^2+(a+b)x+ab=(x+a)(x+b)$

(7) $x^2-(a+b)x+ab=(x-a)(x-b)$

(8) $x^2+(a-b)x-ab=(x+a)(x-b)$

(9) $acx^2+(ad+bc)x+bd=(ax+b)(cx+d)$

(10) $a^2+b^2+c^2+2ab+2bc+2ca=(a+b+c)^2$

(11) $a^3+3a^2b+3ab^2+b^3=(a+b)^3$

(12) $a^3-3a^2b+3ab^2+b^3=(a-b)^3$

(13) $a^3+b^3=(a+b)(a^2-ab+b^2)$

(14) $a^3-b^3=(a-b)(a^2+ab+b^2)$

(15) $a^3+b^3+c^3-3abc=(a+b+c)(a^2+b^2+c^2-ab-bc-ca)$

▸인수분해 방법

(1) 동류항이 있으면 동류항을 간단히 한다.

(2) 동류항이 없으면 위의 인수분해 공식을 쓸 수 있는지 알아본다.

(3) 다항식을 차수가 가장 낮은 문자의 내림차순으로 정리한다.

(4) 주어진 문자로 다항식을 묶는다.

■ 분수식

다항식 P, Q에서 P/Q의 형태로 나타낸 것을 분수식이라 한다. 분수식의 성질은 다음과 같다.

(1) $R \neq 0$일 때, $\dfrac{P}{Q} = \dfrac{P \times R}{Q \times R}$, $\dfrac{P}{Q} = \dfrac{P/R}{Q/R}$

(2) $\dfrac{A}{B} \times \dfrac{C}{D} = \dfrac{AC}{BD}$

(3) $\dfrac{A}{B} \div \dfrac{C}{D} = \dfrac{A}{B} \times \dfrac{D}{C} = \dfrac{AD}{BC}$

(4) $\dfrac{A}{B} = \dfrac{C}{D}$이면, $AD = BC$

(5) $\dfrac{\frac{A}{B}}{\frac{C}{D}} = \dfrac{A}{B} \div \dfrac{C}{D} = \dfrac{A}{B} \times \dfrac{D}{C} = \dfrac{AD}{BC}$

■ 비례와 반비례

y가 x에 비례할 때 $y = Cx$로 나타내며, 이 때 C를 비례상수라 부른다. y가 x에 반비례할 때 $y = \dfrac{C}{x}$로 나타낸다. 또한 $a:b = c:d$이면 다음 관계식이 성립한다.

(1) $\dfrac{a}{b} = \dfrac{c}{d}$

(2) $ad = bc$

(3) $\dfrac{a+b}{b} = \dfrac{c+d}{d}$

(4) $\dfrac{a}{b} = \dfrac{c}{d} = \dfrac{a+c}{b+d}$ $(b+d \neq 0)$

■ 지수법칙

m과 n은 양의 정수, a와 b는 0이 아닌 상수일 때

(1) $a^m a^n = a^{m+n}$

(2) $(a^m)^n = a^{mn}$

(3) $(ab)^m = a^m b^m$

(4) $\left(\frac{a}{b}\right)^m = \frac{a^m}{b^m}$

(5) $a^m \div a^n = \begin{cases} a^{m-n} & (m > n) \\ 1 & (m = n) \\ \frac{1}{a^{n-m}} & (m < n) \end{cases}$

1.4 이차방정식과 연립방정식

■ 이차방정식

미지수가 한 개 이고 미지수의 최고 차수가 2인 방정식을 일원이차방정식 또는 이차방정식이라고 한다.

►인수분해 풀이법

x에 관한 이차방정식이 $(ax-b)(cx-d)=0$의 꼴로 인수분해 될 때, 이차방정식의 해는

$x = \frac{b}{a}$ 또는 $x = \frac{d}{c}$

이다.

►이차방정식 근의 공식

이차방정식 $ax^2+bx+c=0$ $(a \neq 0)$의 근은

$$x = -b \pm \frac{\sqrt{b^2-4ac}}{2a}$$

이다.

■ 판별식

a, b, c가 실수일 때, 이차방정식 $ax^2+bx+c=0$에서 $D=b^2-4ac$를 판별식이라 한다.

- $D>0$일 때 이차방정식은 서로 다른 두 실근을 갖는다.
- $D=0$일 때, 하나의 중근(겹친 근)을 갖는다.
- $D<0$일 때 서로 다른 두 허근을 갖는다.

► 근과 계수와의 관계

이차방정식 $ax^2+bx+c=0$의 두 근을 α와 β라 할 때, $\alpha+\beta=-\frac{b}{a}$이고, $\alpha\beta=\frac{c}{a}$이다.

인수분해를 하여 이차방정식의 근을 찾거나, 인수분해가 안 될 때에는 근의 공식으로 찾을 수 있다.

1.5 행렬식 기초

행렬식의 전반적인 설명은 제8장 행렬에서 다루기로 하고 이 중 행렬식 부분만을 간추려 설명하고자 한다.

■ (2×2) 행렬식

(2×2) 행렬 $\boldsymbol{A}=\begin{bmatrix} a_{11} & a_{12} \\ a_{21} & a_{22} \end{bmatrix}$의 행렬식을 $\det\boldsymbol{A}$ 또는 $|\boldsymbol{A}|$로 나타낸다.

> **[정의]** (2×2)**행렬식(determininant of second order)**
> (2×2)행렬 $\boldsymbol{A}$의 행렬식은
> $$\det\boldsymbol{A}=|\boldsymbol{A}| = \begin{vmatrix} a_{11} & a_{12} \\ a_{21} & a_{22} \end{vmatrix} = a_{11}a_{22}-a_{12}a_{21}$$

보기1

다음 (2×2) 행렬 $\boldsymbol{A}=\begin{bmatrix} -1 & 3 \\ -5 & 8 \end{bmatrix}$, $\boldsymbol{B}=\begin{bmatrix} 4 & 2 \\ 3 & 1 \end{bmatrix}$의 행렬식을 구하라.

풀이

$$\det\boldsymbol{A}=\begin{vmatrix} -1 & 3 \\ -5 & 8 \end{vmatrix} = (-1)(8)-(3)(-5)=7$$

$$|\boldsymbol{B}|=\begin{vmatrix} 4 & 2 \\ 3 & 1 \end{vmatrix} = (4)(1)-(2)(3)=-2$$

보기2

(2×2) 행렬 $\boldsymbol{A}=\begin{bmatrix} a_{11} & a_{12} \\ a_{21} & a_{22} \end{bmatrix}$에 대하여 다음이 성립함을 보여라.

(a) 행렬 $\boldsymbol{A}$가 가역[1]이기 위한 필요충분조건은 $a_{11}a_{22}-a_{12}a_{21}\neq 0$.

(b) $a_{11}a_{22}-a_{12}a_{21}\neq 0$이면 $\boldsymbol{A}^{-1}=\dfrac{1}{a_{11}a_{22}-a_{12}a_{21}}\begin{bmatrix} a_{22} & -a_{12} \\ -a_{21} & a_{11} \end{bmatrix}$

풀이

(a) $a_{11}a_{22}-a_{12}a_{21}\neq 0$일 때,

행렬 $\boldsymbol{B}$를 $\boldsymbol{B}=\dfrac{1}{a_{11}a_{22}-a_{12}a_{21}}\begin{bmatrix} a_{22} & -a_{12} \\ -a_{21} & a_{11} \end{bmatrix}$라 하면

$$\boldsymbol{AB}=\begin{bmatrix} a_{11} & a_{12} \\ a_{21} & a_{22} \end{bmatrix}\frac{1}{a_{11}a_{22}-a_{12}a_{21}}\begin{bmatrix} a_{22} & -a_{12} \\ -a_{21} & a_{11} \end{bmatrix}$$

$$=\frac{1}{a_{11}a_{22}-a_{12}a_{21}}\begin{bmatrix} a_{11}a_{22}-a_{12}a_{21} & 0 \\ 0 & -a_{21}a_{12}+a_{22}a_{11} \end{bmatrix}=\begin{bmatrix} 1 & 0 \\ 0 & 1 \end{bmatrix}$$

이 결과로 $\boldsymbol{AB}=\boldsymbol{I}$ 이다. 그러므로 $\boldsymbol{A}$는 가역이다.

(b) $a_{11}a_{22}-a_{12}a_{21}\neq 0$이고, $\boldsymbol{A}^{-1}=\begin{bmatrix} x_1 & x_2 \\ x_3 & x_4 \end{bmatrix}$라고 놓으면,

$$\begin{bmatrix} a_{11} & a_{12} \\ a_{21} & a_{22} \end{bmatrix}\begin{bmatrix} x_1 & x_2 \\ x_3 & x_4 \end{bmatrix}=\begin{bmatrix} 1 & 0 \\ 0 & 1 \end{bmatrix}$$

가 된다. 윗 식에서 x_1, x_2, x_3, x_4를 연립해서 구하면,

$$\begin{bmatrix} a_{11}x_1+a_{12}x_3 & a_{11}x_2+a_{12}x_4 \\ a_{21}x_1+a_{22}x_3 & a_{21}x_2+a_{22}x_4 \end{bmatrix}=\begin{bmatrix} 1 & 0 \\ 0 & 1 \end{bmatrix}$$

$$a_{11}x_1+a_{12}x_3=1 \qquad ①$$

$$a_{21}x_1+a_{22}x_3=0 \qquad ②$$

윗 식에서 $①\times a_{22}-②\times a_{12}$를 하면,

$$\begin{array}{rl} & a_{22}(a_{11}x_1)+a_{22}(a_{12}x_3)=a_{22} \\ - & a_{12}(a_{21}x_1)+a_{12}(a_{22}x_3)=0 \\ \hline & (a_{11}a_{22}-a_{12}a_{21})x_1 = a_{22} \end{array}$$

또한 $①\times a_{21}-②\times a_{11}$를 하면

$$\begin{array}{rl} & a_{21}(a_{11}x_1)+a_{21}(a_{12}x_3)=a_{21} \\ - & a_{11}(a_{21}x_1)+a_{11}(a_{22}x_3)=0 \\ \hline & (a_{12}a_{21}-a_{11}a_{22})x_3=a_{12} \end{array}$$

---

1) 가역(可逆 reversibility): 어떠한 일을 행할 때 초기 상황으로 되돌아올 수 있는지의 여부이다. 가능하면 가역, 불가능한 것을 비가역이라고 한다.

$$\therefore\ \boldsymbol{x_1} = \frac{a_{22}}{a_{11}a_{22} - a_{12}a_{21}} \qquad \therefore\ \boldsymbol{x_3} = \frac{a_{21}}{a_{12}a_{21} - a_{11}a_{22}} = -\frac{a_{21}}{a_{11}a_{22} - a_{12}a_{21}}$$

마찬가지로

$$a_{11}x_2 + a_{12}x_4 = 0 \qquad ③$$

$$a_{21}x_2 + a_{22}x_4 = 1 \qquad ④$$

윗 식에서 $④ \times a_{12} - ③ \times a_{22}$를 하면,

$$\begin{array}{ll} & a_{12}(a_{21}x_2) + a_{12}(a_{22}x_4) = a_{12} \\ - & a_{22}(a_{11}x_2) + a_{22}(a_{12}x_4) = 0 \\ \hline & (a_{12}a_{22} - a_{11}a_{22})x_2 \quad = a_{12} \end{array}$$

$$\therefore\ \boldsymbol{x_2} = \frac{a_{12}}{a_{12}a_{22} - a_{11}a_{22}} = -\frac{a_{12}}{a_{11}a_{22} - a_{12}a_{22}}$$

또한 $④ \times a_{11} - ③ \times a_{21}$를 하면

$$\begin{array}{ll} & a_{11}(a_{21}x_2) + a_{11}(a_{22}x_4) = a_{11} \\ - & a_{21}(a_{11}x_2) + a_{21}(a_{12}x_4) = 0 \\ \hline & (a_{11}a_{22} - a_{12}a_{21})x_4 = a_{11} \end{array}$$

$$\therefore\ \boldsymbol{x_4} = \frac{a_{11}}{a_{11}a_{22} - a_{12}a_{21}}$$

앞에서 구한 $x_1,\ x_2,\ x_3,\ x_4$를 아래 식에 대입하고 정리하면,

$$\begin{bmatrix} a_{11} & a_{12} \\ a_{21} & a_{22} \end{bmatrix}\begin{bmatrix} x_1 & x_2 \\ x_3 & x_4 \end{bmatrix}$$

$$= \begin{bmatrix} a_{11} & a_{12} \\ a_{21} & a_{22} \end{bmatrix}\begin{bmatrix} \dfrac{a_{22}}{a_{11}a_{22} - a_{12}a_{21}} & -\dfrac{a_{12}}{a_{11}a_{22} - a_{12}a_{22}} \\ -\dfrac{a_{12}}{a_{11}a_{22} - a_{12}a_{22}} & \dfrac{a_{11}}{a_{11}a_{22} - a_{12}a_{21}} \end{bmatrix} = \begin{bmatrix} 1 & 0 \\ 0 & 1 \end{bmatrix} = \boldsymbol{I}$$

$$= \begin{bmatrix} a_{11} & a_{12} \\ a_{21} & a_{22} \end{bmatrix} \frac{1}{a_{11}a_{22} - a_{12}a_{21}}\begin{bmatrix} a_{22} & -a_{12} \\ -a_{21} & a_{11} \end{bmatrix} = \begin{bmatrix} 1 & 0 \\ 0 & 1 \end{bmatrix}$$

이 된다. 그러므로,

$$\therefore\ \boldsymbol{A}^{-1} = \frac{1}{a_{11}a_{22} - a_{12}a_{21}}\begin{bmatrix} a_{22} & -a_{12} \\ -a_{21} & a_{11} \end{bmatrix}$$

$\boldsymbol{AA}^{-1} = \boldsymbol{A}^{-1}\boldsymbol{A} = \boldsymbol{I}$ 이다. 따라서, $\boldsymbol{A}$는 가역이다.

■ n차 행렬식

n차 행렬식(determinant of order n)은 n개의 행과 n개의 열로 배열된 수의 행렬 D로 연계된 식이다. 행렬식의 i번째 행과 j번째 열에 있는 수가 d_{ij}인 행렬식은 $\det D$ 또는 $|D|$로 정의되는 D의 행렬식은 다음과 같이 표시된다.

$$\det\boldsymbol{D} = |D| = \begin{vmatrix} d_{11} & d_{12} & \ldots & d_{1n} \\ d_{21} & d_{22} & \cdots & d_{2n} \\ \cdots & \cdots & \cdots & \cdots \\ d_{n1} & d_{n2} & \cdots & d_{nn} \end{vmatrix}$$

행렬식에서 d_{ij}를 성분(element)이라 한다. $\boldsymbol{D}$의 행렬식은 $|\boldsymbol{D}|$로 표기하며 행렬(matrix) $\boldsymbol{D}$는 $[\boldsymbol{D}]$ 또는 $(\boldsymbol{D})$로 표기하는 데 차이가 있다. 또한 행렬식 $|\boldsymbol{D}|$는 수의 절대값을 나타내는 $|\cdot|$의 표기와 혼동하지 말아야 한다.

한 개의 원소 d_{11}을 가지는 행렬식 $\det\boldsymbol{D} = \det[d_{11}]$의 값은 d_{11}으로 정의 되므로 $|d_{11}| = d_{11}$이 된다.

2개의 행과 2개의 열로 이루어진 행렬식 즉 (2×2)행렬식은

$$\det\boldsymbol{D} = \begin{vmatrix} d_{11} & d_{12} \\ d_{21} & d_{22} \end{vmatrix} = d_{11}d_{22} - d_{12}d_{21}$$

와 같으므로 정의에 따라 예를 들어 계산해 보면,

$$\begin{vmatrix} 7 & 4 \\ -6 & -5 \end{vmatrix} = 7(-5) - 4(-6) = -11$$

이다. 두 열이나 두 행을 바꾸면 그 부호가 바뀐다. 즉, 먼저 원 식의 열을 바꾸면

$$\begin{vmatrix} 4 & 7 \\ -5 & -6 \end{vmatrix} = 4(-6) - 7(-5) = 11$$

이며, 행을 바꾸면

$$\begin{vmatrix} -6 & -5 \\ 7 & 4 \end{vmatrix} = (-6)4 - (-5)7 = 11$$

이 된다

■ 소행렬식과 여인수

다음 소행렬식과 여인수를 설명한다. 이를 위해 (3×3)행렬식(3차 행렬식)을 고려한다. 3차 행렬식은 다음 식과 같이 표현된다.

$$\det \boldsymbol{D} = \begin{vmatrix} d_{11} & d_{12} & d_{13} \\ d_{21} & d_{22} & d_{23} \\ d_{31} & d_{32} & d_{33} \end{vmatrix}$$

$\det D$의 i번째 행과 j번째 열의 성분 d_{ij}의 소행렬식(minor) L_{ij}는 다음과 같이 정의한다.

> **[정의] 소행렬식(minor) L_{ij}**
> $\det D$로부터 i번째 행의 성분들과 j번째 열에 있는 성분들을 제외한 2차 행렬식

윗 식의 $\det D$에 있는 i번째 행과 j번째 열에 있는 성분의 여인수(cofactor) C_{ij}는 부호를 가진 소행렬식(signed minor)으로 다음과 같이 정의 된다.

> **[정의] 여인수 C_{ij}**
> $$C_{ij} = (-1)^{i+j} L_{ij}$$

따라서, 행렬식 $\det D$는 다음과 같이 정의 된다.

$$\begin{aligned} \det D &= \sum_{j=1}^{3} d_{1j} (-1)^{1+j} \det L_{1j} \\ &= d_{11} L_{11} - d_{12} L_{12} + d_{13} L_{13} \end{aligned}$$

여인수 C_{ij}를 도입하면,

$$\det D = d_{11} C_{11} + d_{12} C_{12} + D_{13} C_{13}$$

으로 나타낼 수 있고 간략하게,

$$\det A = \sum_{j=1}^{3} a_{1j} C_{1j}$$

로 나타낼 수 있다.

■ (3×3) 행렬식

> **[정의] (3×3) 행렬식(determininant of third order)**
>
> (3×3)행렬 $\boldsymbol{A}$의 행렬식$\boldsymbol{D}$는
>
> $\det\boldsymbol{A} = |\boldsymbol{A}| = \boldsymbol{D}$
>
> $$\det\boldsymbol{A} = d_{11}C_{11} + d_{12}C_{12} + D_{13}C_{13}$$
>
> 또는
>
> $$\det\boldsymbol{A} = \sum_{j=1}^{3} a_{1j} C_{1j}$$
>
> 즉,
>
> $$\boldsymbol{D} = \begin{vmatrix} d_{11} & d_{12} & d_{13} \\ d_{21} & d_{22} & d_{23} \\ d_{31} & d_{32} & d_{33} \end{vmatrix}$$
>
> $$= d_{11}\begin{vmatrix} d_{22} & d_{23} \\ d_{32} & d_{33} \end{vmatrix} - d_{21}\begin{vmatrix} d_{12} & d_{13} \\ d_{32} & d_{33} \end{vmatrix} + d_{31}\begin{vmatrix} d_{12} & d_{13} \\ d_{22} & d_{23} \end{vmatrix}$$

보기3

다음 행렬식을 구하라.

$$\begin{vmatrix} 1 & 2 & -2 \\ 3 & 1 & -1 \\ -3 & 0 & 1 \end{vmatrix}$$

풀이

소행렬식 $M_{11} = \begin{vmatrix} 1 & -1 \\ 0 & 1 \end{vmatrix} = (1)(1) - (-1)(0) = 1$

이다. 그러므로 여인수는 $C_{11} = (-1)^{(1+1)} M_{11} = 1$

소행렬식 $L_{12}=\begin{vmatrix} 3 & -1 \\ -3 & 1 \end{vmatrix}=(3)(1)-(-1)(-3)=0$

이다. 여인수는 $C_{12}=(-1)^{(1+2)}L_{12}=0$

소행렬식 $L_{13}=\begin{vmatrix} 3 & 1 \\ -3 & 0 \end{vmatrix}=(3)(0)-(1)(-3)=3$

이다. 여인수는 $C_{13}=(-1)^{(1+3)}L_{13}=3$

따라서,

$$\det\boldsymbol{A}=d_{11}C_{11}+d_{12}C_{12}+d_{13}C_{13}$$

를 이용하면,

$$\begin{aligned}\det\boldsymbol{A}=\boldsymbol{D}=\begin{vmatrix} 1 & 2 & -2 \\ 3 & 1 & -1 \\ -3 & 0 & 1 \end{vmatrix}&=(1)C_{11}+(2)C_{12}+(-2)C_{13}\\ &=(1)(1)+(2)(0)+(-2)(3)=-5\end{aligned}$$

$\det\boldsymbol{A}$는 임의의 행이나 열에 있는 $\boldsymbol{A}$의 성분들과 여인수의 곱들의 합으로 얻어질 수 있다. 즉,

$$\det\boldsymbol{A}=d_{11}C_{11}+d_{12}C_{12}+d_{13}C_{13}$$

을 전개하면,

$$\det\boldsymbol{A}=d_{11}d_{22}d_{33}-d_{11}d_{32}d_{23}-d_{12}d_{21}d_{33}+d_{12}d_{31}d_{23}+d_{13}d_{21}d_{32}-d_{13}d_{31}d_{22}$$

이 된다. 윗 식의 항을 재 배열 하면,

$$\begin{aligned}\det\boldsymbol{A}&=-d_{21}d_{12}d_{33}+d_{21}d_{32}d_{13}+d_{22}d_{11}d_{33}-d_{22}d_{31}d_{13}-d_{23}d_{11}d_{32}+d_{23}d_{31}d_{12}\\ &=d_{21}C_{21}+d_{22}C_{22}+d_{23}C_{23}\end{aligned}$$

이 되므로, $\det\boldsymbol{A}$는 임의의 행이나 임의의 열에 있는 $\boldsymbol{A}$의 원소들과 여인자들의 곱의 합으로 얻어질 수 있다는 사실을 나타낸다.

보기4

다음 3차 행렬식

$$\det\boldsymbol{A} = \begin{vmatrix} d_{11} & d_{12} & d_{13} \\ d_{21} & d_{22} & d_{23} \\ d_{31} & d_{32} & d_{33} \end{vmatrix}$$

의 첫 번째 행의 성분들에 대하여 소행렬식과 여인수를 구하라.

풀이

소행렬식은

$$L_{11} = \begin{vmatrix} d_{22} & d_{23} \\ d_{32} & d_{33} \end{vmatrix},\quad L_{12} = \begin{vmatrix} d_{21} & d_{23} \\ d_{31} & d_{33} \end{vmatrix},\quad L_{13} = \begin{vmatrix} d_{21} & d_{22} \\ d_{31} & d_{32} \end{vmatrix}$$

이며, 여인수는 $C_{11} = L_{11}$, $C_{12} = -L_{12}$, $C_{13} = L_{13}$이 된다.

보기4에서 알 수 있는 바와 같이 나머지 행과 열에 대해서 전개하면 C_{jk}와 L_{jk}간의 부호관계는

$$\begin{matrix} + & - & + \\ - & + & - \\ + & - & + \end{matrix}$$

와 같이 된다(여러분이 직접 확인해 보라).

■ 라플라스 전개정리

[정리] 라플라스 전개정리(Laplace expansion theorem)

i번째 행의 원소로 전개(여인수 전개)

$$\det D = d_{i1}C_{i1} + d_{i2}C_{i2} + d_{i3}C_{i3} = \sum_{j=1}^{3} d_{ij}C_{ij}$$

j번째 열의 원소로 전개(여인수 전개)

$$\det D = d_{1j}C_{1j} + d_{2j}C_{2j} + d_{3j}C_{i3} = \sum_{i=1}^{3} d_{ij}C_{ij}$$

라플라스 전개정리는 3차 행렬식에 적용될 때 임의의 차수의 행렬식에 적용되는 정리이다.

보기5

다음 행렬식을 (a) 1행의 성분으로, (b) 3열의 성분으로 각각 여인수 전개하라.

$$\begin{vmatrix} 1 & 2 & -2 \\ 1 & 0 & -1 \\ 1 & 3 & 1 \end{vmatrix}$$

풀이

(a) 1행의 성분으로 전개하면

$C_{11}(-1)^{(1+1)}L_{11} = L_{11},\ C_{12} = (-1)^{(1+2)}L_{12} = -L_{12},\ C_{13} = (-1)^{(1+3)}L_{13} = L_{13}$

여기서,

$$L_{11} = \begin{vmatrix} 0 & -1 \\ 3 & 1 \end{vmatrix} = 0-(-3) = 3,$$

$$L_{12} = \begin{vmatrix} 1 & -1 \\ 1 & 1 \end{vmatrix} = 1-(-1) = 2,$$

$$L_{13} = \begin{bmatrix} 1 & 0 \\ 1 & 3 \end{bmatrix} = 3-0 = 3$$

따라서,

$C_{11} = (-1)^{(1+1)}(3) = 3,\ C_{12} = (-1)^{(1+2)}(2) = -2,\ C_{13} = (-1)^{(1+3)}(3) = 3$

이므로,

$$\therefore |D| = (1)(3)+(2)(-2)+(-2)(3) = -7$$

(b) 3열의 성분으로 여인수 전개하면,

$$L_{13} = \begin{vmatrix} 1 & 0 \\ 1 & 3 \end{vmatrix} = 3,\quad L_{23} = \begin{vmatrix} 1 & 2 \\ 1 & 3 \end{vmatrix} = 1,\ L_{33} = \begin{vmatrix} 1 & 2 \\ 1 & 0 \end{vmatrix} = -2 \quad \begin{vmatrix} 1 & 2 & -2 \\ 1 & 0 & -1 \\ 1 & 3 & 1 \end{vmatrix}$$

따라서,

$C_{13} = (-1)^{(1+3)}(3) = 3,\ C_{23} = (-1)^{(2+3)}(1) = -1,\ C_{33} = (-1)^{(3+3)}(-2) = -2$

이므로,

$$\therefore |D| = (-2)(3)+(-1)(-1)+(1)(-2) = -7$$

보기5의 (a)와 (b)의 결과는 같음을 알 수 있다.

보기6

다음 행렬식을 전개하라.

$$\det\boldsymbol{D} = \begin{vmatrix} 1 & 2 & -1 \\ 3 & 6 & 0 \\ 0 & 4 & 2 \end{vmatrix}$$

풀이

먼저 행렬식의 첫 번째 행에 의한 여인수 전개를 하면,

$$\det\boldsymbol{D} = \begin{vmatrix} 1 & 2 & -1 \\ 3 & 6 & 0 \\ 0 & 4 & 2 \end{vmatrix} = 1\begin{vmatrix} 6 & 0 \\ 4 & 2 \end{vmatrix} - 2\begin{vmatrix} 3 & 0 \\ 0 & -2 \end{vmatrix} + (-1)\begin{vmatrix} 3 & 6 \\ 0 & 4 \end{vmatrix}$$

$$= 1(12-0) - 2(-6-0) + (-1)(12-0) = -12$$

첫 번째 열에 의한 여인수 전개는

$$\det\boldsymbol{D} = \begin{vmatrix} 1 & 2 & -1 \\ 3 & 6 & 0 \\ 0 & 4 & 2 \end{vmatrix} = 1\begin{vmatrix} 6 & 0 \\ 4 & 2 \end{vmatrix} - 3\begin{vmatrix} 2 & -1 \\ 4 & 2 \end{vmatrix} + 0\begin{vmatrix} 2 & -1 \\ 6 & 0 \end{vmatrix}$$

$$= 12 - 3(4-(-4)) + 0 = 12 - 24 + 0 = -12$$

세 번째 열에 의한 전개는

$$\det\boldsymbol{D} = \begin{vmatrix} 1 & 2 & -1 \\ 3 & 6 & 0 \\ 0 & 4 & 2 \end{vmatrix}$$

$$= (-1)\begin{vmatrix} 3 & 6 \\ 0 & 4 \end{vmatrix} - 0\begin{vmatrix} 1 & 2 \\ 0 & 4 \end{vmatrix} + 2\begin{vmatrix} 1 & 2 \\ 3 & 6 \end{vmatrix} = -12 - 0 + 0 = -12$$

다른 3가지 전개도 -12가 됨을 알아보라.

(3×3)행렬 $\boldsymbol{A}$의 행렬식 $\boldsymbol{D} = \det\boldsymbol{A}$를 구하는 또 하나의 방법은 처음 두 열을 다음과 같이 첨가하고 3개의 성분씩 곱한값에 ↘(오른쪽 대각선) 방향은 +의 부호를 넣고, ↙(왼쪽 대각선) 방향은 -의 부호를 넣고 합을 계산하면 행렬식을 구할 수 있다.

$$\left|\begin{matrix} \boldsymbol{a_{11}} & \boldsymbol{a_{12}} & \boldsymbol{a_{13}} \\ \boldsymbol{a_{21}} & \boldsymbol{a_{22}} & \boldsymbol{a_{23}} \\ \boldsymbol{a_{31}} & \boldsymbol{a_{32}} & \boldsymbol{a_{33}} \end{matrix}\right| \begin{matrix} a_{11} & a_{12} \\ a_{21} & a_{22} \\ a_{31} & a_{32} \end{matrix} \quad = a_{11}a_{22}a_{33} + a_{12}a_{23}a_{31} + a_{13}a_{21}a_{32}$$

$$- a_{13}a_{22}a_{31} - a_{11}a_{23}a_{32} - a_{12}a_{21}a_{33}$$

보기7

(3×3)행렬 $\boldsymbol{A}=\begin{bmatrix}-2 & 4 & 3\\ 0 & -3 & 5\\ 1 & 7 & 6\end{bmatrix}$의 행렬식을 계산하라.

풀이

$$\begin{vmatrix}\boldsymbol{a_{11}} & \boldsymbol{a_{12}} & \boldsymbol{a_{13}}\\ \boldsymbol{a_{21}} & \boldsymbol{a_{22}} & \boldsymbol{a_{23}}\\ \boldsymbol{a_{31}} & \boldsymbol{a_{32}} & \boldsymbol{a_{33}}\end{vmatrix}\begin{matrix}a_{11} & a_{12}\\ a_{21} & a_{22}\\ a_{31} & a_{32}\end{matrix} \quad = a_{11}a_{22}a_{33}+a_{12}a_{23}a_{31}+a_{13}a_{21}a_{32}$$

$$-a_{13}a_{22}a_{31}-a_{11}a_{23}a_{32}-a_{12}a_{21}a_{33}$$

$$\begin{aligned}\det\boldsymbol{A}=\begin{vmatrix}-2 & 4 & 3\\ 0 & -3 & 5\\ 1 & 7 & 6\end{vmatrix} &= (-2)(-3)(6)+(4)(5)(1)+(3)(0)(7)\\ &\quad -(3)(-3)(1)-(-2)(5)(7)-(4)(0)(6)\\ &= 36+20+0-(-9)-(-70)-0\\ &= 135\end{aligned}$$

▸ 주대각선(leading diagonal)

다음과 같은 두 개의 행렬식을 살펴보자.

$$\det\boldsymbol{A}=\begin{vmatrix}d_{11} & 0 & 0\\ d_{21} & d_{22} & 0\\ d_{31} & d_{32} & d_{33}\end{vmatrix}, \quad \det\boldsymbol{A}=\begin{vmatrix}d_{11} & d_{12} & d_{13}\\ 0 & d_{22} & d_{23}\\ 0 & 0 & d_{33}\end{vmatrix}$$

첫 번째 행렬식은 좌변 꼭대기로부터 우변 바닥에 이르는 대각선 위가 0의 원소로 이루어져 있고, 두 번째 행렬식은 대각선 아래가 0인 원소로 이루어져 있다. 이런 대각선 즉, d_{11}, d_{22}, d_{33}을 주대각선이라 한다. 또한 이러한 행렬은 삼각행렬이라 부르고, 첫 번째 행렬을 하삼각행렬, 두 번째 행렬을 상삼각행렬이라고 한다. 이러한 행렬식은 주대각선의 원소의 곱에 의하여 주어지는 것을 알 수 있다.

더욱 간단한 주대각행렬만을 가지는 3차 행렬식도

$$\det\boldsymbol{A} = \begin{vmatrix} d_{11} & 0 & 0 \\ 0 & d_{22} & 0 \\ 0 & 0 & d_{33} \end{vmatrix} = d_{11}d_{22}d_{33}$$

으로서 주대각선의 있는 원소들의 곱이 된다.

보기8

다음 행렬식을 1행의 여인수 전개하라.

$$\boldsymbol{D} = \begin{vmatrix} 1 & 0 & 0 \\ 3 & 6 & 0 \\ 0 & 4 & 2 \end{vmatrix}$$

풀이

$$\boldsymbol{D} = \begin{vmatrix} 1 & 0 & 0 \\ 3 & 6 & 0 \\ 0 & 4 & 2 \end{vmatrix} = 1\begin{vmatrix} 6 & 0 \\ 4 & 2 \end{vmatrix} - 0\begin{vmatrix} 3 & 0 \\ 0 & 2 \end{vmatrix} + 0\begin{vmatrix} 3 & 6 \\ 0 & 4 \end{vmatrix} = = 1\begin{vmatrix} 6 & 0 \\ 4 & 2 \end{vmatrix} - 0 + 0 = 12$$

[연습문제]

* 문제1~6에서 행렬식을 각각 (a) 1행의 원소와, (b) 2열의 원소로 전개하고 그 값을 구하라.

1. $\det\boldsymbol{D} = \begin{vmatrix} 1 & 3 & 6 \\ 1 & -2 & 1 \\ 1 & 2 & 1 \end{vmatrix}$

2. $\det\boldsymbol{D} = \begin{vmatrix} 2 & 1 & -1 \\ 2 & 5 & -1 \\ 3 & 1 & -2 \end{vmatrix}$

3. $\det\boldsymbol{D} = \begin{vmatrix} 5 & 3 & 2 \\ 1 & 2 & 2 \\ 3 & 1 & 5 \end{vmatrix}$

4. $\det\boldsymbol{D} = \begin{vmatrix} -1 & 3 & 6 \\ 4 & 1 & 2 \\ -1 & 2 & 1 \end{vmatrix}$

5. $\det\boldsymbol{D} = \begin{vmatrix} 1 & 2 & 4 \\ 0 & 1 & 3 \\ -5 & 3 & 18 \end{vmatrix}$

6. $\det\boldsymbol{D} = \begin{vmatrix} 2 & 4 & -1 \\ 1 & 2 & -3 \\ -2 & 2 & 1 \end{vmatrix}$

7. 행의 원소가 함수인 경우 다음 행렬식을 계산하라.

$$\det\boldsymbol{D} = \begin{vmatrix} 1 & 0 & 0 \\ 0 & \sin x & \cos x \\ 0 & -\cos x & -\sin x \end{vmatrix}$$

*문제8~13에서 풀이과정을 포함해서 다음 값을 구하라.

8. $\det\boldsymbol{D} = \begin{vmatrix} \cos x & \sin x \\ \sin y & \cos y \end{vmatrix}$

9. $\det\boldsymbol{D} = \begin{vmatrix} \cos\theta & \sin\theta \\ -\sin\theta & \cos\theta \end{vmatrix}$

10. $\det\boldsymbol{D} = \begin{vmatrix} \cosh x & \sinh x \\ \sinh x & \cosh x \end{vmatrix}$

11. $\det\boldsymbol{D} = \begin{vmatrix} -2 & -8 & 9 \\ 0 & 6 & 8 \\ 0 & 0 & -3 \end{vmatrix}$

12. $\det\boldsymbol{D} = \begin{vmatrix} c & a & b \\ b & d & a \\ a & b & c \end{vmatrix}$

13. $\det\boldsymbol{D} = \begin{vmatrix} 2 & 0 & 0 \\ -3 & \sin x & -\cos x \\ -1 & \cos x & \sin x \end{vmatrix}$

14. $\det\boldsymbol{D} = \begin{vmatrix} 7 & 4 & 0 & 0 \\ 8 & 2 & 0 & 0 \\ 0 & 0 & 5 & 1 \\ 0 & 0 & -4 & 4 \end{vmatrix}$

15. $\det\boldsymbol{D} = \begin{vmatrix} -1 & 1 & 0 & 0 \\ 1 & -1 & -1 & 0 \\ 0 & -1 & 1 & -1 \\ 0 & 0 & -1 & 1 \end{vmatrix}$

16. 다음 행렬식이 0이 되는 λ의 값을 결정하라.

$$\det\boldsymbol{D} = \begin{vmatrix} 3-\lambda & 2 & 2 \\ 2 & 2-\lambda & 0 \\ 2 & 0 & 4-\lambda \end{vmatrix}$$

※힌트: 위 행렬식은 λ에 관한 3차 다항식이다.

17. 다음과 같은 2원 1차 선형방정식

$$d_{11}x_1 + d_{12}x_2 = b_1 \qquad (b_1 \neq 0)$$

$$d_{21}x_1 + d_{22}x_2 = b_2 \qquad (b_2 \neq 0)$$

을 풀고, $|D| \neq 0$인 경우 그 해를 다음과 같은 형태로 나타낼 수 있음을 보여라.

$$x_1 = D_1/|D|, \quad x_2 = D_2/|D|$$

여기서, $|D|$는 계수행렬의 행렬식

$$|D| = \begin{vmatrix} d_{11} & d_{12} \\ d_{21} & d_{22} \end{vmatrix} \text{이고, } D_1 = \begin{vmatrix} b_1 & d_{12} \\ b_2 & d_{22} \end{vmatrix}, \ D_2 = \begin{vmatrix} d_{11} & b_1 \\ d_{21} & b_2 \end{vmatrix}$$

이다.

18. $n \times n$ 행렬 $\boldsymbol{A}$에서, $\det(k\boldsymbol{A})$는 $k\det(\boldsymbol{A})$가 아니고 $k^n \det\boldsymbol{A}$가 됨을 보이고, 예를 들어 설명하라.

19. 행렬식 $|D|$의 전치행렬식 $|D^T|$을 식 $\det\boldsymbol{D} = d_{11}C_{11} + d_{12}C_{12} + d_{13}C_{13}$을 사용하여 각각 전개하고 항들을 재배열하여

$$|D| = |D^T|$$

가 성립함을 보여라.

20. 선형연립방정식

$$a_{11}x_1 + a_{12}x_2 = b_1$$
$$a_{21}x_1 + a_{22}x_2 = b_2$$

을 소거법을 이용하여 풀고, $\det\boldsymbol{A} = \begin{vmatrix} a_{11} & a_{12} \\ a_{21} & a_{22} \end{vmatrix} \neq 0$이라면, 그 해가 다음 식과 같이 됨을 보여라.

$$\boxed{x_1 = D_1/\det\boldsymbol{A}, \quad x_2 = D_2/\det\boldsymbol{A}}$$

여기서, $\det\boldsymbol{A} = \begin{vmatrix} a_{11} & a_{12} \\ a_{21} & a_{22} \end{vmatrix}$ 이고, $D_1 = \begin{vmatrix} b_1 & a_{12} \\ b_2 & a_{22} \end{vmatrix}$, $D_2 = \begin{vmatrix} a_{11} & b_1 \\ a_{21} & b_2 \end{vmatrix}$ 이다.

D_1은 계수행렬식 $\det\boldsymbol{A}$로부터 첫째 열을 b_1과 b_2로 바꾸어 나타낸 것이고, D_2는 둘째 열을 b_1과 b_2로 바꾸어 나타낸 것이다. 이것을 선형연립방정식에 대한 **크래머법칙**(Cramer's rule)이라 한다. 이 크래머법칙을 이용하여 다음 연립방정식의 해를 구하라.

$$\begin{aligned} 2x_1 + 3x_2 &= \ \ 5 \\ x_1 - 2x_2 &= -8 \end{aligned}$$

21. 다음 선형연립방정식($b_1 \neq 0$, $b_2 \neq 0$, $b_3 \neq 0$이다.)

$$\begin{aligned} a_{11}x_1 + a_{12}x_2 + a_{13}x_3 &= b_1 \\ a_{21}x_1 + a_{22}x_2 + a_{23}x_3 &= b_2 \\ a_{31}x_1 + a_{32}x_2 + a_{33}x_3 &= b_3 \end{aligned}$$

을 이용해 문제21의 과정을 반복하고, 계수행렬 $\boldsymbol{A} = \begin{bmatrix} a_{11} & a_{12} & a_{13} \\ a_{21} & a_{22} & a_{23} \\ a_{31} & a_{32} & a_{33} \end{bmatrix}$ 의 행렬식 $\det\boldsymbol{A} \neq 0$이라면, 그 해가 다음 식과 같이 됨을 보여라.

$$\boxed{x_1 = D_1/\det\boldsymbol{A},\ x_2 = D_2/\det\boldsymbol{A},\ x_3 = D_3/\det\boldsymbol{A}}$$

여기서, $D_1 = \begin{vmatrix} \boldsymbol{b_1} & a_{12} & a_{13} \\ \boldsymbol{b_2} & a_2 & a_{23} \\ \boldsymbol{b_3} & a_{32} & a_{33} \end{vmatrix}$, $D_2 = \begin{vmatrix} a_{11} & \boldsymbol{b_1} & a_{13} \\ a_{21} & \boldsymbol{b_2} & a_{23} \\ a_{31} & \boldsymbol{b_3} & a_{33} \end{vmatrix}$, $D_1 = \begin{vmatrix} a_{11} & a_{12} & \boldsymbol{b_1} \\ a_{21} & a_{22} & \boldsymbol{b_2} \\ a_{31} & a_{32} & \boldsymbol{b_3} \end{vmatrix}$ 이다.

D_1, D_2, D_3는 각각 첫 번째열, 두 번째 열 및 세 번째 열을 b_1, b_2, b_3로 바꾸어 얻은 식이다. 이렇게 3개의 선형방정식을 구하는 방법을 크래머법칙이라 한다. 또한 이 방법은 n개의 선형연립방정식으로 일반화 된다(일반적인 크래머법칙). 이 방정식을 이용하여 다음 연립방정식의 해를 구하라.

$$\begin{aligned} 3x_1 - 2x_2 + \ \ x_3 &= \ \ 13 \\ -2x_1 + \ \ x_2 + 4x_3 &= \ \ 11 \\ x_1 + 4x_2 - 5x_3 &= -31 \end{aligned}$$

1.6 함수

1.6.1 직교좌표의 의미와 성질

실수 전체의 집합을 기하학적인 표현은 직선을 사용한다. 한 직선이 이루어졌다고 하자. 임의의 서로 다른 두 실수 a, b $(a < b)$를 두 점에 대응시키면, 임의의 실수 x에 대하여 직선 위의 단 하나의 점이 대응된다. 직선 위의 한 점 P에 대응되는 실수 x를 점 P의 좌표(coordinate)라고 한다. 평면위의 한 점 O에서 직교하는 두 좌표직선이 주어졌을 때 수평으로 위치한 좌표직선을 x축$(x-axis)$이라 하고, 수직으로 위치한 좌표직선을 y축$(y-axis)$이라 하며 점 O를 원점이라 한다. 직선에서 원점의 오른쪽 부분의 화살표 방향을 양의방향이라 하고, 왼쪽 화살표방향을 음의 방향이라고 한다.

함수의 정의역과 치역이 실수의 집합이면, 그 함수의 그래프를 좌표평면에 그림으로 나타낼 수 있다. 함수 f의 그래프는 방정식 $y = f(x)$의 그래프를 의미한다.

$a, b \in \mathbb{R}$ $(a < b)$

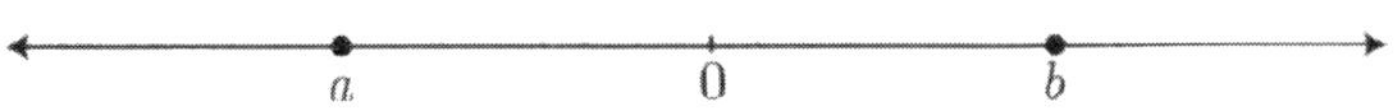

여기서 $\mathbb{R}$: 실수집합.

그림1. 좌표와 원점

평면에서 두 개의 선을 긋는다. 하나는 수평으로 또 하나는 수직으로 그어서 이들이 0인 점에서 서로 만나도록 한다. 이 두 직선을 좌표축(coordinate axis)라 한다. 이들의 교점을 O로 나타내며 원점(origin)이라 한다. 이 수평직선을 x축, 수직직선을 y축이라 부른다. 이 두 좌표축은 평면을 네 개의 영역으로 나뉘며, 이것은 사분면(quardrant)이라 한다.

평면 위의 각 점 P에 한 쌍의 수가 대응되는데 x축과 y축이 각각 만나는 점을 a, b라고 하면, 이때 점 P의 좌표는 (a, b)이다(그림2(a)). 평면에서 이 두 수들의 순서에 따라서 달라지는 (a, b)를 순서쌍이라 부른다. 순서쌍은 x좌표에 대응하는 점을 a, y좌표에 대응하는 점을 b라고 한다.

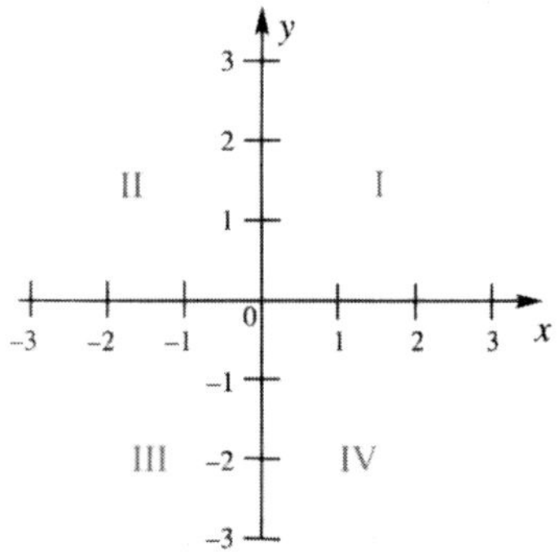

(a) 직교좌표계와 사분면

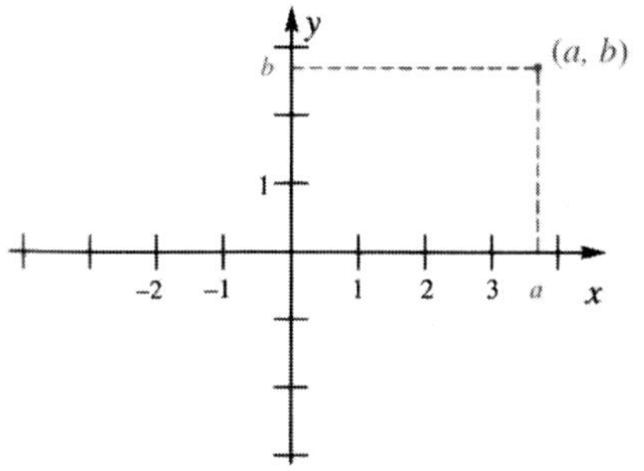

(b) 좌표계내 순서쌍

그림2. 평면좌표계와 순서쌍

■ 거리공식

좌표계를 이용하여 평면의 두 점 사이의 거리를 나타내는 방법은 피타고라스 정리에 의한 공식이다. 피타고라스 정리는 직각삼각형에서 직각을 낀 두 변의 길이가 각각 a, b이고, 볏변의 길이가 c일 때 다음 공식이 성립한다(그림3(a)).

피타고라스 정리

$$a^2 + b^2 = c^2$$

평면위의 임의의 두 점 P, Q를 생각한다. 이들의 좌표를 각각 (x_1, y_1), $(x_2\, y_2)$일 때, 좌표가 (x_2, y_1)인 점을 R이라 하면 점 P, Q, R은 직각삼각형의 꼭지점이 된다(그림3(b)). 직선 $\overline{PR}$과 $\overline{RQ}$의 길이는 $\overline{PR} = |x_2 - x_1|$, $\overline{RQ} = |y_2 - y_1|$ 이다. 이 직각삼각형에 피타고라스 정리를 이용하고, 양변의 제곱근을 하면, 거리 $\overline{PQ}$는 다음과 같다. 이것을 평면위의 거리공식(distance formula)라고 한다.

평면위의 거리공식

$$\overline{PQ} = \sqrt{(x_2 - x_1)^2 + (y_2 - y_1)^2}$$

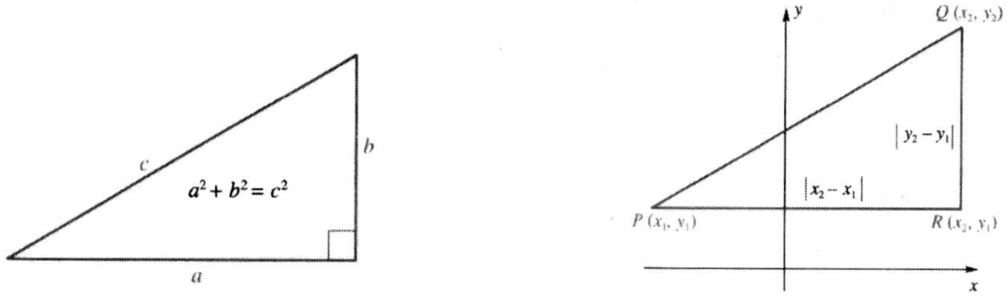

(a) 직각삼각형 (b) 평면위의 거리

그림3. 직각삼각형과 평면위의 거리

보기1

다음 두 점 사이의 거리를 구하라.

(a) $P(-1, 2)$, $Q(3, -2)$ (b) $P(1, \sqrt{2})$, $Q(\pi, \pi)$

풀이

(a) $\overline{PQ} = \sqrt{(x_2 - x_1)^2 + (y_2 - y_1)^2}$

$= \sqrt{(3-(-1))^2 + (-2-2)^2} = \sqrt{4^2 + (-4)^2} = \sqrt{32} \approx 5.66$

(b) $\overline{PQ} = \sqrt{(x_2 - x_1)^2 + (y_2 - y_1)^2}$

$= \sqrt{(\pi - 1)^2 + (\pi - \sqrt{2})^2} = \sqrt{7.5703} \approx 2.75$

■ 원의 방정식

원은 어떤 고정된 점에서 일정한 거리에 놓여있는 점들의 집합이라 정의한다. 거리공식을 조금 응용하면 원의 방정식을 얻을 수 있다. 거리공식을 이용하여 계산해 보자. 예를 들어 중심(원점)이 $(-2, 1)$이고 반지름이 3인 원을 생각해 보자(그림4.). (x, y)를 원 위의 임의의 점이라 하면, 거리공식에서,

$$\sqrt{(x+2)^2 + (y-1)^2} = 3$$

윗 식의 양변을 제곱하면 다음 식을 얻는다.

$$(x+2)^2 + (y-1)^2 = 9$$

이렇게 표현된 식을 원의 방정식이라 한다.

일반적으로 반지름 r, 중심이 $(a,\ b)$인 원의 방정식은 다음과 같다.

> **원의 표준방정식**
> $$(x-a)^2+(y-b)^2=r^2$$

윗 식을 원의 표준방정식이라 부른다.

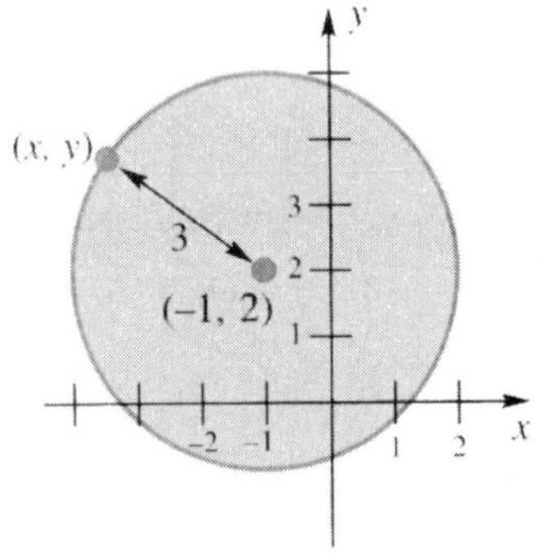

그림4. 원과 좌표 $(x+1)^2+(y-2)^2=3^2$

보기2

반지름이 3이고 중심이 $(2,\ -4)$인 원의 표준방정식을 구하라. 또한 x좌표가 3일 때 이 원 위의 y좌표 2개를 구하라.

풀이

원의 방정식으로부터,

$$(x-a)^2+(y-b)^2=r^2$$
$$(x-2)^2+(y+4)^2=9$$

다음, y좌표를 구하기 위해 $x=3$이므로, 윗 방정식을 y에 대해 풀면,

$$(3-2)^2+(y+4)^2=9$$
$$(y+4)^2=8$$
$$y+4=\pm\sqrt{8}$$
$$\therefore\ y=-4\pm2\sqrt{2}$$

원의 방정식을 다음 식으로 변형시키면

$$x^2 + cx + y^2 + ky = h$$

와 같은 형태의 방정식이 되며 이러한 형태의 방정식은 특이한 경우를 제외하고는 원의 방정식을 나타낸다.

보기3

방정식

$$x^2 - 4x + y^2 + 2y = -1$$

은 원을 나타냄을 보이고 중심과 반지름을 구하라.

풀이

윗 식을 완전제곱꼴로 바꾸어 원의 표준 방정식으로 바꾼다.

$$x^2 - 4x + 4 - 4 + y^2 + 2y + 1 - 1 = -1$$

$$(x^2 - 4x + 4) + (y^2 + 2y + 1) = 4$$

$$\therefore\ (x-2)^2 + (y+1)^2 = 2^2$$

이것은, 중심이 $(2,\ -1)$이고 반지름이 2인 원의 방정식이다.

■ 평면좌표에서 중점

평면좌표에서 $x_1 \leqq x_2$이고 $y_1 \leqq y_2$인 두 점 $P(x_1,\ y_1)$과 $Q(x_2,\ y_2)$을 생각해 보자(그림 5.) x_1과 x_2사이의 거리는 $x_2 - x_1$이다. 이 거리의 절반인 $\frac{1}{2}(x_2 - x_1)$에 x_1을 더하면, x_1과 x_2의 가운데 수를 얻는다. 즉,

$$x_1 + \frac{1}{2}(x_2 - x_1) = x_1 + \frac{1}{2}x_2 - \frac{1}{2}x_1 = \frac{x_1 + x_2}{2}$$

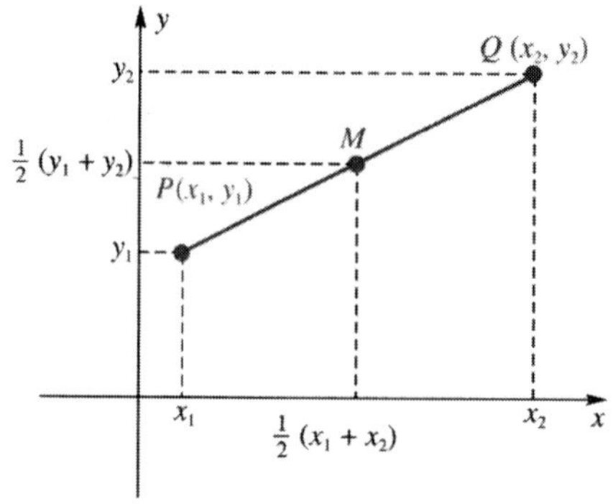

그림5. 중점 좌표

따라서, 선분 $\overline{PQ}$의 중점 M의 좌표는 $(x_1+x_2)/2$이다. 마찬가지로, y축에서의 거리 y_2-y_1의 중점 M좌표는 $(y_1+y_2)/2$이다. 따라서 다음의 중점공식을 얻는다.

> **중점좌표**
> $P(x_1, y_1)$과 $Q(x_2, y_2)$의 선분의 중점 M은
> $$M\left(\frac{x_1+x_2}{2}, \frac{y_1+y_2}{2}\right)$$

보기4

$(-2, 0)$과 $(2, 0)$을 잇는 선분을 지름으로 가지는 원의 방정식을 구하라.

풀이

원의 중심은 그 지름의 중점이다. 따라서 중심의 x좌표는 $(2+(-2))/2=0$이고, y좌표는 $(0+0/2=0$이다. 즉, 원의 중심이 원점$(0, 0)$이다. 거리공식을 써서 지름을 구하면,

$$\sqrt{(2+2)^2+(0-0)^2}=\sqrt{16}=4$$

이므로 원의 반지름은 2이다. 따라서 원의 방정식은,

$$\therefore\ x^2+y^2=4$$

■ **평면좌표에서 직선의 기울기**

평면좌표에서 직선의 기울기 m은 다음과 같이 정의한다(그림6).

[정리] 평면좌표에서 직선의 기울기

$x_1 \neq x_2$일 때, $x_1 < x_2$이고 $y_1 < y_2$인 두 점의 기울기 m

$$m = \frac{y_2 - y_1}{x_2 - x_1}$$

평면좌표에서 x가 증가한 양 $x_2 - x_1$을 Δx라 하고, y가 증가한 양 $y_2 - y_1$을 Δy로 놓으면 기울기 m은 $\dfrac{\Delta y}{\Delta x}$로 표현된다. 직선상의 어떤 두 점을 선택해도 기울기는 언제나 같다. 그림6.(b)에서 직선상의 점 A, B, D, E에 대해서 삼각형 ΔABC와 ΔDEF는 닮은 삼각형이다. 따라서,

$$\frac{\Delta y}{\Delta x} = \frac{\Delta y'}{\Delta x'}$$

기울기는 같다. x축에 평행한 직선의 기울기 $m = 0$이며, x축에 수직인 직선의 기울기는 없다.

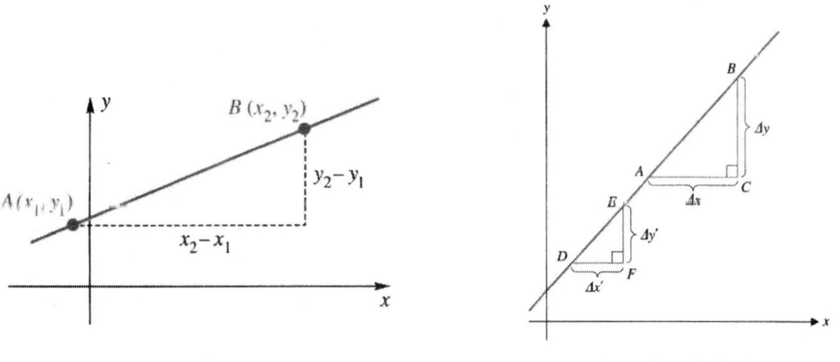

(a) 기울기 m　　　(b) 닮은삼각형

그림6. 닮은 삼각형과 기울기m

보기5.

두 점 (5, 4)과 (3, 6)을 지나는 직선의 기울기 m을 구하라.

풀이

$$m = \frac{y_2 - y_1}{x_2 - x_1} = \frac{6-4}{3-5} = \frac{2}{-2} = -1$$

보기6.

세 점(1, 3), (3, 9), (5, 15)는 같은 직선 위에 있는지 알아보라.

풀이

점(1, 3)과 (3, 9)를 지나는 직선의 기울기는

$$m_1 = \frac{y_2 - y_1}{x_2 - x_1} = \frac{9-3}{3-1} = \frac{6}{2} = 3$$

점(3, 9)와 (5, 15)를 지나는 직선의 기울기는

$$m_2 = \frac{y_2 - y_1}{x_2 - x_1} = \frac{15-9}{5-3} = \frac{6}{2} = 3$$

$m_1 = m_2 = 3$이므로 두 기울기가 같으므로 세 점은 같은 직선위에 있다.

보기7.

기울기가 1/2이고 점(2, 1)을 지나는 직선의 그래프를 그려라. $x = 8$이면 y는 얼마인지 보여라.

풀이

$m = \dfrac{y_2 - y_1}{x_2 - x_1}$ 에서 $m = \dfrac{1}{2}$이고, $x_1 = 2$, $y_1 = 1$을 대입하면

$$\frac{1}{2} = \frac{y_2 - 1}{x_2 - 2}$$

$x = 8$이면, 윗 식에서 $\dfrac{1}{2} = \dfrac{y_2 - 1}{6}$ $\quad \therefore\ y_2 = 4$

위 그래프는 (8, 4)의 좌표를 지난다.

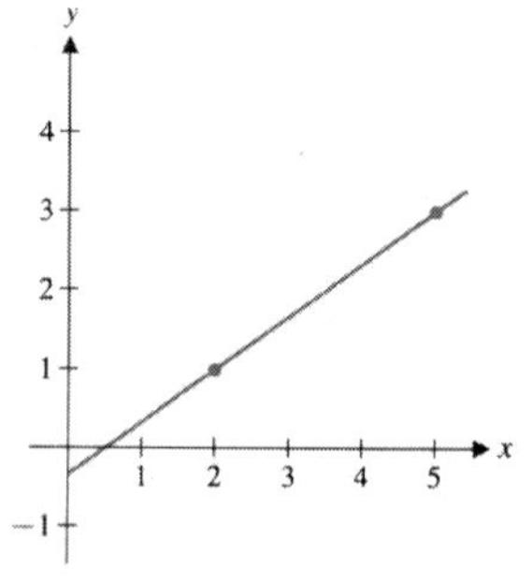

그림7. 보기7.의 그래프

■ 평면좌표에서 직선 방정식

평면좌표에서 직선의 한 점 (x_1, y_1)을 지나고 기울기가 m인 직선의 방정식은 다음과 같다.

직선의 방정식 직선의 한 점 (x_1, y_1)을 지나고 기울기가 m일 때, $y-y_1 = m(x-x_1)$

직선의 방정식은 여러 형태로 나타낼 수 있다. 즉,

(1) 직선의 기울기가 m이고 , y절편이 b인 경우

$$y-b = m(x-0) \quad \therefore\ y = mx+b$$

(2) 수직과 수평직선의 형태

수직직선 $x = k(k=상수)$

수평직선 $y = k(k=상수)$

(3) 직선의 일반형

직선의 일반선형방정식 A, B, C가 상수이며, $A\neq 0$, $B\neq 0$일 때 $Ax = By + C = 0$

보기8.

두 점(2, 1)과 (3, −1)을 지나는 직선의 방정식을 구하고 그래프를 그려라.

풀이

기울기 $m = \dfrac{-1-1}{3-1} = \dfrac{-2}{2} = -1$이다.

직선의 방정식 $y-y_1 = m(x-x_1)$에 $m=-1$, $x_1 = 2$, $y_1 = 1$을 대입하면,

$$y-y_1 = m(x-x_1)$$

$$y-1 = -1(x-2)$$

$$\therefore\ y = -(x-2)+1$$

이 직선의 그래프는 (0, 3)과 (3, 0)을 잇는 직선이다.

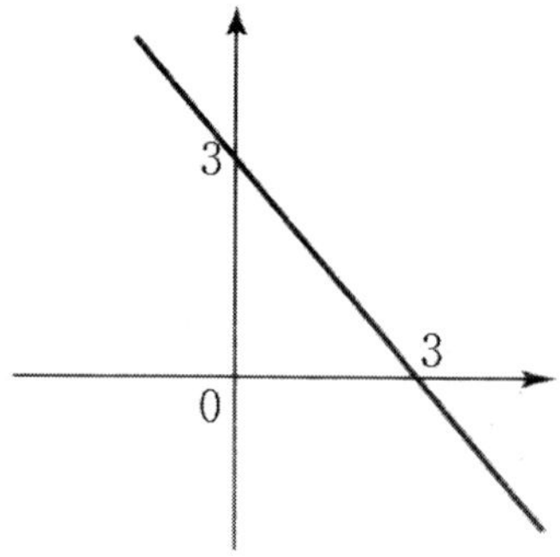

그림8. 보기8.의 $y=-x+3$

보기9

두 점 $(-2,6)$과 $(4,3)$을 지나는 직선의 방정식을 구하라.

풀이

기울기 $m=\dfrac{3-6}{4+2}=-\dfrac{3}{6}=-\dfrac{1}{2}$이다. 따라서, $(-2,6)$을 고정점으로 사용하면,

$$y-6=-\frac{1}{2}(x+2)$$

$$\therefore\ y=-\frac{1}{2}x+5$$

■ 평행한 직선

두 개의 직선이 서로 만나지 않을 때 이 두 직선은 '평행하다' 라고 한다. 예를 들면, $y=2x-1$과 $y=2x+2$는 서로 평행하다. 이는 x값이 어떤 것이라도 두 번째 직선은 첫 번째 직선보다 언제나 3만큼 위에 있기 때문이다. 이 두 직선은 기울기가 같으므로, 어떤 고정된 수만큼 떨어져 있으며 이 직선들은 절대로 만날 수 없다. 즉, x축에 수직이 아닌 직선이 서로 평행할 조건은 기울기가 같고 y절편이 다른 것이다.

보기10

점 $(8,6)$을 지나고 직선 $x-2y=11$과 평행한 직선의 방정식을 구하라.

풀이

방정식 $x-2y=11$을 y에 대하여 풀면,

$$y=-\frac{1}{2}x+5$$

이므로 직선의 기울기는 $-\frac{1}{2}$이다. 따라서,

$$y-6=-\frac{1}{2}(x-8)$$

$$\therefore\ y=-\frac{1}{2}x+10$$

위 방정식은 직선 직선 $x-2y=11$과 평행한 방정식이며 y축으로 5만큼 위에 있는 방정식이다.

■ 직교하는 직선

두 직선이 서로 직교할 필요충분조건은 두 직선의 기울기사 서로 음의 역수일 때이다(그림 9) 그림9.에서 알 수 있듯이 두 직선이 직교할 필요충분조건은

$$m_2=-\frac{1}{m_1} \quad 또는 \quad m_1 \cdot m_1 = -1$$

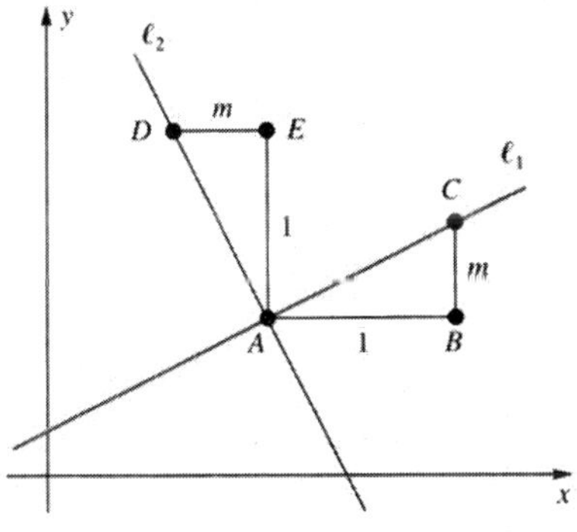

그림9. 직선의 직교

[정리] 평행한 직선과 직교하는 직선

(1) 기울기가 같은 두 직선은 평행이다.

(2) 두 직선의 기울기가 각각 m_1, m_2이고

$$m_1 \cdot m_2 =-1$$

이면, 두 직선은 서로 직교한다.

보기11

점(1, 2)를 지나고 직선 $y=-2x+2$에 수직인 직선의 방정식을 구하라.

풀이

직선 $y=-2x+2$의 기울기 $m_1=-2$이므로 수직인 직선의 기울기 m_2는

$$m_1 \cdot m_2 = -1$$

$$(-2)\cdot m_2 = -1 \quad \therefore m_2 = \frac{1}{2}$$

이다. 따라서 구하는 직선의 방정식은

$$y=\frac{1}{2}(x-1)+2 \text{ 또는 } y=\frac{1}{2}x+\frac{3}{2}$$

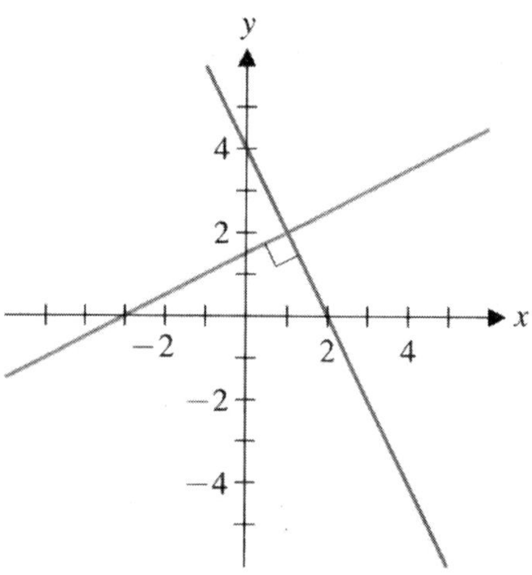

그림10. 보기11의 수직인 직선

보기12

직선 $3x+4y=8$과 $6x-10y=7$의 교점을 지나고, 처음 직선에 직교하는 직선의 방정식을 구하라.

풀이

보기7.의 두 직선의 교점을 구하기 위해 연립방정식을 푼다.

$$① \quad 3x+4y=8 \quad \Rightarrow \quad -6x-8y=-16 \quad ①\times -2$$

$$② \quad 6x-10y=7 \quad \Rightarrow \quad 6x-10y=7$$

$$-18y=-9$$
$$\therefore\ y=\frac{1}{2}$$

주어진 방정식의 $y=\frac{1}{2}$로 놓으면, $x=2$가 된다. 따라서, 교점은 $\left(2,\ \frac{1}{2}\right)$이다.

방정식을 y에 대해 풀면 $y=-\frac{3}{4}x+2$이고, 직교하는 직선은 기울기가 $m_2=\frac{4}{3}$인 직선이다. 그러므로,

$$\therefore\ y-\frac{1}{2}=\frac{4}{3}(x-2)$$

지금까지 직선의 방정식을 여러 경우로 살펴본 것은 다음에 요약하였다.

직선의 방정식

① 수직직선 $x=k$ (k는 상수)
② 수평직선 $y=k$ (k는 상수)
③ 기울기m $y-y_1=m(x-x_1)$
④ 절편 b $y=mx+b$
⑤ 일반형 $Ax+By+C=0$
⑥ 두 직선의 직교 $m_1\cdot m_2=-1$

■ 이차방정식의 근의공식

이차방정식이 인수분해가 되지 않거나 인수분해가 힘들 때, 완전제곱꼴로 변형해서 근(해)를 구할 수 있다. 이 식을 근의 공식이라 한다.

임의의 실수 a, b, c에 대하여 $ax^2+bx+c=0$ $(a\neq 0)$인 방정식은 좌변을 완전제곱꼴의 형태로 변형하여 정리하면,

$$\begin{aligned} ax^2+bx+c &= a\left(x^2+\frac{b}{a}x+\frac{b^2}{4a^2}-\frac{b^2}{4a^2}\right)+c \\ &= a\left(x+\frac{b}{2a}\right)^2-\frac{b^2}{2a}+c \\ &= a\left(x+\frac{b}{2a}\right)^2-\left(\frac{b^2-4ac}{4a}\right) \end{aligned}$$

$ax^2+bx+c=0\ \ (a\neq 0)$이므로

$$ax^2+bx+c=a\left(x+\frac{b}{2a}\right)^2-\left(\frac{b^2-4ac}{4a}\right)=0$$

윗 식을 x에 관하여 정리하면,

$$a\left(x+\frac{b}{2a}\right)^2=\left(\frac{b^2-4ac}{4a}\right)$$

양변을 a로 나누어 정리하면,

$$\left(x+\frac{b}{2a}\right)^2=\left(\frac{b^2-4ac}{4a^2}\right)$$

$$\left(x+\frac{b}{2a}\right)=\pm\sqrt{\frac{b^2-4ac}{4a^2}}=\pm\frac{\sqrt{b^2-4ac}}{2a}$$

$$\therefore\ x=\frac{-b\pm\sqrt{b^2-4ac}}{2a}$$

이차 방정식 $ax^2+bx+c=0$의 근의 공식을 정리하면 다음과 같다.

[이차방정식의 근의 공식]

(1) $ax^2+bx+c=0\ \ (a\neq 0)$일 때,

$$x=\frac{-b\pm\sqrt{b^2-4ac}}{2a}$$

(2) b가 2의 배수인 경우, $ax^2+2b'x+c=0\ \ (a\neq 0)$일 때,

$$x=\frac{-(b')\pm\sqrt{(b')^2-ac}}{a}$$

여기서, 근호 안의 식 $D=b^2-4ac$를 판별식이라 한다.

- $D>0$이면 두 개의 실근을 가진다.
- $D=0$이면 한 개의 실근을 가진다.
- $D<0$이면 실근을 가지지 않는다.

보기13

다음 이차방정식의 근을 근의공식을 이용하여 구하라.

(a) $x^2-4x+2=0$ (b) $3x^2-3x+5=0$

풀이

(a) $b' = -2$이므로,

$$x = \frac{-(b') \pm \sqrt{(b')^2 - ac}}{a} = \frac{-(-2) \pm \sqrt{(-2)^2 - (1)(2)}}{1} = 2 \pm \sqrt{2}$$

(b) $a = 3,\ b = -3,\ c = 5,\ D = -51 < 0$ 이므로

$$x = \frac{-(-3) \pm \sqrt{3^2 - 4(3)(5)}}{2(3)} = \frac{3 \pm \sqrt{51}\, i}{6}$$

보기14

부등식 $x^2 - 4x - 4 \leqq 0$을 풀어라.

풀이

방정식 $x^2 - 4x - 4 = 0$의 두 근은, 근의 공식을 이용하면 다음과 같다.

$$x_1 = \frac{-(-4) + \sqrt{(-4)^2 - 4(1)(-4)}}{2(1)} = 2 + \sqrt{8} \approx 4.83$$

$$x_2 = \frac{-(-4) - \sqrt{(-4)^2 - 4(1)(-4)}}{2(1)} = 2 - \sqrt{8} \approx -0.83$$

따라서,

$$x^2 - 4x - 4 = (x - x_1)(x - x_2) = (x - 2 - \sqrt{8})(x - 2 + \sqrt{8})$$

분할점 $2 - \sqrt{8}$와 $2 + \sqrt{8}$는 수직선(x축)을 세 개의 구간으로 나눈다. 그러므로,

$$\therefore\ 2 - \sqrt{8} \leqq x \leqq 2 + \sqrt{8}$$

이다. 해집합으로 표시하면, $(2 - \sqrt{8},\ 2 + \sqrt{8})$이 된다.

보기15

이차방정식 $x^2 - 2x + 1 = 0$을 판별하라.

풀이

$D = b^2 - 4ac = (-2)^2 - 4(1)(1) = 0$ 이 이차방정식은 중근 $x = 1$을 가진다.

■ n차방정식의 근

일반적으로 삼차 이상의 방정식의 근을 구하는 방법은 쉽지 않다. 삼차와 사차방정식의 근을 구하는 공식은 존재한다. 그러나 오차 이상의 방정식의 근을 구하는 공식은 없다.

[정리] n차 다항식의 근의 개수

n차다항식은 최대 n개의 근을 가진다.

위 정리는 n차 다항식의 근은 0개에서 최대 n개 까지의 근을 갖는다는 의미이다. 그러나 홀수차수의 다항식은 적어도 하나의 근을 갖는다.

예를 들면, 삼차방정식은 그림11의 (a), (b), (c) 중 하나이다. 즉,

$$f(x) = x^3 - 2x - 3x + 6 = (x+2)(x^2 - 3x + 3) \quad (\text{실근 1개})$$
$$g(x) = x^3 - x^2 - x - 1 = (x+1)^2(x-1) \quad (\text{실근 2개})$$
$$k(x) = x^3 - 2x^2 + x + 6 = (x+1)(x-2)(x-3) \quad (\text{실근 3개})$$

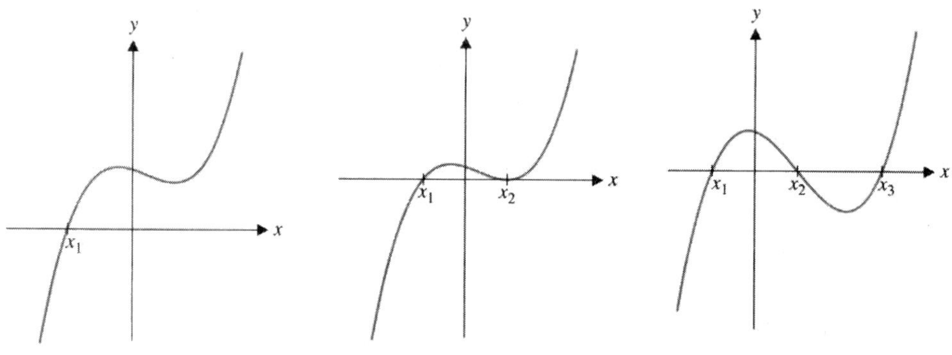

(a) 1개 실근 (b) 2개 실근 (c) 3개 실근

그림11. 삼차방정식의 근

[연습문제]

* 문제 1~10에서 주어진 점들에 대한 거리를 구하라.

1, $(4, 1)$, $(1, -1)$
2. $(-3, 4)$, $(2, 2)$
3. $(4, 5)$, $(6, -7)$
4. $(-3, 4)$, $(5, 2)$
5. $(-1, -3)$, $(1, 3)$
6. $(3, 1)$, $(4, 11)$
7. $(2, 2)$, $(8, 8)$
8. $(2, -2)$, $(8, -8)$
9. $(2, 8)$, $(-2, -8)$
10. $(-2, 8)$, $(2, -8)$

11. 꼭지점이 $(10, 8)$, $(5, 3)$, $(-2, 4)$인 삼각형은 이등변삼각형임을 보여라.
12. 정사각형의 두 꼭지점은 $(3,-2)$와 $(3, 2)$는 이다. 나머지 꼭지점이 가능한 세 가지 경우의 꼭지점들을 구하라.
13. $(-1, 1)$과 $(3, 2)$를 잇는 선분의 중점 m과 점$(-1, 2)$사이의 거리를 구하라.

* 문제 14~20에서 주어진 조건을 만족하는 원의 방정식을 구하라.

14. 중심 $(0, 0)$, 반지름 1
15. 중심 $(-3, 2)$ 반지름 5
16. 중심 $(3, -2)$ 반지름 5
17. 중심 $(2, -1)$ 점$(5, 3)$을 지난다.
18. 중심 $(4, 3)$, 점$(6, 2)$를 지난다.
19. 중심 $(4, 3)$이고, x축을 접한다.
20. 중심 $(4, 3)$이고, y축을 접한다.

* 문제 21~25에서 주어진 방정식에서 원의 중심과 반지름을 구하라.

21. $x^2+2x+8+y^2-6y-8=0$
22. $x^2+y^2-2y=4$
23. $x^2+y^2-6x+10=0$
24. $x^2+y^2-12x+12x=0$
25. $4x^2+16x+17+4y^2+6y=0$

* 문제 26~31에서 두 점을 지나는 직선의 기울기를 구하라.

26. $(1, 1)$, $(3, 3)$
27. $(6, 0)$, $(0, -6)$

28. $(4, 1)$, $(1, -1)$
29. $(-3, 4)$, $(2, 2)$
30. $(4, 5)$, $(6, -7)$
31. $(-3, 4)$, $(5, 2)$

* 문제 32~36에서 직선의 방정식을 구하고 $Ax+By+C=0$

32. 점$(3, 3)$을 지나고, 기울기가 -1
33. 점$(2, 3)$을 지나고, 기울기가 -1
34. y절편이 2이고, 기울기가 2
35. y절편이 3이고, 기울기가 0
36. 점$(2, 3)$과 $(4, 8)$을 지난다.

* 문제 37~40에서 직선의 기울기와 y절편을 구하라.

37. $2y=-3x+1$
38. $-3y=4x-5$
39. $6-2y=8x-4$
40. $4x+5y=-40$

41. 점$(3, -3)$을 지나고 직선 $y=2x+5$와 평형인 방정식과, 직교인 방정식을 구하라.
42. x절편이 a이고, y절편이 b인 직선의 방정식(단, $a\neq 0$, $b\neq 0$)은 다음과 같이 나타내어짐을 보여라.

$$\frac{x}{a}+\frac{y}{b}=1$$

43. 점$(1, 3)$, $(5, 3)$, $(3, 7)$, $(5, 7)$은 정사각형의 4개의 꼭지점이다. 이 정사각형에 내접하는 원의 방정식과, 외접하는 원의 방정식을 구하라.
44. 임의의 직각삼각형의 빗변의 중점은 세 꼭지점으로부터 같은 거리에 놓여있음을 보여라.
45. 식 $x^2+ax+y^2+by+c+0$이 원의 방정식이 되려면, a, b, c의 사이에는 어떤 관계가 성립되어야 하는지를 보여라.
46. 변의 길이가 3, 4, 5인 직각삼각형에 내접하는 원의 반지름을 구하라.
47. 임의의 사각형과 인접한 변들의 중점을 잇는 선분들은 평행사변형이 됨을 보여라.

* 문제 48~50에서 인수분해나 근의 공식을 사용하여 다음 함수의 근을 모두 구하라.

48. $f(x)=x^2-4x+1$
49. $f(x)=x^2-4x+2$
50. $f(x)=x^3-2x^2+x$

* 문제 51~53에서 다음 함수의 근을 인수분해 또는 근의 공식을 사용하여 구하라.

51. $f(x) = x^2 - 4x + 3$

52. $f(x) = x^2 - 4x + 2$

53. $f(x) = x^3 - 3x^2 + 2x$

1.7 절대값이 포함된 부등식

1.7.1 부등식

■ 구간

a와 b사이의 모든 수로 구성되어 있다. 양 끝점 a와 b 포함되지 않는 부등식은 $a<x<b$를 기호 (a, b)로 나타내고 개구간(open interval)이라 하고, 양 끝점 a와 b를 포함하는 부등식 $a \leqq x \leqq b$를 기호 $[a, b]$로 나타내며 폐구간(closed interval),이라고 한다. 다음 표는 여러 구간들에 대한 기호를 표현한 것이다.

부등식 기호와 표시

집합표시	구간기호	표시
$\{x : a < x < b\}$	(a, b)	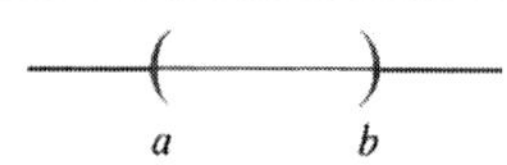
$\{x : a \leqq x \leqq b\}$	$[a, b]$	
$\{x : a \leqq x < b\}$	$[a, b)$	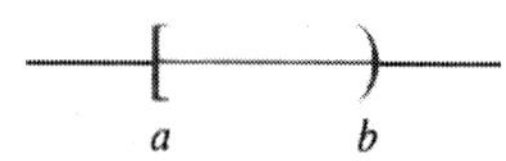
$\{x : a < x \leqq b\}$	$(a, b]$	
$\{x : x \leqq b\}$	$(\infty, b]$	
$\{x : x < b\}$	(∞, b)	
$\{x : x \geqq a\}$	$[a, \infty)$	
$\{x : x > a\}$	(a, ∞)	
$\mathbb{R}$ (실수)	$(-\infty, \infty)$	

보기1

부등식 $2x^2 - x - 1 > 0$을 풀어라.

풀이

$$2x^2 - x - 1 = (2x+1)(x-1) = 2(x-1)\left(x+\frac{1}{2}\right)$$

이므로, 분할점은 $-\frac{1}{2}$와 1이다. 따라서, 이 부등식의 해집합은 $\left(-\infty, -\frac{1}{2}\right)$ 또는 $(1, \infty)$의 점들의 집합이다.

집합기호를 사용하면, 해집합은 이 구 구간의 합(union, $\bigcup$)이다. 따라서,

$$\therefore \left(-\infty, -\frac{1}{2}\right) \bigcup (1, \infty)$$

1.7.2 절대값

수학에서 절대값의 개념은 매우 중요하다. 실수 x의 절대값(absolute value)을 기호 $|x|$로 표시하며 다음과 같이 정의한다.

$\lvert x \rvert = x$	$x \geq 0$인 경우
$\lvert x \rvert = -x$	$x < 0$인 경우

$|x|$는 언제나 음수가 될 수 없고, $|-x| = |x|$가 성립한다. 그러나 $|-x| \neq x$ 임을 유의해야 한다. 절대값을 이해하는 데 좋은 방법은 방향이 없는 거리라 생각하는 것이다. 이는 $|x|$는 x와 원점(0) 사이의 거리라고 생각하는 것이다(그림1). 절대값은 곱셈과 나눗셈은 쉽게 계산되나, 덧셈과 뺄셈은 다르다. 절대값의 성질은 다음과 같다.

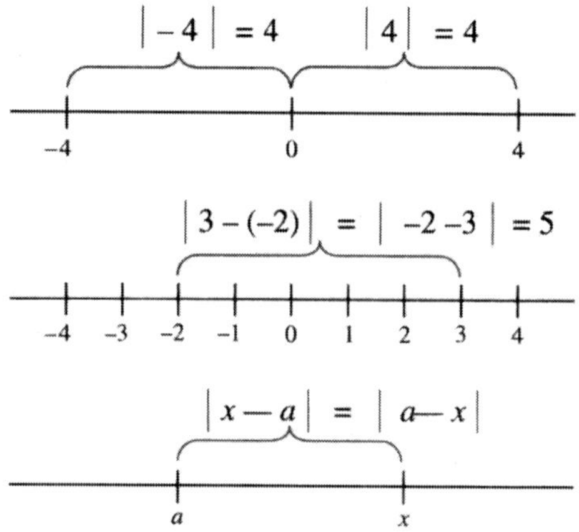

그림1. 절대값과 거리

■ 절대값의 성질

절대값의 성질은 다음과 같다.

절대값의 성질

(1) $|ab| = |a||b|$　　(2) $\left|\dfrac{a}{b}\right| = \dfrac{|a|}{|b|}$

(3) $|a+b| \leqq |a| + |b|$　　(4) $|a-b| \geqq |a| - |b|$

(5) $a > 0$일 때,

$|x| < a \iff -a < x < a$

$|x| > a \iff x < -a$ 또는 $x > a$

(6) $|x|^2 = x^2$,　$|x| = \sqrt{x^2}$　　(7) $|x| < |y| \iff x^2 < y^2$

절대값의 성질을 이용하면 절대값 기호를 없에는 방법으로 해결할 수 있다. 예를 들어 $|x| < 2$이면 x와 원점 사이의 거리는 2보다 작아야 한다. 즉, x는 2보다 작고 -2보다 커야 한다. 그러므로 $x > 2$ 또는 $x < -2$이다.

보기2

부등식 $|x-3|<2$를 풀어라.

풀이

절대값의 성질 (5)의 첫번째에 의하여 $a=2>0$이므로,

$$|x-3|<2 \iff -2<x-3<2$$

$$\therefore 1<x<5$$

보기2에서 $|x-3|$는 x와 3사이의 거리를 나타낸다. 이는 x와 3사이의 거리는 1과 5사이에 있는 거리가 된다. 구간으로 나타내면 $(1, 5)$이다.

보기3

부등식 $|2x-3| \geqq 1$를 풀어라.

풀이

준 식은 절대값의 성질(5)의 두 번째에 의하여,

$2x-3 \leqq -1$ 또는 $2x-3 \geqq 1$

$2x \leq 2$ 또는 $2x \geqq 4$

$x \leqq 1$ 또는 $x \geqq 2$

해집합으로 표시하면 $(-\infty, 1]$와 $[2, \infty)$의 합이다. 즉, $(-\infty, 1] \cup [2, \infty)$.

보기4

부등식 $|x-1|<2|x-3|$를 풀어라.

풀이

부등식 $2|2x-3|<|x+10|$를 풀어라.

$$2|2x-3|<|x+10| \Leftrightarrow |4x-6|<|x+10|$$

$$\Leftrightarrow (4x-6)^2<(x+10)^2$$

$$16x^2-48x+36<x^2+20x+100$$

$$15x^2-68x-64<0$$

$$(3x-16)(5x+4)<0$$

위 이차부등식의 분할점은 $-\frac{5}{4}$와 $\frac{16}{3}$이다. 이 수는 수직선을 세 개의 구간 $(-\infty, 5/4)$, $(-5/4, 16/3)(16/3, \infty)$로 나눈다. 따라서,

$$\therefore \left(-\frac{5}{4}, \frac{16}{3}\right)$$

[연습문제]

1. 다음이 참인지 거짓인지 구분하라.

(a) $-2<-8$ (b) $-2<-16$ (b) $-3<-\dfrac{22}{6}$

2. $a \leqq b$일 때 다음 중 참인 것은 어떤 것인지 보여라.

(a) $a^2 \leqq ab$ (b) $a-4 \leqq b-4$

(c) $a^3 \geqq a^2 b$ (d) $a^3 \leqq a^2 b$

(e) $-a \leqq -b$ (f) $-a \geqq -b$

* 문제 3~24에서 다음 부등식의 해집합을 구간기호로 나타내어라.

3, $x-6<2x-4$ 4. $2x-5<3x-7$

5. $6x-1<8x+3$ 6. $-3<3x+1<4$

7. $-5<4x-8<15$ 8. $4<6-3x<8$

9. $-3 \leqq 1-6x<5$ 10. $-4<3x+3<6$

11. $4<5-4x<10$ 12. $x^2-2x-16<0$

13. $x^2-5x-6>0$ 14. $x^2+2x-10<0$

15. $\dfrac{4x-3}{x-1} \geqq 0$ 16. $\dfrac{x+5}{x-4}<0$

17. $\dfrac{3}{x}<9$ 18. $\dfrac{1}{4x-1} \leqq 0$

19. $\dfrac{6}{5x} \leqq 7$ 20. $\dfrac{4}{x+8}>3$

21. $(x-1)(x+2)(x-3)>0$ 22. $(2x+2)(3x-2)(x-2)<0$

23, $x^3-x^2-x+2>0$ 24. $x^3-2x^2+x+6 \leqq 0$

25. 이차부등식 $x^2-3x-4 \geqq 0$을 풀어라.

26. 이차부등식 $x^2-2x+1 \leqq 0$을 구하라.

* 문제 27~34에서 주어진 부등식의 해집합을 구하라.

27. $|x-3|>6$ 28. $|x+3| \leqq 1$

29. $|5x+4| \leqq 12$ 30. $|2x-5|>2$

31. $\left|\dfrac{2x}{5}-7\right| \geqq 5$ 32. $\left|\dfrac{x}{3}+1\right|<1$

33. $\left|\frac{1}{x}-2\right|>6$ 34. $\left|3+\frac{6}{x}\right|\geqq 0$

35. 부등식 $|3x+1| < 2|x-6|$을 구하라.

36. 부등식 $|x-1|<2|x-3|$을 구하라.

37. 부등식 $|2x-1|>|x+1|$을 구하라.

38. 부등식 $|3x-1|\leqq 2|x+6|$을 구하라.

39. 절대값의 성질을 이용하여 다음이 성립함을 보여라.

(a) $|a-b|\leqq|a|+|b|$ (b) $|a-b|\geqq|a|-|b|$

40. a와 b의 산술평균 $\frac{a+b}{2}$은 두 수 a와 b 사이에 있음을 보여라.

즉, 다음이 성립함을 보여라. $a<b$일 때, $a<\frac{a+b}{2}<b$

41. 두 양수 a, b에 대해 다음의 기하평균-산술평균 부등식을 유도하라. $\sqrt{ab}\leqq(a+b)/2$

1.8 다항식과 유리함수

1.8.1 다항식

[정의] 다항식

$a_n \neq 0$, $n \geq 0$(n은 정수)일 때,

$$f(x) = a_n x^n + a_{n-1} x^{n-1} + a_{n-2} x^{n-2} + \cdots\cdots + a_1 x + a_0$$

여기서, a_0, a_1, a_2, $\cdots$, a_n는 다항식의 계수(coefficient)는 실수이다.

모든 다항식의 정의역은 실수 전체의 집합이다. 또한 일차다항식 $f(x) = ax + b$의 그래프는 직선이다. n차 다항식이라는 의미는 식의 최대 차수가 n차라는 뜻이다.

보기1

다음은 여러 다항식의 예이다.

(a) $f(x) = 1$ 영차다항식(상수)

(b) $f(x) = 2x + 1$ 일차다항식

(c) $f(x) = 2x^2 - x + 2$ 이차다항식

(d) $f(x) = x^3 - 2x + 2$ 삼차다항식

(e) $f(x) = -6x^4 + 12x + 15$ 사차다항식

(f) $f(x) = 2x^5 + 4x^4 - 8x^3 + x - 4$ 오차다항식

풀이

(a)~(f)의 그래프는 다음 그림1과 같다.

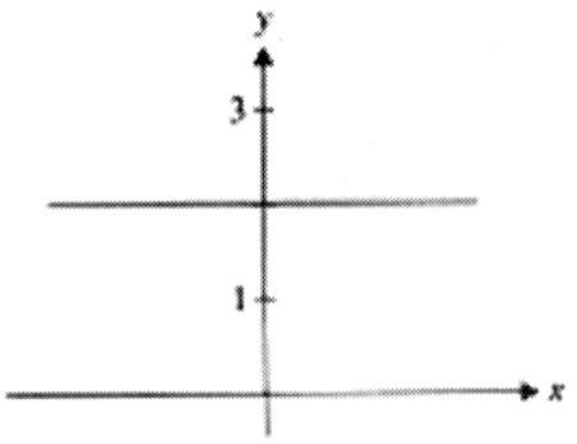

(a) $f(x) = 1$

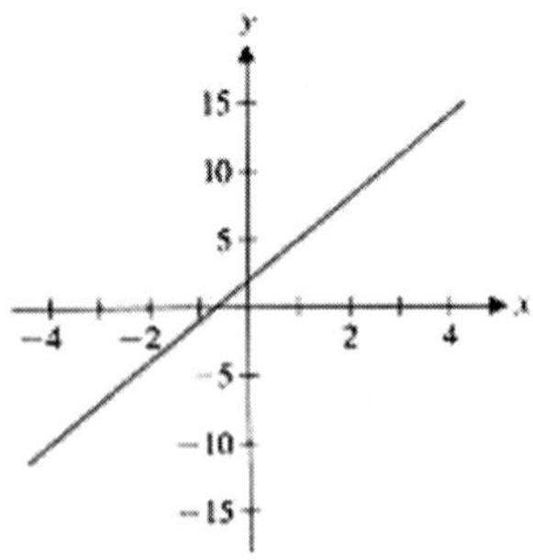

(b) $f(x) = 2x + 1$

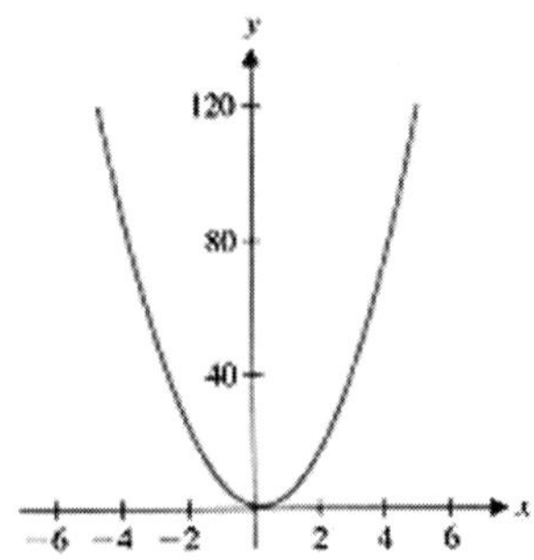

(c) $f(x) = 2x^2 - x + 2$

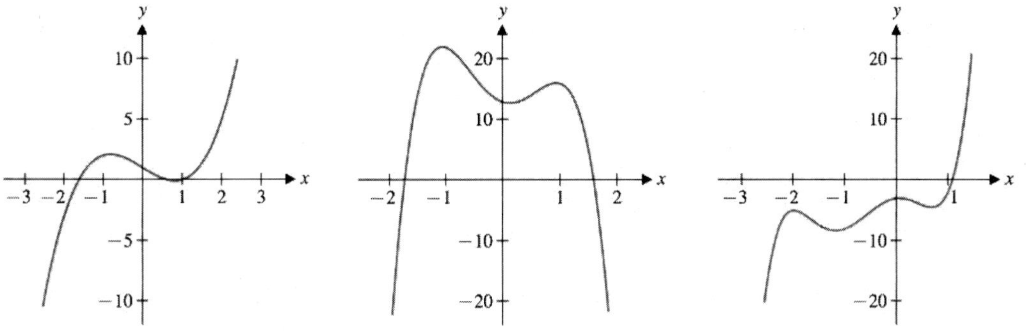

(d) $f(x) = x^3 - 2x + 2$ (e) $f(x) = -6x^4 + 12x + 15$ (f) $f(x) = 2x^5 + 4x^4 - 8x^3 + x - 4$

그림1. 어려 다항식의 예

1.8.2 대수함수와 초월함수의 정의

[정의] 대수함수와 초월함수

대수적 연산이나 거듭제곱근을 통하여 얻어지는 함수를 **대수함수(algebraic function)**라 하고, 대수적 함수가 아닌 함수를 **초월함수(transcendental function)**라 한다.

대수함수는 대수적으로 표현 가능한 함수를 의미한다. 다항함수, 다항함수의 분수로 표현되는 유리함두 등이 그 대표적인 예이다. 대수적으로 표현되지 않는 함수를 초월함수라 하며, 초월함수의 대표적인 예는 지수함수, 로그함수, 삼각함수, 역삼각함수, 쌍곡선함수, 역쌍곡선함수 등이다.

1.8.3 각종 함수의 정의

■ 유리함수

[정의] 유리함수

$p(x)$, $q(x) \neq 0$가 다항식을 때,

$$f(x) = \frac{p(x)}{q(x)}$$

를 유리함수(rational function)이라 한다.

$p(x)$와 $q(x)$는 다항식이므로 모든 x에 대하여 정의된다. 따라서 유리함수 $f(x)=\dfrac{p(x)}{q(x)}$는 $q(x)\neq 0$인 모든 x에 대해서 정의된다.

■ $y=\dfrac{k}{x}$, $(k\neq 0)$의 그래프

유리함수 $y=\dfrac{k}{x}$의 그래프는 다음의 성질을 가진다.

(1) 정의역과 치역은 모두 0을 제외한 실수 전체의 집합이다.
(2) 원점에 대하여 대칭이다.
(3) 점근선이 x축, y축인 직각 쌍곡선이다.
(4) $k>0$이면 그래프가 제1, 3사분면에 있고, $k<0$이면 그래프는 제2,4분면에 있다.
(5) $|x|$의 값이 클수록 곡선은 원점에서 멀어진다.

보기2

함수 $y=\dfrac{1}{x}$의 그래프를 그려라.

풀이

$y=\dfrac{1}{x}$의 그래프는 $y=x$의 그래프를 대칭으로 한 그래프이다. 점근선은 x축$(y=0)$과 y축$(x=0)$에 대칭인 그래프가 된다.

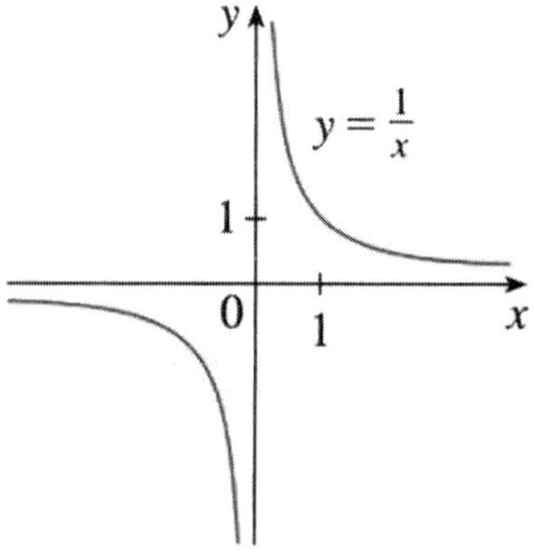

그림2. $y=\dfrac{1}{x}$의 그래프

보기3

유리함수 $y=\dfrac{1}{x-1}+2$의 그래프를 그리고, 정의역과 치역을 구하라.

풀이

정의역 $\{x|x\neq 1$인 모든 실수$\}$, 치역$\{y|y\neq 2$인 모든 실수$\}$

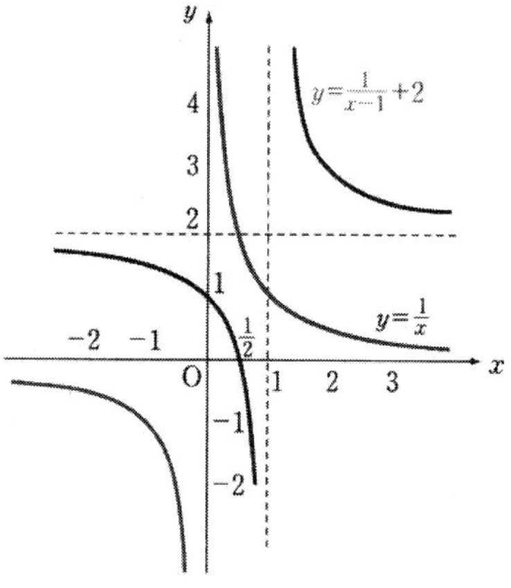

그림3. $y=\dfrac{1}{x-1}+2$의 그래프

보기4

유리함수 $y=-\dfrac{2}{x+3}-2$의 그래프를 그리고, 점근선을 구하라.

풀이

위 함수는 $y=\dfrac{2}{x}$의 그래프를 $y=x$를 축으로 대칭인 함수 $y=-\dfrac{2}{x}$를 그리고, x축 방향으로 -3만큼이동하고 y축 방향으로 -2만큼 평행 이동한 쌍곡선이 된다. 결과의 그래프는 그림4와 같다.

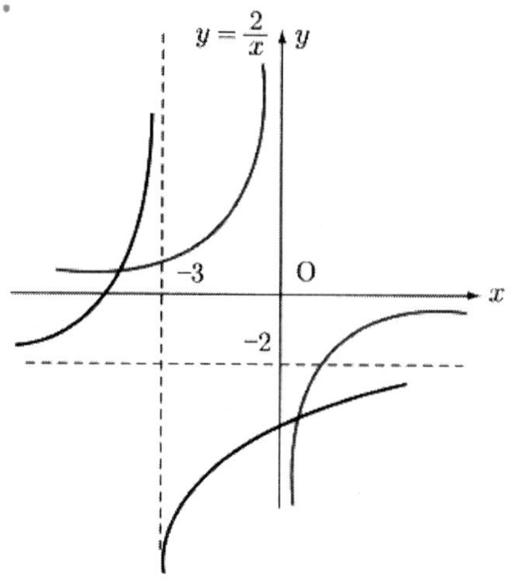

그림4. $y=-\frac{2}{x+3}-2$의 그래프

■ 무리함수

[정의] 무리함수

근호 $\sqrt{\ }$ 안에 미지수가 들어있는 무리식으로 주어지는 함수를 무리함수(irrational function)라 한다.

무리함수의 정의역은 근호 안의 값이 0 또는 양수가 되도록 하는 실수 전체의 집합이다. 여러 유형의 무리함수의 특성을 알아보자.

무리함수 $y=\sqrt{a(x-q)}+r$의 그래프

(1) $y=\sqrt{ax}$의 그래프를 x축 방향으로 q만큼, y축 방향으로 r만큼 평행이동한 그래프이다.

(2) $y=\sqrt{ax}$의 그래프는 함수 $y=\frac{1}{c}x^2$ $(c\neq 0)$의 역함수이다.

(3) $a>0$일 때, 정의역은 $\{x|x\geq q\}$이고 치역은 $\{y|y\geq r\}$이다.
$a<0$일 때, 정의역은 $\{x|x\leq q\}$이고 치역은 $\{y|y\geq r\}$이다.

1.9 직교좌표계

흔히 사용하는 xy좌표계(rectangular coordinates)라 부른다. 이 좌표계는 점을 원점으로부터 수평거리와 수직거리로 나타내기 때문에 붙여진 이름이다. 평면에서 두 개의 직선, 하나는 수평으로 긋고, 하나는 수직으로 그어서, 이들이 서로 만나는 교점을 O로 나타내고, 원점(origin)이라 부른다. 그리고, 수평 직선을 x축이라 부르고, 수직 직선을 y축이라 부른다. 원점O를 기준으로 x축의 양(+)의부분은 오른쪽이고, y축의 양(+)의 부분은 위쪽이다. 좌표축은 평면을 4개의 영역을 나누며 이를 사분면(quadrant)라 부르며, x와 y축이 모두 양(+)인 부분을 제 I 사분면이라 한다. 제 I 사분면을 기준으로 반시계방향으로 II, III, IV사분면으로 부른다(그림1).

평면위의 각 점 P에 한 쌍의 수들이 대응되며 이것을 그 점의 직교좌표라 한다. x축, y축과 각각 만나는 점이 a, b일 때 점P의 좌표는 (a, b)이다. 수 들의 순서에 따라서 달라지는 (a, b)를 수들의 순서쌍(ordered pair)라 한다. (a, b)의 앞의 수 a는 x좌표이고 두 번째 수 b는 y좌표라 부른다.

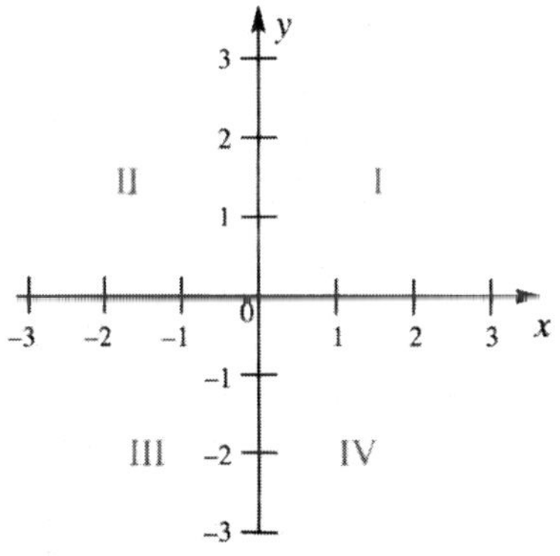

(a) 직교좌표계

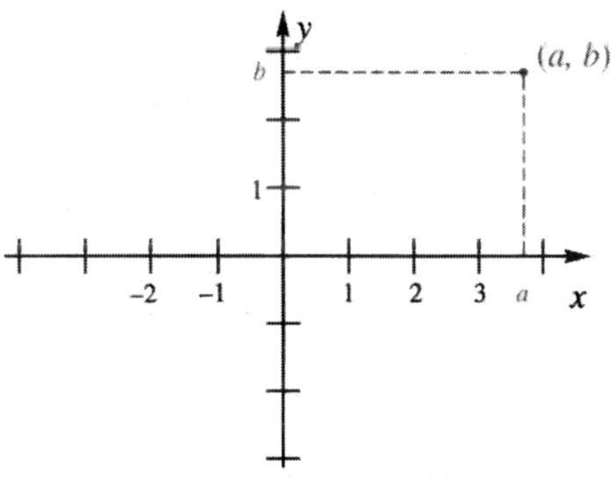

(b) 순서쌍

그림1. 직교좌표

■ 거리공식

좌표를 이용하여, 평면의 두 점 사이의 거리는 피타고라스의 정리를 이용하여 구할 수 있다. 피타고라스 정리는 직각삼각형에서 직각을 낀 두 변을 a, b이고 빗변을 c라 할 때, 다음과 같은 식이다.

[정리] 피타고라스 정리
직각삼각형에서 직각을 낀 두 변이 a, b이고 빗변이 c일 때 다음 식이 성립한다.

$$a^2 + b^2 = c^2$$

좌표평면상의 임의의 점 P와 Q를 생각하자. 점 P의 좌표를 (x_1, y_1), 점 Q의 좌표를 (x_2, y_2)라 하고 좌표가 (x_2, y_1)인 점 R을 잡으면, 점 P, Q, R은 직각삼각형의 꼭지점이 된다. $\overline{PR}$과 $\overline{RQ}$의 길이는 각각 $|x_2 - x_1|$와 $|y_2 - y_1|$이다. 여기에 피타고라스 정리를 적용하고 양변에서 양의 제곱근을 구하면 다음과 같은 길이 L을 구할 수 있다. 길이 L을 거리공식이라 한다.

[정리] 거리공식{distance formula}

$$L(P, Q) = \sqrt{(x_2 - x_1)^2 + (y_2 - y_1)^2}$$

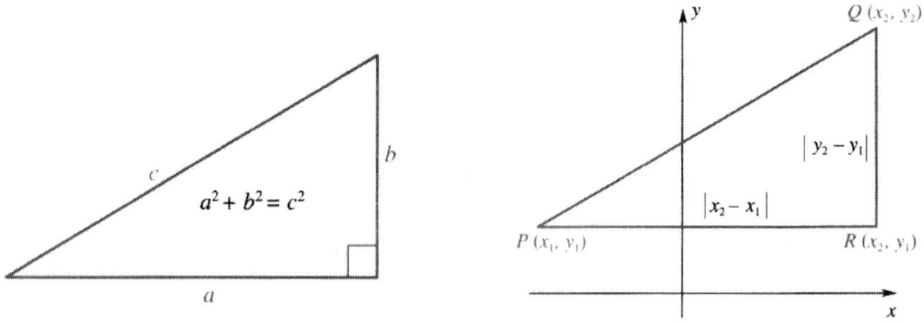

(a) 피타고라스 정리 (b) 거리공식

그림2. 거리공식

보기1

다음 두 점 사이의 거리를 구하라.

(a) $P(-1, 2)$와 $Q(3, -2)$ (b) $P(\sqrt{3}, \sqrt{5})$와 $Q(\pi, 2\pi)$

풀이

(a) $L(P, Q) = \sqrt{(3-(-1))^2 + (-2-2)^2} = \sqrt{16+16} = \sqrt{32} = 4\sqrt{2} \approx 5.66$

(b) $L(P, Q) = \sqrt{(\pi - \sqrt{3})^2 + (2\pi - \sqrt{5})^2} \approx \sqrt{8.3660} \approx 2.89$

■ 원의 방정식

반지름이 r이고 중심이 $(p,\ q)$인 원의 방정식은 다음과 같다.

> **[정리] 원의 방정식**
> 반지름이 r이고 중심이 $(p,\ q)$일 때,
> $$(x-p)^2+(y-q)^2=r^2$$
> 특히 중심이 원점$(0,\ 0)$인 경우,
> $$x^2+y^2=r^2$$
> 이다.

보기2

반지름이 3이고 중심이 $(1,\ -2)$인 원의 방정식을 구하라. 그리고 x좌표가 2일 때 원에 놓여있는 두 점의 y좌표를 구하라.

풀이

구하는 방정식은

$$(x-1)^2+(y+2)^2=9$$

구하는 y좌표는

$$(2-1)^2+(y+2)^2=9$$
$$(y+2)^2=8$$
$$y+2=\pm\sqrt{8}$$
$$\therefore\ y=-2\pm\sqrt{8}\ =\ -2\pm2\sqrt{2}$$

보기3

방정식

$$x^2-2x+y^2+4y=\ -1$$

은 원을 나타냄을 보이고 그 중심과 반지름을 구하라.

풀이

방정식을 완전제곱의 형태로 고친다.

$$x^2-2x+1-1+y^2+4y+4-4\ =\ -1$$
$$(x-1)^2+(y+2)^2\ =\ 4$$

따라서, 중심 $(1,\ -2)$이고 반지름이 2인 원의 방정식이다.

■ 중점공식

[정리] 중점공식(midpoint formula)

$x_1 \leqq x_2$이고 $y_1 \leqq y_2$인 두 점 $P(x_1,\ y_1)$과 $Q(x_2,\ y_2)$를 잇는 성분의 중점은

$$\left(\frac{x_1+x_2}{2},\ \frac{y_1+y_2}{2}\right)$$

보기4

$(1, 4)$과 $(9. 12)$을 잇는 선분을 지름으로 하는 원의 방정식을 구하라.

풀이

원의 중심은 지름의 중점이 되므로 중심의 좌표성분은 x좌표는 $(1+9)/2=5$이고, y좌표는 $(4+12)/2=8$이다. 거리공식을 써서 지름의 길이를 구한다.

$$\sqrt{(9-1)^2+(12-4)^2} = \sqrt{64+64} = \sqrt{128} = 8\sqrt{2}$$

이므로, 원의 반지름은 $4\sqrt{2}$이다. 따라서, 구하는 원의 방정식은

$$\therefore\ (x-5)^2+(y-8)^2=32$$

■ 직선의 기울기 m

$$m=\frac{y_2-y_1}{x_2-x_1}$$

수평인 직선은 기울기가 0이고, 오른쪽으로 올라가는 지긱선은 기울기가 양이고, 오른쪽으로 내려가는 직선은 기울기가 음이 된다. 직선의 기울기 식을 변형하면 직선의 방정식을 나타낸다.

[정리] 직선의 방정식

임의의 점$(x_{1,}\ y_1)$을 지나고 기울기가 m인 직선의 방정식은

$$y-y_1=m(x-x_1)$$

보기5

두 점(1, 4)과 (9. 12)을 지나는 직선의 방정식을 구하라.

풀이

기울기 $m=\dfrac{y_2-y_1}{x_2-x_1}=\dfrac{12-4}{9-1}=\dfrac{8}{8}=1$ 그러므로 (1, 4)를 고정점으로 사용하면,

$$y-4=1\cdot(x-1)\quad\therefore\ y=x+3$$

직선의 방정식은 여러 형태로 나타낼 수 있다. 직선의 기울기가 m이고 y절편이 b일 때 이 직선은 y축과 $(0, b)$에서 서로 만난다. 따라서 직선의 방정식을 이용하면,

$$y-b=m(x-0)$$

$$\therefore\ y=mx+b$$

가 된다. 또한 수직인 직선은 기울기를 정의할 수 없다. 그러나 간단한 형식의 방정식이 된다. 즉, $x=k$ (k는 상수)의 형태의 방정식이 된다. 수평직선의 경우는 $y=k$의 형태로 나타난다. 또한 모든 항들을 왼편으로 옮겨서 나타내는 방정식을 일반선형방정식(general linear equation)이라고 한다.

> **[정리] 일반선형방정식**
>
> $$Ax+By+C=0,\ (\text{단, } A\neq 0.\ B\neq 0)$$

■ 평행한 두 개의 직선

두 직선이 서로 만나지 않으면 그 직선은 서로 평행하다고 한다. 방정식 $y=3x+2$와 $y=3x-1$은 서로 평행하다. 그 이유는 x의 값이 어떤 것이든 두 번째 직선은 첫 번째 직선에 비해 3만큼 작다. 즉, 3만큼 아래에 놓인다. 이는 기울기가 같은 직선은 서로 평행인 직선이 되며 기울기와 절편이 같은 직선은 한 직선이다. 이를 정리하면 다음과 같다.

> **[정리] 두 직선의 평행**
>
> x축에 수직이 아닌 두 직선이 서로 평행할 필요충분조건은 기울기가 같고 y절편이 다른 직선이다.

보기6

점$(2, 3)$을 지나고 직선 $2x-6y=10$과 평행한 직선의 방정식을 구하라.

풀이

식 $2x-6y=10$를 y에 관해 풀면,

$$6y=2x-10,$$

$$y=\frac{1}{3}x-\frac{5}{3}$$

이므로, 이 직선의 기울기는 $m=\frac{1}{3}$이다. 따라서 구하는 직선의 방정식은

$$y-3=\frac{1}{3}(x-2),$$

$$\therefore\ y=\frac{1}{3}x+\frac{7}{3}$$

위 두 직선은 y절편이 $-\frac{5}{3}$과 $\frac{7}{3}$로 다르므로 두 평행한 직선이다.

■ 직선의 직교

수직이 아닌 두 직선이 서로 직교할 필요충분조건은 두 직선의 기울기가 서로 음의 역수이다(그림3).

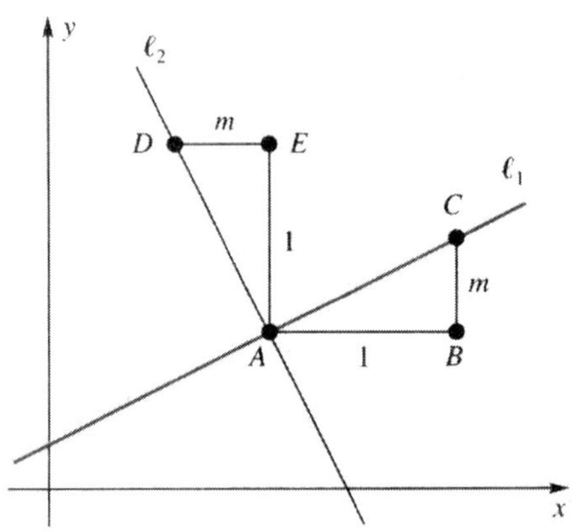

그림3. 직교하는 직선

[정리] 두 직선의 직교

x축에 수직이 아닌 두 직선이 서로 직교할 필요충분조건은 두 직선의 기울기가 서로 음의 역수이다. 즉,

$$m_2 = -\frac{1}{m_1}$$

보기7

$2x+3y=6$과 $6x-8y=8$의 (a) 교점을 구하라. 이 교점을 지나고 앞의 직선에 (b)수직인 직선의 방정식을 구하라.

풀이

(a) 교점을 구하기 위하여 두 방정식

$$2x+3y=6 \quad ①$$
$$6x-8y=8 \quad ②$$

윗 식을 ① $\times(-3)+$②를 하면,

$$\begin{array}{rr} & -6x-9y=-18 \\ + & 6x-8y=8 \\ \hline & -17y=10 \end{array}$$

$$\therefore\ y=-\frac{17}{10}$$

y를 윗 식에 대입하여 $x=\frac{93}{5}$가 된다. 따라서,

교점은 $\left(\frac{93}{5}, -\frac{17}{10}\right)$

(b) 처음 방정식을 y에 대해 풀면,

$$y=-\frac{2}{3}x+2$$

를 얻는다. 이 식과 직교하는 기울기 m은 $m=-\frac{1}{m_2}=-\frac{1}{-\frac{2}{3}}=\frac{3}{2}$이다.

따라서, 구하는 직선의 방정식은

$$\therefore\ y+\frac{17}{10}=\frac{3}{2}\left(x-\frac{93}{5}\right)$$

[연습문제]

* 문제 1~6에서 주어진 점들을 좌표평면에 나타내고 그들 사이의 거리를 구하라.

1. $(4, 1)$, $(1, 1)$
2. $(-2, 4)$, $(1, -1)$
3. $(5, 6)$, $(5, -9)$
4. $(-2, 4)$, $(5, 2)$
5. $(1, 0)$, $(-4, 8)$
6. $(3, -2)$, $(-1, 4)$

7. 꼭지점이 $(-1, 0)$, $(3, 4)$, $(7, 0)$인 삼각형은 이등변삼각형임을 보여라.
8. 꼭지점이 $(3, -4)$, $(5, 0)$, $(9, -2)$인 삼각형은 직각삼각형임을 보여라.
9. 점$(4, -1)$과 $(4, 4)$는 정사각형의 꼭지점이다. 나머지 꼭지점으로 가능한 점을 모두 구하라.
10. 점$(4, 2)$와 $(7, 5)$로부터 같은 거리이면서 x축에 놓여 있는 점을 찾아라.
11. $(-3, -3)$과 $(3, 2)$를 잇는 선분의 중점을 구하고 중점과 점$(-3, 4)$와 사이의 거리를 구하라.
12. $A=(1, 4)$, $B=(2, 7)$, $C=(5, 8)$, $D=(4, 5)$일 때 선분 $\overline{AB}$와 선분 $\overline{CD}$의 중점들을 잇는 선분의 길이를 구하라.

* 문제 13~20에서 다음 조건을 만족하는 원의 방정식을 구하라.

13. 중심 $(2, 2)$ 반지름 2
14. 중심 $(-1, 2)$ 반지름 5
15, 중심 $(3, 1)$ 반지름 1
16. 중심 $(3, 0)$, 점$(7, 2)$를 지난다.
17. 중심 $(2, 3)$이고 x축을 지난다.
18. 중심 $(2, 3)$이고 y축을 지난다.
19. 지름이 $\overline{AB}$이고 점A의 좌표는 $A=(1, 4)$, 점B의 좌표는 $B=(4, 8)$
20. 지름 $\overline{AB}$이고, $A=(1, 3)$, $B=(4, 8)$

* 문제 21~26에서 주어진 방정식이 나타내는 원의 중심과 반지름을 구하라.

21. $x^2-2x+6+y^2-4y-12=0$
22. $x^2+y^2-4y=12$
23. $x^2+y^2-6x+26=0$
24. $x^2+y^2-8x+8y=0$
25. $4x^2+8x+13+4y^2+6y=0$
26. $x^2-4x-12+y^2-6y=0$

* 문제 27~36에서 주어진 두 점을 지나는 직선의 기울기를 구하라.

27. $(4, 1)$, $(1, 1)$
28. $(-2, 4)$, $(1, -1)$
29. $(5, 6)$, $(5, -9)$
30. $(-2, 4)$, $(5, 2)$
31. $(1, 0)$, $(-4, 8)$
32. $(3, -2)$, $(-1, 4)$
33. $(2, 2)$, $(4, 4)$
34. $(-5, 0)$, $(0, 5)$
35. $(1, 2)$, $(3, 6)$
36. $(0.2, -1.2)$, $(-1.2, -0.2)$

* 문제 37~42에서 직선의 방정식을 구하고 $Ax+By+C=0$의 꼴로 나타내라.

37. 점$(1, 1)$을 지나고, 기울기 -2
38. 점$(3, 4)$를 지나고, 기울기 -1
39. y절편이 2이고, 기울기가 3
40. y절편이 4이고 기울기가 0
41. 점$(2, 2)$와 $(5, 9)$를 지나는 직선
42. 점$(4, 2)$와 $(10, -4)$를 지나는 직선

* 문제 43~46에서 다음 방정식의 직선의 기울기와 y절편을 구하라.

43. $2y=-3x-1$
44. $-3y=6x-9$
45. $3-3y=4x-2$
46. $5x-6y=-10$

47. 점$(2, -2)$를 지니고 다음을 만족하는 직선의 방정식을 구하라.
    (a) 직선 $y=2x+7$과 평행
    (b) 직선 $y=2x+7$과 직교
    (c) 직선 $2x+5y=10$과 평행
    (d) 직선 $2x+5y=10$과 직교
48. 점$(-1, -2)$을 지나고 직선 $y-4=2(x-3)$와 직교하는 직선의 방정식을 구하라.
49. 직선 $cx-4y=12$이 다음을 만족하도록 c값을 정하라.
    (a) 직선 $y=2x+4$과 평행 (b) 직선 $y=2x+4$와 직교
50. 점$(2, 2)$ $(6, 2)$, $(6, -2)$, $(2, -2)$는 정사각형의 꼭지점이다. 이 정사각형에 내접하는 원과 외접하는 원의 방정식을 구하라.
51. x절편이 a $(a\neq 0)$이고, y절편이 b $(b\neq 0)$인 직선의 방정식은 다음식으로 나타남을 보여라.

$$\frac{x}{a}+\frac{y}{b}=1$$

52. 직각삼각형의 빗변의 중점은 세 꼭지점들로부터 같은 거리에 있음을 보여라.

53. 꼭지점이 $(0, 0)$, $(6, 0)$, $(0, 4)$인 직각삼각형에 외접하는 원의 방정식을 구하라.
54. 꼭지점이 $(0, 6)$, $(2, 0)$, $(6, 8)$인 삼각형의 외접원의 중심을 구하라.
55. 변의 길이가 3, 4, 5인 삼각형에 내접하는 원의 반지름을 구하라.
56. 삼각형의 두 변의 중점 M_1과 M_2을 지나는 직선은 나머지 한 변과 평행함을 보여라.
57. 임의의 사각형의 인접 변들과 중점을 잇는 선분들은 평행사변형이 됨을 보여라.

1.10 그래프의 방정식과 함수의 표현

1.10.1 방정식의 그래프

■ 대칭 그래프

예를 들어 $y=x^2-3$의 그래프를 살펴보면(그림1.), y축을 따라 좌표평면을 접으면, 그래프 위의 함수 선(곡선)이 일치한다. 즉, 이 그래프는 $(1,\ -2)$는 $(-1,\ -2)$와 일치하고, $(2,\ 1)$은 $(-2,\ 1)$과, $(3,\ 6)$은 $(-3,\ 6)$과 일치한다. 일반적으로 $(x,\ y)$는 $(-x,\ y)$와 일치하게 된다. 대수적으로 살펴보면, x대신에 $-x$를 방정식 $y=x^2-3$에 넣어도 같은 방정식이 됨을 알 수 있다.

위의 사실에서, 임의의 그래프로 확장시켜보자. $(x,\ y)$가 그래프위에 놓여 있을 때 $(-x,\ y)$도 그 그래프에 놓여 있으면, 그 그래프는 **y축에 대하여 대칭**이다. 마찬가지로, $x=y^2+1$에 대하여 살펴보면, $(x,\ y)$가 그 그래프에 놓여 있을 때 $(x,\ -y)$도 그 그래프에 놓여있으면, 이 그래프는 **x축에 대하여 대칭**이다. 또한, $(x,\ y)$가 그래프위에 놓여 있을 때 $(-x,\ -y)$도 그 그래프에 놓여있으면 그 그래프는 **원점에 대하여 대칭**이다. 정리하면 다음과 같다.

[정리] 함수그래프의 대칭 판정
① x대신 $-x$를 넣어도 같은 방정식이면, y축에 대칭이다.
② y대신 $-y$를 넣어도 같은 방정식이면, x축에 대칭이다.
③ x대신 $-x$를 넣고, y대신 $-y$를 넣어도 같은 방정식이면 원점에 대칭이다.

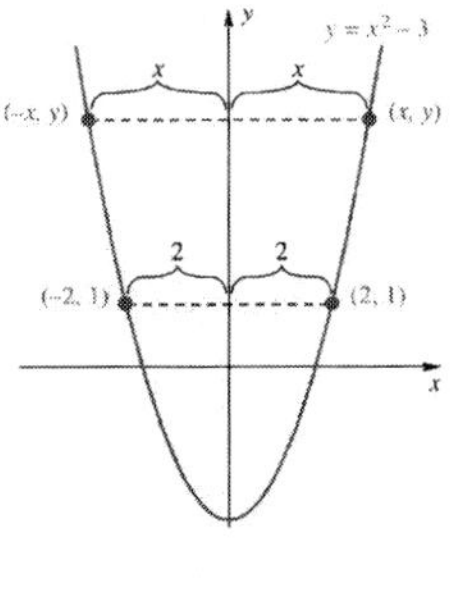

(a) y축에 대칭

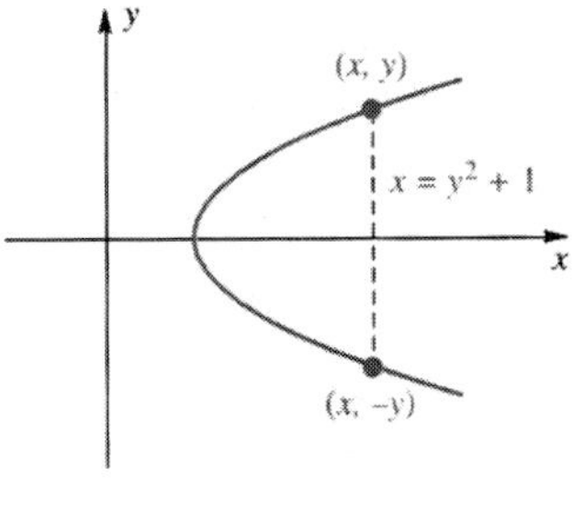

(b) x축에 대칭

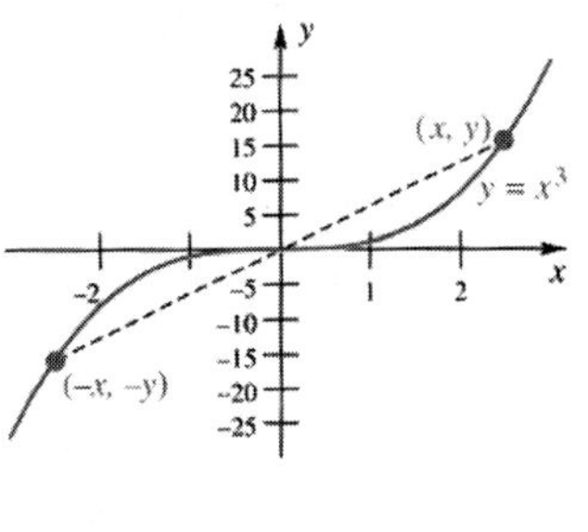

(c) 원점에 대칭

그림1. 대칭인 그래프

■ x절편, y절편

x와 y의 방정식의 그래프는 평면의 점들 중에 좌표 (x, y)가 그 방정식을 만족하는 것이 되도록 하는 것들의 집합이다. 이는 곡선이 기하학적인 대상이라면 방정식은 대수적 대상이 된다. 평면상에 그래프를 그리는 과정은 첫 번째, 이 방정식을 만족하는 몇몇 점의 좌표를 구한다. 두 번째, 이 점들을 평면에 나타낸다. 셋 째, 이 점들을 매끄러운 곡선으로 잇는다.

방정식의 그래프가 두 좌표축과 만나는 점들은 여러 가지 경우에서 중요한 역할을 한다. 다음과 같은 방정식을 살펴보자.

$$y = x^3 - 4x^2 + x + 6 = (x+1)(x-2)(x-3)$$

이 식에서 $y=0$이 되는 것은, $x=-1, 2, 3$일 때이다. 이 -1, 2. 3을 **x절편**이라 한다. 또한 $x=0$이 되는 것은 $y=6$일 때이다. 이 6을 **y절편**이라 한다.

이차방정식의 그래프는 컵 모양의 곡선이 되며 이런 곡선을 포물선(parabola)이라 한다. 어떤 방정식이 $a \neq 0$이고, $y = ax^2 + bx + c$ 또는 $x = ay^2 + by + c$의 형태이면 이 그래프는 포물선이 된다. 앞의 방정식의 경우 $a > 0$이면 이 그래프는 아래로 볼록하며, $a < 0$이면, 위로 볼록한 형태가 된다. 두 번째 방정식의 경우 왼쪽으로 볼록한 형태가 된다. $a < 0$이면 반대로 오른쪽으로 볼록한 형태가 된다.

$y = ax^2 + bx + c$ 의 형태나 $x = ay^2 + by + c$의 형태를 이차방정식의 일반형이라 한다. 이차방정식과 삼차방정식의 개형을 그림2에 표시하였다.

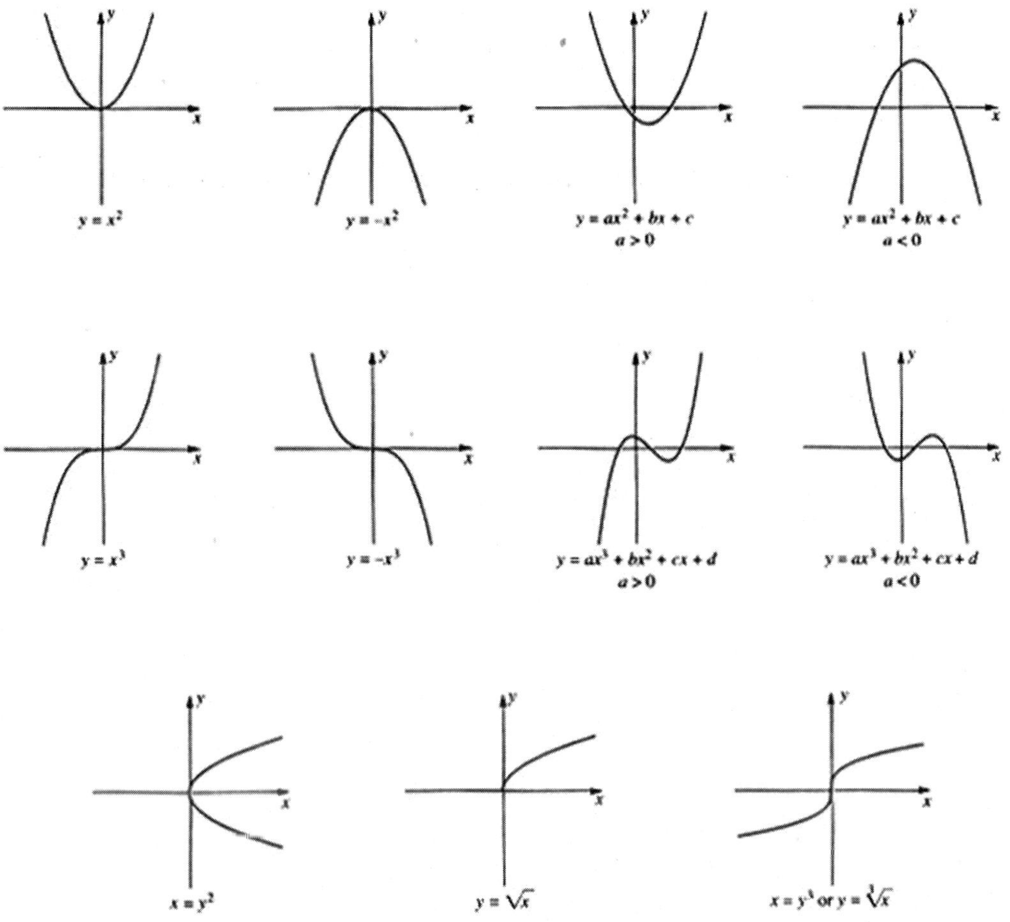

그림2. 2차, 3차방정식 일반개형

■ 교점

두 그래프와 만나는 점을 교점이라 하고 다음 보기에서 알아본다.

보기1

직선 $y=2x-2$와 포물선 $y=2x^2-4x-2$의 교점을 구하라. 두 그래프를 한 좌표평면위에 그려라.

풀이

두 방정식을 연립하여 푼다. 첫째 방정식의 yy를 둘째 방정식에 대입하여 x에 대하여 푼다.

$$2x-2=2x^2-4x-2$$
$$0=2x^2-6x$$
$$0=2x(x-3)$$
$$\therefore\ x=0,\ x=3$$

이 값 들을 넣으면, 대응하는 y의 값은

$$\therefore\ y=-2,\ y=3$$

그러므로 교점은 $(0,\ -2)$와 $(3, 4)$이다. 두 그래프는 그림3.과 같다.

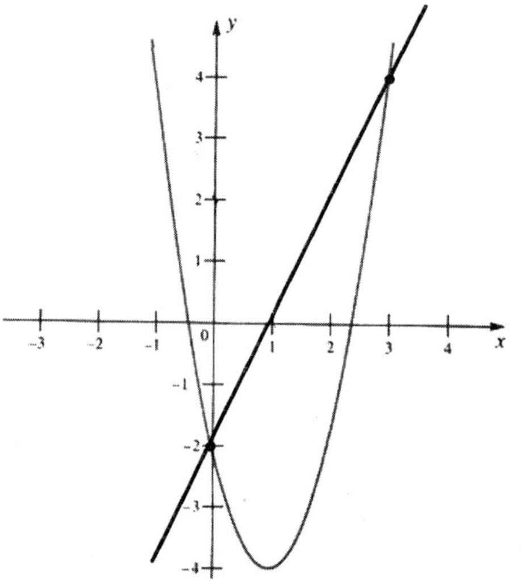

그림3. 보기1의 그래프

1.10.2 함수와 그래프

함수는 수학에서 매우 중요한 개념으로 수학을 표현하는데 있어 기본이 된다. 함수의 정의를 알아보고 함수의 표기법, 정의역과 치역, 우함수와 기함수, 함수의 그래프 표현기법에 대하여 알아본다. 함수는 일반적으로 각각의 x에 대해 y가 오직 하나씩 대응되는 대응규칙을 함수라 한다.

> **[정의] 함수**
>
> **함수**(function)란 두 집합 X, Y의 각 원소 x에 하나의 원소 y가 대응될 때 이 대응을 X에서 Y로 대응시키는 규칙이다. 이 함수를 f라 할 때
>
> $$f : X \Rightarrow Y$$
>
> 로 표시한다. 집합 X를 **f의 정의역**(domain)이라 하고 집합 Y를 **f의 치역**(range)이라 한다.
>
> 정의역 X의 원소 x에 대응되는 치역 Y의 원소 y를 $f(x)$로 나타내며, $f(x)$를 x에서의 함수값이라 한다. 치역을 집합기호로 표시하면 다음과 같다.
>
> $$f(X) = [f(x) \ x \, IN X]$$
>
> 또한, x를 독립변수(independent variable), y를 종속변수(dependent variable)라 한다

함수의 정의역과 치역이 실수의 집합이면, 그 함수의 그래프를 좌표평면에 그림으로 나타낼 수 있다. 함수 f의 그래프는 방정식 $y = f(x)$의 그래프를 의미한다.

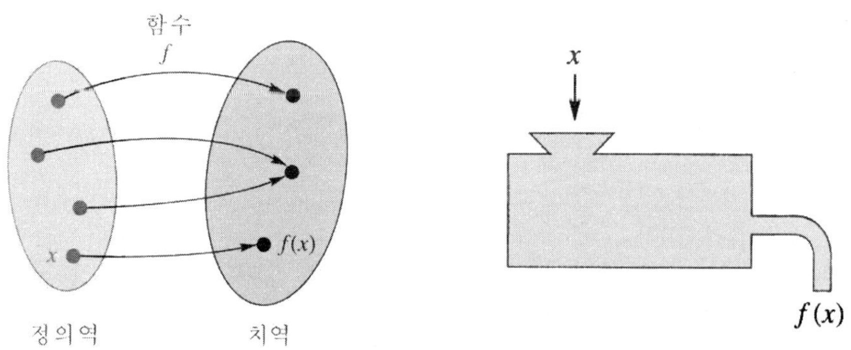

(a) 정의역과 치역　　　　(b) 함수의 개념

그림4. 함수

함수의 정의역과 치역의 집합에는 제약조건이 없다. 그러므로 어떤 함수를 완벽하게 나타내려면, 그 대응규칙과 함께 정의역과 치역도 명시해 주어야 한다. 그러나 본 교재에서는 정의역과 치역이 실수의 부분집합인 함수만을 고려사항으로 다룬다. 즉, 함수 f의 정의역이 제시되지 않았을 경우 함수값 $f(x)$가 실수로 정의 되는 모든 실수 x의 집합을 함수 f의 정의역이라 생각한다.

■ 수직선판정법

방정식 $y=f(x)$의 그래프를 함수 f의 그래프라 한다. 어떤 곡선이 x축에 수직인 직선과 두 점에서 만나면, 이 곡선은 함수의 그래프가 될 수 없다. 그 이유는 x의 값에 y의 값이 반드시 하나만 대응되어야 함수가 되기 때문이다. 이렇게 함수인지 아닌지를 판정하는 방법을 수직선 판정법(vertical line test)이라 한다(그림5).

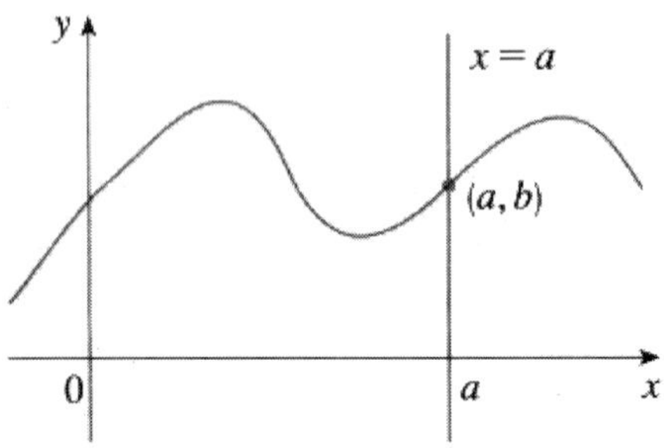

(a) 함수인 경우

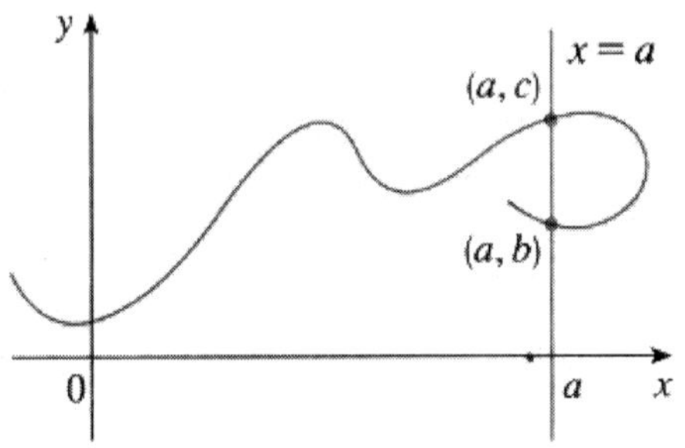

(b) 함수가 아닌 경우

그림5. 수직선 판정법

보기2

다음 그림6의 곡선이 함수의 그래프가 될 수 있는지 판정하라.

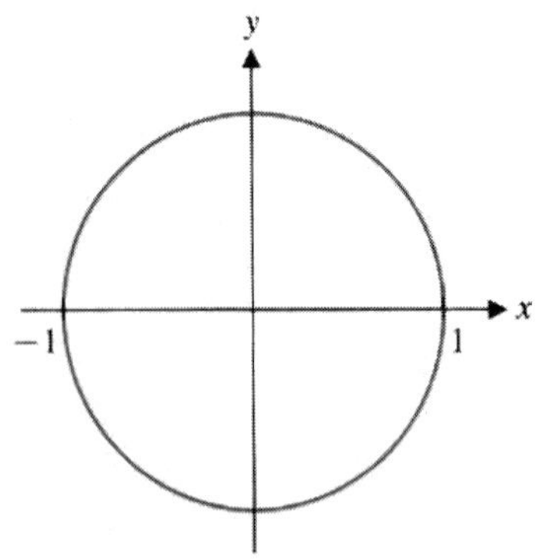

(a) 원의 방정식의 그래프

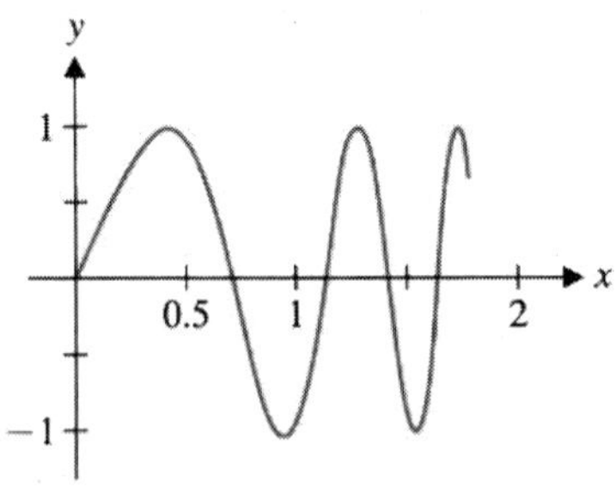

(b) 방정식의 그래프

그림6. 보기2

풀이

그림6.(a)에서 원의 방정식 그래프는 함수의 그래프가 아니다. $x=1/2$를 지나는 직선은 이 원의 그래프와 두 점에서 만나기 때문이다. 그림6.(b)는 함수의 그래프이다. 모든 수직선이 이 곡선과 한 점에서 만나기 때문이다.

■ 정의역과 치역

예를 들어 함수 F는 $F(x)=x^2-1$로 정의되고 정의역이 $[-1, 0, 1, 2, 3]$이라면, 치역은 $[-1, 0, 3, 8]$이 된다. 치역은 대응규칙과 정의역에 의하여 결정된다. 어떤 함수의 정의역이 구체적으로 제시되지 않은 경우, 그 정의역은 대응규칙에서 제한된 것을 제외한 최대의 실수 집합 $\mathbb{R}$로 생각한다. 이것을 **자연정의역(natural domain)**이라 부른다. 자연정의역에 들어가지 않는 수는 분모를 0이 되게 하는 수, 제곱근 내에 음수가 되는 수 등이다

보기3

두 함수의 정의역이 같은지 판단하라.

$$f(x)=\frac{1}{x}, \quad g(x)=x+1$$

풀이

함수 $f(x)=\dfrac{1}{x}$의 정의역은 $[x|x\neq 0]$이다. 따라서 f는 "0이 아닌 모든 실수들의 집합" 이다. 함수 $g(x)=x+1$의 정의역은 $[x|x\in\mathbb{R}]$이다. 따라서 f는 "모든 실수들의 집합" 이 된다. 따라서 두 함수의 정의역은 서로 같지 않다.

보기4

다음 함수의 자연정의역을 구하라.

(a) $f(x)=\dfrac{3}{x-1}$ (b) $g(t)=\sqrt{4-t^2}$ (c) $h(w)=\dfrac{2}{w^2-w}$

풀이

(a) 1은 분모를 0으로 만들기 때문에 정의역의 원소가 될 수 없다. 따라서 정의역은 $\{[x \ x\neq 1]\}$이다. 그러므로 함수 f의 정의역은 "1이 아닌 모든 실수집합" 이다.

(b) 제곱근이 정의 되려면 $4-t^2\geq 0$이므로 t는 $|t|\leq 2$이어야 한다. 그러므로 정의역은 $\{[t| \ |t|\leq 2]\}$이며, 구간기호를 쓰면 $[-3, 3]$이다.

(c) $h(w)=2/(w^2-w)=2/w(w-1)$이다. $w\neq 0$. $w\neq 1$이어야 한다. 그러므로 정의역은

$\{w \mid w \neq 0,\ w \neq 1\}$이며, 구간기호를 쓰면 $(-\infty, 0) \cup (1, \infty)$

> **[정의] 단사함수, 전사함수, 전단사함수**
> 함수 $f: X \to Y$에서
> ① 정의역내 두 점 x_1, x_2에 대하여, $x_1 \neq x_2$이면 $f(x_1) \neq f(x_2)$일 때, 함수 f를 단사함수(injective function) 또는 일대일함수라 한다.
> ② $f(X) = Y$일 때, 함수 f를 전사함수(surjective function)라고 한다.
> ③ f가 단사이고 전사일 때, f를 전단사함수(bijective function) 또는 일대일대응함수라고 한다.

1.10.3 함수의 변환

주어진 함수 또는 알려진 함수의 그래프에 변환을 적용하여 이와 관련된 함수의 그래프를 얻을 수 있다. 이런 변환을 통해 수많은 함수의 그래프를 쉽게 그릴 수 있다. 또한 변환된 그래프에 대한 방정식도 구할 수 있게 된다.

■ 합성함수

새로운 함수가 주어진 두 함수를 결합시키는 과정을 합성이라 한다. 일반적으로 주어진 두 함수 f와 g에 대해, g의 정의역이 x로 시작해서 $g(x)$를 구한다. $g(x)$가 정의역 내에 있으면 $f(g(x))$의 값을 계산한다. 이렇게 한 함수의 출력이 다음 함수의 입력으로 사용되며, 이렇게 만들어진 새로운 함수 $h(x) = f(g(x))$를 f와 g의 합성이라 하고 $f \circ g$로 표기한다.

> **[정의] 합성함수**
> 주어진 두 함수 f와 g에 대해 합성함수를 다음과 같이 정의한다.
> $$(f \circ g)(x) = f(g(x))$$

예를 들어 $f(x) = \dfrac{x-2}{3}$와 $g(x) = \sqrt{x}$인 함수의 합성함수를 구해보자. 이 함수는 $f \circ g(x)$와 $g \circ f(x)$의 두 가지 방법으로 합성할 수 있다. 즉,

$$f \circ g(x) = g(f(x)) = g\left(\frac{x-2}{3}\right) = \sqrt{\frac{x-2}{3}}$$

$$g \circ f(x) = g(f(x)) = f(\sqrt{x}) = \frac{\sqrt{x}-2}{3}$$

여기서, $f \circ g(x)$와 $g \circ f(x)$는 같지 않다. 즉, 함수의 합성은 가환적이지 않다.

함수 $g \circ f$의 정의역은 다음을 만족하는 함수이다.

(1) x는 f의 정의역내에 있다.

(2) $f(x)$는 g의 정의역내에 있다.

보기6

$f(x) = \sqrt{x}$ 이고, $g(x) = \sqrt{4-x}$ 일 때 다음 각 함수의 정의역을 구하라.

(a) $f \circ g$ (b) $g \circ f$ (c) $f \circ f$ (d) $g \circ g$

풀이

(a) $(f \circ g)(x) = f(g(x)) = f(\sqrt{4-x}) = \sqrt{\sqrt{4-x}} = \sqrt[4]{4-x}$

$f \circ g$의 정의역은 $\{x|4-x \geqq 0\}=\{x|x \leqq 4\} = (-\infty, 4)$

(b) $(g \circ f)(x) = g(f(x)) = g(\sqrt{x}) = \sqrt{4-\sqrt{x}}$

$\sqrt{x}$가 정의되기 위해서는 $x \geqq 0$이 되어야 한다. $\sqrt{4-\sqrt{x}}$가 정의되기 위해서는 $4-\sqrt{x} \geqq 0$이어야 한다. 따라서 $\sqrt{x} \leqq 4$ 또는 $x \leqq 16$이어야 한다. 그러므로, $0 \leqq x \leqq 16$이고 $g \circ f$의 정의역은 폐구간$[0, 16]$이다.

(c) $(f \circ f)(x) = f(f(x)) = f(\sqrt{x}) = \sqrt{\sqrt{x}} = \sqrt[4]{x}$

$f \circ f$의 정의역은 구간$[0, \infty)$이다.

(d) $(g \circ g)(x) = f(g(x)) = g(4-\sqrt{x}) = \sqrt{4-\sqrt{4-x}}$

$g \circ g$의 정의역은 $4-x \geqq 0$이고, $4-\sqrt{4-x} \geqq 0$일 때 정의된다. 첫 번째 부등식은 $x \leqq 4$이고 두 번째 부등식은 $\sqrt{4-x} \leqq 4$ 또는 $4-x \leqq 16$, $x \geqq -12$이다. 그러므로, $-12 \leqq x \leqq 4$이고 $g \circ g$의 정의역은 폐구간$[-12, 4]$이다.

보기7

다음 각 함수를 $(f \circ g)(x)$의 형태로 나타낼 때, f와 g를 구하라.

(a) $\sqrt{x^2+4}$ (b) $(\sqrt{x}+3)^3$ (c) $\sin x^3$ (d) $\sin^3 x$

풀이

(a) $f(g(x))$에서 $g(x) = x^2+4$, $f(x) = \sqrt{x}$

(b) $g(x) = \sqrt{x} + 3$, $f(x) = x^3$

(c) $g(x) = x^3$, $f(x) = \sin x$

(d) $g(x) = \sin x$, $f(x) = x^3$

■ 확대와 대칭이동

함수의 변환으로 확대(stretching)과 대칭(reflecting)변환을 살펴보자. $c > 1$이면, $y = cf(x)$의 그래프는 $f(x)$의 그래프를 수직으로 c배 늘인 것이다. $y = -f(x)$의 그래프는 $f(x)$의 그래프를 x축으로 대칭이동 시킨 것이다. 이는 점(x, y)가 점$(x, -y)$로 대체시켰기 때문이다. 다음은 $y = \cos x$ 의 그래프를 $c = 2$, $c = 1/2$로 변환시킨 그래프를 나타낸다.

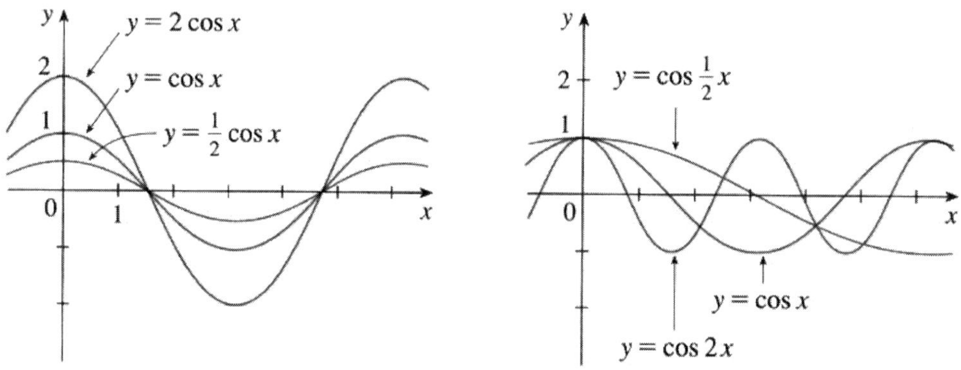

(a) $y = c\cos x$ (b) $y = \cos(cx)$

그림7. $y = \cos x$ 의 다양한 변환

보기8

함수 $y = 1 - \sin x$의 그래프를 그려라.

풀이

$y = \sin x$의 그래프는 잘 알려져 있고 그림8(a)와 같다. $y = 1 - \sin x$의 그래프는 $y = \sin x$의 그래프를 x축에 대칭시키고 1만큼 위로 이동시켜서 얻을 수 있다(그림8(b)).

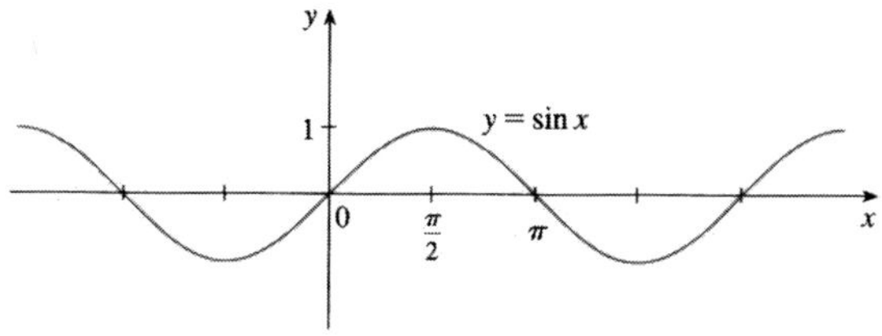

(a) $y = \sin x$

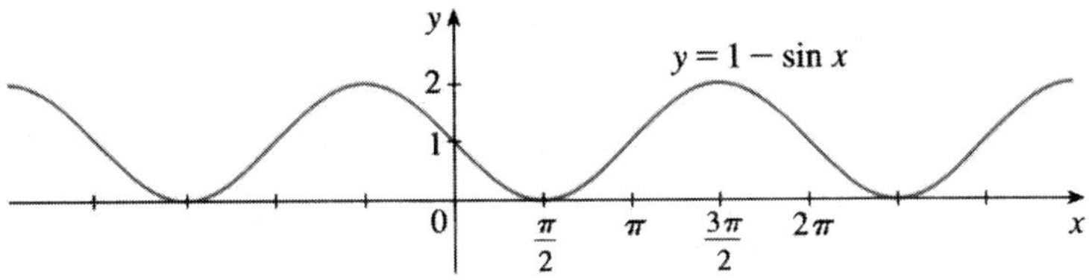

(b) $y = 1 - \sin x$

그림8. $y = \sin x$의 다양한 변환

■ 평행이동

> **[정리] 함수의 평행이동**
>
> **(1) 수직이동**
>
> $y = f(x) + c$ (c는 상수)의 그래프는 $f(x)$의 그래프를 c만큼 위로($c > 0$인 경우), $|c|$만큼 아래로($c < 0$인 경우) 평행이동한 그래프이다.
>
> **(2) 수평이동**
>
> $y = (x - c)$의 그래프는 $y = f(x)$의 그래프를 c만큼 오른쪽으로($c > 0$인 경우) 평행이동한 그래프이다. $y = f(x + c)$의 그래프는 $y = f(x)$의 그래프를 c만큼 왼쪽으로($c > 0$인 경우) 평행이동한 그래프이다 $f(x - c)$와 $f(x + c)$를 수평이동이라 한다.

보기9

$y = \sqrt{x}$의 그래프를 변환시켜 다음 그래프를 그려라.

(a) $y = \sqrt{x} - 2$　　(b) $y = \sqrt{x - 2}$

(c) $y = -\sqrt{x}$　　(d) $y = 2\sqrt{x}$

(e) $y = \sqrt{-x}$

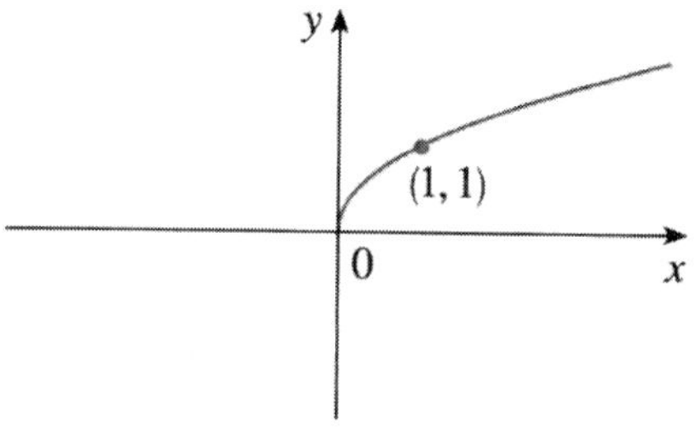

그림9. $y=\sqrt{x}$의 그래프

풀이

함수 $y=\sqrt{x}$의 그래프를 변환시키면 $y=\sqrt{x}-2$는 y축 아래로 2만큼 이동하고, $y=\sqrt{x-2}$는 x축으로 오른쪽으로 2만큼 이동하고, $y=-\sqrt{x}$은 x축으로 대칭이동하며, $y=2\sqrt{x}$는 수직방향으로 2배 커지며, $y=\sqrt{-x}$는 y축에 대칭으로 변환한다. 이 결과는 그림10과 같다.

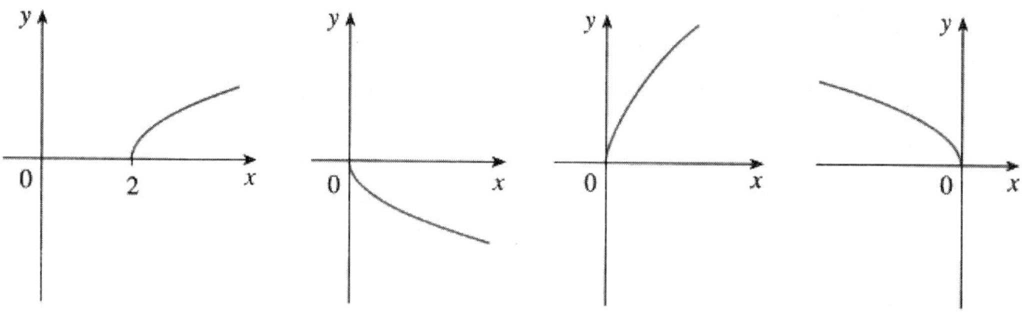

(a) $y=\sqrt{x-2}$ (b) $y=-\sqrt{x}$ (c) $y=2\sqrt{x}$ (d) $y=\sqrt{-x}$

그림10. 보기9 $y=f(x)$

보기10

$y=f(x)$의 그래프가 그림11과 같을 때, $y=f(x)-2$와 $y=f(x-2)$의 그래프를 그려라.

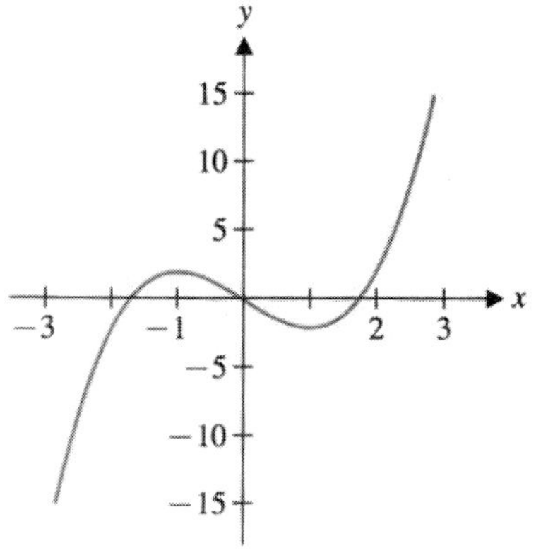

그림11. 보기10 $y = f(x)$

풀이

$y = f(x) - 2$의 그래프는 그림12(b)에서 보듯이 $c = 2$만큼 아래로 평행이동하여 얻어진 결과이다. $y = (x - 2)$의 그래프는 그림12(c)와 같이 오른쪽으로 2만큼 평행이동 한다. $y = f(x)$에서 $x = 0$인 y절편이 $x = 2$로 이동하여 얻어진다.

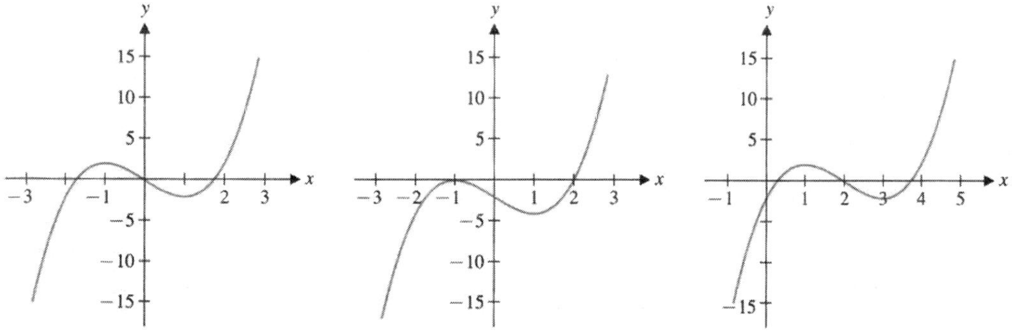

(a) $y = f(x)$　(b) $y = f(x) - 2$　(c) $y = f(x - 2)$

그림12. 수직이동과 수평이동

보기9과 보기10의 결과로부터 함수의 평행이동을 일반화 할 수 있다. $y = f(x)$의 그래프를 알고 있을 때 $y = f(x) + c$($|c|$는 상수)의 그래프는 $y = f(x)$의 그래프를 y축으로 수직평행이동한 값이다. 또한 $y = f(x - c)$의 그래프는 $y = f(x)$의 그래프를 x축으로 수평이동한 값이다.

그리고 $y = cf(x)$의 그래프($c > 0$인 상수)는 $y = f(x)$의 그래프를 y축으로 c만큼 곱하여 확대한 값이다. 또한 $y=f(cx)$의 그래프는 $y=f(x)$의 그래프를 x축으로 $1/c$만큼 확대한 그래프이다.

이 내용을 요약하면 다음과 같다.

함수의 변환	함수의 형태	그래프의 변환형태
수직이동	$f(x)+c$	$\lvert c \rvert$만큼 위로($c>0$) 또는 아래로($c<0$) 이동
수평이동	$f(x+c)$	$\lvert c \rvert$만큼 왼쪽($c>0$)으로 또는 오른쪽($c<0$)으로 이동
수직확대	$cf(x)$ $(c>0)$	수직(y축)으로 c만큼 확대
수직축소	$1/cf(x)$	수직(y축)으로 c만큼 축소
수평확대	$f(cx)$ $(c>0)$	수평(x축)으로 c만큼 확대
수평축소	$f(x/c)$ $(c>0)$	수평(x축)으로 c만큼 축소

[연습문제]

* 문제 1~3에서 다음 함수의 정의역을 구하라.

1. $f(x) = \sqrt{x-1}$

2. $f(x) = \dfrac{\sqrt{x^2-x-2}}{x-1}$

3. $f(x) = x^2 - x - 2$

4. $f(x) = x^2$의 그래프가 주어져 있다. f의 그래프로부터 얻어지는 그래프의 함수식을 구하라.
   (a) y축 위로 2만큼 이동 (b) y축 아래로 2만큼 이동
   (c) x축 오른쪽으로 2만큼 이동 (d) x축 왼쪽으로 2만큼 이동
   (e) x축에 대칭 (f) y축에 대칭
   (g) 수직 방향으로 2배 늘리기 (h) 수직 방향으로 2배 줄이기

* 문제 5~24에서 다음 방정식의 그래프를 그려라. x절편과 y절편을 구하라.

5. $y = x^2 + 2$
6. $x = -y^2 - 1$
7. $x = 3y^2 - 2$
8. $y = -3x^2 - 2$
9. $x^2 + y = 0$
10. $y = x^2 - x$
11. $6x^2 + 2y = 0$
12. $y = 2x^2 - 3x + 3$
13. $x^2 + y^2 = 9$
14. $3x^2 + 4y^2 = 12$
15. $y = -x^2 - 3x - 4$
16. $4x^2 + 3x^2 = 12$
17. $x^2 - y^2 = 9$
18. $x^2 - (y-2)^2 = 16$
19. $2(x-1)^2 + y^2 = 25$
20. $x^2 - 2x + 3y^2 = -4$
21. $x^2 + 6(y-2)^2 = 36$
22. $x^4 + y^4 = 1$
23. $y = x^2 + 2x + 4$
24. $y = 2x^2 + 4x + 4$

* 문제 25~32에서 단조성 정리를 써서 주어진 함수가 증가하는 곳과 감소하는 곳을 찾아라.

25. $f(x) = 2x + 2$
26. $f(x) = (x-1)(x+2)$
27. $f(x) = x^2 + 2x - 4$
28. $f(x) = x^3 - 2$
29. $y = \sin x,\ 0 \leqq x \leqq 2\pi$
30. $y = \dfrac{x-2}{x^2}$
31. $y = \cos^2\theta,\ 0 \leqq \theta \leqq 2\pi$
32. $y = \dfrac{x^4}{4} - \dfrac{2x^3}{3}$

* 문제 33~38에서 다음 함수들의 합성함수 $f \circ g$와 $g \circ f$를 구하고 그 정의역을 구하라.

33. $f(x) = x + 1$, $g(x) = \sqrt{x-2}$
34. $f(x) = x^2 - 1$, $g(x) = 3x - 1$
35. $f(x) = 1 - 2x$, $g(x) = \sin x$
36. $f(x) = e^x$, $g(x) = \ln x$
37. $f(x) = x^2 - 1$, $g(x) = \cos x$
38. $f(x) = x + \dfrac{1}{x}$, $g(x) = \dfrac{x-1}{x+1}$

* 문제 39~44에서 다음 함수가 $(f \circ g)(x)$가 되도록 $f(x)$와 $g(x)$를 구하라.

39. $(2x+1)^2 + 3$
40. $\sqrt{x^2+2}$
41. $\dfrac{1}{x^2+2}$
42. $\cos^3 x$
43. $\cos^3(2x-1)$
44. $3e^{x^2} - 4$

* 문제 45~46에서 다음 함수가 $[f \circ (g \circ h)](x)$가 되도록 $f(x)$, $g(x)$, $h(x)$를 구하라.

45. $\dfrac{2}{\sqrt{\cos x + 3}}$
46. $2e^{x^2} - 3$

* 문제 47~48에서 다음 함수의 그래프를 그리고 $y = x^2 - 2$의 그래프와 비교하라.

47. $f(x) = 2(x^2 - 2)$
48. $f(x) = -2(x^2 - 2) + 1$

* 문제 49~52에서 그림에서 주어진 $y = f(x)$의 그래프를 이용하여 대응되는 함수의 그래프를 그려라.

49. $f(x) - 2$
50. $f(x-2)$
51. $f(2x)$
52. $-2f(x) + 2$

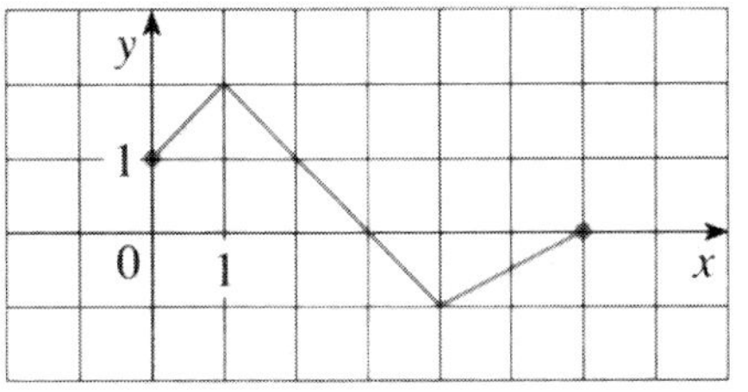

문제49~52

53. 다음을 구하라.

(a) f 의 그래프의 변환에 의해 $f(|x|)$의 그래프를 어떻게 변환되는지 설명하라.

(b) $y=\sin|x|$ 의 그래프를 그려라.

(c) $y=\dfrac{1}{|x|}$의 그래프를 그려라.

(d) $y=\sqrt{|x|}$의 그래프를 그려라.

1.11 삼각함수

직각삼각형을 기본으로 한 삼각비의 정의는 그림1(a)와 같다. 그러나 직각삼각형을 전제로 하는 삼각비의 경우 90°나 그 이상이 되면 계산 할 수 없다. 예를 들면, 정의에 따라 $\sin 90^\circ = 1$, $\cos 90^\circ = 0$ 이기 때문에, $\tan 90^\circ = \dfrac{\sin 90^\circ}{\cos 90^\circ} = \dfrac{1}{0}$ 이 되어 정의 되지 않게 된다(그림2). 따라서 직각삼각형의 제한을 확장하기 위하여 새로운 정의가 필요하다. 즉, 90° 보다 넓은 각 또는 음의 각 등도 다룰 수 있는 개념이 필요하게 된다.

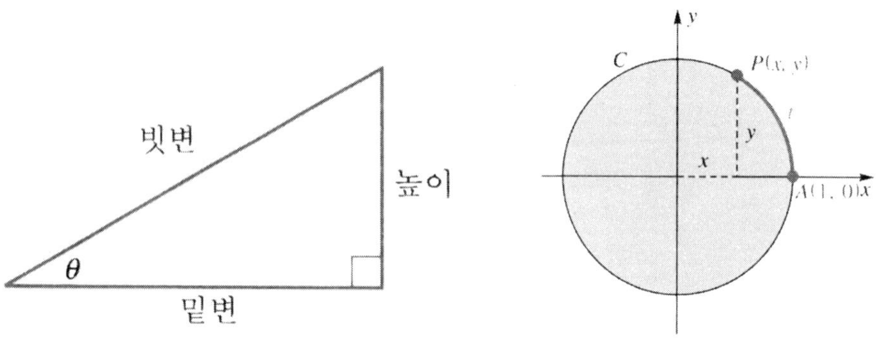

(a) 직각삼각형으로 표시된 삼각비 (b) 단위원

그림1. 직각삼각형과 단위원

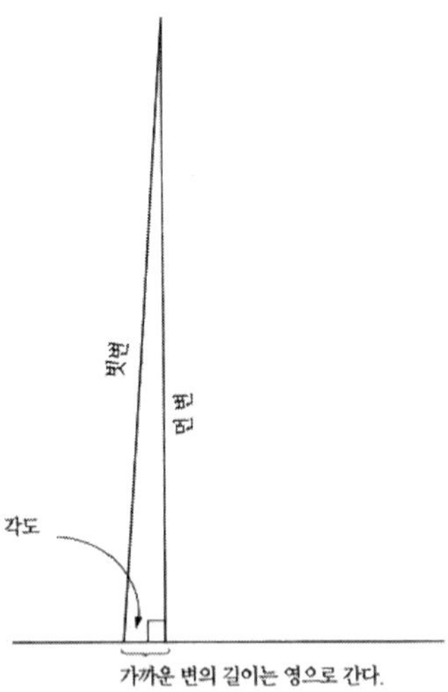

그림2. 빗변이 한없이 수직변으로 다가감

보다 일반적인 삼각함수의 정의는 단위원을 바탕으로 한다. 단위원은 반지름이 1이고 원점을 중점으로 가지는 원이다. 그림1과 같이 원 C로 나타내자. 원 C의 방정식은 $x^2+y^2=1$이다. 점 $(1, 0)$을 A로 나타내자. 점 A에서 출발해서 원 C를 따라 반시계방향으로 호$\widehat{AP}$의 길이가 l이 되는 점은 일대일 함수이다. 단위원에서의 C의 둘레는 2π가 된다. 또한 $l<0$인 경우에는 시계방향으로 원을 따라 움직인다. 이러한 사실로부터 사인함수와 코사인함수의 정의는 다음과 같다.

> **[정의] sin함수와 cos함수**
> 단위원에서 실수 θ가 점$P(x, y)$를 결정할 때,
> $$\sin\theta=y, \qquad \cos\theta=x$$

■ 사인함수와 코사인함수의 성질

sin함수와 cos 함수의 정의로부터 다음과 같은 여러 가지 성질을 알 수 있다.

(1) θ는 실수이므로, sin함수와 cos함수의 정의역은 두 함수 모두 $(-\infty, \infty)$이다.

(2) x와 y가 항상 -1과 1사이에 있으므로, 치역은 모두 $[-1, 1]$이다.

(3) 단위원의 둘레 길이는 2π이므로 $\theta+2\pi=\theta$에서 같은 점 $P(x, y)$가 된다. 즉,

$$\sin(\theta+2\pi)=\sin\theta, \qquad \cos(\theta+2\pi)=\cos\theta$$

(4) θ에 대응하는 점P_1과 $-\theta$에 대응하는 점 P_2는 x축에 대칭이므로,

$$\sin(-\theta)=-\sin\theta, \qquad \cos(-\theta)=\cos\theta$$

즉, sin함수는 기함수, cos함수는 우함수이다.

(5) θ와 $\pi/2-\theta$에 대응하는 점 P_3와 P_4는 직선 $y=x$에 대칭이다. 따라서, sin함수와 cos함수는 x좌표와 y좌표를 서로 바꾼 좌표를 가진다. 즉,

$$\sin\left(\frac{\pi}{2}-\theta\right)=\cos\theta, \qquad \cos\left(\frac{\pi}{2}-\theta\right)=\sin\theta$$

(6) 모든 실수 θ에 대해 점(x, y)는 단위원 위에 놓여 있으므로 다음 항등식이 성립한다.

$$\sin^2\theta+\cos^2\theta=1$$

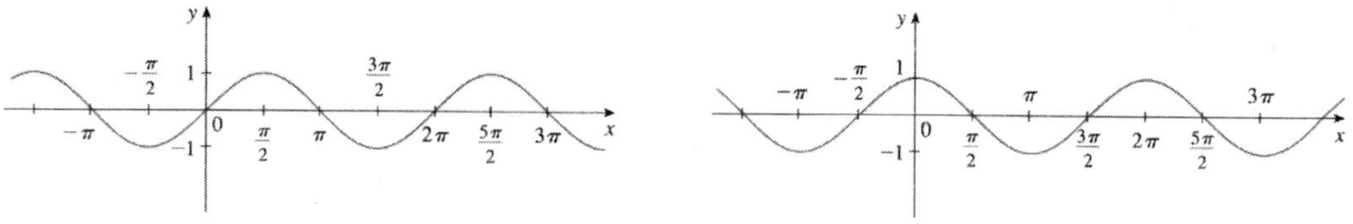

(a) $f(x) = \sin x$　　　　(b) $f(x) = \cos x$

그림3. 사인과 코사인 그래프

■ 삼각함수의 주기와 진폭

함수의 주기는 다음과 같이 정의된다.

> **[정의] 함수의 주기**
> 함수 f가 어떤 양수 p가 있어서, f의 정의역에 속하는 모든 x에 대하여
> $$f(x+p) = f(x)$$
> 이면, 가장 작은 양수 p를 함수 f의 주기(period)라 한다.

사인함수 $\sin(x+p) = \sin x$를 만족하는 $p = 2\pi$이므로 사인함수는 주기가 2π인 주기함수이다. 코사인함수 역시 주기 $p = 2\pi$이다.

함수 $\sin(a\theta)$는

$$\sin\left[a\left(\theta + \frac{2\pi}{a}\right)\right] = \sin[a\theta + 2\pi] = \sin(a\theta)$$

보기1

다음 함수의 주기를 구하라.

(a) $\sin(\pi\theta/6)$　　　　(b) $\cos(3\theta)$

풀이

(a) 함수 $\sin(\pi\theta/6)$는 $\sin(at)$에서 $a = \frac{\pi}{6}$. 따라서, 주기 $p = \frac{2\pi}{\pi/6} = \pi/3$

(b) 함수 $\cos(3\theta)$는 $\cos(at)$의 형태이다. $a = 3$. 따라서, 주기 $p = \frac{2\pi}{3}$

주기함수 f가 최소값과 최대값을 가질 때, 그래프의 최고점과 최저점 사이의 수직거리의 절반을 진폭(amplitude)이라 정의된다.

보기2

다음 주기함수의 진폭을 구하라.

(a) $\sin(2\pi\theta/6)$ (b) $2\cos(3\theta)$ (c) $12\sin(2\pi\theta/6+3)+30$

풀이

(a) 함수 $\sin(2\pi\theta/6)$의 치역은 $[-1, 1]$이므로, 그 진폭은 $A=1$

(b) 함수 $\cos(3\theta)$의 값은 $-2\left(\theta=\pm\frac{\pi}{2},\ \pm\frac{3\pi}{2}, \cdots\right.$ 일 때 $)$와 $2(\theta=0,\ \pm\pi,\ \pm 2\pi, \cdots)$ 사이에 있다. 따라서 진폭 $A=2$.

(c) 함수 $12\sin(2\pi\theta/6+3)$은 -12와 12사이의 값을 가진다. 따라서, $12\sin(2\pi\theta/6+3)+30$은 18과 42사이의 값을 가진다. 그러므로 진폭 $A=30$

> **[정리] sin함수와 cos함수의 주기p와 진폭A**
>
> $a>0$이고 $A>0$일 때,
>
> 함수 $A\sin(a(\theta+b))+C$와 함수 $A\cos(a(\theta+b))+C$ 에서
>
> 주기는 $p=\frac{2\pi}{a}$이고, 진폭은 A이다.

그 밖에 tan함수, cot함수, sec함수, csc함수들이 있으며 사인과 코사인함수의 성질을 이용하여 이 4개의 함수의 성질도 알 수 있으며 삼각함수들 사이에 다음 기본식이 성립한다.

> **[정리] 삼각함수 기본식**
>
> $$\tan\theta=\frac{\sin\theta}{\cos\theta}, \qquad \cot\theta=\frac{1}{\tan\theta}=\frac{\cos\theta}{\sin\theta}$$
>
> $$\sec\theta=\frac{1}{\cos\theta}, \qquad \csc\theta=\frac{1}{\sin\theta}$$

보기3

tan함수는 기함수임을 보여라.

풀이

$$\tan(-\theta) = \frac{\sin(-\theta)}{\cos(-\theta)} = \frac{-\sin\theta}{\cos\theta} = -\tan\theta$$

■ 탄젠트함수의 성질

(1) $\tan\theta$함수는 $-\pi/2,\ \pm 3\pi/2,\ \cdots$에서 수직 점근선을 가진다.

(2) 탄젠트함수는 주기함수이며 그 주기는 π이다.

네 개의 삼각함수 그래프는 다음과 같다. $\cot x$ 와 $\csc x$ 는 분모가 $\sin x$를 포함하고 있으므로, $\sin x = 0$이 되는 $0,\ \pm\pi,\ \pm 2\pi,\ \cdots$에서 수직점근선을 가진다. 또한, $\tan x$와 $\cot x$ 는 분모에 $\cos x$ 를 포함하고 있으므로, $\cos x = 0$ 이 되는 $\pm\pi/2,\ \pm 3\pi/2,\ \pm 5\pi/2, \cdots$ 에서 수직점근선을 가진다. 이 수직점근선을 찾으면 그래프가 쉽게 그려진다.

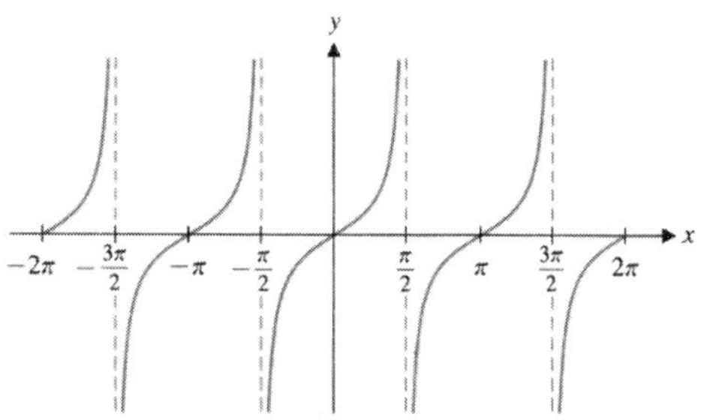

(a) $y = \tan x$

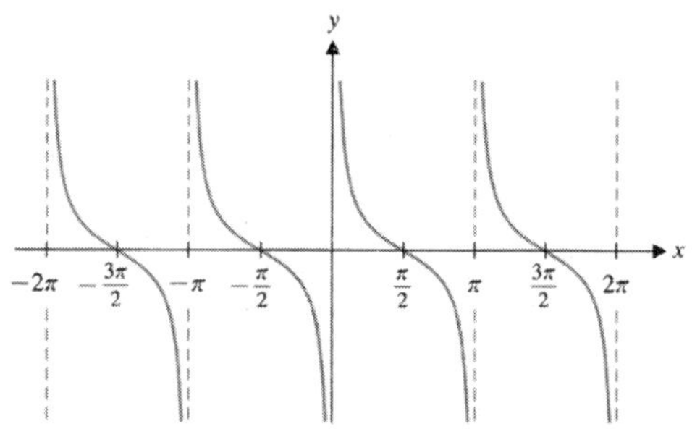

(b) $y = \cot x$

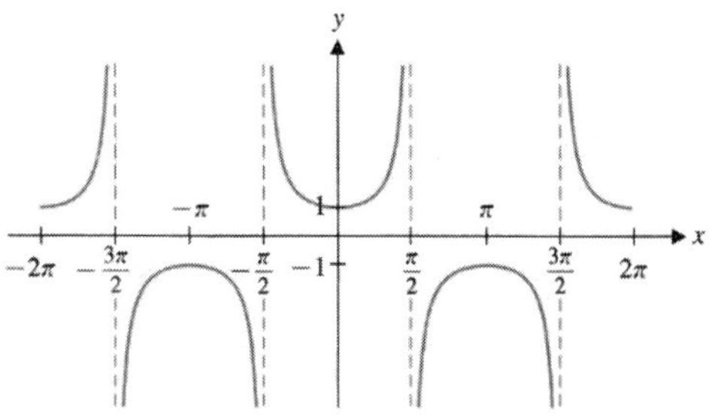

(c) $y = \tan x$

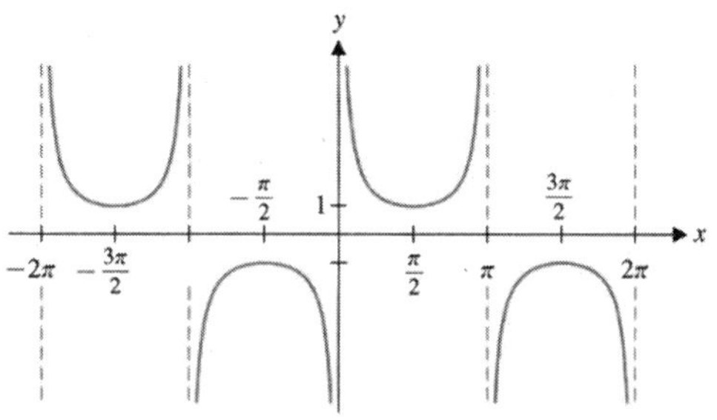

(d) $y = \cot x$

그림4. 네 개의 삼각함수 그래프

보기4

$y=2\sin x$와 $y=\sin 2x$의 그래프를 그리고 $y=\sin x$와 진폭과 주기를 비교하라.

풀이

$y=\sin x$의 그래프는 y값은 1과 -1사이에서 진동하는 주기함수이다. 주기는 2π이다. $y=\sin x$의 그래프와 비교하여 보기4의 모든 함수의그래프는 모양은 같다. $y=2\sin x$의 그래프는 y값은 2와 -2사이에서 진동한다. 또한 $y=\sin 2x$의 그래프는 $y=\sin x$와 그 모양과 y값은 같지만 주기가 π이다.

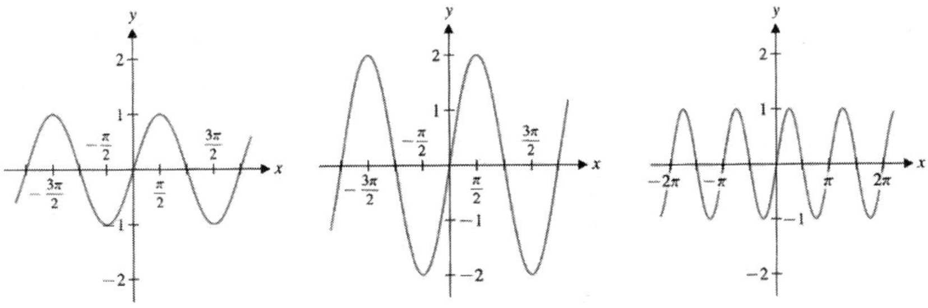

(a) $y=\sin x$ (b) $y=2\sin x$ (c) $y=\sin 2x$

그림5. 보기4 의 그래프

보기5

다음 함수의 진폭과 주기를 구하라.

(a) $f(x)=2\cos 3x$ (b) $g(x)=3\sin\left(\dfrac{x}{3}\right)$

풀이

(a) 진폭은 2, 주기는 $2\pi/3$이다. (b) 진폭은 3, 주기는 $2\pi/(1/2)=6\pi$이다.

(a), (b) 함수의 그래프는 그림6와 같다.

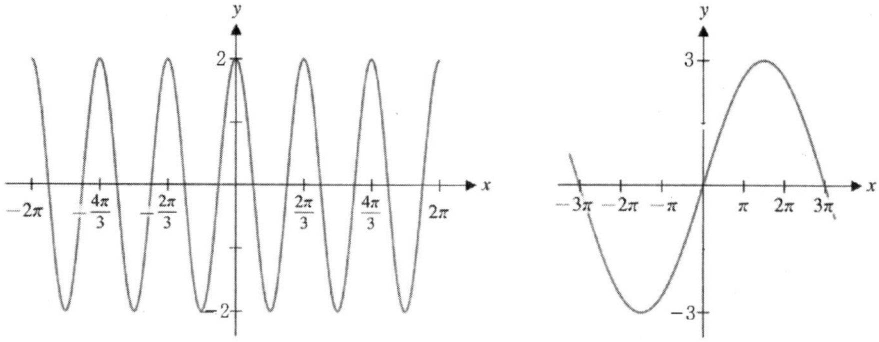

(a) $f(x)=2\cos 3x$　　　(b) $g(x)=3\sin\left(\frac{x}{3}\right)$

그림6. 보기5의 주기와 진폭

1.11.1 호도법

아래 그림과 같은 부채꼴에서 반지름 r와 호의 길이 l이 각 θ의 크기를 측정하는 방법을 호도법이라 한다.

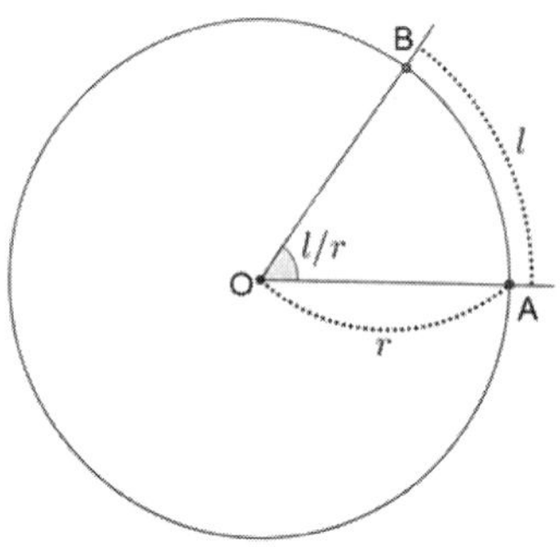

그림7. 호도법

$$\theta = \frac{l}{r} = \frac{\text{호의길이}}{\text{반지름의길이}} \ (\text{라디안})$$

$$\Rightarrow \ l = r\theta$$

■ 라디안(Radian, rad)

각을 잴 때는 각도(degree) 또는 라디안(radian)을 주로 쓴다. 각도를 쓸 때 도(°)표시 없이 숫자만 써 있다면 라디안 단위이다. 예를 들어 'π라디안'이라고 쓰지 않고 'π'라고 한다. 라디안은 두 길이의 비율을 나타내는 숫자이므로 굳이 따로 단위를 붙일 필요가 없다.

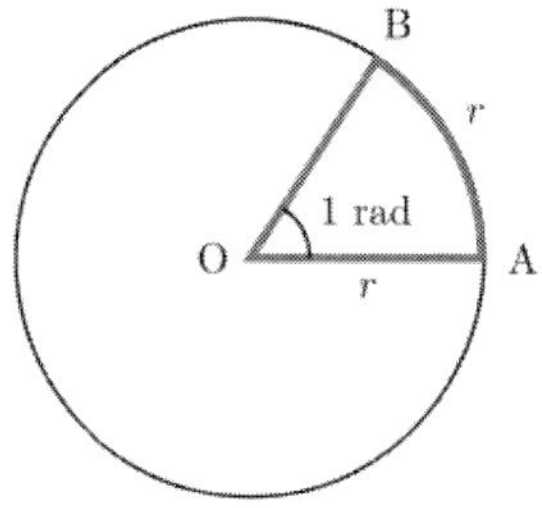

그림8. 라디안

호의 길이가 반지름의 길이와 같을 때의 각을 1 라디안(rad)이라고 한다.

$$360^{\circ} : 2\pi r = a^{\circ} : r$$

$$a^{\circ} = \frac{360^{\circ} \times r}{2\pi r} = \frac{180^{\circ}}{\pi} = 1(rad)$$

$$\therefore\ 1rad = \frac{180°}{\pi} \simeq 57°17'45''$$

$$\therefore\ 1° = \frac{\pi}{180}(rad) \simeq 0.01745(rad)$$

호도법을 이용하면 부채꼴의 호의 길이와 호의 넓이에 대한 공식을 얻을 수 있다. 반지름 r, 중심각 θ(라디안)인 부채꼴에서 호의 길이를 l, 넓이를 S라 하면

$$\frac{l}{2\pi r} = \frac{\theta}{2\pi} \rightarrow l = r\theta$$

$$\frac{S}{\pi r^2} = \frac{\theta}{2\pi r} \rightarrow S = \frac{1}{2}r^2\theta = \frac{1}{2}rl$$

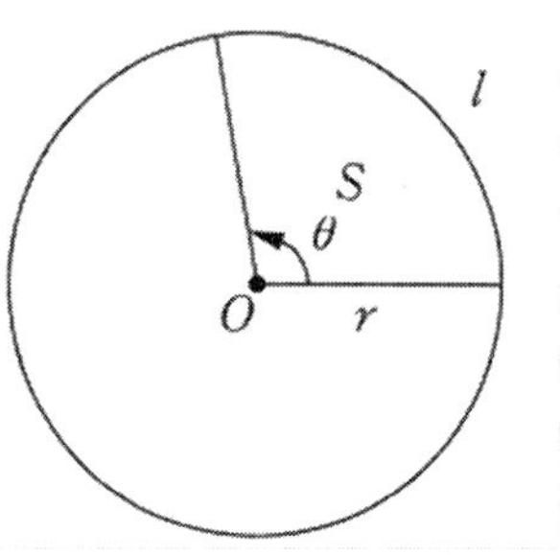

그림9. 원주의 길이와 면적

■ 특수각의 호도법 환산각

도(°)	0°	30°	45°	60°	90°	120°	135°	150°	180°	270°	300°	360°
rad	0	$\frac{\pi}{6}$	$\frac{\pi}{4}$	$\frac{\pi}{3}$	$\frac{\pi}{2}$	$\frac{2}{3}\pi$	$\frac{3}{4}\pi$	$\frac{5}{6}\pi$	π	$\frac{3}{2}\pi$	$\frac{5}{3}\pi$	2π

보기6

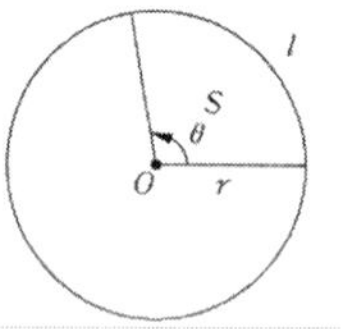

왼쪽 그림과 같은 부채꼴에서 다음을 구하라.

(a) $r = 3(\text{cm})$, $\theta = 3(\text{rad})$일 때, l과 S는 얼마인가?

(b) $r = 15\text{cm}$, $l = 20\text{cm}$일 때, θ와 S는 얼마인가?

(c) $l = \frac{\pi}{2}\text{cm}$, $S = \frac{\pi}{2}\text{cm2}$일 때, θ와 r은 얼마인가?

풀이

(a) $l = r\theta$ 이므로, $l = 9(\text{cm})$, $S = 9(\text{cm2})$

(b) $\theta = l/r$ 이므로, $\theta = 1.33(\text{rad})$, $S = \frac{1}{2}rl = 150(\text{cm2})$

(c) $S = \frac{1}{2}rl$ 이므로, $r = \frac{2S}{l} = \frac{2\times\frac{\pi}{2}}{\frac{\pi}{2}} = 2(\text{cm})$

$$\therefore\ S = \frac{1}{2}r^2\theta \rightarrow \theta = \frac{2S}{r^2} = \frac{2\times\frac{\pi}{2}}{\frac{\pi}{2}^{2}} = \frac{\pi}{2}\ (\text{cm})$$

지금까지 살펴본 삼각함수(trigonometric function)들을 정리하면 다음 같다.

[정의] 삼각함수

원점 O가 중심, 반지름의 길이가 r, 동경 OA가 나타내는 일반각은 θ라디안, 점A의 좌표가 (x, y)라 할 때 이 때 r의 값에 관계없이 θ의 값에 따라 $\frac{y}{r}$, $\frac{x}{r}$, $\frac{y}{x}$ $(x\neq 0)$의 값이 하나씩 정하여 진다.

즉, $\theta \rightarrow \frac{y}{r}$를 **사인함수**, $\theta \rightarrow \frac{x}{r}$를 **코사인함수**, $\theta \rightarrow \frac{y}{x}$를 **탄젠트함수**라 한다.

또 그의 역수 $\theta \rightarrow \frac{r}{y}$ $(y\neq 0)$, $\theta \rightarrow \frac{r}{x}(x\neq 0)$, $\theta \rightarrow \frac{x}{y}(y\neq 0)$로도 나타낼 수 있는데, 이것을 차례로 **코시컨트함수**, **시컨트 함수**, **코탄젠트함수**라 하며 다음과 같이 나타낸다.

$$\sin\theta = \frac{y}{r},\ \cos\theta = \frac{x}{r},\ \tan\theta = \frac{y}{x}, (x\neq 0),$$

$$\csc\theta = \frac{r}{y}\ (y\neq 0),\ \sec\theta = \frac{r}{x}\ (x\neq 0),\ \cot\theta = \frac{x}{y}\ (y\neq 0)$$

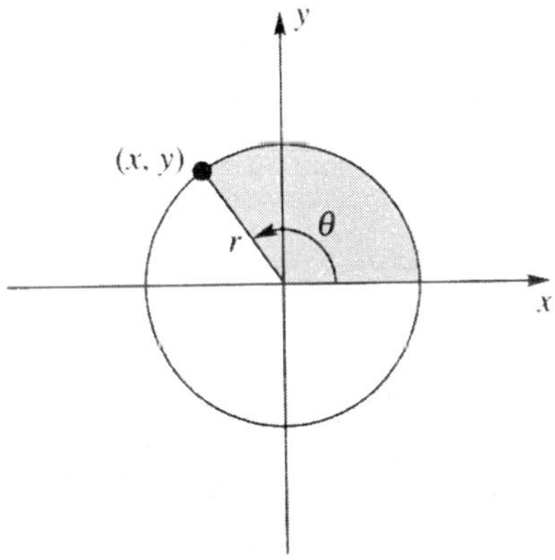

그림10. 삼각함수

■ 삼각함수의 기하학적 표현

삼각함수를 삼각형으로 표현하면 다음 그림과 같다.

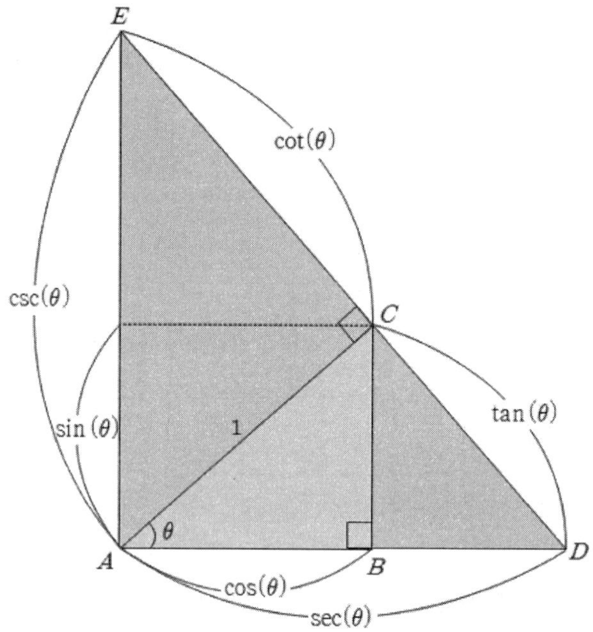

그림11. 삼각함수의 삼각형표현

[증명] $\tan\theta$

$\triangle ABC \propto \triangle ACD$

이므로 닮음의 성질에 따라

$\dfrac{\overline{BC}}{\overline{AB}} = \dfrac{\overline{CD}}{\overline{AC}}$ 이고, 정의에 의해서 $\dfrac{\overline{BC}}{\overline{AB}} = \tan\theta$ 이므로,

$\dfrac{\overline{CD}}{\overline{AC}} = \overline{CD} = \tan\theta \quad (\because\ \overline{AC} = 1\ )$

[증명] $\cot\theta$

$\triangle CAD \propto \triangle CEA$

이므로 닮음의 성질에 따라

$\dfrac{\overline{CA}}{\overline{CD}} = \dfrac{\overline{CE}}{\overline{CA}}$ 이고, 그림에서 $\overline{CD} = \tan\theta$, $\overline{CA} = 1$ 이므로,

$\dfrac{1}{\tan\theta} = \dfrac{\overline{CE}}{1} = \cot\theta \qquad \therefore\ \cot\theta = \overline{CE}$

1.11.2 사인법칙

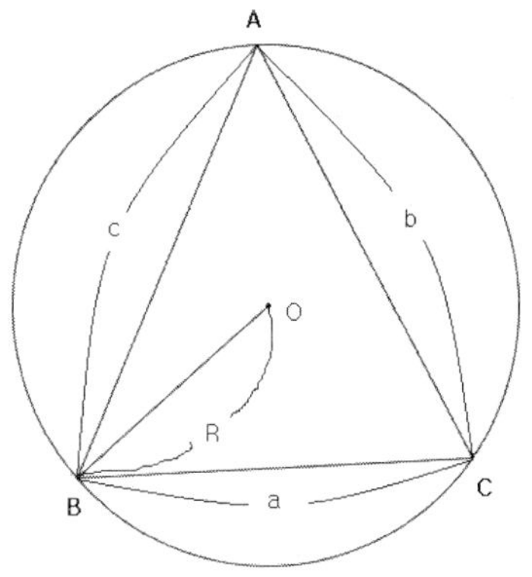

그림1. 사인법칙

$\triangle ABC$의 세 각의 크기를 A, B, C라 하고, 세 대변의 길이를 a, b, c라 할 때, $\triangle ABC$의 외접원의 반지름을 R이라 하면

$$\frac{a}{\sin A} = \frac{b}{\sin B} = \frac{c}{\sin C} = 2R \quad \leftarrow \text{사인법칙}$$

보기7

$\frac{a}{\sin A} = 2R$ 로부터 $\sin A = \frac{a}{2R}$ 이 성립함을 증명하라.

풀이

(a) 각 A가 예각일 때

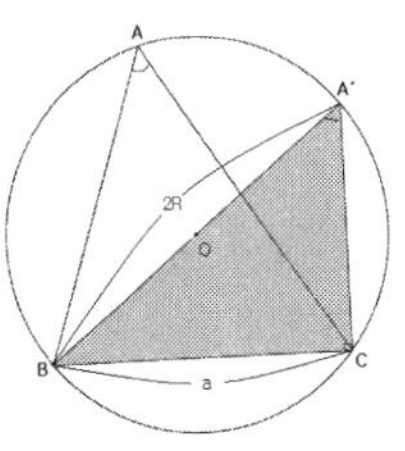

$$\angle A = \angle A', \ \angle A'CB = 90^\circ \ \rightarrow \ \sin A = \sin A' = \frac{\overline{BC}}{\overline{A'B}} = \frac{a}{2R}$$

(b) 각 A가 직각일 때

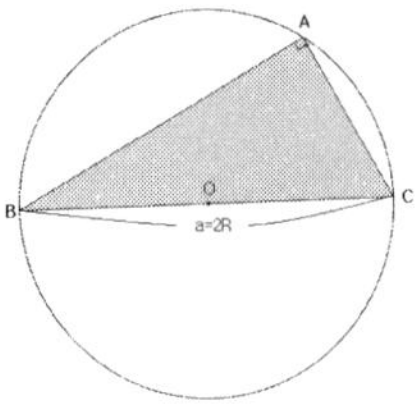

$$a = 2R,\ \sin A = \sin 90^\circ = 1 = \frac{a}{2R} \rightarrow \sin A = \frac{a}{2R}$$

(c) 각 A가 둔각일 때

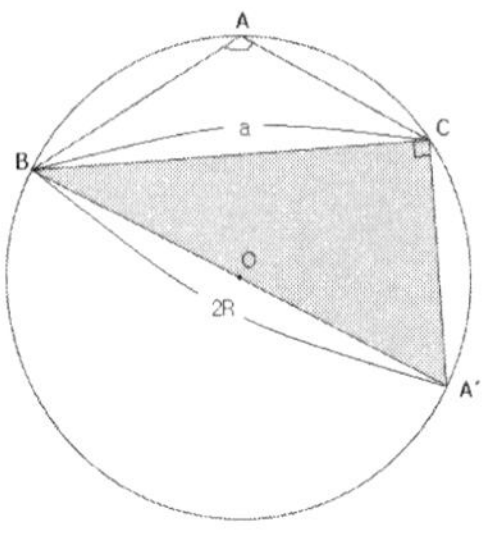

한 쌍의 대각의 크기의 합은 180°이므로 다음이 성립한다.

$$\angle A + \angle A' = 180^\circ \rightarrow \angle A = 180^\circ - \angle A',\quad \angle A'CB = 90^\circ$$

$$\sin A = \sin(\pi - A') = \sin A' = \frac{a}{2R}$$

(a), (b), (c)의 결과에서,

$$\sin A = \frac{a}{2R} \ \Rightarrow\ \frac{a}{\sin A} = 2R$$

마찬가지로, $\sin B$와 $\sin C$도 같은 결과를 갖는다. 즉,

$$\sin B = \frac{b}{2R},\ \sin C = \frac{c}{2R}$$

$$\therefore\ \frac{a}{\sin A} = \frac{b}{\sin B} = \frac{c}{\sin C} = 2R$$

1.11.3 코사인법칙

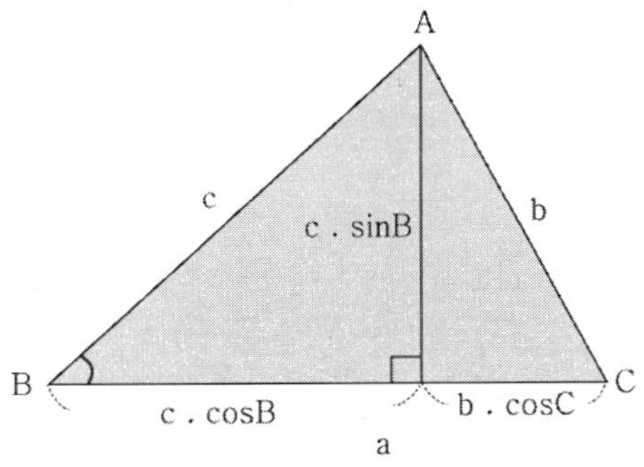

그림1. 코사인법칙

> **[정리] 제1코사인법칙(first cosine rule)**
>
> $$a = b\cos C + c\cos B$$
>
> $$b - c\cos A + a\cos C$$
>
> $$c = a\cos B + b\cos A$$

[증명]

점 A에서 변 $\overline{BC}$에 내린 수선의 발을 H라 하면,

(a) $\angle C$가 예각일 때($\angle C < 90°$)

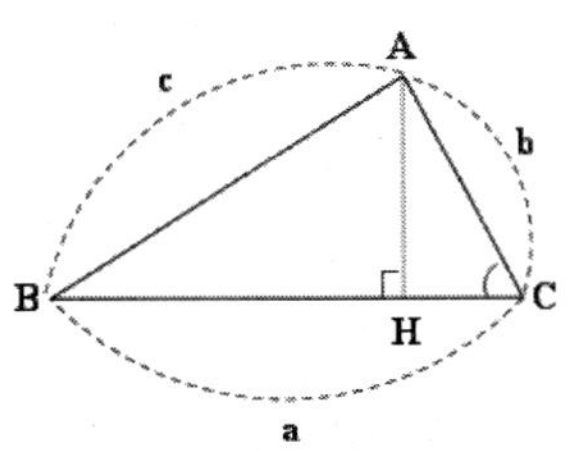

$$\therefore\ a = \overline{BH} + \overline{HC} = c\cos B + b\cos C$$

(b) $\angle C$가 직각일 때($\angle C = 90°$)

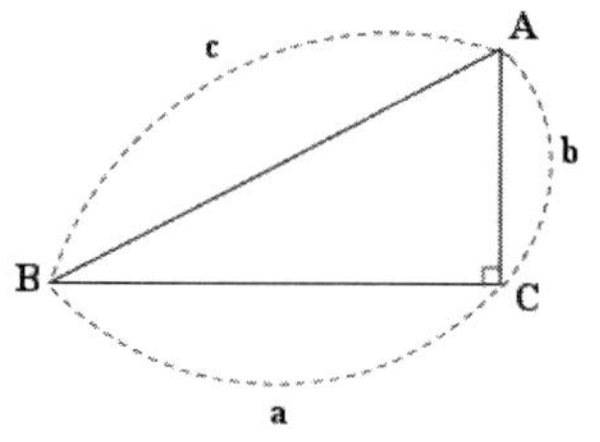

점 C와 점 H는 일치한다. 따라서,

$\cos B = \frac{a}{c} \rightarrow a = c\cos B$

$\cos C = \cos 90° = 0 \rightarrow b\cos C = b \cdot 0 = 0$

$\therefore a = b\cos C + c\cos B$

(c) $\angle C$가 둔각일 때($\angle C > 90°$)

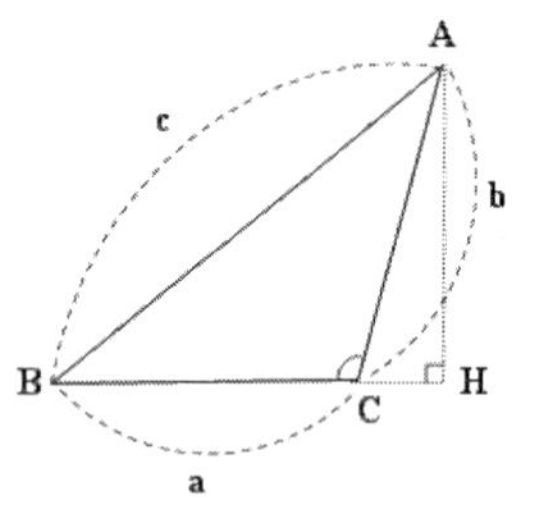

$\cos(\pi - B) = -\cos B \quad \rightarrow$

$\therefore a = \overline{BH} - \overline{CH} = c\cos B - (-b\cos C) \quad = c\cos B + b\cos C$

$\because \triangle ACH$에서 $\cos(\pi - C) = -\cos C = \frac{\overline{CH}}{b} \rightarrow \overline{CH} = -b\cos C$

b와 c에 대해서도 마찬가지 방법으로 적용시키면

$a = b\cos C + c\cos B$

$b = c\cos A + a\cos C$ ⇦ 제1코사인법칙

$c = a\cos B + b\cos A$

[정리] 제2코사인법칙(second cosine rule)

$$a^2 = b^2 + c^2 - 2bc\cos A \quad \Rightarrow \quad \cos A = \frac{b^2 + c^2 - a^2}{2bc}$$

$$b^2 = c^2 + a^2 - 2ca\cos B \quad \Rightarrow \quad \cos B = \frac{c^2 + a^2 - b^2}{2ca}$$

$$c^2 = a^2 + b^2 - 2ab\cos C \quad \Rightarrow \quad \cos C = \frac{a^2 + b^2 - c^2}{2ab}$$

[증명]

제1코사인법칙 각 식의 양변에 a, b, c를 각각 곱하면

$$a = b\cos C + c\cos B \rightarrow a^2 = ab\cos C + ac\cos B \quad ①$$

$$b = c\cos A + a\cos C \rightarrow b^2 = bc\cos A + ab\cos C \quad ②$$

$$c = a\cos B + b\cos A \rightarrow c^2 = ac\cos B + bc\cos A \quad ③$$

① − ② − ③을 하면

$$a^2 - b^2 - c^2 = (ab\cos C + ac\cos B) - (bc\cos A + ab\cos C) - (ac\cos B + bc\cos A)$$

$$a^2 - b^2 - c^2 = -2bc\cos A$$

$$\therefore\ a^2 = b^2 + c^2 - 2bc\cos A$$

같은 방법으로 b^2, c^2에 대하여 정리하면 제2코사인 법칙이 증명된다.

$$a^2 = b^2 + c^2 - 2bc\cos A$$

$$b^2 = c^2 + a^2 - 2ca\cos B \quad \Leftarrow \text{제2코사인법칙}$$

$$c^2 = a^2 + b^2 - 2ab\cos C$$

보기8

삼각형 한 변의 길이가 20이고, 그와 마주보는 각도의 크기는 30°이다. 30° 와 붙은 변 중 하나의 길이가 $20\sqrt{3}$일 때 나머지 한 변의 길이를 구하라.

풀이

$$\frac{20\sqrt{3}}{\sin C} = \frac{20}{\sin 30°} \qquad \sin C = \frac{\sqrt{3}}{2}$$

$\therefore\ C = 60°$ 또는 $C = 120°$

위의 결과로부터 두 가지 삼각형이 있을 수 있음을 알 수 있다(그림2).

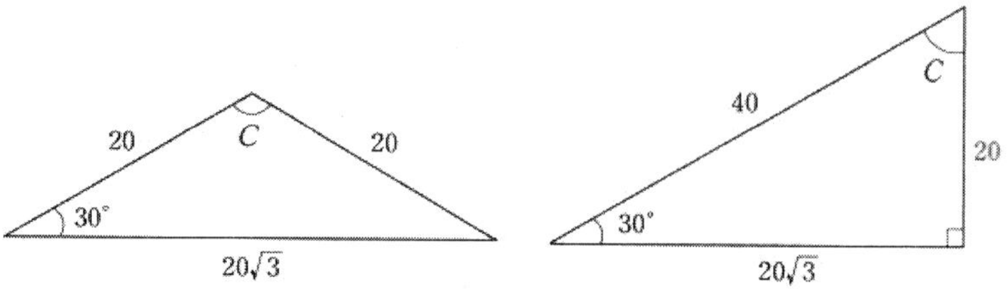

그림2. 보기8의 문제

1.11.4 덧셈정리

삼각함수의 덧셈은 일반적으로 아랫 식이 성립하지 않는다.

$$\sin(x+y) \neq \sin x + \sin y$$

예를 들면 $\sin(60^o + 30^o) = \sin(90^0) = 1$이 되지만,

$\sin 60^0 + \sin 30^0 = 0.866 + 0.500 = 1.366$이다. 따라서,

$$\sin(60^0 + 30^0) \neq sin 60^0 + \sin 30^0$$

■ sin의 덧셈정리

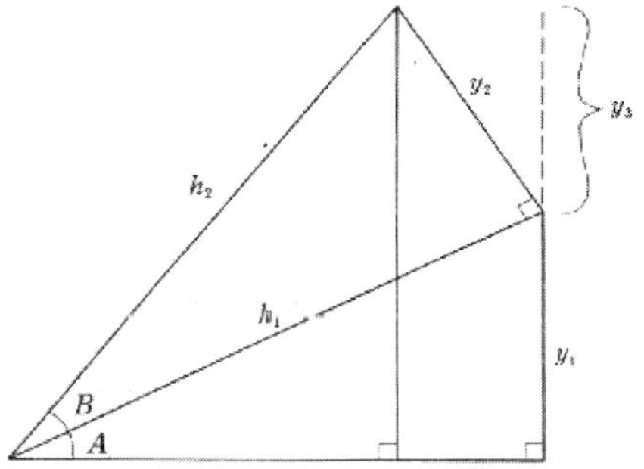

그림1.

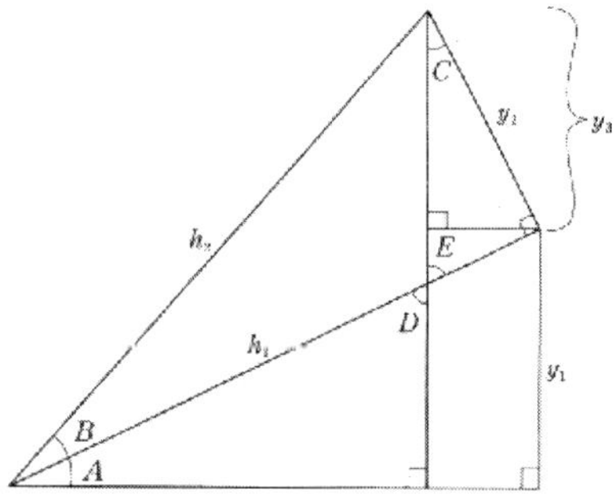

그림2.

그림1와 같이 두 개의 직각삼각형을 그리면

각각 A 및 B를 가지고 있는 두 개의 삼각형이다. 각각의 길이는

$$y_1 = h_1 \sin A$$

$$y_2 = h_2 \sin B$$

가 된다. 여기서 y_2의 길이를 구하기 위해서는 그림2과 같이 y_3의 길이를 구해야 한다.

$y_3 = y_2 \cos C$가 되며, 각 $C = A$와 같으므로,

$$\sin(A+B) = \frac{y_1 + y_3}{h_2}$$

$$\sin(A+B) = \frac{h_1 \sin A + y_2 \cos A}{h_2} = \frac{h_2 \cos B \sin A + h_2 \sin B \cos A}{h_2}$$

윗 식에서 h_2를 소거하면,

$$\sin(A+B) = \cos B \sin A + \sin B \cos A$$

윗 식 우변의 순서를 바꾸면,

$$\therefore \sin(A+B) = \sin A \cos B + \sin B \cos A$$

또한,

$$\begin{aligned} \sin(A-B) &= \sin[A+(-B)] \\ &= \sin A \cos(-B) + \sin(-B)\cos A \text{ 2)} \\ &= \sin A \cos B - \sin B \cos A \end{aligned}$$

■ **cos 의 덧셈정리**

sin의 경우와 마찬가지로, $\cos A = \sin(\pi/2 - A)$이므로,

$$\begin{aligned} \cos(A+B) &= \sin[\pi/2-(A+B)] \\ &= \sin[(\pi/2-A)-B] \\ &= \sin(\pi/2 - A \cos B - \sin B \cos(\pi/2 - A) \\ &= \cos A \cos B - \sin B \sin A \\ &= \cos A \cos B - \sin A \sin B \end{aligned}$$

$$\therefore \cos(A+B) = \cos A \cos B - \sin A \sin B$$

■ **tan의 덧셈정리**

tan함수의 sin, cos 의 덧셈정리도 마찬가지로,

$$\begin{aligned} \tan(A+B) &= \frac{\sin(A+B)}{\cos(A+B)} \\ &= \frac{\sin A \cos B + \sin B \cos A}{\cos A \cos B - \sin A \sin B} \end{aligned}$$

윗 식에서 분모 분자를 $\cos A \cos B$ 로 나누면

$$\therefore \tan(A+B) = \frac{\tan A + \tan B}{1 - \tan A \tan B}$$

---

2) $\sin(-x) = -\sin x$, , $\cos(-x) = \cos x$

■ 도형을 통한 sin의 덧셈정리

$$\sin(x+y) = \sin x \cos y + \cos x \sin y$$

$$\cos(x+y) = \cos x \cos y - \sin x \sin y$$

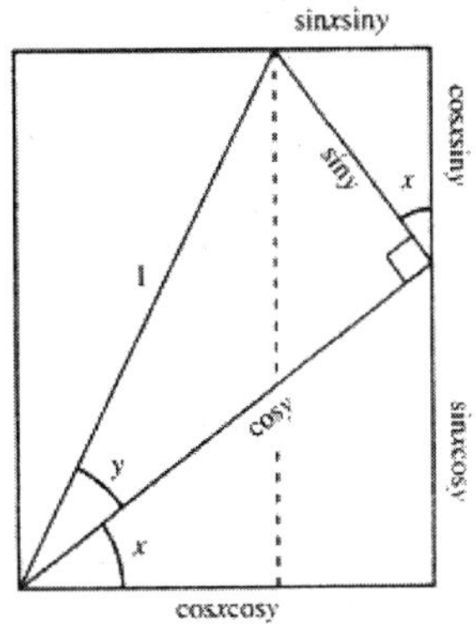

그림3.

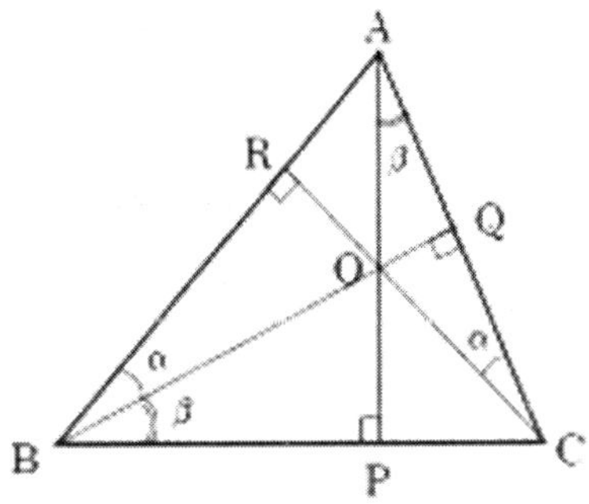

■ 도형을 통한 tan의 덧셈정리

오른쪽 그림에서

$\triangle ABQ$에서 $\overline{AQ} = \overline{BQ}\tan\alpha$

$\triangle CBQ$에서 $\overline{CQ} = \overline{BQ}\tan\beta$

$$\therefore \overline{AC} = \overline{AQ} + \overline{CQ} = \overline{BQ}(\tan\alpha + \tan\beta) \qquad (1)$$

그림4.

$\triangle BCQ$와 $\triangle AOQ$는 닮은 삼각형이므로,

$$\overline{BQ} : \overline{CQ} = \overline{AQ} : \overline{OQ}$$

$$\therefore \overline{OQ} = \frac{\overline{CQ} \cdot \overline{AQ}}{\overline{BQ}} = \frac{\overline{CQ}}{\overline{BQ}} \cdot \frac{\overline{AQ}}{\overline{BQ}} \cdot \overline{BQ} = \tan\beta \cdot \tan\alpha \cdot \overline{BQ} \qquad (2)$$

$\triangle BOP$ 와 $\triangle ACP$ 는 닮은 삼각형이므로,

$$\overline{BO} : \overline{BP} = \overline{AC} : \overline{AP}$$

$$\therefore \frac{\overline{AP}}{\overline{BP}} = \frac{\overline{AC}}{\overline{BO}} \qquad (3)$$

$\triangle ABP$에서 식(1)을 이용하면,

$$\tan(\alpha+\beta) = \frac{\overline{AP}}{\overline{BP}} = \frac{\overline{AC}}{\overline{BO}} = \frac{\overline{AC}}{\overline{BQ} - \overline{OQ}} = \frac{\overline{BQ}(\tan\alpha + \tan\beta)}{\overline{BQ} - \overline{OQ}}$$

$$= \frac{\overline{BQ}(\tan\alpha + \tan\beta)}{\overline{BQ}(1 - \tan\alpha \cdot \tan\beta)} \quad \leftarrow \text{분모는 식(2)에서}$$

$$= \frac{\tan\alpha + \tan\beta}{1 - \tan\alpha \cdot \tan\beta}$$

1.11.5 배각공식과 반각공식

덧셈정리를 이용하면,

$$\sin(\alpha+\alpha) = \sin(2\alpha) = \sin\alpha\cos\alpha + \sin\alpha\cos\alpha$$
$$= 2\sin\alpha\cos\alpha$$

$$\cos(\alpha+\alpha) = \cos(2\alpha) = \cos^2\alpha - \sin^2\alpha$$
$$= 1 - 2\sin^2\alpha$$
$$= 2\cos^2\alpha - 1$$

마찬가지로,

$$\therefore \tan(2\alpha) = \frac{2\tan\alpha}{1-\tan^2\alpha}$$

삼각함수의 등식을 증명할 때는 복잡한 쪽을 변형 전개하여 간단한 쪽과 같게 만드는 것이 일반적인 방법이다.

보기9

$\tan\left(\frac{\theta}{2}\right) = \pm\sqrt{\frac{1-\cos\theta}{1+\cos\theta}}$ 을 증명하라.

풀이

윗 식의 우변을 변형하면,

$$\frac{1}{2}(1-\cos2\alpha) = \frac{1}{2}[1-(\cos^2\alpha - \sin^2\alpha)]$$

$$\tan^2\left(\frac{\theta}{2}\right) = \frac{\sin^2\frac{\theta}{2}}{\cos^2\frac{\theta}{2}} = \frac{\frac{1-\cos\theta}{2}}{\frac{1+\cos\theta}{2}} = \frac{1-\cos\theta}{1+\cos\theta} \quad \therefore \tan\left(\frac{\theta}{2}\right) = \pm\sqrt{\frac{1-\cos\theta}{1+\cos\theta}}$$

보기10

다음 식을 간단히 하시오.

(a) $\sin\left(\frac{\pi}{2}+\theta\right)$ (b) $\sin(\pi-\theta)$ (c) $\tan(2\pi-\theta)$

풀이

(a) $\sin(\alpha+\beta)=\sin\alpha\cos\beta+\sin\beta\cos\alpha$ 이므로,

$$\sin\left(\frac{\pi}{2}+\theta\right)\ \sin\frac{\pi}{2}cos\theta+\sin\theta\cos\frac{\pi}{2}$$

여기서, $\sin\frac{\pi}{2}=1$, $\cos\frac{\pi}{2}=0$ 이므로,

$$\therefore\ \sin\left(\frac{\pi}{2}+\theta\right)=1\cos\theta+\sin\theta(0)=\cos\theta$$

(b) $\sin(x-y)=\sin x\cos y-\sin y\cos x$ 이므로,

$$\sin(\pi-\theta)=\sin\pi\cos\theta-\sin\theta\cos\pi$$

여기서, $\sin\pi=0$이고, $\cos\pi=-1$ 이므로

$$\therefore\ \sin(\pi-\theta)=0\cos\theta-\sin\theta(-1)=\sin\theta$$

(c) $\tan(\alpha-\beta)=\dfrac{\tan\alpha-\tan\beta}{1+\tan\alpha\tan\beta}$ 이므로,

$\tan(2\pi-\theta)=\dfrac{\tan2\pi-\tan\theta}{1+\tan2\pi\tan\theta}$, 여기서, $\tan2\pi=0$이므로,

$$\therefore\ \tan(2\pi-\theta)=\frac{-\tan\theta}{1}=-\tan\theta$$

보기11

다음 식이 성립됨을 보여라.

$$\sin A+\sin B=2\sin\left(\frac{A+B}{2}\right)\cos\left(\frac{A-B}{2}\right)$$

풀이

$\sin(C+D)=\sin C\cos D+\sin D\cos C$

$\sin(C-D)=\sin C\cos D-\sin D\cos D$ 이므로

윗 식을 변변 더하면

$$\sin(C+D)+\sin(C-D)=2\sin C\cos D$$

여기서, $C+D=A$, $C-D=B$라 하면,

$$C+D=A,$$
$$C-D=B$$

$$2C=A+B \qquad \therefore\ C=\frac{A+B}{2}$$

$$2D=A-B \qquad \therefore\ D=\frac{A-B}{2}$$ 가 된다.

$$\therefore\ \sin A+\sin B=2\sin\left(\frac{A+B}{2}\right)\cos\left(\frac{A-B}{2}\right)$$

보기12

헤론의 공식 $A=\sqrt{s(s-a)(s-b)(s-c)}$, $s=\frac{1}{2}(a+b+c)$ 을 유도하라.

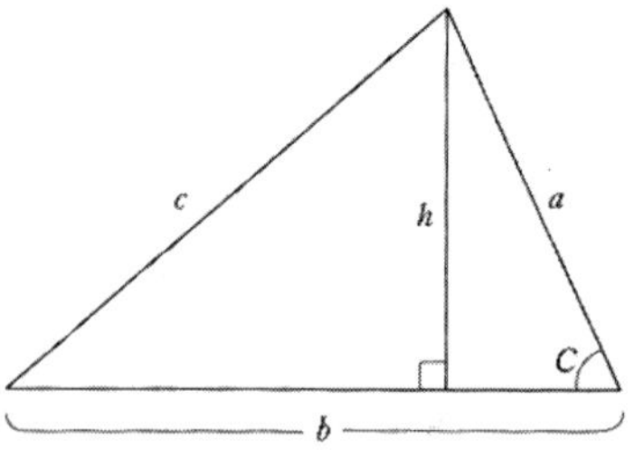

그림6. 헤론의 공식

풀이

그림6의 삼각형의 면적을 A하고 하면, 그림에서

$$A=\frac{1}{2}bh=\frac{1}{2}ab\sin C \qquad ①$$

$$=\frac{1}{2}ab\sqrt{1-\cos^2 C}$$

$$A^2=\frac{1}{4}a^2b^2(1-\cos^2 C) \qquad ②$$

코사인법칙으로부터,

$$\cos C=\frac{a^2+b^2+c^2}{2ab} \qquad ③$$

식③을 식②에 대입하면,

$$A^2 = \frac{1}{4}a^2b^2\left[1 - \frac{(a^2+b^2-c^2)}{4a^2b^2}\right]$$

$$= \frac{1}{16}[4a^2b^2 - (a^2+b^2-c^2)]$$

$$= \frac{1}{16}(a+b+c)(b+c-a)(c+a-b)(a+b-c)$$

$$= \frac{(a+b+c)}{2}\frac{(b+c+a)}{2}\frac{(c+a-b)}{2}\frac{(a+b-c)}{2}$$

여기서, $s = \frac{1}{2}(a+b+c)$ 이므로,

$$A^2 = s(s-a)(s-b)(s-c)$$

$$\therefore\ A = \sqrt{s(s-a)(s-b)(s-c)}$$

■ **몰바이데 공식**

sin법칙으로부터,

$$\frac{a+b}{c} = \frac{\sin A + \sin B}{\sin C}$$

$$= \frac{2\sin[(A+b)/2]\cos[(A-B)/2]}{2\sin(C/2)\cos(C/2)}$$

$A+B+C = 180°$ 가 되므로,

$$A+B = 180° - C$$

$$\sin\frac{A+B}{2} = \sin\left(90° - \frac{C}{2}\right) = \cos\frac{C}{2}$$

따라서,

$$\therefore\ \frac{a+b}{2} = \frac{\cos\left[\frac{1}{2}(A-B)\right]}{\sin\left(\frac{1}{2}C\right)} \qquad (1)$$

마찬가지 방법으로,

$$\therefore \ \frac{a-b}{2} = \frac{\sin\left[\frac{1}{2}(A-B)\right]}{\cos\left(\frac{1}{2}C\right)} \qquad (2)$$

식 (1)과 식(2)를 몰바이데 공식이라 한다.

[정리] 몰바이데 공식

$$\frac{a+b}{2} = \frac{\cos\left[\frac{1}{2}(A-B)\right]}{\sin\left(\frac{1}{2}C\right)}, \qquad \frac{a-b}{2} = \frac{\sin\left[\frac{1}{2}(A-B)\right]}{\cos\left(\frac{1}{2}C\right)}$$

보기13

다음 공식이 모든 삼각형에 성립함을 보여라.

(a) $\dfrac{a-b}{a+b} = \dfrac{\tan\left[\frac{1}{2}(A-B)\right]}{\tan\left[\frac{1}{2}(A+B)\right]}$, (b) $\dfrac{b-c}{b+c} = \dfrac{\tan\left[\frac{1}{2}(B-C)\right]}{\tan\left[\frac{1}{2}(B+C)\right]}$

풀이

몰바이데 공식을 이용하면,

(a) $$\frac{a-b}{a+b} = \frac{\sin[(A-B)/2]\sin(C/2)]}{\cos[(C/2)\cos[(A-B)/2]}$$

$$= \tan\frac{A-B}{2} tan\frac{C}{2}$$

$$\tan\frac{C}{2} = \tan\frac{180° - (A+B)}{2} = \cot\frac{A+B}{2} = \frac{1}{\tan[(A+B)/2]}$$

$$\therefore \ \frac{a-b}{a+b} = \frac{\tan\left[\frac{1}{2}(A-B)\right]}{\tan\left[\frac{1}{2}(A+B)\right]}$$

(b) (a)와 마찬가지 방법으로,

$$\therefore \ \frac{b-c}{b+c} = \frac{\tan\left[\frac{1}{2}(B-C)\right]}{\tan\left[\frac{1}{2}(B+C)\right]}$$

■ 공식정리[3)]

삼각함수에서 흔히 사용되는 주요 공식들을 일반화 하여 다음과 요약 정리한다. 양변이 주어진 x와 y에 대하여 정의되는 경우 다음 공식들이 성립한다. 증명없이 인정한다.

[정리]
모든 실수 x에 대하여 다음 식이 성립한다.

$$\sin(\pi \pm x) = \mp \sin x$$

(1) 역수관계

$$\sin x = \frac{1}{\csc x}, \qquad \csc x = \frac{1}{\sin x}$$

$$\cos x = \frac{1}{\sec x}, \qquad \sec x = \frac{1}{\cos x}$$

$$\tan x = \frac{1}{\cot x}, \qquad \cot x = \frac{1}{\tan x}$$

(2) 삼각비

$$\tan x = \frac{\sin x}{\cos x}, \qquad \cot x = \frac{\cos x}{\sin x}$$

(3) 여함수

$$\sin x = \cos\left(\frac{\pi}{2} - x\right), \qquad \cos x = \sin\left(\frac{\pi}{2} - x\right)$$

$$\tan x = \cot\left(\frac{\pi}{2} - x\right), \qquad \cot x = \tan\left(\frac{\pi}{2} - x\right)$$

$$\sec\theta = \mathrm{cosec}\left(\frac{\pi}{2} - \theta\right), \qquad \csc x = \sec\left(\frac{\pi}{2} - x\right)$$

---

3) 각도는 radian(rad)
각도의 입력값은 정의 내에서 사용하여야 한다. 이를테면, $\tan\frac{\pi}{2} = \infty$ 이므로 정의될 수 없다.

(4) 보각공식

$$\sin(\pi - x) = \sin x$$

$$\cos(\pi - x) = -\cos x$$

$$\tan(\pi - x) = -\tan x$$

(5) 여각공식

$$\sin\left(\frac{\pi}{2} - x\right) = \cos x$$

$$\cos\left(\frac{\pi}{2} - x\right) = \sin x$$

$$\tan\left(\frac{\pi}{2} - x\right) = \cot x$$

(6) 기함수-우함수 공식

$$\sin(-x) = -\sin x$$

$$\cos(-x) = \cos x$$

$$\tan(-x) = -\tan x$$

(7) 피타고라스 공식

$$\sin^2 x + \cos^2 x = 1$$

$$1 + \cot^2 x = \csc^2 x$$

$$1 + \tan^2 x = \sec^2 x$$

(8) 덧셈정리 공식

$$\sin(x+y) = \sin x \cos y + \cos x \sin y$$

$$\sin(x-y) = \sin x \cos y - \cos x \sin y$$

$$\cos(x+y) = \cos x \cos y - \sin x \sin y$$

$$\cos(x-y) = \cos x \cos y + \sin x \sin y$$

$$\tan(x+y) = \frac{\tan x + \tan y}{1 - \tan x \cdot \tan y}$$

$$\tan(x-y) = \frac{\tan x - \tan y}{1 + \tan x \cdot \tan y}$$

(9) 배각공식

$$\sin 2x = 2\sin x + \cos x$$

$$\cos 2x = \cos^2 x - \sin^2 x$$

$$= 2\cos^2 x - 1$$

$$= 1 - 2\sin^2 x$$

(10) 반각공식

$$\sin^2\left(\frac{x}{2}\right) = \frac{1-\cos x}{2} \quad \Leftrightarrow \quad \sin\left(\frac{x}{2}\right) = \pm\sqrt{\frac{1-\cos x}{2}}$$

$$\cos^2\left(\frac{x}{2}\right) = \frac{1+\cos x}{2} \quad \Leftrightarrow \quad \cos\left(\frac{x}{2}\right) = \pm\sqrt{\frac{1+\cos x}{2}}$$

$$\tan^2\left(\frac{x}{2}\right) = \frac{1-\cos x}{1+\cos x} \quad \Leftrightarrow \quad \tan\left(\frac{x}{2}\right) = \pm\sqrt{\frac{1-\cos x}{1+\cos x}}$$

(11) 합을 곱으로 고치는 공식

$$\sin x + \sin y = 2\sin\left(\frac{x+y}{2}\right)\cos\left(\frac{x-y}{2}\right)$$

$$\cos x + \cos y = 2\cos\left(\frac{x+y}{2}\right)\cos\left(\frac{x-y}{2}\right)$$

(12) 곱을 합으로 고치는 공식

$$\sin x \sin y = -\frac{1}{2}[\cos(x+y) - \cos(x-y)]$$

$$\cos x \cos y = \frac{1}{2}[\cos(x+y) + \cos(x-y)]$$

$$\sin x \cos y = \frac{1}{2}[\sin(x+y) + \sin(x-y)]$$

$$\cos x \sin y = \frac{1}{2}[\sin(x+y) - \sin(x-y)]$$

[연습문제]

1. 다음 호도법은 60분법으로 60분법은 호도법으로 표시하라.

60분법(°)	15°	75°	135°	(d)	(e)	(f)	(g)
rad	(a)	(b)	(c)	$\frac{7}{6}\pi$	$\frac{7}{4}\pi$	$-\frac{1}{3}\pi$	$-\frac{7}{6}\pi$

2. 각도로 나타낸 것을 라디안으로 바꾸어라.

(a) 30° (b) −45° (c) 60°

(d) −240° (e) 10° (f) −15°

3. 라디안으로 나타낸 것을 각도로 바꾸어라.

(a) $-\frac{3}{4}\pi$ (b) $\frac{1}{3}\pi$ (c) $-\frac{8}{3}\pi$

(d) $\frac{1}{6}\pi$ (e) $\frac{\pi}{2}$ (f) $-\frac{\pi}{4}$

4. 계산기 없이 다음을 구하라.

(a) $\sin\left(\frac{\pi}{6}\right)$ (b) $\tan\left(\frac{\pi}{6}\right)$ (c) $\sec\left(\frac{\pi}{2}\right)$

(d) $\csc\left(\frac{\pi}{4}\right)$ (e) $\cos\left(\frac{\pi}{3}\right)$ (f) $\tan\left(-\frac{\pi}{2}\right)$

5. 다음 삼각형의 두 변의 길이와 각도가 주어져 있다. 나머지 변의 길이를 구하라.

(a) 12, 18, 20° (b) 100, 200, 30° (c) 10, 100, 45°

(d) 18, 20, 60° (e) 60, 35, 20°

6. 삼각형 세 변의 길이가 다음과 같이 주어져 있다. 세 각의 크기를 구하라.

(a) 20, 20, 20 (b) 5, 5, $5\sqrt{2}$ (c) 4, 4, $4\sqrt{3}$

7. 다음 성질을 이용해 아래 문제를 간단히 하시오.

$$\sin\alpha+\sin\beta = 2\sin\frac{\alpha+\beta}{2}cos\frac{\alpha-\beta}{2},\ \cos\alpha+\cos\beta = 2\cos\frac{\alpha+\beta}{2}sin\frac{\alpha-\beta}{2}$$

$$\sin\alpha-\sin\beta = 2\cos\frac{\alpha+\beta}{2}sin\frac{\alpha-\beta}{2},\ \cos\alpha-\cos\beta = -2\sin\frac{\alpha+\beta}{2}sin\frac{\alpha-\beta}{2}$$

(a) $\sin\left(\theta-\frac{\pi}{2}\right)$ (b) $\cos\left(\theta-\frac{\pi}{2}\right)$

(c) $\sin(\theta-\pi)$ (d) $\cos(\theta-\pi)$

(e) $\tan(\theta+\pi)$ (f) $\cos\left(\theta+\frac{3}{2}\pi\right)$

(g) $\cos\left(\theta-\frac{3}{2}\pi\right)$ (h) $\cos\theta\tan\theta$

(i) $\sin\theta\cot\theta$ (j) $\sin^2\theta+2\cos^2\theta$

(k) $2\cos^2\theta-1$ (l) $\frac{1}{2}sin2\theta\tan\theta$

(m) $\frac{\sin2\theta}{\cos2\theta}$ (n) $\frac{\sin\theta}{\sin2\theta}$

(o) $(1+\tan^2\theta)\cot^2\theta$ (p) $2\sin^2\theta+\cos2\theta$

8. 삼각함수의 주요 공식들을 참고하여 다음 공식이 성립함을 보여라.

(a) $(\sec\theta-1)(\sec\theta+1)=\tan^2\theta$

(b) $(1+\sin t)(1-\sin t)=\frac{1}{\sec^2 t}$

(c) $\frac{\sec^2 z-1}{\sec^2 z}=\sin^2 z$

(d) $\sin4x=8\sin x\cos^3 x-4\sin x\cos x$

9. 다음 함수의 그래프를 그려라.

(a) $y=\sin\frac{1}{2}x$ (b) $y=2\cos(2x-\pi/2)$

10. 구간 $[-2\pi, 2\pi]$에서 다음 함수의 그래프를 그려라.

(a) $y=\sin3x$ (b) $y=3\sin x$

(c) $y=\sin\left(\frac{\pi}{4}-x\right)$ (d) $y=\sin\left(x+\frac{\pi}{2}\right)$

* 문제 11~12에서 다음 함수가 주기함수인지 판단하고, 주기함수일 경우 주기를 구하라.

11. $f(x)=\sin2x+3\cos\pi x$

12. $f(x)=\cos2x-\sin5x$

* 문제 13~18에서 다음 함수의 주기, 진폭, 수평 또는 수직이동을 구하고, 구간 $[-10, 10]$에서 그 그래프를 그려라.

13. $y = 2\cos\dfrac{x}{3}$

14. $y = 2\sin x$

15. $y = 2\sin 2x$

16. $y = \tan\dfrac{x}{2}$

17. $y = 2\sin(2x+3)+4$

18. $y = 4\cos\left(x - \dfrac{\pi}{2}\right)$

19. 다음 삼각함수에서 기함수와 우함수를 찾아라.

(a) $2x\sin x$ (b) $\sin^2 x$

(c) $|\cos x|$ (d) $\cos(\sin x)$

20. 다음 공식을 덧셈공식과 유사한 뺄셈공식으로 만들라.

(a) $\sin(x-y)$ (b) $\cos(x-y)$ (c) $\tan(x-y)$

21. 삼각함수의 기하학적 도형에서(그림7.) 다음을 증명하라.

(a) $\sec\theta$ (b) $\csc\theta$

22. 부채꼴의 넓이 공식 $A - \dfrac{1}{2}r^2 t$을 유도하라. 여기서, r은 반지름 t는 라디안으로 표시~ 된 중심각이다(그림7).

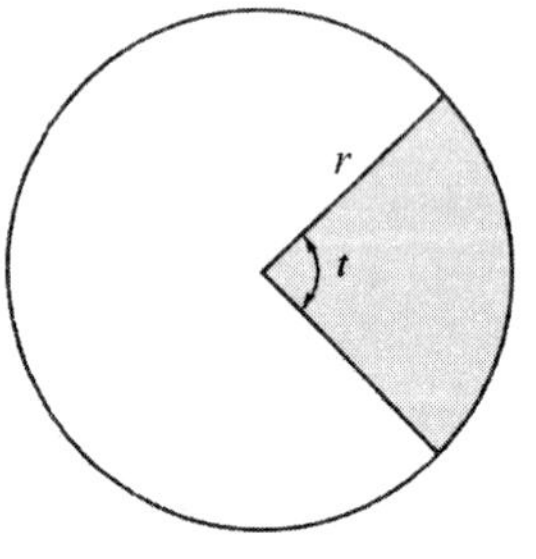

그림7. 문제22

23. 반지름이 $6cm$이고 중심각이 2라디안인 부채꼴의 넓이를 구하라.

24. 곱을 합으로 바꾸는 공식을 이용하여 다음 식을 합의 조합으로 바꾸어라.

$$\cos\frac{x}{2}cos\frac{x}{4}cos\frac{x}{8}cos\frac{x}{16}$$

[힌트] $\cos\dfrac{x}{2}cos\dfrac{x}{4} = \dfrac{1}{2}\left[\cos\left(\dfrac{3}{4}x\right) + \cos\left(\dfrac{1}{4}x\right)\right]$

1.12 삼각방정식과 부등식

1.12.1 삼각방정식

[정의] 삼각방정식

삼각함수의 각의 크기를 미지수로 하는 방정식

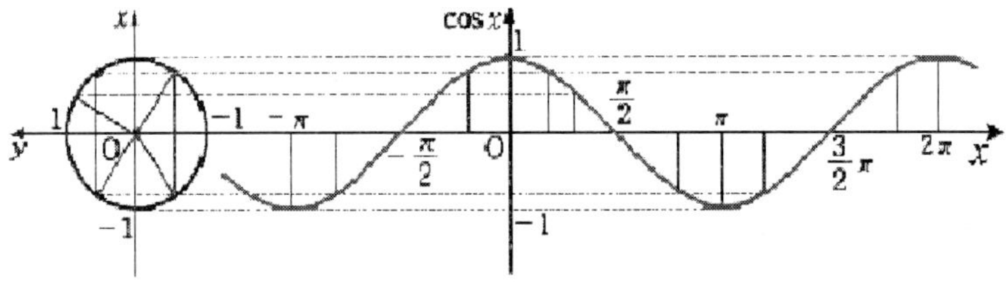

$\sin x = \frac{1}{2}$는 $0 \leq x \leq 2\pi$의 범위에서 특수해 $x = \frac{\pi}{6}$ 또는 $x = \frac{5}{6}\pi$의 특수해를 가진다. 그리고 사인함수는 2π를 주기로 같은 값을 가지므로, 주어진 방정식의 일반해는 $x = 2n\pi + \frac{\pi}{6}$ 또는 $2n\pi + \frac{5}{6}\pi$이다. 주기함수의 특성상 무수히 많은 해가 있으므로 일반해는 나음과 같다.

$x = 2n\pi + \frac{\pi}{6} = (2n+1)\pi - \frac{5}{6}\pi$이므로, $\sin x = \frac{1}{2}$을 만족하는 일반해는 다음과 같다.

$$x = n\pi + (-1)^n \frac{\pi}{6} \quad (n\text{은 정수})$$

코사인함수에 대하여도 알아보면, $\cos x = 0$은 삼각방정식이며, 이 방정식의 해는 $x = \frac{1}{2}\pi, \frac{3}{2}\pi, \frac{5}{2}\pi, \cdots$ 등 무수히 많은 해를 가진다. 이것을 정수 n을 써서 나타내면, $x = \frac{n}{n+1}\pi$ (n은 정수)이 된다. x축 구간의 제한이 없는 경우의 해를 일반해라고 하며 미지의 각 x에 $0 < x < 2\pi$, $-\pi < x \leq \pi$, $0 \leq x \leq 2\pi$, …… 등과 같이 제한이 있는 해를 특수해라고 한다.

보기1

다음 삼각방정식을 풀어라. 단, $0 \leqq x \leqq 2\pi$ 이다.

(a) $\sin x = \frac{1}{2}$ (b) $\cos x = \frac{1}{\sqrt{2}}$

풀이

$0 \leqq x \leqq 2\pi$ 구간에서 $f(x) = \sin x$ 및 $f(x) = \cos x$ 의 그래프를 그리고, 그래프에서 알맞은 값을 찾는다.

(a) $x = \frac{\pi}{6}, \frac{5}{6}\pi$ (b) $x = \frac{1}{4}\pi, \frac{7}{4}\pi$

> **[정리] 삼각방정식의 일반해**
> 삼각방정식의 일반해는 특수해를 $x = k$라 하면
> (1) $\sin x = k$ $(|k| \leq 1)$의 일반해는 $x = n\pi + (-1)^n k$
> (2) $\cos x = k$ $(|k| \leq 1)$의 일반해는 $x = 2n\pi \pm k$
> (3) $\tan x = k$의 일반해는 $x = n\pi + k$

보기2

다음 방정식을 풀어라.

(a) $\sin x = \frac{\sqrt{3}}{2}$ (b) $\cos x = -\frac{1}{2}$ (c) $\tan x = \sqrt{3}$

풀이

(a) 방정식 $\sin x = \frac{\sqrt{3}}{2}$는 $0 \leqq x \leqq 2\pi$ 범위에서 특수해 $x = \frac{\pi}{3}$과 $x = \frac{2}{3}\pi$를 가진다. 사인함수는 2π의 주기를 가지고 있으므로, 주어진 방정식의 일반해는 $x = 2n\pi + \frac{\pi}{3}$, 또는 $2n\pi + \frac{2}{3}\pi$이다. (단, n은 정수)

(b) $\cos x = -\frac{1}{2}$ 을 만족하는 근은 $-\pi \leqq x \leqq \pi$의 범위에서 $x = \pm\frac{5}{6}\pi$ 두 개를 가지고 $f(x) = \cos x$ 가 2π를 주기로 되풀이 되므로 근도 2π를 중심으로 되풀이된다. 따라서 주어진 방정식의 일반해는 $x = 2n\pi \pm \frac{5}{6}\pi$ (n은 정수)이다.

(c) $\tan x = \sqrt{3}$은 $-\frac{1}{2}\pi \leqq x \leqq \frac{1}{2}\pi$에서 하나의 근 $x = \frac{1}{3}\pi$를 가지고, $f(x) = \tan x$가 π

를 주기로 되풀이 되므로, 주어진 방정식의 일반해는 $x = npi + \frac{1}{3}\pi$(n은 정수) 이다.

보기3

다음 방정식을 풀어라. 단, $0 \leqq x \leqq 2\pi$이다.

$\sin^2 x + \cos x = 1$

풀이

$\sin^2 x + \cos^2 x = 1$에서 $\sin^2 x = 1 - \cos^2 x$

보기4

다음 방정식의 일반해를 구하고 그래프를 그려라.

(a) $\tan x = \sqrt{3}$ (b) $\cos x = \frac{1}{2}$

풀이

(a) $\tan x = \sqrt{3}$을 만족하는 근은 $-\frac{1}{2}\pi \leq x < \frac{1}{2}\pi$에서 하나의 특수해 $x = \frac{1}{3}\pi$이다. 탄젠트함수는 π를 주기로 되풀이되므로, 주어진 방정식의 일반해는

$$x = n\pi + \frac{1}{3}\pi$$

이다.

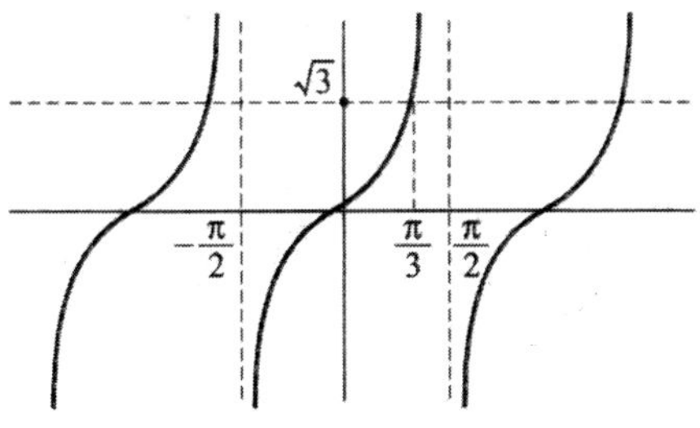

그림1. $\tan x = \sqrt{3}$의 그래프

(b) $\cos x = \frac{1}{2}$를 만족하는 해는 구간 $-\pi \leqq x < \pi$의 범위에서 $x = \frac{\pi}{3}$와 $x = -\frac{\pi}{3}$의 2개의 해를 가진다. 또한 $y = \cos x$는 2π를 주기로 되풀이하므로 해도 마찬가지로 2π를 중

심으로 되풀이된다. 따라서 일반해는

$$x = 2n\pi \pm \frac{\pi}{3}$$

이 된다.

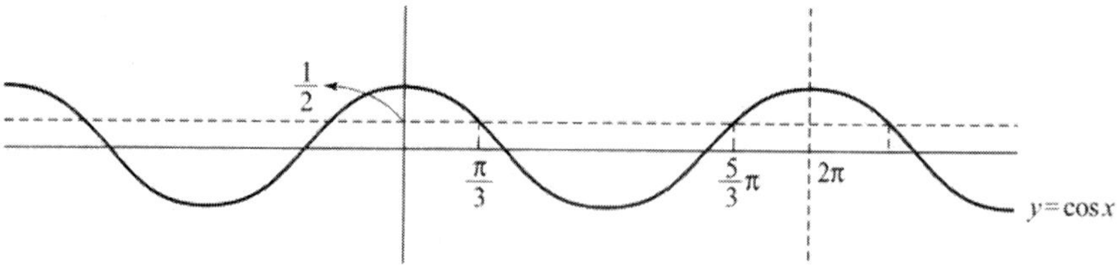

그림2. $\cos x = 1/2$ 의 그래프

1.12.2 삼각부등식

[정의] 삼각부등식
삼각함수의 각의 크기를 미지수로 하는 부등식

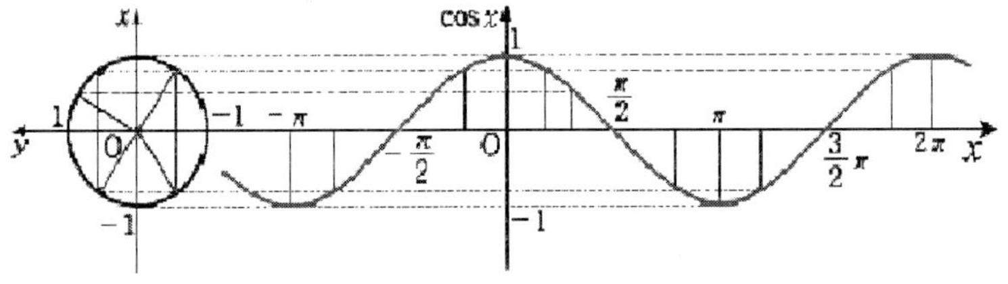

보기1

$\cos x \leqq \dfrac{\sqrt{3}}{2}$ 을 풀어라.

풀이

$0 \leqq x \leqq 2\pi$구간에서 $\cos x \leqq \dfrac{\sqrt{3}}{2}$ 을 만족하는 그래프를 그리고 그래프에서 만족하는 x의 값은 $\dfrac{\pi}{6} \leqq x \leqq \dfrac{11}{6}\pi$ 이다. 따라서 일반해는 $2n\pi + \dfrac{\pi}{6} \leqq x \leqq 2n\pi + \dfrac{11}{6}\pi$ (n은 정수)이다.

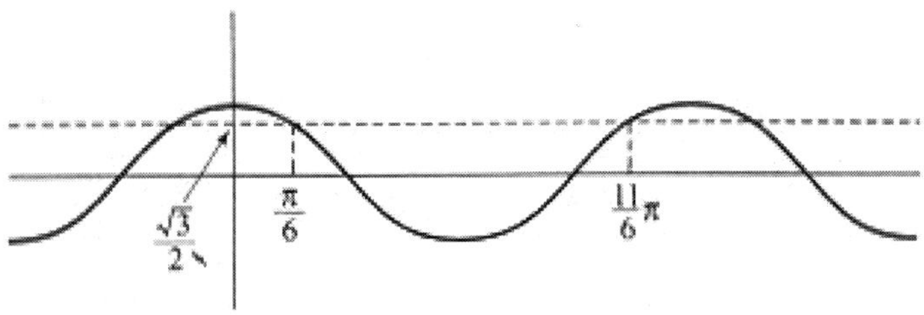

그림1. 보기1

보기2

부등식 $\cos x < \dfrac{1}{2}$ 을 풀어라. 단, $0 \leqq x \leqq 2\pi$ 이다.

풀이

삼각방정식의 경우와 같이 $f(x)=\cos x$ 의 그래프를 그려서 문제를 푼다.

두 개의 그래프 개형을 그리고(그림 참조) ②의 그래프보다 위에 있는 x의 범위를 구한다.

$$f(x)=\cos x \quad \cdots\cdots ①$$

$$f(x)=\frac{1}{2} \quad \cdots\cdots ②$$

따라서, $\frac{\pi}{3}<x<\frac{5}{5}\pi$

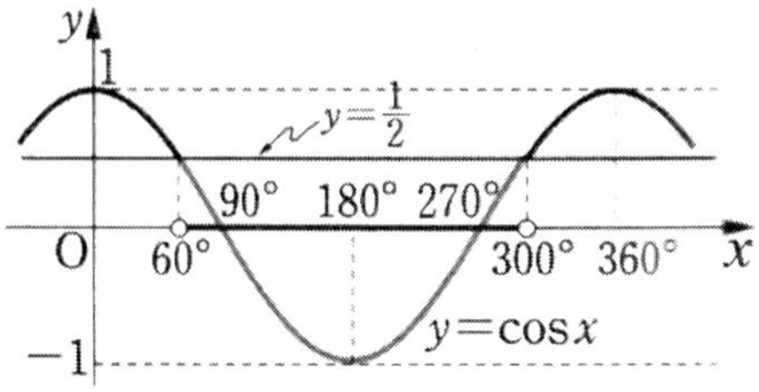

그림2. 보기2

보기3

$\sin x<\cos x$ 를 풀어라. 단, $0\leqq x\leqq 2\pi$ 이다.

풀이

문제의 개형을 그린 후 x의 범위를 구하면,

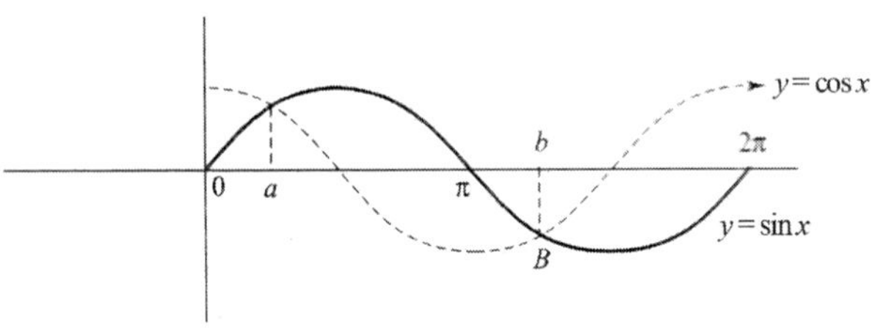

그림3. 보기3

$\sin x<\cos x$ 를 만족하는 값은 $0<x<a$ 또는 $b<x<2\pi$이다. 따라서 $\sin x=\cos x$, 즉 $\tan x=1$의 근이 바로 a, b이다. $a=\frac{1}{4}\pi$이고 $b=\frac{5}{4}\pi$이므로 주어진 부등식의 근의 범위는

$$\therefore\ 0<x<\frac{\pi}{4} \quad 또는 \quad \frac{5}{4}\pi<x<2\pi$$

[연습문제]

* 문제 1~6에서 다음 삼각방정식을 풀어라. (단, $0 \leqq x \leqq 2\pi$)

1. $\cos x = \frac{1}{2}$
2. $2\sin^2 x + 3\cos x = 0$
3. 3 tan^2 x -1 = 0
4. $\cot 2x = \sqrt{3}$
5. $\cos(x - \frac{\pi}{6}) = \frac{1}{2}$
6. $\tan\frac{x}{2} = 1$

* 문제 7~12에서 다음 삼각부등식을 풀어라.

7. $\sin x > -\frac{1}{\sqrt{2}}$ $(0 \leqq x \leqq 2\pi)$
8. $\sin x \leqq \sqrt{3}\cos x$ $(0 \leqq x \leqq 2\pi)$
9. $2\cos x > 3\tan x$ $(0 < x < \frac{\pi}{2})$
10. $\cos 2x - 3\sin x - 2 < 0$ $(0 \leqq x \leqq 2\pi)$
11. $\sqrt{3}\csc x \geq 2$
12. $\cos 2x - 3\sin x - 2 \leq 0$

13. 삼각방정식 $\sin 2x + \sqrt{3}\cos x = 0$을 만족하는 일반해를 구하라.
14. 방정식 $\cos 2x - \cos x = 0$ 을 만족하는 일반해를 구하라.
15. 방정식 $\tan\left(2x + \frac{\pi}{2}\right) = \tan\frac{\pi}{4}$를 만족하는 일반해를 구하라.
16. 방정식 $\cos x - \sin x = 1$을 만족하는 일반해를 구하라.
17. 삼각부등식 $\sin x \leq \cos x$ 를 만족하는 x의 범위를 구하라.
18. 부등식 $\sin 2x \leqq \cos 2x$를 만족하는 x의 범위를 구하라.

1.13 복소수

수학적인 연산을 할 때 앞 절에서 소개한 실수 $\boldsymbol{R}$에 속하지 않는 결과를 얻을 수 있다. 단순한 경우에 잘 알고 있는 이차방정식

$$ax^2 + bx + c = 0$$

의 근의 공식은 다음과 같다.

$$x = \frac{-b \pm \sqrt{b^2 - 4ac}}{2a}$$

여기서 이 방정식의 판별식은 $D = \sqrt{b^2 - 4ac}$ 이고 $D = \sqrt{b^2 - 4ac} < 0$이면 근의 공식은 $\sqrt{\ }$ 안에 음의 실수의 근호가 포함된다. 따라서 이 공식이 성립하려면 실수계 $\boldsymbol{R}$범위 밖의 수가 필요하게 된다. 예를 들어 $x^3 - 1 = 0$의 근을 구할 때 실근은 $x = 1$로 하나 뿐이다. 그러나 예상되는 3개의 근을 포함 하려면 또다른 방식의 계산이 필요하게 된다.

1.13.1 허수와 복소수의 개념

이런 문제점을 해결하기 위해서는 다음과 같은 허수를 도입하여 해결할 수 있다.

$$i^2 = -1, \qquad i = \sqrt{(-1)}$$

이러한 허수단위(imaginary unit)를 도입하여 실수계를 확장하여 해결한다. 만약 k가 양의 실수일 때 $\sqrt{(-k^2)}$는 $\sqrt{(-1)} = \sqrt{(-1)}\sqrt{k^2} = \pm ik$로 쓸 수 있다.

이러한 형태로 실수계를 확장하여 $\boldsymbol{C}$ (복소수계)로 표기하는 복소수(complex numbers)를 도입한다. 일반적으로 복소수는 z로 나타낸다.

> **[정의] 복소수 z**
> α와 β를 실수라 할 때, 복소수 z는 다음과 같다.
> $$z = \alpha + \beta i$$
> $i = \sqrt{-1}$를 허수, α를 복소수 z의 실수부(real part), βi를 복소수 z의 허수부(imagenery part)라 한다.

복소수를 실수부와 허수부로 구분할 필요가 있을 때 다음과 같이 표시한다.

$$Re[z] = \alpha, \qquad Im[z] = \beta$$

여기서, $Im[z] = \beta = 0$이면 복소수 z는 실수가 되며, $Re[z] = \alpha = 0$이면 z는 허수가 된다. 예를 들어 $z = 2i$이면 z는 순허수이다. 통상 복소수 z가 변수이면 x와 y를 실수계 변수로 하여 다음과 같이 나타낸다.

$$z = x + iy$$

또한 z를 일반적인 복소수로 나타낼 필요가 있으면 $z \in C$로 간단히 표시한다.

1.13.2 복소수의 대수법칙

z_1과 z_2를 복소수라 하고, a, b, c, d를 실수라 할 때

$$z_1 = a + ib, \quad z_2 = c + id$$

라 하자. 이때 다음의 법칙들이 성립한다.

[정리] 복소수의 상등

$Re[z_1] = Re[z_2]$이고, $Im[z_1] = Im[z_2]$일 때 "복소수 z_1과 z_2는 서로 같다."라고 한다. 즉, $z_1 = z_2$이다.

따라서,

$$a = c\text{이고 } c = d\text{이면, } a + bi = c + di$$

이다.

보기1

(a) $2 - 7i = 2 + bi$ 일 때 $b = -7$이다.

(b) $g = -3 + 4i$, $h = 2 + 4i$, $k = a + 4i$이면,

$g = k$이면, $a = -3$, $g \neq h$이고,

$h = k$이면, $a = 2$가 된다.

(c) $a + bi = 0$이면, $a = 0$, $b = 0$이다.

[정리] 복소수의 덧셈과 뺄셈

복소수 z_1과 z_2에서 덧셈과 뺄셈은 실수부는 실수부끼리, 허수부는 허수부끼기 각각 더하거나 뺀다.

$$z_1 + z_2 = Re[z_1] + Re[z_2] + (Im[z_1] + Im[z_2])i$$

$$z_1 - z_2 = Re[z_1] - Re[z_2] + (Im[z_1] - Im[z_2])i$$

위 정리에 따라

$z_1 = a + ib$, $z_2 = c + id$이면,

$$z_1 + z_2 = (a + ib) + (c + id) = (a + c) + (b + d)i$$

$$z_1 - z_2 = (a + ib) - (c + id) = (a - c) + (b - d)i$$

보기2

$z_1 = 2 + 8i$이고 $z_2 = 3 + 4i$일 때, 다음을 구하라.

(a) $z_1 + z_2$ (b) $z_1 - z_2$ (c) $z_2 - z_1$

풀이

(a) $z_1 + z_2 = (2+3)+(8+4)i = 5+12i$

(b) $z_1 - z_2 = (2-3)+(8-4)i = -1+4i$

(c) $z_2 - z_1 = (3-2)+(4-8)i = 1-4i$

[정리] 복소수의 곱셈

복소수 $z_1 = a+bi$와 $z_2 = c+di$의 곱 $z_1 z_2$는 다음과 같다.

$$z_1 z_2 = (a+bi)(c+di) = (ac-bd)+(ad+bc)i$$

k가 실수일 때, $kz_1 = k(a+bi) = ka+kbi$가 되며, 특히 $z = a+bi$이면 $-z$는

$$-z = (-1)z = -a-bi$$

이다. 또한 위 결과로부터 $z - z = 0$이 됨을 알 수 있다.

보기3

(a) $3i(-2-5i) = -6i-15i^2 = -15(-1)-6i = 15-6i$

(b) $(2-i)(-2+3i)(1+i) = (-4+6i+2i-3i^2)(1+i)$

$= [(-4-3i^2)+(6i+2i)](1+i)$

$= [(-4-3(-1))+8i](1+i) = (-1+8i)(1+i)$

$= (-1-i+8i+8i^2) = (-1-8)+(-i+8i) = -9+7i$

[정리] 켤레복소수 $\bar{z}$

복소수 $z = a+bi$이면 z의 켤레복소수(complex conjugate)는 $\bar{z}$로 나타내고,

$$\bar{z} = a-bi$$

이다. 이로부터 다음을 얻을 수 있다.

$$\overline{(\bar{z})} = z, \qquad z\bar{z} = a^2+b^2$$

켤레복소수의 켤레는 원래의 복소수로 돌아오며, 복소수와 켤레복소수의 곱은 항상 실수가 되는 성질을 가지고 있다.

$z = a+bi$일 때, $z+\bar{z}$와 $z-\bar{z}$는 다음과 같은 결과를 얻는다.

$$z+\bar{z} = 2Re[z] = 2a, \qquad z-\bar{z} = 2Im[z] = 2bi$$

이 식은 다음과 같은 결과를 얻는다.

$$Re[z] = a = \frac{1}{2}(z+\bar{z}), \qquad Im[z] = b = \frac{1}{2}(z-\bar{z})i$$

[정리] 복소수의 나눗셈

복소수 $z = a+bi$이고 $z_2 = c+di$이면, 나눗셈 z_1/z_2는 다음과 같다.

$$\frac{z_1}{z_2} = \frac{(ac+bd)+(bc-ad)i}{c^2+d^2}, \quad z_2 \neq 0$$

계산의 편의를 위해서 복소수의 나눗셈은 정의를 사용하여 계산하기 보다는 나눗셈의 분모를 실수가 되게 만들어 계산한다. 즉,

$$\frac{z_1}{z_2} = \frac{z_1\overline{z_2}}{z_2\overline{z_2}}$$

보기4

$z_1 = 2+i$이고 $z_2 = 3+2i$일 때 $\dfrac{z_1}{z_2}$를 구하라.

풀이

$$\frac{z_1}{z_2} = \frac{2+i}{3+2i} = \frac{(2+i)(3-2i)}{(3+2i)(3-2i)} = \frac{6-4i+3i+2}{13} = \frac{8}{13} - \frac{1}{13}i$$

[정리] 복소수의 크기

복소수 $z = a+bi$의 크기 $|z|$는 다음과 같이 나타낸다.

$$|z| = \sqrt{a^2+b^2} = \sqrt{z\bar{z}} = |\bar{z}|$$

보기5

$z = 3 + 4i$일 때 $|z|$를 구하라.

풀이

$$|z| = |3 + 4i| = \sqrt{(3^2 + 4^2)} = \sqrt{25} = 5$$

복소수와 실수는 근본적인 차이점이 있는데, 우선 실수와의 공통된 성질을 살펴본 후 차이점을 논의하도록 한다.

■ 복소수와 실수의 공통된 성질

z, v, w를 임의의 실수 또는 복소수라고 하면 다음 성질들이 성립한다.

(1) $z + v = v + z$ 복소수를 더하는 순서는 합에 영향을 주지 않는다.

(2) $zv + vz$ 복소수를 곱하는 순서는 그 곱에 영향을 주지 않는다.

(3) $(z + v) + w = z + (v + w)$ 유한개의 복소수의 합에 괄호의 순서는 합에 영향을 주지 않는다.

(4) $z(vw) = (zv)w$ 복소수의 곱에서 항들이 그 곱의 결과에 영향을 주지 않는다.

(5) $z(v + w) = zv + zw$ 복소수의 분배법칙이 성립한다.

(6) $z + 0 = 0 + z = z$ 임의의 복소수에 0을 더해도 그 값이 변하지 않는다.

(7) $z \cdot 1 = 1 \cdot z = z$ 임의의 복소수에 1을 곱해도 그 값이 변하지 않는다.

복소수와 실수의 공통적인 성질에도 불구하고 실수와는 달리 복소수는 실수처럼 순서를 가지지 않기 때문에 근본적인 차이를 가진다. 따라서 z_1과 z_2가 임의의 복소수라면$z_1 > z_2$ 또는 $z_1 < z_2$같은 식은 의미가 없다.

1.13.3 복소평면

복소수는 기하학적으로 점이나 벡터성분으로 표시할 수 있다. 또한 $z = x + yi$라는 표현으로 인해 평면으로 나타낼 수 있는데 이를 복소평면(complex plane)이라 한다. 표현 형태에로 인해 z-평면(z-plane)이라고도 한다. 이러한 표현은 데카르트 좌표계를 사용해서 복소수를 평면상에 대응시킬 수 있다. 데카르트 좌표계의 평면상에서 복소수 $z = a + bi$는 점(a, b)로 대응시킬 수 있다. z의 x좌표는 $a = Re[z]$이고, y좌표는 $b = Im[z]$이다.

따라서, x축을 실수축(real axis), y축을 허수축(imagenery axis)이라 한다. 복소평면의 전형적인 표현은 그림1과 같다.

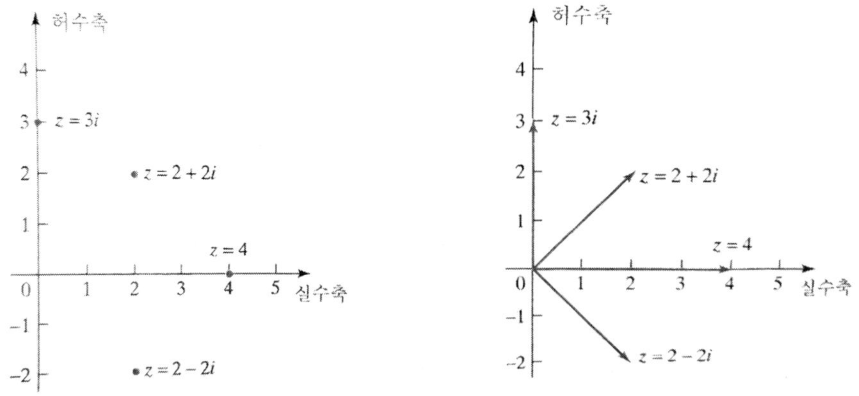

(a) 복소수의 점표현 (b) 복소수의 벡터표현

그림1. 복소평면

예를 들어 $z=2+2i$의 켤레복소수 $\bar{z}=2-2i$의 경우의 복소평면의 표현은 그림1과 같이 복소평면상에서 실수축 x축을 경계로 대칭으로 놓이게 된다. 따라서 켤레복소수 z와 $\bar{z}$는 거울처럼 실수축에서 서로의 반사(reflection)로 나타난다.

두 복소수의 복소평면상 덧셈과 뺄셈은 기하학적으로 해석할 수 있다. 두 복소수의 덧셈에서 실수부와 허수부를 각각 더하고, 뺄셈은 각각의 실수부와 허수부를 뺀다. 복소평면상에 나타나는 기하학적 형태로 삼각형 법칙(triangle law)이라고 한다(그림1(a)). 또한 z_1+z_2와 z_2+z_1이 둘 다 복소평면상 같은 유향성분으로 나타난다. 그러므로 덧셈이 서로 교환이 가능하다. 이를 기하학적으로 평행사변형법칙(parallelogram law)이라 한다. 복소수의 덧셈은 복소평면상에서 평행사변형을 만들기 때문이다.

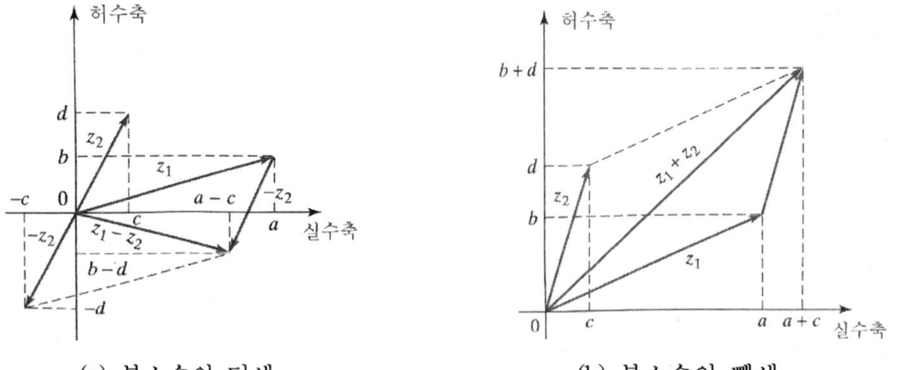

(a) 복소수의 덧셈 (b) 복소수의 뺄셈

그림2. 복소평면상의 덧셈과 뺄셈

마찬가지로, 두 복소수의 뺄셈 역시 기하학적인 해석은 z_1에 z_2의 반대방향 $-z_2$을 더해서 얻어 진다(그림2(b)).

1.13.4 복소수의 극표현

좌표가 (x, y)인 한 점 P에 의하여 $z = x + yi$의 일반적인 좌표는 데카르트 직각좌표계이다. 여기에 대한 또다른 방법으로 P를 극좌표(polar coordinates) (r, θ)로 나타내는 것이다. 이 극좌표의 표현은 그림3과 같다. 반경거리 OP는 z의 동경(modulus) $r = |z|$이다. 양의 실수축으로부터 반시계방향으로 잰 각도 θ는 z의 편각(argument)라고 한다. 구간 $-\pi < \theta \leqq \pi$에 놓이는 각도 θ를 z의 편각의 주값(principal value)이라 한다. 즉,

$$Arg\ z = \theta, \quad -\pi < \theta \leqq \pi$$
$$\arg z = \theta + 2k\pi, \quad k = \pm 1, \pm 2, \cdots$$

이다. 또한 데카르트좌표와 극좌표와의 관계는 다음과 같다.

$$x = r\cos\theta, \quad y = r\sin\theta$$

윗 식으로부터, 직접 $z = x + yi$의 극 표현은 다음과 같은 동경-편각 형식을 얻는다.

[정리] 동경-편각 표현

직교좌표계의 복소수 표현이 $z = x + yi$일 때 극좌표의 표현은

$$z = r(\cos\theta + i\sin\theta)$$

로 표현한다.

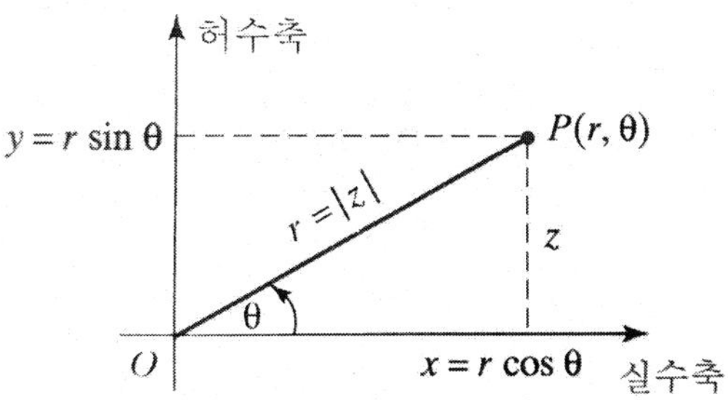

그림3. 극좌표의 복소평면

기본적인 삼각함수 항등식을 이용하여 다음 식을 얻는다.

$$(\cos\theta + \sin\theta)^2 = (\cos 2\theta + i\sin 2\theta)$$

윗 식을 확장하여 드므와브르 정리를 얻을 수 있다.

[정리] 드 므와브르 정리(De Moivre's theorem)

$$(\cos\theta + i\sin\theta)^n = (\cos n\theta + i\sin n\theta), \quad (n\text{은 자연수})$$

보기6

드 므와브르 정리를 이용하여 $\sin 3\theta$와 $\cos 3\theta$를 $\cos\theta$와 $\sin\theta$의 거듭제곱으로 나타내라.

풀이

드 므와브르 정리에서 $n=3$로 두고 $(\cos\theta + i\sin\theta)^3$을 전개하면,

$$\begin{aligned}(\cos\theta + i\sin\theta)^3 &= \cos^3\theta + 3(\cos^2\theta)(i\sin\theta) + 3(\cos\theta)(i\sin\theta)^2 + (isin\theta)^3 \\ &= \cos^3\theta + 3\cos^2\theta(i\sin\theta) - 3(\cos\theta)(\sin^2\theta) - i\sin^3\theta \quad = \cos 3\theta + i\sin^4\theta\end{aligned}$$

를 얻는다. 이 항등식의 양변에서 각각의 실수부와 허수부를 같게 두면,

$$\cos 3\theta = \cos^3\theta - 3\cos\theta \cdot \sin^2\theta$$
$$\sin 3\theta = 3\cos^2\theta \cdot \sin\theta - \sin^3\theta$$

그림4와 같이 단위원 상에 복소평면을 놓으면, 드 므와브르 정리와 식 $z = r(\cos\theta + i\sin\theta)$에서 n이 자연수일 때 다음 식이 성립한다.

$$z^n = r^n(\cos n\theta + i\sin n\theta)$$

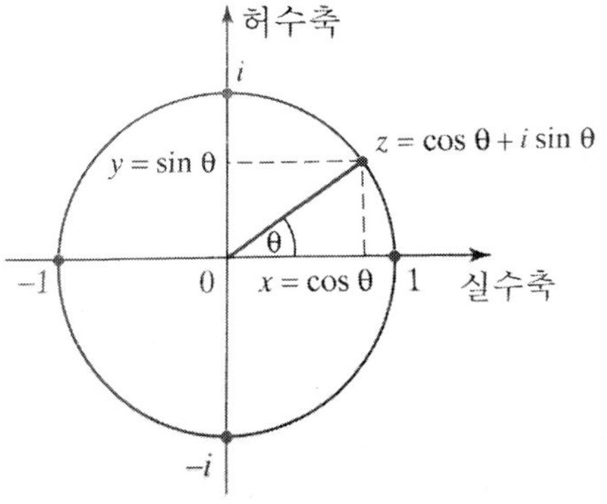

그림4. 복소수z와 단위원

식 $z^n = r^n(\cos n\theta + i\sin n\theta)$과 삼각함수 항등식을 적절히 이용하고, 함수의 급수전개로부터 e^{θ}, $\sin\theta$, $\cos\theta$가 얻어지며 다음과 같다.

$$e^{\theta} = \sum_{n=0}^{\infty} \frac{\theta^n}{n!} = 1 + \theta + \frac{\theta^2}{2!} + \frac{\theta^3}{3!} + \frac{\theta^4}{4!} + \frac{\theta^5}{5!} + \cdots$$

$$\sin\theta = \sum_{n=0}^{\infty} (-1)^n \frac{\theta^{2n+1}}{(2n+1)!} = \theta - \frac{\theta^3}{3!} + \frac{\theta^5}{5!} - \frac{\theta^7}{7!} + - \cdots$$

$$\cos\theta = \sum_{n=0}^{\infty} (-1)^n \frac{\theta^{2n}}{2n!} = 1 - \frac{\theta^2}{2!} + \frac{\theta^4}{4!} - \frac{\theta^6}{6!} + - \cdots$$

■ 복소수의 근

n이 양의 정수이며 z가 임의의 복소수일 때, z의 n제곱근(n-th roots)을 구할 필요가 있다. 이때, 복소수의 근을 구해보자.

$$w = z^{1/n}$$
$$w^n = z$$

이다. 그러면, w와 z의 동경-편각 형식 다음과 같이 정의한다.

$$w = \rho e^{i\phi}, \quad z = re^{i\theta}$$

식 $w^n = z$에 윗 식을 대입하면,

$$w^n = z$$
$$\rho^n e^{in\phi} = re^{i\theta}$$

모든 n개의 근을 구하기 위하여, $k=0,\ \pm 1,\ \pm 2,\ \cdots$에 대하여 $1=e^{2k\pi i}$이므로, 이 결과를 이용하여 $1=e^{2k\pi i}$을 곱하여 다음 식을 얻는다.

$$\rho^n e^{in\phi} = re^{i\theta}\boldsymbol{e^{2k\pi i}} = re^{i(\theta+2k\pi)}$$

극좌표 형식에서 복소수의 상등성은 각각 동경과 편각의 상등성을 의미하므로,

$$\rho^n = r^{\frac{1}{n}},\quad n\phi = \theta + \frac{2k\pi}{n}$$

윗 식에서 $r^{\frac{1}{n}}$은 r의 양의 제곱근이다. 즉, $\rho = \sqrt[n]{r}$이다.

여기서, 위의 결과들을 w에 대한 식 $w=z^{1/n}$에 대입하고 정리하면, n개의 근 $w_0,\ w_1,\ w_2,\ \cdots\ ,w_{n-1}$은 다음 식과 같다.

[정리] 복소수 z의 n제곱근

$k=0,\ 1,\ 2,\ \cdots\ ,n-1$인 정수일 때, 복소수 z의 n제곱근 w_k는

$$w_k = r^{1/n}\left\{\cos\frac{\theta+2k\pi}{n} + i\sin\frac{\theta+2k\pi}{n}\right\}$$

[연습문제]

* 문제 1~6에서 다음 방정식의 근을 구하라.

1. $z^2+z+2=0$
2. $3z^2+5z+8=0$
3. $z^2+z+8=0$
4. $3z^2+4z+1=0$
5. $3z^2+2z+1=0$
6. $2z^2-2z+10=0$

7. $z=1$이 방정식 $3z^3-2z^2+z-2=0$의 하나의 실근일 때, 다른 2개의 근을 구하라.
8. $z=-1$이 $3z^3+5z^2+5z+3=0$의 하나의 실근일 때, 다른 2개의 근을 구하라.
9. $v=-4+3i$, $w=-1+3i$, $a+bi=v^2w$이면 이 때, a와 b의 값을 구하라.
10. $v=4-2i$, $w=5-3i$, $z=-3i$일 때, $a+bi=(v+wi)z$가 성립한다. 이 때, a와 b의 값을 구하라.

* 문제 11~16에서 평행사변형 법칙을 써서 주어진 복소수의 합과 차를 만들고 직접 덧셈, 빼셈 공식을 이용하여 그 결과를 살펴보라.

11. $v=2+3i$, $w=3-4i$
12. $v=5-8i$, $w=-3-4i$
13. $v=-2$, $w=-2-3i$
14. $v=5+4i$ $w=4+4i$
15. $v=4+7i$ $w=-3+3i$
16. $v=-4+2i$ $w=-4-8i$

17. $(\cos\theta+i\sin\theta)^2$을 전개하고 삼각함수 항등식을 이용하여 다음을 보여라.

$$(\cos\theta+i\sin\theta)^2=(\cos2\theta+i\sin2\theta)$$

18. 드 므와브르의 정리를 써서 $\cos4\theta$와 $\sin4\theta$를 $\cos\theta$와 $\sin\theta$의 거듭제곱으로 표현하라.
19. $z=\cos\theta+i\sin\theta=e^{i\theta}$(오일러 공식)이면 n이 자연수일 때 다음을 보여라.

$$\cos(n\theta)=\frac{1}{2}\left(z^n+\frac{1}{z^n}\right),$$

$$\sin(n\theta)=\frac{1}{2i}\left(z^n-\frac{1}{z^n}\right)$$

* 문제 20~27에서 복소수의 제곱근 공식을 써서 주어진 복소수의 제곱근을 구하라. 그리고 복소수의 제곱근을 구하는 공식을 써서 그 결과와 비교 확인하라.

20. $-2+i$
21. $2+3i$
22. i
23. $-2+3i$
24. $2-3i$
25. $-3-i$
26. $5-4i$
27, $1-i$

* 문제 28~33에서 주어진 복소수의 근이 존재하면 그 근을 구하라.

28. $i^{1/3}$
29. $i^{1/4}$
30. $(-i)^{1/3}$
31. $(-1)^{1/3}$
32. $(-1)^{1/4}$
33. $(3+3i)^{1/3}$

34. 드 므와브르 정리와 $z=re^{i\theta}$를 써서 a와 b가 임의의 두 복소수이면 $\overline{ab}=\overline{a}\,\overline{b}$임을 보여라.

1.14 역함수

역이라는 수학적 개념은 출력물이 주어지면(치역), 관찰된 출력물을 만들어 내게 한 입력물(정의역)을 찾는다. 즉 $y \in [f$의 치역$]$가 주어지면 $y = f(x)$에 대하여 $x \in \{f$의 정의역$\}$을 구한다.(그림1) 예를 들면, $f(x) = x^3$과 $y = 27$에 대응하는 $x^3 = 27$을 만족하는 x는 무엇인가? 여기서, $x = \sqrt[3]{27} = 3$이다. 따라서, $x^3 = y$이면 $x = \sqrt[3]{y}$가 된다. 여기서 세 제곱근 함수는 $f(x) = x^3$의 역함수가 된다.

[정의] 역함수

함수 f와 g의 정의역이 각각 A와 B이고, 함수 $f(g(x))$가 $x \in B$에서 정의되고 $g(f(x))$는 $x \in A$에서 정의된다고 하자. 만일

모든 $x \in B$에 대하여 $f(g(x)) = x$이고,

모든 $x \in A$에[대하여 $g(f(x)) = x$이면,

g를 f의 역함수(inverse function)라 하고 $g = f^{-1}$로 표시한다. 마찬가지로, f를 g의 역함수라 하고 $f = g^{-1}$로 표시한다.

$$f^{-1}(f(x)) = x, \quad f^{-1}(f(y)) = y$$

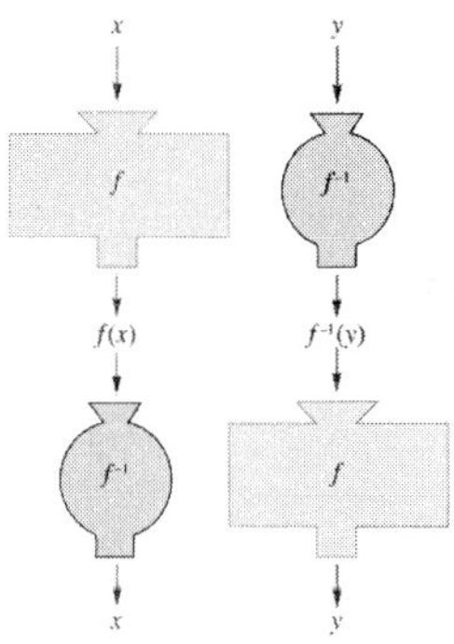

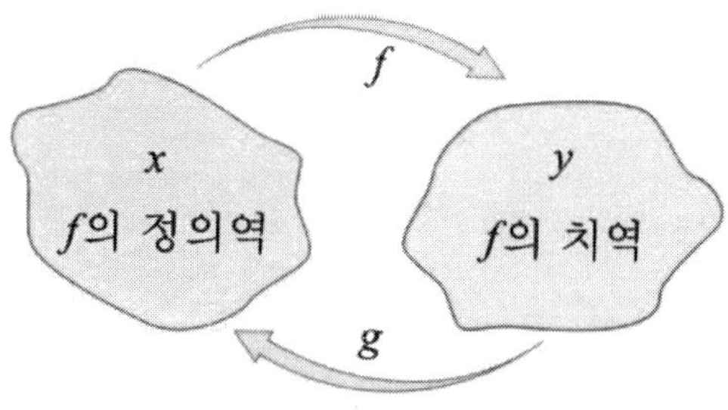

그림1. $g(x) = f^{-1}(x)$

정의로부터 $f^{-1}(f(x)) = x$, $f(f^{-1}(y)) = y$가 된다. 또한 f의 정의역과 f^{-1}의 치역이 같고 f의 치역과 f^{-1}의 정의역이 같다. 역함수가 존재하지 않는 함수도 많이 있다.

보기1

함수 $f(x)=x^2$ 은 구간 $(-\infty,\infty)$에서 역함수를 갖지 않음을 보여라.

풀이

모든 실수에 대하여,

$$f(g(x))=f(x^{1/2})=(x^{1/2})^2=x$$
$$f(f(x))=g(x^2)=(x^{1/2})=x$$

$f(2)=4$이고, $f(-2)=4$이다. 두 개의 x값에 대하여 y값이 같다. 따라서 $f^{-1}(4)$의 값이 두 개가 되므로, f의 역함수를 구할 수 없다(그림7.). 즉, $y>0$에 대하여 $y=x^2$에 대하여 $y=x^2$에 대한 x값은 두 개가 존재하므로, 이 함수의 역함수는 존재하지 않는다. $y=x^2$의 정의역을 $x\geq 0$로 제한하 때만 역함수 $f^{-1(x)}=\sqrt{x}$가 존재한다.

함수 f가 역함수가 있는지를 판단하는 가장 간단한 조건 중 하나는 그 함수가 일대일일 때 이다. 즉, $x_1\neq x_2$이면 $f(x_1)\neq f(x_2)$를 만족한다. 따라서, 일대일 함수는 역함수를 가진다. 방정식의 해를 구하는 방법으로 역함수를 구할 수 있다.

> **[정의] 일대일대응**
> 함수 f가 다음 조건을 만족할 때, 일대일 대응이라고 한다.
> 모든 $y\in\{f$의 치역$\}$에 대하여 $y=f(x)$인 $x\in\{f$의 정의역$\}$가 반드시 하나 존재한다.

보기2

함수 $y=x^3-3$의 역함수를 구하라.

풀이

$f(x)=x^3-3$는 일대일 함수이므로 역함수를 가진다. $y=f(x)$라 놓으면,

$$y=x^3-3$$

양변에 3을 더한 다음 세제곱근을 취하면,

$$(y+3)^{1/3}=(x^3)^{1/3}=x$$

따라서, $x=f^{-1}(y)=(y+3)^{1/3}$이고, x와 y를 바꾸면 역함수를 얻는다.

$$f^{-1}(x)=(x+3)^{1/3}$$

보기3

함수$f(x)=5-x^4$의 역함수가 존재하지 않음을 보여라.

풀이

함수 f는 일대일 함수가 아니다. 예{를 들면, $f(2)=f(-2)=-11$이다. 따라서 함수 f는 역함수를 갖지 않는다.

보기4

$f(x)=x^5+8x^3+x+1$의 역함수의 그래프를 그려라.

풀이

$f(x)$의 역함수는 구할 수 없다. 그러나 f^{-1}의 그래프는 그림2와 같다. $y=x$에 대하여 대칭으로 그린 그래프가 f^{-1}의 그래프가 된다.

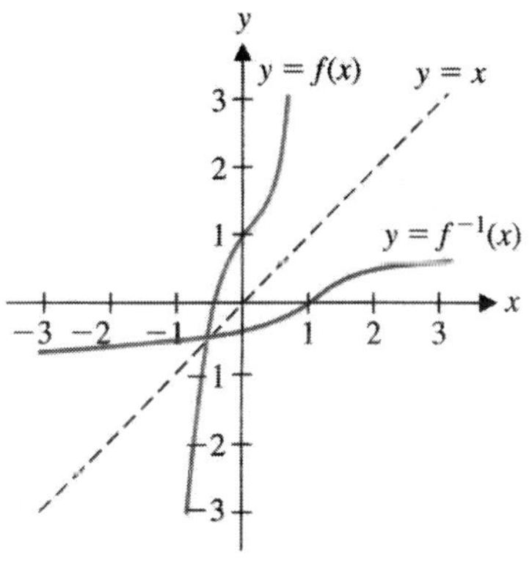

그림2. 보기4의 $y=f(x)$와 $y=f^{-1}(x)$

보기5

함수$f(x)=2x+3$은 역함수를 가짐을 보이고, $f^{-1}(y)$를 구하라.

풀이

f는 증가함수이므로, 역함수를 가진다. $f^{-1}(y)$의 역함수를 구하면,

$$x=(y-3)/2=f^{-1}(y)$$

$$f^{-1}(f(x))=f^{-1}(2x+3)=\frac{(2x+3)-3}{2}=x$$

그리고,

$$f(f^{-2}(y)) = f\left(\frac{y-3}{2}\right) = 2\left(\frac{y-3}{2}\right) + 3 = y$$

■ $y = f^{-1}(x)$의 그래프

f가 역함수를 가지면 다음이 성립한다.

$$x = f^{-1}(y) \iff y = f(x)$$

따라서 $y = f(x)$와 $x = f^{-1}(y)$는 같은 (x, y)쌍을 결정한다. 그러나, 함수의 정의역의 변수는 x를 써서 나타낸다. 즉, x와 y의 역할을 바꾸어 나타난다. 그러므로, 그래프에서 x와 y의 역할을 바꾸면, 그 그래프는 직선$y = x$에서 대칭인 것임을 알 수 있다. 즉, $y = f^{-1}(x)$의 그래프는 $y = f(x)$의 그래프를 직선 $y = x$에 대해 대칭시킨 것이다(그림3).

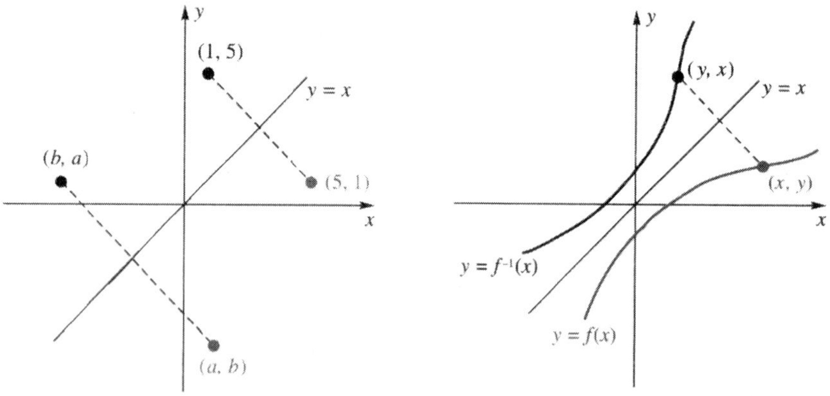

(a) $y = x$에 대칭인 점　　　(b) $y = f(x)$와 $y = f^{-1}(x)$

그림3. $y = f(x)$와 $y = f^{-1}(x)$

$f^{-1}(x)$를 구하기 위해서는 가장 우선으로 f가 역함수를 가지는지를 확인한다. 역함수가 존재한다면, 그 다음 $f^{-1}(y)$를 구하고, 다음에 이 식에서 y대신 x를 넣어서 구한다. 다음 세 단계를 통해서 $f^{-1}(x)$를 구한다.

1단계: 방정식 $y = f(x)$를 x에 대해 풀어서 그 결과를 $f^{-1}(y)$로 놓는다.

2단계: y로 나타낸 결과를 $f^{-1}(y)$로 놓는다.

3단계: y 대신 x를 넣어서 $f^{-1}(x)$를 얻는다.

임의의 함수 f에 대해 가장 우선파악해야 할 것은 f가 역함수가 존재하는지를 먼저 파악해야 한다. 각각의 y에 대해 한 개의 x가 있으면, f^{-1}는 존재한다. 예를 들어 함수 $y=x^2$를 x에 대하여 다시 쓰면, $x=\pm\sqrt{y}$가 되고 f^{-1}는 존재하지 않는다. 그러나 +쪽이나 −쪽만으로 정의역을 제한하게 되면 역함수를 구하는 것이 가능하게 된다.

보기6

$y=f(x)=\dfrac{x}{2-x}$ 에 대하여 $f^{-1}(x)$를 구하라.

풀이

세 단계 1, 2, 3단계로 푼다.

1단계: $y=\dfrac{x}{2-x}$

$$(2-x)y=x$$
$$2y-xy=x$$
$$x(1+y)=2y$$
$$x=\frac{2y}{1+y}$$

2단계: $f^{-1}(y)=\dfrac{2y}{1+y}$

3단계: $f^{-1}(x)=\dfrac{2x}{1+x}$

[연습문제]

* 문제 1~2에서 다음 함수에서 모든 x에 대해 $f(g(x))=x$가 성립함을 보여라.

1. $f(x)=x^7$, $g(x)=x^{1/7}$
2. $f(x)=2x^3+2$, $g(x)=\sqrt[3]{\dfrac{x-2}{2}}$

* 문제 3~6에서 다음 함수가 일대일 함수인지 아닌지를 판정하고, 일대일 함수이면 역함수를 구하라.

3. $f(x)=x^3-3$
4. $f(x)=x^5-5$
5. $f(x)=x^4-2$
6. $f(x)=\sqrt{x^3-1}$

* 문제 7~8에서 다음 함수는 역함수를 갖는다. 주어진 함수값을 구하라.

7. $f(x)=x^3+4x-2$, $f^{-1}(-1)$, $f^{-1}(3)$
8. $f(x)=\sqrt{x^3+x-1}$, $f^{-1}(3)$, $f^{-1}(1)$

* 문제 9~16에서 단조성 정리를 써서 주어진 함수가 증가하는 곳과 감소하는 곳을 찾아라.

9. $f(x)=2x+2$
10. $g(x)=(x-2)(x+2)$
11. $k(x)=x^2-2x+3$
12. $h(t)=t^3-2$
13. $G(x)=2x^3-6x^2+9x$
14. $f(t)=t^3-2t^3-6$
15. $f(x)=\dfrac{x+1}{x^2}$
16. $k(z)=\dfrac{z^4}{2}-\dfrac{z^3}{3}$

* 문제 17~20에서 다음 함수가 일대일 함수인지 판정하고 일대일 함수이면 역함수를 구하고 그래프를 그려라.

17. $f(x)=x^3-1$
18. $f(x)=x^3-2x+2$
19. $f(x)=\dfrac{1}{x-1}$
20. $f(x)=\dfrac{x}{x+2}$

* 문제 21~28에서 다음 $f^{-1}(x)$를 구하고, $f^{-1}(f(x))=x$ 이고 $f(f^{-1}(x))=x$ 임을 확인하라.

21. $f(x)=x+1$
22. $f(x)=-\dfrac{x}{2}+1$
23. $\sqrt{x-1}$
24. $f(x)=\sqrt{1-x}$

25. $f(x) = \dfrac{1}{x-2}$

26. $f(x) = (x-2)^2,\ x \geqq 2$

27. $f(x) = (x-2)^3$

28. $f(x) = \dfrac{x-2}{x+2}$

29. $f(x) = x^2\ \ (x \geqq 0)$과 $g(x) = \sqrt{x}\ \ (x \geqq 0)$은 서로 역함수임을 보여라.
30. $f(x) = x^2\ \ (x < 0)$의 그래프를 그리고 일대일 함수임을 보이고, 역함수를 찾아라.
31. $f(x) = \cos x$ 가 일대일 함수가 되는 구간을 찾아라. 이 구간에서의 역함수를 구하라.
32. 이차함수는 변곡점을 가지지 않음을 보여라.
33. 삼차함수는 한 개의 변곡점을 가짐을 보여라.
34. 함수 $g(z) = az^3 + bz^3 + cz + d$가 항상 증가하려면, a, b, c, d는 어떤 조건을 만족해야 하는지 밝혀라.
35. 함수 $f(x) = a\sqrt{x} + b\sqrt{x}$ 가 점$(1, 2)$을 변곡점을 가지려면, a와 b는 어떤 값이 되어야 하는지를 보여라.

1.15 역삼각함수

삼각함수의 그래프는 그림과 같다. 예를 들어 $y=\sin x$는 일대일 함수가 아니므로 실수 전체의 정의역, $x \in \mathbb{R}$ 에서 역함수는 존재하지 않는다.

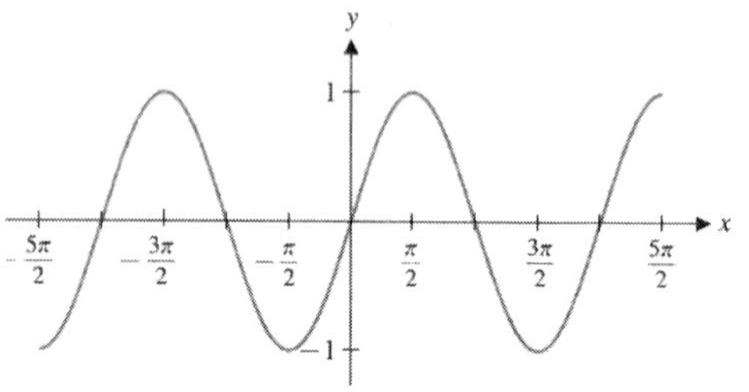

(a) $y=\sin x$

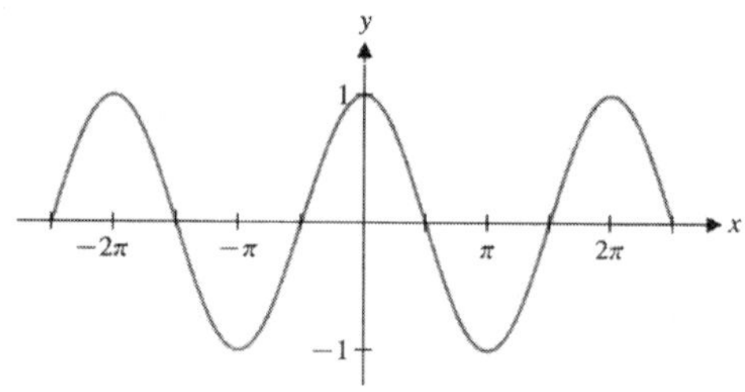

(b) $y=\cos x$

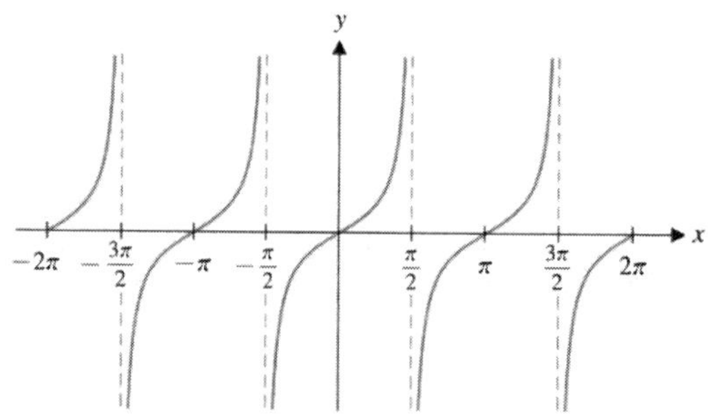

(c) $y=\tan x$

그림1. 삼각함수

그러나 정의역을 제한하면 일대일 함수가 되어 역함수가 존재하게 된다. $y=\sin x$의 정의역을 $[-\pi/2,\ \pi/2]$로 제한하면 역사인함수(inverse sine function)가 존재한다. 역사인함수는 다음과 같이 정의한다.

[정의] 역사인함수

$$y=\sin^{-1}x \Leftrightarrow \sin y = x,\quad \text{정의역 } -\frac{\pi}{2} \leq y \leq \frac{\pi}{2}$$

역사인함수는 다음의 성질을 만족한다.

$$\sin(\sin^{-1}x) = x. \quad x \in [-1, 1]$$

또는,

$$\sin^{-1}(\sin x) = x, \quad x \in \left[-\frac{\pi}{2}, \frac{\pi}{2}\right]$$

역사인함수는 모든 실수 x에 대하여 성립하는 것은 아니며, 제한된 구간 $\left[-\frac{\pi}{2}, \frac{\pi}{2}\right]$에서만 성립한다. 따라서, 제한된 구간을 넘어서면 식이 성립하지 않는다. 즉, $\sin^{-1}(\sin\frac{3\pi}{2}) \neq \frac{3\pi}{2}$이 된다.

$$\sin^{-1}(\sin\frac{3\pi}{2}) = \sin^{-1}(-1) = -\frac{\pi}{2}$$

이다. $y = \sin^{-1}x$의 그래프는 정의역이 $[-1, 1]$이고 치역이 $\left[-\frac{\pi}{2}, \frac{\pi}{2}\right]$이므로, $y = \sin x$의 그래프를 $y = x$에 대칭이 되도록 그린다(그림1.).

보기1

다음을 계산하라.

(a) $\sin^{-1}\left(\frac{\sqrt{2}}{2}\right)$ (b) $\sin^{-1}\left(\frac{1}{2}\right)$

풀이

(a) $\sin\theta = \frac{\sqrt{2}}{2}$를 만족하는 θ를 구간$\left[-\frac{\pi}{2}, \frac{\pi}{2}\right]$내에서 찾으면, $\sin\left(\frac{\pi}{4}\right) = \frac{\sqrt{2}}{2}$이고, $\frac{\pi}{2} \in \left[-\frac{\pi}{2}, \frac{\pi}{2}\right]$이므로,

$$\therefore \sin^{-1}\left(\frac{\sqrt{2}}{2}\right) = \frac{\pi}{4}$$

(b) $\sin\left(\frac{\pi}{4}\right) = \frac{1}{2}$이고, $\frac{\pi}{4} \in \left[-\frac{\pi}{2}, \frac{\pi}{2}\right]$이므로

$$\therefore \sin^{-1}\left(\frac{1}{2}\right) = \frac{\pi}{4}$$

역코사인함수(inverse cosine function)도 역사인함수와 유사한 방법으로 얻을 수 있으며, 정의역은 $[0, \pi]$가 된다.

[정의] 역코사인함수

$$y=\cos^{-1}x \Leftrightarrow \cos y = x\ ,\quad \text{정의역 } 0 \leq y \leq \pi$$

역코사인함수는 다음의 성질을 만족한다.

$$\cos(\cos^{-1}x)=x\ .\quad x \in [-1, 1]$$

또는,

$$\cos^{-1}(\cos x)=x\ ,\quad x \in [0, \pi]$$

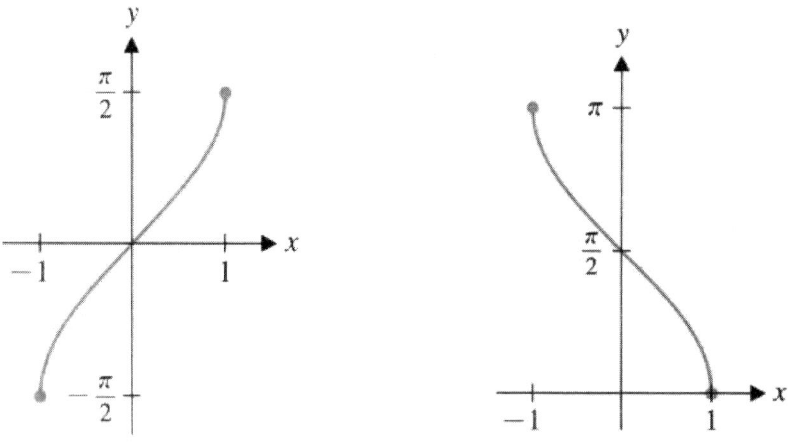

(a) $y=\sin^{-1}x$ (b) $y=\cos^{-1}x$

그림2. 역사인함수와 역코사인함수의 그래프

보기2.

다음을 계산하라.

(a) $\cos^{-1}(1)$ (b) $\cos^{-1}\left(-\dfrac{\sqrt{2}}{2}\right)$

풀이

(a) $\cos\theta=1$ 을 만족하는 θ를 $[0, \pi]$에서 찾는다. $\cos 0 = 1$ 이므로 $\cos^{-1}(1)=0$ 이다.

(b) $\cos\theta=-\dfrac{\sqrt{2}}{2}$ 를 만족하는 θ를 $[0, \pi]$에서 찾는다. $\cos\left(\dfrac{3\pi}{4}\right)= -\dfrac{\sqrt{2}}{2}$ 이고,

$\frac{3\pi}{4} \in [0, \pi]$이므로 $\cos^{-1}\left(-\frac{\sqrt{2}}{2}\right) = \frac{3\pi}{4}$

역코사인 함수의 그래프는 $y=x$에 대칭이 되도록 그리면 된다. 유사하게 역탄젠트함수를 정의할 수 있다. $y=\tan x$의 정의역을 $\left(-\frac{\pi}{2}, \frac{\pi}{2}\right)$로 제한하면 역탄젠트함수는 다음과 같이 정의된다.

[정의] 역탄젠트함수

$$y=\tan^{-1}x \Leftrightarrow \tan y = x, \quad \text{정의역 } -\frac{\pi}{2} \leq y \leq \frac{\pi}{2}$$

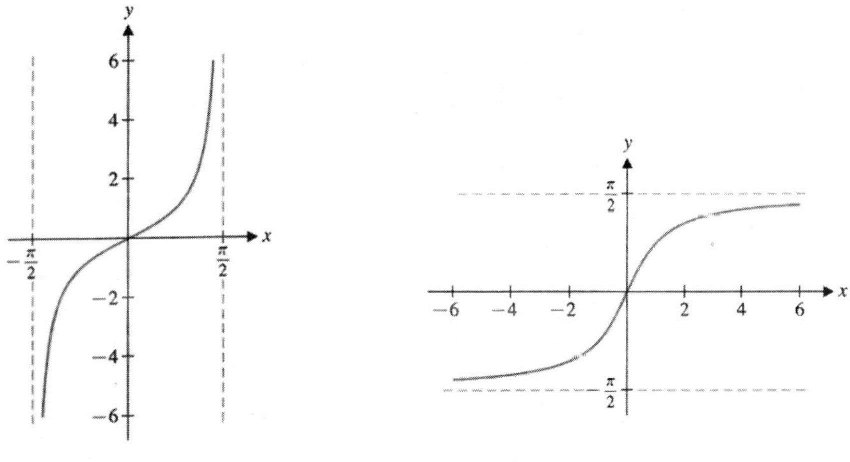

(a) $y=\tan x$ $[-\pi/2 < y < \pi/2]$　　(b) $y=\tan^{-1}x$ $[-\pi/2 < y < \pi/2]$

그림3. 탄젠트함수와 역탄젠트함수의 그래프

보기3

$\tan^{-1}\left(\frac{\sqrt{3}}{3}\right)$을 계산하라.

풀이

$\tan\theta = \frac{\sqrt{3}}{3}$인 θ값을 $\left(-\frac{\pi}{2}, \frac{\pi}{2}\right)$내에서 찾는다. $\tan\frac{\pi}{6} = \frac{\sqrt{3}}{3}$이고 $\frac{\pi}{6} \in \left(-\frac{\pi}{2}, \frac{\pi}{2}\right)$이므로, $\tan^{-1}\left(\frac{\sqrt{3}}{3}\right) = \frac{\pi}{6}$.

역시컨트함수는 $y=\sec x$ 의 정의역을 $\left[0, \frac{\pi}{2}\right) \cup \left(\frac{\pi}{2}, \pi\right]$ 로 제한하면 역시컨트함수는 다음과 같이 정의된다.

> **[정의] 역시컨트함수**
>
> $y=\sec^{-1}x \Leftrightarrow \sec y = x$, 정의역 $\left[0, \frac{\pi}{2}\right) \cup \left(\frac{\pi}{2}, \pi\right]$

보기4.

$\sec^{-1}\left(-\frac{2}{\sqrt{3}}\right)$ 을 계산하라.

풀이

$\sec^{-1}\left(-\frac{2}{\sqrt{3}}\right)$ 을 만족하는 θ를 $\left[0, \frac{\pi}{2}\right) \cup \left(\frac{\pi}{2}, \pi\right]$ 에서 찾는다.

$\sec\theta=-\frac{2}{\sqrt{3}}$ 이면 $\cos\theta=-\frac{\sqrt{3}}{2}$ 을 만족한다. $\cos\frac{5}{6}\pi=-\frac{\sqrt{3}}{2}$ 이고, $\frac{5}{6}\pi$는 구간 $\left(\frac{\pi}{2}, \pi\right]$ 에 있으므로, $\sec^{-1}\left(-\frac{2}{\sqrt{3}}\right)=\frac{5}{6}\pi$.

지금까지 다룬 역삼각함수의 정의역과 치역을 정리하면 다음 표와 같다.

표. 역삼각함수의 정의역과 치역

함수	정의역	치역
$y=\sin^{-1}x \Leftrightarrow \sin y = x$	$-1 \leqq x \leqq 1$	$-\frac{\pi}{2} \leqq y \leqq \frac{\pi}{2}$
$y=\cos^{-1}x \Leftrightarrow \cos y = x$	$-1 \leqq x \leqq 1$	$0 \leqq y \leqq \pi$
$y=\tan^{-1}x \Leftrightarrow \tan y = x$	$-\infty < x < \infty$	$-\frac{\pi}{2} \leqq y \leqq \frac{\pi}{2}$
$y=\csc^{-1}x \Leftrightarrow \csc y = x$	$\lvert x \rvert \geqq 1$	$-\frac{\pi}{2} \leqq y \leqq \frac{\pi}{2}$, $y \neq 0$
$y=\sec^{-1}x \Leftrightarrow \sec y = x$	$\lvert x \rvert \geqq 1$	$0 \leqq y \leqq \pi$, $y \neq \frac{\pi}{2}$
$y=\cot^{-1}x \Leftrightarrow \cot y = x$	$-\infty < x < \infty$	$0 \leqq y \leqq \pi$

■ 구간으로 정의된 함수

다음 보기5와 보기6의 함수는 정의역의 부분 구간에 따라 다른 식으로 정의되었다. 이런 함수를 구간으로 정의된 함수라 한다.

보기5

함수 f가 다음과 같이 정의될 때 $f(-3)$, $f(-2)$, $f(0)$, $f(2)$를 구하고 그래프를 그려라.

$$f(x) = \begin{cases} 2-x, & x \leqq -2 \\ x^2, & x > -2 \end{cases}$$

풀이

보기의 함수는 조건부 2개의 규칙이 있다. 입력값 x에 대해 살펴보면, $x \leqq -2$이면 $f(x)$는 $2-x$이고 $x > -2$이면 $f(x)$는 x^2이다.

$-3 \leqq -2$이므로 $f(-3) = 2-(-3) = 5$

$-2 \leqq -2$이므로 $f(-2) = 2-(-2) = 4$

$0 > -2$이므로 $f(0) = 0^2 = 0$

$2 > -2$이므로 $f(2) = 2^2 = 4$

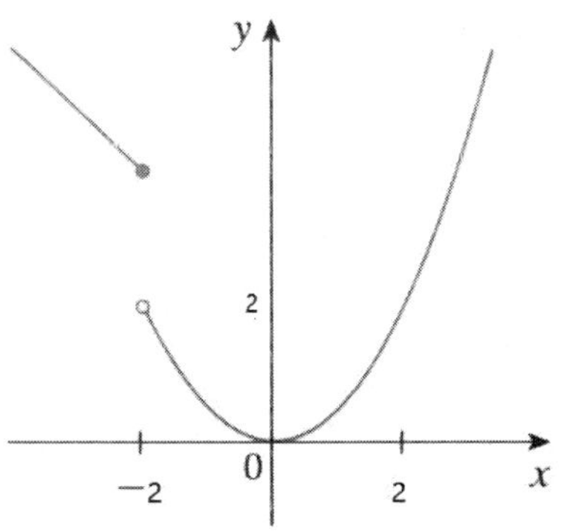

그림4. 보기5의 그래프

그림4에서 •표시는 점$(-2, 4)$가 그래프에 포함됨을 의미하며, ◦표시는 점$(-2, 4)$가 그래프에서 제외됨을 표시한다.

일반적으로 절대값으로 표현되는 함수는 다음과 같은 성질이 있다.

절대값

$$|a| = a, \quad a \geq 0$$
$$|a| = -a, \quad a < 0$$

예를 들면 다음과 같다.

$|2| = 2$, $|-2| = 2$, $|2-\pi| = \pi - 2$

보기6 절대값으로 표현되는 함수

함수 $f(x) = |x|$의 그래프를 그려라.

풀이

$$|x| = \begin{cases} x, & x \geq 0 \\ -x, & x < 0 \end{cases}$$

y축의 오른쪽은 직선 $y = x$이고, y축의 왼쪽은 직선 $y = -x$가 된다.

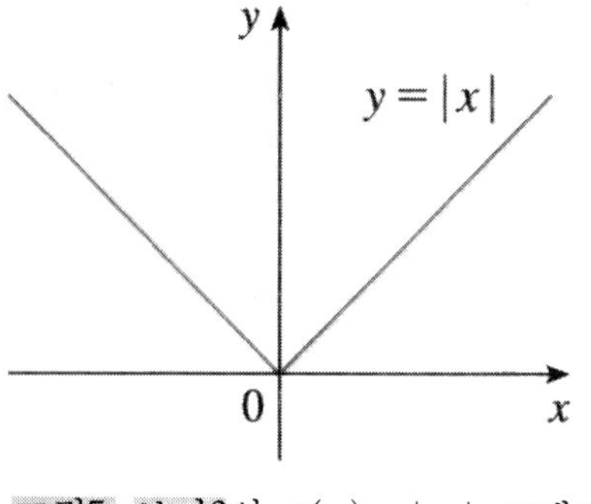

그림5. 보기6의 $f(x) = |x|$ 그래프

■ 우함수와 기함수

함수 f의 정의역에서 $f(-x) = f(x)$를 만족할 때, 함수 $y = f(x)$를 우함수라 하고, 함수 f의 정의역에서 $f(-x) = -f(x)$일 때, 함수 $y = f(x)$를 기함수라 한다. 예를 들어 함수 $f(x) = x^2$는

$$f(-x) = (-x)^2 = x^2 = f(x)$$

가 되므로 우함수이다. 우함수의 기하학적 의미는 그래프가 **y축과 대칭**을 이룬다. 함수 $f(x)=x^3$는

$$f(-x)=(-x)^3=-x^3=-f(x)$$

가 되므로 기함수이다. 기함수는 **원점에 대칭**인 함수이다. 기함수는 $x \geq 0$에 대하여 f의 그래프를 원점에 대해 180 회전 시키면 전체 그래프를 얻는다.

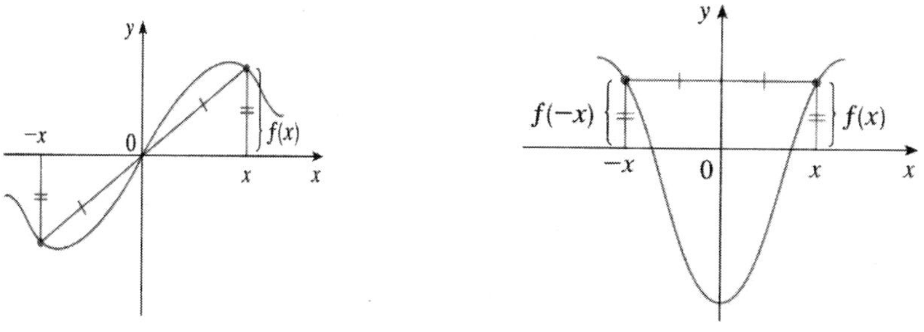

(a) 우함수 (b) 기함수

그림6. 우함수와 기함수

보기7

함수 $f(x)=\dfrac{x^3+2x}{x^4-2x^2-1}$를 우함수와 기함수로 판단하라.

풀이

$$f(-x)=\frac{(-x)^3+2(-x)}{(-x)^4-2(-x)^2-1}=\frac{-(x^3+2x)}{x^4-2x-1}=-f(x)$$

따라서 $f(x)$는 기함수이다. $y=f(x)$의 그래프는 원점에 대해서 대칭이다.

■ 특수함수

많이 사용되는 함수들에서 보기6과 같은 특별한 함수인 절대값함수(absolute value function)가 있다. 이 함수는 다음과 같이 정의한다.

$$|x|=\begin{cases} x, & x \geq 0 \\ -x, & x < 0 \end{cases}$$

그러므로, $|-5.4|=5.4$이다. 이 그래프는 y축에 대칭이므로 우함수이다.

그리고 최대정수함수(greast integer function)는 다음과 같이 정의한다.

$$\| x \| = x \text{보다 작거나 같은 정수 중에서 가장 큰 정수}$$

이 함수는 $\| -5.4 \| = -6$이 되며, $\| 5.4 \| = 5$가 된다.

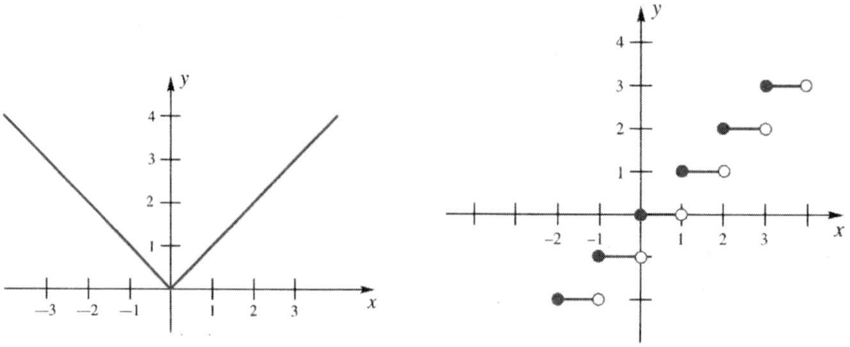

(a) 절대값 함수　　　　　　(b) 최대정수함수

그림7. $y = | x |$와 $y = \| x \|$

> **[정리] 산술평균과 기하평균**
>
> $a \geqq 0$, $b \geqq 0$일 때,
>
> $$\sqrt{ab} \leqq \frac{a+b}{2}$$
>
> 특히, $a = b$이면, $\sqrt{ab} = \frac{a+b}{2}$.

[증명]

$$\frac{a+b}{2} - \sqrt{ab} = \frac{a - 2\sqrt{ab} + b}{2}$$

$$= \frac{(\sqrt{a} - \sqrt{b})^2}{2} \geqq 0$$

따라서,

$$\therefore \sqrt{ab} \leqq \frac{a+b}{2}$$

특히, $a = b$이면,

$$\sqrt{ab} = \sqrt{a^2} = a = \frac{a+a}{2}$$

$a \neq b$이면,

$$\frac{a+b}{2} - \sqrt{ab} = \frac{(\sqrt{a} - \sqrt{b})^2}{2} > 0 \text{ 이므로,}$$

$$\therefore \sqrt{ab} < \frac{a+b}{2}$$

$\frac{a+b}{2}$를 두 양수 a, b의 산술평균(arithmetic mean)이라 하고, $\sqrt{ab}$를 기하평균(geometric mean)이라 한다. 그림10.은 두 양수 $a, b(a < b)$에 대하여 $a+b$를 지름으로 하는 반원을 나타내고 있다. 이 반원을 이용하면 윗 식을 쉽게 이해할 수 있다.

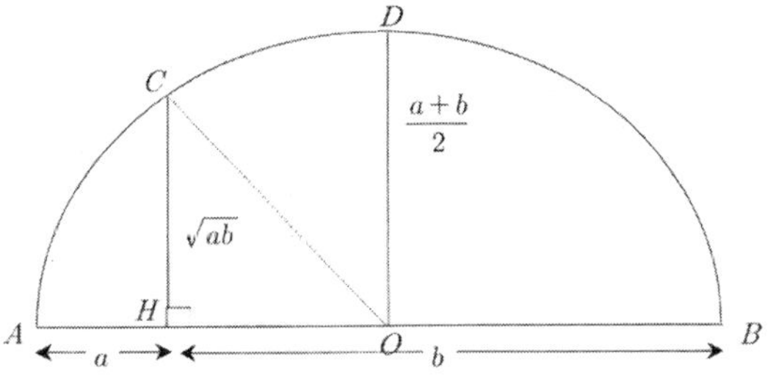

그림8. 반원으로 나타낸 산술평균과 기하평균

[연습문제]

* 문제 1~2에서 다음 부등식을 풀어라.

1. $2 \leqq 3-4x \leqq 8$
2. $\dfrac{x-4}{x+2}<0$

* 문제 3~4에서 다음 점들은 같은 직선 위에 있는지 밝혀라.

3. $(1, 2)$, $(0, 6)$, $(4, 0)$
4. $(4, 1)$, $(3, 2)$, $(1, 3)$

* 문제 5~8에서 두 점을 지나는 직선의 기울기m과 방정식을 구하라.

5. $(1, 2)$, $((3, 8)$
6. $(0.2, -1.2)$, $(-1.2, -0.6)$
7. $(1,4)$, $(-2, 8)$
8. $(0.3, -1.4)$, $(-1.1, -0.8)$

* 문제 9~10에서 기울기가 m이고 점P를 지나는 직선의 방정식을 구하라.

9. $m=2$, $P(1, 4)$
10. $m=-1.2$, $P(2, -6)$

* 문제 11~20에서 다음 방정식의 그래프를 그려라. x절편과 y절편을 구하라.

11. $y=-x^2-1$
12. $x=-y^2-1$
13. $x=-2y^2-1$
14. $y=2x^2-1$
15. $y=x^2-2x$
16. $6x^2+4y=0$
17. $x^2+y^2=16$
18. $2x^2+3y^2=10$
19. $x^2+(y-2)^2=16$
20. $x^2+9(x+1)^2=24$

* 문제 21~26에서 두 방정식의 그래프를 같은 좌표평면에 그리고, 교점의 좌표를 적어라.

21. $y=-2x+2$
    $y=2x^2-4x-2$
22. $y=x$
    $x^2+y^2=1$
23. $y=x-2$
    $2x^2+3y^2=12$
24. $y=4x+4$
    $x^2+y^2=64$
25. $y=-2x+4$
    $y=-2(x-4)^2$
26. $y-2x=1$
    $x^2+2x+y^2=15$

27. $f(x)=4-x^2$에 대해, 다음 값을 구하라.

(a) $f(1)$ (b) $f(0)$ (c) $f(-3)$

(d) $f(t)$ (e) $f(-4)$ (f) $f\left(\frac{1}{2}\right)$

28. $F(x)=x^3+2x$에 대해 다음 값을 구하라.

(a) $F(1)$ (b) $F(\sqrt{3})$ (c) $F\left(\frac{1}{4}\right)$

(d) $F(\pi)$ (e) $F(e)$ (f) $F\left(\frac{1}{u}\right)$

29. $f(x)=\dfrac{1}{\sqrt{x-2}}$에 대해서 다음 값을 구하라.

(a) $f\left(\frac{1}{4}\right)$ (b) $f(\pi)$ (c) $f(2+\sqrt{2})$

30. 다음 함수의 정의역을 구하라.

(a) $F(u)=\sqrt{2u-1}$ (b) $g(v)=\dfrac{1}{3v-1}$

(c) $\Phi(x)-\sqrt{x^2-16}$ (d) $h(t)=-\sqrt{25-t^2}$

(e) $f(x)=\dfrac{\sqrt{x^2-2x+1}}{x-1}$ (f) $k(w)=\dfrac{1}{w-1}$

* 문제 31~40에서, 주어진 함수가 우함수인지, 기함수인지, 어느 것도 아닌시 납하라.

31. $f(x)=-2$
32. $f(x)=-x$
33. $F(x)=3x+1$
34. $F(x)=2x-\sqrt{3}$
35. $g(x)=2x^2+3x-1$
36. $g(x)=\dfrac{x}{x^2-4}$
37. $\phi(u)=\dfrac{2u+1}{u-1}$
38. $f(w)=\sqrt{w-2}$
39. $h(t)=\sqrt{x^2+1}$
40. $f(x)=|3x|$

41. 다음 함수가 우함수, 기함수, 어느 것도 아닌지 답하고 그 그래프를 그려라.

(a) $g(x)=\begin{cases}1, & x\leqq 0\\ x+2. & 0<x<2\\ x^2-2, & x\geqq 2\end{cases}$

(b) $h(x)=\begin{cases}-x^2+1, & x\leqq 1\\ x-1, & x>1\end{cases}$

42, 정삼각형의 둘리 길이를 l이라 하고, 정삼각형의 넓이 $A(l)$의 공식을 유도하라.

43. 빗변의 길이가 h인 직각삼각형의 높이를 y라 할 때, 직각삼각형의 넓이 $A(y)$의 공식을 유도하라.

44. 반지름이 r인 직원기둥이 반지름이 $2r$인 구(球, ball)에 내접하고 있다. 원기둥의 부피 $V(r)$을 r의 식으로 나타내라.

45. 정의역 $[-6, 6]$에서, 함수 $f(x) = \dfrac{3x^2 - 4}{x^2 + x - 6}$의 그래프를 그려라.

(a) x절편과 y절편을 구하라.

(b) 주어진 정의역에서 f의 치역을 구하라.

(c) 그래프의 수직 점근선을 구하라.

46. 곡선 $y = x(1-x)$와 x축으로 둘러쌓여 생기는 영역내에서 $x = c$로 둘러쌓여 생기는 영역의 넓이를 $A(c)$라 하자. 함수 A의 정의역은 구간 $[0, 1]$이고, $A(1) = 1/6$이다(그림 9.).

(a) $A(0)$을 구하라.

(b) $A\left(\dfrac{1}{2}\right)$을 구하라.

(c) $A(c)$의 그래프를 그려라.

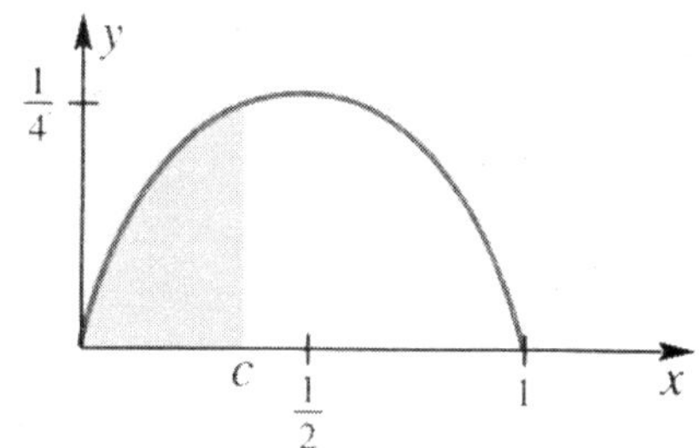

그림9. 문제46

제2장

극한과 연속

2.1 극한 개요

일반적으로 수열 $\{a_n\}$에서 n이 한없이 커질 때 a_n의 값이 일정한 값 a에 한없이 가까워지면 수열 $\{a_n\}$은 a에 수렴한다고 말한다. 이때 a를 수열 $\{a_n\}$의 극한이라고 하며 다음과 같은 기호로 나타낸다.

$$\lim_{n \to \infty} a_n = a \quad \text{또는} \quad n \to \infty \text{일 때, } a_n \to a$$

이를 함수일 때의 예를 들면, "x가 1에 접근할 때 함수 $f(x) = x^2 - 3x + 4$의 극한은 2이다." 라고 표현하고 기호로 나타내면,

$$\lim_{x \to 1}(x^2 - 3x + 4) = 2$$

이다. 일반적으로 극한의 표현은 다음과 같이 표현된다.

[정의] 함수의 극한기호

x가 a에 도달하지는 않지만, a에 충분히 가까이 접근시켜 $f(x)$의 값을 L에 가깝게 만들 수 있다면 다음과 같의 기호를 사용한다.

$$\lim_{x \to a} f(x) = L$$

이를 다음과 같이 말한다.

"x가 a에 접근할 때 $f(x)$의 극한은 L이다."

$\lim_{x \to a} f(x) = L$이란 의미는 a에 가깝지만 a와 같지 않은 x에 대하여 $f(x)$가 L에 가깝다는 뜻이다. $x = a$에서는 함수 f는 정의되지 않아도 된다. 극한의 개념은 함수가 a는 아니지만, a 가까이에서 어떻게 움직이는 가를 생각해 보는 것이다.

보기1

$\lim_{x \to 2}(2x - 1)$를 구하라.

풀이

x가 2에 가까워 질 때, $2x-1$은 $2 \cdot 2-1=3$에 가깝다. 따라서,

$$\lim_{x \to 2}(2x-1)=3$$

■ 한쪽 극한

[정의] 좌극한과 우극한

$\lim_{x \to a^-} f(a) = L$은 x가 a의 왼쪽에서 a에 가까워 질 때, $f(x)$가 L에 가까워 짐을 뜻한다. 이와 유사하게, $\lim_{x \to a^+} f(a) = L$은 x가 a의 오른쪽에서 a에 가까워 질 때 $f(x)$가 L에 가까워 짐을 뜻한다.

$\lim_{x \to 1} \frac{1}{|x-1|}$은 존재하지 않지만, 다음과 같이 쓸 수 있다.

$x \neq 1$이고, $\quad \lim_{x \to 1^-} \frac{1}{|x-1|} = -1 \quad$ 그리고 $\quad \lim_{x \to 1^+} \frac{1}{|x-1|} = 1$

보기2

$\lim_{x \to -2} \frac{2x+2}{x^2-4}$를 계산하라.

풀이

$x = -2$근방에서 함수값을 계산해 보면, x가 -2에 접근하면 $x \neq -2$, 즉 $x+2 \neq 0$이다. 따라서 좌극한은

$$\lim_{x \to -2^-} \frac{2x+2}{x^2-4} = \lim_{x \to -2^-} \frac{2(x+2)}{(x+2)(x-2)}$$

$$= \lim_{x \to -2^-} \frac{2}{x-2} = -\frac{1}{2}$$

가 된다. 마찬가지로 우극한은

$$\lim_{x \to -2^+} \frac{2x+2}{x^2-4} = -\frac{1}{2}$$

이다. x가 -2로 접근할 때 한 쪽 극한(좌극한 또는 우극한)들이 같은 값을 가지므로

$$\lim_{x \to -2} \frac{2x+2}{x^2-4} = -\frac{1}{2}$$

이다.

그림1은 한쪽 극한의 개념들 도식화 한 것이다.

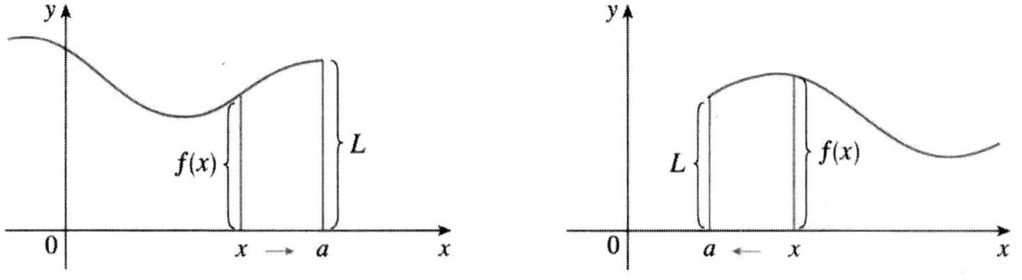

(a) 좌극한 $\lim_{x \to a^-} f(x) = L$　　(b)우극한 $\lim_{x \to a^+} f(x) = L$

그림1. 좌극한과 우극한의 개념

2.2 극한 정리

이 절에서는 극한의 성질을 나타낸 극한 정리를 제시하고 극한정리를 바탕으로 극한값을 계산한다. 이 정리를 이용해 앞으로의 대부분의 극한 문제를 구할 수 있다.

> 임의의 상수 c와 임의의 실수 a에 대하여, 다음이 성립한다.
> $$\lim_{x\to a} c = c$$

상수의 극한은 바로 그 상수이다. 그림1.과 같이 $f(x)=c$는 x값과 무관하므로 $x\to a$일 때 함수값이 변하지 않으므로 위의 정리를 쉽게 얻을 수 있다.

> 임의의 실수 a에 대하여, 다음이 성립한다.
> $$\lim_{x\to a} x = a$$

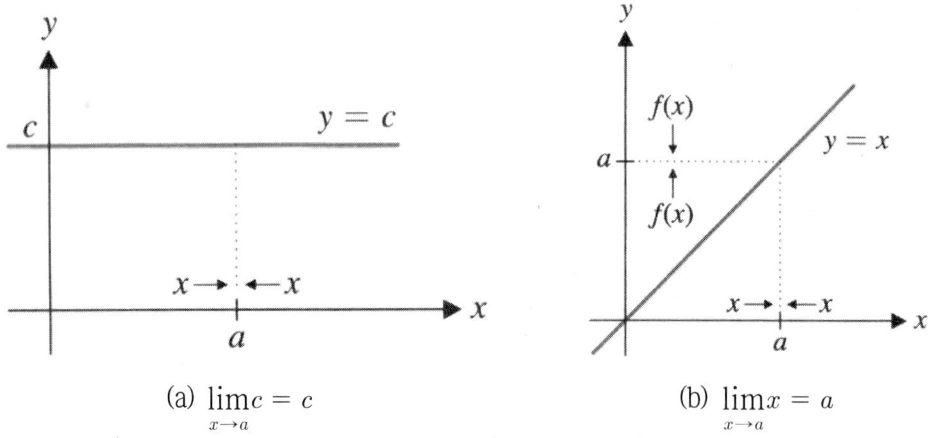

(a) $\lim_{x\to a} c = c$　　　(b) $\lim_{x\to a} x = a$

그림2. 극한정리 (1)과 (2)

앞에서 살펴본 기본적인 극한값을 포함하고, 수렴하는 함수의 극한값을 폭을 넓혀 일반화시키고 정리하면, 다음과 같은 극한정리를 얻을 수 있다.

[극한 정리]

n이 양의 정수, c는 상수이고 아래 식의 극한이 존재하면 다음이 성립한다.

$$\lim_{x\to a} f(x),\quad \lim_{x\to a} g(x)$$

(1) $\lim_{x\to a} c = c$

(2) $\lim_{x\to c} x = c$

(3) $\lim_{x\to a}[f(x)+g(x)] = \lim_{x\to a} f(x) + \lim_{x\to a} g(x)$ (합의 법칙)

(4) $\lim_{x\to a}[f(x)-g(x)] = \lim_{x\to a} f(x) - \lim_{x\to a} g(x)$ (차의 법칙)

(5) $\lim_{x\to a}[cf(x)] = c\lim_{x\to a} f(x)$ (상수배의 법칙)

(6) $\lim_{x\to a}[f(x)g(x)] = \lim_{x\to a} f(x) \cdot \lim_{x\to a} g(x)$ (곱의 법칙)

(7) $\lim_{x\to a} g(x) \neq 0$이면, $\lim_{x\to a}\dfrac{f(x)}{g(x)} = \dfrac{\lim_{x\to a} f(x)}{\lim_{x\to a} g(x)}$ (몫의 법칙)

(8) $\lim_{x\to a}[f(x)]^n = [\lim_{x\to a} f(x)]^n$ (거듭제곱의 법칙)

(9) $\operatorname{Lim}_{x\to a}\sqrt[n]{f(x)} = \sqrt[n]{\lim_{x\to a} f(x)}$, 단, n이 짝수일 때 $\lim_{x\to a} f(x) > 0$ (제곱근의 법칙)

보기3

$\lim_{x\to 2}\dfrac{x^2-3x+2}{2-x}$을 계산하라.

풀이

유리함수의 극한은 분모와 분자의 극한이 모두 존재하고 분모의 극한이 0이 아닐 때만 존재한다. 이 문제는 분모의 극한이 0이 되므로, 몫의 법칙이 성립하지 않는다.

$$\lim_{x\to 2}\frac{x^2-3x+2}{2-x} \neq \frac{\lim_{x\to 2}(x^2-3x+2)}{\lim_{x\to 2}(2-x)}$$

이다. 그러나 다음과 같은 방법으로 해결할 수 있다. $x \to 2$일 때 x가 2로 접근하고, $x \neq 2$이므로 $x-2 \neq 0$이다. 따라서 윗 식을 인수분해하여 $(x-2)$를 소거하여 구한다. 즉,

$$\lim_{x \to 2} \frac{x^2-3x+2}{2-x} = \lim_{x \to 2} \frac{(x-1)(x-2)}{-(x-2)} = \lim_{x \to 2} \frac{(x-1)}{-1} = -1$$

보기4

$\lim_{x \to 2} 3x^3$의 값을 구하라.

풀이

$$\lim_{x \to 2} 3x^3 = 3\lim_{x \to 2} x^3 = 2\left[\mathrm{Lim}_{x \to 2} x\right]^3 = 2[2]^3 = 16$$

보기5

$\lim_{x \to 2}(2x^2 - x + 3)$의 값을 구하라.

풀이

$$\lim_{x \to 2}(2x^2 - x + 3) = 2\left(\lim_{x - 2} x^2\right) - \lim_{x - 2} x + \lim_{x - 2} 3 \quad \text{극한정리 (4)와 (3)}$$

$$= 2\lim_{x - 2} x \cdot \lim_{x - 2} x - \lim_{x \to 2} x + 3 \quad \text{극한정리 (5)와 (6)와 (1)}$$

$$= 2(2 \cdot 2) - (2) + 3 \quad \text{극한정리 (8)}$$

$$= 9$$

보기6

$\lim_{x \to -1} \frac{2x^3 + x^2 - 1}{6 - 2x}$를 구하라.

풀이

$$\lim_{x \to -1} \frac{2x^3 + x^2 - 1}{6 - 2x} = \frac{\lim_{x \to -1}(2x^3 + x^2 - 1)}{\lim_{x \to -1}(6 - 2x)} \quad \text{극한정리 (7)}$$

$$= \frac{2\lim_{x\to -1} x^3 + \lim_{x\to -1} x^2 - \lim_{x\to -1} 1}{\lim_{x\to -1} 6 - 2\lim_{x\to -1} x}$$ 극한정리 (5), ((3), (4)

$$= \frac{2(-1)^3 + (-1)^2 - 1}{6 - 2(-1)}$$ 극한정리 (8)

$$= -\frac{1}{4}$$

보기7

$\lim_{x\to 1}(x^2+3)(x-6)$의 값을 구하라.

풀이

$$\lim_{x\to 1}(x^2+3)(x-6) = \lim_{x\to 1}(x^2+3)\cdot\lim_{x\to 1}(x-6)$$
$$= 4\cdot(-5) = -20$$

보기8

$\lim_{x\to 4}\frac{\sqrt{x^2+4}}{x}$를 구하라

풀이

$$\lim_{x\to 4}\frac{\sqrt{x^2+4}}{x} = \frac{\lim_{x\to 4}\sqrt{x^2+4}}{\mathrm{Lim}_{x\to 4}x} = \frac{\lim_{x\to 4}\sqrt{x^2+4}}{4} = \frac{1}{4}\sqrt{\mathrm{Lim}_{x\to 4}x^2 + \lim_{x\to 4}4}$$
$$= \frac{1}{4}\sqrt{\mathrm{Lim}_{x\to 4}x^2+4} = \frac{1}{4}\sqrt{\left[\lim_{x\to 4}x\right]^2+4} = \frac{1}{4}\sqrt{(4)^2+4} = \frac{\sqrt{5}}{2}$$

보기9

$\lim_{x\to 0}f(x) = 2$이고 $\lim_{x\to 0}g(x) = 16$일 때 다음 식의 값을 구하라.

$$\lim_{x\to 0}[f^3(x)\cdot\sqrt[4]{g(x)}]$$

풀이

$$\lim_{x\to 0}[f^3(x)\cdot\sqrt[4]{g(x)}] = \lim_{x\to 0}f^3(x)\cdot\lim_{x\to 0}\sqrt[4]{g(x)}$$
$$= \left[\lim_{x\to 0}f(x)\right]^3\cdot\sqrt[4]{\lim_{x\to 0}g(x)}$$

$$= [2]^3 \cdot \sqrt[4]{16} \;= 16$$

다항함수 $f(x)$는 일반화 시키면 다음과 같은 형태로 나타난다.

$$f(x) = a_n x^n + a_{n-1}x^{n-1} + a_{n-2}x^{n-2} \cdots a_1 x + a_0$$

유리함수 $g(x)$는 두 다항함수의 몫이고, 다음과 같은 형태이다.

$$g(x) = \frac{a_n x^n + a_{n-1}x^{n-1} + a_{n-2}x^{n-2} + \cdots + a_1 x + a_0}{b_m x^m + b_{m-1}x^{m-1} + b_{m-2}x^{m-2} + \cdots + b_1 x + b_0}$$

보기5는 다항함수이고, 보기6은 유리함수를 나타낸다. 이러한 다항함수와 유리함수들은 항상 직접 대입해서 얻은 값이 타당함을 극한정리로 증명할 수 있다. 이러한 사실을 정리하면 다음과 같다.

[대입정리]

f가 다항함수이거나 유리함수일 때, c에서 유리함수의 분모가 0이 아니고 $f(c)$가 정의되면 다음 식이 성립한다.

$$\lim_{x \to c} f(c) = f(c)$$

보기10

$\lim_{x \to 0} \frac{(2+x)^2 - 4}{x}$를 구하라.

풀이

분모의 극한이 0이므로, 극한정리 몫의 법칙을 적용할 수 없다. 따라서 분자를 유리화 한 후 구한다.

$$\lim_{x \to 0} \frac{(2+x)^2 - 4}{x} = \lim_{x \to 0} \frac{(4 + 4x + x^2) - 4}{x}$$

$$= \lim_{x \to 0} \frac{4x + x^2}{x} = \lim_{x \to 0} (4 + x) = 4$$

보기11

$\lim_{x\to0}\frac{\sqrt{x^2+3}-2}{x^2}$를 구하라.

풀이

분모의 극한이 0이므로 바로 몫의 법칙을 적용할 수 없다. 따라서 분자를 유리화 한다.

$$\begin{aligned}\lim_{x\to0}\frac{\sqrt{x^2+4}-2}{x^2} &= \lim_{x\to0}\frac{\sqrt{x^2+4}-2}{x^2}\cdot\frac{\sqrt{x^2+4}+2}{\sqrt{x^2+4}+2}\\ &= \lim_{x\to0}\frac{(x^2+4)-4}{x^2(\sqrt{x^2+4}+2)}\\ &= \lim_{x\to0}\frac{x^2}{x^2(\sqrt{x^2+4}+2)}\\ &= \lim_{x\to0}\frac{1}{(\sqrt{x^2+4}+2)}\\ &= \frac{1}{(\sqrt{\lim_{x\to0}x^2+4}+2)}\\ &= \frac{1}{2+2}=\frac{1}{4}\end{aligned}$$

■ 극한의 존재조건

극한이 존재하기 위한 필요충분조건은 두 개의 한쪽 극한이 모두 존재하고 그 값이 같을 때 이다.

> **[정리] 극한존재의 필요충분조건**
>
> $\lim_{x\to a}f(x)=L$이기 위한 필요충분조건은 $\lim_{x\to a^-}f(x)=L=\lim_{x\to a^+}f(x)$이다.

보기12

$\lim_{x\to1}|x-1|=0$임을 보여라.

풀이

$|x-1|=\begin{cases}x, & x\geq1\\ x, & x<1\end{cases}$ 이다. $x\geq1$에 대해 $|x-1|=x-1$이므로 다음 식을 얻는다.

$$\lim_{x \to 1^{+0}} |x-1| = \lim_{x \to 1^{+0}} (x-1) = 0$$

$x < 1$에 대해, $|x-1| = -(x-1) = -x+1$이므로 다음 식을 얻는다.

$$\lim_{x \to 1^{-0}} |x-1| = \lim_{x \to 1^{-0}} (-x+1) = 0$$

따라서 위 정리에 의하여 다음을 얻는다.

$$\therefore \lim_{x \to 1} |x-1| = 0$$

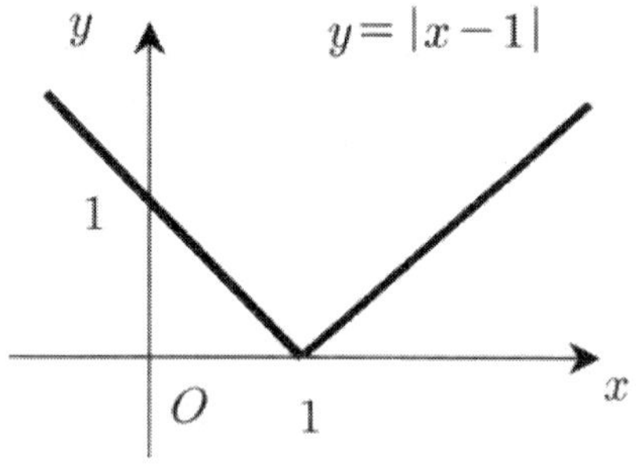

그림3. 보기10의 $y = |x-1|$의 그래프

보기13

극한 $\lim_{x \to 1} \frac{|x-1|}{x-1}$는 존재하지 않음을 보여라.

풀이

$x \geqq 1$에서, $\lim_{x \to 1^{+0}} \frac{|x-1|}{x-1} = \lim_{x \to 1^{+0}} \frac{x-1}{x-1} = \lim_{x \to 1^{+0}} 1 = 1$

$x < 1$에서, $\lim_{x \to 1^{-0}} \frac{|x-1|}{x-1} = \lim_{x \to 1^{-0}} \frac{-(x-1)}{x-1} = \lim_{x \to 1^{-0}} (-1) = -1$

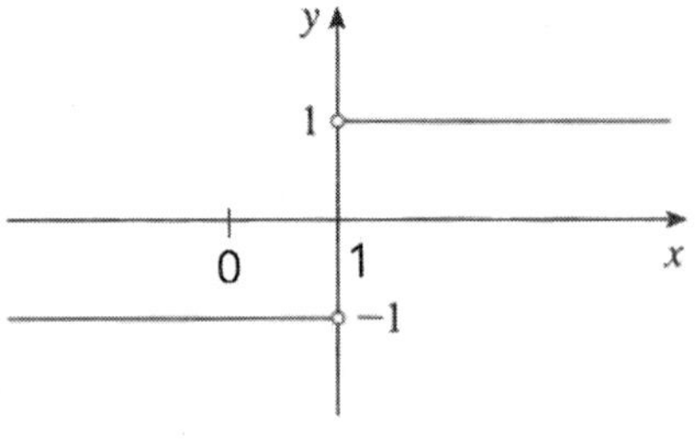

그림4. 보기13의 $y = \frac{|x-1|}{x-1}$의 그래프

[정리] 조임정리(Squeeze Theorem)

함수 f, g, h가 c근방의 모든 x에 대해서

$$f(x) \leq g(x) \leq h(x)$$

가 성립한다고 하자. 이때,

$$\lim_{x \to c} f(x) = \lim_{x \to c} h(x) = L$$

을 만족하면,

$$\lim_{x \to c} g(x) = L$$

[증명]

임의의 $\epsilon > 0$에 대하여

$$0 < |x - c| < \delta \text{ 이면 } |g(x) - L| < \epsilon$$

을 만족하는 $\delta > 0$을 찾아야 한다. $\lim_{x \to c} g(x) = L$이므로 임의의 $\epsilon > 0$에 대해서

$$0 < |x - c| < \delta_1 \text{이면 } |f(x) - L| < \epsilon$$

을 만족하는 $\delta_1 > 0$이 존재한다. $\lim_{x \to c} h(x) = L$이므로 임의의 $\epsilon > 0$에 대해서

$$0 < |x - c| < \delta_2 \text{이면 } |h(x) - L| < \epsilon$$

을 만족하는 $\delta_2 > 0$이 존재한다. 이제 $\delta = \min\{\delta_1, \delta_2\}$로 놓으면,

$0 < |x - c| < \delta$일 때, $0 < |x - c| < \delta_1$이고 $0 < |x - c| < \delta_2$이므로,

$f(x) \leq g(x) \leq h(x)$에서

$$0 < |x - c| < \delta \quad \Rightarrow \quad L - \epsilon < f(x) \leq g(x) \leq h(x) < L + \epsilon$$

이다. 따라서,

$$L - \epsilon < g(x) < L + \epsilon \text{ 즉, } |g(x) - L| < \epsilon$$

이므로,

$$\lim_{x \to c} g(x) = L$$

이다.

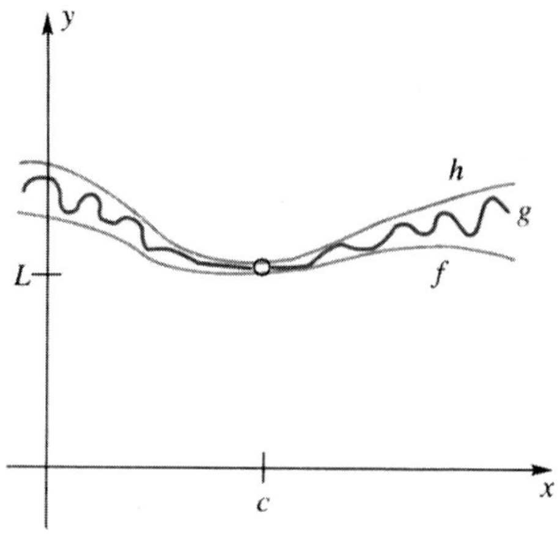

그림5. 조임정리의 그래프

보기14

부등식 $1-\frac{x^4}{4} \leqq \frac{\sin x}{x} \leqq 1$이 0이 아닌 모든 x에 대해서 성립함을 증명했다고 하자. 이때, $\lim_{x\to 0}\frac{\sin x}{x}$의 값을 구하라.

풀이

$f(x)=1=\frac{x^4}{4}$, $g(x)=\frac{\sin x}{x}$, $h(x)=1$이라 하면,

$\lim_{x\to 0}f(x)=1=\lim_{x\to 0}h(x)$이다. 따라서, 조임정리에 의해

$$\lim_{x\to 0}\frac{\sin x}{x}=0$$

이다.

보기15

$\lim_{x\to 0}\left[x^2\sin\left(\frac{\pi}{x}\right)\right]$을 계산하라.

풀이

주어진 함수가 함수의 곱의 형태이므로 함수 곱의 극한, 즉 극한정리의 곱의법칙

$$\lim_{x\to a}[f(x)g(x)]=\lim_{x\to a}f(x)\cdot\lim_{x\to a}g(x)$$

을 이용해 보자. 극한정리의 곱의법칙은

$$\lim_{x \to 0}\left[x^2 \sin\left(\frac{\pi}{x}\right)\right] = \left(\mathrm{Lim}_{x \to 0} x^2\right)\left[\lim_{x \to 0} \sin\left(\frac{\pi}{x}\right)\right]$$

로 표시할 수 있다. 그러나 그림6 에서와 같이 $y = \sin\left(\frac{\pi}{x}\right)$의 그래프를 생각해 보자.

$\sin\left(\frac{\pi}{x}\right)$은 -1과 1사이를 위 아래로 진동하며 x가 0으로 갈수록 그 진동은 더 빨라진다.

그러므로 $\lim_{x \to 0} sin\left(\frac{\pi}{x}\right)$은 존재하지 않는다. 그러므로 곱의 법칙에 의한 윗 식은 존재하지 않는다. 따라서, 극한에 대한 곱의 법칙은 적용할 수 없다. 그림6 에서 알 수 있듯이 그래프가 진동하지만,

$$\lim_{x \to 0}\left[x^2 \sin\left(\frac{\pi}{x}\right)\right] = 0$$

이 될것이라는 것이 예측 가능하다. 따라서 조임정리를 이용하여 극한값을 구한다. 즉 0이 아닌 모든 x에 대하여,

$$f(x) \le x^2 \sin\left(\frac{\pi}{x}\right) \le h(x)$$

이며, $\lim_{x \to 0} f(x) = \lim_{x \to 0} h(x) = 0$을 만족하는 함수 $f(x)$와 $g(x)$를 찾는다.

$x \neq 0$인 모든 x에 대하여,

$$-1 \leqq \sin\left(\frac{\pi}{x}\right) \leqq 1$$

윗 식에 $x^2 \geqq 0$인 x^2를 곱하면

$$-x^2 \leqq x^2 \sin\left(\frac{\pi}{x}\right) \leqq x^2 \qquad ①$$

이다. 또한,

$$\lim_{x \to 0}(-x^2) = 0 = \lim_{x \to 0} x^2 \qquad ②$$

그러므로 ①, ②의 결과로

$$\lim_{x \to 0}\left[x^2 \sin\left(\frac{\pi}{x}\right)\right] = 0$$

이다.

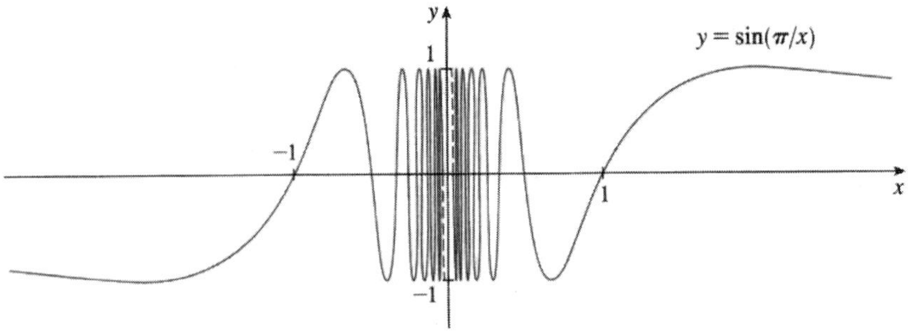

그림6. 보기15의 $y = \sin(\pi/x)$의 그래프

[연습문제]

1. 극한 $\lim_{x\to3} f(x) = 2$, $\lim_{x\to3} g(x) = -3$, $\lim_{x\to3} h(x) = 0$일 때 다음 극한이 존재하면 극한값을 구하고, 존재하지 않으면 그 이유를 밝혀라.

(a) $\lim_{x\to3}[2f(x)+3g(x)]$
(b) $\lim_{x\to3}[g(x)]^2$
(c) $\lim_{x\to3}[h(x)]^2$
(d) $\lim_{x\to3}\sqrt{g(x)}$
(e) $\lim_{x\to3}\sqrt{f(x)}$
(f) $\lim_{x\to3}\frac{f(x)}{g(x)}$
(g) $\lim_{x\to3}\frac{g(x)}{h(x)}$
(h) $\lim_{x\to3}\frac{g(x)h(x)}{f(x)}$
(i) $\lim_{x\to2}(x+|x-2|)$
(j) $\lim_{x\to1}\left(\frac{1}{x-1}-\frac{1}{|x-1|}\right)$

* 문제 2~5에서 다음 각 극한을 구하고 구하는 과정에서 단계별로 적절한 극한정리의 법칙 [(1)~(9)]을 기술하라.

2. $\lim_{x\to-2}(2x^3+5x^2-x+2)$
3. $\lim_{x\to-1}\frac{x^4-1}{2x^2-5x+5}$
4. $\lim_{x\to4}(2+\sqrt[3]{x})(4-3x^2+2x^3)$
5. $\lim_{x\to3}\sqrt{\frac{3x^2+1}{2x-1}}$

* 문제 6~10에서 다음의 극한값을 구하라

6. $\lim_{x\to+0}\frac{x}{|x|}$
7. $\lim_{x\to1^{-0}}\frac{2x}{x^3+1}$
8. $\lim_{x\to1^{-0}}\frac{3x}{x^2+2}$
9. $\lim_{x\to\infty}\frac{1-x^3}{x+1}$
10. $\lim_{x\to0}x^3\sin\left(\frac{3}{x}\right)=0$임을 보여라.

11. $f(x)=e^x$와 실수 r에 대하여 f가 $x=r$에서 연속임을 보여라.
12. q가 다항함수일 때 $\lim_{x\to a}q(x)=q(a)$임을 보여라.
13. $f(x)=x^9+x^8+x^7+x^6+x^5+x^4+x^3+x^2+x-2$일 때 $f(x)=0$는 $(0,2)$에서 실근을

가짐을 보여라.

14. $\lim_{x\to a} f(x) = 1 \Leftrightarrow \lim_{x\to a} |f(x)| = 1$ 임을 보여라.

15. $\lim_{x\to a} |x| = |a|$임을 보여라.

16. 모든 x에 대해서 $f(x)g(x) = 1$이고, $\lim_{x\to a} g(x) = 0$이라고 하면, $\lim_{x\to a} f(x)$는 존재하지 않음을 보여라.

17. 극한 $\lim_{x\to 0}\frac{|x|}{x}$는 존재하지 않음을 보여라.

* 문제 18~21에서 다음의 식을 증명하라

18. $\lim_{x\to 0}\cos x = 1$

19. $\lim_{x\to 0}\sin x = 0$

20. $\text{Lim}_{x\to 1}\sqrt{x^2+15} = 4$

21. $\lim_{x\to\infty}\frac{1}{x} = 0$

22. 극한정리 합의공식에서 $\lim_{x\to 0}[f(x)+g(x)]$ 는 존재하지만, $\lim_{x\to 0} f(x)$와 $\lim_{x\to 0} g(x)$가 존재하지 않는 함수 $f(x)$와 $g(x)$를 찾아라.

23. $\lim_{x\to a} f(x)$가 존재할 때, $\lim_{x\to a}[f(x)]^n = [\lim_{x\to a} f(x)]^n$ 임을 보여라.

24. $\lim_{x\to c}\left(\frac{1}{g(x)}\right) = \frac{1}{\left[\lim_{x\to c} g(x)\right]}$ 임을 ϵ, δ의 조임정리를 이용하여 증명하라.

25. $f(x) = \frac{x^2 - x + 2}{|x-1|}$ 인 함수가 있다.

(a) $\lim_{x\to 1^{+0}} f(x)$와 $\lim_{x\to 1^{-0}} f(x)$를 구하라.

(b) $\lim_{x\to 1} f(x)$ 존재하는지 보여라.

(c) f의 그래프를 그려라.

2.3 무한대 극한

예를 들어 $\lim_{x \to 0} \frac{1}{x^2}$은 x가 0에 접근하면 x^2도 0에 접근하게되고 따라서 $1/x^2$은 매우 커짐을 알 수 있다. 함수 $f(x) = 1/x^2$의 그래프는 x가 0에 점차 가까워 짐에 따라 $f(x)$는 한없이 커지게 된다(그림1.). 따라서 $f(x)$의 값이 어떤 수에 접근하지 않으므로 $\lim_{x \to 0} \frac{1}{x^2}$은 극한이 존재하지 않는다. 이러한 상태를 표현하기 위하여 다음과 같은 기호를 사용한다.

$$\lim_{x \to 0} \frac{1}{x^2} = \infty$$

일반적으로 x가 c에 충분히 가까워 질수록 $f(x)$는 한없이 증가하게 되는 것을 다음과 같은 기호로 나타낸다.

$$\lim_{x \to c} f(x) = \infty$$

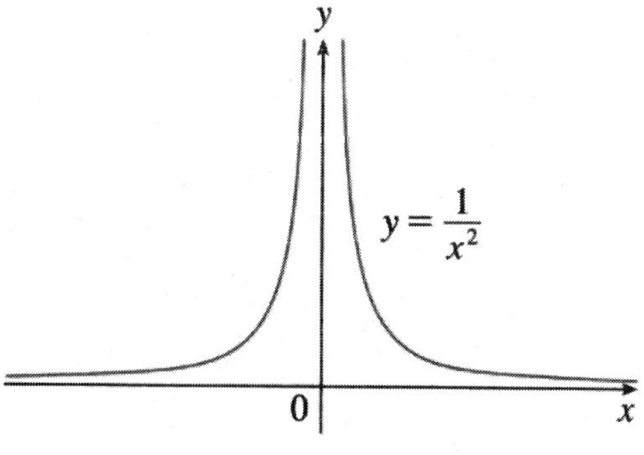

그림1. $y = \frac{1}{x^2}$의 그래프

[정의] 무한 극한

f가 c의 양쪽에서 정의된 함수라 할 때,

$$\lim_{x\to c} f(x) = \infty$$

이다. 또한 다음과 같이 표현할 수 있다.

"$x \to c$일 때 $f(x) \to \infty$"

위 정의는 $x \neq c$이지만 x가 c에 충분히 가깝게 접근할 때 $f(x)$의 값이 한없이 커지게 된다는 것을 의미한다. 무한 극한의 개념을 도식화 한 것은 그림2와 같다.

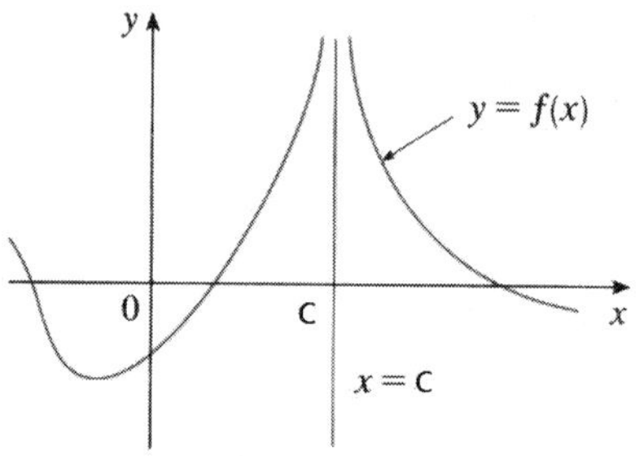

그림2. $\lim_{x\to a} f(x) = \infty$

그림2는 함수 $f(x)$에 대한 c값으로 한없이 증가하는 함수를 나타내고 있다.

$x \to \infty$이 가지는 의미는 x가 모든 수들 보다 큰 수가 있어서 그 수에 가까이 다가간다는 것이 아니다. 이는 x가 한없이 점점 더 커짐을 간단히 나타내는 기호이다. 이것을 나타내는 것이 그림3.이다. 그림3.은 x가 점점 커질 때 $g(x)$가 점점 작아지고 있다.

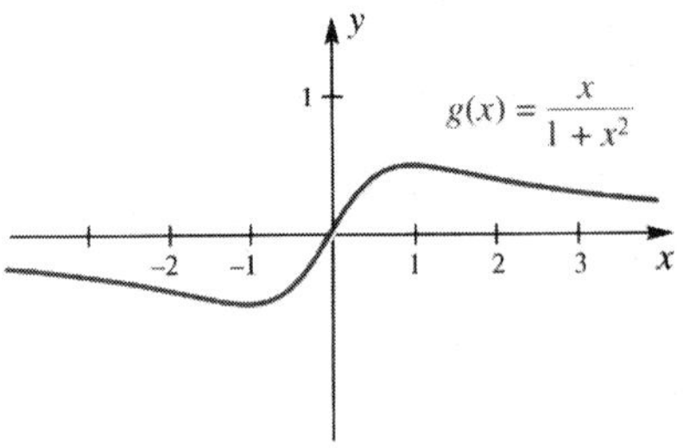

그림3. x가 증가할 때 점점 작아지는 $g(x)$값

그림3.의 함수$g(x)$의 극한은 다음과 같이 나타낸다.

$$\lim_{x\to\infty}\frac{x}{1+x^2}=0$$

윗 식은 ∞ 대신 $-\infty$를 넣어도 같은 값 0이 된다.

x가 c에 접근할 때 음수이며 절대값이 커지는 함수는 다음 정의와 같고 그림4와 같다.

[정의]
f가 c의 양쪽에서 정의된 함수라 할 때,

$$\lim_{x\to c}f(x)=-\infty$$

위 식은 x를 c에 충분히 가깝게 접근시킬 때 $f(x)$의 값을 임의로 매우 큰 음수를 가지게 할 수 있음을 의미한다.

$\lim_{x\to c}f(x)=-\infty$의 의미는 "$x$가 c에 한없이 접근할 때 $f(x)$의 극한이 음의 무한대이다"이다.

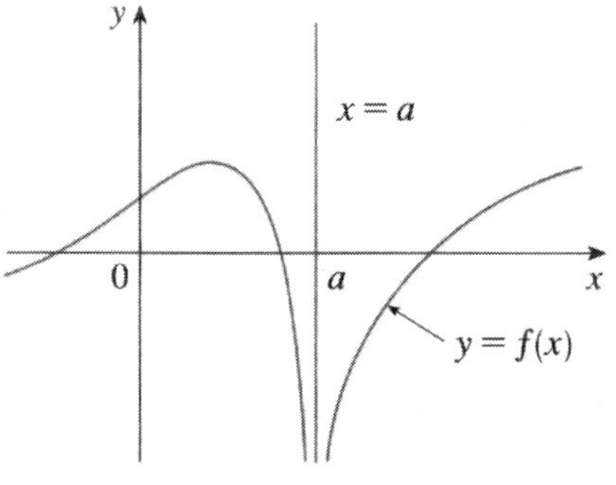

그림4. $\lim_{x\to c}f(x)=-\infty$

또한 유사한 정의가 한쪽 무한 극한에 대한 표현이 네 가지 형태의 다음 식으로 표현된다. 이 네 가지 경우에 대한 표현은 그림5와 같다.

$$\lim_{x\to c^-}f(x)=\infty,\quad \lim_{x\to c^+}f(x)=\infty$$

$$\lim_{x\to c^-}f(x)=-\infty,\quad \lim_{x\to c^+}f(x)=-\infty$$

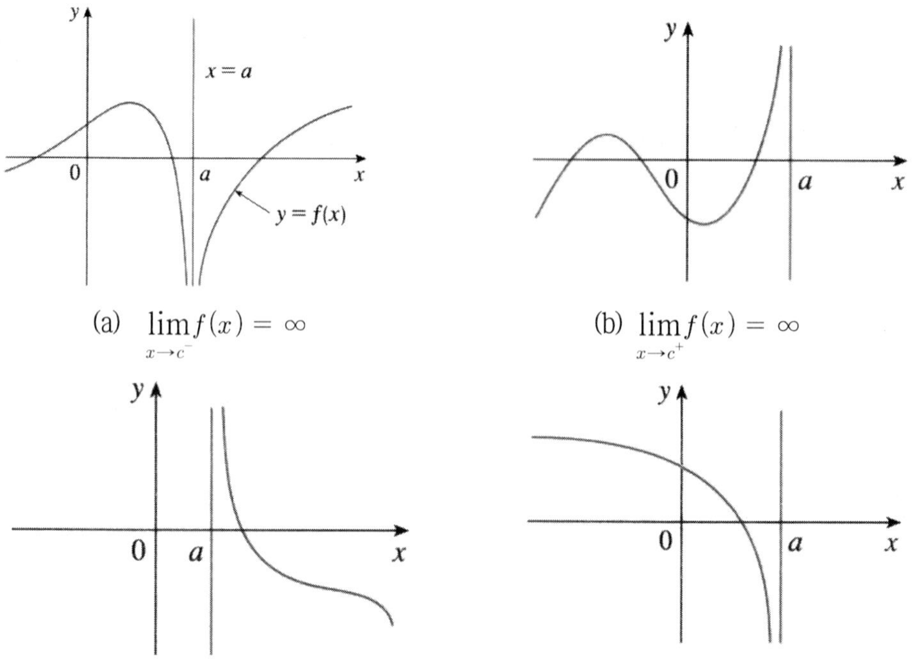

(a) $\lim_{x \to c^-} f(x) = \infty$

(b) $\lim_{x \to c^+} f(x) = \infty$

(c) $\lim_{x \to c^-} f(x) = -\infty$

(d) $\lim_{x \to c^+} f(x) = -\infty$

그림5. 4가지 형태의 함수의 극한

[정의]

함수 f가 어떤 구간 $(a, \infty]$에서 정의된다고 하자. 이때 다음 기호는 충분히 큰 x를 취함으로써 $f(x)$의 값을 L에 임의로 가깝게 할 수 있음을 의미한다.

$$\lim_{x \to \infty} f(x) = L$$

[정의]

함수 f가 어떤 구간 (a, ∞)에서 정의된다고 하자. 이때 다음 기호는 임의의$\epsilon > 0$에 대해 $x > N$일 때 $|f(x) - L| < \epsilon$을 만족하는 수 N이 존재한 다는 것을 의미한다.

$$\lim_{x \to \infty} f(x) = L$$

보기1

$\lim_{x \to \infty} \frac{1}{x} = 0$임을 보여라

풀이

주어진 $\epsilon > 0$에 대해 $x > N$일 때 다음을 만족하는 N을 구한다.

$$\left| \frac{1}{x} - 0 \right| < \epsilon$$

$x > 0$으로 가정한다. 이 경우에 $1/x < \epsilon \Leftrightarrow x > 1/\epsilon$이다. $N = 1/\epsilon$로 택한다.

$x > N = 1/\epsilon$이라 두면 다음이 성립한다.

$$\left| \frac{1}{x} - 0 \right| = \frac{1}{x} < \epsilon$$

그러므로,

$$\lim_{x \to \infty} \frac{1}{x} = 0$$

■ $x \to \pm\infty$에서의 극한

> **[정의] $x \to \infty$의 극한**
>
> 임의의 수 c에 대하여 f가 $[c, \infty)$에서 정의된다고 하자. $\lim_{x \to \infty} f(x) = L$은 다음을 의미한다. 임의의 $\epsilon > 0$에 대해, 그에 대응하는 수 N이 있어서,
>
> $$x > N \Rightarrow f(x) - L| < \epsilon$$

일반적으로 ϵ이 작을수록, N은 더 커야 한다.

> **[정의] $x \to -\infty$의 극한**
>
> 임의의 수 c에 대하여 f가 $(c, \infty]$에서 정의된다고 하자. $\lim_{x \to -\infty} f(x) = L$은 다음을 의미한다. 임의의 $\epsilon > 0$에 대해, 그에 대응하는 수 N이 있어서,
>
> $$x < N \Rightarrow f(x) - L| < \epsilon$$

> **[정의] 극한**
>
> 함수 f는 점 a를 포함한 개구간에서 정의되었다고 하자.
>
> $$\lim_{x \to a} f(x) = L$$
>
> 이다. 임의의 ϵ에 대하여 $\delta > 0$가 존재하여 $0 < |f(x) - L| < \delta$이면 $|f(x) - L| < \epsilon$이 성립한다.

2.4 삼각함수의 극한

삼각함수의 극한은 다항함수나 유리함수의 극한과 마찬가지로 대입정리에서 보듯이 대입하는 방법으로도 마찬가지로 성립한다.

> **[정리]**
>
> $$\lim_{x \to 0} \frac{\sin x}{x} = 1$$

[증명]

그림1에서 단위원을 생각하면, 원점 $O(0, 0)$를 중심으로 반지름이 1인 원에서 점$A(1, 0)$로부터 중심각이 x라디안에 대응하는 원주상의 지름을 점B라 하고, 점 A에서 원에 접하는 접선이 점O와 점B를 지나는 직선과 만나는 교점을 C라 하자.

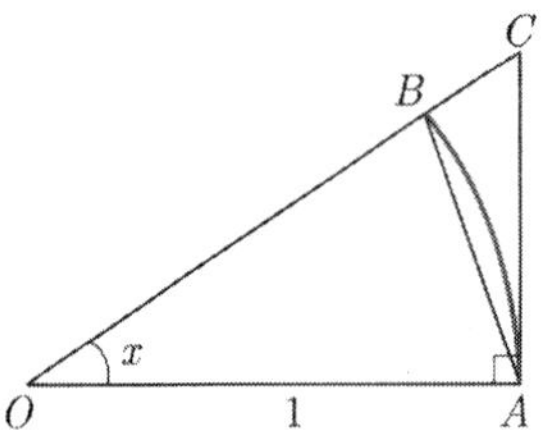

그림1. 삼각형과 호

① $0 < x < \pi/2$일 때,

그림6.의 각 도형 세 개의 면적들 (삼각형 OAB의 면적), (부채꼴 OAB의 면적), (삼각형 OAC의 면적) 사이에는 다음과 같은 대소관계가 성립한다.

〈삼각형 OAB의 면적〉 < 〈부채꼴 OAB의 면적〉 < 〈삼각형 OAC의 면적〉

$$\frac{1}{2}sinx < \frac{x}{2\pi} \cdot \pi(1)^2 = \frac{x}{2} < \frac{1}{2}tanx = \frac{1}{2}\frac{\sin x}{\cos x}$$

윗 식을 $\sin x$로 나누고 $\frac{\sin x}{\sin x} < \frac{x}{\sin x} < \frac{\sin x}{\sin x \cos x}$간단히 하면,

$$\frac{\sin x}{2} < \frac{x}{2} < \frac{1}{2}\frac{\sin x}{\cos x}$$

$$1 > \frac{x}{\sin x} > \cos x$$

$$1 < \frac{\sin x}{x} < \cos x$$

그런데, $\lim_{x\to0}\cos x = 1$, $\lim_{x\to0} 1 = 1$이므로,

$$\lim_{x\to0} 1 < \lim_{x\to0^{-0}} \frac{\sin x}{x} < \lim_{x\to0}\cos x$$

윗 식에서 조임정리를 적용하면

$$1 < \lim_{x\to0^{-0}} \frac{\sin x}{x} < 1$$

$$\therefore \lim_{x\to0^{-0}} \frac{\sin x}{x} = 1$$

② $-\pi/2 < x < 0$일 때

$\alpha = -x$로 놓고 ①의 결과를 적용시키면,

$$\lim_{x\to0^{-0}} \frac{\sin x}{x} = \lim_{\alpha\to0^{+0}} \frac{\sin(-\alpha)}{-\alpha}$$

$$\lim_{\alpha\to0^{+0}} \frac{-\sin\alpha}{-\alpha} = \lim_{\alpha\to0^{+0}} \frac{\sin\alpha}{\alpha} = 1$$

따라서, ①과 ②의 결과에 따라

$$\therefore \lim_{x\to0} \frac{\sin x}{x} = 1$$

[정리]

$$\lim_{x\to0} \frac{\cos x - 1}{x} = 0$$

[증명]

$\lim_{x\to0} \frac{\sin x}{x} = 1$을 이용하고, 분자를 대수적으로 조정하면,

$$\lim_{x\to0} \frac{\cos x - 1}{x} = \lim_{x\to0}\left(\frac{\cos x - 1}{x} \cdot \frac{\cos x + 1}{\cos x + 1}\right) = \lim_{x\to0} \frac{\cos^2 - (1)^2}{x(\cos x + 1)}$$

$$= \lim_{x\to0} \frac{(-\sin^2 x)}{x(\cos x + 1)} = \lim_{x\to0}\left(-\frac{\sin x}{x} \cdot \frac{\sin x}{\cos x + 1}\right)$$

$$= -\left(\lim_{x\to0} \frac{\sin x}{x}\right) \cdot \left(\lim_{x\to0} \frac{\sin x}{\cos x + 1}\right) = (-1)\left(\frac{0}{1+1}\right) = 0$$

보기1 다음 극한값을 계산하라.

(a) $\lim_{x\to0}\frac{\sin 2x}{x}$　　(b) $\lim_{x\to0}\frac{2-2\cos x}{\sin x}$　　(c) $\lim_{x\to0}\frac{\sin 3x}{\tan x}$

풀이

(a) $\lim_{x\to0}\frac{\sin 2x}{x} = \lim_{x\to0}\frac{2}{2}\left(\frac{\sin 2x}{x}\right) = 2\lim_{x\to0}\frac{\sin 2x}{2x}$

여기서 $t=2x$라 놓으면, $x\to0$은 $t\to0$일 필요충분조건이므로

$$2\lim_{x\to0}\frac{\sin 2x}{2x} = 2\lim_{t\to0}\frac{\sin t}{t} = 2(1) = 2$$

$$\therefore \lim_{x\to0}\frac{\sin 2x}{x} = 2$$

(b) $$\lim_{x\to0}\frac{2-2\cos x}{\sin x} = \lim_{x\to0}\left[\frac{2\left(\frac{1-\cos x}{x}\right)}{\left(\frac{\sin x}{x}\right)}\right] = \frac{2\lim_{x\to0}\frac{1-\cos x}{x}}{\lim_{x\to0}\frac{\sin x}{x}}$$

$$= \frac{2(0)}{1} = 0$$

(c) $$\lim_{x\to0}\frac{\sin 3x}{\tan x} = \lim_{x\to0}\frac{3\left(\frac{\sin 3x}{3x}\right)}{\frac{\sin x}{x\cos x}} = \frac{3\lim_{x\to0}\frac{\sin 3x}{3x}}{\left(\lim_{x\to0}\frac{\sin x}{x}\right)\left(\lim_{x\to0}\frac{1}{\cos x}\right)}$$

$$= \frac{3}{1\cdot1} = 3$$

[정리] 삼각함수의 극한

실수 c에 대하여 다음이 성립한다.

(1) $\lim_{t\to c}\sin t = \sin c$　　(2) $\lim_{t\to c}\cos t = \cos c$

(3) $\lim_{t\to c}\tan t = \tan c$　　(4) $\lim_{t\to c}\csc t = \csc c$

(5) $\lim_{t\to c}\sec t = \sec c$　　(6) $\lim_{t\to c}\cot t = \cot c$

[증명]

(1) $c=0$이고 $t>0$인 특수한 경우를 생각하자. 그림2와 같이 단위원을 생각하면, 원점 $O(0,0)$를 중심으로 반지름이 1인 원에서 점$A(1,0)$로부터 중심각이 x라디안에 대응하는 원주상의 지름을 점$P(\cos t, \sin t)$라 하고, 점 P에서 수직으로 x축과 만나는 점을 B라 하

자. 그러면, 각 점에서의 길이의 대소관계는 다음 식과 같다.

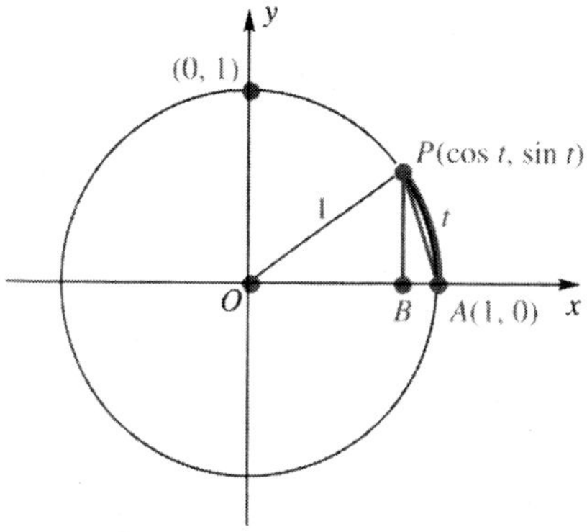

그림2. 삼각함수 단위원

$$0 < |BP| < |AP < \text{호}(AP)$$

윗 식에서 $|BP| = \sin t$이고 $\text{호}(AP) = t$이므로

$$0 < \sin t < t$$

$c = 0$이고 $t < 0$인 경우, 이면 윗 식은 $0 > \sin t > t$가 된다. 따라서 조임정리를 사용할 수 있다. 그러면 $\lim\limits_{t \to 0} \sin t = 0$이다.

또한, 극한정리를 사용하면 다음 식을 얻을 수 있다.

$$\begin{aligned} \lim_{t \to 0} \cos t &= \lim_{t \to 0} \sqrt{1 - \sin^2 t} = \sqrt{1 - \left(\lim_{t \to 0} sint\right)} \\ &= \sqrt{1 - 0^2} = 1 \end{aligned}$$

이제, $\lim\limits_{t \to c} \sin t = c$를 보이기 위해, $h = t - c$로 두자. 그러면 $t \to c$일 때, $h \to 0$이다. 따라서,

$$\begin{aligned} \lim_{t \to c} \sin t &= \lim_{h \to 0} \sin(c + h) \\ &= \lim_{h \to 0} (\sin c \cos h + \cos c \sin h) \quad \text{(삼각함수의 덧셈공식)} \\ &= (\sin c)\left(\lim_{h \to 0} \cos h\right) + (\cos c)\left(\lim_{h \to 0} \sin h\right) \end{aligned}$$

$$= (\sin c)(1) + (\cos c)(0) = \sin c$$

[증명]

(2) 극한정리와 삼각함수 공식을 이용한다. $\cos c > 0$ 인 경우, c에 가까운 모든 t에 대해서, $\cos t = \sqrt{1-\sin^2 t}$ 이므로

$$\lim_{t\to c}\cos t = \lim_{t\to c}\sqrt{1-\sin^2 t} = \sqrt{1-\left(\lim_{t\to c}\sin t\right)^2}$$
$$= \sqrt{1-\sin^2 c} = \cos c$$

$\cos t < 0$ 인 경우, c에 가까운 모든 t에 대해서, $\cos t = -\sqrt{1-\sin^2 t}$ 이다. 그러므로

$$\lim_{t\to c}\cos t = \lim_{t\to c}\left(-\sqrt{1-\sin^2 t}\right) = -\sqrt{1-\left(\lim_{t\to c}\sin t\right)^2}$$
$$= -\sqrt{1-\sin^2 c} = -\sqrt{\cos^2 c} = -|\cos c| = \cos c$$

$c = 0$일 때는 (1)의 증명과 같다.

(3)~(6)의 정리의 증명은 극한정리와 삼각함수 공식을 이용해서 구할 수 있어 연습문제로 남긴다. 이 삼각함수의 극한과 극한정리을 이용해서 여러 가지 극한을 구할 수 있다.

[연습문제]

* 문제 1~16에서 다음 극한을 구하라.

1. $\lim_{x\to 0}|x\sin x|$

2. $\lim_{x\to 0}x\sin\frac{1}{x}$

3. $\lim_{x\to 0}\frac{\sin^2 x}{x}$

4. $\lim_{\theta\to 0}\theta\sin\theta$

5. $\lim_{x\to 0}\frac{\sin x}{x+1}$

6. $\lim_{x\to 0}\frac{\cos x}{x+1}$

7. $\lim_{\theta\to 0}\theta\sin\theta$

8. $\lim_{\theta\to \pi/2}\theta\cos\theta$

9. $\lim_{t\to 0}\frac{\sin^2 t}{1-\cos t}$

10. $\lim_{x\to 0}\frac{2x\tan x}{\sin x}$

11. $\lim_{x\to 0}\frac{\sin x}{4x}$

12. $\lim_{k\to 0}\frac{\sin 2k}{3k}$

13. $\lim_{\theta\to 0}\frac{\sin 2\theta}{\tan\theta}$

14. $\lim_{\theta\to 0}\frac{\sin^2 2\theta}{2\theta}$

15. $\lim_{t\to 0}\frac{\tan 6t}{\sin 3t}$

16. $\lim_{t\to 2}\frac{\sin(t^2-4)}{t^2-4}$

17. 조임정리를 이용하여, $\lim_{x\to 0}\left[\sqrt{x}\,cos^2\left(\frac{1}{x^2}\right)\right]=0$임을 보여라. 또한 이를 계산하는 과정에서 $f(x)\le\sqrt{x}\,cos^2\left(\frac{1}{x^2}\right)\le h(x)$이며, $\lim_{x\to 0^+}f(x)=\lim_{x\to 0^+}h(x)=0$인 함수 $f(x)$와 $h(x)$를 찾아라.

18. 조임정리를 이용하여 $\lim_{x\to\infty}(x^2\cos\pi x)=0$ 임을 보여라. 또한 이를 통하여 함수$f(x)=-x^2$, $g(x)=x^2\cos\pi x$, $h(x)=x^2$의 그래프를 그려서 설명하라.

19. $\lim_{t\to c}\sin t=\sin c$와 $\lim_{t\to c}\cos t=\cos c$ 임을 증명한 것과 비슷한 방법으로 증명하라.

    a) $\lim_{t\to c}\tan t=\tan c$를 b) $\lim_{t\to c}\csc t=\csc c$

    c) $\lim_{t\to c}\sec t=\sec c$를 b) $\lim_{t\to c}\cot t=\cot c$

제3장

미분

3.1 평균변화율과 미분계수

함수 $y=f(x)$가 있을 때, x가 $x=a$에서 $x=a+h$까지 변한다고 하면, 이때 x의 증분을 Δx로 나타내고, y의 증분을 Δy로 나타낸다.

$$\Delta x=(a+h)-a=h,\ \Delta y=f(a+\delta)-f(a)$$

이다. $y=f(x)$의 a에서 $a+\delta$까지의 평균변화율(average rate of change)이라 하고 다음과 같다.

$$\frac{\Delta y}{\Delta x}=\frac{f(a+h)-f(a)}{h}$$

이는 두 점 $(a, f(a))$와 $(a+h), f(a+h)$를 잇는 직선의 기울기이다.(그림1)

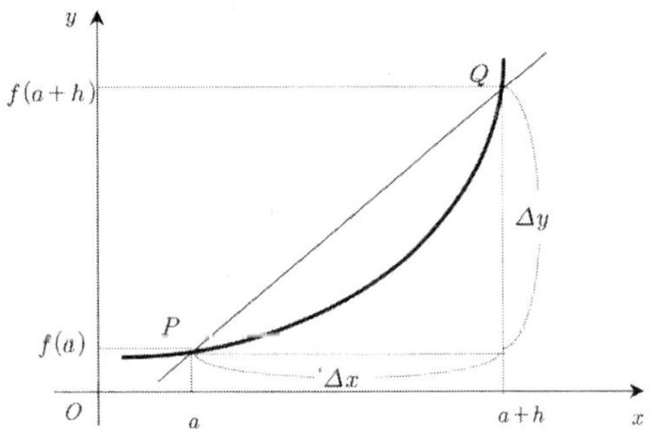

그림1. 평균변화율

함수 $y=f(x)$의 한 점 $x=c$에 대한 극한값

$$\lim_{\Delta x\to 0}\frac{f(c+\Delta x)-f(c)}{\Delta x}$$

이 존재하면, 이 극한값을 함수 $y=f(x)$의 $x=c$에서의 미분계수(differential coefficient)라 한다. 기호로 $f'(c)$로 표시한다.

보기1

x가 $x=1$에서 $x=2$까지 변할 때 함수 $y=x^2$의 평균변화율을 구하라.

풀이

$$\frac{\Delta y}{\Delta x}=\frac{f(2)-f(1)}{4-1}=\frac{4-1}{2-1}=3$$

3.2 접선과 순간기울기

한 곡선상의 한 점을 P라 하고 그 점 근처에서 점 Q이 곡선을 따라 움직일 때, 점 P와 Q을 지나는 직선을 할선(secant line),이라 한다. 점 N이 곡선을 따라 점 P로 움직일 때, 할선의 극한값을 접선이라 하며, 순간기울기라고도 부른다. 극한의 개념을 이용하여 접선을 정의하면 다음과 같다.

[정의] 접선

곡선 $y=f(x)$의 점 $P(c, f(c))$에서의 접선은 점 P를 지나고 기울기가

$$m=\lim_{h\to 0}\frac{f(c+h)-f(c)}{h}$$

인 직선이다. 단, 극한이 존재하여야 한다.

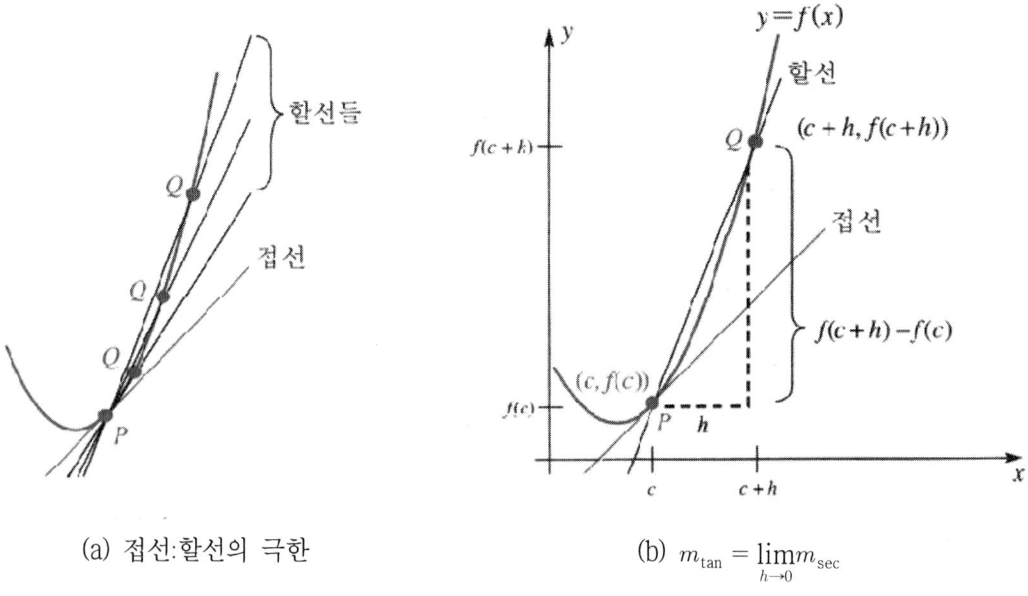

그림2. 할선과 접선

보기2

$f(x)=x^2$ 위의 점 $(1, 1)$에서의 접선의 기울기를 구하라.

풀이

$$m=\lim_{\Delta x\to 0}\frac{f(c+\Delta x)-f(c)}{\Delta x}=\lim_{\Delta x\to 0}\frac{f(1+\Delta x)-f(1)}{\Delta x}\ \text{vf}$$

$$=\lim_{\Delta x\to 0}\frac{(1+\Delta x)^2-1^2}{\Delta x}$$

$$=\lim_{\Delta x\to 0}\frac{(1+2\Delta x+\Delta x^2)-1}{\Delta x}=1$$

보기3

함수 $f(x)=x^2+1$의 $x=1$에서의 미분계수 $f'(1)$을 구하라.

풀이

$$f'(1)=\lim_{\Delta x\to 0}\frac{f(x)-f(1+1)}{\Delta x}$$

보기4

$y=|x|$의 $x=0$에서 접선의 기울기를 구하라.

풀이

$\Delta x>0$이면, $|\Delta x|=\Delta x$이므로,

$$\lim_{\Delta x\to 0}\frac{f(0+\Delta x)-f(0)}{\Delta x}=\frac{|\Delta x|-0}{\Delta x}=\lim_{\Delta x\to 0}\frac{h}{h}=1$$

이고, $\Delta x<0$이면, $|\Delta x|=-\Delta x$이므로,

$$\lim_{\Delta x\to 0}\frac{f(0+\Delta x)-f(0)}{\Delta x}=\frac{|\Delta x|-0}{\Delta x}=\lim_{\Delta x\to 0}\frac{-h}{h}=-1$$

이다. 좌극한과 우극한이 다르므로

$$\lim_{\Delta x\to 0}\frac{f(0+\Delta x)-0}{\Delta x}$$

는 존재하지 않고 따라서 접선도 존재하지 않는다.

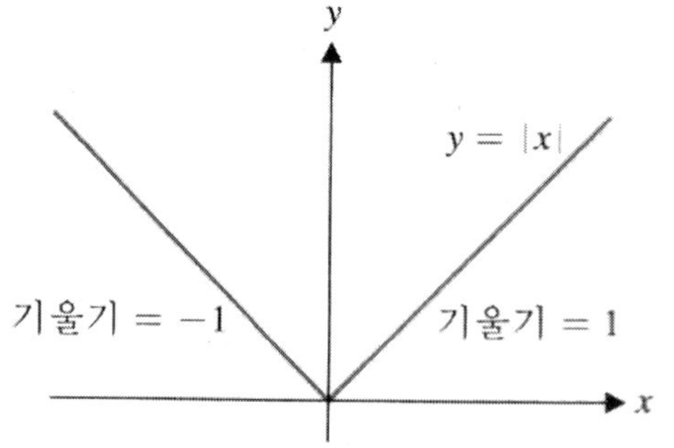

그림3. $y = |x|$

3.3 함수의 연속

한 점에서 함수$f(x)$의 연속을 판별하는 방법에는 우극한 도함수와 좌극한 도함수를 이용하여 해결하는 방법이 있다.

[정의] 우극한 도함수

한 점 c에서의 극한 값 $\lim_{\Delta x \to 0+} \frac{f(c+\Delta x)-f(c)}{\Delta x}$가 존재하면 이 극한값을 $f'_{+}(c)$ 라고 하며 이 극한값을 $x=c$에서 함수 $f(x)$의 우극한 도함수라 하며

$$f'_{+}(c) = \lim_{\Delta x \to 0+} \frac{f(c+\Delta x)-f(c)}{\Delta x}$$

로 정의한다.

[정의] 좌극한 도함수

한 점 c에서의 극한 값 $\lim_{\Delta x \to 0-} \frac{f(c+\Delta x)-f(c)}{\Delta x}$가 존재하면 이 극한값을 $f'_{-}(c)$ 라고 하며 이 극한값을 $x=c$에서 함수 $f(x)$의 좌극한 도함수라 하며

$$f'_{-}(c) = \lim_{\Delta x \to 0-} \frac{f(c+\Delta x)-f(c)}{\Delta x}$$

로 정의한다.

보기3

함수 $f(x)=x^2+1$의 $x=1$에서의 미분계수 $f'(1)$을 구하라.

풀이

위 두 정의에서 알 수 있듯이 c를 포함한 함수 $f(x)$가 $x=c$에서 미분가능할 필요충분조건은 $f'_+(c) = f'_-(c)$가 됨을 알 수 있다.

극한의 개념을 이용하여 함수의 연속을 생각해 보자. $\lim_{x\to c} f(x) = f(c)$이면 x값이 c에 한없이 가까워 지면 $f(x)$는 $f(c)$에 한없이 가까워 진다. 이를 표현하면 다음 그림4와 같다. 그림4에서와 같이 점 $(c, f(c))$에서 연결되어 있다. 이것과 같이 함수의 연속을 정의하면 다음과 같다.

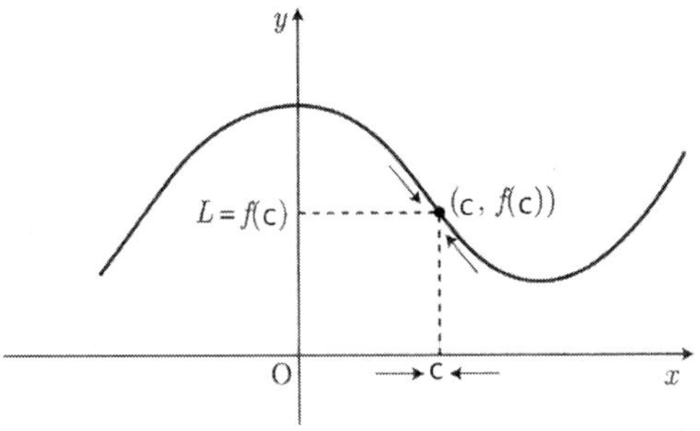

그림4. 점 c에서의 함수의 연속

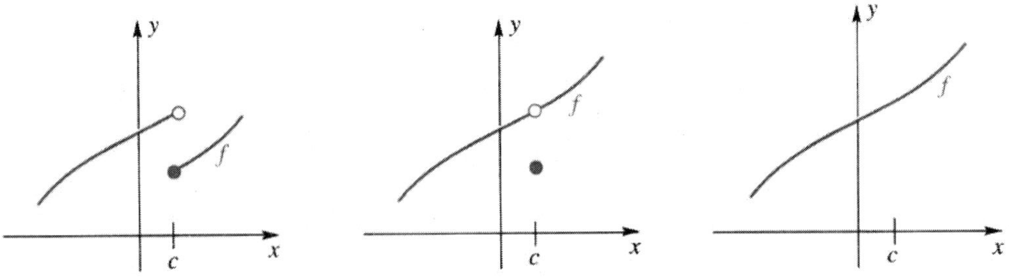

(a) $\lim_{\Delta x\to c} f(x)$가 존재하지 않음 (b) $\lim_{\Delta x\to c} f(x)$는 존재하지만 $\lim_{\Delta x\to c} f(x) \neq f(c)$ (c) $\lim_{\Delta x\to c} f(x)=f(c)$인 연속

그림5. 함수의 연속과 불연속

그림5의 세 그래프 중 (c)만 연속인 그래프이다. 엄밀한 정의는 다음과 같다.

[정의] 함수의 한 점에서 연속

점 c를 포함하는 구간에서 정의된 함수 $f(x)$가 다음 세 조건 중 하나라도 성립하지 않을 때 $f(x)$는 불연속이라고 한다.

$$\lim_{x \to c} f(x) = f(c)$$

를 만족할 때 함수 $f(x)$는 연속(continuous)이라 말한다.

(1) $\lim_{x \to c} f(x)$가 존재한다.

(2) $f(c)$가 존재한다.

(3) $\lim_{x \to c} f(x) = f(c)$

위의 (1), (2), (3) 조건 중 하나라도 성립하지 않으면 f는 c에서 불연속이다.

보기3

$f(x) = \dfrac{x^2 - 9}{x - 3}$, $x \neq 3$일 때 이 함수를 연속이 되게 하려면 어떤 조건이 필요한가?

풀이

$$\lim_{x \to 3} \frac{x^2 - 9}{x - 3} = \lim_{x \to 3} \frac{(x-3)(x+3)}{x-3}$$
$$= \operatorname{Lim}_{x \to 3}(x+3) = 6$$

그러므로, $f(3) = 6$으로 정의한다(그림6)

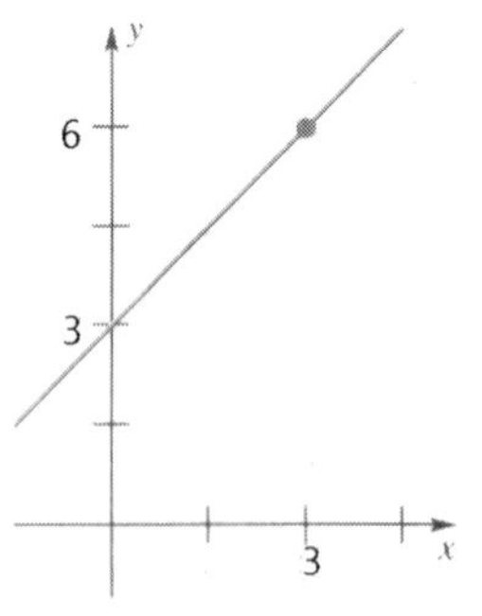

그림6. 보기3의 그래프

$x=c$에서 $x=c+\Delta x$ 까지의 평균변화율에서 Δx가 한없이 0에 가까워지는 극한값을 생각하면 즉,

$$\lim_{\Delta x \to 0} \frac{f(c+\Delta x)-f(c)}{\Delta x}$$

이 존재하면 이 값을 점 $(c, f(c))$에서 접선의 기울기(slope of the tangent line)라 하고, 그 극한값을 $y=f(x)$의 $x=c$에서의 미분계수라 하고 기호로 $f'(c)$로 표현한다. $x=c$에서의 접선의 기울기를 의미한다. $f'(c)$가 존재하면 $y=f(x)$는 $x=c$에서 미분가능(differentiable)하다고 하며 여러 가지로 표현된다.

■ 함수의 연속성

다음과 같이 세 가지로 정리할 수 있다.

[정리] 다항함수와 유리함수의 연속성

다항함수는 모든 실수에서 연속이다. 유리함수는 분모가 0이되는 점을 제외하고, 정의역에 속하는 모든 실수에서 연속이다.

[정리] 절대값 함수와 n거듭제곱함수의 연속성

절대값 함수는 모든 실수에서 연속이다. n이 홀수이면, n거듭제곱 함수는 모든 실수에서 연속이다. n이 짝수이면, n거듭제곱 함수는 모든 양의 실수에서 연속이다.

[정리] 연산된 함수의 연속성

f와 g가 c에서 연속이라고 하자. 그러면 kf, $f+g$, $f-g$, $f \cdot g$, f/g(단, $g(c)\neq 0$), f^n, $\sqrt[n]{f}$(단, n이 짝수인 경우 $f(c)>0$도 c에서 연속이다.

3.4 단조함수

그림1.에서 함수f는 c를 중심으로 왼쪽에서는 감소하고, 오른쪽은 증가한다. 이의 정의를 살펴보자.

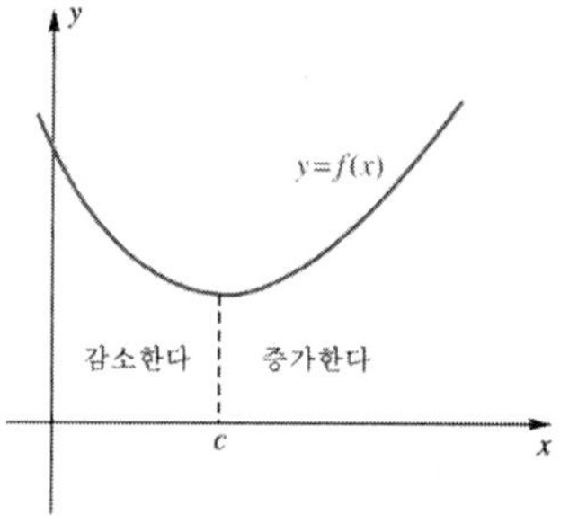

그림1. 함수의 증가와 감소

[정의] 단조함수

구간 R에서 정의된 함수 f에 대해, 다음과 같다.

(1) R에 속한 모든 x_1과 x_2에 대해서

$$x_1 < x_2 \Rightarrow f(x_1) < f(x_2)$$

이 성립할 때, f는 "**R에서 증가한다**"라고 한다. (증가함수)

(2) R에 속한 모든 x_1과 x_2에 대해서

$$x_1 < x_2 \Rightarrow f(x_1) > f(x_2)$$

이 성립할 때, f는 "**R에서 감소한다**"라고 한다. (감소함수)

(3) f가 R에서 증가하거나 감소하면, f는 R에서 **단조함수**라 한다.

변곡점

f가 c에서 연속이라 하자. f가 c의 어느 한쪽에서 위로 오목(아래로 볼록)하고 다른 한쪽에서 아래로 오목(위로 볼록)하면, 점$(c, f(c))$는 f의 그래프의 변곡점(inflection point)이라 한다(그림2).

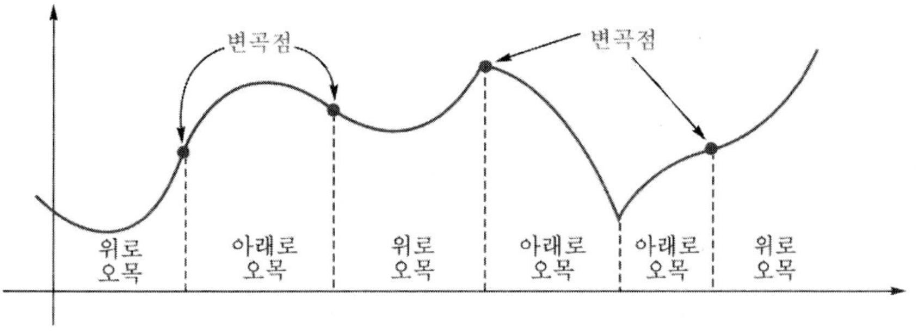

그림2. 함수의 증가와 감소

3.5 도함수

임의의 상수를 변수 x로 확장시켜 보자. 즉, 윗 식에서 c를 x로 바꾸면 다음과 같은 관계식을 얻는다.

> **[정의] 도함수**
>
> $$f'(x) = \lim_{\Delta x \to 0} \frac{f(x+\Delta x) - f(x)}{\Delta x}$$
>
> 또는 $\Delta x = h$이면,
>
> $$f'(x) = \lim_{h \to 0} \frac{f(x+h) - f(x)}{h}$$

극한이 존재하는 모든 x에 대해 $f'(x)$를 대응시킬 수 있으며 이 함수 $f'(x)$를 함수 $f(x)$의 도함수(derivate)라 한다. 또한 도함수를 구하는 것을 x에서 미분한다(differentiate)고 한다. 이 도함수는 점$(x, f(x))$에서 순간기울기 즉, 한 접선의 기울기로 정의된다. 도함수를 가리키는 기호들은 다음과 같이 여러 가지 기호로도 표시된다.

$$f'(x),\ y',\ \frac{dy}{dx},\ \frac{df}{dx}.\ \frac{d}{dx}f(x),\ Df(x),\ D_x f(x)$$

또한 도함수의 정의를 라이프니츠 기호(dy/dx)를 이용해서 도함수의 정의는 다음과 같이 표현할 수도 있다.

$$\frac{dy}{dx} = \lim_{\Delta x \to 0} \frac{\Delta y}{\Delta x}$$

보기4

$f(x) = 5x - 2$일 때, $f'(2)$를 구하라.

풀이

$$f'(2) = \lim_{\Delta x \to 0} \frac{f(2+\Delta x) - f(2)}{\Delta x}$$

$$= \lim_{\Delta x \to 0} \frac{[5(2+\Delta x) - 2] - [5(2) - 2]}{\Delta x} = \lim_{\Delta x \to 0} \frac{5\Delta x}{\Delta x} = \lim_{\Delta x \to 0} 5 = 5$$

보기5

도함수의 정의를 이용해 $f(x)=4x^2-x+3$의 도함수 $f'(x)$를 구하라.

풀이

정의에 따라,

$$\begin{aligned} f'(x) &= \lim_{\Delta x \to 0} \frac{f(x+\Delta x)-f(x)}{\Delta x} \\ &= \lim_{\Delta x \to 0} \frac{[4(x+\Delta x)^2-(x+\Delta x)+3]-(4x^2-x+3)}{\Delta x} \\ &= \lim_{\Delta x \to 0} \frac{8x\Delta x+4\Delta x^2-\Delta x}{\Delta x} \\ &= \lim_{\Delta x \to 0} (8x+4\Delta x-1) \\ &= 8x-1 \end{aligned}$$

보기6

도함수의 정의를 이용해 $y=\sqrt{x}$의 도함수 y'를 구하라.

풀이

정의에 따라,

$$\begin{aligned} y' = f'(x) &= \lim_{\Delta x \to 0} \frac{f(x+\Delta x)-f(x)}{\Delta x} \\ &= \lim_{\Delta x \to 0} \frac{\sqrt{x+\Delta x}-\sqrt{x}}{\Delta x} \\ &= \lim_{\Delta x \to 0} \left(\frac{\sqrt{x+\Delta x}-\sqrt{x}}{\Delta x} \cdot \frac{\sqrt{x+\Delta x}+\sqrt{x}}{\sqrt{x+\Delta x}+\sqrt{x}} \right) \\ &= \lim_{\Delta x \to 0} \left(\frac{(x+\Delta x)-x}{\Delta x(\sqrt{x+\Delta x}+\sqrt{x})} \right) \\ &= \lim_{\Delta x \to 0} \frac{1}{(\sqrt{x+\Delta x}+\sqrt{x})} \\ &= \lim_{\Delta x \to 0} \frac{1}{(\sqrt{x}+\sqrt{x})} \\ &= \lim_{\Delta x \to 0} \frac{1}{2\sqrt{x}} \qquad (x>0\text{일 때}) \end{aligned}$$

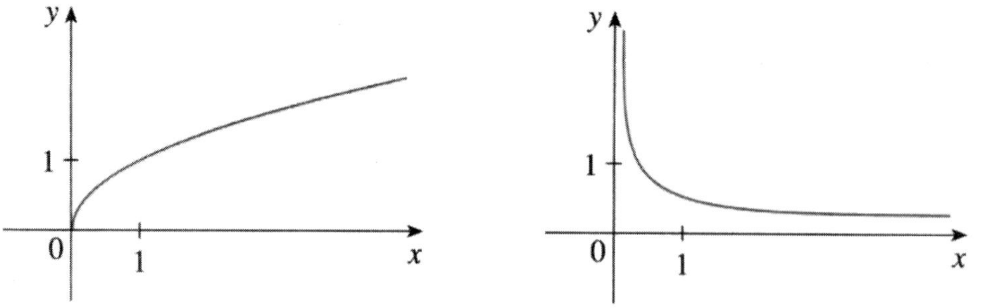

(a) $y=\sqrt{x}$ (b) $y'=1/2\sqrt{x}$

그림7. $y=\sqrt{x}$의 그래프와 $y'+1/2\sqrt{x}$의 그래프

보기7

도함수의 정의를 이용해 $f(x)=\dfrac{1-x}{1+x}$의 도함수 $f'(x)$를 구하라.

풀이

정의에 의해,

$$f'(x)=\lim_{\Delta x\to 0}\frac{f(x+\Delta x)-f(x)}{\Delta x}=\lim_{\Delta x\to 0}\frac{\dfrac{1-(x+\Delta x)}{1+(x+\Delta x)}-\dfrac{1-x}{1+x}}{\Delta x}$$

$$=\lim_{\Delta x\to 0}\frac{(1-x-\Delta x)(1+x)-(1-x)(1+x+\Delta x)}{\Delta x(1+x+\Delta x)(1+x)} \quad \leftarrow \frac{\dfrac{a}{b}-\dfrac{c}{d}}{e}=\frac{ad-bc}{bd}\cdot\frac{1}{e}$$

$$=\lim_{\Delta x\to 0}\frac{-2\Delta x}{\Delta x(1+x+\Delta x)(1+x)}$$

$$=-\frac{2}{(1+x)^2}$$

상수 c에서 도함수 dy/dx의 값을 라이프니츠 기호를 이용해서 나타내면 $f'(c)$와 같은 뜻의 기호는 다음과 같다.

$$\left.\frac{dy}{dx}\right|_{x=c} \quad \text{또는} \quad \left.\frac{dy}{dx}\right]_{x=c}$$

보기8

함수 $f(x)$가 점 c에서 미분가능하면 함수 $f(x)$는 c에서 연속임을 보여라.

풀이

함수 $f(x)$가 연속이려면, $\lim_{x\to c} f(x) = f(c)$ 임을 보인다. 즉,

$x \neq c$에서

$$f(x) - f(c) = \frac{f(x) - f(c)}{x - c}(x - c)$$

이다.

$$\lim_{x\to c}[f(x) - f(c)] = \lim_{x\to c}\frac{f(x) - f(c)}{x - c}(x - c)$$
$$= \lim_{x\to c}\frac{f(x) - f(c)}{x - c}\lim_{x\to c}(x - c)$$
$$= f'(c) \cdot 0 \ = 0$$

이 된다. 따라서,

$$\lim_{x\to c} f(x) = \lim_{x\to c}[f(c) + (f(x) - f(c))]$$
$$= \lim_{x\to c} f(c) + \lim_{x\to c}[f(x) - f(c)]$$
$$f(c) + 0 \ = f(c)$$

이 된다. 그러므로 $f(x)$는 점 c에서 연속이다.

보기9

함수 $f(x) = |x-1|$ 는 미분가능한 구간은 어디인가?

풀이

$x > 1$이면 $|x-1| = x-1$이고, $x - 1 + \Delta x > 0$이 되는 아주 작은 Δx를 택하면, $|x - 1 + \Delta x| = x - 1 + \Delta x$가 된다. 따라서 $x > 1$에서 다음 식을 얻는다.

$$f'(x) = \lim_{\Delta x\to 0}\frac{|x-1+\Delta x| - |x-1|}{\Delta x}|$$
$$= \lim_{\Delta x\to 0}\frac{(x-1+\Delta x) - (x-1)}{\Delta x} \quad = \lim_{\Delta\to 0}\frac{\Delta x}{\Delta x} = 1$$

그러므로, $x > 1$에서 $f(x)$는 미분 가능하다.

마찬가지 방법으로 $x - 1 < 0$이면, $|x-1| <-(x-1)$이고 $|x-1+\Delta x| < 0$이되는 아주 작은 Δx를 정하면, 다음 식을 얻는다.

$$f'(x) = \lim_{\Delta x\to 0}\frac{|x-1+\Delta x| - |x-1|}{\Delta x}$$

$$= \lim_{\Delta x \to 0} \frac{(x-1+\Delta x)-(-x)}{\Delta x} = \lim_{\Delta x \to 0} \frac{-1+\Delta x}{\Delta x} \ \lim_{\Delta \to 0} \frac{-\Delta x}{\Delta x} = -1$$

따라서, 임의의 $x-1<0$, 즉, $x<1$에서 $f(x)$는 미분 가능하다.

여기서, $x=1$일 때를 살펴보면,

$$f'(1) = \lim_{\Delta x \to 0} \frac{f(1-1+\Delta x)-f(1)}{\Delta x}$$

$$= \lim_{\Delta x \to 0} \frac{|\Delta x|)-|0|}{\Delta x}$$

윗 식을 우극한과 좌극한으로 분리하여 계산해 보면

$$\lim_{\Delta x \to 0+} \frac{|0+\Delta x|-|0|}{\Delta x} = \lim_{\Delta x \to 0+} \frac{|\Delta x|}{\Delta x} = \lim_{\Delta x \to 0+} \frac{\Delta x}{\Delta x} = 1$$

$$\lim_{\Delta x \to 0-} \frac{|0+\Delta x|-|0|}{\Delta x} = \lim_{\Delta x \to 0-} \frac{|\Delta x|}{\Delta x} = \lim_{\Delta x \to 0-} \frac{-\Delta x}{\Delta x} = -1$$

두 식의 극한값이 서로 다르므로 $f'(1)$은 존재하지 않는다. 따라서 $f'(1)$는 1을 제외한 모든 x에 대해서 미분가능하다. 즉,

$$f'(x) = \begin{cases} 1, & x>1 \\ -1. & x<1 \end{cases}$$

이 결과를 그래프를 그림8에 나타내었다.

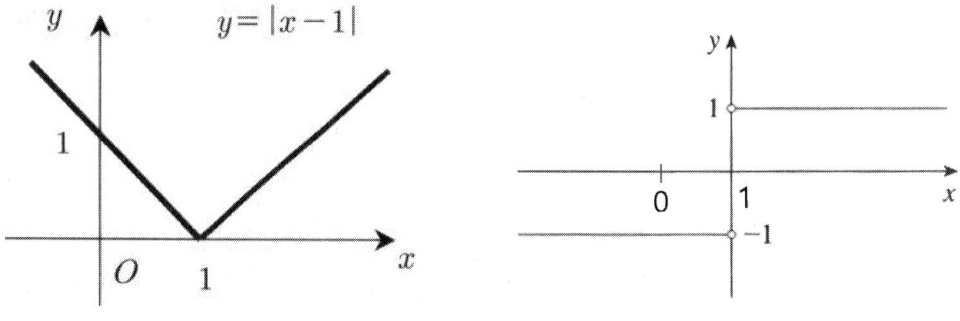

(a) $y=f(x)=|x-1|$　　(b) $y=f'(x)$

그림8. 보기9의 그래프

[정리] 함수의 연속

$f(x)$가 c에서 미분가능하면 $f(x)$는 c에서 연속이다.

[증명]

함수 $f(x)$가 $x=c$에서 미분가능하므로 $\lim\limits_{x\to c} f(x) = f(c)$ 임을 보인다.

$$f'(c) = \lim_{\Delta x\to 0}\frac{f(c+\Delta x)-f(c)}{\Delta x}$$

가 존재한다. $x=c+\Delta x$라 놓으면, $\Delta x\to 0$일 때, $x\to c$가 되므로

$$f'(c) = \lim_{x\to c}\frac{f(x)-f(c)}{x-c}$$

$x\neq c$일 때,

$$f(x)-f(c) = \lim_{x\to c}\frac{f(x)-f(c)}{x-c}(x-c)$$

가 성립한다. 그러므로

$$\begin{aligned}\lim_{x\to c} f(x)-f(c)] &= \lim_{x\to c}\frac{f(x)-f(c)}{x-c}\cdot\lim_{x\to c}(x-c)\\ &= f'(c)\cdot 0 = 0\end{aligned}$$

따라서, $\lim\limits_{x\to c} f(x)= f(c)$. $f(x)$는 $x=c$에서 연속이다. 위 정리의 역은 성립하지 않는다.

보기10

함수

$$f(x) = \begin{cases} x\sin\dfrac{1}{x} & (x\neq 0)\\ 0 & (x=0)\end{cases}$$

의 미분가능성을 조사하라.

풀이

함수 $f(x)$는 $x=0$에서 연속이다. 그러나 극한값

$$\lim_{\Delta x\to 0}\frac{f(0+\Delta x)-f(0)}{\Delta x} = \lim_{\Delta x\to 0}\sin\frac{1}{\Delta x}$$

은 존재하지 않으므로 $f(x)=0$에서 미분불가능하다.

보기11

함수 $f(x)=\begin{cases} x^2\sin\dfrac{1}{x} & (x\neq 0) \\ 0 & (x=0) \end{cases}$

의 미분가능성을 조사하라.

풀이

$$f'(0)=\lim_{\Delta x\to 0}\frac{f(0+\Delta x)-f(0)}{\Delta x}=\lim_{\Delta x\to 0}\frac{\Delta x^2\sin\left(\dfrac{1}{\Delta x}\right)-0}{\Delta x}$$

$$\lim_{\Delta x\to 0}\left[\Delta x\sin\left(\frac{1}{\Delta x}\right)\right]=0$$

따라서 $f'(0)$가 존재하므로 함수는 $x=0$에서 미분가능하다.

■ 미분 가능하지 않은 함수

보기8에서 $f(x)=|x-1|$는 1에서 미분이 가능하지 않았다. 그림9(a)에서 알 수 있듯이 그래프가 $x=1$에서 꺾임을 보이고 있다. 일반적으로 함수 $f(x)$의 그래프가 '변곡점'을 가지면 그 점에서는 접선을 가지지 못하게 되며 미분이 불가능하게 된다. 따라서 $f'(c)$의 계산시 좌극한과 우극한이 서로 다른 값을 가지게 된다.

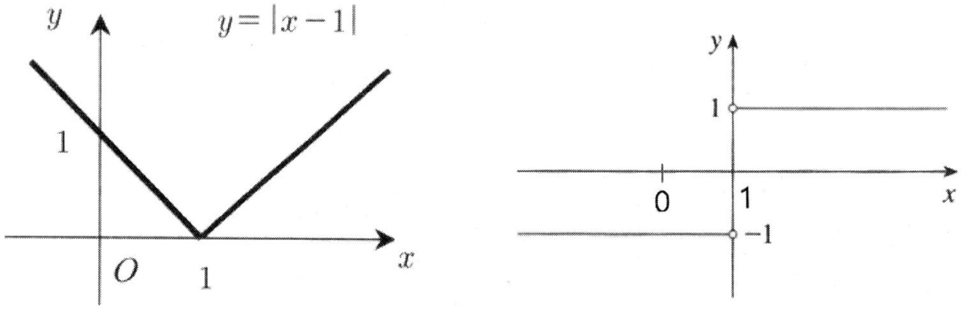

(a) $y=f(x)=|x-1|$의 그래프 (b) $y'=f'(x)$의 그래프

그림9. 보기8의 $f(x)$의 연속과 불연속

[정리]함수의 연속은 역설적으로 함수가 도함수를 갖지 못한다는 것도 알려 준다. 즉, 함수 $f(x)$가 c에서 연속이 아니면 $f(x)$는 c에서 미분가능하지 않음을 보여준다. 미분가능하지 않는 세 가지 경우가 그림10과 같이 표현할 수 있다.

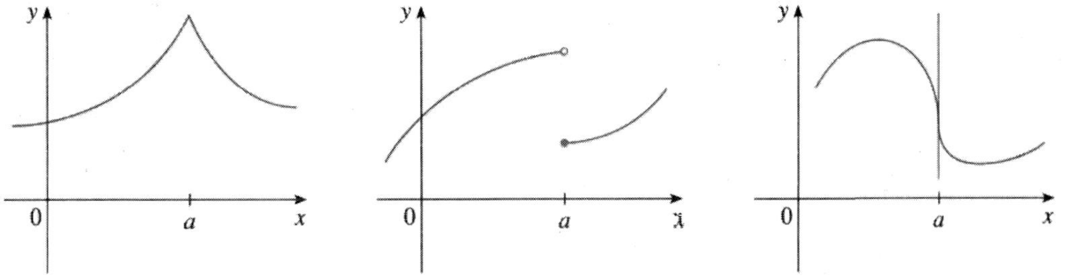

(a) 꺾인 점 (b) 불연속점 (c) 수직인 접선

그림10. $f(x)$가 a에서 미분가능하지 않는 경우

■ **고차도함수**

함수 $f(x)$가 미분가능할 때 도함수 $f'(x)$구할 수 있고, $f'(x)$가 다시 미분가능할 때,

$$\lim_{\Delta x \to 0} \frac{f'(x+\Delta x) - f'(x)}{\Delta x}$$

가 존재하면 이함수를 $f(x)$의 2차 도함수(Derivate of 2nd order)라고 하며, 기호로 다음과 같이 표시한다.

$$f''(x),\ y'',\ \frac{d^2y}{dx^2},\ \frac{df'}{dx},\ \frac{d}{dx}\left(\frac{d}{dx}f(x)\right),\ D^2y.\ D^2f(x)$$

일반적으로 함수 $y=f(x)$가 n번 미분가능할 때 $f(x)$를 n번 미분한 함수를 $f(x)$의 n차 도함수(n-th derivative)라 하고 다음과 같이 표시한다.

$$f^{(n)}(x),\ y^{(n)},\ \frac{d^ny}{dx^n},\ \frac{df^{(n)}}{dx^n},\ D^ny,\ D^nf(x)$$

2차 이상의 도함수를 고차 도함수라 한다.

보기12

함수 $f(x)=x^n$ (n은 양의 정수)의 도함수를 구하라.

풀이

$f'(x)=nx^{n-1}$

$f''(x)=n(n-1)x^{n-2}$

$f^{(3)}(x)=n(n-1)(n-2)x^{n-3}$

$\vdots$

$f^{(n)}(x)=n(n-1)(n-2)(n-3)\cdots 3\cdot 2\cdot 1=n!$

보기13

함수 $f(x)=\dfrac{1}{1+x}$ 일 때 n차도함수를 구하라.

풀이

$$f'(x)=\frac{-1}{(1+x)^2}$$

$$f''(x)=\frac{(-1)(-2)}{(1+x)^3}$$

$$f^{(3)}(x)=\frac{(-1)(-2)(-3)}{(1+x)^4}$$

$\vdots$

$$f^{(n)}(x)=\frac{(-1)^n n!}{(1+x)^{n+1}}$$

보기14

$f(x)=x^3-x$ 일 때 $f''(x)$를 구하라.

풀이

일차도함수 $f'(x)$는

$$f'(x)=\lim_{\Delta x\to 0}\frac{f(x+\Delta x)-f(x)}{\Delta x}$$

$$= \lim_{\Delta x \to 0} \frac{[(x+\Delta x)^3 - (x+\Delta x)] - (x^3 - x)}{\Delta x}$$

$$= \lim_{\Delta x \to 0} \frac{x^3 + 3x^3 \Delta x + 3x\Delta x^2 + \Delta x^3 - x - \Delta x^2 - x^3 + x}{\Delta x}$$

$$= \lim_{\Delta x \to 0} \frac{3x^2 \Delta x + 3x\Delta x^2 + \Delta x^3 - \Delta x}{\Delta x}$$

$$= \lim_{\Delta x \to 0} (3x^2 + 3x\Delta x + \Delta x^2 - 1) = 3x^2 - 1$$

따라서, 이차도함수 $f''(x)$는

$$f''(x) = (f')'(x) = \lim_{\Delta x \to 0} \frac{f'(x+\Delta x) - f'(x)}{\Delta x}$$

$$= \lim_{\Delta x \to 0} \frac{[3(x+\Delta x)^2 - 1] - (3x^2 - 1)}{\Delta x}$$

$$= \lim_{\Delta x \to 0} \frac{3x^2 + 6x\Delta x + 3\Delta x^2 - 1 - 3x^2 + 1}{\Delta x}$$

$$= \lim_{\Delta x \to 0} (6x + 3\Delta x) = 6x$$

$f(x)$의 1차, 2차 도함수는 그림11과 같다. 그림에서 $f(x)$의 기울기는 $f'(x)$, $f'(x)$의 기울기는 $f''(x)$가 됨을 알 수 있다. 또한 $y = f'(x)$의 기울기가 양이면 $y = f''(x)$의 기울기도 양이고, $y = f'(x)$의 기울기가 음이면 $y = f''(x)$의 기울기도 양이 됨을 알 수 있다.

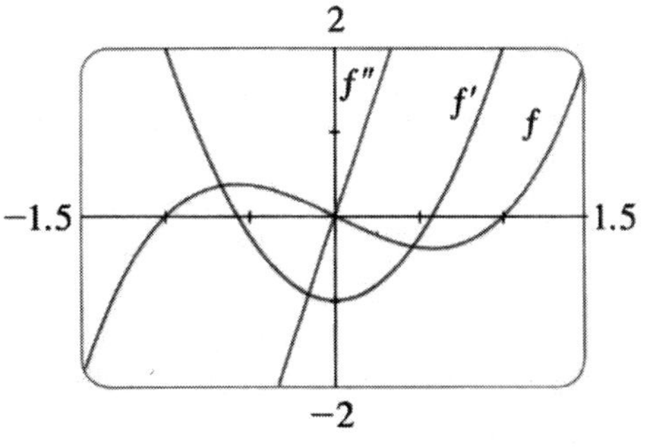

그림11. $f(x) = x^3 - x$의 1차, 2차 도함수

보기15

$f(x) = x^3 - x$ 일 때 $f'''(x)$를 구하라.

풀이

보기13에서 $f''(x) = 6x$ 이다. 이때의 3차 도함수 $f'''(x)$는 2차 도함수의 기울기가 된다. 따라서, $f'''(x) = f'(f''(x)) = f'(6x) = 6$ 인 상수함수가 된다.

n차 도함수는 라이프니츠기호를 사용하면 다음과 같다.

$$y' = f'(x) = \frac{dy}{dx}$$

$$y'' = f''(x) = \frac{d}{dx}\left(\frac{dy}{dx}\right) = \frac{d^2y}{dx^2}$$

$$y''' = y^{(3)} = f'''(x) = \frac{d}{dx}\left(\frac{d^2y}{dx^2}\right) = \frac{d^3y}{dx^3}$$

$$\vdots$$

$$y^{(n)} = f^{(n)}(x) = \frac{d}{dx}\left(\frac{d^{(n-1)}y}{dx^{(n-1)}}\right) = \frac{d^ny}{dx^n}$$

n차 도함수는 함수 $f(x)$를 n번 미분해서 얻는다.

보기16

$$f(x) = \begin{cases} 0 & (x < 0) \\ x^3 & (x \geq 0) \end{cases}$$

인 함수의 제3차 도함수를 구하라.

풀이

$x < 0$이면 $f'(x) = 0$이고, $x \geq 0$이면 $f'(x) = 3x^2$이다.

또한 $x = 0$에서 1차도함수의 우극한과 좌극한은 $f'_+(0) = 0 = f'_-(0)$이다.

따라서, $f(x)$의 도함수는

$$f'(x) = \begin{cases} 0 & (x < 0) \\ 3x^2 & (x \geq 0) \end{cases}$$

이 된다. 마찬가지 방법으로 $f(x)$의 2차도함수 $f''(x)$는

$$f''(x) = \begin{cases} 0 & (x < 0) \\ 6x & (x \geq 0) \end{cases}$$

가 된다. 3차도함수는 $x < 0$에서는 $f'''(x) = 0$이고 $x > 0$에서는 $f'''(x) = 6$이다.

그러나 $x=0$에서는 $f'''_{+}(0)=0=f'''_{-}(0)$ 이므로 $f'''(0)$이 존재하지 않는다.

따라서,

$$f'''(x)=\begin{cases}0 & (x<0)\\ 6 & (x>0)\end{cases}$$

이다. 그러므로 함수 $f(x)$는 2차도함수는 존재(미분가능)하나, 3차도함수는 미분가능하지 않는 함수가 된다.

[정리] 고차도함수의 미분가능성

함수 $f(x)$와 $g(x)$가 어떤 구간에서 n번 미분가능하면 $f(x)+g(x)$도 n번 미분가능하다.

$$[f(x)+g(x)]^{(n)} = f^{(n)}(x)+g^{(n)}(x)$$

[연습문제]

* 문제 1~4에서 다음 극한을 계산하라.

1. $\lim_{x\to 0}(x^2-2x+2)$

2. $\lim_{x\to 0}\frac{x^2-x-12}{x-4}$

3. $\lim_{x\to 0}\frac{\sqrt{x+9}-3}{x}$

4. $\lim_{x\to 2}\left(\frac{1}{x-2}-\frac{2}{x^2-4}\right)$

* 문제 5~14에서 도함수의 정의를 이용해 다음 함수의 도함수를 구하라.

5. $f(x)=\frac{1}{3}x-\frac{1}{2}$

6. $f(z)=7z-8z^2$

7. $f(x)=x^3-2x+4$

8. $g(x)=\sqrt{4-x}$

9. $g(z)=\frac{1-3z}{4+z}$

10. $f(x)=x^4-1$

11. $u(x)=3x^2-2$

12. $u(x)=\sqrt{2x}$

13. $f(t)=\frac{3}{t^2+1}$

14. $v(x)=\frac{2}{x}$ (단, $x\neq 0$)

* 문제 15~26에서 그 함수가 2에서 연속인지 여부를 말하라. 연속이 아니라면, 그 이유를 설명하라.

15. $f(x)=(x-2)(x-3)$

16. $u(x)=x^2-4$

17. $z(x)=\frac{2}{(x-2)}$

18. $h(x)=\sqrt{x-4}$

19. $g(x)=\frac{|x-2|}{x-2}$

20. $g(t)=|t|$

21. $h(t)=\frac{x^2-4}{x-2}$

22. $h(t)=|t-3|$

23. $z(t)=\begin{cases}\frac{t^3-8}{t-2}, & t\neq 2\text{인 경우}\\ 8, & t=2\text{인 경우}\end{cases}$

24. $u(t)=\begin{cases}\frac{t^3-8}{t-2}, & t\neq 2\text{인 경우}\\ 3, & t=2\text{인 경우}\end{cases}$

25. $h(x)=\begin{cases} x^2-4, & t \neq 2\text{인 경우} \\ (2-x)^2, & t=2\text{인 경우} \end{cases}$

26. $g(x)=\begin{cases} -2x+3, & x \leqq 2\text{인 경우} \\ -2, & x > 2\text{인 경우} \end{cases}$

3.6 도함수 공식

도함수의 정의로부터 직접 미분을 구한다고 하면 그러한 계산은 매우 길거나, 어떤 극한값은 특별한 기법이 필요하게 된다. 도함수의 정의를 직접 사용하지 않고 도함수를 구하는 여러 규칙들이 많이 개발되었다. 이런 규칙을 이용하면 작업량을 간소화 시킬 수 있는 장점이 되며, 실제로 매우 복잡해 보이는 함수들도 이 방법을 이용하면 쉽게 구할 수 있다.

함수 $f(x)$의 도함수 $f'(x)$는 또다른 함수의 도함수와도 같은 값이 될 수 있음을 유의해야 한다. 예로 $f(x)=x^3-3$, $f(x)=x^3+6$, $f(x)=x^3$ 등은 다 같은 도함수 $f'(x)=3x$를 가진다.

상수함수의 미분공식

$$\frac{d}{dx}(c) = 0, \quad (c\text{는 상수})$$

<증명>

$$f'(x)=\lim_{\Delta x\to 0}\frac{f(x+\Delta x)-f(x)}{\Delta x}=\lim_{\Delta x\to 0}\frac{c-c}{\Delta x}=\lim_{\Delta x\to 0}0=0$$

보기1

(1) $\frac{d}{dx}(4x^3)=4\frac{d}{dx}(x^3)=4(3x^2)=12x^2$

(2) $\frac{d}{dx}(-x^2)=\frac{d}{dx}[(-1)x^2]=(-1)\frac{d}{dx}x^2=(-1)(2x)=-2x$

항등함수의 미분공식

$$\frac{d}{dx}(x) = 1$$

<증명>

$$f'(x)=\lim_{\Delta x\to 0}\frac{f(x+\Delta x)-f(x)}{\Delta x}=\lim_{\Delta x\to 0}\frac{x+\Delta x-x}{\Delta x}=\lim_{\Delta x\to 0}\frac{h}{h}=1$$

■ 이항정리로부터 거듭제곱

대수학에서 이항정리의 거듭제곱은 다음과 같다.

$(a+b)=a+b$

$(a+b)^2=a^2+2ab+b^2$

$(a+b)^3=a^3+3a^2b+3ab^2+b^3$

$(a+b)^4=a^4+4a^3b+6a^2b^2+4ab^3+b^4$

$(a+b)^5=a^5+5a^4b+10a^3b^2+10a^2b^3+5ab^4+b^5$

$\vdots$

$(a+b)^n=a^n+na^{n-1}b+\dfrac{n(n-1)}{2}a^{n-1}b^2\ \cdots\ nab^{n-1}+b^n$

> **거듭제곱함수의 미분공식**
>
> $$\frac{d}{dx}(x^n)=nx^{n-1}$$
>
> 간단히 표시하면,
>
> $$f'(x^n)=nx^{n-1}$$

[증명]

이항정리에 따라 $(x+\Delta x)^n$을 전개하면 다음이 성립한다.

$$f'(x)=\lim_{\Delta x\to 0}\frac{f(x+\Delta x)-f(x)}{\Delta x}=\lim_{\Delta x\to 0}\frac{(x+\Delta x)^n-x^n}{\Delta x}$$

$$=\lim_{\Delta x\to 0}\frac{x^n+nx^{n-1}\Delta x+\dfrac{n(n-1)}{2}x^{n-2}\Delta x^2+\cdot\cdot\cdot+nx\Delta x^{n-1}+\Delta x^n-x^n}{\Delta x}$$

$$=\lim_{\Delta x\to 0}\frac{\Delta x\left[nx^{n-1}+\dfrac{n(n-1)}{2}x^{n-2}\Delta x+\cdot\cdot\cdot+nx\Delta x^{n-1}+\Delta x^{n-1}\right]}{\Delta x}$$

여기서, 대괄호 [ ] 속의 항들은 처음 것을 제외한 나머지는 모두 Δx를 인수로 가지고 있다. 따라서 x가 어떤 값이든 $\Delta x\to 0$이면 이들의 극한은 0이 된다. 그러므로,

$$\frac{d}{dx}f(x)=f'(x)=nx^{n-1}$$

보기2

n이 음의 정수일 때 $\frac{d}{dx}(x^n)$을 구하라.

풀이

$$\frac{d}{dx}(x^n) = \frac{d}{dx}\left(\frac{1}{x^{-n}}\right) = -\frac{-nx^{-n-1}}{x^{-2n}} = nx^{n-1}$$

따라서, n이 음의정수일 때도 결과는 같다.

> **거듭제곱함수의 일반적 미분공식**
>
> n이 양의 정수일 때
>
> $$\frac{d}{dx}(x^{-n}) = -nx^{-n-1}$$
>
> 간단히 표시하면,
>
> $$f'(x^{-n}) = -x^{-n-1}$$

위의 결과는 실제로 지수가 음의 정수일 때도 성립한다. 확장하여 지수가 분수일 경우를 생각해 보자.

$$\frac{d}{dx}\sqrt{x} = \frac{1}{2\sqrt{x}}$$

이 됨을 알 수 있다. 이를 분수의 함수로 표시하여 풀면,

$$\frac{d}{dx}\sqrt{x} = \frac{d}{dx}(x^{1/2}) = \frac{1}{2}x^{1/2-1} = \frac{1}{2}x^{-1/2} = \frac{1}{2\sqrt{x}}$$

이는 거듭제곱 $n = 1/2$일 때도 성립함을 알 수 있다. 실제로 거듭제곱 공식은 임의의 실수에서도 성립한다.

보기3

$y = \frac{1}{\sqrt[4]{x^3}}$이면 y'을구하라.

풀이

$$\frac{dy}{dx}=\frac{d}{dx}(x^{-3/4}) = -\frac{3}{4}x^{-3/4-1}=x^{-\frac{7}{4}}$$

보기4

함수 $f(x)=(c+dx)\sqrt{x}$ 를 미분하라.

풀이

$$f'(x)=\frac{d}{dx}(c+dx)\sqrt{x}+(c+dx)\frac{d}{dx}\sqrt{x}$$
$$=(d)\sqrt{x}+(c+dx)\cdot\frac{1}{2}x^{-1/2}$$
$$=d\sqrt{x}+\frac{c+d}{2\sqrt{x}} = \frac{c+dx}{2\sqrt{x}}$$

상수배의 미분공식

c를 상수라 할 때

$$\frac{d}{dx}[cf(x)]=c\frac{d}{dx}f(x)$$

간단히 표시하면,

$$f'(cf(x))=cf'(x)$$

[증명]

$g(x)=cf(x)$라 하면,

$$g'(x)=\lim_{\Delta x\to 0}\frac{g(x+\Delta x)-g(x)}{\Delta x}=\lim_{\Delta x\to 0}\frac{cf(x+\Delta x)-cf(x)}{\Delta x}$$
$$=\lim_{\Delta x\to 0}c\left[\frac{f(x+\Delta x)-f(x)}{\Delta x}\right]=c\lim_{\Delta x\to 0}\frac{f(x+\Delta x)-f(x)}{\Delta x}=cf'(x)$$

상수배의 미분공식은 기존의 도함수 공식에서 상수와 함수의 곱의 도함수는 그 상수와 그 함수의 도함수의 곱임을 알 수 있다.

보기5

(1) $\frac{d}{dx}(5x^6)=5\frac{d}{dx}(x^6)=5(6x^5)=30x^5$

(2) $\dfrac{d}{dx}(-x^2)=\dfrac{d}{dx}[(-1)x^2]=(-1)\dfrac{d}{dx}(x^2)=(-1)(2x)=-2x$

합의 미분공식

$f(x)$와 $g(x)$가 모두 미분가능할 때 다음이 성립한다.

$$\frac{d}{dx}[f(x)+g(x)]=\frac{d}{dx}f(x)+\frac{d}{dx}g(x)$$

간단히 표시하면,

$$f'(f(x)+g(x))=f'(x)+g'(x)$$

[증명]

$F(x)=f(x)+g(x)$라 하면,

$$\begin{aligned}F'(x)&=\lim_{\Delta x\to 0}\frac{F(x+\Delta x)-F(x)}{\Delta x}\\&=\lim_{\Delta x\to 0}\frac{[f(x+\Delta x)+g(x+\Delta x)]-[f(x)+g(x)]}{\Delta x}\\&=\lim_{\Delta x\to 0}\left[\frac{f(x+\Delta x)-f(x)}{\Delta x}+\frac{g(x+\Delta x)-g(x)}{\Delta x}\right]\\&=\lim_{\Delta x\to 0}\frac{f(x+\Delta x)-f(x)}{\Delta x}+\lim_{\Delta x\to 0}\frac{g(x+\Delta x)-g(x)}{\Delta x}\\&=f'(x)+g'(x)\end{aligned}$$

차의 미분공식

$f(x)$와 $g(x)$가 모두 미분가능할 때 다음이 성립한다.

$$\frac{d}{dx}[f(x)-g(x)]=\frac{d}{dx}f(x)-\frac{d}{dx}g(x)$$

간단히 표시하면,

$$f'(f(x)-g(x))=f'(x)-g'(x)$$

위 공식의 증명은 합의 공식과 유사하므로 생략한다. 앞에서의 공식들을 적절히 조합하면 어떠한 다항함수도 미분할 수 있게 된다.

보기6

$$\frac{d}{dx}(x^9-14x^7+3x^4-9x^3+2x-6)$$
$$=\frac{d}{dx}(x^9)-14\frac{d}{dx}(x^7)+3\frac{d}{dx}(x^4)-9\frac{d}{dx}(x^3)+2\frac{d}{dx}(x)-\frac{d}{dx}(6)$$
$$=9x^8-14(7x^6)+3(4x^3)-9(3x^2)+2(1)-0$$
$$=9x^8-98x^6+12x^3-27x^2-2$$

> **곱의 미분공식**
> $f(x)$와 $g(x)$가 모두 미분가능할 때 다음이 성립한다.
> $$\frac{d}{dx}[f(x)g(x)]=f(x)\frac{d}{dx}g(x)+g(x)\frac{d}{dx}g(x)$$
> 간단히 표시하면,
> $$f'(f(x)g(x))=f(x)g'(x)+f'(x)g(x)$$

[증명]

$F(x)-f(x)g(x)$라 하면,

$$F'(x)=\lim_{\Delta x\to 0}\frac{F(x+\Delta x)-F(x)}{\Delta x}$$
$$=\lim_{\Delta x\to 0}\frac{f(x+\Delta x)g(x+\Delta x)-f(x)g(x)}{\Delta x}$$

극한값을 계산하기 위하여 두 함수 $f(x)$와 $g(x)$를 분리하여 계산한다. 이러기 위해서 분자에 $f(x+\Delta x)g(x)$를 더하고 빼면 $\lim_{\Delta x\to 0}f(x+\Delta x)=f(x)$가 되므로,

$$F'(x)=\lim_{\Delta x\to 0}\frac{f(x+\Delta x)g(x+\Delta x)-\boldsymbol{f(x+\Delta x)g(x)+f(x+\Delta x)g(x)}-f(x)g(x)}{\Delta x}$$
$$=\lim_{\Delta x\to 0}\left[f(x+\Delta x)\frac{g(x+\Delta x)-g(x)}{\Delta x}+g(x)\frac{f(x+\Delta x)-f(x)}{\Delta x}\right]$$
$$=\lim_{\Delta x\to 0}f(x+\Delta x)\cdot\lim_{\Delta x\to 0}\frac{g(x+\Delta x)-g(x)}{\Delta x}$$
$$+\lim_{\Delta x\to 0}g(x)\cdot\lim_{\Delta x\to 0}\frac{f(x+\Delta x)-f(x)}{\Delta x}$$
$$=f(x)g'(x)+g(x)f'(x)$$

곱의 미분공식은 $[f(x)g(x)]' \neq f'(x)g'(x)$ 임을 보여준다. 예를 들면, $f(x)=x^3$이고 $g(x)=x$라 하면, $[f(x)g(x)]'=[x^3 \cdot x]'=4x^3$이 되고, $f'(x)=3x^2$, $g'(x)=1$. $f'(x)g'(x)=(3x^2 \cdot 1)=3x^2$. 따라서, $[f(x)g(x)]' \neq f'(x)g'(x)$가 된다.

보기7

함수 $F(x)=(5x^2)(6x^3)$일 때 $F'(x)$를 구하라.

풀이

곱의 공식에 따라 $F'(x)$를 구하면

$$\begin{aligned} F'(x) &= (5x^2)\frac{d}{dx}(6x^3)+(6x^3)\frac{d}{dx}(5x^2) \\ &= (5x^2)(18x^2)+(6x^3)(10x) \\ &= 90x^4+60x^4=150x^4 \end{aligned}$$

보기8

함수 $F(x)=(4x^3-2)(3x^5-x^2)$일 때 $F'(x)$를 구하라.

풀이

$$\begin{aligned} F'(x) &= (4x^3-2)\frac{d}{dx}(3x^5-x^2)+(3x^5-x^2)\frac{d}{dx}(4x^3-2) \\ &= (4x^3-2)(15x^4-2x)+(3x^5-x^2)(12x^2) \\ &= (60x^7-8x^4-30x^4+4x)+(36x^7-12x^4) \\ &= 96x^7-50x^4+4x \end{aligned}$$

보기8의 함수를 먼저 곱한 다음 도함수를 구해보면,

$$\begin{aligned} F(x) &= (4x^3-2)(3x^5-x^2) \\ &= 12x^8-4x^5-6x^5+2x^2=12x^8-10x^5+2x^2 \end{aligned}$$

그러므로,

$$F'(x)=F'(12x^8-10x^5+2x^2)=96x^7-50x^4+4x$$

위 결과는 보기8과 같다.

몫의 미분공식

$f(x)$와 $g(x)$가 모두 미분가능하고, $g(x)\neq 0$일 때 다음이 성립한다.

$$\frac{d}{dx}\left[\frac{f(x)}{g(x)}\right]=\frac{\frac{d}{dx}f(x)g(x)-f(x)\frac{d}{dx}g(x)}{[g(x)]^2}$$

간단히 표시하면,

$$\left[\frac{f(x)}{g(x)}\right]'=\frac{f'(x)g(x)-f(x)g'(x)}{[g(x)]^2}$$

[증명]

$F'(x)=\dfrac{f(x)}{g(x)}$ 로 놓으면,

$$F'(x)=\lim_{\Delta x\to 0}\frac{F(x+\Delta x)-F(x)}{\Delta x}=\lim_{\Delta x\to 0}\frac{\frac{f(x+\Delta x)}{g(x+\Delta x)}-\frac{f(x)}{g(x)}}{\Delta x}$$

$$=\lim_{\Delta x\to 0}\frac{f(x+\Delta x)g(x)-f(x)g(x+\Delta x)}{\Delta x(x+\Delta x)g(x)}$$

윗 식에서 $f(x)$의 항과 $g(x)$의 항을 분리하기 위하여 $f(x)g(x)$를 분자에 빼고 더하면

$$F'(x)=\lim_{\Delta x\to 0}\frac{f(x+\Delta x)g(x)-\boldsymbol{f(x)g(x)}+\boldsymbol{f(x)g(x)}-f(x)g(x+\Delta x)}{\Delta x g(x+\Delta x)g(x)}$$

$$=\lim_{\Delta x\to 0}\frac{g(x)\frac{f(x+\Delta x)-f(x)}{\Delta x}-f(x)\frac{g(x+\Delta x)-g(x)}{\Delta x}}{g(x+\Delta x)g(x)}$$

$$=\frac{\lim\limits_{\Delta x\to 0}g(x)\cdot\lim\limits_{\Delta x\to 0}\frac{f(x+\Delta x)-f(x)}{\Delta x}-\lim\limits_{\Delta x\to 0}g(x)\cdot\lim\limits_{\Delta x\to 0}\frac{g(x+\Delta x)-g(x)}{\Delta x}}{\lim\limits_{\Delta x\to 0}g(x+\Delta x)\cdot\lim\limits_{\Delta x\to 0}g(x)}$$

$g(x)$는 연속이므로 $\lim\limits_{\Delta x\to 0}g(x+\Delta x)=g(x)$이다. 따라서

$$F'(x)=\frac{g(x)f'(x)-f(x)g'(x)}{[g(x)]^2}=\frac{f'(x)g(x)-f(x)g'(x)}{[g(x)]^2}$$

보기9

$F(x)=\dfrac{(2x-3)}{(x^2+1)}$일 때, $F'(x)$를 구하라.

풀이

$$F'(x) = \frac{d}{dx}\left[\frac{2x-3}{x^2+1}\right] = \frac{(x^2+1)\frac{d}{dx}(2x-3)-(2x-3)\frac{d}{dx}(x^2+1)}{(x^2+1)^2}$$

$$= \frac{(x^2+1)(2)-(2x-3)(2x)}{(x+1)^2}$$

$$= \frac{2x^2+2-4x^2+6x}{(x+1)^2} \quad = \frac{-2x^2+6x+2}{(x+1)^2}$$

보기10

$f(x) = \dfrac{x-1}{x^2+2}$ 일 때, $f'(x)$를 구하라.

풀이

$$f'(x) = \frac{d}{dx}\left(\frac{x-1}{x^2+2}\right) = \frac{\frac{d}{dx}(x-1)(x^2+2)-(x-1)\frac{d}{dx}(x^2+2)}{(x^2+2)^2}$$

$$= \frac{(1)(x^2+2)-(x-1)(2x)}{(x^2+2)^2} = \frac{x^2+2-2x^2+2x}{(x^2+2)^2}$$

$$= \frac{-x^2+2x+2}{(x^2+2)^2}$$

보기11

$y = \dfrac{x^2-x+1}{x^3+8}$ 일 때, y'을 구하라.

풀이

$$y' = \frac{(x^3+8)\frac{d}{dx}(x^2-x+1)-(x^2-x+1)\frac{d}{dx}(x^3+8)}{(x^3+8)^2}$$

$$= \frac{(x^3+8)(2x-1)-(x^2-x+1)(2x^2)}{(x^2+8)^2}$$

$$= \frac{(2x^4-x^3+16x-8)-(2x^4-2x^3+2x^2)}{(x^2+8)^2} = \frac{x^3-2x^2+16x-8}{(x^2+8)^2}$$

지금까지 공부한 미분공식을 정리하면 다음과 같다.

미분공식 정리

함수 $f(x)$와 $g(x)$가 미분가능하고, $f'(x)$와 $g'(x)$가 존재할 때,

(1) $[cf(x)]' = cf'(x)$ (c는 상수)

(2) $(x^n)' = nx^{n-1}$

(3) $[f(x) \pm g(x)]' = f'(x) \pm g'(x)$ (복호 동순)

(4) $[f(x)g(x)]' = f(x)g'(x) + f'(x)g(x)$

(5) $g(x) \neq 0$이면, $\left[\frac{f(x)}{g(x)}\right]' = \frac{f'(x)g(x) - f(x)g'(x)}{[g(x)]^2}$

(6) (5)에서 $f(x) = 1$ 이면, $\left(\frac{1}{g(x)}\right)' = -\left(\frac{g'(x)}{[g(x)]^2}\right)$

[연습문제]

* 문제 1~34에서 미분공식을 이용하여 $\frac{dy}{dx}$를 구하라.

1. $y = 3x^2$
2. $y = 2x^3$
3. $y = \pi x^2$
4. $y = 2x^{-3}$
5. $y = -4x^{-5}$
6. $y = \frac{a}{x^2}$ (a는 상수)
7. $y = \frac{200}{x^4}$
8. $y = \frac{4a}{5x^6}$
9. $y = x^3 + 3x$
10. $y = 2x^3 + x^2$
11. $y = x^5 + x^3 + x + 3$
12. $y = \pi x^5 - 4x^4 - 3x - 6x^{-3}$
13. $y = \frac{5}{x^5} + x^{-3}$
14. $y = 2x^{-5} + x^{-1}$
15. $y = \frac{3}{x} - \frac{2}{x^2}$
16. $y = \frac{3}{4x} - \frac{3}{4}$
17. $y = x^{-3/5}$
18. $y = \frac{x^2 + 4x - 3}{\sqrt{x}}$
19. $y = \sqrt{x} - 3\sqrt{x^3}$
20. $y = ax^2 + bx + c$ (a, b, c는 상수)
21. $y = \frac{x^2}{x + \frac{c}{x^2}}$
22. $y = \sqrt[3]{x}(x^2 + x^{-1})$
23. $y = x(x^3 + 1)$
24. $y = 2x(x^3 - 1)$
25. $y = (x^2 + 1)(2x^3 + 2)$
26. $y = (x^3 - 1)(x^2 + 3)$
27. $y = (3x^5 - 4)(2x^3 - 3x + 1)$
28. $y = (2x^3 + 3x)(x^4 + 2x + 3)$
29. $y = \frac{1}{2x^2 - 1}$
30. $y = \frac{2x - 1}{3x + 1}$
31. $y = \frac{x - 1}{x + 1}$
32. $y = \frac{2x^3 - 1}{3x + 7}$
33. $y = \frac{x^2 - x - 1}{x^2 + 1}$
34. $y = \frac{x^2 - 3x + 4}{x^2 + 2x - 1}$

35. $f(x)=(1-2x^2)(x-x^2)$의 도함수를 두 가지 방법으로 구하라. 첫 번째는 도함수의 공식, 두 번째는 곱셈을 먼저 수행한 후 도함수를 구한다. 두 답이 같은지 확인하라.

36. $f(0)=3$, $f'(0)=-1$, $g(0)=-4$, $g'(0)=-6$일 때, 다음을 구하라.
(a) $(f \cdot g)'(0)$ (b) $(f+g)'(0)$ (c) $(f/g)'(0)$

37. 점$(1, 1)$에서 곡선 $y=x/(x+1)$의 접선의 방정식을 구하라.

38. $y=x^2-2x+3$의 점$(1, 1)$에서 접선의 방정식을 구하라.

39. $\dfrac{d}{dx}[f(x)g(x)k(x)]$의 공식을 유도하라.

40. 함수 $f(x)=|x^2-4|$는 어떤 x값에 대해 미분가능한가? $f'(x)$에 대한 공식을 구하라.

41. $y=\dfrac{1}{2}x^3+x^2-x$의 그래프에서 접선의 기울기가 1이 되는 점을 모두 찾아라.

42, 점$(-2, 6)$과 $(2, 0)$에서 수평접선을 갖는 삼차함수
$y=ax^3+bx^2+cx+d$를 구하라. (a, b, c, d는 상수)

43 경사면을 따라 공이 굴러간다. t초 후에 그 공은 출발지점에서부터 $s=4.5t^2+4t$미터의 거리에 있다. 순간속도가 $v=30m/s$가 되는 것은 언제인가?

44. 우주비행사가 곡선 $y=x^2$을 따라 왼쪽에서 오른쪽으로 움직이고 있다. 우주선의 엔진을 끄면, 우주선은 그 순간 놓여있던 지점에 접하는 접선을 따라서 움직이게 된다. 점$(5, 23)$로 가려면, 어떤 지점에서 우주선의 엔진을 꺼야 하는가?

45. $\displaystyle\lim_{x\to1}\frac{x^{80}-1}{x-1}$을 계산하라.

46. 직선 $y=\dfrac{3}{2}x+8$이 곡선 $y=c\sqrt{x}$에 접할 때, c값을 구하라.

3.7 삼각함수의 미분

모든 실수 x에 대해 $f(x)=\sin x$와 $g(x)=\cos x$로 정의되는 함수를 생각하자. 이는 호에 대응하는 각을 라디안으로 나타낸 수이다. 그림1의 단위원에서 x의 각(라디안)으로 표시되는 길이의 비인 $\sin x$와 $\cos x$이다.

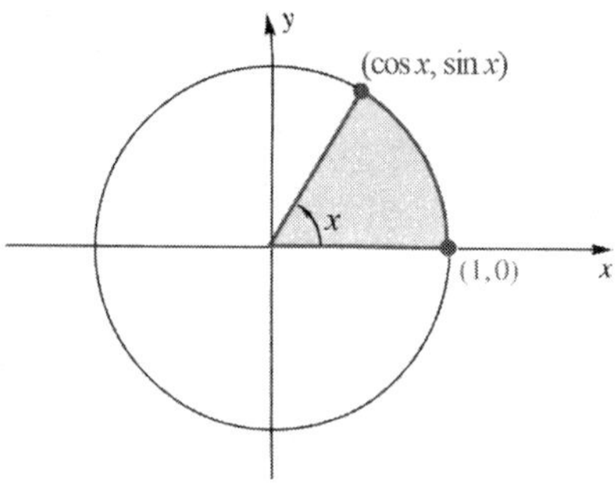

그림1. 단위원과 삼각함수

도함수의 정의에 의해서 삼각함수 $y=\sin x$의 도함수를 구하기 위해 먼저 다음 보기를 증명해 보자.

보기1

$\lim\limits_{\Delta x \to 0} \dfrac{\sin x}{x}=1$을 증명하여라.

풀이

[증명]

$0<x<\pi/2$일 때와 $-\pi/2<x<0$로 나누어서 생각한다. 그림2 에서와 같이 중심이 O이고, 중심각이 θ, 반지를 1인 부채꼴을 생각한다.

(1) $0<x<\dfrac{\pi}{2}$일 때 그림에서 $\triangle OAB<$ 부채꼴 $OAB<\triangle OAC$이므로

$$\frac{1}{2}sinx<\frac{1}{2}x<\frac{1}{2}tanx$$

$$1<\frac{x}{\sin x}<\frac{1}{\cos x}$$

$$\lim_{x\to 0}1=1,\ \lim_{x\to 0}\frac{1}{\cos x}=1$$

이 되므로

$$\therefore \lim_{\Delta x \to 0} \frac{\sin x}{x} = 1$$

(2) $-\frac{\pi}{2} < x < 0$일 때, $x = -\theta$로 놓으면,

$$\lim_{x \to 0} \frac{\sin x}{x} = \lim_{\theta \to 0} \frac{\sin(-\theta)}{-\theta}$$

$$= \lim_{\theta \to 0} \frac{\sin\theta}{\theta} = 1$$

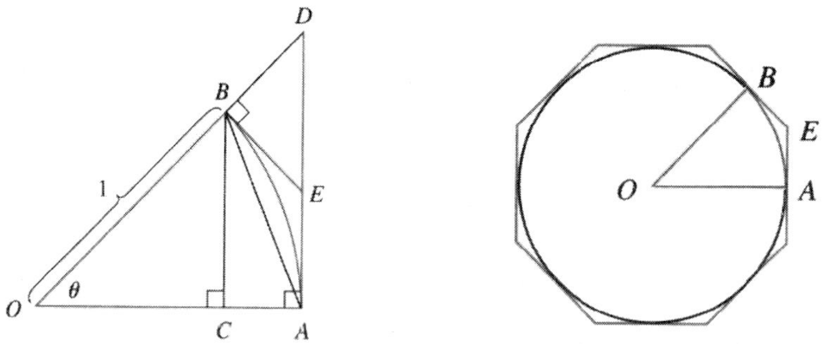

(a) 단위삼각형 (b) 호

그림2. 원의 반지름이 1인 삼각형과 다각형

그림2의 (b)에서

길이 $\overline{BC} = \overline{OB}sin\theta = \sin\theta$ 이고,

점A와 점B에서의 접선이 모두 점E에서 만나므로 그림1(b)에서 원둘레는 외접다각형의 길이보다 작다. 따라서, $\widehat{AB} < \overline{AE} + \overline{EB}$이다.

그러므로,

$$\theta = \widehat{AB} < \overline{AE} + \overline{EB}$$

$$< \overline{AE} + \overline{ED} = \overline{AD}$$

$$= \overline{OA}tan\theta = \tan\theta$$

위 결과에서,

$$\theta < \tan\theta$$

$$\theta < \frac{\sin\theta}{\cos\theta}$$

$$\cos\theta < \frac{\sin\theta}{\theta} < 1$$

$\lim_{\theta\to0} 1 = 1$이고, $\lim_{\theta\to0}\cos\theta = 1$ 따라서,

$$\lim_{\theta\to0}\cos\theta = 1 < \lim_{\theta\to0}\frac{\sin}{\theta} < \lim_{\theta\to0} 1 = 1$$

압축정리에 의해서 다음과 같은 결과를 얻는다

$$\therefore \lim_{\theta\to0}\frac{\sin\theta}{\theta} = 1$$

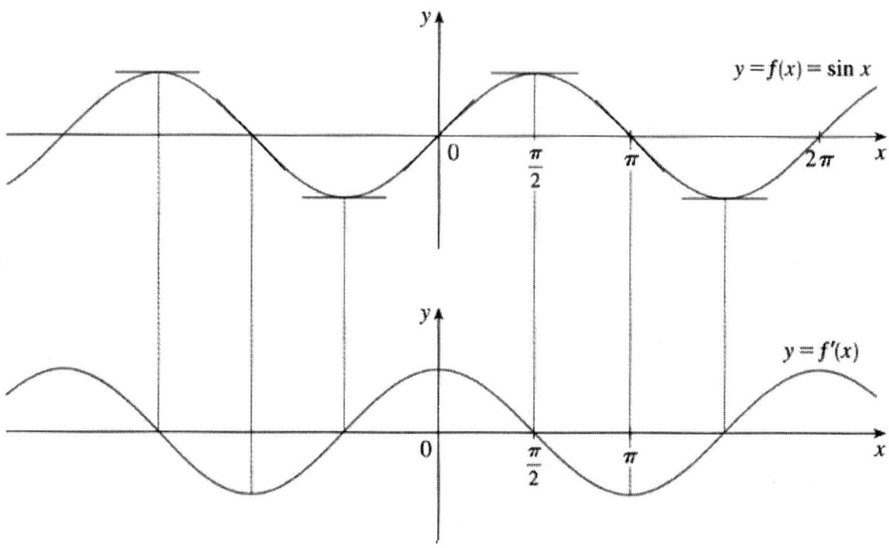

그림3. $y = f(x) = \sin(x)$와 $y = f'(x)$함수

$f(x) = \sin x$이면 $\sin x$의 도함수를 도함수의 정의에 의해 표시하면,

$$f'(x) = \lim_{\Delta x\to0}\frac{f(x+\Delta x) - f(x)}{\Delta x}$$

$$= \lim_{\Delta x\to0}\frac{\sin(x+\Delta x) - \sin x}{\Delta x}$$

$$= \lim_{\Delta x\to0}\frac{\sin x\cos\Delta x + \cos x\sin\Delta x - \sin x}{\Delta x}$$

$$= \lim_{\Delta x \to 0}\left[\frac{\sin x \cos\Delta x - \sin x}{\Delta x} + \frac{\cos x \sin\Delta x}{\Delta x}\right]$$

$$= \lim_{\Delta x \to 0}\left[\sin x\left(\frac{\cos\Delta x - 1}{\Delta x}\right) + \cos x\left(\frac{\sin\Delta x}{\Delta x}\right)\right]$$

$$= \lim_{\Delta x \to 0}\sin x \cdot \lim_{\Delta x \to 0}\frac{\cos\Delta x - 1}{\Delta x} + \lim_{\Delta x \to 0}\cos x \cdot \lim_{\Delta x \to 0}\frac{\sin\Delta x}{\Delta x}$$

여기서, $\Delta x \to 0$일 때, $\lim_{\Delta x \to 0}\sin x = \sin x$, $\lim_{\Delta x \to 0}\cos x = \cos x$

$\lim_{\Delta x \to 0}\frac{\sin\Delta x}{\Delta x} = 1$이므로,

$$f'(x) = \lim_{\Delta x \to 0}\sin x \cdot \lim_{\Delta x - 0 >}\frac{\cos\Delta x - 1}{\Delta x} + \lim_{\Delta x \to 0}\cos x \cdot (1)$$

이제, $\lim_{\Delta x - 0 >}\frac{\cos\Delta x - 1}{\Delta x}$의 값을 구해보자.

$$\lim_{\Delta x \to U}\frac{\cos\Delta x - 1}{\Delta xx} = \lim_{\Delta x \to U}\left(\frac{\cos\Delta x - 1}{\Delta x} \cdot \frac{\cos\Delta x + 1}{\cos\Delta x + 1}\right)$$

$$= \lim_{\Delta x \to 0}\frac{\cos^2\Delta x - 1}{\Delta x(\cos\Delta x + 1)}$$

$$- \lim_{\Delta x \to 0}\frac{-\sin\Delta x}{\Delta x(\cos\Delta x + 1)}$$

$$= -\lim_{\Delta x \to 0}\frac{\sin\Delta x}{\Delta x} \cdot \lim_{\Delta x \to 0}\frac{\sin\Delta x}{\cos\Delta x + 1}$$

$$= -1 \cdot \left(\frac{0}{1+1}\right) = 0$$

보기2의 결과로 부터

$$f'(x) = \lim_{\Delta x \to 0}\sin x \cdot (0) + \lim_{\Delta x \to 0}\cos x \cdot (1)$$

$$= (\sin x) \cdot (0) + (\cos x) \cdot (1) = 0$$

보기3

$f(x) = \sin x$의 도함수를 삼각함수의 반각의 공식을 이용하여 증명하여라.

풀이

사인함수의 반각의 공식을 이용하면,

$$\frac{d}{dx}(\sin x) = \lim_{\Delta x \to 0} \frac{\sin(x+\Delta x) - \sin x}{\Delta x} = \lim_{\Delta x \to 0} \frac{2\cos\left(x + \frac{\Delta x}{2}\right)\sin\frac{\Delta x}{2}}{\Delta x}$$

$$= \lim_{\Delta x \to 0} \cos\left(x + \frac{\Delta x}{2}\right)\frac{\sin\frac{\Delta x}{2}}{\frac{\Delta x}{2}} = \cos x$$

사인함수의 도함수는 다음과 같다.

sin함수의 도함수

$$\frac{d}{dx}(\sin x) = \cos x$$

보기4

$y = x^3 \sin x$일 때, y'을 구하라.

풀이

$$\frac{dy}{dx} = x^3 \frac{d}{dx}(\sin x) + \sin x \frac{d}{dx}(x^3)$$

$$= x^3 \cos x + 3x^2 \sin x$$

마찬가지 방법으로 $f(x) = \cos x$ 의 도함수를 구해 보면,

$$f'(x) = \lim_{\Delta x \to 0} \frac{f(x+\Delta x) - f(x)}{\Delta x}$$

$$= \lim_{\Delta x \to 0} \frac{\cos(x+\Delta x) - \cos x}{\Delta x}$$

$$= \lim_{\Delta x \to 0} \frac{\cos x \cos\Delta x - \sin x \sin\Delta x - \cos x}{\Delta x}$$

$$= \lim_{\Delta x \to 0} \left[-\cos x\left(\frac{1-\cos\Delta x}{\Delta x}\right) - \sin x\left(\frac{\sin\Delta x}{\Delta x}\right)\right]$$

$$= (-\cos x)(0) - (\sin x)(1)$$

$$= -\sin x$$

따라서, 코사인 함수의 도함수는 다음과 같다.

cos함수의 도함수

$$\frac{d}{dx}(\cos x) = -\sin x$$

보기5

$\cos x = \sin\left(x + \frac{\pi}{2}\right)$임을 이용하여 $\frac{d}{dx}(\cos x)$를 구하라.

풀이

$\cos x = \sin\left(x + \frac{\pi}{2}\right)$이므로, $v = x + \frac{\pi}{2}$로 놓으면,

$$\frac{d}{dx}(\cos x) = \frac{d}{dx}(\sin v) = \left(\frac{d}{dv}\sin v\right)\frac{dv}{dx}$$

$$= \cos v = \cos\left(x + \frac{\pi}{2}\right) = -\sin x$$

보기6

$\frac{d}{dx}(2\sin x - 3\cos x)$를 구하라.

풀이

$$\frac{d}{dx}(2\sin x - 3\cos x) = 2\frac{d}{dx}(\sin x) - 3\frac{d}{dx}(\cos x)$$

$$= 2\cos x + 3\sin x$$

보기7

$y = 2\sin 2x$의 그래프에서 점$(\pi, 0)$에서 접선의 방정식을 구하라.

풀이

$\frac{dy}{dx} = 2\cos 2x$ 이므로, $x = \pi$일 때, 기울기는 $2\cos 2\pi = 2$ 이다.

따라서 접선의 방정식은

$$y - 0 = 2(x - \pi)$$

$$y = 2x + 2\pi$$

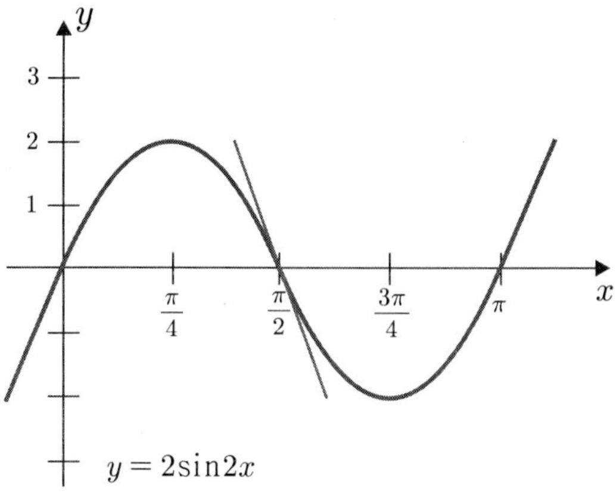

그림4. 보기7의 그래프

탄젠트함수 $f(x)=\tan x$는 도함수의 정의를 이용하여 미분 가능하나, 몫의 공식과 앞에서 구한 사인, 코사인 함수의 도함수를 이용하면 쉽게 구할 수 있다.

$f(x)=\tan x$의 도함수를 구하면,

$$\frac{d}{dx}(\tan x)=\frac{d}{dx}\left(\frac{\sin x}{\cos x}\right)$$

$$=\frac{(\frac{d}{dx}sinx)(\cos x)-(\sin x)(\frac{d}{dx}cosx)}{\cos^2 x}$$

$$=\frac{\cos^2+\sin^2}{\cos^2}=\frac{1}{\cos^2 x}=\sec^2 x$$

tan함수의 도함수

$$\frac{d}{dx}(\tan x)=\sec^2 x$$

코탄젠트 함수 $f(x)=\cot x$ 의 도함수도 몫의 공식을 이용하여 쉽게 얻을 수 있다. 즉,

$\cot x=\frac{\cos x}{\sin x}$ 이므로,

$$\frac{d}{dx}(\cot x)=\frac{d}{dx}\left(\frac{\cos x}{\sin x}\right)=\frac{\sin x\cdot\sin x-\cos x(\cos x)}{\sin^2 x}$$

$$= \frac{\sin^2 x - \cos^2 x}{\sin^2 x} = \frac{-1}{\sin^2 x} = -\csc^2 x$$

cot함수의 도함수

$$\frac{d}{dx}(\cot x) = -\csc^2 x$$

나머지 삼각함수들의 도함수도 몫의 공식을 이용하면 쉽게 얻을 수 있다. 삼각함수의 도함수를 정리하면 다음과 같다.

삼각함수의 도함수

① $\frac{d}{dx}(\sin x) = \cos x$ ② $\frac{d}{dx}(\cos x) = -\sin x$

③ $\frac{d}{dx}(\tan x) = \sec^2 x$ ④ $\frac{d}{dx}(\cot x) = -\csc^2 x$

⑤ $\frac{d}{dx}(\sec x) = \sec x \tan x$ ⑥ $\frac{d}{dx}(\csc x) = -\csc x \cot x$

보기8

$n \geq 1$에서, $\frac{d}{dx}(x^n \tan x)$를 구하라.

풀이

삼각함수 미분법과 곱의 법칙을 이용하여 구한다.

$$\frac{d}{dx}(x^n \tan x) = x^n \frac{d}{dx}(\tan x) + \tan x \frac{d}{dx}(x^n)$$
$$= x^n \sec^2 x + n x^{n-1} \tan x$$

보기9

$f(x) = \sin x$의 29차 도함수를 구하라.

풀이

$f(x) = \sin x$의 도함수는 다음과 같다.

$$f'(x) = \cos x$$

$$f''(x) = -\sin x$$
$$f'''(x) = -\cos x$$
$$f^{(4)}(x) = \sin x$$

$\sin(x)$의 도함수는 주기가 4이고, n이 4배수일 때 자기 함수 $\sin x$가 된다.
그러므로,

$$f^{(29)}(x) = \cos x$$

를 얻는다.

[연습문제]

* 문제 1~18에서 다음을 미분하라.

1, $y=3\sin x+2\cos x$

2. $y=\cos^2 x$

3. $y=\sin^2 x+\cos^2 x$

4. $y=1-\sin^2 x$

5. $y=\sec x$

6. $y=\csc x$

7. $y=\tan x$

8. $y=\dfrac{\sin x-\cos x}{\tan x}$

9. $y=\sin x+\dfrac{1}{3}cot x$

10. $y=\dfrac{x}{1-\tan x}$

11. $y=\dfrac{\sec x}{1+\sec x}$

12. $y=\dfrac{\sin x}{x}$

13. $y=\dfrac{1-\sin x}{x}$

14. $y=x^2\sin x$

15. $y=\cot^2 x$

16. $y=\sec^2 x$

17. $y=\dfrac{x\sin x+\cos x}{x^2+1}$

18. $y=x\csc x-\cot x$

19.$x=2$에서 $y=2\cos x$ 에 접하는 접선의 방정식을 구하라.

20. $x=\pi/4$에서 $y=\cot x$ 에 접하는 접선의 방정식을 구하라.

21. $\dfrac{d}{dx}(\cot x)=-\csc^2 x$ 임을 증명하라.

22. 점 $(\pi/6,\ \pi/4)$에서 곡선 $y=3x\sin x$에 대한 접선의 방정식을 구하라.

23. $f(x)=x+\sin x$의 그래프에서 수평접선을 갖는 x의 값을 구하라.

24. 다음 삼각함수 공식을 미분해서 새로운 공식(등식)을 찾으라.

(a) $\cot x=\dfrac{1}{\tan x}$ (b) $\tan x=\dfrac{\sin x}{\cos x}$

(c) $\sin x+\cos x=\dfrac{1+\cot x}{\csc x}$

25. 다음 그림은 중심각 θ에 대응하는 호의 길이 s와 현의 길이 d를 나타낸다.

$\lim\limits_{\theta\to 0}\dfrac{s}{d}$를 구하라.

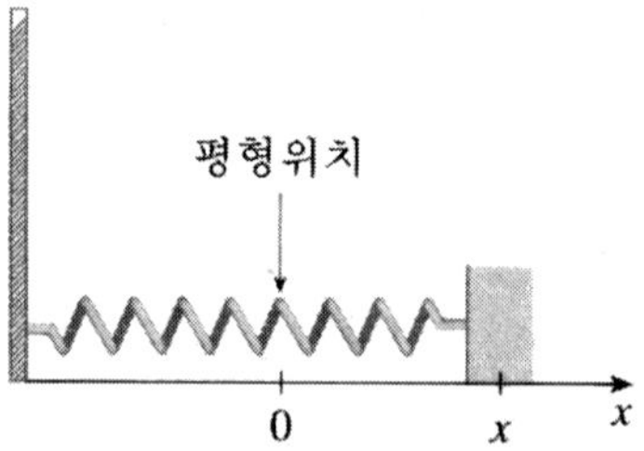

그림5. 문제25

26. 용수철에 물체가 매달려 있다. 이 물체가 매끄러운 수평면(그림)에서 수평으로 진동한다. 이 진동의 운동방정식은 $x(t)=4\sin t$이다. t는 sec이고, x는 cm 단위이다.
    (a) 시각 t에서 속도와 가속도를 구하라.
    (b) 시각 $t=\pi/3$에서 물체의 위치와 속도, 가속도를 구하라.
    (c) 그 시각에 물체는 어느 방향(왼쪽 혹은 오른쪽)으로 움직이는가?

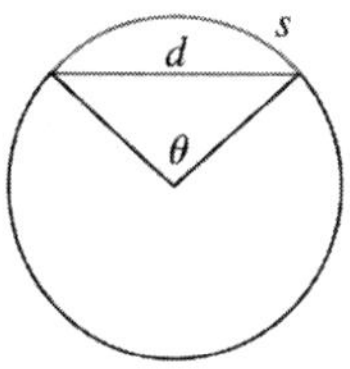

그림6. 문제26

3.8 연쇄법칙

다음 함수의 도함수를 구해보자.

$$f(x) = (3x^2 - 2x + 1)^{25},$$
$$g(x) = \sin 2x$$

위 함수는 미분을 할 수는 있겠지만 $3x^2 - 2x + 1$을 25번 곱해야 한다. 그 후 결과로 나온 다항식을 미분해야 하는 번거로움이 있다. 또한 두 번째 함수 $g(x)$의 도함수는 적절한 삼각함수 공식들을 써서 이것을 표현한 다음 미분공식을 이용하면 된다.

결과를 먼저 보이면 위 함수들의 도함수는 각각

$$f'(x) = (3x^2 - 2x + 1)^{24}(6x - 2),$$
$$g'(x) = 2\cos 2x$$

이 된다.

■ 합성함수의 도함수

예를 들어 y는 u보다 4배 빠르고, u는 x보다 3배 빠르다고 할 때, y는 x보다 12배 빠르다. 이를 함수로 표현하면 다음과 같다.

$$\frac{dy}{du} = 3, \ \frac{du}{dx} = 4$$

일 때,

$$\frac{dy}{dx} = \frac{dy}{du} \times \frac{du}{dx} = (3) \times (4) = 12$$

이를 표현 하기 위하여 합성함수 $y = f(g(x))$를 생각한다. $u = g(x)$로 놓으면 $f(x)$는 u에 관한 함수가 된다. 이는 다음과 같이 표현할 수 있다.

$$\frac{dy}{dx} = \frac{dy}{du} \times \frac{du}{dx}$$

위 표현식은 x에 관한 y의 변화율은 u에 관한 y의 변화율과 x에 관한 u의 변화율을 곱한 것과 같다. 이를 연쇄법칙(chain rule)이라 한다.

> **연쇄법칙**
>
> $y=f(u)$가 u에 대하여 미분가능하고 $u=g(x)$가 x에 관하여 미분가능하면, $(f \circ g)(x)=f(g(x))$로 정의된 합성함수 $f \circ g$는 x에 관하여 미분가능하고, 합성함수의 도함수는
>
> $$(f \circ g)'(x)=f'(g(x))g'(x)$$
>
> 이다. 이를 라이프니츠기호로 나타내면
>
> $$\frac{dy}{dx}=\frac{dy}{du}\frac{du}{dx}$$

[증명]

x의 증분 Δx에 대하여 $u=g(x)$와 $y=f(g(x))$의 증분을 각각 Δu, Δy라 하면,

$$\begin{aligned}\Delta u &= g(x+\Delta x)-g(x)\\ \Delta y &= f(g(x+\Delta x))-f(g(x))\\ & f(u+\Delta u)-f(u)\end{aligned}$$

이다. 따라서,

$$\begin{aligned}\frac{\Delta y}{\Delta x}&=\frac{\Delta y}{\Delta u}\cdot\frac{\Delta u}{\Delta x}\\ &=\frac{f(x+\Delta u)-f(u)}{\Delta u}\cdot\frac{\Delta u}{\Delta x}\end{aligned}$$

$\Delta x \to 0$일 때 $\Delta u=[g(x+\Delta x)-g(x)] \to 0$ 이므로

$$\begin{aligned}\lim_{\Delta x\to 0}\frac{\Delta y}{\Delta x}&=\lim_{\Delta x\to 0}\left(\frac{f(u+\Delta u)-f(u)}{\Delta u}\cdot\frac{\Delta u}{\Delta x}\right)\\ &=\lim_{\Delta x\to 0}\frac{f(u+\Delta u)-f(u)}{\Delta u}\cdot\lim_{\Delta x\to 0}\frac{\Delta u}{\Delta x}\\ &=\lim_{\Delta u\to 0}\frac{f(u+\Delta u)-f(u)}{\Delta u}\cdot\lim_{\Delta x\to 0}\frac{\Delta u}{\Delta x}\end{aligned}$$

도함수의 정의에 의해

$$(f \circ g)'(x) = f'(u) \cdot g'(x)$$

따라서,

$$\frac{dy}{dx} = \frac{dy}{du} \cdot \frac{du}{dx}$$

보기1

$f(x) = \sqrt{1+x^3}$ 일 때, $f'(x)$를 구하라.

풀이

$f(x) = 1 + x^3$, $g(u) = \sqrt{u}$로 놓으면, $f'(u) = 3u^2$이고

$g'(u) = \frac{1}{2\sqrt{u}}$, $u > 0$이므로,

$$f'(x) = \frac{d}{dx}\sqrt{1+x^3} = f'(g(x))g'(x)$$

$$= \frac{1}{2\sqrt{g(u)}}(3x^2) = \frac{3x^2}{2\sqrt{1+x^3}}$$

보기2

다음 함수의 도함수를 구하라.

(1) $y = (3x^2+1)^8$ (2) $y = \left(x + \frac{1}{x}\right)^8$

풀이

(1) $g(x) = u = 3x^2 + 1$, $y = f(u) = u^8$로 놓으면,

$$\frac{dy}{dx} = \frac{dy}{du} \cdot \frac{du}{dx} = 8u^7 \cdot 6x = 48x(3x^2+1)^7$$

(2) $g(x) = u = x + \frac{1}{x}$, $y = f(u) = u^8$로 놓으면,

$$\frac{dy}{dx} = \frac{dy}{du} \cdot \frac{du}{dx} = 8u^7\left(1 - \frac{1}{x^2}\right) = 8\left(1 + \frac{1}{x}\right)^7\left(1 - \frac{1}{x^2}\right)$$

보기3

$f(x)=(3x^2-2x+1)^{25}$ 의 도함수를 구하라.

풀이

$f(x)$를 함수 u의 25제곱이라 하면, 즉

$$y=f(x)=u^{25},\ u=g(x)=3x^2-2x+1.$$

따라서,

$$\frac{dy}{dx}=\frac{dy}{du}\cdot\frac{du}{dx}=25(u)^{24}(6x-2)=25(3x^2-2x+1)^{24}(6x-2)$$

보기4

함수 $v=(x^2+1)\sqrt{x^3-2x}$ 의 도함수를 구하라.

풀이

곱의 미분공식과 연쇄법칙을 함께 적용한다.

$$\begin{aligned}\frac{dv}{dx}&=(2x)(\sqrt{x^3-2x})+\frac{(x^2+1)(3x-2)}{2\sqrt{x^3-2x}}\\&=\frac{(2\sqrt{x^3-2x})(2x\sqrt{x^3-2x})+(x^2+1)(3x-2)}{2\sqrt{x^3-2x}}\\&=\frac{4x(x^3-2x)+(x^2+1)(3x-2)}{2\sqrt{x^3-2x}}\end{aligned}$$

보기5

$y=\sin 3x$의 도함수를 구하라.

풀이

윗 식은 $3x$의 사인값을 구하는 것이다. 그러므로

$u=3x$로 놓으면 $y=\sin u$의 도함수를 구하면 된다.

$$\frac{dy}{dx}=(\cos 3x)\left(\frac{d}{dx}3x\right)=3\cos 3x$$

보기6

$f(x)=\sin^6 x$일 때 $f'(x)$를 구하라.

풀이

$u=\sin x$로 놓으면, $f(x)=u^6$이다. 따라서,

$$f'(x) = \frac{dy}{dx} = \frac{dy}{du}\frac{du}{dx} = (6u^5)(\cos x) = 6\sin^5 x\cos x$$

보기7

$g(x) = x\sin x^2$일 때 $g'(x)$를 구하라.

풀이

합성함수의 연쇄법칙과 미분의 곱의 법칙을 적용하여 구한다.

$$\begin{aligned} g'(x) &= x\frac{d}{dx}(\sin x^2) + (\sin x^2)\frac{d}{dx}(x) \\ &= x(\cos y^2)\frac{d}{dx}(x^2) + (\sin y^2)(1) \\ &= 2x^2\cos x^2 + \sin x^2 \end{aligned}$$

보기8

$y = \dfrac{1}{(3x-2)^2}$일 때 $\dfrac{dy}{dx}$를 구하라.

풀이

$$\begin{aligned} \frac{d}{dx}\left[\frac{1}{(3x-2)^2}\right] &= \frac{d}{dx}(3x-2)^{-2} \\ &= -2(3x-2)^{-2-1}\frac{d}{dx}(3x-2) \\ &= -\frac{6}{(3x-2)^3} \end{aligned}$$

연쇄법칙의 거듭제곱공식 이용

n이 임의의 실수이고 $u = g(x)$가 미분가능하면

$$\frac{d}{dx}(u^n) = nu^{n-1}\frac{du}{dx}$$

또는,

$$\frac{d}{dx}[g(x)]^n = n[g(x)]^{n-1} \cdot g'(x)$$

보기9

함수 $y=(x^4-1)^{200}$일 때, $\frac{dy}{dx}$를 구하라.

풀이

$n=200$, $g(x)=u=x^4-1$이라 놓는다. 그러면 다음을 얻을 수 있다.

$$\begin{aligned}\frac{dy}{dx}&=\frac{d}{dx}(x^4-1)^{200}=200(x^4-1)^{199}\frac{d}{dx}(x^4-1)\\&=200(x^4-1)^{199}\cdot 4x^3\\&=800x^3(x^4-1)^{199}\end{aligned}$$

보기10

함수 $y=\sin^9 x$일 때 $\frac{dy}{dx}$를 구하라.

풀이

$u=\sin x$로 놓으면 $y=u^9$이다. 따라서

$$\frac{dy}{dx}=\frac{dy}{du}\cdot\frac{du}{dx}=(9u^8)(\cos x)=9\sin^8 x\cos x$$

보기11

함수 $y=\sin(x^9)$일 때 $\frac{dy}{dx}$를 구하라.

풀이

$u=x^9$로 놓으면$y=\sin u$이다. 따라서,

$$\frac{dy}{dx}=\frac{dy}{du}\cdot\frac{du}{dx}=\cos u\cdot 9x^8=9x^8\cos x^9$$

■ 연쇄법칙의 반복

여러 개의 함수로 이루어져 있는 합성함수를 미분할 때 연쇄법칙을 여러 번 적용하게 되는데 이렇게 여러 번 연쇄법칙을 적용시켜서 구하게 된다. 예를 들면 $y=f(u)$, $u=g(x)$, $x=h(z)$라고 할 때, z에 대한 y의 도함수는 다음 식과 같이 구한다.

$$\frac{dy}{dz}=\frac{dy}{du}\frac{du}{dx}\frac{dx}{dz}$$

보기12

$\frac{d}{dx}[\sin(\cos(\tan^2 x))]$ 를 구하라.

풀이

연쇄법칙을 두 번 사용하여 구한다.

$$\frac{d}{dx}[\sin(\cos(\tan^2 x))]$$

$$= [\cos(\cos(\tan^2 x))][-\sin(\tan^2 x][(2\tan x)(\sec^2 x)]$$

보기13

$\frac{d}{dx}(\sin^3(4x))$를 구하라.

풀이

$\sin^3(4x) = [\sin(4x)]^3$이므로,

$$\frac{d}{dx} sin^3(4x) = \frac{d}{dx}[\sin(4x)]^3 = 3[\sin(4x)]^2 \frac{d}{dx}[\sin(4x)]$$

윗 식에 연쇄법칙을 한 번 더 적용시키면,

$$\frac{d}{dx}(\sin^3(4x)) - 3[\sin(4x)]^2 \cos 4x \frac{d}{dx}(4x)$$

$$= 3[\sin(4x)]^2 \cos 4x \cdot 4$$

$$= 12\sin^2(4x)\cos 4x$$

보기14

$\frac{d}{dx}(\sin(\cos x^2))$를 구하라.

풀이

$$\frac{dy}{dx} = \cos(\cos x^2)\frac{d}{dx}(\cos x^2)$$

$$= \cos(\cos x^2)(-\sin x^2)2x$$

$$= -2x\sin x^2 \cos(\cos x^2)$$

[연습문제]

* 문제 1~6에서 합성함수를 $f(g(x))$의 형태로 쓰라. [내부함수는 $u = g(x)$, 외부함수는 $y = f(u)$로 쓴다.]

1. $y = \sin 5x$
2. $y = (1-2x^2)^{12}$
3. $y = \sqrt{\cos x}$
4. $y = \sqrt[3]{\cos x}$
5. $y = x\sin 3x$
6. $y = \sqrt{\dfrac{x-1}{x+1}}$

* 문제 7~26에서 다음을 미분하라.

7. $y = (2+x)^{12}$
8. $y = (4+x)^{15}$
9. $y = (2-3x)^7$
10. $y = (2+2x^3)^6$
11. $y = (x^3-4x^2+2x-1)^9$
12. $y = (x^2-x+1)^{-5}$
13. $y = \dfrac{1}{(x+2)^4}$
14. $y = \dfrac{1}{(2x^3+x-2)^8}$
15. $y = \sin(x-1)$
16. $y = \cos(x^2+x)$
17. $y = \sin^3 x$
18. $y = \cos^3(2x^3)$
19. $y = \left(\dfrac{x-1}{x+1}\right)^5$
20. $y = \left(\dfrac{x+1}{x-1}\right)^3$
21. $y = \cos\left(\dfrac{x^2}{1-x}\right)$
22. $y = \cos^2\left(\dfrac{2x^2}{x+1}\right)$

24. $y = (2x-3)^2(2-3x^2)^2$

24. $y = (3-2x^2)^3(x^5+2)^4$

25. $y = \cot^2(\sin x)$

26. $y = \sin\sqrt{\cos(\tan\pi x)}$

* 문제 27~30에서 다음 도함수의 값을 구하라.

27. $f'(3)$, $f(x) = \left(\dfrac{x^2+1}{x+3}\right)^3$
28. $g'(1)$, $g(x) = (x^2+4)^3(x^2-3)^4$
29. $S'(1)$, $S(x) = \sin(x^2+2x+1)$
30. $z\left(\dfrac{1}{2}\right)$, $z(t) = \cos\pi\sin^3\pi$

* 문제 31~36에서 연쇄법칙을 여러 번 적용해서 다음 도함수를 구하라.

31. $y = [\sin^4(x^2 - 3x)]$

32. $y = [\cos^5(3t - 15)]$

33. $f(z) = [\sin^4(\cos z)]$

34. $f(z) = \cos^3\left(\dfrac{z+1}{z-1}\right)$

35. $g(t) = [t\sin^2(3t)]$

36. $g(\theta) = [\cos^4(\sin\theta^2)]$

* 문제 37~42에서 $\dfrac{d^3y}{dx^3}$ 을 구하라.

37. $y = x^5 + 3x^3 + 2x$

38. $y = x^6 + x^3$

39. $y = (2x+3)^3$

40. $y = \cos(x^3)$

41. $y = \sin(8x)$

42. $y = \dfrac{2}{x-2}$

* 문제 43~48에서 $f''(1)$ 을 구하라.

43. $f(x) = x^2 + 9$

44. $f(x) = 3x^3 + 5x^2 + x$

45. $f(\theta) = \dfrac{4}{\theta}$

46. $f(\theta) = \theta\cos(\pi/\theta)$

47. $f(z) = z(1-z^2)^4$

48. $f(x) = \dfrac{(x+2)^3}{(x-2)}$

49. $y = \sin x$ 상에서 접선의 기울기가 -1인 점들을 구하라.

50. $y = \sin^2 x$ 상에서 접선의 기울기가 1인 점들을 구하라.

51. $(0, 1)$에서 $y = (2x+1)^3$의 접선이 x축과 만나는 곳을 구하라.

52. 함수 $f(x) = 2\cos x + \cos^2 x$ 에 대해 수평접선을 갖는 점들을 모두 구하라.

53. 원점이 중심이고 반지름이 5cm인 바퀴가 반시계방향으로 초당 2회 회전하고 있다. 원둘레의 한 점 P는 $t = 0$일 때 $(5, 0)$에 있었다. 다음을 구하라.
    (a) 시간 t초에서 P의 좌표
    (b) 시간 $t = 2$일 때 P는 어떤 비율로 올라가는지(또는 내려가고 있는지) 기술하라.

54. $\dfrac{d^n}{dx^n}\left(\dfrac{1}{x}\right)$의 공식을 구하라.

55. 어떤 물체가 수직선 직선을 따라 움직이고 있다. 시간 t(sec)일 때 그 위치 s(cm)는

$$s = t^3 - 2t^2 - 16t - 4$$

으로 주어진다. 이 점이 느려지는 시간은 언제(속력이 감소하는시간)인지 답하라.

3.9 음함수의 미분

지금까지는 $y = f(x)$와 같이 한 변수를 다른 변수로 나타내고 문제를 해결해 왔다. 즉,

$$y = \sqrt{x^2 - 1}\,,\ y = x^2 \sin x, \quad f(x) = \frac{1}{x}$$

등의 방정식이 그것 들이다. 이 식들은 각각의 x에 대해서 단 하나의 y값이 대응한다.

그러나 다음과 같은 방정식

$$x^2 + y^2 = r^2 \qquad ①$$

$$y^3 + ay = x^3 \qquad ②$$

방정식 ①은 원의 방정식이며 .

식 ①의 경우 y에 관하여 풀면 $y = +\sqrt{r^2 - x^2}$과 $y = -\sqrt{r^2 - x^2}$의 두 개의 함수로 정의된다. 다음 그림은 방정식 ①인 단위원 의 상반원과 하반원을 나타낸다.

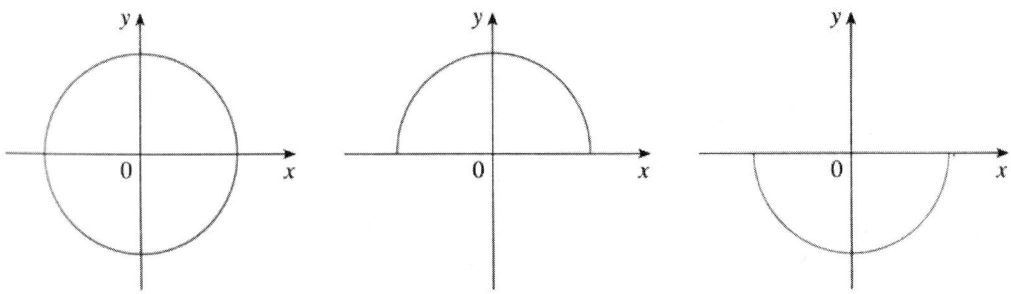

(a) $x^2 + y^2 = r^2$ (b) $y = +\sqrt{r^2 - x^2}$ (c) $y = -\sqrt{r^2 - x^2}$

그림1. 원의 방정식

방정식 ②는 y를 x의 식으로 나타낼 수 없다. 그러나 x와 y의 관계는 1대1 대응관계이다. 이를테면 $x = 3$에 대응하는 y값은 어떤것인지 알아보자. y값을 구하려면 다음 방정식을 구해야 한다. 여기서 $a = 26$이고, $x^3 = 27$이다. 따라서,

$$y^3 + 26y = 27$$

직관적으로 $y = 1$이 해가 됨을 알 수 있다. 실제로 $y = 1$은 유일한 실수해가 된다. 위 방정식

②를 $y(x)$의 형태로 나타내면,

$$y(x)^3 + 26y(x) = x^3$$

이 방정식의 양변을 x에 대해서 미분하면

$$\frac{d}{dx}(y^3) + \frac{d}{dx}(26y) = \frac{d}{dx}x^3$$

$$3y^2\frac{dy}{dx} + 26\frac{dy}{dx} = 3x^2$$

$$\frac{dy}{dx}(3y^2 + 26) = 3x^2$$

$$\therefore\ \frac{dy}{dx} = \frac{3x^2}{3y^2 + 26}$$

윗 식을 이용하여 아는 점의 기울기를 구한다면 쉽게 해결할 수 있다. 즉, 점 $(3, 1)$에서

$$\frac{dy}{dx} = \frac{3(3)^2}{3(1)^2 + 26} = \frac{27}{29} = m$$

점((3, 1)의 기울기는 27/29이다. 방정식 ②와 같이 $F(x, y) = 0$의 형태로 주어진 식을 x에 관한 음함수(implicit function)라고 한다.

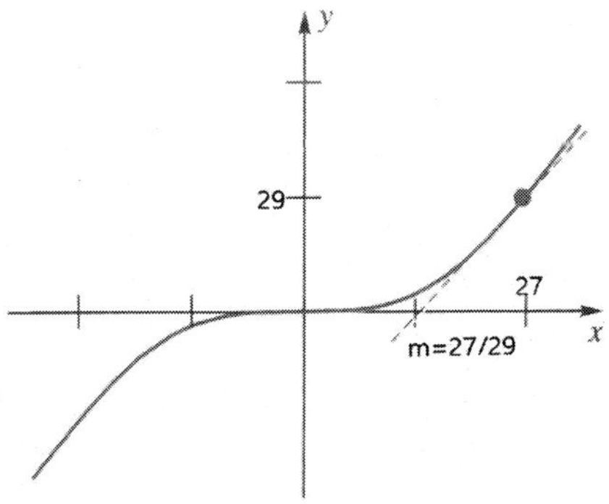

그림2. $y^3 + 26y = x^3$의 그래프

이와 같이 y의 도함수를 구하기 위해 y를 x에 관하여 풀지 않아도 된다. 직접 dy/dx의 값을 구하는 방법을 음함수 미분법(implicit differentiation)이라 한다. 이 경우는 제한점도 있다. 즉, 항상 **x에 대해 미분가능하다고 가정**하고 음함수의 미분법으로 풀어야 한다는 것이다.

그림3.은 데카르트의 엽선(folium of Descartes)이라고 불리는 곡선의 방정식이다. 이 방정

식은 y를 3개의 x의 음함수로 정의된다. 즉, 그림3은 다음 식으로 나타내는 세 함수의 그래프가 된다.

데카르트 엽선

$$x^3 + [f(x)]^3 = 6xf(x)$$

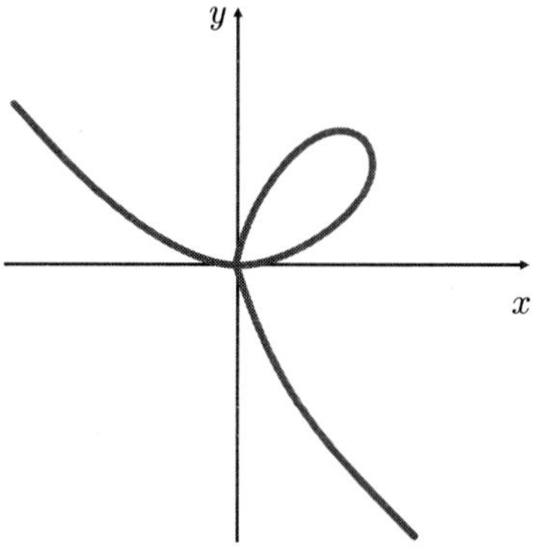

(a) $x^3 + y^3 = axy$

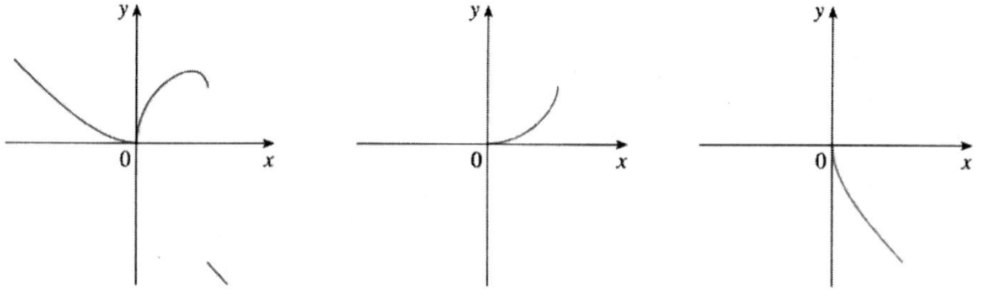

(b) 데카르트엽선을 이루는 세 함수의 그래프

그림3. 데카르트의 엽선

보기1

음함수 $x - y^2 - 3 = 0$을 나타내는 양함수를 구하라. 단, y는 x에 관한 연속함수이다.

풀이

준 식을 정리하면,

$$y^2 = x - 3$$

이므로, $y=\sqrt{x-3}$, $y=-\sqrt{x-3}$ 이다. 즉 두 개의 양함수로 표시된다.

보기2

(a) $x^2+y^2=1$일 때 $\frac{dy}{dx}$를 구하라.

(b) 여기서, 점$(\frac{1}{\sqrt{2}}, \frac{1}{\sqrt{2}})$에서 접선의 방정식을 구하라.

풀이

(a) 방정식 $x^2+y^2=1$의 양변을 x에 관하여 미분하면

$$\frac{d}{dx}(x^2+y^2)=\frac{d}{dx}(1)$$

$$\frac{d}{dx}(x^2)+\frac{d}{dx}(y^2)=0$$

y를 x의 함수로 가정하고 연쇄법칙을 적용하면

$$\frac{d}{dx}(y^2)=\frac{d}{dy}(y^2)\frac{dy}{dx}=2y\frac{dy}{dx} \quad x+y=\sqrt{2}$$

따라서,

$$\frac{d}{dx}(x^2)+2y\frac{dy}{dx}=0$$

$$2x+2y\frac{dy}{dx}=0$$

윗 식을 dy/dx에 대하여 풀면

$$\therefore \frac{dy}{dx}=-\frac{x}{y}$$

(b) 점$(1/\sqrt{2}, 1/\sqrt{2})$에서 $x=1/\sqrt{2}$, $y=1/\sqrt{2}$ 이므로,

$$\frac{dy}{dx}=-\frac{1/\sqrt{2}}{1/\sqrt{2}}=-1$$

따라서, 점$(1/\sqrt{2}, 1/\sqrt{2})$에서 원에대한 접선의방정식은 다음과 같다.

$$y-\frac{1}{\sqrt{2}}=(-1)(x-\frac{1}{\sqrt{2}})$$

$$\therefore x+y=\sqrt{2}$$

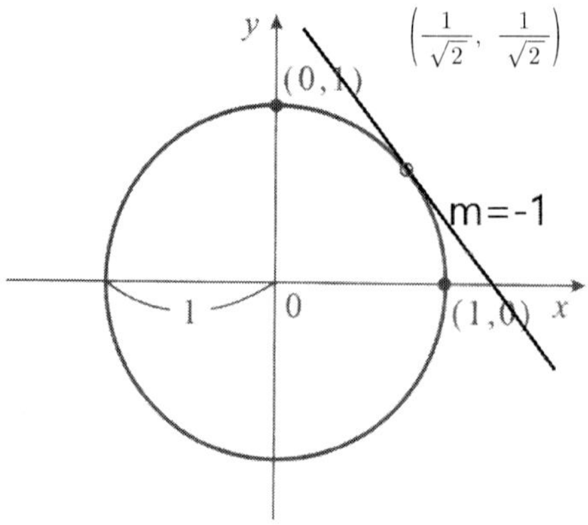

그림4. $x^2 + y^2 = 1$의 그래프와 접선의방정식

보기3

$x^2 + y^2 = 1$일 때 y''을 구하라.

풀이

보기2의 (a)의 결과에서

$$\frac{dy}{dx} = -\frac{x}{y}$$

위의 결과와 몫의 미분법을 이용하면,

$$y'' = \frac{(-1)(y) - (-x)(y')}{y^2} = \frac{-y + x\left(-\frac{x}{y}\right)}{y^2} = -\frac{1}{y^3}$$

보기4

(a) $x^3 + y^3 = 2xy$일 때 y'을 구하라.

(b) $x^3 + x^2y^3 = xy$일 때 $\frac{dy}{dx}$를 구하라.

풀이

(a) 방정식의 양변을 x에 대하여 미분하면 다음 결과를 얻는다.

$$3x^2 + 3y^2\frac{dy}{dx} = 2y + 2x\frac{dy}{dx}$$

$$(3y^2 - 2x)\frac{dy}{dx} = 2y - 3x^2$$

$$\therefore\ y' = \frac{dy}{dx} = \frac{2y-3x^2}{3y^2-2x}$$

(b) 식의 양변을 x에 대하여 미분하면,

$$3x^2 + 2xy^3 + 3x^2\frac{dy}{dx} = y + x\frac{dy}{dx}$$

dy/dx에 관하여 풀면,

$$(x-3x^2)\frac{dy}{dx} = 3x^2 + 2xy^3 - y$$

$$\therefore\ \frac{dy}{dx} = \frac{3x^2+2xy^3-y}{x-3x^2}$$

보기5

$5x^2y - 4y = x^3 - 2$일 때 $\dfrac{dy}{dx}$를 구하라.

풀이

준 식을 x에 관해 미분하면,

$$5x^2\frac{dy}{dx} + 10xy - 4\frac{dy}{dx} = 3x^2$$

$$(5x^2-4)\frac{dy}{dx} = 3x^2 - 10xy$$

$$\frac{dy}{dx} = \frac{3x^2-10xy}{5x^2-4} \qquad (1)$$

그리고, $(5x^2-4)y = x^3 - 2$

$$y = \frac{x^3-2}{5x^2-4} \qquad (2)$$

이므로, $y = (x^3-2)/(5x^2-4)$를 식 (1)에 대입하면,

$$\therefore\ \frac{dy}{dx} = \frac{3x^2 - 10\left(\dfrac{x^3-2}{5x^2-4}\right)}{5x^2-4} = \frac{15x^4-10x^3-12x^2+20}{(5x^2-4)^2}$$

보기5는 식(2)와 같이 변형한 후 몫의 미분법으로도 구할 수 있다. 즉,

$$\left[\frac{f(x)}{g(x)}\right]' = \frac{f'(x)g(x) - f(x)g'(x)}{[g(x)]^2}$$

$f(x) = x^3 - 2$, $g(x) = 5x^2 - 4$라 두면

$$y = \frac{x^3 - 2}{5x^2 - 4}$$

$$\frac{dy}{dx} = \frac{(x^3-2)'(5x^2-4) - (x^3-2)(5x^2-4)'}{(5x^2-4)^2}$$

$$\therefore \ \frac{dy}{dx} = \frac{15x^4 - 10x^3 - 12x^2 + 20}{(5x^2-4)^2}$$

보기6

$x^2 + y^2 = 1$인 원의 방정식이 있다. 변수 x와 y는 z의 미분가능함수라 할 때 $\frac{dy}{dz}$를 구하라.

풀이

원의 방정식의 양변을 z에 관해 음함수 미분법을 적용하면,

$$2x\frac{dx}{dz} + 2y\frac{dy}{dz} = 0$$

$$\therefore \ \frac{dy}{dz} = -\frac{x}{y}\frac{dx}{dz}$$

보기7

n은 유리수라 할 때 $y = x^n$의 도함수

$$y' = nx^{n-1}$$

가 됨을 음함수의 미분법을 이용하여 보여라.

풀이

$n = \frac{r}{s}$ (r, s는 정수, $s \neq 0$)라 하면,

$$y = x^n = x^{\frac{r}{s}}$$

윗 식의 양변에 s를 곱하면,

$$y^s = x^r$$

x에 관하여 양변을 미분하면

$$sy^{s-1}y' = rx^{r-1}$$

따라서,

$$y' = \frac{r}{s}x^{r-1}y^{-s+1} = \frac{r}{s}x^{r-1}\left(x^{\frac{r}{s}}\right)^{-s+1} = \frac{r}{s}x^{r-1}x^{-r+\frac{r}{s}}$$

$$= \frac{r}{s} x^{\frac{r}{s} - 1} = nx^{n-1}$$

보기8

$x^3 + x^2y - 6y^4 = 0$일 때, $\dfrac{dy}{dx}$를 구하라.

풀이

x에 관하여 각 항을 미분하면,

$$3x^2 + 2xy + x^2\frac{dy}{dx} - 24y^3\frac{dy}{dx} = 0$$

$$(24y^3 - x^2)\frac{dy}{dx} = 3x^2 + 2xy$$

$$\therefore \ \frac{dy}{dx} = \frac{3x^2 + 2xy}{24u^3 - x^2}$$

보기9

$x^2 + y^2 = 9$에서 점$(2,\ \sqrt{5})$에 접하는 접선의 방정식을 구하라.

풀이

준 식의 각 항을 x에 관해 미분하면,

$$2x + 2y\frac{dy}{dx} = 0,\ \ \frac{dy}{dx} = -\frac{x}{y}$$

따라서, 점$(2,\ \sqrt{5})$에서 원 $x^2 + y^2 = 9$의 접선의 기울기는

$$\frac{dy}{dx} = -\frac{2}{\sqrt{5}} = -\frac{2\sqrt{5}}{5}$$

그러므로, 구하는 접선의 방정식은

$$y - \sqrt{5} = -\frac{2\sqrt{5}}{5}(x - 2)$$

$$\therefore \ y = -\frac{2\sqrt{5}}{5}x + \frac{9\sqrt{5}}{5}$$

보기10

$x^3 + y^3 = 4xy$에서 $\dfrac{dy}{dx}$를 구하라. 또한 주어진 곡선위의 점$(1,\ 1)$에 접하는 접선의 방정식을 구하라.

풀이

방정식의 양변을 x에 관하여 미분하면,

$$3x^2+3y^2\frac{dy}{dx}=4y+4x\frac{dy}{dx}$$

이다. 윗 식을 $\frac{dy}{dx}$에 관해서 정리하면

$$(3y^2-4x)\frac{dy}{dx}=4y-3x^2$$

$$\frac{dy}{dx}=\frac{4y-3x^2}{3y^2-4x} \quad (\text{여기서, } 3y^2-4x\neq 0)$$

점$(1, 1)$에서 접선의 기울기는 $\frac{dy}{dx}$에 $x=1$, $y=1$을 대입하여 얻는다. 즉,

$$m=\frac{4(2)-3(1)^3}{3(1)^2-4(1)}=-5$$

이다. 따라서 접선의 방정식은

$$y-1=-5(x-1)$$

$$\therefore\ y=-5x+6$$

■ 음함수의 거듭제곱 미분

n이 정수일 때 $y'=nx^{n-1}$이다. 이제 이것을 확장하여 지수 n이 임의의 유리수 인 경우를 살펴보자.

> **[정리] 거듭제곱 미분공식**
>
> r이 임의의 유리수라 할 때, $r>0$이면,
>
> $$\frac{d}{dx}(x^r)=rx^{r-1}$$
>
> r을 기약분수 $r=p/q$로 나타냈을 때, q가 홀수이면, 모든 x에 대해서,
>
> $$\frac{d}{dx}(x^r)=rx^{r-1}$$

[증명]

$\frac{dy}{dx}$가 존재할 때, r이 유리수 이므로, p/q, $q>0$인 기약분수로 쓸 수 있다. 따라서,

$$y=x^r=x^{p/q}$$

로 놓으면,

$$y^q = x^p$$

윗 식을 음함수로 미분하면,

$$qy^{q-1}\frac{dy}{dx} = px^{p-1}$$

$$\frac{dy}{dx} = \frac{p}{q}\frac{x^{p-1}}{y^{q-1}} = \frac{p}{q}\frac{x^{p-1}}{(x^{p/q})^{q-1}}$$

$$= \frac{p}{q}\frac{x^{p-1}}{x^{p-\frac{p}{q}}} = \frac{p}{q}x^{p-1-p+\frac{p}{q}} = \frac{p}{q}x^{\frac{p}{q}-1} = rx^{r-1}$$

보기11

$y = 3x^{7/3} + \sqrt{x^2+2}$ 일 때, $\dfrac{dy}{dx}$ 를 구하라.

풀이

거듭제곱의 미분공식과 연쇄법칙을 이용한다.

$$\frac{dy}{dx} = 3\frac{d}{dx}(x^{7/3}) + \frac{d}{dx}(x^2+2)^{1/2}$$

$$= 3 \cdot \frac{7}{3}x^{7/3-1} + \frac{1}{2}(x^2+2)^{1/2-1} \cdot (2x)$$

$$= \frac{21}{3}x^{4/3} + \frac{x}{\sqrt{x^2+2}}$$

[연습문제]

* 문제 1~28에서 각 방정식이 변수 x에 대해 미분가능한 함수라면, 음함수 미분법으로 dy/dx를 구하라.

1. $x^2-y^2=1$
2. $4x^2+9y^2=36$
3. $xy=9$
4. $x^2+\alpha^4y^2=9\alpha^2$ (α는 상수)
5. $xy^2=x-6$
6. $x^2+3x^2y+2xy=0$
7. $x-y=x\tan y$
8. $y^2-2x=1-2y$
9. $x^2y=y^2x+2$
10. $\sqrt{3xy}+2y=y^2+xy^3$
11. $xy+\cos xy+2$
12. $x\sqrt{y+1}=xy+2$
13. $x^2y^2+4y=3x$
14. $\sqrt{xy}-3y^2=12$
15. $\dfrac{x+2}{y}=3x+y^2$
16. $e^{x^2y}-e^{2y}=x$
17. $y^2\sqrt{x+y}-9x^2=y$
18. $x^3+y^3=1$
19. $x^2+xy+y^2=9$
20. $x^4(x+y)=y^2(2x-3y)$
21. $x^2y^2+x\sin y=9$
22. $25\cos x\sin y=1$
23. $\tan\left(\dfrac{x}{y}\right)=x+y$
24. $\sqrt{xy}=2+x^2y$
25. $y\cos x=1+\sin(xy)$
26. $e^{9y}-\ln(y+4)=2x$
27. $xy=\tan(xy)$, $(xy\neq 0)$
28. $\cos x+\sin y=\cos x\sin y$

* 문제 29~37에서 주어진 점에서 접하는 접선의 방정식을 구하라.

29. $x^2y+y^2x=1$, $(1, 1)$
30. $x^2y^2+4xy=6y$, $(2, 1)$
31. $2xy+\pi\sin y=2\pi$, $(1, \pi/2)$
32. $\sin(xy)=y$, $(\pi/2, 1)$
33. $y+\sin(xy^2)+3x^2=2$, $(1, 0)$
34. $\sqrt{y}+xy^2=6$, $(3. 1)$
35. $x^2-xy+y^2=7$, $(-1, 2)$
36. $y^4=y^2-x^2$, $\left(\dfrac{\sqrt{3}}{4}, \dfrac{\sqrt{3}}{2}\right)$

37. $y^4 = y^2 - x^2,\ \left(\dfrac{\sqrt{3}}{4},\ \dfrac{1}{2}\right)$

* 문제 38~42에서 이계도함수 $y''(x)$를 구하라.

38. $x^2y^2 + 2x - 3y = 8$
39. $y^2 - x^3 = 4\cos y - 6x$
40. $(y-2)^2 = 2xy + e^{4y}$
41. $x^3 - 4y^2 + 3 = 0$
42. $y = \sin(x^2) + 2x^3$

43. $x^2 + y^2 = 16$일 때, 음함수 미분을 두 번하여 $y''(x)$의 $(3, 4)$에서의 값을 구하라.
44. 함수 곡선 $x^3 + y^3 = 3xy$의 점$\left(\dfrac{3}{2},\ \dfrac{3}{2}\right)$에서의 법선(접선에 수직인 직선)은 원점을 지남을 보여라.
45. 쌍곡선 $xy = 1$과 $x^2 - y^2 = 1$은 서로 직교함을 보여라.
46. $2x^2 + y^2 = 6$의 그래프와 $y^2 = 4x$의 그래프는 서로 직교함을 보여라.

* 문제 47~49에서 함수의 미분법을 이용하여 다음 곡선에 대한 접선의 방정식을 구하라.

47. 방정식이 $y^2 = 5x^4 - x^2$으로 주어진 곡선을 에우독소드(Eudoxos)곡선이라 부른다. 점 $(1, 2)$에서 이 곡선에 대한 접선의 방정식을 구하라.
48. [심장형 곡선]

$$x^2 + y^2 = (2x^2 + 2y^2 - x)^2,\quad \left(0,\ \frac{1}{2}\right)$$

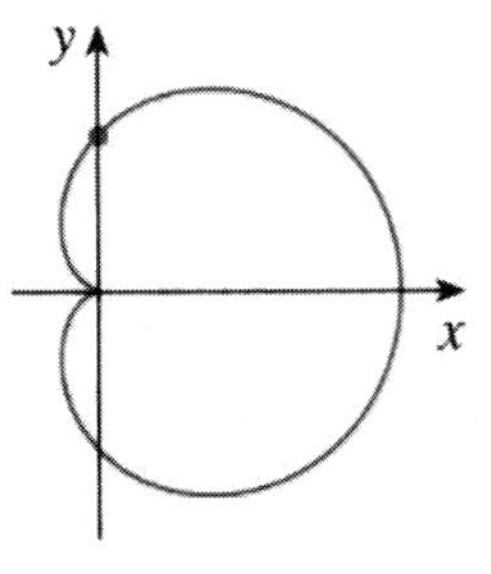

문제5. 심장형곡선

49. [두 잎 장미선]

$$2(x^2+y^2)^2 = 9(x^2-y^2), \qquad \left(1,\ \frac{1}{2}\right)$$

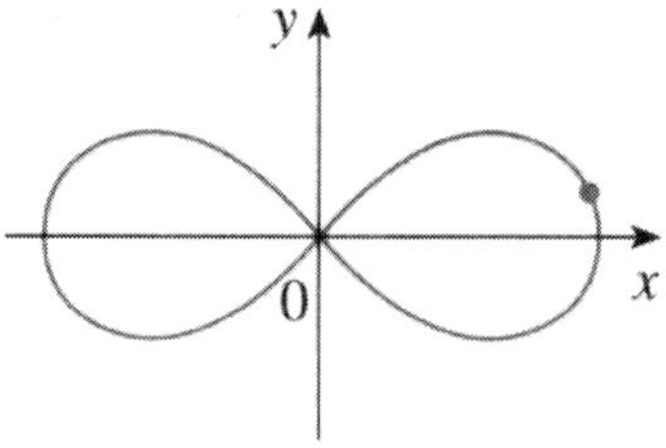

문제6. 두 잎 장미선

50. $f(x) = x^2 - \cos x$ 라 하자.

(a) 방정식 $x - \cos x = 0$ 은 $x = 0$과 $x = \pi$ 사이에서 해를 갖는지를 밝혀라.

(b) $x = \dfrac{\pi}{2}$ 에서 접선의 방정식을 구하라.

(c) (b)의 결과로 접선이 만나는 x축의 좌표는 어디인지 밝혀라.

51. 미분이 다음과 같은 함수를 구하라.

(a) $3x$ (b) $\cos x$ (c) x^2+2x+2

3.10 지수함수의 도함수

3.10.1 지수함수

지수함수(exponetual function)는 양의 실수 R에 대하여 $f(x)=R^x$가 되는 함수이다. 함수 $f(x)=3^x$와 같이 변수 x과 지수의 형태이다. 변수가 밑인 거듭제곱 함수 $g(x)=x^3$와 혼동해서는 안된다. 지수함수의 의미를 살펴보자.

(1) $x=n$ (n은 양의 정수)일 때,

$$R^n = \underbrace{R \cdot R \cdot R \cdot \cdots \cdots \cdot R}_{n\text{개}}$$

$x=0$이면 $R^0=1$이고 $x=-n$이면 다음과 같다.

$$R^{-n}=\frac{1}{R^n}$$

x가 유리수이면, 즉 $x=p/q$ (p, q는 정수, $q>0$)이면,

$$R^x = R^{p/q} = \sqrt[q]{R^p} = (\sqrt[q]{R})^p$$

(2) x가 무리수인 때,

그림1과 같이 함수 $y=C^x$는 3종류가 있음을 알 수 있다. 그림과 같이 $0<C<1$이면 지수함수는 감소하고, $C=1$이면 상수함수가 되며, $C>1$이면 지수함수는 증가한다.

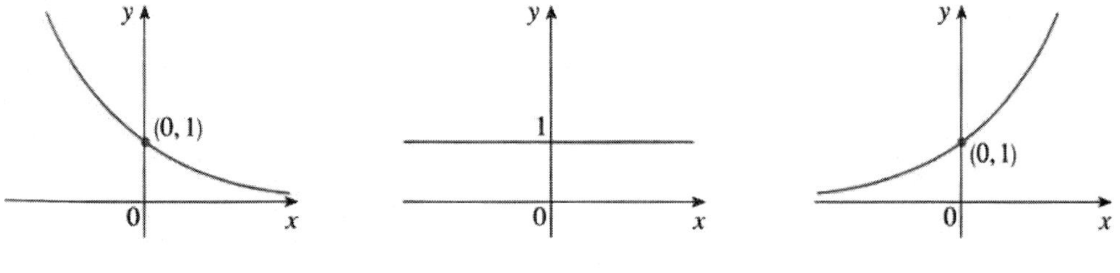

(a) $y=C^x$, $0<C<1$ (b) $y=1^x$ (c) $y=C^x$, $C>1$

그림1. $y=C^x$의 세 가지 형태

지수함수의 성질은 다음과 같이 정리된다.

■ 지수함수의 성질

$C>0$이고 $C\neq 1$이면, $f(x)=C^x$은 정의역 실수집합이고 치역 $(0,\infty)$인 연속함수이며 모든 x에 대하여 $C^x>0$이다. $0<C<1$이면, $f(x)=C^x$는 감소함수이고, $C>1$이면 $f(x)$는 증가함수이다. $C, D>0$이고, $x, y\in$실수 이면 다음 식이 성립한다.

[정리] 지수함수의 성질

① $C^{x+y}=C^xC^y$ ② $C^{x-y}=\dfrac{C^x}{C^y}$

③ $(C^x)^y=C^{xy}$ ④ $(CD)^x=C^xD^x$

x, y가 임의의 실수인 경우 그림1의 그래프에서 다음과 같이 됨을 알 수 있다.

$$C>1\text{이면,}\quad \lim_{x\to\infty}C^x=\infty\text{이고,}\quad \lim_{x\to-\infty}C^x=0\text{이다.}$$
$$0<C<1\text{이면,}\quad \lim_{x\to\infty}C^x=0\text{이고,}\quad \lim_{x\to-\infty}C^x=\infty\text{이다.}$$

보기1

$\lim_{x\to\infty}(3^{-x}-1)$을 구하라.

풀이

$$\lim_{x\to\infty}(3^{-x}-1)=\lim_{x\to\infty}\left[\left(\frac{1}{3}\right)^x-1\right]$$
$$=0-1=-1$$

3.10.2 지수함수의 도함수

도함수의 정의를 이용하여 지수함수 $f(x)=c^x$ 의 도함수를 계산해 보자.

$$f'(x)=\lim_{\Delta x\to 0}\frac{f(x+\Delta x)-f(x)}{\Delta x}=\lim_{\Delta x\to 0}\frac{C^{x+\Delta x}-C^x}{\Delta x}$$
$$=\lim_{\Delta x\to 0}\frac{C^x C^{\Delta x}-C^x}{\Delta x}=\lim_{\Delta x\to 0}\frac{C^x(C^{\Delta x}-1)}{\Delta x}$$

여기서 C^x는 Δx와 무관한 인수이므로

$$f'(x)=C^x\lim_{\Delta x\to 0}\frac{C^{\Delta x}-1}{\Delta x}$$

로 쓸 수 있다.
위 결과에서 극한은 0에서 f의 도함수 값이다. 따라서,

$$\lim_{\Delta x\to 0}\frac{C^{\Delta x}-1}{\Delta x}=f'(0)$$

이 된다. 따라서, 지수함수 $f(x)=C^x$는 0에서 미분가능하면 모든 점에서 미분 가능하다. 즉 다음이 성립한다.

$$f'(x)=f'(0)C^x$$

이제 지수함수의 밑 C에 대하여 가장 간단한 미분식은 $f'(0)=1$일 때이다. 이 수는 다음과 같다.

[정의] 자연지수 e

$$\lim_{\Delta x\to 0}\frac{e^{\Delta x}-1}{\Delta x}=1$$

위 정의에서, 지수함수 $y = C^x$ 중에서 $f(x) = e^x$는 $(0, 1)$에서의 접선이 기울기 1이 되는 함수이다. 이러한 함수를 자연지수함수라 한다. 지수함수 $f(x) = e^x$는 자신이 도함수인 성질을 가진다.

[정의] e의 도함수

$$\frac{d}{dx}(e^x) = e^x$$

[증명]

함수 $y = e^x$는 0이 아닌 도함수를 가지는 미분가능한 함수 $y = \ln x$의 역함수이므로 미분가능한 함수이다. 역함수와 음함수를 이용하는 방법을 사용해 보자.

$y = e^x$이라 놓으면, $\ln y = x$가 되고, x에 관한 음함수로 미분하면

$$\frac{1}{y}\frac{dy}{dx} = 1$$

$$\frac{dy}{dx} = y = e^x$$

윗 식의 기하학적인 표현은 그림1과 같다.

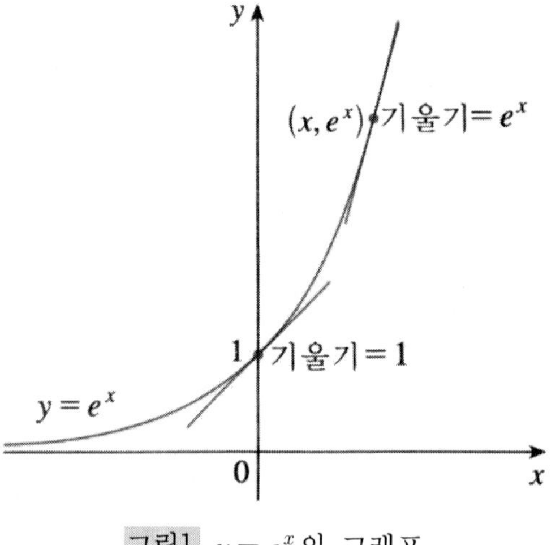

그림1. $y = e^x$의 그래프

보기1

함수 $y=e^{\sin x}$를 미분하라.

풀이

연쇄법칙을 사용하여 준 식을 변형하면 즉, $v=\sin x$로 치환하면

$y=e^{v}$이므로 다음과 같다.

$$\frac{dy}{dx}=\frac{dy}{dv}\frac{dv}{dx}=e^{\sin x}\cos x$$

보기2

함수 $y=e^{\tan x}$를 미분하라.

풀이

보기의 식을 $u=\tan x$로 치환하면 $y=e^{u}$가 되며, 따라서

$$\frac{dy}{dx}=\frac{dy}{du}\frac{du}{dx}=e^{\tan x}\sec^2 x$$

식 $\frac{d}{dx}(e^{x})=e^{x}$과 연쇄법칙을 이용하면 다음과 같다.

$$\frac{d}{dx}(e^{n})=e^{n}\frac{dn}{dx}$$

보기3

함수 $y=e^{-3x}\sin 4x$를 미분하라.

풀이

윗 식과 곱의 법칙을 이용하면

$$\begin{aligned} y' &= e^{-3x}(\cos 4x)(4)+(\sin 4x)e^{-3x}(-3) \\ &= e^{-3x}(4\cos 4x-3\sin 4x) \end{aligned}$$

일반적으로 보기1과 같이 자연지수함수의 도함수와 연쇄법칙을 결합하면 다음과 같이 된다.

$$\frac{d}{dx}(e^v) = e^v \frac{dv}{dx}$$

보기4

함수 $y = e^{-3x}\sin 4x$에서 $f'(x)$를 구하라.

풀이

식 $\frac{d}{dx}(e^v) = e^v \frac{dv}{dx}$과 곱의 법칙을 이용하면,

$$\begin{aligned} f'(x) &= e^{-3x}(\cos 4x)(4) + (\sin 4x)e^{-3x}(-3) \\ &= e^{-3x}(4\cos 4x - 3\sin 4x) \end{aligned}$$

■ 지수함수 e의 적분

지수함수 $f(x) = e^x$의 도함수는 간단하기 때문에 적분 또한 간단히 해결된다.

지수함수 e의 적분

$$\int e^x dx = e^x + C$$

보기5

함수 $y = x^3 e^{x^2}$을 적분하라..

풀이

$v = x^2$으로 치환하면 $dv = 2xdx$ 이다. 그러므로 $xdx = (1/2)dv$이다. 따라서,

$$\int x^3 e^{x^2} = \frac{1}{2}\int e^v du = \frac{1}{2}e^v + C = \frac{1}{2}e^{x^2} + C$$

보기6

0에서 1까지$y = e^{-2x}$의 아래 면적을 구하라.

풀이

$$A = \int_0^1 e^{-2x} dx = -\frac{1}{2}e^{-2x}\Big]_0^1 = \frac{1}{2}(1 - e^{-2})$$

3.11 로그함수의 도함수

■ 로그함수

지수함수 $f(x) = a^x$ 는 $a > 1$ 이면, 증가함수이고, $0 < a < 1$ 이면, 감소함수이다. 이 함수는 모두 f 는 모두 역함수를 가진다. 로그함수는 지수함수의 역함수가 되며, 다음의 관계가 성립한다.

> **지수함수와 로그함수와의 관계**
>
> $$\log_a x = y \quad \Longleftrightarrow \quad a^y = x$$

이 역함수를 a를 밑으로 하는 로그함수라고 한다. 로그함수의 정의는 다음과 같다.

> **[정의] 로그함수**
>
> $x = a^y$일 때 $y = \log_a x\ (a > 0,\ a \neq 0)$라고 정의한다. 이때 y를 밑이 a인 로그함수(logarithm function)라 한다.

로그함수 $\log_a$ 는 정의역이 $(0, \infty$ 이고 치역이 $\mathbb{R}$ 이며, 연속함수인 지수함수의 역함수가 된다. 따라서 연속이다. 지수함수와의 관계를 나타낸 것이 그림1(a)이고, 밑 a의 다양한 값에 대해 $y = \log_a x$ 의 그래프는 그림1(b)에 나타내었다.

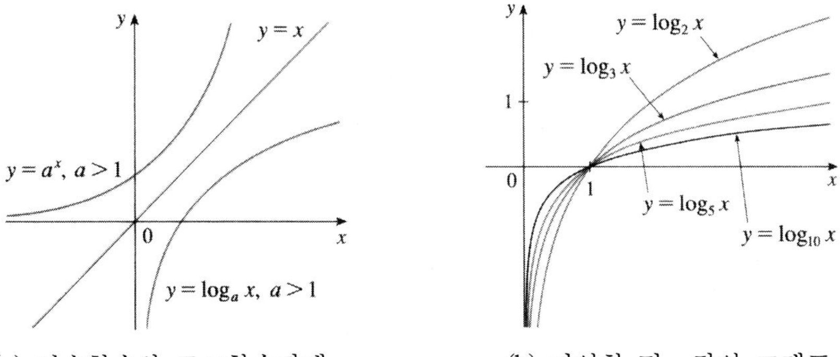

(a) 지수함수와 로그함수관계　　　(b) 다양한 밑 a값의 그래프

그림1. 로그함수

로그함수의 성질을 요약하면 다음과 같다.

> **로그함수의 성질**
> $a > 1$이면 함수 $f(x) = \log_a x$는 정의역이 $(0, \infty)$이고 치역이 실수인 연속인 증가함수이다. $x, y > 0$이고 r이 실수이면 다음 식이 성립한다.
> (1) $\log_a(xy) = \log_a x + \log_a y$
> (2) $\log_a\left(\dfrac{x}{y}\right) = \log_a x - \log_a y$
> (3) $\log_a(x^r) = r\log_a x$

보기1

로그의 성질을 이용하여 다음을 계산하라.

(a) $\log_4 2 + \log_4 128$　　　　(b) $\log_2 96 - \log_2 6$

풀이

로그함수의 성질을 이용하고, $4^4 = 256$을 이용하면

(a) $\log_4 2 + \log_4 128 = \log_4(2 \cdot 128) = \log_4 256 = 4$

로그함수의 성질과 $2^4 = 64$를 이용하면

(b) $\log_2 96 - \log_2 6 = \log_2\left(\dfrac{96}{6}\right) = \log_2 16 = 4$

로그함수에서도 지수함수에서와 마찬가지로 극한을 이용하면 다음과 같이 정리할 수 있다.

> $a > 1$이면, $\lim\limits_{x\to\infty}\log_a x = \infty$가 되고, $\lim\limits_{x\to 0}\log_a x = -\infty$이다.

보기2

$\lim\limits_{x\to 0}\log_5(\tan^2 x)$를 구하라.

풀이

$x \to 0$일 때 $v = \tan^2 x \to \tan^2 0 = 0$이 되며, $v > 0$이다. 그러므로 $a = 5 > 1$이므로,

$$\therefore \lim_{x\to 0}\log_5(\tan^2 x) = \lim_{v\to 0}\log_5 v = -\infty$$

■ 자연로그

밑이 e인 로그를 자연로그라 하며 다음과 같이 표시한다.

$$\log_e x = \ln x$$

지수함수와 자연로그함수

$$\ln x = y \Longleftrightarrow e^y = x$$

자연로그의 성질은 다음과 같다.

$$\ln(e^x) = x,\ x \in \text{실수}$$
$$e^{\ln x} = x,\ x > 0$$

특히 $x = 1$이면 $\ln e = 1$이 된다.

보기3

$\ln x = 2$일 때 x를 구하라.

풀이

로그의 정의에 따라 $\ln x = 2$는 $e^2 = x$이므로, $x = e^2$가 된다.

보기4

$\ln a + \frac{1}{2} lnb - 3\ln c$를 하나의 로그로 표현하라.

풀이

$$\ln a + \frac{1}{2} lnb - 3\ln c = \ln a + \ln b^{1/2} - \ln c^3$$
$$= \ln a + \ln\sqrt{b} - \ln c^3 = \ln\left(\frac{a\sqrt{b}}{c^3}\right)$$

다음 식은 밑 a가 임의인 로그를 자연로그로 변환시켜주는 공식이다.

밑 a를 자연로그로 변환

임의의 양수 a $(a \neq 1)$에서 다음 식이 성립한다.

$$\log_a x = \frac{\ln x}{\ln a}$$

[증명]

$y = \log_a x$ 라 놓으면 $a^y = x$가 된다. 양변에 자연로그를 취하면

$\ln a^y = \ln a$, $y \ln a = \ln x$ 이므로,

$$\therefore y = \frac{\ln x}{\ln a}$$

보기5

공학용 계산기를 이용하여 $\log_6 3$ 을 일 때 x를 소숫점 10자리까지 구하라.

풀이

$$\log_6 3 = \frac{\ln 3}{\ln 6} \approx 0.6131471928$$

■ 자연로그의 그래프

지수함수 $y = e^x$ 와 그 역함수 $y = \ln x$ 의 그래프는 그림2과 같다. 그림2에서 알 수 있듯이 $y = x$ 인 그래프를 대칭곡선이 된다. 자연로그함수는 밑이 1보다 큰 로그함수이므로 $(0, \infty)$ 에서 정의된 연속인 증가함수가 되며, y축은 수직점근선이다.

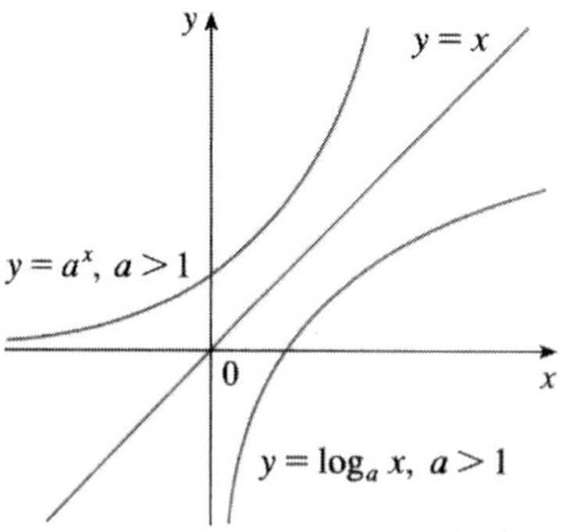

그림2. $y = \ln x$ 의 그래프와 $y = e^x$ 의 그래프

$\lim_{x\to 0}\log_a x = -\infty$ 과 $\lim_{x\to\infty}\log_a x = \infty$ 인 로그의 극한 성질에서, $a=e$로 놓으면 극한값은 다음과 같다.

$$\lim_{x\to\infty}\ln x = \infty, \quad \lim_{x\to 0}\ln x = -\infty$$

■ 로그함수의 도함수

자연로그함수 $y=\ln x$는 미분가능한 함수 $y=e^x$의 역함수이므로 미분가능하다.

자연로그함수의 도함수

$$\frac{d}{dx}(\ln x) = \frac{1}{x}$$

[증명]

$y=\ln x$라 놓으면 $e^y=x$이다. x에 관하여 음함수로 미분하면,

$$e^y\frac{dy}{dx} = 1$$

$$\therefore\ \frac{dy}{dx} = \frac{1}{e^y} = \frac{1}{x}$$

$y=\ln x$의 그래프와 $\frac{d}{dx}(\ln x)$의 그래프는 다음 그림3과 같다. 이 함수는 $x>0$에서만 정의되고 오른쪽으로 갈수록 증가하는 형태이다. 따라서 접선의 기울기와 도함수 값은 항상 양(+)의 값이 된다. 또한 $x\to\infty$이면 접선의 기울기는 +값으로 0에 점차 가까워 진다. 반면에 $x\to 0$으로 가까워지면 도함수의 그래프는 기울기가 커지고 기울기는 무한대(∞)가 된다(그림 3).

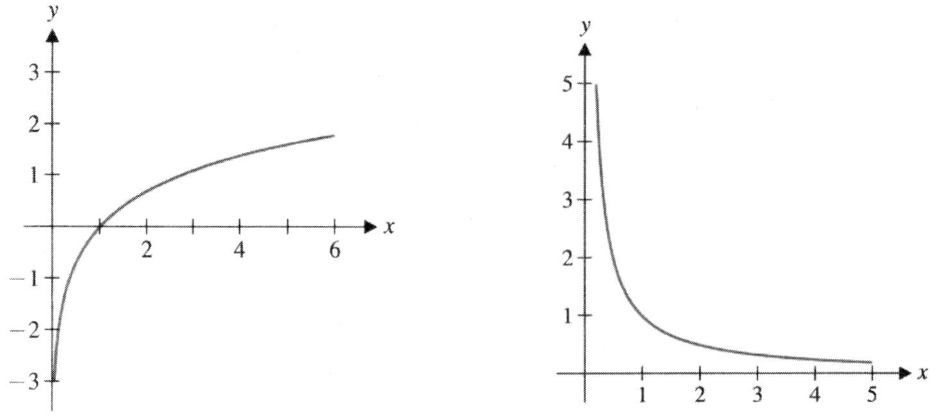

(a) $y = \ln x$ (b) $\frac{d}{dx}(\ln x)$

그림3. 로그함수와 그 도함수

보기1

$y = \ln(x^3 - 1)$을 미분하라.

풀이

연쇄법칙을 이용하여 위 식을 계산하면

$v = x^3 - 1$이라 놓으면, $y = \ln v$이므로

$$\frac{dy}{dx} = \frac{dy}{dv}\frac{dv}{dx} = \frac{1}{v}\frac{dv}{dx} = \frac{1}{x^3 - 1}(3x^2) = \frac{3x^2}{x^3 - 1}$$

일반적으로 보기1과 $\frac{d}{dx}(\ln x) = \frac{1}{x}$을 연쇄법칙을 적용하면 다음 식을 얻을 수 있다.

$$\frac{d}{dx}(\ln v) = \frac{1}{v}\frac{dv}{dx} \quad \Rightarrow \frac{d}{dx}[\ln f(x)] = \frac{f'(x)}{f(x)}$$

보기2

다음 식이 성립함을 보여라.

$$\frac{d}{dx}(\ln|x|) = \frac{1}{x}, \quad (x \neq 0)$$

풀이

$x > 0$인 경우 $|x| = x$이다. 따라서,

$$\frac{d}{dx}(\ln|x|) = \frac{d}{dx}(x) = \frac{1}{x}$$

$x < 0$인 경우 $|x| = -x$이다. 따라서,

$$\frac{d}{dx}(\ln|x|) = \frac{d}{dx}(-x) = \frac{1}{-x}\frac{d}{dx}(-x) = \left(\frac{1}{-x}\right)(-1) = \frac{1}{x}$$

$$\therefore \quad \frac{d}{dx}(\ln|x|) = \frac{1}{x}$$

보기3

$f(x) = \ln(\sin x)$일 때 $f'(x)$를 구하라.

풀이

위 정리를 이용하여 구하면,

$$\frac{d}{dx}ln(\sin x) = \frac{1}{\sin x}\frac{d}{dx}(\sin x) = \frac{1}{\sin x}cos x = \frac{\cos x}{\sin x} = \cot x$$

보기4

$\frac{d}{dx}[\sqrt{\ln x}]$를 구하라.

풀이

$v = \ln x$로 놓으면 $\frac{d}{dx}[\sqrt{\ln x}] = \frac{d}{dx}\sqrt{v} = \frac{d}{dx}(v^{1/2})$

여기서, $\frac{d}{dx}[\ln f(x)] = \frac{f'(x)}{f(x)}$ 를 이용하면

$$\therefore \frac{d}{dx}[\sqrt{\ln x}] = \frac{1}{2}(\ln x)^{-1/2}\frac{d}{dx}(\ln x) = \frac{1}{2\sqrt{\ln x}} \cdot \frac{1}{x} = \frac{1}{2x\sqrt{\ln x}}$$

보기5

$\frac{d}{dx}ln\frac{x+2}{\sqrt{x-1}}$를 구하라.

풀이

로그의 성질을 이용하여 주어진 함수를 간단히 하면,

$$\frac{d}{dx}ln\frac{x+2}{\sqrt{x-1}} = \frac{d}{dx}\left[\ln(x+2) - \frac{1}{2}ln(x-1)\right]$$

$$= \frac{1}{x+2} - \frac{1}{2}\left(\frac{1}{x-1}\right)$$

윗 식을 통분하여 정리하면,

$$\therefore \frac{d}{dx} ln \frac{x+2}{\sqrt{x-1}} = \frac{x-4}{2(x+2)(x-1)}$$

보기6

$y=\ln|x|$인 함수의 y'을 구하라.

풀이

절대값의 성질로부터

$$y = \begin{cases} \ln x, & x>0 \\ \ln(-x), & x<0 \end{cases}$$

따라서 다음과 같은 결론을 얻는다.

$$y' = \begin{cases} \dfrac{1}{x}, & x>0 \\ \dfrac{1}{-x}(-1) = \dfrac{1}{x}, & x<0 \end{cases}$$

그러므로, 모든 $x \neq 0$에 대하여 $y' = 1/x$가 된다.

보기6의 결과로부터 다음의 결과를 얻을 수 있다. 이는 보기2의 결과와 같다.

자연로그함수의 도함수

$$\frac{d}{dx}(\ln x) = \frac{1}{x}$$

윗 식은 적분의 일반식에서 빠진 부분을 보완해 주는 식이다. 즉,

$$\int x^n dx = \frac{x^{n+1}}{n+1} + C, \quad n \neq -1$$

에서 빠진 $n=-1$부분을 보완해 준다.

보기7

쌍곡선 $xy=1$에서, $x=1$에서 $x=3$까지 영역의 아래 넓이를 소수점 3째 자리까지 구하라.

풀이

보기7의 영역은 그림4와 같다.

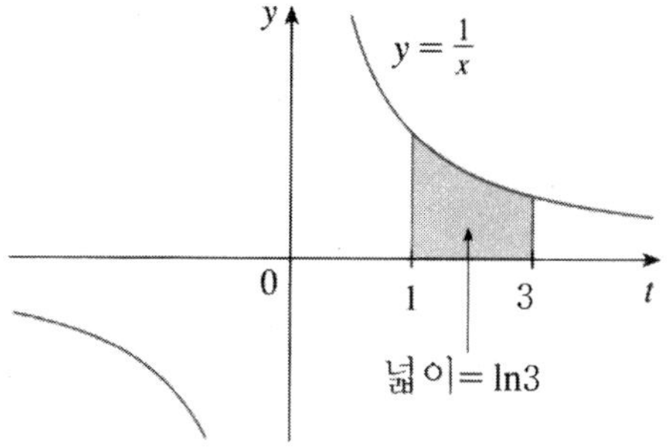

그림4. 쌍곡선 함수의 영역

그림4와 식 $\int \frac{1}{x}dx = \ln|x| + C$ 에서 $x > 0$이므로 절대값은 생략함. 넓이 A는

$$\therefore\ A = \int_1^3 \frac{1}{x}dx = \ln x\Big]_1^3 = \ln 3 = \ln 1 = \ln 3 \approx 1.099$$

■ 로그함수와 지수함수의 일반형태의 도함수

일반 로그함수를 자연로그함수로 나타내면 다음과 같다.

$$\log_a x = \frac{\ln x}{\ln a}$$

a는 상수이므로 미분하면,

$$\frac{d}{dx}(\log_a x) = \frac{d}{dx}\frac{\ln x}{\ln a} = \frac{1}{\ln a}\frac{d}{dx}(\ln x) = \frac{1}{x\ln a}$$

$$\frac{d}{dx}(\log_a x) = \frac{1}{x\ln a}$$

보기8

$\frac{d}{dx}log_{10}(2+\sin x)$를 구하라.

풀이

식 $\frac{d}{dx}(\log_a x) = \frac{1}{x\ln a}$ 와 연쇄법칙을 이용하면

$$\frac{d}{dx}log_{10}(2+\sin x) = \frac{1}{(2+\sin x)\ln 10}\frac{d}{dx}(2+\sin x) = \frac{\cos x}{(2+\sin x)\ln 10}$$

■ 밑이 a인 지수함수

일반적인 지수함수 $f(x)=a^x$, $a>0$의 도함수는 $f'(x)=f'(0)a^x$, $f'(0)=\lim_{\Delta x\to 0}\frac{a^{\Delta x}-1}{\Delta x}$.
이다. 따라서 다음 식이 성립한다.

$$\frac{d}{dx}(a^x) = a^x \ln a$$

[증명]

$e^{\ln a} = a$이므로

$$\frac{d}{dx}(a^x) = \frac{d}{dx}(e^{\ln a})^x = \frac{d}{dx}e^{(\ln a)x} = e^{(\ln a)x}\frac{d}{dx}(\ln a)x = e^{(\ln a)x}(\ln a)$$
$$= a^x \ln a$$

보기9

$\frac{d}{dx}(10^{x^2})$을 구하라.

식 $\frac{d}{dx}(a^x) = a^x\ln a$와 연쇄법칙을 적용하면,

$$\frac{d}{dx}(10^{x^2}) = 10^{x^2}(\ln 10)\frac{d}{dx}(x^2) = (2\ln 10)x10^{x^2}$$

보기10

$\int_0^2 2^x dx$ 을 구하라.

풀이

$$\int_0^2 2^x dx = \frac{2^x}{\ln 2}\bigg]_0^3 = \frac{2^3}{\ln 2} - \frac{2^0}{\ln 2} = \frac{7}{\ln 2}$$

■ 로그함수의 미분법

거듭제곱을 포함한 복잡한 함수의 도함수는 로그를 취해서 간단히 계산할 수 있어 편리하다. 이와 같이 주어진 함수에 자연로그를 취해 미분하는 방식을 로그미분법(logarithmatic differentiation)이라 한다.

보기11

$y = \dfrac{x^{3/4}\sqrt{x^2+1}}{(2x+3)^3}$ 을 미분하라.

풀이

문제의 양변에 로그를 취해 간단히 하면,

$$\ln y = \frac{3}{4} ln x + \frac{1}{2} ln(x^2+1) - 3\ln(2x+3)$$

x에 대해 음함수의 미분을 하면,

$$\frac{1}{y}\frac{dy}{dx} = \frac{3}{4}\cdot\frac{1}{x} + \frac{1}{2}\cdot\frac{2x}{x^2+1} - 3\cdot\frac{2}{2x+3}$$

dy/dx에 관해 이 방정식을 풀면,

$$\frac{dy}{dx} = y\left(\frac{3}{4x} + \frac{x}{x^2+1} - \frac{6}{2x+3}\right)$$

여기서 y값(문제)을 알고 있으므로 다음 식을 얻는다.

$$\frac{dy}{dx} = \frac{x^{3/4}\sqrt{x^2+1}}{(2x+3)^3}\left(\frac{3}{4x} + \frac{x}{x^2+1} - \frac{6}{2x+3}\right)$$

보기12

$y = \dfrac{x\sqrt{2x+1}}{\sqrt[3]{3x+1}}$ 을 미분하라.

풀이

양변에 로그를 취하면

$$\ln y = \ln x + \frac{1}{2} ln(2x+1) - \frac{1}{3} ln(3x+1)$$

양변을 x에 관하여 미분하면

$$\frac{1}{y}\frac{dy}{dx} = \frac{1}{x} + \frac{1}{2} \cdot \frac{2}{2x+1} - \frac{1}{3} \cdot \frac{3}{3x+1}$$

$$\frac{dy}{dx} = y\left(\frac{1}{x} + \frac{1}{2} \cdot \frac{2}{2x+1} - \frac{1}{3} \cdot \frac{3}{3x+1}\right)$$

y는 문제에 있으므로

$$\therefore \frac{dy}{dx} = \frac{x\sqrt{2x+1}}{\sqrt[3]{3x+1}}\left(\frac{1}{x} + \frac{1}{2} \cdot \frac{2}{2x+1} - \frac{1}{3} \cdot \frac{3}{3x+1}\right)$$

임의의 x에 대하여 $f(x) < 0$이면 $\ln f(x)$는 정의되지 않는다. 그러나 $|y| = |f(x)|$로 쓴 다음

$$\frac{d}{dx}(\ln|x|) = \frac{1}{x}$$

을 사용하면 된다.

보기13

다음 거듭제곱공식을 로그미분법을 이용하여 증명하라.

$$f'(x) = nx^{n-1}$$

단, n이 임의의 실수이고 $f(x) = x^n$ 이다.

풀이

로그미분법을 이용한다. $y = x^n$ 으로 놓으면,

$$\ln|y| = n\ln|x|, \qquad n \neq 0$$

윗 식은 다음과 같이 변형된다.

$$\frac{y'}{y} = \frac{n}{x}$$

따라서, $y' = n\frac{y}{x} = n\frac{x^n}{x} = nx^{n-1}$가 된다.

보기14

$f'(x) = x^{\sqrt{x}}$를 구하라.

풀이

로그미분법을 이용한다.

$\ln y = \ln x^{\sqrt{x}} = \sqrt{x}\, ln x$이므로 준 식은 다음과 같다.

$$\frac{y'}{y} = \sqrt{x} \cdot \frac{1}{x} + (\ln x)\frac{1}{2\sqrt{x}}$$

$$y' = y\left(\frac{1}{\sqrt{x}} + \frac{\ln x}{2\sqrt{x}}\right) = x^{\sqrt{x}}\left(\frac{1}{\sqrt{x}} + \frac{\ln x}{2\sqrt{x}}\right) \leftarrow (\text{답})$$

보기15

$y = x^x$일 때, y'을 구하라.

풀이

로그미분법을 이용해 양변에 로그를 취하면,

$$\ln y = x \ln x$$

양 변을 x에 관하여 미분하면,

$$\frac{1}{y}\frac{dy}{dx} = \ln x + 1$$

따라서, 다음과 같다.

$$\frac{dy}{dx} = y(\ln x + 1) = x^x(\ln x + 1)$$

■ 자연지수 e

앞에서 학습한 바와 같이, $f(x) = \ln x$이면 $f'(x) = 1/x$이다. 그러므로 $f'(1) = 1$이다. 따라서 이를 바탕으로 자연지수 e의 극한값을 알아보자.

도함수의 정의로부터 자연지수 e의 극한값은

$$f'(1) = \lim_{\Delta x \to 0} \frac{f(1+\Delta x) - f(1)}{\Delta x} = \lim_{x \to 0} \frac{f(1+x) - f(1)}{x}$$

$$= \lim_{\Delta x \to 0} \frac{\ln(1+x) - \ln(x)}{x} = \lim_{x \to 0} \frac{1}{x} ln(1+x)$$

$$= \lim_{x \to 0} \ln(1+x)^{1/x}$$

$f'(1) = 1$ 이므로

$$\lim_{x \to 0} \ln(1+x)^{\frac{1}{x}} = 1$$

따라서, 지수함수의 연속성에 의하여 다음을 얻을 수 있다.

$$e = e^1 = e^{\lim_{x \to 0} \ln(1+x)^{1/x}} = \lim_{x \to 0} e^{\ln(1+x)^{1/x}} = \lim_{x \to 0} (1+x)^{1/x}$$

$$e = \lim_{x \to 0} (1+x)^{\frac{1}{x}}$$

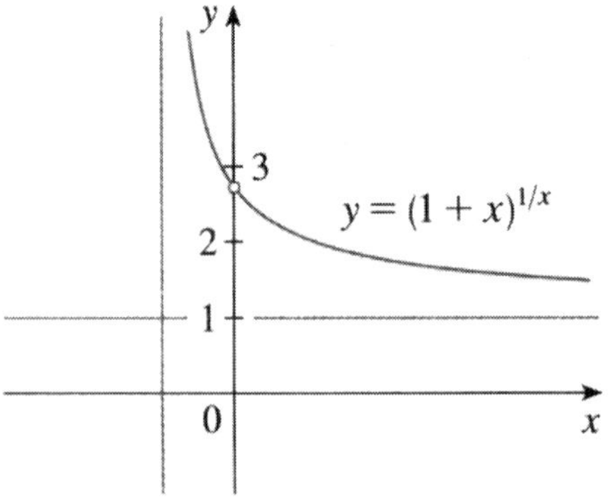

그림5. $e = \lim_{x \to 0} (1+x)^{1/x}$ 의 그래프

윗 식은 그림2로 표현된다. 또한 윗 식에서 $n = 1/x$로 놓으면, $x \to 0$이 됨에 따라 $n \to \infty$ 이 되므로 자연지수 e는 다음식으로도 표현된다.

$$e = \lim_{x \to \infty} (1 + \frac{1}{n})^n$$

[연습문제]

1. 자연로그함수 $y=\ln x$가 일반로그함수 $y=\log_a x$ 보다 자주 이용되는 이유를 설명하라.
2. 구간 $(0, 1]$에서 다음 함수의 그래프를 그려라.

   (a) $f(x)=x\ln x$ (b) $f(x)=x\ln\left(\dfrac{1}{x}\right)$

* 문제 3~6에서 다음 식을 로그함수의 성질을 이용하여 간단히 하거나 하나의 로그로 나타내라.

3. $3\ln(x+2)-\ln x$
4. $\dfrac{1}{3}ln(x-9)+\dfrac{1}{3}lnx$
5. $\ln(x-4)-2\ln(x+4)+3\ln x$
6. $\ln(x^2-4)-3\ln(x-2)-\ln(x+2)$

* 문제 7~10에서 $y=\ln x$의 그래프를 이용하여 다음 함수의 그래프를 그려라.

7. $y=\ln\sqrt{x}$
8. $y=\ln|x|$
9. $y=\ln\left(\dfrac{1}{x}\right)$
10. $y=\ln(x+1)$

* 문제 11~24에서 다음 함수를 미분하라.

11. $f(x)=\sqrt{x+1}\,lnx$
12. $f(x)=\cos(\ln x)$
13. $f(x)=\sqrt[3]{\ln x}$
14. $f(x)=\sin x\ln(2x)$
15. $h(x)=\ln\dfrac{1-x}{1+x}$
16. $h(x)=\ln(x\sqrt{x^2-1})$
17. $h(x)=\ln\dfrac{(2x+1)^2}{\sqrt{x^2+1}}$
18. $h(x)=\sqrt{\dfrac{x-1}{x^2+1}}$
19. $f(t)=t^2e^t$
20. $f(t)=2t+2^t$
21. $f(t)=\ln 2t$
22. $f(t)=\sin(\ln t^3)$
23. $z(x)=x^2\ln x^2+(\ln x)^2$
24. $z(x)=\ln(x^2+\sqrt{x^2-1})$

* 문제 25~27에서 로그함수의 미분을 이용하여 다음 함수를 미분하라.

25. $f(x)=x^{\cos x}$
26. $f(x)=(\cos x)^x$
27. $f(x)=x^{\ln x^2}$

3.12 역삼각함수와 도함수

1) 역사인함수

모든 삼각함수는 정의역에서 일대일이 아니다. 따라서 삼각함수는 역함수를 갖지 않는다. 그러나 일대일 함수가 되도록 정의역을 제한함으로써 역삼각함수를 구할 수 있게 된다.
예를 들어 함수 $y=\sin x$는 $-\pi/2 \leqq x \leqq \pi/2$에서 일대일이나.(ㅗ림1, 그림2) 이 세한된 사인함수 f의 역함수를 f^{-1}로 나타낸다. 즉 $f(x)=\sin x$의 역함수는 $\sin^{-1}x$로 나타내며 역사인함수(inverse sine function) 또는 아크사인함수(arc-sine function)라 한다.

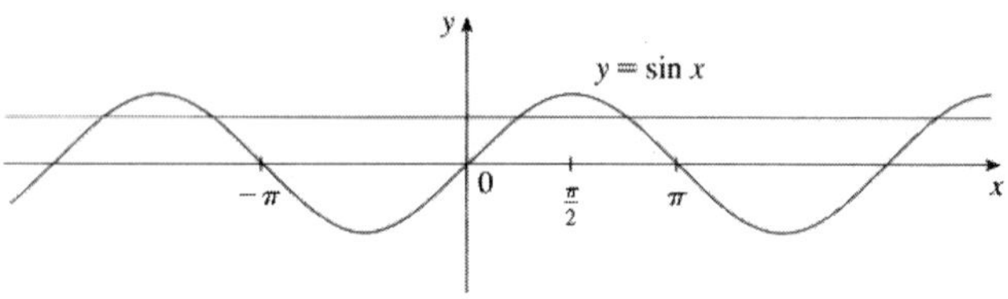

그림1. $y=\sin x$

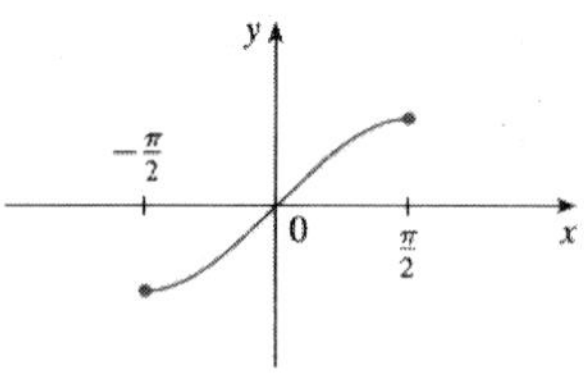

그림2. $y=\sin x,\ -\pi/2 \leqq x \leqq \pi/2$

> **[정의] 역함수**
>
> $$f^{-1}(x)=y \iff f(y)=x$$

따라서 역사인함수의 정의는 다음과 같다.

> **[정의] 역sin함수**
>
> $$\sin^{-1}x=y \Leftrightarrow \sin y=x$$
>
> 이고, 정의역은 $-\dfrac{\pi}{2} \leqq x \leqq \dfrac{\pi}{2}$이다.

보기1

(a) $\sin^{-1}\left(\frac{\sqrt{2}}{2}\right)$, (b) $\sin^{-1}0$, (c) $\sin^{-1}\left(\frac{1}{2}\right)$를 구하라.

풀이

(a) $\sin^{-1}\left(\frac{\sqrt{2}}{2}\right) = y$로 놓으면,

$\sin y = \frac{\sqrt{2}}{2}$이다. 따라서, $y = \frac{\pi}{4}$.

(b) 풀이(1)과 마찬가지 방법으로 $\sin^{-1}0 = 0$

(c) $\sin^{-1}\left(\frac{1}{2}\right) = \frac{\pi}{6}$

보기2

(a) $\sin^{-1}\left(\frac{\sqrt{3}}{2}\right)$, (b) $\tan\left(\arcsin\frac{1}{2}\right)$을 구하라.

풀이

(a) $\sin(\pi/3) = \sqrt{3}/2$ 이고 $\pi/3$는 $-\pi/2$와 $\pi/2$사이에 있으므로,

$$\sin^{-1}\left(\frac{\sqrt{3}}{2}\right) = \frac{\pi}{3}$$

(b) $\theta = \arcsin(1/2)$이므로, $\sin\theta = 1/2$이 된다. 그림3과 같이 각 θ를 갖는 직각삼각형을 생각하면, 피타고라스의 정리루부터 나머지의 길이가 $\sqrt{2^2 - 1^2} = \sqrt{3}$이 된다. 따라서 이 직각삼각형으로부터,

$$\tan\left(\sin^{-1}\frac{1}{2}\right) = \tan\left(\arcsin\frac{1}{2}\right) = \tan\theta = \frac{1}{\sqrt{3}}$$

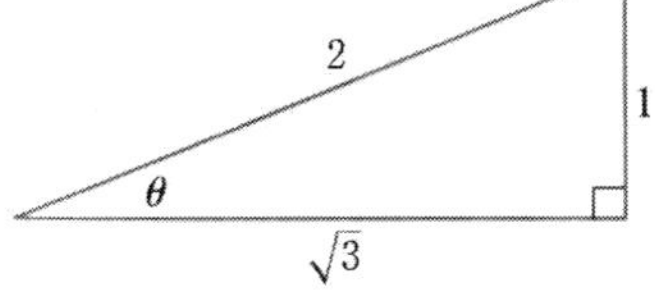

그림3. 삼각형의 길이와 θ

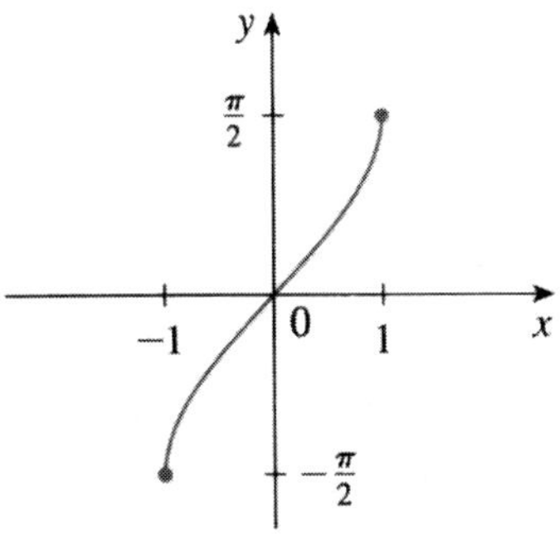

그림4. $y = \sin^{-1}x$그래프

이 보기2에서 알 수 있듯이 역함수에 대한 소거되는 식은 다음과 같다.

$-\frac{\pi}{2} \leq x \leq \frac{\pi}{2}$의 범위에서	$\sin^{-1}(\sin x) = x$
$-1 \leq x \leq 1$의 범위에서	$\sin(\sin^{-1}x) = x$

역사인함수 $\sin^{-1}$의 정의역은 $[-1, 1]$이고 치역은 $[-\pi/2, \pi/2]$가 된다(그림4). 이 함수의 그래프는 그림2와 같이 한정된 사인함수의 그래프를 직선 $y = x$에 대칭인 함수이다. 역사인함수가 미분가능할 때 음함수의 미분법을 이용하여 쉽게 도함수를 구할 수 있다. 즉,

$y = \sin^{-1}x$라 하면, $\sin y = x$이고, $-\pi/2 \leq y \leq \pi/2$이다. $\sin y = x$를 x에 관해 음함수로 미분하면 다음을 얻는다.

$$(\sin y)' = (x)'$$

$$\cos y \frac{dy}{dx} = 1, \quad \frac{dy}{dx} = \frac{1}{\cos y}$$

$-\pi/2 \leq y \leq \pi/2$에서 $\cos y \geq 0$ 이므로,

$$\cos y = \sqrt{1 - \sin^2 y} = \sqrt{1 - x^2}$$

$$\therefore \frac{dy}{dx} \quad \frac{1}{\cos y} = \frac{1}{\sqrt{1 - x^2}}$$

[정의] 역사인함수의 도함수

$$\frac{d}{dx}(\sin^{-1}x) = \frac{1}{\sqrt{1 - x^2}}, \quad -1 < x < 1$$

보기3

$y = \sin^{-1}(x^2 - 2)$일 때, (a) y의 정의역, (b) y'을 구하라.

풀이

(a) 역사인함수의 정의역은 $[-1, 1]$이므로 y의 정의역은

$$[x| -1 \leqq x^2 - 2 \leqq 1] = [x|1 \leqq x^2 \leqq 3]$$
$$= [x|\ |x| \leqq \sqrt{3}\,] = [-\sqrt{2},\ \sqrt{2}\,]$$

(b) 식 $\frac{d}{dx}(\sin^{-1}x) = \frac{1}{\sqrt{1-x^2}}$을 이용하고 연쇄법칙을 결합시키면,

$$y' = \frac{1}{\sqrt{1-(x^2-2)^2}}\frac{d}{dx}(x^2-2)$$
$$= \frac{1}{\sqrt{1-(x^2-4x^2+4)}}2x = \frac{2x}{\sqrt{4x^2-x^2-3}}$$

2) 역코사인함수

역코사인함수(inverse cosine function)는 역사인함수와 같은 방법으로 얻을 수 있다. 정의역이 $0 \leqq x \leqq \pi$인 인 역코사인 함수는 일대일 함수이다. 기호로 $\cos^{-1}$ 또는 arccos으로 나타낸다.

[정의] 역cos 함수

$$\cos^{-1}x = y \Leftrightarrow \cos y = x$$

이고, 정의역은 $0 \leqq y \leqq \pi$이다.

역코사인함수에 대한 소거되는 식은 다음과 같다.

$0 \leqq x \leqq \pi$의 범위에서	$\cos^{-1}(\cos x) = x$
$-1 \leqq x \leqq 1$의 범위에서	$\cos(\cos^{-1}x) = x$

역코사인함수의 도함수는 다음과 같다. $y = \cos^{-1}x$는 정의역이 $[-1,\ 1]$이고 치역이 $[0,\ \pi]$인 연속함수이다. 이를 음함수적으로 미분해서 도함수를 구한다.

$y = \cos^{-1}x$라 하면 $\cos y = x$이고, 치역은 $0 \leqq y \leqq \pi$이다. $\cos y = x$를 x에 관해 음함수로 미분하면,

$$-\sin y\frac{dy}{dx}=1 \qquad \therefore \frac{dy}{dx}=-\frac{1}{\sin y}$$

$0 \leqq y \leqq \pi$에서 $\sin y=\sqrt{1-\cos^2 y}=\sqrt{1-x^2}$
따라서, 다음을 얻는다.

[정의] 역코사인함수의 도함수

$$\frac{d}{dx}(\cos^{-1}x)=\frac{-1}{\sqrt{1-x^2}}, \quad -1<x<1$$

보기4

$y=\cos^{-1}x+\cos^{-1}(-1)=\pi$, $(-1 \leqq x \leqq 1)$임을 보여라.

풀이

$\cos^{-1}x=a$, $\cos^{-1}(-x)=b$라 하면, $\cos a=x$, $\cos b=-x$ 이고,

$0 \leqq a,\ b \leqq \pi$이다. $\sin a=\sqrt{1-x^2}$, $\sin b=\sqrt{1-x^2}$이므로,

$$\begin{aligned}\cos(a+b)&=\cos a\cdot\cos b-\sin a\cdot\sin b\\&=x(-x)-\sqrt{1-x^2}\cdot\sqrt{1-x^2}\\&=-x^2-(1-x^2)=-1\end{aligned}$$

이다. 따라서,

$$\cos^{-1}x+\cos^{-1}(-x)=a+b=\pi$$

3) 역탄젠트함수

탄젠트함수는 구간 $[-\pi/2<x<\pi/2]$ 내에서 일대일함수가 된다. 따라서 역탄젠트함수는 함수 $f(x)=\tan x$,의 역함수로 정의되며 $\tan^{-1}$ 또는 arctan로 나타낸다.

[정의] 역tan함수

$$\tan^{-1}x=y \Leftrightarrow \tan y=x$$

이고, 정의역은 $-\frac{\pi}{2}\leqq x\leqq\frac{\pi}{2}$이다.

보기5

$y = \tan^{-1}\frac{2x}{1-x^2}$일 때, y'을 구하라.

풀이

$x = \tan\theta$로 놓으면 2배각 공식에서 $\tan 2\theta = \frac{2\tan\theta}{2-\tan^2\theta}$이므로,

$$\tan^{-1}\frac{2x}{1-x^2} = \tan^{-1}\tan 2\theta = 2\theta$$

따라서,

$$\frac{d}{dx}(2\theta) = \frac{d}{dx}(2\tan^{-1}x) = 2\frac{d}{dx}(\tan^{-1}x) = \frac{2}{1+x^2}$$

$$\therefore\ y' = \frac{d}{dx}\left(\tan^{-1}\frac{2x}{1-x^2}\right) = \frac{2}{1+x^2}$$

■ 역삼각함수의 도함수

다른 역삼각함수들은 자주 이용되지는 않는다. 다음 식은 모든 역삼각함수들의 미분공식을 표현하면 다음과 같다.

[정의] 역삼각함수의 도함수

$$\frac{d}{dx}(\sin^{-1}x) = \frac{1}{\sqrt{1-x^2}} \qquad \frac{d}{dx}(\csc^{-1}x) = -\frac{1}{x\sqrt{x^2-1}}$$

$$\frac{d}{dx}(\cos^{-1}x) = -\frac{1}{\sqrt{1-x^2}} \qquad \frac{d}{dx})\sec^{-1}x) = \frac{1}{x\sqrt{x^2-1}}$$

$$\frac{d}{dx}(\tan^{-1}x) = \frac{1}{1+x^2} \qquad \frac{d}{dx}(\cot^{-1}x) = -\frac{1}{1+x^2}$$

윗 식은 개별적으로 연쇄법칙과 결합할 수 있다. v가 x의 미분가능한 함수라 할 때

$$\frac{d}{dx}(\sin^{-1}v) = \frac{1}{\sqrt{1-v^2}}\frac{dv}{dx},$$

$$\frac{d}{dx}(\tan^{-1}v) = \frac{1}{1+v^2}\frac{dv}{dx}$$

보기6

$y = \dfrac{1}{\sin^{-1}x}$을 미분하라.

풀이

$$\frac{dy}{dx} = \frac{d}{dx}(\sin^{-2}x)^{-1} = -(\sin^{-1}x)^{-2}\frac{d}{dx}(\sin^{-1}x)$$
$$= -\frac{1}{(\sin^{-1}x)^2\sqrt{1-x^2}}$$

보기7

$\dfrac{d}{dx}[\sin^{-1}(2x-1)]$을 구하라.

풀이

$v = 2x-1$이라 하면,

$$\frac{d}{dv}[\sin^{-1}v] = \frac{dy}{dv}\left(\frac{1}{\sqrt{1-v^2}}\right)\cdot\frac{dv}{dx}$$
$$= \frac{dy}{dv}\frac{1}{\sqrt{1-(2x-1)^2}}\cdot\frac{d}{dx}(2x-1)$$

따라서,

$$\frac{dy}{dx} = \frac{1}{\sqrt{x-x^2}}$$

보기8

$\tan^{-1}x + \cot^{-1}x = \pi/2$ 를 증명하라.

풀이

$f(x) = \tan^{-1}x + \cot^{-1}x$ 라 하면 식 에서

$$f'(x) = \frac{1}{1+x^2} - \frac{1}{1+x^2} = 0$$

이다. 따라서 $f(x) = C$이다. 상수 C값을 결정하기 위하여 $x=1$을 대입하면,

$$C = f(1) = \tan^{-1}1 + \cot^{-1}1 = \frac{\pi}{4} + \frac{\pi}{4} = \frac{\pi}{2}$$

$$\therefore \tan^{-1}x + \cot^{-1}x = \pi/2.$$

역삼각함수의 정의식 으로부터 적분공식을 유도할 수 있고 자주 쓰이는 공식은 다음과 같다.

$$\int \frac{1}{\sqrt{1-x^2}}dx = \sin^{-1}x + C$$
$$\int \frac{1}{x^2+1}dx = \tan^{-1}x + C$$

보기9

$\int_0^{1/16} \frac{1}{\sqrt{1-16x^2}}dx$를 구하라.

풀이

$v = 4x$로 치환하면 $dv = 4dx$이다. 따라서, $dx = 1/4dv$이다.

그러므로,

$$\int_0^{1/16} \frac{1}{\sqrt{1-16x^2}}dx = \int_0 \frac{1}{\sqrt{1-(4x)^2}}dx$$
$$= \frac{1}{4}\int_0^{1/4} \frac{1}{\sqrt{1-v^2}}dv = \frac{1}{4}sin^{-1}v\Big]_0^{1/4}$$
$$\frac{1}{4}\left[\sin^{-1}\left(\frac{1}{4}\right) - \sin^{-1}0\right] = \frac{1}{4} \cdot 14.4775 = 3.6194$$

보기10

$\int \frac{1}{x^2+c^2}dx$를 구하라.

풀이

식⑩의 형태로 변환하면,

$$\int \frac{1}{x^2+c^2}dx = \int \frac{1}{c^2\left(\frac{x^2}{c^2}+1\right)}dx$$

$v = x/c$로 치환하면 $dv = dx/c$, $dx = cdv$이므로, 윗 식은

$$\int \frac{1}{x^2+c^2}dx = \frac{1}{c^2}\int \frac{c}{v^2+1}dv = \frac{1}{c}tan^{-1}v + C$$

따라서, 다음 공식을 얻을 수 있다.

$$\int \frac{1}{x^2+c^2}dx = \frac{1}{c}tan^{-1}\left(\frac{x}{c}\right)+C$$

보기11

$\int \frac{x}{x^4+4}dx$를 구하라.

풀이

$v=x^2$로 놓으면 $dv=2xdx$이므로 $c=2$인 식 $\int \frac{1}{x^2+c^2}dx = \frac{1}{c}tan^{-1}\left(\frac{x}{c}\right)+C$을 이용하면 다음과 같다.

$$\int \frac{x}{x^4+4}dx = \frac{1}{2}\int \frac{dv}{v^2+4} = \frac{1}{2}\cdot\frac{1}{2}tan^{-1}\left(\frac{v}{2}\right)+C$$

$$= \frac{1}{4}tna^{-1}\left(\frac{x^2}{2}\right)+C$$

[연습문제]

1. 자연로그함수 $y=\ln x$가 일반로그함수 $y=\log_a x$ 보다 자주 이용되는 이유를 설명하라.
2. 구간 $(0, 1]$에서 다음 함수의 그래프를 그려라.

   (a) $f(x)=x\ln x$ (b) $f(x)=x\ln\left(\frac{1}{x}\right)$

* 문제 3~14에서 $f^{-1}(x)$의 식을 구하고, $f^{-1}(f(x))=x$ 이고, $f(f^{-1}(x))=x$ 가 됨을 확인하라.

3. $f(x)=x+2$
4. $f(x)=-\frac{x}{2}+2$
5. $f(x)=\sqrt{x+2}$
6. $f(x)=-\sqrt{4-x}$
7. $f(x)=\frac{1}{x-2}$
8. $f(x)=\sqrt{\frac{1}{x-3}}$
9. $f(x)=2x^2,\ x\leqq 0$
10. $f(x)=(x-1)^2,\ x\geqq 2$
11. $f(x)=\frac{x+2}{x-2}$
12. $f(x)=\frac{x^2+2}{x^2+1}$
13. $f(x)=\left(\frac{x^2+2}{x^2+1}\right)$
14. $f(x)=x^{3/2}$

* 문제 15~18에서 $(f^{-1})'(y)=\frac{1}{f'(x)}$ 임을 이용하여 $(f^{-1})(1)$을 구하라. 이는 $y=1$에 대응하는 x를 찾는 의미이다.

15. $f(x)=2x^5+x-3$
16. $f(x)=x^5+3x-8$
17. $f(x)=\sqrt{x+2}$
18. $f(x)=\tan x$

* 문제 19~22에서 다음 적분을 구하라.

19. $\int_{1/\sqrt{3}}^{\sqrt{3}}\frac{16}{1+x^2}dx$
20. $\int\frac{2+x}{2+x^2}dx$
21. $\int\frac{dx}{\sqrt{1-x^2}\cdot\sin^{-1}x}$
22. $\int\frac{dx}{\sqrt{x}(2+x)}$

23. $\tan^{-1}\left(\frac{1}{2}\right)+\tan^{-1}\left(\frac{1}{3}\right)=\frac{\pi}{4}$임을 보여라.

24. $2\tan^{-1}\left(\frac{1}{3}\right) + \tan^{-1}\left(\frac{1}{7}\right) = \frac{\pi}{4}$ 임을 보여라.

25. $\sin^{-1}x + \cos^{-2}x$ 를 미분하고 간단히 하라.

26. 다음 항등식을 증명하라.

$2\sin^{-1}x = \cos^{-1}(1-2x^2)$, 단, $x \geqq 0$ 이다.

3.13 쌍곡선함수와 역쌍곡선함수의 도함수

1) 쌍곡선함수

쌍곡선 함수는 지수함수의 미분법과 관련이 있다. 쌍곡선 함수는 지수함수 e^x와 e^{-x}의 결합으로 표현되며 함수의 미분 또한 삼각함수와 많은 점에서 비슷하다. 삼각함수, 지수함수, 쌍곡선함수는 서로 관련 있으며 원과 관계가 있다. 이처럼 이들 쌍곡선 함수의 도함수는 지수함수의 미분법에 의하여 구할 수 있다. 이들 전체를 쌍곡선함수(hyperbolic function)라 한다. 쌍곡선 함수는 쌍곡선사인함수, 쌍곡선코사인함수, 쌍곡선탄젠트함수 등으로 부르며, 쌍곡선함수의 정의는 다음과 같다.

[정의] 쌍곡선함수

$$\sinh x = \frac{e^x - e^{-x}}{2}, \qquad \operatorname{csch} x = \frac{1}{\sinh x}$$

$$\cosh x = \frac{e^x + e^{-x}}{2}, \qquad \operatorname{sech} x = \frac{1}{\cosh x}$$

$$\tanh x = \frac{\sinh x}{\cosh x}, \qquad \coth x = \frac{\cosh x}{\sinh x}$$

쌍곡선 함수의 그래프는 그림1~그림3과 같다.

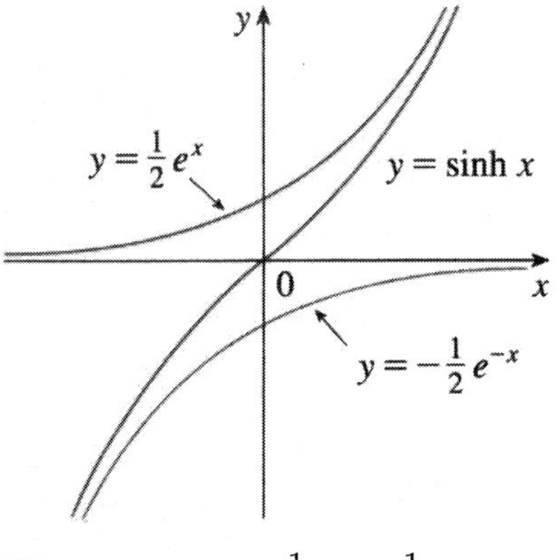

그림1. $y = \sinh x = \frac{1}{2}e^x - \frac{1}{2}e^{-x}$의 그래프

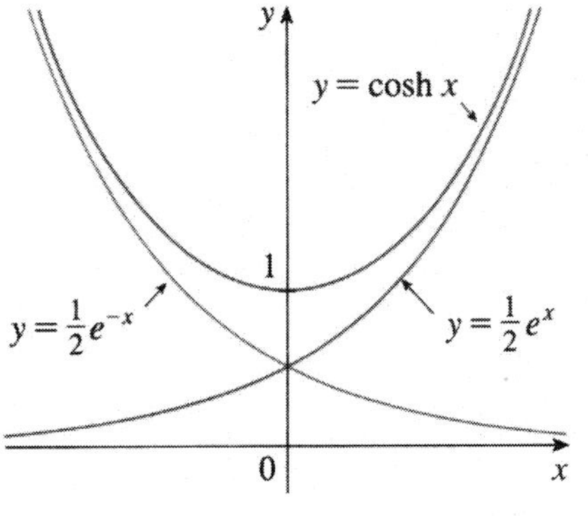

그림2. $y = \cosh x = \frac{1}{2}e^x + \frac{1}{2}e^{-x}$ 의 그래프

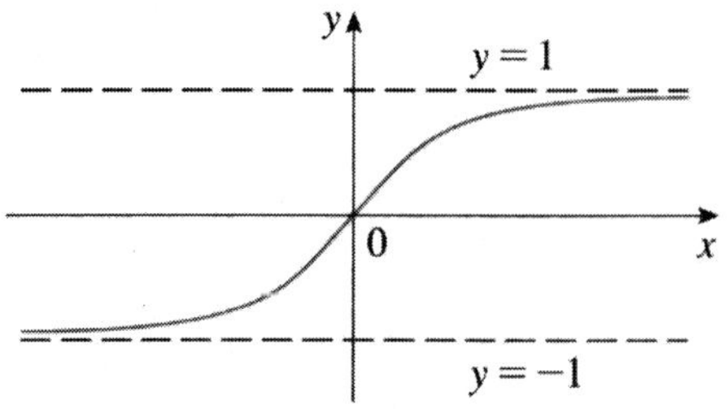

그림3. $y = \tanh x$의 그래프

쌍곡선함수는 다음과 같은 등식을 가지며 이는 삼각함수의 성질과 유사하다. 그러나 부호에 유의한다.

쌍곡선함수의 항등식

$$\sinh(-x) = -\sinh x, \qquad \cosh(-x) = \cosh x$$

$$\cosh^2 x - \sinh^2 x = 1, \qquad 1 - \tanh^2 x = \operatorname{sech}^2 x$$

$$\sinh(x+y) = \sinh x \cosh y + \cosh x + \sinh y,$$

$$\cosh(x+y) = \cosh x \cosh y + \sinh x \sinh y$$

보기1

$\cosh^2 x - \sinh^2 x = 1$을 증명하라.

풀이

$$\cosh^2 x - \sinh^2 x = \left(\frac{e^x + e^{-x}}{2}\right)^2 - \left(\frac{e^x - e^{-x}}{2}\right)^2$$

$$= \frac{1}{4}\left(e^{2x} + 2 + e^{-2x}\right) - \frac{1}{4}\left(e^{2x} - 2 + e^{2x}\right) = \frac{4}{4} = 1$$

쌍곡선함수의 관계식은 다음과 같다.

쌍곡선함수의 관계식

(1) $\sinh 2x = 2\sinh x \cosh x$ (2) $\cosh 2x = \cosh^2 x + \sinh^2 x$

(3) $\sinh^2 x = \dfrac{\cosh 2x - 1}{2}$ (4) $\cosh^2 x = \dfrac{\cosh 2x + 1}{2}$

(5) $\cosh^2 x - \sinh^2 x = 1$ (6) $1 - \tanh^2 x = \mathrm{sech}^2 x$

(7) $1 - \coth^2 x = -\mathrm{csch}^2 x$

■ 쌍곡선함수의 도함수

쌍곡선함수의 미분은 다음과 같다. 삼각함수에 대한 미분공식과 유사하지만 부호가 다름을 유의해야 한다.

[정의] 쌍곡선함수의 도함수

$\dfrac{d}{dx}(\sinh x) = \cosh x$, $\dfrac{d}{dx}(\mathrm{csch} x) = -\mathrm{csch} x \coth x$

$\dfrac{d}{dx}(\cosh x) = \sinh x$, $\dfrac{d}{dx}(\mathrm{sech} x) = -\mathrm{sech} x \tanh x$

$\dfrac{d}{dx}(\tanh x) = \mathrm{sech}^2 x$, $\dfrac{d}{dx}(\cot x) = -\mathrm{csch}^2 x$

보기2

$\dfrac{d}{dx}(\sinh x) = \cosh x$ 를 증명하라.

풀이

$$\frac{d}{dx}(\sinh x) = \frac{d}{dx}\left[\frac{1}{2}(e^x - e^{-x})\right] = \frac{1}{2}(e^x + e^{-x})$$
$$= \cosh x$$

보기3

$\frac{d}{dx}(\cosh x) = \sinh x$를 증명하라.

풀이

$$\frac{d}{dx}(\cosh x) = \frac{d}{dx}\left[\frac{1}{2}(e^x + e^{-x})\right] = \frac{1}{2}(e^x - e^{-x})$$
$$= \sinh x$$

보기4

$\frac{d}{dx}(\tanh x) = \text{sech}^2 x$ 를 증명하라.

풀이

$\tanh x = \frac{e^x - e^{-x}}{e^x + e^{-x}}$, $\coth x = \frac{e^x + e^{-x}}{e^x - e^{-x}}$ $(x \neq 0)$이므로,

e^x와 e^{-x}는 모든 점에서 미분가능하고 $e^x + e^{-x} > 0$이고, $x \neq 0$이면 $e_x - e^{-x} \neq 0$임을 이용하면 $y = \tanh x$는 모든 점에서 미분가능하다. 따라서,

$$\frac{d}{dx}(\tanh x) = \frac{d}{dx}\left(\frac{\sinh x}{\cosh x}\right)$$
$$= \frac{(\sinh x)' cosh x - \sinh x(\cosh x)'}{\cosh^2 x}$$
$$= \frac{\cosh^2 x - \sinh^2 x}{\cosh^2 x} = \frac{1}{\cosh^2 x} = \text{sech}^2 x$$

보기5

$\frac{d}{dx}(\coth x) = -\text{csch}^2 x$, $(x \neq 0)$를 증명하라.

풀이

보기4 와 마찬가지 조건에서,

$$\frac{d}{dx}(\coth x) = \frac{d}{dx}\left(\frac{\cosh x}{\sinh x}\right)$$
$$= \frac{(\cosh x)' \sinh x - \cosh x(\sinh x)'}{\sinh^2 x} = \frac{\sin^2 x - \cosh^2 x}{\sinh^2 x}$$
$$= \frac{-1}{\sinh^2 x} = -\text{csch}^2 x$$

보기6

$\dfrac{d}{dx}[\ln(\cosh x)]$ 를 구하라.

풀이

로그함수의 도함수를 이용하고, 쌍곡선 함수의 도함수를 이용하면,

$$\frac{d}{dx}[\ln(\cosh x)] = \frac{1}{\cosh x}\frac{d}{dx}(\cosh x) = \frac{1}{\cosh x}(\sinh x)$$
$$= \tanh x$$

보기7

$\dfrac{d}{dx}(\cosh\sqrt{x})$ 를 구하라.

풀이

$$\frac{d}{dx}(\cosh\sqrt{x}) = \sinh\sqrt{x}\cdot\frac{d}{dx}\sqrt{x} = \frac{\sinh x\sqrt{x}}{2\sqrt{x}}$$

보기8

$y = \sinh^2\sqrt{1-x^2}$ 일 때 $\dfrac{dy}{dx}$ 를 구하라.

풀이

$$\frac{dy}{dx} = 2\sinh\sqrt{1-x^2}\,\frac{d}{dx}(\sinh\sqrt{1-x^2}$$
$$= 2\sinh x\sqrt{1-x^2}\cdot\cosh\sqrt{1-x^2}\,\frac{d}{dx}(\sqrt{1-x^2})$$
$$= -\frac{2x}{\sqrt{1-x^2}}(\sinh\sqrt{1-x^2})(\cosh\sqrt{1-x^2}$$

보기9

$\dfrac{d}{dx}[\tanh^2(\sin x)]$를 구하라.

풀이

$$y' = \operatorname{sech}^2(\sin x)\frac{d}{dx}(\sin x) = \operatorname{sech}^2(\sin x)\cos x$$

보기10

$y=\cosh^2(2x-1)$ 일 때 $\dfrac{dy}{dx}$를 구하라.

풀이

연쇄법칙을 이용하면,

$$\begin{aligned}\frac{dy}{dx}[\cosh^2(2x-1)] &= 2\cosh(2x-1)\frac{d}{dx}[\cosh(2x-1)] \\ &= 4\cosh(2x-1)\sinh(2x-1)\end{aligned}$$

2) 역쌍곡선함수

sinh함수와 tanh함수는 도함수가 양수이므로 증가함수이고 일대일 함수이다. 따라서 역함수가 존재하며 기호로 $\sinh^{-1}$과 $\tanh^{-1}$로 표시한다. cosh 함수는 일대일함수가 아니므로 역함수가 존재하지 않는다. 그러나 정의역을 $[0, \infty)$로 제한하게 되면 일대일 함수가 된다. 역쌍곡선 코사인함수는 제한된 구간내에서의 함수의 역함수를 고려하여야 한다.

역쌍곡선 코사인함수와 역쌍곡선 시컨트함수의 역함수를 얻으려면 정의역을 $x \geqq 0$으로 제한해야 한다. 그러므로 다음과 같이 정의한다.

[정의] 역쌍곡선함수

$$y = \sinh^{-1}x \quad \Leftrightarrow \quad x = \sinh y$$
$$y = \tanh^{-1}x \quad \Leftrightarrow \quad x = \tanh y$$
$$y = \operatorname{csch}^{-1}x \quad \Leftrightarrow \quad x = \operatorname{csch} y$$
$$y = \coth^{-1}x \quad \Leftrightarrow \quad x = \coth y$$
$$y = \cosh^{-1}x \quad \Leftrightarrow \quad x = \cosh y\,, \qquad x \geqq 0$$
$$y = \operatorname{sech}^{-1}x \quad \Leftrightarrow \quad x = \operatorname{sech} y\,, \qquad x \geqq 0$$

쌍곡선함수는 e^x와 e^{-x}를 이용하여 정의 되므로, 그 역함수는 자연로그를 이용하여 나타낼 수 있다.

예를 들면, $y = \cosh x$의 역함수를 알아보자. 이 함수의 정의역은 $x \geqq 0$이므로

$$y = \cosh x = \frac{e^x + e^{-x}}{2}, \qquad x \geqq 0$$

을 x에 관해 풀기위해 양변에 $2e^x$를 곱하면,

$$2ye^x = 2e^x\left(\frac{e^x + e^{-x}}{2}\right) = e^{2x} + 1$$
$$\therefore\ (e^x)^2 - 2ye^x + 1 = 0$$

윗 식은 e^x의 이차방정식이므로, 이것을 근의공식을 이용해 풀면,

$$e^x = \frac{2y + \sqrt{(2y)^2 - 4}}{2} = y + \sqrt{y^2 - 1}$$

이므로,

$$x = \ln(y + \sqrt{y^2 - 1})$$

이 된다. 따라서,

$$\therefore\ x = \cosh^{-1}y = \ln(y + \sqrt{y^2 - 1})$$
$$\therefore\ y = \cosh^{-2}x = \ln(y + \sqrt{x^2 - 1})$$

다른 역함수도 이러한 방법으로 구할 수 있다. 이 결과를 정리하면 다음과 같다.

[정리] 역쌍곡선함수

$$y = \sinh^{-1}x = \ln(x + \sqrt{x^2 + 1}), \qquad x \in \mathbb{R}$$
$$y = \cosh^{-1}x = \ln(x + \sqrt{x^2 - 1}), \qquad x \geqq 1$$
$$y = \tanh^{-1}x = \frac{1}{2}ln\frac{1 + x}{1 - x}, \qquad -1 < x < 1$$
$$y = \text{sech}^{-1}x = \ln\left(\frac{1 + \sqrt{1 - x^2}}{x}\right), \qquad 0 < x \leqq 1$$

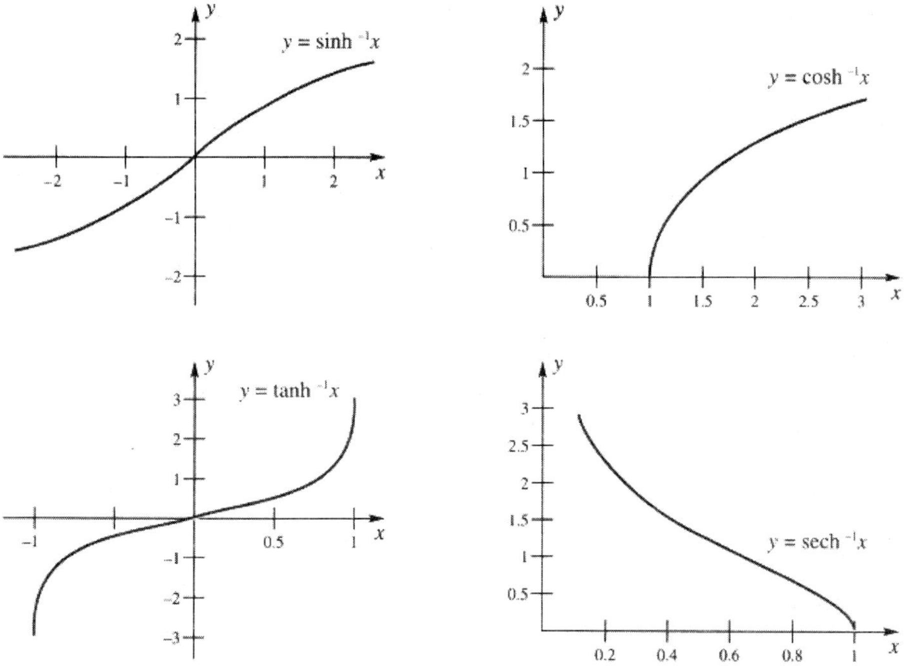

그림4. 역쌍곡선함수의 그래프

■ 역쌍곡선함수의 도함수

위의 정리는 정의역 내에서 모두 미분 가능한 함수가 된다. 따라서 역쌍곡선함수의 도함수는 다음 정리와 같다.

[정리] 역쌍곡선함수의 도함수

$$\frac{d}{dx}(\sinh^{-1}x) = \frac{1}{\sqrt{1+x^2}}, \qquad \frac{d}{dx}(\text{csch}^{-1}x) = -\frac{1}{|x|\sqrt{x^2+1}}.$$

$$\frac{d}{dx}(\cosh^{-1}x) = \frac{1}{\sqrt{x^2-1}}, \qquad \frac{d}{dx}(\text{sech}^{-1}x) = -\frac{1}{x\sqrt{1-x^2}},$$

$$\frac{d}{dx}(\tan^{-1}x) = \frac{1}{1-x^2}, \qquad \frac{d}{dx}(\cot^{-1}x) = \frac{1}{1-x^2}$$

[연습문제]

* 문제 1~8에서 다음 값을 계산하라.

1. $\sinh(0)$
2. $\cosh(0)$
1. $\sinh(1)$
2. $\cosh(1)$
3. $\sinh(2)$
4. $\cosh(2)$
7. $\sinh(\ln 1)$
8. $\text{sech}(0)$

9. $\sinh(x^2-1)=0$의 해를 구하라.
10. $\cosh(x^2+1)=0$ 의 해를 구하라.

* 문제 11~24에서 다음 항등식이 참임을 보여라.

11. $\cosh x+\sinh x=e^x$
12. $\cosh 3x+\sinh 3x=e^{3x}$
13. $\cosh x-\sinh x=e^{-x}$
14. $\cosh 3x-\sinh 3x=e^{-3x}$
15. $\sinh(x+y)=\sinh x\cosh y+\cosh x\sinh y$
16. $\sinh(x-y)=\sinh x\cosh y-\cosh x\sinh y$
17. $\cosh(x+y)=\cosh x\cosh y+\sinh x\sinh y$
18. $\cosh(x-y)=\cosh x\cosh y-\sinh x\sinh y$
19. $\tan(x+y)=\dfrac{\tanh x-\tanh y}{1-\tanh x\tanh y}$
20. $\tanh(x-y)=\dfrac{\tanh x-\tanh y}{1-\tanh x\tanh y}$
21. $\sinh 2x=2\sinh x\cosh x$
22. $\cosh(2x)=\cosh^2 x+\sinh^2 x$
23. $\tanh(\ln x)=\dfrac{x^2-1}{x^2+1}$
24. $1-\tanh^2 x=\text{sech}^2 x$

* 문제 25~40에서 다음 함수의 도함수를 구하라.

25. $y = \sinh^2 x$
26. $y = \cosh^2 x$
27. $y = 3\sinh^2 x$
28. $y = \cosh^3 x$
29. $y = \cosh(2x+1)$
30. $y = \sinh(x^3 + x)$
31. $y = \ln(\sinh x)$
32. $y = \ln(\coth x)$
33. $y = x^2 \cosh x$
34. $y = \frac{1}{x^2} sinhx$
35. $\sinh^{-1}(x^2)$
36. $y = x \sinh^{-2}(x^3)$
37. $y = \ln(\cosh^{-1} x)$
38. $y = \cosh^{-2}(\cos x)$
39. $y = \tanh(\cot x)$
40. $y = \coth^{-2}(\tanh x)$

* 문제 41~46에서 다음 적분을 구하라.

41. $\int \sinh(2x+1)dx$
42. $\int x\cosh(x^2+1)dx$
43. $\int e^x \sinh e^x dx$
44. $\int \cos x \sinh(\sin x)dx$
45. $\int \tanh x \ln(\cosh x)dx$
46. $intx \coth x^2 dx$

47. $y = \sinh x$, $y = 0$, $x = \ln 3$로 둘러싸인 영역의 넓이를 구하라.
48. 곡선 $y = \sinh x (0 \leq x \leq 1)$를 x축에- 대해 회진시겼다. 그 결괴로 생기는 곡면의 넓이를 구하라.

3.14 도함수의 평균값 정리

이 절에서는 도함수의 여러 가지 응용문제를 다루는데 기초가 되는 롤의 정리, 평균값 정리 등을 설명한다.

■ 롤(Rolle)]의 정리

> **[롤의 정리]**
> 함수 $f(x)$가 폐구간 $[a, b]$에서 연속이고 개구간 (a, b)에서 미분가능이며 $f(a)=f(b)$ 이면 $f'(c)=0$을 만족하는 개구간 (a, b)안에 적어도 하나 존재한다.

[증명]

(1) $f(x)=q$, q는 상수인 경우
이 경우는 $f'(x)=0$이므로 c는 (a, b)안에서 임의의 수를 택해도 된다.

(2) $[a, b]$에 속하는 임의의 x에서 $f(x)>f(a)$인 경우
$f(x)$는 폐구간 $[a, b]$에서 연속이므로 최대-최소정리4)에 의하여 최대값 $M=f(c_1)$과 최소값 $m=f(c_2)$를 갖는다. f는 상수함수가 아니므로 M 또는 m중의 하나는 $f(a)=f(b)$와 다른 값이다. 그러므로, c_1 또는 c_2 중 하나는 a도 b도 아니다. c_1이 a, b와 다르면 $c=c_1$이라 하면, h를 충분히 작은 양수라 할 때

$$\frac{f(c+h)-f(c)}{h} \leqq 0, \quad \frac{f(c-h)-f(c)}{-h} \geqq 0$$

이다. $f(x)$는 $x=c$에서 미분가능하므로

$$0 \leqq \lim_{h \to 0} \frac{f(c-h)-f(c)}{-h} = f'(c) = \lim_{h \to 0} \frac{f(c+h)-f(c)}{h} \leqq 0$$

이다. 따라서 $f'(c)=0$을 얻는다.

(3) $[a, b]$에 속하는 임의의 x에서 $f(x)<f(a)$인 경우

---

4) 함수 $f(x)$가 폐구간$[a, b]$에서 연속이면, $f(x)$는 $[a, b]$에서 최대와 최소를 가진다.

극값 정리에 의해 f는 $[a, b]$에서 최소값을 갖는다. $f(a) = f(b)$ 이므로 (a, b)에 속하는 수 c에서 최소값을 갖는다. 여기서, 페르마의 정리[5]에 의해 $f'(c) = 0$ 이다.

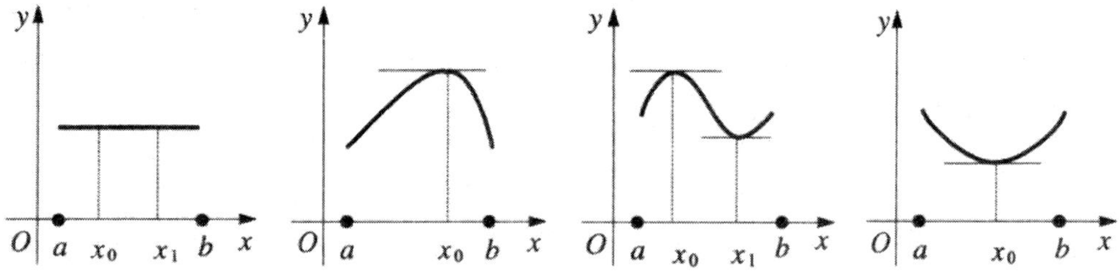

(a) $f(x) = q$ (b) $f(c) = 0$ 아래로 오목 (c) $f'(c_1) = f'(c_2) = 0$ (d) $f(c) = 0$ 아래로 볼록

그림1. Rolle의 정리

보기1

방정식 $x^3 + 2x - 2 = 0$이 단 한 개의 실근을 가짐을 보여라.

풀이

우선 근이 존재함을 보이기 위해 중간값 정리[6]를 이용한다.

$f(x) = x^3 + 2x - 2$라 놓으면, $f(0) = -2 < 0$이고 $f(1) = 1 > 0$이다. f는 다항함수이므로 연속이다. 따라서 중간값 정리로부터 0과 1사이에 $f(c) = 0$을 만족하는 수 c가 있다. 그러므로 주어진 방정식은 근을 갖는다.

또한, 실근을 갖지 않는다는 것을 보이기 위해 롤의 정리를 이용한다.

방정식이 두 개의 실근 a와 b를 갖는다고 하면 $f(a) = 0 = f(b)$ 이다. f는 다항함수이기 때문에 구간 (a, b)에서 미분가능하고 $[a, b]$에서 연속이다. 따라서 롤의 정리에 의해 $f'(c) = 0$을 만족하는 $c \in (a, b)$가 존재한다. 그러나 모든 x에 대해 $x^2 \geq 0$이므로 다음이 성립한다.

$$f'(x) = 3x + 2 \geq 1$$

그러므로 $f'(x)$는 0이 될 수 없다. 이것은 모순이 된다. 따라서 방정식은 두 개의 실근을 갖지 않는다.

---

5) f가 c에서 극대 또는 극소이고 $f'(c)$가 존재하면 $f'(c) = 0$ 이다.

6) **[중간값정리]** f가 폐구간$[a, b]$에서 연속이고 N이 $f(a)$와 $f(b)$ 사이의 임의의 수라 할 때, $f(c) = N$을 만족하는 수 c가 (a, b)에 존재한다. 단, $f(a) \neq f(b)$ 이다.

■ 평균값 정리

연속인 함수가 점A와 점B 사이의 모든 점에서 수직이 아닌 접선을 가지면, 점A와 점B 사이의 그래프의 적어도 한 점에서, 접선이 할선 AB와 평행하게 된다. 이것을 도함수에서 평균값 정리라 한다. 그림2(a)에서는 할선 AB와 평행한 접선 C가 한 개이고, 그림2(b)는 평행인 점이 여러 개 있음을 나타내고 있다.

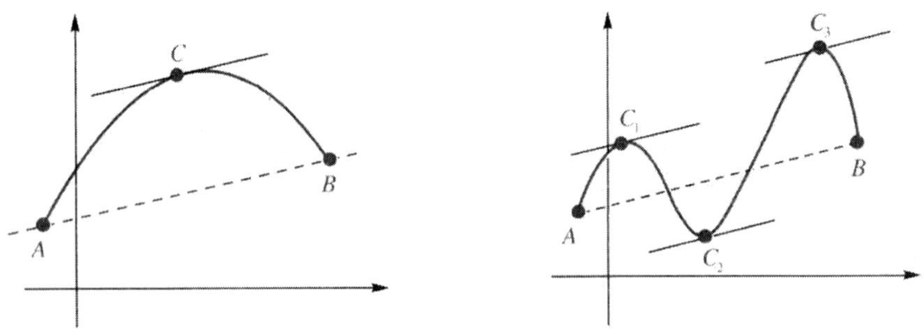

(a) 할선 AB와 평행인 점C가 1개 (b) 할선 AB와 평행인 점C가 여러 개

그림2. 평균값 정리

> **[정리] 미분의 평균값 정리**
>
> 함수 f가 폐구간 $[a, b]$에서 연속이고, 개구간 (a, b)에서 미분하능하면,
>
> $$\frac{f(b)-f(a)}{b-a}$$
>
> 식을 변형하면,6
>
> $$f(b)-f(a)=f'(c)(b-a)$$

[증명]

그림3.에 표시된 함수 $s(x)=f(x)-g(x)$로 놓는다. $y=g(x)$는 점$(a, f(a))$와 점$(b, f(b))$를 지나는 직선의 방정식이다. 이 직선은 기울기가 $\dfrac{f(b)-f(a)}{b-a}$이고, 점$(a, f(a))$를 지난다.

그러므로, 기울기 방정식은

$$g(x)-f(a)=\frac{f(b)-f(a)}{b-a}(x-a)$$

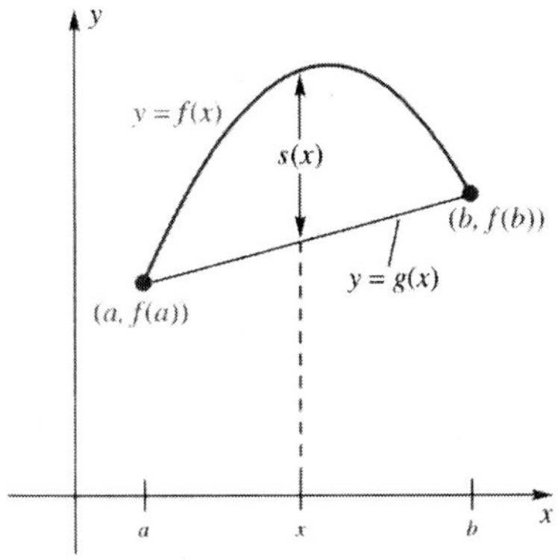

그림3. 평균값 정리

따라서 $s(x)$는

$$s(x) = f(x) - g(x) = f(x) - g(a) - \frac{f(b) - f(a)}{b - a}(x - a)$$

$s(b) = s(a) = 0$이고, (a, b)에 속하는 모든 x에 대하여

$$s'(x) = f'(x) - \frac{f(b) - f(a)}{b - a}\,!$$

$s'(c) = 0$이 되는 점 c가 구간 (a, b)에 있으면

$$0 = f'(c) = \frac{f(b) - f(a)}{b - a}$$

가 된다.

$s'(c) = 0$이 되는 점 c가 (a, b)에 존재한다는 사실은 s는 연속인 두 함수의 차이므로, s는 구간$[a, b]$에서 연속이다. 그러므로 최대, 최소의 존재 정리[7]에 의해, s는 $[a, b]$에서 최대값과 최소값을 가진다. 만약 최대값, 최소값이 둘 다 0이면, $s(x)$는 구간$[a, b]$에서 항상 0이며, 따라서 (a, b)에 속하는 모든 x에 대해서 $s'(x) = 0$이다.

7) 최대,최소 존재 정리: 함수f가 폐구간$[a, b]$에서 연속이면, f는 $[a, b]$에서 최대값과 최소값을 가진다.

보기2

함수 $f(x)=e^{-x}$, $a=0$, $b=1$ $f(b)=f(a)+(b-a)f'(c)$ 인 c를 구하라. 단, $a<c<b$이다.

풀이

$f(x)=e^{-x}$에서 $f(0)=1$, $f(1)=e^{-1}$이고,

$$e^{-1}-1=(1-0)(-e^{-c})$$

따라서,

$$e^{-c}=\frac{e-1}{e}$$

양변에 대수를 취하면 다음을 얻는다.

$$\therefore\ c=1-\ln(e-1)$$

[연습문제]

* 문제 1~12에서 다음 함수들이 롤의 정리의 조건을 만족하는 지 보이고, 정리를 만족하는 c값을 구하라.

1. $f(x) = x^2 + 2$, $[-2, 2]$
2. $f(x) = x^2 + 1$, $[-2, 2]$
3. $f(x) = x^2 + 2$, $[-1, 1]$
4. $f(x) = x^2 + 1$, $[-1, 1]$
5. $f(x) = x^3 + x^2$, $[1, 2]$
6. $f(x) = x^3 + x^2$, $[0, 1]$
7. $f(x) = \sin x$, $[0, \pi/2]$
8. $f(x) = \sin x$, $[-\pi/2, 0]$
9. $f(x) = \cos x$, $[0, \pi/2]$
10. $f(x) = \cos x$, $[-\pi/2, 0]$
11. $f(x) = 5 - 2x + x^3$, $[1, 3]$
12. $f(x) = \sqrt{x} - \frac{1}{2}x$, $[0, 6]$

* 문제 13~24에서 다음 함수들이 평균값 정리의 조건을 만족하는 지 보이고, 그래프를 그려 결과를 설명하라.

13. $f(x) = x^2 + 2$, $[-2, 2]$
14. $f(x) = x^2 + 1$, $[-2, 2]$
15. $f(x) = x^2 + 2$, $[-1, 1]$
16. $f(x) = x^2 + 1$, $[-1, 1]$
17. $f(x) = x^3 + x^2$, $[1, 2]$
18. $f(x) = x^3 + x^2$, $[0, 1]$
19. $f(x) = \sin x$, $[0, \pi/2]$
20. $f(x) = \sin x$, $[-\pi/2, 0]$
21. $f(x) = \cos x$, $[0, \pi/2]$
22. $f(x) = \cos x$, $[-\pi/2, 0]$
23. $f(x) = 5 - 2x + x^3$, $[1, 3]$
24. $f(x) = \sqrt{x} - \frac{1}{2}x$, $[0, 6]$

25. 롤의 정리는 평균값 정리의 특수한 경우임을 보여라.
26. 임의의 실수 a와 b에서 다음 부등식이 성립함을 보여라.
$$|\sin a - \sin b| \leq |a - b|$$
27. 다음 방정식이 단 한 개의 실근을 가짐을 보여라.
(a) $x^3 + x - 1 = 0$　　(b) $3x^5 + x^3 + x + 1 = 0$
28. f와 g가 구간$[a, b]$에서 미분가능하고, $f(a) = g(a)$이고 $f(b) = g(b)$이면 구간$[a, b]$내 어떤 점 c에서는 f와 g는 평행한 접선을 가짐을 보여라.

제4장

적분

4.1 역도함수

수학적인 연산은 대부분 그 역들이 있다. 예를 들면 덧셈과 뺄셈, 곱셈과 나눗셈, 거듭제곱과 제곱근들은 상호 역관계가 된다.

> **[정의] 역도함수**
> 구간 I에 속하는 모든 x에 대해서 $F'(x)=f(x)$이면, 구간 I에서 f의 역도함수(antiderivative)라 한다.

위 정의는 함수 $f(x)$가 주어졌을 때, $F'(x)=f(x)$인 함수 $F(x)$를 구하려는 것이다. 이때 함수 F를 f의 역도함수라 한다.

> **[정리1] 역도함수 일반화**
> F가 구간 I에서 f의 역도함수이면 일반적으로 다음 함수고 구간 I에서 f의 역도함수이다.
> $$F(x)+C$$
> 여기서, C는 임의의 상수이다.

F와 G가 둘 다 f의 역도함수라 가정하면 다음이 성립한다.

$$F'(x)=f(x)=G'(x)$$

그러므로, $G(x)-F(x)=C$이고, 여기서 C는 상수이다. 이것은 $G(x)=F(x)+C$로 쓸 수 있고 따라서 역도함수의 일반식이 된다. 예를 들어 $f(x)=x$라 할 때, f의 역도함수는 $F(x)=\frac{1}{2}x^2+C$가 된다. 상수 C에 특정한 값을 주면 그래프들이 서로 수직 평행 이동한 함수 족을 얻는다. 이것은 그래프의 각 곡선이 주어진 x값에서 같은 기울기를 가져야 하기 때문이다.

보기1

다음 함수의 일반적인 역도함수를 구하라.

(a) $f(x) = \cos x$ (b) $f(x) = x^n$, ($n \geq 0$인 정수) (c) $f(x) = x^{-4}$

풀이

(a) $F(x) = \sin x$이면 $F'(x) = \cos x$ 이다. 그러므로 $\cos x$ 의 역도함수는 $\sin x$이다. 정리1에 따라 일반적인 역도함수는 $F(x) = \sin x + C$이다.

(b) x^n 의 역도함수는 거듭제곱의 공식을 이용한다.

$$\frac{d}{dx}\left(\frac{x^{n+1}}{n+1}\right) = \frac{(n+1)x^n}{n+1} = x^n$$

따라서, $f(x) = x^n$ 의 일반적인 역도함수는

$$\therefore\ F(x) = \frac{x^{n+1}}{n+1} + C$$

(c) $n = -4$라 두면 $x^n = x^{-4}$ 이므로 특수 역도함수 $F(x)$는

$$F(x) = \frac{x^{-3}}{-3}$$

그러나 $f(x) = x^{-4}$는 $x = 0$에서는 정의되지 않는다. 그러므로, $x = 0$을 포함하지 않는 식에서만 유효하다. 따라서 $f(x) = 1/x^4$ 의 일반적인 역도함수는 다음과 같다.

$$\therefore\ F(x) = \begin{cases} -\dfrac{1}{3x^3} + C_1, & x > 0 \\ -\dfrac{1}{3x^3} + C_2, & x < 0 \end{cases}$$

4.2 ∑기호와 합

합을 다룰 때 합할 수가 많거나 세밀하게 나눈 값을 더하려 할 때 쉽게 나타내거나 쉽게 계산할 수 있는 방법이 필요하다. 예를 들어 양의 정수의 제곱의 합을 처음 30개 까지 계산한다면

$$1+4+9+16+25\cdots\ +900=1^2+2^2+3^2+4^2+5^2+\ \cdots\ +30^2$$

$i=1,\ 2,\ 3,\cdots,30$에 대하여 각 항이 i^2인 항의 합이다. 이를 간단히 나타내기 위하여 다음 기호를 사용한다.

$$\sum_{i=1}^{30} i^2=1^2+2^2+3^{2+}\ \cdots\ +30^2$$

으로 나타낸다. 이때 그리스 문자 ∑(sigma)는 합을 나타내는 기호이다.

일반적으로 임의의 실수 $a_1,\ a_2,\ a_2,\ \cdots\ ,a_n$에 대하여 합을 나타내는 기호를 사용하면 다음과 같다.

합기호의 사용

임의의 실수 $a_1,\ a_2,\ a_2,\ \cdots\ ,a_n$에서 그 합

$$\sum_{i=1}^{n} a_i=\ a_1+\ a_2+\ a_2,\ \cdots\ +a_n$$

보기1

다음 식을 합기호로 나타내라.

(a) $\ln 1+\ln 2+\ln 3+\cdots+\ln 10$ (b) $5^2+6^2+7^2+\ \cdots\ +50^2$

(c) 양의 홀수 1부터 200개

풀이

(a) $\ln 1+\ln 2+\ln 3+\cdots+\ln 10=\sum_{i=1}^{10}\ln i$

(b) $5^2+6^2+7^2+\ \cdots\ +50^2\ =\sum_{i=5}^{50} i^2$

(c) 양의 홀수는 $2i-1$이고 $i=200$이면, $2i-1=2(200)-1=399$이다. 따라서,

$$1+3+5+\cdots+399=\sum_{i=1}^{200}(2i-1)$$

$\sum$을 계산하는 규칙은 다음과 같다.

[정리] $\sum$의 성질

n이 임의의 양의 정수이고, c와 d는 임의의 상수일 때,

(1) $\sum_{i=1}^{n}c=cn$ (상수의 합)

(2) $\sum_{i=1}^{n}ca_i=c\sum_{i=1}^{n}a_i$ (상수배의 선형성)

(3) $\sum_{i=1}^{n}(a_i\pm b_i)=\sum_{i=1}^{n}a_i\pm\sum_{i=1}^{n}b_i$ (덧셈뺄셈의 선형성) (복호동순)

(4) $\sum_{i=1}^{n}(ca_i+db_i)=c\sum_{i=1}^{n}a_i+d\sum_{i=1}^{n}b_i$ (선형 분배)

보기2

다음을 구하라.

(a) $\sum_{i=1}^{10}(2i+2)$

(b) $\sum_{i=1}^{1000}(2i+2)$

(c) $\sum_{i=1}^{10}i^2$

(d) $\sum_{i=1}^{10}\left(\frac{i}{10}\right)^2$

풀이

(a) $\sum$의 성질로부터,

$$\sum_{i=1}^{10}(2i+2)=2\sum_{i=1}^{10}i+\sum_{i=1}^{10}2=2\cdot\frac{10(11)}{2}+2(10)=110+20=130$$

(b) (a)와 마찬가지로,

$$\sum_{i=1}^{1000}(2i+2)=2\sum_{i=1}^{1000}i+\sum_{i=1}^{1000}2$$

$$= 2 \cdot \frac{1000(1001)}{2} + 2(1000)$$

$$= 1001000 + 2000 = 1003000$$

(c) $\sum_{i=1}^{10} i^2 = \frac{10(11)(21)}{6} = 385$

(d) $\sum_{i=1}^{10} \left(\frac{i}{10}\right)^2 = \frac{1}{10^2} \sum_{i=1}^{10} i^2 = \frac{1}{100} \cdot \frac{10(11)(21)}{6} = \frac{1}{100} \cdot 385 = 3.85$

처음 n개의 양의 정수들의 합을 고려할 때 다음과 같은 합의 공식을 사용한다.

[정리] 합의 공식

n이 임의의 양의 정수이고, c와 d는 임의의 상수일 때,

(1) $\sum_{i=1}^{n} i = 1 + 2 + 3 + \cdots + n = \frac{n(n+1)}{2}$ (n개의 양의 정수합)

(2) $\sum_{i=1}^{n} i^2 = 1^2 + 2^2 + 3^2 + \cdots + n^2 = \frac{n(n+1)(2n+1)}{6}$ (n개의 양의 정수 제곱합)

(3) $\sum_{i=1}^{n} i^3 = 1^3 + 2^3 + 3^3 + \cdots + n^3 = \left[\frac{n(n+1)}{2}\right]^2$ (n개의 양의 정수 세제곱합)

보기3

$\sum_{i=1}^{80} a_i = 30$이고 $\sum_{i=1}^{80} b_i = 15$일 때, $\sum_{i=1}^{80} (3a_i - 2b_i + 1)$을 구하라.

풀이

$$\sum_{i=1}^{80} (3a_i - 2b_i + 1) = 3\sum_{i=1}^{80} a_i - 2\sum_{i=1}^{80} b_i + \sum_{i=1}^{n} 1$$

$$= 3(30) - 2(15) + 80 = 140$$

보기4

$\sum_{k=1}^{n}(a_{k+1}-a_k)=a_{n+1}-a_n$ 임을 보여라.

풀이

$$\begin{aligned}\sum_{k=1}^{n}(a_{k+1}-a_k) &= (a_2-a_1)+(a_3-a_2)+(a_4-a_3)+\cdots+(a_{n+1}-a_n)\\ &= -a_1+a_2-a_2+a_3-a_3+\cdots-a_n+a_{n+1}\\ &= -a_1+a_{n+1}=a_{n+1}-a_1\end{aligned}$$

[연습문제]

1. 다음을 합 공식으로 나타내고 합을 구하라.
   (a) 양의 정수 처음 30개 제곱의 합
   (b) 양의 정수 처음 30개 합의 제곱

* 문제 2~11에서 주어진 합을 구하라.

2. $\sum_{i=1}^{8}(i-1)$

3. $\sum_{i=1}^{8}(3i+1)$

4. $\sum_{i=1}^{6}\frac{1}{i+2}$

5. $\sum_{i=1}^{6}(i+2)^2$

6. $\sum_{i=1}^{7}(-1)^i 2^{i-1}$

7. $\sum_{k=2}^{6}(3-k^2)$

8. $\sum_{k=1}^{50}(k^2-2k+1)$

9. $\sum_{k=1}^{5}k\cos(k\pi)$

10. $\sum_{n=1}^{6}n\sin\left(\frac{n\pi}{2}\right)$

11. $\sum_{k=5}^{10}[(k-2)^2+k-5)]$

* 문제 12~20에서 주어진 합 $\sum$기호로 나타내라.

12. $3+3+3+3+3+3$

13. $1+2+3+\cdots+21$

14. $1+3+5+\cdots+41$

15. $2+4+8+\cdots+2^n$

17. $1^2+3^2+5^2+\cdots+123^2$

18. $1+\frac{1}{3}+\frac{1}{5}+\cdots+\frac{1}{99}$

19. $1-\frac{1}{2}+\frac{1}{3}-\frac{1}{4}+-\cdots+\frac{1}{98}-\frac{1}{99}$

20. $a_1+a_2+a_3+\cdots+a_{60}$

* 문제 21~26에서 $\sum_{i=1}^{8} a_i = 20$이고 $\sum_{i=1}^{8} b_i = 30$일 때 다음 합을 구하라.

21. $\sum_{i=1}^{8}(a_i + b_i)$

22. $\sum_{i=1}^{8}(2a_i + 3b_i)$

23. $\sum_{k-0}^{7}(2a_{k+1} - 3b_{k+1})$

24. $\sum_{i=1}^{8}(a_i + b_i - i)$

25. $\sum_{i=1}^{8}(a_i + 2)^2$

26. $\sum_{i=0}^{7}(a_i^2 + b_i^2)$

* 문제 27~32에서 합의 공식 (1)~(3)을 이용하여 다음 합을 구하라.

27. $\sum_{i=1}^{6}(i^3 - i^2)$

28. $\sum_{i=1}^{6}3i^2(i+2)$

29. $\sum_{k=1}^{n}(3i^2 - 2i + 4)$

30. $\sum_{r=1}^{n}(3r - 2)^2$

31. $\sum_{k=1}^{20}(2k+1)$

32. $\sum_{k=1}^{10}(3^k + 2)$

33. $\sum_{i=1}^{10}\sum_{j}^{i}(j+1)$의 값을 구하라.

34. $\sum_{i=1}^{n} a_i = n^2 + 3n$일 때, a_{100}을 구하라.

35. 다음 식으로 표현되는 등비수열의 합의 공식을 증명하라.

$$\sum_{k=0}^{n} ar^k = a + ar + ar^2 + \cdots + ar^{n-1} + ar^n = \frac{a - ar^{n+1}}{1-r} \quad (r \neq 1)$$

36. 문제 25의 등비수열의 합 공식을 이용하여 다음 합을 구하라.

(a) $\sum_{k=1}^{8}\left(\frac{1}{4}\right)^k$

(b) $\sum_{k=1}^{8}2^{k+1}$

37. 거듭제곱공식 $(i+1)^4 - i^4 = 4i^3 + 6i^2 + 4i + 1$을 이용하여 다음 식이 성립됨을 보여라.

$$\sum_{i=1}^{n} i^2 = 1^2 + 2^2 + 3^2 + \cdots + n^2 = \frac{n(n+1)(2n+1)}{6}$$

4.3 역도함수

적분의 시초는 고대 그리스의 구분구적법에서부터 유래되었다. 그 후 갈릴레이의 제자인 카발리에리에 의해 오늘날의 적분개념이 확립되었다. 카발리에리는 후에 라이프니츠와 같은 수학자들에게 영향을 주었다. 특히 라이프니츠는 접선법과 구분구적법을 체계화하여 미분의 극한개념을 대신하는 미적분학을 소개하였다. 라이프니츠는 적분을 표시하기 위해 합을 나타내는 $\int$ 기호[8]를 도입하여, 함수 f의 적분이 미분의 역연산임을 나타내는 부정적분기호 $\int f(x)dx$[9]를 발명하였다. 그 후 코시는 극한의 개념을 이용하여 적분학의 논리적 기초를 확립하였고, 수학자 리만은 코시의 이론을 바탕으로 오늘날과 같은 리만적분법을 확립하였다.

전반적으로 수학적 연산들은 대부분 그 역연산이 있다. 예를 들면, 덧셈과 뺄셈, 곱셈과 나눗셈, 거듭제곱과 제곱근을 취하는 일들은 항등호(=)를 사이에 두고 서로 역의 관계이다. 이와 같이 역연산이 중요한 것은 방정식을 풀기에 유용하기 때문이다. 따라서, 도함수의 역과정인 역도함수를 구하는 것이 필요하다. 즉, 미분의 역과정인 적분이 필요한 것이다.

> **[정의] 역도함수**
>
> 구간 L에서 $\dfrac{d}{dx}F(x)=f(x)$가 성립하면, 구간 L에서 $F(x)$를 $f(x)$의 역도함수 (antiderivative)라 한다.

역도함수의 정의는 함수 $F(x)$가 $F'(x)=f(x)$이면 $f(x)$의 원시함수 또는 역도함수 (antiderivative)이라고 한다는 의미이다. 함수 $f(x)$의 모든 원시함수의 집합을 $f(x)$의 부정적분이라 하고 $\int f(x)dx$로 나타낸다. 평균값정리에 의하여 함수 $f(x)$의 원시함수는 상수값만 차이가 나므로 $\int f(x)dx=F(x)+C$로 나타낼 수 있다. 미분의 역도함수를 다루는 표기법은 다음과 같다.

8) 라이프니츠는 적분기호 $\int$는 S를 길게 늘려 만든 것으로 합(sum)의 극한이 적분이므로 이 기호를 선택하였다.
9) $f(x)$를 피적분함수라 한다.

[부정적분(idefinite integral) 표기]

$$\int f(x)dx = F(x)$$

로 표시하고, $F'(x) = f(x)$를 의미한다.

임의의 상수 C에 대하여 $f(x)$의 일반적인 원시함수의 꼴은 $F(x) + C$이다.

$$\int f(x)dx = F(x) + C$$

여기서 함수 $f(x)$를 피적분함수(integrand)라고 하고, dx에서 x를 적분변수(variable of integration), C를 적분상수(constant of integration)이라 한다.

거듭제곱 적분공식

n을 -1이 아닌 임의의 유리수라 할 때,

$$\int x^n dx = \frac{1}{n+1}x^{n+1} + C$$

[증명]

오른쪽 변의 도함수는

$$\frac{d}{dx}\left(\frac{1}{n+1}x^{n+1}\right) = \frac{1}{n+1}(n+1)x^n = x^n$$

로그함수의 미분법을 이용하여 다음 정리를 얻는다.

(1) $\int \frac{1}{x}dx = \ln|x| + C$ (2) $\int \frac{f'(x)}{f(x)}dx = \ln|f(x)| + C$

거듭제곱 적분공식으로부터 지수함수의 부정적분을 구할 수 있다.

[지수함수의 부정적분]

$$\int a^x dx = \frac{a^x}{\ln a} + C \quad (\text{여기서, } a > 0,\ a \neq 0\text{인 실수})$$

$\ln e = 1$이므로, 상수 a를 e로 선택하면, 다음 식이 성립한다.

[자연대수의 부정적분]

$$\int e^x dx = e^x + C$$

보기1

$f(x) = x^{3/2}$일 때 그 역도함수 $F(x)$를 구하라.

풀이

$$\int x^{3/2} dx = \frac{1}{\frac{3}{2}+1} x^{\frac{3}{2}+1} + C = \frac{2}{5} x^{\frac{5}{2}} + C$$

부정적분은 미분의 역연산이므로 부정적분공식 및 규칙들은 미분공식의 규칙으로부터 얻어진다.

부정적분은 선형성이다. 미분공식의 선형성을 다시 표시하면 다음과 같다.

$$\frac{d}{dx}[kf(x)] = k\frac{d}{dx}f(x)$$

$$\frac{d}{dx}[f(x) \pm g(x)] = \frac{d}{dx}f(x) \pm \frac{d}{dx}g(x)$$

위의 두 결과로부터 역도함수(부정적분)도 선형성을 가진다.

[부정적분의 선형성]

부정적분은 선형 연산자이다.

함수 $f(x)$와 $g(x)$가 부정적분을 가지고, k는 상수라 할 때 다음이 성립한다.

① $\int kf(x)dx = k\int f(x)dx$

② $\int [f(x) \pm g(x)]dx = \int f(x)dx \pm \int g(x)dx$ (부호 동순)

[증명]

식의 오른쪽 변을 미분하면,

① $\dfrac{d}{dx}\left[k\int f(x)dx\right]=k\dfrac{d}{dx}\int f(x)dx=kf(x)$

② $\dfrac{d}{dx}\left[\int f(x)dx\pm\int g(x)dx\right]=\dfrac{d}{dx}\int f(x)dx\pm\dfrac{d}{dx}\int g(x)dx$

$=f(x)\pm g(x)$

보기2

다음 값을 구하라.

(a) $\int(x^3-x+4)dx$ (b) $\int\dfrac{\sqrt{x}}{x}dx$ (c) $\int\sin^2 x dx$ (d) $\int\cos^2 x dx$

(e) $\int\tan x dx$ (f) $\int\dfrac{\cos^2 x}{1-\sin x}dx$

풀이

(a) $\int(x^3-x+4)dx=\dfrac{1}{4}x^4-\dfrac{1}{2}x^2+4x+C$

(b) $\int\dfrac{\sqrt{x}}{x}dx=\int x^{-1/2}dx=\dfrac{1}{2}x^{1/2}+C$

(c) $\int\sin^2 x dx=\int\left(\dfrac{1-\cos 2x}{2}\right)dx$

$=\dfrac{1}{2}\int(1-\cos 2x)dx=\dfrac{1}{2}\int dx-\dfrac{1}{2}\int\cos 2x dx$

$=\dfrac{1}{2}x-\dfrac{1}{2}\dfrac{\sin 2x}{2}+C=\dfrac{1}{2}x-\dfrac{1}{4}sin2x+C\quad(\because\left(\dfrac{1}{2}sin2x\right)=\cos 2x)$

(d) $\int\cos^2 x dx=\int\left(\dfrac{1+\cos 2x}{2}\right)dx=\dfrac{1}{2}x+\dfrac{\sin 2x}{4}+C$

(e) $\tan x=\dfrac{\sin x}{\cos x}$, $\dfrac{d}{dx}(\cos x)=-\sin x$ 이므로,

$\int\tan x dx=\int\dfrac{\sin x}{\cos x}dx=-\int\dfrac{(\cos x)'}{\cos x}dx$

$=\ln|f(x)|+C=-\ln|\cos x|+C$

(f) $\cos^2 x=1-\sin^2 x=(1+\sin x)(1-\sin x)$이다. 따라서,

$\int\dfrac{\cos^2 x}{1-\sin x}dx=\int\dfrac{(1+\sin x)(1-\sin x)}{1-\sin x}dx$

$=\int(1+\sin x)dx=x-\cos x+C$

우리가 잘 알고 있는 공식

$$\frac{d}{dx}(\sin x) = \cos x$$

이므로 그 역도함수는

$$\int \cos x dx = \sin x + C$$

이 된다. 즉, 미분공식의 역으로 적용하는 대응되는 적분공식을 얻을 수 있다. 그동한 살펴본 부정적분공식들과 몇 개의 중요한 공식을 다음에 정리하였다.

[부정적분 공식]

① $\int cf(x)dx = c\int f(x)dx$

② $\int [f(x)+g(x)]dx = \int f(x)dx + \int g(x)dx$

③ $\int kdx = kx + C$, k는 상수

④ $\int x^n dx = \frac{x^n}{n+1} + C$, $(n \neq -1)$

⑤ $\int \sin x dx = -\cos x + C$

⑥ $\int \cos x dx = \sin x + C$

⑦ $\int \sec^2 x dx = \tan x + C$

⑧ $\int \csc^2 dx = -\cot x + C$

⑨ $\int \sec x \tan x dx = \sec x + C$

⑩ $\int \csc x \cot x dx = -\csc x + C$

보기3

다음 함수의 역도함수를 구하라.

(a) $f(x) = x^n$, $n \geqq 0$ (b) $f(x) = \sin x$ (c) $f(x) = x^{-4}$

풀이

(a) 미분의 거듭제곱 공식을 활용하면,

$$\frac{d}{dx}\left(\frac{x^{n+1}}{n+1}\right)=\frac{1}{n+1}(n+1)x^{n+1}=x^n$$

따라서, 역도함수는

$$F(x)=\frac{x^{n+1}}{n+1}+C$$

(b) $F(x)=-\cos x$ 이면, $F'(x)=f(x)=\sin x$가 된다. 따라서,

$$F(x)=-\cos x+C$$

(c) $f(x)=x^{-4}$는 (a)의 경우에서 $n=-4$라 놓으면

$$F(x)=\frac{1}{(-3)}x^{-3}$$

을 얻을 수 있다. 그러나, $x=0$에서는 정의되지 않는다.

따라서, $f(x)=x^{-4}$의 일반적인 역도함수는

$$F(x)=-\frac{1}{3x^3}+C\ ,\ (x\neq 0)$$

보기4

함수 $f(x)=3\sin x+\dfrac{2x^4-\sqrt{x}}{x^2}$일 때, $\int f(x)dx$를 구하라.

풀이

주어진 함수 $f(x)$를 다시 쓰면,

$$f(x)=3\sin x+2x^2-x^{-3/2}$$

따라서 이 함수의 역도함수를 구한다

$$F(x)=\int f(x)dx=3(-\cos x)+2\left(\frac{x^3}{3}\right)-\frac{x^{-\frac{3}{2}+1}}{-\frac{3}{2}+1}.$$

$$=-3\cos x+\frac{2}{3}x^3-2\frac{1}{\sqrt{x}}+C$$

일반적으로 어떤 함수의 알려진 도함수를 가지고 미지의 함수를 구하는 것, 즉 함수의 도함수를 포함하는 방정식을 미분방정식(differential equation)이라 한다. 이 방정식의 일반해는 임의의 상수 C를 포함하게 된다. 그러나 특별한 건을 주게 되면 상수 C가 결정되고 일반해가 아닌 특수한 해를 구할 수 있게 된다. 다음 보기를 참고한다.

보기5

함수 $f'(x) = x^2\sqrt{x}$ 이며, $f(1) = 1$ 인 함수 $f(x)$를 구하라.

풀이

함수 $f'(x) = x^2\sqrt{x} = x^{5/2}$ 의 역도함수는

$$f(x) = \frac{x^{7/2}}{7/2} + C = \frac{2}{7}x^{7/2} + C$$

특수해를 구하기 위하여 상수 C를 결정한다.

보기4의 문제에서 $f(1) = 1$ 이므로,

$$f(1) = \frac{2}{7} + C = 1$$

윗 식을 C에 대하여 풀면,

$$\therefore\ C = 1 - \frac{2}{7} = \frac{5}{7}$$

따라서, 특수해는

$$\therefore f(x) = \frac{2}{7}x^{7/2} + \frac{5}{7}$$

보기6

[역도함수 응용] 직진운동을 하는 입자가 있다. 이 입자의 가속도 $a(t) = 3t + 2$이다. 초기 속도 $v(0) = -3m/s$이고 초기 변위 $s(0) = 6m$일 때, 위치함수 $s(t)$를 구하라.

풀이

속도의 시간변화량은 가속도이다. 즉, $v'(t) = a(t) = 3t + 2$ 이므로 $v'(t)$를 적분하면,

$$v(t) = \int v'(t)dt = 6 \cdot \frac{t^2}{2} + 2t + C_1$$

이다. $v(0) = C_1$이고 보기5에서 $v(0) = -3$이므로 $C_1 = -3$이다. 따라서,

$$v(t) = 3t^2 + 2t - 3$$

또한, $s'(t) = v(t)$이므로, $s'(t)$를 적분하면,

$$s(t) = \int s'(t)dt = 3 \cdot \frac{1}{3}t^3 + 2 \cdot \frac{1}{2}t^2 - 3t + C_2$$

여기서, $s(0) = C_2$이고 $s(0) = 6$이므로, $C_2 = 6$이다. 따라서,

$$s(t) = t^3 + t^2 - 3t + 6$$

[연습문제]

* 문제 1~14에서 다음 부정적분을 구하라.

1. $f(x) = 3$
2. $f(x) = x - 2$
3. $f(x) = x^3 + \pi$
4. $f(x) = 2x^2 + \sqrt{2}$
5. $f(x) = x^{3/2}$
6. $f(x) = 4x^{3/4}$
7. $f(x) = \dfrac{1}{\sqrt{x}}$
8. $f(x) = 5x^{-2/3}$
9. $f(x) = x^3 - x$
10. $f(x) = 2x^2 - \pi x$
11. $f(x) = 24x^7 - 3x^5 + 32x^3 + \sqrt{3}\,x$
12. $f(x) = x^2(x^3 - 4x^2 + 2x - \sqrt{5})$
13. $f(x) = \dfrac{2}{x^3} - \dfrac{3}{x^2}$
14. $f(x) = \dfrac{8x^6 - x}{x^3}$

* 문제 15~18에서 다음 부정적분을 구하라.

15. $\int (2x^4 - 2x)dx$
16. $\int \left(2\sqrt{x} - \dfrac{1}{x^3}\right)dx$
17. $\int 2\sec x \tan x dx$
18. $\int (2e^x - 2)dx$

*문제 19~28에서 다음 f를 구하라.

19. $f''(x) = 10x^3 - 5x^2 + 2x$
20. $f''(x) = \dfrac{3}{4}x^{3/4}$
21, $f^{(3)}(t) = \cos t$
22. $f^{(3)}(\theta) = \sin\theta$
23. $f''(t) = 4 - \dfrac{1}{t^3}$
24. $f''(x) = 2\sin x + 3x^2$
25. $f'(x) = 1 + 3\sqrt{x}$, $f(2) \approx 6.6569$
26. $f'(x) = -2 + 6x - 6x^2$, $f(0) = 1$
27. $f''(x) = 2 + \cos x$, $f(0) = -1$, $f(\pi/20 = 0$
28. $f''(x) = \cos x + \sin x$, $f(9) = 3$, $f'(0) = 4$

29. $\int |x| dx$를 구하라.

30. $\int |x-1|dx$를 구하라.

31. $\int \sin^2 x dx$를 구하라.

32. $\int \sin^3 x dx$를 구하라.

33. 속도함수 $v(t)=3-9t$이고 처음 위치 $s(0)=6$일 때 위치함수 $s(t)$를 구하라.

34. 적분공식 $\int e^x dx = e^x + C$를 유도하라.

35. 적분공식 $\int e^{-x} dx = -e^{-x} + C$를 유도하라.

36. 다음 공식을 증명하라.

$$\int \frac{2g(x)f'(x)-f(x)g'(x)}{2[g(x)]^{3/2}}dx = \frac{f(x)}{\sqrt{g(x)}} + C$$

37. 빗방울은 떨어져 땅에 도달하면 표면적이 증가하므로 공기 저항도 증가한다. 떨어지는 빗방울의 초기 속도는 9.8m/sec 이고 가속도는 다음과 같다.

$$a = \begin{cases} 8-0.8t, & 0 \leq t \leq 10 \\ 0, & t \geq 10 \end{cases}$$

빗방울이 지상으로부터 800m에 있다면 땅에 떨어지는데 걸리는 시간(t sec)을 구하라

4.4 리만 합

[정의] 리만합

모든 i에 대하여, $[x_0, x_1, x_2, \cdots, x_n]$이 $x_i - x_{i-1} = \Delta x = \dfrac{b-a}{n}$을 만족하는 구간 $[a, b]$의 균등분할이라고 하지. $\overline{x_j}$는 $i = 0, 1, 2, \cdots, n$에 대하여 소구간 $[x_{i-1}, x_i]$ 안의 임의의 점이라 할 때

$$\sum_{i=1}^{n} f(\overline{x_i})\Delta x$$

를 리만합(,Riemann sum),이라 한다.

함수 f가 폐구간 $[a, b]$에서 연속일 때를 생각하자.
$a = a_0 < x_1 < x_2 < \cdots < x_{n-1} < x_n = b$인 점들을 접아, 구간 $[a, b]$를 n개의 구간들 로 쪼갠 면적을 A_n라 하자. 각각의 미세 구간 $[x_i, x_{i-1}]$에서, 임의의 점 $\overline{x_i}$를 잡는다. 이것을 i 번째 구간의 표본점(sample point)라 한다.
이때 합

$$A = \sum_{i=1}^{n} A_i = \sum_{i=1}^{n} f(\overline{x_i})\Delta x_i$$

를 분할면적 A_n에 대응하는 f의 리만합(Riemann sum)이라 한다.

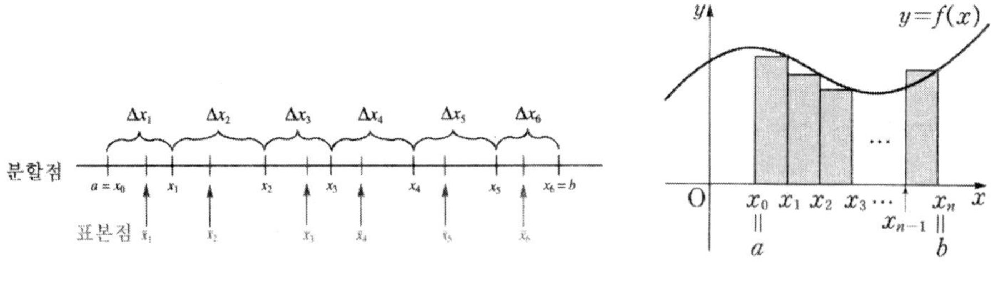

(a) 표본점 (b) 리만합

그림1. 표본점과 리만합

보기1

함수 $f(x)=x^2+1$ 의 구간 $[-1,\ 2]$에서의 리만합을 계산하라. 표본점 $\overline{x_i}$는 구간의 중점으로 한다. 구간의 분할점은 $(-1,\ -0.5,\ 0,\ 0.5,\ 1,\ 1.5,\ 2)$를 사용한다.

풀이

표본점은 각 구간의 중점이고, $\Delta x_i=0.5$이고,

$\dfrac{-1+(-0.5)}{2}=-0.75$, -0.25, 0.25, 0.75, 1.25, 1.75의 6개로 나누므로 $n=6$이 된다.

따라서,

$$\begin{aligned} A &= \sum_{i=1}^{6} f(\overline{x_i})\Delta x_i \\ &= [f(-0.75)+f(-0.25)+f(0.25)+f(0.75)+f(1.75)](0.5) \\ &= [1.5625+1.0625+1.0625+1.5625+2.5625+4.0425](0.5) \\ &= 5.9735 \end{aligned}$$

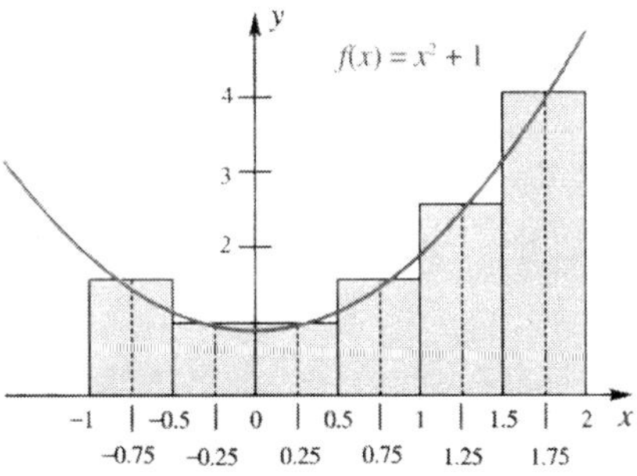

그림2. 보기1

4.5 정적분

[정의] 리만 정적분

$f(x)$를 폐구간 $[a, b]$에서 정의된 함수라 할 때, 이 구간에서의 리만합 $\sum_{k=1}^{n} f(c_k)\Delta x_k$의 극한이 존재하면 이를 $f(x)$의 $[a, b]$에서의 **정적분**이라 하고 $\int_a^b f(x)dx$ 10)로 나타낸다.

$$\lim_{\Delta x \to 0} \sum_{k=1}^{n} f(c_k)\Delta x_k = \int_a^b f(x)dx$$

가 된다. 그리고 정적분 $\int_a^b f(x)dx$가 존재할 때 $f(x)$는 $[a, b]$에서 **적분가능**하다고 한다.

정적분을 정의하는 극한의 정밀한 의미는 다음과 같이 나타낸다.
임의의 $\epsilon > 0$이 주어질 때 모든 $n > N$과 구간$[x_{i-1}, x_i]$에 속하는 모든 $\overline{x_i}$에 대해 다음을 만족하는 정수 N이 존재한다.

$$\left| \int_a^b f(x)dx - \sum_{i=1}^{n} f(\overline{x_i})\Delta x \right| < \epsilon$$

윗 식의 의미는 적분가능한 함수의 정적분은 리만합에 의해 오차범위 내에서 근사값으로 나타낼 수 있음을 알려준다. 즉, f가 양의 값을 가질 때 리만 합은 근사 직사각형 넓이의 합으로 해석할 수 있다.

■ f가 음의 값을 가질 경우

f가 양과 음의 값을 동시에 가진다면, 리만 합은 x축 위에 놓인 직사각형들의 넓이의 합

10) 여기서 a는 하한(lower limit), b는 상한(upper limit)라 한다. 기호 dx는 그 자체로는 아무 의미는 없으며 $\int_a^b f(x)dx$ 전체가 하나의 기호이다. 적분을 계산하는 과정을 적분법(integration)이라 한다. 또한 $a < b$라고 암시적으로 가정하였다.

과 x축 아래에 놓인 직사각형들의 넓이의 합의 음수값을 합한 것이다. 이 리만 합의 극한을 취하면 정적분의 실제 넓이가 된다. 이를 식으로 나타내면 다음과 같다.

$$\int_a^b f(x)dx = A_1 - A_2$$

여기서, A_1은 x축 위의 f의 그래프 아래 영역의 넓이이며, A_2는 x축 아래와 f의 그래프 위에 있는 영역의 넓이이다.

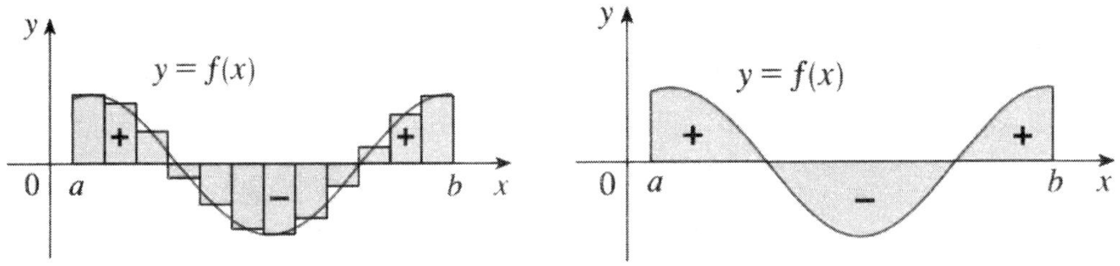

(a) 리만 합　　　(b) $\int_a^b f(x)dx$

그림3. 리만합과 정적분

[정리] 적분구간의 교환

$$\int_a^a f(x)dx = 0$$

$$\int_a^b f(x)dx = -intfromb \quad , \quad a > b$$

$\int_a^b f(x)dx$를 정의할 때 $a < b$라고 가정하였으나 위 적분구간 교환정리에 의해 $a > b$, $a = b$라도 계산가능하다.

[정리] 적분 가능성 정리

함수 f가 구간 $[a, b]$에서 유계이고, 불연속 점들이 유한개이면, f는 $[a, b]$에서 적분 가능하다. 특히 f가 구간 $[a, b]$ 전체에서 연속이면, f는 $[a, b]$에서 적분 가능하다.

위 가능성 정리에 의해, 다음 함수들은 모든 폐구간 $[a, b]$에서 적분가능하다.

(1) 다항식

(2) 사인 함수와 코사인 함수

(3) 구간 $[a, b]$에서 0이 되는 점이 없는 유리함수

보기2

$\int_{-2}^{3}(x+4)dx$를 리만정적분 방법으로 계산하라.

풀이

구간 $[-2, 3]$을 n개의 같은 길이의 구간들로 균등분할한다. 그러면 각각의 길이는 $\Delta x = 5/n$. 5개의 각각의 구간 $[x_{i-1}, x_i]$에서 $\overline{x_i} = x_i$를 표본점으로 사용한다. 그러면,

$$x_0 = -2$$

$$x_1 = -2 + \Delta x = -2 + \frac{5}{n}$$

$$x_2 = -2 + 2\Delta x = -2 + 2\left(\frac{5}{n}\right)$$

$$x_3 = -2 + 3\Delta x = -2 + 3\left(\frac{5}{n}\right)$$

$$\vdots$$

$$x_i = -2 + i\Delta x = -2 + i\left(\frac{5}{n}\right)$$

$$\vdots$$

$$x_n = -2 + n\Delta x = -2 + n\left(\frac{5}{n}\right) = 3$$

따라서, $f(x_i) = x_i + 4 = 2 + i(5/n)$이 된다. 그러므로,

$$\begin{aligned}\sum_{i=1}^{n} f(\overline{x_i})\Delta x_i &= \sum_{i=1}^{n} f(x)\Delta x \\ &= \sum_{i=1}^{n}\left[2 + i\left(\frac{5}{n}\right)\right]\frac{5}{n} \\ &= \frac{5}{n}\sum_{i=1}^{n} 2 + \frac{25}{n^2}\sum_{i=1}^{n} i \\ &= \frac{5}{n}(2n) + \frac{25}{n^2}\left[\frac{n(n+1)}{2}\right] \\ &= 10 + \frac{25}{2}\left(1 + \frac{1}{n}\right)\end{aligned}$$

따라서,

$$\begin{aligned}\int_{-2}^{3}(x+4)dx &= \lim_{n\to 0}\sum_{i-1}^{n} f(\overline{x_i})\Delta x_i \\ &= \lim_{n\to 0}\left[10 + \frac{25}{2}\left(1 + \frac{1}{n}\right)\right] \\ &= \frac{45}{2}\end{aligned}$$

이 답을 검증해 보자. 이 답은 그림4의 사다리꼴 넓이이다. 그러므로 사다리꼴의 넓이 공식 $A = (a+b)h/2$를 쓰면 $\frac{1}{2}(2+7)5 = \frac{45}{2}$.

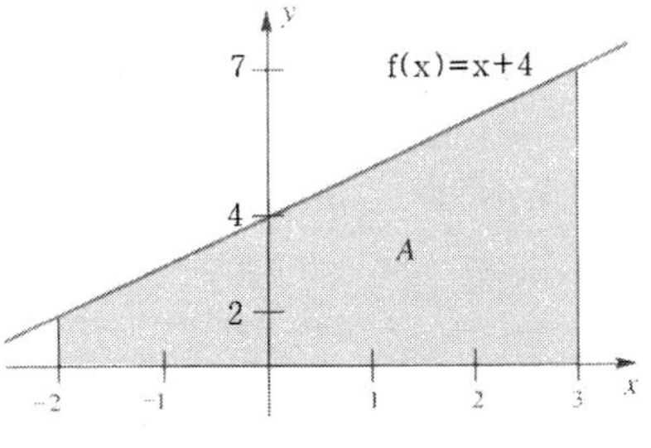

그림4. 보기2 $\int_{-2}^{3} f(x)dx$

[정리] 구간 덧셈 성질

점 a, b, c를 포함하는 어떤 구간에서 함수 f가 적분가능하다고 하자. 그러면 a, b, c의 순서에 관계없이 다음이 성립한다.

$$\int_a^c f(x)dx - \int_a^b f(x)dx + \int_b^c f(x)dx$$

위 정리에 의하여 다음 식도 성립한다.
예를 들면,

$$\int_0^2 xdx = \int_0^4 xdx + \int_4^2 xdx$$

■ 정적분의 성질

일반적으로 정적분 $\int_a^b f(x)dx$를 정의할 때 $a<b$인 경우를 생각했다. 그러나 $a>b$인 경우를 생각해 보자. 이 경우 리만합의 극한의 정의도 가능하다. 즉, a와 b를 서로 바꾸면 Δx는 리만합에서 $(b-a)/n$에서 $(a-b)/n$으로 바뀐다. 따라서 다음이 성립한다. 이는 적분의 교환정리와 같다.

$$\int_a^b f(x)dx = -\int_b^a f(x)dx$$

여기서, $a=b$이면 $\Delta x=0$이므로 다음이 성립한다.

$$\int_a^b f(x)dx = 0$$

구간 $[a, b]$에 정의된 적분 가능한 함수 $f(x)$에 대하여

$$\int_a^b f(x)dx = \lim_{n\to\infty}\sum_{k=1}^{n} f(x_k)\Delta x_k$$
$$= \lim_{n\to\infty}\sum_{k=1}^{n} f\left(a + k\frac{b-a}{n}\right)\frac{b-a}{n}$$

이 된다.

$f(x)$와 $g(x)$가 연속함수일 때, 적분의 기본적인 성질은 다음과 같다.

[적분의 성질]

① $\int_a^b c dx = c(b-a)$ (c는 상수)

② $\int_a^b [f(x)+g(x)]dx = \int_a^b f(x)dx + \int_a^b g(x)dx$

③ $\int_a^b cf(x)dx = c\int_a^b f(x)dx$ (c는 상수)

④ $\int_a^b [f(x)-g(x)]dx = \int_a^b f(x)dx - \int_a^b g(x)dx$

⑤ $f(x) \geqq 0$이고, $a \leqq c \leqq b$일 때,

$\int_a^c f(x)dx + \int_c^b f(x)dx = \int_a^b f(x)dx$

⑥ $\int_a^b f(x)dx = -\int_b^a f(x)dx$ <앞에서 정의 함>

⑦ $\int_a^a f(x)dx = 0$ <앞에서 정의 함>

[증명]

여기서는 증명은 ①과 ②만 하기로 하고, 나머지의 증명은 응용편과 연습문제에서 하기로 한다.

① 구간 $[a, b]$에서 x는 $f(x)=c$이므로

$$\int_a^b c dx = \lim_{n\to\infty}\sum_{k=1}^{n} c\frac{b-a}{n}$$
$$= c(b-a)\lim_{n\to\infty}\frac{1}{n}\sum_{k=1}^{n} 1 = c(b-a)$$

② $\int_a^b [f(x)+g(x)]dx$

$$= \lim_{n\to\infty}\sum_{k=1}^{n}\left[f\left(a+k\frac{b-a}{n}\right)+g\left(a+k\frac{b-a}{n}\right)\right]\frac{b-a}{n}$$

$$= \lim_{n\to\infty}\sum_{k=1}^{n} f\left(a+k\frac{b-a}{n}\right)$$

$$+\lim_{n\to\infty}\sum_{k=1}^{n} f\left(a+k\frac{b-a}{n}\right)\frac{b-a}{n}$$

$$= \int_a^b f(x)dx + \int_a^b g(x)dx$$

보기3

적분의 성질을 이용하여 $\int_0^1 (6+2x^2)dx$를 계산하라.

풀이

적분의 성질 ②와 ③을 이용한다.

$$\int_0^1 (6+2x^2)dx = \int_0^1 6dx + \int_0^1 2x^2 dx$$

$$= \int_0^1 6dx + 2\int_0^1 x^2 dx$$

적분의 성질 ①을 이용하면, 우변의 첫 번째 식은

$$\int_0^1 6dx = 6(1-0) = 6$$

또한, $\int_0^1 x^2 = \frac{1}{3}$이므로 다음 계산값을 얻는다.

$$\therefore \int_0^1 (6+2x^2)dx = 6+2\cdot\frac{1}{3} = \frac{20}{3}$$

보기4

$\int_0^8 f(x)dx = 21$이고, $\int_0^6 f(x)dx = 16$일 때, $\int_6^8 f(x)dx$를 구하라.

풀이

적분의 성질 ⑤를 이용하면,

$$\int_0^6 f(x)dx + \int_6^8 f(x)dx = \int_0^8 f(x)dx$$

이다. 그러므로

$$\int_6^8 f(x)dx = \int_0^8 f(x)dx - \int_0^6 f(x)dx = 21 - 16 = 5$$

4.6 미적분학의 기본정리

뉴턴과 라이프니츠는 서로 독립적으로 미적분학을 발견하였다고 인정받고 있는 학자이다. 그들은 역도함수와 정적분 사이의 밀접한 관계를 알았고 이를 활용하였다는 점이 매우 중요한 점이다. 개념적으로 미분과 적분이 서로 역과정이라는 것을 보여주고 있다. 이런 관점에서 서로의 관계를 명확히게 설명해 주는 중요한 관계가 미적분학의 기본정리이다.

[미적분학의 기본정리1]

$f(x)$가 구간 $[a, b]$에서 연속일 때, (a, b)에서 변수 x에 대해 다음이 성립한다.

$$\frac{d}{dx}\int_a^x f(t)dt = f(x), \qquad a \le x \le b$$

[증명]

구간 $[a, b]$에 속하는 x에 대하여 $g(x) = \int_a^x f(t)dt$라 두면,

x가 (a, b)에 속하면,

$$\begin{aligned}\frac{d}{dx}\int_a^x f(t)dt &= g'(x) \\ &= \lim_{\Delta x \to 0} \frac{g(x+\Delta x) - g(x)}{\Delta x} \\ &= \lim_{\Delta x \to 0} \frac{1}{\Delta x}\left[\int_a^{x+\Delta x} f(t)dt - \int_a^x f(t)dt\right] \\ &= \lim_{\Delta x \to 0} \frac{1}{\Delta x}\int_x^{x+\Delta x} f(t)dt\end{aligned}$$

[미적분학의 기본정리2]

$f(x)$가 구간 $[a, b]$에서 연속이면

$$\int_a^b f(x)dx = F(b) - F(a)$$

여기서 $F(x)$는 $f(x)$의 임의의 역도함수, $F'(x) = f(x)$이다.

[증명]

구간 $[a, b]$의 x에 대하여 $g(x) = \int_a^x f(t)dt$로 놓으면 미적분학의 기본정리1로부터 (a, b)의 모든 x에 대해, $g'(x) = f(x)$이다. 즉, $g(x)$는 $f(x)$의 역도함수이다. $F(x)$가 구간$[a, b]$에서 $f(x)$의 역도함수이다. 따라서 $F'(x) = g'(x)$이므로 $F(x)$와 $g(x)$는 상수만큼 차이가 있게 된다. 즉, $a < x < b$에 대하여

$$F(x) = g(x) + C$$

함수 $F(x)$와 $g(x)$는 구간 $[a, b]$에서 연속이므로, $F(a) = g(a) + C$이고 $F(b) = g(b) + C$ 이다. 그러므로 구간 $[a, b]$에서 $F(x) = g(x) + C$이다. 또한

$$g(a) = \int_a^a f(t)dt = 0$$

이므로,

$$F(a) = g(a) + C = 0 + C = C$$

그러므로

$$\begin{aligned} F(b) - F(a) &= [g(b) + C] - [g(a) + C] \\ &= g(b) - g(a) = g(b) \\ &= \int_a^b f(t)dt \end{aligned}$$

미적분학의 기본정리2는 $a \leq x \leq b$에 대해 $f(x)$의 모든 값을 포함하는 복잡한 과정으로 정의된 $\int_a^b f(x)dx$가 단지 두 점 a, b에서 $F(x)$의 값으로 계산된다.

앞에서 알아본 두 개의 기본정리는 역도함수와 정적분 사이의 관계성을 말해주고 있다. 기본정리1은 함수 $f(t)$가 연속이면 $\int_a^x f(t)dt$는 $f(t)$의 역도함수임을 말해 준다. 기본정리2는 $F(b) - F(a)$를 계산해서 $\int_a^b f(x)dx$를 구할 수 있음을 말해준다.

보기1

c가 상수일 때 $\int_a^b c dx = c(b-a)$임을 보여라.

풀이

$F(x) = cx$는 $f(x) = c$의 역도함수이다. 미적분학의 기본정리2에서

$$\int_a^b c dx = F(b) - F(a) = cb - ca = c(b-a)$$

보기2

$y = x^2$인 함수가 있다. $x = 0$에서 $x = 1$까지 함수아래의 면적을 구하라.

풀이

$f(x) = x^2$의 역도함수는 $F(x) = x^3/3$이다. 기본정리2를 이용해서 면적 A를 구하면,

$$A = \int_0^1 x^2 dx = \left.\frac{x^3}{3}\right]_0^1 = \frac{(1)^3}{3} - \frac{(0)^3}{3} = \frac{1}{3}$$

보기3

$\int_a^b x dx = \frac{b^2}{2} - \frac{a^2}{2}$임을 보여라.

풀이

$F(x) = x^2/2$는 $f(x) = x$의 역도함수이다.

$$\int_a^b x dx = F(b) - F(a) = \frac{b^2}{2} - \frac{a^2}{2}$$

보기4

미적분학의 기본정리를 이용해 다음 정적분을 계산하라.

(a) $\int_0^2 x^2 dx$ (b) $\int_0^1 (x^2 - 5x + 1) dx$

풀이

(a) $F(x) = \frac{1}{3}x^3$으로 놓으면, $F'(x) = x^2$이다. 미적분학의 기본정리2에 따르면,

$$\int_0^2 x^2 dx = \frac{1}{3}x^3|_0^2 = \frac{(2)^2}{3} - \frac{(0)^2}{3} = \frac{4}{3}$$

(b) $f(x) = (x^2 - 5x + 1)dx$ 의 역도함수 $F(x) = \frac{1}{3}x^3 - \frac{5}{2}x^2 + x$ 이다. 기본정리2를 이용하여 역도함수값을 구하면,

$$F(x)]_0^1 = \left(\frac{1^2}{3} - \frac{5}{2}(1)^2 + (1)^2\right) - \left(\frac{0^2}{3} - \frac{5}{2}(0)^2 + 0^2\right) = \frac{23}{6}$$

보기5

다음 정적분을 계산하라.

(a) $\int_1^4 x^3 dx$ (b) $\int_0^\pi \sin x dx$ (c) $\int_1^2 \frac{1}{x} dx$

풀이

(a) $f(x) = x^3$ 의 역도함수 $F(x) = \frac{1}{4}x^4$ 이므로 미적분학의 기본정리2에 의하여

$$\int_2^4 x^3 dx = \frac{1}{4}x^4 \Big]_2^4 = \frac{1}{4}(4)^4 - \frac{1}{4}(2)^4 = 60$$

(b) $F(x) = -\cos x$ 라 놓으면, $F'(x) = \sin x$ 이다. 따라서,

$$\int_0^\pi \sin x dx = -\cos x]_0^\pi = -\cos\pi - (-\cos 0) = 2$$

(c) $F(x) = \ln|x|$ 라 놓으면 $F'(x) = \frac{1}{x}$ 이다. 따라서,

$$\int_1^2 \frac{1}{x} dx = \ln|x|]_1^2 = \ln 2 - \ln 1 = \ln 2$$

보기6

(a) $\int_0^1 \frac{1}{1+x^2} dx$ 를 구하라. (b) $\int_0^1 \frac{1}{\sqrt{1-x^2}} dx$

풀이

(a) $(\tan^{-1}x)' = \frac{1}{1+x^2}$ 이므로,

$$\int_0^1 \frac{1}{1+x^2} dx = \tan^{-1}x - \Big]_0^1 = \tan^{-1}1 - \tan^{-1}0 = \frac{\pi}{4}$$

(b) $F(x) = \sin^{-1}x$ 라 놓으면, $F'(x) = \frac{1}{\sqrt{1-x^2}}$ 가 된다. 따라서,

$$\int_0^1 \frac{1}{\sqrt{1-x^2}} dx = \sin^{-1}x - \Big]_0^1 = \sin^{-1}1 - \sin^{-1}0 = \frac{\pi}{2}$$

제5장

적분기법

5.1 치환적분

5.1.1 치환적분 개요

미분법에서 살펴본 바와 같이 미분의 덧셈, 뺄셈, 곱셈, 나눗셈, 합성함수의 비분법으로 쉽게 그 도함수를 구할 수 있었다. 그러나 다음과 같은 부정적분

$$\int 3x^2\sqrt{1+x^3}\,dx \qquad ①$$

$$\int e^{-x^3}\cdot x^{-e}dx \qquad ②$$

들은 단순 적분공식으로는 풀 수 없는 경우가 많다. 그러나 피적분함수의 성질에 따라 부정적분을 구할 수 없는 경우도 많이 있다. 치환법은 연쇄법칙의 역과 같은 역할을 하게 된다. 이러한 적분을 계산하기 위해서는 새로운 변수를 도입해서 문제를 해결한다. 즉, 변수 x를 새로운 변수 t로 바꾼다. 위의 식①의 경우를 예로 들어보면 제곱근 안의 식을 t로 바꾸면 즉, $t=1+x^3$이라 하면 t의 미분은 $dt=3x^2dx$이다. 따라서 식①은 다음과 같이 쓸 수 있다.

$$\int 3x^2\sqrt{1+x^3}\,dx=\int \sqrt{t}\,dt-\frac{2}{3}t^{3/2}+C$$
$$=\frac{2}{3}(1+x^3)^{3/2}+C$$

식②의 경우는 대수적으로 가능한 풀이법이 없다. 따라서 이 식②는 대개 수치적 방법으로 해결하게 된다. 이렇게 변수를 바꾸어 적분하는 방법을 치환적분(intergration by substitution)이라 한다.

> **[정의] 치환적분**
> 함수 $F(x)$를 미분가능한 함수라 하면
> $$\int f(g(x))g'(x)dx=F(g(x))+C$$

[증명]

우변의 도함수가 좌변의 적분의 피적분함수와 같다는 것을 보인다. 따라서, 연쇄법칙의 간단한 응용이 된다.

$$\frac{d}{dx}[F(g(x)+C] = F'(g(x))g'(x) = f(g(x))g'(x)$$

또한, $\int f(g(x))g'(x)dx$ 에서 $t = g(x)$라 두면 $\frac{dt}{dx} = g'(x)$이므로 $dt = g'(x)dx$.
따라서,

$$\int f(g(x))g'(x)dx = \int f(t)dx = F(t) + C = F(g(x)) + C$$

$f(x)$에 대한 부정적분값을 찾을 수 있으면, $\int f(g(x))g'(x)dx$를 계산할 수 있다. 치환법은 치환할 함수를 어떠한 것을 선택하느냐에 달려있다. 즉, 어떤 경우에는 쉽게 계산되며 다른 경우에는 분명하게 계산되지 않는다.

보기1

다음의 부정적분을 구하라.

(a) $\int 12x(x^2-1)^3dx$ (b) $\int x^2\sqrt{x^3-1}\,dx$

(c) $\int \frac{3x^2+4}{(x^3+4x)^2}dx$ (d) $\int \frac{3x^2+4}{x^3+4x}dx$

풀이

(a) $t = x^2 - 1$라 놓으면 $dt = 2xdx$

$$\int 12x(x^2-1)^3dx = \int 6 \cdot 2x(x^2-1)^3dx$$
$$= 6\int (x^2-1)2xdx$$
$$= 6intt^3dt = 6 \cdot \frac{1}{4}t^4 + C = \frac{3}{2}t^4 + C$$
$$= \frac{3}{2}(x^2-1)^4 + C$$

(b) $t = x^3 - 1$로 놓으면 $dt/dx = 3x^2$, $dt = 3x^2dx$

$$\int x^2\sqrt{x^3-1}\,dx = \int \frac{1}{3}\cdot 3x^2\sqrt{x^3-1}\,dx = \frac{1}{3}\int \sqrt{x^3-1}\,3x^2dx$$

$$= \frac{1}{3}\int t^{1/2}dt \ = \frac{1}{3}\cdot\frac{2}{3}t^{3/2}+C = \frac{2}{9}(x^3-1)^{\frac{3}{2}}+C$$

(c) $t=x^3+4x$라 놓으면 $dt/dx=3x^2+4$, $dt=(3x^2+4)dx$

$$\int \frac{3x^2+4}{(x^3+4x)^2}dx = \int \frac{1}{t^2}dt = \int t^{-2}dt$$

$$=-\frac{1}{t}+C = -\frac{1}{x^3+4x}+C$$

(d) $t=x^3+4x$라 놓으면, $dt/dx=3x^2+4$, $dt=(3x^2+4)dx$,

$$\int \frac{3x^2+4}{x^3+4x}dx = \int \frac{1}{t}dt = \ln|x|+C$$

$$= \ln|x^3+4x|+C$$

보기2

$\int \sin 2x dx$를 구하라.

풀이

$t=2x$ 임이 분명하다. 따라서, $dt=2dx$.

그러므로,

$$\int \sin 2x dx = \int \frac{1}{2}sin2x\ 2dx = \frac{1}{2}intsintdt$$

$$= \frac{1}{2}\int \sin t dt =-\frac{1}{2}cost+C =-\frac{1}{2}cos2x+C$$

보기3

$\int x^2\cos(x^3+5)dx$ 를 구하라.

풀이

$t=x^3+5$로 치환한다. 그 이유는 t의 미분은 $dt=3x^2dx$이다. 이 값은 상수 3을 제외하고는 x^2dx가 적분 안에 포함되어 있다. 따라서 $x^2dx=dt/4$와 치환법칙을 이용하면,

$$\int x^2\cos(x^3+5)dx = \int \cos t\cdot\frac{1}{3}dt = \frac{1}{3}\int \cos t dt$$

$$= \frac{1}{3}sint+C = \frac{1}{3}sin(x^3+5)+C$$

보기4

$\int \frac{1}{x}(\ln x)^2 dx$를 구하라.

풀이

$\ln x$를 t로 두면 $\frac{dt}{dx} = \frac{1}{x}$, $dt = \frac{1}{x}dx$. 따라서,

$$\int \frac{1}{x}(\ln x)^2 dx = \int (\ln x)^2 \frac{1}{x} dx$$
$$= \int t^2 dt = \frac{1}{3}t^3 + C$$
$$= \frac{1}{3}(\ln x)^3 + C$$

보기5

$\int x \sin x^2 dx$를 구하라.

풀이

적절한 치환값을 찾는다. $t = x^2$로 하면 피적분함수 $\sin x^2 = \sin t$가 되고, 이렇게 하는 것은 피적분함수에 있는 x값이다. 즉, x는 $dt = 2xdx$가 되므로 미분과 함께 두면 된다. 따라서,

$$\int x \sin x^2 dx = \int \sin x^2 \frac{1}{2} \cdot 2xdx$$
$$= \frac{1}{2}\int \sin t dt = -\frac{1}{2}\cos t + C$$
$$= -\frac{1}{2}\cos x^2 + C$$

보기6

$\int \tan x dx$를 치환법을 써서 구하라.

풀이

$t = \cos x$로 두면, $dt = -\sin x dx$가 된다. 따라서,

$$\int \tan x dx = \int \frac{\sin x}{\cos x} dx = -\int \frac{1}{t} dt$$
$$= -\ln|t| + C = -\ln|\cos x| + C$$

보기7

$\int x\sqrt{1-x}\,dx$를 치환법을 써서 구하라.

풀이

$t=1-x$로 하면 $x=1-t$, $\dfrac{dt}{dx}=-1$, $dt=-dx$

$$\int x\sqrt{1-x}\,dx=\int(1-t)\sqrt{t}(-dt)=\int(1-t)t^{1/2}dt$$

$$=\int\left(t^{\frac{3}{2}}-t^{\frac{1}{2}}\right)dt=\frac{2}{5}t^{\frac{5}{2}}-\frac{2}{3}t^{\frac{3}{2}}+C$$

$$=\frac{2}{5}(1-x)^{\frac{5}{2}}-\frac{2}{3}(1-x)^{\frac{3}{2}}+C$$

보기8

$\int x\sqrt{x^2+1}\,dx$를 구하라.

풀이

$t=x^2+1$로 놓으면 $dt=2xdx$이므로 $xdx=\dfrac{dt}{2}$이다. 치환법칙을 이용하면,

$$\int x\sqrt{x^2+1}\,dx=\int\sqrt{t}\,\frac{1}{2}dt=\frac{1}{2}\int t^{1/2}dt$$

$$=\frac{1}{2}\cdot\frac{t^{3/2}}{\frac{3}{2}}+C=\frac{1}{3}t^{3/2}+C$$

$$=\frac{1}{3}(x^2+1)^{3/2}+C$$

보기9

$\int 4x^3(x^4+1)^6dx$를 구하라.

풀이

$t=x^4+1$이라 두면, $dt=4x^3dx$이다. 따라서,

$$\int 4x^3(x^4+1)^6dx=\int t^6dt$$

$$=\frac{1}{7}t^7+C=\frac{1}{7}(x^4+1)^7+C$$

보기10

정적분 $\int_0^2 \sqrt{x^3+x}\,(3x^2+1)dx$를 구하라.

풀이

$t=x^3+x$ 라 두면, $dt=(3x^2+1)dx$가 된다. 따라서, 이 부정적분은

$$\int \sqrt{x^3+x}\,(3x^2+1)dx = intt^{1/2}dt = \frac{2}{3}t^{3/2}+C$$
$$= \frac{2}{3}(x^3+x)^{3/2}+C$$

정적분 값은

$$\int_0^2 \sqrt{x^3+x}\,(3x^2+1)dx = \left[\frac{2}{3}(x^3+x)^{3/2}+C\right]_0^2$$
$$= \left[\frac{2}{3}(2^3+2)^{3/2}+C\right]-[(0)+C]$$
$$= \left[\frac{2}{3}(16)^{3/2}+C\right]-[(0)+C]$$
$$= \frac{2}{3}(16)^{3/2} \approx 42.67$$

여기서, 보기10을 관찰해 보자. 보기10의 t의 도함수는 괄호 안의 함수$(3x^2+1)$와 같다. 이것으로 치환이 매우 중요한 역할을 한다는 것을 알 수 있다. 만약 괄호안의 식이 $3x^2+1$가 아니고 $5x^3+1$이 된다면 또는 도함수가 아닌 함수가 된다면 치환적분은 보다 복잡한 결과가 될 것이다. 또한 부정적분의 상수 C는 정적분을 구할 때는 서로 상쇄되어 없어짐을 알 수 있다. 특히 미적분학의 기본정리2를 적용시에는 $C=0$으로 두어도 무방하다.

보기11

$\int \sqrt{x^2-1}\,x^3dx$를 구하라.

풀이

$t=\sqrt{x^2-1}$이라 하면, $dt=\dfrac{x}{\sqrt{x^2-1}}dx$이다. 이 결과로

$$tdt=\sqrt{x^2-1}\cdot\frac{x}{\sqrt{x^2}-1x}dx = xdx\text{가 된다.}$$

또한 $t^2=x^2-1$이므로 $x^2=t^2+1$이다.

그러므로,

$$\begin{aligned}\int \sqrt{x^2-1}\,x^3dx &= \int \sqrt{x^2-1}\,(x^2)xdx \\ &= \int t(t^2+1)dt \ = \int (t^3+t)dt \\ &= \frac{1}{4}t^4 + \frac{1}{2}t^2 + C \\ &= \frac{1}{4}(\sqrt{x^2-1}\ )^4 + \frac{1}{2}(\sqrt{x^2-1}\ )^2 + C\end{aligned}$$

보기12

다음 적분값을 구하라.

(1) $\int e^x\sqrt{e^x-1}\,dx$ (2) $\int e^x\sqrt{1-e^x}\,dx$

풀이

(1) $t=e^x-1$이라 하면, $dt=c^x dx$이다. 따라서,

$$\begin{aligned}\int e^x\sqrt{e^x-1}\,dx &= \int \sqrt{t}\,dt \ = \frac{2}{3}t^{\frac{3}{2}} + C \\ &= \frac{2}{3}(e^x-1)^{\frac{3}{2}} + C\end{aligned}$$

(2) $t=1-e^x$라 하면, $dt=-e^x dx$이므로,

$$\begin{aligned}\int e^x\sqrt{1-e^x}\,dx &= \int (-\sqrt{1-e^x}\ )(-e^x)dx \\ &= \int (-\sqrt{t}\ )dt \\ &= -\int t^{1/2}dt = -\frac{2}{3}t^{\frac{3}{2}} + C \\ &= -\frac{2}{3}t^{\frac{3}{2}} + C = -\frac{2}{3}(1-e^x)^{\frac{3}{2}} + C\end{aligned}$$

치환적분법의 특수한 경우인 $y=\ln|f(x)|$의 예를 들어보자.

$y=\ln|f(x)|$일 때, $y'=\frac{f'(x)}{f(x)}$이므로,

$$\int \frac{f'(x)}{f(x)}dx = \ln|f(x)| + C$$

이다.

이를 치환적분법의 형태로 변환하면,

$$\int \frac{f'(x)}{f(x)}dx$$

에서 $t=f(x)$라 두면, $\frac{dt}{dx}=f'(x)$, $dt=f'(x)dx$.

$$\int \frac{f'(x)}{f(x)}dx=\int \frac{1}{f(x)}f'(x)dx=\int \frac{1}{t}dt=\ln|f(x)|+C$$

가 된다.

$$\int \frac{f'(x)}{f(x)}dx=\ln|f(x)|+C$$

보기13

다음 적분값을 구하라.

(1) $\int \cos x\sin^2 x dx$ (2) $\int \cot x dx$

(3) $\int \frac{2x+1}{x^2+x+3}dx$ (4) $\int \frac{\sin x}{1+\cos x}dx$

풀이

(1) $t=\sin x$라 두면, $dt=\cos x dx$ 가 된다.

$$\int \cos x\sin^2 x dx=\int t^2 dt=\frac{1}{3}t^3+C$$
$$=\frac{1}{3}sin^3 x+C$$

(2) $\cot x=\frac{\cos x}{\sin x}$ 이고, $(\sin x)'=\cos x$ 이다. 따라서,

$$\int \cot x dx=\int \frac{\cos x}{\sin x}dx=\int \frac{(\sin x)'}{\sin x}dx=\ln|\sin x|+C$$

(3) $\int \frac{2x+1}{x^2+x+3}dx=\int \frac{(x^2+x+3)'}{x^2+x+3}dx=\ln|x^2+x+3|+C$

그런데,

$x^2+x+3=\left(x^2+x+\frac{1}{4}\right)+\frac{15}{4}=\left(x+\frac{1}{2}\right)^2+\frac{15}{4}\geqq\frac{15}{4}$ 이므로

$$\int \frac{2x+1}{x^2+x+3}dx = \ln(x^2+x+3)+C$$

(4) $1+\cos x \geq 0$ 이다. 따라서,

$$\int \frac{\sin x}{1+\cos x}dx = -\int \frac{-\sin x}{1+\cos x}dx = -\int \frac{(1+\cos x)'}{1+\cos x}dx$$
$$= -\ln|1+\cos x| + C$$
$$= -\ln(1+\cos x) + C$$

보기14

다음 적분값을 구하라.

(1) $\int \frac{\ln x}{x}dx$　　　　(2) $\int 3x^2 e^{x^3}dx$

풀이

(1) $t = \ln x$라 두면, $dt = \frac{1}{x}dx$ 이다.

$$\int \frac{\ln x}{x}dx = \int t\,dt = \frac{1}{2}t^2 + C$$
$$= \frac{1}{2}(\ln x)^2 + C$$

(2) $t = x^3$으로 놓고, 양변을 x에 대하여 미분하면, $dt = 3x^2dx$. 따라서,

$$\int 3x^2 e^{x^3}dx = \int e^t dt = e^t + C = e^{x^3} + C$$

보기15

다음 적분값을 구하라.

(1) $\int (3x+2)^{\sqrt{2}}dx$　　　　(2) $\int x^2 e^{x^3}dx$

풀이

(1) $t = 3x+2$로 두면 $\frac{dt}{dx} = 3$, $dt = 3dx$

$$\int (3x+2)^{\sqrt{2}}dx = \int t^{\sqrt{2}}\frac{1}{3}dt = \frac{1}{3}\int t^{\sqrt{2}}dt$$
$$= \frac{1}{3}\cdot\frac{1}{\sqrt{2}+1}t^{\sqrt{2}+1} + C$$
$$= \frac{1}{3(\sqrt{2}+1)}(3x+2)^{\sqrt{2}+1} + C$$

(2) $t=x^3$로 두면, $dt=3x^2dx$이다.

$$\int x^2 e^{x^3}dx = \frac{1}{3}\int e^t dt = \frac{1}{3}e^t + C$$
$$= \frac{1}{3}e^{t^3} + C$$

5.1.2 정적분 치환법

정적분의 치환법은 두가지 경우로 구분할 수 있는데, 그 하나는 부정적분을 계산한 후에 기본정리를 이용하는 방법이다. 예를 들어,

$$\int_0^2 \sqrt{x+1}\,dx = \int \sqrt{x+1}\,dx - \Big]_0^2 = \frac{1}{3}(x+1)^{3/2} - \Big]_0^2$$
$$= \frac{1}{3}(5)^{3/2} - \frac{1}{3}(1)^{3/2} \approx 3.39$$

가 된다. 두 번째 방법은 적분 변수를 바꿀 때 적분 한계도 변경하는 것이다. 적분 한계를 변경하는 것이 정적분 계산에 편리할 때가 많다.

[정리] 정적분 치환법칙

$g'(x)$이 구간 $[a, b]$에서 연속이고 $f(x)$가 $t=g(x)$의 치역에서 연속이면

$$\int_a^b f(g(x))g'(x)dx = \int_{g(a)}^{g(b)} f(t)dt$$

[증명]

$F(x)$를 $f(x)$의 부정적분이라 하자. 미적분학의 기본정리2에 의하여

$$\int_{g(a)}^{g(b)} f(g(s))g'(x)dx = [f(t)]_{g(a)}^{g(b)} = F(g(b)) - F(g(a))$$

윗 식에 부정적분 치환법

$$\int f(g(x))g'(x)dx = F(g(x)) + C$$

을 적용하고 다시 한 번 미적분학의 기본정리2를 적용하면,

$$\int_a^b f(g(x))g'(x)dx = [F(g(x))]_a^b = F(g(b)) - F(g(a))$$

보기16

$\int_3^8 \frac{x-1}{x\sqrt{x+1}}dx$를 구하라.

풀이

$t = \sqrt{x+1}$로 놓으면, $x = t^2 - 1$, $dx = 2tdt$이다.

$x = 3$일 때 $t = 2$, $x = 8$일 때 $t = 3$이므로,

$$\begin{aligned}\int_3^8 \frac{x-1}{x\sqrt{x+1}}dx &= \int_2^3 \frac{(t^2-1)-1}{(t^2-1)\sqrt{t^2-1+1}}2tdt \\ &= 2\int_2^3 \frac{t^2-2}{t^2-1}dt = 2\int_2^3 \left(1 - \frac{1}{t^2-1}\right)dt \\ &= 2\left[t - \frac{1}{2}ln\frac{t-1}{t+1}\right]_2^3 = 2 + \ln\frac{2}{3}\end{aligned}$$

보기17

$\int_0^1 \frac{(x+1)}{(x^2+2x+2)^2dx}$를 구하라.

풀이

$t = x^2 + 2x + 2$로 하면, $dt = (2x+2)dx = 2(x+1)dx$이다. 여기서,

$x = 0$일 때, $t = 2$, $x = 1$일 때, $t = 5$이다. 따라서,

$$\begin{aligned}\int_0^1 \frac{(x+1)}{(x^2+2x+2)^2}dx &= \frac{1}{2}\int_0^1 \frac{(2x+2)}{(x^2+2x+2)}dx \\ &= \frac{1}{2}\int_{t(0)=2}^{t(1)=5} t^{-2}dt = \left[-\frac{1}{2}\frac{1}{t}\right]_2^5 \\ &= -\frac{1}{10} - \left(-\frac{1}{4}\right) = \frac{3}{20}\end{aligned}$$

보기18

$\int \frac{x}{\cos^2(x^2)}dx$ 를 구하라.

풀이

$\frac{1}{\cos^2 x} = \sec^2 x$ 이다. 그러면, 적분표준형은 $\int \sec^2 x dx = \tan x + C$ 이므로,

$t = x^2$ 으로 두면, $dt = 2xdx$ 이다. 따라서,

$$\int \frac{x}{\cos^2(x^2)}dx = \int \frac{1}{\cos^2(x^2)} \cdot \frac{1}{2} \cdot 2xdx$$

$$= \frac{1}{2}\int \sec^2 t dt = \frac{1}{2} tant + C = \frac{1}{2} tan(x^2) + C$$

보기19

$\int_1^2 \frac{1}{(4-4x)^2}dx$를 구하라.

풀이

$t = 4 - 4x$로 놓으면, $dt = -4dx$이므로, $dx = -dt/4$이다.

$x = 1$일 때, $t = 0$, $x = 2$일 때, $t = -4$이다. 따라서,

$$\int_1^2 \frac{1}{(4-4x)^2}dx = -\frac{1}{4}\int_0^{-2} \frac{dt}{t^2}$$

$$= -\frac{1}{4}\left[-\frac{1}{t}\right]_0^{-2} = \left[\frac{1}{4t}\right]_0^{-2}$$

$$= \frac{1}{4}\left(-\frac{1}{2} - 0\right)$$

$$= -\frac{1}{8}$$

■ 대칭성

정적분의 치환법칙을 이용해서 대칭성을 갖는 함수의 적분을 계산하는데 편리하게 만들어 준다.

대칭함수의 적분

f가 구간 $[-a, a]$에서 연속일 때

① f가 우함수($f(-x)=f(x)$)이면, $intfrom-a$.

② f가 기함수($f(-x)=-f(x)$)이면, $\int_{-a}^{a} f(x)=0$.

[증명]

$$\int_{-a}^{a} f(x)dx = \int_{-a}^{0} f(x)dx + \int_{0}^{a} f(x)dx$$
$$= -\int_{0}^{-a} f(x)dx + \int_{0}^{a} f(x)dx \qquad ①$$

오른쪽 변의 첫 번째 적분에서 $t=-x$로 치환하면, $dt=-dx$이고, $x=-a$일 때 $t=a$이다. 따라서,

$$-\int_{0}^{-a} f(x)dx = -\int_{0}^{a} f(-t)(-dt) = \int_{0}^{a} f(-t)dt$$

그러므로, 식①은

$$\int_{-a}^{a} f(x)dx = \int_{0}^{a} f(-t)dt + \int_{0}^{a} f(x)dx \qquad ②)$$

가 된다.

(1) f가 우함수이면 $f(-u)=f(u)$ 이므로 식(b)로부터,

$$\int_{-a}^{a} f(x)dx = \int_{0}^{a} f(t)dt + \int_{0}^{a} f(x)dx = 2\int_{0}^{a} f(x)dx .$$

(2) f가 기함수이면 $f(-t) = -f(t)$ 이므로 식(b)로부터,

$$\int_{-a}^{a} f(x)dx = -\int_{0}^{a} f(t)dt + \int_{0}^{a} f(x) = 0 .$$

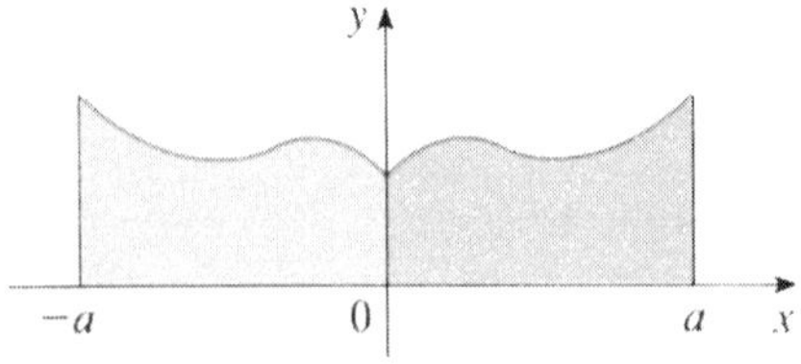

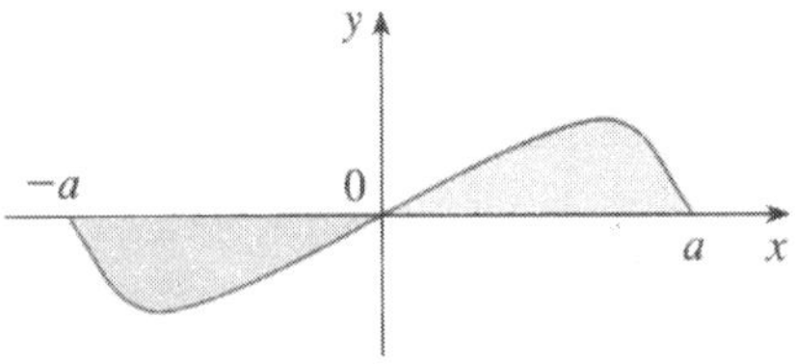

(a) 우함수: $\int_{-a}^{a} f(x)dx = 2\int_{0}^{a} f(x)dx$　　(b) 기함수: $\int_{-a}^{a} f(x)dx = 0$

그림1. 우함수와 기함수

보기20

$\int_{-\pi}^{\pi} \cos\left(\frac{x}{2}\right)dx$ 를 구하라.

풀이

$\cos(-x/2) = \cos(x/2)$ 이므로 이 함수는 우함수이다. 따라서,

$$\int_{-\pi}^{\pi} \cos\left(\frac{x}{2}\right)dx = 2\int_{0}^{\pi} \cos\left(\frac{x}{2}\right)dx = 4\int_{0}^{\pi} \cos\left(\frac{x}{2}\right) \cdot \frac{1}{2}dx$$

$$= 4\int_{0}^{\pi/2} \cos t dt = [4\sin t]_{0}^{\pi/2} = 4$$

보기21

다음 적분값을 구하라.

(a) $\int_{-9}^{9} \frac{x^7}{x^4+5}dx$　　(b) $\int_{-1}^{1} \frac{\tan x}{1+x^4+x^8}dx$

풀이

(a) 함수 $f(x)=\dfrac{x^7}{x^4+5}$ 는 기함수이다. 따라서 위 적분값은 0이다.

(b) 함수 $f(x)=\dfrac{\tan x}{1+x^4+x^8}dx$ 는 $f(-x)=f(x)$ 를 만족하므로 기함수이다. 따라서,

$$\therefore \int_{-1}^{1}\frac{\tan x}{1+x^4+x^8}=0$$

보기22

$\displaystyle\int_{-2}^{2}(x\sin^8 x+2x^3-x^2)dx$를 구하라.

풀이

문제의 앞 두 항은 기함수이고, 맨 끝항$(-x^2)$은 우함수이다. 따라서,

$$\int_{-2}^{2}(x\sin^8 x+2x^3)dx-\int_{-2}^{2}x^2dx$$

$$=0-2\int_{0}^{2}x^2dx\ =\left[-2\frac{x^3}{3}\right]_0^2=-\frac{16}{3}$$

5.1.3 적분의 평균값정리

■ 함수의 평균값

n개의 유한개수 $y_1, y_2, y_3, \ldots, y_n$의 산술평균은 이들을 모두 합한 다음 n으로 나누어 얻는다.

$$\bar{y} = \frac{y_1, y_2, y_3, \ldots, y_n}{n}$$

일반적으로 함수 $y = f(x)$, $a \le x \le b$의 평균값은 구간$[a, b]$를 동일한 n개의 부분구간으로 나누면 각 부분구간의 길이는 $\Delta x = (b-a)/n$이다.

n개의 값 $f(x_1), f(x_2), f(x_3), \ldots, f(x_n)$ 의 평균은

$$\frac{f(x_1) + f(x_2) + f(x_3) + \ldots + f(x_n)}{n} = \frac{1}{n}\sum_{i=1}^{n} f(x_i) = \sum_{i=1}^{n} f(x_i)\frac{b-a}{n}\frac{1}{b-a}$$
$$= \frac{1}{b-a}\sum_{i=1}^{n} f(x_i)\Delta x$$

윗 식은 구간 $[a, b]$에서의 리만합이므로 정적분 정의에서 극한은

$$\lim_{n\to\infty}\left[\frac{1}{b-a}\sum_{i=1}^{n} f(x_i)\Delta x\right] = \frac{1}{b-a}\int_a^b f(x)dx$$

이다.

> **[정의] 함수의 평균값**
> 구간 $[a, b]$에서 미분가능하면 함수 $f(x)$의 평균값은
> $$\frac{1}{b-a}\int_a^b f(x)dx$$

보기1

구간 $[-1, 1]$에서 함수 $f(x) = 2 + x^2$의 평균값을 구하라.

풀이

$a=-1,\ b=1$이므로,

$$\frac{1}{b-a}\int_a^b f(x)dx = \frac{1}{1-(-1)}\int_{-1}^{1}(2+x^2)dx$$

$$=\frac{1}{2}\left[2x+\frac{x^3}{3}\right]_{-1}^{1}=\frac{11}{3}$$

보기2

구간 $[0,\ \sqrt{\pi}\,]$에서 $f(x)=x\sin x^2$가 되는 함수의 평균값을 구하라.

풀이

$t=x^2$으로 치환하면 $dt=2xdx$이다. $x=0$일 때, $t=0$이고, $x=\sqrt{\pi}$일 때, $t=\pi$이다. 따라서,

$$\frac{1}{\sqrt{\pi}}\int_1^{\sqrt{\pi}} x\sin x^2 dx = \frac{1}{\sqrt{\pi}}\int_1^{\pi}\frac{1}{2}sint dt$$

$$=\frac{1}{2\sqrt{\pi}}[-\cos t]_0^{\pi}$$

$$=\frac{1}{2\sqrt{\pi}}[-\cos\pi-(-\cos 0)]$$

$$=\frac{1}{2\sqrt{\pi}}(2)=\frac{1}{\sqrt{\pi}}$$

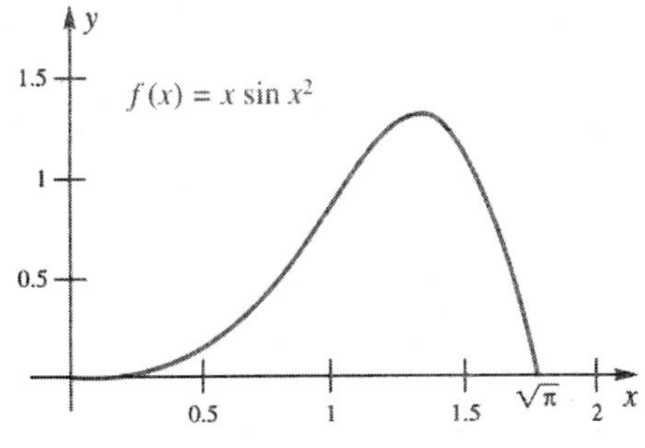

그림1. 보기2의 문제

5.2 부분적분

미분법은 대응되는 적분법이 있다. 예를 들어 적분의 치환법은 미분의 연쇄법칙과 대응한다. 미분의 곱셈공식에 대응하는 적분법칙을 부분적분(integration by parts)이라 한다. 이는 변수를 바꾸는 방법이 어려울 때, 이중으로 바꾸어주면 되는 경우도 있다는 의미가 된다. 이 방법은 두 함수의 곱의 미분공식을 적분하는 것이 그 바탕이 된다.

f와 g가 미분가능한 함수이면, f와 g의 미분의 곱셈공식은 다음과 같다.

$$\frac{d}{dx}[f(x)g(x)] = f(x)g'(x) + g(x)f'(x)$$

이 식은 부정적분의 기호를 사용하여 다시 쓰면 다음과 같다.

$$\int [f(x)g'(x) + g(x)f'(x)]dx = f(x)g(x)$$
$$\int f(x)g'(x)dx + \int g(x)f'(x)\ dx = f(x)g(x)$$

이 식은 다음과 같이 정리한다.

> **[정리] 부분적분공식(partial integration formula)**
> $$\int f(x)g'(x)dx = f(x)g(x) - \int g(x)f'(x)dx$$

$u = f(x)$, $v = g(x)$라 하면 $du = f'(x)dx$, $dv = g'(x)dx$이므로 다음과 같이 간단한 형식이 된다.

> **[정리] 부분적분공식(단순형)**
> $u = f(x)$, $v = g(x)$이면,
> $$\int udv = uv - \int vdu$$

■ 부분적분: 부정적분

$$\int u dv = uv - \int v du$$

■ 부분적분: 정적분

$$\int_a^b u dv = [uv]_a^b - \int_a^b v du$$

이 공식을 이용하면 $\int u dv$의 문제를 $\int v du$의 문제로 바꿀 수 있다. 여기서 주의할 점은 u와 dv를 선정할 때 적절하게 선정해야 한다. 적절하게 선정하기 위해서는 보다 많은 연습이 필요하다. 다음 보기를 예를 들어 u와 dv의 적정 선정에 대하여 살펴보도록 하자.

보기1

$\int x \sin x dx$를 구하라.

풀이

$f(x) = x$, $g(x) = \sin x$라 놓으면, $f'(x) = 1$, $g(x) = -\cos x$가 된다.

$$\begin{aligned}\int x \sin x dx &= f(x)g(x) - \int g(x)f'(x)dx \\ &= x(-\cos x) - \int (-\cos x)(1)dx \\ &= -x\cos x + \int \cos x dx \\ &= -x\cos x + \sin x + C\end{aligned}$$

위 결과는 다시 미분해 보아서 원래의 식이 나오는지 검증해 보는 것이 바람직하다.

$\int u dv = uv - \int v du$를 이용하여 위 문제를 다시 구해보자.

$u = x$, $dv = \sin x dx$라 하면, $du = (1)dx = dx$, $v = -\cos x$이다. 따라서,

$$\begin{aligned}\int x \sin x dx &= uv - \int v du \\ &= x(-\cos x) - \int (-\cos x)(1)dx \\ &= -x\cos x + \sin x + C\end{aligned}$$

부분적분을 사용하는 이유나 목적은 주어진 적분보다 더 간단한 적분을 얻어 구하는 계산을 간편하게 만드는데 있다. 그러나 u와 dv를 선정할 때 다음과 같이 선정을 했다면,

$$u=\sin x,\ dv=xdx$$

이 때, $du=\cos xdx$, $v=\frac{1}{2}x^2$이 된다. 그러면, 준 식은 다음과 같이 된다.

$$\int x\sin xdx=(\sin x)(\frac{1}{2}x^2)-\frac{1}{2}\int x^2\cos xdx$$

위 적분은 규칙상 옳은 적분이지만 $\int x^2\cos xdx$ 은 처음보다 더 어려운 적분이 되었다. 일반적으로 u와 dv의 선정시 $u=f(x)$는 미분할 때 더 간단한 함수로 선택해야 한다. 또한 $dv=g'(x)dx$는 v에 대해 반복적으로 적분되도록 선택한다.

보기2

$\int x^2\cos xdx$ 를 구하라.

풀이

$f'(x)=\cos x,\ f(x)=\sin x,\ g(x)=x^2,\ g'(x)=2x$ 로 놓으면,

$$\int x^2\cos xdx=f(x)g(x)-\int f(x)g'(x)=\sin x\cdot x^2dx-\int \sin x\cdot 2xdx$$
$$=\sin x\cdot x^2-2\int x\cdot\sin xdx$$

여기서, 부분적분을 했는데도 아직도 $\int$가 남아 있으므로, 다시 한 번

$g(x)=x,\ g'(x)=,\ 1f'(x)=\sin x,\ f(x)=-\cos x$ 로 두면,

$$\sin x\cdot x^2-2\int x\cdot\sin xdx=\sin x\cdot x^2-2\left[(-\cos x)(x)-\int(-\cos x)\cdot 1dx\right]$$
$$=\sin x\cdot x^2-2(-\cos x\cdot x)-2\int\cos xdx$$
$$=x^2\sin x+2x\cos x-2\sin x$$
$$=(x^2-2)\sin x+2x\cos x+c$$

보기3

$\int x\cos x dx$ 를 구하라.

풀이

$x\cos x dx$ 를 udv 라 하면, $u=x$, $dv=\cos x dx$ 가 된다. 그러면, $du=1dx$ 이고 $v=\int \cos x dx = \sin x$ 이다. 부분적분 공식에서

$$\int udv = uv - \int vdu$$

$$\int x\cos x dx = x\sin x - \int \sin x dx$$

$$= x\sin x + \cos x + C$$

달리 선택해 보면,

$u=\cos x$, $dv = xdx$ 로 선택하면, $du = -\sin x dx$, $v = x^2/2$ 이다. 부분적분 공식을 적용하면

$$\int \cos x \cdot xdx = (\cos x)\frac{x^2}{2} - \int \frac{x^2}{2}(-\sin x dx)$$

윗 식은 부분적분 규칙은 잘 적용하였지만, 우변의 끝항이 원래의 문제보다 더 복잡하고 어려워 졌다. 그러므로 u와 dv의 선정시 유의해서 잘 선정해야 한다.

보기4

$\int xe^x dx$를 구하라.

풀이

$f(x)=x$, $g'(x)=e^x$ 로 놓으면 $f'(x)=1$, $g(x)=e^x$

$$\int xe^x dx = xe^x - \int 1\cdot e^x dx = xe^x - e^x + c$$

보기5

$\int x^2e^x dx$를 구하라.

풀이

$u'=e^x$, $v=x^2$라 하면, $u=e^x$, $v'=2x$이므로

$$\int x^2e^x dx = x^2e^x - \int 2xe^x dx$$

$\int 2xe^x dx$에서, $u'=e^x$, $v=x$라 하면 $u=e^x$, $v'=1$이므로,

$$\int xe^x dx = xe^x - \int e^x dx = xe^x - e^x + c_1 = (x-1)e^x + c_1$$

$$\therefore \int x^2 e^x dx = x^2 e^x - 2\int xe^x dx = x^2 e^x - 2(x-1)e^x - 2c_1$$

$$= (x^2 - 2x + 2)e^x + c$$

보기6

다음 부분적분을 구하라.

(a) $\int \ln x dx$ (b) $\int_1^2 \ln x dx$

풀이

(a) $u = \ln x$, $dv = dx$로 놓으면 $du = \frac{1}{x}dx$, $v = x$가 된다. 부분적분에 따라 다음을 얻는다.

$$\int \ln x dx = x\ln x - \int x\frac{dx}{x}$$

$$= x\ln x - \int dx$$

$$= x\ln x - x + C$$

(b) (a)의 정적분이므로,

$$\int_1^2 \ln x dx = [x\ln x]_1^2 - [x]_1^2 = 2\ln 2 - 1 \approx 0.39$$

보기7

$\int_1^2 x^4 \ln x dx$를 구하라.

풀이

부분적분 공식은 $\int_a^b u dv = [uv]_a^b - \int_a^b v du$이다.

$u = \ln x \quad dv = x^4 dx$ 로 놓으면,

$du = \frac{1}{x}dx \quad v = \frac{1}{5}x^5$

가 된다. 따라서,

$$\int_1^2 x^4 \ln x dx = \left[\frac{1}{5}x^5 \ln x\right]_1^2 - \int_1^2 \frac{1}{5}x^5\left(\frac{1}{x}dx\right)$$

$$= \frac{1}{5}(32\ln 2 - \ln 1) - \frac{1}{5}\int_1^2 x^4 dx$$

$$= \frac{32}{5}ln2 - \frac{1}{25}[x^4]_1^2$$

$$= \frac{32}{5}ln2 - \frac{15}{3} \approx -0.564$$

보기8

$\int \tan^{-1}x dx$를 구하라.

풀이

$u = \tan^{-1}x$, $dv = 1$이라 두면,

$du = \frac{1}{1+x^2}$, $v = x$ 이다.

따라서,

$$\int \tan^{-1}x dx = x\tan^{-1}x - \int \frac{x}{1+x^2}dx$$

$$= x\tan^{-1}x - \frac{1}{2}\int \frac{2x}{1+x^2}dx$$

$$= x\tan - 1x - \frac{1}{2}ln(1+x^2) + C$$

보기9

$\int \frac{s\sin^{-1}x}{\sqrt{1-x^2}}dx$를 구하라.

풀이

$u = \sin^{-1}x$, $dv = \frac{x}{\sqrt{1-x^2}}$라 하면,

$du = \frac{1}{\sqrt{1-x^2}}$, $v = -\sqrt{1-x^2}$ 이다.

따라서,

$$\int \frac{s\sin^{-1}x}{\sqrt{1-x^2}}dx = (-\sqrt{1-x^2})(\sin^{-1}x) - \int \frac{-\sqrt{1-x^2}}{\sqrt{1-x^2}}dx$$

$$= -\sqrt{1-x^2}\,sin^{-1}x + \int 1dx = -\sqrt{1-x^2}\,sin^{-1}x + x + C$$

보기10

$\int x^2 \sin x dx$를 구하라.

풀이

부분적분을 여러 번 적용해야 하는 문제이다.

$$u = x^2, \qquad dv = \sin x dx$$
$$du = 2x dx, \qquad v = -\cos x$$

라 두면,

$$\int x^2 \sin x dx = -x^2 \cos x - \int (-\cos x)(2x dx)$$
$$= -x^2 \cos x + 2\int x \cos x dx$$

윗 식의 두 번째 항은 다시 처음 방정식의 꼴이 된다. 다시 부분적분법을 이용하면,

$$u = x, \qquad dv = \cos x dx$$
$$du = 1dx, \qquad v = \sin x$$

라 놓으면,

$$\int x^2 \sin x dx = -x^2 \cos x + 2\int x \cos x dx$$
$$= -x^2 \cos x + 2\left(x \sin x - \int \sin x dx\right)$$
$$= -x^2 \cos x + 2x \sin x + 2\cos x + C$$

보기11

$\int e^x \sin x dx$를 구하라.

풀이

e^x는 미분하여도 $(e^x)' = e^x$로 같은 값이 되므로, 간단하지 않다. 또한 $\sin x$도 역시 미분하여도 $(\sin x)' = \cos x$로 같은 형식의 값이 나오므로 쉽게 해결되지 않는다.

$u = e^x$, $dv = \sin x dx$를 선택하면, $du = e^x dx$, $v = -\cos x$가 된다. 따라서 부분적분을 이용하여 얻은 식은 다음과 같다.

$$\int e^x \sin x dx = -e^x \cos x + \int e^x \cos x dx$$

윗 식의 우변의 적분식을 다시 한 번 부분적분을 적용한다. 즉, $u = e^x$, $dv = \cos x dx$로 놓

으면, $du = e^x dx$, $v = \sin x$이므로

$$\int e^x \sin x dx = -e^x \cos x + \left(e^x \sin x - \int e^x \sin x dx\right)$$

가 된다. 제일 마지막 항은 다시 원래의 식과 같으므로, 마지막 식을 좌변으로 옮기면 다음을 얻는다.

$$2\int e^x \sin x dx = -e^x \cos x + e^x \sin x$$

윗 식을 정리하면 다음을 얻는다.

$$\int e^z \sin x dx = \frac{1}{2} e^x (\sin x - \cos x) + C$$

보기11의 결과로부터 얻튼 방법을 이용해 다음의 점화식을 유도할 수 있다. 즉,

$$\int f^n(x)dx = g(x) + \int f^{(k)}(x)dx$$

와 같은 형태의 식을 f의 차수를 줄이는 공식(reduction formula)라 한다.

> **[정리] 적분의 점화식**
>
> $$\int \sin^n x dx = -\frac{1}{n} cos x \sin^{n-1} x + \frac{n-1}{n} int sin^{n-1} x dx \quad (n \geq 2\text{인 정수})$$

[증명]

$u = \sin^{n-1}x$, $dv = \sin x dx$로 두면, $du = (n-1)\sin^{n-2}x \cdot \cos x dx$, $v = -\cos x$ 이다. 이를 부분적분을 이용하면,

$$\int \sin^n x dx = -\cos x \sin^{n-1}x + (n-1)\int \sin^{n-2}x \cos^2 x dx$$

위 적분식에서 $\cos^2 x$ 대신 $1-\sin^2 x$를 대입하면, 다음을 얻는다.

$$\int \sin^n x dx = -\cos x \sin^{n-1}x + (n-1)\int \sin^{n-2}x dx - (n-1)\int \sin^n x dx$$

우변의 마지막 적분항이 원래의 식과 같으므로, 이항하여 정리하면 다음식과 같다.

$$n\int \sin^n x dx = -\cos x \sin^{n-1}x + (n-1)\int \sin^{n-2}x dx$$

$$\therefore \int \sin^n x dx = -\frac{1}{n} cos x \sin^{n-1}x + \frac{n-1]}{n}\int \sin^{n-2}x dx$$

[연습문제]

* 문제 1~30에서 부분적분법을 이용하여 다음을 구하라.

1. $\int \cos^{-1} x dx$
2. $\int \sin^{-1} x dx$
3, $\int 2x \cos x dx$
4. $\int x \cos 3x dx$
5. $\int x^2 \cos 2x dx$
6. $\int \cot^{-1} dx$
7. $\int x e^{2x} dx$
6. $\int x e^{x} dx$
9. $\int x \sin 3x dx$
10. $\int x \cos x dx$
11. $\int (x-\pi) \sin x dx$
12. $\int (x-2) \cos (x-2) dx$
13. $\int \ln (2x) dx$
14. $\int \ln (4x^3) dx$
15. $\int \ln x dx$
16. $\int x^3 \ln x dx$
17. $\int \arctan x dx$
18. $\int \arctan 3x dx$
19. $\int t \arctan t dt$
20. $\int \arctan (\frac{1}{\theta}) d\theta$
21. $\int t \ln t dt$
22. $\int t^2 \ln t dt$
23. $\int x^4 \sqrt{x^2+4} dx$
24. $\int x^{12} \sqrt{x^6+1} dx$
25. $\int \frac{t^7}{(4-t^4)} dt$
26. $\int \frac{te^{2t}}{(1+2t)} dt$
27. $\int x \sinh x dx$
28. $\int x \cosh x dx$
29. $\int \frac{\ln x^2}{\sqrt{x}} dx$
30. $\int \frac{\ln x}{x^2} dx$

* 문제 31~38에서 부분적분법을 두 번 적용하여 다음 적분을 구하라.

31. $intx^2 e^x dx$
32. $\int x^4 e^{x^2} dx$
33. $\int \ln^2 z^{10} dz$
34. $\int e^t \sin t dt$

35. $\int x^2 \cos x dx$

36. $\int z^2 \sin z dz$

37. $\int \cos(\ln x) dx$

38. $\int \sin(\ln r) dr$

* 문제 39~40에서 치환 후 부분적분으로 다음을 계산하라.

39. $\int \sin\sqrt{x}\, dx$

40. $\int x \ln(1+x) dx$

* 문제 41~48에서 부분적분법을 이용하여 다음 점화공식을 유도하거나, 적분값을 구하라.

41. $\int \sin^2 x = \frac{x}{2} - \frac{\sin 2x}{4} + C$

42. $\int \sin^6 x dx$

43. $\int (\ln x)^n dx = x(\ln x)^n - n\int (\ln x)^{n-1} dx$

44. $\int (\ln x)^2 dx$

45. $\int x^n \sin\delta x dx = \frac{x^n \cos\delta}{\delta} + \frac{\gamma}{\delta}\int x^{n-1}\cos\delta x dx$

46. $\int x^3 \sin 2x dx$

47. $\int x^n \cos\delta x dx = \frac{x^n \sin\delta x}{\delta} - \frac{\gamma}{\delta}\int x^{n-1}\sin\delta dx$

48. $\int x^3 \cos 2x dx$

■ 적분의 평균값 정리

적분의 평균값 정리

$f(x)$가 구간 $[a, b]$에서 연속이면, 다음을 만족하는 c가 존재한다.

$$f(c) = \frac{1}{b-a}\int_a^b f(x)dx$$

즉,

$$\int_a^b f(x)dx = f(c)(b-a)$$

[증명]

$a \leqq x \leqq b$에 대하여 $g(x) = \int_a^x f(x)dx$로 두고, 도함수에 대한 평균값 정리를 $g(x)$에 적용하면,

$$g'(x) = \frac{g(b)-g(a)}{b-a}$$

를 만족하는 점 c가 (a, b)내에 존재한다는 의미이다.

$g(a) = \int_a^a f(x)dx = 0$, $g(b) = \int_a^b f(x)dx$, $g'(c) = f(c)$이므로,

$$g'(c) = f(c) = \frac{1}{b-a}\int_c^b f(x)dx$$

$f(x)$가 함수의 평균값 정리는 도함수의 평균값 정리와 미적분학의 기본정리의 한 결과이다. 적분의 평균값 정리는 양의 함수 $f(x)$에 대해 밑변이 $[a, b]$이고 높이가 $f(c)$인 직사각형의 넓이와 같아지도록 하는 수 c가 구간 $[a, b]$이 존재한다.〈그림1〉

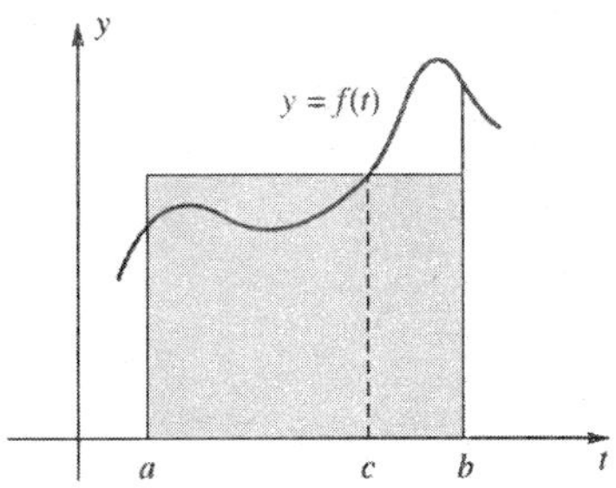

그림1. 적분의 평균값 정리

보기1

함수 $f(x)=x^2$에서 구간 $[-3, 3]$에서 적분의 평균값 정리를 만족하는 c값을 구하라.

풀이

함수의 평균값은

$$\frac{1}{3-(-3)}\int_{-3}^{3} x^2 dx = \frac{1}{6}\left[\frac{x^3}{3}\right]_{-3}^{3} = \frac{1}{18}[27] = 3$$

즉 $y=3$이 된다. c값을 구하면,

$$3 = f(c) = c^2$$

$$\therefore\ c = \pm\sqrt{3}$$

$f(x)$의 그래프는 적분의 평균값 정리를 만족하는 c값이 2개 있다는 사실을 알려준다.(그림2)

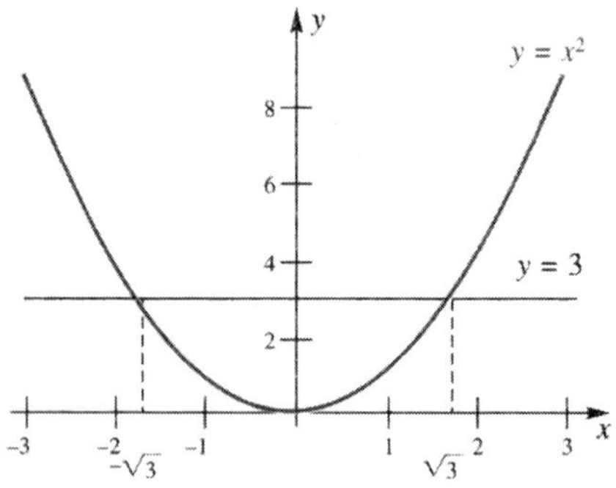

그림2. 보기1의 그래프

■ 적분기본공식

적분은 미분처럼 간단하게 해결되지 않는다. 어떤 함수의 부정적분을 얻는데 절대적인 규칙이 없다. 따라서 적분은 전략적인 방법으로 해결해야 할 것이 많다. 그렇더라도 많은 함수의 적분이 미적분학의 기본정리로 인해 역도함수를 알면 함수를 적분할 수 있다. 매우 기본적이고 중요하다고 생각되는 적분의 기본적인 공식을 제시한다. 그 밖의 자세한 적분 공식을 부록에 제시하였다.

적분의 표준형

1. $\int k dx = kx + C \ (k = \text{상수})$

2. $\int x^n dx = -\begin{cases} \dfrac{x^{n+1}}{n+1} + C, & n \neq -1 \\ \ln|x| + C, & n = -1 \end{cases}$

3. $\int e^x dx = e^x + C$

4. $\int a^x dx = \dfrac{a^x}{\ln a} + C$

5. $\int \sin x dx = -\cos x + C$

6. $\int \cos x dx = \sin x + C$

7. $\int \sec^2 x dx = \tan x + C$

8. $\int \csc^2 x dx = -\cot x + C$

9. $\int \sec x \tan x dx = \sec x + C$

10. $\int \csc x \cot x dx = -\cot x + C$

11. $\int \tan x dx = -\ln|\cos x| + C$

12. $\int \cot x dx = \ln|\sin x| + C$

13. $\int \sinh x dx = \cosh x + C$

14. $\int \cosh x dx = \sinh x + C$

15. $\int \dfrac{dx}{\sqrt{a^2 - x^2}} = \sin^{-2}\left(\dfrac{x}{a}\right) + C$

16. $\int \dfrac{dx}{a^2 + x^2} = \dfrac{1}{a} tan^{-1}\left(\dfrac{x}{a}\right) + C$

17. $\int \dfrac{dx}{x\sqrt{x^2 - a^2}} = \dfrac{1}{a} sec^{-1}\left(\dfrac{|x|}{a}\right) + C = \dfrac{1}{a} cos^{-1}\left(\dfrac{a}{|x|}\right) + C$

18. $\int \dfrac{dx}{a^2 - x^2} = \dfrac{1}{2a} ln\left|\dfrac{x+a}{x-a}\right| + C$

19. $\int udv = uv - \int vdu$

5.3 삼각함수의 적분

삼각함수의 적분은 변수를 치환하는 방법과 삼각함수의 여러 공식들을 적절히 결합하여 수많은 형태의 적분이 가능하다. 삼각함수의 거듭제곱이 포함된 적분을 유형별로 알아보고, 치환에 의한 방법을 알아본다. 삼각함수의 적분에는 다음과 같은 유형을 들 수 있다.

(1) $\int \sin^n x dx$, $\int \cos^n x dx$

(2) $\int \sin^m x \cos^n x dx$

(3) $\int \sin mx \cos nx dx$, $\int \sin mx \sin nx dx$, $\int \cos mx \cos nx dx$

(4) $\int \tan^n x dx$, $\int \cot^n x dx$

(5) $\int \tan^m x \sec^n x dx$, $\int \cot^m x \csc^n x dx$

1. $\int \sin^n x dx$, $\int \cos^n x dx$ 의 유형

보기1.

$\int \cos^3 x dx$ 를 구하라.

풀이

$u = \cos x$ 로 치환하면, $du = -\sin x dx$가 되므로 다시 삼각함수의 꼴이 나타난다. 그러므로 단순하게 치환하여 같은 꼴이 되도록 하기 보다는 약간의 기교가 필요하다. 즉, 별도의 인수가 필요하다. 따라서 코사인 인수 하나를 $\cos^3 x = \cos^2 x \cdot \cos x$ 로 분리하고 $\sin^2 x + \cos^2 x = 1$ 을 이용하여 다음과 같이 나타낸다.

$$\cos^3 x = \cos^2 x \cdot \cos x 1 = 1(1 - \sin^2 x)\cos x$$

윗 식에서 $u = \sin x$로 치환하면, $du = \cos x dx$ 가 되므로 다음과 같이 계산할 수 있다.

$$\int \cos^3 x dx = \int \cos^2 x \cdot \cos x dx = \int (1 - \sin^2 x)\cos x dx$$

$$= \int (2 - u^2) du = u - \frac{1}{3}u^3 + C$$

$$= \sin x - \frac{1}{3} sin^2 x + C$$

보기2

$\int \cos^5 x dx$ 를 구하라.

풀이

$$\begin{aligned}\int \cos^5 x dx &= \int \sin^4 x \cdot \sin x dx = \int (1-\cos^2 x)^2 \sin x dx \\ &= \int (1-2\cos^2 x + \cos^4 x)\sin x\, dx \\ &= -\int (1-2\cos^2 x+\cos^4 x)(-\sin x\, dx) \\ &= \cos x + \frac{2}{3}cos^3 x - \frac{1}{5}cos^5 x + C\end{aligned}$$

보기3

$\int \sin^2 x dx$를 구하라.

풀이

$\sin^2 x = 1-\cos^2 x$ 를 사용하면 적분계산이 간단히 되지 않는다. 그렇지만, 사인공식의 반각공식11)을 이용하면,

$$\int \sin^2 x dx = \int \frac{1-\cos 2x}{2} dx = \frac{1}{2}\int (1-\cos 2x)dx$$

$u = 2x$ 로 치환하면 $du = 2dx$ 이다. 이를 윗 식에 대입하면,

$$\begin{aligned}\int \sin^2 x dx &= \frac{1}{2}\left(\frac{1}{2}\right)\int (1-\cos 2x)2dx = \frac{1}{4}\int (1-\cos u)du \\ &= \frac{1}{4}(u-\sin u) + C = \frac{1}{4}(2x-\sin 2x) + C\end{aligned}$$

보기4

정적분 $\int_0^\pi \sin^2 x dx$를 구하라.

풀이

보기3에서 구한 결과를 이용하여,

$$\int_0^\pi \sin^2 x dx = \left[\frac{1}{4}(2x-\sin 2x)\right]_0^\pi = \frac{1}{4}\left[(2\pi-\sin 2\pi)-(0-\sin 0)\right] = \frac{\pi}{2}$$

---

11) 반각공식 $\sin^2 x = \frac{1}{2}(1-\cos 2x), \cos^2 x = \frac{1}{2}(1+\cos 2x)$

보기5

$\int \sin^6 x dx$를 구하라.

풀이

$u = \sin^5 x, \quad v' = \sin x$로 놓으면,

$$u' = 5\sin^4 x \cos x, \qquad v = -\cos x$$

가 된다. 따라서,

$$\int \sin^6 x\, dx = -\sin^5 x \cos x + 5\int \sin^4 x \cos^2 x\, dx$$

우변의 적분식은

$$\int \sin^4 x \cos^2 x\, dx = \frac{1}{16}x - \frac{1}{64}sin4x - \frac{1}{48}sin^3 x + C$$

이므로,

$$\int \sin^6 x\, dx = -\sin^5 x \cos x - \frac{5}{64}sin4x - \frac{5}{48}sin^3 2x + \frac{5}{16}x + C$$

2. $\int \sin^m x \cos^n x dx$ **유형**

보기6.

$intsinx \cos x\, dx$를 구하라.

풀이

삼각함수 공식 $\sin 2x = 2\sin x \cos x$를 이용하면,

$$\sin x \cos x = \frac{1}{2}sin2x$$

이므로, 이 식을 본래의 식에 대입하여 구한다.

$$intsinx \cos x\, dx = \frac{1}{2}\int \sin 2x\, dx = -\frac{1}{4}cos2x + C$$

유형2와 같은 삼각함수의 적분에서, n또는 m이 모두 양의 홀수이면, $\sin x$ 또는 $\cos x$의 인수 한 개를 빼고 나서, 공식 $\sin^2 x + \cos^2 x = 1$을 이용한다. 또한 n과 m이 모두 양의 짝수인 경우는 피적분함수에서 거듭제곱을 줄이기 위해 사인과 코사인에 대한 반각공식을 이용한다.

보기7

$\int \sin^3 x \cos^{-4} x\, dx$ 를 구하라.

풀이

$$\int \sin^3 x \cos^{-4} x\, dx = \int (1-\cos^2 x)(\cos^{-4} x)(\sin x)\, dx$$
$$= -\int (\cos^{-4} x - \cos^{-4} x)(-\sin x\, dx)$$
$$= \left[\frac{(\cos x)^{-3}}{-3} - \frac{(\cos x)^{-1}}{-1}\right] + C$$
$$= \frac{1}{3} sec^3 x - \sec x + C$$

보기8

$\int \sin^5 \cos^2 x\, dx$ 를 구하라.

풀이

위 함수의 적분은 $\cos^2 x = 1-\sin^2 x$ 로 변환 가능하나, $\sin x$만의 함수표현이 된다. 반면에 사인 인수 하나를 분리하고 남은 $\sin^4 x$를 $\cos x$ 로 다시 쓰면 다음과 같다.

$$\sin^5 x \cos^2 x = (\sin^2 x)^2 \cos^2 x (\sin x)$$
$$= (1-\cos^2 x)^2 \cos^2 x \sin^2 x$$

$u = \cos x$ 로 치환하면 $du = -\sin x dx$가 된다. 따라서 다음 식을 얻는다.

$$\int \sin^5 x \cos^2 x dx = \int (1-\cos^2 x)^2 \cos^2 x \sin x\, dx$$
$$= \int (1-u^2)^2 u^2 (-du) = -\int (u^2 - 2u^4 + u^6) du$$
$$= -\left(\frac{1}{3}u^3 - \frac{2}{5}u^5 + \frac{1}{7}u^7\right) + C$$
$$= -\frac{1}{3} cos^3 x +$$

보기9

$\int \sin^2 x \cos^4 x\, dx$ 를 구하라.

풀이

$$\int \sin^2 x \cos^4 x\, dx = \int (\sin^2 x \cos^2 x) \cos^2 x\, dx$$

$$= \int (\sin x \cos x)^2 \cos^2 x\, dx$$

$$= \int \left(\frac{1}{2} sin2x\right)^2 \left(\frac{1+\cos 2x}{2}\right) dx$$

$$= \frac{1}{8} intsin2x\, dx + \frac{1}{8} \int \sin^2 2x \cos 2x\, dx$$

여기서, 윗 식의 우변 첫 번째 적분에서 $u = 2x$로 놓으면 $du = 2dx$가 된다. 그리고, 두 번째 적분에서 $v = \sin 2x$라고 놓으면 $dv = 2\cos 2x dx$ 가 된다. 즉,

$$u = 2x, \qquad du = 2dx$$

$$v = \sin 2x, \qquad dv = 2\cos 2x dx$$

따라서,

$$\int \sin^2 x \cos^4 x\, dx = \frac{1}{8} intsin2x\, dx + \frac{1}{8} \int \sin^2 2x \cos 2x\, dx$$

$$= \frac{1}{8} \int \sin^2 u \cdot \frac{1}{2} du + \frac{1}{8} intv^2 \cdot \frac{1}{2} dv$$

$$= \frac{1}{16} \left(\frac{1}{2} u - \frac{1}{4} sin2u\right) + \frac{1}{16} \left(\frac{1}{3} v^3\right) + C$$

$$= \frac{1}{16} \left(x - \frac{1}{4} sin4x\right) + \frac{1}{48} sin^3 2x + C$$

여러 삼각함수 적분을 요약하면 $m \geq 0$, ≥ 0이 정수일 때 $\int \sin^m x \cos^n x \, dx$ 형태의 적분을 요약하면 다음과 같다.

$\int \sin^m x \cos^n x \, dx$ 형태의 적분법

(1) 코사인의 거듭제곱($\cos^2 x$)이 홀수($n = 2k+1$)이면, 코사인 인수 하나를 분리하고 $\cos^2 x = 1 - \sin^2 x$를 이용하여 나머지 인수를 sin함수로 바꾼다.

$$\int \sin^m x \cos^{2k+1} 1x \, dx = \int \sin^m x (\cos^2 x)^k \cos x \, dx$$
$$= \int \sin^m x (1 - \sin^2 x)^k \cos x \, dx$$

$u = \sin x$로 치환하여 구한다.

(2) 사인의 거듭제곱이 홀수이면, 사인 인수 하나를 분리하고 $\sin^2 x = 1 - \cos^2 x$를 이용하여 나머지 인수를 코사인으로 바꾼다.

$$\int \sin^{2k+1} x \cos^n x dx = \int (\sin^2 x)^k \cos^n x \sin x \, dx$$
$$= \int (1 - \cos^2 x)^k \cos^n x \sin x \, dx$$

$u = \cos x$ 로 치환하여 구한다.

■ 사인과 코사인의 거듭제곱이 모두 홀수이면, (1)과 (2) 어느것이든 이용할 수 있다.

(3) 사인과 코사인의 거듭제곱이 모두 짝수이면, 반각공식을 이용한다.

$$\sin^2 x = \frac{1}{2}(1 - \cos 2x), \quad \cos^2 x = \frac{1}{2}(1 + \cos 2x)$$

다음 항등식을 이용하는 것도 도움이 된다.

$$\sin x \cos x = \frac{1}{2} sin 2x$$

$inttan^m x \sec^n x \, dx$ 형태의 적분도 위와 유사한 방법으로 계산할 수 있다.

보기10

$\int \tan^4 x \sec^4 x \, dx$ 를 구하라.

풀이

$\sec^2 x$ 를 인수분리하고 나머지 $\sec^2 x$ 는 항등식 $\sec^2 x = 1 + \tan^2 x$ 를 이용하여 탄젠트만의

함수로 나타낸다.

$$\begin{aligned}\int \tan^4 x \sec^4 x dx &= \int \tan^4 x(\sec^2 x)(\sec^2 x)dx \\ &= \int \tan^4 x(1+\tan^2 x)\sec^2 x\, dx\end{aligned}$$

다음 $u=\tan x$로 치환하면 $du=\sec^2 x dx$ 이다. 윗 식에 대입하면,

$$\begin{aligned}\int \tan^4 x \sec^4 x dx &= \int \tan^4 x(1+\tan^2 x)\sec^2 x\, dx \\ &= \int u^4(1+u^2)du = \int (u^4+u^6)du \\ &= \frac{u^5}{5}+\frac{u^7}{7}+C \\ &= \frac{1}{5}tan^5 x+\frac{1}{7}tan^7 x + C\end{aligned}$$

$inttan^m x \sec^n x\, dx$ 형태의 적분은 $\frac{d}{dx}(\tan x)=\sec^2 x$ 이므로 $\sec^2 x$ 의 인수를 분리하고 $\sec^2 x = 1+\tan^2 x$ 를 이용해서 탄젠트를 변환할 수 있다. 또는 $\frac{d}{dx}(\sec x)=\sec x\tan x$ 이므로 $\sec x\tan x$ 인수를 분리하고 나머지 탄젠트의 거듭제곱을 시컨트로 변환할 수 있다. 이를 요약하면 다음과 같다.

$\int \tan^m \sec^n x\,dx$ 형태의 적분법

(1) 시컨트의 거듭제곱($\sec^2 x$)이 짝수($n = 2k$)이면, $\sec^2 x$ 인수를 분리하고 $\sec^2 x = 1 + \tan^2 x$ 를 이용하여 나머지 인수를 tan 함수로 바꾼다.

$$\int \tan^m x \sec^{2k} x\,dx = \int \tan^m x (\sec^2 x)^{k-1} \sec^2 x\,dx$$
$$= \int \tan^m x (1 + \tan^2 x)^{k-1} \sec^2 x\,dx$$

$u = \tan x$로 치환하여 구한다.

(2) 탄젠트의 거듭제곱($\tan^2 x$)이 홀수($n = 2k+1$)이면, $\sec x \tan x$ 를 인수분리하고 나머지 인수를 $\tan^2 x = \sec^2 x - 1$ 을 이용하여 $\sec x$ 로 표현한다.

$$\int \tan^{2k+1} x \sec^n x\,dx = \int (\tan^2 x)^k \sec^{n-1} x \sec x \tan x\,dx$$
$$= \int (\sec^2 x - 1)^k \sec^{n-1} x \sec x \tan x\,dx$$

$u = \sec x$ 로 치환하여 구한다.

3. $\int \sin mx \cos nx\,dx$, $\int \sin mx \sin nx\,dx$, $\int \cos mx \cos nx\,dx$ 유형

이 유형의 적분은 곱을 합으로 나타내는 삼각함수 공식을 이용한다. 삼각함수의 곱을 합으로 나누는 공식12)은 다음과 같다.

(1) $\sin mx \cos nx = \dfrac{1}{2}[\sin(m+n)x + \sin(m-n)]$

(2) $\sin mx \sin nx = \dfrac{1}{2}[\cos(m+n)x - \cos(m-n)x]$

(3) $\cos mx \cos nx = \dfrac{1}{2}[\cos(m+n)x + \cos(m-n)x]$

보기11

$\int \sin 4x \sin 2x dx$를 구하라.

풀이

---

12) 삼각함수의 곱을 합으로 나누는 공식

(1) $\sin A \cos B = \dfrac{1}{2}[\sin(A-B) + \sin(A+B)]$ (2) $\sin A \sin B = \dfrac{1}{2}[\cos(A-B) - \cos(A+B)]$

(3) $\cos A \cos B = \dfrac{1}{2}[\cos(A-B) + \cos(A+B)]$

위 식(2)를 이용하여 풀면,

$$\int \sin 4x \sin 2x dx = \frac{1}{2}\int \left[\cos(4+2)x - \cos(4-2)x\right]dx = \frac{1}{2}\int (\cos 6x - \cos 2x)dx$$

$$= -\frac{1}{12}sin6x + + \frac{1}{4}sin2x + C$$

보기12

$\int \sin 3x \cos 4x \, dx$ 를 구하라.

풀이

위 식(1)를 이용하여 풀면,

$$\int \sin 3x \cos 4x \, dx = \frac{1}{2}\int [\sin 7x + \sin(-x)]dx$$

$$= \frac{1}{14}\int \sin 7x (7dx) - \frac{1}{2}\int \sin x dx$$

$$= -\frac{1}{14}cos7x + \frac{1}{2}cosx + C$$

보기13

m과 n이 양의 자연수일 때, 다음 식이 성립함을 보여라.

$$\int_{-\pi}^{\pi} \sin mx \sin nx \, dx = \begin{cases} 0, & n \neq m \text{인 경우} \\ \pi & n = m \text{인 경우} \end{cases}$$

풀이

위 (2)식을 이용한다.

① $m \neq n$이면,

$$\int_{-\pi}^{\pi} \sin mx \sin nx \, dx = -\frac{1}{2}\int [\cos(m+n)x - \cos(m-n)x] \, dx$$

$$= -\frac{1}{2}\left[\frac{1}{m+n}sin(m+n)x - \frac{1}{m-n}sin(m-n)x\right]_{-\pi}^{\pi}$$

$$= 0$$

② $m = n$이면,

$$\int_{-\pi}^{\pi} \sin mx \sin nx \, dx = -\frac{1}{2}\int_{-\pi}^{\pi} [\cos 2nx - \cos 0]dx = -\frac{1}{2}\int_{-\pi}^{\pi} (\cos 2nx - 1)dx$$

$$= -\frac{1}{2}\left[\frac{1}{2n}sin2nx - x\right]_{-\pi}^{\pi}$$

$$= -\frac{1}{2}\left[\left(\frac{1}{2n}\sin 2n\pi - \pi\right) - \left(\frac{1}{2n}\sin(-2n\pi) + \pi\right)\right]$$

$$= -\frac{1}{2}[-2\pi] = \pi$$

4. $\int \tan^n x dx$, $\int \cot^n x\, dx$ 유형

탄젠트의 경우, $\tan^2 x = \sec^2 x - 1$ 로 분해하고, 코탄젠트의 경우는 $\cot^2 x = \csc^2 - 1$ 로 분해하여 적분값을 구한다.

보기14

$\int \tan^3 x dx$를 구하라.

풀이

위 적분은 탄젠트만 나타나는 적분이므로 $\tan^2 x = \sec^2 x - 1$ 을 이용해서 $\tan^2 x$ 인수를 $\sec^2 x$ 의 인수로 고쳐서 탄젠트의 차수를 낮추어 적분한다.

$$\int \tan^3 x\, dx = \int \tan x \tan^2 x\, dx$$

$$= \int \tan x(\sec^2 x - 1)\, dx$$

$$= \int \tan x \sec^2 x - \int \tan x\, dx$$

$$- \frac{\tan^2 x}{2} - \ln|\sec x| + C$$

[연습문제]

*문제 1~24에서 다음 적분을 계산하라.

1. $\int \sin^2 x\,dx$
2. $\int \sin^3 2x dx$
3. $\int \sin^3 x dx$
4. $\int \cos^3 x dx$
5. $\int \csc x dx$
6. $\int_{\pi/6}^{\pi/2} \cot^2\theta\,d\theta$
5. $\int \sin^5 2x \cos^2 2x dx$
6. $\int \sin 3y \cos 4y\,dy$
7. $\int x \tan^2 x dx$
8. $\int \cos y \cos 3y dy$
9. $\int \sin^3 x \cos^2 x\,dx$
10. $\int \tan^2 x\,dx$
11. $\int \cos^4\theta \sin^2\theta\,d\theta$
12. $\int \sin^2 x \cos^3 x\,dx$
13. $\int \tan^4 x dx$
14. $\int \tan^3 x dx$
15. $\int \cot^2 x dx$
16. $\int \cot^3 x dx$
17. $\int_0^{\pi/2} \cos^2 x dx$
18. $intfrom0$
19. $\int \tan^3 x \sec^4 x\,dx$
20. $\int \tan x \sec x dx$
21. $\int \sqrt{1+\cos x}\,dx$
22. $\int \sin 8x \cos 6x\,dx$
23. $\int \tan^2 x \sec^{-1/2} x\,dx$
24. $\int \tan x \sec^3 x\,dx$

25. 정수 m과 $n(m \neq n)$에서 다음 식을 구하라.

$$\int_{-\pi}^{\pi} \cos mx \cos nx\,dx$$

26. $n > 1$인 모든 정수 n에 대하여 $\int \sec^n x dx$ 의 값이 다음 식이 성립함을 보여라

$$\int \sec^n x\,dx = \frac{1}{n-1} sec^{n-2} x \tan x + \frac{n-2}{n-1}\int \sec^{n-2} x\,dx$$

5.4 삼각치환 적분

원 또는 타원의 넓이를 구할 때 피적분함수에 제곱근이 포함되어 있으면 적분하기가 쉽지 않다. 그러나, a가 양의 실수일 때, 피적분함수가 $\sqrt{a^2-x^2}$ 형태의 항을 포함하고 있으면, $x=a\sin t$로 치환해서 변수를 x에서 t로 바꾸어서, 항등식 $1-\sin^2 t=\cos^2 t$에 의해 다음과 같이 근호를 없엘 수 있다.

$$\sqrt{a^2-x^2} = \sqrt{a^2-a^2\sin^2 t} = \sqrt{a^2(1-\sin^2 t} = \sqrt{a^2\cos^2 t} = a|\cos t|$$

이렇게, 삼각함수가 포함된 변수의 변환을 삼각치환이라고 하며 피적분 함수가 a^2-x^2, a^2+x^2 및 x^2-a^2와 같은 꼴의 무리식 중의 어느 하나를 포함하고 있을 때 유용하게 쓰인다.

[정리] 삼각치환적분

	피적분함수꼴	변수바꿈	t의 범위	항등식
(1)	$\sqrt{a^2-x^2}$	$x=a\sin t$	$-\frac{\pi}{2}\leq t\leq\frac{\pi}{2}$	$1-\sin^2 t=\cos^2 t$
(2)	$\sqrt{a^2+x^2}$	$x=a\tan t$	$-\frac{\pi}{2}\leq t\leq\frac{\pi}{2}$	$1+\tan^2 t=\sec^2 t$
(3)	$\sqrt{x^2-a^2}$	$x=a\sec t$	$0\leq t\leq\frac{\pi}{2}$, $\pi\leq t\leq\frac{3\pi}{2}$	$\sec^2 t-1=\tan^2 t$

로 각각 치환하면, 간단하게 된다.

$$\sqrt{a^2-x^2}=a\sqrt{1-\sin^2 t}=a\cos t,\ dx=a\cos t\,dt$$
$$\sqrt{a^2+x^2}=a\sqrt{1+\tan^2 t}=a|\sec t|,\ dx=a\sec^2 t\,dt$$
$$\sqrt{x^2-a^2}=a\sqrt{\sec^2 t-1}=a|\tan t|,\ dx=a\sec t\tan t\,dt$$

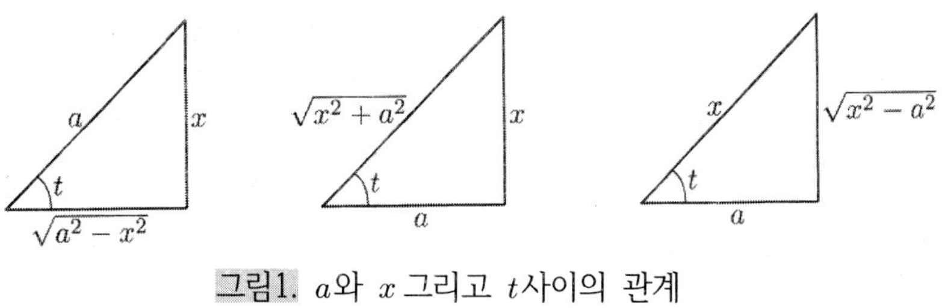

그림1. a와 x 그리고 t사이의 관계

■ $\sqrt{a^2 - x^2}$ 를 포함하는 적분

$1 - \sin^2\theta = \cos^2\theta$

$x = a\sin\theta$로 치환하면, $dx = a\cos\theta d\theta$ 이고,

$$a^2 - x^2 = a^2 - a^2\sin^2\theta = a^2(1 - \sin^2\theta) = a^2\cos^2\theta$$

$$\therefore \sqrt{a^2 - x^2} = a\cos\theta$$

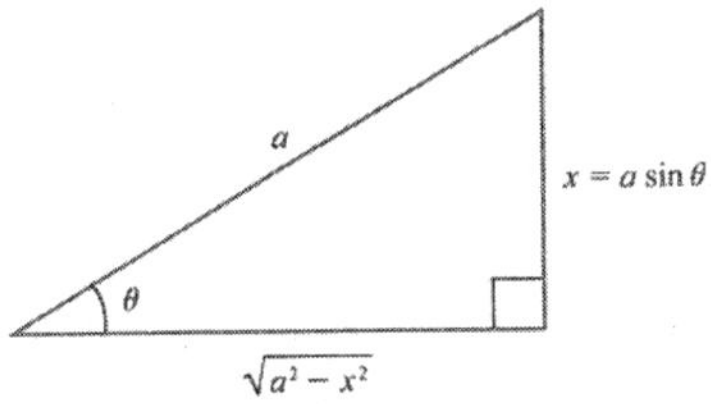

그림2.

■ $\sqrt{a^2 + x^2}$ 를 포함하는 적분

$1 + \tan^2\theta = \sec^2\theta$

$x = a\tan\theta$로 치환하면, $dx = a\sec^2\theta d\theta$ 이고,

$$a^2 + x^2 = a^2 + a^2\tan^2\theta = a^2(1 + \tan^2\theta) = a^2\sec^2\theta$$

$$\therefore \sqrt{a^2 + x^2} = a\sec\theta$$

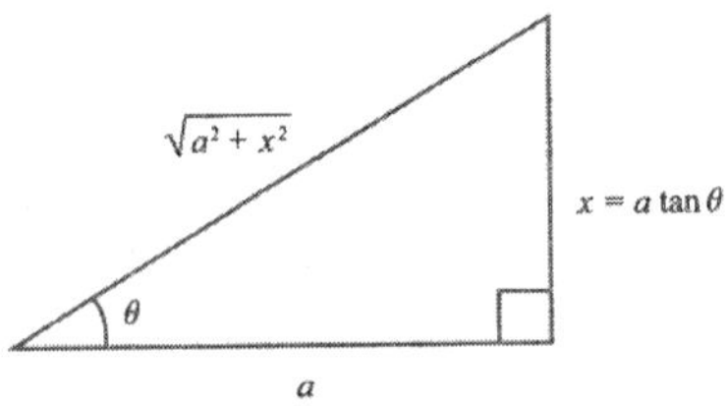

그림3.

■ $\sqrt{x^2 - a^2}$ 를 포함하는 적분

$\sec^2\theta - 1 = \tan^2\theta$

$x = a\sec\theta \ \left(\theta \in \left[0, \frac{\pi}{2}\right) \cup \left(\frac{\pi}{2}, \pi\right]\right)$로 치환하면, $dx = a\sec\theta\tan\theta$ 이고,

$$x^2 - a^2 = a^2\sec^2\theta - a^2 = a^2(\sec^2\theta - 1) = a^2\tan^2\theta$$

$$\therefore \sqrt{x^2 - a^2} = a|\tan\theta|$$

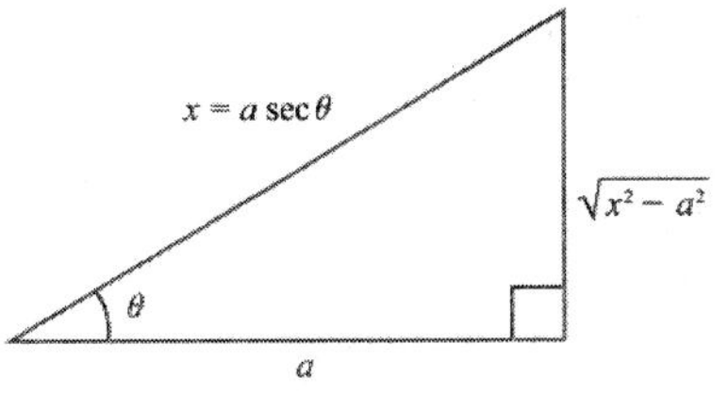

그림4.

보기1

$intsqrta^2 - x^2 dx$를 구하라.

풀이

변수를 다음과 같이 치환한다.

$$x = a\sin t \qquad \left(-\frac{\pi}{2} \leqq t \leqq \frac{\pi}{2}\right)$$

$dx = a\cos t\,dt$, $\sqrt{a^2 - x^2} = a\cos t$. 따라서,

$$intsqrta^2 - x^2 dx = \int a\cos t \cdot a\cos t\,dt = = a^2 \int \cos^2 t\,dt$$

$$= \frac{a^2}{2}\int (1 + \cos 2t)dt$$

$$= \frac{a^2}{2}\left(t + \frac{1}{2} sin2t\right) + C$$

$$= \frac{a^2}{2}(t + \sin t \cos t) + C$$

여기서, $x = a\sin t$에서 $\frac{x}{a} = \sin t$이므로, 사인함수가 역함수를 가지도록 t의 범위가 제한되었다. 그러므로,

$$t = \sin^{-1}\left(\frac{x}{a}\right)$$

직각삼각형을 이용하면 다음을 얻는다.

$$\cos t = \cos\left[\sin^{-1}\left(\frac{x}{a}\right)\right] = \sqrt{1 - \frac{x^2}{a^2}} = \frac{1}{a}\sqrt{a^2 - x^2}$$

따라서, 위 결과를 보기1의 적분에 대입하면,

$$intsqrta^2 - x^2dx = \frac{a^2}{2}sin^{-1}\left(\frac{x}{z}\right) + \frac{x}{2}\sqrt{a^2-x^2} + C$$

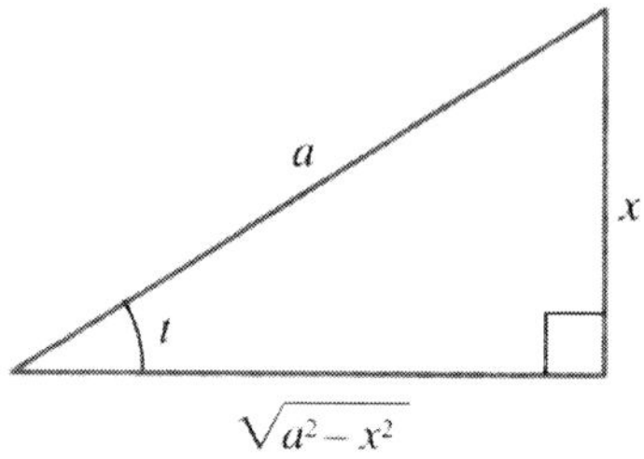

$x = a \sin t$

그림5. $x = a\sin t$

보기1의 결과를 이용하면 반원의 넓이를 구하는 정적분을 계산할 수 있다(그림6).

$$\int_{-a}^{a}\sqrt{a^2-x^2}\,dx = \left[\frac{a^2}{2}sin^{-1}\left(\frac{x}{a}\right) + \frac{x}{2}\sqrt{a^2-x^2}\right]_{-a}^{a}$$
$$= \frac{a^2}{2}\left[\frac{\pi}{2}+\frac{\pi}{2}\right] = \frac{\pi a^2}{2}$$

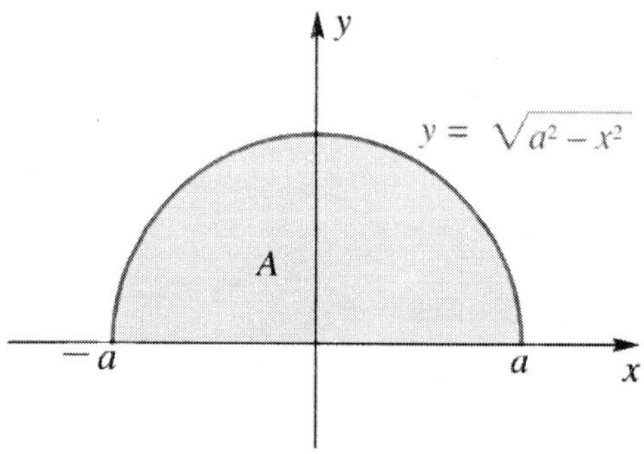

그림6. 반원의 면적 $A = \int_{-a}^{a}\sqrt{a^2-x^2} = \pi a^2/2$

보기2

$\int \frac{x^2}{\sqrt{4-x^2}}dx$, $(-2 < x < 2)$을 구하라.

풀이

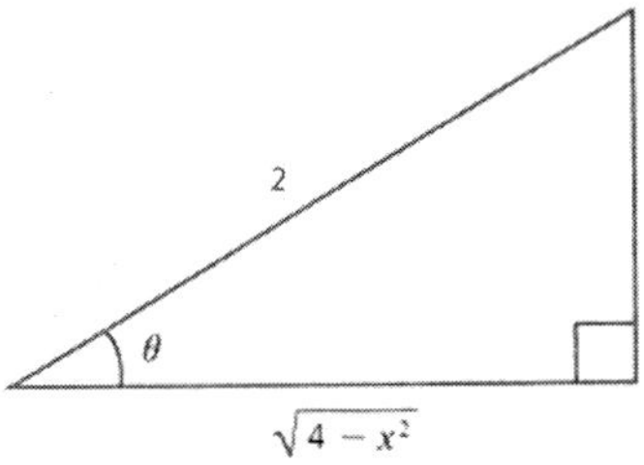

그림7. 보기2 와 보기3

$x = 2\sin\theta(-\frac{\pi}{2} < \theta < \frac{\pi}{2})$로 치환하면 $dx = 2\cos\theta d\theta$ 이고,

$$4 - x^2 = 4(1-\sin^2\theta) = 4\cos^2\theta$$

이다. 그러므로,

$$\begin{aligned}\int \frac{x^2}{\sqrt{4-x^2}}dx &= \int \frac{4\sin^2\theta}{|2\cos\theta|}\ 2\cos\theta d\theta \qquad \left(-\frac{\pi}{2} < \theta < \frac{\pi}{2}\text{이므로 } \cos\theta > 0\right)\\ &= 4\int \sin^2\theta d\theta = 4\int \frac{1-\cos 2\theta}{2}d\theta = 2\left(\theta - \frac{\sin 2\theta}{2}\right) + C\\ &= 2(\theta - \sin\theta\cos\theta) + C \qquad (\because \sin 2\theta = 2\sin\theta\cos\theta)\\ &= 2\left(\sin^{-1}\frac{x}{2} - \frac{x}{2}\frac{\sqrt{4-x^2}}{2}\right) + C\\ &= 2\sin^{-1}\frac{x}{2} - \frac{1}{2}x\sqrt{4-x^2} + C\end{aligned}$$

보기3

$\int \frac{1}{\sqrt{1-x^2}}dx$를 구하라.

풀이

적분공식 $\int \frac{1}{\sqrt{a^2-x^2}}dx = \sin^{-1}\frac{x}{a} + C$ 이므로,

$$\therefore \int \frac{1}{\sqrt{1-x^2}}dx = \sin^{-1}x + C$$

※ 별해

적분공식을 알지 못할 경우

$\sin^2\theta+\cos^2\theta=1$

윗 식에서, $x=\sin\theta$로 치환하면,

$$\int\frac{1}{\sqrt{1-\sin^2\theta}}dx=\int\frac{1}{\sqrt{\cos^2\theta}}dx=\int\frac{1}{\cos\theta}dx$$

식(2)에서 변수 θ와 x를 일치시키면,

$x=\sin\theta$로 치환하였으므로,

$$\frac{dx}{d\theta}=\cos\theta \qquad \therefore\ dx=\cos\theta d\theta$$

$$\int\frac{1}{\sqrt{1-x^2}}dx=\int\frac{1}{\cos\theta}\cos\theta d\theta=\int d\theta=\theta+C$$

$\theta=\sin^{-1}x$ 를 윗 식에 대입하면,

$$\therefore\ \int\frac{1}{\sqrt{1-x^2}}dx=\theta+C=\sin^{-1}x+C$$

보기4

삼각치환법에 의하여 $\int\frac{1}{x^2\sqrt{4-x^2}}dx$를 구하라.

풀이

$\sqrt{4-x^2}=\sqrt{2^2-x^2}$ 이므로 $x=2\sin\theta\ \left(-\frac{\pi}{2}\leq\theta\leq\frac{\pi}{2}\right)$로 치환한다.

그러면, $dx=2\cos\theta d\theta$ 이다. 따라서,

$$\begin{aligned}\int\frac{1}{x^2\sqrt{4-x^2}}dx&=\int\frac{1}{4\sin^2\theta\sqrt{4-4\sin^2\theta}}\cdot2\cos\theta d\theta\\&=\int\frac{1}{(4\sin^2\theta)2\sqrt{1-\sin^2\theta}}\cdot2\cos\theta d\theta\\&=\frac{1}{4}\int\frac{\cos\theta}{\sin^2\theta\cos\theta}d\theta=\frac{1}{4}\int\operatorname{cosec}^2\theta\, d\theta\\&=-\frac{1}{4}\cot\theta+C=-\frac{1}{4}\frac{\sqrt{4-x^2}}{x}+C\end{aligned}$$

보기5

$\int \frac{1}{x^2\sqrt{1+x^2}}dx$를 구하라.

풀이

$x=\tan\theta$로 놓으면, $\sqrt{1+x^2}=\sec\theta$, $dx=\sec^2\theta d\theta$

$$\int \frac{1}{x^2\sqrt{1+x^2}}dx=\int \frac{\sec^2\theta}{\tan^2\theta\sec\theta}d\theta=\int \frac{\cos\theta}{\sin^2\theta}d\theta$$

다시 $\sin\theta=z$로 놓으면, $\cos\theta d\theta=dz$ 이다.

$$\int \frac{1}{z^2}dz=-\frac{1}{z}=-\frac{1}{\sin\theta}+C$$

$\tan\theta=x$ 이므로

$$\sin\theta=\frac{x}{\sqrt{1+x^2}} \quad \text{(그림)}$$

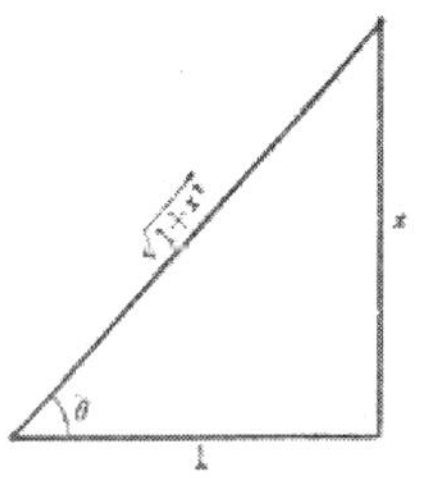

그림8. 보기5

$$\therefore \int \frac{1}{x^2\sqrt{1+x^2}}dx=-\frac{1}{\sin\theta}+C=\frac{\sqrt{1+x^2}}{x}+C$$

보기6

$\int \frac{1}{\sqrt{9x^2-4}}dx\ (x>\frac{2}{3})$를 적분하라.

풀이

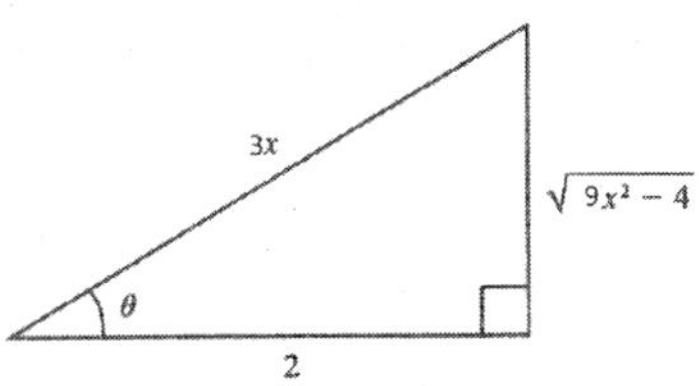

그림9. 보기6

윗 그림에서와 같이 $x=\frac{2}{3}sec\theta\ \left(0<\theta<\frac{\pi}{2}\right)$로 치환하면 $dx=\frac{2}{3}sec\theta\tan\theta d\theta$이고

$$\sqrt{9x^2-4}=2\sqrt{\sec^2\theta-1}=2\sqrt{\tan^2\theta}\qquad\left(0<\theta<\frac{\pi}{2}\text{에서 }\tan\theta>0\right)$$

이다. 따라서,

$$\int\frac{1}{\sqrt{9x^2-4}}dx=\int\frac{1}{2\tan\theta}\frac{2}{3}sec\theta\tan\theta d\theta=\frac{1}{3}\int\sec\theta d\theta$$

$$=\frac{1}{3}ln|\sec\theta+\tan\theta|+C=\frac{1}{3}ln\left|\frac{2}{3}x+\frac{\sqrt{9x^2-4}}{2}\right|+C$$

보기7

$\int\frac{1}{x^2\sqrt{x^2+9}}dx$를 적분하라.

풀이

$x=3\tan\theta\ \left(-\frac{\pi}{2}<\theta<\frac{\pi}{2}\right)$라고 하면, $dx=3\sec^2\theta d\theta$ 이고, 다음 식을 얻는다.

$$\sqrt{x^2+9}=\sqrt{9(\tan^2\theta+1)}=\sqrt{9\sec^2\theta}=3|\sec\theta|=3\sec\theta$$

따라서,

$$\int\frac{1}{x^2\sqrt{x^2+9}}dx=\int\frac{2\sec^2\theta\,d\theta}{9\tan^2\theta\cdot3\sec\theta}=\frac{2}{27}\int\frac{\sec\theta}{\tan^2\theta}d\theta$$

이 삼각적분을 계산하기 위해 삼각함수를 $\sin\theta$와 $\cos\theta$ 로 나타낸다.

$$\frac{\sec\theta}{\tan^2\theta}=\frac{1}{\cos\theta}\cdot\frac{\cos^2\theta}{\sin^2\theta}=\frac{\cos\theta}{\sin^2\theta}$$

그러므로, $u=\sin\theta$로 치환하면 $du=\cos\theta$ 이고 다음 식과 같다.

$$\int\frac{1}{x^2\sqrt{x^2+9}}dx=\frac{2}{27}\int\frac{\cos\theta}{\sin^2\theta}d\theta=\frac{2}{27}\int\frac{du}{u^2}$$

$$=\frac{2}{27}\left(-\frac{1}{u}\right)+C=-\frac{2}{27\sin\theta}+C=\frac{2\csc\theta}{27}+C$$

$x^2+Bx+C=0$의 형태의 2차식이 $\sqrt{\ }$ 속에 들어 있으면 근호속의 피적분함수를 완전제곱을 만든 다음 삼각함수를 대입하여 구한다.

보기8

$\int \frac{x}{\sqrt{15-2x-x^2}}dx$를 근호내 피적분함수를 완전제곱을 만든 다음 적분하라.

풀이

근호 내 피적분함수를 완전제곱꼴로 만들면,

$$15-2x-x^2=15-(x^2+2x)=15+1-(x^2+2x+1)$$
$$16-(x+1)^2$$

여기서 $u=x+1$로 치환하면, $du=1dx=dx$이고 $x=u-1$이다. 따라서,

$$\int \frac{x}{\sqrt{15-2x-x^2}}dx = \int \frac{u-1}{\sqrt{16-u^2}}dx$$

$u=4\sin\theta$로 치환하면, $du=4\cos\theta\, d\theta$ 이고 $\sqrt{16-u^2}=4\cos\theta$ 이므로 다음을 얻는다.

$$\begin{aligned}\int \frac{x}{\sqrt{15-2x-x^2}}dx=1 &= \int \frac{4\sin\theta-1}{4\cos\theta}4\cos\theta\, d\theta \\ &= \int (4\sin\theta-1)d\theta \\ &= -4\cos\theta-\theta+C \\ &= -\sqrt{16-u^2}-\sin^{-1}\left(\frac{u}{2}\right)+C \\ &= -\sqrt{15-2x-x^2}-\sin^{-1}\left(\frac{x+1}{2}\right)+C\end{aligned}$$

[연습문제]

* 문제 1~16에서 다음 적분을 계산하라.

1. $\int \frac{1}{x^2\sqrt{4-x^2}}dx$

2. $\int \frac{x^2}{\sqrt{9-x^2}}dx$

3. $\int \frac{x^2}{\sqrt{x^2-4}}dx$

4. $\int \frac{2}{\sqrt{x^2-9}}dx$

5. $\int \frac{\sqrt{9x^2-16}}{x}dx$

6. $\int \frac{1}{\sqrt{25x^2-4}}dx$

7. $\int \frac{1}{\sqrt{4+x^2}}dx$

8. $\int \frac{x^2}{\sqrt{4+x^2}}dx$

9. $\int \sqrt{9+x^2}\,dx$

10. $\int \frac{x}{\sqrt{x^2+4x}}dx$

11. $\int x\sqrt{x+2}\,dx$

12. $\int \frac{x\,dx}{\sqrt{2x+3}}$

13. $\int x(2-x)^{2/3}dx$

14. $\int \frac{\sqrt{4+x^2}}{x}dx$

15. $\int x\sqrt{16-x^4}\,dx$

16. $\int \frac{1}{\sin x+\cos x}dx$

* 문제 17~22에서 완전제곱꼴을 만들고, 필요시 삼각함수를 대입하여 다음 적분을 구하라.

17. $\int \frac{dx}{\sqrt{x^2+2x+1}}$

18. $\int \frac{dx}{\sqrt{x^2+2x+17}}$

19. $\int \frac{x}{\sqrt{x^2+2x+5}}dx$

20. $\int \sqrt{5-4x-x^2}\,dx$

21. $\int \frac{1}{\sqrt{4x-x^2}}dx$

22. $\int \frac{x}{\sqrt{4x-x^2}}dx$

5.5 유리함수의 적분

이 절에서는 임의의 유리함수를 부분분수로 변형시켜 적분하는 방법을 알아본다. 부분분수로 변형을 시키면 비교적 간단한 함수가 되어 이미 알고있는 적분법을 이용할 수 있다. 다음 식을 예를 들어 알아보자.

$$\frac{2}{x+1}-\frac{1}{x-2}=\frac{2(x-2)-(x+1)}{(x+1)(x-2)}=\frac{x-5}{x^2-x-2}$$

이 과정을 역으로 하면 방정식의 우변에 있는 함수를 적분하는 방법을 알 수 있다. 즉,

$$\begin{aligned}\int\frac{x-5}{x^2-x-2}dx &= \int\left(\frac{2}{x+1}-\frac{1}{x-2}\right)dx \\ &= 2\ln|x+1|-\ln|x-1|+C\end{aligned}$$

여기서 두 부네 피적분함수

$$\frac{2}{x+1}-\frac{1}{x-2}$$

는 첫 번째 피적분함수의 부분분수식이라 한다.

5.5.1 무리수의 유리화 치환

유리함수가 아닌 함수를 적절히 치환하여 유리함수로 바꾼 후 계산하는 방법이다. 특히 피적분함수가 $\sqrt[n]{g(x)}$의 형식을 포함하고 있으면, $u=\sqrt[n]{g(x)}$으로 치환한다.

보기1

$\int\frac{\sqrt{x+2}}{x}dx$를 계산하라.

풀이

$u=\sqrt{x+2}$로 놓으면, $u^2=x+2$이고, $x=u^2-2$이다. 따라서 $dx=2udu$이다. 그러므로 보기의 식은 다음과 같이 치환된다.

$$\int \frac{\sqrt{x+2}}{x} = \int \frac{u}{u^2-2} 2udu = 2\int \frac{u^2}{u^2-2} du$$
$$= 2\int \left(1 + \frac{2}{u^2-2}\right) du$$

이 적분은 무리식에서 유리식으로 치환되었다. 그러면 유리함수의 부분분수의 유리함수 적분방법으로 적분할 수 있다. 즉 u^2-2를 $(u+\sqrt{2})(u-\sqrt{2})$로 인수분해 한 다음 부분분수를 이용하거나 다음 공식

$$\int \frac{dx}{x^2-a^2} = \frac{1}{2a} ln\left|\frac{x-a}{x+a}\right| + C$$

를 이용하여 적분한다. 이때 $a=\sqrt{2}$로 놓는다.

$$\int \frac{\sqrt{x+2}}{x} dx = 2\int du + 4\int \frac{du}{u^2-2} du$$
$$= 2u + 4 \cdot \frac{1}{2\cdot\sqrt{2}} ln\left|\frac{u-\sqrt{2}}{u+\sqrt{2}}\right| + C$$
$$= 2\sqrt{x+2} + \sqrt{2}\, ln\left|\frac{\sqrt{x+2}-\sqrt{2}}{\sqrt{x+2}+\sqrt{2}}\right| + C$$

■ 적분기법 요약

지금까지 공부한 적분법을 요약해 두었다. 미분에 비해 적분은 쉽게 공식만을 가지고 계산할 수 없다. 여러 경우에 정확하게 계산이 잘 안될 뿐만 아니라, 어떤 방법을 적용해야 하는지 알아야 적분을 계산할 수 있게 된다. 따라서 적절한 방법을 찾아야 한다. 그러기 위해서는 여러 유형의 문제를 습득하여야 한다. 아래의 방법들에서 계산방법을 찾아 본다.

1. 치환적분법

$\int f(u(x)) \cdot u'(x)dx = \int f(u)du$ 를 이용한다.

(1) $\int (u(x))$와 $u'(x)$를 포함할 때, 예를 들어

$$\int 3x^2\cos(x^3)dx = \int \cos(x^3)3x^2dx = \int \cos u du$$

여기서, $\cos u = \cos x^3$ 이고 $du = 3x^2$이 된다.

(2) $\int (ax+b)$ 형태가 있을 때, 예를 들어

$$\int \frac{x}{\sqrt{x+1}}dx = \int \frac{u-1}{\sqrt{u}}du$$

여기서, $u = x+1$이고, $x = u-1$가 되며 $du = dx$가 된다.

2. 부분적분법

$$\int udv = uv - \int vdu$$

x^n, $\cos x$, e^x와 같은 형태의 함수들이 곱해져 있을 때, 예를 들어

$$\int 2x\cos x dx \qquad \begin{bmatrix} u = x, & dv = \cos x dx \\ = dx, & v = \sin x \end{bmatrix}$$

$$= x\sin x - \int \sin x dx$$

3. 삼각치환법

(1) $\sqrt{a^2-x^2}$ 형태: $x = \sin\theta(-\pi/2 \leq \theta \leq \pi/2)$라 하면

$dx = a\cos\theta d\theta$ 이고, $\sqrt{a^2-x^2} = \sqrt{a^2-a^2\sin\theta} = a\cos\theta$가 된다. 예를 들어,

$$\int \frac{x^2}{\sqrt{1-x^2}}dx = \int \sin^2\theta$$

여기서, $x^2 = \sin^2\theta$이고 $\sqrt{1-x^2} = \cos\theta$ 가 되며, $dx = \cos\theta d\theta$ 이다.

(2) $\sqrt{a^2+x^2}$ 형태: $x = a\tan\theta(-\pi/2 < \theta < \pi/2)$라 하면

$dx = a\sec^2\theta$ 이고 $\sqrt{x^2+a^2} = \sqrt{a^2\tan^2\theta + a^2} = a\sec\theta$가 된다. 예를 들어,

$$\int \frac{x^3}{\sqrt{x^2+4}}dx = 16\int \tan^3\theta \cdot \sec\theta d\theta$$

여기서, $x = a\tan\theta$, $x^3 = a^3\tan\theta = 8\tan^3\theta$이고, $dx = 2\sec^2 d\theta$ 이다.

(3) $\sqrt{x^2-a^2}$ 형태: $x = a\sec\theta$, $\theta \in [0, \pi/2) \cup (\pi/2, \pi]$라 하면,

$dx = a\sec\theta\tan\theta d\theta$ 이고 $\sqrt{x^2-a^2} = \sqrt{a^2\sec^2\theta - a^2} = a\tan\theta$ 이다. 예를 들어,

$$\int x^2\sqrt{x^2-9}\,dx = \int (9\sec^2\theta)(3\tan\theta)(2\sec\theta\tan\theta d\theta)$$
$$= 54\int \sec^3\theta\tan^2\theta d\theta$$

여기서, $x^2 = 9\sec^2\theta$, $\sqrt{x^2-9} = 3\tan\theta$, $dx = 3\sec\theta\tan\theta d\theta$ 이다.

4. 유리함수 부분분수

유리함수의 적분법에 사용, 예를들면,

$$\int \frac{x-5}{x^2-x-2}dx = \int \frac{x-5}{(x+1)(x-2)}dx = \int\left(\frac{A}{x+1}+\frac{B}{x-2}\right)dx$$

로 두고 A와 B값을 찾는다.

때로는 하나의 적분을 계산하는 데 두 세 가지 방법이 필요할 수 있다. 이 경우 서로 다른 형태의 치환을 여러 번 연속적으로 수행하거나 부분적분에 하나 이상의 치환을 결합해서 계산할 수도 있다.

[연습문제]

* 문제 1~16에서 다음 적분을 계산하라.

1. $\int \frac{1}{x+2}dx$
2. $\int \frac{1}{(x+1)(x+2)}dx$
3. $\int \frac{x}{x-6}dx$
4. $\int \frac{x-4}{(x+3)(x-1)}dx$
5. $\int \frac{(x-1)}{(x+2)}dx$
6. $\int \frac{x^3+1}{x-1}dx$
7. $\int \frac{x^2+1}{(x-2)(x-1)}dx$
8. $\int \frac{8}{(x-1)(x^2+8)}dx$
9. $\int \frac{ax}{x^2-bx}dx$
10. $\int \frac{x+3}{x^3+2x^2+3x}dx$
11. $\int \frac{dx}{x^2+2x+2}$
12. $\int \frac{dx}{x^2-x+1}$
13. $\int \frac{2x}{x^3+1}dx$
14. $\int \frac{x^2+x-1}{2x^3+3x^2-x}dx$
15. $\int \frac{dx}{x(x+4)^2}dx$
16. $\int \frac{x^2-3x+7}{(x^2-2x+3)^2}dx$

* 문제 17~22에서 피적분함수를 치환해서 유리함수로 나타낸 다음 적분을 계산하라.

17. $\int \frac{\sqrt{x+4}}{x}dx$
18. $\int \frac{\sqrt{x+1}}{x}dx$
19. $\int \frac{\sqrt{x+1}}{x^2}dx$
20. $\int \frac{dx}{x^2+x\sqrt{x}}$
21. $\int \frac{dx}{1+e^x}$
22. $\int \frac{x^3}{\sqrt[3]{x^2+1}}dx$

23. 함수의 연속성을 이용하면, 다항함수 F, G, Q에 대해 $Q(x)=0$일 때를 제외하고 모든 x에 대하여 다음 식이 성립한다.

$$\frac{F(x)}{Q(x)} = \frac{G(x)}{Q(x)}$$

모든 x에 대해 $F(x) = G(x)$임을 증명하라.

5.6 이상적분

5.6.1 부정형

사인함수의 극한 $\lim_{x \to 0} \frac{\sin x}{x}$과 도함수의 극한 $\lim_{x \to h} \frac{f(x) - f(h)}{x - h}$, 그리고 유리함수의 극한 $\lim_{x \to 2} \frac{x^2 + 4x - 12}{x^2 - x - 2}$은 공통된 특징을 가진다. 이 두 함수는 나눗셈의 형태로 되어 있으며, 분자와 분모의 극한 값이 0이다. 즉, 0/0의 꼴이 된다. 이러한 함수는 주극한정리를 사용할 수 없다. 주극한정리는 분모의 극한이 0이 아니어야 하기 때문이다. 이들의 극한값은 존재하는데 주극한정리로는 구할 수 없다는 의미이다.

세 번째 유리함수의 극한을 살펴보면 인수분해의 대수적 기법을 이용하면 다음 식을 얻는다.

$$\lim_{x \to 2} \frac{x^2 + 4x - 12}{x^2 - x - 2} = \lim_{x \to 2} \frac{(x-2)(x+6)}{(x-2)(x+1)} = \lim_{x \to 2} \frac{x+6}{x+1} = \frac{8}{3}$$

■ **로피탈 법칙**

일반적으로 $x \to a$일 때 $f(x) = 0$이고 $g(x) = 0$이면 극한값은 존재할 수도 있고 존재하지 않을 경우도 있게 된다. 이런 형태를 0/0형의 부정형이라 한다. 이런 경우의 극한의 존재성 유무의 문제들에 적용가능한 법칙을 로피탈 법칙이라 한다.

[정리] 로피탈 법칙

a를 포함하는 개구간(a는 제외)에서 함수 f와 g가 미분 가능하고 $g'(x) \neq 0$라고 할 때,

$$\lim_{x \to a} f(x) = 0, \qquad \lim_{x \to a} g(x) = 0$$

이거나,

$$\lim_{x \to a} f(x) = \pm\infty, \qquad \lim_{x \to a} g(x) = \pm\infty$$

일 때, 극한의 우변이 존재하면 다음이 성립한다.

$$\lim_{x \to 0} \frac{f(x)}{g(x)} = \lim_{x \to a} \frac{f'(x)}{g'(x)}$$

로피탈 법칙은 주어진 조건을 만족하는 경우 함수의 몫의 극한은 도함수 몫의 극한과 같다는 것을 의미한다. 로피탈 법칙을 적용할 때는 분자와 분모를 따로따로 미분하며, 몫의 법칙을 이용하지 않는다.

$f(a)=0$, $g(a)=0$이고 f'와 g'이 연속이며, $g'(a)\neq 0$인 특별한 경우에도 로피탈 법칙이 적용된다. 즉,

$$\lim_{x\to a}\frac{f'(x)}{g'(x)}=\frac{f'(a)}{g'(a)}=\frac{\lim\limits_{x\to a}\frac{f(x)-f(a)}{x-a}}{\lim\limits_{x\to a}\frac{g(x)-g(a)}{x-a}}$$

$$=\lim_{x\to a}\left(\frac{\frac{f(x)-f(a)}{x-a}}{\frac{g(x)-g(a)}{x-a}}\right)=\lim_{x\to a}\frac{f(x)-f(a)}{g(x)-g(a)}$$

$$=\lim_{x\to a}\frac{f(x)}{g(x)}$$

보기1

로피탈 법칙을 이용하여 다음을 보여라.

(a) $\lim\limits_{x\to 0}\frac{\sin x}{x}=1$ (b) $\lim\limits_{x\to 0}\frac{1-\cos x}{x}=0$

풀이

(a) 로피탈 법칙을 이용하면 기하학적 방법으로 이들을 증명하는 것 보다는 쉽게 증명할 수 있다.

$$\lim_{x\to 0}\frac{\sin x}{x}=\lim_{x\to 0}\frac{(\sin x)'}{(x)'}=\lim_{x-0}\frac{\cos x}{1}=1$$

(b) $$\lim_{x\to 0}\frac{1-\cos x}{x}=\lim_{x\to 0}\frac{\frac{d}{dx}(1-\cos x)}{\frac{d}{dx}(x)}=\lim_{x\to 0}\frac{\sin x}{1}=0$$

보기2

$\lim\limits_{x\to 1}\frac{\ln x}{x-1}$을 로피탈 법칙을 이용하여 구하라.

풀이

$$\lim_{x\to1}\frac{\ln x}{x-1}=\lim_{x\to1}\frac{(\ln x)'}{(x-1)'}=\lim_{x\to1}\frac{1/x}{1}=\lim_{x\to1}\frac{1}{x}=1$$

보기3

$\lim_{x\to1}\frac{\tan 3x}{\ln(1+x)}$를 구하라.

풀이

$$\lim_{x\to1}\frac{\tan 3x}{\ln(1+x)}=\lim_{x\to0}\frac{3\sec^2 3x}{1/(1+x)}=\frac{3}{1}=3$$

보기4

$\lim_{x\to0}\frac{\tan x-x}{x^3}$를 구하라.

풀이

0/0의 부정형이므로, 로피탈 법칙을 적용하면,

$$\lim_{x\to0}\frac{\tan x-x}{x^3}=\lim_{x\to0}\frac{\sec^2 x-1}{3x^2}$$

윗 식의 우변도 0/0이다. 따라서, 로피탈 법칙을 한 번 더 적용한다.

$$\lim_{x\to0}\frac{\sec^2 x-1}{3x^2}=\lim_{x\to0}\frac{2\sec^2 x\tan x}{6x}$$

$\lim_{x\to0}\sec^2 x=1$ 이므로 간단히 하면,

$$\lim_{x\to0}\frac{2\sec^2 x\tan x}{6x}=\frac{1}{3}\lim_{x\to0}\sec^2 x\cdot\lim_{x\to0}\frac{\tan x}{x}=\frac{1}{3}(1)\lim_{x\to0}\frac{\tan x}{x}$$

$\tan x=\frac{\sin x}{\cos x}$ 이므로 삼각함수의 극한을 이용하거나, 다음과 같이 로피탈 법칙을 또 한 번 적용하면,.

$$\lim_{x\to0}\frac{\tan x-x}{x^3}=\frac{1}{3}\lim_{x\to0}\frac{\tan x}{x}=\frac{1}{3}\lim_{x\to0}\frac{\sec^2 x}{1}=\frac{1}{3}$$

보기5

$\lim_{x\to 0}\frac{\sin x - x}{x^3}$를 구하라.

풀이

0/0의 부정형이며, 로피탈 법칙을 여러 번 적용시켜야 한다.

$$\lim_{x\to 0}\frac{\sin x - x}{x^3} = \lim_{x\to 0}\frac{\cos x - 1}{3x^2}$$

$$= \lim_{x\to 0}\frac{-\sin x}{6x}$$

$$= \lim_{x\to 0}\frac{-\cos x}{6} = -\frac{1}{6}$$

분자 또는 분모 중에 어느 하나라도 극한이 0이 아니면, 미분하는 것을 멈추어야 한다.

코시의 평균값 정리

미분의 평균값 정리를 확장하여 일반화 한 정리이다. 특별한 경우 $g(x) = x$를 두면, $g'(c) = 1$이고 위 정리는 미분의 평균값 정리가 된다. 미분의 평균값 정리의 식을 다음과 같이 바꾸고 롤의 정리를 이용한다.

[정리] 코시의 평균값 정리

함수 f와 g가 (a, b)에서 미분가능하고, $[a, b]$에서 연속이며, (a, b)의 모든 x에 대해 $g'(x) \neq 0$이면, 다음을 만족하는 c가 존재한다.

$$\frac{f(b) - f(a)}{g(b) - g(a)} = \frac{f'(c)}{g'(c)}$$

여기서, $g(x) = x$로 놓으면, 미분의 평균값 정리가 된다.

[증명]

식 $\frac{f(b) - f(a)}{g(b) - g(a)}$의 분자와 분모를 평균값 정리를 적용시키면,

$$f(b) - f(a) = f'(c_1)(b - a) \tag{1}$$

그리고,

$$g(b)-g(a)=g'(c_2)(b-a) \tag{2}$$

c_1과 c_2는 (a, b)에 속하는 수이다.

여기서 미분의 평균값 정리를 다시 쓰면,

$$s(x)=f(x)-g(x)=f(x)-f(a)\frac{f(b)-f(a)}{b-a}(x-a)$$

이다. 여기서, $s(a)=s(b)=0$이다. s는 $[a, b]$에서 연속이고, (a, b)에서 미분가능이다. 따라서 미분의 평균값 정리에 의해, 다음 식을 만족하는 c가 (a, b)에 존재한다.

$$s'(c)=\frac{s(b)-s(a)}{b-a}=\frac{0-0}{b-a}=0$$

그런데,

$$s'(c)=f'(c)-\frac{f(b)-f(a)}{g(b)-g(a)}g'(c)=0$$

따라서,

$$f'(c)=\frac{f(b)-f(a)}{g(b)-g(a)}g'(c)$$

$$\therefore \ \frac{f(b)-f(a)}{g(b)-g(a)}=\frac{f'(c)}{g'(c)}$$

■ 부정형의 곱

$\lim_{x\to a}f(x)=0$이고 $\lim_{x\to a}g(x)=\infty$(또는 $-\infty$)이면 $\lim_{x\to a}[f(x)g(x)]$의 값은 명확하게 계산되지 않을 것이다. 이런 형태의 극한을 $0\cdot\infty$형의 부정형이라 한다. fg를 다음과 같은 몫의 형태로 변형해서 다룬다.

$$fg=\frac{f}{1/g} \quad \text{또는} \quad fg=\frac{g}{1/f}$$

주어진 극한을 $0/0$또는 ∞/∞의 형으로 변형해서 로피탈 법칙을 적용할 수 있다.

보기6

다음을 구하라.

(a) $\lim_{x\to0} x^2\ln x$ (b) $\lim_{x\to0} x\ln x$

풀이

(a) $x^2\to0^+$이면 x^2는 0으로 접근한다. 그러나 $\ln x$는 $-\infty$로 접근하므로 주어진 극한은 부정형이다. $x^2=1/(1/x^2)$로 쓰면 $x^2\to0^+$일 때 $1/x^2\to\infty$이다. 따라서, 로피탈 법칙을 적용하면 다음 식을 얻는다.

$$\lim_{x\to0} x^2\ln x = \lim_{x\to0}\frac{\ln x}{1/x^2} = \lim_{x\to0}\frac{1/x}{-1/x}$$
$$= \lim_{x\to0}(-1) = -1$$

(b) $\lim_{x\to0} x\ln x = \lim_{x\to0}\frac{\ln x}{1/x} = \lim_{x\to0}\frac{1/x}{-1/x^2} = \lim_{x\to0}(-x) = 0$

보기7

$\lim_{x\to\pi/2}(\tan x\cdot\ln\sin x)$을 구하라.

풀이

$\lim_{x\to\pi/2}|\tan x|=\infty$이고, $\lim_{x\to\pi/2}\ln\sin x=0$이므로, 이것은 $\infty\cdot0$형의 부정형이다. 따라서, $\tan x$를 $1/\cot x$로 바꾸면, $0/0$의 부정형으로 바뀐다. 즉,

$$\lim_{x\to\pi/2}(\tan x\cdot\ln\sin x) = \lim_{x\to\pi/2}\frac{\ln\sin x}{\cot x}$$
$$= \lim_{x\to\pi/2}\frac{\frac{1}{\sin x}\cdot\cos x}{-\csc^2 x}$$
$$= \lim_{x\to\pi/2}(-\cos x\cdot\sin x) = 0$$

■ 부정형의 차

$\lim_{x\to a} f(x)=\infty$이고 $\lim_{x\to a} g(x)=\infty$일 때 다음 극한은 $\infty-\infty$형의 부정형이라 한다.

$$\lim_{x\to a}[f(x)-g(x)]$$

$\infty - \infty$ 형태로 나타나는 경우의 극한은 함수의 차를 몫으로 바꾸고 0/0이나 ∞/∞ 형의 부정형으로 변형하여 해결한다.

보기8

$\lim_{x \to \pi/2} (\tan x - \sec x)$를 구하라.

풀이

$x \to \pi/2$일 때, $\tan x \to \infty$, $\sec x \to \infty$ 이므로 극한은 부정형이다. 다음과 같은 공통분모를 이용한다.

$$\lim_{x \to \pi/2} (\tan x - \sec x) = \lim_{x \to \pi/2} \left(\frac{\sin x}{\cos x} - \frac{1}{\cos x} \right)$$

$$= \lim_{x \to \pi/2} \frac{\sin x - 1}{\cos x} = \frac{1-1}{1} = 0$$

보기9

$\lim_{x \to \pi/2} (\sec x - \tan x)$를 구하라.

풀이

보기8의 인수의 함수가 뒤바뀐 형태이다. $x \to \pi/2$일 때, $\sec x \to \infty$, $\tan x \to \infty$ 이므로,

$$\lim_{x \to \pi/2} (\sec x - \tan x) = \lim_{x \to \pi/2} \left(\frac{1}{\cos x} - \frac{\sin x}{\cos x} \right)$$

$$= \lim_{x \to \pi/2} \frac{1 - \sin x}{\cos x}$$

$x \to \pi/2$일 때 $1 - \sin x \to 0$이고 $\cos x \to 0$ 이므로 윗 식의 맨 마지막 식은 로피탈 법칙을 적용한다.

$$\lim_{x \to \pi/2} \frac{1 - \sin x}{\cos x} = \lim_{x \to \pi/2} \frac{(1 - \sin x)'}{(\cos x)'} = \lim_{x \to \pi/2} \frac{-\cos x}{-\sin x} = 0$$

$$\therefore \lim_{x \to \pi/2} (\sec x - \tan x) = 0$$

■ 부정형의 거듭제곱

부정형의 거듭제곱 꼴은 다음과 같이 여러 형태로 나타난다.

$$\lim_{x \to a} [f(x)]^{g(x)}$$

(1) $\lim_{x \to a} f(x) = 0$ 이고 $\lim_{x \to a} g(x) = 0$ 인 경우, 0^0 형

(2) $\lim_{x \to a} f(x) = \infty$ 이고 $\lim_{x \to a} g(x) = 0$ 인 경우, ∞^0 형

(3) $\lim_{x \to a} f(x) = 1$ 이고 $\lim_{x \to a} g(x) = \pm\infty$ 인 경우, 1^∞ 형

이렇게 세 가지 형태로 나타나는 경우의 극한은 다음과 같이 자연로그를 취해서 극한값을 구한다. 즉, $y = [f(x)]^{g(x)}$ 의 형태로 나타나면,

$$\ln y = g(x) \ln f(x)$$

이다. 또는 다음과 같이 지수함수로 나타낼 수 있다.

$$[f(x)]^{g(x)} = e^{g(x) \ln f(x)}$$

보기10

$\lim_{x \to \pi/2} (\cos x)^{\tan x}$ 을 구하라.

풀이

윗 식 0^∞ 형태로 볼 수 있다. 그러나 부정형이 아니다. $\cos x$ 가 0으로 가며, 이것을 지수 $\tan x$ 로 겹듭곱하게 된다. $\tan x$ 는 점점 더 커지며 그 결과 0으로 간다. 따라서,

$$\lim_{x \to \pi/2} (\cos x)^{\tan x} = 0$$

[연습문제]

* 문제 1~2에서 다음과 같이 극한값이 주어져 있다.

$$\lim_{x\to a} f(x) = 0 \qquad \lim_{x\to a} g(x) = 0 \qquad \lim_{x\to a} h(x) = 1$$

$$\lim_{x\to a} p(x) = \infty \qquad \lim_{x\to a} q(x) = -\infty$$

이때 다음 극한들 중 부정형은 어느 것인지 보여라. 부정형이 아니면 그 극한값을 계산하라.

1. (a) $\lim_{x\to a} \frac{f(x)}{g(x)}$ (b) $\lim_{x\to a} \frac{f(x)}{h(x)}$

   (c) $\lim_{x\to a} \frac{h(x)}{p(x)}$ (d) $\lim_{x\to a} \frac{p(x)}{q(x)}$

2. (a) $\lim_{x\to a} [h(x) - p(x)]$ (b) $\lim_{x\to a} [p(x) - q(x)]$

   (c) $\lim_{x\to a} [p(x) + q(x)]$

* 문제 3~30에서 다음 극한을 구하라. 로피탈 법칙을 이용할 수 없으면 그 이유를 밝혀라.

3. $\lim_{x\to 1} \frac{x^2 - 1}{x - 1}$ 4. $\lim_{x\to 1} \frac{x^2 - 2x + 1}{x^3 - 1}$

5. $\lim_{x\to 0} \frac{\sin x}{2x}$ 6. $\lim_{x\to 1} \frac{\sqrt{x} - 1}{x - 1}$

7. $\lim_{x\to 0} \frac{\sin x}{1 - \cos x}$ 8. $\lim_{x\to (\pi/2)^+} \frac{\cos x}{1 - \sin x}$

9. $\lim_{x\to 0} \frac{e^x - 1}{\sin x}$ 10. $\lim_{x\to 0^+} \frac{x}{\ln x}$

11. $\lim_{x\to 0^+} \frac{\ln x}{x}$ 12. $\lim_{x\to \infty} \frac{\ln x}{\sqrt{x}}$

13. $\lim_{x\to \infty} \frac{x - x^2}{3x^2 + 2x}$ 14. $\lim_{x\to \pi/2} \frac{\tan x}{3 + \tan x}$

15. $\lim_{k\to 0} \frac{\sqrt{1+4k} - \sqrt{1-2k}}{x}$ 16. $\lim_{x\to 0} \frac{e^{2x} - x - 1}{x^2}$

17. $\lim_{x\to \infty} x^{1/x}$ 18. $\lim_{x\to 0} x^{\sqrt{x}}$

19. $\lim_{x\to 0} \frac{\cos x + x^2 - 1}{x^3}$ 20. $\lim_{x\to \infty} [\ln(x+2) - \ln(x-2)]$

21. $\lim_{x\to 0}\frac{\sin x - x}{\cos x - x}$

22. $\lim_{x\to 0}\cot x\sin 2x$

23. $\lim_{k\to 1}\frac{k^5-1}{k^3-1}$

24. $\lim_{x\to\infty} x sin\left(\frac{\pi}{x}\right)$

25. $\lim_{x\to\infty}\left(1+\frac{1}{x}\right)^x$

26. $\lim_{x\to -\infty}\left(\frac{1}{e^x}-x\right)$

27, $\lim_{x\to\pi/2}\frac{2\sec x+3}{\tan x}$

28. $\lim_{x\to\pi/2}(\tan x-\sec x)$

29. $\lim_{x\to\infty}2e^{\cos x}$

30. $\lim_{x\to 0}(\cos x)^{1/x}$

31. 다음 극한을 구하라.

(a) $\lim_{x\to 0}(2^x+3^x)^{\frac{1}{x}}$

(b) $\lim_{x\to\infty}(2^x+3^x)^{\frac{1}{x}}$

32. 다음을 증명하라.

$$\lim_{p\to\infty}\left(1+\frac{x}{p}\right)^p$$

5.6.2 이상적분

정적분을 계산할 때 정적분의 정의에서, 구간$[a, b]$가 유한하다는 가정하에 적분을 수행하였다. 앞 장에서의 정적분의 정의는 다음과 같다.

$$\int_a^b f(x)dx = \lim_{n\to\infty}\sum_{i=1}^{n} f(x_i)\Delta x$$

이 정적분을 수행하기 위해서는 미분적분학의 기본정리를 자주 사용한다. 그러나 확률론, 물리학, 경제학 등 정적분이 이용되는 분야의 문제들에서, 끝점 a 또는 b가 $-\infty$ 또는 ∞가 되는 경우가 많다. 그러므로 이 정리를 효율적으로 사용하기 위해서는 이 정리의 조건이 만족되는지를 먼저 살펴야 한다.

■ 유한구간에서 불연속인 함수의 적분

정적분을 구하기 위해서 사용되는 정의의 조건을 잘 살펴볼 필요가 있다. 정의의 조건의 중요성과 관련하여 다음 적분 계산을 살펴보자.

$$\int_{-2}^{0} \frac{1}{(x+1)^2}dx$$

윗 식을 적분의 기본정리를 이용하여 일반적으로 계산해 보면

$$\int_{-2}^{0} \frac{1}{(x+1)^2}dx = \left[-\frac{1}{x+1}\right]_{-2}^{0} = -2$$

가 된다. 그러나 구간 $[-2, 0]$에서 $\frac{1}{(x+1)^2} > 0$이어야 하므로 앞에서 구한 값은 모순이 된다. 그 이유는 미적분학의 기본정리는 피적분함수가 주어진 구간에서 연속이어야 한다는 조건을 가진다. 이런 조건을 무시하고 수행한 계산은 틀린 것이다. 즉, $x=-1$에서 불연속이다. 올바른 계산은 보기4에서 알아볼 것이다.

이러한 경우의 조건에서의 적분을 이상적분(improper integral)이라 한다. 우선 유한구간에

서 유계가 아닌 함수의 정적분에 대해서 알아보자. 두 함수 $f(x)=\dfrac{1}{x}$와 $f(x)=\dfrac{1}{\sqrt{x}}$는 구간 $(a, b]$에서 유계가 아니다. $0<a<1$에서 이 두 함수에 대하여 극한을 생각해 보자.

$$\text{(a)}\ \lim_{a\to 0}\int_a^1 \frac{1}{x}dx = \lim_{a\to 0}(-\ln a) = \infty \qquad \text{(발산)}$$

$$\text{(b)}\ \lim_{a\to 0}\int_a^1 \frac{1}{\sqrt{x}}dx = \lim_{a\to 0}(2-2\sqrt{a}) = 2 \qquad \text{(2로 수렴)}$$

이므로 (a)의 경우 정적분값은 발산하지만 (b)의 경우는 수렴한다. 이러한 점 들을 일반화시켜 다음과 같이 정의 한다.

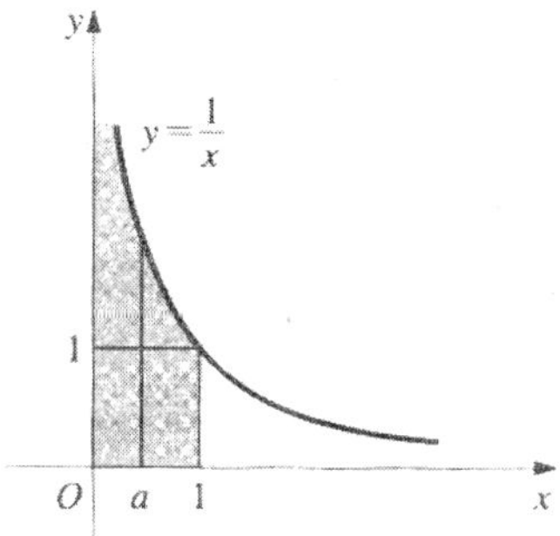

(a) intfroma

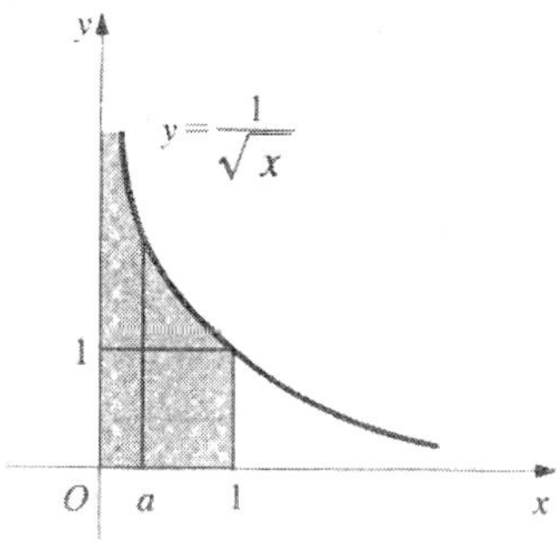

(b) $\int_a^1 \frac{1}{\sqrt{x}}dx$

그림1. 유한구간내 유계가 아닌 함수의 정적분

[정의] 불연속 피적분함수의 이상적분(improper integral)

f가 구간 (a, b)의 한 점 c를 제외하고 구간 $[a, b]$에서 연속이며 $x\to c$에서

$$\lim_{x\to c}|f(x)| = \infty$$

일 때, 이상적분은 다음과 같이 정의한다.

$$\int_a^b f(x)dx = \int_a^c f(x)dx + \int_c^b f(x)dx$$

이상적분이 극한값(극한값을 L이라 하자)이 존재하면 '이상적분은 L로 **수렴(converge)**한다'고 하고 극한값이 존재하지 않으면 '이상적분은 **발산(diverge)**한다'고 한다.

보기1

$\int_0^3 \frac{1}{(x-1)^{2/3}}dx$을 구하라.

풀이

준 식은 $x=1$에서 불연속이고, 모든 $x \in [0, 3]$ $(x \neq 1)$에서 연속이다.

$$\lim_{c \to 1^-}\int_0^c \frac{1}{(x-1)^{2/3}}dx = \lim_{c \to 1^-}[3(x-1)^{2/3}]_0^c$$
$$= \lim_{c \to 1^-}[3(c-1)^{1/3} - (-3)] = 3$$
$$\lim_{k \to 1^+}\int_k^3 \frac{1}{(x-1)^{2/3}}dx = \lim_{k \to 1^+}[3(x-1)^{2/3}]_k^3$$
$$= \lim_{k \to 1^+}[3(2)^{1/3} - 3(k-1)^{1/3}] = 3\sqrt[3]{2}$$

가 된다. 따라서,

$$\int_0^3 \frac{1}{(x-1)^{2/3}}dx = \int_0^1 \frac{1}{(x-1)^{2/3}}dx + \int_1^3 \frac{1}{(x-1)^{2/3}}dx$$
$$= 3+3\sqrt[3]{2} = 3(1+\sqrt[3]{2})$$

보기2

$\int_0^1 \frac{2}{\sqrt{1-x}}dx$의 수렴 발산을 조사하라.

풀이

$$\int_0^1 \frac{2}{\sqrt{1-x}}dx = 2\lim_{R \to 1^-}\int_0^R \frac{1}{\sqrt{1-x}}dx = 2\lim_{R \to 1^-}[-2(1-x)^{1/2}]_0^R$$
$$= 2\lim_{R \to 1^-}[-2(1-R)^{1/2} + 2(1-0)^{1/2}] = 2(2) = 4$$

따라서, 주어진 이상적분은 4로 수렴한다.

보기3

다음 이상적분을 구하라.

(a) $\int_0^1 \frac{1}{\sqrt[3]{x-1}}dx$ (b) $\int_0^1 \ln x dx$ (c) $\int_0^3 \frac{2x}{\sqrt[3]{x^2-1}}dx$

풀이

(a) $x=1$에서 수직점근선을 가지므로, 불연속이다.

$$\int_0^1 \frac{1}{\sqrt[3]{x-1}}dx = \lim_{c\to 0^+}\int_0^{1-c}\frac{1}{\sqrt[3]{x-1}}dx$$

$$= \lim_{c\to 0^+}\left[\frac{3}{2}(x-1)^{\frac{2}{3}}\right]_0^{1-c} = -\frac{3}{2}$$

(b) $x=0$에서 불연속이다.

$$\int_0^1 \ln x dx = \lim_{c\to 0^+}\int_c^1 \ln x dx = \lim_{c\to 0^+}[x(\ln x - 1]_c^1 = -1$$

(c) $x=1$에서 수직점근선을 가진다. 따라서,

$$\int_0^3 \frac{2x}{\sqrt[3]{x^2}-1}dx = \lim_{c\to 0^+}\int_0^{1-c}\frac{2x}{\sqrt[3]{x^2}-1}dx + \lim_{c\to 0^+}\int_{1+c}^3\frac{2x}{\sqrt[3]{x^2}-1}dx$$

$$= \lim_{c\to 0^+}\left[\frac{3}{2}(x-1)^{\frac{2}{3}}\right]_0^{1-c} + \lim_{c\to 0^+}\left[\frac{3}{2}(x-1)^{\frac{2}{3}}\right]_{1+c}^3$$

$$= \frac{9}{2}$$

보기4

이상적분 $\int_{-2}^0 \frac{1}{(x+1)^2}dx$을 구하라.

풀이

$x=-1$에서 수직점근선을 가지므로, 불연속이나. 그러므로

$$\int_{-2}^0 \frac{1}{(x+1)^2}dx = \int_{-2}^{-1}\frac{1}{(x+1)^2}dx + \int_{-1}^0\frac{1}{(x+1)^2}dx$$

$$= \lim_{a\to 0^+}\int_{-2}^{-1-a}\frac{1}{(x+1)^2}dx + \lim_{b\to 0^-}\int_{-1-b}^0\frac{1}{(x+1)^2}dx$$

$$= \lim_{a\to 0^+}\left[-\frac{1}{x+1}RIGHT\right]_{-2}^{-1-a} + \lim_{b\to 0^-}\left[-\frac{1}{x+1}\right]_{-1+b}^0 = \infty$$

■ 적분한계가 무한인 적분

►한 끝점이 무한

이상적분의 또 다른 형태는 적분한계가 적어도 하나가 무한인 경우이다. 예를 들어 확률에

서 기본적으로 사용되는 적분 $\int_0^\infty e^{-x^2}dx$는 적분한계 상한선이 무한대로 나타내어 진다. 정적분의 정의를 다시 쓰면,

$$\int_a^b f(x)dx = \lim_{n\to\infty}\sum_{i=1}^{n} f(x_i)\Delta x$$

여기서 $\Delta x = \dfrac{b-a}{n}$이고 $b=\infty$인 경우에는 위 정적분은 의미가 없어진다. 따라서 적분에 관해 정의가 필요하다. 무한 구간에 대한 f의 적분을 유한 구간에서의 적분의 극한으로 정의한다.

[정의] 적분한계가 한 끝점이 무한인 이상적분

f가 구간 $[a, \infty)$에서 정의된 연속함수이면 이상적분은 다음과 같다.

$$\int_a^\infty f(x)dx = \lim_{R\to\infty}\int_a^R f(x)dx$$

마찬가지로, f가 구간 $(-\infty, a]$에서 정의된 연속함수이면 이상적분은 다음과 같다.

$$\int_{-\infty}^a f(x)dx = \lim_{R\to-\infty}\int_R^a f(x)dx$$

만약, 극한값(극한값을 L이라 하자)이 존재하면 '이상적분은 L로 **수렴**한다'고 하고 극한값이 존재하지 않으면 '이상적분은 **발산**한다'고 한다.

보기4

이상적분 $\int_1^\infty \dfrac{1}{\sqrt{x}}dx$는 수렴하는지 발산하는지 조사하라.

풀이

$x\to\infty$이면 $1/\sqrt{x}\to 0$이다. 따라서,
이상적분의 정의에 의해

$$\int_1^\infty \frac{1}{\sqrt{x}}dx = \lim_{a\to\infty}\int_1^a x^{-1/2}dx = \lim_{a\to\infty}\left.\frac{x^{1/2}}{1/2}\right]_1^a$$

$$= \lim_{a\to\infty}(2a^{1/2}-2) = \infty$$

따라서, 주어진 이상적분은 발산한다.

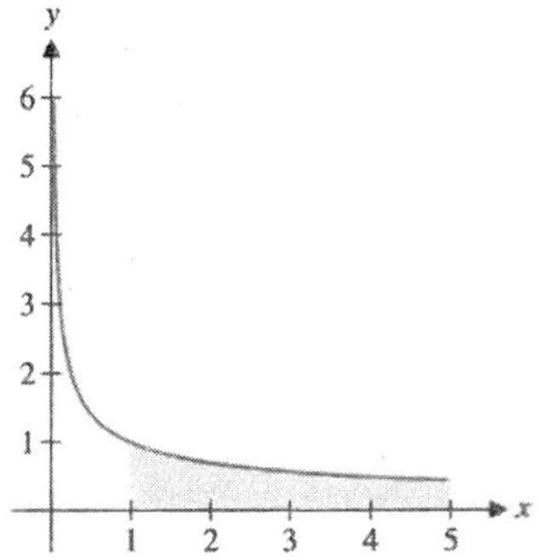

그림2. 보기4의 함수 $y = 1/\sqrt{x}$

보기5

다음 적분을 수렴, 발산여부를 밝히고 그 값이 있으면 구하라.

(a) $\int_0^1 \frac{1}{x}dx$ (b) $\int_1^{\infty} \frac{1}{x^2}dx$

(b) $\int_{-\infty}^{0} e^{-x}dx$ (d) $\int_{-\infty}^{\infty} \frac{1}{1+x^2}dx$

풀이

(a) $\int_0^1 \frac{1}{x}dx = \lim_{k\to 0}\int_k^1 \frac{1}{x}dx = \lim_{k\to 0^+}[\ln x]_k^1 = \lim_{k\to 0^+}[-\ln k] = \infty$ (∴ 발산한다)

(b) $\int_1^{\infty} \frac{1}{x^2}dx = \lim_{b\to\infty}\left[-\frac{1}{x}\right]_1^b = \lim_{b\to\infty}\left(-\frac{1}{b}+1\right) = 1$ (∴ 1로 수렴한다)

(c) $\int_{-\infty}^{0} e^{-x}dx = \lim_{a\to-\infty}\int_a^0 e^{-x}dx = \lim_{a\to-\infty}[1-e^{-a}] = \infty$ (∴ 발산한다)

(d) $\int_{-\infty}^{\infty} \frac{1}{1+x^2}dx = \lim_{\substack{a\to+\infty \\ b\to-\infty}}\int_a^b \frac{1}{1+x^2}dx = \lim_{\substack{a\to+\infty \\ b\to-\infty}}[\tan^{-1}x]_a^b$

$= \lim_{\substack{a\to+\infty \\ b\to-\infty}}[\tan^{-1}b - \tan^{-1}a] = \pi$ (∴ π로 수렴한다)

►**양 끝점이 무한**

적분한계가 양 끝점이 무한인 적분 $\int_{-\infty}^{\infty} f(x)dx$를 정의한다.

[정의] 양 끝점이 무한인 이상적분

$\int_{-\infty}^{0} f(x)dx$와 $\int_{0}^{\infty} f(x)dx$가 모두 수렴할 때, $\int_{-\infty}^{\infty} f(x)dx$가 수렴한다고 하며, 그 값은 다음과 같이 정의한다.

$$\int_{-\infty}^{\infty} f(x)dx = \int_{-\infty}^{0} f(x)dx + \int_{0}^{\infty} f(x)dx$$

그 이외의 경우는, $\int_{-\infty}^{\infty} f(x)dx$는 발산한다.

보기6.

이상적분 $\int_{-\infty}^{\infty} e^{-x}dx$는 수렴하는지 발산하는지 조사하라.

풀이

양 끝점이 무한인 이상적분의 정의에 따라,

$$\int_{-\infty}^{\infty} f(x)dx = \int_{-\infty}^{0} f(x)dx + \int_{0}^{\infty} f(x)dx$$

$$\int_{-\infty}^{\infty} e^{-x}dx = \int_{-\infty}^{0} e^{-x}dx + \int_{0}^{\infty} e^{-x}dx$$

$$\begin{aligned}\int_{-\infty}^{0} e^{-x}dx &= \lim_{a\to-\infty}\int_{a}^{0} e^{-x}dx \\ &= \lim_{a\to-\infty} -e^{-x}\Big]_{a}^{0} = \lim_{a\to-\infty}(-e^{0}-e^{-a}) = \infty\end{aligned}$$

우변의 두 적분값 중 하나라로 발산하면 전체 적분값은 발산한다.

$\int_{0}^{\infty} e^{-x}dx$에 대해서는 연습문제로 남긴다. 이 적분값도 수렴하는지 발산하는지 직접 계산해 보라.

보기7.

이상적분 $\int_{-\infty}^{\infty} \frac{1}{1+x^2}dx$가 수렴, 발산하는지 조사하고 수렴하면 그 값을 구하라.

풀이

x를 어느 점을 선택해도 불연속인 점은 없다. 정의에서 $a=0$을 선택하면,

$$\int_{-\infty}^{\infty} f(x)dx = \int_{-\infty}^{0} f(x)dx + \int_{0}^{\infty} f(x)dx \quad \text{에서}$$

$$\int_{-\infty}^{\infty} \frac{1}{1+x^2}dx = \int_{-\infty}^{0} \frac{1}{1+x^2}dx + \int_{0}^{\infty} \frac{1}{1+x^2}dx$$

위 우변의 적분을 분리하여 계산한다.

$$\int_{-\infty}^{0} \frac{1}{1+x^2}dx = \lim_{k\to-\infty}\int_{k}^{0} \frac{1}{1+x^2}dx = \lim_{k\to-\infty} \tan^{-1}x]_k^0$$

$$= \lim_{k\to-\infty} (\tan^{-1}0 - \tan^{-1}k)$$

$$= 0-\left(-\frac{\pi}{2}\right) = \frac{\pi}{2}$$

$$\int_{0}^{\infty} \frac{1}{1+x^2}dx = \lim_{k\to\infty}\int_{0}^{k} \frac{1}{1+x^2}dx = \lim_{k\to\infty} tan^{-1}x]_0^k$$

$$= \lim_{k\to\infty}(\tan^{-1}k - \tan^{-1}0)$$

$$= \left(\frac{\pi}{2} - 0\right) = \frac{\pi}{2}$$

위 두 적분은 모두 수렴한다. 따라서,

$$\int_{-\infty}^{\infty} \frac{1}{1+x^2}dx - \frac{\pi}{2} + \frac{\pi}{2} = \pi$$

피적분함수가 $1/(1+x^2) > 0$인 값을 가지며, $x=0$을 대칭으로 하는 우함수이다(그림3).

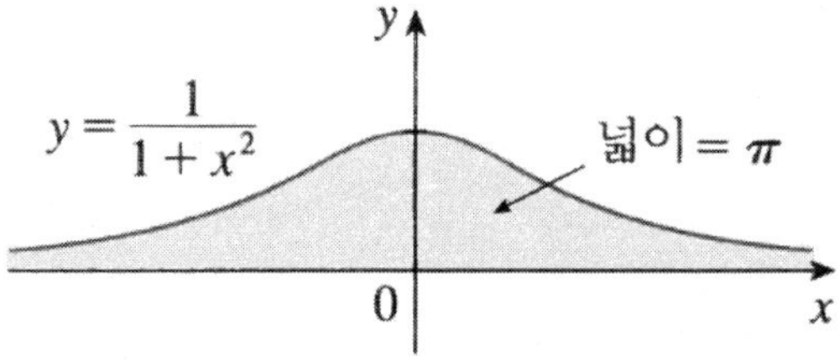

그림3. 보기7 의 함수 $y=\frac{1}{1+x^2}$의 그래프

5.6.3 이상적분 비교판정법

비교판정법은 이미 알려진 이상적분의 함수들을 이용해 주어진 이상적분이 수렴하는지 발산하는지를 알아보는 방법이다. 또한 때로는 이상적분의 정확한 값을 찾는 것은 불가능하지만 이들의 수렴, 발산 여부가 중요한 경우가 있을 때 유용하게 사용된다.

[정리] 비교판정법(comparison test)

두 함수 f와 g가 구간 $[a, \infty)$에서 연속이고 $x \in [a, \infty)$인 모든 x에 대하여 $0 \leqq f(x) \leqq g(x)$이면 다음이 성립한다.

(1) $\int_a^\infty g(x)dx$가 수렴하면 $\int_a^\infty f(x)dx$ 도 수렴한다.

(2) $\int_a^\infty g(x)dx$가 발산하면 $\int_a^\infty f(x)dx$ 도 발산한다.

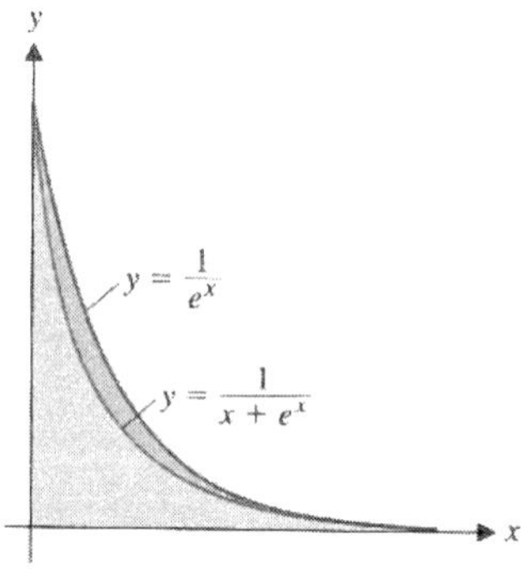

그림4. 비교판정법

보기8

이상적분 $\int_0^\infty e^{-x^2}dx$가 수렴하는지 발산하는지 판정하고 수렴하면 그 값을 구하라.

풀이

$x > 1$인 모든 x에 대하여 $e^{-x^2} < e^x$인 것은 알 수 있다(그림4). 주어진 보기의 적분을 다음과 같이 나타내자.

$$\int_0^\infty e^{-x^2}dx = \int_0^1 e^{-x^2}dx + \int_1^\infty e^{-x^2}dx$$

우변의 첫 번째 항은 정적분이고 두 번째 항은 이상적분이 된다. 비교판정법에 의하여 $\int_0^\infty e^{-x^2}dx$는 수렴한다.

$$\int_0^\infty e^{-x^2}dx = \int_0^1 e^{-x^2}dx + \int_1^\infty e^{-x^2}dx = \frac{\sqrt{\pi}}{2} \approx 0.8863$$

그래프의 개형은 다음 그림5와 같다.

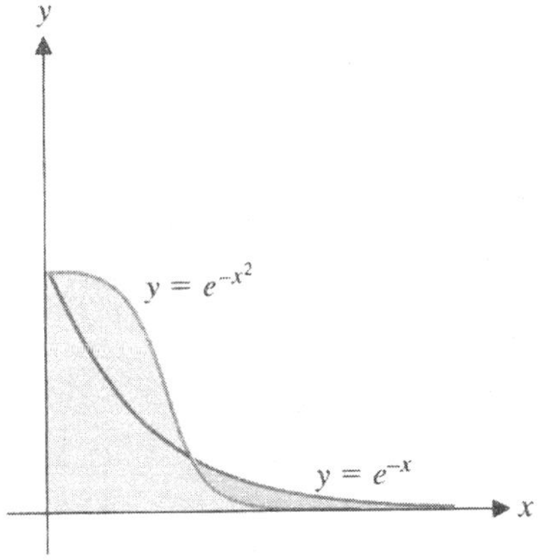

그림5. $y=e^{-x^2}$과 $y=e^{-x}$의 그래프

보기9

이상적분 $\int_0^3 \frac{1}{(x-1)^{2/3}}dx$가 수렴하는지 발산하는지 판정하고 수렴하면 그 값을 구하라.

풀이

피적분함수는 $x=1$에서 무한대가 된다. 그러므로,

$$\begin{aligned}\int_0^3 \frac{1}{(x-1)^{2/3}}dx &= \int_0^1 \frac{1}{(x-1)^{2/3}}dx + \int_1^3 \frac{1}{(x-1)^{2/3}}dx \\ &= \lim_{k\to 1}\int_0^k \frac{1}{(x-1)^{2/3}} + \lim_{k\to 1^+}\int_k^3 \frac{1}{(x-1)^{2/3}}dx \\ &= \lim_{k\to 1}[3(x-1)^{1/3}]_0^k + \lim_{t\to 1^+}[3(x-1)^{1/3}]_t^3\end{aligned}$$

$$= 3\lim_{k \to 1^-}[(k-1)^{1/3}+1] + 3\lim_{t \to 1^+}[2^{1/3}-(t-1)^{1/3}]$$

$$= 3+3(2^{1/3}) \approx 6.7798$$

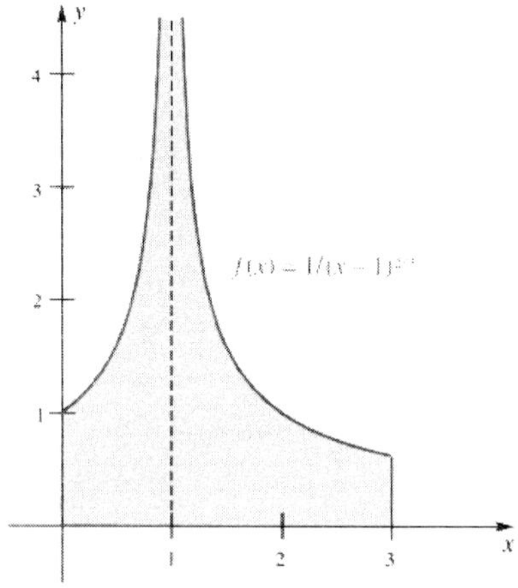

그림6. 보기9 $f(x) = 1/(x-1)^{2/3}$

[연습문제]

* 문제 1~30에서 수렴, 발산을 조사하고, 수렴하면 그 값을 구하라.

1. $\int_0^1 \frac{1}{x^2}dx$
2. $\int_0^1 x^{-5/4}dx$
3. $\int_0^2 \frac{1}{\sqrt{2-x}}dx$
4. $\int_1^3 \frac{1}{\sqrt{3-x}}dx$
5. $\int_2^3 \frac{dx}{(x-1)^{1/3}}dx$
6. $\int_0^4 \frac{1}{\sqrt{4-x}}dx$
7. $\int_0^\infty xe^x dx$
8. $\int_1^\infty x^2e^{-x}dx$
9. $\int_1^\infty xe^{-x}dx$
10. $\int_2^\infty \frac{1}{\sqrt{\pi x}}dx$
11. $\int_1^\infty 2xe^{-x}dx$
12. $\int_{-\infty}^1 e^{3x}dx$
13. $\int_1^\infty \frac{1}{\sqrt{x}}dx$
14. $\int_0^2 x^{-1/4}dx$
15. $intfrom0$
16. $\int_0^\pi \sec^2 dx$
17. $\int_{-\infty}^\infty \frac{1}{2+x^2}dx$
18. $\int_{-\infty}^\infty \frac{1}{x^2-2}dx$
19. $\int_e^\infty \frac{1}{x\ln x}dx$
20. $\int_e^\infty \frac{\ln x}{x}dx$
21. $\int_{-\infty}^2 \frac{1}{(3x-2)^3}dx$
22. $\int_6^\infty \frac{1}{(2\pi-x)^{2/3}}dx$
23. $\int_{-\infty}^\infty \frac{x}{\sqrt{x^2+4}}dx$
24. $\int_{-\infty}^\infty \frac{1}{(x^2+4)^2}dx$
25. $\int_0^{\pi/6} \tan 3x dx$
26. $\int_0^{\pi/2} \csc x dx$
27. $\int_0^\pi \frac{1}{\cos x-1}dx$
28. $\int_1^e \frac{1}{x\ln x}dx$
29. $\int_1^\infty \mathrm{csch}\, x dx$
30. $\int_0^\infty e^{-x}\sin x dx$

* 문제 31~38에서 비교판정법을 이용하여 다음 적분이 수렴하는지 발산하는지 판단하라.

31. $\int_{1}^{\infty} \frac{x}{1+x^2} dx$

32. $\int_{1}^{\infty} \frac{x^2+1}{\sqrt{x^3-x}} dx$

33. $\int_{1}^{\infty} \frac{1}{\sqrt{2+x^4}} dx$

34. $\int_{0}^{1} \frac{\csc^2}{x\sqrt{x}} dx$

35. $\int_{0}^{1} \frac{\sec^2 x}{x\sqrt{x}} dx$

36. $\int_{0}^{\infty} \frac{\cos^2 x}{1+e^x} dx$

37. $\int_{1}^{\infty} \frac{x-1}{\sqrt{x^4+x}} dx$

38. $\int_{1}^{\infty} \frac{1}{x^2 \ln(x+1)} dx$

39. $\int_{0}^{\infty} x^2 e^{-x^2} dx = \frac{1}{2}\int_{0}^{\infty} e^{-x^2} dx$임을 보여라.

40. 무한으로 발산하는 피적분함수를 가지는 이상적분에 대해서, 비교판정법의 방법을 제시하라.

41. 문제 40을 이용하여 $\int_{1}^{\infty} x^{n-1} d^{-x} dx$가 수렴함을 보여라.

제6장

매개변수방정식과 극좌표

6.1 매개변수방정식

6.1.1 평면위의 곡선

그림1과 같이 곡선 C위의 한 점이 평면 위를 움직이고 있다고 하자. 이때 움직이는 점의 좌표는 시간 t의 함수로 볼 수 있다. 곡선 C는 방정식 $y = f(x)$로 나타낼 수 없다. 즉 방정식의 그래프위의 곡선이라면 직접 재는 방법이 없다. 그러나 입자의 x, y축의 좌표는 시간 함수이므로 $x = f(t)$, $y = f(t)$로 쓸 수 있으며 이런 방정식의 쌍은 곡선을 나타내는 데 편리하며 이때 시간 t를 매개변수(parameter)라 하고 이들로 이루어진 방정식 쌍을 매개변수 방정식이라 한다.

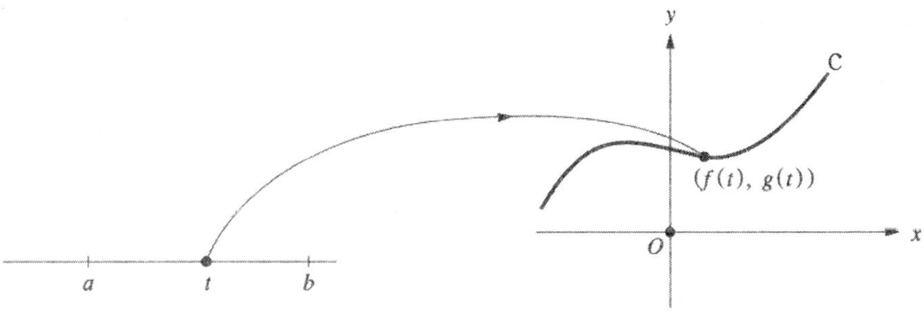

그림1. 평면곡선

원의 방정식으로 매개변수방정식을 살펴보자. $x^2 + y^2 = r^2$는 두 함수 $y = f(x) = \sqrt{r^2 - x^2}$과 $y - g(x) = -\sqrt{r^2 - x^2}$의 그래프를 결합한 것이라고 할 수 있다. 그러나 매개변수t로 표시하는 새로운 방법으로 나타낸 삼각함수 방정식

$$x = r\cos t\,,\ y = r\sin t,\quad 0 \leq t \leq 2\pi$$

은 원 $x^2 + y^2 = r^2$을 나타낸다(그림2). 변수 t는 매개변수이다.

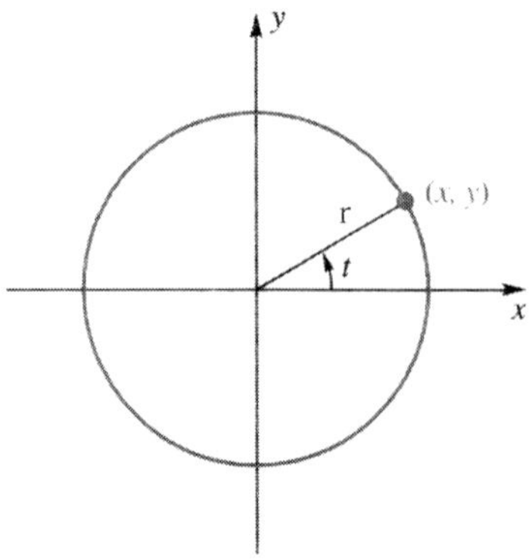

$x = r\cos t\,,\ \ y = r\sin t$

$(0 \leqq t \leqq 2\pi)$

그림2. 매개변수로 표시된 원의방정식

[정의] 매개변수방정식

곡선 위의 점 (x, y)의 좌표가

$$x = f(t),\quad y = g(t) \qquad (a \leq x \leq b)$$

와 같이 t의 함수로 표시될 때 이 방정식을 매개변수(parameter)를 t로 하는 곡선의 매개변수방정식(parametric equation)이라 한다.

매개변수 t는 대부분의 경우 시간을 나타내지만 각도를 나타내기도 하고, 출발점으로부터 입자가 움직인 거리를 나타내기도 한다. t의 범위가 주어지면 그에따라 곡선의 모양이 결정된다.

보기1

매개변수방정식

$$x = \cos t\,,\quad y = \sin t,\quad (0 \leq t \leq 2\pi)$$

의 개형을 그려라.

풀이

모든 t의 값에 대하여 $\sin^2 t + \cos^2 t = 1$이므로 곡선위의 점 p는 단위원 $x^2 + y^2 = 1$ 위에 있다. 매개변수 t는 동경 op가 양의 x축과 이루는 각(라디안 값)이다.

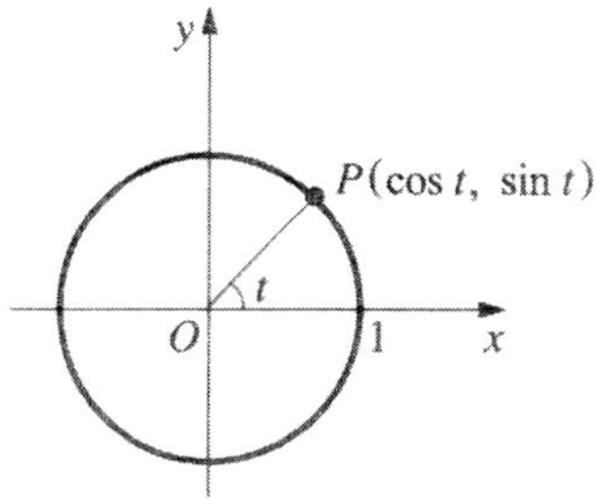

그림3. 보기1의 개형

보기2

매개변수방정식

$$x = \sqrt{t},\ y = t \quad (t \geqq 0)$$

의 개형을 그려라.

풀이

$t = x^2$이므로 $y = x^2$이 되고, 정의역은 $x = \sqrt{t} \geqq 0$이다.

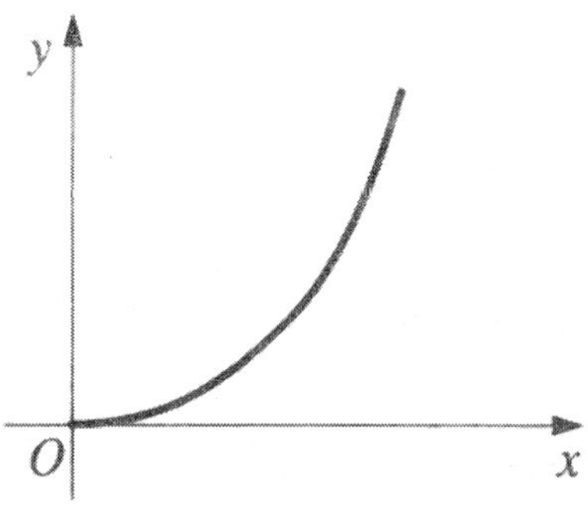

그림4. 보기2의 개형

타원의 방정식 $\frac{x^2}{a^2} + \frac{y^2}{b^2} = 1$을 매개변수 t를 사용하여 나타내 보자. 타원방정식의 매개변수방정식은

$$x = a\cos t,\quad y = b\sin t,\quad (0 \leq t \leq 2\pi)$$

와 같이 나타낼 수 있다.

보기3

원의 방정식 $x = \cos\theta$, $y = \sin\theta$의 다른 매개변수 표현식을 구하라.

풀이

원점을 중심으로 한 단위원 위의 점을 (x, y)라 하고

$$t = \frac{y}{x+1} \qquad (x \neq -1)$$

라고 하면(그림3), 기하학적으로 $t = \tan\frac{\theta}{2}$를 나타낸다. $t = \frac{y}{x+1}$에서 $y = (x+1)t^3$이므로

$$y^2 = (x+1)^2 t^2 \qquad ①$$

이다. 또한, $x^2 + y^2 = 1$에서

$$y^2 = 1 - x^2 = (1+x)(1-x) \qquad ②$$

이므로 식①과 식②를 같게 놓으면,

$$1 - x = \frac{y^2}{1+x} = (1 = x)t^2 \qquad (x \neq -1)$$

따라서,

$$x = \frac{1-t^2}{1+t^2}, \qquad y = \frac{2t}{1+t^2}$$

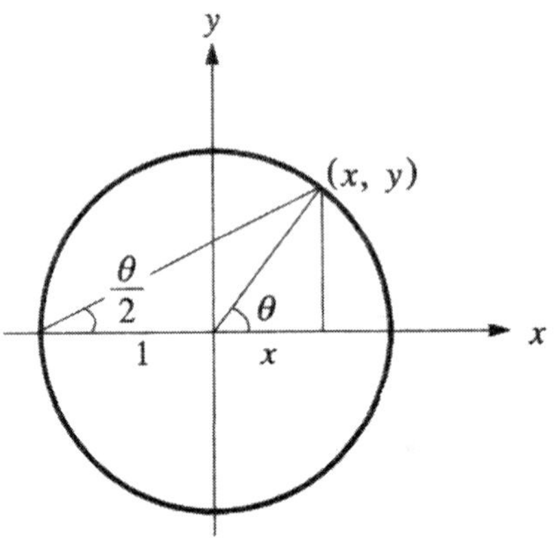

그림5. 원의 방정식

보기4

매개변수방정식

$$x = \sin 3t, \quad y = \cos 3t, \quad (0 \leq t \leq 2\pi)$$

로 표현되는 곡선을 그리고 그 특징을 기술하라.

풀이

준 식을 다시 쓰면,

$$x^2 + y^2 = \sin^2 3t + \cos^2 3t = 1$$

따라서 이 방정식은 $x^2 + y^2 = 1$인 단위원을 나타낸다. 이 방정식은 t가 0에서 2π까지 변할 때 점 $(x, y) = (\sin 3t, \cos 3t)$는 $(0, 1)$부터 시작하여 시계방향으로 원 주위를 3바퀴 움직이는 원의 방정식이다(그림4.).

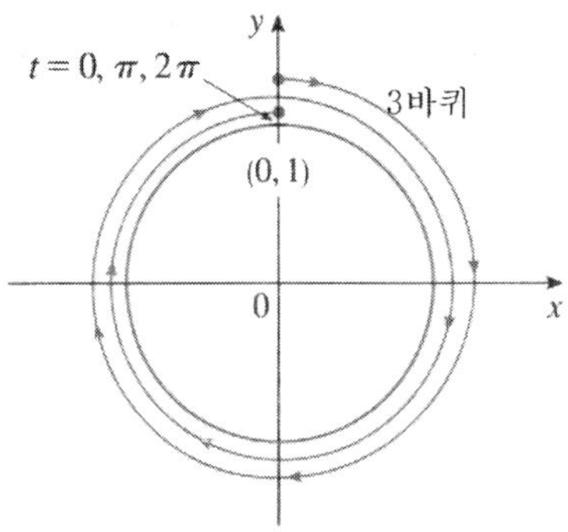

그림6. 보기4.의 원의 방정식

■ 사이클로이드

반지름이 a인 원을 한 직선을 따라 굴릴 때 한 고정점 P가 그리는 점의 자취를 사이클로이드(cycloid)라 하며 매개변수 방정식은

$$x = a(t - \sin t), \quad y = a(1 - \cos t)$$

이다. 사이클로이드는 직교좌표계로 표현하기 보다는 매개변수방정식으로 표현하는 것이 더 간결하게 표현된다.

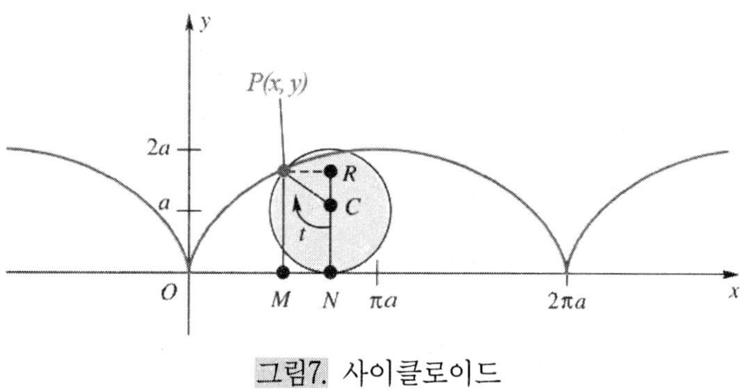

그림7. 사이클로이드

보기5

그림4에서 나타낸 사이클로이드(cycloid)라 하며 매개변수 방정식은

$$x = a(t - \sin t), \quad y = a(1 - \cos t)$$

임을 보여라.

풀이

그림4에서 P는 맨 처음에 원점에 놓여 있고, x축을 따라 시계방향으로 굴러간다. 바퀴의 반지름을 a, P가 원점에서 선분 CP는 x축에 수직인데, 선분 CP가 회전한 방향각을 t를 매개변수로 택한다.

$|ON| = at$이다. 따라서,

$$x = |OM| = |ON| - |MN| = at - a\sin t = a(1 - \sin t)$$

또한,

$$y = |MP| = |NC| + |CR| = a - a\cos t = a(1 - \cos t)$$

사이클로이드 곡선은 "최단시간 강하곡선(curve of fastest descent)" 으로 자주 표현되는데 어떤 입자가 중력의 영향으로 점 A에서 출발하여 점 B로 내려가는 경우, 그 곡선이 뒤집힌 사이클로이드 곡선일 때 가장 짧은 시간에 갈 수 있다(그림8). 그림8에서와 같이 최단거리는 직선 $\overline{AB}$이다. 사이클로이드 곡선이 직선 $\overline{AB}$보다 빠른 시간에 점B에 도달하는 이유는 입자가 처음 움직이기 시작할 때 얼마나 가파르게 내려가느냐에 따라 가속도가 달라지기 때문이다. 즉, 직선을 따라 움직이는 것보다 사이클로이드를 따라 움직일 때 훨씬 빨리 속도가 커지게 된다. 이는 스위스의 수학자 요한 베르누이가 1696년에 밝혀냈다.

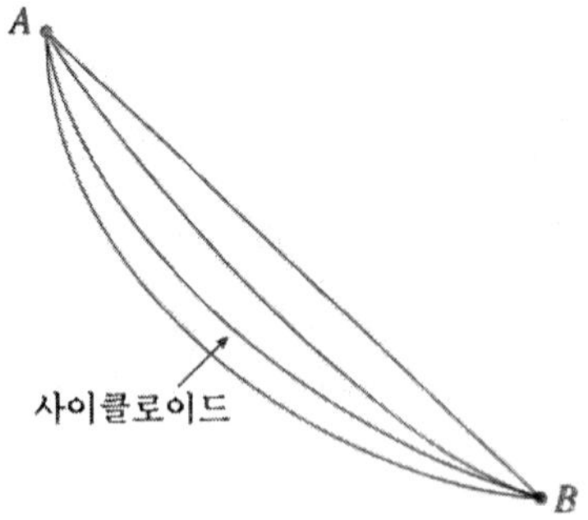

그림8. 최단 강하선(사이클로이드곡선)

보기6

매개변수 방정식

$$x = t - \sin t, \quad y = 1 - \cos t \qquad (0 \leq t \leq 4\pi)$$

로 표시되는 곡선을 그려라.

풀이

매개변수 t에 특정 값을 직접 대입하여 얻어진 x와 y값을 표1에 나타냈다. x, y값 모두 t에 대하여 미분가능한 함수지만 이 곡선은 매끄럽게 얻어지지 않는다. 왜냐하면, $t = 2\pi$에서 $\frac{dx}{dt} = 1 - \cos t$ 와 $\frac{dy}{dt} = \sin t$가 동시에 0이된다. 따라서 입자는 $t = 2\pi$에서 서서히 멈추게 되고 다시 새로운 방향으로 운동을 시작하기 때문이다(그림9).

표. $x = t - \sin t,\ y = 1 - \cos t \ (0 \leqq t \leqq 4\pi)$

t	0	$\pi/2$	π	$3\pi/2$	2π	$5\pi/2$	3π	$7\pi/2$	4π
x	0.00	0.57	3.14	5.71	6.28	6.85	9.42	10.00	12.57
y	0	1	2	1	0	1	2	1	0

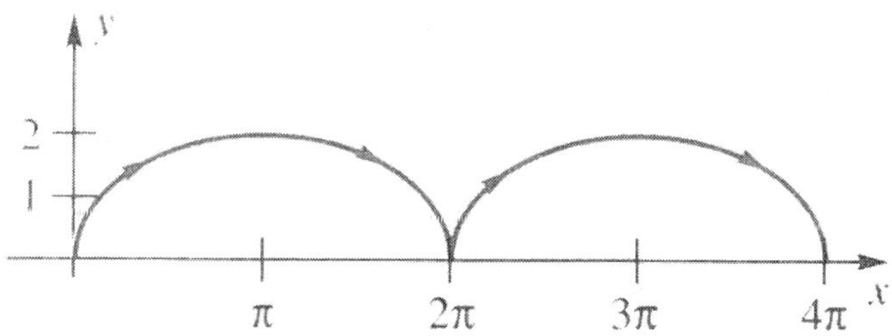

그림9. 보기6 매개변수방정식의 곡선 개형

6.1.2 매개변수곡선의 계산

■ 곡선의 한점의 기울기

f와 g가 미분가능한 함수이고, y는 x의 미분가능한 함수일 때 곡선 $x = f(t)$, $y = f(t)$ 위의 한 점에서 기울기(접선)을 구해보자. 연쇄법칙을 이용하면,

$$\frac{dy}{dt} = \frac{dy}{dx} \cdot \frac{dx}{dt}$$

$dx/dt \neq 0$이면 dy/dx에 대해 풀 수 있다.

$$\frac{dx}{dt} \neq 0\text{이면, } \frac{dy}{dx} = \frac{\frac{dy}{dt}}{\frac{dx}{dt}}$$

위 식은 매개변수 t를 없애지 않고 기울기 dy/dx를 구할 수 있다. 즉, $dx/dt \neq 0$이고, $dy/dt = 0$일 때, 곡선의 한점 기울기는 수평(0)이고, $dy/dt \neq 0$이고, $dx/dt = 0$이면 곡선의 한 점 기울기는 수직(∞)을 갖는다.

또한 2차 미분의 매개변수 표현은 윗 식에서 y를 dy/dx로 바꾸어서 구한다.

$$\frac{d^2y}{dt^2} = \frac{\frac{d}{dt}\left(\frac{dy}{dx}\right)}{\frac{dx}{dt}}$$

보기7

사이클로이드 곡선

(a) $x = r(\theta - \sin\theta)$, $y = r(1 - \cos\theta)$ 에서 $\theta = \pi/2$와 $\theta = \pi/3$인 점의 접선의 기울기를 구하라.

(b) 기울기가 수평일 때는 언재인가?

풀이

(a) 접선의 기울기는

$$\frac{dy}{dx} = \frac{\frac{dy}{d\theta}}{\frac{dx}{d\theta}} = \frac{r\sin\theta}{r(1-\cos\theta)} = \frac{\sin\theta}{1-\cos\theta}$$

$\theta = \pi/2$일 때,

$$x = r\left(\frac{\pi}{2} - \sin\frac{\pi}{2}\right) = r\left(\frac{\pi}{2} - 1\right),$$

$$y = r\left(1 - \cos\frac{\pi}{2}\right) = r$$

$$\therefore\ \frac{dy}{dx}=\frac{\sin\frac{\pi}{2}}{1-\cos\frac{\pi}{2}}=\frac{\frac{1}{2}}{1-0}=\frac{1}{2}$$

그러므로, 접선의 기울기는 1/2이고, 접선의 방정식은 다음과 같다.

$$\therefore\ y-r=\frac{1}{2}\left(x-r\frac{\pi}{2}+r\right)$$

따라서, 접선의 기울기는 $\sqrt{3}$ 이고 접선의 방정식은

$$\therefore\ y-\frac{r}{2}=\sqrt{3}\left(x-\frac{r\pi}{3}+\frac{r\sqrt{3}}{2}\right)$$

$\theta=\pi/3$일 때,

$$x=r\left(\frac{\pi}{3}-\sin\frac{\pi}{3}\right)=r\left(\frac{\pi}{3}-\frac{\sqrt{3}}{2}\right),$$

$$y=r\left(1-\cos\frac{\pi}{3}\right)=r\left(1-\frac{1}{2}\right)=\frac{r}{2}$$

$$\therefore\ \frac{dy}{dx}=\frac{\sin\frac{\pi}{3}}{1-\cos\frac{\pi}{3}}=\frac{\frac{\sqrt{3}}{2}}{1-\frac{1}{2}}=\sqrt{3}$$

따라서, 접선의 기울기는 $\sqrt{3}$ 이고 접선의 방정식은

$$\therefore\ y-\frac{r}{2}=\sqrt{3}\left(x-\frac{r\pi}{3}+\frac{r\sqrt{3}}{2}\right)$$

$$\therefore\ \sqrt{3}x-y=r\left(\frac{\pi}{\sqrt{3}}-2\right)$$

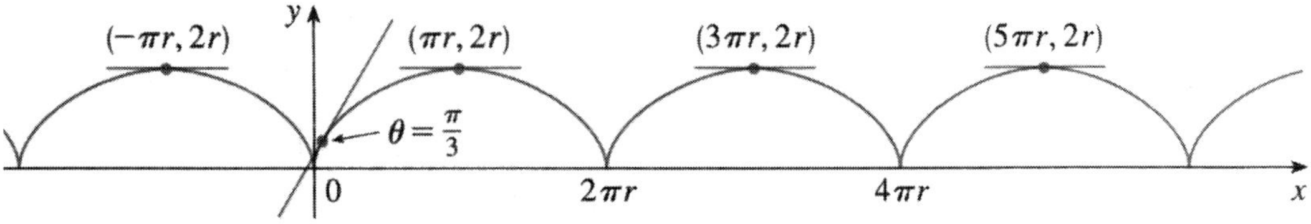

그림10. 보기7의 사이클로이드 곡선

(b) $dy/dx=0$일 때 접선은 수평이고, 이는 $\sin\theta=0$이고, $1-\cos\theta\neq0$ 일 때이다.

즉, $\theta=(2n-1)\pi$ (n은 정수)일 때 나타난다. 그러므로, 사이클로이드 위에서의 점은

$$\therefore\ [(2n-1)\pi r,\ 2r]$$

■ 호의 길이

$y = F(x)$, $a \leqq x \leqq b$ 형태로 주어진 곡선 C의 길이 L을 구하는 방법에서 호의 길이공식은 다음과 같다.

호의 길이

$\frac{dy}{dx} = f'(x)$이 $[a, b]$에서 연속이면, 곡선 $y = f(x)$, $a \leqq x \leqq b$의 길이L은 다음과 같다.

$$L = \int_a^b \sqrt{1 + \left(\frac{dy}{dx}\right)^2}\, dx$$

보기8

원 $x^2 + y^2 = r^2$의 원둘레의 길이를 구하라.

풀이

원의 방정식을 매개변수의 형태로 나타내면,

$$x = r\cos t, \qquad y = r\sin t, \quad (0 \leqq t \leqq 2\pi)$$

$$\frac{dx}{dt} = -r\sin t, \quad \frac{dy}{dt} = r\cos t$$

$$\therefore\ L = \int_0^{2\pi} \sqrt{r^2\sin^2 t + r^2\cos^2 t}\ dt$$

$$= \int_0^{2\pi} r\,dt = [rt]_0^{2\pi} = 2\pi r$$

보기9

곡선 $y = x^{5/2}$의 점((1, 1)에서 점(4, 32)까지의 호의 길이를 구하라.

풀이

점((1, 1)에서 점(4, 32)까지의 선분의 길이를 대략 추측해 보자.

$$\sqrt{(4-1)^2 + (32-1)^2} = \sqrt{970} \approx 31.1$$

정도 된다. 정확히 계산하기 위하여, $dy/dx = \frac{5}{2}x^{3/2}$가 된다. 따라서,

$$L = \int_1^4 \sqrt{1 + \left(\frac{5}{2}x^{3/2}\right)^2}\ dx = \int_1^4 \sqrt{1 + \frac{25}{4}x^3}\ dx$$

$t=1+\frac{25}{4}x^3$로 놓으면, $dt=\frac{75}{4}x^2dx$, $dx=\frac{4}{75}\frac{1}{x^2}dt$ 그러므로,

$$\begin{aligned}\int_1^4\sqrt{1+\frac{25}{4}x^3}\;dx &= \int\sqrt{u}\,\frac{4}{75}\frac{1}{x^2}dt \\ &= \frac{4}{75}\frac{1}{x^2}\int\sqrt{u}\,dt = \frac{4}{75}\frac{1}{x^2}\cdot\frac{2}{3}u^{3/2}+C \\ &= \frac{4}{75}\frac{1}{x^2}\cdot\frac{2}{3}\left(1+\frac{25}{4}x^3\right)^{3/2}+C\end{aligned}$$

따라서,

$$\int_1^4\sqrt{1+\frac{25}{4}x^3}\;dx=\left[\frac{8}{225x^2}\left(1+\frac{25}{4}x^3\right)\right]_1^4\approx 31.13$$

6.2 극좌표

평면 위의 한 점을 나타내기 위한 xy좌표계는 프랑스의 수학자 페르마(Pierre de Fermat, 1601~1665)와 데카르트(Rene Descartes, 1596~1650)가 도입한 이른바, 직교좌표(Cartesian coordinates)를 많이 사용한다. 이 좌표계는 점을 원점(O점)으로푸터의 수평거리와 수직거리를 두 수 (x, y)로 나타내는 것이다. xy평면에 있는 점을 나타내는 또 하나의 방법은 원점으로부터 한 점P의 거리 r과 양의 축으로부터 반시계방향으로 점P와 원점을 연결하는 선분까지의 각 θ(라디안값)을 이용하는 것이다.

이와 같이 순서쌍으로 나타낸 점 $P(r, \theta)$를 그 점의 극좌표(polar coordinates)라 한다(그림 1). 그리고 원점 O를 극(pole), 각을 재는 기준이 되는 축(x축)을 극축(polar axis), r을 반지름, θ를 편각(argument)라고 한다.

극좌표 (r, θ)는 점P의 편각 θ의 값은 하나만이 아니고 여러 가지 값으로 표현될 수 있다는 점에 유의 하여야 한다. 즉, 그림1(c)와 같이 $(-r, \theta)$와 (r, θ)가 원점O를 지나는 같은 직선에 놓여있고 원점O의 반대편에 놓여있다. $r>0$일 때 (r, θ)는 θ와 같은 사분면에 놓여 있고, $r<0$이면 점(r, θ)는 반대편 사분면에 놓여있다. 즉, $(-r, \theta)$는 $(r, \theta+\pi)$와 같은 점이 된다. 이와 같이 직교좌표에서는 하나의 점이 유일하게 하나의 좌표로 표시되나 극좌표에서는 하나의 점이 무수히 많은 좌표의 형태로 표시될 수 있다.

[정리] 극좌표(r, θ)와 하나로 표현되는 점

$(r, \theta+2n\pi)$, $(-r, \theta+(2n+1)\pi)$ (n은 정수)6

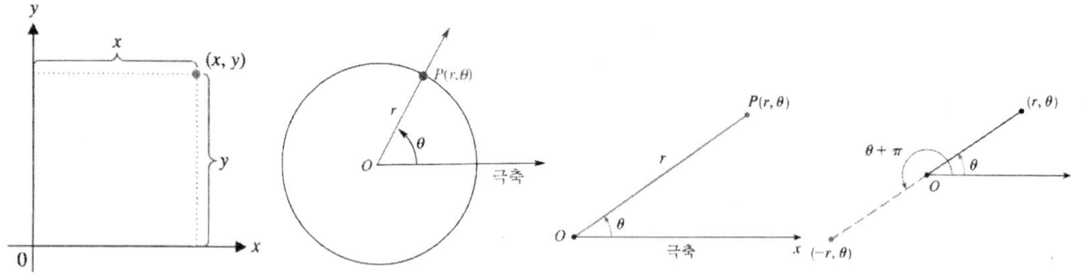

(a) 직교좌표 (b) 극좌표 (c) 극축

그림1. 직교좌표계와 극좌표

■ 직교좌표와의 관계

극축이 직교좌표계의 x축의 양의 부분과 일치할 때, 점 P의 극좌표 (r, θ)와 같은 점의 직교좌표 (x, y)는 다음 식을 만족한다(그림2).

[정리] 직교좌표와 극좌표의 관계	
극좌표 → 직교좌표	직교좌표 → 극좌표
$x = r\cos\theta$	$r^2 = x^2 + y^2$
$y = r\sin\theta$	$\tan\theta = y/x$

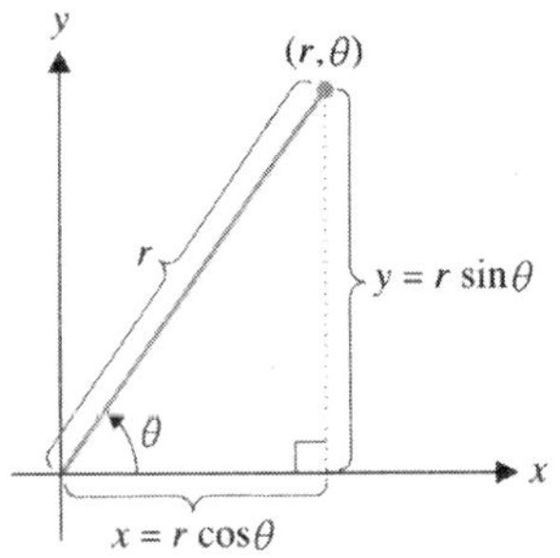

그림2. 극좌표와의 관계

보기1

$(2, \pi/6)$에 대응하는 직교좌표로 바꾸어라.

풀이

$(r, \theta) = (2, \pi/6)$이므로

$$x = r\cos\theta = 2\cos\frac{\pi}{6} = 2 \cdot \frac{\sqrt{3}}{2} = \sqrt{3}$$

$$y = r\sin\theta = 2\sin\frac{\pi}{6} = 2 \cdot \frac{1}{2} = 2$$

따라서, 이 점의 직교좌표는 $(\sqrt{3}, 2)$이다.

보기2

극좌표 $(4, \pi/3)$인 점을 직교좌표를 구하라.

풀이

$r=4$이고, $\theta=\pi/3$이므로

$$x=4\cos\frac{\pi}{3}=4\cdot\frac{\pi}{3}=4\cdot\frac{1}{2}=2$$

$$y=4\sin\frac{\pi}{3}=4\cdot\frac{\sqrt{3}}{2}=2\sqrt{3}$$

이 점의 직교좌표는 $(2, 2\sqrt{3})$이다.

보기3

직교좌표 $(1, -2)$인 점의 극좌표를 구하라.

풀이

r을 양수라 하면,

$$r=\sqrt{x^2+y^2}=\sqrt{1^2+(-2)^2}=\sqrt{5}$$

$$\tan\theta=\frac{y}{x}=-2$$

점$(1, -2)$는 제4사분면에 있으므로 $\theta=-\pi/4$ 또는 $\theta=7\pi/4$를 선택할 수 있다. 따라서, $(\sqrt{5}, -\pi/4)$ 또는 $(\sqrt{5}, 7\pi/4)$가 된다.

보기4

극좌표 $(-3, \sqrt{3})$인 점의 직교좌표를 구하라.

풀이

$(x, y)=(-3, \sqrt{3})$이므로,

$$r^2=x^2+y^2=(-3)^2+(\sqrt{3})^2=12, \quad r=2\sqrt{3}$$

$$\tan\theta=\frac{\sqrt{3}}{(-3)}=-\frac{\sqrt{3}}{3}, \qquad \theta=-\frac{\pi}{6} \text{ 또는 } \theta=\frac{5\pi}{6}$$

따라서, (r, θ)의 한 값은 $(2\sqrt{3}, 5\pi/6)$ 또는 $(2\sqrt{3}, -\pi/6)$이다.

보기5

극 방정식 $r=4\sin\theta$의 그래프는 원이 됨을 보여라.

풀이

$r=4\sin\theta$에 r을 곱하면,

$$r^2=4r\sin\theta$$

이를 직교좌표로 나타내면,

$$x^2+y^2=4y$$

윗 식을 변형하면,

$$x^2+y^2-4y=0$$

$$x^2+y^2-4y+4=4$$

$$\therefore\ x^2+(y-2)^2=4$$

이 식은 반지름이 2이고 중심이(0, 2)인 원의 방정식이다.

보기6

극 방정식 $r=\dfrac{2}{1-\cos\theta}$ 의 그래프는 포물선이 됨을 보여라.

풀이

$$r=\frac{2}{1-\cos\theta}$$

윗 식을 변형하면,

$$r-r\cos\theta=2$$

$$r-x=2$$

$$r=x+2$$

$$r^2=x^2+4x+4$$

$$x^2+y^2=x^2+4x+4$$

$$\therefore\ y^2=4(x+1)$$

이 식은 꼭지점이 $(-1, 0)$이고 원점이 초점인 포물선의 방정식이다.

■ 극방정식의 곡선

$r=f(\theta)$ 또는 $F(r, \theta)$로 표현되는 극방정식의 그래프는 극방정식을 만족하는 극좌표 (r, θ)를 적어도 하나 가지는 점 P의 집합으로 이루어진다.

보기7

다음 극 방정식의 곡선을 그려라.

(a) $\theta=1$　　(b) $r=2$　　(c) $\theta=\dfrac{\pi}{3}$

풀이

(a) 곡선은 각 θ가 1라디안인 점(r, θ)의 전체집합이다. 즉, 원점 O를 지나고 극축인 x축

과 1라디안의 각을 이루는 직선이 된다(그림3.(a)). 점 $(r, 1)$은 $r>0$일 때, 제1사분면에 놓여있고, $r<0$일 때는 제3사분면에 있다.

(b) $r=2$의 그래프는 $\sqrt{x^2+y^2}=2$이므로 이 그래프는 원점에서 거리가 2인 모든 점이다. 즉, 중심이 원점이고 반지름이 2인 원이다(그림3.(b)).

(c) $\theta=\frac{\pi}{3}$은 양의 x축으로부터 각이 $\frac{\pi}{3}$(라디안)인 모든 점이다. 음의 r도 포함하므로, 이 그래프의 기울기는 $\tan\frac{\pi}{3}=\sqrt{3}$인 직선이 된다.

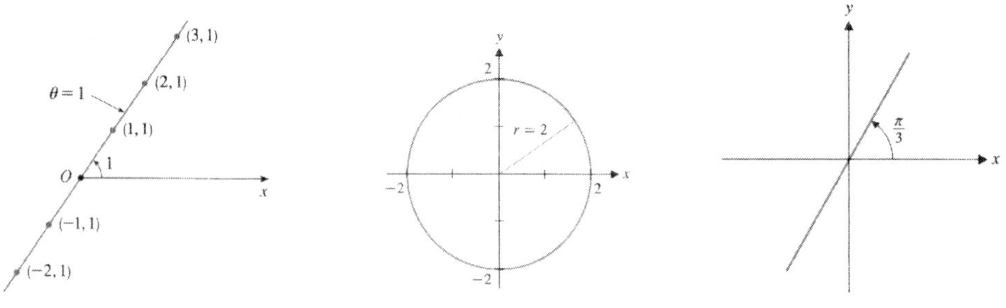

(a) $\theta=1$ (b) $r=2$ (c) $\theta=\frac{\pi}{3}$

그림3. 극방정식

보기8

극방정식 $r=\sin\theta$의 그래프를 그리고, 어떤 형태의 방정식 꼴인지를 알아보라.

풀이

구간 $0\leq\theta\leq\frac{\pi}{2}$(제1사분면)에서 $\sin\theta$는 0에서 최대값 1까지 증가하고, 구간 $\frac{\pi}{2}\leq\theta\leq\pi$ (제2사분면)에서는 1에서 0까지 감소한다. 극좌표에서 $r=0$는 원점에 대응된다는 점에 주의한다. 구간 $\pi\leq\theta\leq\frac{3\pi}{2}$(제3사분면)에서는 $\sin\theta$는 0에서 최소값 -1까지 감소한다. 음의 r은 그래프가 반대쪽으로 제1사분면에 나타난다는 의미이다. 따라서, 제1사분면에 그린 곡선이 다시 한 번 그려진다. $\sin\theta$는 주기가 2π인 주기함수이고, 극방정식에서 $\sin\theta$의 주기는 π인 주기함수이므로 다른 구간에서도 이미 얻어진 곡선을 또 한 번 그리게 된다.

이 극방정식이 원이라는 사실을 밝혀보자.

$$r=\sin\theta$$

$$r^2=r\sin\theta$$

직교좌표와 극좌표와의 관계에서 $y = rsin\theta$, $r^2 = x^2 + y^2$이므로,
직교방정식은

$$x^2 + y^2 = y$$

완전제곱식으로 변형하면,

$$x^2 + \left(y^2 - y + \frac{1}{4}\right) - \frac{1}{4} = 0$$

$$\therefore\ x^2 + \left(y - \frac{1}{2}\right)^2 = \left(\frac{1}{2}\right)^2$$

따라서, 중심이 $\left(0,\ \frac{1}{2}\right)$이고 반지름이 $\frac{1}{2}$인 원의 방정식(직교방정식의 꼴)이다.
참고로 구간$[0,\ 2\pi]$에서 $y = \sin x$의 그래프는 그림4(b)와 같다.

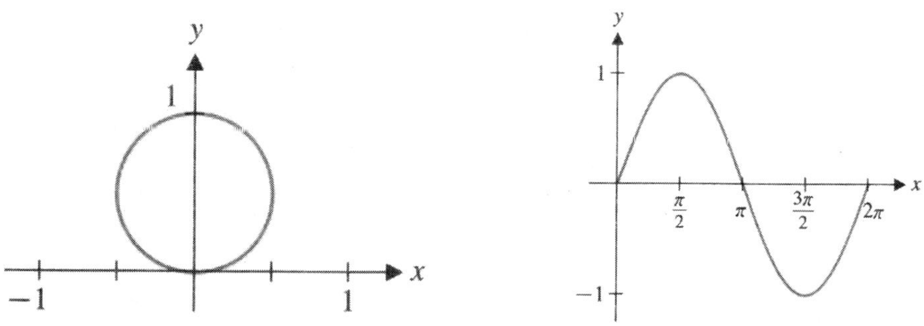

(a) $r = \sin\theta$의 그래프　　(b) $y = \sin x$의 그래프

그림4. 보기8의 방정식

■ 다양한 모양의 극방정식

어떤 직선이 극좌표에서 극(원점)을 지나면, 그 방정식은 $\theta = \theta_0$인 간단한 방정식이다. 그러나 어떤 직선이 극을 지나지 않을 때, 극으로부터의 거리를 $d > 0$라 하자. 그리고 극에서 그 직선이 내린 수선을 θ_0라 하면, 직선위의 임의의 점 $P(r, \theta)$는 방정식 $\cos(\theta - \theta_0) = d/r$을 만족한다. 따라서 직선의 방정식은 다음과 같다.

극좌표에서 직선의 방정식

$$r = \frac{d}{\cos(\theta - \theta_0)}$$

반지름이 a인 원의 중심이 극에 놓여 있으면 이 방정식은 매우 간단하다. 그러나, $r = a$, 중심(r_0, θ_0)이면, $r_0 = a$라 놓고 방정식을 구한다. 그러면, 코사인 법칙에 의해서

$$a^2 = r^2 + a^2 - 2ra\cos(\theta - \theta_0)$$

이 식을 간단히 하면,

$$r^2 = 2ar\cos(\theta - \theta_0)$$
$$\therefore\ r = 2a\cos(\theta - \theta_0)$$

특히, $\theta_0 = 0$일 때, $r = 2a\cos\theta$가 되며, $\theta_0 = \pi/2$인 경우는 $\cos(\theta - \frac{\pi}{2}) = \sin\theta$이므로 극좌표의 원의방정식은 다음과 같이 간단하게 된다.

극좌표에서 원의 방정식

$$r = 2a\cos(\theta - \theta_0)$$

$\theta_0 = 0$일 때, $r = 2a\cos\theta$

$\theta_0 = \pi/2$일 때, $r = 2a\sin\theta$

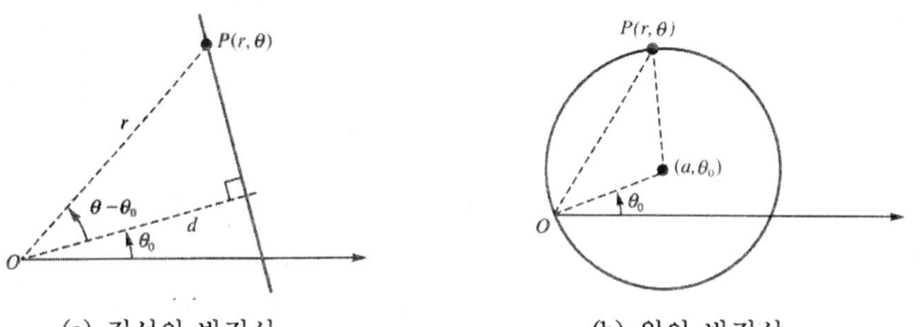

(a) 직선의 방정식 (b) 원의 방정식

그림5. 극형식의 직선과 원의 방정식

타원, 포물선, 쌍곡선 등으로 표현되는 원뿔곡선은 그 초점이 극에 놓여 있고, 준선이 d만큼 떨어져 있으면 방정식, $|\overline{PF}| = e|\overline{PL}|$은 극좌표 표현식은 다음과 같다.

$$r = e[d - r\cos(\theta - \theta_0)]$$

이 식은 다음방정식과 같다.

극좌표에서 원뿔의 방정식

$$r = \frac{ed}{1 + e\cos(\theta - \theta_0)}$$

원뿔곡선 역시 $\theta_0 = 0$일 때와 $\theta_0 = \pi/2$일 때가 간단히 표현된다.
다양한 여러 가지 모양의 극방정식은 다음 표.와 같다.

표. 다양한 형태의 극방정식

도형	일반형태	$\theta_0=0$일 때	$\theta_0=\pi/2$일 때
직선	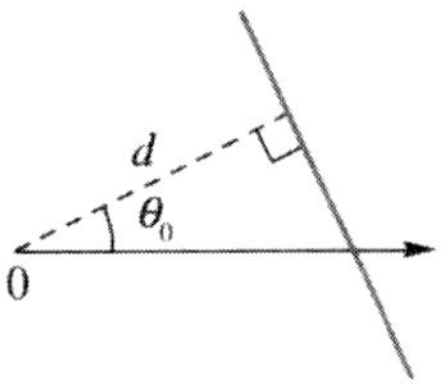 $r=\frac{d}{\cos(\theta-\theta_0)}$	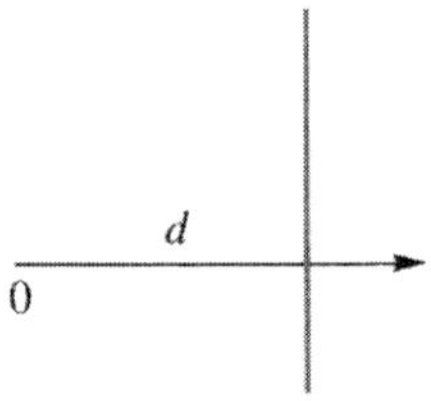 $r=\frac{d}{\cos\theta}$	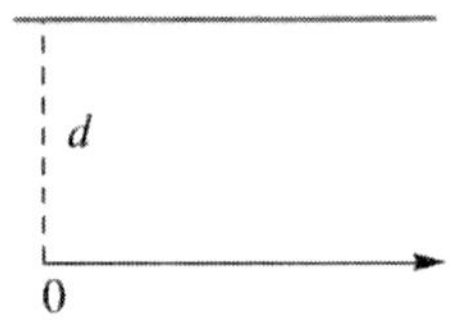 $r=\frac{d}{\sin\theta}$
원	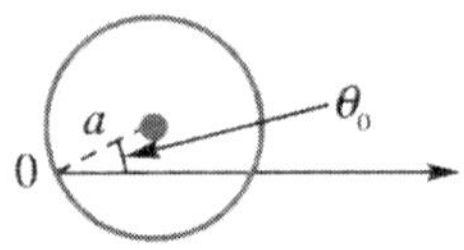 $r=2a\cos(\theta-\theta_0)$	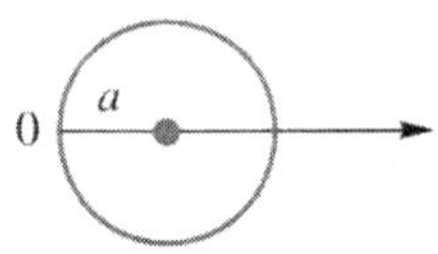 $r=2a\cos\theta$	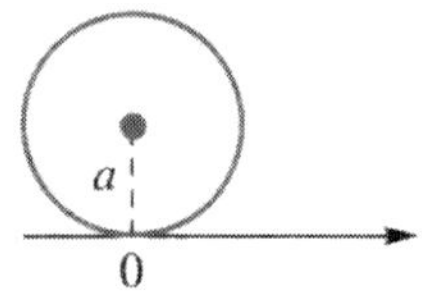 $r-2a\sin\theta$
타원$0<e<1$ 포물선$e=1$ 쌍곡선$e>1$	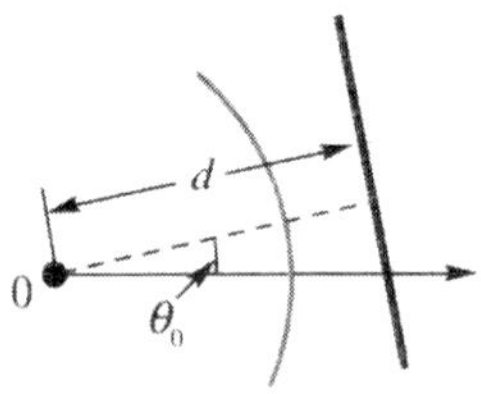 $r=\frac{ed}{1+e\cos(\theta-\theta_0)}$	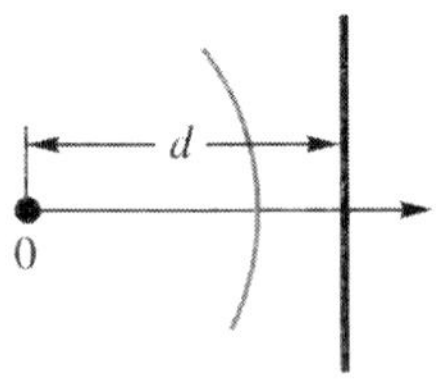 $r=\frac{ed}{1+e\cos\theta}$	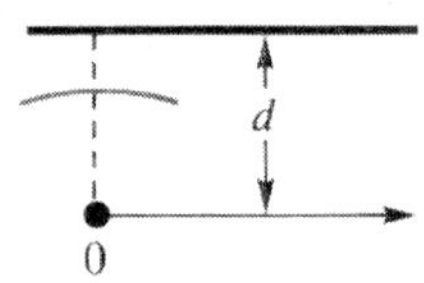 $r=\frac{ed}{1+e\sin\theta}$

보기9

극점이 초점이고, 이심율 1/2, 극점에서 오른쪽으로 5만큼 떨어진 곳에 수직 준선이 있는 수평타원 방정식을 구하라.

풀이

$$r=\frac{\frac{1}{2}\cdot 5}{1+\frac{1}{2}cos\theta}=\frac{5}{2+\cos\theta}$$

보기10.

$r=\dfrac{9}{2+4\sin\theta}$ 이 어떤 곡선인지 밝혀라.

풀이

$$r=\frac{9}{2+4\sin\theta}=\frac{\frac{9}{2}}{1+2\sin\theta}=\frac{2\left(\frac{9}{4}\right)}{1+2\sin\theta}$$

이 방정식은 쌍곡선 극방정식이며, 이심율 $e=2$, 초점은 극, 극축에서 $9/4$만큼 위에 수평 준선이 있는 방정식이다.

■ 극방정식의 그래프

다양한 그래프들을 살펴보자. 심장형, 리마송, 연주형, 장미형, 나선 등의 그래프들이다. 이러한 곡선의 극방정식은 간단한 형태로 표시된다. 그러나 이에 대응하는 직교좌표 방정식은 매우 복잡하다. 따라서 극좌표계를 이용하면 직교좌표에의 난점을 쉽게 해결할 수 있다.

극곡선을 그리는데는 대칭을 이용하는 것이 도움이 된다(그림6). 대칭성을 잘 알면, 그래프를 이해하는 데 도움이 된다. 다음의 세가지 규칙들을 살펴본다.

(1) (r,θ)에서 $(r,-\theta)$ 또는 $(-r,\pi-\theta)$를 넣어도 같은 방정식이 되면, 이 방정식은 극축(x축)에 대칭이다.

(2) (r,θ)에서 $(r,\pi-\theta)$이거나 $(r,\pi-\theta)$를 넣어도 같은 방정식이 되면, 방정식은 y축(직선 $\theta=\pi/2$)에 대칭이다.

(3) (r,θ)에서 r을 $-r$로 또는 θ를 $\theta+\pi$로 놓아도 같은 방정식이 되면, 이 방정식은 원점(극)에 대하여 대칭이다.

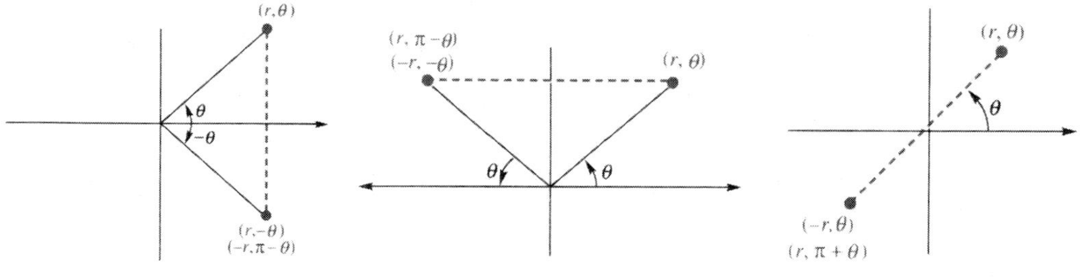

(a) 극축(x축)에 대칭　　(b) y축($\theta=\pi/2$)에 대칭　　(c) 원점에 대칭

그림6. 극형식의 직선과 원의 방정식

극좌표계에서는 점들을 나타내는 방법이 여러 가지이기 때문에, 이외의 조건에서도 대칭이 되는 경우가 있다.

$r = c\theta$ (c는 상수)형태의 그래프를 아르키메데스의 나선(spiral of Archimedes)이라 부르며, $r = ce^{b\theta}$의 그래프를 로그 나사선(logarithmic spiral)이라 부른다.

보기11.

나선(spiral)형 방정식 $r = \theta$, $\theta \geq 0$의 그래프를 그려라.

풀이

그림7을 살펴보면 그래프는 극축과 $(0, 0)$, $(2\pi, 2\pi)$. $(4\pi, 4\pi)$, $(6\pi, 6\pi)\cdots$에서 만나며, 극축 $(0, 0)$의 왼쪽으로는 (π, π), $(3\pi, 3\pi)$, $(5\pi, 5\pi)\cdots$에서 만나는 나선형으로 반시계방향으로 회전하는 곡선을 그리고 있음을 알 수 있다.

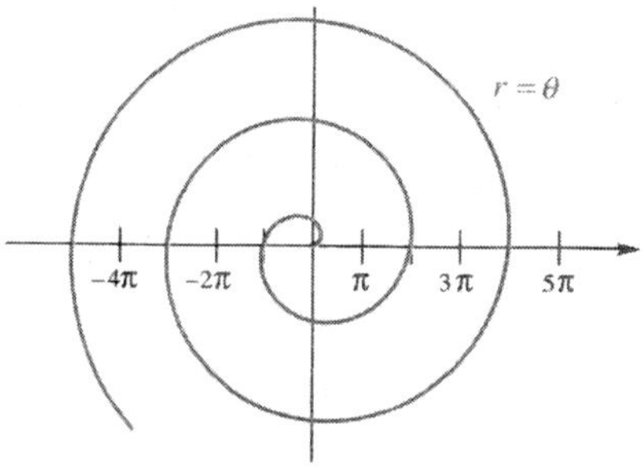

그림7. 보기11.의 나선형 방정식

보기12.

나선(spiral)형 방정식 $r = 2\theta$, $\theta \geq 0$의 그래프를 그려라.

풀이

각 θ에 대하여 해당하는 r값을 구하면 다음 표를 얻는다.

θ	0	$\pi/2$	π	$3\pi/2$	2π	$5\pi/2$	3π	$\cdots$
$r = 2\theta$	0	π	2π	3π	4π	5π	6π	$\cdots$

θ가 증가함에 따라 r도 증가하고 그래프는 극점 주위를 반시계방향으로 회전하는 나선형이 된다.

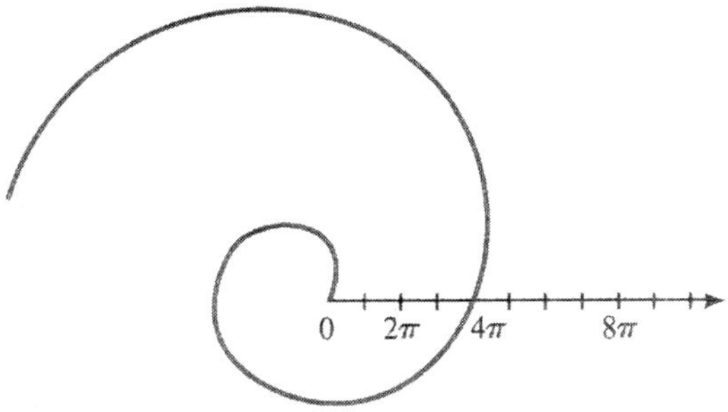

그림8. 보기12의 나선형 방정식 개형

보기13.

방정식 $r = 2 + 4\cos\theta$ 의 대칭성을 확인하고, 그래프를 그려라.

풀이

코사인 함수는 $\cos(-\theta) = \cos\theta$ 이므로 우함수이다. 그러므로 x축에 대칭인 곡선이다. 이 그래프는 다음 표와 그림9와 같다.

θ	0	$\pi/6$	$\pi/3$	$\pi/2$	$2\pi/3$	$3\pi/4$	$5\pi/6$	π	$\cdots$
r	6	5.5	4	2	0	-0.8	-1.5	-2	$\cdots$

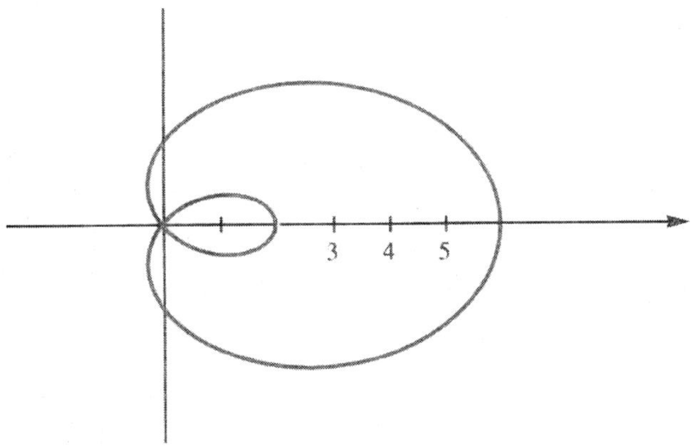

그림9. 보기13의 $r = 2 + 4\cos\theta$ 의 개형

일반적으로 $r = a \pm b cos\theta$의 그래프의 개형은 $a > b$, $a = b$, $a < b$인 경우 그림10과 같다.

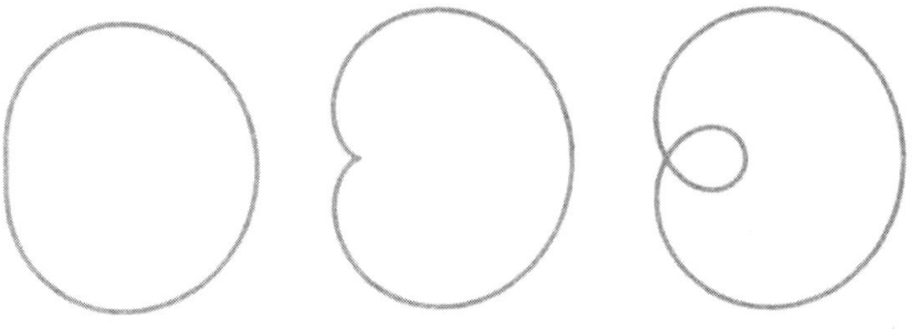

(a) $a > b$ (b) $a = b$ (c) $a < b$

그림10. $r = a \pm bcos\theta$의 그래프 개형

보기14.

네잎장미 곡선 $r = \cos 2\theta$ 을 그려라.

풀이

먼저 직교좌표에 $r = \cos 2\theta$, $0 \leq \theta \leq 2\pi$를 그린다. θ가 0에서 $\pi/4$까지 증가하면, $r = 1$에서 0으로 감소한다.θ가 $\pi/4$에서 $\pi/2$로 증가할 때, r은 0에서 -1까지 감소하고 최소값이 된다. 예를 들어, θ가 구간 $\left[\frac{5}{4}\pi, \frac{7}{4}\pi\right]$에서 2θ는 $\left[\frac{5}{2}\pi, \frac{7}{2}\pi\right]$이고, $r = \cos 2\theta$ 는 $r \geq 0$이 된다.이 꽃잎은 맨 위쪽 꽃잎그림이 된다. 이 같은 방법을 세 번 더 하여 그릴 수 있다. 특히 θ가 $\pi/4$에서 r값은 0이 되며, 가장 큰 값인 $r = 1$을 가질 때는 $\theta = \pi$인 경우이다.

r의 이동은 제1사분면에서 제3사분면을 거쳐 제4사분면으로 옮겨져서 그려짐을 알 수 있다(그림11). 그려지는 순서는 화살표와 번호순으로 표시하였다. 이 결과로 얻은 곡선은 네 개의 고리를 갖고 있는데 이 곡선을 네잎장미(four-leaved rose)라 한다.

θ	0	$\pi/4$	$\pi/2$	$3\pi/4$	π	$5\pi/4$	$3\pi/2$	$\cdots$
2θ	0	$\pi/2$	π	$3\pi/2$	2π	$5\pi/2$	3π	$\cdots$
$r = \cos 2\theta$	1	0	-1	0	1	0	-1	$\cdots$

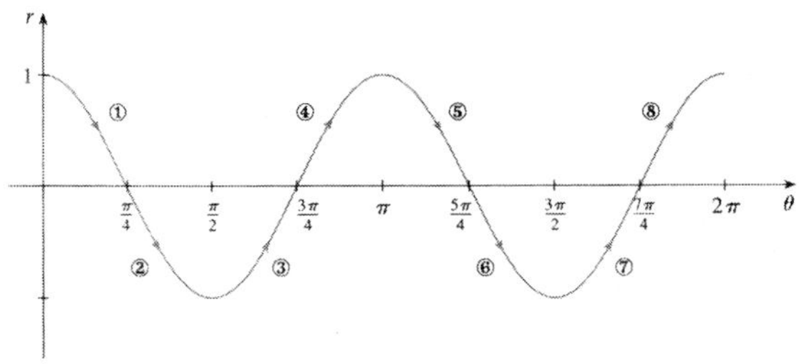

(a) 직교좌표 $r = \cos 2\theta$

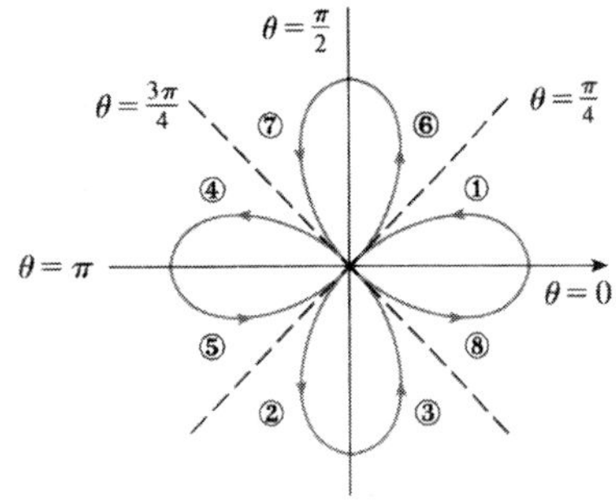

(b) 극좌표 $r = \cos\theta$

그림11. 보기14.의 네잎장미 $r = 2\cos\theta$ 곡선

보기15

네잎장미 곡선 $r = 4\sin 2\theta$의 곡선을 그려라.

풀이

구간 $0 \leqq \theta < 2\pi$에 까지의 값을 표에 나타내었다. $\pi/2$까지는 촘촘하게, 이 외 구간은 넓게 잡았다. 표에 근거해서 작성되는 그래프는 그림8과 같다. 또한 보기13의 그래프 형과 비교하면 $r = \cos 2\theta$ 의 곡선을 $\pi/4$만큼 대칭 회전이동한 모습을 볼 수 있다.

표. 보기14의 네입장미곡선 $r = 4\sin 2\theta$

θ	0	$\pi/12$	$\pi/6$	$\pi/4$	$\pi/2$	$2\pi/3$	π	$7\pi/6$	$4\pi/3$	$3\pi/2$	$5\pi/3$	2π
r	0	2	3.5	4	2.8	-3.5	0	3.5	3.5	0	-3.5	0

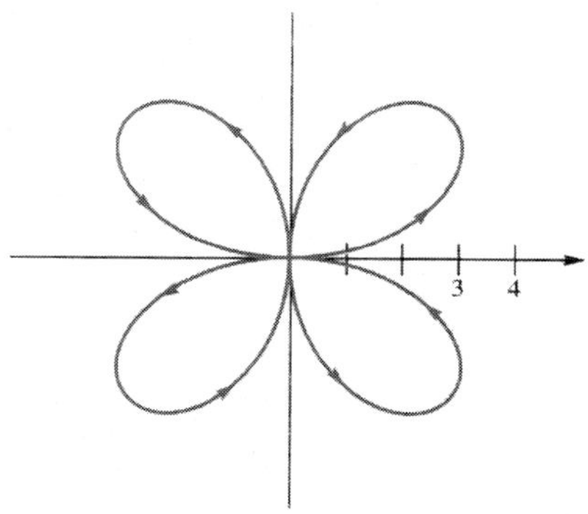

그림12. 보기15의 네잎장미곡선 $r = 4\sin 2\theta$

[연습문제]

1. 극좌표가 다음의 좌표와 같을 때 이 좌표를 점을 찍어서 나타내라.

(a) $\left(2, \frac{1}{2}\pi\right)$ (b) $\left(1, \frac{1}{2}\pi\right)$ (c) $\left(2, \frac{1}{3}\pi\right)$ (d) $(1, \pi)$

(e) $\left(\frac{1}{2}, \frac{11}{7}\pi\right)$ (f) $(0, 4\pi)$ (g) $(0, 2\pi)$ (h) $(4, 0)$

2. 다음 극좌표의 점들을 표시하라. 극좌표를 $r>0$인 경우와 $r<0$인 경우로 나눠서 구하라.

(a) $\left(2, \frac{\pi}{6}\right)$ (b) $\left(1, -\frac{3\pi}{4}\right)$ (c) $\left(-1, \frac{\pi}{3}\right)$ (d) $(2, \pi)$

(e) $\left(1, -\frac{3\pi}{4}\right)$ (c) $\left(4, -\frac{1}{3}\pi\right)$ (g) $(0, 0)$ (h) $(-1, \frac{1}{3}\pi)$

3. 다음 극좌표를 가지는 점을 표시하라. 각각의 점에 대해서 다른 네 쌍의 극좌표를 나타내라. 이 중 두 개는 r이 양수, 나머지 두 개는 r이 음수인 경우가 되도록 하여라.

(a) $\left(1, \frac{1}{2}\pi\right)$ (b) $\left(3\sqrt{2}, \frac{1}{3}\pi\right)$ (c) $\left(\sqrt{2}, -\frac{5}{2}\pi\right)$ (d) $\left(-\sqrt{2}, \frac{1}{3}\pi\right)$

4. 다음 극좌표의 점들의 직교좌표를 구하라.

(a) $\left(2, \frac{1}{2}\pi\right)$ (b) $\left(1, \frac{1}{2}\pi\right)$ (c) $\left(2, \frac{1}{3}\pi\right)$ (d) $(1, \pi)$

(e) $\left(\frac{1}{2}, \frac{11}{7}\pi\right)$ (f) $(0, 4\pi)$ (g) $(0, 2\pi)$ (h) $(4, 0)$

5. 다음 극좌표의 점들의 직교좌표를 구하라.

(a) $\left(2, \frac{\pi}{6}\right)$ (b) $\left(1, -\frac{3\pi}{4}\right)$ (c) $\left(-1, \frac{\pi}{3}\right)$ (d) $(2, \pi)$

(e) $\left(1, -\frac{3\pi}{4}\right)$ (c) $\left(4, -\frac{1}{3}\pi\right)$ (g) $(0, 0)$ (h) $(-1, \frac{1}{3}\pi)$

6. 직교좌표가 $(-1, -1)$인 점P의 극좌표를 구하라.

* 문제 7~14에서 주어진 직교좌표 방정식의 그래프를 그리고, 극방정식을 구하라.

7. $x-2y+3=0$

8. $x=1$

9. $y=-1$

10. $x-y=1$

11. $x^2+y^2=1$

12. $x^2=16py$

13. 원의 방정식 $x^2+(y-3)^2=0$를 극방정식으로 바꾸어라.

14. xy평면에서 y축에 평행한 모든 직선은 방정식은 다음 식으로 나타남을 보여라.

$$r=a\sec\theta$$

* 문제 15~22에서 극방정식을 직교방정식으로 바꾸고 그래프가 어떤 형태인지 보여라.

15. $r\cos\theta = 1$
16. $r\sin\theta = 0$
17. $r\sin\theta = r\cos\theta$
18. $r^2 = 2r\sin\theta$
19. $r\cos\theta + r\sin\theta = 1$
20. $r^2 = 16r\cos\theta$
21. $r = 8\sin\theta$
22. $r^2 + 2r^2\cos\theta\sin\theta = 1$

* 문제 23~30에서 직교방정식을 극방정식으로 바꾸어라.

23. $y = 7$
24. $x = 2$
25. $x = y$
25. $x^2 - y^2 = 1$
27. $y^2 = 2x$
28 $xy = 4$
29. $(x-4)^2 + (y-1)^2 = 16$
30. $\dfrac{x^2}{4} + \dfrac{y^2}{9} = 1$

* 문제 31~40에서 주어진 극방정식이 어떤 종류의 곡선(직선, 원, 원뿔, 타원 등)인지 기술하고, 원뿔곡선인 경우 이심율을 구하라.

31. $r = 4$
32. $\theta = \dfrac{\pi}{3}$
33. $r = \dfrac{2}{\sin\theta}$
34. $r = \dfrac{-2}{\cos\theta}$
35. $r = 2\sin\theta$
36. $r = 2\cos\theta$
37. $r = \dfrac{2}{1+\cos\theta}$
38, $r = \dfrac{4}{1+2\sin\theta}$
39. $r = \dfrac{2}{\dfrac{1}{2} + \cos(\theta - \pi)}$
40. $r = \dfrac{8}{2 + 2\cos(\theta - \pi)}$

41. 중심이 (c, w)이고 반지름이 c인 원의 극방정식은 다음 식이 됨을 보여라.

$$r^2 + c^2 - 2rc\cos(\theta - w) = w^2$$

42. $ab \neq 0$일 때, 극방정식 $r = a\sin\theta + b\cos\theta$는 원을 나타냄을 보이고, 중심과 반지름을 구하라.

43. 직선 $x = 1$이 곡선 $r = \sin\theta\tan\theta$은 디오클레스의 시소이드(cissoid of Diocles)이라 한다. 이 곡선은 수직 띠 $0 \leqq x < 1$에 완전히 놓여 있음을 보여라.

6.3 극좌표계의 미적분

이 절에서는 미적분을 극좌표로 확장하고 넓이, 접선, 호의 길이에 대하여 살펴본다.

6.3.1 극좌표계에서의 넓이

직교좌표계에서 직사각형이 기본형태가 된다. 그러나 극좌표계에서는 원의 부채꼴(그림1)이 기본형태이다. 직교좌표계에서 원의 넓이는 πr^2이고, 극좌표계에서는 중심각의 크기가 θ라디안인 부채꼴의 넓이는 $(\theta/2\pi)\pi r^2$이다. 즉,

부채꼴의 넓이

$$A = \frac{1}{2}r^2\theta$$

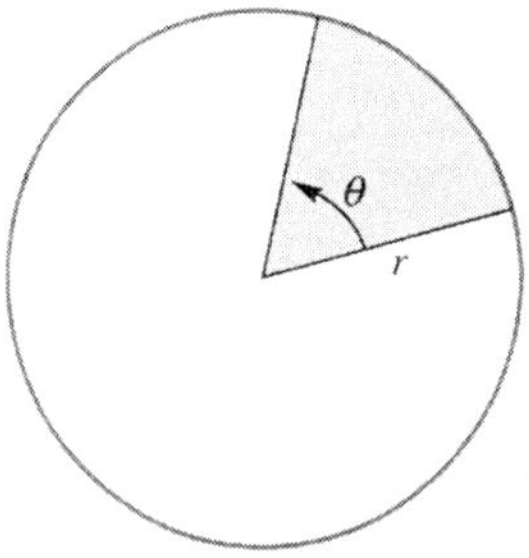

그림1. 부채꼴의 넓이

극좌표계에서 극방정식 $r = f(\theta)$가 평면에서 어떤 곡선을 그린다고 하자. 여기서, $\beta - \alpha \leq 2\pi$이고, f는 구간 $\alpha \leq \theta \leq \beta$에서 양의 연속함수이다. 곡선 $r = f(\theta)$와 $\theta = \alpha$, $\theta = \beta$으로 결정되는 영역 R에 대해 넓이 $A(R)$을 구해보자.

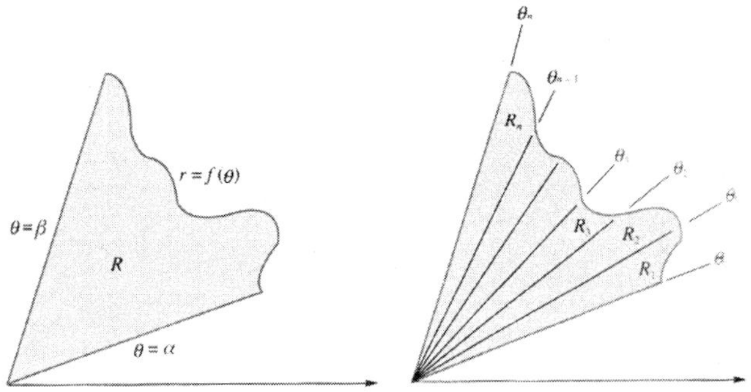

그림2. 극좌표계내 부채꼴넓이 $A(R)$

구간 $[\alpha, \beta]$에서 너비가 $\Delta\theta$로 같은 부분의 구간으로 나눈다. 그러면 반직선 $\theta = \theta_i$는 중심각이 $\Delta\theta = \theta_i - \theta_{i-1}$인 n개의 작은 영역으로 나눈다. 즉,

$$\alpha = \theta_0 < \theta_1 < \theta_2 < \cdots < \theta_n = \beta$$

일 때,

$$A(R) = A(R_1) + A(R_2) + \cdots + A(R_n)$$

가 되도록 한다

이제, i번째 조각의 넓이 $A(R_i) = \Delta A_i$의 근사값을 구한다.

$$\Delta A_i \approx \frac{1}{2}[f(\theta_i)]^2 \Delta\theta$$

전체 넓이 A에 대한 근사값은 다음과 같다.

$$\therefore\ A = \sum_{i=1}^{n} \frac{1}{2}[f(\theta_i)]^2 \Delta\theta$$

윗 식은 근사값이고 $n \to \infty$ 일 때 정확해 진다.

$$\lim_{n\to\infty}\sum_{i=1}^{n}\frac{1}{2}[f(\theta_i)]^2\Delta\theta = \frac{1}{2}\int_{\alpha}^{\beta}[f(\theta)]^2\,d\theta$$

극좌표내 부채꼴 넓이

$$A = \frac{1}{2}\int_{\alpha}^{\beta}[f(\theta)]^2\,d\theta$$

$r = f(\theta)$ 이므로, 윗 식은 다음과 같이 쓰여진다.

극좌표내 부채꼴 넓이

$r = f(\theta)$ 일 때,

$$A = \frac{1}{2}\int_{\alpha}^{\beta} r^2\,d\theta$$

보기1

곡선 $r = 2 + 2\cos\theta$ 의 내부의 면적을 구하라.

풀이

구하는 면적은

$$A = \frac{1}{2}\int_{\alpha}^{\beta} r^2\,d\theta = \frac{1}{2}\int_{0}^{2\pi} r^2 d\theta$$

$$= \frac{1}{2}\int_{0}^{2\pi}(2+2\cos\theta)^2 d\theta = \frac{1}{2}\int_{0}^{2\pi}\left(4+4\cdot\frac{1+\cos 2\theta}{2}\right)d\theta$$

$$= \left[3\theta + 4\sin\theta + \frac{\sin 2\theta}{2}\right]_{0}^{2\pi} = 6\pi$$

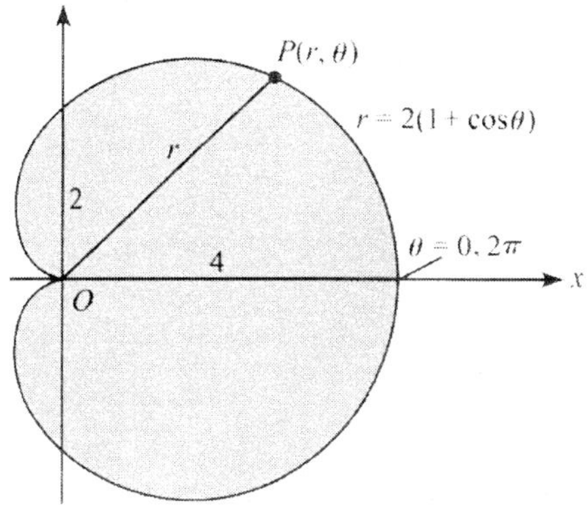

그림3. 보기1의 극좌표계내 심장형곡선넓이 $A(R)$

보기2

세 잎 장미곡선 $r=\sin3\theta$의 한 잎의 넓이를 구하라.

풀이

전체 세 잎 장마곡선의 그래프는 그림4의 (a)와 같다.

세 잎 장미곡선 한 잎은 구간$[0, \pi/3]$에서 그려진다.

$$A=\frac{1}{2}\int_{\alpha}^{\beta}r^2\,d\theta=\frac{1}{2}\int_{0}^{\pi/3}(\sin3\theta)^2\,d\theta=\frac{1}{2}\int_{0}^{\pi/3}\sin^2 3\theta\,d\theta$$

여기서 피적분함수를 반각공식 $\sin^2\theta=\frac{1}{2}(1-\cos2\theta)$을 이용하면,

$$\therefore\ A=\frac{1}{4}\int_{0}^{\pi/3}(1-\cos6\theta)d\theta\ =\frac{1}{4}\left[\left(\theta-\frac{1}{6}sin6\theta\right)\right]_{0}^{\pi/3}\ =\frac{\pi}{12}$$

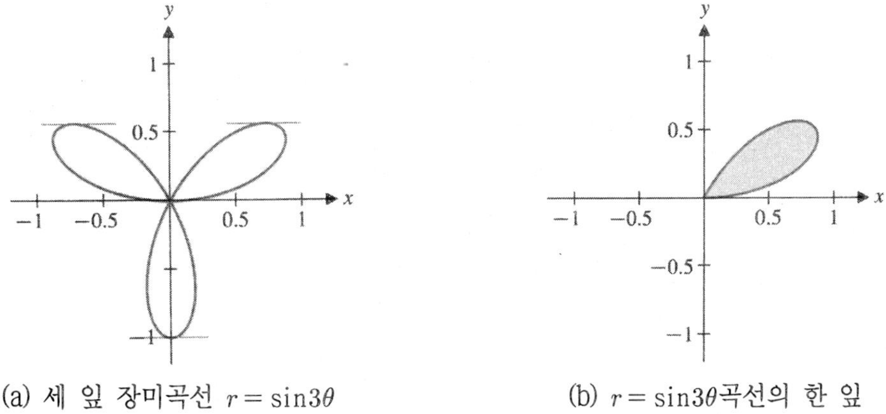

(a) 세 잎 장미곡선 $r=\sin3\theta$　　(b) $r=\sin3\theta$곡선의 한 잎

그림4. $r=\sin3\theta$의 넓이

보기3

네잎장미 곡선 $r=\cos 2\theta$ 의 한 잎의 넓이를 구하라.

풀이

구하는 곡선 $r=\cos 2\theta$ 에 둘러싸인 한 잎의 넓이A는 구간 (α, β)에서, 영역 $\theta=-\pi/4$에서 $\theta=\pi/4$까지 회전하는 반직선에 이해서 생기는 영역이다. 그러므로,

$$A=\frac{1}{2}\int_{\alpha}^{\beta} r^2\,d\theta=\frac{1}{2}\int_{-\pi/4}^{\pi/4} r^2 d\theta=\frac{1}{2}\int_{-\pi/4}^{\pi/4}\cos^2 d\theta$$

$$=\int_0^{\pi/4}\cos^2 2\theta d\theta=\int_0^{\pi/4}\frac{1}{2}(1+\cos 4\theta)d\theta$$

$$=\frac{1}{2}\left[\theta+\frac{1}{4}sin4\theta\right]_0^{\pi/4}=\frac{1}{2}\left[\left(\frac{\pi}{4}+\frac{1}{4}sin\pi\right)-0\right]=\frac{\pi}{8}$$

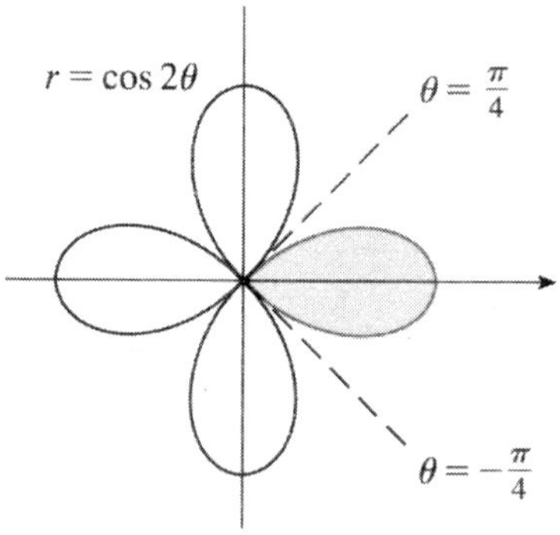

그림5. 보기1의 극좌표계내 심장형곡선넓이 $A(R)$

6.3.2 극좌표계의 길이

직교좌표계에서 호의 길이는 매개변수방정식 $x=s(t)$, $y=y(t)$, $a\leqq t\leqq b$로 정의된 곡선의 호의 길이 s는

$$s=\int_a^b\sqrt{\left(\frac{dx}{dt}\right)^2+\left(\frac{dy}{dt}\right)^2}\,dx$$

이다. 극방정식으로 주어진 $r=f(\theta)$인 매개변수 방정식으로 나타내면,

$$x = r\cos\theta = f(\theta) = f(\theta)\cos\theta \ , \quad y = r\sin\theta = f(\theta)\sin\theta$$

곱의법칙을 이용하고 θ에 관하여 미분하면 다음 식을 얻는다.

$$\frac{dx}{d\theta} = \frac{dr}{d\theta}cos\theta - r\sin\theta, \qquad \frac{dy}{d\theta} = \frac{dr}{d\theta}sin\theta + r\cos\theta$$

따라서 $\cos^2\theta + \sin^2\theta = 1$ 을 이용하고, 이 식을 직교좌표계의 호의 길이에 대입하면,

$$\begin{aligned}\left(\frac{dx}{d\theta}\right)^2 + \left(\frac{dy}{d\theta}\right)^2 &= \left(\frac{dr}{d\theta}\right)^2\cos^2\theta - 2r\frac{dr}{d\theta}cos\theta\sin\theta + r^2\sin^2\theta \\ &\quad + \left(\frac{dr}{d\theta}\right)^2\sin^2\theta + 2r\frac{dr}{d\theta}sin\theta\cos\theta + r^2\cos^2\theta \\ &= \left(\frac{dr}{d\theta}\right)^2 + r^2\end{aligned}$$

$\frac{dy}{dx}$가 연속이면, 호의 길이 s는 다음과 같다.

[극방정식의 호의 길이]

극방정식 $r = f(\theta)$, $a \leqq \theta \leqq b$에서

$$s = \int_a^b \sqrt{\left(\frac{dr}{d\theta}\right)^2 + r^2}\ d\theta$$

보기4

심장형 곡선 $r = 1 - \cos\theta$ 의 전체 길이를 구하라.

풀이

$$\begin{aligned} s &= \int_a^b \sqrt{\left(\frac{dr}{d\theta}\right)^2 + r^2}\ d\theta = \int_0^{\pi} \sqrt{(\sin\theta)^2 + (1-\cos\theta)^2}\ d\theta \\ &= \int_0^{2\pi} \sqrt{\sin^2\theta + 1 - 2\cos\theta + \cos^2\theta}\ d\theta = \int_0^{2\pi} \sqrt{2 - 2\cos\theta}\, d\theta \end{aligned}$$

여기서, 반각공식 $\sin^2 x = \frac{1}{2}(1 - \cos 2x)$과 $\sqrt{x^2} = |x|$임을 이용하면,

$$\therefore \quad s=\int_0^{2\pi}\sqrt{4\sin^2\theta}\,d\theta=2$$

보기5

심장형 곡선 $r=1+\sin\theta$의 전체 길이를 구하라.

풀이

곡선의 전체 길이는 매개변수 구간$[0,\,2\pi]$에서 주어진다. 따라서,

$$s=\int_a^b\sqrt{r^2+\left(\frac{dr}{d\theta}\right)^2}\,d\theta=\int_0^{2\pi}\sqrt{(1+\sin\theta)^2+\cos^2\theta}\,d\theta$$

$$=\int_0^{2\pi}\sqrt{1+2\sin\theta+\sin^2\theta+\cos^2\theta}\,d\theta$$

$$=\int_0^{2\pi}\sqrt{2+2\sin\theta}\,d\theta$$

윗 식의 피적분함수에 $\sqrt{2-2\sin\theta}$를 곱하고 나누면,

$$s=\int_0^{2\pi}\left[\sqrt{2+2\sin\theta}\cdot\left(\frac{\sqrt{2-2\sin\theta}}{\sqrt{2-2\sin\theta}}\right)\right]d\theta=\int_0^{2\pi}\frac{2-2\sin\theta}{\sqrt{2-2\sin\theta}}d\theta=8$$

6.3.3 극좌표계의 접선

직교좌표계에서, 곡선에 대한 접선의 기울기m은 $m=dy/dx$이다. 극좌표계에서 기울기는 $dr/d\theta$가 아니다. 극곡선 $r=f(\theta)$의 접선은 θ를 매개변수를 사용한다. 곡선의 매개변수방정식은 다음과 같이 쓸 수 있다.

$$x=r\cos\theta=f(\theta)\cos\theta$$
$$y=rsin\theta=f(\theta)\sin\theta$$

이므로, 극 방정식 $r=f(\theta)$의 그래프는 매개변수방정식 $x(t)=f(t)\cos t$, $y(t)=f(t)\sin t$에서 t를 θ로 하면, 곡선 $r=f(\theta)$의 접선의 기울기를 계산해 보자. 매개변수곡선의 기울기를 구하는 식은 다음과 같다.

$$\frac{dx}{dt}\neq 0\text{일 때,}\qquad \frac{dy}{dx}=\frac{\frac{dy}{dt}}{\frac{dx}{dt}}$$

따라서, 극방정식에 대입하면,

$$m = \frac{dy}{dx} = \frac{\frac{dy}{d\theta}}{\frac{dx}{d\theta}} = \frac{\frac{dr}{d\theta} sin\theta + r\cos\theta}{\frac{dr}{d\theta} cos\theta - r\sin\theta}$$

마찬가지로, $dy/d\theta \neq 0$일 때 $dx/d\theta = 0$을 구하면 수직접신의 위치를 알 수 있다. 극에서의 접선은 $r = 0$이므로,

$$m = \frac{dy}{dx} = \tan\theta \quad \left(\text{단},\ \frac{dr}{d\theta} \neq 0\right)$$

보기6

세 잎장미 곡선 $r = \sin 3\theta$의 $\theta = 0$과 $\theta = \pi/4$에서 접선의 기울기를 구하라.

풀이

매개변수 θ로 x와 y를 표시하면

$$x = r\cos\theta = \sin 3\theta \cos\theta$$
$$y = rsin\theta = \sin 3\theta \sin\theta$$

이다. 따라서 접선 m은

$$m = \frac{dy}{dx} = \frac{\frac{dy}{d\theta}}{\frac{dx}{d\theta}} = \frac{(3\cos 3\theta)\sin\theta + \sin 3\theta(\cos\theta)}{(3\cos 3\theta)\cos\theta - \sin 3\theta(\sin\theta)}$$

이다. 따라서 $\theta = \frac{\pi}{4}$에서 접선의 기울기는

$$m = \frac{\left(3\cos\frac{3\pi}{4}\right)\sin\frac{\pi}{4} + \sin\frac{3\pi}{4}\left(\cos\frac{\pi}{4}\right)}{\left(3\cos\frac{3\pi}{4}\right)\cos\frac{\pi}{4} - \sin\frac{3\pi}{4}\left(\sin\frac{\pi}{4}\right)}$$

$$= \frac{-\frac{3}{2} + \frac{1}{2}}{-\frac{3}{2} - \frac{1}{2}} = \frac{-1}{-\frac{4}{2}} = \frac{1}{2}$$

그림6 에서, 구간 $[0, \frac{\pi}{3}]$에서 $r = \sin 3\theta$의 그래프와 $\theta = \frac{\pi}{4}$에서 접선$m = \frac{1}{2}$임을 보여준다.

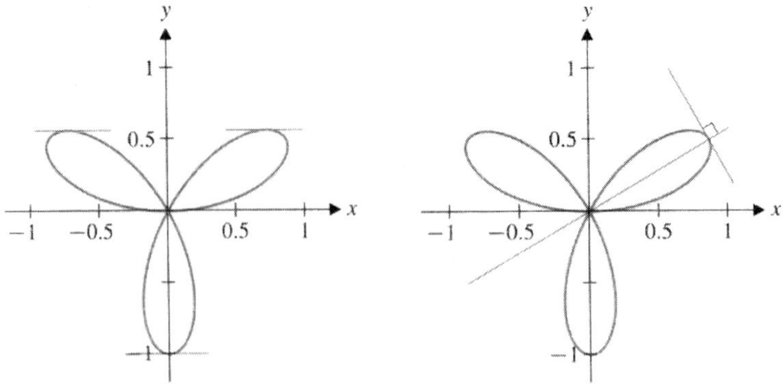

(a) 세 잎 장미곡선 $m=0$ (b) $\theta=\pi/4$일 때 접선

그림6. 보기6의 세 잎 장미곡선의 접선

보기7

세 잎장미 곡선 $r=4\sin 3\theta$에서 다음을 구하라.

(a) $\theta=\pi/6$에서 접선의 기울기를 구하라.

(b) 극(원점)에서이 접선을 모두 구하라.

(c) 이 곡선의 그래프를 그려라.

(d) 세 잎장미 곡선의 한 잎의 면적을 구하라.

풀이

(a) $$m=\frac{dy}{dx}=\frac{\frac{dy}{d\theta}}{\frac{dx}{d\theta}}=\frac{r\cos\theta+\frac{dr}{d\theta}sin\theta}{-r\sin\theta+\frac{dr}{d\theta}cos\theta}=\frac{4\sin 3\theta\cos\theta+(12\cos 3\theta)\sin\theta}{-4\sin 3\theta\sin\theta+(12\cos 3\theta)\cos\theta}$$

$\theta=\frac{\pi}{6}$에서,

$$m=\frac{4\cdot\sin\frac{\pi}{2}\cdot\frac{\sqrt{3}}{2}+12\cdot\cos\frac{\pi}{2}\cdot\frac{1}{2}}{-4\cdot\sin\frac{\pi}{2}\cdot\frac{1}{2}+12\cdot\cos\frac{\pi}{2}\cdot\frac{\sqrt{3}}{2}}=-\sqrt{3}$$

(b) $4\sin 3\theta=0$으로 놓으면, $\theta=0$, $\theta=\pi/3$, $\theta=2\pi/3$, $\theta=\pi$, $\theta=4\pi/3$, $\theta=5\pi/3$

(c) $$\begin{aligned}\sin 3(\pi-\theta)&=\sin(3\pi-3\theta)\\&=\sin 3\pi\cos 3\theta-\cos 3\pi\sin 3\theta\\&=\sin 3\theta\end{aligned}$$

그러므로 이 곡선은 y축에 대칭인 곡선이다. 여러 부분 값들을 표로 만들어, 그 점을 이어 그리면 다음 그림7과 같다.

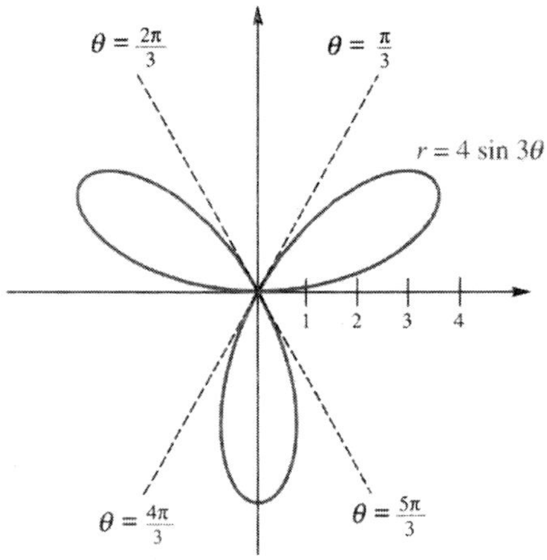

θ	0	$\pi/12$	$\pi/6$	$\pi/4$	$\pi/3$	$5\pi/12$	$\pi/2$
r	0	2.8	4	2.8	0	-2.8	-4

그림7. 보기7의 세 잎곡선의 그래프

(d) $$A=\frac{1}{2}\int_{\alpha}^{\beta} r^2\,d\theta=\frac{1}{2}\int_{0}^{\pi/3}(4\sin 3\theta)^2 d\theta$$

$$=8\int_0^{\pi/3}\sin^2 3\theta d\theta$$

$$=4\int_0^{\pi/3}(1-\cos 6\theta)d\theta\ =\left[4\theta-\frac{2}{3}sin6\theta\right]_0^{\pi/3}=\frac{4}{3}\pi$$

[연습문제]

* 문제 1~6에서 다음 방정식의 그래프를 그리고, 이 그래프에 의해 둘러쌓인 영역의 넓이를 구하라.

1. $r = b,\ b > 0$
2. $r = 3 + \cos\theta$
3. $r = 4 + 3\cos\theta$
4. $r = 2a\cos\theta,\ a > 0$
5. $r = 2 - 2\sin\theta$
6. $r = 2 + 2\sin\theta$

* 문제 7~15에서 다음 영역의 넓이 A를 구하라.

7. 네 잎 장미곡선 $r = \cos2\theta$ 의 한 잎 넓이
8. 네 잎 장미곡선 $r = 4\sin2\theta$의 한 잎 넓이
9. 세 잎 장미곡선 $r = 4\cos3\theta$ 의 한 잎 넓이
10. 세 잎 장미곡선 $r = 3\sin3\theta$의 한 잎 넓이
11. 두 개의 동심원 $r = 6$과 $r = 9$사이 영역의 넓이
12. $r = \theta^2$, 구간 $0 \leqq \theta \leqq \pi/4$에서의 넓이
13. $r^2 = \sin2\theta$, 구간 $r \geqq 0,\ 0 \leqq \theta \leqq \pi/2$에서의 넓이
14. $r = \sqrt{\theta}$, 구간 $0 \leqq r \leqq 2\pi$
15. 심장형 $r = 1 + \cos\theta$ 의 바깥쪽, 원 $r = \sqrt{3}\,sin\theta$의 안쪽 영역의 넓이

16. $r = 3\sin\theta$의 곡선을 그리고, 그 곡선으로 둘러싸인 넓이를 구하라.
17. $r = 2 + 3\sin\theta$의 곡선을 그리고, 그 곡선으로 둘러싸인 넓이를 구하라.

* 문제 18~19에서, 첫 번째 곡선의 내부와 두 번째 곡선의 외부에 있는 영역의 넓이를 구하라.

18. $r = \cos\theta,\ r = 1$
19. $r^2 = 4\cos2\theta,\ r = 1$

* 문제 20~22에서, 두 곡선의 내부에 있는 영역의 넓이를 구하라.

20. $r = \sqrt{3}\,cos\theta,\ r = \sin\theta$
21. $r = 2\sin2\theta,\ r = 2\cos2\theta$
22. $r^2 = \cos3\theta,\ r^2 = \sin3\theta$

* 문제 23~25에서 주어진 극방정식의 접선의 기울기를 구하라.

23. $r = 3\sin\theta,\quad \theta = \pi/3$
24. $r = 3\sin\theta,\quad \theta = \pi/2$
25. $r = e^{\theta},\qquad \theta = 1$

* 문제 26~27에서, 다음 두 곡선의 교점을 모두 구하라.

26. $r = 1 - 3\sin\theta$, $r = 3\cos\theta$

27. $r = 2 + \sin\theta$, $r = 2 + \cos\theta$

* 문제 28~31에서, 다음 곡선의 호의 길이를 구하라.

28. $r = 1 - \sin\theta$

29. $r = 2\sin 3\theta$

30. $r = 1 + 3\sin 3\theta$

31. $r = 2 - 2\cos\theta$

32. 극함수 $r = f(\theta)$가 폐구간$[a, b]$에서 연속이다. 대응하는 극방정식의 $\theta = a$에서 $\theta = b$까지 길이 L은 다음 공식이 됨을 유도하라.

$$L = \int_a^b \sqrt{[f(\theta)]^2 + [f'(\theta)]^2}\, d\theta$$

33. 곡면의 넓이는

$$A = \int_a^b 2\pi y \sqrt{\left(\frac{dx}{dt}\right)^2 + \left(\frac{dy}{dt}\right)^2}\ dt$$

이다. 이 식을 이용하여 극곡선 $r = f(\theta)$를 극축을 중심으로 회전시킬 때, 생기는 곡면의 넓이가 다음 식과 같음을 보여라. 단, 구간 $a \leqq \theta \leqq b$이다.

$$A = \int_a^b 2\pi r \sin\theta \sqrt{r^2 + \left(\frac{dr}{d\theta}\right)^2}\, d\theta$$

여기서, f'은 연속이고, 구간은 $0 \leqq a \leqq b \leqq \pi$이다.

제7장

선형대수: 벡터

7.1 벡터개요

■ 벡터

벡터는 공학과 물리학에서 기본적으로 유용한 양에 관한 대수이다. 공학과 물리학에 관련된 법칙들을 수학적으로 표시할 때, 필수적인 역할을 하기도 한다. 일반적으로 물리적인 양은 압력, 온도, 면적, 길이, 부피, 질량, 에너지, 시간 등과 같이 크기를 알면 완전히 나타낼 수 있는 양을 스칼라(scalar)량이라 한다. 반변에 벡터(vector)는 힘, 속도, 모멘트, 평행이동, 변위(displacement). 가속도, 운동량(momentum) 등 크기와 방향을 동시에 나타내 주는 양이다. 벡터는 방향을 가진 직선선분으로서 기하학적으로 나타낼 수 있으며, 자신의 크기에 비례하는 길이를 갖고 자신이 작용하는 방향으로 화살표를 붙여 나타낸다.

> **[정의] 벡터(vector)**
> 크기와 방향 및 작용점을 갖는 물리량으로 기하학적으로 나타낸다[13].

벡터를 기술하는 하나의 방법은 일반적으로 직교좌표계에서 축 $O(x, y, z)$로 택하여 3개의 직교 집합을 따라 그의 성분에 의해 벡터를 기술하는 것이다. 벡터에 대한 직교좌표에 의한 표현법은 벡터가 3개의 성분에 의하여 완전하게 나타낼 수 있으며 대수연산을 가능하게 한다. 정의에 의해 벡터량의 전형적인 예는 강에서 어느 유체입자에 대한 순간운동을 기술할 때 발생한다. 이 경우 순간운동에 대한 기술이 완벽하려면 반드시 입자의 속도와 방향이 주어져야만 한다. 주어진 방향에서의 속력을 속도(velocity)라 하며, 속도는 벡터량이 된다. 반면에 속도의 크기를 나타내는 양수값으로서 속도의 크기인 속력(speed)은 스칼라량이다.

벡터의 표시는 문자를 굵은글자(***P***)로 나타내거나 문자 위에 짧은화살표($\vec{P}$)를 그려 스칼라와 구분한다. 벡터의 크기는 벡터를 표시하는 화살표의 길이로 정의된다. 즉, 벡터에 대한 유용한 기하학적 표현은, 벡터가 직선선분을 따라서 주어진 방향과 평행하며 그 벡터의 크기에 비례하는 선분의 길이를 갖고 그 선분을 따라서 작용하는 화살표로 나타낸다. 이것을 유향선분(directed line segment)이라 한다. 유향선분이 시작되는 점을 벡터의 시점(initial point)이라 하고, 끝점을 종점(terminal point)라 한다.

---

13) 일반적인 정의이며, 유클리드 기하적 벡터만을 가리키는 좁은 의미의 정의이다. 수학에서 벡터 공간의 종류는 다양하게 설명된다.

[정리] 유향선분(directed line segment)

벡터의 크기와 비례하는 선분의 길이를 갖고 벡터가 그 선분을 따라서 작용하는 방향을 나타내는 화살표이다.

서로 평행이고 같은 방향이며 길이가 같은 모든 유향선분은 같은 것으로 본다.

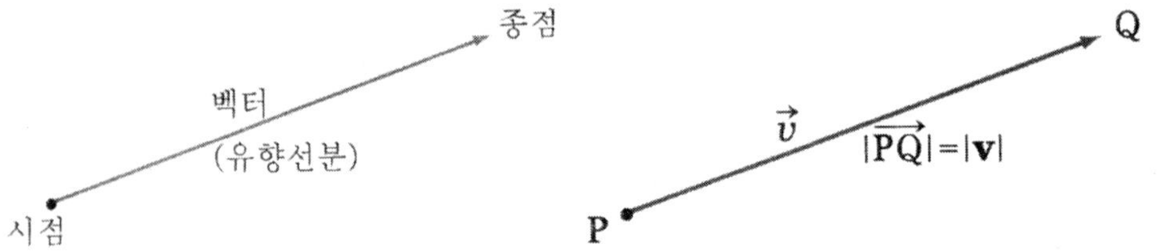

그림1 벡터의 유향성분과 그 크기

크기와 방향이 같은 두 개의 벡터는 작용점에 관계없이 동일하다. 이와 같은 벡터를 동등벡터(equal vector)라고 하며 같은 문자로 표시한다(그림2(a)). 벡터를 $\overrightarrow{P}$로 표시했을 때, $\overrightarrow{P}$와 같은 크기이고 방향이 반대인 벡터를 부(-)벡터(negative vector)라 한다(그림2(b)). 벡터 $\overrightarrow{P}$의 부벡터는 $-\overrightarrow{P}$로 표시한다. 벡터 $\overrightarrow{P}$와 $-\overrightarrow{P}$는 크기가 같고 방향이 반대인 벡터이므로 다음 식으로 표시된다.

$$\overrightarrow{P} + (-\overrightarrow{P}) = 0$$

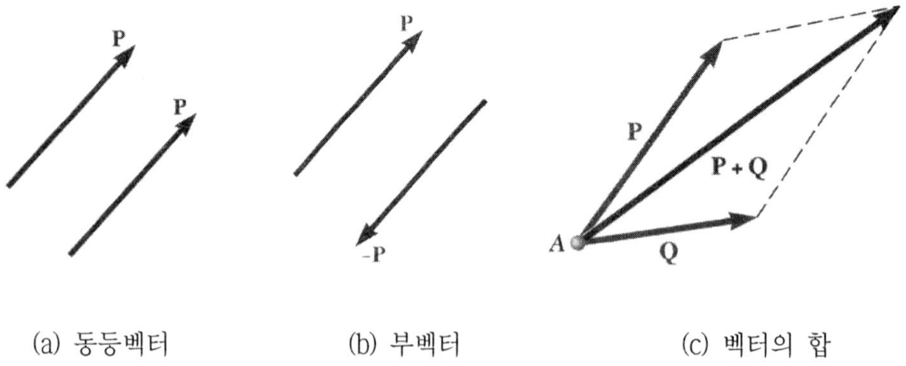

(a) 동등벡터 (b) 부벡터 (c) 벡터의 합

그림2 벡터의 표시

크기가 1인 유향선분은 크기가 1인 벡터라고 하며 이를 **단위벡터(unit vector)**라고 한다. 이러한 단위벡터를 **표준기저벡터(standard basis vector)**라고도 한다. 이 벡터는 각각 길이가 1이고 양의 x축, y축, z축을 따라 진행한다.

[정의] 단위벡터(unit vector)

길이가 1인 벡터를 단위벡터라고 한다.
3차원 공간좌표계로 표시하면,

$$i = <1,\ 0,\ 0> \quad j = <0,\ 1,\ 0> \quad k = <0,\ 0,\ 1>$$

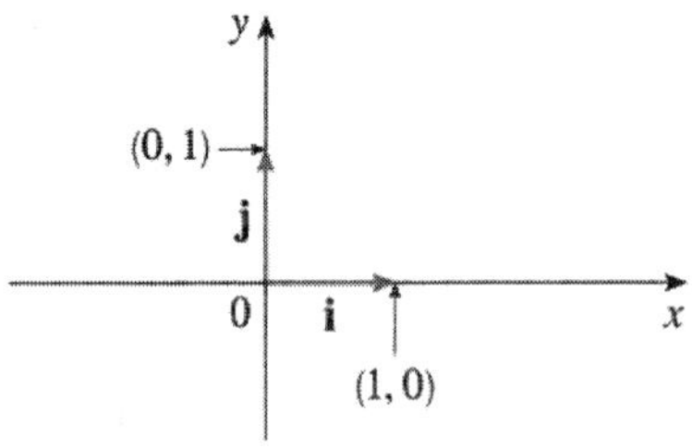

(a) 2차원평면에서 단위벡터

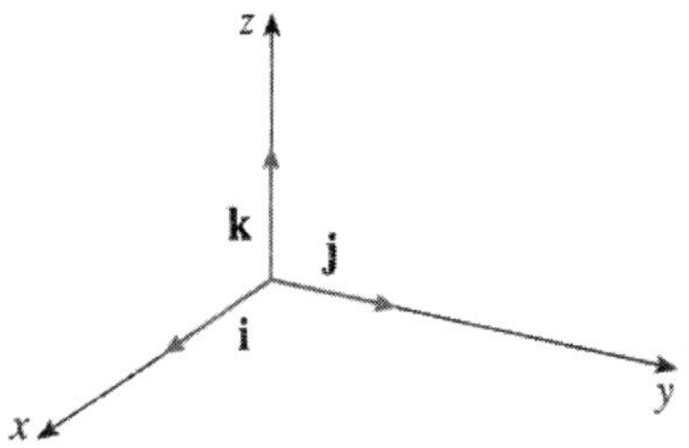

(b) 3차원평면에서 단위벡터

그림3 표준 단위벡터

3차원 직교좌표계에서 x, y, z축은 서로 수직이며, 축을 따라서 양(+)의 방향은 x, y, z가 증가하는 방향을 나타낸다. 그림4와 같이 양의 방향은 z축으로 정렬된 오른손 나사의 방향은 양의 x축에서 양의 y축으로 회전할 때 진행되는 방향으로 정의한다.

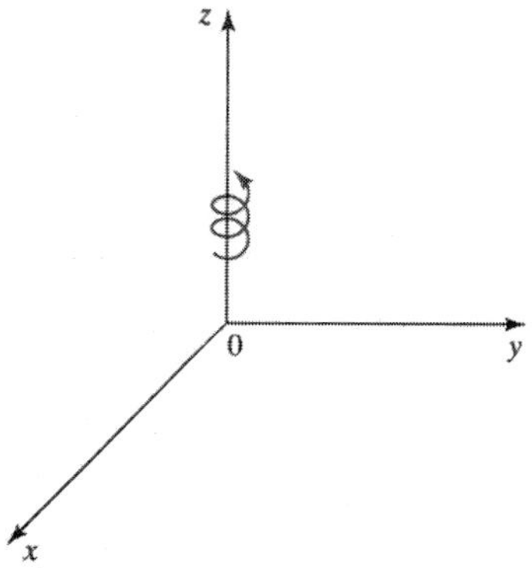

그림4 3차원 오른손 직각좌표계

이러한 성질을 나타내는 좌표계를 **오른손 좌표계(right-handed system)**라 한다. 벡터는 평행이동에 의해서는 변하지 않으므로 그림5에서 벡터의 시점이 원점 O에서 점 P까지의 벡터를 정의하는 것은 점 P에 대한 좌표 (a_1, a_2, a_3)이므로 이러한 순서쌍이다. 순서가 바뀌면 벡터의 정의는 달라짐을 유의한다.

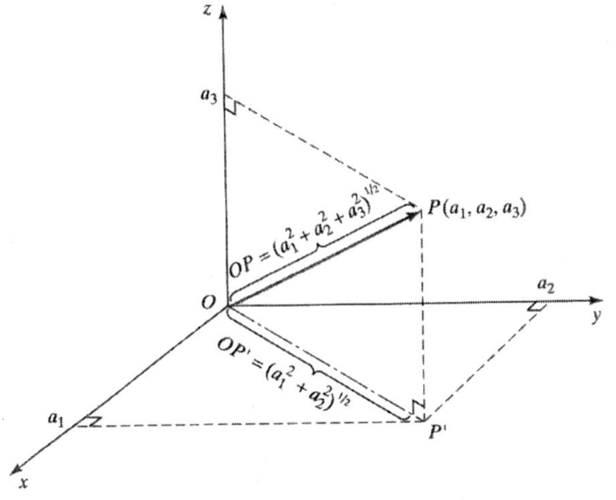

그림5 원점O에서 P까지의 벡터의 성분 a_1, a_2, a_3

그림6은 시점이 원점이 아니고 C점인 경우의 벡터는 시점 C가 점 (c_1, c_2, c_3)이고 종점 D가 점 (d_1, d_2, d_3)인 경우를 나타낸다.

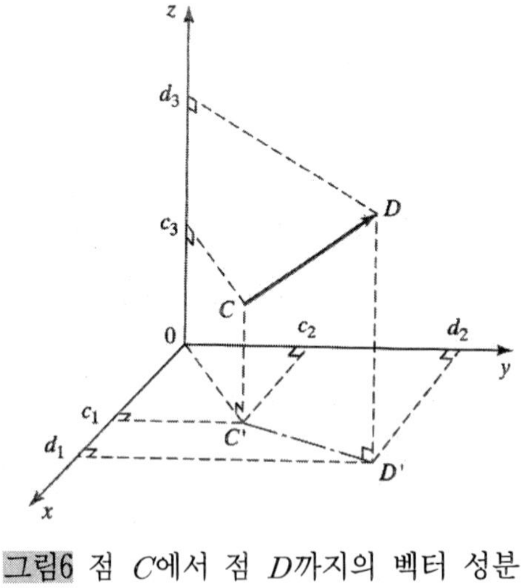

그림6 점 C에서 점 D까지의 벡터 성분

이때 시점 C와 종점 D까지의 벡터 성분은 $(d_1 - c_1, d_2 - c_2, d_3 - c_3)$가 되고, 이들 성분은 벡터의 크기와 방향을 결정하게 된다. 벡터 CD의 길이는

$$\sqrt{(d_1 - c_1)^2 + (d_2 - c_2)^2 + (d_3 - c_3)^2}$$

가 된다. 이 크기를 벡터 A의 크기(길이)를 $\overrightarrow{A}$의 **놈(norm)**이라 하고 $\| \overrightarrow{A} \|$로 나타낸다.

■ 벡터의 길이(크기)

3차원 평면에서의 벡터의 크기는 벡터가 나타내는 화살표의 길이이다. 원점 O에서 시작하여 (a_1, a_2, a_3)에서 끝난다면, 길이는 거리공식에 의해서 다음과 같이 나타낼 수 있다.

2차원 평면에서

$$\overrightarrow{A} = \sqrt{(a_1 - 0)^2 + (a_2 - 0)^2} = \sqrt{a_1^2 + a_2^2}$$

3차원 평면에서

$$\overrightarrow{A} = \sqrt{(a_1 - 0)^2 + (a_2 - 0)^2 + (a_3 - 0)^2} = \sqrt{a_1^2 + a_2^2 + a_3^2}$$

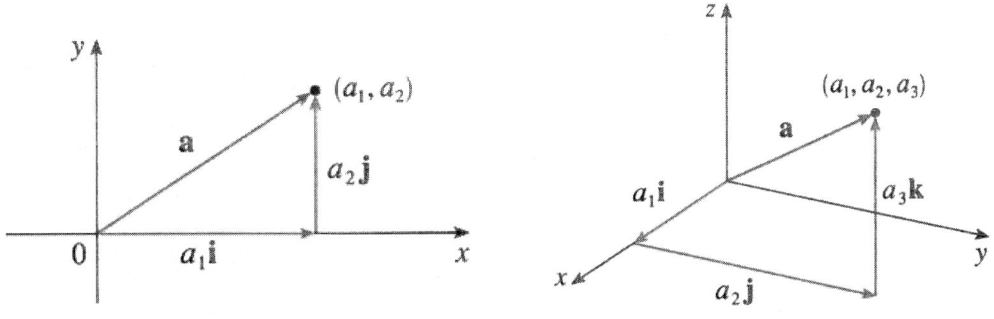

(a) $\overrightarrow{a} = a_1 i + a_2 j$ (b) $\overrightarrow{a} = a_1 i + a_2 j + a_3 k$

그림7 2차원벡터와 3차원벡터의 크기

벡터의 크기는 벡터로 표시된 길이이고 기호로 $|\overrightarrow{a}|$ 또는 $\|\overrightarrow{a}\|$로 나타낸다. 선분공식을 이용하면 벡터의 크기를 표시할 수 있다. 즉, 수직선의 경우 $|c|$는 원점에서 점 c까지의 거리이다. 그러므로 $|\overrightarrow{a}|$는 공간의 원점에서 순서쌍이 $\overrightarrow{a} = < a_1, a_2, a_3 >$인 점까지의 거리이다.

$\vec{a} = < a_1, a_2, a_3 >$이면 벡터 $\vec{a}$는

$$\vec{a} = < a_1, a_2, a_3 > \; = < a_1, 0, 0 > + < 0, a_2, 0 > + < 0, 0, a_3 >$$
$$= a_1 < 1, 0, 0 > + < a_2 < 0, 1, 0 > + a_3 < 0, 0, 1 >$$

$$\therefore \; \vec{a} = a_1 i + a_2 j + a_3 k$$

그러므로, 임의의 벡터 $\vec{B}$는 i, j, k의 조합으로 나타낼 수 있다. 예를 들면,

$$\vec{B} = \; < 2, \; -4, \; 5 > = 2i - 4j + 5k$$

이다. 마찬가지로 2차원 평면에서는

$$\vec{a} = a_1 i + a_2 j$$

가 된다. 2차원 및 3차원공간에서의 벡터의 길이는 다음과 같다.

벡터의 크기(길이) <norm of vector)

2차원 벡터 $\vec{a} = < a_1, a_2 >$의 길이

$$|\vec{A}| = \| \boldsymbol{A} \| = \sqrt{a_1^2 + a_2^2}$$

3차원 벡터 $\vec{a} = < a_1, a_2, a_3 >$의 길이

$$|\vec{A}| = \| \boldsymbol{A} \| = \sqrt{a_1^2 + a_2^2 + a_3^2}$$

기하학적 측면에서 $\| \boldsymbol{A} \|$는 $\vec{A}$의 길이이다. 영벡터 **0**에 대한 크기(놈;norm)은 $\| \mathbf{0} \| = 0$이다.

단위벡터(unit vector)는 길이가 1인 벡터이다. 예를 들어 i, j, k는 모두 단위벡터이다. 일반적으로 $\vec{a} \neq 0$이면 $\vec{a}$와 방향이 같은 단위벡터는 다음과 같다.

단위벡터의 크기(길이)

벡터 $\vec{u}$를 단위벡터라 하고 $\vec{a} \neq 0$일 때, 임의의 벡터 $\vec{a}$라 할 때

$$\vec{u} = \frac{1}{|\vec{a}|}\vec{a} = \frac{\vec{a}}{|\vec{a}|}$$

[증명]

$c = 1/|\vec{a}|$라 하면 $\vec{u} = c\vec{a}$이고, c는 양의 스칼라이다. 따라서, $\vec{u}$는 $\vec{a}$와 방향이 같다. 그러므로

$$\vec{u} = |c\vec{a}| = |c||\vec{a}| = \frac{1}{|\vec{a}|}|\vec{a}| = 1$$

보기1

시작점이 $(-1, 2.5)$이고 끝점이 $(2, -2, 5)$인 벡터의 크기를 구하라.

풀이

보기1의 벡터를 $\vec{a}$라 하면,

$$\vec{a} = (2-(-1),\ -2-2,\ 5-5) = (3,\ -4,\ 0)$$

$\vec{a}$의 크기 $|\vec{a}|$는

$$|\vec{a}| = \sqrt{3^2 + (-4)^2 + 0^2} = 5$$

이다.

보기2

보기1의 벡터의 단위벡터의 공간좌표를 구하라.

풀이

보기1에서 벡터 $\vec{a} = (3,\ -4,\ 0)$이므로,

단위벡터 $\vec{u}$는

$$|\vec{u}| = \frac{\vec{a}}{|\vec{a}|} = \frac{1}{5}(3,\ -4,\ 0) = \left(\frac{3}{5},\ -\frac{4}{5},\ 0\right)$$

보기3

시작점 C는 점$(-4, 3, 8)$이고, 종점 D는 점$(1, 4, 6)$일 때 벡터 $\overrightarrow{CD}$의 성분 순서쌍을 구하라.

풀이

$\overrightarrow{CD}$의 성분은 $1-(-4)=5$, $4-3=1$, $6-8=-2$를 가지므로 성분 순서쌍은 $(5, 1, -2)$이다.

참고로 여기서 벡터 $\overrightarrow{DC}$의 성분은 $(-5. -1. 2)$가 된다. 그러므로, $\overrightarrow{CD} \neq \overrightarrow{DC}$이다.

보기4

2차원 평면에서 $\vec{a}=<2, -3>$와 같은 방향을 가지는 단위벡터를 구하라.

풀이

$|\vec{a}|=|<2, -3>|=\sqrt{2^2+(-3)^2}=\sqrt{13}$

따라서,

$$\vec{u}=\frac{1}{|\vec{a}|}\vec{a}=\frac{1}{\sqrt{13}}(2, -3)=\left(\frac{2}{\sqrt{13}}, -\frac{3}{\sqrt{13}}\right)$$

■ 벡터의 극형식

2차원 평면 위의 한 점을 나타내는 데는 직교좌표를 많이 사용하지만, 벡터를 표현하는 방법에는 극좌표(polar coodinates)를 이용하는 것이 편리하다. 보기4서 $\vec{a}=<2, -3>$의 크기는 $|\vec{a}|=\sqrt{13}$ 이고그 방향은 단위벡터 $\left(\frac{2}{\sqrt{13}}, -\frac{3}{\sqrt{13}}\right)$에 의해서 알 수 있다. 이때 이 벡터 $\vec{a}=\sqrt{13}\left(\frac{2}{\sqrt{13}}, -\frac{3}{\sqrt{13}}\right)$로 나타낼 수 있다. 만약 θ가 양의 축과 $\vec{a}$ 사이의 각이라면

$$\vec{a}=\sqrt{13}(\cos\theta, \sin\theta)$$

이 된다. 여기서 $\theta=\tan^{-1}\left(-\frac{3}{2}\right)\approx -0.98$이 된다. 이러한 표시방법을 벡터 $\vec{a}$의 극형식(polar form)이라 부른다. 직교좌표$(2, -3)$는 극좌표 (r, θ)에 대응한다. 여기서, $r=|\vec{a}|$이다. 일반적인 극형식 표현은 그림8과 같다.

$$\vec{a}=\|a\|(\cos\theta, \sin\theta)$$

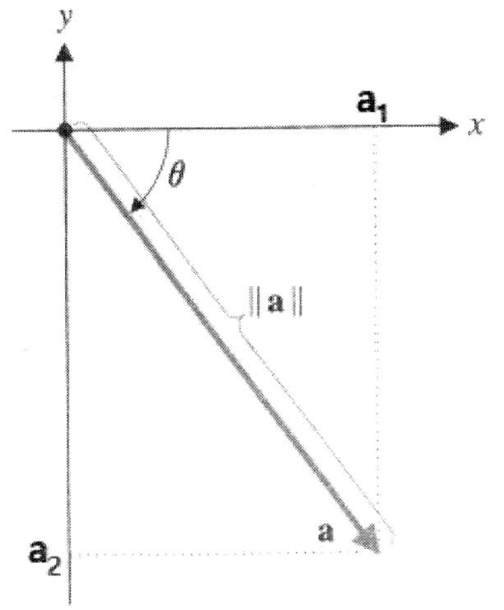

그림8 벡터의 극형식 표현

■ 벡터공간

공간의 한 점 O에서 서로 직교하는 직선을 x축, y축, z축이라 할 때, 한 점 O를 원점이라 하고, 세 직선을 좌표축이라 한다. x축과 y축을 포함하는 평면을 xy평면, y축과 z축을 포함하는 평면을 xz평면, z축과 x축이 포함된 평면을 zx축이라 한다.

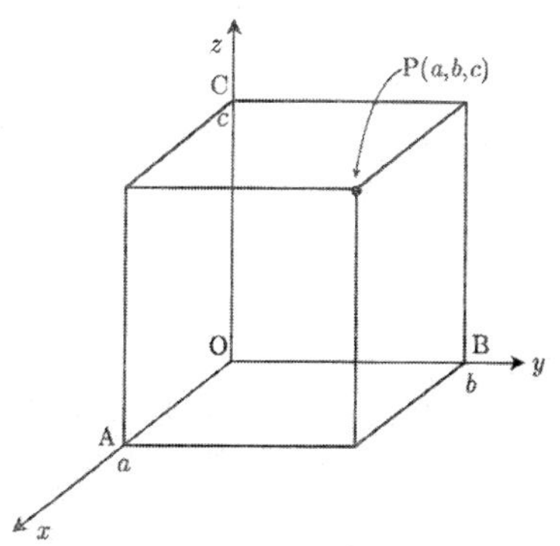

그림8 벡터공간

좌표들의 집합을 $\mathbb{R}^3$로 나타낸다.

$$\mathbb{R}^3 = \{(a,b,c) | a, b, c \ IN \ \mathbb{R}\}$$

이는 좌표공간을 나타낸다.

7.2 벡터의 연산

벡터는 물리학과 공학의 여러 분야에서 유용하다. 힘, 변위, 속도, 가속도, 운동량 등도 크기와 방향을 가지고 있어서 벡터를 이용할 수 있는 물리량 들이다. 예를 들어, 힘은 작용점(point of application), 크기(magnitude)와 방향(direction)을 모두 가지는 물리량이기 때문에 벡터로 표현된다. 한 물체에 여러 힘이 작용하면 이 물체에 영향을 주는 합력(resultant force)은 이들 힘의 벡터합이다. 일반적인 벡터의 연산을 알아보자.

■ 영벡터(null vector)

> **[정의] 영벡터(null vector)**
> 영벡터(null vector)는 0으로 나타내는 벡터이며 크기나 방향이 없고, $\vec{0} = (0, 0, 0)$이다.

■ 스칼라곱

스칼라와 벡터의 스칼라곱은 벡터의 각 성분에 스칼라를 곱하여 얻는다. 이 벡터의 크기는 다음과 같다.

$$\begin{aligned} |c\vec{a}| &= \sqrt{(ca_1)^2 + (ca_2)^2 + (ca_3)^2} \\ &= |c|\sqrt{a_1^2 + a_2^2 + a_3^2} = |c||\vec{a}| \end{aligned}$$

가 된다.

> **[정의] 벡터의 스칼라곱(scalar multiplication of vector)**
>
> 벡터 $\vec{a} = < a_1, a_2, a_3 >$과 임의의 스칼라 c가 주어졌을 때, 이들의 스칼라곱은 벡터 $\vec{a}$의 길이에 $|c|$를 곱한 것과 같다.
>
> $$c\vec{a} = < ca_1, ca_2, ca_3 >$$

정의에서 알 수 있듯이 $c\vec{a}$의 크기는 $\vec{a}$의 크기의 $|c|$배이다. $c > 0$이면, $\vec{a}$와 $c\vec{a}$는 방향이 같은 벡터이고, $c < 0$이면, $\vec{a}$와 $c\vec{a}$는 서로 반대방향이 되며 $c = 0$이면, $c\vec{a}$는 영벡터($\vec{0}$)이다.

■ 벡터의 합

한 입자가 점A에서 점B까지 움직였다면 이에 해당하는 2차원 평면상의 변위벡터는 $\overrightarrow{AB}$이다. 그 다음 방향을 바꿔 변위벡터가 $\overrightarrow{BC}$가 되도록 점B에서 점C까지 움직였을 때, 이들의 영향은 입자가 점A에서 점C까지 움직이는 효과와 같다(그림4.). 이 변위벡터 $\overrightarrow{AC}$를 $\overrightarrow{AB}$와 $\overrightarrow{BC}$의 합이라 하고, 그 표현식은 다음과 같다.

$$\overrightarrow{AC} = \overrightarrow{AB} + \overrightarrow{BC}$$

윗 식을 성분형태로 표현하면 다음과 같다(그림9의 (b) 참조).

$$< a_1, a_2 > + < b_1, b_2 > = < a_1 + b_1, a_2 + b_2 >$$

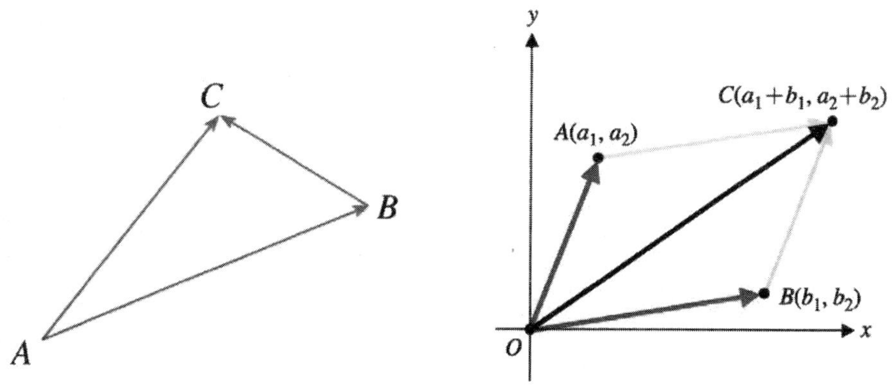

(a) 삼각형 형태의 합 (b) 성분형태의 벡터합

그림9 변위벡터의 합

일반적으로 두 벡터 $\vec{P}$와 $\vec{Q}$가 있을 때 $\vec{P}$의 시점이 $\vec{Q}$의 종점과 일치하도록 $\vec{Q}$를 옮기고 $\vec{P}$와 $\vec{Q}$를 다음과 같이 정의한다.

> **[정의] 벡터의 합**
> $\vec{P}$와 $\vec{Q}$를 $\vec{Q}$의 시점이 $\vec{P}$의 종점에 놓이는 벡터라 할 때, 합 $\vec{P}+\vec{Q}$는 $\vec{P}$의 시점에서 $\vec{Q}$의 종점까지의 벡터이다.

그림10은 벡터의 합을 나타낸다. 이 그림에서 (b)는 **삼각형법칙(triangle law)**이며 시각적으로 삼각형법칙이라는 의미를 알 수 있다.

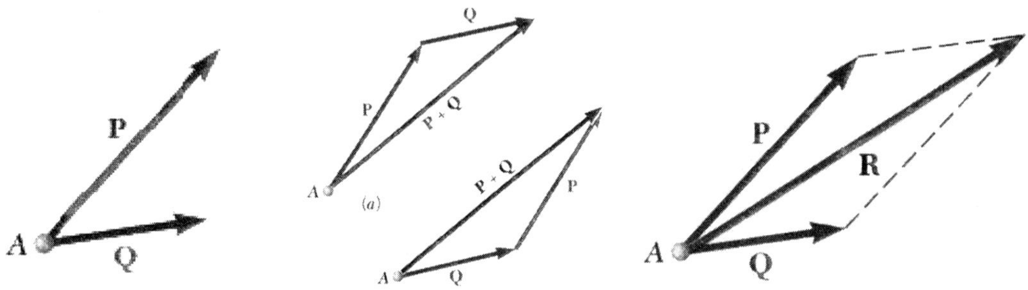

(a) 두벡터합 벡터합 (b) 삼각형법칙 (c) 평행사변형법칙

그림10 벡터의 합 법칙

그림10(c)에서 벡터 $\vec{P}$와 $\vec{Q}$의 또 다른 평행사변형을 그리면 $\vec{P}+\vec{Q}=\vec{Q}+\vec{P}$가 됨을 알 수 있다. 이렇게 작도하여 벡터의 합을 구하는 방법을 **평행사변형법칙(parallelogram law)**이라 한다. 이 법칙은 실험적 근거에 기초되어 있으며, 이는 증명되거나 수학적으로 유도될 수 없다.

보기5

그림과 같이 두 힘 $\boldsymbol{P}$와 $\boldsymbol{Q}$가 볼트A점에 작용하고 있다. 이들의 합력 $\boldsymbol{R}$을 구하라. 또한 $\boldsymbol{R}$이 수평과 이루는 각 α를 구하라.

풀이

두 변과 사잇각을 알고 있으므로 삼각형법칙을 이용한다. cos법칙을 사용하면 다음 식과 같다.

$$R^2 = P^2 + Q^2 - 2PQ\cos B$$
$$R^2 = 40^2 + 60^2 - 2(40)(60)\cos(155^o)$$
$$\therefore\ R = 97.73(N)$$

sin법칙을 사용하면 다음과 같이 쓸 수 있다.

$$\frac{\sin A}{Q} = \frac{\sin B}{R}, \qquad \frac{\sin A}{60} = \frac{\sin 155^o}{97.73}$$

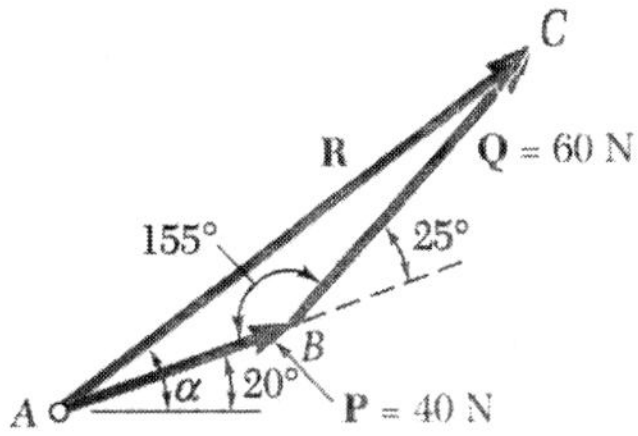

윗 식을 $\sin A$에 관해 풀면,

$$\sin A = \frac{(60) \cdot \sin 155^o}{97.73}$$

따라서, 윗 식을 계산하면 다음과 같다.

$$A^o = 15.04^o \qquad \therefore\ \alpha = 20^o + A^o = 35.04^o$$

따라서 수평면과 합력 $\boldsymbol{R}$이 이루는 각도 α는 $\alpha = 35.04^o$이다.

벡터의 크기는 화살표의 길이를 나타내므로, 화살이 원점 O에서 시작하여 (a_1, a_2, a_3)에서 끝난다면, 길이는 거리공식에 의하여 다음과 같이 표현된다.

$$\vec{a} = \sqrt{(a_1 - 0)^2 + (a_2 - 0)^2 + (a_3 - 0)^2} = \sqrt{a_1^2 + a_2^2 + a_3^2}$$

이러한 벡터에 관한 대수적 의미를 이용하면, 벡터연산에 관한 다음 법칙들을 얻는다.

[정리] 벡터의 성질

벡터 $\vec{a}$, $\vec{b}$, $\vec{c}$와 실수(스칼라) m, n에 대해서 다음이 성립한다.

*(1) $\vec{a}+\vec{b}=\vec{b}+\vec{a}$ (교환법칙)

(2) $(\vec{a}+\vec{b})+\vec{c}=\vec{a}+(\vec{b}+\vec{c})$ (결합법칙)

(3) $\vec{a}+\vec{0}=\vec{0}+\vec{a}$ (0벡터)

(4) $\vec{a}+(-\vec{a})=\vec{0}$ (덧셈의 역원)

*(5) $m(\vec{a}+\vec{b})=m\vec{a}+m\vec{b}$ (분배법칙)

(6) $(m+n)\vec{a}=m\vec{a}+n\vec{a}$ (분배법칙)

(7) $(mn)\vec{a}=m(n\vec{a})$ (결합법칙)

(8) $(1)\vec{a}=\vec{a}$ (1을 곱하기)

(9) $(0)\vec{a}=\vec{0}$ (0을 곱하기)

*(10) $|m\vec{a}|=|m||\vec{a}|$

[증명] 3차원 공간벡터인 경우 (1), (5), (10) 성질만 증명한다. 나머지는 기하학적 또는 대수적으로 쉽게 증명된다.

(1)
$$\begin{aligned}\vec{a}+\vec{b} &= \langle a_1, a_2\rangle+\langle b_1, b_2\rangle \\ &= \langle a_1+b_1, a_2+b_2\rangle \\ &= \langle b_1+a_1, b_2+a_2\rangle = \vec{b}+\vec{a}\end{aligned}$$

(5)
$$\begin{aligned}m(\vec{a}+\vec{b}) &= m(\langle a_1, a_2, a_3\rangle+\langle b_1, b_2, b_3\rangle) \\ &= m\langle a_1+b_1, a_2+b_2, a_3+b_3\rangle \\ &= \langle m(a_1+b_1), m(a_2+b_2), m(a_3+b_3)\rangle \\ &= \langle ma_1+mb_1, ma_2+mb_2, ma_3+mb_3\rangle \\ &= \langle ma_1, ma_2, ma_3\rangle + \langle mb_1, mb_2, mb_3\rangle \\ &= m\langle a_1, a_2, a_3\rangle + m\langle b_1, b_2, b_3\rangle \\ &= m\vec{a}+m\vec{b}\end{aligned}$$

(10)
$$\begin{aligned}|m\vec{a}| &= |\langle ma_1, ma_2, ma_3\rangle| \\ &= \sqrt{(ma_1)^2+(ma_2)^2+(ma_3)^2} \\ &= \sqrt{m^2(a_1^2+a_2^2+a_3^2} = \sqrt{a^2}\sqrt{a_1^2+a_2^2+a_3^2} = |m||\vec{a}|\end{aligned}$$

■ 벡터의 평행

> **[정의] 벡터의 평행**
> 같거나 반대방향을 가지는 두 벡터를 평행(parallel)이라 한다. 영벡터는 모든 벡터와 평행이다.

0이 아닌 두 위치벡터 $\vec{a}$, $\vec{b}$가 평행일 조건은 적당한 스칼라 λ에 대해 $\vec{b} = \lambda\vec{a}$이다.

보기6

다음 벡터가 평행인지 아닌지를 보여라.

(a) $\vec{a} = <3, 4>$, $\vec{b} = <6, 8>$ (b) $\vec{a} = <3, 4>$, $\vec{b} = <-9, -12>$

(c) $\vec{a} = <1, 3>$, $\vec{b} = <2, 4>$

풀이

(a) 벡터의 스칼라곱

$\lambda < a, b> = < \lambda a, \lambda b>$

이므로, $\vec{b} = \lambda\vec{a}$라면, $<6, 8> = \lambda <3, 4> = <3\lambda, 4\lambda>$

이다. 이 경우 $\lambda = 2$가 된다. 따라서 $\vec{a}$와 $\vec{b}$는 평행이다.

(b) $\vec{b} = \lambda\vec{a}$라고 하면 $<-9, -12> = \lambda <3, 4> = <3\lambda, 4\lambda>$에서

$\lambda = -3$이 된다. 따라서 $\vec{a}$와 $\vec{b}$는 평행이다.

(c) 벡터의 스칼라곱

$\lambda < a, b> = < \lambda a, \lambda b>$

이므로, $\vec{b} = \lambda\vec{a}$라면, $<2, 4> = \lambda <1, 3> = <1\lambda, 3\lambda>$이다.

이 식이 성립하려면 두 벡터의 대응하는 성분들이 같아야 한다. 그러나 $2 = 1\lambda(\lambda = 2)$가 되고, $4 = 3\lambda(\ \lambda = 3/4)$이다. 이것은 모순이 된다. 그러므로 이 식은 같지 않으므로 모순이다. 따라서 $\vec{a}$와 $\vec{b}$는 평행이 아니다.

■ 벡터의 성분

어떤 필요에 의해 좌표계를 도입하고 벡터를 대수적으로 취급하는 것이 편리할 때가 있다. 직교좌표계의 원점 O와 벡터 $\vec{F}$의 시점을 일치시키면 좌표계가 2차원 또는 3차원에 따라서

벡터 $\overrightarrow{Fz}$의 종점은 (F_x, F_y) 또는 (F_x, F_y, F_z) 형태가 된다. 이들 좌표를 성분(component)이라 하고 다음과 같이 표현한다.

$$\vec{F} = (F_1, F_2) \text{ 또는 } \vec{F} = (F_1, F_2, F_3)$$

3차원 벡터 $\vec{F} = \overrightarrow{OF} = (F_1, F_2, F_3)$의 위치벡터(position vector)이다.

시점이 $A(x_1, y_1, z_1)$이고, 종점이 $B(x_2, y_2, z_2)$인 벡터의 또다른 표현으로 $\overrightarrow{AB}$를 생각해 보자. 그러면 $x_1 + F_1 = x_2$, $y_1 + F_2 = y_2$, $z_1 + F_3 = z_2$이다. 따라서, 다음 결과를 얻는다.

> **[정리] 위치벡터의 유향성분**
> 점 $A(x_1, x_2\, x_3)$과 $B(x_2, y_2, z_2 1)$에 대해 위치벡터 $\overrightarrow{AB}$는 다음과 같다.
> $$\overrightarrow{AB} = < x_2 - x_1, y_2 - y_1, z_2 - z_1 >$$

보기7

다음을 구하라.

(a) 시작점이 $\vec{A} = (3, 4)$이고 끝점이 $\vec{B} = (4, -2)$인 2차원 벡터

(b) 시작점이 $\vec{B}$이고 끝점이 $\vec{A}$인 2차원 벡터

풀이

(a) $\overrightarrow{AB} = < 4-3, -2-4 > = < 1, -6 >$

(b) $\overrightarrow{BA} = < 3-4, 4-(-2) > = < -1, 6 >$

보기8

시점이 $A(4, -4, 7)$이고, 종점이 $B(-3, 2, 2)$인 위치벡터(유향성분)을 구하라.

풀이

위 정리에 따라 $\overrightarrow{AB}$에 대응하는 벡터는

$$\overrightarrow{AB} = (-3-4, 2-(-4), 2-7) = (-7, 6, -5)$$

▸벡터의 직각성분과 단위벡터

많은 경우 서로 직각인 두 성분으로 벡터를 분해하는 것이 바람직하다. 그림11에서 2차원 벡터 $\vec{F}$는 x축 방향의 성분 $\overrightarrow{F_x}$와 y축 방향의 성분 $\overrightarrow{F_y}$로 분해 된다. 두 성분을 얻기 위하

여 그린 평행사변형은 직사각형이다. F_x와 F_y는 벡터 $\overrightarrow{F}$의 직각성분(rectangular components)이라 한다.

2차원 평면에서 크기가 1이고 방향이 각각 x축과 y축의 양의 방향을 향하는 두벡터 $\boldsymbol{F_x}$와 $\boldsymbol{F_y}$는 단위벡터 i와 j에 적당한 크기의 스칼라를 각각 곱하여 얻을 수 있으며(그림10), 다음과 같이 쓸 수 있다.

$$\boldsymbol{F_x} = F_x i\,, \quad \boldsymbol{F_y} = F_y j$$
$$\overrightarrow{\boldsymbol{F}} = F_x i + F_y j$$

여기서, F_x와 F_y는 스칼라 값이며 부호에 따라 음의 값, 또는 양의 값을 가질 수 있으며, 벡터 $\boldsymbol{F_x}$와 $\boldsymbol{F_y}$를 벡터 $\boldsymbol{F}$의 벡터성분이라 한다. F_x와 F_y는 벡터 $\boldsymbol{F}$의 스칼라성분이다.

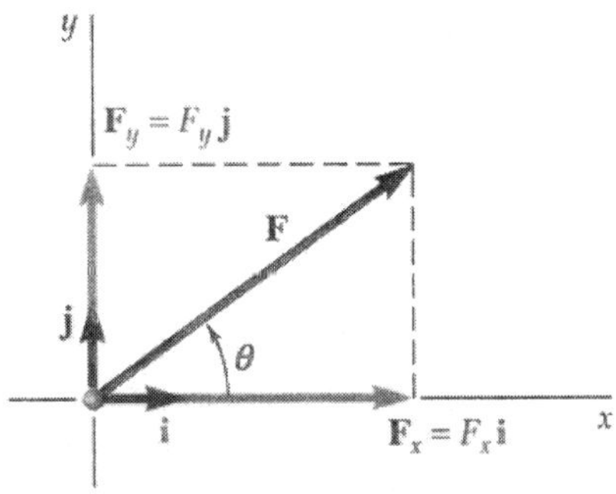

그림11 2차원 벡터의 성분 F_x와 F_y

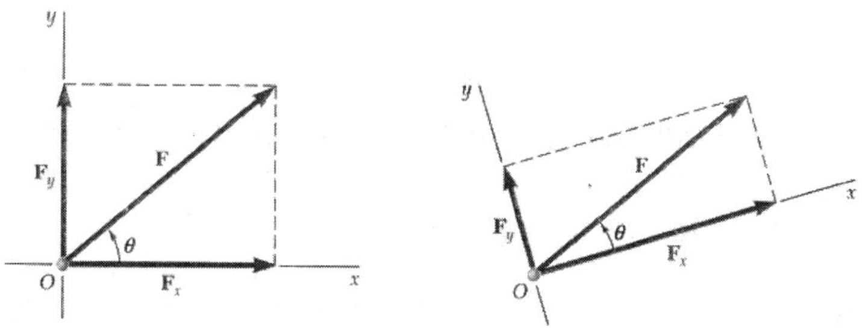

(a) 수평과 수직축 (b) 임의의 수직축

그림12 2차원 벡터 $\overrightarrow{F}$의 직각성분

일반적으로 그림12(a)과 같이 2차원 벡터의 경우 수평축과 수직축으로 정한다. 그러나 그림12(b)와 같이 임의의 수직한 두 벡터으로 정할 수도 있다. 벡터의 직각성분을 구성하는데

있어 수직축으로 구성하는 것이 편리하다. 즉 벡터의 방향은 대개 x축 및 y축에 평행(parallel)한 방향으로 구성한다.

■ 단위벡터 i, j, k로 벡터 표현

벡터의 성분은 매우 유용한 방법으로 벡터를 기술하는데 이용된다. 이는 그림13과 같이 i, j, k는 길이가 1인 벡터이며, x, y, z축을 따라 양의 방향으로 각각 평행한 단위벡터(unit vector)이다.

따라서, 다음 식이 성립한다.

$$\| i \| = \| j \| = \| k \| = 1$$

크기가 1이고 각각 x, y, z축과 수평인 벡터 i, j, k를 **표준기저벡터**(standard basis vector)라 한다 2차원 및 3차원에서의 표준기저벡터가 그림13과 같다. 3차원일 때 $i = < 1, 0, 0 >$, $j = < 0, 1, 0 >$ 및 $k = \ < 0, 0, 1 >$이다.

$\vec{F} = \ < F_1, F_2, F_3 >$이면 표준기저벡터를 이용하면 다음과 같이 표현할 수 있다.

$$\begin{aligned}\vec{F} = \ < F_1, F_2, F_3 > &= F_1 < 1, 0, 0 > + F_{2<0}, 1, 0 > + F_3 < 0, 0, 1 > \\ &= \ < F_1, 0, 0 > + < 0, F_2, 0 > + \ < 0, 0, F_3 >\end{aligned}$$

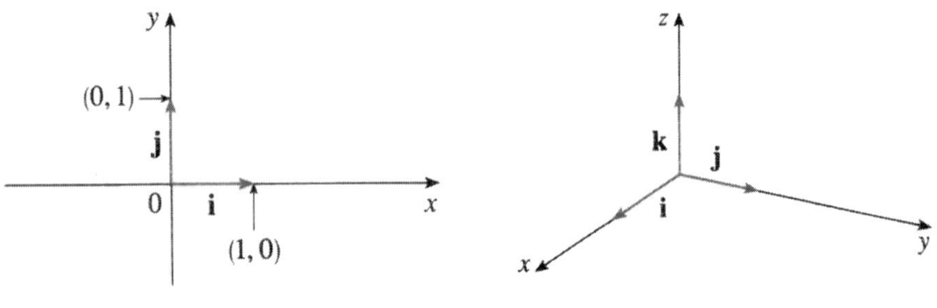

(a) 2차원　　(b) 3차원

그림13 표준기저벡터

▸위치벡터(position vector)

임의의 벡터 $\vec{a}$는 그림14에서, 원점이 벡터 $\vec{a}$의 시점이며, 직교좌표 $A(a_1, a_2, a_3)$를 가진 벡터 $\vec{a}$의 화살표로 나타낼 수 있다. a_1, a_2, a_3는 각각 $\vec{a}$의 성분이다. 따라서 이 벡터 $\vec{a}$는 다음과 같이 나타낼 수 있다.

$$\vec{a} = a_1 i + a_2 j + a_3 k = (a_1,\ a_2,\ a_3)$$

세 개의 좌표축 x, y, z에 대한 방향은 오른손 좌표계를 사용한다. 즉, 오른손의 손가락들을 양의 x축 방향으로 정렬한 뒤 양의 y축방향으로 구부리면, 엄지손가락은 양의 z축을 가리킨다(그림14(a)).

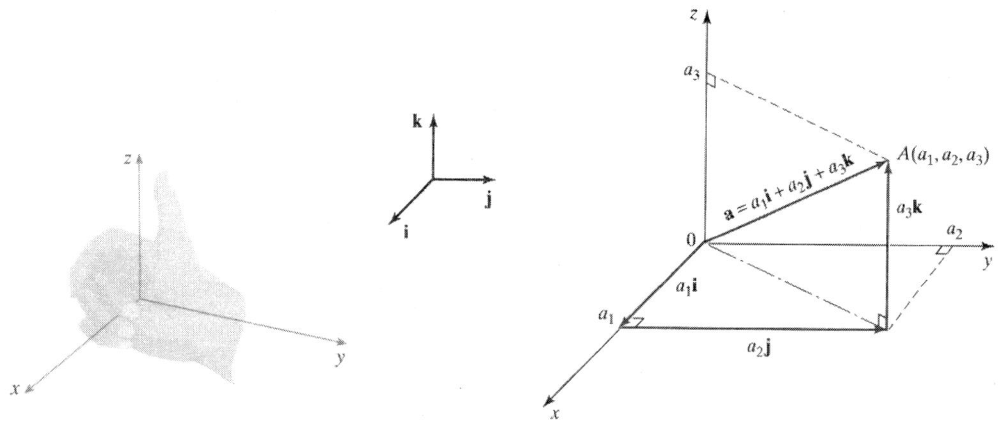

(a) 오른손 좌표계 (b) 단위벡터 i, j, k로 표현된 벡터 $\vec{a}$

그림14 오른손좌표계와 단위벡터 i, j, k로 이루어진 벡터 $\vec{a}$

또한 벡터는 공간에서의 한 점으로 정의되므로, 이러한 형태의 벡터를 **위치벡터(position vector)**라 한다. 일반적으로 r은 위치벡터를 나타내는데 이용된다. 좌표$(x,\ y,\ z)$를 가진 공간에서의 한 점 $\boldsymbol{P}$이라면, 원점에 대한 점 $\boldsymbol{P}$의 위치벡터는 다음 식으로 표현되며 그림15와 같다.

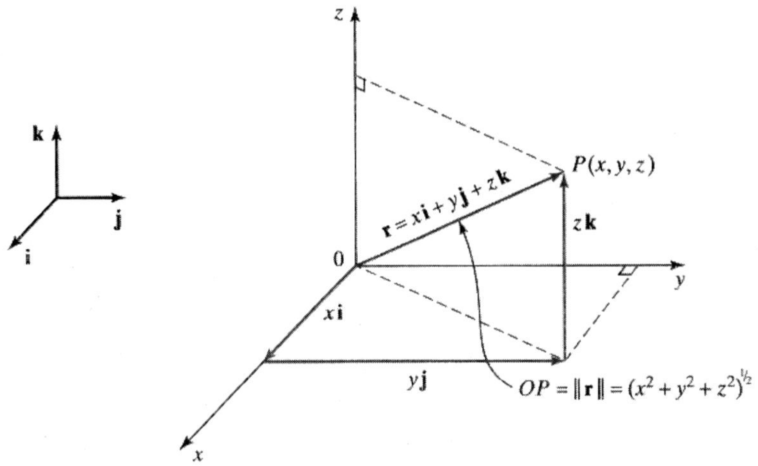

그림15 한 점 $\boldsymbol{P}$의 위치벡터 표현

보기9

다음을 구하라.

(a) 원점으로부터 위치벡터가 $\vec{r} = i + 2j - 3k$로 주어지는 점 P까지의 거리

(b) 공간좌표에서 점 P의 위치벡터가 $\vec{r} = xi + yj + zk$일 때, $\|r\| = 2$로 표현되는 곡면의 직각좌표방정식

풀이

(a) $\vec{r}$이 원점으로부터 위치벡터이므로 원점으로부터 점 P까지의 거리는

$$\therefore \ \| r \| = \sqrt{1^2 + 2^2 + (-3)^2} = \sqrt{14}$$

(b) $\|r\| = 2$이므로 구하는 곡면은 모든 점이 원점으로부터의 거리가 2이므로 곡면은 원점이 중심인 반경 2인 구가 된다. 따라서, $\|r\| = 2$은 $\sqrt{x^2 + y^2 + z^2} = 2$와 같으므로

$$\therefore \ x^2 + y^2 + z^2 = 4$$

단위벡터 i, j, k로 표현되는 벡터는 다음과 같은 두 벡터로 표현된다.

$$\vec{a} = a_1 i + a_2 j + a_3 k, \ \vec{b} = b_1 i + b_2 j + b_3 k$$

여기에 임의의 실수 λ와의 결합으로 표현된다.

$\vec{a} + \vec{b}$는

$$\vec{a} + \vec{b} = (a_1 + b_1)i + (a_2 + b_2)j + (a_3 + b_3)k$$

로 표현되고, 스칼라곱 $\lambda \vec{a}$는

$$\lambda\vec{a} = \lambda a_1 i + \lambda a_2 j + \lambda a_3 k$$

가 된다. $\lambda\vec{a}$의 놈(norm)은

$$\| \lambda \boldsymbol{a} \| = |\lambda| \cdot \| \boldsymbol{a} \| = |\lambda| \sqrt{a_1^2 + a_2^2 + a_3^2}\ .$$

보기10

벡터 $\vec{a} = 3i - j + 2k,\ \vec{b} = i - 2j - 6k$일 때 다음을 구하라.

(a) $\vec{a} + \vec{b}$ (b) $\vec{a} - \vec{b}$ (c) $3\vec{a} + \vec{b}$ (d) $|-3\vec{a}|$

풀이

(a) $\vec{a} + \vec{b} = (3i - j + 2k) + (i - 2j - 6k)$
$= (3+1)i + (-1-2)j + (2-6)k$
$= 4i - 3j - 4k$

(b) $\vec{a} - \vec{b} = (3i - j + 2k) - (i - 2j - 6k)$
$= (3-1)i + (-1-(-2))j + (2-(-6))k$
$= 2i + j + 8k$

(c) $3\vec{a} + \vec{b} = 3(3i - j + 2k) + (i - 2j - 6k)$
$= (9i - 3j + 6k) + (i - 2j - 6k)$
$= (9+1)i + (-3-2)j + 0k$
$= 10i - 5j$

(d) $|-3\vec{a}| = \sqrt{(-9)^2 + (-3)^2 + 6^2} = \sqrt{126} = 3\sqrt{14}$

또는 다음과 같이 해를 구한다.

$|-3\vec{a}| = |-3| \cdot \| \boldsymbol{a} \| = 3\sqrt{3^2 + (-1)^2 + 2^2} = 3\sqrt{14}$

보기11

벡터 $\vec{a} = \langle 3, 0, 4 \rangle$이고 $\vec{b} = \langle -5, 1, 6 \rangle$일 때 다음을 구하라.

(a) $|\vec{a}|$ (b) $\vec{a} + \vec{b}$ (c) $\vec{a} - \vec{b}$ (d) $\vec{b} - \vec{a}$

풀이

(a) $|\vec{a}| = \sqrt{3^2 + 0^2 + 4^2} = \sqrt{25} = 5$

(b) $\vec{a} + \vec{b} = \langle 3, 0, 4 \rangle + \langle -5, 1, 6 \rangle$
$= \langle 3 + (-5), 0 + 1, 4 + 5 \rangle = \langle -2. 1, 9 \rangle$

(c) $\vec{a} - \vec{b} = <3, 0, 4> - <-5, 1, 6>$

$= <3-(-5), 0-1, 4-6> = <-2, -1, -2>$

(d) $\vec{b} - \vec{a} = <-5, 1, 6> - <3, 0, 4>$

$= <(-5)-3, 1-0, 6-4> = <-8, 1, 2>$

(c)와 (d)의 결과를 보면 $\vec{a} - \vec{b} \neq \vec{b} - \vec{a}$임을 알 수 있다.

■ 임의 방향에서 단위벡터

임의의 벡터 $\vec{a} = a_1 i + a_2 j + a_3 k$의 방향에서 단위벡터는 벡터 $\vec{a}/\|\boldsymbol{a}\|$가 $\vec{a}$와 같은 방향을 가지며, $\vec{a}/\|\boldsymbol{a}\|$의 놈(norm)이 1이다. 그러므로 $\vec{a}$를 $\vec{a}$의 놈 $\|\boldsymbol{a}\|$로 나누면 구해진다.

여기서, $\vec{a}/\|\boldsymbol{a}\| = \tilde{a}$로 나타내면 $\vec{a} = a_1 i + a_2 j + a_3 k$는 $\vec{a} = \sqrt{a_1^2 + a_2^2 + a_3^2}$일 때,

$$\tilde{a} = \vec{a}/\|\boldsymbol{a}\| = (a_1 i + a_2 j + a_3 k)/\sqrt{a_1^2 + a_2^2 + a_3^2}$$
$$= (a_1/a)i + (a_2/a)j + (a_3/a)k$$

이다. 따라서, $\vec{a}$, $\tilde{a}$, $\|\boldsymbol{a}\|$와의 관계는

$$\vec{a} = \|\boldsymbol{a}\|\tilde{a}$$

이다. 여기서, $\vec{a} \neq 0$이다.

보기12 다음 벡터의 같은 방향에서의 단위벡터를 구하라.

(a) $\vec{a} = 3i - j + 2k$ (b) $\vec{b} = i - 2j - 6k$

풀이

(a) $\|\boldsymbol{a}\| = \sqrt{3^2 + (-1)^2 + 2^2} = \sqrt{14}$ 이므로,

$\therefore \tilde{a} = \vec{a}/\|\boldsymbol{a}\| = (3/\sqrt{14})i + (-1/\sqrt{14})j + (2/\sqrt{14})k.$

(b) $\|\boldsymbol{a}\| = \sqrt{1^2 + (-2)^2 + (-6)^2} = \sqrt{41}$ 이다.

$\therefore \tilde{a} = \vec{a}/\|\boldsymbol{a}\| = (1/\sqrt{41})i + (-2/\sqrt{41})j + (-6/\sqrt{41})k$

보기13

벡터 $\vec{a} = <1, -1, 2>$과 같은 방향을 가지는 단위벡터를 구하고 $\vec{a}$을 그 크기와 단위벡터의 곱으로 나타내라.

풀이

단위벡터의 크기는 $\tilde{a} = \vec{a}/\|\boldsymbol{a}\|$ 이므로,

$\|\boldsymbol{a}\| = \|1, -1, 2\| = \sqrt{1^2+(-1)^2+2^2} = \sqrt{6}$

이다. 따라서 $\vec{a} = <1, -1, 2>$와 같은 방향을 가지는 단위벡터는

$$\tilde{a} = \frac{\vec{a}}{\|\boldsymbol{a}\|} = \frac{1}{\sqrt{6}}<1, -1, 2>$$

$$= \left(\frac{1}{\sqrt{6}}, \frac{-1}{\sqrt{6}}, \frac{2}{\sqrt{6}}\right)$$

이다.

참고로 $\left(\frac{1}{\sqrt{6}}, \frac{-1}{\sqrt{6}}, \frac{2}{\sqrt{6}}\right) \times \sqrt{6} = <1, -1, 2>$ 임을 알 수 있다.

보기14

힘은 벡터량이고 대수법칙으로 결합시킬 수 있다. 이것을 이용하여 $i+2j-3k$방향으로 **3단위**의 힘과 $2i-3j$의 방향으로 **4단위**의 힘의 합의 크기와 차의 크기를 구하라.

풀이

단위벡터는 1단위에 대한 힘이라 할 수 있다. $\boldsymbol{F}$ 를 3단위의 힘이라 하면,

$\|i+2j-3k\| = \sqrt{1^2+2^2+(-3)^2} = \sqrt{14}$ 가 되므로 $\boldsymbol{F}$ 방향에서의 단위벡터는

$$\widetilde{\boldsymbol{F}} = (1/\sqrt{14})i + (2/\sqrt{14})j - (3/\sqrt{14})k$$

이다. 따라서,

$$\therefore \boldsymbol{F} = (3\widetilde{\boldsymbol{F}} = (3/\sqrt{14})i + (6/\sqrt{14})j - (9/\sqrt{14})k$$

마찬가지로 $\boldsymbol{K}$를 4단위의 힘이라 하면, $\|2i-3j\| = \sqrt{2^2+(-3)^2} = \sqrt{13}$ 이므로, $\boldsymbol{K}$ 방향에서의 단위벡터는

$$\widetilde{\boldsymbol{K}} = (1/\sqrt{13})(2i-3j) = (2/\sqrt{13})i - (3/\sqrt{13})j$$

이고,

$$\therefore \boldsymbol{K} = 4\widetilde{\boldsymbol{K}} = (8/\sqrt{13})i - (12/\sqrt{14})j$$

가 된다.

위 두 결과를 이용하면

$$\therefore\ \boldsymbol{F}+\boldsymbol{K}=\left(\frac{3}{\sqrt{14}}+\frac{8}{\sqrt{14}}\right)i+\left(\frac{6}{\sqrt{14}}-\frac{12}{\sqrt{14}}\right)j-\left(\frac{9}{\sqrt{14}}\right)k$$

$$=\left(\frac{11}{\sqrt{14}}\right)i-\left(\frac{6}{\sqrt{14}}\right)j-\left(\frac{9}{\sqrt{14}}\right)k \quad \leftarrow (\text{답})$$

$$\therefore\ \boldsymbol{F}-\boldsymbol{K}=\left(\frac{3}{\sqrt{14}}-\frac{8}{\sqrt{14}}\right)i+\left(\frac{6}{\sqrt{14}}+\frac{12}{\sqrt{14}}\right)j-\left(\frac{9}{\sqrt{14}}\right)k$$

$$=-\left(\frac{5}{\sqrt{14}}\right)i+\left(\frac{18}{\sqrt{14}}\right)j-\left(\frac{9}{\sqrt{14}}\right)k \quad \leftarrow (\text{답})$$

힘의 크기는 $\|\boldsymbol{F}+\boldsymbol{K}\| = \sqrt{99/14}$ 단위이고, $\|\boldsymbol{F}-\boldsymbol{K}\| = \sqrt{268/14}$ 단위이다.

■ 위치벡터의 길이 $\overline{AB}$

간단한 기하학적 해석을 벡터를 이용해서 해 보자. 이 방법을 익히는 것은 벡터에 대한 법칙과 성질을 나타내기 때문에 벡터를 이해하기에 도움을 준다. 임의의 벡터가 직교좌표계와 관련하여 단위벡터에 의해 표현되는 방법을 익혔다. 그러나 벡터에 대한 기본개념과 벡터대수는 좌표계에 대해 독립적이므로 특정 좌표계에 의존할 필요 없이 단지 벡터의 방법으로 방정식을 만들기 위해 벡터의 성질에서 기술한 기본적인 벡터대수를 지배하는 법칙을 이용할 수 있다. 우선 벡터방정식이 만들어지면 벡터성분과 단위벡터 i, j, k의 조합으로 표현된 벡터표현식을 직교방정식으로 변환하는데 유용하게 쓰일 수 있으며, 특히 기하학적 문제에 대한 벡터의 접근방식은 점 A와 점 B에 대한 위치벡터에 의해 벡터 $\underline{AB}$를 구한 후 AB의 중점(midpoint)의 위치벡터를 찾는데 이용된다.

그림16와 같이 $\vec{a}$와 $\vec{b}$를 원점 O에 대한 점 A와 점 B의 위치벡터라 할 때, 벡터합에 대한 삼각형법칙을 적용하면

$$\underline{OA} + \underline{AB} = \underline{OB}$$

이고, 그림에서, $\underline{OA} = \vec{a}$, $\underline{OB} = \vec{b}$가 되므로,

$$\vec{a} + \underline{AB} = \vec{b}$$

이다. 따라서,

$$\underline{AB} = \vec{b} - \vec{a}$$

가 된다.

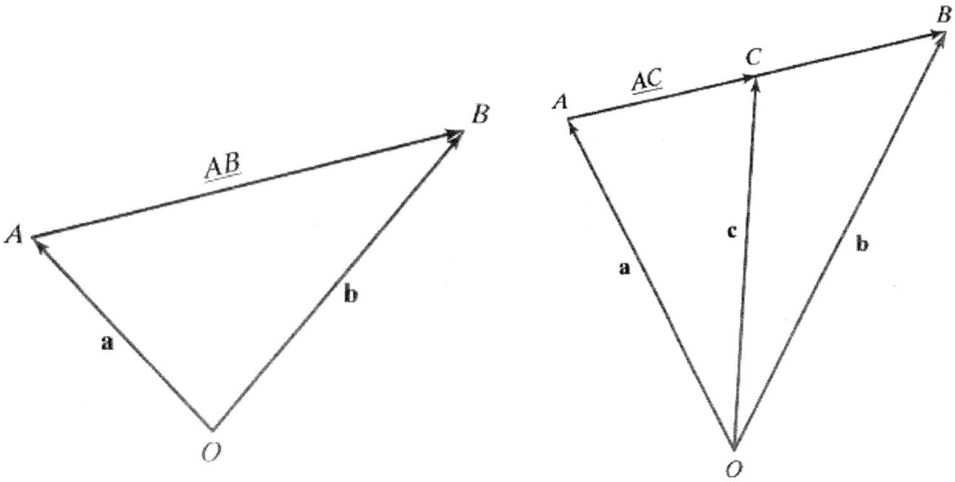

(a) $\vec{a} + \underline{AB} = \vec{b}$ (b) 중점 C

그림16 벡터삼각형

보기15

원점 O에서 점 A의 위치벡터가 $\vec{a}$이고, 점 B의 위치벡터가 $\vec{b}$라면, AB의 중점 C의 위치벡터 $\vec{c}$를 구하라(그림16 참조).

풀이

원점 O에 대해 위치벡터 $\vec{c}$를 가지는 점 C는 AB의 중점이다. 삼각형법칙에 의해

$\underline{OA} + \underline{AC} = \underline{OC}$

이다. $\underline{OA} = \vec{a}$이고, 중점 $\underline{AC} = 1/2(\vec{b} - \vec{a})$이므로

$$\underline{OC} = \vec{a} + (1/2)(\vec{b} - \vec{a})$$

따라서,

$$\therefore \vec{c} = \underline{OC} = \vec{a} + (1/2)(\vec{b} + \vec{a}) \quad \leftarrow (\text{답})$$

▸축의 분해에 의한 벡터의 합성

2차원 평면에서 벡터는 평행사변형법칙에 따라 합성한다. 세 개 이상의 벡터의 합성의 경우 벡터의 합을 정의하는 벡터의 다각형으로부터 얻을 수 있는 실질적인 삼각형의 도식적인 해는 없다. 이러한 경우 각 벡터를 두 직각 성분으로 분해함으로써 해석적인 답(analytic solution)을 얻을 수 있다. 예를 들면 점 A에 작용하는 세 벡터 $\vec{P}$, $\vec{Q}$, $\vec{S}$를 고려해 보자. 그림17과 같이 이들의 합 벡터 $\vec{R}$는 다음 식이 된다.

$$\vec{R} = \vec{P} + \vec{Q} + \vec{S}$$

윗 식을 직각성분으로 분해하여 다시 쓰면 다음과 같다.

$$\begin{aligned} R_x i + R_y j &= P_x i + P_y j + Q_x i + Q_y j + S_x i + S_y j \\ &= (P_x + Q_x + S_x)i + (P_y + Q_y + S_y)j \end{aligned}$$

윗 식으로부터 다음 식을 얻는다.

$$R_x = P_x + Q_x + S_x, \quad R_y = P_y + Q_y + S_y$$

$$\therefore R_x = \sum F_x, \quad R_y = \sum F_y$$

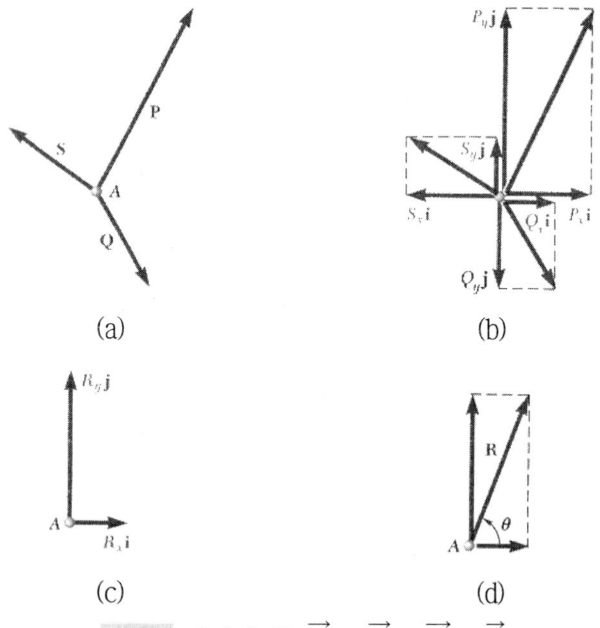

그림17 벡터의 합 $\vec{R} = \vec{P} + \vec{Q} + \vec{S}$

그림17에서 보여주는 바와 같이 벡터의 합 $\vec{\boldsymbol{R}}$(resultant vector)은 세 단계를 수행하여 얻어진다. 첫 번째, 그림17(a)와 같이 주어진 벡터를 각각 x, y성분으로 수직분해한다(그림17(b)). 두 번째, 이 성분들을 합하여 $\vec{\boldsymbol{R}}$의 x, y성분을 얻는다(그림17(c)). 세 번째, 평행사변형법칙을 적용하여 합벡터 $\vec{\boldsymbol{R}}$을 얻는다.(그림17(d)). 이 방법은 여러 개의 벡터의 합을 구하는데 실질적으로 유일한 방법이 된다.

보기16

그림과 같이 볼트 A에 4개의 힘이 작용한다. 이 네 힘의 합을 구하라.

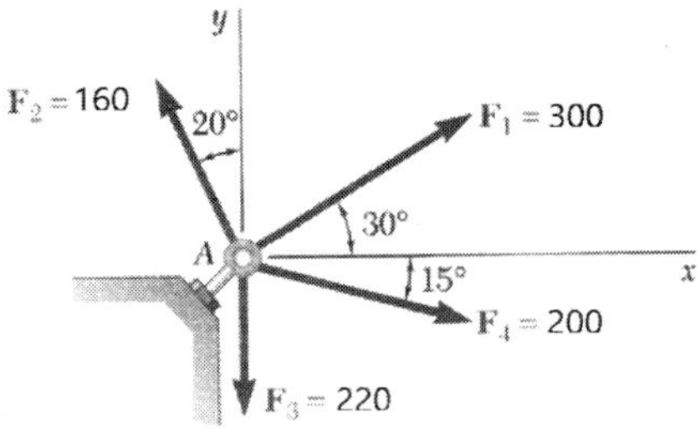

그림18 보기14

풀이

보기의 각 힘의 x성분과 y성분을 삼각법이나 평행사변형법칙에 의해 결정하여 다음 표에 나타내었다. 부호에 유의하여 양과 음의 값을 결정한다.

힘($\vec{F}$)	크기	x성분(F_x)	y성분(F_y)
F_1	300	259.81	150.0
F_2	160	-53.72	150.35
F_3	220	0	-220.0
F_4	200	193.19	-51.76
		$R_x = +398.28$	$R_y = +22.59$

따라서, 합력 $\vec{R}$은

$$\therefore \vec{R} = R_x i + R_y j$$

$$= (298.28)i + (22.59)j \quad \leftarrow(\text{답})$$

보기17

그림19와 같이 무게 100N인 물체가 두 줄에 매달려 있다. 두 줄에 걸리는 장력 T_1과 T_2를 구하라.

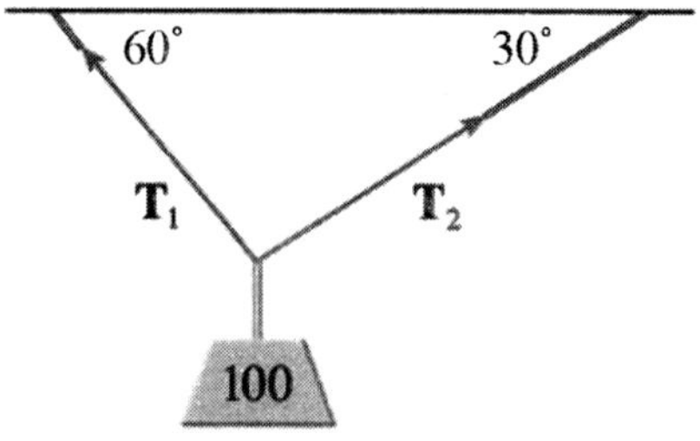

그림19 보기15

풀이

우선 T_1과 T_2를 수평성분과 수직성분으로 나눈다.

그림19의 제원으로부터

$$T_1 = -T_1\cos60°i + T_1\sin60°j$$
$$T_2 = T_2\cos30°i + T_2\sin30°j$$

물체에 작용하는 힘은 $\boldsymbol{F} = -100j$이다. 두 장력의 합 $T_1 + T_2$의 합은 $\boldsymbol{F}$와 평형을 이루므로 다음과 같이 된다.

$$T_1 + T_2 = -\boldsymbol{F} = 100j$$
$$(-T_1\cos60° + T_2\cos30°)i + (T_1\sin60° + T_2\sin30°)j = 100j$$

성분을 같게 놓으면

$$(-T_1\cos60° + T_2\cos30°) = 0$$
$$(T_1\sin60° + T_2\sin30°) = 100$$

윗 식에서 첫 번째 식을 T_2에 대하여 계산하고 두 번째 식에 대입하면,

$$T_1\sin60° + \frac{T_1\cos60°}{\cos30°} = 100$$
$$\therefore\ T_1 = \frac{100}{\sin60° + \tan30°\cos60°} \approx 86.6\,(N)$$
$$\therefore\ T_2 = \frac{T_1\cos60°}{\cos30°} \approx \frac{86,6\times\cos60°}{\cos30°} \approx 20.0\,(N)$$

[연습문제]

1. 다음 물리량이 벡터인지 스칼라인지 구분하고 설명하라.
   (a) 놀이공원 입장료
   (b) 하천의 흐름
   (c) 인천공항에서 제주공항까지의 비행경로
   (d) 한국인구
   (e) 현재 기온
   (f) 강의실에서 수업듣는 시간
   (g) 태풍의 세기
   (h) 태풍의 경로

2. 다음 위치벡터를 좌표평면이나 좌표공간에 나타내라.
   (a) $(3,\ 2)$ (b) $(-3,\ 4)$
   (c) $(6,\ -5)$ (d) $(0,\ \pi)$
   (e) $(1,\ 2,\ -1)$ (f) $(\sqrt{2},\ 1,\ 0)$

3. 문제 2의 각 벡터를 $\vec{v}$라 할 때, 다음을 구하고 좌표평면이나 좌표공간에 나타내라.
   (a) $-\vec{v}$ (b) $3\vec{v}$
   (c) $-2\vec{v}$ (d) $2\vec{v}$

*문제4~6에서 벡터에 대하여 $\vec{A}+\vec{B}$와 $\vec{A}-\vec{B}$를 구하라.

4. $\vec{A}=2i-4j+3k,\ \vec{B}=\sqrt{2}\,i+5j-6k$
5. $\vec{A}=3i-5j,\ \vec{B}=2i+5j+3k$
6. $\vec{A}=i+j-k,\ \vec{A}=3i-3j-3k$

*문제7~8에서 벡터에 대하여 $\vec{A}+\vec{B}$와 $\vec{A}-\vec{B}$, $\|\vec{A}\|$, $\|\vec{B}\|$, $3\vec{A}$와 $4\vec{B}$를 구하라.

7. $\vec{A}=3i-j,\ \vec{B}=i-3j$
8. $\vec{A}=2i-j,\ \vec{A}=2i-3j$
9. 그림의 좌표평면에 벡터 $3\vec{a}$, $-2\vec{b}$, $\vec{a}+\vec{b}$, $3\vec{a}-2\vec{b}$를 표시하라.

*문제10~12에서 벡터 $\vec{a}+2\vec{b}$, $\vec{a}-2\vec{b}$, $4\vec{a}$, $\|3\vec{b}-\vec{a}\|$를 구하라.

10. $\vec{a}=<1, 3>$, $\vec{b}=<2, -1>$

11. $\vec{a}=i-3j$, $\vec{b}=j-2i$

12. $\vec{a}=<1, 3>$, $\vec{b}=<2, -1>$에서 $\vec{a}+\vec{b}$와 $\vec{a}-\vec{b}$를 그려라.

*문제13~15에서 시작점이 A이고 끝점이 B인 벡터를 구하라.

13. $A=(3, 4)$, $B=(6, 5)$

14. $A=(-2, 1)$, $B=(2, -2)$

15. $A=(2, 3)$, $B=(5, 4)$

* 문제16~17에서 다음 벡터를 간단히 하라.

16. $2(\vec{a}+3\vec{b})-\frac{1}{2}(6\vec{a}-8\vec{b})$

17. $\frac{1}{2}(\vec{a}+2\vec{b})-\frac{1}{3}(9\vec{a}-3\vec{b})$

18. $\vec{a}=(4, -2, 0)$, $\vec{b}=(1, 0, -1)$에 대하여 $\vec{A}=\vec{a}+\vec{b}$와 $\vec{B}=\vec{a}-\vec{b}$라 한다.

(a) $\|\vec{A}\|$를 구하라.

(b) $\|\vec{B}\|$를 구하라.

(c) $\vec{A}$, $\vec{B}$와 같은 방향의 단위벡터를 각각 $\vec{x}$, $\vec{y}$라 할 때, $\vec{x}$와 $\vec{y}$를 구하라.

*문제19~20에서 주어진 점들에 대한 거리를 구하라.

19. $(4, 1)$, $(1, -1)$

20. $(-3, 4)$, $(2, 2)$

*문제19~22에서 2차원벡터 $\vec{a}$와 $\vec{b}$에 대하여 $\vec{a}+\vec{b}$와 $\vec{a}-\vec{b}$, 그리고 크기 $\|a\|$와 $\|b\|$를 구하라.

19. $\vec{a}=<-2, 0>$, $\vec{b}=<4, 5>$

20. $\vec{a}=<0, 0>$, $\vec{b}=<-4, 5>$

21. $\vec{a}=<15, 15>$, $\vec{b}=<-5, 5>$

22. $\vec{a}=<-0.4, 0.6>$, $\vec{b}=<-1.2, 2.3>$

23. 벡터의 성질(2), (3), (4) 및 (7)을 증명하라.

24. $\overrightarrow{A} = 4i - 2j + 6k$와 $\overrightarrow{B} = 4i + 2j + k$는 위치벡터이다. 벡터 $\overrightarrow{AB}$와 $\overrightarrow{AB}$의 중점 위치벡터 $\overrightarrow{C}$를 구하라.

*문제25~26에서 시점이 원점인 벡터 $\vec{a}, \vec{b}, \vec{c}$를 그려라. 대각선이 $\vec{c}$이고 양변이 $\vec{a}$와 $\vec{b}$인 평행사변형을 그려서 $\vec{c}$를 $c_1\vec{a} + c_2\vec{b}$의 형태로 나타내라.

25. $\vec{a} = \langle 2, 1 \rangle, \vec{b} = \langle 1, 3 \rangle, \vec{c} = \langle 7, 11 \rangle$

26. $\vec{a} = \langle 1, 2 \rangle, \vec{b} = \langle -3, 1 \rangle, \vec{c} = \langle 8, 2 \rangle$

27. 점 A와 점 B는 각각의 위치벡터 $3i + 2j - k$, $i + 3j + 2k$일 때 벡터 $\underline{AB}$와 $\underline{AB}$방향에서의 단위벡터를 구하라.

28. 점A의 위치벡터 $\vec{a} = i + 2j + k$이고, 점 B의 위치벡터 $\vec{b} = 2i + 3j - k$일 때 벡터 $\underline{AB}$와 중점 C의 위치벡터 $\vec{c}$를 구하라.

29. x, y, z방향으로 2단위와 1단위의 힘 $\boldsymbol{F}_1$과 $\boldsymbol{F}_2$이 원점으로부터 작용한다. 이들 힘에 대한 벡터 합 $\boldsymbol{F}_1 + \boldsymbol{F}_2$의 크기 $\| \boldsymbol{F}_1 + \boldsymbol{F}_2 \|$, 같은 방향에서의 단위벡터를 구하라.

30. 임의의 사각형의 네 변들의 중점들은 평행사변형의 꼭지점임을 보여라.

31. 그림과 같이 볼트에 네 개의 벡터가 작용하고 있다. 이 벡터의 합벡터를 구하라.

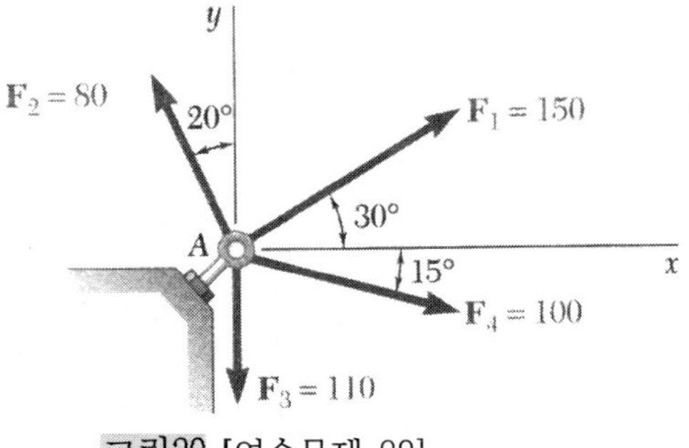

그림20 [연습문제 28]

*문제32~33에서 그림과 같이 세 힘이 작용한다. 다음을 구하라.(그림의 벡터의 화살표 방향에 유의한다.)

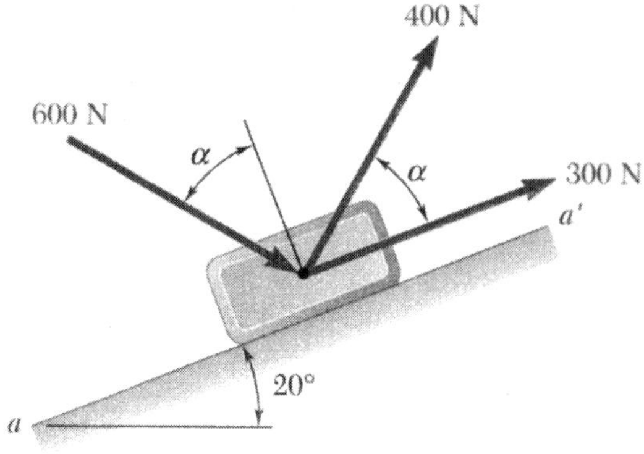

그림21 [연습문제 32, 33]

32. $\alpha = 30°$인 경우, 세 힘의 합벡터

33. $\alpha = 60°$인 경우, 세 힘의 합벡터

34. 케이블 ACB에서 AC와 BC의 길이가 같다. 그림과 같이 1,000N의 힘이 수직하방향으로 작용할 때, 케이블의 장력이 707N을 초과되지 않도록 하는 케이블의 최소 길이를 구하라.

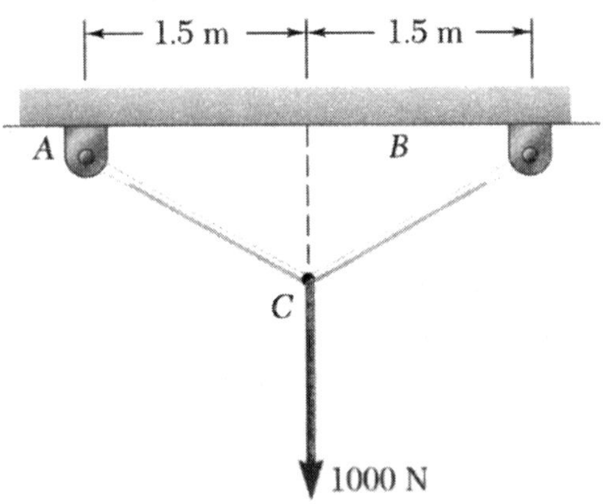

그림22 [연습문제 34]

35. 다음 그림에서 합력(resultant force)의 크기와 x축과 이루는 각도를 구하라.

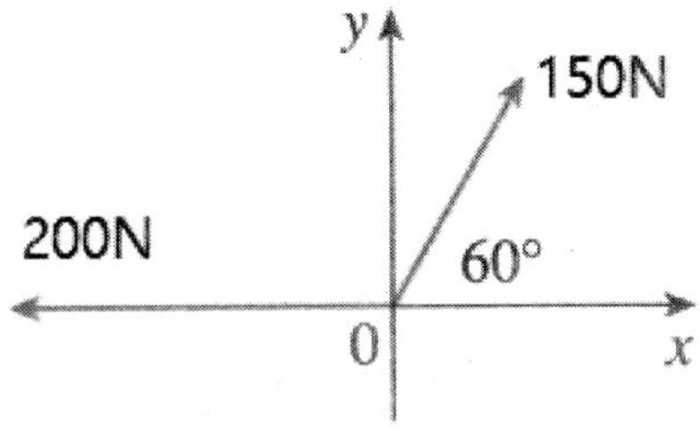

그림23 [연습문제 35]

36. 보트가 하천을 가로질러 도착하려고 한다. 이 하천은 폭 3km이고 출발점으로부터 상류 2km 지점에 도착할 때 이 하천의 유속은 3.5km/h이고 보트의 속력은 13km/h이다.
(a) 보트는 어떤 방향으로 배가 움직여야 하는가?
(b) 이동시간은 얼마나 걸리는가?

37. 강의 흐름에 밀려 경로를 벗어나는 배를 생각해 보자.(그림(a) 및 (b)) 그림과 같이 동쪽으로 예정된 경로를 이동하는 배의 속도 v_e가 $v_e = 12km/h$일 때 실제 경로는 북으로 38° 움직이게 된다면, 그때의 강의 속도 v_r은 얼마나 되는지 계산하라.

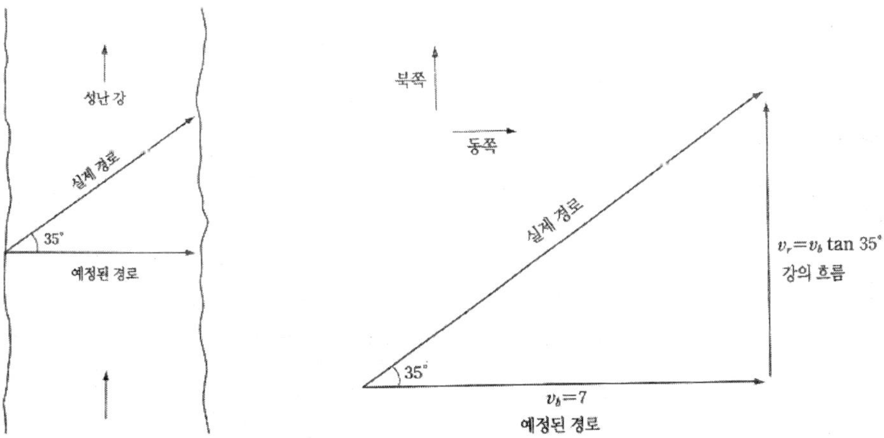

(a) 실제경로 (b) 경로벡터

그림24 [연습문제 37]

7.3 3차원 공간 벡터

■ 공간좌표

평면의 한 점의 위치는 좌표평면에서 두 실수의 순서쌍으로 나타낸다. 3차원 공간상의 한 점은 세 실수의 순서쌍으로 나타낼 수 있다. 그림1과 같이 세 개의 x, y, z축으로 이루어진 수직선을 공간의 한 점에서 서로 직교하도록 나타낸다. 이 세 축을 **좌표축(coodinate axis)**이라 한다. 좌표축이 정해진 공간을 **3차원 좌표공간(3-dimensional coordinate space)**이라 하며, 세 축이 만나는 점을 원점 O라 한다.

x축과 y축으로 이루어진 평면을 xy평면, y축과 z축으로 이루어진 평면을 yz평면, z축과 x축으로 이루어진 평면을 zx평면이라 하고 이 세 평면을 좌표평면(coodinate plane)이라 한다.

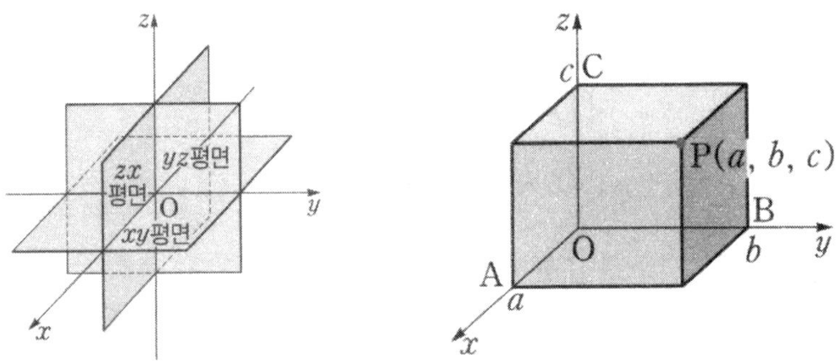

(a) 좌표공간 (b) 공간좌표

그림1 좌표공간과 공간좌표

좌표공간의 한 점 P를 지나고 yz평면, zx평면, xy평면에 평행한 평면이 x축, y축, z축과 만나는 점을 각각 A, B, C라 하자(그림1(b)). 세 점 A, B, C의 x축, y축, z축 위에서의 좌표를 각각 a, b, c라 하면, 점 P에 대응하는 세 실수의 순서쌍 (a, b, c)가 하나로 정해진다. 따라서, 공간의 한 점 P와 (a, b, c) 사이에는 일대일 대응 관계를 가진다. 이 순서쌍 (a, b, c)를 점 P의 **3차원 공간좌표(R^3-coodinate)**라고 한다. 점 P의 공간좌표는

$$P(a, b, c)$$

로 나타내며, a, b, c를 순서대로 점 P의 x좌표, y좌표, z좌표라고 한다.

점 $P(a, b, c)$는 그림17과 같은 직육면체를 결정한다. P에서 xy평면에 수선을 내리면 xy평면으로 P의 **사영(projection)**인 좌표가 $(a, b, 0)$인 점 Q를 얻는다. 마찬가지 방식으로 $R(0, b, c)$와 $S(a, 0, c)$는 각각 yz평면과 zx평면으로 P의 사영이다.

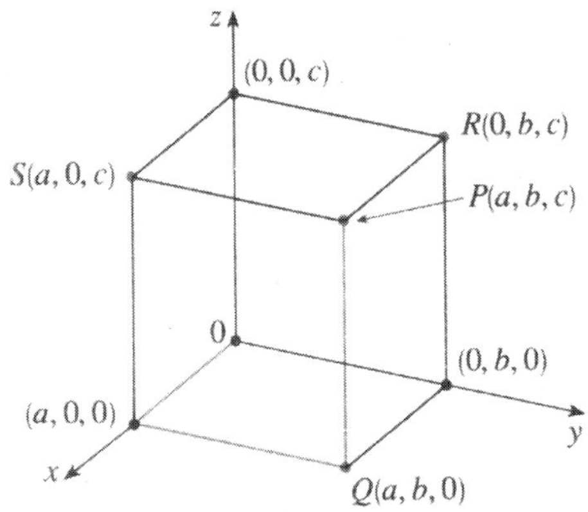

그림2 공간좌표의 사영

보기1 그림3은 점$(6, -4, -12)$의 좌표와 점$(-8, 6, -10)$을 표시한 것이다.

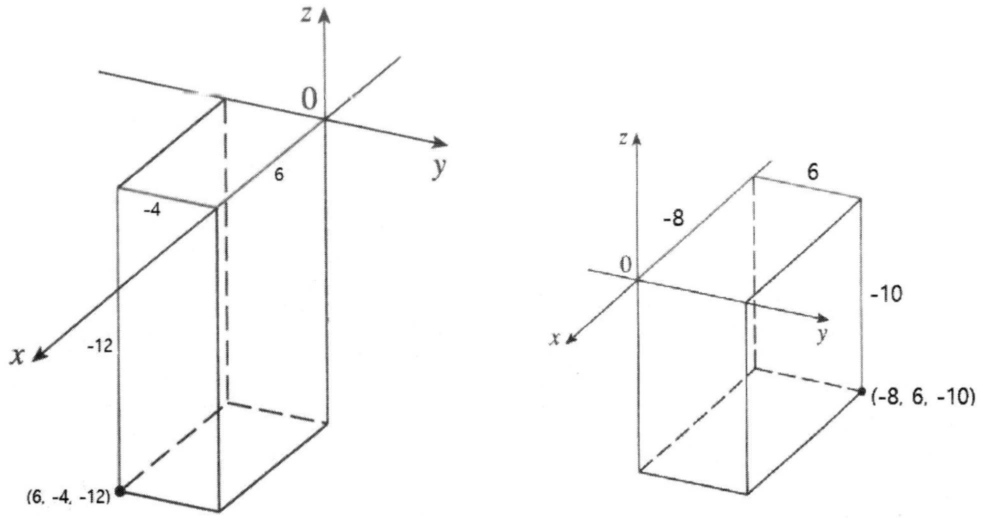

(a) 점$(6, -4, -12)$ (b) 점$(-8, 6, -10)$

그림3 $P(a, b, c)$의 좌표

보기2 다음 식은 R^3에서 어떤 면을 나타내는지 그려라.

(a) $z=2$ (b) $y=3$

풀이

(a) 식 $z=4$는 R^3에서 z좌표가 2인 점 전체의 집합 $\{(x, y, z) | z=2\}$을 나타낸다. 그림4(a)와 같이 xy평면과 평행이면서 2단위 만큼 xy평면 위에 있는 수평면이 된다.

(b) 식 $y=3$은 R^3에서 y좌표가 3인 점 전체의 집합을 나타낸다. 그림4(b)와 같이 zx평면과 평행이면서 3단위만큼 zx평면의 오른쪽에 있는 수직평면이다.

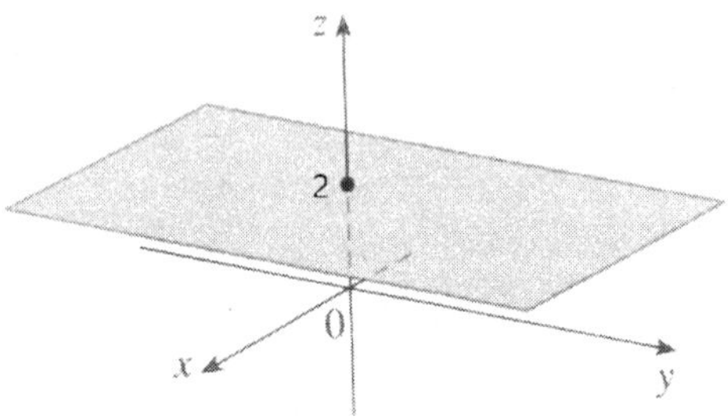

(a) $z=2$

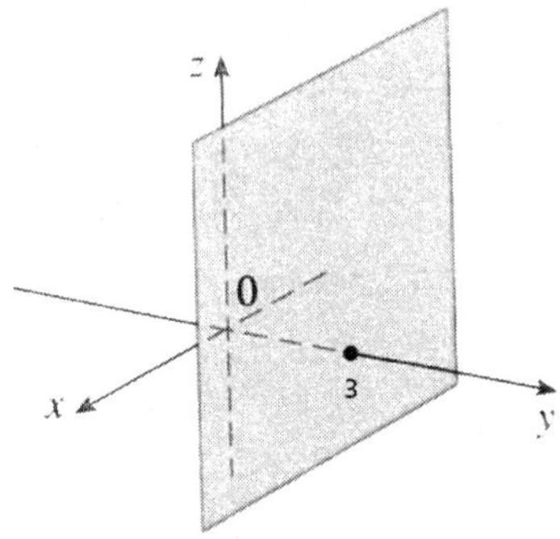

(b) $y=3$

그림4 보기2의 좌표평면

■ 공간에서 벡터의 직각성분

직각좌표계 x, y, z의 원점 O에 작용하는 벡터 $\vec{a}$를 생각해 보자. 벡터는 두 점을 연결하는 직선(유향성분)으로 나타낼 수 있다. 벡터 $\vec{a}$는 시작점이 원점이고 끝점이 $A(a_1, a_2, a_3)$인 위치벡터 $\vec{a}$는 $< a_1, a_2, a_3 >$로 표시하고 그림5(a)와 같다.

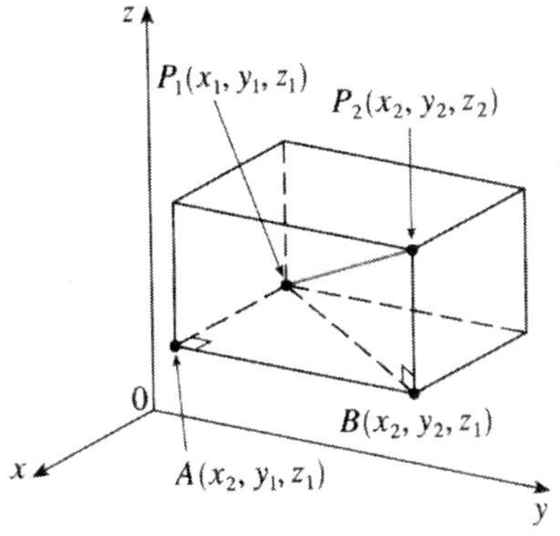

그림5 3차원공간의 좌표공간

▸ 3차원 공간벡터의 거리

3차원 공간에서의 거리는 평면에서 두 점 사이의 거리공식으로부터 쉽게 확장할 수 있다.

> **[정리] 3차원 공간에서 거리**
>
> 두 점 $P_1(x_1, y_1, z_1)$과 $P_2(x_2, y_2, z_2)$ 사이의 거리 $\overline{P_1P_2}$는 다음 식과 같다.
>
> $$\overline{P_1P_2} = \sqrt{(x_2 - x_1)^2 + (y_2 - y_1)^2 + (z_2 - z_1)^2}$$

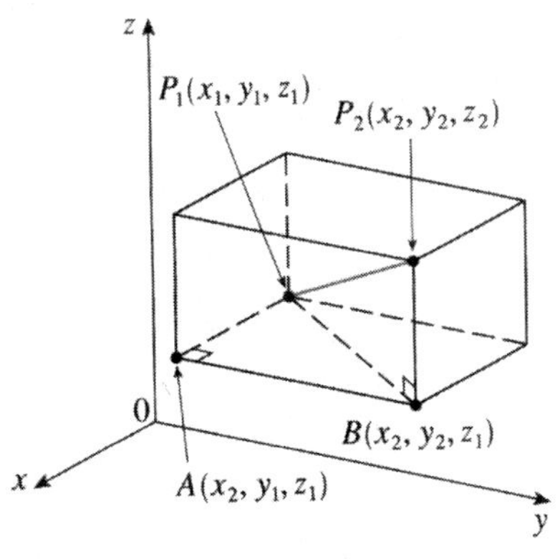

그림6 3차원공간의 좌표에서 $\overline{P_1P_2}$

보기3

점 $P(4,-1,3)$에서 점 $Q(3,-3,1)$까지의 거리 $\overline{PQ}$를 구하라.

풀이

거리공식을 사용하면,

$$\therefore \overline{PQ} = \sqrt{(3-4)^2+(-3+1)^2+(1-3)^2} = \sqrt{1+4+4} = 3$$

2차원 좌표의 벡터를 이용하면 여러 가지 흥미로운 기하학적 도형을 살펴볼 수 있다. 3차원 거리공식을 이용하면 반지름이 r이고 중심 C가 (a, b, c)인 구의 도형을 구할 수 있다(그림7).

구의 방정식

중심이 중심이 $C(a, b, c)$이고 반지름이 r인 구의 방정식은 다음과 같다.

$$\sqrt{(x-a)^2+(x-b)^2+(x-c)^2} = r$$

양변을 제곱하면

$$(x-a)^2+(x-b)^2+(x-c)^2 = r^2$$

가 되고, 구의 방정식의 표준형이다.

특히 원점 $O(0, 0, 0)$에서는 다음과 같다.

$$x^2+y^2+z^2 = r^2$$

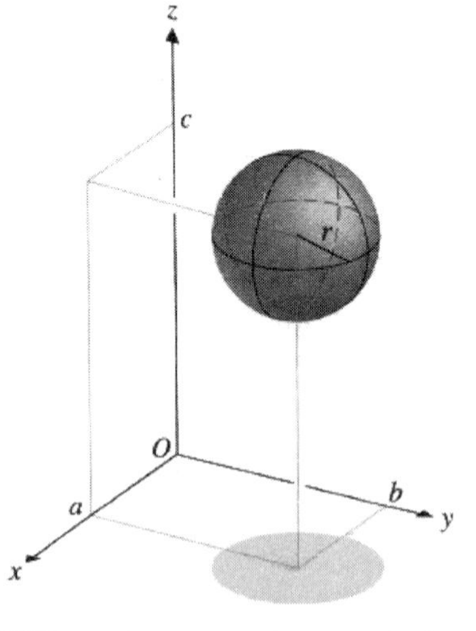

그림7 반지름 r, 중심(a, b, c)인 구

보기4

$x^2+y^2+z^2-4x-6y+4z+8=0$이 구의 방정식임을 보이고 중심과 반지름을 구하라.

풀이

위 방정식을 완전제곱꼴로 바꾸면,

$$(x^2-4x+\mathbf{4})+(y^2-6y+\mathbf{9})+(z^2+4z+\mathbf{4}) = 4+9+4-8$$
$$\therefore (x-2)^2+(y-3)^2+(z+2)^2=9$$

이 방정식은 중심이 $(2,\ 3,\ -2)$이고 반지름이 $\sqrt{9}=3$인 구의 방정식이다.

[연습문제]

1. 다음 점을 좌표공간에 나타내어라.

(a) $(2, 3, -1)$ (b) $(3, 4, -1)$

(c) $(-2, 3, -4)$ (d) $(2, -1, 3)$

*문제2~5에서 다음 두 점 사이의 거리를 구하라.

2. $(1, -1, 1)$, $(4, 4, 2)$ 3. $(-1, 0, 3)$, $(3, 2, 1)$

4. $(-1, -1, 2)$, $(3, 2, -1)$ 5. $(1, 1, 1)$, $(-1, -1, -2)$

*문제6~10에서 시작점 A와 끝점 B로 주어진 벡터 $\vec{a}$의 길이 $|\vec{a}|$를 구하고 $|\vec{a}|$의 개형을 그려라. 또한 벡터 $\vec{a}$의 방향에서의 단위벡터 $\boldsymbol{a}$를 찾아라.

6. $A(0, 0, 0)$, $B(2, \sqrt{3}, 11-2)$
7. $A(3, 1, 0)$, $B(4, 3, 0)$
8. $A(-3, 4, -2)$, $B(7, 0, 1)$
9. $A(2, 2, 2)$, $B(3, 3, 0)$
10. $A(2, 8, 4)$, $B(-2, -8, -4)$

*문제11~15에서 벡터 $\vec{a}$의 성분과 시작점 A가 다음과 같이 주어졌을 때 끝점 B와 길이 $|a|$를 구하라.

11. 성분: $3, 0, 0$, $A(0, 3, 9)$
12. 성분: $0, -2, 2$, $A(0, 2, -2)$
13. 성분: $4, 1, -4$, $A(-4, -1, 2)$
14. 성분: $12, 1, 0$, $A(0, 0, 0)$
15. 성분: $-\frac{1}{4}, 2, \frac{1}{2}$, $A\left(\frac{7}{4}, -2, \frac{3}{4}\right)$

*문제16~23에서 벡터 $\vec{a} = (1, 2, 0) = i+2j$; $\vec{b} = (3, -5, 0) = 3i-5j$; $\vec{c} = (-1, 4, 2) = -i+4j+2k$; $\vec{d} = (-1, 4, 2) = -i+4j+2k$일 때 다음 벡터를 구하라.

16. $3\vec{a}$, $\frac{1}{3}\vec{a}$, $-2\vec{a}$
17. $(\vec{a}+\vec{b})+\vec{c}$, $\vec{a}+(\vec{b}+\vec{c})$

18. $\vec{b}+\vec{c},\quad \vec{c}+\vec{b}$
19. $(6-3)\vec{a},\quad 6\vec{a}-3\vec{a}$
20. $3\vec{a}+4\vec{b},\quad -3\vec{a}-4\vec{b}$
21. $3(\vec{c}-\vec{b}),\quad 3\vec{c}-3\vec{b}$
22. $8\vec{c}-4\vec{d},\quad 4(2\vec{c}-\vec{d})$
23. $\dfrac{6}{2}\vec{c}-2\vec{d},\quad 6\left(\dfrac{1}{2}\vec{c}-\dfrac{1}{3}\vec{d}\right)$

24. $\overrightarrow{F_1}=(2, 3, 0)$, $\overrightarrow{F_2}=(0, 6, 1)$, $\overrightarrow{F_3}=(2, 0, -4)$인 세 힘과 또 하나의 힘 $\vec{V}$가 평형을 이루가 위한 $\vec{V}$을 찾아라.

25. $\overrightarrow{F_1}=(8, -1, 0)$, $\overrightarrow{F_2}=\left(\dfrac{1}{2}, 0, \dfrac{4}{3}\right)$, $\overrightarrow{F_3}=\left(-\dfrac{17}{2}, 1, \dfrac{11}{3}\right)$인 세 힘과 또 하나의 힘 $\vec{P}$가 평형을 이루가 위한 $\vec{P}$을 찾아라.

26. 다음 평면은 xy평면, yz평면, zx평면 중 평행한 것을 찾고 그래프를 그려라.
(a). $x=1$ (b) $y=2$ (c) $z=-3$

27. 벡터를 이용하여 세 점 $(3, 1, 4)$, $(0, 1, 1)$, $(2, 4, 2)$가 어떤 삼각형을 이루는지 판정하여라.

28. $(2, 1, 6)$, $(4, 7, 9)$, $(2, 4, 6)$인 세 점은 이등변삼각형이 됨을 보여라.

29. 피타고라스의 정리를 써서 다음 세 점이 $(8, 5, -6)$, $(4, 7, 9)$, $(2, 1, 6)$일 때 직각삼각형이 됨을 보여라.

30. 문제24의 힘 $\overrightarrow{F_1}$, $\overrightarrow{F_2}$, $\overrightarrow{F_3}$에서 합력의 방향에 있는 단위벡터를 구하라.

31. 문제24의 힘 $\overrightarrow{F_1}$, $\overrightarrow{F_2}$, $\overrightarrow{F_3}$에 대한 힘 $\overrightarrow{F_1}$, $\overrightarrow{F_2}$, $\overrightarrow{F_3}$, $\vec{V}$의 합력이 x방향과 y방향의 성분이 각각 0이 되게 하는 $\vec{V}$를 구하라.

32. $(2, 0, -7)$, $(1, 2, -3)$, $(0, 3, q)$의 합력이 xy-평면에 평행이 되기 위한 q를 구하라.

33. 점 $(3, 4, -2)$에서 다음까지의 거리를 구하라.

(a) xy평면 (b) y축

(c) 원점

34. 다음 방정식에서 구의 중심과 반지름을 구하기 위해 완전제곱식으로 고쳐라.

(a) $x^2+y2+z^2=-8x+4y+22z-77$

(b) $x^2+y^2+z^2=12x-14y+8z-1$

(c) $x^2+y^2+z^2=-2x+6y+10z-34$

(d) $4x^2+4y^2+4z^2=4x-8y-16z+13$

35. 다음 방정식이 구면을 나타냄을 보이고, 그 중심과 반지름을 구하라.

(a) $x^2+y^2+z^2+4x-6y+2z=-6$

(b) $2x^2+2y^2+2z^2-8x+24z=1$

(c) $x^2+y^2+z^2=2x+4y-8z+15$

36. 주어진 중심과 반지름을 갖는 구의 방정식을 구하라.

(a) $(1, 3, 5)$, $r=6$ (b) $(-1, -3, -5)$, $r=\sqrt{3}$

(c) $(\ln 2, \pi, e)$, $r=\sqrt{2}$

37. 세 점 $(3, 1, -2)$, $(1, 0, 1)$, $(4, 2, -2)$이 벡터와 피타고라스 정리를 이용하여 어떤 삼각형이 되는지 판정하라.

38. 중심이 $(3, -3, 8)$일 때 다음을 구하라.

(a) xy평면에 접하는 방정식

(b) xy평면에 접하는 방정식

(c) xy평면에 접하는 방정식

39. 두 점 $A(-2, 4, 2)$와 $B(5.1, -3)$와 같은 거리에 있는 점 전체의 집합을 나타내는 점 전체의 방정식을 구하라. 그리고 이 집합의 성격을 설명하라.

40. 원에서 일정한 간격으로 n개의 점들을 잡고, 원의 중심에서 이 n개의 점들로 가는 벡

터를 각각 $\overrightarrow{v_1}, \overrightarrow{v_2}, \cdots, \overrightarrow{v_n}$ 이라 하면 $\overrightarrow{v_1} + \overrightarrow{v_2} + \cdots + \overrightarrow{v_n} = \mathbf{0}$ 임을 보여라.

41. 역학에서 점 A는 속도 v_A, 점 B는 속도 v_B를 가지고 이동한다면, B에 대한 A의 상대속도(relative velocity) v_R를

$$v_R = v_B - v_A$$

로 정의한다. 보트A가 북동쪽으로 30knot의 속도로, 보트B가 40knot의 속도로 이동한다. 보트B에 대한 보트A의 속도와 상대속도 방향에서의 단위벡터를 구하라.

42. 항공기 A와 B가 각각 남서 방향으로 속력 $|\boldsymbol{V_A}| = 600\,km/h$, 북서 방향으로 속력 $|\boldsymbol{V_B}| = 450\,km/h$로 날아갈 때 항공기 A에 대한 항공기 B의 상대속도 $\overrightarrow{v_R} = \boldsymbol{V_A} - \boldsymbol{V_B}$ 를 구하라.

7.4 벡터의 내적

벡터들 사이에는 내적(또는 스칼라곱)과 외적(또는 벡터곱)의 두가지 곱이 널리 사용된다. 두 벡터 $\vec{a}$, $\vec{b}$의 곱은 결과가 스칼라(scalar)값이 된다. 이 곱을 내적이라 하며 기호로 $\vec{a} \cdot \vec{b}$로 나타낸다.

[정의] 내적(dot product), 스칼라곱(scalar product)

R^3에서 두 벡터 $\vec{a} = (a_1, a_2, a_3)$와 $\vec{b} = (b_1, b_2, b_3)$의 내적(dot product 또는 inner product)을

$$\begin{aligned} \vec{a} \cdot \vec{b} &= < a_1, a_2, a_3 > \cdot < b_1, b_2, b_3 > \\ &= a_1 b_1 + a_2 b_2 + a_3 b_3 \end{aligned}$$

로 정의한다.

$\vec{a}$와 $\vec{b}$의 내적은 대응되는 성분끼리 곱한 다음 더한다. 그 결과는 스칼라 값이 된다. 따라서, 스칼라곱(scalar product)이라 한다. 2차원 벡터의 내적의 정의도 3차원 벡터와 유사하게 정의된다.

$$< a_1, a_2 > \cdot < b_1, b_2 > = a_1 b_1 + a_2 b_2$$

보기1

$\vec{a} = < 0, 2, 1 >$, $\vec{b} = < 3, -2, 1 >$, $\vec{c} = < 4, -1, 2 >$일 때 다음을 구하라.

(a) $\vec{a} \cdot \vec{b}$ (b) $\vec{b} \cdot \vec{a}$ (c) $\vec{b} \cdot \vec{c}$ (d) $\vec{b} \cdot \vec{b}$ (e) $(\vec{a} \cdot \vec{b}) \cdot \vec{c}$

풀이

(a) $\vec{a} \cdot \vec{b} = < 0, 2, 1 > \cdot < 3, -2, 1 > = (0)(3) + (2)(-2) + (1)(1) = -3$

(b) $\vec{b} \cdot \vec{a} = < 3, -2, 1 > \cdot < 0, 2, 1 > = (3)(0) + (-2)(2) + (1)(1) = -3$

(c) $\vec{b} \cdot \vec{c} = < 3, -2, 1 > \cdot < 4, -1, 2 > = (3)(4) + (-2)(-1) + (1)(2) = 16$

(d) $\vec{b} \cdot \vec{b} = < 3, -2, 1 > \cdot < 3, -2, 1 > = (3)^2 + (-2)^2 + (1)^2 = 14$

(e) $(\vec{a} \cdot \vec{b}) \cdot \vec{c}$는 $\vec{a} \cdot \vec{b}$가 스칼라 값이므로 정의되지 않는다.

■ 내적의 성질

[정리] 내적의 성질

$\vec{a}$, $\vec{b}$, $\vec{c}$가 벡터이고, λ, μ는 스칼라이면 다음 성질들이 성립한다.

(a) $\vec{a} \cdot \vec{b} = \vec{b} \cdot \vec{a}$, $\lambda\vec{a} \cdot \mu\vec{b} = \mu\vec{a} \cdot \lambda\vec{b} = \lambda\mu\vec{a} \cdot \vec{b}$

(b) $\vec{a} \cdot (\vec{b} + \vec{c}) = \vec{a} \cdot \vec{b} + \vec{a} \cdot \vec{b}$

(c) $\lambda(\vec{a} \cdot \vec{b}) = (\lambda\vec{a}) \cdot \vec{b} = \vec{a} \cdot (\lambda\vec{b})$

(d) $\vec{0} \cdot \vec{a} = 0$

(e) $\vec{a} \cdot \vec{a} = \| \vec{a} \|^2$

윗 정리에 의해 내적은 교환법칙을 만족한다. 또한 내적은 합에 대한 분부법칙도 만족한다. 내적은 기하학적 성질을 가지고 있으므로 다음과 같은 또 하나의 식으로 표현할 수 있다.

[정의] 내석

R^3에서 두 벡터 $\vec{a} = (a_1, a_2, a_3)$와 $\vec{b} = (b_1, b_2, b_3)$가 이루는 각의 크기를 $\theta(0 \leq \theta \leq \pi)$일 때, $\vec{a}$와 $\vec{b}$의 내적(inner product, dot product)을 $\vec{a} \cdot \vec{b}$로 나타내고

$$\vec{a} \cdot \vec{b} = |a||b|\cos\theta$$

로 정의한다.

〈증명〉

그림1에서 삼각형에 코사인법칙[14]을 적용시킨다.

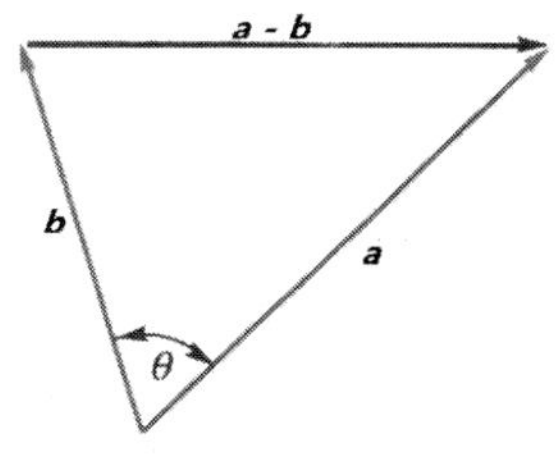

그림1 벡터 삼각형

14) $c^2 = a^2 + b^2 - 2ab\cos\theta$

$$\| \vec{a} - \vec{b} \|^2 = \| \vec{a} \|^2 + \| \vec{b} \|^2 - 2 \| \vec{a} \| \| \vec{b} \| \cos\theta \qquad ①$$

내적의 성질(e)로부터

$$\begin{aligned} \| \vec{a} - \vec{b} \|^2 &= (\vec{a} - \vec{b}) \cdot (\vec{a} - \vec{b}) \\ &= \vec{a}(\vec{a} - \vec{b}) - \vec{b}(\vec{a} - \vec{b}) \\ &= \vec{a} \cdot \vec{a} - \vec{a} \cdot \vec{b} - \vec{b} \cdot \vec{a} + \vec{b} \cdot \vec{b} \\ &= \| \vec{a} \|^2 + \| \vec{b} \|^2 - 2\vec{a} \cdot \vec{b} \qquad ② \end{aligned}$$

위 식 ①, ②를 계산하면

$$\begin{aligned} \| \vec{a} \|^2 + \| \vec{b} \|^2 - 2 \| \vec{a} \| \| \vec{b} \| \cos\theta &= \| \vec{a} \|^2 + \| \vec{b} \|^2 - 2\vec{a} \cdot \vec{b} \\ -2 \| \vec{a} \| \| \vec{b} \| \cos\theta &= -2\vec{a} \cdot \vec{b} \\ \therefore \ \vec{a} \cdot \vec{b} &= |a||b|\cos\theta \end{aligned}$$

$\vec{a} = 0$ 또는 $\vec{b} = 0$일 때 $\vec{a} \cdot \vec{b} = 0$이 된다. 같은 두 벡터의 내적은 두 벡터가 이룬 각의 크기가 0이므로 1이 된다. 영이 아닌 두 벡터 $\vec{a}$와 $\vec{b}$가 직교이면 $\vec{a} \perp \vec{b}$로 나타내고 두 벡터 사이의 각이 $\pi/2$가 된다. 따라서 $\cos(\pi/2) = 0$이므로

$$\vec{a} \cdot \vec{b} = 0$$

이다. 역으로 $\vec{a} \cdot \vec{b} = 0$이면 $\cos\theta = 0$이다. 즉, $\theta(0 \leq \theta \leq \pi)$의 범위 내에서 $\theta = \pi/2$가 되며

$$\vec{a} \perp \vec{b}$$

가 된다.

[정의] 수직

서로 직교하는 두 벡터는 수직(orthogonal)이라 한다.

[정리] 벡터의 수직

0이 아닌 벡터 $\vec{a}$와 $\vec{b}$가 수직이기 위한 필요충분조건은

$$\vec{a} \cdot \vec{b} = 0 = \vec{a} \perp \vec{b}$$

이다.

0 벡터가 아닌 두 벡터 $\vec{a}$와 $\vec{b}$가 평행이면 두 벡터 사이의 각 $\theta = 0$ 또는 $\theta = \pi$이므로

$$\vec{a} \cdot \vec{b} = \| \vec{a} \| \ \| \vec{b} \| \cos 0 = \| \vec{a} \| \ \| \vec{b} \|$$

또는

$$\vec{a} \cdot \vec{b} = \| \vec{a} \| \ \| \vec{b} \| \cos \pi = - \| \vec{a} \| \ \| \vec{b} \|$$

가 되며 다음과 같이 표현한다.

$$\vec{a} // \vec{b} /$$

역으로 $\vec{a} \cdot \vec{b} = \| \vec{a} \| \ \| \vec{b} \|$ 또는 $\vec{a} \cdot \vec{b} = - \| \vec{a} \| \ \| \vec{b} \|$가 되면, $\cos\theta = 1$ 또는 $\cos\theta = -1$이므로, $\theta = 0$ 또는 $\theta = \pi$가 되고 이때 벡터 $\vec{a}$와 $\vec{b}$는 평행이다.

보기2

다음 벡터들이 서로 수직인지 결정하라.

(a) $\vec{a} = (2, 4, -2)$, $\vec{a} = (3, 2, 5)$ (b) $\vec{a} = (5, 3, -2)$, $\vec{b} = (2, 4, 11)$

풀이

(a) $\vec{a} \cdot \vec{b} = 6 + 8 - 10 = -4 \neq 0$이므로 $\vec{a}$와 $\vec{b}$는 직교하지 않는다.

(b) $\vec{a} \cdot \vec{b} = 10 + 12 - 22 = 0$이므로 $\vec{a}$와 $\vec{b}$는 서로 수직이다.

[정리] 평행벡터(parallel vectors)

벡터 $\vec{a}$와 $\vec{b}$가 평행하면,

$$\vec{a} \cdot \vec{b} = \| \vec{a} \| \ \| \vec{b} \|$$

또는

$$\vec{a} \cdot \vec{b} = - \| \vec{a} \| \ \| \vec{b} \|$$

이다. 특히

$$\vec{a} \cdot \vec{a} = \| a \|^2$$

이다.

▸ 단위벡터의 스칼라곱

> **[정리] 단위벡터의 스칼라곱**
> $\hat{a}$와 $\hat{b}$를 단위벡터라 하면
> $$\hat{a} \cdot \hat{b} = \cos\theta, \qquad (0 \leqq \theta \leqq \pi)$$
> 이다.

내적의 성질, 직교벡터와 윗 정리에 의해서 단위기저벡터 i, j, k의 스칼라곱을 다음 식을 얻는다.

$$i \cdot i = j \cdot j = k \cdot k = 1$$
$$i \cdot j = j \cdot i = i \cdot k = k \cdot i = j \cdot k = k \cdot j = 0$$

따라서, 단위기저벡터를 이용하여 $\vec{a} = a_1 i + a_2 j + a_3 k$, $\vec{b} = b_1 i + b_2 j + b_3 k$로 놓고 다음과 같이 내적을 구한다.

$$\vec{a} \cdot \vec{b} = (a_1 i + a_2 j + a_3 k) \cdot (b_1 i + b_2 j + b_3 k)$$

윗 정리와 단위기저벡터의 내적을 이용하면 $\vec{a}$, $\vec{b}$에 관하여 내적(dot product)에 관한 식을 얻는다.

$$\vec{a} \cdot \vec{b} = a_1 b_1 + a_2 b_2 + a_3 b_3$$

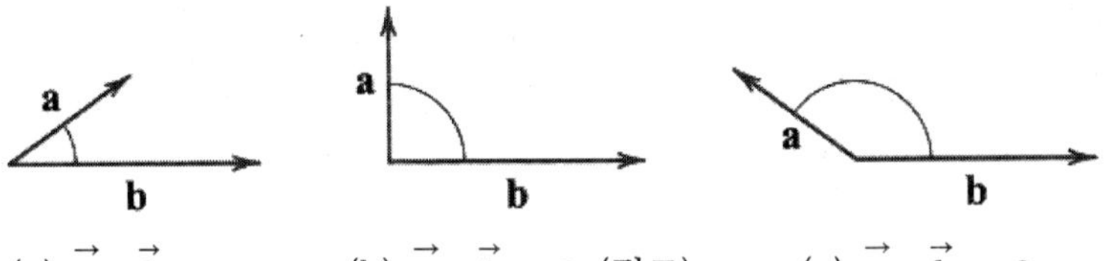

(a) $\vec{a} \cdot \vec{b} > 0$ (b) $\vec{a} \cdot \vec{b} = 0$ (직교) (c) $\vec{a} \cdot \vec{b} < 0$

그림2 두 벡터의 사잇각

[정리] 벡터의 사잇각 θ

벡터 $\vec{a}$와 $\vec{b}$가 이루는 각의 크기를 $\theta(0 \leqq \theta \leqq \pi)$일 때, $\vec{a}$와 $\vec{b}$의 사잇각 θ는

$$\cos\theta = \frac{\vec{a} \cdot \vec{b}}{\| \vec{a} \| \ \| \vec{b} \|}$$

이다.

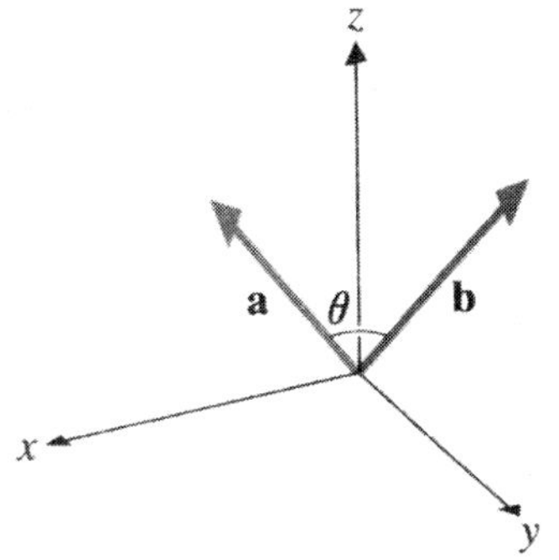

그림3 R^3에서 두 벡터의 사잇각

단위벡터의 스칼라곱의 성질과 벡터의 사잇각 θ를 이용하면 다음의 유용한 식을 얻는다.

$$\cos\theta = \frac{a_1b_1 + a_2b_2 + a_3b_3}{\sqrt{a_1^2 + a_2^2 + a_3^2}\sqrt{b_1^2 + b_2^2 + b_3^2}}, \quad (0 \leqq \theta \leqq \pi)$$

보기3

다음과 같은 두 벡터 $\vec{a}$와 $\vec{b}$가 이루는 각 θ를 구하라.

(a) $\vec{a} = <3, -1>$, $\vec{b} = <-9, 3>$ (b) $\vec{a} = <-5, -2>$, $\vec{b} = <-2, 5>$

풀이

(a) $$\cos\theta = \frac{\vec{a} \cdot \vec{b}}{\| \vec{a} \| \ \| \vec{b} \|} = \frac{3(-9) + (-1)(3)}{\sqrt{3^3 + (-1)^2}\sqrt{(-9)^2 + 3^2}} = \frac{-30}{\sqrt{10}\ 3\sqrt{10}} = -1$$

따라서, 두 벡터 $\vec{a} \cdot \vec{b}$의 각 $\theta = \pi$[15]이고 방향은 반대이다.

(b) $\vec{a} \cdot \vec{b} = (-5)(-2)+(-2)(5) = 0$이다. 따라서, $\theta = \frac{\pi}{2}$ 16)이다. 이 두 벡터는 수직이다.

보기4

두 벡터 $\vec{a} = <3, 2, -2>$와 $\vec{b} = <2, 6, 7>$가 이루는 각 θ를 구하라.

풀이

식 $\cos\theta = \frac{\vec{a} \cdot \vec{b}}{\|\vec{a}\| \ \|\vec{b}\|}$ 으로부터

$$\vec{a} \cdot \vec{b} = (3)(2)+(2)(6)+(-2)(7) = 4$$

$$\|\vec{a}\| \ \|\vec{b}\| = \sqrt{3^2+2^2+(-2)^2}\sqrt{2^2+6^2+7^2} = \sqrt{17}\sqrt{89}$$

$$\cos\theta = \frac{\vec{a} \cdot \vec{b}}{\|\vec{a}\| \ \|\vec{b}\|} = \frac{4}{\sqrt{17}\sqrt{89}}$$

$\theta(0 \leqq \theta \leqq \pi)$인 영역에서 각도 θ는

$$\therefore \theta = \cos^{-1}\left(\frac{4}{\sqrt{17}\sqrt{89}}\right) \approx \cos^{-1}(0.103) \approx 84.09(°)$$

또는 1.47(rad) 이다.

보기5

$A(1, -2, 3)$, $B(2, 4, -7)$, $C(6, -3, 2)$일 때 각ABC의 크기를 구하라.

풀이

$\overrightarrow{BA}$와 $\overrightarrow{BC}$와 동치인 원점으로부터의 벡터 $\vec{a}$, $\vec{b}$를 결정한다. 이는 종점의 좌표에서 시점의 좌표와의 차이다. 그러므로,

$$\vec{a} = \overrightarrow{BA} = (1-2, -2-4, 3+7) = (-1, -6, 10)$$

$$\vec{b} = \overrightarrow{BC} = (6-2, -3-4, 2+7) = (2, -7, 9)$$

따라서,

$$\cos\theta = \frac{\vec{a} \cdot \vec{b}}{\|\vec{a}\| \ \|\vec{b}\|} = \frac{(-1)(2)+(-6)(-7)+(10)(9)}{\sqrt{2+36+100}\sqrt{4+49+81}}$$

$$= \frac{(-2+42+90)}{\sqrt{138}\sqrt{134}} \approx \frac{130}{135.98} \approx 0.96$$

$$\therefore \theta = \cos^{-1}(0.96) \approx 16.3(°)$$ ←(답)

---

15) $\cos\pi = -1$

16) $\cos\frac{\pi}{2} = 0$

보기6

두 벡터 $\vec{a} = (2,\ 1,\ -1)$와 $\vec{b} = (-2,\ 1,\ 3)$일 때 다음을 구하라.

(a) 내적 (b) 두 벡터의 길이 (c) 두 벡터의 사잇각

풀이

(a) $\vec{a} \cdot \vec{b} = 2(-2) + (1)(1) + (-1)(3) = -6$

(b) $|\vec{a}| = \sqrt{\vec{a} \cdot \vec{a}} = \sqrt{6}$, $|\vec{b}| = \sqrt{\vec{b} \cdot \vec{b}} = \sqrt{14}$

(c) 사잇각 θ는

$$\cos\theta = \frac{\vec{a} \cdot \vec{b}}{\sqrt{a_1^2 + a_2^2 + a_3^2}\sqrt{b_1^2 + b_2^2 + b_3^2}}$$

$$= \frac{-6}{\sqrt{6}\sqrt{14}} \approx -0.6547$$

따라서,

$$\therefore\ \theta = \cos^{-1}(-0.6547) = 130.9\,(^\circ)$$

▶ **방향 코사인**

그림4에서 0벡터가 아닌 3차원 벡터 $\vec{a}$와 x축, y축, z축과 기저단위벡터 i, j, k 사이의 각을 차례로 α, β, γ라 하면, 이때 이 α, β, γ를 벡터 $\vec{a}$의 **방향각(direction algle)**이라 한다. 여기서, x축, y축, z축은 양의 부분이고 α, β, γ는 $[0 \leqq \alpha, \beta, \gamma \leqq \pi]$내의 범위이다.

이 방향에 cos을 취한 $\cos\alpha$, $\cos\beta$, $\cos\gamma$를 벡터 $\vec{a}$의 **방향 코사인(direction cosine)**이라 한다. 이는 방향 코사인이 $\vec{a}$에 평행인 단위벡터 $\tilde{a}$의 방향을 결정하기 때문이다.

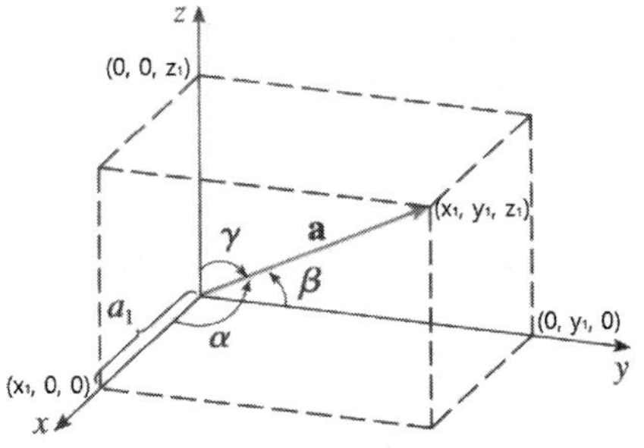

그림4 방향코사인

그림4와 같이 $\vec{a} = x_1 i + y_1 j + z_1 k$일 때, 방향 코사인은 다음과 같은 결과를 나타낸다.

$$\cos\alpha = \frac{\vec{a}i}{\|\vec{a}\| \ \|i\|} = \frac{x_1}{\|\vec{a}\|}.$$

$$\cos\beta = \frac{\vec{a}j}{\|\vec{a}\| \ \|j\|} = \frac{y_1}{\|\vec{a}\|}.$$

$$\cos\gamma = \frac{\vec{a}k}{\|\vec{a}\| \ \|k\|} = \frac{z_1}{\|\vec{a}\|}$$

이때 다음 식이 항상 성립한다.

$$\cos^2\alpha + \cos^2\beta + \cos^2\gamma = \frac{x_1^2}{\|\vec{a}\|^2} + \frac{y_1^2}{\|\vec{a}\|^2} + \frac{z_1^2}{\|\vec{a}\|^2} = 1$$

따라서 벡터 $\cos\alpha$, $\cos\beta$, $\cos\gamma$는 $\vec{a}$와 같은 방향을 갖는 단위벡터이다. 또한 $\vec{a}$의 성분 x_1, y_1, z_1은 방향 코사인에 비례하므로 이것을 **$\vec{a}$의 방향비(dirtction ratio)**라고 한다.

> **[정리] 방향 코사인**
>
> 벡터 $\vec{a}= x_1 i + y_1 j + z_1 k$에서 방향 코사인(direction cosine)은 다음과 같다.
>
> $$\cos\alpha = \frac{\vec{a}i}{\|\vec{a}\| \ \|i\|} = \frac{x_1}{\|\vec{a}\|}.$$
>
> $$\cos\beta = \frac{\vec{a}j}{\|\vec{a}\| \ \|j\|} = \frac{y_1}{\|\vec{a}\|}.$$
>
> $$\cos\gamma = \frac{\vec{a}k}{\|\vec{a}\| \ \|k\|} = \frac{z_1}{\|\vec{a}\|}$$
>
> 이고, 다음 식이 성립한다.
>
> $$\cos^2\alpha + \cos^2\beta + \cos^2\gamma = 1$$

보기7

벡터 $\vec{a} = 2i + j - 3k$의 방향코사인과 방향비를 구하라.

풀이

$\|\vec{a}\| = \sqrt{2^2 + 1^2 + (-3)^2} = \sqrt{11}$ 이므로,

방향 코사인은

$$\cos\alpha = \frac{2}{\sqrt{11}},\ \cos\beta = \frac{1}{\sqrt{11}},\quad \cos\gamma = \frac{(-3)}{\sqrt{11}}$$

방향비는

2, 1, -3의 임의의 양의 배수이다.

보기8

벡터 $\vec{a} = (1,\ -1,\ 2)$의 방향 코사인($\cos\alpha$, $\cos\beta$, $\cos\gamma$)을 구하라.

풀이

$$\| \vec{a} \| = \sqrt{1^2 + (-1)^2 + 2^2} = \sqrt{6}$$

$$\cos\alpha = \frac{1}{\sqrt{6}} \approx 0.4082$$

$$\cos\beta = \frac{(-1)}{\sqrt{6}} \approx -0.4082$$

$$\cos\gamma = \frac{2}{\sqrt{6}} \approx 0.8165$$

$$\therefore\ \alpha = \cos^{-1}(0.4082) = 65.908\,(°) \approx 0.3662\,(rad)$$

$$\beta = \cos^{-1}(-0.4082) = 114.918\,(°) \approx 0.6384\,(rad)$$

$$\gamma = \cos^{-1}(0.8165) = 35.264\,(°) \approx 0.1959\pi\,(rad)$$

▸ 삼각부등식(triangle inequality)

벡터 $\vec{a}$와 $\vec{b}$의 내적 $\vec{a} \cdot \vec{b} = \|a\|\,\|b\|\cos\theta$의 절대값은

$$\| \vec{a} \cdot \vec{b} \| = \|a\|\,\|b\|\,|\cos\theta|$$

이지만, $|\cos\theta| \leqq 1$가 되므로 다음 부등식이 성립한다.

$$\| \vec{a} \cdot \vec{b} \| \leqq \|a\| \cdot \|b\|$$

이 식을 **코시-슈바르츠 부등식(Cauchy-Schwarz inequality)**[17]이라 한다.

17) 코시(Cauchy, A. L; 1789~1857)에 의해 제시되고 슈바르츠(Schwart, H. A.; 1843~1921)에 의해 발전시킨 부등식이다.

> **[정리] 삼각부등식**
> $\vec{a}$, $\vec{b}$를 임의의 두 벡터라면,
> $$\|\vec{a}+\vec{b}\| \leq \|a\| + \|b\|$$
> 이 성립한다.

〈증명〉

평형벡터의 정리 $\vec{a}\cdot\vec{a} = \|a\|^2$로부터,

$$\|\vec{a}+\vec{b}\|^2 = (\vec{a}+\vec{b})(\vec{a}+\vec{b}) = \vec{a}\vec{a} + 2\vec{a}\vec{b} + \vec{b}\vec{b}$$
$$= \|a\|^2 + 2\vec{a}\vec{b} + \|b\|^2$$

이지만, $\|\vec{a}\cdot\vec{b}\| \leq \|a\|\cdot\|b\|$이므로,
코시-슈바르츠 부등식으로부터

$$\|\vec{a}+\vec{b}\|^2 \leq \|\vec{a}\|^2 + 2\|\vec{a}\|\|\vec{b}\| + \|\vec{b}\|^2 = (\|\vec{a}\| + \|\vec{b}\|)^2$$

이다. 그러므로 윗 식의 양변에 제곱근을 취하면, 삼각부등식을 얻는다.

$$\|\vec{a}+\vec{b}\| \leq \|a\| + \|b\|$$

위 삼각부등식은 "삼각형의 두 변의 길이의 합은 나머지 변의 길이보다 크거나 같다."라는 유클리드 정리로부터 유래한다. 이것을 벡터식에 도입하였으므로 삼각부등식이라는 이름이 유래 되었다.

▶ 벡터의 성분과 사영

0이 아닌 두 위치 벡터 $\vec{a}$, $\vec{b}$에 대해 벡터의 사잇각을 θ라 할 때, 만약 $\vec{a}$의 끝점으로부터 벡터 $\vec{b}$를 포함하는 직선에 수선의 발을 내리면 , $0<\theta<\frac{\pi}{2}$일 때, 삼각형의 밑변의 길이는 $\|a\|\cos\theta$가 된다. 만약 $\frac{\pi}{2}<\theta<\pi$이면, 밑변의 길이는 $-\|a\|\cos\theta$이 된다(그림5).

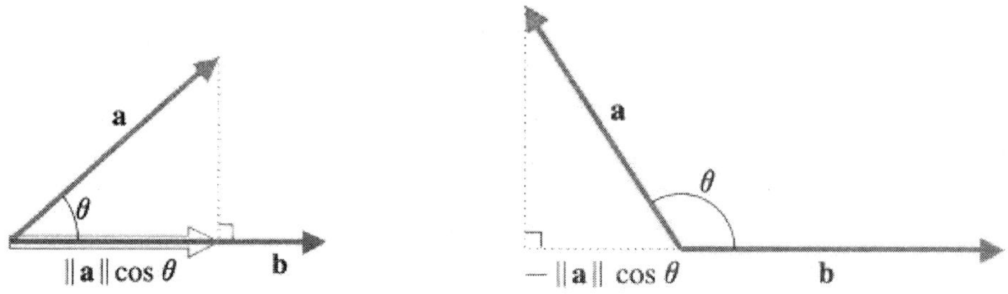

(a) $0 < \theta < \frac{\pi}{2}$ (b) $\frac{\pi}{2} < \theta < \pi$

그림5 $comp_b \vec{a}$

이 $\|a\|\cos\theta$를 벡터 $\vec{b}$에 대한 벡터 $\vec{a}$의 성분(component)이라 하고 $comp_b \vec{a}$로 표시한다. 내적의 정의를 사용하면 성분을 다음과 같이 나타낼 수 있다.

$$comp_b \vec{a} = \|\vec{a}\|\cos\theta = \frac{\|\vec{a}\| \ \|\vec{b}\|}{\|\vec{b}\|}$$
$$= \frac{1}{\|\vec{b}\|}\|\vec{a}\| \ \|\vec{b}\|\cos\theta = \frac{1}{\|\vec{b}\|}\vec{a}\cdot\vec{b}$$

따라서,

$$comp_b \vec{a} = \frac{\vec{a}\cdot\vec{b}}{\|\vec{b}\|}$$

$comp_b \vec{a}$는 스칼라 값이고, 벡터 $\vec{a}$의 성분은 내적에서 $\vec{a}$로 나누지 않고 $\vec{b}$로 나누었다. 따라서 윗 식은 벡터 $\vec{a}$와 $\vec{b}$방향의 단위벡터 $\frac{\vec{b}}{\|\vec{b}\|}$의 내적이 된다.

두 벡터 $\vec{a}$, $\vec{b}$에 대해 $\vec{b}$를 $\vec{a}$의 선상에 사영시켜 얻어지는 $\vec{a}$방향의 벡터를 $\vec{a}$에 대한 $\vec{b}$의 **사영벡터(projection vector)**라 하고 이를 $proj_b \vec{a}$로 표시한다(그림6).

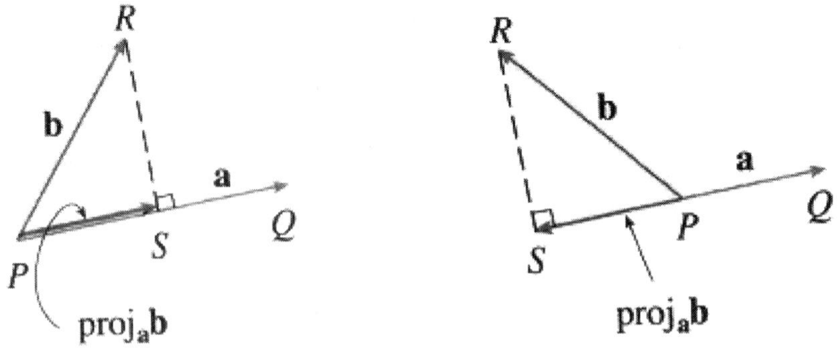

(a) $0 < \theta < \frac{\pi}{2}$ (b) $\frac{\pi}{2} < \theta < \pi$

그림6 $proj_b \vec{a}$

사영은 크기가 $|proj_a b|$이며, $0 < \theta < \frac{\pi}{2}$일 때는 $\vec{b}$방향의 벡터이고, $\frac{\pi}{2} < \theta < \pi$일 때는 $\vec{b}$와 반대방향의 벡터이다. 따라서,

$$proj_b \vec{a} = (comp_b \vec{a}) \frac{\vec{b}}{\| \vec{b} \|} = \left(\frac{\vec{a} \cdot \vec{b}}{\| \vec{b} \|} \right) \frac{\vec{b}}{\| \vec{b} \|}$$

따라서,

$$proj_b \vec{a} = \left(\frac{\vec{a} \cdot \vec{b}}{\| \vec{b} \|^2} \right) \vec{b}$$

이다. 여기서 $\frac{\vec{b}}{\| \vec{b} \|}$는 단위벡터이다.

[정리] 벡터의 성분(component)과 사영(projection)

$\vec{a}$, $\vec{b}$를 임의의 두 벡터라면,

$\vec{a}$위로 $\vec{b}$의 성분(스칼라 사영)은

$$comp_b \vec{a} = \frac{\vec{a} \cdot \vec{b}}{\| \vec{b} \|}$$

$\vec{a}$위로 $\vec{b}$의 사영(벡터)은

$$proj_b \vec{a} = \left(\frac{\vec{a} \cdot \vec{b}}{\| \vec{b} \|^2} \right) \vec{b}$$

이다.

보기9

벡터 $\vec{a} = (-2, 2, 1)$위로 $\vec{b} = (1, 1, 3)$의 스칼라 사영과 벡터 사영을 구하라.

풀이

$\| \vec{a} \| = \sqrt{(-2)^2 + 2^2 + 1^2} = \sqrt{5}$

이므로 $\vec{a}$위로 $\vec{b}$의 스칼라 사영은

$$comp_a \vec{b} = \frac{\vec{a} \cdot \vec{b}}{\| \vec{a} \|} = \frac{(-2)(1) + (2)(1) + (1)(3)}{\sqrt{5}} = \frac{3}{\sqrt{5}} \quad \leftarrow (\text{답})$$

벡터 사영은 이 스칼라 사영과 $\vec{a}$방향의 단위벡터의 곱이므로

$$proj_a \vec{b} = \left(\frac{\vec{a} \cdot \vec{b}}{\| \vec{a} \|^2} \right) \vec{a} = \frac{3}{\sqrt{5}} \frac{\vec{a}}{\| \vec{a} \|} = \frac{3}{5} \vec{a} = \left(-\frac{6}{5}, \frac{6}{5}, \frac{3}{5} \right) \quad \leftarrow (\text{답})$$

▶ **내적의 응용**

(1) 일(work)

일정한 힘 F가 작용하여 물체의 위치를 d만큼 변화시켰을 때 물체에 가해진 일(work)은

$$W = Fd$$

로 정의한다. 물리학적으로 일은 힘의 방향과 물체의 변위가 평행한 경우에만 적용된다. 일반적으로는 힘과 변위를 벡터로 나타내며 다음과 같이 정의한다.

[정의] 일(work)

일정한 힘 $\overrightarrow{F}$가 작용하여 물체를 변위 $\vec{d}$만큼 이동시켰을 때 힘 $\overrightarrow{F}$가 물체에 한 일은

$$W = \overrightarrow{F} \cdot \vec{d} = |\overrightarrow{F}|\ |\vec{d}|\cos\theta$$

이다.

정의에 의해 일을 벡터의 내적으로 정의되므로 가해진 힘의 물체의 이동방향 성분만 일에 기여하게 된다(그림7).

일반적으로 일정한 힘 $\overrightarrow{F}$가 작용하여 물체가 점 A에서 B까지 이동한 거리 $\vec{d} = \overrightarrow{AB}$를 변위벡터(displacement vector)라 한다.

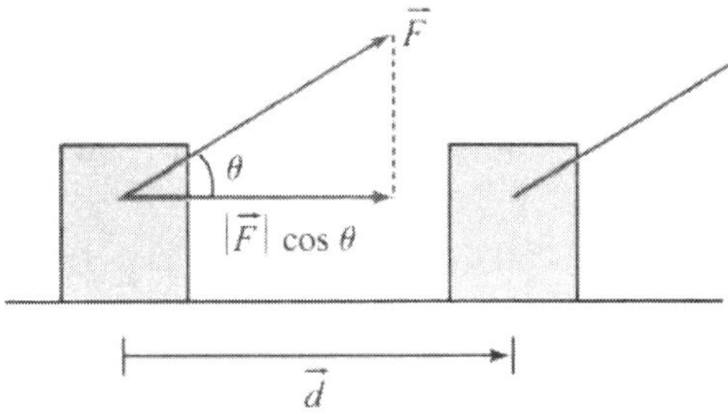

그림7 일($W = \overrightarrow{F}d$)

보기10

일정한 힘 $\overrightarrow{F} = -i+3j+2k$을 받은 물체가 $A(1, 0, 1)$에서 $B(2, 4, 3)$로 이동하였을 때 한 일(W)을 구하라.

풀이

물체가 이동한 변위 $\vec{d}$를 구하면,

$$\vec{d} = \overrightarrow{AB} = (2, 4, 3) - (1, 0, 1) = (1, 4, 2)$$

이고, 이때 물체에 가해진 일은,

$$\begin{aligned} \therefore\ W &= \overrightarrow{F} \cdot \vec{d} = (-1, 3, 2) \cdot (1, 4, 2) \\ &= (-1)(1)+(3)(4)+(2)(2) = 15 \quad \leftarrow \text{(답)} \end{aligned}$$

보기11

[일 구하기] 그림8과 같이 $20kg_f$의 일정한 힘을 주며 수레를 탄 어린이를 끌고 있다. 수평방향과 $\theta = \frac{\pi}{3}(rad)$의 각을 이루면서 평평한 길을 $500m$를 끈다고 하면 이때 한 일을 구하라.

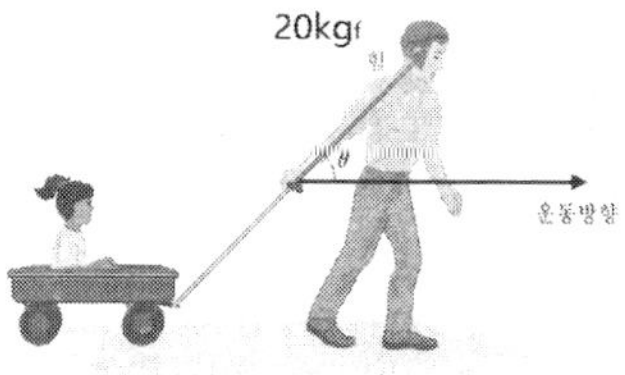

그림8 보기11

풀이

그림28과 같이 $20kg_f$의 일정한 힘 $\overrightarrow{F}$을 가하여 d만큼 이동했을 때, 한 일은 $W = \overrightarrow{F}d$이다. 수레가 움직이는 방향으로 힘이 주어져 있지 않다. 힘의 크기가 $20kg_f$이므로 힘 벡터는

$\overrightarrow{F} = 20\left(\cos\frac{\pi}{3},\ \sin\frac{\pi}{3}\right) = 20\left(\frac{1}{2},\ \frac{\sqrt{3}}{2}\right) = (10,\ 10\sqrt{3})$

이다. 수레가 움직이는 방향은 $\overrightarrow{F}$의 i방향, 즉 $\overrightarrow{F}$의 수평성분 방향이다. 따라서,

$W = \overrightarrow{F}\,d = 10(kg_f)500(m) = 1{,}000(kg_fm)$

(2) 힘의 성분(component of force)

보기12

그림9와 같이 수평면과 20° 를 이루는 경사면에 밧줄을 사용하여 2,300kg_f의 자동차를 지탱하고 있을 때 밧줄이 받는 힘은 얼마인지를 구하라.

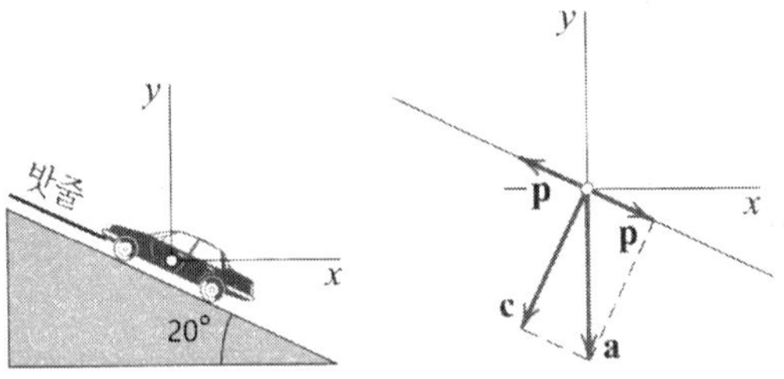

그림9 보기12

풀이

그림의 좌표로부터 차의 무게는 y축 의 (-)방향이다. 그러므로 $\vec{a} = (0, 2300, 0)$이 된다. 이때 힘 $\vec{a}$는 $\vec{a} = \vec{c} + \vec{p}$와 같이 두 힘의 합이 된다. 여기서 $\vec{c}$는 자동차가 경사면에 가하는 힘이고, $\vec{p}$는 밧줄과 평행한 힘이다. 밧줄이 받는 힘 벡터 $\vec{b}$는

$$\vec{b} = (-1, \tan 20°, 0) = (-1, 0.3640, 0).$$

따라서,

$$|\vec{b}| = \sqrt{(-1)^2 + 0.3640^2} \approx 1.0642$$

이다. 단위벡터 $\vec{u}$의 방향은 밧줄의 방향과 반대(-) 방향을 가지므로

$$\vec{u} = -\frac{\vec{b}}{|\vec{b}|} = -\left(\frac{-1}{1.0642}, \frac{0.3640}{1.0642}, 0\right) = (0.9397, -0.3420, 0)$$

또한, 단위벡터 $|u| = 1$이고, $\cos\theta > 0$이기 때문에,

$$\therefore |p| = (|a|\cos\theta)|u|$$

$$= -\frac{\vec{a} \cdot \vec{b}}{|b|} = \frac{2300(0.3640)}{1.0642} \approx 786.7\,(kg_f) \quad \leftarrow(\text{답})$$

가 된다.

[연습문제]

*문제1~8에서 $\vec{a} \cdot \vec{b}$를 구하라.

1, $\vec{a} = < 3, 2 >, \ \vec{b} = < 1, 5 >$

2. $\vec{a} = < 3, -2, 4 >, \ \vec{b} = < 0, 3, -2 >$

3. $\vec{a} = 3i - 2k, \ \vec{b} = 2j - k$

4. $\vec{a} = -j - 2k, \ \vec{b} = -i + 3k$

5. $\vec{a} = 2i - j - 3k, \ \vec{b} = -2i + 4j + 4k$

6. $\vec{a} = i + 2j - 3k, \ \vec{b} = 3i - 2j + k$

7. $\vec{a} = 5i - 3j + 2k, \ \vec{b} = 2i - 3j + 3k$

8. $\vec{a} = i - 3j + 5k, \ \vec{b} = i + 4j - 5k$

9. 다음 두 벡터 $\vec{a}$와 $\vec{b}$ 중에서 서로 직각인 벡터가 있으면 구하라.

(a) $\vec{a} = i + j - 3k, \quad \vec{b} = 2i + j + k$

(b) $\vec{a} = 2i + 3j - 6k, \quad \vec{b} = 2i - 3j + k$

(c) $\vec{a} = 3i + 2j + 5k, \quad \vec{b} = -6i - 4j + 10k$

(d) $\vec{a} = 2i + j + 2k, \quad \vec{b} = i + 2j - 2k$

(e) $\vec{a} = i + j - 3k, \quad \vec{b} = 4i + 2j - 3k$

(f) $\vec{a} = i + 2j - 3k, \quad \vec{b} = 2i - j + 3k$

(g) $\vec{a} = i + 2j + 4k, \quad \vec{b} = 2i + j + 3k$

(h) $\vec{a} = i + j, \quad \vec{b} = 2j + 3k$

문제10~19에서 $\vec{a} = (-2, 2, 1), \ \vec{b} = (1, 0, 3), \ \vec{c} = (3, -2, 4)$일 때 다음을 구하라.

10. $\vec{a} \cdot \vec{b}, \quad \vec{b} \cdot \vec{a}, \quad \vec{b} \cdot \vec{c}, \quad \vec{a} \cdot \vec{a}$

11. $(\vec{a} + \vec{c}) \cdot \vec{b}, \ (\vec{a} + \vec{b}) \cdot \vec{c}$

12. $\vec{a} \cdot (2\vec{b} + 3\vec{c}), \ \vec{a} \cdot (2\vec{b} - 3\vec{c})$

13. $(-3\vec{a} + 2\vec{c}) \cdot 2\vec{b}, \quad 6(\vec{a} - 2\vec{c}) \cdot \vec{b}$

14. $|\vec{a}|, \quad |3\vec{b}|, \quad |-2\vec{c}|$

15. $|\vec{a} + \vec{c}|, \quad |a| + |c|$

16. $|\vec{b} + \vec{c}|, \quad |b| + |c|$

17. $|\vec{a}\cdot\vec{b}|$, $|\vec{a}||\vec{b}|$

18. $3\vec{a}\cdot 4\vec{c}$, $12\vec{a}\cdot\vec{b}$, $12\cdot\vec{b}$, $\vec{a}\cdot 12\vec{b}$

19. $12\vec{a}\cdot\vec{b}+12\vec{a}\cdot\vec{c}$, $12\vec{a}\cdot(\vec{b}+\vec{c})$

*문제20~24에서 x축과 이룬 각의 크기를 각의 크기를 $\theta(0\leqq\theta\leqq\pi)$라 할 때 다음 벡터의 $\cos\theta$와 $\sin\theta$를 구하라.

20. $\vec{a}=-i+j$
21. $\vec{a}=i-j$
22. $\vec{a}=3i-2j$
23. $\vec{a}=-3i+2j$
24. $\vec{a}=\sqrt{2}i-j$
25. $\vec{a}=-\sqrt{2}i+j$

*문제25~27에서 다음 두 벡터사이의 각을 θ라 할 때, 두 벡터의 내적과 $\cos\theta$의 값을 구하라.

25. $\vec{a}=-2i+j$, $\vec{a}=-2i+j$
26. $\vec{a}=3i+j$, $\vec{b}=i3j$
27. $\vec{a}=2i+4j$, $\vec{b}=-3i+5j$
28. $\vec{a}=5i+4j$, $\vec{b}=-3i-5j$

*문제28~31에서 다음 벡터 사이의 각을 구하라.

28. $\vec{a}=3i-2j+k$, $\vec{b}=-i+j-k$

29. $\vec{a}=3i+j-2k$, $\vec{b}=2i+2j+3k$

30. $\vec{a}=i-j$, $\vec{b}=j-k$

31. $\vec{a}=i-j+k$, $\vec{b}=-3i-4j+k$

*문제32~35에서 벡터 $\vec{a}=(2,2,0)$, $\vec{b}=(4,3,2)$, $\vec{c}=(2,0,3)$에서 다음 두 벡터 사이의 사잇각을 구하라.

32. $\vec{a}$, $\vec{b}$

33. $\vec{b}$, $\vec{c}$

34. $\vec{a}+\vec{b}$, $\overrightarrow{b+c}$

35. $\vec{a}-\vec{b}$, $\vec{b}-\vec{c}$

*문제36~39에서 (a) 다음 벡터와 직교하는 벡터를 찾아라. (b) 다음 벡터와 직교하는 벡터 중에서 $<x,\ 4,\ -6>$ 형태의 벡터를 구하라.

36. $<2,\ -2,\ 0>$

37. $<-1,\ 0,\ 3>$

38. $4i+j-2k$

39. $-6i-2j+k$

40. 벡터 $\vec{a}=(a_1,\ a_2,\ a_3)$, $\vec{b}=(b_1,\ b_2,\ b_3)$일 때

$$\vec{a}\cdot\vec{b}=a_1b_1+a_2b_2+a_3b_3$$

가 성립함을 보여라.

*문제41~44에서 $comp_b\vec{a}$와 $\boldsymbol{proj_a}\vec{a}$ 를 찾아라.

41. $\vec{a}=(2,1)$, $\vec{b}=(3,4)$

42. $\vec{a}=(3,4)$, $\vec{b}=(2,1)$

43. $\vec{a}=(3,1,2)$, $\vec{b}=(2,-1,3)$

44. $\vec{a}=(2,0,-2)$, $\vec{b}=(0,-2,3)$

45. 힘 $\overrightarrow{F}$의 방향이 수평과 $\frac{\pi}{4}$이고 $\vec{d}=800m$일 때, 보기11 을 다시 구하라.

46. 한 변의 길이가 2인 정사각형 밑면과 높이가 2인 피라미드형 물체(그림10) $ABCDE$가 있다. 점 E가 대각선 AC의 중점에 위치할 때, $\overrightarrow{AC}$와 $\overrightarrow{AE}$가 이루는 각 θ를 벡터의 내적을 사용하여 구하라.

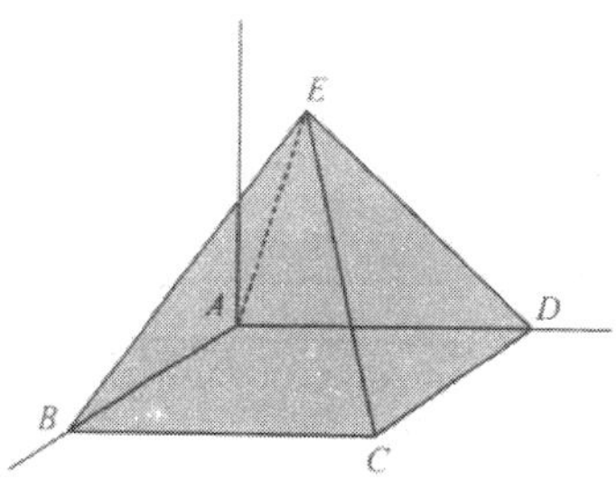

그림10 [문제46]

47. 질량 $5kg$의 물체가 30°의 경사면을 따라 $8m$ 이동하였다. 중력이 물체에 대하여 한 일을 구하라. 중력가속도는 $g=9.8m/\sec^2$이다.

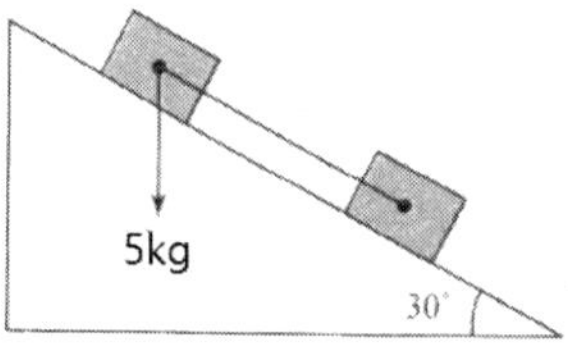

그림11 [문제47]

48. 일정한 힘 $\overrightarrow{F} = <30, 20>\ (kg_f)$이 물체를 점 $A(0, 0)$에서 점$B(85, 25)$까지 직선으로 움직였을 때 한 일을 구하라.

49. 다음 내용이 사실이면 간단히 설명하고, 거짓이면 그 이유를 들어라.

(a) $\vec{a} \cdot \vec{b} = \vec{a} \cdot \vec{c}$이면, $\vec{b} = \vec{c}$이다.

(b) $\| \vec{a} \| > \| \vec{b} \|$ 이면, $\vec{a} \cdot \vec{c} > \vec{b} \cdot \vec{c}$이다.

(c) $\| \vec{a} \| = \| \vec{b} \|$ 이면, $\vec{a} = \vec{b}$이다.

50. 임의의 0이 아닌 벡터 $\vec{a}, \vec{b}, \vec{c}$에 대해

$$comp_c(\vec{a} + \vec{b}) = comp_c\vec{a} + comp_c\vec{b}$$

임을 보여라.

7.5 벡터의 외적

벡터의 외적은 벡터들의 곱이 벡터가 되는 경우이다. 이는 앞 절에서 소개된 **내적**이 스칼라가 되는 경우와 대비된다. 두 벡터 $\vec{a}$와 $\vec{b}$의 **외적(cross product)**은 $\vec{a}\times\vec{b}$로 표시하고, 다음 조건을 만족 시키는 벡터이다.

(1) 벡터 $\vec{c}=\vec{a}\times\vec{b}$의 작용선은 $\vec{a}$와 $\vec{b}$를 포함하는 평면에 수직이다.

(2) 벡터 $\vec{c}=\vec{a}\times\vec{b}$의 크기는 $\vec{a}$와 $\vec{b}$의 크기와 $\vec{a}$와 $\vec{b}$가 이루는 각 θ의 sine값의 곱이며 다음 식으로 표시된다.

$$\vec{c}=\vec{a}\times\vec{b}=\overrightarrow{|a||b|\sin\theta}$$

(3) 벡터 $\vec{V}=\vec{a}\times\vec{b}$의 방향은 **오른손법칙(right-hand rule)**을 따른다.

▶ **오른손법칙(right-hand rule)**

벡터 $\vec{a}$와 $\vec{b}$는 같은 평면을 가지며, $\vec{a}$와 $\vec{b}$를 포함하는 평면에 대해 법선인 벡터 $\vec{c}$를 갖는 두 개의 임의의 평행이 아닌 벡터라 하자. 그림1과 같이 오른손의 검지부터 세끼손가락까지 회전하는 각 θ $(0\leq\theta\leq\pi)$)를 이루며 벡터 $\vec{a}$에서 벡터 $\vec{b}$를 가리키는 방향으로 회전한다면, 이때 엄지손가락은 벡터 $\vec{c}$방향을 향하게 된다. 오른손법칙을 적용할 때, 벡디의 순서가 매우 중요하다. 벡터 $\vec{a}, \vec{b}, \vec{c}$가 오른손법칙을 따르면, 벡터 $\vec{a}, \vec{b}, \vec{c}$는 오른손법칙에 의해 결정되는 방향으로 성립한다. 즉, $\vec{c}$는 $\vec{a}, \vec{b}$가 이루는 평면에 수직이면서 그 순서대로 나타낸다. 단위직교벡터 i, j, k 역시 오른손법칙을 따르며, 서로 수직인 백터이다.

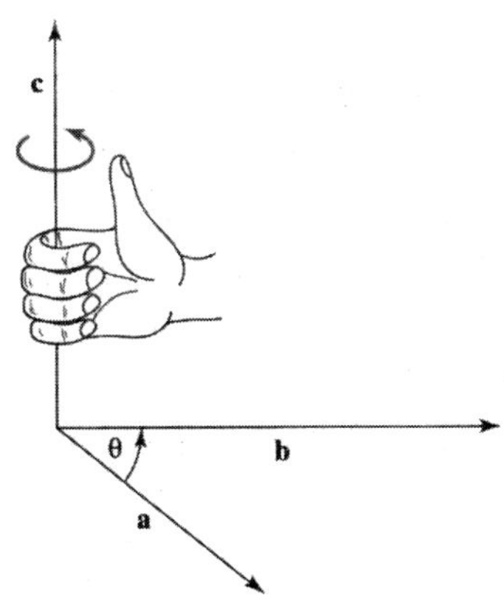

그림1 오른손법칙

벡터의 외적은 다음과 같이 정의된다.

[정의] 외적(cross product), 벡터곱(vector product)

벡터 $\vec{a} = < a_1, a_2, a_3 >$, $\vec{b} = < b_1, b_2, b_3 >$일 때 $\vec{a}$와 $\vec{b}$의 외적(vector product)는

$$\vec{a} \times \vec{b} = < a_2b_3 - a_3b_2,\ a_3b_1 - a_1b_3,\ a_1b_2 - a_2b_1 >$$

이다.

위의 정의는 실제로는 기하학적으로 표현되지 않아 기억하기 쉽지 않고 그 의미로 분명하게 다가오지 않는다. 그러나 한가지는 명백하다. 즉, 벡터의 외적은 벡터이다. 그러므로 이것을 **벡터곱(vector product)**이라고 부르기도 한다. $\vec{a} \times \vec{b}$는 벡터 $\vec{a}$와 $\vec{b}$가 3차원 벡터일 때만 성립한다는 것에 유의한다.

위의 외적을 쉽게 파악할 수 있도록 행렬식의 표현을 도입한다. 일반적인 3차 행렬식은 다음가 같이 표현할 수 있다.

$$\begin{vmatrix} a_1 & a_2 & a_3 \\ b_1 & b_2 & b_3 \\ c_1 & c_2 & c_3 \end{vmatrix} = a_1 \begin{vmatrix} b_2 & b_3 \\ c_2 & c_3 \end{vmatrix} - a_2 \begin{vmatrix} b_1 & b_3 \\ c_1 & c_3 \end{vmatrix} + a_3 \begin{vmatrix} b_1 & b_2 \\ c_1 & c_2 \end{vmatrix}$$

윗 식 우변의 각 항은 행렬식의 제1행의 수 a_i를 포함하고 있다. 이와 유사하게 행렬식을 사용하여 $\vec{a} \times \vec{b}$의 정의를 표준기저벡터 i, j, k를 이용하여 다시 쓰면, $\vec{a} = a_1 i + a_2 j + a_3 k$와 $\vec{b} = b_1 i + b_2 j + b_3 k$의 외적은 다음과 같이 나타낼 수 있음을 알 수 있다.

$$\vec{a} \times \vec{b} = i \begin{vmatrix} a_2 & a_3 \\ b_2 & b_3 \end{vmatrix} - j \begin{vmatrix} a_1 & a_3 \\ b_1 & b_3 \end{vmatrix} + k \begin{vmatrix} a_1 & a_2 \\ b_1 & b_2 \end{vmatrix}$$

따라서, 행렬식의 유사성에 비추어 다음과 같이 쓸 수 있다.

$$\vec{a} \times \vec{b} = \begin{vmatrix} i & j & k \\ a_1 & a_2 & a_3 \\ b_1 & b_2 & b_3 \end{vmatrix}$$

윗 식에서 행렬식의 첫 번째 행이 벡터로 이루어져 있지만 보통의 행렬식과 같이 전개하면 벡터 $\vec{a}$와 $\vec{b}$의 외적을 기호적으로 기억하는데 가장 쉬운 방법이 된다. 윗 식의 구성을 살펴보면, 왼쪽 벡터 $\vec{a}$의 성분은 2행이 되고, 오른쪽 벡터 $\vec{b}$의 성분은 3행이 된다. 이 의미는 중요하다. 그 이유는 $\vec{a}$와 $\vec{b}$의 위치를 바꾸면, 행렬식의 2행과 3행이 서로 바뀌므로 행렬식의 값의 부호가 바뀐다. 따라서 다음을 알 수 있다.

$$\vec{a} \times \vec{b} = -(\vec{b} \times \vec{a})$$

이것을 **반교환법칙(anticommutative law)**이라고 부른다.

벡터의 외적은 윗 식에서 알 수 있듯이 교환법칙이 성립하지 않는다. 외적의 크기는 외적 조건에서 나타낸 바와 같이 다음 식이다.

$$\vec{c} = \vec{a} \times \vec{b} = \overrightarrow{|a||b|\sin\theta}$$

그림2에 나타낸 바와 같이 두 벡터 $\vec{a}$와 $\vec{b}$로 이루어지는 평행사변형의 면적이 된다. 따라서, 두 벡터가 직교할 때는 $\theta = \pi/2$이고 이때 $\sin\theta = 1$이 될 때 외적의 크기는 최대가 된다. 외적이 0이 되는 경우는 $\vec{a} = 0$이거나 $\vec{b} = 0$인 경우, 또는 $\theta = 0$이거나 $\theta = \pi$일 때 외적의 값은 0이된다. 즉, 어느 한 쪽 벡터가 0벡터 이거나, 벡터 $\vec{a}$, $\vec{b}$가 서로 평행할 때가 된다.

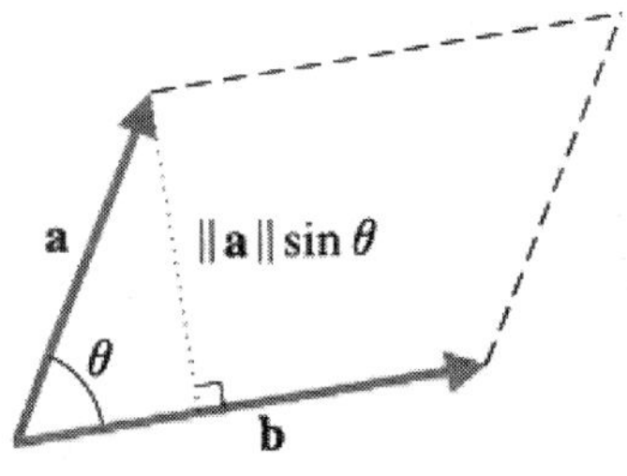

그림2 외적의 크기

> **[정리] 벡터 $\vec{a} \times \vec{b}$ 의 크기**
> 벡터의 외적 $\vec{a} \times \vec{b}$의 크기는 $\vec{a}$와 $\vec{b}$로 이루어지는 평행사변형의 넓이와 같다.

보기1

평면상에 놓인 벡터 $\vec{p}$의 크기가 6이고 x축과 30°를 이룬다. 벡터 $\vec{q}$의 크기가 4이고 x축 상에 놓여있다. 이 벡터들의 외적을 구하라(그림3).

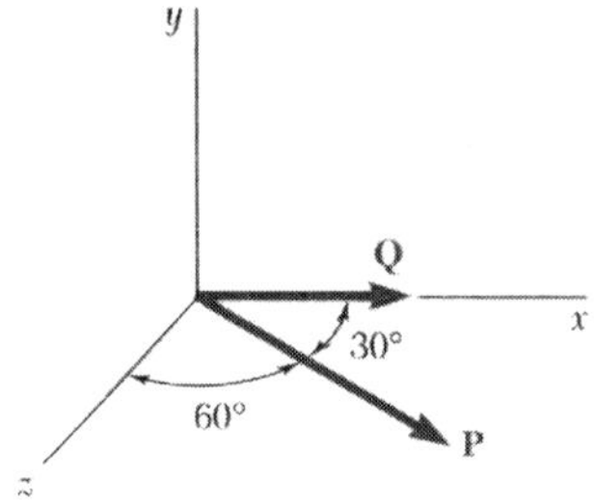

그림3 보기1

풀이

벡터의 외적 정의로부터

$\overrightarrow{V} = \overrightarrow{P}\times\overrightarrow{Q} = PQ\sin\theta = (6)(4)\sin 30^\circ = 12$

이며, 방향은 y축을 향한다.

보기2

벡터 $\vec{a} = (-2, 2, 1)$과 $\vec{b} = (1, 1, 3)$의 외적을 구하라.

풀이

$$\begin{aligned}\vec{a}\times\vec{b} &= \begin{vmatrix} i & j & k \\ -2 & 2 & 1 \\ 1 & 1 & 3 \end{vmatrix} \\ &= \begin{vmatrix} 2 & 1 \\ 1 & 3 \end{vmatrix} i - \begin{vmatrix} -2 & 1 \\ 1 & 3 \end{vmatrix} j + \begin{vmatrix} -2 & 2 \\ 1 & 1 \end{vmatrix} k \\ &= (6-1)i - (-6-1)j + (-2-2)k \\ &= 5i + 7j - 4k \end{aligned}$$

보기3

벡터 $\vec{a} = (2, 2, 0)$과 $\vec{b} = (4, 0, 0)$의 외적 $\vec{a}\times\vec{b}$을 구하라.

풀이

$$\vec{a}\times\vec{b} = \begin{vmatrix} i & j & k \\ 2 & 2 & 0 \\ 4 & 0 & 0 \end{vmatrix} = i\begin{vmatrix} 2 & 0 \\ 0 & 0 \end{vmatrix} - j\begin{vmatrix} 2 & 0 \\ 4 & 0 \end{vmatrix} + k\begin{vmatrix} 2 & 2 \\ 4 & 0 \end{vmatrix} = -8k$$

보기4

R^3인 임의의 벡터 $\vec{a}\times\vec{a}=0$임을 보여라.

풀이

$\vec{a}=(a_1, a_2, a_3)$라 두면,

$$\vec{a}\times\vec{a}=\begin{vmatrix} i & j & k \\ a_1 & a_2 & a_3 \\ a_1 & a_2 & a_3 \end{vmatrix}=\begin{vmatrix} a_2 & a_3 \\ a_2 & a_3 \end{vmatrix} i-\begin{vmatrix} a_1 & a_3 \\ a_1 & a_3 \end{vmatrix} j+\begin{vmatrix} a_1 & a_2 \\ a_1 & a_2 \end{vmatrix} j$$

$$=(a_2a_3-a_3a_2)i-(a_1a_3-a_3a_1)j+(a_1a_2-a_2a_1)k=0$$

[정리]

임의의 벡터 $\vec{a}\in R^3$에 대해서[18] $\vec{a}\times\vec{a}=0$이고, $\vec{a}\times 0=0$이다.

보기5

벡터 $\vec{a}=(1, -1, 2)$와 $\vec{b}=(-2, 3, 2)$을 행렬식 정의를 사용하여 $\vec{a}\times\vec{b}$와 $\vec{b}\times\vec{a}$를 계산하라.

풀이

$$\vec{a}\times\vec{b}=\begin{vmatrix} i & j & k \\ 1 & -1 & 2 \\ -2 & 3 & 2 \end{vmatrix}=\begin{vmatrix} -1 & 2 \\ 3 & 2 \end{vmatrix} i-\begin{vmatrix} 1 & 2 \\ -2 & 2 \end{vmatrix} j+\begin{vmatrix} 1 & -1 \\ -2 & 3 \end{vmatrix} k$$

$$=-8i-6j+5k$$

$$\vec{b}\times\vec{a}=\begin{vmatrix} i & j & k \\ -2 & 3 & 2 \\ 1 & -1 & 2 \end{vmatrix}=\begin{vmatrix} 3 & 2 \\ -1 & 2 \end{vmatrix} i-\begin{vmatrix} -2 & 2 \\ 1 & 2 \end{vmatrix} j+\begin{vmatrix} -2 & 3 \\ 1 & -1 \end{vmatrix} k$$

$$=8i+6j-5k \quad =-(-8i-6j+5k)=-(\vec{a}\times\vec{b})$$

보기6

벡터 $\vec{a}=(1, -1, 2)$와 계산하라.

풀이

18) 벡터의 외적은 R^3에 있는 벡터에서만 성립하며 R^2의 벡터에서는 대응하는 연산이 없다.

> **[정리] 벡터 $\vec{a}\times\vec{b}$ 의 직교성**
> 벡터 $\vec{a}\times\vec{b}$는 벡터 $\vec{a}$와 직교하고, 벡터 $\vec{b}$와 직교한다.

〈증명〉

$\vec{a}\times\vec{b}$에서 삼각형에 코사인법칙[19]을 적용시킨다. 두 벡터가 직교할 필요충분조건은 그 내적이 0이다.

▸ 직각성분으로 표시된 외적

벡터의 외적 $\vec{a}\times\vec{b}$는 $\vec{a}$와 $\vec{b}$에 직교하기 때문에 $\vec{a}$와 $\vec{b}$를 포함하는 평면에 있는 모든 벡터와 직교한다. 이를 "외적 $\vec{a}\times\vec{b}$는 평면과 직교한다." 고 한다. 이때 주어진 평면에 대해 $\vec{a}\times\vec{b}$는 평면에 대해 어느 방향으로 향하는가? 이를 알기 위해서는 간단한 외적을 계산함으로써 알 수 있다.

$$i\times j=\begin{vmatrix} i & j & k \\ 1 & 0 & 0 \\ 0 & 1 & 0 \end{vmatrix}=\begin{vmatrix} 0 & 0 \\ 1 & 0 \end{vmatrix}i-\begin{vmatrix} 1 & 0 \\ 0 & 0 \end{vmatrix}j+\begin{vmatrix} 1 & 0 \\ 0 & 1 \end{vmatrix}k=k$$

가 된다. 또한,

$$j\times k=\begin{vmatrix} i & j & k \\ 0 & 1 & 0 \\ 0 & 0 & 1 \end{vmatrix}=\begin{vmatrix} 1 & 0 \\ 0 & 1 \end{vmatrix}i-\begin{vmatrix} 0 & 0 \\ 0 & 1 \end{vmatrix}j+\begin{vmatrix} 0 & 1 \\ 0 & 0 \end{vmatrix}k=i$$

이다(그림4(a)). 즉,

$$j\times k=i$$

$$j\times i=\begin{vmatrix} i & j & k \\ 0 & 1 & 0 \\ 1 & 0 & 0 \end{vmatrix}=-k$$

이다(그림4(b)). 여러 가지 가능한 단위벡터들 사이의 외적은 다음과 같다.

$$i\times i=0,\ j\times i=-k,\ k\times i=j$$
$$i\times j=k,\ j\times j=0,\ k\times j=-i$$
$$i\times k=-j,\ j\times k=i,\ k\times k=0$$

---

19) $c^2=a^2+b^2-2ab\cos\theta$

단위벡터를 나타내는 세 개의 문자를 반 시계방향으로 원 안에 배열하면, 두 단위벡터의 외적의 부호를 쉽게 결정할 수 있다(그림4(c)). 두 단위벡터의들의 곱은 이들이 반시계방향의 순서로 배열되어 있으면 양(+)이 되고, 시계방향의 순서로 배열되어 있으면 음(-)이 된다.

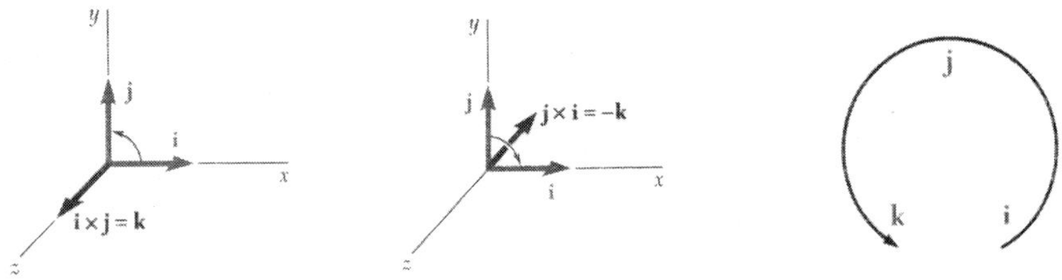

(a) $i \times j = k$ (b) $j \times i = -k$ (c) 정규직교기저 부호

그림4 정규직교기저의 방향과 부호

[정리] 외적의 성질

R^3인 공간에서 벡터 $\vec{a}$와 벡터 $\vec{b}$ 그리고 스칼라 l에 대하여 다음이 성립한다.

(1) $(l\vec{a}) \times \vec{b} = l(\vec{a} \times \vec{b}) = \vec{a} \times (l\vec{b})$

(2) 외적은 벡터합에 대한 분배법칙이 성립한다.

(a) $\vec{a} \times (\vec{b} + \vec{c}) = (\vec{a} \times \vec{b}) + (\vec{a} \times \vec{c})$

(h) $(\vec{a} + \vec{b}) \times \vec{c} = (\vec{a} \times \vec{c}) + (\vec{b} \times \vec{c})$

(3) 외적은 교환법칙이 성립되지 않고 **반교환법칙**(anti-commtative)을 만족한다.

$$\vec{a} \times \vec{b} = -(\vec{b} \times \vec{a})$$

(4) 외적은 결합법칙을 만족하지 않는다(not associative). 따라서 괄호를 생략할 수 없다.

$$\vec{a} \times (\vec{b} \times \vec{c}) \neq (\vec{a} \times \vec{b}) \times \vec{c}$$

(5) $\vec{a} \times \mathbf{0} = \mathbf{0} \times \vec{a} = 0$, $\vec{a} \times \vec{a} = 0$

(6) $\vec{a} \cdot (\vec{b} \times \vec{c}) = (\vec{a} \times \vec{b}) \cdot \vec{c}$

(7) $\vec{a} \times (\vec{b} \times \vec{c}) = (\vec{a} \cdot \vec{c})\vec{b} - (\vec{a} \cdot \vec{b})\vec{c}$

<증명>

$\vec{a} = a_1 i + a_2 j + a_3 k$, $\vec{b} = b_1 i + b_2 j + b_3 k$, $\vec{c} = c_1 i + c_2 j + c_3 k$라 하자.

(1) 외적의 정의로부터 증명이 직접 유도된다.

(2) <증명>

행렬식의 형태로 표시한다. (2)의 (a)식의 좌변의 첫 번째 성분을 다시 쓰면,

$$\begin{vmatrix} a_2 & a_3 \\ b_2+c_2 & b_3+c_3 \end{vmatrix} = a_2(b_3+c_3) - a_3(b_2+c_2)$$
$$= (a_2b_3 - a_3b_2) + (a_2c_3 - a_3c_3)$$
$$= \begin{vmatrix} a_2 & a_3 \\ b_2 & b_3 \end{vmatrix} + \begin{vmatrix} a_2 & a_3 \\ c_2 & c_3 \end{vmatrix}$$

외적의 행렬식 표현에 의하여 위의 두 행렬식의 합은 식(2a)의 우변 $(\vec{a}\times\vec{b}) + (\vec{a}\times\vec{c})$의 첫 번째 성분과 같다. 식(2b)도 같은 방법으로 보일 수 있다.

(3) 〈증명〉 $\vec{a}\times\vec{b} = -(\vec{b}\times\vec{a})$

$$\vec{a}\times\vec{b} = \begin{vmatrix} i & j & k \\ a_1 & a_2 & a_3 \\ b_1 & b_2 & b_3 \end{vmatrix} = -\begin{vmatrix} i & j & k \\ b_1 & b_2 & b_3 \\ a_1 & a_2 & a_3 \end{vmatrix} = -(\vec{b}\times\vec{a})$$

(5) 〈증명〉 $\vec{a}\times 0 = 0\times\vec{a} = 0$, $\vec{a}\times\vec{a} = 0$

$0 = 0i + 0j + 0k$가 되므로

$$\vec{a}\times 0 = \begin{vmatrix} i & j & k \\ a_1 & a_2 & a_3 \\ 0 & 0 & 0 \end{vmatrix} = i\begin{vmatrix} a_2 & a_3 \\ 0 & 0 \end{vmatrix} - j\begin{vmatrix} a_1 & a_3 \\ 0 & 0 \end{vmatrix} + k\begin{vmatrix} a_1 & a_2 \\ 0 & 0 \end{vmatrix}$$
$$= 0i + 0j + 0k = 0$$
$$\vec{a}\times\vec{a} = \begin{vmatrix} i & j & k \\ a_1 & a_2 & a_3 \\ a_1 & a_2 & a_3 \end{vmatrix} = i\begin{vmatrix} a_2 & a_3 \\ a_2 & a_3 \end{vmatrix} - j\begin{vmatrix} a_1 & a_3 \\ a_1 & a_3 \end{vmatrix} + \begin{vmatrix} a_1 & a_3 \\ a_1 & a_3 \end{vmatrix}$$
$$= 0i + 0j + 0k = 0$$

(6) 〈증명〉 $\vec{a}\cdot(\vec{b}\times\vec{c}) = (\vec{a}\times\vec{b})\cdot\vec{c}$

$$\vec{a}\cdot(\vec{b}\times\vec{c}) = a_1(b_2c_3 - b_3c_2) + a_2(b_3c_1 - b_1c_3) + a_3(b_1c_2 - b_2c_1)$$
$$= a_1b_2c_3 - a_1b_3c_2 + a_2b_2c_1 - a_2b_1c_3 + a_3b_1c_2 - a_3b_2c_1$$
$$= (a_2b_3 - a_3b_2)c_1 + (a_3b_1 - a_1b_3)c_2 + (a_1b_2 - a_2b_1)c_3$$
$$= (\vec{a}\times\vec{b})\cdot\vec{c}$$

(7) 〈증명〉 $\vec{a}\times(\vec{b}\times\vec{c}) = (\vec{a}\cdot\vec{c})\vec{b} - (\vec{a}\cdot\vec{b})\vec{c}$

윗 식의 양변을 각각 전개하면

$$\vec{b}\times\vec{c} = \begin{vmatrix} i & j & k \\ b_1 & b_2 & b_3 \\ c_1 & c_2 & c_3 \end{vmatrix} = i(b_2c_3 - b_3c_2) + j(b_3c_1 - b_1c_3) + k(b_1c_2 - b_2c_1)$$

가 된다. 그러므로,

$$\vec{a}\times(\vec{b}\times\vec{c}) = \begin{vmatrix} i & j & k \\ a_1 & a_2 & a_3 \\ b_2c_3 - b_3c_2 & b_3c_1 - b_1c_3 & b_1c_2 - b_2c_1 \end{vmatrix}$$

$$\begin{aligned} &= i[a_2(b_1c_2 - b_2c_1) - a_3(b_3c_1 - b_1c_3)] \\ &\quad + j[a_3(b_2c_3 - b_3c_2) - a_1(b_1c_2 - b_2c_1)] \\ &\quad + k[a_1(b_3c_1 - b_1c_3) - a_2(b_2c_3 - b_3c_2)] \\ &= b_1i(a_2c_2 + a_3c_3) - c_1i(a_2b_2 + a_3b_3) \\ &\quad + b_2j(a_3c_3 + a_1c_1) - c_2j(a_3b_3 + a_1b_1) \\ &\quad + b_3k(a_1c_1 + a_2c_2) - c_3k(a_1b_1 + a_2b_2) \end{aligned}$$

이 된다. 식 (7)의 오른편을 전개하면,

$$\begin{aligned} (\vec{a}\cdot\vec{c})\vec{b} - (\vec{a}\cdot\vec{b})\vec{c} &= b_1i(\boldsymbol{a_1c_1} + a_2c_2 + a_3c_3) - c_1i(\boldsymbol{a_1c_1} + a_2b_2 + a_3b_3) \\ &\quad + b_2j(a_1c_1 + \boldsymbol{a_2c_2} + a_3c_3) - c_2j(a_1b_1 + \boldsymbol{a_2b_2} + a_3b_3) \\ &\quad + b_3k(a_1c_1 + a_2c_2 + \boldsymbol{a_3c_3}) - c_3k(a_1b_1 + a_2b_2 + \boldsymbol{a_3b_3}) \end{aligned}$$

이 되어, 두 식의 우변이 서로 같다. 그러므로, $\vec{a}\times(\vec{b}\times\vec{c}) = (\vec{a}\cdot\vec{c})\vec{b} - (\vec{a}\cdot\vec{b})\vec{c}$이 성립한다. 나머지 (4)의 증명은 연습문제로 대신한다.

■ 외적의 응용

▶ 한 점에 대한 힘의 모멘트

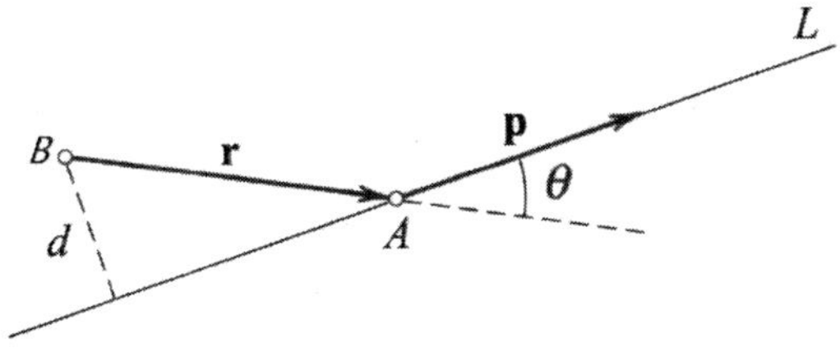

그림5 $\vec{p}$의 모멘트 개념도

물리학에서 점 A에 대한 힘 $\vec{p}$의 모멘트 M은 $M = |\vec{p}|d$로 정의한다. 여기서 d는 $\vec{p}$의 작용선 L과 작용점 B 사이의 수직 거리이다. 만일 $\vec{r}$을 작용점 B로부터 작용선 L상의 임의의 점 A로의 벡터라고 하면, $d = |\vec{r}|\sin\theta$가 되고 다음 식이 성립한다.

$$M = |\vec{r}||\vec{p}|\sin\theta$$

이제 θ가 두 벡터 $\vec{r}$과 $\vec{p}$의 사잇각이므로

$$M = \vec{r} \times \vec{p}$$

가 성립한다. 윗 식을 작용점 B에서의 힘 $\vec{p}$의 모멘트벡터(moment vector) 또는 벡터모멘트(vector moment)라 한다. 만일 $\overrightarrow{M} \neq 0$이면 모멘트의 방향은 힘 $\vec{p}$에 의하여 작용점 B를 중심으로 회전하는 회전축의 방향이 된다. 이 회전축은 $\vec{r}$과 $\vec{p}$에 수직이 된다.

보기7

그림 과 같은 바퀴의 중심점 O에 대한 힘 $\vec{p}$의 모멘트를 구하라.

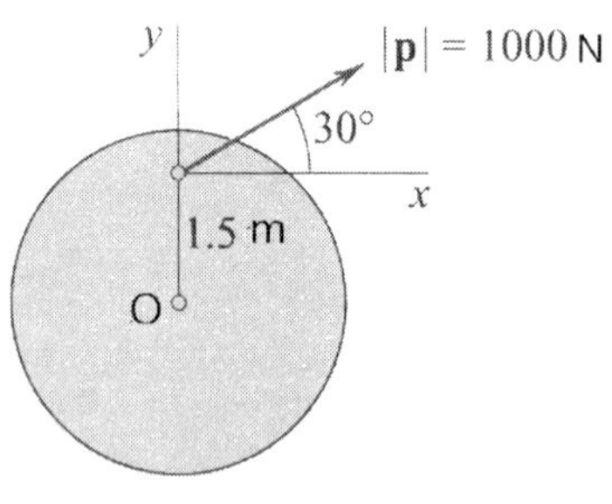

그림6 보기7

풀이

그림5에 주어진 각 성분들을 주어진 좌표계를 이용하면,

$\vec{p} = <1000\cos30^\circ,\ 1000\sin30^\circ,\ 0> = (866,\ 500,\ 0)$, $\vec{r} = <0,\ 1.5\ 0>$

바퀴의 중심 O는y축 상의 $y=-1.5$의 위치에 있다. 따라서,

$$M = \vec{r} \times \vec{p} = \begin{vmatrix} i & j & k \\ 0 & 1.5 & 0 \\ 866 & 500 & 0 \end{vmatrix} = 0 + 0 + \begin{vmatrix} 0 & 1.5 \\ 866 & 500 \end{vmatrix} k$$

$$= (0,\ 0,\ -1299) = -1299k\,(N \cdot m)$$

M의 방향은 z축의 음의 방향이다.

보기8

그림4와 같이 점 A에 $500N$의 수직력이 점 O에 있는 축에 부착된 지렛대의 끝에 작용하고 있다. 다음을 구하라.

(a) 점 O에 대한 $500N$의 힘의 모멘트

(b) 점 O에 대해 같은 모멘트를 발생시키는 점 A에 작용하는 수평력의 크기

(c) 점 O에 대해 같은 모멘트를 발생시키는 점 A에 작용하는 최소힘

(d) 점 O에 대해 같은 모멘트를 발생시킥 위한 수직력 $1200N$의 축에서부터의 거리

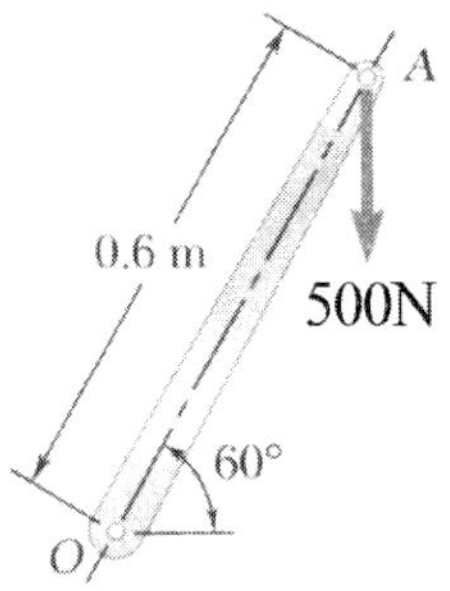

그림6 보기8

풀이

(a) **점 O에 대한 $500N$의 힘의 모멘트**: 점 O에서 $500N$힘의 작용선까지의 수직거리 d는

$$d = (0.6)\cos 60^{\circ} = 0.3(m)$$

점 O에 대한 $500N$의 힘의 모멘트 M_o의 크기는

$$\therefore \ M_o = \vec{F}d = (500N)(0.3m) = 150\,N \cdot m \qquad \leftarrow(\text{답})$$

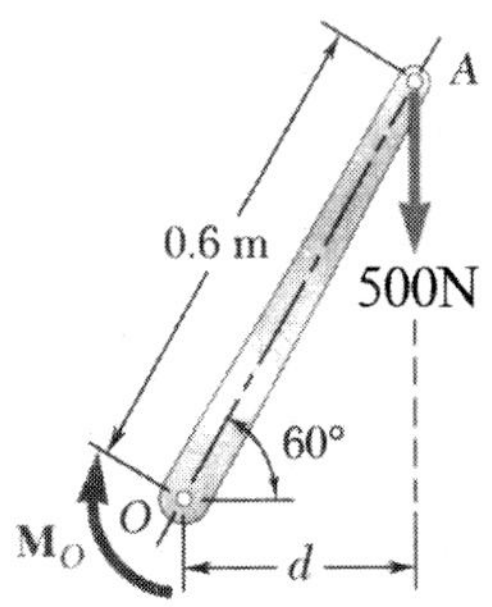

그림7 보기8(a)

(b) **수평력**: 수직거리 d는 다음과 같다(그림8).

$$d = (0.6m)\sin 60^\circ = 0.52(m)$$

점 O에 대한 모멘트는 $150 N \cdot m$가 되어야 하므로

$$M_o = \vec{F} d$$

$$150 (N \cdot m) = \vec{F}(0.52m)$$

$$\therefore \vec{F} = 288.46N \quad \leftarrow (\text{답})$$

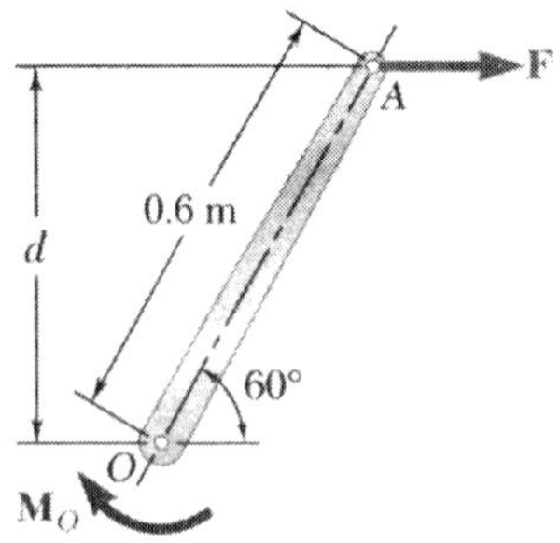

그림8 보기8(b)

(c) **최소힘**: $M_o = \vec{F} d$이므로 $\vec{F}$의 최소값은 d가 최대일 때 발생한다. 따라서 힘 $\vec{F}$를 $\overline{OA}$에 수직으로 놓으면 $d = 0.6(m)$가 되므로

$$M_o = \vec{F} d$$

$$150 (N \cdot m) = \vec{F}(0.6m)$$

$$\therefore \vec{F} = 250N \quad \leftarrow (\text{답})$$

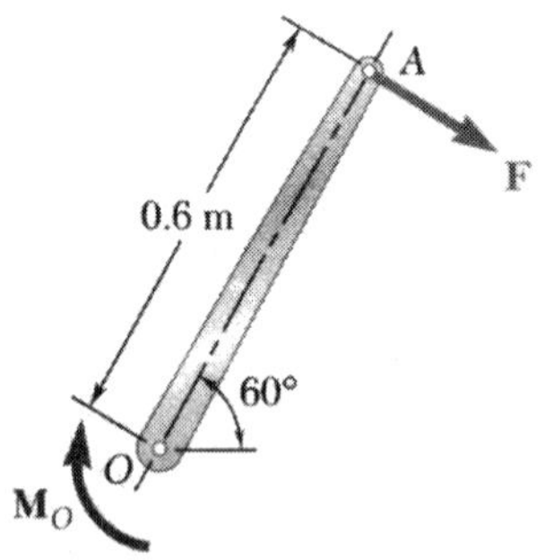

그림9 보기8(c)

(d) **1200N 의 수직력**: $M_o = \overrightarrow{F}d$이므로

$$150\,(N \cdot m) = (1200N)\,d$$
$$d = 0.125\,m$$

따라서, $\overline{OB}\,cos60^\circ = d$이므로,

$$\therefore\ \overline{OB} = 2d = 0.25m \quad \leftarrow(\text{답})$$

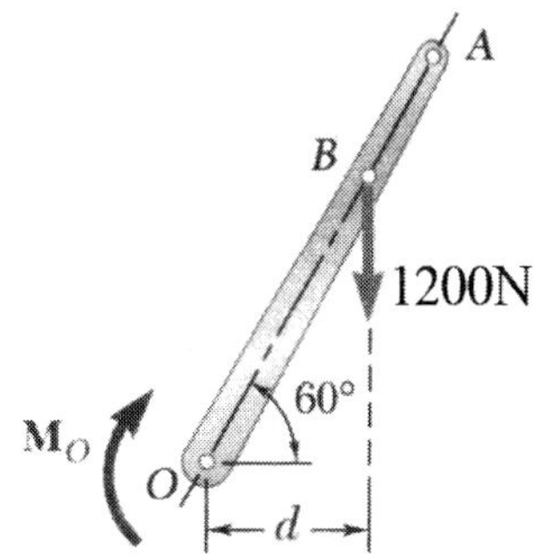

그림10 보기8(d)

▸ **회전체의 속도**

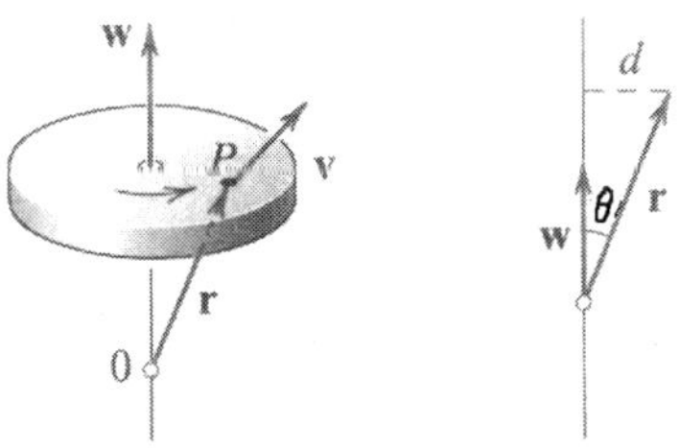

그림11 회전체의 속도

R^3공간에서 강체 B의 회전은 벡터 $\overrightarrow{W}$에 의하여 표현된다. $\overrightarrow{W}$의 방향은 회전축의 방향이고 $\overrightarrow{W}$를 시작점에서 끝점으로 볼 때, 호전은 시계방향으로 나타난다. $\overrightarrow{W}$의 크기는 B의 한 점에서 각속력(angular speed) $\omega(>0)$와 같다.

B상의 한 점을 P라 하고, 축으로부터의 거리를 d라 하면, 이 때 속력은 ωd이다. 벡터 $\vec{r}$을 회전축상에 원점 O를 갖는 좌표계에 관한 P의 위치벡터라 하면, $d = |\vec{r}|\sin\theta$가 성립하며, 여기서 θ는 두 벡터 $\overrightarrow{W}$와 $\vec{r}$이 이루는 사잇각이다. 따라서,

$$\omega d = |\overrightarrow{W}||\vec{r}|\sin\theta = |\overrightarrow{W} \times \vec{r}|$$

가 된다. 윗 식과 외적의 정의로부터 P의 속도벡터 $\overrightarrow{V}$는 다음과 같이 표현된다.

$$\overrightarrow{V} = \overrightarrow{W} \times \vec{r}$$

▸ **토크(torque)**

렌치가 볼트에 가하는 작용을 생각하자(그림12).

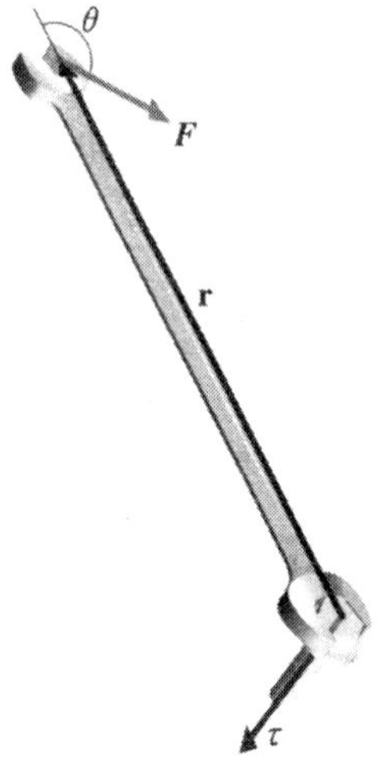

그림12 렌치의 토크 τ

볼트를 조이기 위해 손잡이의 끝 부분에 힘 $\overrightarrow{F}$가 그림과 같은 방향으로 작용하고 있다. 이 힘은 볼트의 축에 토크(torque) τ가 발생한다. 이 토크와 손잡이의 위치벡터인 $\vec{r}$에 수직인 방향으로 작용하게 된다. 오른손법칙을 이용하여 토크는 $\vec{r} \times \overrightarrow{F}$와 같은 방향으로 작용하고, 다음과 같이 정의한다.

$$\tau = \vec{r} \times \overrightarrow{F}$$

외적의 정의에 따라 윗 식은

$$|\tau| = |\vec{r} \times \overrightarrow{F}| = |\vec{r}||\overrightarrow{F}|\sin\theta$$

가 된다. 윗 식으로부터 알 수 있는 사실은 첫째, $|\vec{r}|$가 길수록 토크의 크기는 커진다. 둘째, $\theta = \frac{\pi}{2}$일 때 $\sin\theta$는 최대가 되므로 힘 $\vec{F}$가 위치벡터 $\vec{r}$과 수직일 때 토크는 최대가 된다.

보기9

$\vec{F} = 300N$의 힘을 $30cm$ 길이의 렌치 끝에 렌치와 $\pi/6$의 각을 이루고 힘을 가할 때 볼트에 작용하는 토크 τ를 구하라. 같은 힘으로 만들 수 있는 최대의 토크를 구하라.

풀이

$$
\begin{aligned}
|\tau| = |\vec{r} \times \vec{F}| &= |\vec{r}||\vec{F}|\sin\theta \\
&= (0.3m)(300N)\sin\frac{\pi}{6} \\
&= (0.3m)(300N)\left(\frac{1}{2}\right) = 45\,(N \cdot m) \quad \leftarrow (\text{답})
\end{aligned}
$$

최대의 토크 $\tau_{\max}$는 θ가 직각일 때 이므로, $\sin\frac{\pi}{2} = 1$이다. 따라서,

$$\tau_{\max} = (0.3m)(300N)(1) = 90\,(N \cdot m) \quad \leftarrow (\text{답})$$

보기10

그림과 같이 길이가 $0.3m$인 렌치에 $60N$의 힘을 가해 볼트를 조인다. 볼트 중심에 대한 토크τ의 크기를 구하라.

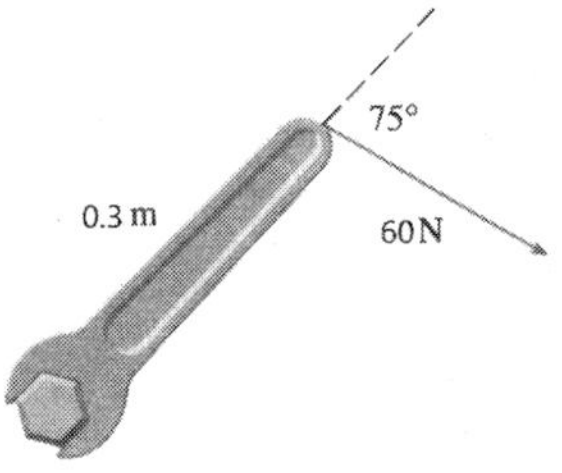

그림13 보기10

풀이

토크의 크기는

$$
\begin{aligned}
|\tau| = |\vec{r} \times \vec{F}| &= |\vec{r}||\vec{F}|\sin\theta \\
&= (0.3m)(60N)\sin 75^\circ \approx 17.39(N \cdot m)
\end{aligned}
$$

■ 스칼라 삼중곱

세 개 이상의 성분을 갖는 벡터들에 대한 벡터곱 가운데 가장 중요한 것이 세 개의 벡터 $\vec{a}$, $\vec{b}$, $\vec{c}$의 **스칼라 삼중곱(scalar triple product)** 또는 **혼용삼중곱(mixed triple product)**이다. 스칼라 삼중곱의 명칭은 결과가 스칼라값이기 때문이며 혼용삼중곱은 dot(·)표시와 cross(×)표시가 동시에 나타나기 때문에 붙여진 명칭이다.

이 스칼라 삼중곱은 $(\boldsymbol{a}\ \boldsymbol{b}\ \boldsymbol{c})$ 으로 표기하며 다음과 같이 정의된다.

[정의] 스칼라 삼중곱

벡터 $\vec{a}$, $\vec{b}$, $\vec{c}$에서 스칼라 삼중곱(scalar triple product)은

$$(\boldsymbol{a}\ \boldsymbol{b}\ \boldsymbol{c}) = \vec{a} \cdot (\vec{b} \times \vec{c})$$

로 정의하고, 행렬식을 이용해서 다음과 같이 쓸 수 있다.

$$(\boldsymbol{a}\ \boldsymbol{b}\ \boldsymbol{c}) = \vec{a} \cdot (\vec{b} \times \vec{c}) = \begin{vmatrix} a_1 & a_2 & a_3 \\ b_1 & b_2 & b_3 \\ c_1 & c_2 & c_3 \end{vmatrix}$$

또한 세 벡터 $\vec{a}$, $\vec{b}$, $\vec{c}$의 스칼라 삼중곱 $\vec{a} \cdot (\vec{b} \times \vec{c}) \neq 0$일 때, 세 벡터는 일차독립이 되며, $\vec{a} \cdot (\vec{b} \times \vec{c}) = 0$이면, 일차종속이다.

스칼라 삼중곱의 기하학적 의미는 벡터 $\vec{a}$, $\vec{b}$, $\vec{c}$로 결정되는 평행육면체를 생각하면 즉시 알 수 있다(그림13)

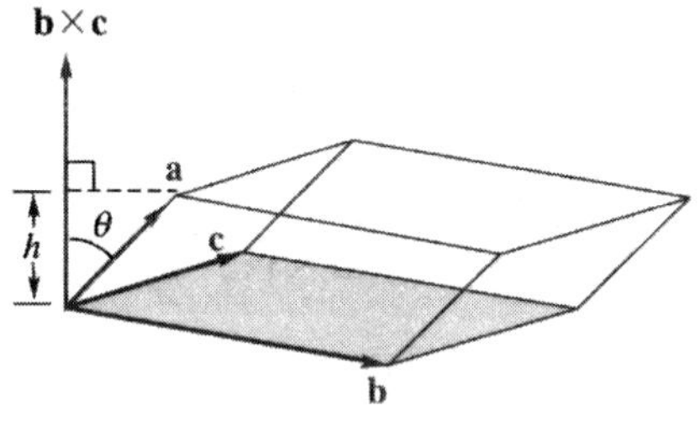

그림13 스칼라 삼중곱의 평행육면체

[정리] 스칼라 삼중곱의 성질

벡터 $\vec{a}$, $\vec{b}$, $\vec{c}$에서 스칼라 삼중곱(scalar triple product)은 다음과 같은 성질이 있다.

(1) 스칼라 삼중곱의 내적연산과 외적연산을 서로 바꾸어도 불변이다.

$$(\boldsymbol{a}\ \boldsymbol{b}\ \boldsymbol{c}) = \vec{a}\cdot(\vec{b}\times\vec{c}) = (\vec{a}\times\vec{b})\cdot\vec{c}$$

(2) 기하학적 표현(geometric interpretation): $(\boldsymbol{a}\ \boldsymbol{b}\ \boldsymbol{c})$의 절대값 $|(\boldsymbol{a}\ \boldsymbol{b}\ \boldsymbol{c})|$는 벡터 $\vec{a}$, $\vec{b}$, $\vec{c}$에 의해서 얻어지는 평행육면체(그림13)의 부피이다.

(3) 1차독립: R^3공간에서 세 벡터에 대해 $\vec{a}\cdot(\vec{b}\times\vec{c})\neq 0$이면 1차 독립이다.

〈증명〉

(1) 벡터의 내적은 교환법칙이 성립한다. 그러므로 스칼라 삼중곱의 정의로부터

$$\vec{a}\cdot(\vec{b}\times\vec{c}) = \vec{c}\cdot(\vec{a}\times\vec{b}) = \begin{vmatrix} c_1 & c_2 & c_3 \\ a_1 & a_2 & a_3 \\ b_1 & b_2 & b_3 \end{vmatrix}$$

윗 행렬식에서 1행과 2행을 바꾸고, 다시 2행과 3행을 바꾸면(두 번 바꾸었으므로 부호는 불변), 다음과 같이 되므로, (1)식이 성립한다.

$$\begin{vmatrix} c_1 & c_2 & c_3 \\ a_1 & a_2 & a_3 \\ b_1 & b_2 & b_3 \end{vmatrix} = \begin{vmatrix} a_1 & a_2 & a_3 \\ b_1 & b_2 & b_3 \\ c_1 & c_2 & c_3 \end{vmatrix} = \vec{a}\cdot(\vec{b}\times\vec{c})$$

(2) 평형육변제의 부피(는 밑면적에 높이 $h = |\vec{a}|\cos\theta$를 곱한 값과 같다(그림13). 또한 평행육면체의 밑면적은 벡터 $\vec{b}$, $\vec{c}$로 구성된 평행사변형의 면적 $|\vec{b}\times\vec{c}|$이다. 따라서 부피는 $|\vec{a}||\vec{b}\times\vec{c}||\cos\theta| = |\vec{a}\cdot\vec{b}\times\vec{c}|$

(3) 0이 아닌 벡터가 일차독립일 필요충분조건은, 이들 세 벡터의 시작점을 한 점에 일치시켰을 때, 이들이 같은 평면상에 놓여있지 않을 때이거나 같은 직선상에 놓이지 않았을 때이다. 이렇게 될 필요충분조건은 스칼라 삼중곱이 0이 아닐 때이다.

보기]10

벡터 $\vec{a} = (0,\ -9,\ 18)$, $\vec{b} = (2,\ -1,\ 4)$, $\vec{c} = (1,\ 4,\ -7)$이 같은 평면에 있음을 보여라.

풀이

세 벡터의 스칼라 삼중곱을 계산하면,

$$(\boldsymbol{a}\ \boldsymbol{b}\ \boldsymbol{c}) = \vec{a}\cdot(\vec{b}\times\vec{c}) = \begin{vmatrix} a_1 & a_2 & a_3 \\ b_1 & b_2 & b_3 \\ c_1 & c_2 & c_3 \end{vmatrix}$$

$$= \begin{bmatrix} 0 & -9 & 18 \\ 2 & -1 & 4 \\ 1 & 4 & -7 \end{bmatrix}$$

$$= 0\begin{vmatrix} -1 & 4 \\ 4 & -7 \end{vmatrix} - (-9)\begin{vmatrix} 2 & 4 \\ 1 & -7 \end{vmatrix} + 18\begin{vmatrix} 2 & -1 \\ 1 & 4 \end{vmatrix}$$

$$= 0 + 9(-18) + 18(9) = 0$$

그러므로, 벡터 $\vec{a}, \vec{b}, \vec{c}$로 결정되는 평형육면체의 부피가 0이다. 이 세벡터는 동일평면상에 있다.

보기11

그림14와 같은 사면체의 각 모서리로 하는 세 벡터 $\vec{a}$, $\vec{b}$, $\vec{c}$에 의해 결정된다. $\vec{a} = (2, 0, 1)$, $\vec{b} = (0, 3, 2)$, $\vec{c} = (4, 5, 0)$일 때, 사면체의 부피를 구하라.

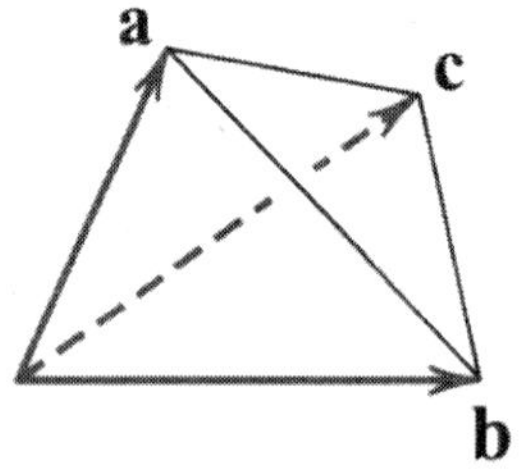

그림14 보기11의 사면체의 부피

풀이

세 벡터에 의해서 결정되는 평행육면체의 체적은 다음과 같은 스칼라 삼중곱의 절대값이다.

$$(\boldsymbol{a}\ \boldsymbol{b}\ \boldsymbol{c}) = \vec{a}\cdot(\vec{b}\times\vec{c}) = \begin{vmatrix} a_1 & a_2 & a_3 \\ b_1 & b_2 & b_3 \\ c_1 & c_2 & c_3 \end{vmatrix}$$

$$= \begin{vmatrix} 2 & 0 & 1 \\ 0 & 3 & 2 \\ 4 & 5 & 0 \end{vmatrix} = 2\begin{vmatrix} 3 & 2 \\ 5 & 0 \end{vmatrix} + \begin{vmatrix} 0 & 3 \\ 4 & 5 \end{vmatrix} = -20 - 12 = -32$$

따라서, 부피 $V = 32$이다.

[연습문제]

*문제1~10에서 $\vec{a}\times\vec{b}$를 구하라.

1. $\vec{a} = <3, 2>, \ \vec{b} = <1, 5>$
2. $\vec{a} = <1, 2, 1>, \ \vec{b} = <1, 0, 3>$
3. $\vec{a} = <0, 1, 3>, \ \vec{b} = <-2, 0, -2>$
4. $\vec{a} = <3, -2, 4>, \ \vec{b} = <0, 3, -2>$
5. $\vec{a} = 3i - 2k, \ \vec{b} = 2j - k$
6. $\vec{a} = -j - 2k, \ \vec{b} = -i + 3k$
7. $\vec{a} = 2i - j - 3k, \ \vec{b} = -2i + 4j + 4k$
8. $\vec{a} = i + 2j - 3k, \ \vec{b} = 3i - 2j + k$
9. $\vec{a} = 5i - 3j + 2k, \ \vec{b} = 2i - 3j + 3k$
10. $\vec{a} = i - 3j + 5k, \ \vec{b} = i + 4j - 5k$

11. 다음 벡터식들이 의미가 있는 표현식인지를 보여라. 의미가 없으면 그 이유를 설명하고, 의미가 있는 표현식이면 결과가 벡터인지 스칼라인지 말하라.

(a) $\vec{a}\cdot\vec{b}\times\vec{c}$ (b) $\vec{a}\times\vec{b}\cdot\vec{c}$

(c) $\vec{a}\times(\vec{b}\times\vec{c})$ (d) $\vec{a}\times(\vec{b}\cdot\vec{c})$

(c) $\vec{a}\cdot(\vec{b}\cdot\vec{c})$ (f) $(\vec{a}\cdot\vec{b})\times(\vec{a}\cdot\vec{c})$

(g) $(\vec{a}\times\vec{b})\cdot(\vec{a}\times\vec{c})$ (h) $(\vec{a}\times\vec{b})\cdot(\vec{c}\times\vec{d})$

12. $\overrightarrow{a_1} = (1, 0, 0), \ \overrightarrow{a_1} = (1, 0, 0), \ \overrightarrow{a_1} = (1, 0, 0)$ 일 때 $\overrightarrow{a_1a_2}\times\overrightarrow{a_1a_3}$를 구하라.

*문제12~에서 행렬식을 이용하지 말고 외적의 정의를 이용하여 외적을 구하라.

13. $(i\times j)\times k$
14. $i\times(j\times k)$
15. $(i-k)\times(k-j)$
16. $(j-k)\times(k-i)$

*문제17~20에서 다음의 넓이 또는 부피를 구하라.

17. (3, 4)와 (2, 5)를 이웃으로 하는 두 변으로 하는 평행사변형의 넓이

18. 세 점 (0, 0, 0), (1, 2, −2), (3, −1, 4)를 꼭지점으로 하는 삼각형의 넓이

19. 세 점 $(3, 2, 0)$, $(-1, 2, 0)$, $(2. 2. 3)$를 이웃하는 세 변으로 이루어진 평행육면체의 부피

20. 네 점 $A(-3, 1)$, $B(0, 4)$, $C(4, 3)$, $D(3, -1)$인 평행사변형의 넓이를 구하라.

21. R^3공간상의 세 점 (x_1, y_1, z_1), (x_2, y_2, z_2), (x_3, y_3, z_3)으로 주어지는 삼각형의 면적

22. 원점 O에서 직선 $\overline{AB}$까지의 최단거리 l_m은 다음 식과 같이 됨을 보여라.

$$l_m = \frac{|\overrightarrow{OA}| \times |\overrightarrow{OB}|}{|\overrightarrow{AB}|}$$

23. 0이 아닌 벡터 $\vec{a}$에 대해 $\vec{a}\times\vec{b} = \vec{a}\times\vec{c}$일 때 $\vec{b} = \vec{c}$가 항상 성립하지는 않음을 보여라.

24. 외적은 결합법칙을 만족하지 않음을 보여라.

$$\vec{a}\times(\vec{b}\times\vec{c}) \neq (\vec{a}\times\vec{b})\times\vec{c}$$

26. 스칼라 삼중곱 $\vec{a}\cdot(\vec{b}\times\vec{c}) = (\vec{a}\,\vec{b}\,\vec{c})$에서 다음을 보여라.

$$(\vec{a}\,\vec{b}\,\vec{c}) = (\vec{b}\,\vec{c}\,\vec{a}) = (\vec{c}\,\vec{a}\,\vec{b}), \quad (\vec{a}\,\vec{b}\,\vec{c}) = -(\vec{a}\,\vec{c}\,\vec{b})$$

27. 벡터 $\vec{a}$, $\vec{b}$, $\vec{c}$가 한 평면상에 있을 필요충분조건은 $(\vec{a}\,\vec{b}\,\vec{c}) = \vec{a}\cdot\vec{b}\times\vec{c} = 0$

28. 벡터 $\vec{a}$와 $\vec{b}$가 같은 평면위에 있다. $\vec{a}$와 $\vec{b}$가 각각 다음과 같을 때, 평면에 수직한 단위벡터를 구하라.
    (a) $\vec{a} = 4i-2j+3k$, $\vec{b} = -2i+6j-4l$
    (b) $\vec{a} = 7i+j-4k$, $\vec{b} = -6i-2j+3k$

29. 단위벡터 $\overrightarrow{n_1}$, $\overrightarrow{n_1}$, $\overrightarrow{n_1}$가 정규직교기저를 이룰 필요충분조건은 다음 식과 같음을 보여라.

$$(\overrightarrow{n_1}\,\overrightarrow{n_2}\,\overrightarrow{n_3}) = \overrightarrow{n_1}\cdot\overrightarrow{n_2}\times\overrightarrow{n_3} = 1$$

30. 다음 라그랑즈 항등식(Lagrange identity)을 증명하라.

$$(\vec{a}\times\vec{b})\cdot(\vec{c}\times\vec{d}) = (\vec{a}\cdot\vec{c})(\vec{b}\cdot\vec{d}) - (\vec{a}\cdot\vec{d})\cdot(\vec{b}\cdot\vec{c})$$

31. $B = B'$일 때 벡터곱 $\vec{B}\times\vec{C}$와 $\vec{B'}\times\vec{C}$에서 얻어진 결과를 이용하여 다음 정리가 성립함을 보여라.

$$\sin\alpha\cos\beta = \frac{1}{2}sin(\alpha+\beta) + \frac{1}{2}sin(\alpha-\beta)$$

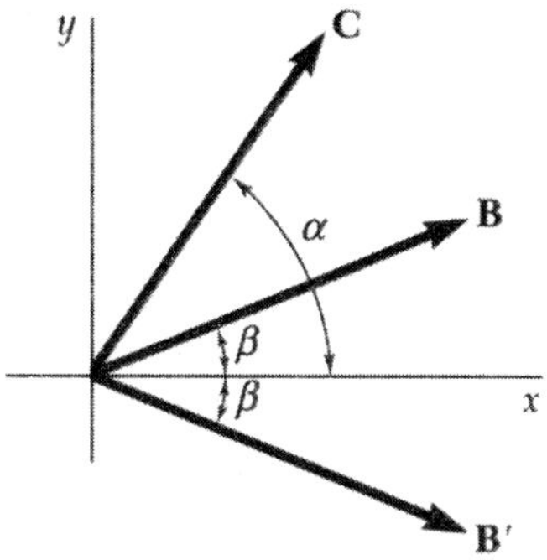

그림9 연습문제31,32

32. $B = B'$일 때, 스칼라곱 $\vec{B}\cdot\vec{C}$와 $\vec{B'}\cdot\vec{C}$로부터 얻은 결과를 이용하여 다음식이 성립함을 보여라.

$$\cos\alpha\cos\beta = \frac{1}{2}cos(\alpha+\beta) + \frac{1}{2}cos(\alpha-\beta)$$

*문제33~35에서 그림10은 제설차의 오거(auger)형상을 나타낼 때, 다음을 구하라.

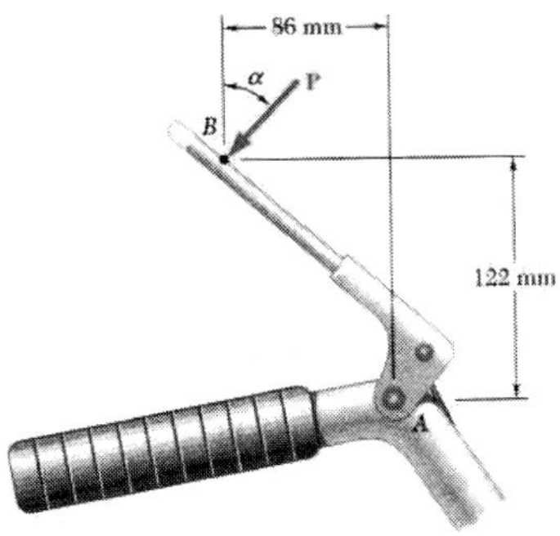

그림10 연습문제 33, 34, 35

33. 레버에 힘$\overrightarrow{P}=16(N)$이 작용한다. α가 $45°$일 때, 힘 $\overrightarrow{P}$가 A지점에 관해 발생하는 모멘트를 구하라.

34. A지점에 관해 $2.6(N\cdot m)$의 모멘트가 반시계방향으로 작용되도록, 최소 힘 $\overrightarrow{P}$의 크기와 방향을 결정하라.

35. 레버에 힘 $\overrightarrow{P}=15(N)$가 작용한다. A지점에 관한 힘 $\overrightarrow{P}$의 모멘트가 반시계방향이고 $M=2.2(N\cdot m)$가 될 때 α값을 결정하라.

36. 길이가 a인 여섯 개의 변을 가지고 있는 정사면체가 있다. 변 $\overline{BC}$방향으로 힘 $\overrightarrow{P}$가 그림 11과 같이 작용한다. 변 $\overline{OA}$에 관해 일으키는 모멘트를 결정하라.

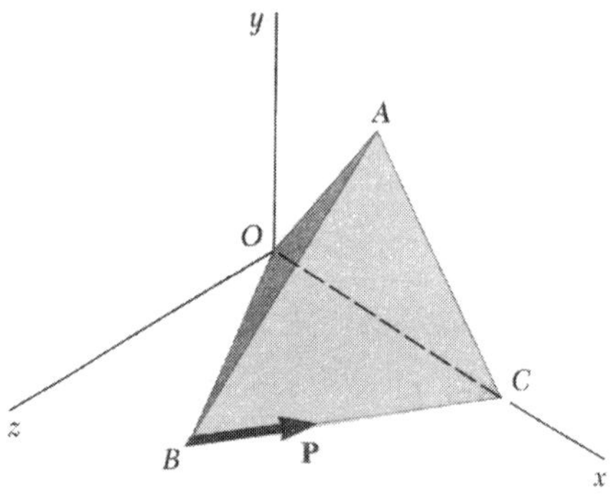

그림11 연습문제 36, 37, 38

37. 꼭지점이 $(-2,2,3)$, $(4,-2,3)$, $(6,7,4)$, $(2,2,-1)$인 사면체의 부피를 구하라.

38. 그림11을 참조하여 다음을 풀어라.
 (a) 변 $\overline{OA}$ 및 $\overline{BC}$와 같이 두 개의 반대편 변이 서로에 대해 수직임을 보여라.
 (b) (a)의 결과와 문제35의 풀이 결과를 이용하여 변 $\overline{OA}$와 $\overline{BC}$사이의 수직거리를 결정하라.

39. 힘 $\overrightarrow{F}=200N$을 렌치 끝에 작용시킨다. 이때 렌치의 길이가 $15cm$이고, 힘과 렌치의 끝에 $\pi/3$의 각을 이루고 힘을 가할 때, 볼트에 작용하는 토크 τ의 크기를 구하라.

40. 사면체의 부피는 $\frac{1}{3}\times$(밑면의 넓이)$\times$(높이)가 된다. 이를 이용하여 각 모서리가 $\vec{a}$, $\vec{b}$, $\vec{c}$인 사면체의 부피는 $\frac{1}{6}|\vec{a}\cdot(\vec{b}\times\vec{c})|$임을 보여라.

41. 꼭지점 $P(a, 0, 0)$, $Q(0, b, 0)$, $R(0, 0, c)$인 삼각형의 넓이공식을 유도하라(그림12).

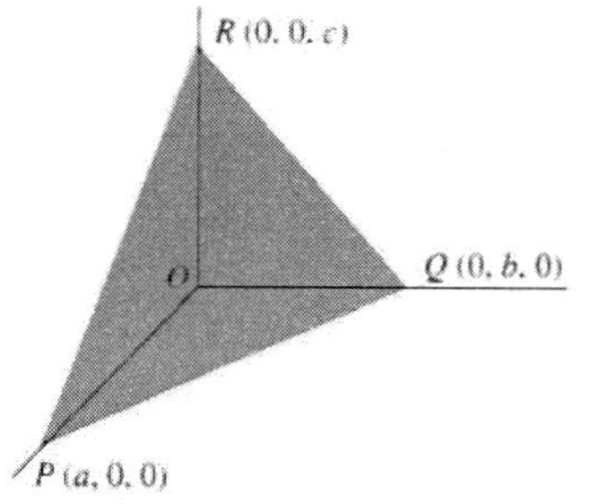

그림12 [연습문제41]

42. 그림13과 같이 자전거의 페달을 $80N$의 힘으로 밟는다. 페달의 축의 길이가 $16cm$일 때 P점에 대한 토크(τ, 회전력)의 크기를 구하라.

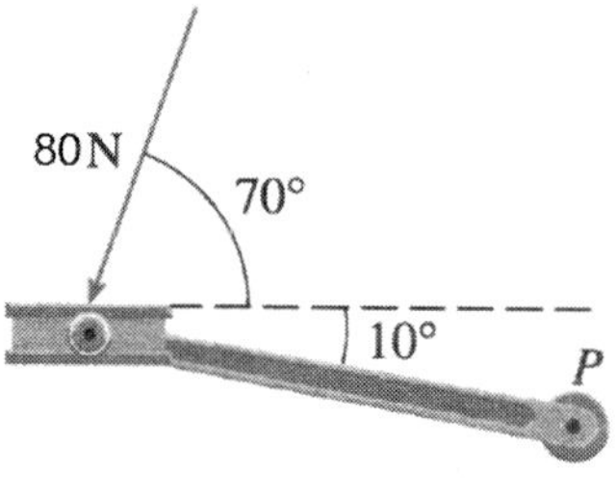

그림13 [문제42]

43. 길이 $40cm$의 렌치가 양(+)의 축을 따라 놓여져 있어서 원점에 있는 볼트를 죄고 있다. 렌치의 끝에서 $(0, 4, -6)$ 방향으로 힘이 작용할 때 볼트에 $120N \cdot m$의 토크를 전달하기 위해 필요한 힘의 크기를 구하라.

7.6 공간상의 직선과 평면

선들 중에서 가장 간단한 선은 직선이다. 직선은 한 점 P_0와 직선의 방향벡터인 한 벡터 $\vec{v} = ai + bj + ck$에 의하여 결정된다. 즉, 3차원 공간상의 직선 L은 L의 한 점$P_0(x_0,\ y_0\ z_0)$과 L의 방향을 알면 결정할 수 있다. 3차원 공간에서 직선의 방향은 벡터로 편리하게 설명할 수 있다.

$$P_0(x_0,\ y_0,\ z_0)$$

$$P(x,\ y,\ z)$$

$$\overrightarrow{P_0P} = t\vec{v}$$

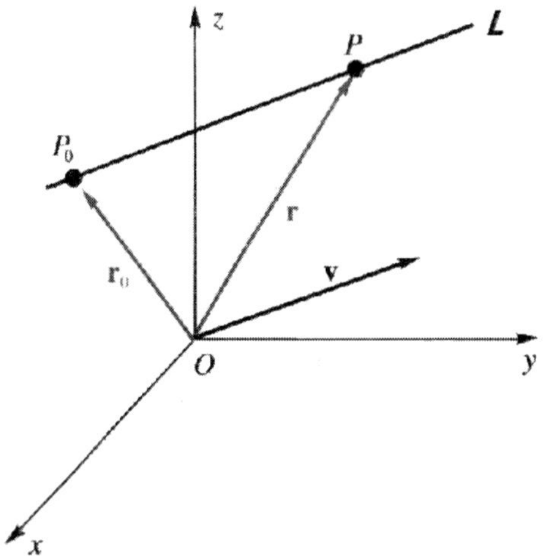

그림1 공간상의 직선

이 직선 L은 벡터 $\overrightarrow{P_0P}$가 $\vec{v}$에 평행한 모든 점 P들의 집합이다. 즉, 어떤 실수 t가 있어서

$$\overrightarrow{P_0P} = t\vec{v}$$

를 만족하는 점 P들의 집합이다. 그림1에서 $\vec{r} = \overrightarrow{OP}$와 $\vec{r_0} = \overrightarrow{OP_0}$이 P와 P_0의 위치벡터이면, $\overrightarrow{P_0P} = \vec{r} - \vec{r_0}$가 되며, 따라서 직선 L의 **벡터방정식(vector equation)**은 다음과 같다.

$$\vec{r} = \vec{r_0} + t\vec{v}$$

매개변수(parameter) t의 값에 따라 직선 L 위의 한 점에 대한 위치벡터 $\vec{r}$이 정해진다. 그림2와 같이 t가 양수값에는 P_0의 한쪽에 있는 L의 점에 대응되지만, t의 음수값에는 P_0의 다른 한쪽에 있는 L의 점이 대응된다.

직선 L의 방향을 정해 주는 벡터 $\vec{v}$를 성분을 이용해서 $\vec{v}=(a,b,c)$와 같이 쓰면 $t\vec{v}=(ta,tb,tc)$이다. 또한 $\vec{r}=(x,y,z)$, $\vec{r_0}=(x_0,y_0,z_0)$로 쓸 수 있고, 벡터방정식은 다음과 같다.

$$\vec{r}=(x,y,z)=(x_0+ta,\ y_0+tb,\ z_0+tc)$$

위의 방정식에서 성분들을 같다고 놓으면, 다음과 같은 세 개의 스칼라방정식을 얻는다.

$$x=x_0+at,\ y=y_0+bt,\ z=z_0+ct$$

이 세 방정식을 점$P_0(x_0,y_0,z_0)$을 지나고 벡터 $\vec{v}=(a,b,c)$에 평행인 직선 L의 **배개변수방정식(parametric equation)**이라 한다. 매개변수 t의 각 값에 따라 L의 점 (x,y,z)가 결정된다.

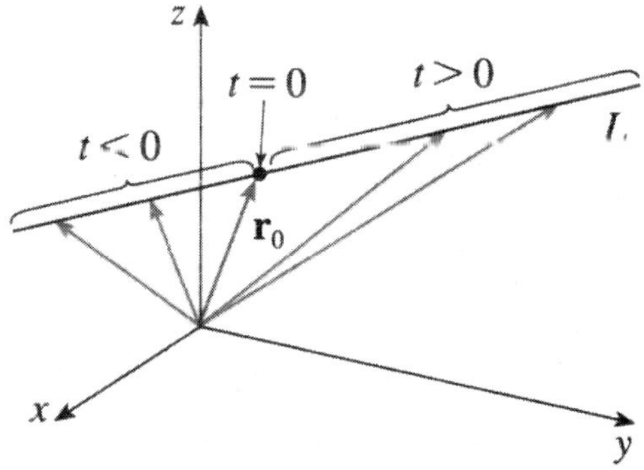

그림2 매개변수 t의 변화

보기1

점$(2,\ -3,3)$와 $(4,5,\ -1)$을 지나는 직선의 매개변수 방정식을 구하라.

풀이

주어진 직선에 평행한 벡터는

$$\vec{v}=(4-2,\ 5-(-3),\ -1-3)=(2,\ 8,\ -4)$$

여기서 (x_0, y_0, z_0)을 $(2, -3, 3)$로 택하면, 다음 매개변수 방정식을 얻을 수 있다.

벡터방정식은

$$\vec{r} = (2i - 3j + 3k) + t(2i + 8j - 4k)$$
$$= (2+2t)i + (-3+8t)j + (2-4t)k$$

따라서, 매개변수방정식은

$$x = 2 + 2t,\ y = -3 + 8t,\ z = 2 - 4t$$

$t = 0$이면, $(2, -3, 3)$이 되고, $t = 1$이면 점$(4, 5, -2)$가 된다.

보기2

다음 물음에 답하라.

(a) 점$(4, 1, 2)$을 지나고 $\vec{v} = i + 3j - 2k$에 평행인 직선의 **벡터방정식**과 **매개변수방정식**을 구하라(그림3).

(b) 직선상의 또 다른 두 점을 구하라.

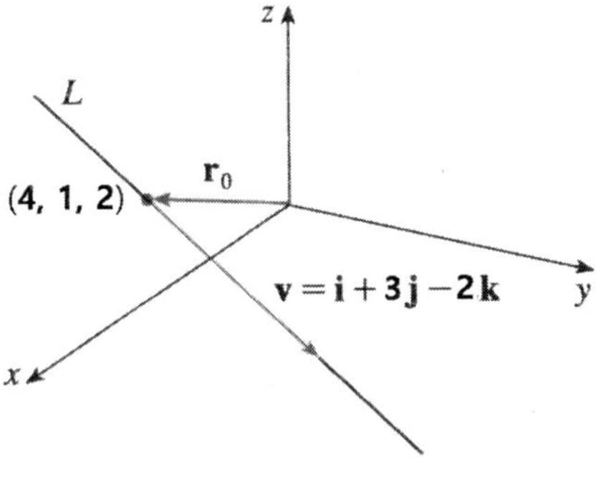

그림3 보기1

풀이

(a) $\vec{r_0} = (4, 1, 2) = 4i + j + 2k$이고 $\vec{v} = i + 3j - 2k$이므로, 벡터방정식은

$$\vec{r} = (4i + j + 3k) + t(i + 3j - 2k)$$
$$= (4+t)i + (1+3t)j + (3-2t)k$$

매개변수방정식은 다음과 같다.

$$x = 4 + t,\ y = 1 + 3t,\ z = 3 - 2t$$

(b) 매개변수 t의 값을 1로 택하면, $x = 5$, $y = 4$, $z = 1$이므로, $(5, 4, 1)$은 직선위의 점이다. 또한, $t = 2$로 택하면, $x = 6$, $y = 7$, $z = -1$이 되고 점$(6, 7, -1)$을 얻는다.

일반적으로 직선 L의 방향을 표시하는 데 벡터 $\vec{v} = (a, b, c)$를 이용하면, 수 a, b, c를

L의 **방향수**(direction number)라 한다. 수 a, b, c에 비례하는 세 수도 방향수가 된다. 직선 L을 설명해 주는 다른 방법은 벡터방정식 $\overrightarrow{P_0P} = t\vec{v}$은 다음과 같은 매개방정식(parameter equation)으로 나타낼 수 있다.

$$x = x_0 + ta$$
$$y = y_0 + tb$$
$$z = z_0 + tc$$

$abc \neq 0$이면 윗 식에서 t를 소거하면 다음과 같은 표현식이 된다. 이는 매개변수 t를 소거한 표현식이다. 이를 **대칭방정식**(symmetric equation)이라 한다.

[정의] 대칭방정식

수 a, b, c가 어느 것도 0이 아니면 직선 L의 **대칭방정식**(symmetric equation)은

$$\frac{x - x_0}{a} = \frac{y - y_0}{b} = \frac{z - z_0}{c}$$

이다.

세 수 a, b, c중에서 어느 하나가 0인 경우도 t의 소거가 가능하다. 예를 들어 $b = 0$이면 L의 방정식은

$$\frac{x - x_0}{a}, \quad y = y_0, \quad \frac{z - z_0}{c}$$

이 된다. 이것은 평면 $y = y_0$에 놓여 있음을 뜻한다. 또한 대칭방정식은 다음 두 방정식을 결합한 것이다.

$$\frac{x - x_0}{a} = \frac{y - y_0}{b}, \qquad \frac{y - y_0}{b} = \frac{z - z_0}{c}$$

이 두 방정식은 둘 다 평면의 방정식이다. 이 두 평면의 교선은 직선이 된다(그림4)

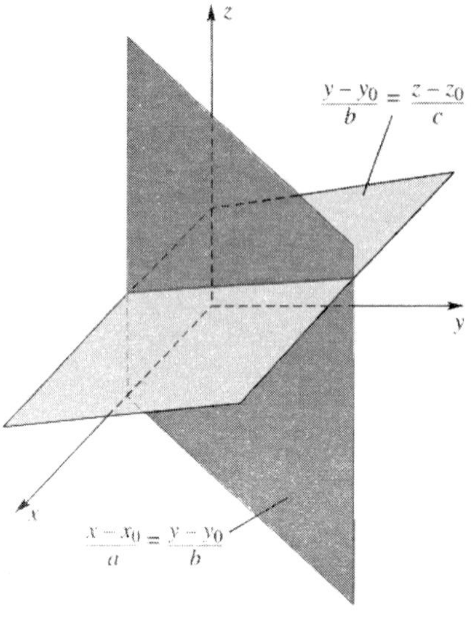

그림4 두 평면의 방정식

지금까지 공간에서 다루었던 직선의 방정식을 요약 정리하면 다음과 같다.

[정리] 공간에서 직선의 방정식

점 $P_0(x_0, y_0, z_0)$를 지나고 벡터 $\vec{v} = (a, b, c)$에 평행한 직선의 방정식은

$\overrightarrow{P}(t) = \overrightarrow{P_0} + t\vec{v}\ (-\infty < t < \infty)$: 매개변수 벡터방정식

$\vec{r} = (x, y, z) = (x_0 + ta,\ y_0 + tb,\ z_0 + tc)$: 매개변수방정식

$\frac{x - x_0}{a} = \frac{y - y_0}{b} = \frac{z - z_0}{c}$: 대칭방정식

이다.

보기3

벡터 (3, −2, 1)과 평행하고 점(2, 3, −1)을 지나는 직선의 대칭방정식을 구하라.

풀이

$(x_0, y_0, z_0) = (2,\ 3,\ -1)$이고, $(a, b, c) = (3,\ -2,\ 1)$이므로,

$$\frac{x - x_0}{a} = \frac{y - y_0}{b} = \frac{z - z_0}{c}$$

$$\therefore \frac{x-2}{3} = \frac{y-3}{-2} = \frac{z+1}{1} \qquad \leftarrow(\text{답})$$

보기4

다음 점 P_0를 지나고 $\vec{v}$에 평행한 직선의 방정식을 구하라.

(a) $P_0(3, -2, 1)$, $\vec{v} = (-2, 3, 2)$　　(b) $P_0(-4, 1, 2)$, $\vec{v} = (4, -1, 0)$

(c) $P_0(3, -1, -4)$, $\vec{v} = (-2, 0, -2)$　　(d) $P_0(1, 0, -2)$, $\vec{v} = (0, 2, 1)$

풀이

(a) $\frac{x-3}{-2} = \frac{y+2}{3} = \frac{z-1}{2}$

(b) $\frac{x+4}{4} = \frac{y-1}{-1}$, $z=2$

(c) $\frac{x-3}{-2} = \frac{z+4}{-2}$, $y=-1$

(d) $\frac{y}{2} = \frac{z+2}{1}$, $x=1$

보기5

두 점 $P(1, 3, -1)$과 $Q(6, -4, 5)$을 지나는 직선의 방정식을 구하라.

풀이

주어진 직선에 평행한 벡터를 찾는다.

$$\overrightarrow{PQ} = <6-1, -4-3, 5-(-1)> = <5, -7, 6>$$

점 P와 Q중에서 어떤 점을 선택해도 직선의 방정식을 구할 수 있다. 점 P를 선택하면, 이 직선의 매개변수방정식은

$$x-1 = 5t,\ y-3 = -7t,\ z+1 = 6t$$

가 된다. 이 직선의 대칭방정식은

$$\frac{x-1}{5} = \frac{y-3}{-7} = \frac{z+1}{6} \qquad (1)$$

이다. 또한 점 Q를 선택하면, 이 직선의 매개변수 방정식은

$$x-6 = 5t,\ y+4 = -7t,\ z-5 = 6t$$

가 된다. 이 직선의 대칭방정식은

$$\frac{x-6}{5} = \frac{y+4}{-7} = \frac{z-5}{6} \qquad (2)$$

식(1)과 식(2)는 두 점 P와 Q를 지나는 직선의 매개변수방정식이다.

보기6

(a) $A(1,\ 3,\ -2)$과 $B(2,\ -2,\ 2)$을 지나는 직선의 매개변수방정식과 대칭방정식을 구하라.

(b) 이 직선은 어느 점에서 xy평면과 만나는지 아닌지를 밝혀라.

풀이

(a) $\vec{v} = \overrightarrow{AB}$는 직선에 평행이고 다음과 같다.

$$\vec{v} = <2-1,\ -2-3,\ 2-(-2)> \ = (1,\ -5,\ 4)$$

그러므로 방향수는 $a=1.\ b=-5,\ c=4$이다. 점$(1,\ 3,\ -2)$을 P_0로 두면, 매개변수방정식은

$$x = x_0 + at,\ y = y_0 + bt,\ z = z_0 + ct$$

$$\therefore\ x = 1+t,\ y = 3-5t,\ z = -2-4t \qquad \leftarrow(\text{답})$$

이다. 또한 대칭방정식은 다음과 같다.

$$\therefore\ \frac{x-1}{1} = \frac{y-3}{-5} = \frac{z+2}{4} \qquad \leftarrow(\text{답})$$

(b) xy평면과 만나려면 $z=0$일 때이다. 따라서 대칭방정식에서 $z=0$이라 두면

$$\frac{x-1}{1} = \frac{y-3}{-5} = \frac{1}{2}$$

위 대칭방정식에서 $x = \frac{3}{2},\ y = \frac{1}{2}$를 얻는다. 이 직선은 점$\left(\frac{3}{2},\ \frac{1}{2},\ 0\right)$에서 xy평면과 만난다.

일반적으로 점 $P_0(x_0,\ y_0,\ z_0)$과 $P_1(x_1,\ y_1,\ z_1)$을 지나는 직선 L의 방향수는 $x_1 - x_0$, $y_1 - y_0$, $z_1 - z_0$이다. 즉, 점 P_0를 지나고 벡터 $\overrightarrow{P_0P_1} = (x_1 - x_0,\ y_1 - y_0,\ z_1 - z_0)$에 평행한 직선이다. 그러므로 $x_0 \neq x_1$, $y_0 \neq y_1$, $z_0 \neq z_1$일 때 L의 대칭방정식은 다음과 같다.

> **[정리] 벡터 $\overrightarrow{P_0P_1} = (x_1 - x_0,\ y_1 - y_0,\ z_1 - z_0)$에 평행한 직선 L의 대칭방정식**
>
> $x_0 \neq x_1$, $y_0 \neq y_1$, $z_0 \neq z_1$일 때, 점 P_0를 지나고 벡터 $\overrightarrow{P_0P} = (x_1 - x_0,\ y_1 - y_0,\ z_1 - z_0)$에 평행한 직선 L의 **대칭방정식(symmetric equation)**은
>
> $$\frac{x - x_0}{x_1 - x_0} = \frac{y - y_0}{y_1 - y_0} = \frac{z - z_0}{z_1 - z_0}$$
>
> 이다.

보기7

다음 두 점을 지나는 직선의 방정식을 구하라.

(a) $A(3,\ -2,\ 4),\ B(5,\ 2,\ -1)$　　　　(b) $A(1,\ 2,\ 4),\ B(3,\ -2,\ 3)$

풀이

(a) $\dfrac{x-3}{5-3} = \dfrac{y-(-1)}{2-(-2)} = \dfrac{z-4}{-1-4}$　　$\therefore\ \dfrac{x-3}{2} = \dfrac{y+1}{4} = \dfrac{z-4}{-5}$

(b) $\dfrac{x-1}{3-1} = \dfrac{y-2}{-2-2} = \dfrac{z-4}{3-4}$　　$\therefore\ \dfrac{x-1}{2} = \dfrac{y-2}{-4} = \dfrac{z-4}{-1}$

벡터가 각각 $\vec{u},\ \vec{v}$인 공간의 두 직선이 이루는 각 θ는 이 두 직선의 방향벡터가 이루는 각과 같으므로 θ를 $0 \leqq \theta \leqq \pi/2$로 하고 이 θ는 $\vec{u} \cdot \vec{v} = |u||v|\cos\theta$로부터

$$\cos\theta = \frac{|\boldsymbol{u} \cdot \boldsymbol{v}|}{|u||v|}$$

가 된다.

보기8

다음 두 직선이 이루는 각 θ를 구하라$(0 \leqq \theta \leqq \pi/2)$.

(a) $x-2 = \dfrac{y+3}{2} = \dfrac{z+1}{-1}$,　$\dfrac{x-2}{-1} = y-1 = \dfrac{z-3}{-2}$

(b) $4(x-2) = 3(y+1) = -3(z-4)$,　$(x+2) = -2(y-1) = 3(z+2)$

풀이

(a) 두 직선의 방향벡터를 $\vec{u} = (1,\ 2,\ -1),\ \vec{v} = (-1,\ 1,\ -2)$으로 두면,

$$\cos\theta = \frac{|\boldsymbol{u} \cdot \boldsymbol{v}|}{|u||v|} = \frac{|\ (1)(-1)+(2)(1)+(-1)(-2)\ |}{\sqrt{1^2+2^2+(-1)^2}\ \sqrt{(-1)^2+(1)^2+(-2)^2}} = \frac{3}{\sqrt{6}\ \sqrt{6}} = \frac{1}{2}$$

$$\therefore\ \theta = \cos^{-1}\frac{1}{2} = \frac{\pi}{3} \qquad \leftarrow(\text{답})$$

(b) 첫 번째 직선의 각 변을 12로 나누면,

$$\frac{x-2}{3} = \frac{y+1}{4} = \frac{z-4}{-4}$$

두 번째 직선의 각 변을 6으로 나누면

$$\frac{x+3}{6} = \frac{y-1}{-3} = \frac{z+2}{2}$$

이고, 두 직선의 방향벡터는 $\vec{u} = (3,\ 4,\ -4)$, $\vec{v} = (6,\ -3,\ 2)$

$$\cos\theta = \frac{|\boldsymbol{u} \cdot \boldsymbol{v}|}{|u||v|} = \frac{|(3)(6)+(4)(-3)+(-4)(2)|}{\sqrt{3^2+4^2+(-4)^2}\sqrt{(6)^2+(-3)^2+(2)^2}} = \frac{|-2|}{\sqrt{41}\sqrt{49}} \approx 0.0446$$

$$\therefore\ \theta = \cos^{-1}0.0446 \approx 87.5° \qquad \leftarrow (답)$$

보기9

다음 두 점 $P(-3,1,2)$를 지나고 법선벡터 $\vec{n} = (2,\ 1,\ -4)$에 수직인 평면 방정식을 구하라.

풀이

[정의] 직선의 평행과 직교

R^3인 공간에서 $\vec{a}$와 $\vec{b}$에 평행인 두 개의 직선을 L_1과 L_2라 하고, θ를 $\vec{a}$와 $\vec{b}$의 사잇각이라 하자.

(1) $\vec{a}$와 $\vec{b}$가 평행할 때 직선 L_1과 L_2는 평행(parallel)이라 한다.

(2) 직선 L_1과 L_2가 교차한다면,

(a) L_1과 L_2의 사잇각을 θ라 하고

(b) $\vec{a}$와 $\vec{b}$rk 직교할 때, 직선 L_1과 L_2는 직교(orthogonal)한다.

평면에서 두 직선은 평행하거나 또는 만나야 한다. 그러나 삼차원 공간에서는 이것이 항상 성립하는 것은 아니다.

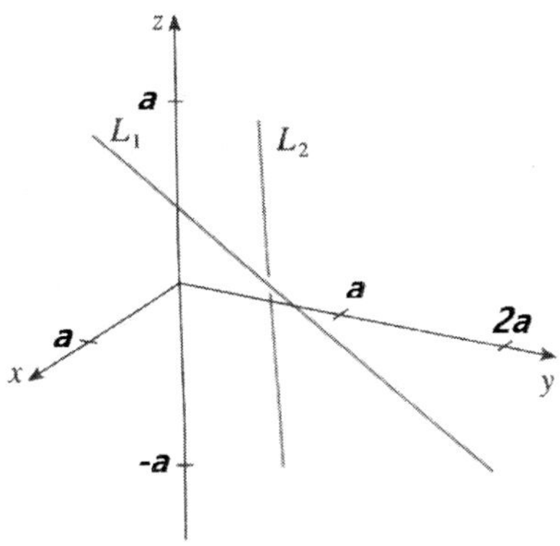

그림5 꼬인 위치의 직선

보기10

매개변수방적식이 다음과 같은 직선 L_1과 L_2가 있다.

$$L_1: \ x=3+t, \ y=-3+2t, \ z=5-t$$
$$L_2: \ x=3s, \quad y=2+s, \quad z=1+3s$$

L_1과 L_2는 서로 평행하지도 만나지도 않음을 보여라.

풀이

두 개의 직선의 매개변수로 다른 문자 t와 s를 사용하였다. 이 매개변수는 더미변수(dummy variable)이다. 따라서 매개변수를 나타내는 문자는 중요하지 않다. 두 직선에 대응하는 벡터 $(1, 2, -1)$과 $(2, 1, 3)$가 평행하지 않기 때문에 직선들은 평행이 아니다. 즉, 그들의 성분이 비례하지 않는다. 직선 L_1과 L_2의 교점이 있으면, 매개변수 t와 s의 값이 존재해서 다음을 만족해야 한다.

$$1+t = 2s$$
$$-3+2t = 3+s$$
$$3-t = -4+3s$$

위 세 식에서 처음 두 방정식을 풀면, $t=13/3$과 $s=8/3$을 얻는다. 이 값들을 셋째 방정식에 대입하면,

$$3-(13/8) \neq -4+3(8/3)$$
$$-\frac{4}{3} \neq \frac{12}{3}$$

즉, 셋째 방정식을 만족하지 않는다. 그러므로 이 세 방정식을 만족하는 t와 s값은 존재하지 않는다. 따라서, 직선 L_1과 L_2는 꼬인 위치의 직선(skew line)이다.

보기11

두 직선 L_1과 L_2

$$L_1: x-1=-t, \quad y+3=2t, \quad z-3=-t$$
$$L_2: x-3=s, \quad y-1=-s, \quad z+4=3s$$

는 서로 평행하지도 만나지도 않음을 보여라.

풀이

직선 L_1과 L_2의 첫 번째 매개변수방정식을 매개변수에 관하여 풀면,

$$t=x-1, \; s=x-3$$

매개변수방정식으로부터 L_1에 평행한 벡터는 $\overrightarrow{a_1}=(-1, 2, -1)$이고, L_2에 평행한 벡터 $\overrightarrow{a_2}=(1, -1, 3)$이다. $\overrightarrow{a_1}$은 $\overrightarrow{a_2}$의 스칼라곱이 아니다. 그러므로 직선 L_1과 L_2는 평행하지 않다. 만일 매개변수 t와 s가 같은 점을 만든다면 이 직선은 만난다. 이는 x, y, z에 대해 같은 값을 가질 때이다. x값이 같다면 다음 식이 성립한다.

$$1-t=3+s$$

y값이 같다면, $s=-2-t$라 놓으면서

$$2t-3=1-s=1-(-2-t)=4+t$$

가 된다. 윗 식을 t에 관하여 풀면, $t=7$이 되고, 이에 따라서 $s=-9$. z성분을 같게 놓으므로써

$$3-t=3s-4$$
$$3-7=-4 \neq 3(-9)-4=-31$$

따라서, 직선 L_1과 L_2는 평행하지 않으며, 서로 만나지도 않는다.

[정의] 꼬인 위치의 직선

R^3인 공간에서 평행하지도 않고 만나지도 않는 두 직선을 **꼬인 위치의 직선**(skew line)이라 한다.

꼬인 위치의 직선을 표현하기 위해서는 평행인 두 평면을 그리고 각 평면에서 한 직선을 그리면, 두 직선이 평행하지 않는 꼬인 위치의 직선이 된다(그림6).

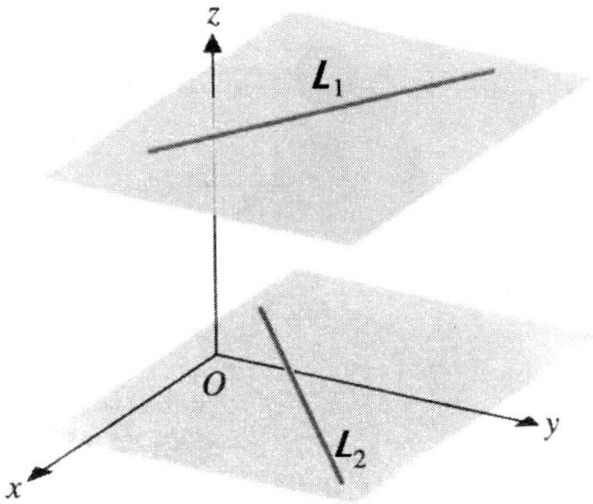

그림6 꼬인 위치의 직선과 평면

■ R^3에서의 평면

공간에 있는 직선은 점과 방향으로 결정된다. 그렇다면 공간에서 평면을 결정하는 방법을 생각해 보자. 공간의 점과 직선으로는 평면에 평행인 벡터로 평면의 방향을 나타내는 것은 불충분하다. 그러나 평면에 수직인 벡터는 평면의 방향을 나타내기에 충분하다. 그러므로 공간에서 평면은 평면 안의 한 점 $P_0(x_0, y_0, z_0)$과 이 평면에 수직인 벡터 $\vec{n}$으로 나타낸다. 이때 수직인 벡터 $\vec{n}$을 평면의 법선벡터(normal vector)라 한다.

또한 yz평면의 두 점을 연결하는 모든 벡터가 i에 직교하는 공간상의 점들의 집합은 많이 있으며 yz평면과 평행인 평면은 이 성질을 만족하며 그림7에 나타냈다.

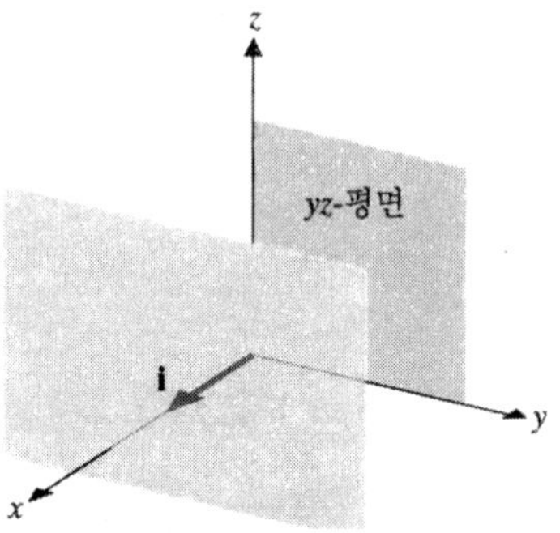

그림7 yz평면과 평행인 평면

일반적으로 공간상의 평면은 그 평면상에 놓여 있는 한 점 $P_0(x_0, y_0, z_0)$를 평면내의 임의의 점이라 하고 평면에 수직인 법선벡터 $\vec{n} = (a, b, c)$를 택하여 결정한다. 평면의 방정식을 구하기 위해 점 $P(x, y, z)$를 평면상의 임의의 한 점이라 하면 P와 P_0는 평면상의 두 점이므로 벡터 $\overrightarrow{P_0P}$는 이 평면에 놓여 있고 이것은 $\vec{n}$과 직교한다(그림8). 법선벡터 $\vec{n}$은 주어진 평면 안의 모든 벡터에 수직이다. 따라서 다음 식을 얻는다.

$$\vec{n} \cdot \overrightarrow{P_0P} = (a, b, c) \cdot (x - x_0, y - y_0, z - z_0) = 0$$

이 식은 점 (x_0, y_0, z_0)를 통과하고 법선벡터 (a, b, c)를 가지는 평면의 **벡터방정식(vector equation of the plane)**이다. 윗 식은 다음과 같이 고쳐 쓸 수 있다.

$$a(x-x_0)+b(y-y_0)+c(z-z_0)=0$$

이 식은 $P_0(x_0, y_0, z_0)$을 지나고 법선벡터가 $\vec{n}=(a, b, c)$인 평면의 **스칼라방정식(scalar equation ov the plane)**이다.

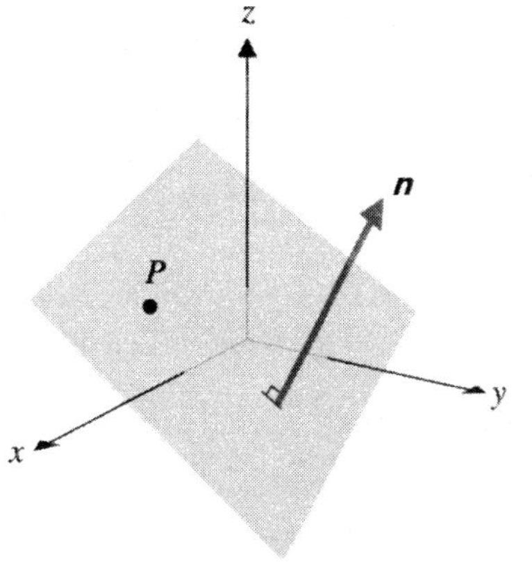

그림8 임의의 평면에서의 법선벡터 $\vec{n}$

보기12

점 $(1, 3, -2)$를 지나고 법선벡터가 $\vec{n}=(1, 2, 3)$인 평면의 방정식을 구하라. 각 절편을 구하고 그래프를 그려라.

풀이

$a=1, b=2, c=3$이고, $x_0=1, y_0=3, z_0=-2$이라 놓으면, 평면의 방정식은

$$a(x-x_0)+b(y-y_0)+c(z-z_0)=0$$

$$(x-1)+2(y-3)+3(z+2)=0$$

따라서,

$$\therefore\ x+2y+3z=1 \quad \leftarrow(답)$$

x절편을 구하기 위해 $y=0$, $z=0$이라 놓으면 $x=1$을 얻는다. 마찬가지로 y절편은 $x=0$, $z=0$으로 놓으면 $y=\frac{1}{2}$, z절편은 $x=0$, $y=0$으로 놓으면 $z=\frac{1}{3}$을 얻는다.

$$\therefore\ x=1,\ y=\frac{1}{2},\ z=\frac{1}{3} \quad \leftarrow(답)$$

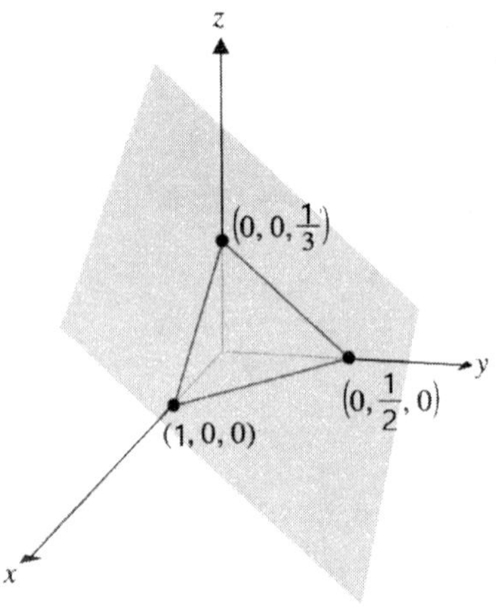

그림9 보기12의 그래프

보기12에서와 같이 평면의 방정식은 다음과 같이 쓸 수 있다.

$$ax + by + cz + d = 0$$

여기서, $d = -(ax_0 + by_0 + cz_0)$이다. 윗 식을 x, y, z에 대한 **선형방정식(linear equation)**이라 한다. 이 선형방정식은 a, b, c가 모두 0이 아니면, 법선벡터가 (a, b, c)인 평면이 된다.

보기13

점 $(1, 3, -2)$를 지나고 법선벡터가 $\vec{n} = (3, 4, 5)$인 평면의 방정식을 구하라.

풀이

스칼라 방정식으로부터

$3(x-1)+4(y-3)+5(z+2) = 0$

이다. 따라서,

$$\therefore\ 3x + 4y + 5z = 5 \quad \leftarrow (\text{답})$$

보기14

세 점 $P(1, 3, -2)$, $Q(2, -1, 3)$, $R(3, 4, 0)$을 지나는 평면의 방정식을 구하라.

풀이

평면의 법선벡터를 찾는다. 평면상에 놓여 있는 두 벡터 $\overrightarrow{PQ}$와 $\overrightarrow{QR}$는

$$\overrightarrow{PQ} = (1,\ 4,\ 5),\ \ \overrightarrow{QR} = (1,\ 5,\ -3)$$

두 벡터 $\overrightarrow{PQ}$와 $\overrightarrow{QR}$는 모두 평면안에 놓여 있으므로, 외적 $\overrightarrow{PQ} \times \overrightarrow{QR}$는 평면에 수직이며 법선벡터로 택할 수 있다.

$$\vec{n} = \overrightarrow{PQ} \times \overrightarrow{QR} = \begin{vmatrix} i & j & k \\ 1 & 4 & 5 \\ 1 & 5 & -3 \end{vmatrix} = -37i + 8j + k$$

점 $P(1,\ 3,\ -2)$와 법선벡터 $\vec{n}$을 갖는 평면의 방정식은 다음과 같다.

$$a(x-x_0)+b(y-y_0)+c(z-z_0) = 0$$

$$\vec{n} = -37(x-1)+8(y-4)+(z-5) = 0$$

즉,

$$\therefore\ -37x + 8y + z = 2 \quad \leftarrow (\text{답})$$

보기15

세 점 $P(1,\ 3,\ 3)$, $Q(2,\ -2,\ 4)$, $R(3,\ 4,\ -2)$을 지나는 평면의 방정식을 구하라.

풀이

평면이 법선베터를 먼저 찾는다. 평면상에 놓여있는 두 벡디는

$$\overrightarrow{PQ} = (1,\ -5,\ 1),\ \ \overrightarrow{QR} = (1,\ 6,\ -6)$$

이다. 따라서 $\overrightarrow{PQ}$와 $\overrightarrow{QR}$에 직교하는 벡터는 이 두 벡터의 외적이다. 그러므로,

$$\overrightarrow{PQ} \times \overrightarrow{QR} = \begin{vmatrix} i & j & k \\ 1 & -5 & 1 \\ 1 & 6 & 6 \end{vmatrix} = (-36,\ -7,\ 11)$$

가 된다. $\overrightarrow{PQ}$와 $\overrightarrow{QR}$이 평행하지 않으므로 $\overrightarrow{PQ} \times \overrightarrow{QR}$은 평면에 직교해야 한다. 따라서, 평면의 방정식은

$$a(x-x_0)+b(y-y_0)+c(z-z_0) = 0$$

$$\therefore\ -36(x-1) - 7(y-3) + 11(z-3) = 0 \quad \leftarrow (\text{답})$$

보기14 및 보기15와 같이 세 점을 꼭지점으로 가지는 삼각형을 볼 수 있다. 이 평면은 삼각

형을 포함하는 평면이 된다(그림10).

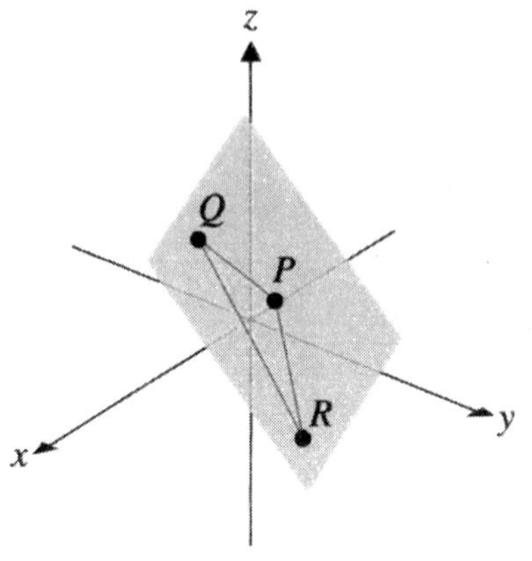

그림10 P, Q, R 세 점을 포함하는 평면

보기16

한 점 $P(1,\ 3,\ -4)$를 지나고 평면 $2x-3y+5z=6$에 평행한 평면의 방정식을 구하라.

풀이

주어진 문제의 평면의 법선벡터는 $(2,\ -3,\ 5)$이다. 두 개의 평면은 평행하고 이 벡터는 구하는 평면의 법선벡터이다. 따라서 평면의 방정식은 다음과 같다.

$$a(x-x_0)+b(y-y_0)+c(z-z_0)=0$$

$$2(x-1)-3(y-3)+5(z+4)=0$$

$$\therefore\ 2x-3y+5z=-27 \qquad \leftarrow(\text{답})$$

보기17

매개변수방정식 $x=1+2t$, $y=-3t$, $z=4+t$로 주어진 직선과 평면 $2x+3y-z=1$과 만나는 점을 구하라.

풀이

매개변수방정식의 x, y, z를 평면의 방정식에 대입하면

$2(1+2t)+3(-3t)-(4+t)=1$

이다. 이 식을 간단히 하면 $-6t=3$이므로 $t=-\dfrac{1}{2}$이다. 그러므로 만나는 점은 매개변수의 값이 $t=-1/2$일 때 생긴다. 그러면, $x=1+2(-1/2)=2$, $y=-3(-1/2)=3/2$, $z=4+(-1/2)=7/2$이므로, 교점은 $(2,\ \dfrac{3}{2},\ \dfrac{7}{2})$이다.

■ 평행인 두 평면 사이의 각 θ와 거리

법선벡터가 평행일 때 두 평면은 평행이다. 예를 들면 평면 $x-3y+2z=5$와 $3x-9y+6z=2$는 법선벡터 $\vec{n}_1$, $\vec{n}_2$는 각각 $\vec{n}_1=(1,\ -3,\ 2)$와 $\vec{n}_2=(3,\ -9,\ 6)$이고 이는 $\vec{n}_1=3\vec{n}_2$가 되므로 평행이다. 두 평면이 평행이 아니면 한 직선에서 만나고, 두 평면 사이의 각은 법선벡터 사이의 예각으로 정의한다(그림11). 두 개의 평면이 평행하다는 것은 법선벡터가 평행할 때를 말하고 그들이 직교한다는 것은 그들의 법선벡터가 직교한다는 것을 의미한다. 두 개의 평행하지 않는 평면이 만나는 부분은 직선이 된다(그림12).

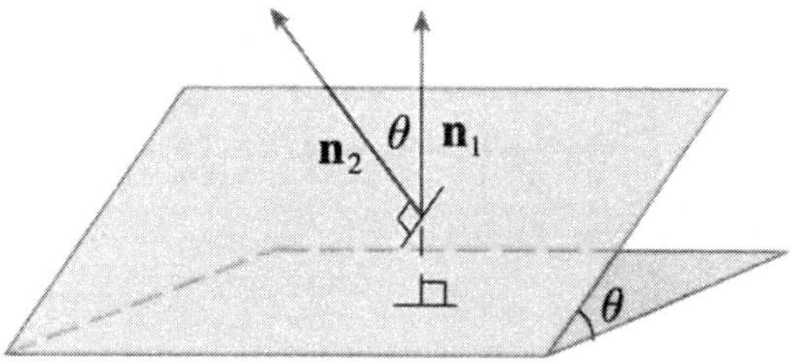

그림11 평면사이의 각 θ

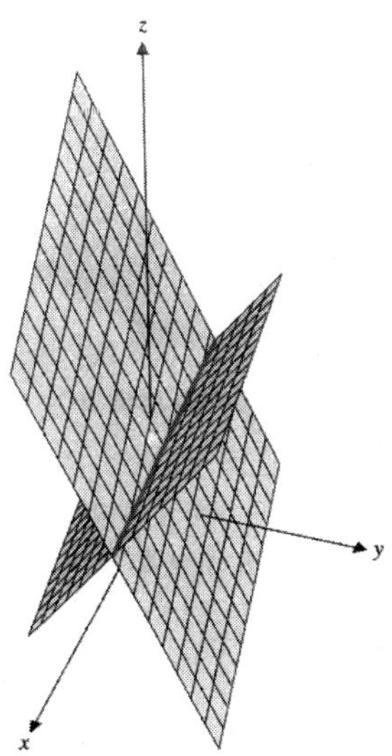

그림12 두 평면의 교차

보기18

두 평면 $x+y+2z=2$와 $x-y+2z=3$사이의 각을 구하라.

풀이

두 평면의 법선벡터는 다음과 같다.

$\vec{n}_1=(1,1,2)$, $\vec{n}_2=(1,-1,2)$

또한 두 평면 사이의 각을 θ라 하면

$$\cos\theta=\frac{\vec{a}\cdot\vec{b}}{|\vec{a}||\vec{b}|}$$

으로부터,

$$\cos\theta=\frac{\vec{a}\cdot\vec{b}}{|\vec{a}||\vec{b}|}=\frac{(1)(1)+(1)(-1)+(2)(2)}{\sqrt{1+1+4}\ \sqrt{1+1+4}}=\frac{4}{\sqrt{36}}=\frac{2}{3}$$

$$\therefore\ \cos\theta=\cos^{-1}\left(\frac{2}{3}\right)=48.2^{\circ}$$

보기19

두 평면 $x+y+2z=2$와 $x-y+3z=3$의 교선 L의 대칭방정식을 구하라.

풀이

우선 L위의 한 점을 구한다. 두 평면의 방정식에서 $z=0$으로 놓으면 이 직선이 xy평면과 만나는 점을 구할 수 있다. 이 결과로,

$$x+y=2,\ x-y=3$$

이 얻어진다. 이 연립방정식의 해는 $x=5/2$와 $y=-1/2$가 된다. 따라서,

점 $(5/2,\ -1/2,\ 0)$은 L위에 있다.

L이 두 평면에 있으므로, L은 두 법선벡터에 수직이다. 따라서 L에 평행인 벡터 $\vec{v}$는 다음 외적의 값과 같다.

$$\vec{v}=\vec{n}_1\times\vec{n}_2=\begin{vmatrix} i & j & k \\ 1 & 1 & 2 \\ 1 & -1 & 3 \end{vmatrix}=5i-j-2k$$

따라서 교선 L의 대칭방정식은 다음 식이 된다.

$$\frac{x-x_0}{a}=\frac{y-y_0}{b}=\frac{z-z_0}{c}$$

$$\therefore\ \frac{(x-5/2)}{5}=\frac{(y+1/2)}{-1}=\frac{z}{-2}$$

보기20

두 평면 $x+4y+2z=2$와 $x-3y+4z=3$가 만나는 직선을 구하라.

풀이

x에 관해서 두 방정식을 풀면,

$$\begin{aligned} x &= 2-4y-2z \\ x &= 3+3y-4z \end{aligned} \tag{1}$$

가 된다. 이 두 식을 같게 두면,

$2-4y-2z=3+3y-4z$

이다. 이것을 z에 관하여 풀면,

$2z=1+y$ 또는 $z=\dfrac{1}{2}+\dfrac{1}{2}y$

이다. 식(1)의 방정식에서 각각 x에 관하여 풀면,

$$\begin{aligned} x = 2-4y-2z = 2-4y-2\left(\frac{1}{2}+\frac{1}{2}y\right) &= 2-4y-1+y \\ &= -3y+1 \end{aligned}$$

이다. t를 매개변수로 하고 $y=t$라 하면 만나는 직선의 매개변수 방정식을 다음과 같이 얻을 수 있다.

$$\therefore\ x=3t+1,\ y=t,\ z=\frac{1}{2}t+\frac{1}{2} \qquad \leftarrow(\text{답})$$

평면 $ax+by+cz+d=0$으로부터 이 평면내에 있지 않는 점 $P(x_0, y_0, z_0)$까지의 거리를 구해보자. 이 거리는 그림13과 같이 이 점에서부터 평면에 수직으로 연결하는 선분을 따라서 측정할 수 있다.

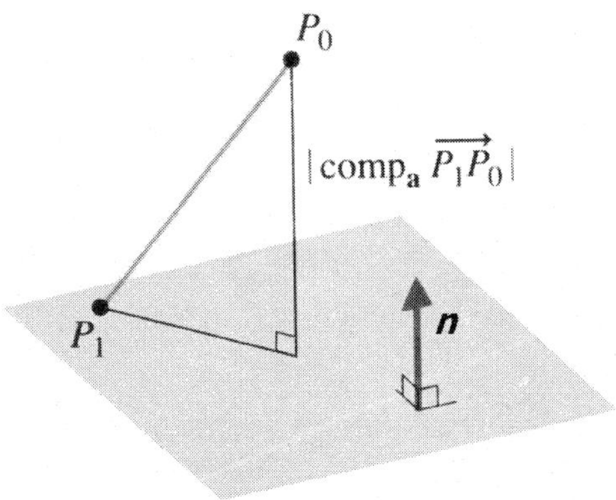

그림13 한 점에서 평면까지의 거리

평면 $ax+by+cz+d=0$으로부터 이 평면과 다른 한 점 $P_0(x_0, y_0, z_0)$까지의 거리는 어떻게 되는지 살펴보자. 이 거리를 L이라 하면, 이 점 P_0에서부터 평면에 수직으로 연결하는 선분이 L이 된다. 이 거리 L을 계산하기 위해 평면상에 있는 임의의 점 $P_1(x_1, y_1, z_1)$을 잡는다(그림13). 그리고 법선벡터 $\vec{n}=(a, b, c)$를 이 평면에 법선인 벡터라 하자. 그리고 $\vec{a}$를 $\overrightarrow{P_1P_0}$에 대응하는 벡터라 하자. 그림13과 같이 P_0로부터 이 평면까지의 거리는 $|\ comp_a\overrightarrow{P_1P_0}$가 된다.

또한

$\overrightarrow{P_1P_0}=(x_0-x_1,\ y_0-y_1,\ z_0-z_1)$

가 되므로 이 거리 L은

$$L=|\ comp_a\overrightarrow{P_1P_0}\ |=\frac{|\ \vec{n}\cdot\vec{a}\ |}{\vec{n}}\left|\ \overrightarrow{P_1P_0}\cdot\frac{\vec{n}}{|\ \vec{n}\ |}\right|$$

$$=\left|\ (x_0-x_1,\ y_0-y_1,\ z_0-z_1)\cdot\frac{(a, b, c)}{|\ (a, b, c)\ |}\right|$$

$$=\frac{|\ a(x_0-x_1)+b(y_0-y_1)+c(z_0-z_1)\ |}{\sqrt{a^2+b^2+c^2}}$$

$$=\frac{|\ (ax_0+by_0+cy_0)-(ax_1+by_1+cz_1)\ |}{\sqrt{a^2+b^2+c^2}}$$

이다. P_1은 평면 위에 있으므로 그 좌표는 평면의 방정식을 만족한다. 따라서, $ax_1+by_1+cz_1=0$이 된다. 그러므로 L에 관한 식은 다음과 같이 얻을 수 있다.

$$\therefore\ L=\frac{|\ ax_0+by_0+cz_0+d\ |}{\sqrt{a^2+b^2+c^2}}$$

[정리] 평행인 두 평면의 거리 L

R^3인 공간에서 한 점 $P(x_0, y_0, z_0)$와 평면 $ax+bx+cz+d=0$의 거리 L은 다음과 같다.

$$L=\frac{|\ ax_0+by_0+cz_0+d\ |}{\sqrt{a^2+b^2+c^2}}$$

보기21

다음 두 평면 $3x-2y+3z=3$ 과 $6x-4y+6z=2$의 거리 L을 구하라.

풀이

문제의 두 평면의 법선벡터 $(3, -2, 3)$과 $(6, -4, 6)$는 평행하기 때문에 이들 평면은 평행하다. 따라서 두 평면 사이의 거리 L을 구하기 위해 한 평면의 임의의 한 점을 택하고 이 점에서 다른 평면까지의 거리를 구한다. 우선 평면의 방정식에서 $y=z=0$이라 두면 앞의 식에서 $3x=3$을 얻고, 따라서 $(1, 0, 0)$은 이 평면의 한 점이다. 거리 식 L에 의하여, 점$(1, 0, 0)$과 $6x-4y+6z-2=0$ 사이의 거리는,

$$\therefore\ L=\frac{|\ 3(1)-4(0)+6(0)-2\ |}{\sqrt{6^2+(-4)^2+6^2}}=\frac{1}{2\sqrt{22}}\ \leftarrow(\text{답})$$

가 된다.

보기22

다음 두 평면 $x-3y+z=8$와 $2x-6y+2z=4$의 거리를 구하라.

풀이

이 평면들의 법선벡터는 $(1, -3, 1)$과 $(2, -6, 2)$는 평행하므로 이 평면들은 서로 평행하다. 따라서, 평면 P_1으로부터 평면 P_0상에 있는 모든 점까지의 거리는 같다. 따라서, P_1상에 있는 임의의 점$(0, 0, 2)$를 잡아보자. 점$(0, 0, 2)$로부터 평면 P_0까지의 거리 L은

$$\therefore\ L=\frac{|\ (0)-3(0)+2-8\ |}{\sqrt{1^2+(-3)^2+1^2}}=\frac{6}{\sqrt{11}}$$

[연습문제]

1. 다음 명제가 참인지 거짓인지 판별하라.
 (a) 한 직선에 평행인 두 직선은 평행하다.
 (b) 한 직선에 수직인 두 직선은 평행하다.
 (c) 한 평면에 평행한 두 평면은 평행하다.
 (d) 한 평면에 수직인 두 평면은 평행하다.
 (e) 한 평면에 평행인 두 직선은 평행하다.
 (f) 한 평면에 수직인 두 직선은 평행하다.
 (g) 두 직선은 만나거나 평행이다.
 (h) 두 평면은 만나거나 평행이다.
 (i) 두 직선은 만나거나 평행이다.

*문제2~10에서 (a) 매개변수방정식과 (b) 대칭방정식을 구하라.

2. 점$(2, 3, 4)$를 지나고 점$(3, -1, 6)$과 평행한 직선
3. 점$(2, 1, 3)$과 점$(5, 0, 5)$를 지나는 직선
4. 점$(2, 3, 1)$과 $(2, 4, -1)$을 지나는 직선
5. 점$(-6, 2, 3)$과 $(3, -2, 2)$를 지나는 직선
6. 점$(2, 3, 4)$를 지나고 벡터 $3i+2j-2k$에 평행인 직선
7. 점$(1, 2, 1)$을 지나고 직선 $x=2-4t,\ y=5,\ z=6+t$에 평행한 직선
8. $(2, 0, 1)$을 지나고, $(1, 0, 2)$와 $(0, 2, 1)$에 수직인 직선
9. 점$(1, 2, -1)$을 지나고 평면$2x-3y+z=10$에 수직인 직선
10. 점$(1, 0, 6)$을 지나고 평면 $x-2y+z=3$과 수직인 직선

*문제11~18에서 주어진 평면들의 교선의 대칭방정식을 구하라.

11. $3x+2y-8z=1,\ 9x+5y-6z=8$
12. $x+y-z=2,\ 3x-y+2z=4$
13. $x-2y+z=-2,\ 5x-4y+3z=6$
14. $x+3y-z=-1,\ 2x-y-3z=5$
15. 점$(4, -3, 2)$와 평행하고 점$(2, 5, -1)$를 지나는 직선의 대칭방정식을 구하라.

16. 점$(1,\ -3,\ 4)$를 지나고, $3x+y-2z=6$과 평행하며, 직선

$$\frac{x+3}{2}=\frac{y-4}{3}=\frac{z-2}{-1}$$

과 수직인 직선의 대칭방정식을 구하라.

17. 점$(2,\ -3,\ 5)$를 지나고 z축과 수직으로 교차하는 직선의 매개변수 방정식을 구하라.

18. 점$(-4,\ 6,\ -1)$를 지나고 두 벡터 $2i+j-3k$와 $5i+4j-k$와 수직인 직선의 대칭방정식을 구하라.

19. 점 $P(2,\ -4,\ 3)$를 지나고 평면 $2x-3y+6z=8$에 수직인 직선의 방정식을 구하라.

20. 직선 $x=1+3t$, $y=-1+2t$, $z=3+t$와 점$(1,\ -2,\ 4)$를 포함하는 평면의 방정식을 구하라.

21. 점 $P(1,\ 1,\ -1)$에서 직선 $2x-4y+5z=8$과 평행한 평면의 방정식을 구하라.

22. 직선 $x=3t$, $y=3+4t$, $z=t$를 포함하고, 두 평면 $2x-y+3z=1$과 $y+z+1=0$의 교선과 평행한 평면의 방정식을 구하라.

*문제23~26에서 다음 평면을 그려라.

23. $x+y+z=2$
24. $4x-2z=4$
25. $2x+3y+z=5$
26. $2x-y=3$

27. 세 점 $P(1,\ -3,\ 2)$, $Q(5,\ 2,\ -3)$, $R(-3,\ -2,\ 0)$으로 이루어진 삼각형의 넓이와 세 점을 지나는 평면의 방정식을 구하라.

28. 다음 평면의 방정식을 구하라.

(a) 점 $(2,\ 0,\ 3)$을 지나고 법선벡터가 $\vec{n}=4i-3j+2k$인 평면

(b) 점 $(0,\ 0,\ 0)$을 지나고 법선벡터가 $\vec{n}=2i+2j$인 평면

(c) 세 점 $P(3,\ -2,\ 5)$, $Q(4,\ 3,\ 7)$, $R(-2,\ -4,\ 4)$으로 결정되는 평면

(d) 세 점 $P(2,\ 0,\ 1)$, $Q(1,\ 2,\ 0)$, $R(0,\ -2,\ 2)$로 결정되는 평면

(e) 세 점 $P(0,\ 0,\ a)$, $Q(0,\ b,\ 0)$, $R(c,\ 0,\ 0)$로 결정되는 평면(단, $abc \neq 0$이다).

29. 다음 직선과 평면의 교점을 구하라.

$x = 2 + t$, $y = 3 - t$, $z = 2t$　　　$x - y + 3z = 2$

30. 직선 $8(x-1) = y+2 = 4(z-1)$, 평면 $2x - y + 3z = 5$의 교점을 구하라.

31. 두 평면 $x - y + 3z = 1$, $2x - 3y - z + 2 = 0$의 교점을 구하라.

32. 두 평면 $x - y + 2z - 1 = 0$, $4x + 2y - 2z + 6 = 0$의 **교선**을 구하라.

*문제33~35에서 다음 직선들이 평행인지 또는 수직인지 또는 이 모두가 아닌지 말하고 두 직선 사이의 각을 구하라.

33. $x = 3 + t$, $y = 1$, $z = 2 + 3t$　　　$x = 1 + 2r$, $y = r$, $z = -1 + 6r$

34. $x = 2 + 3t$, $y = 2$, $z = -2 - 3t$　　　$x = 3 - r$, $y = 3$, $z = 2 + 3r$

35. $x = 1 + 2t$, $y = 3$, $z = -1 - 4t$　　　$x = 2 - r$, $y = 2$, $z = 3 + 2r$

*문제36~39에서 두 벡터 $\overrightarrow{v_1}$과 $\overrightarrow{v_2}$사이의 각 θ를 구하라.

36. $\overrightarrow{v_1} = -2i + j - 3k$, $\overrightarrow{v_2} = 3i - 2j + 4k$

37. $\overrightarrow{v_1} = -4i + 3k$, $\overrightarrow{v_2} = -i + 6k$

38. $\overrightarrow{v_1} = i - 4j + 3k$, $\overrightarrow{v_2} = -2i - 2j - 4k$

39. $\overrightarrow{v_1} = 3j$, $\overrightarrow{v_2} = -3i + 2j + 2k$

*문제40~41에서 두 직선이 이루는 각 $\theta (0 \leqq \theta \leqq \pi/2)$를 구하라.

40. $\frac{x+3}{3} = \frac{y-1}{-2} = \frac{z-3}{-1}$, $\frac{x-3}{2} = \frac{y+1}{3} = \frac{z-3}{5}$

41. $(x-1) = -3(y+2) = z-1$, $3(x+3) = 6(y-2) = 3(z+2)$

*문제42~43에서 다음 점과 평면 또는 평면과 평면 사이의 거리를 구하라.

42. 점$(2, 0, 2)$와 평면 $2x - 3y + z = 5$

43. 평면 $2x - y - z = 1$과 평면 $2x - y - 2z = 3$

44. 점$(-2, 2, 2)$에서 평면 $4x - 6y + 9z + 12 = 0$에 이르는 거리를 구하라.

45. 점 $P(1, -2, 3)$과 평면 $2x - 3y + 5z = 7$의 거리를 구하라.

46. 점 $P(1, 1, -1)$에서 직선 $\frac{x-1}{2} = \frac{y-3}{-2} = \frac{z}{5}$까지의 거리를 구하라.

47. 점 $P(2, -2, 1)$에서 평면 $x + 4y - 3z - 9$까지의 거리를 구하라.

48. 두 평면 $3x - 4y + 5z = 9$와 $3x - 4y + 5z = 3$사이의 거리를 구하라.

제8장

선형대수: 행렬과 선형연립방정식

8.1 행렬

행렬은 많은 양의 자료를 직사각형의 모양으로 배열하여 저장하고 각 정보들을 쉽게 식별되고 처리가 가능하게 할 수 있는 유용한 도구이다. 우주선의 궤도를 계산하기 위해서는 우주선 내의 다양한 추진체의 속도를 구해야 하는데 이때 행렬의 계산이 필요하다. 이는 우주선이 우주물체 등 다른 물체와 부딪치지 않으면서 목적지에 도착하기 위해서 필요한 복잡한 문제를 풀어야 한다. 이렇게 많은 양의 자료나 함수를 간략한 형태로 표현할 수 있게 해 준다. 행렬은 여러 형태로 표현되는 식들을 하나의 문자로 표기한 후 직접 연산이 가능하도록 해 준다. 어런 편리성 때문에 과학이나 수학을 표현하는 데 매우 많이 사용되는 도구로 사용된다.

선형대수적 연립방정식은 공학이나 물리학의 여러 분야의 문제를 풀이할 때 자주 발생한다. 교량에서 주로 이용되는 트러스 구조물은 핀으로 결합된 구조물이다. 이 구조물의 힘의 결정은 압축이나 인장상태에 놓이는 경우를 파악하여 안전하중을 초과하지 않도록 결정하는데 유용한 도구로써 이용된다. 이런 형태의 구조물에서의 힘의 분석은 각 지점에 작용하는 힘과 외부하중에 관한 선형연립방정식으로 나타나게 되며 이를 풀이하는데 사용된다. 선형대수방정식은 각 방정식을 독립적으로 다룰 수 있지만, 방정식 시스템 전체로서 다루게 되면 개별 방정식으로는 알 수 없었던 물리적 문제의 성질에 관한 사실을 밝혀낼 수 있게 된다.

이 장에서는 형렬의 개념을 정의하고 상등, 덧셈, 전치, 곱셈과 같은 기본적인 행렬연산을 알아본다. 행렬로 표시된 선행대수방정식 시스템에 해가 존재하는지 존재하지 않는지를 보이기 위해 행렬시스템을 축소하는 방법들을 알아본다. 또한 $n \times n$ 행렬의 역행렬을 정의하고 행렬식이 0이 아닐 경우에 역행렬이 존재하는 것을 보인다. 마지막으로는 함수로 표시되는 원소들로 이루어지는 행렬에 대한 도함수를 알아보고 중요한 성질들을 살펴본다.

■ 행렬의 정의

[정의] 행렬(matrix)의 개념
수나 함수들을 직사각형의 형태로 괄호 안에 배열해 놓은 것.

정의에 따른 행렬의 예를 들면,

$$\begin{bmatrix} 0.1 & 2 & -1 \\ 12 & 0 & -0.3 \end{bmatrix}, \quad \begin{bmatrix} d_{11} & d_{12} & d_{13} \\ d_{21} & d_{22} & d_{23} \\ d_{31} & d_{32} & d_{33} \end{bmatrix}, \quad \begin{bmatrix} \sin x & -\cos y \\ \cos x & -\sin y \end{bmatrix}, \quad [d_1 \ d_2 \ d_3], \quad \begin{bmatrix} 1 \\ 2 \\ -1 \end{bmatrix}$$

와 같은 것들은 모두 행렬이다. 행렬의 표시는 일반적으로 대문자를 사용하고, 행렬내의 수나 문자 혹은 함수들을 원소(element)라 한다. 첫 번째 행렬은 2개의 행(row)과 3개의 열(column)을 가지고 있다. 두 번째와 세 번째 행렬은 같은 수의 행과 열을 가지고 있다. 이런 행렬을 정사각형행렬(square matrix)이다. 행렬의 크기를 사용하기 위해 행과 열의 수를 사용한다. 예를 들어 '$p\times q$행렬'은 p개의 행과 q개의 열을 가지고 있다. 이 행렬의 차수(order)를 $p\times q$라고 한다.

> **[정리] 행렬의 차수**
> $p\times q$행렬은 p개의 행과 q개의 열을 가진다.

보기1

다음 행렬의 차수를 표시하라.

$$\begin{bmatrix} 0.1 & 2 & -1 \\ 12 & 0 & -0.3 \end{bmatrix}, \quad \begin{bmatrix} d_{11} & d_{12} & d_{13} \\ d_{21} & d_{22} & d_{23} \\ d_{31} & d_{32} & d_{33} \end{bmatrix}, \quad \begin{bmatrix} \sin x & -\cos y \\ \cos x & -\sin y \end{bmatrix}, \quad [d_1 \ d_2 \ d_3], \quad \begin{bmatrix} 1 \\ 2 \\ -1 \end{bmatrix}$$

풀이

첫 번째 행렬은 (2×3)의 차수, 두 번째 행렬은 (3×3)의 차수, 세 번째 행렬은 (2×2)차수, 네 번째 행렬은 (1×3)차수, 다섯 번째 행렬은 (3×1)차수를 가진다.

두 번째 형렬의 성분들은 행렬내 각 성분의 위치를 표시하는 두 개의 첨자를 가지고 있다. 첫 번째 첨자는 성분이 속한 행을 나타내며 두 번째 첨자는 성분이 속한 열을 의미한다. 예를 들어, d_{13}은 1번째 행과 3번째 열에 놓인 성분을 의미한다.

> **성분의 첨자 p, q**
> d_{qp}는 성분 d의 p행과 q열에 속한 위치를 나타낸다.

한 개의 행이나 열로 구성된 행렬은 벡터(vector)라 부른다. 보기1의 4번째 행렬은 하나의 행으로 구성되어 있으며 이를 행벡터(row vector)라 하며, 5번째 행렬은 하나의 열로 구성되어 있으며 이를 열벡터(column vector)라 한다. 보기1의 네 번째 성분은 벡터 즉 한 행의 벡터이므로 2번째 성분은 d_2로 한 개의 첨자로도 충분하다.

■ 행렬의 일반개념과 표기

[정의] $m \times n$ 행렬의 정의

$m \times n$행렬 mn개의 원소 요소의 배열이며, m행과 n열의 나열된다. 행렬이 $\boldsymbol{A}$로 정의되면 i번째 행과 j번째 열에 있는 성분은 a_{ij}로 표시한다.

$$\boldsymbol{A} = [a_{ij}] = \begin{bmatrix} a_{11} & a_{12} & \cdots & a_{1n} \\ a_{21} & a_{22} & \cdots & a_{2n} \\ \cdot & \cdot & \cdots & \cdot \\ a_{m1} & a_{m2} & \cdots & a_{mn} \end{bmatrix}$$

일반적으로 m개의 행과 n개의 열을 가진 행렬은 다음과 같이 표시한다. $m \times n$행렬(m by n matrix)은 m개의 행과 n개의 열로 이루어진 행렬을 의미한다.

$$\boldsymbol{A} = [a_{ij}] = \begin{bmatrix} a_{11} & a_{12} & \cdots & a_{1n} \\ a_{21} & a_{22} & \cdots & a_{2n} \\ \cdot & \cdot & \cdots & \cdot \\ a_{m1} & a_{m2} & \cdots & a_{mn} \end{bmatrix}$$

여기서, a_{ij}는 i번째 행과 j번째 열의 원소(element)를 나타낸다.

만약 $m = n$이면 $\boldsymbol{A}$를 정사각형행렬(square matrix; 정방행렬)이라 한다. 정사각형행렬 $\boldsymbol{A}$의 a_{11}, a_{22}, $\cdots$, a_{nn}이 놓인 대각선을 주대각선(main diagonal)이라 한다.

행렬의 표기방법은 관례적으로 본 교재와 같이 꺾은 선 괄호나 둥근괄호로 감싸서 나타낸다. 아래 보기는 둘 동일한 (3×3)행렬을 나타낸다. 즉,

$$\begin{bmatrix} 1 & 3 & 4 \\ 2 & 0 & 1 \\ -2 & 2 & -6 \end{bmatrix} = \begin{pmatrix} 1 & 3 & 4 \\ 2 & 0 & 1 \\ -2 & 2 & -6 \end{pmatrix}.$$

또한 행렬은 행렬식과 구분하기 위하여 표기법을 달리 한다. 즉,
$\begin{bmatrix} 2 & -1 \\ 3 & 3 \end{bmatrix}$은 (2×2)행렬이지만, $\begin{vmatrix} 2 & -1 \\ 3 & 3 \end{vmatrix} = 9$는 행렬식이다.

■ 행렬의 상등

> **[정의] 행렬의 상등**
> $\boldsymbol{A} = [a_{ij}]$가 $m\times n$행렬이고 $\boldsymbol{B} = [b_{ij}]$가 $s\times r$행렬일 때, 두 행렬 $\boldsymbol{A}$와 $\boldsymbol{B}$가 상등은 $\boldsymbol{A} = \boldsymbol{B}$로 나타태며 두 행렬이 상등이 되는 필요충분 조건은
> (1) $\boldsymbol{A}$와 $\boldsymbol{B}$가 같은 수의 행과 열을 갖고, $m = s$와 $n = r$이며,
> (2) 각 i와 j에 대하여 $a_{ij} = b_{ij}$
> 이다. 따라서 서로 다른 크기를 가지는 행렬들은 서로 다르다.

보기2

다음의 두 행렬

$\boldsymbol{A} = \begin{bmatrix} a_{11} & a_{12} \\ a_{21} & a_{22} \end{bmatrix}$와 $\boldsymbol{B} = \begin{bmatrix} -1 & 3 \\ 0 & 4 \end{bmatrix}$에서 $\boldsymbol{A} = \boldsymbol{B}$일 조건을 구하라.

풀이

$\boldsymbol{A} = \boldsymbol{B}$일 필요충분조건은

$a_{11} = -1$, $a_{12} = 3$, $a_{21} = 0$, $a_{22} = 4$ 이다.

보기3

다음의 세 행렬의 상등일 조건과 상등이 아닐 경우를 설명하라.

$$\boldsymbol{A} = \begin{bmatrix} 1 & -2 & a \\ b & 3 & c \end{bmatrix},\ \boldsymbol{B} = \begin{vmatrix} 1 & -2 & 7 \\ -1 & 3 & 4 \end{vmatrix},\ \boldsymbol{C} = \begin{bmatrix} 1 & -2 & 7 \\ -1 & 3 & 4 \\ 0 & 0 & 0 \end{bmatrix}$$

풀이

행렬 $\boldsymbol{A}$에서 $a = 7$, $b = -1$, $c = 4$이면 $\boldsymbol{A} = \boldsymbol{B}$가 된다. 그러나 $\boldsymbol{A} \neq \boldsymbol{C}$, $\boldsymbol{B} \neq \boldsymbol{C}$인 행렬이다(행렬 $\boldsymbol{C}$의 행의 수가 다름).

■ 벡터(vector)

벡터(vector)는 하나의 행, 또는 하나의 열로 이루어진 행렬을 의미한다. 이 벡터의 요소들을 성분(component)라 한다. 행벡터(row vector)의 일반형은

$$\boldsymbol{a} = \vec{a} = [a_1, a_2, \cdots, a_n]$$

로 나타내고, 열벡터(column vector)의 일반형은

$$\boldsymbol{b} = \vec{b} = \begin{bmatrix} b_1 \\ b_2 \\ \cdot \\ \cdot \\ b_n \end{bmatrix}$$

로 나타낸다.

일반적으로 행벡터와 열벡터는 굵은 소문자 예를 들면 $\boldsymbol{a}, \boldsymbol{b}, \boldsymbol{c}, \cdots, \boldsymbol{n}$ 과 같이 나타내며, 행렬은 굵은 대문자 예를들면 $\boldsymbol{A}, \boldsymbol{B}, \boldsymbol{C}, \cdots, \boldsymbol{N}$ 과 같이 나타내어 벡터와 일반행렬을 구분한다.

■ 행렬의 덧셈

[정의] 행렬의 덧셈

$\boldsymbol{A}= [a_{ij}]$가 $m \times n$행렬이고 $\boldsymbol{B}= [b_{ij}]$가 $m \times n$행렬일 때만 행렬의 덧셈이 정의된다. 즉, 같은 크기의 두 행렬이 덧셈(sum)은 $\boldsymbol{A} + \boldsymbol{B}$라고 표시하고 i행과 j열의 원소가 $a_{ij} + b_{ij}$인 $m \times n$행렬이다.

$$\boldsymbol{A}+\boldsymbol{B} = [a_{ij} + b_{ij}]$$

행렬의 덧셈은 교환법칙이 성립한다. 즉,

$$\boldsymbol{A} + \boldsymbol{B} = \boldsymbol{B} + \boldsymbol{A}$$

이다.

보기4

다음 의 두 행렬

$$\boldsymbol{A} = \begin{bmatrix} -2 & 3 \\ 0 & 6 \\ 1 & 2 \end{bmatrix} \text{와} \quad \boldsymbol{B} = \begin{bmatrix} 5 & 3 \\ 2 & -1 \\ 0 & 2 \end{bmatrix} \text{을 더하라.}$$

풀이

$$A + B = \begin{bmatrix} 3 & 6 \\ 2 & 5 \\ 1 & 4 \end{bmatrix}$$

[정리] 행렬의 덧셈과 행렬의 실수배의 성질

A, B, C가 $m \times n$행렬 이고 0가 $m \times n$인 영행렬, α, β가 실수에 대하여 다음이 성립한다.

(a) $A + B = B + A$ (행렬 덧셈의 교환법칙)

(b) $(A + B) + C = A + (B + C)$ (행렬 덧셈의 결합법칙)

(c) $A + 0 = A = 0 + A$ (행렬 덧셈의 항등원은 0)

(d) $A + (-A) = (-A) + A = 0$

(e) $(\alpha\beta)A = \alpha(\beta A)$

(f) $1A = A$

(g) $(\alpha + \beta)A = \alpha A + \beta A$

(h) $\alpha(A + B) = \alpha A + \alpha B$

보기5

위 정리(d)를 증명하라.

<증명>

$m \times n$행렬 A를 $a = [a_{ij}]$라 하자.

$A + (-A)$와 $(-A) + A$도 $m \times n$행렬이고

$$\begin{aligned} A + (-A) &= [a_{ij}] + [-a_{ij}] \\ &= [a_{ij} + (-a_{ij})] \\ &= [(-a_{ij}) + a_{ij}] \\ &= [-a_{ij}] + [a_{ij}] \\ &= (-A) + A \end{aligned}$$

그러므로,

$$A + (-A) = (-A) + A = 0$$

■ 행렬의 전치

전치행렬(transposition matrix)은 행렬의 행들을 열로 열은 행들로 나타내어 얻을 수 있다. 이는 벡터에서도 마찬가지이다. 즉, 행벡터는 열벡터가 되고 열벡터는 행벡터가 된다. 정사각형 행렬의 경우 주대각성분을 중심으로 대칭인 두 위치에 있는 성분을 서로 맞바꾸어 얻어진다. 따라서, a_{12}는 a_{21}이 되고 a_{13}은 a_{31}이 되는 식이다. 행렬 $\boldsymbol{A}$에 대하여 전치행렬은 $\boldsymbol{A}^T$로 나타낸다.

[정의] 행렬의 전치

$\boldsymbol{A}=[a_{ij}]$가 $m\times n$행렬이면 $\boldsymbol{A}$의 전치행렬(transpose matrix) $\boldsymbol{A}^T$는 $\boldsymbol{A}$의 행과 열을 바꾸어서 얻어진 $n\times m$행렬이다.

$$\boldsymbol{A}^T=[a_{ij}]^T=[a_{ji}]$$

즉

$$\boldsymbol{A}^T=[a_{ji}]=\begin{bmatrix} a_{11} & a_{12} & \cdots & a_{m1} \\ a_{21} & a_{22} & \cdots & a_{m2} \\ \cdot & \cdot & \cdots & \cdot \\ a_{1n} & a_{2n} & \cdots & a_{mn} \end{bmatrix}$$

와 같이 쓸 수 있다.,

보기6

행렬 $\boldsymbol{A}$와 $\boldsymbol{B}$의 전치행렬 $\boldsymbol{A}^T$와 $\boldsymbol{B}^T$를 구하라.

$$\underset{[3\times 1]}{\boldsymbol{A}=\begin{bmatrix} -2 \\ 0 \\ 1 \end{bmatrix}},\quad \underset{[3\times 2]}{\boldsymbol{B}=\begin{bmatrix} 5 & 3 \\ 2 & -1 \\ 0 & 2 \end{bmatrix}}$$

풀이

행렬 $\boldsymbol{A}$는 열벡터이다. 따라서, $\boldsymbol{A}^T=\underset{[1\times 3]}{[-2\ \ 0\ \ 1]}$ 로서 행벡터가 된다.

$$\boldsymbol{B}^T=\underset{[2\times 3]}{\begin{bmatrix} 5 & 2 & 0 \\ 3 & -1 & 2 \end{bmatrix}}.$$

보기7

$[3\times3]$행렬 $\boldsymbol{A}$와 전치행렬 $\boldsymbol{A}^T$의 예를 들라.

풀이

$$\boldsymbol{A}=\begin{bmatrix}a_{11}&a_{12}&a_{13}\\a_{21}&a_{22}&a_{23}\\a_{31}&a_{32}&a_{33}\end{bmatrix},\quad \boldsymbol{A}^T=\begin{bmatrix}a_{11}&a_{21}&a_{31}\\a_{12}&a_{22}&a_{32}\\a_{13}&a_{23}&a_{33}\end{bmatrix}$$

보기8

행렬 $\boldsymbol{A}$의 전치행렬 $\boldsymbol{A}^T$를 구하라.

$$\boldsymbol{A}=\begin{bmatrix}7&0&5\\9&-2&3\\1&-8&-4\end{bmatrix},$$

풀이

$$\boldsymbol{A}^T=\underset{[3\times3]}{\begin{bmatrix}7&0&5\\9&-2&3\\1&-8&-4\end{bmatrix}^T}=\underset{[3\times3]}{\begin{bmatrix}7&9&1\\0&-2&-8\\5&3&-4\end{bmatrix}}$$

■ 행렬의 스칼라(scalar)곱

[정의] 행렬의 스칼라곱

$\boldsymbol{A}=[a_{ij}]$가 $m\times n$행렬이고 α를 실수 또는 복소수인 스칼라값이라 하면 α에 의한 스칼라곱 $\alpha\boldsymbol{A}$는 $\boldsymbol{A}$의 각 원소에 α를 곱해서 얻어진 $m\times n$행렬이다.

$\alpha\boldsymbol{A}=[\alpha a_{ij}]$

보기9

행렬 $\boldsymbol{B}$가

$$\boldsymbol{B}=\begin{bmatrix}5&3\\2&-1\\0&2\end{bmatrix}$$

일 때, (a) $\alpha=2$, (b) $\alpha=-1$, (c) $\alpha=0$, (d) 복소수 $i=\sqrt{-1}$ 의 스칼라곱을 구하라.

풀이

(a) $2\begin{bmatrix}5 & 3\\ 2 & -1\\ 0 & 2\end{bmatrix}=\begin{bmatrix}10 & 6\\ 4 & -2\\ 0 & 4\end{bmatrix}$, (b) $-\begin{bmatrix}5 & 3\\ 2 & -1\\ 0 & 2\end{bmatrix}=\begin{bmatrix}-5 & -3\\ -2 & 1\\ 0 & -2\end{bmatrix}$,

(c) $0\begin{bmatrix}5 & 3\\ 2 & -1\\ 0 & 2\end{bmatrix}=\begin{bmatrix}0 & 0\\ 0 & 0\\ 0 & 0\end{bmatrix}$, (d) $i\begin{bmatrix}5 & 3\\ 2 & -1\\ 0 & 2\end{bmatrix}=\begin{bmatrix}5i & 3i\\ 2i & -i\\ 0 & 2i\end{bmatrix}$

■ 행렬의 뺄셈

행렬의 덧셈과 행렬의 스칼라곱을 결합하면 $\boldsymbol{A}$로부터 $\boldsymbol{B}$를 빼는 것을 $\boldsymbol{A}$와 $\boldsymbol{B}$의 뺄셈(difference)라 하고 $\boldsymbol{A}-\boldsymbol{B}$로 나타낸다. 즉,

$$\boldsymbol{A}-\boldsymbol{B}=\boldsymbol{A}+(-1)\boldsymbol{B}$$

■ 행렬의 덧셈과 스칼라곱의 연산법칙

실수의 연산법칙과 유사하며, 크기가 같은 $m\times n$행렬에 대하여는 유사한 성질을 만족한다.

[정리] 행렬의 덧셈과 스칼라곱의 연산법칙

(a) $\boldsymbol{A}+\boldsymbol{B}=\boldsymbol{B}+\boldsymbol{A}$ <교환법칙>

(b) $(\boldsymbol{A}+\boldsymbol{B})+\boldsymbol{C}=\boldsymbol{A}+(\boldsymbol{B}+\boldsymbol{C})$ <결합법칙> $\boldsymbol{A}+\boldsymbol{B}+\boldsymbol{C}$ 와 같음.

(c) $\boldsymbol{A}+0=\boldsymbol{A}$

(d) $\boldsymbol{A}+(-\boldsymbol{A})=0$

[연습문제]

*문제1~5에서 다음 두 행렬이 상등이 되도록 상수 a, b, c의 값을 구하라.

1. $\boldsymbol{A}=\begin{bmatrix} a^2 & 3 \\ 2 & 1 \\ c & a \end{bmatrix}$, $\boldsymbol{B}=\begin{bmatrix} -a & 3 \\ 2 & b \\ -5 & -1 \end{bmatrix}$

2. $\boldsymbol{C}=\begin{bmatrix} 2 & 1 & 3 \\ 4 & 2 & a \\ 8 & 2 & c \end{bmatrix}$, $\boldsymbol{D}=\begin{bmatrix} 2 & 1 & 3 \\ 4 & 2 & 7 \\ b & 2 & 0 \end{bmatrix}$

3. $\boldsymbol{E}=\begin{bmatrix} a & a^2 & 2 \\ 1 & b & 4 \\ 1+a & 2+c & 7 \end{bmatrix}$, $\boldsymbol{G}=\begin{bmatrix} a & a^2 & 2 \\ 1 & 3 & 4 \\ 2 & 4 & 7 \end{bmatrix}$

4. $\boldsymbol{H}=\begin{bmatrix} 3 & 2+a & 5 \\ 3+b & a & 1 \\ b^2 & 1 & a^2 \end{bmatrix}$, $\boldsymbol{L}=\begin{bmatrix} 1 & -2 & c \\ -6 & a & 1 \\ b^2 & 1 & a^2 \end{bmatrix}$

5. $\boldsymbol{M}=\begin{bmatrix} a^3 & a & 7 \\ 3 & b^2 & 1 \\ 8 & 1 & c^2 \end{bmatrix}$, $\boldsymbol{N}=\begin{bmatrix} a^3 & a & 7 \\ 1 & 9 & 1 \\ a+9 & 1 & 4 \end{bmatrix}$

*문제6~14에서 $\boldsymbol{A}+\boldsymbol{B}$, $\boldsymbol{A}-\boldsymbol{B}$와 $u+v+w$ 및 $u-v-w$ 를 구하라.

6. $\boldsymbol{A}=\begin{bmatrix} 1 & -3 & 4 \\ 3 & 3 & 7 \\ -4 & 0 & -1 \end{bmatrix}$, $\boldsymbol{B}=\begin{bmatrix} 5 & 2 & 0 \\ -4 & 2 & -5 \\ -5 & 1 & -1 \end{bmatrix}$

7. $\boldsymbol{A}=\begin{bmatrix} 5 & -3 \\ 1 & -5 \\ -1 & 0 \end{bmatrix}$, $\boldsymbol{B}=\begin{bmatrix} -4 & 0 \\ 1 & -1 \\ -2 & 1 \end{bmatrix}$

8. $\boldsymbol{A}=\begin{bmatrix} 5 & -3 \\ 1 & -5 \\ -1 & 0 \end{bmatrix}$, $\boldsymbol{B}=\begin{bmatrix} 2 & 0 \\ -4 & 3 \\ -2 & 1 \end{bmatrix}$

9. $\boldsymbol{A}=\begin{bmatrix} 2 & 8 & 7 \\ 0 & 3 & 5 \\ -2 & 0 & 2 \end{bmatrix}$, $\boldsymbol{B}=\begin{bmatrix} 1 & -2 & 7 \\ 2 & -1 & 3 \\ 1 & 2 & 1 \end{bmatrix}$

10. $\boldsymbol{A}=\begin{bmatrix} 1 & 2 & 4 & 3 \\ 2 & 1 & 0 & 2 \\ 1 & -1 & 0 & 4 \end{bmatrix}$, $\boldsymbol{B}=\begin{bmatrix} 1 & 0 & 2 & -1 \\ 2 & 2 & -1 & 1 \\ 1 & 0 & 0 & 1 \end{bmatrix}$

11. $\boldsymbol{A}=\begin{bmatrix} 1 & 3 & 2 \\ 2 & 2 & 1 \\ 0 & 0 & 1 \\ 3 & 1 & 3 \end{bmatrix}$, $\boldsymbol{B}=\begin{bmatrix} 0 & 0 & -1 \\ 0 & 2 & 1 \\ 3 & -2 & 1 \\ 1 & -1 & 3 \end{bmatrix}$

12. $\boldsymbol{A}=\begin{bmatrix}1&0&0&0\\3&2&0&0\\1&1&3&0\\2&2&2&1\end{bmatrix}$, $\boldsymbol{B}=\begin{bmatrix}1&3&2&1\\0&1&4&1\\0&0&3&2\\0&0&0&1\end{bmatrix}$

13. $\boldsymbol{u}=\begin{bmatrix}2.1\\0\\-1.2\end{bmatrix}$, $\boldsymbol{v}=\begin{bmatrix}1\\-1\\2\end{bmatrix}$, $\boldsymbol{w}=\begin{bmatrix}-5\\-12\\4\end{bmatrix}$

14. $\boldsymbol{u}=[-2\ \ 0\ \ 4]$, $\boldsymbol{v}=[3\ \ -1\ \ 2]$, $\boldsymbol{w}=[-1\ \ 3\ \ 8]$

*문제 15~20에서 다음 식의 덧셈과 스칼라곱 $\alpha\boldsymbol{A}+\beta\boldsymbol{B}$을 구하라. 여기서 α, β는 스칼라값이다.

15. $\alpha=2,\ \beta=1,\ \boldsymbol{A}=\begin{bmatrix}1&2&4\\2&1&3\\3&1&2\end{bmatrix}$, $\boldsymbol{B}=\begin{bmatrix}1&2&-1\\2&1&3\\1&0&3\end{bmatrix}$

16. $\alpha=2,\ \beta=-1,\ \boldsymbol{A}=\begin{bmatrix}-1&3\\0&-2\\2&1\end{bmatrix}$, $\boldsymbol{B}=\begin{bmatrix}1&0\\1&1\\2&4\end{bmatrix}$

17. $\alpha=-1,\ \beta=2,\ \boldsymbol{A}=\begin{bmatrix}1&0&4\\2&1&-1\end{bmatrix}$, $\boldsymbol{B}=\begin{bmatrix}1&1&2\\0&1&4\end{bmatrix}$

18. $\alpha=-4,\ \beta=-2,\ \boldsymbol{A}=\begin{bmatrix}1&2&3\\1&2&1\\2&1&2\end{bmatrix}$, $\boldsymbol{B}=\begin{bmatrix}5&0&1\\1&4&3\\1&1&2\end{bmatrix}$

19. $\alpha=-3,\ \beta=-3,\ \boldsymbol{A}=\begin{bmatrix}1&2&4\\2&3&1\\3&6&2\end{bmatrix}$, $\boldsymbol{B}=\begin{bmatrix}3&3&1\\2&2&4\\1&1&3\end{bmatrix}$

20. $\alpha=-2,\ \beta=-1,\ \boldsymbol{A}=\begin{bmatrix}1&0&0&0\\3&2&0&0\\1&1&3&0\\2&2&2&1\end{bmatrix}$, $\boldsymbol{B}=\begin{bmatrix}1&3&2&1\\0&1&4&1\\0&0&3&2\\0&0&0&1\end{bmatrix}$

*문제21~31에서 행렬 $\boldsymbol{A}, \boldsymbol{B}, \boldsymbol{C}, \boldsymbol{D}, \boldsymbol{E}$ 및 $\boldsymbol{u}, \boldsymbol{v}, \boldsymbol{w}$가 다음과 같을 때,

$$\boldsymbol{A}=\begin{bmatrix}2&1&3\\4&2&7\\8&2&1\end{bmatrix},\quad \boldsymbol{B}=\begin{bmatrix}2&1&3\\4&2&7\\1&2&0\end{bmatrix},\ \boldsymbol{C}=\begin{bmatrix}0&2\\-1&4\\-2&3\end{bmatrix},\quad \boldsymbol{D}=\begin{bmatrix}4&3\\2&1\\2&1\end{bmatrix},\quad \boldsymbol{E}=\begin{bmatrix}-1&3\\2&2\\-5&-1\end{bmatrix},$$

$$\boldsymbol{u}=\begin{bmatrix}2.1\\0\\-1.2\end{bmatrix},\ \boldsymbol{v}=\begin{bmatrix}1\\-1\\2\end{bmatrix},\ \boldsymbol{w}=\begin{bmatrix}-5\\-12\\4\end{bmatrix}$$

다음 식을 구하라. 문제 중 정의가 되지 않으면 그 이유를 설명하라.

21. $2\boldsymbol{A}+3\boldsymbol{B}$, $3\boldsymbol{A}+2\boldsymbol{B}$, $\boldsymbol{A}+0\boldsymbol{B}$, $2.2\boldsymbol{B}-\boldsymbol{A}$

22. $3\boldsymbol{A}$, $\frac{1}{4}\boldsymbol{B}$, $3\boldsymbol{A}+\frac{1}{4}\boldsymbol{B}$, $3\boldsymbol{A}+\frac{1}{4}\boldsymbol{B}+\boldsymbol{C}$,

23. $3\cdot 2\boldsymbol{B}$, $3(2\boldsymbol{B})$, $6\boldsymbol{A}-2\boldsymbol{A}$, $4\boldsymbol{A}$

24. $6\boldsymbol{C}+4\boldsymbol{D}$, $2(3\boldsymbol{C}+2\boldsymbol{D})$, $0(\boldsymbol{C}-\boldsymbol{D})+2\boldsymbol{E}$

25. $(\boldsymbol{C}+\boldsymbol{D})-\boldsymbol{E}$, $(\boldsymbol{C}-\boldsymbol{E})+\boldsymbol{D}$, $\boldsymbol{B}+\boldsymbol{C}$, $\boldsymbol{B}+0\boldsymbol{C}$, $0(\boldsymbol{C}-\boldsymbol{D})+3\boldsymbol{E}$

26. $2\cdot(4\boldsymbol{C})$, $(2\cdot 4)\boldsymbol{C}$, $-\boldsymbol{E}+0\boldsymbol{D}$, $\boldsymbol{C}-\boldsymbol{D}+\boldsymbol{E}+v$

27. $(3u+3v)-\frac{1}{4}w$, $-3(u+v)+4w$, $-3(u+v)+2w$, $\boldsymbol{D}-(v-w)$, $4(v-w)+2u$

28. $(w+v)-u$, $w+(v-u)$, $\boldsymbol{C}+0u$, $0\boldsymbol{C}-v+w$

29. $12u-3v+0w$, $12u-3v$, $12u-3v+0$, $\boldsymbol{E}-2u+3\boldsymbol{D}$

30. 문제에서 주어진 v, v, w 가 공간상의 힘의 크기라면, 그들의 합을 합력(resultant force)이라 부른다. 그 값을 계산하라.

31. 힘의 합력이 0벡터이면, 이들의 히은 평형(equibrilium)을 이룬다고 한다. 위 v, v, w 벡터와 평형을 이루는 벡터 $\vec{p}$를 구하라.

32. (3×3)행렬과 스칼라값 α, β를 이용하여 '행렬의 합과 스칼라곱의 연산법칙'을 유도하라.

8.2 행렬의 곱

행렬의 곱(matrix multiplication)은 행렬과 행렬의 곱을 뜻하며 행렬의 곱셈이 가능할 때 행에 열을 곱하는 것을 말한다. 그러므로 다음과 같이 정의를 제시하고

[정의] 행렬의 곱

$m\times n$행렬 $\boldsymbol{A}=[a_{ij}]$와 $p\times q$행렬 $\boldsymbol{B}=[b_{ij}]$의 곱 $\boldsymbol{C}=\boldsymbol{AB}$는 그 순서대로 $\boldsymbol{A}$의 행의 수와 $\boldsymbol{B}$의 열의 수가 일치할 때 즉, $n=p$일 때 정의된다. 이 때 그 곱 $\boldsymbol{C}$는 $m\times q$ 행렬이 된다. 이때 결과는

$$c_{ij}=\sum_{t=1}^{n}a_{it}b_{tj}=a_{i1}b_{1j}+a_{i2}b_{2j}+\cdots+a_{in}b_{nj} \quad \text{여기서,} \quad \begin{matrix} i=1,\,2,\,\cdots,\,m \\ j=1,\,2,\,\cdots,\,q \end{matrix} \tag{1}$$

가 된다. 또는 동일하게

$$\boldsymbol{C}=\boldsymbol{AB}=\begin{bmatrix} a_1b_1 & a_1b_2 & a_1b_3 & \cdots & a_1b_q \\ a_2b_1 & a_2b_2 & a_2b_3 & \cdots & a_2b_q \\ \cdots & \cdots & \cdots & & \\ a_mb_1 & a_mb_2 & a_mb_3 & \cdots & a_mb_q \end{bmatrix}$$

이다. 행렬의 곱 $\boldsymbol{C}=\boldsymbol{AB}$가 정의될 때 그 행렬들은 순서대로 행렬곱셈의 필요충분조건이 된다.

행렬의 곱 $\boldsymbol{AB}$가 정의될 때 $\boldsymbol{BA}$가 정의된다 하여도 일반적으로 $\boldsymbol{AB}\neq\boldsymbol{BA}$ 이다. 이것을 행렬의 비가환(anti-commutative)이라 한다. 조건 $n=p$는 첫 번째 행렬 $\boldsymbol{A}$의 열의 개수와 두 번째 행렬 $\boldsymbol{B}$의 행의 개수가 서로 같아야한다는 것을 뜻한다. 행렬에서 곱셈이 정의될 경우, 행렬과 행렬의 곱을 각 행렬의 크기와 함께 다시 쓰면 다음과 같다.

$$\begin{matrix} \boldsymbol{A} & \boldsymbol{B} & = & \boldsymbol{C} \\ [m\times \boldsymbol{n}] & [\boldsymbol{n}\times q] & = & [m\times q] \end{matrix}$$

행렬의 곱 정의의 식(1)에서 c_{ij}는 $\boldsymbol{A}$의 i번째 행의 각 성분에 $\boldsymbol{B}$의 j번째 열에 대응하는 성분을 곱하여 구해진 n개의 곱셈의 값을 모두 더한 것이 된다. 즉, 행에 열을 곱해서 더한 것이라고 할 수 있다.

보기1

다음 행렬의 곱 $C = AB$에서 성분 c_{11}과 c_{23}를 구하라.

$$\boldsymbol{A} = \begin{bmatrix} 2 & 5 & -1 \\ 4 & 0 & 2 \\ -3 & -2 & 1 \end{bmatrix}, \quad \boldsymbol{B} = \begin{bmatrix} 3 & -1 & 3 & 2 \\ 6 & 0 & 7 & 5 \\ 8 & -3 & 1 & -1 \end{bmatrix}, \quad \boldsymbol{C} = \begin{bmatrix} c_{11} & c_{12} & c_{13} & c_{14} \\ c_{21} & c_{22} & \boldsymbol{c_{23}} & c_{24} \\ c_{31} & c_{32} & c_{33} & c_{34} \end{bmatrix}$$

풀이

$c_{11} = 2 \cdot 3 + 5 \cdot 6 + (-1) \cdot 8 = 28$이다.

$c_{23} = 4 \cdot 3 + 0 \cdot 7 + 2 \cdot 1 = 14$ 이다. 그러나 곱 는 정의되지 않는다.

보기2

다음 행렬의 곱 $\boldsymbol{AB}$와 $\boldsymbol{BA}$를 구하라.

$$\boldsymbol{A} = \begin{bmatrix} 2 & 1 \\ 3 & 9 \end{bmatrix}, \quad \boldsymbol{B} = \begin{bmatrix} 4 \\ 6 \end{bmatrix}$$

[2×2] [2×1]

풀이

$$\boldsymbol{AB} = \begin{bmatrix} 2 & 1 \\ 3 & 9 \end{bmatrix}\begin{bmatrix} 4 \\ 6 \end{bmatrix} = \begin{bmatrix} 2 \cdot 4 + 3 \cdot 4 \\ 3 \cdot 4 + 9 \cdot 6 \end{bmatrix} = \begin{bmatrix} 20 \\ 66 \end{bmatrix}$$ 이다. 그러나,

$\boldsymbol{BA}$는 정의되지 않는다.

보기3

다음 행벡터와 열벡터의 곱 $\boldsymbol{AB}$와 $\boldsymbol{BA}$를 구하라.

$$\boldsymbol{A} = [2 \ \ 5 \ \ 8], \quad \boldsymbol{B} = \begin{bmatrix} 1 \\ 3 \\ 2 \end{bmatrix}$$

[1×3] [2×1]

풀이

$$\boldsymbol{AB} = [2 \ \ 5 \ \ 8]\begin{bmatrix} 1 \\ 3 \\ 2 \end{bmatrix} = [33]$$

$$\boldsymbol{BA} = \begin{bmatrix} 1 \\ 3 \\ 2 \end{bmatrix}[2 \ \ 5 \ \ 8] = \begin{bmatrix} 2 & 5 & 8 \\ 6 & 15 & 24 \\ 4 & 10 & 16 \end{bmatrix}$$

보기2와 보기3에서 알 수 있듯이 두 행렬의 곱이 정의되지 않을 수 있으며 정의가 되어도

두 행렬의 곱의 결과가 다르게 나타남을 알 수 있다. 또한 정사각형행렬의 경우도 비가환인 결과가 나타난다. 보기4를 보라.

보기4

다음 행렬의 곱 $\boldsymbol{AB}$와 $\boldsymbol{BA}$를 구하라.

$$\boldsymbol{A}=\begin{bmatrix}1 & 1\\ 10 & 10\end{bmatrix},\quad \boldsymbol{B}=\begin{bmatrix}-1 & 1\\ 1 & -1\end{bmatrix}$$

$[2\times 2]$ $[2\times 2]$

풀이

$$\boldsymbol{AB}=\begin{bmatrix}1 & 1\\ 10 & 10\end{bmatrix}\begin{bmatrix}-1 & 1\\ 1 & -1\end{bmatrix}=\begin{bmatrix}0 & 0\\ 0 & 0\end{bmatrix}$$

$$\boldsymbol{BA}=\begin{bmatrix}-1 & 1\\ 1 & -1\end{bmatrix}\begin{bmatrix}1 & 1\\ 10 & 10\end{bmatrix}=\begin{bmatrix}9 & 9\\ -9 & -9\end{bmatrix}$$

보기4의 결과로부터 $\boldsymbol{AB}=0$ 이라도 $\boldsymbol{BA}=0$ 은 아니며, $\boldsymbol{A}=0$ 또는 $\boldsymbol{B}=0$을 의미하지는 않는다. 보기2~ 보기4의 결과로부터 알 수 있듯이 행렬의 곱에서는 항상 **행렬의 순서**를 매우 주의 깊게 관찰하여야 한다. 위 결과로부터 다음 정리를 얻는다.

> **[정리]**
> **행렬의 곱은 비가환적(not commutative)이다.** 즉,
> $\boldsymbol{AB}\neq \boldsymbol{BA}$

보기5

두 행렬 $\boldsymbol{A}=\begin{bmatrix}1 & -2 & 3\\ 0 & 3 & -1\end{bmatrix}$과 $\boldsymbol{B}=\begin{bmatrix}3 & 2\\ -1 & 4\\ 6 & 1\end{bmatrix}$의 곱 $\boldsymbol{AB}$와 $\boldsymbol{BA}$를 구하라.

$[2\times 3]$ $[3\times 2]$

풀이

$$\boldsymbol{AB}=\begin{bmatrix}1 & -2 & 3\\ 0 & 3 & -1\end{bmatrix}\begin{bmatrix}3 & 2\\ -1 & 4\\ 6 & 1\end{bmatrix}$$

$$=\begin{bmatrix}(1)(3)+(-2)(-1)+(3)(6) & (1)(2)+(-2)(4)+(3)(6)\\ (0)(3)+(3)(-1)+(-1)(6) & (0)(2)+(3)(4)+(-1)(1)\end{bmatrix}$$

$$= \begin{bmatrix} 3+2+18 & 2-8+18 \\ 0-3-6 & 0+12-1 \end{bmatrix}$$

$$= \begin{bmatrix} 23 & 12 \\ -9 & 11 \end{bmatrix}$$

$$\boldsymbol{BA} = \begin{bmatrix} 3 & 2 \\ -1 & 4 \\ 6 & 1 \end{bmatrix}\begin{bmatrix} 1 & -2 & 3 \\ 0 & 3 & -1 \end{bmatrix}$$

$$= \begin{bmatrix} (3)(1)+(2)(0) & (3)(-2)+(2)(3) & (3)(3)+(2)(-1) \\ (-1)(1)+(4)(0) & (-1)(-2)+(4)(3) & (-1)(3)+(4)(-1) \\ (6)(1)+(1)(0) & (6)(-2)+(1)(3) & (6)(3)+(1)(-1) \end{bmatrix}$$

$$= \begin{bmatrix} 3+0 & -6+6 & 9-2 \\ -1+3 & 2+12 & -3-4 \\ 6+0 & -12+3 & 18-1 \end{bmatrix}$$

$$= \begin{bmatrix} 3 & 0 & 7 \\ 3 & 14 & -7 \\ 6 & -9 & 17 \end{bmatrix}$$

$\therefore\ \boldsymbol{AB} \neq \boldsymbol{BA}$

일반적으로 행렬의 곱의 성질은 다음과 같다.

[정리] 행렬의 곱의 성질

$\boldsymbol{A}$, $\boldsymbol{B}$, $\boldsymbol{C}$ 가 $m \times n$행렬 이고 α, β가 실수(스칼라수)에 대하여 다음이 성립한다.

(1) $(\alpha \boldsymbol{A})\boldsymbol{B} = \alpha(\boldsymbol{AB}) = \boldsymbol{A}(\alpha \boldsymbol{B}) = \boldsymbol{A}\alpha\boldsymbol{B}$

(2) $\boldsymbol{A}(\boldsymbol{BC}) = (\boldsymbol{AB})\boldsymbol{C} = \boldsymbol{ABC}$ [결합법칙(associative law)]

(3) $(\boldsymbol{A}+\boldsymbol{B})\boldsymbol{C} = \boldsymbol{AC}+\boldsymbol{BC}$ [분배법칙(distributive law)]

(4) $\boldsymbol{C}(\boldsymbol{A}+\boldsymbol{B}) = \boldsymbol{CA}+\boldsymbol{CB}$ [분배법칙(distributive law)]

행렬의 곱은 행에 열을 곱하는 것이므로 위 정리에서 행렬의 곱하는 순서를 바꾸면 성립하지 않는다.

행렬의 곱의 정의에서 다음 식(1)은

$$c_{ij} = \sum_{t=1}^{n} a_{it}b_{tj} = a_{i1}b_{1j} + a_{i2}b_{2j} + \cdots + a_{in}b_{nj} \quad \text{여기서, } \begin{matrix} i = 1, 2, \cdots, m \\ j = 1, 2, \cdots, q \end{matrix} \tag{1}$$

다음 식으로 간단히 고쳐 쓸 수 있다. 즉,

$$c_{ij} = \boldsymbol{a}_i \boldsymbol{b}_j \tag{2}$$

여기서, $\boldsymbol{a}_i$는 행렬 $\boldsymbol{A}$의 i번째 행벡터이고 $\boldsymbol{b}_j$는 행렬 $\boldsymbol{B}$의 j번째 열벡터이다. 따라서, 윗 식(2)는 식(1)과 같은 식이 된다.

$$\boldsymbol{a}_i\boldsymbol{b}_j = [a_{i1}\ \ a_{i3}\ \ \cdots\ \ a_{im}]\begin{bmatrix} b_{1n} \\ b_{2n} \\ \cdot \\ \cdot \\ \cdot \\ b_{mn} \end{bmatrix} = a_{i1}b_{1n} + a_{i2}b_{2n} + \cdots + a_{im}b_{mn} \tag{3}$$

보기6

행렬 $\boldsymbol{A} = [a_{ij}]$가 4×3행렬이고, $\boldsymbol{B} = [b_{ij}]$가 3×5행렬일 때 윗 식(3)의 형태로 $\boldsymbol{AB}$를 표현하라.

풀이

식(3)의 형식대로 $\boldsymbol{AB}$를 표현하면,

$$\boldsymbol{AB} = \begin{bmatrix} a_1b_1 & a_1b_2 & a_1b_3 & a_1b_4 & a_1b_5 \\ a_2b_1 & a_2b_2 & a_2b_3 & a_2b_4 & a_2b_5 \\ a_3b_1 & a_3b_2 & a_3b_3 & a_3b_4 & a_3b_5 \\ a_4b_1 & a_4b_2 & a_4b_3 & a_4b_4 & a_4b_5 \end{bmatrix}$$

행렬의 곱 $\boldsymbol{C} = \boldsymbol{AB}$의 계산을 병렬로 처리하여 곱할 수 있다. 행렬 $\boldsymbol{A}$는 그대로 사용하고 행렬 $\boldsymbol{B}$를 열벡터에 관하여 다시 쓰면 행렬의 곱은 다음과 같이 표현된다.

$$\boldsymbol{AB} = \boldsymbol{A}[\boldsymbol{b}_1\ \boldsymbol{b}_2\ \cdots\ \boldsymbol{b}_p] = [\boldsymbol{Ab}_1\ \ \boldsymbol{Ab}_2\ \ \cdots\ \ \boldsymbol{Ab}_p] \tag{4}$$

보기7

행렬의 곱 $\boldsymbol{AB}$를 구하고 윗 식과 같이 병렬처리한 식(4)와 비교하라.

$$\boldsymbol{A} = \begin{bmatrix} 2 & 1 \\ -3 & 4 \end{bmatrix},\quad \boldsymbol{B} = \begin{bmatrix} 2 & 0 & 5 \\ -1 & 3 & 4 \end{bmatrix}$$

풀이

$$\begin{aligned} \boldsymbol{AB} &= \begin{bmatrix} 2 & 1 \\ -3 & 4 \end{bmatrix}\begin{bmatrix} 2 & 0 & 5 \\ -1 & 3 & 4 \end{bmatrix} \\ &= \begin{bmatrix} (2)(2)+(1)(-1) & (2)(0)+(1)(3) & (2)(5)+(1)(4) \\ (-3)(2)+(4)(-1) & (-3)(0)+(4)(3) & (-3)(5)+(4)(4) \end{bmatrix} = \begin{bmatrix} 3 & 3 & 14 \\ -10 & 12 & 1 \end{bmatrix} \end{aligned}$$

윗 식(4)와 같이 병렬처리하여 구하면

$\boldsymbol{AB}$의 각 열들은

$\boldsymbol{A}b_1 = \begin{bmatrix} 2 & 1 \\ -3 & 4 \end{bmatrix}\begin{bmatrix} 2 \\ -1 \end{bmatrix} = \begin{bmatrix} 3 \\ -10 \end{bmatrix}$, $\boldsymbol{A}b_2 = \begin{bmatrix} 2 & 1 \\ -3 & 4 \end{bmatrix}\begin{bmatrix} 0 \\ 3 \end{bmatrix} = \begin{bmatrix} 3 \\ 12 \end{bmatrix}$, $\boldsymbol{A}b_3 = \begin{bmatrix} 2 & 1 \\ -3 & 4 \end{bmatrix}\begin{bmatrix} 5 \\ 4 \end{bmatrix} = \begin{bmatrix} 14 \\ 1 \end{bmatrix}$

와 같이 계산되고 이를 모두 모아 행렬을 만들어 구한다.

$$\boldsymbol{AB} = [\boldsymbol{A}b_1 \;\; \boldsymbol{A}b_2 \;\; \boldsymbol{A}b_3] = \begin{bmatrix} 3 & 3 & 14 \\ -10 & 12 & 1 \end{bmatrix}$$

■ 행렬 전치의 연산법칙

행렬의 전치에 대한 연산법칙은 다음과 같이 정리할 수 있다.

[정리] 행렬 전치의 연산법칙

(1) $(\boldsymbol{A}^T)^T = \boldsymbol{A}$

(2) $(\boldsymbol{A}+\boldsymbol{B})^T = \boldsymbol{A}^T + \boldsymbol{B}^T$

(3) $(\alpha \boldsymbol{A})^T = c\boldsymbol{A}^T$

*(4) $(\boldsymbol{AB})^T = \boldsymbol{B}^T\boldsymbol{A}^T$

위 정리중 (4)에서 행렬의 순서가 바뀜에 유의해야 한다. 전치행렬은 임의의 문제를 풀 때 주어진 행렬이나 이 행렬의 전치행렬 중에서 더 편리한 행렬을 선택하여 해결할 수 있는 장점이 있다.

보기8

행렬의 곱 $(\boldsymbol{AB})^T$와 $\boldsymbol{B}^T\boldsymbol{A}^T$가 정의될 때, 행렬 전치의 연산 $(\boldsymbol{AB})^T = \boldsymbol{B}^T\boldsymbol{A}^T$를 증명하라.

증명

두 행렬 $(\boldsymbol{AB})^T$와 $\boldsymbol{B}^T\boldsymbol{A}^T$가 각각 $m \times n$행렬이라 하자. 행렬 $\boldsymbol{C}$의 i행과 j열이 있는 원소를 정의하여 기호를 쓰면 $[\boldsymbol{C}]_{i,j}$가 된다. 행렬 전치의 연산법칙과 행렬의 곱에 대한 법칙으로부터 모든 i, j에 대하여

$$[\boldsymbol{AB}]^T_{i,j} = [\boldsymbol{AB}]_{j,i} = \sum_{k=1}^{n} a_{jk}b_{ki}$$

이다. 마찬가지로,

$$[\boldsymbol{B}^T\boldsymbol{A}^T]_{i,j} = \sum_{k=1}^{n} a_{jk} b_{ki}$$

모든 i, j에 대하여 $[\boldsymbol{AB}]_{i,j}^T = [\boldsymbol{B}^T\boldsymbol{A}^T]_{i,j}$ 이며, 따라서

$$(\boldsymbol{AB})^T = \boldsymbol{B}^T\boldsymbol{A}^T$$

이다. <증명 끝>

■ 기본행렬(elementary matrix)

[정의] 기본행렬(elementary matrix) : $\boldsymbol{E}$
$[n \times n]$인 정사각형 단위 행렬 $\boldsymbol{I}$에 **한 번의 기본 행연산을** 하여 얻어진 행렬이라 하고 $\boldsymbol{E}$로 나타낸다.

기본 행렬 $\boldsymbol{E}$는 다음과 같은 세가지 형태로 표시할 수 있다.

1) $\boldsymbol{E}_{ij}$는 단위행렬 $\boldsymbol{I}$ 의 i와 j행을 교환해서 얻어진 기본행렬이다.
2) $\boldsymbol{E}_i(k)$는 단위행렬 $\boldsymbol{I}$ 에 0이 아닌 상수 k를 곱해서 얻어진 기본행렬이다.
3) $\boldsymbol{E}_{ij}(k)$는 단위행렬 $\boldsymbol{I}$ 의 i행의 k배를 j행에 더해서 얻어진 기본행렬이다.

보기9

$\boldsymbol{I}$를 (3×3)인 단위행렬이라 할 때 $\boldsymbol{E}_{32}$, $\boldsymbol{E}_2(3)$, $\boldsymbol{E}_3(5)$, $\boldsymbol{E}_{13}(6)$을 구하라.

$$\boldsymbol{I} = \begin{bmatrix} 1 & 0 & 0 \\ 0 & 1 & 0 \\ 0 & 0 & 1 \end{bmatrix}$$

풀이

$\boldsymbol{I} = \begin{bmatrix} 1 & 0 & 0 \\ 0 & 1 & 0 \\ 0 & 0 & 1 \end{bmatrix}$ 에서, $\boldsymbol{E}_{32} = \begin{bmatrix} 1 & 0 & 0 \\ 0 & 0 & 1 \\ 0 & 1 & 0 \end{bmatrix}$, $\boldsymbol{E}_2(3) = \begin{bmatrix} 1 & 0 & 0 \\ 0 & 3 & 0 \\ 0 & 0 & 1 \end{bmatrix}$,

$$\boldsymbol{E}_3(5) = \begin{bmatrix} 1 & 0 & 0 \\ 0 & 1 & 0 \\ 0 & 0 & 5 \end{bmatrix}, \ \boldsymbol{E}_{13}(6) \begin{bmatrix} 1 & 0 & 0 \\ 0 & 1 & 0 \\ 6 & 0 & 1 \end{bmatrix}$$

보기10

다음 행렬은 단위행렬을 변형한 기본행렬이다. 단위행렬에 기본행변형 3가지 중 어느 것

을 적용한 것인지 밝혀라.

(a) $\boldsymbol{E}=\begin{bmatrix}3 & 0\\0 & 1\end{bmatrix}$ (b) $\boldsymbol{E}=\begin{bmatrix}0 & 0 & 1\\0 & 1 & 0\\1 & 0 & 0\end{bmatrix}$

(c) $\boldsymbol{E}=\begin{bmatrix}1 & -6 & 0\\0 & 1 & 0\\0 & 0 & 1\end{bmatrix}$ (d) $\boldsymbol{E}=\begin{bmatrix}1 & 0 & 0 & 0\\0 & 1 & 0 & 0\\0 & 0 & 1 & 0\\5 & 0 & 0 & 0\end{bmatrix}$

풀이

(a) (2×2) 단위행렬 $\boldsymbol{I}$ 의 1행에 3을 하였다.
(b) (3×3) $\boldsymbol{I}$ 의 1행과 3행을 서로 바꾸었다.
(c) (3×3) $\boldsymbol{I}$의 1행에 2행의 (-6)배를 더했다.
(d) (4×4) $\boldsymbol{I}$의 4행에 1행의 5배를 더했다.

위 보기10의 (c)에 보여진 기본행렬 $\boldsymbol{E}$와

(3×4)행렬 $\boldsymbol{A}=\begin{bmatrix}1 & 3 & -2 & -1\\4 & -3 & 4 & 2\\3 & 2 & 1 & -4\end{bmatrix}$ 일 때, $\boldsymbol{EA}$ 를 계산하면,

$$\boldsymbol{EA}=\begin{bmatrix}1 & -6 & 0\\0 & 1 & 0\\0 & 0 & 1\end{bmatrix}\begin{bmatrix}1 & 3 & -2 & -1\\4 & -3 & 4 & 2\\3 & 2 & 1 & -4\end{bmatrix}=\begin{bmatrix}-23 & 21 & -26 & -13\\4 & -3 & 4 & 2\\3 & 2 & 1 & -4\end{bmatrix}$$

앞의 계산값과 보기10의 (c)에서 계산한 것과 같이, $\boldsymbol{A}$의 1행에 2행의 (-6)배를 더한 값을 행렬 $\boldsymbol{A}$에 적용하면,

$$\boldsymbol{A}=\begin{bmatrix}1 & 3 & -2 & -1\\4 & -3 & 4 & 2\\3 & 2 & 1 & -4\end{bmatrix}\quad \text{(1)행}+\text{(2)행}\times(-6)\quad \begin{bmatrix}-23 & 21 & -26 & -13\\4 & -3 & 4 & 2\\3 & 2 & 1 & -4\end{bmatrix}=\boldsymbol{EA}$$

$\boldsymbol{EA}$를 계산한 값과 비교하면, 기본행변형을 한 번 실행하여 얻은 값과 같음을 알 수 있다. 즉, $\boldsymbol{EA}$는 $\boldsymbol{A}$에 동일한 기본행변형을 실행하여 얻은 (3×4)행렬의 값과 같다. 위 결과를 정리하면 다음과 같다.

> **[정리]** $(m\times n)$행렬 $\boldsymbol{A}$에 기본행변형을 실행하는 것은 $(m\times m)$인 단위행렬 $\boldsymbol{I}_m$에서 같은 기본행변형으로 얻은 기본행렬 $\boldsymbol{E}$를 $\boldsymbol{A}$의 왼쪽에 곱하는 $\boldsymbol{EA}$값과 동일하다.

〈증명〉

행렬의 곱의 정의와 단위행렬 $\boldsymbol{I}$의 i행의 i번째 성분 1을 제외한 그 행의 모든 다른 성분이 0이라는 사실로부터 직접 구할 수 있다. 따라서, 만일 $\boldsymbol{E}$가 $\boldsymbol{I}$의 i행의 성분 1을 k로 교체하여 얻어진 기본행렬이라 하면, 행렬의 곱 $\boldsymbol{EA}$의 결과는 행렬 $\boldsymbol{A}$의 i행에 있는 원소를 k배한 것이 된다.

보기11

행렬 $\boldsymbol{A}$를 다음과 같은 행렬일 때 위 정리가 성립됨을 보여라.

$$\boldsymbol{A} = \begin{bmatrix} 3 & 1 & 4 \\ 1 & 2 & 7 \\ 5 & 4 & 2 \end{bmatrix}$$

풀이

기본행렬 규칙

3) $\boldsymbol{E}_{ij}(k)$는 단위행렬 $\boldsymbol{I}$ 의 i행의 k배를 j행에 더해서 얻어진 기본행렬이다.

을 이용하고 $\boldsymbol{I}_3$의 마지막 두 행을 교환해서 얻어진 기본행렬 $\boldsymbol{E}_{23}$을 도입해서 계산하면,

$$\boldsymbol{E}_{23} - \begin{bmatrix} 1 & 0 & 0 \\ 0 & 0 & 1 \\ 0 & 1 & 0 \end{bmatrix}$$

$$\boldsymbol{E}_{23}\boldsymbol{A} = \begin{bmatrix} 1 & 0 & 0 \\ 0 & 0 & 1 \\ 0 & 1 & 0 \end{bmatrix} \begin{bmatrix} 3 & 1 & 4 \\ 1 & 2 & 7 \\ 5 & 4 & 2 \end{bmatrix} = \begin{bmatrix} 3 & 1 & 4 \\ 5 & 4 & 2 \\ 1 & 2 & 7 \end{bmatrix}$$

이 되므로 $\boldsymbol{E}_{23}\boldsymbol{A}$는 $\boldsymbol{A}$의 (2)행과 (3)행을 바꾼 결과와 같게 된다.

■ 특별한 행렬

$n \times n$인 정사각형 행렬

$$A = \begin{bmatrix} \boldsymbol{a_{11}} & a_{12} & a_{13} & \cdot & \cdot & \cdot & a_{1n} \\ a_{21} & \boldsymbol{a_{22}} & a_{23} & \cdot & \cdot & \cdot & a_{2n} \\ a_{31} & a_{32} & \boldsymbol{a_{33}} & \cdot & \cdot & \cdot & a_{3n} \\ \cdot & \cdot & \cdot & \cdot & \cdot & \cdot & \cdot \\ \cdot & \cdot & \cdot & \cdot & \cdot & \cdot & \cdot \\ \cdot & \cdot & \cdot & \cdot & \cdot & \cdot & \cdot \\ a_{n1} & a_{n2} & a_{n3} & \cdot & \cdot & \cdot & \boldsymbol{a_{nn}} \end{bmatrix}$$

에서, 행렬 $\boldsymbol{A} = [a_{ij}]$에서 좌측 꼭대기 성분으로터 우측 바닥까지 직선상에 놓인 성분을 행렬 $\boldsymbol{A}$의 주대각(leading diagonal)이라 한다. 즉, $n \times n$행렬 $\boldsymbol{A} = [a_{ij}]$의 대각성분으로 구성되며 성분 $a_{11}, a_{22}, \cdots, a_{nn}$을 포함한다. 정사각형 행렬의 대각합(trace) $tr(\boldsymbol{A})$는 주대각 성분의 합을 나타낸다. 즉, $tr(\boldsymbol{A}) = a_{11} + a_{22} + \cdots + a_{nn}$이다.

▸ 상삼각행렬(upper triangular matrix)/ 하삼각행렬(lower triangular matrix)

상삼각행렬은 주대각성분 아래의 모든 원소가 0인 행렬이다. 하삼각행렬은 주대각성분 위의 모든 원소가 0인 행렬이다.

보기12

상삼각행렬 $\boldsymbol{U}$와 하삼각행렬 $\boldsymbol{L}$의 예를 들라.

풀이

$$\boldsymbol{U} = \begin{bmatrix} 2 & 0 & -1 & 7 \\ 0 & -3 & 4 & 2 \\ 0 & 0 & 5 & -4 \\ 0 & 0 & 0 & 1 \end{bmatrix}, \quad \boldsymbol{L} = \begin{bmatrix} 1 & 0 & 0 & 0 \\ -3 & 2 & 0 & 0 \\ 2 & -4 & 0 & 0 \\ -5 & 3 & 8 & 6 \end{bmatrix}$$

▸ 대칭행렬(symmetric matrix)/ 반대칭행렬(skew-symmetric matrix)

$n \times n$인 정사각형행렬에서 행렬의 전치가 본래의 행렬과 같으면 대칭행렬이라 하고, 행렬의 전치가 본래 행렬의 음이 되는 행렬을 반대칭행렬이라 한다. 즉,

$\boldsymbol{A}^T = \boldsymbol{A}$: 대칭행렬 ($[a_{ij}] = [a_{ji}]$)

$\boldsymbol{A}^T = -\boldsymbol{A}$: 반대칭행렬 ($[a_{ij}] = -[a_{ji}]$이고, $[a_{jj}] = 0$)

보기13

대칭행렬 $\boldsymbol{A} = \begin{bmatrix} 3 & 5 & -1 \\ 5 & 2 & 7 \\ -1 & 7 & 6 \end{bmatrix}$, 반대칭행렬 $\boldsymbol{B} = \begin{bmatrix} 0 & -2 & 1 \\ -2 & 0 & 3 \\ 1 & -3 & 0 \end{bmatrix}$

반대칭행렬의 주대각성분은 0이 된다.

보기14

행렬 $\boldsymbol{A}$가 대칭행렬이다. a, b, c의 값을 구하라.

$$\boldsymbol{A} = \begin{bmatrix} 4 & 3a+2b & a \\ b & -4 & -c \\ c-b & 3 & -1 \end{bmatrix}$$

풀이

$\boldsymbol{A} = \begin{bmatrix} 4 & 3a+2b & a \\ b & -4 & -c \\ c-b & 3 & -1 \end{bmatrix}$는 대칭행렬이므로,

$3a+2b = b, \qquad 3a + b = 0 \qquad ①$

$c-b = a, \qquad a+b = c \qquad ②$

$-c = 3, \qquad c = -3 \qquad ③$

③식을 ②식에 대입하면,

④

④식에서 ①식을 변변 빼주면

$3a + b = 0$

$- \quad a + b = -3$

$2a \quad = 3 \qquad \therefore\ a = 2/3 \quad \therefore\ b = -2/3 \quad \therefore\ c = -3$ ←(답)

보기15

$\boldsymbol{A}$가 반대칭행렬이면 $\boldsymbol{A}$의 주대각성분은 모두 0임을 보여라.

풀이

$\boldsymbol{A} = [a_{ij}]$라고 하면,

$\boldsymbol{A}$가 반대칭행렬이므로 $\boldsymbol{A}^T = -\boldsymbol{A}$이다. 즉,

$a_{ji} = -a_{ij}$

$i = j$이면 $\quad a_{ii} = -a_{ii}$

$$2a_{ii} = 0$$

이 된다. 따라서,

$$\therefore\ a_{ii} = 0$$

보기16

$\boldsymbol{A}$가 $[n \times n]$ 정사각형행렬일 때 다음이 성립함을 보여라.

$\frac{1}{2}(\boldsymbol{A} + \boldsymbol{A}^T)$는 대칭행렬이다.

풀이

(a) $$\left[\frac{1}{2}(\boldsymbol{A} + \boldsymbol{A}^T)\right]^T = \frac{1}{2}(\boldsymbol{A} + \boldsymbol{A}^T)^T$$
$$= \frac{1}{2}[\boldsymbol{A}^T + (\boldsymbol{A}^T)^T]$$
$$= \frac{1}{2}(\boldsymbol{A}^T + \boldsymbol{A}) = \frac{1}{2}(\boldsymbol{A} + \boldsymbol{A}^T)$$

$\therefore\ \frac{1}{2}(\boldsymbol{A} + \boldsymbol{A}^T)$는 대칭행렬이다.

▸ 대각행렬(diagonal matrix)/스칼라행렬(scalar matrix)

주대각의 성분들을 제외한 모든 성분이 0인 정사각형 행렬을 대각행렬(diagonal matrix) $\boldsymbol{D}$이라 한다. 대각행렬 중 주대각 아래의 모든 원소가 0인 행렬을 상삼각행렬(upper triangle matrix)라고 하며, 주대각 위의 모든 원소가 0인 행렬을 하삼각행렬(lower triangle matrix)라 한다.

대각행렬 중 모든 주대각선 성분들이 같은 경우 행렬 $\boldsymbol{S}$를 스칼라행렬(scalar matrix)이라 한다. 스칼라행렬은 임의의 행렬 $\boldsymbol{A}$와 $\boldsymbol{S}$의 곱이 스칼라에 의한 곱과 같다는 의미에서 유래되었다. 즉,

$$\boldsymbol{AS} = \boldsymbol{SA} = \alpha \boldsymbol{A}$$

▸ 단위행렬(unit matrix)

대각행렬 중 주 대각선의 성분이 모두 1인 행렬을 단위행렬(unit matrix)이라 하며 기호로, $\boldsymbol{I}$로 나타낸다. 일반행렬 $\boldsymbol{A}$가 $n \times n$행렬일 때는

$$IA = AI = A$$

이다. 실수의 경우에 단위원의 역할을 행렬에서 하므로 항등행렬(identity matrix)라고도 부른다.

보기17

[3×3]행렬에서 대각행렬 $\boldsymbol{D}$, 스칼라행렬 $\boldsymbol{S}$ 및 단위행렬 $\boldsymbol{I}$의 예를 들라.

풀이

$$\boldsymbol{D} = \begin{bmatrix} 2 & 0 & 0 \\ 0 & -1 & 0 \\ 0 & 0 & 3 \end{bmatrix}, \quad \boldsymbol{S} = \begin{bmatrix} a & 0 & 0 \\ 0 & a & 0 \\ 0 & 0 & a \end{bmatrix}, \quad \boldsymbol{I} = \begin{bmatrix} 1 & 0 & 0 \\ 0 & 1 & 0 \\ 0 & 0 & 1 \end{bmatrix}$$

▸ 직교행렬(orthogonal matrix)

> **[정의] 직교행렬(orthogonal matrix)**
> $[n \times n]$인 정사각형행렬에서 직교행렬 $\boldsymbol{Q}$는
> $$\boldsymbol{Q}\boldsymbol{Q}^T = \boldsymbol{Q}^T\boldsymbol{Q} = \boldsymbol{I}$$
> 인 행렬이다. 즉,
> $$\boldsymbol{Q}^T = \boldsymbol{Q}^{-1}$$

보기18

[2×2]인 직교행렬의 예를 들라.

풀이

(1) $\boldsymbol{Q} = \boldsymbol{I} = \begin{bmatrix} 1 & 0 \\ 0 & 1 \end{bmatrix}, \quad \boldsymbol{Q}^T = \boldsymbol{I} = \begin{bmatrix} 1 & 0 \\ 0 & 1 \end{bmatrix}$

$$\therefore \boldsymbol{Q}\boldsymbol{Q}^T = \begin{bmatrix} 1 & 0 \\ 0 & 1 \end{bmatrix}\begin{bmatrix} 1 & 0 \\ 0 & 1 \end{bmatrix} = \boldsymbol{Q}^T\boldsymbol{Q} = \boldsymbol{I}$$

(2) $\boldsymbol{Q} = \begin{bmatrix} 0 & -1 \\ 1 & 0 \end{bmatrix}, \quad \boldsymbol{Q}^T = \begin{bmatrix} 0 & 1 \\ -1 & 0 \end{bmatrix}$

$$\therefore \boldsymbol{Q}\boldsymbol{Q}^T = \begin{bmatrix} 0 & -1 \\ 1 & 0 \end{bmatrix}\begin{bmatrix} 0 & 1 \\ -1 & 0 \end{bmatrix} = \begin{bmatrix} 1 & 0 \\ 0 & 1 \end{bmatrix} = \boldsymbol{I}$$

(3) $\boldsymbol{Q} = \begin{bmatrix} \cos\theta & -\sin\theta \\ \sin\theta & \cos\theta \end{bmatrix}, \quad \boldsymbol{Q}^T = \begin{bmatrix} \cos\theta & \sin\theta \\ -\sin\theta & \cos\theta \end{bmatrix}$

$$\therefore\ \boldsymbol{QQ}^T = \begin{bmatrix} \cos\theta & -\sin\theta \\ \sin\theta & \cos\theta \end{bmatrix} \begin{bmatrix} \cos\theta & \sin\theta \\ -\sin\theta & \cos\theta \end{bmatrix}$$

$$= \begin{bmatrix} \cos^2\theta + \sin^2\theta & \cos\theta\sin\theta - \cos\theta\sin\theta \\ \sin\theta\cos\theta - \cos\theta\sin\theta & \sin^2\theta + \cos^2\theta \end{bmatrix} = \begin{bmatrix} 1 & 0 \\ 0 & 1 \end{bmatrix} = \boldsymbol{I}$$

따라서, 행렬 $\begin{bmatrix} 1 & 0 \\ 0 & 1 \end{bmatrix}$, $\begin{bmatrix} 0 & -1 \\ 1 & 0 \end{bmatrix}$, $\begin{bmatrix} \cos\theta & -\sin\theta \\ \sin\theta & \cos\theta \end{bmatrix}$는 직교행렬이다.

■ 행렬의 분할

$[m \times n]$행렬 $\boldsymbol{A}$는 각 성분이 행렬로 구성될 수 있다. 블록행렬(block matrix)은 행렬 $\boldsymbol{A}$를 행과 열 사이에 적절한 분할에 의해서 얻어질 수 있다. 이렇게 분할된 $\boldsymbol{A}$의 부분행렬을 성분으로 얻어진 행렬이다. 행렬 $\boldsymbol{A}$와 행렬 $\boldsymbol{B}$의 곱 $\boldsymbol{AB}$를 다음과 같은 점선으로 분할해 보자.

$$[m \times n]\text{행렬}\quad \boldsymbol{A} = \begin{bmatrix} [m_1 \times n_1] & \vdots & [m_1 \times n_2] & \vdots & [m_1 \times n_3] \\ \cdots\cdots & & \cdots\cdots & & \cdots\cdots \\ [m_2 \times n_1] & \vdots & [m_2 \times n_2] & \vdots & [m_2 \times n_3] \end{bmatrix}$$

$$[n \times p]\text{행렬}\quad \boldsymbol{B} = \begin{bmatrix} [n_1 \times p_1] & \vdots & [n_1 \times p_2] \\ \cdots\cdots\cdots & \cdots & \cdots\cdots\cdots \\ [n_2 \times p_1] & \vdots & [n_2 \times p_2] \\ \cdots\cdots\cdots & \cdots & \cdots\cdots\cdots \\ [n_3 \times p_1] & \vdots & [n_3 \times p_2] \end{bmatrix}$$

이렇게 $\boldsymbol{AB}$를 계산하는 것을 행렬의 분할에 의한 곱(multification by partition)이라 한다. 행렬 A와 $\boldsymbol{B}$내의 소행렬들을 블록행렬(block matrix)라 한다. 윗 식에서 $[m_1 \times n_1]$은 $m_1 \times n_1$행렬이고 A_{11}으로 나타내자. 같은 방법으로 A_{12}, A_{13}, A_{21}, $\cdots$, B_{11}, B_{12}, B_{21}, $\cdots$로 나타내면 다음 식이 된다. 이 블록행렬은 곱 $\boldsymbol{AB}$가 성립될 수 있도록 선택한다.

$$\boldsymbol{A} = \begin{bmatrix} A_{11} & A_{12} & A_{13} \\ A_{21} & A_{22} & A_{23} \end{bmatrix}$$

$$\boldsymbol{B} = \begin{bmatrix} B_{11} & B_{12} \\ B_{21} & B_{22} \\ B_{31} & B_{32} \end{bmatrix}$$

여기서, $\boldsymbol{AB}$를 구하면

$$\boldsymbol{AB} = \begin{bmatrix} A_{11} & A_{12} & A_{13} \\ A_{21} & A_{22} & A_{23} \end{bmatrix} \begin{bmatrix} B_{11} & B_{12} \\ B_{21} & B_{22} \\ B_{31} & B_{32} \end{bmatrix}$$

$$= \begin{bmatrix} A_{11}B_{11} + A_{12}B_{21} + A_{13}B_{31} & A_{11}B_{12} + A_{12}B_{22} + A_{13}B_{32} \\ A_{21}B_{11} + A_{22}B_{21} + A_{23}B_{31} & A_{21}B_{12} + A_{22}B_{22} + A_{23}B_{32} \end{bmatrix}$$

윗 식과 같이 $\boldsymbol{AB}$를 계산하는 것을 분할에 의한 행렬의 곱이라 하고 각각의 행렬 A_{12}, A_{13}, A_{21}, $\cdots$, B_{11}, B_{12}, B_{21}, $\cdots$ 등을 블록행렬(block matrix)이라 한다.

행렬을 분할하여 곱을 구하는 이유는 여러 가지가 있으나 그 중 하나는 매우 큰 행렬 $\boldsymbol{A}$를 $\boldsymbol{S}$, $\boldsymbol{T}$, $\boldsymbol{U}$등의 행렬들과 곱할 때 유용하게 이용된다. 즉, 행렬 $\boldsymbol{A}$의 부분행렬이 0이되도록 분할하면 부분행렬과 0행렬의 곱이 0행렬이 되어서 계산이 생략되므로 계산회수를 낮출 수 있게 된다. 따라서 곱셈의 수를 줄이면 계산회수가 크게 감소하게 되어 0블록을 가진 동일한 블록 행렬을 여러 번 계산할 경우 매우 효과적인 방법이 된다.

보기19

다음 행렬 $\boldsymbol{A}$와 $\boldsymbol{B}$을 적절하게 분할하여 행렬의 곱 $\boldsymbol{AB}$를 구하라.

$$\boldsymbol{A} = \begin{bmatrix} 2 & -1 & 3 \\ 1 & 3 & 2 \\ 3 & 1 & 2 \end{bmatrix}, \quad \boldsymbol{B} = \begin{bmatrix} 1 & 3 & 3 & 1 \\ 2 & 1 & 1 & 0 \\ 4 & 2 & 0 & 3 \end{bmatrix}$$

풀이

행렬을 분할하는 방법은 여러 가지 있다. 그 중 한가지로 행렬 $\boldsymbol{A}$를 분할하면 다음과 같다.

$$\boldsymbol{A} = \left[\begin{array}{cc:c} 2 & -1 & 3 \\ \hdashline 1 & 3 & 2 \\ 3 & 1 & 2 \end{array}\right]$$

이것을 블록행렬의 모양으로 나타내면 다음과 같다.

$$\boldsymbol{A} = \begin{bmatrix} A_{11} & A_{12} \\ A_{21} & A_{22} \end{bmatrix}$$

여기서 부분행렬은

$$A_{11} = [2 \ \ -1], \ A_{12} = [3], \ A_{21} = \begin{bmatrix} 1 & 3 \\ 3 & 1 \end{bmatrix}, \ A_{22} = \begin{bmatrix} 2 \\ 2 \end{bmatrix}$$

이다. 블록행렬을 곱할때는 행렬의 곱셈규칙에 맞도록 분할에 주의하여야 한다. 또한, 행렬 $\boldsymbol{B}$를 다음과 같이 분할하면,

$$\boldsymbol{B} = \left[\begin{array}{c:ccc} 1 & 3 & 3 & 1 \\ 2 & 1 & 1 & 0 \\ \hdashline 4 & 2 & 0 & 3 \end{array}\right]$$

와 같고, 이것을 블록형태의 모양으로 나타내면 다음과 같다.

$$B=\begin{bmatrix}B_{11} & B_{12}\\ B_{21} & B_{22}\end{bmatrix}$$

여기서, 대응하는 부분행렬은

$$B_{11}=\begin{bmatrix}1\\2\end{bmatrix},\ B_{12}=\begin{bmatrix}3&3&1\\1&1&0\end{bmatrix},\ B_{21}=[4],\ B_{22}=[2\ \ 0\ \ 3].$$

행렬의 곱의 정의를 이용하여 AB를 행렬의 성분과 같이 구하면 다음과 같이 나타낼 수 있다.

$$\therefore\ AB=\begin{bmatrix}A_{11}B_{11}+A_{12}B_{21} & A_{11}B_{12}+A_{12}B_{22}\\ A_{21}B_{11}+A_{22}B_{21} & A_{21}B_{12}+A_{22}B_{22}\end{bmatrix}$$

통상적인 계산을 하면,

$$A_{11}=[2\ \ -1],\ A_{12}=[3],\ A_{21}=\begin{bmatrix}1&3\\3&1\end{bmatrix},\ A_{22}=\begin{bmatrix}2\\2\end{bmatrix}$$

$$B_{11}=\begin{bmatrix}1\\2\end{bmatrix},\ B_{12}=\begin{bmatrix}3&3&1\\1&1&0\end{bmatrix},\ B_{21}=[4],\ B_{22}=[2\ \ 0\ \ 3].$$

$$A_{11}B_{11}+A_{12}B_{21}=[2\ \ -1]\begin{bmatrix}1\\2\end{bmatrix}=2(1)+(-1)(2)+[3][4]=[12]$$

$$A_{11}B_{12}+A_{12}B_{22}=[2\ \ -1]\begin{bmatrix}3&3&1\\1&1&0\end{bmatrix}+[3][2\ \ 0\ \ 3]=[11\ \ 5\ \ 11]$$

$$A_{21}B_{11}+A_{22}B_{21}=\begin{bmatrix}1&3\\3&1\end{bmatrix}\begin{bmatrix}1\\2\end{bmatrix}+\begin{bmatrix}2\\2\end{bmatrix}[4]=\begin{bmatrix}15\\13\end{bmatrix}$$

$$\begin{aligned}A_{21}B_{12}+A_{22}B_{22}&=\begin{bmatrix}1&3\\3&1\end{bmatrix}\begin{bmatrix}3&3&1\\1&1&0\end{bmatrix}+\begin{bmatrix}2\\2\end{bmatrix}[2\ \ 0\ \ 3]=\begin{bmatrix}6&6&1\\10&10&3\end{bmatrix}+\begin{bmatrix}4&0&6\\4&0&6\end{bmatrix}\\&=\begin{bmatrix}10&6&7\\14&10&9\end{bmatrix}\end{aligned}$$

따라서,

$$\therefore\ AB=\begin{bmatrix}[12] & [11\ \ 5\ \ 11]\\ \begin{bmatrix}15\\13\end{bmatrix} & \begin{bmatrix}10&6&7\\14&10&9\end{bmatrix}\end{bmatrix}=\begin{bmatrix}12&11&5&11\\15&10&6&7\\13&14&10&9\end{bmatrix}$$

보기20

다음 행렬 A와 B의 곱 AB를 다음의 행렬과 같이 분할하여 계산하라.

$$A=\left[\begin{array}{cc:c}2&-1&3\\1&3&2\\ \hdashline 3&1&2\end{array}\right],\quad B=\left[\begin{array}{ccc:c}1&3&3&1\\2&1&1&0\\ \hdashline 4&2&0&3\end{array}\right]$$

풀이

주어진 행렬 $\boldsymbol{A}$와 $\boldsymbol{B}$를 블록행렬의 모양으로 나타내면 다음과 같다.

$$\boldsymbol{A}=\begin{bmatrix}A_{11} & A_{12}\\ A_{21} & A_{22}\end{bmatrix},\quad \boldsymbol{B}=\begin{bmatrix}B_{11} & B_{12}\\ B_{21} & B_{22}\end{bmatrix}\quad \boldsymbol{B}=\left[\begin{array}{ccc:c}1 & 3 & 3 & 1\\ 2 & 1 & 1 & 0\\ \hdashline 4 & 2 & 0 & 3\end{array}\right]$$

여기서 부분행렬은

$$A_{11}=\begin{bmatrix}2 & -1\\ 1 & 3\end{bmatrix},\ A_{12}=\begin{bmatrix}3\\ 2\end{bmatrix},\ A_{21}=[3\ \ 1],\ A_{22}=[2]$$

$$B_{11}=\begin{bmatrix}1 & 3 & 3\\ 2 & 1 & 1\end{bmatrix},\ B_{12}=\begin{bmatrix}1\\ 0\end{bmatrix},\ B_{21}=[4\ \ 2\ \ 0],\ B_{22}=[3]$$

이다.

행렬의 곱의 정의에서 $\boldsymbol{AB}$를 행렬 축약된 성분으로 나타내면 다음과 같다.

$$\therefore\ \boldsymbol{AB}=\begin{bmatrix}A_{11}B_{11}+A_{12}B_{21} & A_{11}B_{12}+A_{12}B_{22}\\ A_{21}B_{11}+A_{22}B_{21} & A_{21}B_{12}+A_{22}B_{22}\end{bmatrix}$$

통상적으로 계산하면,

$$A_{11}B_{11}+A_{12}B_{21}=\begin{bmatrix}2 & -1\\ 1 & 3\end{bmatrix}\begin{bmatrix}1 & 3 & 3\\ 2 & 1 & 1\end{bmatrix}+\begin{bmatrix}3\\ 2\end{bmatrix}[4\ \ 2\ \ 0]=\begin{bmatrix}12 & 11 & 5\\ 15 & 10 & 6\end{bmatrix}$$

$$A_{11}B_{12}+A_{12}B_{22}=\begin{bmatrix}2 & -1\\ 1 & 3\end{bmatrix}\begin{bmatrix}1\\ 0\end{bmatrix}+\begin{bmatrix}3\\ 2\end{bmatrix}[3]=\begin{bmatrix}11\\ 7\end{bmatrix}$$

$$A_{21}B_{11}+A_{22}B_{21}=[3\ \ 1]\begin{bmatrix}1 & 3 & 3\\ 2 & 1 & 1\end{bmatrix}+[2][4\ \ 2\ \ 0]=[13\ \ 14\ \ 10]$$

$$A_{21}B_{12}+A_{22}B_{22}=[3\ \ 1]\begin{bmatrix}1\\ 0\end{bmatrix}+[2][3]=[9]$$

따라서,

$$\therefore\ \boldsymbol{AB}=\begin{bmatrix}\begin{bmatrix}12\\ 15\\ 13\end{bmatrix} & \begin{bmatrix}11 & 5 & 11\\ 10 & 6 & 7\\ 14 & 10 & 9\end{bmatrix}\end{bmatrix}=\begin{bmatrix}12 & 11 & 5 & 11\\ 15 & 10 & 6 & 7\\ 13 & 14 & 10 & 9\end{bmatrix}$$

위 결과는 **보기19**의 결과와 같음을 알 수 있다.

보기21

행렬 $\boldsymbol{C}$와 $\boldsymbol{D}$가 정사각형행렬이고 C_{11}, C_{22} 및 D_{11}, D_{22}가 각각의 행렬의 정사각형 블록행렬일 때 다음 곱을 계산하라. 여기서 $\boldsymbol{O}$는 0행렬이다.

$$\begin{bmatrix}C_{11} & \boldsymbol{O}\\ \boldsymbol{O} & C_{22}\end{bmatrix}\begin{bmatrix}D_{11} & \boldsymbol{O}\\ \boldsymbol{O} & D_{22}\end{bmatrix}$$

풀이

$$\begin{bmatrix} C_{11} & \boldsymbol{O} \\ \boldsymbol{O} & C_{22} \end{bmatrix}\begin{bmatrix} D_{11} & \boldsymbol{O} \\ \boldsymbol{O} & D_{22} \end{bmatrix} = \begin{bmatrix} C_{11}D_{11} + O & C_{11}\boldsymbol{O} + \boldsymbol{O}D_{22} \\ \boldsymbol{O}D_{11} + C_{22}\boldsymbol{O} & \boldsymbol{O} + C_{22}D_{22} \end{bmatrix} = \begin{bmatrix} C_{11}D_{11} & O \\ O & C_{22}D_{22} \end{bmatrix}$$

[연습문제]

*문제1~5에서 다음 값을 구하고 값이 정의되지 않는 경우는 그 이유를 밝혀라.

$$\boldsymbol{A}=\begin{bmatrix}1&-2&3\\-1&2&5\\3&1&-1\end{bmatrix},\quad \boldsymbol{B}=\begin{bmatrix}-2&1&0\\-1&2&0\\0&0&1\end{bmatrix},\quad \boldsymbol{C}=\begin{bmatrix}2&2\\-1&1\\1&0\end{bmatrix},$$

$$\vec{a}=[-2\ \ -1\ \ \ 0],\qquad \vec{b}\begin{bmatrix}-2\\1\\3\end{bmatrix}$$

1. $\boldsymbol{AB},\ \boldsymbol{BA},\ \boldsymbol{AB}^T,\ \boldsymbol{B}^T\boldsymbol{A},\ \boldsymbol{A}^T\boldsymbol{B}$
2. $\boldsymbol{AA}^T,\ \boldsymbol{BB}^T,\ \boldsymbol{A}^2,\ \boldsymbol{B}^2$
3. $\boldsymbol{CC}^T,\ \boldsymbol{CB},\ \boldsymbol{CB}^T,\ \boldsymbol{C}^T\boldsymbol{B},\ \boldsymbol{BC}$
4. $\boldsymbol{ABC},\ \boldsymbol{ABC}^T,\ \boldsymbol{A}^T\boldsymbol{B}^T\boldsymbol{C}$
5. $\vec{a}\,\vec{b},\ \vec{b}\,\vec{a},\ \vec{a}^{\,T}\vec{b}^{\,T},\ \vec{b}^{\,T}\vec{a}^{\,T}$

*문제6~12에서 $\boldsymbol{AB}$를 구하라. 그리고 값이 정의되지 않는 경우는 그 이유를 밝혀라.

6. $\boldsymbol{A}=\begin{bmatrix}1&-3&4\\3&3&7\\-4&0&-1\end{bmatrix},\quad \boldsymbol{B}=\begin{bmatrix}5&2&0\\-4&2&-5\\-5&1&-1\end{bmatrix}$

7. $\boldsymbol{A}=\begin{bmatrix}5&-3\\1&-5\\-1&0\end{bmatrix},\ \boldsymbol{B}=\begin{bmatrix}-4&0\\1&-1\\-2&1\end{bmatrix}$

8. $\boldsymbol{A}=\begin{bmatrix}5&-3\\1&-5\\-1&0\end{bmatrix},\ \boldsymbol{B}=\begin{bmatrix}2&0\\-4&3\\-2&1\end{bmatrix}$

9. $\boldsymbol{A}=\begin{bmatrix}2&8&7\\0&3&5\\-2&0&2\end{bmatrix},\ \boldsymbol{B}=\begin{bmatrix}1&-2&7\\2&-1&3\\1&2&1\end{bmatrix}$

10. $\boldsymbol{A}=\begin{bmatrix}1&2&4&3\\2&1&0&2\\1&-1&0&4\end{bmatrix},\ \boldsymbol{B}=\begin{bmatrix}1&0&2&-1\\2&2&-1&1\\1&0&0&1\end{bmatrix}$

11. $\boldsymbol{A}=\begin{bmatrix}1&3&2\\2&2&1\\0&0&1\\3&1&3\end{bmatrix},\ \boldsymbol{B}=\begin{bmatrix}0&0&-1\\0&2&1\\3&-2&1\\1&-1&3\end{bmatrix}$

12. $A=\begin{bmatrix}1&0&0&0\\3&2&0&0\\1&1&3&0\\2&2&2&1\end{bmatrix}$, $B=\begin{bmatrix}1&3&2&1\\0&1&4&1\\0&0&3&2\\0&0&0&1\end{bmatrix}$

*문제13~20에서 BA와 BA^T를 구하라. 그리고 값이 정의되지 않는 경우는 그 이유를 밝혀라.

13. $A=\begin{bmatrix}-2\\0\\1\end{bmatrix}$, $B=\begin{bmatrix}1&-3&5\end{bmatrix}$

14. $A=\begin{bmatrix}1&-3&4\\3&3&7\\-4&0&-1\end{bmatrix}$, $B=\begin{bmatrix}5&2&0\\-4&2&-5\\-5&1&-1\end{bmatrix}$

15. $A=\begin{bmatrix}5&-3\\1&-5\\-1&0\end{bmatrix}$, $B=\begin{bmatrix}-4&0\\1&-1\\-2&1\end{bmatrix}$

16. $A=\begin{bmatrix}5&-3\\1&-5\\-1&0\end{bmatrix}$, $B=\begin{bmatrix}2&0\\-4&3\\-2&1\end{bmatrix}$

17. $A=\begin{bmatrix}2&8&7\\0&3&5\\-2&0&2\end{bmatrix}$, $B=\begin{bmatrix}1&-2&7\\2&-1&3\\1&2&1\end{bmatrix}$

18. $A=\begin{bmatrix}1&2&4&3\\2&1&0&2\\1&-1&0&4\end{bmatrix}$, $B=\begin{bmatrix}1&0&2&-1\\2&2&-1&1\\1&0&0&1\end{bmatrix}$

19. $A=\begin{bmatrix}1&3&2\\2&2&1\\0&0&1\\3&1&3\end{bmatrix}$, $B=\begin{bmatrix}0&0&-1\\0&2&1\\3&-2&1\\1&-1&3\end{bmatrix}$

20. $A=\begin{bmatrix}1&0&0&0\\3&2&0&0\\1&1&3&0\\2&2&2&1\end{bmatrix}$, $B=\begin{bmatrix}1&3&2&1\\0&1&4&1\\0&0&3&2\\0&0&0&1\end{bmatrix}$

21. 문제14의 AB의 값을 행벡터와 열벡터로 표현하라.

22. 행렬 A와 B에 대하여

(a) $(A+B)^2 \neq A^2+2AB+B^2$

(b) $(A+B)(A-B) \neq A^2-B^2$

(c) $(\boldsymbol{A}-\boldsymbol{B})^2 \neq \boldsymbol{A}^2 - 2\boldsymbol{AB} + \boldsymbol{B}^2$

임을 예를 들어 설명하라.

<예> $\boldsymbol{A}=\begin{bmatrix}-1 & 3\\ 2 & 4\end{bmatrix},\quad \boldsymbol{B}=\begin{bmatrix}-1 & 3\\ 1 & -2\end{bmatrix}$

23. 행렬 $\boldsymbol{A}=\begin{bmatrix}-2 & 5 & 2\\ 3 & 1 & 2\\ 1 & 2 & -1\end{bmatrix}$ 와 $\boldsymbol{B}=\begin{bmatrix}2 & 3 & 1\\ 4 & 2 & 6\\ 2 & 5 & 0\end{bmatrix}$ 를 이용해 $(\boldsymbol{AB})^T=\boldsymbol{BA}$ 임을 보여라.

24. 주어진 행렬

$$\boldsymbol{A}=\begin{bmatrix}1 & 2\\ 4 & 1\end{bmatrix},\ \boldsymbol{B}=\begin{bmatrix}2 & -2\\ 5 & 4\end{bmatrix},\quad \boldsymbol{D}=\begin{bmatrix}-1 & 3\\ 6 & 5\end{bmatrix}$$

에 대하여 $(\boldsymbol{ABD})^T=\boldsymbol{D}^T\boldsymbol{B}^T\boldsymbol{A}^T$ 임을 보여라.

*문제25~28에서 $(\boldsymbol{AB})^T=\boldsymbol{B}^T\boldsymbol{A}^T$ 임을 보여라.

25. $\boldsymbol{A}=\begin{bmatrix}3 & 2 & 5\\ 1 & 2 & 4\\ 4 & 1 & 3\end{bmatrix},\quad \boldsymbol{B}=\begin{bmatrix}3 & 1 & 2\\ 1 & 2 & 4\\ 0 & 1 & 1\end{bmatrix}$

26. $\boldsymbol{A}=\begin{bmatrix}3 & 1 & 2 & 4\\ 1 & 5 & 2 & 2\\ 1 & 1 & -1 & 3\end{bmatrix},\quad \boldsymbol{B}=\begin{bmatrix}2 & 4 & 1\\ -1 & 2 & 3\\ 3 & 1 & 4\\ 1 & 5 & 3\end{bmatrix}$

27. $\boldsymbol{A}=\begin{bmatrix}1 & 3 & 2\\ 5 & 6 & -2\\ 1 & 0 & 8\end{bmatrix},\quad \boldsymbol{B}=\begin{bmatrix}2 & 3 & -4\\ 1 & 2 & 4\\ 8 & 3 & 0\end{bmatrix}$

28. $\boldsymbol{A}=\begin{bmatrix}1 & 3 & 2 & 5\\ 3 & 1 & 0 & 2\\ 2 & 1 & -4 & 1\end{bmatrix},\quad \boldsymbol{B}=\begin{bmatrix}2 & 4 & 1\\ 3 & 2 & 3\\ -1 & 7 & 4\\ 1 & 5 & 8\end{bmatrix}$

29. 기본행렬: $m\times n$ 행렬 $\boldsymbol{A}$에 임의의 기본 행연산을 통하여 얻어진 행렬이 $\boldsymbol{EA}$와 같아지도록 하는 기본행렬 $\boldsymbol{E}$가 항상 존재한다. 다음 (a), (b)에 답하라. 여기서,

$$\boldsymbol{I}_4=\begin{bmatrix}1 & 0 & 0 & 0\\ 0 & 1 & 0 & 0\\ 0 & 0 & 1 & 0\\ 0 & 0 & 0 & 1\end{bmatrix}$$

는 (4×4)인 단위행렬이다.

(a) 3행과 4행의 교환, 2행에 -3을 곱하여 3행에 더하기, 3행에 7을 곱하기와 같은 행연산에 대응되는 기본행렬은 각각 $\boldsymbol{E}_1$, $\boldsymbol{E}_2$, 및 $\boldsymbol{E}_3$과 같음을 보여라.

$$E_1 = \begin{bmatrix} 1 & 0 & 0 & 0 \\ 0 & 1 & 0 & 0 \\ 0 & 0 & 0 & 1 \\ 0 & 0 & 1 & 0 \end{bmatrix}, \quad E_2 = \begin{bmatrix} 1 & 0 & 0 & 0 \\ 0 & 1 & 0 & 0 \\ 0 & -3 & 1 & 0 \\ 0 & 0 & 0 & 1 \end{bmatrix}, \quad E_3 = \begin{bmatrix} 1 & 0 & 0 & 0 \\ 0 & 1 & 0 & 0 \\ 0 & 0 & 7 & 0 \\ 0 & 0 & 0 & 1 \end{bmatrix}$$

(1×4)행렬과 (4×3)행렬을 하나 선택하여 기본행렬 $\boldsymbol{E}_1$, $\boldsymbol{E}_2$, 및 $\boldsymbol{E}_3$을 적용시켜라. $\boldsymbol{A} = [a_{ij}]$를 일반적인 (4×2)행렬이라 할 때, $\boldsymbol{B} = \boldsymbol{E}_3\boldsymbol{E}_2\boldsymbol{E}_1\boldsymbol{A}$ 를 구하라. 이때, $\boldsymbol{B}$는 $\boldsymbol{E}_1\boldsymbol{E}_2\boldsymbol{E}_3\boldsymbol{A}$ 의 값과 같은가?

(b) 단위행렬 $\boldsymbol{I}_4$에 대응하는 기본 행연산을 실시하여 얻어질 수 있음을 확일하라. 이렇게 행 연산을 실시하여 얻어진 행렬을 $\boldsymbol{N}$이라면,

$$\boldsymbol{N} = \boldsymbol{E}\boldsymbol{A}$$

을 만족하는 행렬 $\boldsymbol{E}$는 $(n\times n)$ 단위행렬 $\boldsymbol{I}_n$에 같은 행연산을 실시하여 얻을 수 있음을 보여라.

30. $\boldsymbol{A} = \begin{bmatrix} 1 & -2 \\ 0 & 1 \end{bmatrix}$에서 다음을 구하라.

(a) $\boldsymbol{A}^2$ (b) $\boldsymbol{A}^3$ (c) $\boldsymbol{A}^4$

31. $\boldsymbol{A} = \begin{bmatrix} 2 & 4 & 3 \\ 5 & 3 & 1 \\ 1 & 0 & -2 \end{bmatrix}$에 대하여 다음을 구$\boldsymbol{A}^4$하라.

(a) $\boldsymbol{A}^2$ (b) $\boldsymbol{A}^3$ (c)

32. 행렬 $\boldsymbol{A}$와 $\boldsymbol{B}$가 정사각형행렬이면서 서로 반대칭행렬이면 $\boldsymbol{A}+\boldsymbol{B}$도 반대칭행렬임을 보여라.

33. 행렬 $\boldsymbol{A}$가 반대칭행렬일 때 $\boldsymbol{A}$의 주대각성분은 모두 0이됨을 보여라.

34. 행렬 $\boldsymbol{A}$와 $\boldsymbol{B}$는 대칭행렬이다. a, b, c의 값을 각각 구하라.

(a) $\boldsymbol{A} = \begin{bmatrix} 2 & -5a-3b & b \\ 2a+c & 1 & -1 \\ c-a & -b-c & 3 \end{bmatrix}$

(b) $\boldsymbol{B} = \begin{bmatrix} 5 & 3a+2b & b \\ a & -1 & -c \\ c-a & 1 & -6 \end{bmatrix}$

35. 행렬 $\boldsymbol{A}$와 $\boldsymbol{B}$를 분할을 이용하여 $\boldsymbol{AB}$를 구하라.

$$\boldsymbol{A}=\begin{bmatrix}1&0&0&-2\\0&1&0&1\\0&0&1&3\end{bmatrix},\quad \boldsymbol{B}=\begin{bmatrix}1&0&0\\0&1&0\\0&0&1\\3&-4&2\end{bmatrix}$$

36. 행렬 $\boldsymbol{A}$와 $\boldsymbol{B}$를 분할을 이용하여 $\boldsymbol{AB}$를 구하라.

$$\boldsymbol{A}=\begin{bmatrix}1&3&1&2&4\\0&-2&1&3&-1\\1&0&2&3&1\end{bmatrix},\quad \boldsymbol{B}=\begin{bmatrix}-2&1\\0&3\\-3&1\\2&-1\\-1&2\end{bmatrix}$$

37. 주어진 분할에 따라 다음 행렬을 계산하라.

$$\left[\begin{array}{cc:c}1&0&3\\0&1&2\\\hdashline 0&1&2\end{array}\right]\left[\begin{array}{cc:c}1&0&0\\0&1&1\\\hdashline -1&-2&0\end{array}\right]$$

38. 주어진 분할에 따라 다음 행렬을 계산하라.

$$\left[\begin{array}{cc:cc}3&4&0&0\\2&0&0&0\\\hdashline 0&0&-2&-1\\0&0&2&1\end{array}\right]\left[\begin{array}{cc:cc}0&0&1&0\\0&0&0&1\\\hdashline 1&0&0&0\\0&3&0&0\end{array}\right]$$

8.3 행렬과 선형연립방정식

자료를 모으고 처리하는 데 행렬은 매우 유용한 도구가 된다. 예를 들어 미지수 x, y, z를 가진 선형연립방정식(linear equation)dl 다음 식과 같이 주어졌다고 생각하자.

$$\begin{aligned} &3x+5y+7z=11 \\ &5x \qquad\ \ -3z=12 \\ &6x-8y+\ \ z=27 \end{aligned}$$

미지수의 계수들을 선형방정식의 위치에 따라 나열하면 다음과 같은 계수행렬(coefficient matrix) $\boldsymbol{C}$를 만들 수 있다.

$$\boldsymbol{C}=\begin{bmatrix} 3 & 5 & 7 \\ 5 & 0 & -3 \\ 6 & -8 & 1 \end{bmatrix}$$

계수행렬 $\boldsymbol{C}$에 등호 우변의 수를 덧붙여 만드는 행렬로 첨가행렬(augmented matrix) $\widetilde{\boldsymbol{C}}$ 라 부르며 다음과 같이 된다.

$$\widetilde{\boldsymbol{C}}=\begin{bmatrix} 3 & 5 & 7 & 11 \\ 5 & 0 & -3 & 12 \\ 6 & -8 & 1 & 27 \end{bmatrix}$$

위의 첨가행렬은 선형연립방정식의 모든 정보를 가지고 있으므로 연립방정식의 해를 구하는데 이용할 수 있다. 여기서 $x=3$, $y=-1$, $z=1$을 연립방정식에 대입하면 이것이 연립방정식의 해가됨을 확인할 수 있다. 이렇게 선형연립방정식을 푸는데 행렬을 이용하면 보다 편리하게 해를 구할 수 있게 된다.

보기1

어떤 휴대폰 매장 A, B, C의 요일별 휴대폰 판매량은 다음과 같다. 이를 행렬을 이용한 도표를 만들어라.

매장A; 월-50대, 화-32대, 수-0대, 목-65대, 금-21대, 토-62대, 일-22대

매장B; 월-0대, 화-15대, 수-76대, 목-40대, 금-43대, 토-98대, 일-33대

매장C; 월-15대, 화-3대, 수-0대, 목-56대, 금-77대, 토-89대, 일-36대

풀이

매장 판매량을 행렬을 이용해 만들면 다음과 같다.

$$\begin{array}{c} \quad\ 월 \quad 화 \quad 수 \quad 목 \quad 금 \quad 토 \quad 일 \\ \begin{matrix} A \\ B \\ C \end{matrix} \begin{bmatrix} 50 & 32 & 0 & 65 & 21 & 62 & 22 \\ 0 & 15 & 76 & 40 & 43 & 98 & 33 \\ 15 & 3 & 0 & 56 & 77 & 89 & 36 \end{bmatrix} \end{array}$$

■ **확률과정**(stochastic process)**과 확률행렬**(stochastic matrix)

어떤 현상을 해석하는데 있어 결정론적으로 해석할 수 없고 결과가 확률론적으로 표현될 수 밖에 없는 것들이 있다. 즉, 어떤 사건이 발생하는 확률 p는 구간 $0 \leq p \leq 1$내의 값이다. $p=0$이면 그 사건은 결코 일어나지 않을 확률이며, $p=1$이면 그 사건은 반드시 일어난다는 의미이다. 동전던지기에서 예를 들면, 동전을 N회 던져서 시행결과를 앞면H와 뒷면T라 할 때, 앞면이 나타나는 횟수를 N_H, 뒷면이 나타나는 횟수를 N_T라 하면 $N=N_H+N_T$이다. 그리고 앞면 또는 뒷면이 나타나는 각각의 확률은 N_H/N과 N_T/N이 된다. 이는 정확한 값이 아니라 근사값이며, 시행횟수가 많아지면 각각 1/2에 근접하게 된다. 이는 각 시행이 충분히 크다면 앞면이 나올 확률과 뒷면이 나올 확률은 같다는 의미가 된다. 이러한 과정을 확률과정(stochastic process)이라고 한다.

모든 성분이 음이 아니고 아니고 열의 합이 모두 1인 정사각형행렬을 확률행렬(stochastic matrix)이라 한다. 행렬 $\boldsymbol{P}$

$$\boldsymbol{P}=\begin{bmatrix} p_{11} & p_{12} & p_{13} & \cdots\cdots & p_{1n} \\ p_{21} & p_{22} & p_{23} & \cdots\cdots & p_{2n} \\ p_{31} & p_{32} & p_{33} & \cdots\cdots & p_{3n} \\ \vdots & \vdots & \vdots & \vdots & \vdots \\ p_{n1} & p_{n2} & p_{n3} & \cdots\cdots & p_{nn} \end{bmatrix}$$

에 대하여 다음과 같이 표현된다.

$$\sum_{i=1}^{N} p_{ij}=1, \qquad 0 \leq p_{ij} \leq 1,\ 0 \leq i \leq N,\ 0 \leq j \leq N$$

■ **마코브과정**(Marcov process)

어떤 연속적인 상태에서의 조건이 앞 상태에 이르는 과정에 의존하지 않으며, 들어가기 직전의 상태에만 의존하는 확률과정을 마코브과정(Markov process)[20]라 하며, 모든 요소가 0

20) Andrey Andrejevitch Markov(1856~1922): 러시아의 수학자. 1906년에 마코브행렬(Markov matrix)를 처음 언급함. 마코브행렬은 마코브체인(Marcov chain)을 기술하기 위한 수학적 도구로 확률적 방법을 기반으로 행렬을 응용하였다.

보다 크거나 같고, 각 열벡터들의 요소를 더하면 1이 되는 행렬을 마코브행렬(marcov matrix)이라 한다. 즉, 확률과정에서 미래는 현재에만 관계하며, 과거와는 관계가 없다는 조건을 만족시키는 확률과정이다. 이는 과거가 미래에 영향을 미치지 않고 오직 현재에만 그 영향을 미친다는 오직 2개의 상태만을 포함하여 간단화 시키는 과정이다. 예를 들어, 카드게임에서의 승패, 현재 작동하고 있는 기계의 신뢰성, 양궁에서 발사된 화살이 과녁을 향해 날아갈 때 명중하는지 아닌지의 현재상태 등을 들 수 있다. 다음 보기2에서 인구예측방법을 살펴보자.

보기2

통계청 자료에 의하면 2023년 4월 현재 서울시의 주민등록 인구는 9,668,008명, 경기도의 주민등록 인구는 14,003,527명이다. 대략 서울시 인구는 966만명, 경기도는 1,400만명 정도이다. 그리고 2022년 서울에서 경기도로 이동한 인구는 28만명, 경기도에서 서울로 이동한 인구는 24만명이라 한다. 다른 도시나 지역에서 이동한 인구가 없다고 가정한다. 이때 서울에서 경기도로 약 2.9%, 경기도에서 서울로 약 1.7%가 이동한 것이 된다.

2025년의 서울시와 경기도의 인구를 마코브과정으로 예측하라.

풀이

서울인구의 97.1%는 서울에 남아있고, 경기도 인구의 98.3%가 그대로 남아 있는 인구가 된다. 이를 확률로 표시하면 서울 인구가 그대로 남아있을 확률은 0.97, 경기도 인구가 그대로 남아있을 확률은 0.98가 된다. 반대로 이동할 확률은 0.03과 0.02가 된다.

이러한 확률을 행렬 $\boldsymbol{P}$로 나타내면

$$\boldsymbol{P}=\begin{bmatrix}0.97 & 0.02\\0.03 & 0.98\end{bmatrix}$$

이 된다. 이 행렬의 열의 성분의 합은 1이 된다. 위의 확률 $\boldsymbol{P}$를 확률행렬이라 한다.

서울인구가 966만명, 경기도 인구는 1,400만명을 열벡터로 하는 행렬을 $\boldsymbol{x}_0$라고 하면

$$\boldsymbol{x}_0=\begin{bmatrix}966\\1400\end{bmatrix}$$

이며, 2024년의 서울 인구, 경기도 인구를 열벡터로 하는 행렬을 $\boldsymbol{x}_1$이라 하면,

$$\begin{aligned}\boldsymbol{x}_1=\boldsymbol{P}\boldsymbol{x}_0&=\begin{bmatrix}0.97 & 0.02\\0.03 & 0.98\end{bmatrix}\begin{bmatrix}966\\1400\end{bmatrix}\\&=\begin{bmatrix}965.02\\1400.98\end{bmatrix}\end{aligned}$$

이다. 2024년의 서울인구는 9,650,200명, 경기도의 인구는 14,009,800명이 예측된다는 것을 의미한다. 같은 방법으로 2025년의 인구를 예측하면,

$$x_2 = Px_1 = \begin{bmatrix} 0.97 & 0.02 \\ 0.03 & 0.98 \end{bmatrix} \begin{bmatrix} 965.02 \\ 1400.98 \end{bmatrix}$$

$$= \begin{bmatrix} 964.089 \\ 1401.911 \end{bmatrix} \quad \begin{matrix} \leftarrow \text{2025년 서울시의 인구예측(명)} \\ \leftarrow \text{2025년 경기도의 인구예측(명)} \end{matrix}$$

이 된다. 즉, 2025년의 서울시의 예측인구는 9,640,890명, 경기도의 예측인구는 14,019,110명이 된다.

보기2에서 구한 값과 같은 방법을 이용하여 2026년 인구예측값을 x_3, 2027년을 x_4, ⋯, 2030년을 x_7이라 하면,

$$x_3 = Px_2\ ,\ x_4 = Px_3\ ,\ \cdots,\ x_7 = Px_6$$

이 된다. 여기서 x_7의 값은

$$\begin{aligned} x_7 &= Px_6 = P(Px_5) \\ &= P(Px_5) = P^2(x_5) \\ &= P^3(x_4) = P^4(x_3) = P^5(x_2) = P^6(x_1) = P^7(x_0) \end{aligned}$$

가 됨을 알 수 있다. 이 계산은 2023년을 기준으로 하여 2030년을 예측한 인구수의 값이 된다. 이렇게 기준값으로부터 향후 인구를 예측할 수 있게 된다. 이와 같이 관찰에 의하여 알고 있는 값을 이용해 향후의 값을 예측하는 과정을 마코브과정 또는 마코브연쇄(Marcov chain)이라 한다. 여기서 행렬 P를 마코브 연쇄 추이행렬(transition matrix)라 한다.

■ 선형연립방정식의 해

$(m \times n)$행렬의 선형연립방정식

$$\begin{array}{l} a_{11}x_1 + x_{12}x_2 + \cdots\cdots + a_{1n}x_n \;\; = b_1 \\ a_{21}x_1 + x_{22}x_2 + \cdots\cdots + a_{2n}x_n \;\; = b_2 \\ \cdots \;\; \cdots \;\; \cdots \;\; \cdots \;\; \cdots \;\; \cdots \;\; \cdots \;\; \cdots \\ a_{m1}x_1 + x_{m2}x_2 + \cdots\cdots + a_{mn}x_n = b_m \end{array}$$

인 형태로 된 방정식들의 집합이다. 여기서, 우변의 항 b_i 중 적어도 하나가 0이 아니면 **비제차연립방정식**(homogeneous system)이고, $b_1 = b_2 = \cdots = b_m = 0$이면 **제차연립방정식**(homogeneous system)이라 한다.

위 선형연립방정식의 해는 m개의 방정식을 모두 만족시키는 수 $x_1, x_2, \cdots, x_n$의 집합이다. 윗 방정식들의 **해벡터**(solution vector)는 그 성분이 연립방정식의 해가 되는 벡터 $\boldsymbol{x}$이다. 위 선형연립방정식은 행렬의 곱으로 표현할 수 있다. 선형연립방정식의 m개의 방정식은 다음식과 같이 표현한다.

$$\boldsymbol{Ax} = \boldsymbol{b}$$

여기서, $\boldsymbol{A}$는 계수행렬 $\boldsymbol{A} = [a_{ij}]$이며 $(m \times n)$인 행렬로

$$\boldsymbol{A} = \begin{bmatrix} a_{11} & a_{12} & a_{13} \cdots\cdots & a_{1n} \\ a_{21} & a_{22} & a_{23} \cdots\cdots & a_{2n} \\ \cdot & \cdot & \cdot \quad\quad \cdot & \cdot \\ a_{m1} & a_{m2} & a_{m3} \cdots\cdots & a_{mn} \end{bmatrix}$$

이다. $\boldsymbol{A}$의 첫째 열의 계수는 x_1의 배수, 둘째 열의 계수는 x_2의 배수, $\cdots$, n번째 열의 계수는 x_n의 배수이다.

행렬곱의 정의로부터, 윗 식 $\boldsymbol{Ax} = \boldsymbol{b}$를 행렬의 형식으로 표현하면,

$$\begin{bmatrix} a_{11} & a_{12} & a_{13} \cdots\cdots & a_{1n} \\ a_{21} & a_{22} & a_{23} \cdots\cdots & a_{2n} \\ \cdot & \cdot & \cdot \quad\quad \cdot & \cdot \\ a_{m1} & a_{m2} & a_{m3} \cdots\cdots & a_{mn} \end{bmatrix} \begin{bmatrix} x_1 \\ \cdot \\ \cdot \\ x_n \end{bmatrix} = \begin{bmatrix} b_1 \\ \cdot \\ \cdot \\ b_m \end{bmatrix}$$

가 된다.

$\boldsymbol{A}$ 행렬은 영행렬이 아닐 때 $\boldsymbol{x}$는 n개의 성분을, $\boldsymbol{b}$는 m개의 성분을 가진다. 다음과 같은 행렬 $\widetilde{\boldsymbol{A}}$을 살펴보자.

$$\widetilde{\boldsymbol{A}} = \left[\begin{array}{cccc|c} a_{11} & a_{12} & \cdots\cdots & a_{1n} & b_1 \\ a_{21} & a_{22} & \cdots\cdots & a_{2n} & b_2 \\ \cdot & \cdot & \cdots\cdots & \cdot & \cdot \\ \cdot & \cdot & \cdots\cdots & \cdot & \cdot \\ a_{m1} & a_{m2} & \cdots\cdots & a_{mn} & b_m \end{array}\right]$$

위의 행렬 $\widetilde{\boldsymbol{A}}$를 연립방정식의 첨가행렬(augmented matrix)라고 한다. 행렬 내에 수직으로 그은 수직선은 $\widetilde{\boldsymbol{A}}$의 마지막 열이 행렬 $\boldsymbol{A}$에 포함되지 않는 다는 것을 말해준다. 즉, 연립방정식의 우변으로 사용된다는 것을 의미한다. 이렇게 첨가행렬로 표시함으로서 연립방정식의 해를 구하는데 보다 편리한 표기법이 된다.

보기4

미지수가 2개인 2원 1차 연립방정식

$$a_{11}x_1 + a_{12}x_2 = b_1$$
$$a_{21}x_1 + a_{22}x_2 = b_2$$

이 2개의 연립방정식의 해인 x_1과 x_2의 값을 평면좌표계의 좌표로 예를 들어 표현하고 x_1과 x_2가 해가 되기 위한 필요충분조건을 경우에 따라 도시하라.

풀이

(2×2)인 행렬로 나타내면 다음과 같다.

$$\boldsymbol{Ax} = \boldsymbol{b}$$

$$\boldsymbol{A} = \begin{bmatrix} a_{11} \; a_{12} \\ a_{21} \; a_{22} \end{bmatrix},\ \boldsymbol{x} = \begin{bmatrix} x_1 \\ x_2 \end{bmatrix},\ \boldsymbol{b} = \begin{bmatrix} b_1 \\ b_2 \end{bmatrix}$$

이 행렬의 곱의 해를 x_1, x_2를 좌표로 갖는 점 P가 동시에 두 직선상에 있는 것과 같다.
따라서 다음 세 가지 경우가 생긴다.

(i) 두 직선이 교차하여 단 하나의 해를 가진다.
(ii) 두 직선이 일치하여 무수히 많은 해를 갖는다.
(iii) 두 직선이 평행하여 해가 없다.

이 세가지 경우를 도시하면 다음 그림1과 같다.

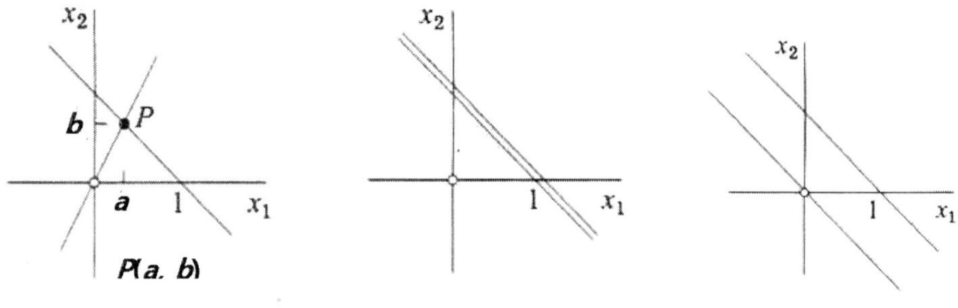

(a) 하나의 해 (b) 무수히 많은 해 (c) 해가 없음

그림1 평면상의 x_1과 x_2의 해(세가지 경우)

보기4에서 살펴본 바와 같이 선형연립방정식은 해를 갖지 않을 수도 있다(경우 iii). 따라서 어떤 연립방정식이 주어지면 이 방정식이 해를 가지는지 아닌지를 특정지어야 한다. 다음 절에서 논의한다.

[연습문제]

1. 다음 행렬 중 확률과정 행렬인 것을 선택하고 확률과정이 아닌 것은 그 이유를 밝혀라.

(a) $\begin{bmatrix} 0.4 & 0.3 & 0.3 \\ 0.35 & 0 & 0.65 \\ 0.6 & 0.4 & 0 \end{bmatrix}$ (b) $\begin{bmatrix} 1.4 & 0 & -0.4 \\ 0 & 0.7 & 0.3 \\ 0.7 & 0.2 & 0.1 \end{bmatrix}$

(c) $\begin{bmatrix} 0.6 & 0.1 & 0.3 \\ 0.8 & 0.2 & 0.1 \\ 0.3 & 0.2 & 0.5 \end{bmatrix}$ (d) $\begin{bmatrix} 0.3 & 0.2 & 0.5 \\ 0.9 & 0 & 0.1 \\ 0 & 0 & 1 \end{bmatrix}$

2. 모든 원소가 음이 아니고 각 행의 원소의 합이 1인 정사각형행렬 $\boldsymbol{P}$를 확률행렬(stochastic matrix)라고 한다.

$$\boldsymbol{P} = \begin{bmatrix} p_{11} & p_{12} & p_{13} & \cdots\cdots & p_{1n} \\ p_{21} & p_{22} & p_{23} & \cdots\cdots & p_{2n} \\ p_{31} & p_{32} & p_{33} & \cdots\cdots & p_{3n} \\ \vdots & \vdots & \vdots & \vdots & \vdots \\ p_{n1} & p_{n2} & p_{n3} & \cdots\cdots & p_{nn} \end{bmatrix}$$

에 대하여 다음과 같이 표현된다.

$$\sum_{i=1}^{n} p_{ij} = 1, \quad i = 1,\ 2,\ \cdots,n$$

이면 확률행렬이다. n개의 성분으로 된 열벡터를 $c = [1\ \ 1\ \ 1\ \ \cdots\ \ 1]^T$라고 하면 행렬곱 $\boldsymbol{Pc}$와 모든양의 정수 m에 대하여 $\boldsymbol{P}^m$이 확렬행렬임을 수학적 귀납법을 사용하여 증명하라.

3. 2×2인 확률행렬 $\boldsymbol{P}$를 만들고, $\boldsymbol{P}^2$, $\boldsymbol{P}^3$ 및 $\boldsymbol{P}^4$를 구하라. 이 행렬들은 모든 성분이 음이 아니고 각 행의 합이 1임을 보여라.

*문제4~5에서 다음 식을 계산하라.

4. $\boldsymbol{BA}$, $\boldsymbol{AB}^T$, $\boldsymbol{B}^T\boldsymbol{A}$, $\boldsymbol{A}^T\boldsymbol{B}$

5. $\boldsymbol{AA}^T$, $\boldsymbol{BB}^T$, $\boldsymbol{A}^2$, $\boldsymbol{B}^2$

6. $\boldsymbol{CC}^T$, $\boldsymbol{CB}$, $\boldsymbol{CB}^T$, $\boldsymbol{C}^T\boldsymbol{B}$, $\boldsymbol{BC}$

7. $\boldsymbol{ABC}$, $\boldsymbol{ABC}^T$, $\boldsymbol{A}^T\boldsymbol{B}^T\boldsymbol{C}$

8. $\vec{a}\,\vec{b}$, $\vec{b}\,\vec{a}$, $\vec{a}^T\vec{b}^T$, $\vec{b}^T\vec{a}^T$

*문제9~10에서 $\boldsymbol{AB}$를 구하라. 그리고 값이 정의되지 않는 경우는 그 이유를 밝혀라.

9. $\boldsymbol{A}=\begin{bmatrix} 1 & -3 & 4 \\ 3 & 3 & 7 \\ -4 & 0 & -1 \end{bmatrix}$, $\boldsymbol{B}=\begin{bmatrix} 5 & 2 & 0 \\ -4 & 2 & -5 \\ -5 & 1 & -1 \end{bmatrix}$

10. $\boldsymbol{A}=\begin{bmatrix} 5 & -3 \\ 1 & -5 \\ -1 & 0 \end{bmatrix}$, $\boldsymbol{B}=\begin{bmatrix} 5 & 2 & 0 \\ -4 & 2 & -5 \\ -5 & 1 & -1 \end{bmatrix}$

8.4 기본 행연산 행동치 선형연립방정식의 기초

선형연립방정식

$$\begin{aligned} a_{11}x_1 + x_{12}x_2 + \cdots\cdots + a_{1n}x_n &= b_1 \\ a_{21}x_1 + x_{22}x_2 + \cdots\cdots + a_{2n}x_n &= b_2 \\ \cdots \cdots \cdots \cdots \cdots \cdots \cdots & \cdots \\ a_{m1}x_1 + x_{m2}x_2 + \cdots\cdots + a_{mn}x_n &= b_m \end{aligned}$$

은 n개의 미지수와 m개의 방정식이다. 이것의 해를 구하기 위한 여러 기법들을 살펴보자.

■ 기본 행연산(elementary row operations)

선형연립방정식을 풀 때 사용되는 기본행연산의 세 가지 형태는 다음과 같다.

- 방정식의 두 행을 교환하는 것
- 방정식에 0이 아닌 상수배를 곱하는 것
- 한 방정식의 상수배를 다른 방정식에 더하는 것

이 연산들은 행에 대한 연산으로 열이 아닌 연산이다. 두 방정식의 위치를 바꾸어도 해집합은 바뀌지 않는다. 또한 두 방정식을 더하는 것도 더한 방정식을 다시 빼주면 원래대로 되므로 해집합이 바뀌지 않는다. 마찬가지로, 한 방정식에 0이아닌 상수 k를 곱하는 것도 다시 $1/k$를 곱해주면 원래의 방정식을 얻을 수 있으므로 해집합은 변화하지 않는다는 것을 의미한다.

선형연립방정식을 행렬기호로 나타내면 $\boldsymbol{A} = [a_{ij}]$가 $(m \times n)$행렬이고,

$$\boldsymbol{x} = [x_1,\ x_2, \cdots, x_n]^T,\ \boldsymbol{b} = [b_1,\ b_2,\ \cdots,\ b_m]^T$$

이면, 다음 식이 된다.

$$\boldsymbol{Ax} = \boldsymbol{b}$$

> **[정리] 기본 행연산(elementary row operations)**
> $(m \times n)$ 행렬에서 기본 행연산은 다음과 같다.
> (a) i행과 j행의 교환은 $R[i \to j,\ j \to i]$로 나타낸다.
> (b) i행의 모든 성분을 0이 아닌 상수 k를 곱하는 것을 $R[(k)i \to i]$로 나타낸다.
> (c) j행의 각 원소를 i행의 대응하는 성분의 m배와 j행의 성분의 합으로 대치하는 것을 $R[(m)i + j \to j]$로 나타낸다.

보기5

다음 선형연립방정식의 확장행렬 $\boldsymbol{A}$에 대하여 기본 행연산 수행의 예를 들라.

$$\boldsymbol{A} = \begin{bmatrix} 5 & 2 & 8 & 2 & 3 \\ 2 & 0 & 4 & 7 & 4 \\ 1 & 6 & 4 & -3 & 2 \end{bmatrix}$$

(a) $R[1 \to 3,\ 3 \to 1]$, (b) $R[(-2)1 \to 1]$, (c) $R[(3)1 + 2 \to 2]$

풀이

기본 행 연산의

(a)의 예는 $R[1 \to 3,\ 3 \to 1]$이다. 이것은 1행과 3행을 바꾸는 것이다.

$$R[1 \to 3,\ 3 \to 1]\ \ \boldsymbol{A}_1 = \begin{bmatrix} 1 & 6 & 4 & -3 & 2 \\ 2 & 0 & 4 & 7 & 4 \\ 5 & 2 & 8 & 2 & 3 \end{bmatrix}$$

(b)의 예는 $R[(-2)1 \to 1]$이다. 이것은 1행의 각 성분에 -2를 곱한 후 다시 1행에 배치하는 것이다.

$$R[(-2)1 \to 1]\ \ \boldsymbol{A}_2 = \begin{bmatrix} -10 & -4 & -16 & -4 & -6 \\ 2 & 0 & 4 & 7 & 4 \\ 1 & 6 & 4 & -3 & 2 \end{bmatrix}$$

(c)의 예는 $R[(3)1 + 2 \to 2]$이다. 이는 1행의 3배에 2행의 대응하는 성분을 더하여 다시 2행에 배치하는 것이다.

$$R[(3)1 + 2 \to 2]\ \ \boldsymbol{A}_3 = \begin{bmatrix} 5 & 2 & 8 & 2 & 3 \\ 17 & 6 & 28 & 13 & 13 \\ 1 & 6 & 4 & -3 & 2 \end{bmatrix}$$

보기5에서 알 수 있듯이 일련의 기본 행연산을 수행하면 새로운 확장행렬 $(\boldsymbol{A}_1, \boldsymbol{b}_1)$이 된다. 그러나 이 새로운 확장행렬 $(\boldsymbol{A}_1, \boldsymbol{b}_1)$는 실제 선형연립방정식에 대응하는 일련의 연산을 하는 것과 동일하므로, 선형연립방정식 $\boldsymbol{A}$이 기본 행 연산에 의하여 얻어지는 $\boldsymbol{A}_1$은 같다. 행렬에 이러한 연산을 수행하는 목적은 대수적인 구조를 유지한 채, 방정식을 단순화 하는데 있다. 이렇게 $\boldsymbol{A}$와 $\boldsymbol{A}_1$, $\boldsymbol{A}_2$, $\boldsymbol{A}_3$를 행 동치(row equivalent)라고 한다.

동일한 해집합을 가지는 선형연립방정식들을 서로 동치(equivalent)라고 부른다. 여기서는 행연산(row operation)에 대하여만 다루었다. 첨가행렬에 대한 열연산(column operation)은 일반적으로 해집합에 영향을 미칠 수 있으므로, 여기서는 적용되지 않는다.

보기5와 같이 미지수보다 적은 방정식을 가지면, 과소계산(underdetermined)이라 부르고 미지수보다 많은 방정식을 가진다면 과잉계산(overdetermined)이라 부른다.

■ 행렬의 행동치(row equivalent)

> **[정리] 행 동치(row equivalent)**
> $(m \times n)$ 행렬에서 하나의 일련의 기본 행연산에 의하여 얻어진 것이면 서로 행 동치라 한다. 행동치 연립방정식들은 같은 해집합을 가진다.

행 동치는 주어진 행렬에 대하여 기본 행연산을 시행하여 행 사다리꼴(row echelon form)로 변환시키면, 그 행 사다리꼴 행렬의 0이 아닌 행의 개수가 바로 행렬의 계수(rank)가 된다.

행렬의 행 동치는 다음과 같은 성질을 가진다.

> **[정리] 행 동치의 성질**
> (1) $(m \times n)$행렬은 모두 자신과 행동치이다.[반사적(reflex) 성질]
> (2) $(m \times n)$행렬 $\boldsymbol{A}$, $\boldsymbol{B}$에서 $\boldsymbol{A}$가 $\boldsymbol{B}$와 행동치이면 $\boldsymbol{B}$는 $\boldsymbol{A}$와 행동치이다.[대칭적(symmetric)성질)
> (3) $(m \times n)$행렬 $\boldsymbol{A}$, $\boldsymbol{B}$, $\boldsymbol{C}$에서, $\boldsymbol{A}$가 $\boldsymbol{B}$와 행동치이고, $\boldsymbol{B}$가 $\boldsymbol{C}$와 행동치이면 $\boldsymbol{A}$는 $\boldsymbol{C}$와 행동치이다.[추이적(transitive)성질]

〈증명〉

(1) 그 성질은 명백하다.

(2) 다음 세 개의 기본 행연산을 거꾸로 할 수 있음을 보인다. (1)의 기본 행연산의 경우 $\boldsymbol{A}$에 연산 $\boldsymbol{R}\{i \to j,\ j \to i\}$를 시행하여 새로운 행렬 $\boldsymbol{B}$를 얻고 연산 $\boldsymbol{R}\{j \to i,\ i \to j\}$를 시행

하면 원래의 행렬 $\boldsymbol{A}$가 된다는 사실로부터 그 결과가 나온다. (2)의 경우도 (1)의 경우와 마찬가지로, (2)의 기본 행연산의 경우, 행렬 $\boldsymbol{A}$에 연산 $\boldsymbol{R}\{(c)i \to i\}$를 적용해서 새 행렬 $\boldsymbol{B}$를 얻고 $\boldsymbol{B}$에 연산 $\boldsymbol{R}\left\{\left(\frac{1}{c}\right)i \to i\right\}$를 시행하면 원래의 행렬 $\boldsymbol{A}$가 만들어진다.

연산 $\boldsymbol{R}\{(-c)i+j \to j\}$를 시행하여 새 행렬 $\boldsymbol{B}$를 얻고 $\boldsymbol{B}$에 연산 $\boldsymbol{R}\{(-c)i+j \to j\}$를 시행하면 원래의 행렬 $\boldsymbol{A}$로 돌아온다.

(3) 성질 (2)를 사용하여 $\boldsymbol{A}$와 $\boldsymbol{B}$를 행동치를 만들고 $\boldsymbol{B}$와 $\boldsymbol{C}$의 행동치를 만들면 $\boldsymbol{A}$와 $\boldsymbol{C}$의 행동치가 성립한다.

[연습문제]

*문제1~12에서 여러 형태(직접, 첨가행렬 등)로 제시된 다음 선형연립방정식의 해집합을 구하라.

1. $\begin{aligned} -2x+3y &= 7 \\ 8x-6y &= -26 \end{aligned}$

2. $\begin{bmatrix} 1.5 & 0.6 & 4.2 \\ 1.5 & 3.5 & -7,5 \end{bmatrix}$

3. $\begin{aligned} 8y+5z &= -29 \\ -3x+4y-6z &= -12 \\ x+y-2z &= 1 \end{aligned}$

4. $\left[\begin{array}{ccc|c} 4 & 1 & 0 & 4 \\ 5 & -3 & 1 & 2 \\ -9 & 2 & 1 & 5 \end{array}\right]$

5. $\begin{bmatrix} 12 & 13 & -22 \\ -3 & 8 & 28 \\ -3 & 5 & -2 \end{bmatrix}$

6. $\begin{bmatrix} 4 & -6 & 3 & 27 \\ -2 & 1 & -8 & -38 \\ 3 & -5 & 1 & 16 \end{bmatrix}$

7. $\begin{bmatrix} 4 & 0 & 10 \\ -2 & 3 & -2 \\ 3 & -2 & 2 \end{bmatrix}$

8. $\begin{aligned} 3y+5z &= -1 \\ 3x-z &= 8 \\ 2x+2y &= 2 \end{aligned}$

9. $\begin{aligned} -3y-2z &= -6 \\ 2x+3y-z &= -2 \end{aligned}$

10. $\begin{aligned} y+z-2w &= 5 \\ 3x-2y-3z+2w &= -5 \\ 4x+y+z-3w &= 11 \end{aligned}$

11. $\begin{bmatrix} 2 & -2 & 4 & 0 & 0 \\ -3 & 3 & -6 & 5 & 15 \\ 1 & -1 & 2 & 0 & 0 \end{bmatrix}$

12. $\begin{bmatrix} 2 & 3 & 1 & -11 & 1 \\ 5 & -2 & 5 & -4 & 5 \\ 1 & -1 & 3 & -3 & 3 \\ 3 & 4 & -7 & 2 & -7 \end{bmatrix}$

*문제13~16에서 다음 물음에 답하라.

행렬 $\boldsymbol{A}=\begin{bmatrix} 4 & 0 & 0 \\ 0 & 1 & 0 \\ 0 & 0 & 1 \end{bmatrix}$, $\boldsymbol{B}=\begin{bmatrix} 0 & 0 & 1 \\ 0 & 1 & 0 \\ 1 & 0 & 0 \end{bmatrix}$, $\boldsymbol{C}=\begin{bmatrix} 1 & 3 & 0 \\ 0 & 1 & 0 \\ 0 & 0 & 1 \end{bmatrix}$ 을 직접계산에 의해

(a) $\boldsymbol{A}$를 앞에 곱하는 것은 1행을 4배 하는 것이다.

(b) $\boldsymbol{B}$를 앞에 곱하는 것은 1행과 3행을 교환하는 것이다.

(c) $\boldsymbol{C}$를 앞에 곱하는 것은 2행의 3배를 1행에 더하는 것이다.

라는 의미를 확인하라.

13. $\begin{bmatrix} 2 & 1 & 3 \\ 1 & 4 & 0 \\ 1 & 2 & 2 \end{bmatrix} \Rightarrow \begin{bmatrix} 4 & 0 & 0 \\ 0 & 1 & 0 \\ 0 & 0 & 1 \end{bmatrix}\begin{bmatrix} 2 & 1 & 3 \\ 1 & 4 & 0 \\ 1 & 2 & 2 \end{bmatrix}, \begin{bmatrix} 0 & 0 & 1 \\ 0 & 1 & 0 \\ 1 & 0 & 0 \end{bmatrix}\begin{bmatrix} 2 & 1 & 3 \\ 1 & 4 & 0 \\ 1 & 2 & 2 \end{bmatrix}, \begin{bmatrix} 1 & 3 & 0 \\ 0 & 1 & 0 \\ 0 & 0 & 1 \end{bmatrix}\begin{bmatrix} 2 & 1 & 3 \\ 1 & 4 & 0 \\ 1 & 2 & 2 \end{bmatrix}$

을 계산하여 (a), (b), (c)를 확인하라.

14. $\begin{bmatrix} 2 & -1 & 3 \\ 1 & 2 & 3 \\ 3 & 0 & 8 \end{bmatrix}$

15. $\begin{bmatrix} 2 & 0 & 3 \\ 4 & 0 & 1 \\ 1 & 2 & 5 \end{bmatrix}$

16. $\begin{bmatrix} 1 & 2 & 2 \\ 2 & 4 & 7 \\ 9 & 1 & 3 \end{bmatrix}$

*문제17~18에서 다음의 기본행렬을 만들어라.

17. $\boldsymbol{I}=\begin{bmatrix}1&0&0\\0&1&0\\0&0&1\end{bmatrix}$ 인 단위행렬일 때, 기본행렬 $\boldsymbol{E}_{13}$, $\boldsymbol{E}_2(2)$, $\boldsymbol{E}_{13}(5)$ 를 만들어라.

18. $\boldsymbol{I}=\begin{bmatrix}1&0&0&0\\0&1&0&0\\0&0&1&0\\0&0&0&1\end{bmatrix}$ 인 단위행렬일 때, $\boldsymbol{E}_{14}$, $\boldsymbol{E}_4(2)$. $\boldsymbol{E}_{34}(3)$

19. 집합에서 동치관계는 다음과 같은 세 가지 조건을 만족한다.

(a) 반사성: 집합의 각 성분 $\boldsymbol{A}$는 그 자신과 동치이다.

(b) 대칭성: 집합 $\boldsymbol{A}$가 $\boldsymbol{B}$와 동치이면, $\boldsymbol{B}$는 $\boldsymbol{A}$와 동치이다.

(c) 전이성: 집합 $\boldsymbol{A}$가 $\boldsymbol{B}$와 동치이고 $\boldsymbol{B}$가 $\boldsymbol{C}$ 와 동치이면 $\boldsymbol{A}$는 $\boldsymbol{C}$ 와 동치이다.

기본 행 연산에 대하여 위 세 조건이 각각 성립함을 보여서 행렬에 관한 행동치가 이 세가지 조건을 만족함을 보여라.

8.5 행렬식

제1장 선행학습 수학기초에서 행렬식의 기본법칙 및 원리에 대해 간략히 설명하였다. 이 절에서는 보다 구체적인 사항들에 관하여 알아본다. 행렬식은 실제 계산에서는 실용적이지는 않으나 고유값 문제, 미분방정식, 벡터대수 등 수학적 문제해결에 응용할 수 있으며, 선형연립방정식을 다루기 위한 방법들을 소개한다.

■ 2원 1차 연립방정식과 크래머(Cramer)의 법칙

2개의 미지수에 대한 2개의 1차 연립방정식은

$$\begin{aligned} a_{11}x_1 + a_{12}x_2 &= b_1 \\ a_{21}x_1 + a_{22}x_2 &= b_2 \end{aligned} \tag{1}$$

라 하면, 이 연립방정식을 행렬로 표시하면 다음과 같다.

$$\begin{bmatrix} a_{11} & a_{12} \\ a_{21} & a_{22} \end{bmatrix} \begin{bmatrix} x_1 \\ x_2 \end{bmatrix} = \begin{bmatrix} b_1 \\ b_2 \end{bmatrix} \tag{2}$$

계수행렬 $\begin{bmatrix} a_{11} & a_{12} \\ a_{21} & a_{22} \end{bmatrix}$의 (2×2)행렬식(determinant of second order) D는,

$$D - \det\boldsymbol{A} = \begin{vmatrix} a_{11} & a_{12} \\ a_{21} & a_{22} \end{vmatrix}$$

와 같다. 여기서 D의 연산은 주대각선의 곱에서 나머지 대각선의 곱을 빼준 값이다. 즉,

$$D = \begin{vmatrix} a_{11} & a_{12} \\ a_{21} & a_{22} \end{vmatrix} = a_{11}a_{22} - a_{12}a_{21}$$

여기서 $D\neq 0$이어야 한다. 이 연립방정식을 푸는 크래머법칙은 다음과 같이 주어진다.

$$\begin{aligned} x_1 &= \frac{\begin{vmatrix} b_1 & a_{12} \\ b_2 & a_{22} \end{vmatrix}}{D} = \frac{b_1a_{22} - a_{12}b_2}{D} \\ x_2 &= \frac{\begin{vmatrix} a_{11} & b_1 \\ a_{21} & b_2 \end{vmatrix}}{D} = \frac{a_{11}b_2 - b_1a_{21}}{D} \end{aligned} \tag{3}$$

이렇게 식(3)에 있는 행렬식으로 방정식 (1)의 해를 나타내는 방식을 크래머법칙(Cramer's rule)이라 한다.

[정리] 2원 1차 연립방정식의 해 크래머법칙(Cramer's rule)

2개의 미지수에 대한 2개의 1차 연립방정식

$$a_{11}x_1 + a_{12}x_2 = b_1$$

$$a_{21}x_1 + a_{22}x_2 = b_2$$

의 해는 $D = \det\boldsymbol{A} \neq 0$일 때,

$$x_1 = \frac{\begin{vmatrix} b_1 & a_{12} \\ b_2 & a_{22} \end{vmatrix}}{D} = \frac{b_1a_{22} - a_{12}b_2}{D}$$

$$x_2 = \frac{\begin{vmatrix} a_{11} & b_1 \\ a_{21} & b_2 \end{vmatrix}}{D} = \frac{a_{11}b_2 - b_1a_{21}}{D}$$

이다.

〈증명〉

x_1을 소거하기 위하여 연립방정식 윗 식에 a_{22}을 곱하고, 아랫 식에 $-a_{12!}$를 곱한 후 두 식을 변변 더하면 다음과 같은 식을 얻는다.

$$(a_{11}a_{22} - a_{12}a_{21})x_1 = b_1a_{22} - a_{12}b_2$$

마찬가지로 x_2를 소거하기 위해, 윗 식에 $-a_{21}$를 곱하고 아랫 식에 a_{11}를 곱한 수 두 식을 서로 변변 더하여 얻은 식은 다음과 같다.

$$(a_{11}a_{22} - a_{12}a_{21})x_2 = a_{11}b_2 - b_1a_{21}$$

$\det\boldsymbol{A} = D = a_{11}a_{22} - a_{12}a_{21} \neq 0$이므로 D로 나누어 행렬식의 형태로 다시 쓰면,

$$x_1 = \frac{\begin{vmatrix} b_1 & a_{12} \\ b_2 & a_{22} \end{vmatrix}}{\begin{vmatrix} a_{11} & a_{12} \\ a_{21} & a_{22} \end{vmatrix}} = \frac{b_1a_{22} - a_{12}b_2}{D}, \quad x_2 = \frac{\begin{vmatrix} a_{11} & b_1 \\ a_{21} & b_2 \end{vmatrix}}{\begin{vmatrix} a_{11} & a_{12} \\ a_{21} & a_{22} \end{vmatrix}} = \frac{a_{11}b_2 - b_1a_{21}}{D}.$$

보기1

크래머법칙을 이용하여 다음 연립방정식의 해를 구하라.

$$4x_1 + 3x_2 = \ 11$$
$$2x_1 + 6x_2 = -8$$

풀이

연립방정식을 행렬의 형태로 만들면,

$$Ax = b$$

$$\begin{bmatrix} 4 & 3 \\ 2 & 6 \end{bmatrix}\begin{bmatrix} x_1 \\ x_2 \end{bmatrix} = \begin{bmatrix} 11 \\ -8 \end{bmatrix}$$

이다. 이 연립방정식에 이용되는 세 행렬식은

$$D = \begin{vmatrix} 4 & 3 \\ 2 & 6 \end{vmatrix} = (4)(6) - (3)(2) = 18$$

$$D_1 = \begin{vmatrix} 11 & 3 \\ -8 & 6 \end{vmatrix} = (11)(6) - (3)(-8) = 90$$

$$D_2 = \begin{vmatrix} 4 & 11 \\ 2 & -8 \end{vmatrix} = (4)(-8) - (11)(2) = -54$$

$$\therefore\ x_1 = \frac{D_1}{D} = \frac{90}{18} = 5, \quad x_2 = \frac{D_2}{D} - \frac{-54}{18} = \quad 3$$

보기2

다음 연립방정식의 해를 구하라.

$$3x_1 - \ \ x_2 = -7$$
$$2x_1 + 3x_2 = \ 10$$

풀이

$\boldsymbol{D} = \det A$, $D_1 = \begin{vmatrix} b_1 & a_{12} \\ b_2 & a_{22} \end{vmatrix}$, $D_2 = \begin{vmatrix} a_{11} & b_1 \\ a_{21} & b_2 \end{vmatrix}$로 놓으면,

$$\boldsymbol{D} = \begin{vmatrix} 3 & -1 \\ 2 & 3 \end{vmatrix} = 9 - (-2) = 11$$

$$D_1 = \begin{vmatrix} -7 & -1 \\ 10 & 3 \end{vmatrix} = -21 - (-10) = -11$$

$$D_2 = \begin{vmatrix} 3 & -7 \\ 2 & 10 \end{vmatrix} = 30 - (-14) = 44$$

$$\therefore\ x_1 = \frac{D_1}{\boldsymbol{D}} = \frac{-11}{11} = -1, \quad x_2 = \frac{D_2}{\boldsymbol{D}} = \frac{44}{11} = 4$$

■ 3차 선형연립방정식과 크래머(Cramer)의 법칙

2원 1차 연립방정식과 마찬가지로 미지수가 3개인 3개의 선형연립방정식

$$\begin{aligned} a_{11}x_1 + a_{12}x_2 + a_{13}x_3 &= b_1 \\ a_{21}x_1 + a_{22}x_2 + a_{23}x_3 &= b_2 \\ a_{31}x_1 + a_{32}x_2 + a_{33}x_3 &= b_3 \end{aligned} \qquad (4)$$

의 크래머법칙은 다음 식이 된다.

$$x_1 = \frac{D_1}{\boldsymbol{D}}, \quad x_2 = \frac{D_2}{\boldsymbol{D}}, \quad x_3 = \frac{D_3}{\boldsymbol{D}}$$

가 되며, 여기서 $\boldsymbol{D}$는 계수행렬 $\begin{bmatrix} a_{11} & a_{12} & a_{13} \\ a_{21} & a_{22} & a_{23} \\ a_{31} & a_{32} & a_{33} \end{bmatrix}$의 행렬식이며,

$$D_1 = \begin{vmatrix} \boldsymbol{b_1} & a_{12} & a_{13} \\ \boldsymbol{b_2} & a_{22} & a_{23} \\ \boldsymbol{b_3} & a_{32} & a_{33} \end{vmatrix}, \quad D_2 = \begin{vmatrix} a_{11} & \boldsymbol{b_1} & a_{13} \\ a_{21} & \boldsymbol{b_2} & a_{23} \\ a_{31} & \boldsymbol{b_3} & a_{33} \end{vmatrix}, \quad D_3 = \begin{vmatrix} a_{11} & a_{12} & \boldsymbol{b_1} \\ a_{21} & a_{22} & \boldsymbol{b_2} \\ a_{31} & a_{32} & \boldsymbol{b_3} \end{vmatrix}$$

이다. 윗 식의 D_1, D_2, D_3는 행렬식 $\boldsymbol{D}$에서 각각 첫째열, 둘째열, 셋째열을 식(4)의 오른쪽 변의 열벡터 b_1, b_2, b_3로 대체시켜 얻은 행렬식이다.

보기3

다음 연립방정식의 해를 구하라. 크래머법칙을 이용하라.

$$\begin{aligned} 2x_1 - 4x_2 + 3x_3 &= 16 \\ x_1 - 3x_2 - 2x_3 &= 2 \\ 2x_1 + 3x_2 - 5x_3 &= -7 \end{aligned}$$

풀이

$$\boldsymbol{Ax} = \boldsymbol{b}$$

$$\begin{bmatrix} 2 & -4 & 3 \\ 1 & -3 & -2 \\ 2 & 3 & -5 \end{bmatrix} \begin{bmatrix} x_1 \\ x_2 \\ x_3 \end{bmatrix} = \begin{bmatrix} b_1 \\ b_2 \\ b_3 \end{bmatrix}$$

이라 하면,

계수행렬식 $\boldsymbol{D}$를 제1열에 대하여 전개하면,

$$\boldsymbol{D} = \det\boldsymbol{A} = \begin{vmatrix} 2 & -4 & 3 \\ 1 & -3 & -2 \\ 2 & 3 & -5 \end{vmatrix}$$

$$= (2)\begin{vmatrix} -3 & -2 \\ 3 & -5 \end{vmatrix} - (1)\begin{vmatrix} -4 & 3 \\ 3 & -5 \end{vmatrix} + (2)\begin{vmatrix} -4 & 3 \\ -3 & -2 \end{vmatrix}$$

$$= 2(15+6) - (20-9) + 2(8+9) = 42 - 11 + 34 = 65$$

행렬식 D_1의 제1행에 대하여 전개하면,

$$D_1 = \begin{vmatrix} \mathbf{16} & -4 & 3 \\ \mathbf{2} & -3 & -2 \\ \mathbf{-7} & 3 & -5 \end{vmatrix}$$

$$= (16)\begin{vmatrix} -3 & -2 \\ 3 & -5 \end{vmatrix} - (-4)\begin{vmatrix} 2 & -2 \\ -7 & -5 \end{vmatrix} + (3)\begin{vmatrix} 2 & -3 \\ -7 & 3 \end{vmatrix}$$

$$= 16(15+6) + 4(-10-14) + 3(6-21) = 336 - 96 - 45$$

$$= 195$$

행렬식 D_2의 제1열에 대하여 전개하면,

$$D_2 = \begin{vmatrix} 2 & \mathbf{16} & 3 \\ 1 & \mathbf{2} & -2 \\ 2 & \mathbf{-7} & -5 \end{vmatrix}$$

$$= (2)\begin{vmatrix} 2 & -2 \\ -7 & -5 \end{vmatrix} - \begin{vmatrix} 16 & 3 \\ -7 & -5 \end{vmatrix} + (2)\begin{vmatrix} 16 & 3 \\ 2 & -2 \end{vmatrix}$$

$$= 2(-10-14) - (-80+21) + 2(-32-6) = -48 + 59 - 76$$

$$= -65$$

행렬식 D_3의 제1열에 대하여 전개하면,

$$D_3 = \begin{vmatrix} 2 & -4 & \mathbf{16} \\ 1 & -3 & \mathbf{2} \\ 2 & 3 & \mathbf{-7} \end{vmatrix}$$

$$= (2)\begin{vmatrix} -3 & 2 \\ 3 & -7 \end{vmatrix} - \begin{vmatrix} -4 & 16 \\ 3 & -7 \end{vmatrix} + (2)\begin{vmatrix} -4 & 16 \\ -3 & 2 \end{vmatrix}$$

$$= 2(21-6) - (28-48) + 2(-8+48) = 30 + 20 + 80$$

$$= 130$$

$$\therefore\ x_1 = \frac{D_1}{\boldsymbol{D}} = \frac{195}{65} = 3,\ x_2 = \frac{D_2}{\boldsymbol{D}} = \frac{-65}{65} = -1,\ x_3 = \frac{D_3}{\boldsymbol{D}} = \frac{130}{65} = 2$$

■ n차 행렬식

일반적으로 n차 행렬식은 $n \times n$인 정사각형 행렬 $\boldsymbol{A} = [a_{ij}]$에 관한 스칼라 값으로 다음 식과 같이 표현한다.

[정의] n차 행렬식

$i, j = 1, 2, 3, \cdots n$에 대하여 성분 a_{ij}가 여인수 C_{ij}로 표현되는 $\boldsymbol{n}$차 행렬식 $\boldsymbol{D}$는

$$\boldsymbol{D} = \det\boldsymbol{A} = \begin{vmatrix} a_{11} & a_{12} & a_{13} & \cdots & a_{1n} \\ a_{21} & a_{22} & a_{23} & \cdots & a_{2n} \\ \vdots & \vdots & \vdots & \cdots & \vdots \\ \vdots & \vdots & \vdots & \cdots & \vdots \\ a_{n1} & a_{n2} & a_{n3} & \cdots & a_{nn} \end{vmatrix} = \sum_{j=1}^{n} a_{1j} C_{1j}$$

여기서, 제1행에 대하여 전개하면,

$$\det\boldsymbol{A} = |\boldsymbol{A}| = a_{11}C_{11} + a_{12}C_{12} + \cdots + a_{1n}C_{1n}$$
$$= \sum_{j=1}^{n} a_{1j} C_{1j}$$

이 되고 제1행에 대한 여인수전개(expansion of cofactor)라 한다.

n차 행렬식의 정의에 따라

$n = 1$일 때,

$$\boldsymbol{D} = a_{11}$$

이 된다.

$n \geqq 2$인 경우에는

$$\boldsymbol{D} = a_{i1}C_{i1} + a_{i2}C_{i2} + \cdots + a_{in} \qquad (\text{여기서, } i\text{는 } 1, 2, \cdots, n)$$

또는,

$$\boldsymbol{D} = a_{1j}C_{1j} + a_{2j}C_{2j} + \cdots + a_{nj} \qquad (\text{여기서, } j\text{는 } 1, 2, \cdots, n)$$

로 정의한다. 즉,

$$C_{ij} = (-1)^{i+j} L_{ij}$$

여기서, L_{ij}는 여인수행렬식($n-1$차 행렬식)이다. 윗 식은 행렬 $\boldsymbol{A}$에서 성분 a_{ij}를 포함하는 행과 열을 소거하여 얻은 부분행렬식이다. 이 식을 소행렬식(minor)라고 한다.

보기4

행렬식 $D = \begin{vmatrix} a_{11}\ a_{12}\ a_{13} \\ a_{21}\ a_{22}\ a_{23} \\ a_{31}\ a_{32}\ a_{33} \end{vmatrix}$ 의 1차 여인수 소행렬식, 2차 소행렬식을 구하라.

풀이

두 번째 행의 성분에 대하여 1차 소행렬식을 구하면

$$L_{21} = \begin{vmatrix} a_{12} & a_{13} \\ a_{32} & a_{33} \end{vmatrix},\ L_{22} = \begin{vmatrix} a_{11} & a_{13} \\ a_{31} & a_{33} \end{vmatrix},\ L_{23} = \begin{vmatrix} a_{11} & a_{12} \\ a_{31} & a_{32} \end{vmatrix}$$

여인수는

$$C_{21} = -L_{21},\ C_{22} = +L_{23},\ C_{23} = -L_{23}$$

이다.

마찬가지로, 1차 행렬식 L_{21}에 대한 2차 소행렬식은

$$L'_{11} = a_{22},\ L'_{12} = a_{32}$$

> **[정의] 소행렬식**
> $n \times n$행렬 $\boldsymbol{A} = [a_{ij}]$에 대하여 $\boldsymbol{A}$의 제i행, 제j열을 제외하고 얻은 $(n-1)\times(n-1)$ 행렬식 $|L_{ij}| = [a_{ij}]$를 $\boldsymbol{A}$의 소행렬식(minor)이라 한다.

보기5

다음 3×3행렬에서 소행렬식 $|L_{12}|$, $|L_{32}|$ 및 $|L_{22}|$를 구하라.

$$\boldsymbol{D} = \begin{bmatrix} -1 & 3 & 1 \\ 3 & 0 & 2 \\ 1 & 4 & 1 \end{bmatrix}$$

풀이

$|L_{12}|$는 행렬 $\boldsymbol{D}$에서 제1행, 제2열을 제외한 소행렬식이다. 즉, $|L_{12}| = \begin{vmatrix} 3 & 2 \\ 1 & 1 \end{vmatrix} = 1.$

$|L_{32}|$는 $\boldsymbol{D}$에서 제3행, 제2열을 제외한 소행렬식이다. 즉, $|L_{32}| = \begin{vmatrix} -1 & 1 \\ 3 & 2 \end{vmatrix} = -5.$

$|L_{22}|$는 $\boldsymbol{D}$에서 제2행, 제2열을 제외한 소행렬식이다. 즉, $|L_{22}| = \begin{vmatrix} -1 & 1 \\ 1 & 1 \end{vmatrix} = -2$ '

> **[정의] 여인수(cofactor)**
> $n \times n$행렬 $\boldsymbol{A} = [a_{ij}]$에 대하여 $\boldsymbol{A}$의 여인수(cofactor)는 다음 식으로 표시된다.
> $$\boldsymbol{C}_{ij} = (-1)^{i+j} |L_{ij}|$$

보기6

다음 행렬식의 C_{31}, C_{32}, 및 C_{33}을 구하라.

$$\boldsymbol{A} = \begin{bmatrix} -1 & 3 & 1 \\ 3 & 0 & 2 \\ 1 & 4 & 1 \end{bmatrix}$$

풀이

$$C_{31} = (-1)^{3+1} L_{31} = (1) \begin{vmatrix} 3 & 1 \\ 0 & 2 \end{vmatrix} = 6.$$

$$C_{32} = (-1)^{3+2} L_{32} = (-1) \begin{vmatrix} -1 & 1 \\ 3 & 2 \end{vmatrix} = 5.$$

$$C_{33} = (-1)^{3+3} L_{33} = (1) \begin{vmatrix} -1 & 3 \\ 3 & 0 \end{vmatrix} = -9.$$

보기7

다음 행렬식을 전개하라.

$$\boldsymbol{D} = \det \boldsymbol{A} = \begin{vmatrix} -1 & 3 & 1 \\ 3 & 0 & 2 \\ 1 & 4 & 1 \end{vmatrix}$$

풀이

n차 행렬식의 정의에 의하여, 첫째 행의 성분(원소)들의 여인자를 구한다. 그러기 위해서는 우선 소행렬식을 구하고 이에 따라 여인자를 구한다.

여인자는 $C_{ij} = (-1)^{i+j} L_{ij}$

$$L_{11} = \begin{vmatrix} 0 & 2 \\ 4 & 1 \end{vmatrix} = -8, \quad \text{따라서, } C_{11} = (-1)^{1+1}(-8) = -8$$

$$L_{12} = \begin{vmatrix} 3 & 2 \\ 1 & 1 \end{vmatrix} = 1, \quad \text{따라서, } C_{12} = (-1)^{1+2}(1) = -1$$

$$L_{13} = \begin{vmatrix} 3 & 0 \\ 1 & 4 \end{vmatrix} = 12, \quad \text{따라서, } C_{13} = (-1)^{1+3}(12) = 12$$

첫째 행의 성분들은 $a_{11} = -1$, $a_{12} = 3$, $a_{13} = 1$이므로,

$$\begin{aligned} \det \boldsymbol{A} &= a_{11}C_{11} + a_{12}C_{12} + a_{13}C_{13} \\ &= (-1)C_{11} + (3)C_{12} + (1)C_{13} \\ &= (-1)(-8) + (3)(-1) + (1)(12) = 17 \end{aligned}$$

보기8

다음 행렬식을 전개하라.

$$\det \boldsymbol{A} = \begin{vmatrix} 1 & 4 & -1 \\ 2 & 0 & 3 \\ 1 & 2 & 1 \end{vmatrix}$$

풀이

행렬식의 정의에 의해 3차 행렬식을 전개하기 위하여 첫째 행의 성분들의 여인자를 구한다. 먼저 소행렬식을 구하고 여인자를 구하면 다음과 같다.

$$L_{11} = \begin{vmatrix} 0 & 3 \\ 2 & 1 \end{vmatrix} = -6, \ C_{11} = (-1)^{1+1}(-6) = -6$$

$$L_{12} = \begin{vmatrix} 2 & 3 \\ 1 & 1 \end{vmatrix} = -1, \ C_{12} = (-1)^{1+2}(-1) = 1$$

$$L_{13} = \begin{vmatrix} 2 & 0 \\ 1 & 2 \end{vmatrix} = 4, \ C_{13} = (-1)^{1+3}(4) = 4$$

첫째 행의 성분들은 $a_{11} = 1$, $a_{12} = 4$, $a_{13} = -1$이므로,

$$\begin{aligned} \det \boldsymbol{A} &= (1)C_{11} + (4)C_{12} + (-1)C_{13} \\ &= (-6) + (4)(1) + (-1)(4) \\ &= -6 \end{aligned}$$

■ 행렬식의 라플라스 전개

$(n \times n)$ 행렬 $\boldsymbol{A}$의 성분을 a_{ij}라 하면 다음이 성립한다.

(1) $\det \boldsymbol{A}$는 $1 \leqq i \leqq n$인 임의의 i에 대하여 i행의 성분과 i행의 여인자C_{ij}로 다음과 같이 전개될 수 있다.

$$\det \boldsymbol{A} = a_{i1}c_{i1} + a_{i2}C_{i2} + a_{i3}C_{i3} + \cdots + a_{in}C_{in} = \sum_{j=1}^{n} a_{ij}C_{ij}$$

(2) $\det \boldsymbol{A}$는 $1 \leqq j \leqq n$인 임의의 j에 대하여 j열의 성분과 j열의 여인자C_{ij}로 다음과 같이 전개될 수 있다.

$$\det\boldsymbol{A} = a_{1j}c_{1j} + a_{2j}C_{2j} + a_{3j}C_{3j} + \cdots + a_{nj}C_{nj} = \sum_{j=1}^{n} a_{ij}C_{ij}$$

(3) i행의 성분과 k행의 대응하는 여인자들의 곱의 합은 $i \neq k$일 때 0이다.
(4) j열의 성분과 k열의 대응하는 여인자들의 곱의 합은 $i \neq k$일 때 0이다.

(1)과 (2)의 결과로부터, 한 행 또는 한 열에 0을 많이 포함하고 있을 때 계산이 편리하다. 행렬식이 0을 많이 포함하고 있는 행 또는 열의 성분으로 전개하면 0의 성분에 관련된 여인자는 0이 되므로 계산할 필요가 없기 때문이다.
(3)과 (4)의 결과로부터, 임의의 행이나 열의 성분들과 다른 행 또는 열에 대응하는 여인자들의 곱의 합이 0이된다는 것을 의미한다.

보기9
다음 행렬식(보기8)을 둘째 행의 원소로 전개하여 행렬식의 값을 구하라.

$$\det\boldsymbol{A} = \begin{vmatrix} 1 & 4 & -1 \\ 2 & 0 & 3 \\ 1 & 2 & 1 \end{vmatrix}$$

풀이
보기8의 둘째 행의 성분으로 전개하면 성분 $a_{22}=0$을 포함하고 있으므로 이 성분의 여인자 C_{22}는 계산할 필요가 없다. 따라서,

$L_{21} = \begin{vmatrix} 4 & -1 \\ 2 & 1 \end{vmatrix} = 6,\ C_{21} - (-1)^{2+1}(6) = -6$

$L_{23} = \begin{vmatrix} 1 & 4 \\ 1 & 2 \end{vmatrix} = -2,\ C_{23} - (-1)^{2+3}(-2) = 2$

$a_{21} = 2$이고, $a_{23} = 3$이므로, 행렬식의 라플라스전개 (3)에 의하여
$\det\boldsymbol{A} = (2)(-6) + (3)(4) = -6$

■ 행렬식의 일반성질

행렬식은 일반적인 성질을 가지고 있다. 이 성질들을 행렬식 계산에 이용하면 보다 수월하게 계산을 할 수 있다.
행렬식의 n차 행렬식 안에서 두 개의 행을 서로 바꾸는 경우, 행렬식의 값이 -1배가 된다. 이렇게 행렬식의 일반적인 변화를 정리하면 다음과 같다.

[정리] 행렬식의 일반성질

정사각형 행렬식 $D = \det \boldsymbol{A}$ 은 다음과 같은 성질을 가진다.

(a) $n \times n$ 행렬 $\boldsymbol{A}$의 전치행렬 $\boldsymbol{A}^T$의 행렬식은 $\det \boldsymbol{A} = \det \boldsymbol{A}^T$ 이다.

(b) 행렬식의 두 행을 서로 바꾸면 원래 행렬식의 값에 -1을 곱한 값이 된다.

(c) 행렬식 $D = \det \boldsymbol{A}$ 의 임의의 행 또는 열이 0인 성분으로 되어 있으면 $\det A = 0$이 된다.

(d) $n \times n$ 행렬 $\boldsymbol{A}$의 한 행(열)이 다른 행(열)의 상수배와 같으면 $\det A = 0$이다. 특히 같은 두 행이나 두 열을 가진 행렬식 $\det A = 0$이다.

(e) $n \times n$ 행렬식의 임의의 한 행(또는 열)에 상수 k를 곱한 행렬식은 원래 행렬식의 k배가 된다.

(f) $n \times n$ 행렬 $\boldsymbol{A}$, $\boldsymbol{B}$, $\boldsymbol{C}$가 있을 때, i행(또는 열)을 제외한 나머지 성분은 모두 같고 $\boldsymbol{C}$의 i행(열)의 성분은 $\boldsymbol{A}$와 $\boldsymbol{B}$의 i행의 성분을 차례로 더한 것이라면 다음이 성립한다.

$$\det \boldsymbol{C} = \det \boldsymbol{A} + \det \boldsymbol{B}$$

*(f) $n \times n$ 행렬 $\boldsymbol{A}$와 $\boldsymbol{B}$는 다음 연산이 성립한다.

$$\det(\boldsymbol{AB}) = \det \boldsymbol{A} | \det \boldsymbol{B}$$

(g) $n \times n$ 행렬 $\boldsymbol{A}$의 한 행(열)에 상수배한 것을 다른 행(열)에 더한 것이 그 행의 성분이고, 나머지 성분은 모두 $\boldsymbol{A}$의 성분과 같은 행렬의 행렬식은 원래의 행렬식 $|\boldsymbol{D}| = \det \boldsymbol{A}$ 와 같다.

〈증명〉 **행렬식의 일반성질 (a)**

행렬의 정의부터 명확하다. 이 의미는 행으로 전개를 해도 열로 전개를 해도 상관없다는 의미이다. 즉 $|\boldsymbol{A}| = |\boldsymbol{A}^T|$

보기10

다음 행렬식을 구하라.

(a) $\boldsymbol{A} = \begin{bmatrix} -3 & 0 & 2 \\ 1 & 4 & 6 \\ 7 & -1 & 4 \end{bmatrix}$ (b) $\boldsymbol{A}^T = \begin{bmatrix} -3 & 1 & 7 \\ 0 & 4 & -1 \\ 2 & 6 & 4 \end{bmatrix}$

풀이

(a) 행렬 $\boldsymbol{A}$의 1열에 관하여 전개하면

$$\det \boldsymbol{A} = |\boldsymbol{A}| = \begin{vmatrix} -3 & 0 & 2 \\ 1 & 4 & 6 \\ 7 & -1 & 4 \end{vmatrix} = (-3)\begin{vmatrix} 4 & 6 \\ -1 & 4 \end{vmatrix} - (1)\begin{vmatrix} 0 & 2 \\ -1 & 4 \end{vmatrix} + (7)\begin{vmatrix} 0 & 2 \\ 4 & 6 \end{vmatrix}$$

$$= (-3)(16+6) - (1)(0+2) + (7)(0-8)$$

$$= -66 - 2 - 56 = -124$$

(b) 마찬가지로, 1행에 관하여 전개하는 것은 (a)의 1열게 관하여 전개하는 것과 동일하다.

그러므로, 1행에 관해 전개하면,

$$\det \boldsymbol{A}^T = |\boldsymbol{A}^T| = \begin{vmatrix} -3 & 1 & 7 \\ 0 & 4 & -1 \\ 2 & 6 & 4 \end{vmatrix} = (-3)\begin{vmatrix} 4 & 6 \\ -1 & 4 \end{vmatrix} - (1)\begin{vmatrix} 0 & 2 \\ -1 & 4 \end{vmatrix} + (7)\begin{vmatrix} 0 & 2 \\ 4 & 6 \end{vmatrix}$$
$$= -124$$

〈증명〉 **행렬식의 일반성질 (b)**

$n \times n$ 행렬 $\boldsymbol{A}$의 i행과 $i+1$행을 바꾼 행렬을 $\boldsymbol{B}$라 하면

$$\boldsymbol{A} = \begin{bmatrix} a_{11} & a_{12} & a_{13} & \cdots\cdots & a_{1n} \\ a_{21} & a_{22} & a_{23} & \cdots\cdots & a_{2n} \\ \vdots & \vdots & \vdots & \vdots & \vdots \\ a_{i1} & a_{i2} & a_{i3} & \cdots\cdots & a_{in} \\ a_{(i+1)1} & a_{(i+1)2} & a_{(i+1)3} & \cdots\cdots & a_{(i+1)n} \\ \vdots & \vdots & \vdots & \vdots & \vdots \\ a_{n1} & a_{n2} & a_{n3} & \cdots & a_{nn} \end{bmatrix}, \quad \boldsymbol{B} = \begin{bmatrix} a_{11} & a_{12} & a_{13} & \cdots\cdots & a_{1n} \\ a_{21} & a_{22} & a_{23} & \cdots\cdots & a_{2n} \\ \vdots & \vdots & \vdots & \vdots & \vdots \\ a_{(i+1)1} & a_{(i+1)2} & a_{(i+1)3} & \cdots\cdots & a_{(i+1)n} \\ a_{i1} & a_{i2} & a_{i3} & \cdots\cdots & a_{in} \\ \vdots & \vdots & \vdots & \vdots & \vdots \\ a_{n1} & a_{n2} & a_{n3} & \cdots & a_{nn} \end{bmatrix}$$

이다. $|\boldsymbol{A}|$를 i행에 대하여 전개하고, $|\boldsymbol{B}|$를 $i+1$행에 대하여 전개하면,

$$\det \boldsymbol{A} = |\boldsymbol{A}| = a_{i1}A_{i1} + a_{i2}A_{i2} + a_{i3}A_{i3} + \cdots + a_{in}A_{in} \qquad ①$$

$$\det \boldsymbol{B} = |\boldsymbol{B}| = a_{i1}B_{(i+1)1} + a_{i2}B_{(i+1)2} + a_{i3}B_{(i+1)3} + \cdots + a_{in}B_{(+1)n} \qquad ②$$

여기서, $$A_{ij} = (-1)^{i+j}|L_{ij}|$$

이고, 행렬 $\boldsymbol{B}$에서 $i+1$행, j열의 성분을 제외한 $(n-1)\times(n-1)$행렬은 행렬 $\boldsymbol{A}$에서 i행, j열의 성분을 제외한 $(n-1)\times(n-1)$행렬 L_{ij}와 같다. 따라서,

$$\begin{aligned} B_{(i+1)j} &= (-1)^{i+1+j}|L_{ij}| \\ &= (-1)(-1)^{i+j}|L_{ij}| \\ &= (-1)A_{ij} \\ &= -A_{ij} \qquad ③ \end{aligned}$$

①, ②, ③식에 의하여

$$\therefore \det \boldsymbol{B} = -\det \boldsymbol{A}$$

보기11

행렬식 $\det \boldsymbol{A} = \begin{vmatrix} -3 & 2 & -4 \\ 4 & 7 & 1 \\ 5 & -1 & 5 \end{vmatrix}$ 에 대하여 다음 행렬식을 각각 $|\boldsymbol{A}|$로 나타내라.

(a) $\begin{vmatrix} -3 & 2 & -4 \\ 12 & 21 & 3 \\ 5 & -1 & 5 \end{vmatrix}$ (b) $\begin{vmatrix} -3 & 4 & -4 \\ 4 & 14 & 1 \\ 5 & -2 & 5 \end{vmatrix}$ (c) $\begin{vmatrix} -3 & -4 & 2 \\ 4 & 1 & 7 \\ 5 & 5 & -1 \end{vmatrix}$

풀이

(a) 2행의 성분이 모두 3배이므로, $3|\boldsymbol{A}|$

(b) 2열의 성분이 모두 2배이다. 따라서, $2|\boldsymbol{A}|$

(c) 2열과 3열을 바꾸어 놓은 행렬식이다. 따라서, $-|\boldsymbol{A}|$.

〈증명〉 행렬식의 일반성질 (c)

$n\times n$ 행렬 $\boldsymbol{A}=[a_{ij}]$라 하면, 여기서

$$i=1, 2, \cdots, n \text{이고}, \; j=1, 2, \cdots, n$$

이라고 하자. i행의 성분이 모두 0일 때

$\det\boldsymbol{A}$를 연산하기 위해 i행에 여인수 전개를 하면,

$$\begin{aligned}\det\boldsymbol{A} &= a_{i1}A_{i1}+a_{i2}A_{i2}+a_{i3}A_{i3}+\cdots+a_{in}A_{in}\\ &=0A_{i1}+0A_{i2}+0A_{i3}+\cdots+0A_{in}=0+0+0+\cdots+0\\ &=0\end{aligned}$$

마찬가지로 열에대하여 같은 방식으로 전개하면 $\det\boldsymbol{A}=0$.

보기12

다음 두 개의 행렬식 $\det\boldsymbol{A}$와 $\det\boldsymbol{B}$는 0임을 보여라.

$$|\boldsymbol{A}|=\begin{vmatrix}2&-3&4&-2\\0&0&0&0\\1&3&2&7\\5&-7&0&6\end{vmatrix}, \quad |\boldsymbol{B}|=\begin{vmatrix}2&0&4\\12&0&4\\1&0&2\end{vmatrix}$$

풀이

행렬식의 일반성질 (b)에 의하여 $|\boldsymbol{A}|$의 2행의 성분이 모두 0이므로 2행에 대하여 전개하면,

$$|\boldsymbol{A}|=0\cdot\begin{vmatrix}-3&4&-2\\3&2&7\\-7&0&6\end{vmatrix}-0\cdot\begin{vmatrix}2&4&-2\\1&2&7\\5&0&6\end{vmatrix}+0\cdot\begin{vmatrix}2&-3&4\\1&3&2\\5&-7&0\end{vmatrix}=0$$

따라서, $|\boldsymbol{A}|=0$.

마찬가지로, $|\boldsymbol{B}|$에서 2열의 성분이 모두 0이므로, $|\boldsymbol{B}|=0$

〈증명〉 행렬식의 일반성질 (d)

$n\times n$행렬 $\boldsymbol{A}$의 j행이 i행의 k(상수)배와 같다고 하면,

$$\det\boldsymbol{A} = \begin{vmatrix} a_{11} & a_{12} & a_{13} & \cdots\cdots & a_{1n} \\ a_{21} & a_{22} & a_{23} & \cdots\cdots & a_{2n} \\ \vdots & \vdots & \vdots & \vdots & \vdots \\ a_{i1} & a_{i2} & a_{i3} & \cdots\cdots & a_{in} \\ \vdots & \vdots & \vdots & \vdots & \vdots \\ ka_{i1} & ka_{i2} & ka_{i3} & \cdots\cdots & ka_{in} \\ \vdots & \vdots & \vdots & \vdots & \vdots \\ a_{n1} & a_{n2} & a_{n3} & \cdots\cdots & a_{nn} \end{vmatrix} = \boldsymbol{k}\begin{vmatrix} a_{11} & a_{12} & a_{13} & \cdots\cdots & a_{1n} \\ a_{21} & a_{22} & a_{23} & \cdots\cdots & a_{2n} \\ \vdots & \vdots & \vdots & \vdots & \vdots \\ \boldsymbol{a_{i1}} & \boldsymbol{a_{i2}} & \boldsymbol{a_{i3}} & \cdots\cdots & \boldsymbol{a_{in}} \\ \vdots & \vdots & \vdots & \vdots & \vdots \\ \boldsymbol{a_{i1}} & \boldsymbol{a_{i2}} & \boldsymbol{a_{i3}} & \cdots\cdots & \boldsymbol{a_{in}} \\ \vdots & \vdots & \vdots & \vdots & \vdots \\ a_{n1} & a_{n2} & a_{n3} & \cdots\cdots & a_{nn} \end{vmatrix} = k \cdot 0 = 0$$

보기13

다음 세 개의 행렬식을 구하라.

(a) $|\boldsymbol{A}| = \begin{vmatrix} 2 & -4 & 1 & 7 \\ 0 & 3 & -2 & 4 \\ 2 & -4 & 1 & 7 \\ 3 & 5 & 2 & -1 \end{vmatrix}$ (b) $|\boldsymbol{B}| = \begin{vmatrix} 3 & -4 & 2 \\ 7 & 0 & 6 \\ -9 & 12 & -6 \end{vmatrix}$

(c) $|\boldsymbol{C}| = \begin{vmatrix} 1 & 3 & 2 & -4 \\ 3 & -3 & 0 & -12 \\ -2 & 7 & -6 & 8 \\ 5 & 1 & 4 & -20 \end{vmatrix}$ (d) $|\boldsymbol{E}| = \begin{vmatrix} 3 & -3 & 9 \\ 1 & -5 & 3 \\ -1 & 6 & -3 \end{vmatrix}$

풀이

(a) 1행과 3행이 같다. $\therefore |\boldsymbol{A}| = 0$

(b) 3행이 1행의 (-3)배이다. $\therefore |\boldsymbol{B}| = 0$

(c) 4열이 1열의 (-4)배이다. $\therefore |\boldsymbol{C}| = 0$

(d) 3열이 1열의 3배이다. $\therefore |\boldsymbol{E}| = 0$

〈증명〉 행렬식의 일반성질 (e)

행렬 $\boldsymbol{A}$와 $\boldsymbol{B}$의 행렬식 $\det\boldsymbol{A}$와 $\det\boldsymbol{B}$를 각각

$$\det\boldsymbol{A} = |\boldsymbol{A}| = \begin{vmatrix} a_{11} & a_{12} & a_{13} & \cdots\cdots & a_{1n} \\ a_{21} & a_{22} & a_{23} & \cdots\cdots & a_{2n} \\ \vdots & \vdots & \vdots & \vdots & \vdots \\ a_{i1} & a_{i2} & a_{i3} & \cdots\cdots & a_{in} \\ \vdots & \vdots & \vdots & \vdots & \vdots \\ a_{n1} & a_{n2} & a_{n3} & \cdots\cdots & a_{nn} \end{vmatrix}, \quad \det\boldsymbol{B} = |\boldsymbol{B}| = \begin{vmatrix} a_{11} & a_{12} & a_{13} & \cdots\cdots & a_{1n} \\ a_{21} & a_{22} & a_{23} & \cdots\cdots & a_{2n} \\ \vdots & \vdots & \vdots & \vdots & \vdots \\ \boldsymbol{ka_{i1}} & \boldsymbol{ka_{i2}} & \boldsymbol{ka_{i3}} & \cdots\cdots & \boldsymbol{ka_{in}} \\ \vdots & \vdots & \vdots & \vdots & \vdots \\ a_{n1} & a_{n2} & a_{n3} & \cdots\cdots & a_{nn} \end{vmatrix}$$

이라 하고 $|\boldsymbol{B}|$를 i행에 관하여 여인수 전개를 하면

$$\det\boldsymbol{B} = |\boldsymbol{B}| = ka_{i1}\boldsymbol{A}_{i1} + ka_{i2}\boldsymbol{A}_{i2} + ka_{i3}\boldsymbol{A}_{i3} + \cdots\cdots + ka_{in}\boldsymbol{A}_{in}$$

$$= k(a_{i1}\boldsymbol{A}_{i1} + a_{i2}\boldsymbol{A}_{i2} + a_{i3}\boldsymbol{A}_{i3} + \cdots\cdots + a_{in}\boldsymbol{A}_{in})$$
$$= k|\boldsymbol{A}|$$
$$= k\,\mathrm{detA}$$

보기14

다음 두 개의 행렬식 det$\boldsymbol{A}$와 det$\boldsymbol{B}$의 관계가 어떤 것인지 밝혀라.

$$|\boldsymbol{A}| = \begin{vmatrix} 2 & -3 & 4 \\ 3 & -4 & 1 \\ 1 & 0 & 2 \end{vmatrix}, \quad |\boldsymbol{B}| = \begin{vmatrix} 2 & -3 & 4 \\ 12 & -16 & 4 \\ 1 & 0 & 2 \end{vmatrix}$$

풀이

$$|\boldsymbol{B}| = \begin{vmatrix} 2 & -3 & 4 \\ 12 & -16 & 4 \\ 1 & 0 & 2 \end{vmatrix} = \begin{vmatrix} 2 & -3 & 4 \\ 4(3) & 4(-4) & 4(1) \\ 1 & 0 & 2 \end{vmatrix}$$
$$= 4 \cdot \begin{vmatrix} 2 & -3 & 4 \\ 12 & -16 & 4 \\ 1 & 0 & 2 \end{vmatrix} = 4|\boldsymbol{A}|$$

따라서, $|\boldsymbol{B}|$는 $|\boldsymbol{A}|$의 4배이다.

〈증명〉 행렬식의 일반성질 (f)

$$\boldsymbol{A} = \begin{bmatrix} a_{11} & a_{12} & a_{13} & \cdots\cdots & a_{1n} \\ a_{21} & a_{22} & a_{23} & \cdots\cdots & a_{2n} \\ \vdots & \vdots & \vdots & \vdots & \vdots \\ a_{i1} & a_{i2} & a_{i3} & \cdots\cdots & a_{in} \\ \vdots & \vdots & \vdots & \vdots & \vdots \\ a_{n1} & a_{n2} & a_{n3} & \cdots\cdots & a_{nn} \end{bmatrix}, \quad \boldsymbol{B} = \begin{bmatrix} a_{11} & a_{12} & a_{13} & \cdots\cdots & a_{1n} \\ a_{21} & a_{22} & a_{23} & \cdots\cdots & a_{2n} \\ \vdots & \vdots & \vdots & \vdots & \vdots \\ d_1 & d_2 & d_3 & \cdots\cdots & d_n \\ \vdots & \vdots & \vdots & \vdots & \vdots \\ a_{n1} & a_{n2} & a_{n3} & \cdots\cdots & a_{nn} \end{bmatrix} \leftarrow i\text{행}$$

$$\boldsymbol{C} = \begin{bmatrix} a_{11} & a_{12} & a_{13} & \cdots\cdots & a_{1n} \\ a_{21} & a_{22} & a_{23} & \cdots\cdots & a_{2n} \\ \vdots & \vdots & \vdots & \vdots & \vdots \\ a_{i1}+d_1 & a_{i2}+d_2 & a_{i3}+d_3 & \cdots\cdots & a_{in}+d_n \\ \vdots & \vdots & \vdots & \vdots & \vdots \\ a_{n1} & a_{n2} & a_{n3} & \cdots\cdots & a_{nn} \end{bmatrix}$$

이라 하고, $\boldsymbol{C}$ 의 i행에 대한 여인수전개 후 det$\boldsymbol{C}$를 구하면,

$$\det\boldsymbol{C} = (a_{i1}+d_1)A_{i1} + (a_{i2}+d_2)A_{i2} + (a_{i3}+d_3)A_{i3} + \cdots + (a_{in}+d_n)A_{in}$$
$$= a_{i1}A_{i1} + a_{i2}A_{i2} + a_{i3}A_{i3} + \cdots + a_{in}A_{in} + b_1A_{i1}$$

$$+ b_1A_{i1} + b_2A_{i2} + b_3A_{i3} + \cdots + b_nA_{in}$$

$$= \det\boldsymbol{A} + \det\boldsymbol{B}$$

보기15

다음 세 행렬식이 다음과 같을 때, $\det\boldsymbol{A}$, $\det\boldsymbol{B}$ $\det\boldsymbol{C}$를 각각 구하고 행렬식의 일반성질 (f)를 확인하라.

$$|\boldsymbol{A}| = \begin{vmatrix} 0 & -3 & 4 \\ 2 & 4 & 1 \\ 1 & 0 & 2 \end{vmatrix}, \quad |\boldsymbol{B}| = \begin{vmatrix} 0 & -7 & 4 \\ 2 & -3 & 1 \\ 1 & 4 & 2 \end{vmatrix},$$

$$|\boldsymbol{C}| = \begin{vmatrix} 0 & (-3)+(-7) & 4 \\ 2 & (4)+(-3) & 1 \\ 1 & (0)+\ (4) & 2 \end{vmatrix} = \begin{vmatrix} 0 & -10 & 4 \\ 2 & 1 & 1 \\ 1 & 4 & 2 \end{vmatrix}$$

풀이

각 행렬식을 제1열에 대하여 여인수전개하면,

$$\det\boldsymbol{A} = |\boldsymbol{A}| = 0-(2)\begin{vmatrix} -3 & 4 \\ 0 & 2 \end{vmatrix} + (1)\begin{vmatrix} -3 & 4 \\ 4 & 1 \end{vmatrix} = 0+12-19 = -7$$

$$\det\boldsymbol{B} = |\boldsymbol{B}| = 0-(2)\begin{vmatrix} -7 & 4 \\ 4 & 2 \end{vmatrix} + (1)\begin{vmatrix} -7 & 4 \\ -3 & 1 \end{vmatrix} = 0+60+5 = 65$$

$$\det\boldsymbol{A} + \det\boldsymbol{B} = (-7)+65 = 58$$

$$\det\boldsymbol{C} = |\boldsymbol{C}| = 0-(2)\begin{vmatrix} -10 & 4 \\ 4 & 2 \end{vmatrix} + (1)\begin{vmatrix} -10 & 4 \\ 1 & 1 \end{vmatrix} = 0+72-14 = 58$$

$$\therefore \det\boldsymbol{C} = \det\boldsymbol{A} + \det\boldsymbol{B}$$

〈증명〉 **행렬식의 일반성질 (g)**

(g) $n\times n$ 행렬 $\boldsymbol{A}$의 한 행(열)에 상수배한 것을 다른 행(열)에 더한 것이 그 행의 성분이고, 나머지 성분은 모두 $\boldsymbol{A}$의 성분과 같은 행렬의 행렬식은 원래의 행렬식 $|\boldsymbol{D}| = \det\boldsymbol{A}$과 같다.

행렬 $\boldsymbol{A} = [a_{ij}]$의 i행에 상수 c배한 것을 j행어 더한 값들을 차례로 j행의 성분으로 하는 행렬을 $\boldsymbol{D}$ 라 하면, **행렬식의 일반성질 (d)와 (f)** 에 의해 다음과 같이 계산된다.

$$\det \boldsymbol{D} = |\boldsymbol{D}| = \begin{vmatrix} a_{11} & a_{12} & a_{13} & \cdots\cdots & a_{1n} \\ a_{21} & a_{22} & a_{23} & \cdots\cdots & a_{2n} \\ a_{31} & a_{32} & a_{33} & \cdots\cdots & a_{3n} \\ \vdots & \vdots & \vdots & \vdots & \vdots \\ a_{i1} & a_{i2} & a_{i3} & \cdots\cdots & a_{in} \\ \vdots & \vdots & \vdots & \vdots & \vdots \\ a_{j1}+ca_{i1} & a_{j2}+ca_{i2} & a_{j3}+ca_{i3} & \cdots\cdots & a_{jn}+ca_{in} \\ \vdots & \vdots & \vdots & \vdots & \vdots \\ a_{n1} & a_{n2} & a_{n3} & \cdots\cdots & a_{nn} \end{vmatrix}$$

$$= \begin{vmatrix} a_{11} & a_{12} & a_{13} & \cdots\cdots & a_{1n} \\ a_{21} & a_{22} & a_{23} & \cdots\cdots & a_{2n} \\ a_{31} & a_{32} & a_{33} & \cdots\cdots & a_{3n} \\ \vdots & \vdots & \vdots & \vdots & \vdots \\ a_{i1} & a_{i2} & a_{i3} & \cdots\cdots & a_{in} \\ \vdots & \vdots & \vdots & \vdots & \vdots \\ \boldsymbol{a_{j1}} & \boldsymbol{a_{j2}} & \boldsymbol{a_{j3}} & \cdots\cdots & \boldsymbol{a_{jn}} \\ \vdots & \vdots & \vdots & \vdots & \vdots \\ a_{n1} & a_{n2} & a_{n3} & \cdots\cdots & a_{nn} \end{vmatrix} + \begin{vmatrix} a_{11} & a_{12} & a_{13} & \cdots\cdots & a_{1n} \\ a_{21} & a_{22} & a_{23} & \cdots\cdots & a_{2n} \\ a_{31} & a_{32} & a_{33} & \cdots\cdots & a_{3n} \\ \vdots & \vdots & \vdots & \vdots & \vdots \\ a_{i1} & a_{i2} & a_{i3} & \cdots\cdots & a_{in} \\ \vdots & \vdots & \vdots & \vdots & \vdots \\ ca_{i1} & ca_{i2} & ca_{i3} & \cdots\cdots & ca_{in} \\ \vdots & \vdots & \vdots & \vdots & \vdots \\ a_{n1} & a_{n2} & a_{n3} & \cdots\cdots & a_{nn} \end{vmatrix}$$

$$= \det \boldsymbol{A} + 0$$

$$= \det \boldsymbol{A}$$

보기16

행렬 $\boldsymbol{A}$와 $\boldsymbol{B}$가 다음 식과 같을 때 $\det \boldsymbol{A}$와 $\det \boldsymbol{B}$를 각각 구하고 행렬식의 일반성질 (g)를 확인하라.

$$\boldsymbol{A} = \begin{bmatrix} 0 & -3 & 4 \\ 2 & 4 & 1 \\ 1 & 0 & 2 \end{bmatrix}, \quad \boldsymbol{B} = \begin{bmatrix} 0 & -3 & 4 \\ (2)+1\times4 & (4)+0\times4 & (1)+2\times4 \\ 1 & 0 & 2 \end{bmatrix} = \begin{bmatrix} 0 & -3 & 4 \\ 6 & 4 & 9 \\ 1 & 0 & 2 \end{bmatrix}$$

풀이

행렬 $\boldsymbol{B}$는 행렬 $\boldsymbol{A}$의 3행의 성분에 4배를 곱해서 2행의 성분에 각각 더한 값이다.

$$\det \boldsymbol{A} = |\boldsymbol{A}| = 0 - (2)\begin{vmatrix} -3 & 4 \\ 0 & 2 \end{vmatrix} + (1)\begin{vmatrix} -3 & 4 \\ 4 & 1 \end{vmatrix} = 0 + 12 - 19 = -7$$

$$\det \boldsymbol{B} = |\boldsymbol{B}| = 0 - (6)\begin{vmatrix} -3 & 4 \\ 0 & 2 \end{vmatrix} + (1)\begin{vmatrix} -3 & 4 \\ 4 & 9 \end{vmatrix} = 0 + 36 - 43 = -7$$

$$\therefore \det \boldsymbol{A} = \det \boldsymbol{B}$$

$n \times n$행렬 $\boldsymbol{A}$가 삼각행렬이면,

$$\det \boldsymbol{A} = |\boldsymbol{A}| = a_{11}a_{22}a_{33} \cdots a_{nn}$$

이 된다. 이러한 사실로 임의의 행렬식을 행렬식의 일반성질을 이용하여 삼각행렬로 변형하여 계산하면 편리하다. 행렬식의 일반성질 (b)에 의하여 행렬식을 삼각형 형태로 만들어 행렬식을 구할 수 있다. 보기의 오른쪽 설명은 항상 앞의 행렬식을 기준으로 한 것이다.

보기17

다음 행렬 $\boldsymbol{A}$와 $\boldsymbol{B}$의 행렬식을 행렬식의 일반성질을 이용하여 삼각행렬로 변형시켜 구하라.

(a) $\boldsymbol{A} = \begin{bmatrix} -1 & 3 & 4 \\ -2 & 2 & 3 \\ -3 & 1 & 5 \end{bmatrix}$ (b) $\boldsymbol{B} = \begin{bmatrix} 1 & 2 & -1 & 4 \\ -2 & -5 & -3 & -4 \\ 2 & -1 & 4 & -5 \\ 4 & 5 & 9 & -2 \end{bmatrix}$

풀이

(a) $|\boldsymbol{A}| = \begin{vmatrix} -1 & 3 & 4 \\ -2 & 2 & 3 \\ -3 & 1 & 5 \end{vmatrix}$ 2행 + 1행 × (−2) → 2행에 대입, 3행 + 1행 × (−3) → 3행에 대입

$= \begin{vmatrix} -1 & 3 & 4 \\ 0 & -4 & -5 \\ 0 & 0 & 10 \end{vmatrix}$ 3행 + 2행 × (−2) → 3행에 대입

$= (-1)(-4)(10) = 40$

(b) $\boldsymbol{B} = \begin{vmatrix} 1 & 2 & -1 & 4 \\ -2 & -5 & -3 & -4 \\ 2 & -1 & 4 & -5 \\ 4 & 5 & 9 & -2 \end{vmatrix}$ 1행 × (2) + 2행 → 2행에 대입, 1행 × (−2) + 3행 → 3행에 대입, 1행 × (−4) + 4행 → 4행에 대입

$= \begin{vmatrix} 1 & 2 & -1 & 4 \\ 0 & -1 & -5 & 4 \\ \mathbf{0} & \mathbf{-9} & \mathbf{6} & \mathbf{-12} \\ 0 & -3 & 13 & -18 \end{vmatrix}$ 2행 × (−3) + 3행 → 3행에 대입, 2행 × (−3) + 4행 → 4행에 대입

$= 3 \cdot \begin{vmatrix} 1 & 2 & -1 & 4 \\ 0 & -1 & -5 & 4 \\ \mathbf{0} & \mathbf{-3} & \mathbf{2} & \mathbf{-4} \\ 0 & -3 & 13 & -18 \end{vmatrix}$

$= 3 \cdot \begin{vmatrix} 1 & 2 & -1 & 4 \\ 0 & -1 & -5 & 4 \\ 0 & 0 & 17 & -16 \\ 0 & 0 & 13 & -30 \end{vmatrix}$ 2행 × (−3) + 3행 → 3행에 대입, 2행 × (−3) + 4행 → 4행에 대입

$= 3 \cdot \begin{vmatrix} 1 & 2 & -1 & 4 \\ 0 & -1 & -5 & 4 \\ 0 & 0 & \mathbf{17} & -16 \\ 0 & 0 & 0 & \mathbf{82} \end{vmatrix}$ 1행 × (28) + 4행 → 4행에 대입

$= 3 \cdot (1) \cdot (-1) \cdot (17) \cdot (82) = -4282$

보기18

다음 행렬식 D의 값을 구하라.

$$D = \begin{vmatrix} 2 & 0 & -2 & 4 \\ 4 & 3 & 1 & 0 \\ 0 & 1 & 0 & -2 \\ -4 & 6 & 9 & 1 \end{vmatrix}$$

풀이

$$D = \begin{vmatrix} 2 & 0 & -2 & 4 \\ 4 & 3 & 1 & 0 \\ 0 & 1 & 0 & -2 \\ -4 & 6 & 9 & 1 \end{vmatrix}$$

$$= \begin{vmatrix} 2 & 0 & -2 & 4 \\ 0 & 3 & 5 & -8 \\ 0 & 1 & 0 & -2 \\ 0 & 6 & 5 & 9 \end{vmatrix} \qquad \begin{matrix} \\ 2\text{행} - 1\text{행} \times 2 \\ \\ 4\text{행} + 1\text{행} \times 2 \end{matrix}$$

$$= \begin{vmatrix} 2 & 0 & -2 & 4 \\ 0 & 3 & 5 & -8 \\ 0 & 0 & -5/3 & 2/3 \\ 0 & 0 & -5 & 25 \end{vmatrix} \qquad \begin{matrix} \\ \\ 3\text{행} - 2\text{행} \times 1/3 \\ 4\text{행} - 2\text{행} \times 2 \end{matrix}$$

$$= \begin{vmatrix} 2 & 0 & -2 & 4 \\ 0 & 3 & 5 & -8 \\ 0 & 0 & -5/3 & 2/3 \\ 0 & 0 & 0 & 17 \end{vmatrix} \qquad \begin{matrix} \\ \\ \\ 4\text{행} + 2\text{행} \end{matrix}$$

$$= 2 \cdot 3 \cdot (-5/3) \cdot 17 = -510/3 = 170$$

■ 기본행렬의 행렬식

앞 절의 기본행렬에서 언급한 바와 같이 기본행렬 $\boldsymbol{E}$는 다음과 같은 3가지의 형식을 가지고 있음을 알았다.

1) $\boldsymbol{E}_{ij}$는 단위행렬 $\boldsymbol{I}$ 의 i와 j행을 교환해서 얻어진 기본행렬이다.
2) $\boldsymbol{E}_i(k)$는 단위행렬 $\boldsymbol{I}$ 에 0이 아닌 상수 k를 곱해서 얻어진 기본행렬이다.
3) $\boldsymbol{E}_{ij}(k)$는 단위행렬 $\boldsymbol{I}$ 의 i행의 k배를 j행에 더해서 얻어진 기본행렬이다.

이 세가지 형태의 기본행렬로 이루어진 행렬식은 정의로부터 다음 사실을 알 수 있다.

[정리] 기본행렬의 행렬식

기본행렬의 정의로부터 다음 사실을 알 수 있다.

(a) $\boldsymbol{E}_i(c)$는 단위행렬 $\boldsymbol{I}$ 의 한 행에 0이 아닌 상수 c를 곱하였으므로, $\det[\boldsymbol{E}_i(c)] = c$.

(b) 단위행렬 $\boldsymbol{I}$ 의 두 행이 교환해서 얻어진 기본행렬식 $\det(\boldsymbol{E}_{ij}) = -1$이다.

(c) $\boldsymbol{E}_{ij}(k)$는 단위행렬 $\boldsymbol{I}$ 의 한 행의 상수배를 다른 행에 더해도 값이 변하지 않기 때문에, $\det[\boldsymbol{E}_{ij}(k)] = 1$이다.

(d) $n\times n$ 행렬에서 $\boldsymbol{A}$는 일반행렬이고, $\boldsymbol{E}$는 기본행렬이면, 다음 식이 성립한다.

$$\det\boldsymbol{EA} = \det\boldsymbol{E}\det\boldsymbol{A}$$

〈증명〉

단위행렬의 행렬식은 1이다. 즉, $\det I_n = 1$.

(a) 행렬식의 일반성질 (a)에 의하여,

$$\det\boldsymbol{E} = \det(cI_n) = c\det I_n = c\cdot 1 = c$$

(b) 행렬식의 일반성질 (b)에 의하여,

$$\det E = (-1)\det I_n = (-1)\cdot 1 = -1$$

(c) 행렬식의 일반성질 (g)에 의하여,

$$\det E = \det I_n = 1$$

(d) 다음 세 가지 경우로 나누어 생각해 본다.

(i) 한 행에 0이 아닌 상수 c를 곱한 경우,

$$\begin{aligned}\det\boldsymbol{EA} &= \det(cI_n\boldsymbol{A}) = \det[c(I_n\boldsymbol{A})]\\ &= \det c\boldsymbol{A} = c\det\boldsymbol{A} = c\det\boldsymbol{A} = \det\boldsymbol{E}\det\boldsymbol{A}\end{aligned}$$

이 경우 $\det\boldsymbol{E} = c$ 이다.

(ii) 두 행을 서로 바꾼 경우,

$$\begin{aligned}\det\boldsymbol{EA} &= (-1)\det\boldsymbol{A}\\ &= \det\boldsymbol{E}\det\boldsymbol{A}\end{aligned}$$

이 경우 $\det\boldsymbol{E} = -1$ 이다.

(iii) 한 행의 c배를 다른 행에 더하는 경우,

$$\begin{aligned}\det\boldsymbol{EA} &= \det\boldsymbol{A} = 1 \cdot \det\boldsymbol{A}\\ &= \det\boldsymbol{E}\det\boldsymbol{A}\end{aligned}$$

이 경우 $\det\boldsymbol{E} = 1$ 이다.

■ 삼각행렬의 가역성(Invertibility)과 행렬식과의 관계

삼각행렬 $\boldsymbol{U}$를 상삼각행렬이라 하면 다음과 같이 나타내자.

$$\boldsymbol{U} = \begin{bmatrix} a_{11} & a_{12} & a_{13} & \cdots\cdots & a_{1n} \\ 0 & a_{22} & a_{23} & \cdots\cdots & a_{2n} \\ 0 & 0 & a_{33} & \cdots\cdots & a_{3n} \\ \vdots & \vdots & \vdots & \vdots & \vdots \\ 0 & 0 & 0 & 0 & a_{nn} \end{bmatrix}$$

이 삼각행렬의 행렬식 $\det\boldsymbol{U} = a_{11} \cdot a_{22} \cdot a_{33} \cdots a_{nn}$ 이 된다. 여기서, $\det\boldsymbol{U} \neq 0$ 이면 주대각성분은 모두 0이 아니고, 또한 기본행 변형에 의해서 주대각성분을 모두 1로 변형할 수 있다. 그리고 1이 있는 열의 위 또는 아래의 성분을 모두 0으로 변형할 수 있다. 이렇게 위 또는 아래 성분을 변형시키는 것은 단위행렬 $\boldsymbol{I}$ 를 만들 수 있다는 의미이다. 따라서 삼각행렬 $\boldsymbol{U}$는 가역이다. 즉, 선형연립방정식에서 계수행렬을 $\boldsymbol{U}(a_{ii} = 0)$, 미지수 행렬을 $\boldsymbol{x}$라 하면,

$$\boldsymbol{Ux} = \boldsymbol{O}$$

이면, $\boldsymbol{U}$는 가역이 아니며, $\boldsymbol{U}$가 가역이 되려면 $\det\boldsymbol{U} \neq 0$ 이다.

[정리] 삼각행렬의 가역조건

$(n \times n)$인 삼각행렬 $\boldsymbol{U}$가 가역이기 위한 필요충분조건은 그 행렬식이 0이 아니어야 한다.

$$\det\boldsymbol{U} \neq 0$$

〈증명〉

삼각행렬 $\boldsymbol{U}$의 행렬식 $\det \boldsymbol{U} = 0$이라 하자.
그러면 $\boldsymbol{U}$의 주대각선 성분 중 적어도 하나는 0이다. $\boldsymbol{U}$의 성분 $a_{ii} = 0$이라 하고 방정식이 $i-1$개, 미지수가 i개인 일차연립방정식을 만들면 다음 식과 같이 된다.

$$\begin{aligned} a_{11}x_1 + a_{12}x_2 + a_{13}x_3 + \cdots\cdots + a_{1(i-1)}x_{i-1} + a_{1i}x_i &= 0 \\ a_{22}x_2 + a_{23}x_3 + \cdots\cdots + a_{2(i-1)}x_{i-1} + a_{2i}x_i &= 0 \\ a_{33}x_3 + \cdots\cdots + a_{3(i-1)}x_{i-1} + a_{3i}x_i &= 0 \\ \vdots \qquad\qquad \vdots \qquad & \\ a_{(i-1)(i-1)}x_{i-1} + a_{(i-1)i}x_i &= 0 \end{aligned}$$

가 되며 이 연립방정식은 자명한 해를 갖지 않는다.

위의 정리를 일반화 시키면 다음 정리를 얻을 수 있다.

[정리] 행렬의 가역(nonsingular)조건

$(n \times n)$인 행렬 $\boldsymbol{A}$가 가역이기 위한 필요충분조건은 그 행렬식이 0이 아니어야 한다.

$$\det \boldsymbol{A} \neq 0$$

〈증명〉

기본행 변형을 m번 실시한 기본행렬 E_1, E_2, $\cdots$, E_m과 삼각행렬 $\boldsymbol{U}$에서 $(n \times n)$행렬 $\boldsymbol{A}$를 다음 식으로 나타내면,

$$\boldsymbol{A} = E_1 E_2 E_3 \cdots E_m \boldsymbol{U}$$

$$\det \boldsymbol{A} = \det(E_1 E_2 E_3 \cdots E_m \boldsymbol{U})$$

기본행렬의 행렬식 정리 (d) $\det \boldsymbol{EA} = \det \boldsymbol{E} \det \boldsymbol{A}$ 에 의하여

$$\begin{aligned} \det \boldsymbol{A} &= \det[E_1(E_2 E_3 \cdots E_m \boldsymbol{U})] \\ &= \det E_1 \det(E_2 E_3 \cdots E_m \boldsymbol{U}) \\ &= \det E_1 \det[E_2(E_3 E_4 \cdots E_m \boldsymbol{U})] \\ &= \det E_1 \det E_2 \det(E_3 E_4 \cdots E_m \boldsymbol{U}) \\ &\quad \vdots \qquad \vdots \qquad \vdots \end{aligned}$$

$$= \det E_1 \det E_2 \det E_3 \cdots \det(E_m \boldsymbol{U})$$
$$= \det E_1 \det E_2 \det E_3 \cdots \det E_m \det \boldsymbol{U}$$

행렬 $\boldsymbol{A}$가 가역이면, $E_1, E_2, E_3 . \cdots , E_m$이 가역이므로 $\boldsymbol{U}$는 다음 식과 같이 가역행렬의 곱으로 나타낼 수 있다.

$$\boldsymbol{U}^{-1} = (E_1 E_2 E_3 \cdots E_m)^{-1} \boldsymbol{A}$$

따라서 $\boldsymbol{U}$는 가역이다.

행렬식의 일반성질 (d)[21]에 의하여,

$$\det E_i \neq 0$$

여기서, $i = 1, 2, 3, \cdots, m$이다.

[정리] 행렬의 가역조건[22]에 의해

$$\det \boldsymbol{U} \neq 0$$

가 되므로 $\det \boldsymbol{A} \neq 0$이다. 또한 E_i가 가역이므로 가역행렬들의 곱은 $\boldsymbol{A}$가 된다. 따라서 행렬 $\boldsymbol{A}$는 가역이다.

[정리]

$(n \times n)$인 행렬 $\boldsymbol{A}$와 $\boldsymbol{B}$에 대하여 다음 식이 성립한다.

$$\det \boldsymbol{AB} = \det \boldsymbol{A} \det \boldsymbol{B}$$

〈증명〉

첫째, $\det \boldsymbol{A} = 0, \det \boldsymbol{B} = 0$일 경우, 둘째, $\det \boldsymbol{A} = 0, \det \boldsymbol{B} \neq 0$일 경우, 셋째, $\det \boldsymbol{A} \neq 0$, $\det \boldsymbol{B} \neq 0$일 경우의 세가지 경우로 나누어 생각해 본다.

(1) $\det \boldsymbol{A} = 0, \det \boldsymbol{B} = 0$일 경우

행렬의 가역(nonsingular)조건 정리에 의해 $\det \boldsymbol{B} = 0$이므로 행렬 $\boldsymbol{B}$는 가역이 아니다. 따라서, 선형연립방정식 $\boldsymbol{BX} = \boldsymbol{0}$을 만족하고 성분이 모두 0이 아닌 $(n \times 1)$행렬인 $\boldsymbol{X} \neq 0$가 존재한다. 그러므로 $\boldsymbol{BX} = \boldsymbol{0}$을 만족하는 해는 자명해[23]가 아니다.

$ABX = (AB)X = A(BX) = A0$

21) (d) $n \times n$ 행렬 $\boldsymbol{A}$의 한 행(열)이 다른 행(열)의 상수배와 같으면 $\det A = 0$이다. 특히 같은 두 행이나 두 열을 가진 행렬식 $\det A = 0$이다.

22) $(n \times n)$인 행렬 $\boldsymbol{A}$가 가역이기 위한 필요충분조건은 그 행렬식이 0이 아니어야 한다. 즉, $\det \boldsymbol{A} \neq 0$

23) 자명해(trivial solution): 직관적으로 빠르게 알아낼 수 있는 해

따라서, $(\boldsymbol{AB})\boldsymbol{X} = 0$
윗 식도 제차선형연립방정식이다. 자명한 해를 갖지 않으므로 $(n \times n)$인 정사각형행렬 $\boldsymbol{AB}$도 가역이 아니다. 따라서,

$$\det\boldsymbol{AB} = 0 = 0 \cdot 0 = \det\boldsymbol{A}det\boldsymbol{B}$$

(2) $\det\boldsymbol{A} = 0$, $\det\boldsymbol{B} \neq 0$일 경우
행렬의 가역조건 정리에 의해 $\det\boldsymbol{A} = 0$이므로 $\boldsymbol{A}$는 가역이 아니다. 따라서, 재차연립방정식 $\boldsymbol{AZ} = 0$을 만족하는 $(n \times 1)$행렬 $\boldsymbol{Z}$가 존재한다. 여기서, $\boldsymbol{Z} \neq 0$이다. 그리고 $\det\boldsymbol{B} \neq 0$이므로 $\boldsymbol{B}$는 가역이고 재차연립방정식 $\boldsymbol{BX} = \boldsymbol{Z}$를 만족하는 0행렬이 아닌 유일한 해 $\boldsymbol{X}$가 존재한다.

$$\boldsymbol{ABX} = \boldsymbol{A}(\boldsymbol{BX}) = \boldsymbol{AZ} = 0$$

이므로 행렬 $\boldsymbol{AB}$는 가역이 아니다. 따라서,

$$\det\boldsymbol{AB} = 0 = 0 \cdot \det\boldsymbol{B} = \det\boldsymbol{A}\,\det\boldsymbol{B}$$

(3) $\det\boldsymbol{A} \neq 0$인 경우
행렬 $\boldsymbol{A}$는 가역이다. 따라서, n회의 기본변형으로 얻은 n개의 기본행렬의 곱으로 나타낼 수 있다. 그러므로,

$$\boldsymbol{A} = E_1E_2E_3 \cdots E_n$$

$$\boldsymbol{AB} = E_1E_2E_3 \cdot E_n\boldsymbol{B}$$

$$\begin{aligned}
\det\boldsymbol{AB} &= \det(E_1E_2E_3 \cdot E_n\boldsymbol{B}) \\
&= \det E_1\,\det E_2\,\det E_3 \cdots \det E_n\,\det\boldsymbol{B} \\
&= \det(E_1\,E_2)\,\det E_3 \cdots \det E_n\,\det\boldsymbol{B} \\
&\vdots \qquad\qquad\qquad \vdots \\
&= \det(E_1\,E_2\,E_3 \cdots E_n)\,\det\boldsymbol{B} \\
&= \det\boldsymbol{A}\,\det\boldsymbol{B}
\end{aligned}$$

보기19

행렬 $\boldsymbol{A} = \begin{bmatrix} a_{11} & a_{12} \\ a_{21} & a_{21} \end{bmatrix}$와 $\boldsymbol{B} = \begin{bmatrix} b_{11} & b_{12} \\ b_{21} & b_{21} \end{bmatrix}$에 대하여

(a) $\det\boldsymbol{A}$ (b) $\det\boldsymbol{B}$ (c) $\det\boldsymbol{AB}$

를 구하고 그 결과를 바탕으로 다음 식이 성립함을 보여라.

(d) $\det\boldsymbol{AB} = \det\boldsymbol{A}\,\det\boldsymbol{B}$

풀이

(a) $\det A = \begin{vmatrix} a_{11} & a_{12} \\ a_{21} & a_{22} \end{vmatrix} = a_{11}a_{12} - a_{12}a_{21}$

(b) $\det \boldsymbol{B} = \begin{vmatrix} b_{11} & b_{12} \\ b_{21} & b_{22} \end{vmatrix} = b_{11}b_{22} - b_{12}b_{21}$

(c) $\boldsymbol{AB} = \begin{bmatrix} a_{11} & a_{12} \\ a_{21} & a_{22} \end{bmatrix} \begin{bmatrix} b_{11} & b_{12} \\ b_{21} & b_{22} \end{bmatrix} = \begin{bmatrix} a_{11}b_{11} + a_{12}b_{21} & a_{11}b_{12} + a_{12}b_{22} \\ a_{21}b_{11} + a_{22}b_{21} & a_{21}b_{12} + a_{22}b_{22} \end{bmatrix}$

$$
\begin{aligned}
\det \boldsymbol{AB} &= \begin{vmatrix} a_{11}b_{11} + a_{12}b_{21} & a_{11}b_{12} + a_{12}b_{22} \\ a_{21}b_{11} + a_{22}b_{21} & a_{21}b_{12} + a_{22}b_{22} \end{vmatrix} \\
&= (a_{11}b_{11} + a_{12}b_{21})(a_{21}b_{12} + a_{22}b_{22}) - (a_{11}b_{12} + a_{12}b_{22})(a_{21}b_{11} + a_{22}b_{21}) \\
&= a_{11}b_{11}a_{21}b_{12} + a_{11}b_{11}a_{22}b_{22} + a_{12}b_{21}a_{21}b_{12} + a_{12}b_{21}a_{22}b_{22} \\
&\quad - a_{11}b_{12}a_{21}b_{11} - a_{11}b_{12}a_{22}b_{21} - a_{12}b_{22}a_{21}b_{11} - a_{12}b_{22}a_{22}b_{21} \\
&= a_{11}a_{22}b_{11}b_{22} + a_{12}a_{21}b_{21}b_{12} - a_{11}a_{22}b_{12}b_{21} - a_{12}a_{21}b_{22}b_{11} \\
&= a_{11}a_{22}(b_{11}b_{22} - b_{12}b_{21}) - a_{12}a_{21}(b_{22}b_{11} - b_{21}b_{12}) \\
&= a_{11}a_{22}(b_{11}b_{22} - b_{12}b_{21}) - a_{12}a_{21}(b_{11}b_{22} - b_{12}b_{21}) \\
&= (a_{11}a_{22} - a_{12}a_{21})(b_{11}b_{22} - b_{12}b_{21}) \\
&= \det \boldsymbol{A} \det \boldsymbol{B}
\end{aligned}
$$

보기20

$(n\times n)$행렬 $\boldsymbol{A}$에 대하여 스칼라 c를 곱한 행렬식은 다음이 성립함을 보여라.

$$\det c\boldsymbol{A} = c^n \det \boldsymbol{A}$$

풀이

$(n\times n)$행렬 $\boldsymbol{A} = [a_{ij}]$이고, $i = 1,2,3,\cdots,n$, $j = 1,2,3,\cdots,n$이라 하면, $c\boldsymbol{A}$는 행렬 $\boldsymbol{A}$의 모든 성분을 c배하여 그것을 성분으로 하는 행렬이다. 즉,

$$
|c\boldsymbol{A}| = \begin{vmatrix} ca_{11} & ca_{12} & ca_{13} & \cdots\cdots & ca_{1n} \\ ca_{21} & ca_{22} & ca_{23} & \cdots\cdots & ca_{2n} \\ ca_{31} & ca_{32} & ca_{33} & \cdots\cdots & ca_{3n} \\ \vdots & \vdots & \vdots & \vdots & \vdots \\ ca_{n1} & ca_{n2} & ca_{n3} & \cdots\cdots & ca_{nn} \end{vmatrix} = c \begin{vmatrix} a_{11} & a_{12} & a_{13} & \cdots\cdots & a_{1n} \\ ca_{21} & ca_{22} & ca_{23} & \cdots\cdots & ca_{2n} \\ ca_{31} & ca_{32} & ca_{33} & \cdots\cdots & ca_{3n} \\ \vdots & \vdots & \vdots & \vdots & \vdots \\ ca_{n1} & ca_{n2} & ca_{n3} & \cdots\cdots & ca_{nn} \end{vmatrix}
$$

$$
= c \cdot c \begin{vmatrix} a_{11} & a_{12} & a_{13} & \cdots\cdots & a_{1n} \\ a_{21} & a_{22} & a_{23} & \cdots\cdots & a_{2n} \\ ca_{31} & ca_{32} & ca_{33} & \cdots\cdots & ca_{3n} \\ \vdots & \vdots & \vdots & \vdots & \vdots \\ ca_{n1} & ca_{n2} & ca_{n3} & \cdots\cdots & ca_{nn} \end{vmatrix} = c \cdot c \cdot c \begin{vmatrix} a_{11} & a_{12} & a_{13} & \cdots\cdots & a_{1n} \\ a_{21} & a_{22} & a_{23} & \cdots\cdots & a_{2n} \\ a_{31} & a_{32} & a_{33} & \cdots\cdots & a_{3n} \\ \vdots & \vdots & \vdots & \vdots & \vdots \\ ca_{n1} & ca_{n2} & ca_{n3} & \cdots\cdots & ca_{nn} \end{vmatrix} = \cdots\cdots
$$

$$= c^n \begin{vmatrix} a_{11} & a_{12} & a_{13} & \cdots\cdots & a_{1n} \\ a_{21} & a_{22} & a_{23} & \cdots\cdots & a_{2n} \\ a_{31} & a_{32} & a_{33} & \cdots\cdots & a_{3n} \\ \vdots & \vdots & \vdots & \vdots & \vdots \\ a_{n1} & a_{n2} & a_{n3} & \cdots\cdots & a_{nn} \end{vmatrix}$$

$$= c^n |\boldsymbol{A}| = c^n \det \boldsymbol{A}$$

[연습문제]

1. (2×2)행렬식을 4가지 방법(1행으로 전개, 2행으로 전개, 1열로 전개, 2열로 전개)으로 전개하고 4가지 방법으로 구한 결과가 모두 일치함을 보여라.

2. 임의의 (3×3)행렬식 $\boldsymbol{A}$에 대하여 다음의 내용을 확인하라. 또한 삼각형 형태로 만들어 $\det\boldsymbol{A}$를 계산하여라.

*문제3~6에서 $\boldsymbol{A}$, $\boldsymbol{B}$, $\boldsymbol{C}$는 (3×3)인 정사각형 행렬이다. 다음을 계산하고 확인하라.

$$\boldsymbol{A}=\begin{bmatrix}4&0&0\\0&1&0\\0&0&1\end{bmatrix},\quad \boldsymbol{B}=\begin{bmatrix}0&0&1\\0&1&0\\1&0&0\end{bmatrix},\quad \boldsymbol{C}=\begin{bmatrix}1&3&0\\0&1&0\\0&0&1\end{bmatrix}$$

(a) $\boldsymbol{A}$를 다음 행렬의 앞에 곱하는 것은 1행을 4배하는 것이다.
(b) $\boldsymbol{B}$를 다음 행렬의 앞에 곱하는 것은 1행과 3행을 교환하는 것이다.
(c) $\boldsymbol{C}$를 다음 행렬의 앞에 곱하는 것은 2행의 3배를 1행에 더하는 것과 같다.
라는 것을 확인하라.

3. $\begin{bmatrix}3&1&1\\1&4&0\\1&2&5\end{bmatrix}$

4. $\begin{bmatrix}1&-2&3\\2&2&1\\3&0&6\end{bmatrix}$

5. $\begin{bmatrix}3&0&1\\1&0&1\\2&2&7\end{bmatrix}$

6, $\begin{bmatrix}9&1&2\\1&4&7\\2&3&3\end{bmatrix}$

*문제7~10에서 행렬식의 일반성질을 이용하여 다음 행렬식을 구하라.

7. $\begin{vmatrix}8&4\\1&2\end{vmatrix}$

8. $\begin{vmatrix}1&2\\8&4\end{vmatrix}$

9. $\begin{vmatrix}-5&0\\-3&0\end{vmatrix}$

10. $\begin{vmatrix}2&4\\-8&-16\end{vmatrix}$

*문제11~26에서 $\det\boldsymbol{A}$를 구하라. 행렬식의 일반성질을 이용하라.

11. $\det\boldsymbol{A}=\begin{vmatrix}3&1&-1\\0&5&2\\2&3&-2\end{vmatrix}$

12. $\det\boldsymbol{A}=\begin{vmatrix}-4&1&2\\1&3&2\\-1&2&1\end{vmatrix}$

13. $\det\boldsymbol{A}=\begin{vmatrix}5&-2&4\\2&4&-3\\-2&1&0\end{vmatrix}$

14. $\det\boldsymbol{A}=\begin{vmatrix}3&0&0\\-7&-5&0\\9&4&-2\end{vmatrix}$

15. $\det \boldsymbol{A} = \begin{vmatrix} c & a & b \\ b & c & a \\ a & b & c \end{vmatrix}$

16. $\det \boldsymbol{A} = \begin{vmatrix} c & b & a \\ a & c & b \\ b & a & c \end{vmatrix}$

17. $\det \boldsymbol{A} = \begin{vmatrix} \sin\alpha & \cos\alpha \\ \cos\beta & \sin\beta \end{vmatrix}$

18. $\det \boldsymbol{A} = \begin{vmatrix} \cos\alpha & \sin\alpha \\ \sin\beta & \cos\beta \end{vmatrix}$

19. $\det \boldsymbol{A} = \begin{vmatrix} \sin n\theta & \cos n\theta \\ -\cos n\theta & \sin n\theta \end{vmatrix}$

20. $\det \boldsymbol{A} = \begin{vmatrix} \cos n\theta & \sin n\theta \\ -\sin n\theta & \cos n\theta \end{vmatrix}$

21. $\det \boldsymbol{A} = \begin{vmatrix} 2 & 0 & 0 \\ -3 & \cos\alpha & -\sin\alpha \\ 6 & \sin\alpha & \cos\alpha \end{vmatrix}$

22. $\det \boldsymbol{A} = \begin{vmatrix} 2 & 0 & 0 \\ -1 & \cos x & -\sin x \\ 3 & \sin x & \cos x \end{vmatrix}$

23. $\det \boldsymbol{A} = \begin{vmatrix} 3 & 5 & 0 & 0 \\ 1 & 6 & 0 & 0 \\ 0 & 0 & 1 & 4 \\ 0 & 0 & -1 & 2 \end{vmatrix}$

24. $\det \boldsymbol{A} = \begin{vmatrix} -1 & 1 & 0 & 0 \\ 1 & -1 & 0 & 0 \\ 0 & 0 & 1 & -1 \\ 0 & 0 & -1 & 1 \end{vmatrix}$

25. $\det \boldsymbol{A} = \begin{vmatrix} 1 & 3 & 0 & 0 \\ -2 & 4 & 0 & 0 \\ 0 & 0 & 3 & 4 \\ 0 & 0 & -2 & 3 \end{vmatrix}$

26. $\det \boldsymbol{A} = \begin{vmatrix} 1 & 2 & 3 & 0 & 0 \\ -2 & -1 & 3 & 0 & 0 \\ 4 & 3 & 1 & 0 & 0 \\ 0 & 0 & 0 & -1 & 2 \\ 0 & 0 & 0 & 3 & -2 \end{vmatrix}$

*문제27~38에서 다음을 구하라. 행렬식의 일반성질을 이용하고 기존의 M과 비교하라.

$M = \begin{vmatrix} a_{11} & a_{12} & a_{13} \\ a_{21} & a_{22} & a_{23} \\ a_{31} & a_{32} & a_{33} \end{vmatrix}$ 일 때, 다음 행렬식의 값을 구하라.

27. $M_1 = \begin{vmatrix} a_{31} & a_{32} & a_{33} \\ a_{11} & a_{12} & a_{13} \\ a_{21} & a_{22} & a_{23} \end{vmatrix}$

28. $M_2 = \begin{vmatrix} a_{21} & a_{22} & a_{23} \\ a_{31} & a_{32} & a_{33} \\ a_{11} & a_{12} & a_{13} \end{vmatrix}$

29. $M_3 = \begin{vmatrix} a_{13} & a_{12} & a_{11} \\ a_{23} & a_{22} & a_{21} \\ a_{33} & a_{32} & a_{31} \end{vmatrix}$

30. $M_4 = \begin{vmatrix} a_{23} & a_{22} & a_{21} \\ a_{33} & a_{32} & a_{31} \\ a_{13} & a_{12} & a_{11} \end{vmatrix}$

31. $M_5 = \begin{vmatrix} 3a_{11} & a_{12} & a_{13} \\ 3a_{21} & a_{22} & a_{23} \\ 3a_{31} & a_{32} & a_{33} \end{vmatrix}$

32. $M_6 = \begin{vmatrix} -2a_{11} & -2a_{12} & -2a_{13} \\ a_{21} & a_{22} & a_{23} \\ a_{31} & a_{32} & a_{33} \end{vmatrix}$

33. $M_7 = \begin{vmatrix} -a_{11} & -a_{12} & -a_{13} \\ 3a_{21} & 3a_{22} & 3a_{23} \\ 2a_{31} & 2a_{32} & 2a_{33} \end{vmatrix}$

34. $M_8 = \begin{vmatrix} a_{11} & -3a_{12} & a_{13} \\ a_{21} & -3a_{22} & a_{23} \\ a_{31} & -3a_{32} & a_{33} \end{vmatrix}$

35. $M_9 = \begin{vmatrix} a_{11} & a_{12} & a_{13} \\ 2a_{21}-3a_{11} & 2a_{22}-3a_{12} & 2a_{23}-3a_{13} \\ a_{31} & a_{32} & a_{33} \end{vmatrix}$

36. $M_{10} = \begin{vmatrix} a_{31} & a_{32} & a_{33} \\ 2a_{21}-3a_{11} & 2a_{22}-3a_{12} & 2a_{23}-3a_{13} \\ a_{11} & a_{12} & a_{13} \end{vmatrix}$

37. $M_{11} = \begin{vmatrix} a_{11} & a_{12} & a_{13} \\ 2a_{21}-3a_{11} & 2a_{22}-3a_{12} & 2a_{23}-3a_{13} \\ 3a_{31}-2a_{21} & 3a_{32}-2a_{22} & 2a_{33}-3a_{23} \end{vmatrix}$

38. $M_{12} = \begin{vmatrix} 2a_{21}-3a_{11} & 2a_{22}-3a_{12} & 2a_{23}-3a_{13} \\ a_{21} & a_{22} & a_{23} \\ 3a_{31}-2a_{21} & 3a_{32}-2a_{22} & 2a_{33}-3a_{23} \end{vmatrix}$

39. 행렬 $\boldsymbol{A}$와 $\boldsymbol{B}$가 다음과 같다. 이에 대하여 다음을 구하라.

$$\boldsymbol{A} = \begin{bmatrix} -2 & 0 & 3 \\ 1 & 3 & -1 \\ 1 & 0 & 1 \end{bmatrix} \qquad \boldsymbol{B} = \begin{bmatrix} 3 & 1 & 2 \\ 1 & 2 & 3 \\ 2 & 3 & 1 \end{bmatrix}$$

(a) $\det\boldsymbol{A}$와 $\det\boldsymbol{B}$

(b) $\det(\boldsymbol{AB})$

(c) $\det(\boldsymbol{AB}) = \det\boldsymbol{A}\det\boldsymbol{B}$ 를 확인하라.

40. 행렬식의 일반성질 (a)와 (b)를 구체적인 수치를 대입하여 예를 들어 설명하라.

41. $(n \times n)$행렬식 $\det(c\boldsymbol{A}) = c^n \det\boldsymbol{A}$ 가 됨을 보여라.($\therefore\ \det(c\boldsymbol{A}) \neq c\det\boldsymbol{A}$ 이다.)

42. 다음 행렬식

$$\det\boldsymbol{A} = \begin{vmatrix} 2 & 1 & -1 \\ 1 & -2 & 1 \\ -1 & 3 & 4 \end{vmatrix} = -28$$

에 대하여 직접 계산하여 다음을 확인하라.

(a) 첫째 행과 마지막 행을 교환하면 $\det\boldsymbol{A}$의 부호가 바뀐다.

(b) 첫째 열과 둘째 열을 교환하면 $\det\boldsymbol{A}$의 부호가 바뀐다.

*문제43~48에서 행렬식의 일반성질을 이용하여 다음 결과가 됨을 보여라.

43. $\begin{vmatrix} 1 & a & b+c \\ 1 & b & c+a \\ 1 & c & a+b \end{vmatrix} = 0$

44. $\begin{vmatrix} a^2 & b^2 & c^2 \\ a & b & c \\ 1 & 1 & 1 \end{vmatrix} = (a-b)(a-c)(b-c)$

45. $\begin{vmatrix} 1+c & c & c \\ a & 1+a & a \\ b & b & 1+b \end{vmatrix} = (1+c+a+b)$

46. $\begin{vmatrix} x^2+c^2 & ca & cb \\ ca & x^2+a^2 & ab \\ cb & ba & x^2+b^2 \end{vmatrix} = (x^2+c^2+a^2+b^2)x^2$

47. $\begin{vmatrix} 1 & a & b \\ a & 1 & b \\ a & b & 1 \end{vmatrix} = (a-1)(b-1)(a+b+1)$

48. $\begin{vmatrix} c & 1 & 1 & 1 \\ 1 & c & 1 & 1 \\ 1 & 1 & c & 1 \\ 1 & 1 & 1 & c \end{vmatrix} = (c-1)^3(c+3)$

49. 행렬 $\boldsymbol{A} = \begin{bmatrix} 1 & -3 & 2 \\ 0 & 4 & -3 \\ 3 & -2 & -4 \end{bmatrix}$ 의 행렬식 det$\boldsymbol{A}$를 구하고 각각의 행렬식을 det$\boldsymbol{A} = |\boldsymbol{A}|$의 관계로 나타내고 계산하라.

(a) $\det\boldsymbol{B} = \begin{vmatrix} 1 & -3 & 2 \\ 0 & 4 & -3 \\ 9 & -6 & -12 \end{vmatrix}$

(b) $\det\boldsymbol{C} = \begin{vmatrix} -5 & -3 & 2 \\ 0 & 4 & -3 \\ -15 & -2 & -4 \end{vmatrix}$

(c) $\det\boldsymbol{D} = \begin{vmatrix} 3 & -2 & -4 \\ 0 & 4 & -3 \\ 1 & -3 & 2 \end{vmatrix}$

(d) $\det\boldsymbol{F} = \begin{vmatrix} -3 & 1 & 2 \\ 4 & 0 & -3 \\ -2 & 3 & -4 \end{vmatrix}$

(e) $\det\boldsymbol{G} = \begin{vmatrix} 1 & -3 & 2 \\ 0 & 4 & -3 \\ 3+3 & (-2)+(-9) & -4+(6) \end{vmatrix} = \begin{vmatrix} 1 & -3 & 2 \\ 0 & 4 & -3 \\ 6 & -11 & 2 \end{vmatrix}$

(f) $\det\boldsymbol{H} = \begin{bmatrix} 1+6 & -3+(-4) & 2+(-8) \\ 0 & 4 & -3 \\ 3 & -2 & -4 \end{bmatrix} = \begin{bmatrix} 7 & -7 & -6 \\ 0 & 4 & -3 \\ 3 & -2 & -4 \end{bmatrix}$

8.6 행렬의 행사다리꼴 형식과 행축소 사다리꼴 형식

■ 행렬의 행사다리꼴 형식과 행축소 사다리꼴 형식

행렬의 행 사다리꼴 형식과 행축소 사다리꼴 형식으로 변환하기 위하여 행동치를 이용한다. 선형연립방정식을 다음과 같이 n개의 미지수를 가지는 m개의 방정식계를 행렬의 형식으로 표현하면,

$$(\boldsymbol{A}, \boldsymbol{b}) = \begin{bmatrix} a_{11} & a_{12} & \cdots & a_{1n} & b_1 \\ a_{21} & a_{22} & \cdots & a_{2n} & b_2 \\ \cdot & \cdot & \cdots & \cdot & \cdot \\ a_{m1} & a_{m2} & \cdots & a_{mn} & b_m \end{bmatrix}$$

와 같이 나타낼 수 있으며, 이것은 행렬방정식 $\boldsymbol{Ax} = \boldsymbol{b}$ 와 동치이다. 이 방정식의 해집합을 구하는데 행 사다리꼴 형식(row echelon form)과 행축소 사다리꼴 형식(또는 기약사다리꼴행렬, row reduced echelon form)의 두가지 개념을 이용하는 것이 도움이 된다.

> **[정리] 행렬의 사다리꼴 형식과 행렬의 행축소 사다리꼴 형식**
> 행렬 $\boldsymbol{A}$ 는 다음 조건을 만족하면 **사다리꼴 형식**(echelon form)이라 한다.
> (1) 각 행에 0이 아닌 첫 성분을 선도성분이라 하는데 선도성분이 1이다.
> (2) 0으로만 이루어져 있지 않은 임의의 두 연속적인 i행과 $(i+1)$행에서 $(i+1)$행의 선도성분이 i행의 선도원소의 우측에 있다.
> (3) 0으로만 이루어져 있는 행은 행렬의 가장 아래쪽에 둔다. 행렬 $\boldsymbol{A}$ 는 (1)~(3)의 조건외 다음이 성립하면 **행축소 사다리꼴 형식(row reduced echelon form)**이라 한다.
> (4) 한 행의 처음 1을 포함하는 열은 그 1이외는 열에서 모든 다른 원소들이 0이다.

위 정리는 행렬 $\boldsymbol{A}$ 는 임의의 행의 첫 성분이 0이아닌 1이며, 그 성분이 위에 있는 행의 첫 0이 아닌 성분 우측에 나타나고, 모든 0으로 된 행이 행렬의 바닥에 놓이면 사다리꼴 형식이라는 것을 의미한다. 이러한 정리의 조건들 외에, 임의의 행의 첫 0이 아닌 성분이 그 성분을 품는 열에서 유일하게 0이 아닌 성분일 때 행렬 $\boldsymbol{A}$ 는 행축소 사다리꼴 형식이 된다.

보기1

행렬의 사다리꼴 형식과 행축소 사다리꼴 형식의 예를 들라.

풀이

(a) 행렬의 사다리꼴 형식 예

$$\begin{bmatrix} 1 & 0 & 3 & 6 \\ 0 & 0 & 2 & 0 \\ 0 & 0 & 0 & 0 \end{bmatrix}$$ (3×4)행렬의 사다리꼴 형식

$$\begin{bmatrix} 1 & 1 & 1 & 2 & 1 & 1 \\ 0 & 0 & 1 & 3 & 0 & 1 \\ 0 & 0 & 0 & 1 & 4 & 3 \\ 0 & 0 & 0 & 0 & 1 & 2 \\ 0 & 0 & 0 & 0 & 0 & 0 \end{bmatrix}$$ (5×6)행렬의 사다리꼴 형식

(b) 행렬의 행축소 사다리꼴 형식의 예

$$\begin{bmatrix} 0 & 1 & 0 & 1 & 2 & 0 & 3 \\ 0 & 0 & 1 & 0 & 1 & 3 & 2 \\ 0 & 0 & 0 & 0 & 1 & 2 & 0 \\ 0 & 0 & 0 & 0 & 1 & 1 & 0 \\ 0 & 0 & 0 & 0 & 0 & 0 & 0 \end{bmatrix}$$ (5×7)행렬의 행축소 사다리꼴 형식

$$\begin{bmatrix} 1 & 0 & 0 & 8 & 3 \\ 0 & 1 & 0 & 3 & 2 \\ 0 & 0 & 1 & 1 & 1 \end{bmatrix}$$ (3×5)행렬의 행축소 사다리꼴 형식

$$\begin{bmatrix} 1 & 0 & 0 & 3 \\ 0 & 1 & 0 & 2 \\ 0 & 0 & 1 & 1 \end{bmatrix}$$ (3×4)행렬의 행축소 사다리꼴 형식

■ 행렬의 사다리꼴 변환규칙

$(m\times n)$행렬을 사다리꼴로 변환하는 방법에는 다음의 단계에 의해 구할 수 있다.

1. 처음 성분이 0이 아닌 행이 가장 좌측에 있는 행을 찾아 필요하다면 행바꿈으로 그 행을 1행으로 옮긴다. 그러한 행이 하나 이상 있으면, 첫 0이 아닌 성분이 가장 큰 절대값을 가지는 행을 고른다.
2. 선도성분을 1로 만들기 위해 1행을 변환시킨다.
3. 첫째 열의 선도성분 아래에 있는 모든 성분을 0으로 바꾸기 위해 그 아래의 $m-1$개의 행으로부터 1행의 상수배를 빼준다.
4. 1행 아래에 있는 $m-1$개의 행에서 첫 0이 아닌 성분이 가장 좌측에 있는 행을 찾아 필요하다면 그것을 2행으로 옮긴다. 그러한 행이 하나 이상있으면 첫 0이 아닌 성분이 가장 큰 절대값을 가지는 행을 고른다.

5. 선도성분을 1로 만들기 위해 2행을 변환시킨다.

6. 둘째 행의 선도성분 아래에 있는 열의 모든 성분을 0으로 바꾸기위해 그 아래의 $m-2$ 개의 행으로부터 2행의 상수배를 빼준다.

7. m번째 행의 첫 0이 아닌 성분이 1이거나, 모든 행이 완전히 0으로만 구성된 단계가 될 때 까지 이 과정을 계속한다. 이 마지막 행렬은 사다리꼴 형식이다.

■ 행렬의 행축소 사다리꼴 변환규칙

> $(m \times n)$행렬을 행축소 사다리꼴로 변환하는 방법에는 다음의 단계에 의해 구한다.
> (1) 행렬의 사다리꼴 변환규칙에 따라 같은 방법으로 진행한다. 선도성분 아래에 있는 열의 모든 성분을 0으로 만들기 위해 아래에 있는 선도성분 1을 가지는 행의 상수배를 빼는 것에 추가하여, 선도성분 위에 있는 행의 모든 성분을 0으로 만들기 위해 동일한 과정을 반복 적용한다.
> (2) 행렬이 사다리꼴로 변환시킨 후, 2행부터 마지막 행까지 선도성분이 1인 열을 만들기 위하여 위에 있는 열로부터 순차적으로 열의 상수배를 빼준다.

이러한 방법들은 서로 달라보이는 방정식계가 모두 동일한 집합을 가지는 것을 의미하므로, 이는 원래의 확장행렬을 행사다리꼴과 행축소 사다리꼴의 형태로 단순화시켜 방정식계의 해를 쉽게 풀 수 있도록 해 준다.

보기2

행렬의 기본행변형을 이용하여 다음 행렬을 행축소사다리꼴 형식으로 변형하라.

(a) $\begin{bmatrix} 0 & 0 & 0 & 2 & 4 & 1 \\ 0 & 0 & 0 & 0 & 1 & -5 \\ 0 & 0 & 0 & 0 & 0 & 0 \end{bmatrix}$ (b) $\begin{bmatrix} 1 & 0 & 0 & 5 & 2 \\ 0 & 0 & 0 & 0 & 0 \\ 0 & 0 & 1 & 4 & -1 \end{bmatrix}$

(c) $\begin{bmatrix} 1 & 2 & 3 & 1 & 2 \\ 0 & 0 & 1 & 0 & -3 \\ 0 & 0 & 0 & 0 & 1 \end{bmatrix}$ (d) $\begin{bmatrix} 0 & 0 & 0 & 1 & 4 \\ 0 & 0 & 1 & 2 & 3 \\ 1 & 1 & 0 & 0 & 6 \end{bmatrix}$

풀이

(a) 첫째 행에서 처음 0이 아닌 수는 1이어야 하므로

$$\begin{bmatrix} 0 & 0 & 0 & 2 & 4 & 1 \\ 0 & 0 & 0 & 0 & 1 & -5 \\ 0 & 0 & 0 & 0 & 0 & 0 \end{bmatrix} \quad 1\text{행} \times 1/2 \quad \Rightarrow \begin{bmatrix} 0 & 0 & 0 & 1 & 2 & 1/2 \\ 0 & 0 & 0 & 0 & 1 & -5 \\ 0 & 0 & 0 & 0 & 0 & 0 \end{bmatrix}$$

(b) 모두 0으로 된 행은 마지막행이어야 하므로 2행과 3행을 서로바꾼다.

$$\begin{bmatrix} 1 & 0 & 0 & 5 & 2 \\ 0 & 0 & 0 & 0 & 0 \\ 0 & 0 & 1 & 4 & -1 \end{bmatrix} \begin{matrix} \\ 2\text{행} \to 3\text{행} \\ 3\text{행} \to 2\text{행} \end{matrix} \Rightarrow \begin{bmatrix} 1 & 0 & 0 & 5 & 2 \\ 0 & 0 & 1 & 4 & -1 \\ 0 & 0 & 0 & 0 & 0 \end{bmatrix}$$

(c) 한 행의 처음 1이 있는 열은 1 이외에는 모두 0이어야 하므로,

$$\begin{bmatrix} 1 & 2 & 3 & 1 & 2 \\ 0 & 0 & 1 & 0 & -3 \\ 0 & 0 & 0 & 0 & 1 \end{bmatrix} \begin{matrix} 1\text{행} + 2\text{행} \times (-3) \\ \\ \\ \end{matrix} \Rightarrow \begin{bmatrix} 1 & 2 & 0 & 1 & 11 \\ 0 & 0 & 1 & 0 & -3 \\ 0 & 0 & 0 & 0 & 1 \end{bmatrix}$$

(d) 아래 행의 처음 1이 윗 행의 처음 1보다 오른쪽에- 있어야 하므로 1행과 3행을 서로 바꾼다.

$$\begin{bmatrix} 0 & 0 & 0 & 1 & 4 \\ 0 & 0 & 1 & 2 & 3 \\ 1 & 1 & 0 & 0 & 6 \end{bmatrix} \begin{matrix} 1\text{행} \to 3\text{행} \\ \\ 3\text{행} \to 1\text{행} \end{matrix} \Rightarrow \begin{bmatrix} 1 & 1 & 0 & 0 & 6 \\ 0 & 0 & 1 & 2 & 3 \\ 0 & 0 & 0 & 1 & 4 \end{bmatrix}$$

보기2와 같이 기본 행변형을 1번만 실행하여 행축소 사다리꼴 행렬로 변형하였다. 일반적으로 한 행렬은 기본행변형을 여러 번 수행하여 행축소 사다리꼴 형식으로 변형시킬 수 있다. 이 과정은 선형연립방정식의 풀이에서 중요한 개념이 된다.

보기3

다음 행렬을 사다리꼴 축소형식과 행축소 사다리꼴 형식으로 만들라.

$$\begin{bmatrix} 0 & 1 & 2 & 0 & 3 \\ 1 & 3 & 6 & 1 & 5 \\ 1 & 2 & 4 & 2 & 2 \\ 2 & 4 & 8 & 2 & 4 \end{bmatrix}$$

풀이

(a) 사다리꼴 형식

사다리꼴 축소형식의 규칙1에 의하여 행렬을 교환하여 재배치한다.

$$\begin{bmatrix} 0 & 1 & 2 & 0 & 3 \\ 1 & 3 & 6 & 1 & 5 \\ 1 & 2 & 4 & 2 & 2 \\ 2 & 4 & 8 & 2 & 4 \end{bmatrix} \begin{matrix} 1\text{행} \to 2\text{행} \\ 2\text{행} \to 3\text{행} \\ 3\text{행} \to 4\text{행} \\ 4\text{행} \to 1\text{행} \end{matrix} \Rightarrow \begin{bmatrix} 2 & 4 & 8 & 2 & 4 \\ 0 & 1 & 2 & 0 & 3 \\ 1 & 2 & 4 & 2 & 2 \\ 1 & 3 & 6 & 1 & 5 \end{bmatrix} \begin{matrix} 1\text{행} \times 1/2 \to 1\text{행} \\ \\ \\ \\ \end{matrix}$$

$$\Rightarrow \begin{bmatrix} 1 & 2 & 4 & 1 & 2 \\ 0 & 1 & 2 & 0 & 3 \\ 1 & 2 & 4 & 2 & 2 \\ 1 & 3 & 6 & 1 & 5 \end{bmatrix} \begin{matrix} \\ \\ 3\text{행} - 1\text{행} \to 3\text{행} \\ 4\text{행} - 1\text{행} \to 4\text{행} \end{matrix} \Rightarrow \begin{bmatrix} 1 & 2 & 4 & 1 & 2 \\ 0 & 1 & 2 & 0 & 3 \\ 0 & 0 & 0 & 1 & 0 \\ 0 & 1 & 2 & 0 & 3 \end{bmatrix} \begin{matrix} \\ \\ \\ 4\text{행} - 2\text{행} \to 4\text{행} \end{matrix}$$

$$\Rightarrow \begin{bmatrix} 1 & 2 & 4 & 1 & 2 \\ 0 & 1 & 2 & 0 & 3 \\ 0 & 0 & 0 & 1 & 0 \\ 0 & 0 & 0 & 0 & 0 \end{bmatrix} \quad \leftarrow \text{사다리꼴 형식}$$

(b) 행축소 사다리꼴 형식

사다리꼴 형식으로 얻은 다음의 행렬에서

$$\begin{bmatrix} 1 & 2 & 4 & 1 & 2 \\ 0 & 1 & 2 & 0 & 3 \\ 0 & 0 & 0 & 1 & 0 \\ 0 & 0 & 0 & 0 & 0 \end{bmatrix} \quad 1\text{행} - (2\text{행} \times 2) \rightarrow 1\text{행}$$

$$\Rightarrow \begin{bmatrix} 1 & 0 & 0 & 1 & -4 \\ 0 & 1 & 2 & 0 & 3 \\ 0 & 0 & 0 & 1 & 0 \\ 0 & 0 & 0 & 0 & 0 \end{bmatrix} \quad \leftarrow \text{행축소 사다리꼴 형식}$$

보기4

다음 선형1차연립방정식을 풀어라.

$$\begin{aligned} x_2 + 2x_3 \quad\quad &= 3 \\ x_1 + 3x_2 + 6x_3 + x_4 &= 5 \\ x_1 + 2x_4 + 4x_3 + 2x_4 &= 2 \\ 2x_1 + 4x_2 + 8x_3 + 2x_4 &= 4 \end{aligned}$$

풀이

이 연립방정식의 확장행렬은 보기3의 행렬과 동치이므로 다음과 같은 행 축소 사다리꼴 형식과 같다.

$$\begin{bmatrix} 1 & 0 & 0 & 1 & \vdots & -4 \\ 0 & 1 & 2 & 0 & \vdots & 3 \\ 0 & 0 & 0 & 1 & \vdots & 0 \\ 0 & 0 & 0 & 0 & \vdots & 0 \end{bmatrix}$$

이 행렬의 4개의 열, 즉, 제1열, 제2열, 제3열 및 제4열은 각각 x_1, x_2, x_3, x_4의 계수를 나타내고 있으며 마지막 열은 비동차항을 나타내고 있으므로 다음과 같은 방정식으로 간단하게 만들 수 있다.

$$x_4 = 0 \text{ (제 3행)}, \ x_2 + 2x_3 = 3 \text{ (제 2행)}, \ x_4 = -4 \text{(제 1행)}$$

윗 식에서 미지수는 4개(x_1, x_2, x_3, x_4)이고 방정식은 3개(1행, 2행, 3행)이므로 제 2행의 방정식에서 x_2 또는 x_3를 임의로 설정하여 이 중 x_3에 대하여 $x_3 = n$(n은 임의의 수)로 설정하면, 연립방정식의 해집합은 매개변수 n에 대하여 윗 식은

$$x_1 = -4, \ x_2 = 3 - 2n, \ x_3 = n, \ x_4 = 0$$

이 된다.

<참고>

보기4의 동일한 연립방정식을 행렬의 사다리꼴 형식

$$\begin{bmatrix} 1 & 2 & 4 & 1 & \vdots & 2 \\ 0 & 1 & 2 & 0 & \vdots & 3 \\ 0 & 0 & 0 & 1 & \vdots & 0 \\ 0 & 0 & 0 & 0 & \vdots & 0 \end{bmatrix}$$

으로도 해집합을 구할 수 있는데, 이 경우 이 행렬에 대응하는 선형연립방정식의 미지수는

$$x_1 + 2x_2 + 4x_3 + x_4 = 2,\ x_2 + 2x_3 = 3,\ x_4 = 0$$

이 되어, 보기 4의 행축소 사다리꼴 형식의 연립방정식보다 복잡한 형식이 된다. 이 선형연립방정식의 해집합을 구하기 위해서는 우선, 마지막 식으로부터 $x_4 = 0$을 구하고, 가운데 방정식에서 $x_3 = n$(n은 임의의 수)으로 두면, $x_2 = 3 - 2n$이 되며, 이를 바탕으로 첫째 식에 x_2, x_3과 $x_4 = 0$을 차례로 대입하면 $x_1 = -4$를 구할 수 있다. 이렇게 계수행렬이 상삼각행렬인 연립방정식의 해집합을 구하는 과정을 **후진대입법**(back subsitution)이라 한다.

[연습문제]

*문제1~14에서 주어진 행렬을 행축소 사다리꼴 형식으로 바꾸어라. 그리고 행공간의 기저와 열공간의 기저를 구하라.

1. $\begin{bmatrix} 2 & -4 & 6 \\ -1 & 2 & -3 \end{bmatrix}$

2. $\begin{bmatrix} 4a & -b \\ -b & a \end{bmatrix}$

3. $\begin{bmatrix} 0 & 0 & 7 \\ 7 & 7 & 0 \\ 7 & 0 & 0 \end{bmatrix}$

4. $\begin{bmatrix} 3 & -8 & 0 \\ -8 & 0 & 1 \\ 0 & 1 & 3 \end{bmatrix}$

5. $\begin{bmatrix} 2 & -2 & 1 \\ 0 & 4 & 8 \\ 2 & 0 & 4 \end{bmatrix}$

6. $\begin{bmatrix} 0 & 1 & 0 \\ 1 & 0 & -2 \\ 0 & 2 & 0 \end{bmatrix}$

7. $\begin{bmatrix} 3 & 1 & 2 & 2 \\ 1 & 5 & 2 & 1 \\ 0 & 3 & 4 & 1 \end{bmatrix}$

8. $\begin{bmatrix} 8 & 0 & -4 & 0 \\ 0 & -1 & 0 & 5 \\ 2 & 0 & -2 & 0 \end{bmatrix}$

9. $\begin{bmatrix} 3 & 2 & 1 & 1 & 0 \\ 2 & 1 & 1 & 2 & 0 \\ 4 & 1 & 3 & 1 & 3 \end{bmatrix}$

10. $\begin{bmatrix} 4 & 1 & 2 & 5 & 1 \\ 2 & 0 & 0 & 3 & 2 \\ 4 & -2 & 2 & 5 & 1 \end{bmatrix}$

11. $\begin{bmatrix} 2 & 4 & 8 & 16 \\ 4 & 8 & 16 & 2 \\ 16 & 8 & 4 & 2 \\ 2 & 16 & 8 & 4 \end{bmatrix}$

12. $\begin{bmatrix} 1 & 1 & 1 & 1 \\ 0 & 0 & 1 & 0 \\ 5 & 0 & 1 & 0 \\ 0 & 0 & -1 & 0 \end{bmatrix}$

13. $\begin{bmatrix} 1 & -4 & -11 & 2 \\ -2 & 0 & -4 & 1 \\ 5 & -2 & 1 & 0 \\ 0 & 1 & 2 & 0 \end{bmatrix}$

14. $\begin{bmatrix} 3 & 2 & 5 & 1 & 4 \\ 1 & 1 & 3 & 2 & 1 \\ 2 & 2 & 4 & 1 & 4 \\ 1 & 0 & 3 & 1 & 2 \end{bmatrix}$

*문제15~20에서 주어진 첨가행렬을 행축소 사다리꼴 형식으로 바꾸고, 이 결과를 이용하여 적절한 미지수 x_1, x_2, $\cdots$로 된 선형연립방정식을 풀어라.

15. $\left[\begin{array}{ccc|c} 1 & 3 & 1 & 4 \\ 2 & 3 & 1 & 0 \\ 6 & 9 & 4 & 8 \end{array}\right]$

16. $\left[\begin{array}{ccc|c} 4 & 9 & 4 & 8 \\ 2 & 3 & 1 & 4 \\ 2 & 1 & 1 & 0 \end{array}\right]$

17. $\left[\begin{array}{cccc|c} 1 & 3 & 1 & 2 & 1 \\ 3 & 9 & 4 & 3 & 0 \\ 0 & 2 & 1 & 1 & 0 \end{array}\right]$

18. $\left[\begin{array}{cccc|c} 1 & 3 & 1 & 4 & 2 \\ 2 & 1 & 0 & 2 & 1 \\ 4 & 7 & 4 & 11 & 7 \\ 2 & 1 & 2 & 3 & 1 \end{array}\right]$

19. $\begin{bmatrix} 1 & 0 & 1 & 0 & 2 & \vdots & 0 \\ 1 & 0 & 1 & 1 & 6 & \vdots & 0 \\ 2 & 2 & 6 & 0 & 6 & \vdots & 0 \\ 3 & 2 & 7 & 0 & 8 & \vdots & 2 \end{bmatrix}$

20. $\begin{bmatrix} 2 & 0 & 4 & 2 & \vdots & 10 \\ 1 & 1 & 5 & 1 & \vdots & 9 \\ 3 & 0 & 6 & 0 & \vdots & 6 \end{bmatrix}$

*문제21~34에서 각 행렬에 대한 행축소 사다리꼴 형식을 구하라.

21. $\begin{bmatrix} 2 & 2 & 1 & 0 & 0 & 1 \\ 1 & 3 & 1 & 0 & 1 & 1 \\ 0 & 2 & 1 & 4 & 1 & 3 \end{bmatrix}$

22. $\begin{bmatrix} 1 & 3 & 2 & 1 \\ 1 & 0 & 4 & 5 \\ 2 & 0 & 2 & 1 \\ 0 & 1 & 2 & 4 \end{bmatrix}$

23. $\begin{bmatrix} 4 & 1 & 0 & 11 & 3 \\ 3 & 0 & 2 & 6 & 0 \\ 2 & 0 & 2 & 4 & 0 \\ 3 & 0 & 0 & 6 & 3 \end{bmatrix}$

24. $\begin{bmatrix} 1 & 2 & 1 & 0 & 4 & 1 & 2 \\ 2 & 3 & 1 & 0 & 0 & 2 & 4 \end{bmatrix}$

25. $\begin{bmatrix} 3 & 2 & 1 \\ 2 & 3 & 1 \\ 1 & 2 & 3 \end{bmatrix}$

26. $\begin{bmatrix} 1 & 2 & 2 \\ 3 & 2 & 4 \\ 8 & 8 & 12 \end{bmatrix}$

27. $\begin{bmatrix} 3 & 0 & 4 \\ 1 & 3 & 4 \\ 0 & 3 & 5 \\ 2 & 3 & 5 \end{bmatrix}$

28. $\begin{bmatrix} 1 & 1 & 0 & 3 \\ 2 & 1 & 3 & 1 \\ 3 & 3 & 4 & 1 \\ 1 & 2 & 1 & 0 \\ 2 & 3 & 1 & 3 \end{bmatrix}$

29. $\begin{bmatrix} 3 & 3 & 1 & 5 & 7 & 8 \\ 2 & 1 & 0 & 1 & 2 & 1 \\ 1 & 2 & 1 & 4 & 5 & 7 \end{bmatrix}$

30. $\begin{bmatrix} 2 & 6 & 1 & 13 & 9 \\ 0 & 2 & 1 & 3 & 1 \\ 2 & 4 & 0 & 10 & 8 \end{bmatrix}$

31. $\begin{bmatrix} 1 & 0 & 0 & 0 \\ 0 & -1 & 4 & 3 \\ 0 & 0 & 1 & 2 \\ 0 & 0 & 0 & -1 \end{bmatrix}$

32. $\begin{bmatrix} 1 & 0 & 0 & 0 \\ 1 & -1 & 0 & 0 \\ 2 & 5 & -1 & 0 \\ 1 & 3 & 2 & 1 \end{bmatrix}$

33. $\begin{bmatrix} 1 & 2 & 3 & 2 \\ 3 & 3 & 4 & 3 \\ 1 & 5 & 0 & 3 \\ 2 & 1 & 1 & 1 \\ 4 & 5 & 7 & 5 \end{bmatrix}$

34. $\begin{bmatrix} 1 & 7 & 2 & 4 \\ 0 & 0 & 0 & 3 \\ 0 & 0 & 5 & 7 \end{bmatrix}$

8.7 선형연립방정식: 가우스 소거법

일반적인 선형연립방정식의 해는 **소거법**(elimination method)이라는 기법으로 첨가행렬의 연산을 통하여 구한다. 가우스 소거법은 계수행렬을 행축소 사다리꼴 형태의 행렬로 변형하고 미지수에 대하여 역대입법으로 미지수를 찾는 방법이다. 가우스 소거법은 다음의 기본행연산(elementary row operations)을 이용한다.

[정리] 기본행연산

(1) 두 행을 교환한다.
(2) 한 행에 0이 아닌 상수를 곱한다.
(3) 한 행에 다른 행의 상수배를 더한다.

가우스 소거법은 기본행연산 규칙을 사용하여 첨가행렬 중 계수행렬의 주대각성분 아래의 모든 성분을 0으로 만든다. 이와 같은 형태의 행렬인 행축소 사다리꼴 형태(row reduced echelon form)로 변형시킨다. 행 사다리꼴이 완성되면 추가로 첨가행렬 중 계수행렬의 주대각성분 위측 성분을 최대한 0으로 만들면 연립방정식의 해를 쉽게 구할 수 있다. 역행렬을 이용하여 선형연립방정식의 해를 구하려면 유일한 해를 가질 경우에만 적용할 수 있다. 그러나 가우스 소거법은 유일한 해가 아닐 경우에도 적용할 수 있다. 예를 들면,

보기1

다음 선형연립방정식의 해를 구하라.

$$\begin{aligned} x_1 - 3x_2 - 4x_3 &= 5 \\ 3x_1 - 8x_2 - 14x_3 &= 8 \\ 4x_1 - 11x_2 - 17x_3 &= 15 \end{aligned}$$

풀이

위 세 개의 연립방정식을 계수행렬로 이루어진 첨가행렬을 만들면,

$$\left[\begin{array}{ccc:c} 1 & -3 & -4 & 5 \\ 3 & -8 & -14 & 8 \\ 4 & -11 & -17 & 15 \end{array}\right]$$

이다.

$$\begin{bmatrix} 1 & -3 & -4 & \vdots & 5 \\ 3 & -8 & -14 & \vdots & 8 \\ 4 & -11 & -17 & \vdots & 15 \end{bmatrix} \quad \begin{matrix} \\ 1\text{행} \times (-3) + 2\text{행} \to 2\text{행} \\ 1\text{행} \times (-4) + 3\text{행} \to 3\text{행} \end{matrix} \quad \Rightarrow \quad \begin{bmatrix} 1 & -3 & -4 & \vdots & 5 \\ 0 & 1 & -2 & \vdots & -7 \\ 0 & 1 & -1 & \vdots & -5 \end{bmatrix}$$

$$\begin{bmatrix} 1 & -3 & -4 & \vdots & 5 \\ 0 & 1 & -2 & \vdots & -7 \\ 0 & 1 & -1 & \vdots & -5 \end{bmatrix} \quad \begin{matrix} \\ \\ 2\text{행} \times (-1) + 3\text{행} \to 3\text{행} \end{matrix} \quad \Rightarrow \quad \begin{bmatrix} 1 & 3 & -4 & \vdots & 5 \\ 0 & 1 & -2 & \vdots & -7 \\ 0 & 0 & 1 & \vdots & 2 \end{bmatrix}$$

따라서, 위 선형연립방정식은 다음 식이 된다.

$$\begin{aligned} x_1 - 3x_2 - 4x_3 &= 5 & (1) \\ \therefore \quad x_2 - 2x_3 &= -7 & (2) \\ x_3 &= 2 & (3) \end{aligned}$$

(2)식에 $x_3 = 2$를 대입하면,

$$x_2 - 2(2) = -7$$

$$\therefore \ x_2 = -3$$

(1)식에 $x_3 = 2,\ x_2 = -3$를 대입하면,

$$x_1 - 3(-3) - 3(2) = 5$$

$$\therefore \ x_1 = 4$$

따라서, 선형연립방정식의 해는

$$\therefore \ x_1 = 4,\ x_2 = -3,\ x_3 = 2$$

이다.

가우스 소거법은 보기1과 같이 계수행렬을 상삼각행렬을 만들어서 후진대입(backward subsitution)하여 하나씩 미지수를 풀어가는 방법이다.

보기2

다음 선형연립방정식의 해를 구하라.

$$\begin{aligned} x_1 + 3x_2 + 3x_3 &= -2 \\ 2x_1 + 7x_2 + 8x_3 &= 0 \\ x_1 + 5x_2 + x_3 &= 0 \end{aligned}$$

풀이

첨가행렬을 만들면 다음과 같다.

$$\begin{bmatrix} 1 & 3 & 3 & \vdots & -2 \\ 2 & 7 & 8 & \vdots & 0 \\ 1 & 5 & 1 & \vdots & 0 \end{bmatrix}$$

$$\begin{bmatrix} 1 & 3 & 3 & \vdots & -2 \\ 2 & 7 & 8 & \vdots & 0 \\ 1 & 5 & 1 & \vdots & 0 \end{bmatrix} \quad \begin{matrix} 1\text{행} \times (-2) + 2\text{행} \to 2\text{행} \\ 1\text{행} \times (-1) + 3\text{행} \to 3\text{행} \end{matrix} \quad \Rightarrow \quad \begin{bmatrix} 1 & 3 & 3 & \vdots & -2 \\ 0 & 1 & 2 & \vdots & 4 \\ 0 & 2 & -2 & \vdots & 2 \end{bmatrix}$$

$$\begin{bmatrix} 1 & 3 & 3 & \vdots & -2 \\ 0 & 1 & 2 & \vdots & 4 \\ 0 & 2 & -2 & \vdots & 2 \end{bmatrix} \quad \begin{matrix} 2\text{행} \times (-3) + 1\text{행} \to 1\text{행} \\ \\ 2\text{행} \times (-2) + 3\text{행} \to 3\text{행} \end{matrix} \quad \Rightarrow \quad \begin{bmatrix} 1 & 0 & -3 & \vdots & -14 \\ 0 & 1 & 2 & \vdots & 4 \\ 0 & 0 & -6 & \vdots & -6 \end{bmatrix}$$

$$\begin{bmatrix} 1 & 0 & -3 & \vdots & -14 \\ 0 & 1 & 2 & \vdots & 4 \\ 0 & 0 & -6 & \vdots & -6 \end{bmatrix} \quad 3\text{행} \times (-1/6) \to 3\text{행} \quad \Rightarrow \quad \begin{bmatrix} 1 & 0 & 3 & \vdots & -14 \\ 0 & 1 & 2 & \vdots & 4 \\ 0 & 0 & 1 & \vdots & 1 \end{bmatrix}$$

$$\begin{bmatrix} 1 & 0 & 3 & \vdots & -14 \\ 0 & 1 & 2 & \vdots & 4 \\ 0 & 0 & 1 & \vdots & 1 \end{bmatrix} \quad \begin{matrix} 3\text{행} \times (-3) + 1\text{행} \to 1\text{행} \\ 3\text{행} \times (-2) + 2\text{행} \to 2\text{행} \end{matrix} \quad \Rightarrow \quad \begin{bmatrix} 1 & 0 & 0 & \vdots & -11 \\ 0 & 1 & 0 & \vdots & 2 \\ 0 & 0 & 1 & \vdots & 1 \end{bmatrix}$$

따라서, 첨가행렬의 왼편은 단위행렬 $\boldsymbol{I}$가 되었으므로 $\boldsymbol{Ax} = \boldsymbol{b}$ 에서

$x_1 = -11,\ x_2 = 2.\ x_3 = 1 \quad \leftarrow$(답)

보기3

다음 선형연립방정식을 가우스 소거법으로 구하라.

$$\begin{aligned} x_1 + 2x_2 + 3x_3 &= 6 \\ 2x_1 + 3x_2 + 2x_3 &= 14 \\ 3x_1 + x_2 - x_3 &= -2 \end{aligned}$$

풀이

선형연립방정식을 첨가행렬을 만들고 기본행연산을 적용하면,

$$\begin{bmatrix} 1 & 2 & 3 & \vdots & 6 \\ 2 & 3 & 2 & \vdots & 14 \\ 3 & 1 & -1 & \vdots & -2 \end{bmatrix}$$

$$\begin{bmatrix} 1 & 2 & 3 & \vdots & 6 \\ 2 & 3 & 2 & \vdots & 14 \\ 3 & 1 & -1 & \vdots & -2 \end{bmatrix} \quad \begin{matrix} 1\text{행} \times (-2) + 2\text{행} \to 2\text{행} \\ 1\text{행} \times (-3) + 3\text{행} \to 3\text{행} \end{matrix} \quad \Rightarrow \quad \begin{bmatrix} 1 & 2 & 3 & \vdots & 6 \\ 0 & -7 & -4 & \vdots & 2 \\ 0 & -5 & -10 & \vdots & -20 \end{bmatrix}$$

$$\begin{bmatrix} 1 & 2 & 3 & \vdots & 6 \\ 0 & -7 & -4 & \vdots & 2 \\ 0 & -5 & -10 & \vdots & -20 \end{bmatrix} \quad 3\text{행} \times (-1/5) \to 3\text{행} \quad \Rightarrow \quad \begin{bmatrix} 1 & 2 & 3 & \vdots & 6 \\ 0 & -7 & -4 & \vdots & 2 \\ 0 & 1 & 2 & \vdots & 4 \end{bmatrix}$$

$$\begin{bmatrix} 1 & 2 & 3 & \vdots & 6 \\ 0 & -7 & -4 & \vdots & 2 \\ 0 & 1 & 2 & \vdots & 4 \end{bmatrix} \quad \begin{matrix} 2\text{행} \to 3\text{행 교환} \\ 3\text{행} \to 2\text{행 교환} \end{matrix} \quad \Rightarrow \quad \begin{bmatrix} 1 & 2 & 3 & \vdots & 6 \\ 0 & 1 & 2 & \vdots & 4 \\ 0 & -7 & -4 & \vdots & 2 \end{bmatrix}$$

$$\begin{bmatrix} 1 & 2 & 3 & \vdots & 6 \\ 0 & 1 & 2 & \vdots & 4 \\ 0 & -7 & -4 & \vdots & 2 \end{bmatrix} \quad \begin{matrix} 2\text{행} \times (-2) + 1\text{행} \to 1\text{행} \\ \\ 2\text{행} \times 7 \quad + 3\text{행} \to 3\text{행} \end{matrix} \quad \Rightarrow \quad \begin{bmatrix} 1 & 0 & -1 & \vdots & -2 \\ 0 & 1 & 2 & \vdots & 4 \\ 0 & 0 & 10 & \vdots & 30 \end{bmatrix}$$

$$\begin{bmatrix} 1 & 0 & -1 & \vdots & -2 \\ 0 & 1 & 2 & \vdots & 4 \\ 0 & 0 & 10 & \vdots & 30 \end{bmatrix} \quad 3\text{행} \times (1/10) \to 3\text{행} \quad \Rightarrow \quad \begin{bmatrix} 1 & 0 & -1 & \vdots & -2 \\ 0 & 1 & 2 & \vdots & 4 \\ 0 & 0 & 1 & \vdots & 3 \end{bmatrix}$$

$$\begin{bmatrix} 1 & 0 & -1 & \vdots & -2 \\ 0 & 1 & 2 & \vdots & 4 \\ 0 & 0 & 1 & \vdots & 3 \end{bmatrix} \quad \begin{matrix} 3\text{행} \times (-2) + 2\text{행} \to 2\text{행} \\ 3\text{행} \quad + \quad 1\text{행} \to 1\text{행} \end{matrix} \quad \Rightarrow \quad \begin{bmatrix} 1 & 0 & 0 & \vdots & 1 \\ 0 & 1 & 0 & \vdots & -2 \\ 0 & 0 & 1 & \vdots & 3 \end{bmatrix}$$

따라서, 구하는 해는

$\therefore\ x_1 = 1,\ x_2 = -2,\ x_3 = 3.$ ←(답)

보기4

다음 선형연립방정식을 가우스 소거법으로 구하라.

$$\begin{aligned} 2x_1 - 4x_2 - 2x_3 + 6x_4 &= -6 \\ -3x_1 + 7x_2 + 3x_3 - 11x_4 &= 13 \\ 8x_1 - 20x_2 - 2x_3 + 20x_4 &= -52 \end{aligned}$$

풀이

보기의 방정식을 첨가행렬로 나타내면

$$\begin{bmatrix} 2 & -4 & -2 & 6 & \vdots & -6 \\ -3 & 7 & 3 & -11 & \vdots & 13 \\ 8 & -20 & -2 & 20 & \vdots & -52 \end{bmatrix}$$

이 된다. 행축소 사다리꼴 형식과 1열의 두 번째와 세 번째 성분을 0을 만들기 위하여

$$\begin{bmatrix} 2 & -4 & -2 & 6 & \vdots & -6 \\ -3 & 7 & 3 & -11 & \vdots & 13 \\ 8 & -20 & -2 & 20 & \vdots & -52 \end{bmatrix} \quad 1\text{행} \times (1/2) \to 1\text{행} \quad \Rightarrow \quad \begin{bmatrix} 1 & -2 & -1 & 3 & \vdots & -3 \\ -3 & 7 & 3 & -11 & \vdots & 13 \\ 8 & -20 & -2 & 20 & \vdots & -52 \end{bmatrix}$$

$$\begin{bmatrix} 1 & -2 & -1 & 3 & \vdots & -3 \\ -3 & 7 & 3 & -11 & \vdots & 13 \\ 8 & -20 & -2 & 20 & \vdots & -52 \end{bmatrix} \quad \begin{matrix} 1\text{행} \times 3 \quad + 2\text{행} \to 2\text{행} \\ 1\text{행} \times (-8) + 3\text{행} \to 3\text{행} \end{matrix} \quad \Rightarrow \quad \begin{bmatrix} 1 & -2 & -1 & 3 & \vdots & -3 \\ 0 & 1 & 0 & -2 & \vdots & 4 \\ 0 & -4 & -6 & -4 & \vdots & -28 \end{bmatrix}$$

가 된다. 3행의 두 번째 성분을 0을 만들기 위하여

$$\begin{bmatrix} 1 & -2 & -1 & 3 & \vdots & -3 \\ 0 & 1 & 0 & -2 & \vdots & 4 \\ 0 & -4 & -6 & -4 & \vdots & -28 \end{bmatrix} \text{2행} \times 4 + \text{3행} \rightarrow \text{3행} \qquad \Rightarrow \qquad \begin{bmatrix} 1 & -2 & -1 & 3 & \vdots & -3 \\ 0 & 1 & 0 & -2 & \vdots & 4 \\ 0 & 0 & -6 & -12 & \vdots & -12 \end{bmatrix}$$

가 되며, 행축소 사다리꼴 형식이 되었다. 즉, 연립방정식은

$$\begin{aligned} x_1 - 2x_2 - x_3 + \ \ 3x_4 &= -3 \\ x_2 \qquad - \ \ 2x_4 &= \ \ 4 \\ -6x_3 - 12x_4 &= -12 \end{aligned}$$

이다. 이 소거된 첨가행렬에 대응하는 연립방정식은 처음 주어진 연립방정식과 같은 해를 갖는다. 보기4는 $m=3$과 $n=4$인 (3×3)행렬이 되며 이 의미는 미지수의 수(4개; x_1, x_2, x_3, x_4)가 방정식의 개수(3개)보다 큰 경우이므로 유일한 해는 갖지 않고 무한히 많은 순서쌍(x_1, x_2, x_3, x_4)를 해로 가진다.

$x_4 = a$로 두면, 후진대입에 의해

$$\begin{aligned} x_4 &= \boldsymbol{a} \\ x_3 &= 2x_4 - 2 = \boldsymbol{2a-2} \\ x_2 &= 2x_4 + 4 = \boldsymbol{2a+4} \\ x_1 &= 2x_2 + x_3 - 3x_4 - 3 \\ &= 2(2a+4) + (2a-2) - 3(a) - 3 = \boldsymbol{3a+3} \end{aligned}$$

으로 해가 결정된다.

보기5

다음 선형연립방정식을 가우스 소거법으로 구하라.

$$\begin{aligned} 3x_1 + \ \ x_2 + 2x_3 - 2x_4 &= 11 \\ x_1 + 2x_3 - 6x_3 + \ \ x_4 &= \ \ 7 \end{aligned}$$

풀이

문제의 방정식을 첨가행렬로 나타내면

$$\begin{bmatrix} 3 & 1 & 2 & -2 & \vdots & 11 \\ 1 & 2 & -6 & 1 & \vdots & 7 \end{bmatrix}$$

행축소 사다리꼴로 변형하기 위하여, 문제의 제1행 1열의 계수를 1로 만들기 위하여 2행과 1행을 교환한다.

$$\begin{bmatrix} 1 & 2 & -6 & 1 & \vdots & 7 \\ 3 & 1 & 2 & -2 & \vdots & 11 \end{bmatrix}$$

$$\begin{bmatrix} 1 & 2 & -6 & 1 & \vdots & 7 \\ 3 & 1 & 2 & -2 & \vdots & 11 \end{bmatrix} \quad 1\text{행} \times (-3) + 2\text{행} \rightarrow 2\text{행} \quad \Rightarrow \quad \begin{bmatrix} 1 & 2 & -6 & 1 & \vdots & 7 \\ 0 & -5 & 20 & -5 & \vdots & -10 \end{bmatrix}$$

$$\begin{bmatrix} 1 & 2 & -6 & 1 & \vdots & 7 \\ 0 & -5 & 20 & -5 & \vdots & -10 \end{bmatrix} \quad 2\text{행} \times (-1/5) \rightarrow 2\text{행} \quad \Rightarrow \quad \begin{bmatrix} 1 & 2 & -6 & 1 & \vdots & 7 \\ 0 & 1 & -4 & 1 & \vdots & 2 \end{bmatrix}$$

$$\begin{bmatrix} 1 & 2 & -6 & 1 & \vdots & 7 \\ 0 & 1 & -4 & 1 & \vdots & 2 \end{bmatrix} \quad 2\text{행} \times (-2) + 1\text{행} \rightarrow 1\text{행} \quad \Rightarrow \quad \begin{bmatrix} 1 & 0 & 2 & -1 & \vdots & 3 \\ 0 & 1 & -4 & 1 & \vdots & 2 \end{bmatrix}$$

위의 결과에서, 계수행렬

$$\therefore \begin{bmatrix} 1 & 0 & 2 & -1 & \vdots & 3 \\ 0 & 1 & -4 & 1 & \vdots & 2 \end{bmatrix}$$

을 연립방정식의 형태로 다시 쓰면,

$$\begin{aligned} x_1 \qquad 2x_3 - x_4 &= 3 \\ x_2 - 4x_3 + x_4 &= 2 \end{aligned}$$

$$\begin{aligned} \therefore\ x_1 &= -2x_3 + x_4 + 3 \\ x_2 &= \ \ 4x_3 - x_4 + 2 \end{aligned}$$

위 연립방정식을 살펴보면, x_1, x_2는 x_3, x_4의 값에 따라 값이 정해진다. 그러므로 주어진 연립방정식의 해는 $x_3 = a$, $x_4 = b$(여기서, a, b는 임의의 상수)로 두면,

$$\begin{aligned} x_1 &= -2a + b + 3 \\ x_2 &= \ \ 4a - b + 2 \\ x_3 &= a \\ x_4 &= b \end{aligned}$$

가 된다. a와 b를 어떤 값을 선택하는가에 따라서 무수히 많은 해가 존재한다.

[연습문제]

*문제1~10에서 주어진 첨가행렬로 주어진 연립방정식을 Gauss 소거법을 이용하여 일반해를 구하라. 해가 없으면 그 이유를 밝혀라.

1. $\begin{bmatrix} 4 & -9 & \vdots & -8 \\ 2 & 3 & \vdots & 1 \end{bmatrix}$

2. $\begin{bmatrix} 3 & 2 & \vdots & -1 \\ 2 & 1 & \vdots & -2 \end{bmatrix}$

3. $\begin{bmatrix} 1 & -2 & \vdots & 2 \\ 2 & -4 & \vdots & 1 \end{bmatrix}$

4. $\begin{bmatrix} 1 & -2 & \vdots & 2 \\ 2 & -4 & \vdots & 4 \end{bmatrix}$

5. $\begin{bmatrix} 3 & 4 & -1 & \vdots & -6 \\ 2 & -1 & 2 & \vdots & 3 \\ 1 & 2 & 1 & \vdots & 4 \end{bmatrix}$

6. $\begin{bmatrix} 4 & -2 & -7 & \vdots & 9 \\ 1 & 3 & 2 & \vdots & -1 \\ 3 & 4 & 1 & \vdots & 2 \end{bmatrix}$

7. $\begin{bmatrix} 1 & -1 & -11 & \vdots & 8 \\ 1 & 3 & -12 & \vdots & 2 \\ 2 & 3 & -3 & \vdots & -4 \end{bmatrix}$

8. $\begin{bmatrix} 4 & -1 & 4 & \vdots & 1 \\ 1 & 1 & -5 & \vdots & 0 \\ -2 & 1 & 7 & \vdots & 4 \end{bmatrix}$

9. $\begin{bmatrix} 1 & -3 & 1 & \vdots & 0 \\ 2 & -1 & 1 & \vdots & 0 \\ 2 & -3 & 4 & \vdots & 0 \end{bmatrix}$

10. $\begin{bmatrix} 1 & 2 & 0 & 0 & 1 & -1 & 1 & \vdots & 0 \\ 0 & 0 & 1 & -1 & 1 & -2 & 3 & \vdots & 0 \\ 1 & 0 & 0 & 0 & -1 & 2 & 0 & \vdots & 0 \\ 2 & 0 & 0 & -3 & 1 & 0 & 0 & \vdots & 0 \end{bmatrix}$

*문제11~18에서 제차연립방정식을 Gauss 소거법을 이용하여 풀어라.

11. $\begin{aligned} x_2 - x_3 + x_4 &= 0 \\ x_1 + 2x_2 - x_3 + x_4 &= 0 \end{aligned}$

12. $\begin{aligned} 2x_1 - 3x_2 \qquad\qquad + 4x_5 &= 0 \\ x_2 - 3x_4 + x_5 &= 0 \\ 2x_1 - x_2 \quad - x_4 \qquad &= 0 \end{aligned}$

13. $\begin{aligned} x_1 \qquad + x_3 &= 0 \\ 2x_1 + x_2 + 3x_3 &= 0 \\ x_1 + x_2 + 2x_3 &= 0 \end{aligned}$

14. $\begin{aligned} x_1 - 2x_2 - 3x_3 &= 0 \\ 2x_1 + x_2 - x_3 &= 0 \\ 3x_1 + x_2 - 2x_3 &= 0 \end{aligned}$

15. $\begin{aligned} 2x_1 \qquad + x_3 - 5x_4 \qquad + 11x_6 &= 0 \\ 5x_1 + x_2 - 4x_3 \qquad\qquad - x_6 &= 0 \\ x_2 \qquad + x_4 + 6x_5 - x_6 &= 0 \end{aligned}$

16. $$\begin{aligned} 2x_1 - x_2 + x_4 &= 0 \\ 2x_1 - 3x_4 + x_5 &= 0 \\ x_2 - 3x_4 + x_5 &= 0 \end{aligned}$$

17. $$\begin{aligned} x_1 - x_3 + 2x_4 &= 0 \\ 2x_1 - 3x_2 - 4x_4 &= 0 \\ x_2 + 2x_3 + 3x_4 &= 0 \\ 3x_1 - 2x_2 + x_3 + x_4 &= 0 \end{aligned}$$

18. $$\begin{aligned} 2x_1 - 3x_4 + x_5 &= 0 \\ x_1 - 2x_2 + x_5 - x_6 + x_7 &= 0 \\ x_1 - x_5 + 2x_6 &= 0 \\ x_3 - x_4 + x_5 + 3x_7 &= 0 \end{aligned}$$

*문제19~28에서 비제차연립방정식을 Gauss 소거법을 이용하여 풀어라.

19. $$\begin{aligned} x_1 - 7x_2 + x_4 &= -4 \\ -5x_1 + 3x_2 - x_3 &= 0 \end{aligned}$$

20. $$\begin{aligned} 2x_1 + x_2 + x_3 &= 3 \\ x_1 + x_2 + 2x_3 &= -1 \\ x_1 - 2x_2 + x_3 &= -5 \end{aligned}$$

21. $$\begin{aligned} -3x_1 - 2x_2 + x_3 &= 0 \\ 3x_1 - 2x_3 + x_3 &= 6 \\ x_1 + 10x_3 - x_3 &= 2 \end{aligned}$$

22. $$\begin{aligned} 2x_1 + 3x_2 + 2x_3 &= -4 \\ x_1 - x_2 - 4x_3 &= 3 \\ x_1 + 2x_2 + x_3 &= -1 \end{aligned}$$

23. $$\begin{aligned} -2x_1 + x_2 + 7x_3 &= 4 \\ 4x_1 - x_2 + 4x_3 &= 1 \\ x_1 + x_2 - 5x_3 &= 0 \end{aligned}$$

24. $$\begin{aligned} 8x_1 - 4x_2 + 10x_5 &= 1 \\ x_3 - 3x_4 + 2x_5 &= 0 \\ x_2 - x_4 + x_5 &= 2 \end{aligned}$$

25. $$\begin{aligned} 2x_1 + x_2 - x_3 + 4x_4 &= 6 \\ 7x_1 - 3x_2 + 4x_3 &= -7 \\ x_2 - 3x_4 &= -5 \end{aligned}$$

26. $$\begin{aligned} x_2 - \quad - x_4 + 6x_6 &= 3 \\ 2x_1 - 3x_2 + \quad + x_4 + \quad - x_6 &= 0 \\ 3x_1 + \quad - 2x_3 + x_5 &= 1 \end{aligned}$$

27. $$\begin{aligned} 3x_1 - 2x_2 - 2x_3 - x_4 &= -5 \\ 2x_1 + x_2 + 3x_3 + 2x_4 &= -1 \\ 3x_2 - x_3 - x_4 &= 5 \\ x_1 + 2x_3 + x_4 &= -3 \end{aligned}$$

28. $$\begin{aligned} x_1 - 3x_2 + \quad + 4x_5 - x_6 &= 8 \\ x_2 + x_3 - 6x_4 + x_6 &= -9 \\ x_1 - x_2 + x_6 &= 0 \\ 3x_2 - 4x_4 &= 0 \end{aligned}$$

8.8 행렬의 1차독립과 종속, 행렬의 기저, 계수, 벡터공간의 차원, 벡터공간의 생성

■ 행렬의 일차독립(linear independence)

임의의 세 벡터에 대한 집합에 벡터대수에 대해서 기본적인 중요한 성질을 가지는지를 결정하는 것은 간단한 분석을 하기 위하여 내적과 외적을 결합시킬 수 있지만 우선 예비적인 성질을 알아보는 것이 필요하다.

같은 수의 성분을 가진 m개의 벡터 $\vec{a}_{(1)}, \vec{a}_{(2)}, \cdots, \vec{a}_{(m)}$에 대하여 이들 벡터의 일차결합(linear combination)은

$$c_1 \vec{a}_{(1)} + c_1 \vec{a}_{(2)} + \cdots, c_m \vec{a}_{(m)}$$

로 표시된다. 여기서, $c_1, c_2, \cdots, c_m$은 스칼라값이다.

[정의] 벡터의 일차결합

$\vec{a_1}, \vec{a_2}, \cdots, \vec{a_n}$을 R^n에서 n벡터의 집합일 때, n 벡터의 일차결합(linear combination)은

$$c_1 \vec{a}_{(1)} + c_1 \vec{a}_{(2)} + \cdots, c_m \vec{a}_{(m)}$$

형태로 나타난다. 여기서, $c_1, c_2, \cdots, c_n$은 스칼라이다.

윗 식으로부터 방정식

$$c_1 \vec{a}_{(1)} + c_1 \vec{a}_{(2)} + \cdots, c_m \vec{a}_{(m)} = 0$$

을 고려해 보자. 이 방정식은 c_i가 모두 0일 때 성립한다. 만약 이것이 윗 방정식을 만족하는 유일한 m개의 스칼라이면, 벡터 $\vec{a}_{(1)}, \vec{a}_{(2)}, \cdots, \vec{a}_{(m)}$는 선형독립 집합이라 한다. 이 벡터를 일차독립(linear independent)이라 한다.

그러나, c_i가 모두 0이 아닌 스칼라 집합에 대해서도 윗 방정식이 성립한다면, 이 벡터들을 일차종속(linear dependent)이라 한다. 이 경우 만약, $c_1 \neq 0$이면 벡터 $\vec{a}_{(1)}$는

$$\vec{a}_{(1)} = b_2\vec{a}_{(2)} + b_3\vec{a}_{(3)} + \cdots\ b_m\vec{a}_{(m)} \quad (\text{여기서, } b_i = -c_i/c_1)$$

와 같이 나타낼 수 있다(b_i는 스칼라 값). 이것은 일차종속인 벡터집합에서 일차독립인 부분 집합을 얻을 수 있다는 의미이다.

보기1

다음 세 개의 벡터집합은 일차독립인가? 일차종속인가?

$$\vec{a}_{(1)} = [\,5 \quad 0 \quad 3 \quad 2]$$
$$\vec{a}_{(2)} = [\,1 \quad 4 \quad 7 \quad 1]$$
$$\vec{a}_{(3)} = [18 \quad 8 \quad -2 \quad 6]$$

풀이

위 세 개의 벡터집합은

$$4\vec{a}_1 - 2\vec{a}_2 - \vec{a}_3 = 0$$

이 성립하므로 이 벡터집합은 **선형종속**이다. 위 3개의 벡터 중 처음 2개의 벡터는 식,

$$c_1\vec{a}_{(1)} + c_2\vec{a}_{(2)} = 0$$

에서 $c_2 = 0$임을 알 수 있고, 다른 성분에 대한 식으로부터 $c_1 = 0$이므로 선형독립이다.

보기1은 풀이의 규칙을 검산으로는 쉽게 알 수 있지만, 이것을 발견하는 것은 일반적으로 쉽지 않다. 다음 장에서 선형독립과 선형종속을 판별하는 방법을 논의한다.

■ 기저와 차원

$\overrightarrow{V_s}$를 벡터공간이라 할 때, "$\overrightarrow{V_s}$의 벡터 $v_1, v_2, v_3, \cdots, v_n$ 이 $\overrightarrow{V_s}$를 생성한다"라는 것은 $\overrightarrow{V_s}$의 모든 벡터를 $v_1, v_2, v_3, \cdots, v_n$ 의 일차결합으로 나타낼 수 있다라는 뜻이다. 예를 들면, R^3에-서 $i = (1, 0, 0)$, $j = (0, 1, 0)$, $k = (0, 0, 1)$은 R^3를 생성한다. R^3의 임의의 멕터 $(\vec{a_1}, \vec{a_2}, \vec{a_3})$는

$$(\vec{a_1}, \vec{a_2}, \vec{a_3}) = a_1 i + a_2 j + a_3 k$$

와 같이 i, j, k의 일차결합으로 나타낼 수 있다. 위에서 $\{i, j, k\}$는 일차독립이므로 R^3의 기저이다.

[정의] 벡터공간의 생성(span)

벡터공간에서 0이 아닌 벡터의 집합 $\{v_1, v_2, v_3, \cdots, v_n\}$을 $\overrightarrow{V_s}$는 $\overrightarrow{V_s}$안의 모든 벡터는 이들 벡터에 대한 일차결합으로 표현될 수 있는 성질을 가질 때, 벡터 $v_1, v_2, v_3, \cdots, v_n$ 을 벡터공간 $\overrightarrow{V_s}$를 생성(span)한다고 한다.

보기3

(x, y)평면에서 임의의 벡터 $v = (v_1, v_2)$는 벡터공간 R^2에서 생성되는 것은 무엇인지 밝혀라.

풀이

(x, y)평면에서 임의의 벡터 $v = (v_1, v_2)$는 언제나 $v = v_1 i + v_2 j$로 나타낼 수 있으므로, 벡터공간 R^2에서 모든 벡터 v는 벡터 i, j에 의해 생성된다.

보기4

벡터공간 R^n에서 생성되는 것은 무엇인지 보여라.

풀이

벡터공간 R^n은 다음과 같은 단위 n벡터에 의하여 생성된다.

$$e_1 = (1, 0, 0, \cdots, 0),$$
$$e_2 = (0, 1, 0, \cdots, 0),$$
$$e_3 = (0, 0, 1, \cdots, 0),$$
$$\cdots\cdots,$$
$$e_n = (0, 0, 0, \cdots, 1)$$

[정의] 벡터의 기저

$\overrightarrow{V_s}$가 벡터공간일 때, 다음 조건을 만족하는 벡터의 집합 $\{v_1, v_2, v_3, \cdots, v_n\}$을 $\overrightarrow{V_s}$의 기저(basis)라 한다.

(1) $\{v_1, v_2, v_3, \cdots, v_n\}$은 일차독립이다.

(2) $\{v_1, v_2, v_3, \cdots, v_n\}$는 $\overrightarrow{V_s}$를 생성한다.

보기5

R^n에서 $(1,0,0,\cdots 0)$, $(0,1,0,\cdots 0)$, $(0,0,1,\cdots 0)$, ……, $(0,0,0,\cdots 1)$는 벡터공간 $\overrightarrow{V_s}$의 기저가 되는지 설명하라.

풀이

R^n에서 $\boldsymbol{e_1}=(1,0,0,\cdots 0)$, $\boldsymbol{e_2}=(0,1,0,\cdots 0)$, $\boldsymbol{e_3}=(0,0,1,\cdots 0)$, $\cdots$, $\boldsymbol{e_n}=(0,0,0,\cdots 1)$이라 하면 집합 $\{\boldsymbol{e_1}, \boldsymbol{e_2}, \boldsymbol{e_3}, \cdots\cdots, \boldsymbol{e_n}\}$은 일차독립이다.

또한, R^n의 임의의 벡터 $\overrightarrow{V_s}=(x_1, x_2, x_3, \cdots, x_n)$에 대하여

$\overrightarrow{V_s}=x_1\boldsymbol{e_1}+x_2\boldsymbol{e_2}+x_3\boldsymbol{e_3}+\cdots\cdots+x_n\boldsymbol{e_n}$

으로 나타낼 수 있으므로 집합 $\{\boldsymbol{e_1}, \boldsymbol{e_2}, \boldsymbol{e_3}, \cdots\cdots, \boldsymbol{e_n}\}$는 R^n을 생성한다.

그러므로, $\{\boldsymbol{e_1}, \boldsymbol{e_2}, \boldsymbol{e_3}, \cdots\cdots, \boldsymbol{e_n}\}$는 R^n의 기저이다.

보기6

n차 다항식의 집합을 T_n이라 할 때 단항식의 집합 $\{1, x, x^2, \cdots, x^n\}$은 T_n의 기저인지 아닌지를 밝혀라.

풀이

T_n의 임의의 한 다항식은 스칼라 $c_0, c_1, c_2, \cdots, c_n$에 대하여

$c_0+c_1x+c_2x^2+\cdots+c_nx^n$

과 같이 단항식 $1, x, x^2, \cdots, x^n$의 일차결합으로 나타낼 수 있다. 따라서. $\{1, x, x^2, \cdots, x^n\}$은 T_n을 생성한다. 또한 집합 $\{1, x, x^2, \cdots, x^n\}$은 일차독립이다. 그러므로 집합 $\{1, x, x^2, \cdots, x^n\}$은 T_n의 기저이다.

보기7

$\begin{bmatrix}1&0\\0&0\end{bmatrix}$, $\begin{bmatrix}0&1\\0&0\end{bmatrix}$, $\begin{bmatrix}0&0\\1&0\end{bmatrix}$, $\begin{bmatrix}0&0\\0&1\end{bmatrix}$ (2×2)행렬 $M_{(2\times 2)}$의 기저인지 아닌지를 밝혀라.

풀이

$M_{(2\times 2)}$의 임의의 행렬 $\begin{bmatrix}a&b\\c&d\end{bmatrix}$는

$$a\begin{bmatrix}1&0\\0&0\end{bmatrix}+b\begin{bmatrix}0&1\\0&0\end{bmatrix}+c\begin{bmatrix}0&0\\1&0\end{bmatrix}+d\begin{bmatrix}0&0\\0&1\end{bmatrix}$$

와 같이 주어진 4개의 (2×2)행렬의 일차결합으로 나타낼 수 있다.

따라서 주어진 4개의 (2×2)행렬은 $M_{(2\times 2)}$를 생성한다.

또한,

$$a\begin{bmatrix}1 & 0\\0 & 0\end{bmatrix}+b\begin{bmatrix}0 & 1\\0 & 0\end{bmatrix}+c\begin{bmatrix}0 & 0\\1 & 0\end{bmatrix}+d\begin{bmatrix}0 & 0\\0 & 1\end{bmatrix}=\begin{bmatrix}0 & 0\\0 & 0\end{bmatrix}$$

라 하면 $a=b=c=d=0$이다. 따라서 (2×2)행렬은 일차독립이다. 그러므로

$$\begin{bmatrix}1 & 0\\0 & 0\end{bmatrix},\ \begin{bmatrix}0 & 1\\0 & 0\end{bmatrix},\ \begin{bmatrix}0 & 0\\1 & 0\end{bmatrix},\ \begin{bmatrix}0 & 0\\0 & 1\end{bmatrix}$$

는 $M_{(2\times2)}$의 기저이다.

보기8

$\delta=\{(x,\ y,\ z)\mid x-3y+2z=0\}$ 위의 벡터집합이 있다. R^3에서 이 집합의 기저를 구하라.

풀이

임의의 $(x,\ y,\ z)\in\delta$에 대하여 $x-3y+2z=0$이다.
여기서, $x=3y-2z$이므로

$$\begin{aligned}(x,\ y,\ z) &= (3y-2z,\ y,\ z)\\ &= (3y,\ y,\ 0)+(-2z,\ 0,\ z)\\ &= y(3,\ 1,\ 0)+z(-2,\ 0,\ 1)\end{aligned}$$

임의로 $y,\ z$를 정하면 $(x,\ y,\ z)\in\delta$가 되므로,
$v_1=(3,\ 1,\ 0),\ v_2=(-2,\ 0,\ 1)$
라 하면 v_1과 v_2는 일차독립이다. 그리고, $\{v_1,\ v_2\}$는 δ를 생성한다. 그러므로,
$\{v_1,\ v_2\}=\{(3,\ 1,\ 0),\ (-2,\ 0,\ 1)\}$가 δ의 기저이다.

보기9

다음 벡터 $v_1=(1,\ -1,\ 3)$, $v_2=(4,\ 2,\ 8)$, $v_3=(0,\ 3,\ -6)$, $v_4=(-3,\ 3,\ 9)$로 생성되는 공간의 기저를 구하라.

풀이

각 벡터의 성분을 포함하는 행렬을 기본행변형한다. 즉,

$$\begin{bmatrix}1 & -1 & 3\\4 & 2 & 8\\0 & 3 & -6\\-3 & 3 & 9\end{bmatrix}\Rightarrow\begin{bmatrix}1 & -1 & 3\\4 & 2 & 8\\0 & 3 & -6\\-3 & 3 & 9\end{bmatrix}\quad\begin{matrix}1\text{행}\times(-4)\to2\text{행}\\ \\1\text{행}\times3\to4\text{행}\end{matrix}$$

$$\Rightarrow\begin{bmatrix}1 & -1 & 3\\0 & 2 & 4\\0 & 3 & -6\\0 & 0 & 0\end{bmatrix}\quad\begin{matrix}2\text{행}\times(1/2)\to2\text{행}\\3\text{행}\times(1/3)\to3\text{행}\end{matrix}$$

$$\Rightarrow \begin{bmatrix} 1 & -1 & 3 \\ 0 & 1 & 2 \\ 0 & 1 & -2 \\ 0 & 0 & 0 \end{bmatrix} \quad 2\text{행} \times (-1) \rightarrow 3\text{행} \quad \Rightarrow \begin{bmatrix} 1 & -1 & 3 \\ 0 & 1 & -2 \\ 0 & 0 & 0 \\ 0 & 0 & 0 \end{bmatrix}$$

따라서 행공간의 기저는 $\{(1, -1, 3), (0, 1, 2)\}$이다.

> **[정리] 벡터의 스칼라집합의 유일성**
> $\overrightarrow{V_s}$가 벡터공간이라 할 때, $\boldsymbol{v} \in \overrightarrow{V_s}$이고, $\{\boldsymbol{v}_1, \boldsymbol{v}_2, \boldsymbol{v}_3, \cdots, \boldsymbol{v}_n\}$이 $\overrightarrow{V_s}$의 기저이면,
> $$\overrightarrow{V_s} = a_1\boldsymbol{v}_1 + a_2\boldsymbol{v}_2 + a_3\boldsymbol{v}_3 + \cdots + a_n\boldsymbol{v}_n$$
> 을 만족하는 스칼라집합 $\{a_1, a_2, a_3, \cdots, a_n\}$은 유일하다.

〈증명〉

집합 $\{\boldsymbol{v}_1, \boldsymbol{v}_2, \boldsymbol{v}_3, \cdots, \boldsymbol{v}_n\}$은 $\overrightarrow{V_s}$의 기저이므로 $\overrightarrow{V_s}$를 생성한다. 그러므로, $\boldsymbol{v}_1, \boldsymbol{v}_2, \boldsymbol{v}_3, \cdots, \boldsymbol{v}_n$ 을 일차결합으로 나타내는 스칼라의 집합은 적어도 하나 존재한다. 여기서 $\overrightarrow{V_s}$를 $\boldsymbol{v}_1, \boldsymbol{v}_2, \boldsymbol{v}_3, \cdots, \boldsymbol{v}_n$의 일차결합으로 나타낼 때 스칼라 $a_1, a_2, a_3, \cdots, a_n$와 $b_1, b_2, b_3, \cdots, b_n$에 대하여 다음과 같이 나타낼 수 있다고 하면,

$$\overrightarrow{V_s} = a_1\boldsymbol{v}_1 + a_2\boldsymbol{v}_2 + a_3\boldsymbol{v}_3 + \cdots + a_n\boldsymbol{v}_n$$
$$\overrightarrow{V_s} = b_1\boldsymbol{v}_1 + b_2\boldsymbol{v}_2 + b_3\boldsymbol{v}_3 + \cdots + b_n\boldsymbol{v}_n$$

위 두 식을 변 끼리 빼면,

$$0 = (a_1 - b_1) + (a_1 - b_1) + (a_1 - b_1) + \cdots + (a_n - b_n)$$

유일성정리의 조건에 의해 $\{\boldsymbol{v}_1, \boldsymbol{v}_2, \boldsymbol{v}_3, \cdots, \boldsymbol{v}_n\}$은 일차독립이다. 윗 식에서

$a_1 - b_1 = 0,\ a_2 - b_2 = 0,\ a_3 - b_3 = 0,\ \cdots,\ a_n - b_n = 0$

즉, $a_1 = b_1,\ a_2 = b_2,\ a_3 = b_3,\ \cdots,\ a_n = b_n$,

그러므로 조건을 만족하는 스칼라집합은 유일하다.

> **[정리] 벡터공간의 차원**
> 벡터공간의 차원(dimension)은 그 기저를 이루는 벡터의 수이다.

보기10

벡터 i, j, k는 3차원에서 일반 벡터의 공간에 대한 기저이므로 이 벡터공간은 3차원이다.

보기11

$e_1 = (1, 0, 0, 0, \cdots, 0)$, $e_2 = (0, 1, 0, 0, \cdots, 0)$, $e_3 = (0, 0, 1, 0, \cdots, 0)$, $\cdots$,

$e_n = (0, 0, 0, 0, \cdots, 1)$은 R^n의 한 기저이므로 n차원이다.

벡터 i, j, k는 3차원에서 일반 벡터의 공간에 대한 기저이므로 이 벡터공간은 3차원이다.

■ 행계수와 행공간 · 열계수와 열공간

$(m \times n)$행렬 $\boldsymbol{A}$를 사다리꼴이나 행축소 사다리꼴로 변환하면 한 행이 그 위에 있는 행들의 일차결합일 때 0으로 된 행렬이 나온다. 따라서, 한 사다리꼴 형식의 0이 아닌 r개의 행은 일차독립이고, 나머지 $m-r$개의 행은 첫 r행에 일차종속이다. 이 r을 **행계수**(row rank)라고 한다. 이것은 사다리꼴 형식이 아닌 r개의 행을 을 벡터공간 R^n에 속하는 n성분의 행벡터로 본다면, r 벡터는 R^n의 부분공간을 만든다. 따라서 이러한 벡터가 이 부분공간의 기저를 이루므로 그 안의 모든 벡터는

$$a_1\overrightarrow{v_1} + a_2\overrightarrow{v_2} + \cdots a_r\overrightarrow{v_r}$$

형태의 1차 결합으로 나타낼 수 있다. 여기서, $a_1, a_2, \cdots ,a_r$은 스칼라값인 상수이다. R^n의 부뷴 공간을 행렬 $\boldsymbol{A}$의 **행공간**(row space)이라 한다.

행렬 $\boldsymbol{A}$의 사다리꼴형식의 r개의 0이아닌 행과 행축소 사다리꼴 형식이 서로 다르게 보이더라도 일차종속의 속성이 있을 수 있다. $m \times n$행렬 $\boldsymbol{A}$의 n개의 열중 p개가 일차독립이면, 이 p를 행렬 $\boldsymbol{A}$의 열계수(column rank)라 한다. p개의 0이 아닌 열 $\boldsymbol{w}_1, \boldsymbol{w}_2, \cdots ,\boldsymbol{w}_p$ 를 벡터공간 R^m에 속하는 m개의 성분으로 된 열벡터라고 하면, 이 벡터들은 R^m의 부분공간을 생성하게 된다. 따라서, 이 벡터가 이 부분공간의 기저를 이루므로, 이 공간의 모든 벡터는

$$b_1\overrightarrow{\boldsymbol{w}_1} + b_2\overrightarrow{\boldsymbol{w}_2} + \cdots a_p\overrightarrow{\boldsymbol{w}_p}$$

형태의 일차결합으로 나타낼 수 있다. 여기서, $b_1 . b_2, \cdots b_p$는 스칼라로 상수값이다. R^m의 부분공간을 행렬 $\boldsymbol{A}$의 **열공간**(column space)이라 한다.

[정리] 벡터공간의 행공간과 열공간

$(m \times n)$행렬

$$\boldsymbol{A} = \begin{bmatrix} a_{11} & a_{12} & a_{13} & \cdots\cdots & a_{1n} \\ a_{21} & a_{22} & a_{23} & \cdots\cdots & a_{2n} \\ a_{31} & a_{32} & a_{33} & \cdots\cdots & a_{3n} \\ \vdots & \vdots & \vdots & \cdots\cdots & \vdots \\ a_{m1} & a_{m2} & a_{m3} & \cdots\cdots & a_{mn} \end{bmatrix}$$

에서 $\boldsymbol{A}$의 행으로 만들어지는 벡터를 행벡터(row vector)라 하고 다음과 같이 표현한다.

$$v_1 = (a_{11}, a_{12}, a_{13}, \cdots\cdots, a_{1n})$$
$$v_2 = (a_{21}, a_{22}, a_{23}, \cdots\cdots, a_{2n})$$
$$\vdots \qquad \vdots \qquad \vdots$$
$$v_m = (a_{m1}, a_{m2}, a_{m3}, \cdots\cdots, a_{mn})$$

또한 $\boldsymbol{A}$의 열로 만들어지는 벡터를 열벡터(column vector)라 하고 다음과 같이 표현한다.

$$w_1 = \begin{bmatrix} a_{11} \\ a_{21} \\ a_{31} \\ \vdots \\ a_{m1} \end{bmatrix}, \ w_2 = \begin{bmatrix} a_{12} \\ a_{22} \\ a_{32} \\ \vdots \\ a_{m2} \end{bmatrix}, \ w_3 = \begin{bmatrix} a_{13} \\ a_{23} \\ a_{33} \\ \vdots \\ a_{m3} \end{bmatrix}, \ \cdots, \ w_n = \begin{bmatrix} a_{1n} \\ a_{2n} \\ a_{3n} \\ \vdots \\ a_{mn} \end{bmatrix}$$

이때 $\boldsymbol{A}$의 행벡터 $v_1, v_2, v_3, \cdots, v_m$으로 생성되는 R^n의 부분공간을 $\boldsymbol{A}$의 **행공간(row space)**이라 하고, $\boldsymbol{A}$의 열벡터 $w_1, w_2, w_3, \cdots, w_n$으로 생성되는 R^n의 부분공간을 $\boldsymbol{A}$의 **열공간(column space)**이라 한다.

임의의 정사각형행렬이 가역($\det\boldsymbol{A} \neq 0$)이면 이 행렬의 행과 열들은 일차독립인 벡터들로 이루어진다. 한 행렬이 가역이 아니거나 정사각형행렬이 아니면 이 형렬의 일차독립인 행과 열들의 개수를 알기 어렵다.

보기12

행렬 $\boldsymbol{A} = \begin{bmatrix} 2 & 4 & -5 \\ 8 & -3 & 1 \\ -1 & 0 & 9 \end{bmatrix}$의 행벡터와 열벡터을 구하라.

풀이

행벡터: $v_1 = (2, 4, -5)$, $v_2 = (8, -3, 1)$, $v_3 = (-1, 0, 9)$.

열벡터: $w_1 = \begin{vmatrix} 2 \\ 8 \\ -1 \end{vmatrix}$, $w_1 = \begin{vmatrix} 4 \\ -3 \\ 0 \end{vmatrix}$, $w_1 = \begin{vmatrix} -5 \\ 1 \\ 9 \end{vmatrix}$.

보기13

다음 선형연립방정식의 해공간의 기저를 구하고 차원을 구하라.

(a) $\begin{aligned} x_1 + 2x_2 + \quad x_3 &= 0 \\ 2x_1 - 3x_2 - 5x_3 &= 0 \end{aligned}$ (b) $\begin{aligned} 3x_1 - 6x_2 + 9x_3 &= 0 \\ -2x_1 + 4x_2 - 6x_3 &= 0 \\ x_1 - 2x_2 + 3x_3 &= 0 \end{aligned}$

풀이

(a) 계수행렬은 $\begin{bmatrix} 1 & 2 & 1 \\ 2 & -3 & -5 \end{bmatrix}$ 이다. 행렬의 기본행변형을 하면,

$$\left[\begin{array}{ccc|c} 1 & 2 & 1 & 0 \\ 0 & -7 & -7 & 0 \end{array}\right] \quad 2\text{행} + 1\text{행} \times (-2) \Rightarrow 2\text{행}$$

$$\left[\begin{array}{ccc|c} 1 & 2 & 1 & 0 \\ 0 & 1 & 1 & 0 \end{array}\right] \quad 2\text{행} \times (-1/7) \Rightarrow 2\text{행}$$

$$\left[\begin{array}{ccc|c} 1 & 0 & -1 & 0 \\ 0 & 1 & 1 & 0 \end{array}\right] \quad 1\text{행} + 2\text{행} \times (-2) \Rightarrow 1\text{행}$$

$$x_1 - x_3 = 0 \quad \rightarrow \quad \therefore\ x_1 - x_3$$

$$x_2 + x_3 = 0 \quad \rightarrow \quad \therefore\ x_2 = -x_3$$

$$\therefore\ (x_1, x_2, x_3) = (x_3, -x_3, x_3) = x_3(1, -1, 1)$$

따라서 (a)의 해공간의 기저는 $\{(1, -1, 1)\}$집합이며, 이 해공간의 차원은 1차원이다.

(b) 계수행렬은 $\begin{bmatrix} 3 & -6 & 9 \\ -2 & 4 & -6 \\ 1 & -2 & 3 \end{bmatrix}$ 이다. 행렬의 기본행변형을 수행하면,

$$\begin{bmatrix} 3 & -6 & 9 \\ -2 & 4 & -6 \\ 1 & -2 & 3 \end{bmatrix} \quad 1\text{행과 } 3\text{행을 교환}$$

$$\begin{bmatrix} 1 & -2 & 3 \\ -2 & 4 & -6 \\ 3 & -6 & 9 \end{bmatrix} \quad 1\text{행과 } 3\text{행을 교환}$$

$$\begin{bmatrix} 1 & -2 & 3 \\ 0 & 0 & 0 \\ 0 & 0 & 0 \end{bmatrix} \quad \begin{aligned} &2\text{행} + 1\text{행} \times 2 \quad\quad \Rightarrow 2\text{행} \\ &2\text{행} + 1\text{행} \times (-3) \Rightarrow 3\text{행} \end{aligned}$$

따라서, 이 연립방정식은 하나의 방정식이다. 즉,

$$x_1 - 2x_2 + 3x_3 = 0 \quad \therefore\ x_1 = 2x_2 - 3x_3$$

이 연립방정식의 해집합은 $(x_1, x_2, x_3) = (2x_2 - 3x_3,\ x_2,\ x_3)$이다.

이 연립방정식은 임의의 x_2와 x_3에 대하여 성립한다. 따라서,

$$x_2 = 0,\ x_3 = 1\text{이면, } x_1 = -3$$

$$x_2 = 1,\ x_3 = 0\text{이면, } x_1 = 2$$

이다. 그러므로, 해공간은

$$\{(-3, 0, 1),\ (2, 1, 0)\}$$

으로 생성되는 공간이다. 해공간의 기저는 $\{(-3, 0, 1),\ (2, 1, 0)\}$이고, 해공간의 차원은 2차원이 된다.

> **[정리] 기본행변형에 의한 행렬의 행공간**
> 행렬 $\boldsymbol{A}$를 기본행변형하여 얻은 행렬 $\boldsymbol{B}$의 행공간은 원래 행렬 $\boldsymbol{A}$의 행공간과 같다.

〈증명〉

행렬 $\boldsymbol{A}$를 기본행변형하여 행렬 $\boldsymbol{B}$를 얻었다고 하자.

(1) 행렬 $\boldsymbol{A}$의 두 행을 서로 바꾸어 행렬 $\boldsymbol{A}$와 $\boldsymbol{B}$의 행은 같으므로 행렬 $\boldsymbol{A}$로 생성된 공간과 $\boldsymbol{B}$로 생성된 공간은 서로 같다.

(2) 행렬 $\boldsymbol{A}$의 한 행에 상수 a배를 하여 $\boldsymbol{B}$를 얻었다면, $\boldsymbol{B}$의 행은 $\boldsymbol{A}$로 생성된 행에 속하고 이는 $\boldsymbol{B}$의 행에 $1/a$배하여 $\boldsymbol{A}$를 얻을 수 있고 $\boldsymbol{A}$의 행은 $\boldsymbol{B}$로 생성된 행에 속한다.

(3) 행렬 $\boldsymbol{A}$행에 기본행변형으로 a배 하여 i행에 더하여 $\boldsymbol{B}$를 얻었다면 $\boldsymbol{B}$의 행은 $\boldsymbol{A}$의 행의 일차결합으로 나타낼 수 있으므로 $\boldsymbol{B}$의 행은 $\boldsymbol{A}$로 생성되는 행에 속하고 이것은 역으로 $\boldsymbol{A}$의 행은 $\boldsymbol{B}$로 생성되는 행에 속한다.$\boldsymbol{A}$와

따라서 (1), (2), (3)의 결과에 의하여 $\boldsymbol{A}$와 $\boldsymbol{B}$의 행공간은 같다.

보기14

다음 행렬$\boldsymbol{A}$의 계수와 행공간을 구하라.

$$\boldsymbol{A} = \begin{bmatrix} 2 & -3 & 1 \\ 1 & -2 & 1 \\ 1 & 1 & -2 \end{bmatrix}$$

풀이

1행의 첫 수를 1로 만들기 위하여 1행과 2행을 서로 바꾼다.

$$A = \begin{bmatrix} 2 & -3 & 1 \\ 1 & -2 & 1 \\ 1 & 1 & -2 \end{bmatrix} \quad \begin{matrix} 1\text{행} \to 2\text{행} \\ 2\text{행} \to 1\text{행} \\ \ \end{matrix}$$

$$\Rightarrow \begin{bmatrix} 1 & -2 & 1 \\ 2 & -3 & 1 \\ 1 & 1 & -2 \end{bmatrix} \quad \begin{matrix} 1\text{행} \times (-2) + 1\text{행} \to 2\text{행} \\ \ \\ 1\text{행} \times (-1) + 3\text{행} \to 3\text{행} \end{matrix}$$

$$\Rightarrow \begin{bmatrix} 1 & -2 & 1 \\ 0 & 1 & -1 \\ 0 & 3 & -3 \end{bmatrix} \quad \begin{matrix} \ \\ \ \\ 2\text{행} \times (-3) + 3\text{행} \to 3\text{행} \end{matrix}$$

$$\Rightarrow \begin{bmatrix} 1 & -2 & 1 \\ 0 & 1 & -1 \\ 0 & 0 & 0 \end{bmatrix} = B$$

행렬 B는 기저가 $\{(1, -2, 1), (0, 1, -1)\}$이다. 이것은 행렬 A의 기저이다. 그러므로 A와 B는 계수가 2로 같다. 또한 행렬 A는 $\{(1, -2, 1), (0, 1, -1)\}$로 생성되는 행공간이다.

[정리] 행렬A의 차원

행렬 A의 행공간의 차원과 열공간의 차원은 같다. 즉,

$$\dim R^A = \dim C^A = rank A$$

보기15

다음 행렬A의 행공간과 열공간의 차원을 구하라.

$$A = \begin{bmatrix} 1 & -3 & 2 & 1 \\ 3 & -2 & -1 & 4 \\ 1 & -1 & 0 & -1 \end{bmatrix}$$

풀이

행렬 A를 1행과 3행을 서로 교환한 후 기본행 변형을 수행하면,

$$B = \begin{bmatrix} 1 & -1 & 0 & 1 \\ 0 & 1 & -1 & 1 \\ 0 & 0 & 0 & 0 \end{bmatrix}$$

을 얻는다. 기저는 $\{(1, -1, 0, 1), (0, 1, -1, 1)\}$이다. 따라서, A의 행공간은 2차원이다.

$$A^T = \begin{bmatrix} 1 & 3 & 1 \\ -1 & -2 & -3 \\ 0 & -1 & 2 \\ 1 & 4 & 1 \end{bmatrix}$$ 을 기본행 변형을 수행하면,

$$C = \begin{bmatrix} 1 & 3 & 1 \\ 0 & 1 & -2 \\ 0 & 0 & 0 \\ 0 & 0 & 0 \end{bmatrix}$$

을 얻는다. 기저는 $\{(1, 3, 1),\ (0,\ 1,\ -2)\}$이다. 따라서, 열공간도 2차원이다.

보기16

다음 행렬A의 행공간과 열공간의 차원을 구하라.

$$A = \begin{bmatrix} 1 & 1 & 2 & 3 \\ 1 & 1 & 5 & 6 \\ 4 & 4 & 8 & 12 \end{bmatrix}$$

풀이

행렬 A에서 1차독립인 벡터의 최대개수는 각각 2가 되고 이것은 계수(rank)의 값과 같다. 그런데 행렬 A는 1행의 4배가 3행이 됨을 바로 알 수 있으므로, 다음 식과 같은 1차결합으로 쓸 수 있다.

$$(A)_{3행} = 3\times(A)_{1행} + 0\times(A)_{2행}$$

다시 말해, 행공간은 $(A)_{1행} = (1\ 1\ 2\ 3)$과 $(A)_{2행} = (1\ 1\ 5\ 6)$의 1차결합으로 이루어진다. 그러나 열벡터에 대해서는 1열과 2열이 같다는 것은 바로 알 수 있다. 즉,

$(A)_{1열} + (A)_{3열} = (A)_{4열}$

이 된다. 그러나 차원을 금방 얻기는 어려운 경우는 행렬의 계수(rank)나 1차독립을 구하기 쉬운 축소사다리꼴로 변환하여 얻는 것이 더 쉽다.

■ 행렬의 계수(rank)

행렬의 계수는 행렬과 선형연립방정식의 일반적 성질을 이해하는데 아주 중요한 개념이 된다. $(m\times n)$행렬을 사다리꼴 형식이나 행축소 사다리꼴로 변환시키면 0으로 된 행이 나온다. 따라서, 한 사다리꼴 행렬이 $r(\leq m)$ r개의 0이 아닌 행을 가지고 있으면 이 r개의 행은 일차 독립이고, 나머지 $m-r$개의 행은 첫 r행의 일차종속이다. 이 r을 행렬 A의 **행계수**(row rank)라 한다.

행렬 A의 행계수와 마찬가지로 열들 사이에도 일차종속이 있을 수 있다. $(m\times n)$행렬 A의 n개의 열 중 s개가 일차독립이면, 이 s를 행렬 A의 **열계수**(column rank)라 한다. 이 행계수와 열계수는 같은 값을 가지며 통상적으로 행렬 A의 계수(rank)라 한다. 이 행렬의 계수는 행렬과 선형연립방정식의 일반적인 성질을 이해하는데 중요한 개념이 된다.

> **[정의] 행렬의 계수(rank)**
> 행렬 $\boldsymbol{A}$에서 일차독립인 행벡터의 최대수를 행렬 $\boldsymbol{A}$의 **계수(rank)**라고 하며 rank$\boldsymbol{A}$로 나타낸다.

〈증명〉

행렬 $\boldsymbol{A}$의 열은 $\boldsymbol{A}^T$의 행이므로, $\boldsymbol{A}$의 열계수는 $\boldsymbol{A}^T$의 행계수이다. 행계수와 열계수의 상등정리에 의해 이 두 계수는 같다.

보기17

행렬 $\boldsymbol{A}$의 계수(rank)를 구하라.

$$\boldsymbol{A} = \begin{bmatrix} 2 & 4 & 2 & 2 \\ 2 & 2 & -2 & 2 \end{bmatrix}$$

풀이

행렬 $\boldsymbol{A}$는 정사각행렬이 아니므로(2×4) 상삼각행렬로 만들 수 없다. 그러므로 행이나 열의 독립, 종속성을 살펴본다. 우선 열의 관점에서 살펴보면, 1열과 4열은 모두 2로 같다. 3열은 1, 4열과 종속이 된다. 따라서, $rank\boldsymbol{A} = \mathbf{2}$ 이다. 다음 행의 관점에서 살펴보면, 선형독립과 선형종속의 정의에서,

$$a(2,\ 4,\ 2,\ 2) + b(2,\ 2,\ -2,\ 2) = 0$$

으로 두면,

$$2a + 2b = 0,\ 4a + 2b = 0,\ 2a - 2b = 0$$

이다. 그러므로, $a = b = 0$이다. 따라서 두 벡터가 독립이므로 $rank\boldsymbol{A} = \mathbf{2}$ 이다. 행계수와 열계수 공히 $rank\boldsymbol{A} = \mathbf{2}$ 이다.

보기18

행렬 $\boldsymbol{A}$의 계수(rank)를 구하라.

$$\boldsymbol{A} = \begin{bmatrix} 5 & 0 & 3 & 2 \\ 1 & 4 & 7 & 1 \\ 18 & 8 & -2 & 6 \end{bmatrix}$$

풀이

처음 2개의 행벡터는 처음 2개의 행벡터는 선형독립인 반면, 3개의 벡터 전체는 선형종속이 된다. 따라서, 계수(rank)는 2이다.

> **[정리] $\boldsymbol{A}$와 $\boldsymbol{A}^T$의 계수(rank)**
> 행렬 $\boldsymbol{A}$를 임의의 행렬이라 하면
> $$rank(\boldsymbol{A}) = rank(\boldsymbol{A}^T)$$

〈증명〉

행렬 $\boldsymbol{A}$의 열은 $\boldsymbol{A}^T$의 행이므로, $\boldsymbol{A}$의 열계수는 $\boldsymbol{A}^T$의 행계수이다. 행계수와 열계수의 상등 정리에 의해서 이 두 계수는 같다. 보다 자세한 증명은 연습문제로 넘긴다.

보기19

다음 행렬의 계수(rank)를 구하라.

(a) $\boldsymbol{A} = \begin{bmatrix} 1 & 1 & 2 & 3 \\ 1 & 1 & 5 & 6 \\ 4 & 4 & 8 & 12 \end{bmatrix}$　　(b) $\boldsymbol{B} = \begin{bmatrix} 1 & 1 & 4 \\ 1 & 1 & 4 \\ 2 & 5 & 8 \\ 3 & 6 & 12 \end{bmatrix}$

풀이

(a) 행축소 사다리꼴 형태로 감축하면,

$$\boldsymbol{A} = \begin{bmatrix} 1 & 1 & 2 & 3 \\ 1 & 1 & 5 & 6 \\ 4 & 4 & 8 & 12 \end{bmatrix} \quad \Rightarrow \quad \boldsymbol{A}_E = \begin{bmatrix} \mathbf{1} & \mathbf{1} & \mathbf{2} & \mathbf{3} \\ 0 & 0 & \mathbf{2} & \mathbf{3} \\ 0 & 0 & 0 & 0 \end{bmatrix}$$

이다. 따라서, $\boldsymbol{A}$의 계수(rank)는 $\mathbf{2}$가 된다. 위에서 2행에 1행의(-1)배를 곱해서 더하고, 3행에 1행의 (-4)배를 곱해서 더하였다.

(b) 행렬 $\boldsymbol{B}$는 행렬 $\boldsymbol{A}$의 전치행렬이다. 즉, $\boldsymbol{B} = \boldsymbol{A}^T$

$$\boldsymbol{B} = \begin{bmatrix} 1 & 1 & 4 \\ 1 & 1 & 4 \\ 2 & 5 & 8 \\ 3 & 6 & 12 \end{bmatrix} \quad \begin{matrix} 1\text{행} \times (-1) + 2\text{행} \to 2\text{행} \\ 1\text{행} \times (-2) + 3\text{행} \to 3\text{행} \\ 1\text{행} \times (-3) + 4\text{행} \to 4\text{행} \end{matrix} \quad \Rightarrow \quad \begin{bmatrix} 1 & 1 & 4 \\ 0 & 0 & 0 \\ 0 & 3 & 0 \\ 0 & 3 & 0 \end{bmatrix} \quad \Rightarrow$$

$$\begin{bmatrix} 1 & 1 & 4 \\ 0 & 0 & 0 \\ 0 & 3 & 0 \\ 0 & 3 & 0 \end{bmatrix} \quad \begin{matrix} 2\text{행} \to 4\text{행 (교환)} \\ \\ 4\text{행} \to 2\text{행 (교환)} \end{matrix} \quad \Rightarrow \quad \begin{bmatrix} 1 & 1 & 4 \\ 0 & 3 & 0 \\ 0 & 3 & 0 \\ 0 & 0 & 0 \end{bmatrix} \quad \Rightarrow$$

$$\begin{bmatrix} 1 & 1 & 4 \\ 0 & 3 & 0 \\ 0 & 3 & 0 \\ 0 & 0 & 0 \end{bmatrix} \quad 2\text{행} \times (-1) + 3\text{행} \rightarrow 3\text{행} \quad \Rightarrow \quad \begin{bmatrix} 1 & 1 & 4 \\ 0 & 3 & 0 \\ 0 & 0 & 0 \\ 0 & 0 & 0 \end{bmatrix}$$

이다. 따라서, 행축소 사다리꼴 형태로 축소시켰을 때 0이 아닌 행을 2개 가지고 있으므로, $\boldsymbol{A}$의 계수(rank)는 2이다. 그러므로 정리에서와 같이 $rank(\boldsymbol{A}) = rank(\boldsymbol{A}^T)$ 임을 알 수 있다.

[정의] 행동치(row equivalent)
행렬 $\boldsymbol{B}$가 행렬 $\boldsymbol{A}$에 유한 번 기본 행연산을 시행하여 얻어지는 행렬이면, 행렬 $\boldsymbol{A}$와 행렬 $\boldsymbol{B}$를 행동치(row equivalent)라 한다. 행동치인 행렬들은 같은 계수(rank)를 갖는다.

행동치는 한 행렬의 왼쪽에 유한 번의 기본행렬을 곱하여 다른 행렬로 변환시킬 수 있음을 뜻한다.

[정리] 행계수(row rank)와 열계수(column rank)의 상등
행렬 $\boldsymbol{A}$가 임의의 행렬이라 하면 $\boldsymbol{A}$의 행계수와 열계수는 같다.

〈증명〉

$(m \times n)$인 행렬 $\boldsymbol{A}$이 행계수를 n이라 하면, 그 행축소 사다리꼴의 각 열의 0이 아닌 단 하나의 성분이 1인 n개의 열벡터 $v_1, v_2, \cdots, v_n$ 을 포함한다. 이 열들을 행축소 사다리꼴의 선도열(leading columns)이라 하고, 이것을 재배열하여 i번째 열 v_i에서 1이 i번째 행에 오도록 한다.

행렬 $\boldsymbol{A}$의 행축소 사다리꼴은 정렬된 선도열들로 구성되며 i번째 선도열은 i행 아래는 0의 성분으로, 그 위로는 0이 아닌 성분이 놓일 수 있다. 더욱이 열 v_k 우측에 있는 열로부터 선도열의 적절한 상수배를 뺌으로서 열의 모든 성분들을 0으로 변환이 가능하다. 이러한 과정을 계속하면 남아 있는 0이 아닌 유일한 열들은 k개의 일차독립인 선도열 $v_1, v_2, \cdots, v_k$ 가 된다. 이로부터 행계수와 열계수는 같다.

보기20

행렬 $\boldsymbol{A}$는 다음과 같다. $\boldsymbol{A}$의 사다리꼴 행축소행렬 $\boldsymbol{B}$는 행계수가 같음을 보여라. 또한 이 행렬의 전치행렬 $\boldsymbol{A}^T$의 행계수도 같음을 보여라.

$$\boldsymbol{A}=\begin{bmatrix}1&0&2&0&3&0\\3&1&7&0&8&1\\1&0&2&2&5&4\\1&0&2&0&3&0\end{bmatrix}$$

풀이

문제의 행렬 $\boldsymbol{A}$의 행축소 사다리꼴행렬 $\boldsymbol{B}$는

$$\boldsymbol{B}=\begin{bmatrix}1&0&2&0&3&0\\0&1&1&0&2&1\\0&0&0&1&1&2\\0&0&0&0&0&0\end{bmatrix}$$

가 되며, 선도열의 수가 3이므로 $\boldsymbol{A}$의 행계수는 3이다. 그러므로 행렬 $\boldsymbol{A}$의 계수는 3이다. 이는 $\boldsymbol{R}^6$의 부분공간을 생성하므로 기저를 이루는 행벡터는 모두 0이 아닌 행으로 이루어진 벡터,

$\overrightarrow{v_1}=(1,0,2,0,3,0)$, $\overrightarrow{v_2}=(0,1,1,0,2,1)$, $\overrightarrow{v_2}=(0,0,0,1,1,2)$

이다. $\boldsymbol{A}^T$의 행축소 사다리꼴 행렬 $\boldsymbol{B}^T$는 다음과 같다.

$$\boldsymbol{B}^T=\begin{bmatrix}1&0&0&1\\0&1&0&0\\0&0&1&0\\0&0&0&0\\0&0&0&0\\0&0&0&0\end{bmatrix}$$

이 행렬도 선도열의 수가 3이다. 따라서 $\boldsymbol{A}$의 열계수가 3이다. 이는 $\boldsymbol{R}^4$의 부분공간을 생성하므로 기저를 이루는 $\boldsymbol{A}^T$의 행벡터은 모두 0이 아닌 행으로 이루어진 행벡터와 같다. 즉,

$(1,0,0,1)$, $(0,1,0,1)$, $(0,0,1,0)$

이 벡터를 전치시키면 행렬 $\boldsymbol{A}$의 3개의 열벡터를 얻으며 다음과 같다. 이 식은 3개의 일차독립인 열벡터

$$\overrightarrow{w_1}=\begin{bmatrix}1\\0\\0\\1\end{bmatrix},\ \overrightarrow{w_2}=\begin{bmatrix}0\\1\\0\\0\end{bmatrix},\ \overrightarrow{w_3}=\begin{bmatrix}0\\0\\1\\0\end{bmatrix},$$

가 된다.

[연습문제]

*문제1~10에서 주어진 행렬에 대하여 (a) 행축소사다리꼴 행렬과 계수(rank), (b) 행공간의 기저와 차원, (c) 열공간의 기저와 차원을 구하라.

1. $\begin{bmatrix} -2 & 1 & 2 \\ 4 & 4 & 0 \end{bmatrix}$

2. $\begin{bmatrix} -6 & 1 \\ 4 & 2 \\ 8 & 3 \end{bmatrix}$

3. $\begin{bmatrix} 1 & -1 & 1 & 0 \\ 8 & -1 & 3 & 2 \end{bmatrix}$

4. $\begin{bmatrix} 1 & -1 & 3 \\ 2 & 2 & 1 \\ 4 & 0 & 7 \\ 0 & 0 & 1 \end{bmatrix}$

5. $\begin{bmatrix} 2 & 2 & 2 \\ 6 & 1 & 0 \\ 0 & 4 & 3 \end{bmatrix}$

6. $\begin{bmatrix} -3 & 2 & 2 \\ 0 & 0 & 2 \\ 1 & 0 & 5 \end{bmatrix}$

7. $\begin{bmatrix} -4 & 11 & 11 \\ -2 & 5 & 7 \\ 0 & 1 & -3 \end{bmatrix}$

8. $\begin{bmatrix} 7 & 2 & 13 & 4 \\ 0 & 2 & 6 & 3 \\ 7 & 0 & 7 & 1 \\ 7 & -2 & 1 & -2 \end{bmatrix}$

9. $\begin{bmatrix} 2 & 0 & 0 & -2 \\ 4 & 1 & -3 & 5 \\ 12 & 2 & 0 & -1 \end{bmatrix}$

10. $\begin{bmatrix} -2 & 0 & 1 & -1 & 3 \\ -1 & -2 & 8 & 3 & 10 \\ 5 & -2 & 5 & 6 & 1 \end{bmatrix}$

*문제11~24에서 각 행렬에 대한 행축소 사다리꼴 형식을 적용해 행렬의 계수(rank)를 구하라.

11. $\begin{bmatrix} 2 & 2 & 1 & 0 & 0 & 1 \\ 1 & 3 & 1 & 0 & 1 & 1 \\ 0 & 2 & 1 & 4 & 1 & 3 \end{bmatrix}$

12. $\begin{bmatrix} 1 & 3 & 2 & 1 \\ 1 & 0 & 4 & 5 \\ 2 & 0 & 2 & 1 \\ 0 & 1 & 2 & 4 \end{bmatrix}$

13. $\begin{bmatrix} 4 & 1 & 0 & 11 & 3 \\ 3 & 0 & 2 & 6 & 0 \\ 2 & 0 & 2 & 4 & 0 \\ 3 & 0 & 0 & 6 & 3 \end{bmatrix}$

14. $\begin{bmatrix} 1 & 2 & 1 & 0 & 4 & 1 & 2 \\ 2 & 3 & 1 & 0 & 0 & 2 & 4 \end{bmatrix}$

15. $\begin{bmatrix} 3 & 2 & 1 \\ 2 & 3 & 1 \\ 1 & 2 & 3 \end{bmatrix}$

16. $\begin{bmatrix} 1 & 2 & 2 \\ 3 & 2 & 4 \\ 8 & 8 & 12 \end{bmatrix}$

17. $\begin{bmatrix} 3 & 0 & 4 \\ 1 & 3 & 4 \\ 0 & 3 & 5 \\ 2 & 3 & 5 \end{bmatrix}$

18. $\begin{bmatrix} 1 & 1 & 0 & 3 \\ 2 & 1 & 3 & 1 \\ 3 & 3 & 4 & 1 \\ 1 & 2 & 1 & 0 \\ 2 & 3 & 1 & 3 \end{bmatrix}$

19. $\begin{bmatrix} 3 & 3 & 1 & 5 & 7 & 8 \\ 2 & 1 & 0 & 1 & 2 & 1 \\ 1 & 2 & 1 & 4 & 5 & 7 \end{bmatrix}$

20. $\begin{bmatrix} 2 & 6 & 1 & 13 & 9 \\ 0 & 2 & 1 & 3 & 1 \\ 2 & 4 & 0 & 10 & 8 \end{bmatrix}$

21. $\begin{bmatrix} 1 & 0 & 0 & 0 \\ 0 & -1 & 4 & 3 \\ 0 & 0 & 1 & 2 \\ 0 & 0 & 0 & -1 \end{bmatrix}$

22. $\begin{bmatrix} 1 & 0 & 0 & 0 \\ 1 & -1 & 0 & 0 \\ 2 & 5 & -1 & 0 \\ 1 & 3 & 2 & 1 \end{bmatrix}$

23. $\begin{bmatrix} 1 & 2 & 3 & 2 \\ 3 & 3 & 4 & 3 \\ 1 & 5 & 0 & 3 \\ 2 & 1 & 1 & 1 \\ 4 & 5 & 7 & 5 \end{bmatrix}$

24. $\begin{bmatrix} 1 & 7 & 2 & 4 \\ 0 & 0 & 0 & 3 \\ 0 & 0 & 5 & 7 \end{bmatrix}$

25. (2×2)행렬의 집합을 M_{22}라 할 때, $\begin{bmatrix} 1 & 0 \\ 0 & 0 \end{bmatrix}$, $\begin{bmatrix} 0 & 1 \\ 0 & 0 \end{bmatrix}$, $\begin{bmatrix} 0 & 0 \\ 1 & 0 \end{bmatrix}$, $\begin{bmatrix} 0 & 0 \\ 0 & 1 \end{bmatrix}$은 M_{22}를 생성한다. 이를 설명하라.

26. $(m\times n)$인 행렬 $\boldsymbol{A}$에 대해 $rank(\boldsymbol{A}) = rank(\boldsymbol{A}^T)$가 됨을 보여라.

27. (3×3)행렬의 집합을 M_{33}라 할 때, $\begin{bmatrix} 1 & 0 & 0 \\ 0 & 0 & 0 \\ 0 & 0 & 0 \end{bmatrix}$, $\begin{bmatrix} 0 & 1 & 0 \\ 0 & 0 & 0 \\ 0 & 0 & 0 \end{bmatrix}$, $\begin{bmatrix} 0 & 0 & 1 \\ 0 & 0 & 0 \\ 0 & 0 & 0 \end{bmatrix}$, $\begin{bmatrix} 0 & 0 & 0 \\ 1 & 0 & 0 \\ 0 & 0 & 0 \end{bmatrix}$, $\begin{bmatrix} 0 & 0 & 0 \\ 0 & 1 & 0 \\ 0 & 0 & 0 \end{bmatrix}$, $\begin{bmatrix} 0 & 0 & 0 \\ 0 & 0 & 1 \\ 0 & 0 & 0 \end{bmatrix}$, $\begin{bmatrix} 0 & 0 & 0 \\ 0 & 0 & 0 \\ 1 & 0 & 0 \end{bmatrix}$, $\begin{bmatrix} 0 & 0 & 0 \\ 0 & 0 & 0 \\ 0 & 1 & 0 \end{bmatrix}$, $\begin{bmatrix} 0 & 0 & 0 \\ 0 & 0 & 0 \\ 0 & 0 & 1 \end{bmatrix}$의 9개의 행렬집합은 M_{33}를 생성한다. 이를 설명하라.

*문제28~31에서 선형연립방정식의 해공간의 기저와 차원을 구하라.

28. $\begin{aligned} -x_1 + 2x_2 &= 0 \\ 3x_1 - 6x_2 &= 0 \end{aligned}$

29. $\begin{aligned} -x_1 - 2x_2 + x_3 &= 0 \\ -4x_1 - 8x_2 + 4x_3 &= 0 \\ 3x_1 + 6x_2 - 3x_3 &= 0 \end{aligned}$

30. $\begin{aligned} -2x_1 - x_2 + 3x_3 + 2x_4 &= 0 \\ -6x_1 - 3x_2 + 9x_3 + 6x_4 &= 0 \end{aligned}$

31. $\begin{aligned} x_1 + 3x_2 + x_3 &= 0 \\ x_2 + 2x_3 &= 0 \\ x_1 - x_3 &= 0 \end{aligned}$

32. $(n \times n)$인 대각행렬의 집합을 H_n으로 나타낸다. H_n의 기저와 차수를 구하라.

33. 다음을 증명하라.

n차원 벡터공간 $\overrightarrow{V_s}$가 있다. $v_1, v_2, v_3, \cdots, v_k \in \overrightarrow{V_s}$이고 이 k개의 벡터의 집합은 일차독립이고 $k < n$이면, $\{v_1, v_2, \cdots, v_k, v_{k+1}, \cdots, v_n\}$이 $\overrightarrow{V_s}$의 기저가 되는 $n-k$개의 벡터가 $\overrightarrow{V_s}$에 존재한다.

8.9 행렬식과 크래머법칙

행렬식은 선형연립방정식의 해를 구하는 방법으로서 이용되고 있다. 또한 고유값문제, 미분방정식, 벡터대수 등 여러 수학적인 응용문제에서 매우 중요하게 이용된다. 또한 관련 연립방정식을 해결하기위한 중간과정으로서의 역행렬 등을 구하는데 필요하다. 이 절에서는 선형 연립방정식과 관련된 정의를 소개한다.

n개의 미지수를 갖는 n개의 선형방정식계에 대한 행렬식으로 n차 행렬식이라고도 하며 $(n\times n)$인 정사각형행렬 $\boldsymbol{A}=[a_{ij}]$의 스칼라 값이며 그 정의는 다음과 같다.

[정의] $(n\times n)$ 행렬의 행렬식

$(n\times n)$인 행렬 $\boldsymbol{A}=[a_{ij}]$의 스칼라값으로 행렬식 $\boldsymbol{D}$는 다음과 같이 나타낸다.

$$\boldsymbol{D}=\det\boldsymbol{A}=\begin{vmatrix} a_{11} & a_{12} & a_{13} & \cdots\cdots & a_{1n} \\ a_{21} & a_{22} & a_{23} & \cdots\cdots & a_{2n} \\ a_{31} & a_{32} & a_{33} & \cdots\cdots & a_{3n} \\ \vdots & \vdots & \vdots & \vdots & \vdots \\ a_{n1} & a_{n2} & a_{n3} & \cdots\cdots & a_{nn} \end{vmatrix}$$

① $n=1$이면,

$$\boldsymbol{D}=a_{11}$$

② $n\geq 2$이면,

$$\boldsymbol{D}=a_{i1}C_{i1}+a_{i2}C_{i2}+a_{i3}C_{i3}+\ \cdots\cdots\ +a_{in}C_{in}$$

i는 $1,2,3,\ \cdots,n$이다.

또는

$$\boldsymbol{D}=a_{1j}C_{1j}+a_{2j}C_{2j}+a_{3j}C_{3j}+\ \cdots\cdots\ +a_{nj}C_{nj}$$

j는 $1,2,3,\ \cdots,n$이다.

여기서,

$$C_{ij}=(-1)^{i+j}L_{ij}$$

이다. 여기서, C_{ij}는 a_{ij}의 **여인수(cofactor)**이며, L_{ij}는 $n-1$차 행렬식인 **소행렬식(minor)**이라 한다. L_{ij}는 행렬 $\boldsymbol{A}$에서 성분 a_{ij}를 포함하는 행과 열을 제외하고 얻은 부분 행렬식이다.

■ 크래머법칙(Cramer's rule)

[정리] 크래머법칙: 선형연립방정식의 해의 행렬식표현

n개의 미지수 $x_1, x_2, x_3, \cdots, x_n$을 가지는 n개의 선형연립방정식

$$\begin{array}{l} a_{11}x_1 + a_{12}x_2 + a_{13}x_3 + \cdots\cdots + a_{1n}x_n = b_1 \\ a_{21}x_1 + a_{22}x_2 + a_{23}x_3 + \cdots\cdots + a_{2n}x_n = b_2 \\ \cdots\ \cdots\ \cdots\ \cdots\ \cdots\ \cdots\ \cdots\ \cdots\ \cdots \\ a_{n}x_1 + a_{n2}x_2 + a_{n3}x_3 + \cdots\cdots + a_{nn}x_n = b_n \end{array}$$

의 $(n \times n)$ 계수행렬의 행렬식 $\boldsymbol{D} = \det \boldsymbol{A}$가 0이 아니면, 그 연립방정식은 **하나의 해**를 가지며, 그 해는

$$x_1 = \frac{D_1}{\boldsymbol{D}},\ x_2 = \frac{D_2}{\boldsymbol{D}},\ x_3 = \frac{D_3}{\boldsymbol{D}},\ \cdots,\ x_n = \frac{D_n}{\boldsymbol{D}}$$

으로 주어진다. 하나의 식으로 표현하면

$$x_i = \frac{D_i}{\boldsymbol{D}} \qquad (i = 1, 2, 3, \cdots, n)$$

이 된다. 여기서, D는 $(n \times n)$행렬 $\boldsymbol{A}$의 행렬식, D_i는 $\boldsymbol{D}$의 i번째 열을 $b_1, \cdots, b_n$을 성분으로 하는 열벡터로 바꾸어 얻은 행렬식이다.

〈증명〉 (1) **유일한 해**

선형연립방정식의 첨가행렬 $\widetilde{\boldsymbol{A}}$는 $n \times (n+1)$행렬이다. 그러므로 첨가행렬 $\widetilde{\boldsymbol{A}}$의 계수는 n개가 된다.

$$\boldsymbol{D} = \det \boldsymbol{A} = \begin{vmatrix} a_{11} & a_{12} & \cdots & a_{1n} \\ a_{21} & a_{22} & \cdots & a_{2n} \\ \cdot & \cdot & \cdots & \cdot \\ \cdot & \cdot & \cdots & \cdot \\ a_{n1} & a_{n2} & \cdots & a_{nn} \end{vmatrix} \neq 0$$

이면, $rank\boldsymbol{A} = n$이다. 그러므로 첨가행렬 $\widetilde{\boldsymbol{A}}$의 계수(rank)도 $\boldsymbol{A}$의 계수는 같다. 즉, $rank\widetilde{\boldsymbol{A}} = rank\boldsymbol{A} = n$이다. 따라서 선형연립방정식은 기본정리에 의해 유일한 해를 가진다.

〈증명〉 (2) $x_i = \dfrac{D_i}{\boldsymbol{D}}$

$\det\boldsymbol{A} = \boldsymbol{D}$를 l번째 열에 대해 전개하면,

$$\boldsymbol{D} = a_{1l}C_{1l} + a_{2l}C_{2l} + a_{3l}C_{3l} + \cdots\cdots + a_{nl} \quad (1)$$

가 되는데, 여기서 C_{il}는 $\boldsymbol{D}$의 성분 a_{il}에 대한 여인수이다.

만약 $\boldsymbol{D}$의 l번째 열을 임의의 다른 수들로 대치하면 새로운 행렬식 $\widetilde{\boldsymbol{D}}$가 얻어지는데, 이 행렬식을 l번째 열에 대하여 전개하여 윗 식과 같은 형태를 얻었다고 하면, a_{1l}, a_{2l}, a_{3l}, $\cdots$, a_{nl}은 새로운 성분으로 대치되고, 여인수 C_{il}는 대치되기 이전과 동일한 값을 가진다. 대치된 두 열이 비례관계에 있으면 $\boldsymbol{D} = 0$[24)]이다. 이제 행렬식 $\widetilde{\boldsymbol{D}}$를 대치된 열인 l번째 열에 대하여 전개하면,

$$a_{1i}C_{1l} + a_{2i}C_{2l} + a_{3i}C_{3l} + \cdots\cdots + a_{ni}C_{nl} \quad (2)$$

가 된다. n개의 선형연립방정식

$$\begin{aligned} a_{11}x_1 + a_{12}x_2 + a_{13}x_3 + \cdots\cdots + a_{1n}x_n &= b_1 \\ a_{21}x_1 + a_{22}x_2 + a_{23}x_3 + \cdots\cdots + a_{2n}x_n &= b_2 \\ \cdots\ \cdots\ \cdots\ \cdots\ \cdots\ \cdots\ \cdots\ &\cdots\ \cdots \\ a_nx_1 + a_{n2}x_2 + a_{n3}x_3 + \cdots\cdots + a_{nn}x_n &= b_n \end{aligned}$$

의 첫째 방정식의 양변에 C_{1l}을 곱하고, 둘째 방정식의 양변에 c_{2l}을 곱하고, $\cdots$, 마지막 방정식에 C_{nl}을 각각 곱하고 변변끼리 모두 더하면,

$$\begin{aligned} C_{1l}(a_{11}x_1 + a_{12}x_2 + \cdots + a_{1n}x_n) + \cdots\cdots + C_{nl}(a_{n1}x_1 + a_{n2}x_2 + \cdots + a_{nn}x_n) \\ = b_1C_{1l} + b_2C_{2l} + \cdots\cdots + b_nC_{nl} \end{aligned} \quad (3)$$

윗 식의 좌변을 동일항 x_j로 묶으면,

$$x_1(a_{11}C_{1l} + a_{21}C_{2l} + \cdots + a_{n1}C_{nl}) + \cdots + x_n(a_{1n}C_{1l} + a_{2n}C_{2l} + \cdots + a_{nn}C_{nl}) \quad (4)$$

---

24) 3.5 행렬식: 행렬식의 일반성질(d) 참조
(d) $n\times n$ 행렬 $\boldsymbol{A}$의 한 행(열)이 다른 행(열)의 상수배와 같으면 $\det A = 0$이다.

와 같이 된다. x_i에는

$$a_{1l}C_{1l} + a_{2l}C_{2l} + \cdots\cdots + a_{nl}C_{nl} \tag{5}$$

가 곱해져 있다. 이는 식(1)과 같다. 따라서 식(4)의 좌변은 $x_l\boldsymbol{D}$와 같으므로 식(4)는

$$x_l\boldsymbol{D} = b_1C_{1l} + b_2C_{2l} + b_3C_{3l} + \cdots + b_nC_{nl} \tag{6}$$

가 된다. 이때 우변은 크래머법칙에서 정라된 D_l이 되며, $\boldsymbol{D}$로 나누면,

$$\therefore\ x_l = \frac{D_l}{\boldsymbol{D}}\ \ (l = 1,\ 2,\ \cdots, n)$$

이 된다. 증명 끝.

크래머법칙은 $(n \times n)$행렬식이 $n > 3$이상에서 방정식을 풀기 위해서는 잘 사용되지 않는다. 그 이유는 일반적으로 n차 행렬식을 계산하는 데 필요한 곱셈의 수가 $(n-1)n!$번 계산을 하기 때문이다. 따라서, n개의 미지수를 가지는 $(n+1)$개의 행렬식을 풀기 위해서는 $(n^2-1)n!$번의 곱셈이 필요하며, 이 계산은 $n > 3$일 때 너무 많이 계산하게 된다. $n > 3$일 경우의 선형연립방정식을 풀기위한 효율적인 방법은 미지수를 소거하는 방법이 주로 쓰인다.

보기1

다음 선형연립방정식을 크래머법칙을 사용하여 풀어라.

$$\begin{aligned} 2x_1 + 4x_2 + x_3 &= 6 \\ x_1 + 2x_2 + 2x_3 &= 13 \\ -x_1 - 4x_2 + 3x_3 &= 7 \end{aligned}$$

풀이

윗 방정식의 계수행렬식을 만들면,

$\boldsymbol{Ax} = \boldsymbol{b}$

$$\boldsymbol{A} = \begin{bmatrix} 2 & 4 & 1 \\ 1 & 2 & 2 \\ -1 & -4 & 3 \end{bmatrix},\quad \boldsymbol{x} = \begin{bmatrix} x_1 \\ x_2 \\ x_3 \end{bmatrix},\quad \boldsymbol{b} = \begin{bmatrix} 6 \\ 13 \\ 3 \end{bmatrix}$$

$$\det\boldsymbol{A} = \begin{vmatrix} 2 & 4 & 1 \\ 1 & 2 & 2 \\ -1 & -4 & 3 \end{vmatrix} = 6,\quad \det\boldsymbol{A}_1 = \begin{vmatrix} \mathbf{6} & 4 & 1 \\ \mathbf{13} & 2 & 2 \\ \mathbf{3} & -4 & 3 \end{vmatrix} = -18\ ,$$

$$\det \boldsymbol{A}_2 = \begin{vmatrix} 2 & \mathbf{6} & 1 \\ 1 & \mathbf{13} & 2 \\ -1 & \mathbf{3} & 3 \end{vmatrix} = 12\ , \quad \det \boldsymbol{A}_3 = \begin{vmatrix} 2 & 4 & \mathbf{6} \\ 1 & 2 & \mathbf{13} \\ -1 & -4 & \mathbf{3} \end{vmatrix} = 24$$

$\therefore\ x_1 = -18/6 = -3,\ x_2 = 12/6 = 2,\ x_3 = 24/6 = 4$

보기2

크래머법칙을 사용하여 다음 선형연립방정식을 풀어라.

$$\begin{aligned} 2x_1 + \ x_2 - 2x_3 &= \ \ 3 \\ x_1 - 2x_2 + \ x_3 &= \ \ 1 \\ -x_1 + 3x_2 + 4x_3 &= -2 \end{aligned}$$

풀이

연립방정식과 관련된 행렬식은

$$\det \boldsymbol{A} = \begin{vmatrix} 2 & 1 & -1 \\ 1 & -2 & 1 \\ -1 & 3 & 4 \end{vmatrix} = 2\begin{vmatrix} -2 & 1 \\ 3 & 4 \end{vmatrix} - \begin{vmatrix} 1 & 1 \\ -1 & 4 \end{vmatrix} + (-1)\begin{vmatrix} 1 & -2 \\ -1 & 3 \end{vmatrix} + (-1)\begin{vmatrix} 1 & -2 \\ -1 & 3 \end{vmatrix}$$

$$= 2(-8-3) - [4-(-1)] + (-1)(3-2)$$

$$= -22 - 5 - 1 = -28$$

$$\det \boldsymbol{A}_1 = \begin{vmatrix} \mathbf{3} & 1 & -1 \\ \mathbf{1} & -1 & 1 \\ \mathbf{-2} & 3 & 4 \end{vmatrix} = 3\begin{vmatrix} -1 & 1 \\ 3 & 4 \end{vmatrix} - \begin{vmatrix} 1 & 1 \\ -2 & 4 \end{vmatrix} + (-1)\begin{vmatrix} 1 & -1 \\ -2 & 3 \end{vmatrix}$$

$$= 3(-4-3) - (4+2) - (3-2)$$

$$= -21-6-1 = -28$$

$$\det \boldsymbol{A}_2 = \begin{vmatrix} 2 & \mathbf{3} & -1 \\ 1 & \mathbf{1} & 1 \\ -1 & \mathbf{-2} & 4 \end{vmatrix} = 2\begin{vmatrix} 1 & 1 \\ -2 & 4 \end{vmatrix} - 3\begin{vmatrix} 1 & 1 \\ -1 & 4 \end{vmatrix} + (-1)\begin{vmatrix} 1 & 1 \\ -1 & -2 \end{vmatrix}$$

$$= 2(4+2) - 3(4+1) - (-2+1)$$

$$= 12-15-1 = -2$$

$$\det \boldsymbol{A}_3 = \begin{vmatrix} 2 & 1 & \mathbf{3} \\ 1 & -2 & \mathbf{1} \\ -1 & 3 & \mathbf{-2} \end{vmatrix} = 2\begin{vmatrix} -2 & 1 \\ 3 & -2 \end{vmatrix} - \begin{vmatrix} 1 & 1 \\ -1 & -2 \end{vmatrix} + 3\begin{vmatrix} 1 & -2 \\ -1 & 3 \end{vmatrix}$$

$$= 2+1+3 = 6$$

그러므로,

$x_1 = -28/-28 = 1,\ x_2 = -2/-28 = 1/14,\ x_3 = 6/-28 = -3/14$ ←(답)

[연습문제]

*문제1~3에서 다음 행렬식을 계산하라. 그 결과를 비교하라.

1. (a) $\begin{vmatrix} -2 & 5 \\ 3 & 4 \end{vmatrix}$ (b) $\begin{vmatrix} 5 & -2 \\ 4 & 3 \end{vmatrix}$ (c) $\begin{vmatrix} 3 & 4 \\ -2 & 5 \end{vmatrix}$

2. (a) $\begin{vmatrix} 1 & 3 & -2 \\ 2 & 1 & 0 \\ 4 & 3 & 5 \end{vmatrix}$ (b) $\begin{vmatrix} 2 & 1 & 0 \\ 4 & 3 & 5 \\ 1 & 3 & -2 \end{vmatrix}$ (c) $\begin{vmatrix} 4 & 3 & 5 \\ 1 & 3 & -2 \\ 2 & 1 & 0 \end{vmatrix}$

   (d) $\begin{vmatrix} -2 & 1 & 3 \\ 0 & 2 & 1 \\ 5 & 4 & 3 \end{vmatrix}$ (e) $\begin{vmatrix} 1 & -2 & 3 \\ 2 & 0 & 1 \\ 4 & 5 & 3 \end{vmatrix}$

3. (a) $\begin{vmatrix} -3 & 2 & 4 & -6 \\ -2 & 1 & 3 & 5 \\ 1 & -3 & 1 & 4 \\ 0 & 7 & -2 & 1 \end{vmatrix}$ (b) $\begin{vmatrix} -3 & 2 & 4 & -6 \\ 0 & 1 & 3 & 5 \\ 0 & 0 & 1 & 4 \\ 0 & 0 & 0 & 1 \end{vmatrix}$ (c) $\begin{vmatrix} -3 & 0 & 0 & 0 \\ -2 & 1 & 0 & 0 \\ 1 & -3 & 1 & 0 \\ 0 & 7 & -2 & 1 \end{vmatrix}$

*문제4~12에서 **크래머법칙**을 이용하여 다음 **선형연립방정식**을 풀어라. 자세한 과정을 보여라.

4. $\begin{aligned} 3x - 2y &= 7.5 \\ 2x + 7y &= -7.5 \end{aligned}$

5. $\begin{aligned} 2x - y &= 5.15 \\ 3x + 9y &= 6.15 \end{aligned}$

6. $\begin{aligned} 8x_1 + x_2 &= -4 \\ 15x_1 - 4x_2 &= 5 \end{aligned}$

7. $\begin{aligned} x_1 + 5x_2 - x_3 &= -5 \\ 8x_1 - 4x_2 + 3x_3 &= 0 \\ -2x_1 + 6x_2 + x_3 &= -4 \end{aligned}$

8. $\begin{aligned} x_1 - x_2 - x_3 &= 5 \\ x_2 - 4x_3 &= 0 \\ x_1 + x_2 - 3x_3 &= 0 \end{aligned}$

9. $\begin{aligned} 3x + 2y &= 1 \\ 2y - 4z &= 6 \\ -x + 3z &= 5 \end{aligned}$

10. $\begin{aligned} x_1 - 2x_2 + x_3 &= 7 \\ 2x_1 + 3x_2 - 8x_3 &= 1 \\ 3x_1 - 4x_2 - 8x_3 &= -3 \end{aligned}$

11. $\begin{aligned} 2x - 3y - z &= 12 \\ -3x + y + 2z &= -7 \\ x + 2y - 4z &= -3 \end{aligned}$

12. $\begin{aligned} x_1 - 3x_2 - 4x_3 &= 1 \\ -x_1 + x_2 - 3x_3 &= 14 \\ x_2 - 3x_3 &= 5 \end{aligned}$

13. $\begin{aligned} -3w - x - 2y &= -8 \\ w - 3x + y &= 1 \\ 2w - 3y + z &= -10 \\ x + y - 3z &= -11 \end{aligned}$

14. $\begin{aligned} x_2 - x_3 + 2x_4 &= 4 \\ x_2 - 3x_3 &= 10 \\ x_1 - 4x_3 &= 0 \\ 2x_1 - 4x_2 + x_3 - x_4 &= 6 \end{aligned}$

15. $\begin{aligned} 2x_1 - 4x_3 + x_4 &= 2 \\ 14x_1 - 3x_3 &= 5 \\ x_3 - 4x_4 &= -5 \\ x_1 - x_2 + x_3 - 3x_4 &= 1 \end{aligned}$

16. 주대각선은 모두 0이고 나머지 성분은 모두 1인 $(n\times n)$행렬 $\boldsymbol{K}_n$의 행렬식을 계산하라. 이 행렬식을 계산하는 공식을 만들어라.

$$\det\boldsymbol{K}_n = \begin{vmatrix} 0 & a_{12} & a_{13} & \cdots\cdots & a_{1(n-1)} & a_{1n} \\ a_{21} & 0 & a_{23} & \cdots\cdots & a_{2(n-1)} & a_{2n} \\ a_{31} & a_{32} & 0 & \cdots\cdots & a_{3n} & a_{3n} \\ \vdots & \vdots & \vdots & \cdots\cdots & \vdots & \vdots \\ a_{(n-1)1} & a_{(n-1)2} & a_{(n-1)3} & \cdots\cdots & 0 & a_{(n-1)n} \\ a_{n1} & a_{n2} & a_{n3} & \cdots\cdots & a_{(n-1)(b-1)}) & 0 \end{vmatrix}$$

17. 다음 (4×4) 행렬 $\boldsymbol{A}$와 $\boldsymbol{B}$는 삼각행렬이다. $\det\boldsymbol{A}$와 $\det\boldsymbol{B}$를 계산하라. 이 결과가 주대각선의 곱과 같음을 보여라.

$$\boldsymbol{A} = \begin{vmatrix} a_{11} & a_{12} & a_{13} & a_{14} \\ 0 & a_{22} & a_{23} & a_{24} \\ 0 & 0 & a_{33} & a_{34} \\ 0 & 0 & 0 & a_{44} \end{vmatrix},\ \boldsymbol{B} = \begin{vmatrix} b_{11} & 0 & 0 & 0 \\ b_{21} & b_{22} & 0 & 0 \\ b_{31} & b_{32} & b_{33} & 0 \\ b_{41} & b_{42} & b_{43} & b_{44} \end{vmatrix}$$

8.10 선형연립방정식

8.10.1 제차선형연립방정식

$(m \times n)$행렬의 사다리꼴 형식과 행축소 사다리꼴 형식을 이용하여 제차 선형연립방정식

$$\begin{array}{l} a_{11}x_1 + x_{12}x_2 + \cdots\cdots + a_{1n}x_n \;= b_1 \\ a_{21}x_1 + x_{22}x_2 + \cdots\cdots + a_{2n}x_n \;= b_2 \\ \cdots \;\; \cdots \;\; \cdots \;\; \cdots \;\; \cdots \;\; \cdots \;\; \cdots \;\; \cdots \\ a_{m1}x_1 + x_{m2}x_2 + \cdots\cdots + a_{mn}x_n = b_m \end{array}$$

의 해집합을 구해보자. 위 선형연립방정식에서 우변의 $b_1, b_2, b_3, \cdots\cdots, b_m$ 중에서 적어도 하나가 0이 아니면 이 방정식을 **비제차**(nonhomogeneous)라 하고, $b_1 = b_2 = b_3 = \cdots\cdots = b_m$ 이면 **제차**(homogeneous)라 한다.

선형연립방정식 $b_1, b_2, b_3, \cdots\cdots, b_m$에 대응하는 연립방정식은 다음과 같은 계수행렬로 다루는 것이 편리하다.

$$\boldsymbol{A} = \left[\begin{array}{ccccc|c} a_{11} & a_{12} & a_{13} \cdots\cdots & a_{1n} & b_1 \\ a_{21} & a_{22} & a_{23} \cdots\cdots & a_{2n} & b_2 \\ \cdots & \cdots & \cdots \;\; \cdots\cdots & \cdots & \cdots \\ a_{m1} & a_{m2} & a_{m3} \cdots\cdots & a_{mn} & b_m \end{array}\right]$$

계수행렬 $\boldsymbol{A}$의 첫 번째 열의 성분$(a_{11}, a_{21}, \cdots, a_{m1})$은 x_1의 배수이고, 두 번째 열의 성분은 x_2의 배수, $\cdots$, n번째 열의 성분은 x_n의 배수이다.

계수행렬 $\boldsymbol{A}$의 사다리꼴 형식이나 행축소 사다리꼴 형식의 행렬을 $\boldsymbol{A_E}$이라 하면, 계수행렬에 기본행연산을 시행하여 얻어진 연립방정식은 기존의 연립방정식과 동일한 해를 가지므로 행렬방정식

$$\boldsymbol{Ax} = 0$$

의 해집합은 제차방정식

$$\boldsymbol{A_E x} = 0$$

의 사다리꼴 형식으로 이루어진 재차방정식의 해집합과 같다.

윗 식들에서 $\boldsymbol{x} = [0, 0, \cdots, 0]^T$ 가 되는 $\boldsymbol{x} = 0$은 항상 윗 식들의 해가된다는 것은 명백하며, 이를 재차연립방정식의 **자명해**(rivial soltion)라고 한다. 자명해가 아닌 해를 다룰 때

는 $\boldsymbol{A_E x} = \boldsymbol{0}$ 과 같은 사다리꼴 형식의 행렬방정식으로 다루는 것이 필요하다.

$(m \times n)$행렬에서 행렬의 계수(rank)를 통해 변수의 개수와 방정식의 개수를 결정한다. 즉, $rank\boldsymbol{A} = r$이면 $\boldsymbol{A_E}$의 첫 r행은 0이 아닌 행이고, 나머지 $m-r$행은 0으로 된 행이다. $\boldsymbol{A}$에 m개의 행이 있으므로, (1) $m < n$인 경우, (2) $m = n$인 경우, (3) $m > n$인 경우의 3가지 경우로 나누어 생각하자.

(1) $m < n$인 경우: 방정식의 수보다 변수의 수가 많은 경우이다. $rank\boldsymbol{A} = r$이고, m개의 방정식이 있으므로 $r = rank\boldsymbol{A} \leq m$이다. 즉, 방정식의 개수가 변수보다 적거나 같다. 따라서, 변수 $x_1, x_2, \cdots, x_n$중에서 r개는 $m-r$개의 변수들을 매개변수로 두어 결정한다.

(2) $m = n$인 경우: 변수의 수와 방정식의 수가 같다. $rank\boldsymbol{A} = r < n$ 이면 (1)의 경우와 같으므로 경우 (1)의 방식대로 결정한다. $r = n$이면 오직 자명해만이 가능하다. 즉, $\boldsymbol{x} = \boldsymbol{0}$만이 가능하다. 이는 $\boldsymbol{A_E}$가 단위행렬 $\boldsymbol{I_E}$이 되고 직접 $\boldsymbol{x} = \boldsymbol{0}$을 구하기 때문이다.

(3) $m = n$인 경우: 방정식의 수가 변수의 수를 초과하는 경우이고 $r = rank\boldsymbol{A} \geq n$이다. 이는 경우(2)와 같은 의미가 된다.

보기1

다음과 같은 계수행렬의 제차선형연립방정식의 해집합을 구하라.

(a) $\boldsymbol{A} = \begin{bmatrix} 1 & 0 & 0 & 4 & 2 \\ 0 & 1 & 0 & -3 & -2 \\ 0 & 0 & 1 & 6 & 2 \end{bmatrix}$ (b) $\boldsymbol{A} = \begin{bmatrix} 1 & 6 & 4 \\ 4 & 1 & 0 \\ 1 & 4 & 1 \end{bmatrix}$

(c) $\boldsymbol{A} = \begin{bmatrix} 1 & 2 & 3 & 11 \\ 2 & 3 & 6 & 19 \\ 3 & 1 & 0 & 9 \\ 1 & 1 & 3 & 8 \end{bmatrix}$ (d) $\boldsymbol{A} = \begin{bmatrix} 1 & -1 & 1 & 2 \\ 0 & 1 & 1 & 8 \\ 0 & 0 & 1 & 5 \\ 1 & 1 & 2 & 13 \\ 2 & 1 & -1 & -2 \end{bmatrix}$

(e) $\boldsymbol{A} = \begin{bmatrix} 1 & 2 & 1 & 1 & -6 & 6 \\ 2 & 1 & 0 & 2 & -7 & 1 \\ 1 & 0 & 1 & 1 & 0 & 2 \end{bmatrix}$

풀이

(a) 계수행렬 $\boldsymbol{A}$는 $rank\boldsymbol{A} = 3$이다. 이는 5개의 변수 x_1, x_2, x_3, x_4, x_5에 대한 다음 3개의 방정식에 대응한다.

$$x_1 + 4x_4 + 2x_5 = 0,\ x_2 - 3x_4 - 2x_5 = 0,\ x_3 + 6x_4 + 2x_5 = 0$$

$x_4 = a,\ x_5 = b$라 매개변수를 두면(a와 b는 임의의 수), 해집합은

$$x_1 = -4a - 2b,$$

$x_2 = 3a + 2b,$

$x_3 = -6a - 2b,$

$x_4 = a,$

$x_5 = b$

가 된다.

(b) 계수행렬의 행축소 사다리꼴 형식은

$$\boldsymbol{A_E} = \begin{bmatrix} 1 & 0 & 0 \\ 0 & 1 & 0 \\ 0 & 0 & 1 \end{bmatrix}$$

이 되고 $rank\boldsymbol{A} = 3$이다. 이것은 자명해 $x_1 = x_2 = x_3 = 0$에 대응한다.

(c) 계수행렬의 행축소 사다리꼴 형식은

$$\boldsymbol{A_E} = \begin{bmatrix} 1 & 0 & 0 & 2 \\ 0 & 1 & 0 & 3 \\ 0 & 0 & 1 & 1 \\ 0 & 0 & 0 & 0 \end{bmatrix}$$

이고, 따라서 $rank\boldsymbol{A} = 3$이다. 이것은 다음 식의 해집합

$x_1 + 2x_4 = 0,\ x_2 + 3x_4 = 0,\ x_3 + x_4 = 0$

에 대응한다. $x_4 = a$를 임의의 매개변수로 두면 해집합은 다음과 같다.

$x_1 = -2a$

$x_2 = -3a$

$x_3 = x_4 = a$

(d) 계수행렬 $\boldsymbol{A}$의 행축소 사다리꼴 형식 $\boldsymbol{A_E}$는

$$\boldsymbol{A_E} = \begin{bmatrix} 1 & 0 & 0 & 0 \\ 0 & 1 & 0 & 3 \\ 0 & 0 & 1 & 5 \\ 0 & 0 & 0 & 0 \\ 0 & 0 & 0 & 0 \end{bmatrix}$$

으로서 $rank\boldsymbol{A} = 3$이다. 이것은 x_1, x_2, x_3, x_4에 대응한다. 즉, 다음 3개의 방정식

$x_1 = 0,\ x_2 + 3x_4 = 0,\ x_3 + 5x_4 = 0$

에 대응한다. 매개변수 a를 도입해 $x_4 = a$라고 임의의 수로 두면 해집합은

$x_1 = 0,\ x_2 + 3a = 0,\ x_3 + 5a = 0$

$x_1 = 0$

$x_2 = -3a$

$x_3 = -5a$

$x_4 = a$

가 된다.

(e) 계수행렬 $\boldsymbol{A}$의 행축소 사다리꼴 형식 $\boldsymbol{A_E}$는

$$\boldsymbol{A_E} = \begin{bmatrix} 1 & 0 & 0 & 1 & -2 & -1 \\ 0 & 1 & 0 & 0 & -3 & 2 \\ 0 & 0 & 1 & 0 & 2 & 3 \end{bmatrix}$$

이고, 따라서 $rank\boldsymbol{A} = 3$이다. 이는 6개의 변수

$x_1, x_2, x_3, x_4, x_5, x_6$에 대한 다음 3개의 방정식에 대응한다. 즉,

$x_1 + x_4 - 2x_5 - x_6 = 0,\ x_2 - 3x_5 + 2x_6 = 0,\ x_3 + 2x_5 - 3x_6 = 0$

로 주어진다. $x_4 = a, x_5 = b, x_6 = c$라고 임의의 매개변수로 두면, 해집합은 다음과 같다.

$x_1 = -a + 2b + c,$

$x_2 = 3b - 2c,$

$x_3 = -2b + 3c,$

$x_4 = a,$

$x_5 = b,$

$x_6 = c.$

[연습문제]

*문제1~에서 다음 계수행렬 $\boldsymbol{A}$의 제차선형연립방정식 $\boldsymbol{Ax} = 0$의 해집합을 구하라.

1. $\boldsymbol{A} = \begin{bmatrix} 1 & 1 & 0 & 1 & 2 \\ 1 & 3 & 2 & 1 & 1 \\ 0 & 1 & 2 & 1 & 3 \end{bmatrix}$

2. $\boldsymbol{A} = \begin{bmatrix} 1 & 2 & 0 & 1 & 1 \\ 2 & 0 & 2 & 0 & 1 \\ 1 & 0 & 3 & 1 & 1 \\ 0 & 3 & 1 & 0 & 1 \end{bmatrix}$

3. $\boldsymbol{A} = \begin{bmatrix} 1 & 4 & 1 & 3 \\ 0 & 3 & 1 & 3 \\ 1 & 2 & 4 & 1 \\ 2 & 6 & 5 & 4 \end{bmatrix}$

4. $\boldsymbol{A} = \begin{bmatrix} 1 & 0 & 1 & 5 \\ 0 & 3 & 5 & 1 \\ 2 & 1 & 0 & 1 \\ 1 & 2 & 1 & 0 \end{bmatrix}$

5. $\boldsymbol{A} = \begin{bmatrix} 1 & 3 & 4 \\ 2 & 1 & 3 \\ 1 & 0 & 2 \\ 2 & 3 & 1 \\ 3 & 1 & 1 \end{bmatrix}$

6. $\boldsymbol{A} = \begin{bmatrix} 1 & 3 & 1 & 2 \\ 2 & 1 & 1 & 3 \\ 0 & 4 & 1 & 1 \\ 1 & 2 & 3 & 0 \\ 0 & 1 & 4 & 2 \end{bmatrix}$

7. $\boldsymbol{A} = \begin{bmatrix} 1 & 2 & 1 & 0 & 0 & 2 & 0 \\ 0 & 1 & 4 & 1 & 0 & 1 & 1 \\ 1 & 5 & 2 & 2 & 1 & 3 & 2 \\ 2 & 3 & 0 & 1 & 1 & 0 & 2 \end{bmatrix}$

8. $\boldsymbol{A} = \begin{bmatrix} 2 & 1 & 3 & 1 \\ 1 & 4 & 1 & 0 \\ 2 & 1 & 0 & 1 \\ 5 & 6 & 7 & 2 \end{bmatrix}$

8.11 역행렬: Gauss-Jordan 소거법, 행렬식 적용(역행렬공식)

$(n\times n)$행렬 $\boldsymbol{A}$의 역행렬(inverse matrix)은 $\boldsymbol{A}^{-1}$로 표시하고 다음과 같이 정의한다.

> **[정의] 역행렬(Inverse matrix)**
> $(n\times n)$인 정사각형행렬 $\boldsymbol{A}$에 대하여
> $$\boldsymbol{AB}=\boldsymbol{BA}=\boldsymbol{I}_n$$
> 이 성립하는 $(n\times n)$행렬 $\boldsymbol{B}$가 존재할 때 $\boldsymbol{B}$를 $\boldsymbol{A}$의 역행렬(inverse matrix)라 하고 $\boldsymbol{A}^{-1}$로 표시한다. 즉,
> $$\boldsymbol{AA}^{-1}=\boldsymbol{A}^{-1}\boldsymbol{A}=\boldsymbol{I}_n$$
> $\boldsymbol{A}$가 역행렬을 가질 때 $\boldsymbol{A}$는 **가역**(invertible)이라 하고 이때 $\boldsymbol{A}$를 **정칙행렬**(nonsingular matrix)이라 한다. 또한, $\boldsymbol{A}$가 역행렬을 갖지 않으면 $\boldsymbol{A}$를 **특이행렬**(singular matrix)이라 한다.

$\boldsymbol{A}$가 역행렬을 가지면 그 역행렬은 유일하다. 예를 들어 $\boldsymbol{P}$와 $\boldsymbol{Q}$를 $\boldsymbol{A}$의 역행렬이라 하면, 정의에서 $\boldsymbol{AP}=\boldsymbol{I}$, $\boldsymbol{QA}=\boldsymbol{I}$ 이다. 따라서,

$$\boldsymbol{P}=\boldsymbol{IP}=(\boldsymbol{QA})\boldsymbol{P}=\boldsymbol{Q}(\boldsymbol{AP})=\boldsymbol{QI}=\boldsymbol{Q}$$

가 되므로 유일성을 가진다.

정의에서 $\boldsymbol{AB}=\boldsymbol{BA}=\boldsymbol{I}_n$ 인 성질을 행렬의 곱에 대한 **역원**(multiplicative inverse)이라 한다. $\boldsymbol{A}$와 $\boldsymbol{B}$의 순서를 바꾸면 $\boldsymbol{B}$가 $\boldsymbol{A}$의 역행렬이면 $\boldsymbol{A}$도 $\boldsymbol{B}$의 역행렬임을 알려준다.

보기1

다음 (2×2)행렬이 역행렬 $\boldsymbol{A}^{-1}$을 가지면 $\boldsymbol{A}^{-1}$를 구하라.

$$\boldsymbol{A}=\begin{bmatrix}1&2\\3&4\end{bmatrix}$$

풀이

$\boldsymbol{A}^{-1}=\begin{bmatrix}a&b\\c&d\end{bmatrix}$ 라 하면

$$\boldsymbol{AA}^{-1}=\begin{bmatrix}1&2\\3&4\end{bmatrix}\begin{bmatrix}a&b\\c&d\end{bmatrix}=\begin{bmatrix}1&0\\0&1\end{bmatrix}=\boldsymbol{I}_{(2\times 2)}\qquad\therefore\ \begin{matrix}a+2c=1, & b+2d=0\\3a+4c=0, & 3b+4d=1\end{matrix}$$

이다. 따라서, 이 연립1차방정식을 풀면,

$$
\begin{array}{llll}
3a+6c=3 & \Leftarrow 1\text{행}\times 3 & 3b+6d=0 & \Leftarrow 1\text{행}\times 3 \\
3a+4c=0 & & 3b+4d=1 & \\
\text{-------} & & \text{----------} & \\
+2c=3 & \Leftarrow 1\text{행}-2\text{행} & +2d=-1 & \Leftarrow 1\text{행}-2\text{행}
\end{array}
$$

$$\therefore\ c=\frac{3}{2},\quad a=-2 \qquad\qquad \therefore\ d=-\frac{1}{2},\quad b=1$$

$$\therefore \boldsymbol{A}^{-1}=\begin{bmatrix}-2 & 1\\ \frac{3}{2} & -\frac{1}{2}\end{bmatrix} \qquad \leftarrow (\text{답})$$

<검산>

$$\boldsymbol{A}\boldsymbol{A}^{-1}=\begin{bmatrix}1&2\\3&4\end{bmatrix}\begin{bmatrix}-2 & 1\\ \frac{3}{2} & -\frac{1}{2}\end{bmatrix}=\begin{bmatrix}1&0\\0&1\end{bmatrix}=\boldsymbol{I}$$

$$\boldsymbol{A}^{-1}\boldsymbol{A}=\begin{bmatrix}-2 & 1\\ \frac{3}{2} & -\frac{1}{2}\end{bmatrix}\begin{bmatrix}1&2\\3&4\end{bmatrix}=\begin{bmatrix}1&0\\0&1\end{bmatrix}=\boldsymbol{I}$$

보기2

다음 (2×2)행렬이 역행렬 $\boldsymbol{Q}^{-1}$ 을 가지면 $\boldsymbol{Q}^{-1}$ 를 구하라.

$$\boldsymbol{A}-\begin{bmatrix}2&4\\3&6\end{bmatrix}$$

풀이

$$\boldsymbol{A}\boldsymbol{Q}^{-1}=\begin{bmatrix}2&4\\3&6\end{bmatrix}\begin{bmatrix}a&b\\c&d\end{bmatrix}=\begin{bmatrix}1&0\\0&1\end{bmatrix}=\boldsymbol{I}_{(2\times 2)} \qquad \therefore \begin{array}{ll} 2a+4c=1, & 2b+4d=0 \\ 3a+6c-0, & 3b+6d=1\end{array}$$

확내세수행렬 만든 후 기본행변형을 하여 위 두 식을 푼다.

$$\left[\begin{array}{cc|c}2&4&1\\3&6&0\end{array}\right], \qquad \left[\begin{array}{cc|c}2&4&0\\3&6&1\end{array}\right]$$

$$\left[\begin{array}{cc|c}1&2&\frac{1}{2}\\3&6&0\end{array}\right]\ 1\text{행}\times(1/2)\rightarrow 1\text{행}, \qquad \left[\begin{array}{cc|c}1&2&0\\3&6&1\end{array}\right]\ 1\text{행}\times(1/2)\rightarrow 1\text{행}$$

$$\left[\begin{array}{cc|c}1&2&\frac{1}{2}\\0&0&-\frac{3}{2}\end{array}\right]\ 1\text{행}\times(-3)+2\text{행}\rightarrow 2\text{행}, \qquad \left[\begin{array}{cc|c}1&2&0\\0&0&1\end{array}\right]\ 1\text{행}\times(-3)\rightarrow 2\text{행}$$

이다. $\boldsymbol{Q}^{-1}$ 은 존재하지 않는다. 따라서 $\boldsymbol{A}$는 역행렬을 갖지 않는다.

보기1과 같이

$$AA^{-1} = \begin{bmatrix} 1 & 2 \\ 3 & 4 \end{bmatrix} \begin{bmatrix} a & b \\ c & d \end{bmatrix} = \begin{bmatrix} a+2c & b+2d \\ 3a+4c & 3b+4d \end{bmatrix}$$

이 되어 이 곱이 단위행렬 $I_{(2\times 2)}$ 와 같다면,

$$\begin{bmatrix} a+2c & b+2d \\ 3a+4c & 3b+4d \end{bmatrix} = \begin{bmatrix} 1 & 0 \\ 0 & 1 \end{bmatrix}$$

이 성립해야 한다는 것을 근거로 한다. 이 행렬의 역원은 존재하게 된다. 반면에 보기2와 같이

$$\begin{bmatrix} 2a+4c & 2b+4d \\ 3a+6c & 3b+6d \end{bmatrix} = \begin{bmatrix} 1 & 0 \\ 0 & 1 \end{bmatrix}$$

이 성립해야 한다. 첫째 열에 대응하는 성분을 등치시키면 $2a+4c=1$, $3a+6c=0$이며, 둘째 열의 성분을 등치시키면 $2b+4d=0$, $3b+6d=1$이 되어야 하므로 보기2의 경우는 불가능하다. 따라서, $\boldsymbol{A}$는 역원을 갖지 않는다. 이 경우 $\det\boldsymbol{A} = 0$이 된다.

■ 역행렬의 존재

[정리] 역행렬의 존재
$(n\times n)$인 행렬 $\boldsymbol{A}$가 역행렬 $\boldsymbol{A}^{-1}$을 가질 필요충분조건은 $rank\boldsymbol{A} = n$이고, $\det\boldsymbol{A} \neq 0$이다. 따라서, $rank\boldsymbol{A} = n$이면 $\boldsymbol{A}$는 정칙행렬이고, $rank\boldsymbol{A} < n$이면 특이행렬이다.

〈증명〉

계수행렬 $\boldsymbol{A}$를 가지는 선형립방정식

$$\boldsymbol{Ax} = \boldsymbol{b}$$

를 생각하자. 이 방정식에서 역행렬이 존재한다고 하면, 양변에 역행렬 $\boldsymbol{A}^{-1}$를 곱하면, 윗 식은 다음과 같이 된다.

$$\boldsymbol{A}^{-1}\boldsymbol{Ax} = \boldsymbol{Ix} = \boldsymbol{x} = \boldsymbol{A}^{-1}\boldsymbol{b}$$

따라서, $\boldsymbol{x} = \boldsymbol{A}^{-1}\boldsymbol{b}$ 인 해를 가지게 되는데 이 해는 유일한 해이므로 선형연립방정식의 기본정리 (2) 해의 유일성(uniqueness)에 의해 계수 n을 가져야만 한다.

즉, $rank\boldsymbol{A} = n$이라 하면 같은 정리에 의해 윗 식은 임의의 $\boldsymbol{b}$에 대해 유일한 해 $\boldsymbol{x}$를 가진다.

가우스소거법의 후치환법에 의해 $\boldsymbol{x}$의 성분 x_i는 $\boldsymbol{b}$의 성분의 1차결합이 되므로

$$\boldsymbol{x} = \boldsymbol{P}\boldsymbol{b}$$

와 같이 표현할 수 있다. 이것을 $\boldsymbol{A}\boldsymbol{x} = \boldsymbol{b}$ 에 대입하면,

$$\boldsymbol{A}\boldsymbol{x} = \boldsymbol{A}(\boldsymbol{P}\boldsymbol{b}) = (\boldsymbol{A}\boldsymbol{P})\boldsymbol{b} = \boldsymbol{Q}\boldsymbol{b} = \boldsymbol{b}$$

가 된다. 따라서, $\boldsymbol{Q} = \boldsymbol{A}\boldsymbol{P} = \boldsymbol{I}$ 가 된다. 마찬가지로, $\boldsymbol{A}\boldsymbol{x} = \boldsymbol{b}$ 를 윗 식에 대입하면, 임의의 $\boldsymbol{x}$에 대하여,

$$\boldsymbol{x} = \boldsymbol{P}\boldsymbol{b} = \boldsymbol{P}(\boldsymbol{A}\boldsymbol{x}) = (\boldsymbol{P}\boldsymbol{A})\boldsymbol{x}$$

이다. 따라서, $\boldsymbol{P}\boldsymbol{A} = \boldsymbol{I}$가 된다. 위 두가지 사실로부터 $\boldsymbol{P} = \boldsymbol{A}^{-1}$ 가 됨을 알 수 있다.

[정리] 정칙행렬과 특이행렬

$(n\times n)$인 행렬은 역행렬이 존재하면 **정칙행렬**(nonsingular matrix)라고 하고 그 행렬은 역원이 존재한다 라고 한다. 역행렬이 존재하지 않으면 **특이행렬**(singular matrix)이라 한다.

보기3

보기2의 행렬은 정칙행렬인지 특이행렬인지 보여라.

$$\boldsymbol{A} = \begin{bmatrix} 2 & 4 \\ 3 & 6 \end{bmatrix}$$

풀이

$\det\boldsymbol{A} = 2(6) - 4(3) = 0$ 이므로 역행렬이 존재하지 않는다. 따라서 행렬 $\boldsymbol{A}$는 특이행렬이다.

보기4

다음 행렬은 정칙행렬인지 특이행렬인지 보여라.

$$\boldsymbol{A} = \begin{bmatrix} 0 & 5 & -1 \\ 0 & 3 & 6 \\ 0 & -4 & 8 \end{bmatrix}$$

풀이

위 행렬을 블록행렬로 나타내면 $\boldsymbol{A} = [\boldsymbol{O} \quad a_2 \quad a_3]$ 가 된다. 여기서,

$$\boldsymbol{O} = \begin{bmatrix} 0 \\ 0 \\ 0 \end{bmatrix},\ \boldsymbol{a}_2 = \begin{bmatrix} 5 \\ 3 \\ -4 \end{bmatrix},\ \boldsymbol{a}_3 = \begin{bmatrix} -1 \\ 6 \\ 8 \end{bmatrix}$$

라 두면, 1열 $\boldsymbol{O}$의 모든 성분이 0이므로 행렬 $\boldsymbol{A}$는 특이행렬이다. 따라서, 역행렬이 존재하지 않는다.

보기5

$A = \begin{bmatrix} -1 & 1 & 2 \\ 3 & -1 & 1 \\ -1 & 3 & 4 \end{bmatrix}$ 와 $B = \begin{bmatrix} -0.7 & 0.2 & 0.3 \\ -1.3 & -0.2 & 0.7 \\ 0.8 & 0.2 & -0.2 \end{bmatrix}$ 의 관계는 어떤지 행렬의 곱 AB를 구하여 그 관계를 알아보라.

풀이

$$AB = \begin{bmatrix} -1 & 1 & 2 \\ 3 & -1 & 1 \\ -1 & 3 & 4 \end{bmatrix} \begin{bmatrix} -0.7 & 0.2 & 0.3 \\ -1.3 & -0.2 & 0.7 \\ 0.8 & 0.2 & -0.2 \end{bmatrix} = \begin{bmatrix} 1 & 0 & 0 \\ 0 & 1 & 0 \\ 0 & 0 & 1 \end{bmatrix}$$

이 되므로 $AB = I$ 를 만족하므로 A와 B는 정칙행렬이고 $\det A \neq 0$, $\det B \neq 0$ 이다.

[정리] 행렬곱의 역행렬

$(n \times n)$인 행렬 A, B 가 모두 역행렬을 가질 때(가역일 때), AB 도 역행렬을 가지며 다음이 성립한다.

$$(AB)^{-1} = B^{-1}A^{-1}$$

〈증명〉

$$\begin{aligned} (AB)(B^{-1}A^{-1}) &= A(BB^{-1})A^{-1} \\ &= AIA^{-1} = AA^{-1} = I \\ (B^{-1}A^{-1})(AB) &= B^{-1}(A^{-1}A)B \\ &= B^{-1}IB = B^{-1}B = I \ . \end{aligned}$$

그러므로, AB도 역행렬이 존재하며,

$$(AB)^{-1} = B^{-1}A^{-1}$$

이다.

[정리] 역행렬의 기본성질

$(n\times n)$인 행렬에서 다음이 성립한다.

(1) 단위행렬 $\boldsymbol{I}$ 의 역원은 자기 자신이다. 즉, $\boldsymbol{I}=\boldsymbol{I}^{-1}$ 이다.

(2) $\boldsymbol{A}$가 정칙(가역)이면 $\boldsymbol{A}^{-1}$ 도 정칙이고, $(\boldsymbol{A}^{-1})^{-1}=\boldsymbol{A}$ 이다.

(3) $\boldsymbol{A}$가 정칙이면 $\boldsymbol{A}^{T}$도 정칙이고, $(\boldsymbol{A}^{-1})^{T}=(\boldsymbol{A}^{T})^{-1}$ 이다.

(4) 행렬 $\boldsymbol{A}$, $\boldsymbol{B}$ 가 정칙이면, $\boldsymbol{AB}$ 도 정칙이고,

$$(\boldsymbol{AB})^{-1}=\boldsymbol{B}^{-1}\boldsymbol{A}^{-1}$$

(5) $\boldsymbol{A}$가 정칙이면 $(\boldsymbol{A}^{-1})^{n}=(\boldsymbol{A}^{n})^{-1}$ 이다. 여기서 $n=1, 2, 3, \cdots$.

(6) $\boldsymbol{A}$가 정칙이면 $\det\boldsymbol{A}^{-1}=(\det\boldsymbol{A})^{-1}$ 이다.

(7) $D=\det\boldsymbol{A}\neq 0$ (정칙) 은 역행렬이 존재하는 필요충분조건이다.

(8) $(n\times n)$인 행렬에서 기본 행연산을 나타내는 기본행렬 $\boldsymbol{E}$ 는 정칙이다.

(9) 대칭행렬의 역은 대칭행렬이다.

(10) 위삼각행렬의 역은 아래삼각행렬이고 아래삼각행렬의 역은 위삼각행렬이다.

<증명>

(1) $\boldsymbol{I}=\boldsymbol{I}^{-1}$

$\boldsymbol{I}^2=\boldsymbol{I}$이므로 $\boldsymbol{I}=\boldsymbol{I}^{-1}$ 이 자명하다.

(2) $(\boldsymbol{A}^{-1})^{-1}=\boldsymbol{A}$

$\boldsymbol{C}=\boldsymbol{A}^{-1}$ 로 두면 $\boldsymbol{CA}=\boldsymbol{A}^{-1}\boldsymbol{A}=\boldsymbol{I}$ 이고, $\boldsymbol{AC}=\boldsymbol{AA}^{-1}=\boldsymbol{I}$.

따라서, 역행렬의 정의에 의해 $\boldsymbol{A}=\boldsymbol{C}^{-1}=(\boldsymbol{A}^{-1})^{-1}$

(3) $(\boldsymbol{A}^{-1})^{T}=(\boldsymbol{A}^{T})^{-1}$

역행렬의 성분은 $[\boldsymbol{A}^{-1}]_{ij}=\dfrac{1}{\det\boldsymbol{A}}C_{ij}$ 이므로,

$[(\boldsymbol{A}^{-1})^{T}]_{ij}=[\boldsymbol{A}^{-1}]_{ji}=\dfrac{1}{\det\boldsymbol{A}}C_{ij}=\dfrac{1}{\det\boldsymbol{A}^{T}}C_{ij}$

또한, $\boldsymbol{A}$의 여인수 C_{ij}는 $\boldsymbol{A}^{-1}$의 여인수 C_{ji}이므로

$[\boldsymbol{A}^{T})^{-1}]_{ij}=\dfrac{1}{\det\boldsymbol{A}^{T}}C_{ij}$.

그러므로, $(\boldsymbol{A}^{-1})^{T}=(\boldsymbol{A}^{T})^{-1}$

(4) $\boxed{(AB)^{-1} = B^{-1}A^{-1}}$

$B^{-1}A^{-1}$ 앞에 AB를 곱하면

$$ABB^{-1}A^{-1} = AIA^{-1} = AA^{-1} = I$$

이다. 그러므로 $(AB)^{-1} = B^{-1}A^{-1}$ 이다.

※별해: $B^{-1}A^{-1}(AB) = B^{-1}(A^{-1}A)B = B^{-1}IB = B^{-1}B = I$

(5) $\boxed{(A^{-1})^n = (A^n)^{-1}}$

$(AB)^{-1} = B^{-1}A^{-1}$ 에서 $B = A$로 두면,

$(AA)^{-1} = A^{-1}A^{-1} = (A^{-1})^2$

$\therefore\ (A^2)^{-1} = (A^{-1})^2$

가 된다. 다시, $B = A^2$를 $(AB)^{-1} = B^{-1}A^{-1}$ 에 대입하고,

위의 결과인 $(A^2)^{-1} = (A^{-1})^2$ 를 적용하면,

$(AA^2)^{-1} = (A^3)^{-1} = (A^2)^{-1}A^{-1} = (A^{-1})^2A^{-1} = (A^{-1})^3$

$\therefore\ (A^3)^{-1} = (A^{-1})^3$

이 되며, 위의 과정을 계속 반복하면,

$\therefore\ (A^{-1})^n = (A^n)^{-1}$

(6) $\boxed{\det A^{-1} = (\det A)^{-1}}$

$AA^{-1} = I$ 로부터

$(\det A)(\det A^{-1}) = \det I = 1$ 이므로

$\therefore\ (\det A^{-1}) = \dfrac{1}{(\det A)} = (\det A)^{-1}$

(8) 기본 행연산을 나타내는 모든 $(n\times n)$행렬 E는 기본행렬은 단위행렬 I로부터 세 가지 형태에 의해 유도된다. 따라서 $rank(I) = n$이고 E와 I 는 행동치이므로 $rank(E) = n$이 된다. 따라서, E 는 정칙이다.

나머지 증명은 연습문제로 남긴다.

■ 역행렬: Gauss-Jordan 소거법

사다리꼴행렬을 얻기 위해 사용되는 Gauss 소거법을 확장하면 역행렬을 쉽게 구할 수 있다. 이 방법을 **Gauss-Jordan 소거법**이라 한다. Gauss-Jordan 소거법은 $(n\times n)$인 정사각형 계수행렬에만 적용하기로 한다.

$(n \times n)$행렬 $\boldsymbol{A}$에서

$$\boldsymbol{A}\boldsymbol{A}^{-1} = \boldsymbol{A}^{-1}\boldsymbol{A} = \boldsymbol{I}$$

이고, $\boldsymbol{A}$는 역행렬을 가지면 정칙행렬(nonsingular matrix)라 한다. 만약 역행렬을 갖지 않으면 $\boldsymbol{A}$를 특이행렬(singular matrix)fk 한다. 만약 $\boldsymbol{A}$가 역행렬을 가지면 그 역행렬은 유일하다.

이것은 행렬 $\boldsymbol{A}$에 단위행렬 $\boldsymbol{I}$를 덧붙여 얻은 첨가행렬 $\widetilde{\boldsymbol{A}}$ $(\boldsymbol{A} : \boldsymbol{I})$에 가우스 소거법을 연속적으로 적용하여 $(\boldsymbol{I} : \boldsymbol{A}^{-1})$의 형태의 행렬을 얻고 이 중 첨가행렬의 오른쪽의 $\boldsymbol{A}^{-1}$를 구할 수 있다.

보기6

Gauss-Jordan 소거법으로 다음 역행렬을 구하라.

(a) $\boldsymbol{A} = \begin{bmatrix} 1 & 0 & 0 \\ -2 & 1 & 0 \\ 3 & -4 & 1 \end{bmatrix}$ (b) $\boldsymbol{A} = \begin{bmatrix} 1 & 0 & 0 \\ -1 & 1 & 0 \\ 3 & -2 & 1 \end{bmatrix}$ (c) $\boldsymbol{A} = \begin{bmatrix} 1 & 0 & 1 \\ -1 & 2 & 0 \\ 0 & 1 & 1 \end{bmatrix}$

풀이

행렬 $\boldsymbol{A}$에 단위행렬 $\boldsymbol{I}$를 덧붙여 얻은 첨가행렬 $\widetilde{\boldsymbol{A}}$에 Gauss-Jordan 소거법을 반복 적용하여 적용하여 $(\boldsymbol{I} : \boldsymbol{A}^{-1})$의 형태의 행렬을 얻고 여기에서 $\boldsymbol{A}^{-1}$을 얻는다.

(a) $\widetilde{\boldsymbol{A}} = \left[\begin{array}{ccc:ccc} 1 & 0 & 0 & 1 & 0 & 0 \\ -2 & 1 & 0 & 0 & 1 & 0 \\ 3 & -4 & 1 & 0 & 0 & 1 \end{array}\right] \Rightarrow \left[\begin{array}{ccc:ccc} 1 & 0 & 0 & 1 & 0 & 0 \\ 0 & 1 & 0 & 2 & 1 & 0 \\ 0 & -4 & 1 & -3 & 0 & 1 \end{array}\right] \Rightarrow$

$\left[\begin{array}{ccc:ccc} 1 & 0 & 0 & 1 & 0 & 0 \\ 0 & 1 & 0 & 2 & 1 & 0 \\ 0 & 0 & 1 & 5 & 4 & 1 \end{array}\right] = \boldsymbol{I}\boldsymbol{A}^{-1}$

따라서, 역행렬은 $\boldsymbol{A}^{-1} = \begin{bmatrix} 1 & 0 & 0 \\ 2 & 1 & 0 \\ 5 & 4 & 1 \end{bmatrix}$ ← (답)

(b) $\widetilde{\boldsymbol{A}} = \left[\begin{array}{ccc:ccc} 1 & 0 & 0 & 1 & 0 & 0 \\ -1 & 1 & 0 & 0 & 1 & 0 \\ 3 & -2 & 1 & 0 & 0 & 1 \end{array}\right]$ $\begin{matrix} 1\text{행} + 2\text{행} \to 2\text{행} \\ 1\text{행} \times (-3) + 3\text{행} \to 3\text{행} \end{matrix}$ $\Rightarrow \left[\begin{array}{ccc:ccc} 1 & 0 & 0 & 1 & 0 & 0 \\ 0 & 1 & 0 & 1 & 1 & 0 \\ 0 & -2 & 1 & 0 & 0 & 1 \end{array}\right]$

$\Rightarrow \left[\begin{array}{ccc:ccc} 1 & 0 & 0 & 1 & 0 & 0 \\ 0 & 1 & 0 & 1 & 1 & 0 \\ 0 & -2 & 1 & 0 & 0 & 1 \end{array}\right]$ $2\text{행} \times 2 + 3\text{행} \to 3\text{행}$ $\Rightarrow \left[\begin{array}{ccc:ccc} 1 & 0 & 0 & 1 & 0 & 0 \\ 0 & 1 & 0 & 1 & 1 & 0 \\ 0 & 0 & 1 & 2 & 2 & 1 \end{array}\right]$

$= \boldsymbol{I}\boldsymbol{A}^{-1}$

따라서, 역행렬은 $\boldsymbol{A}^{-1} = \begin{bmatrix} 1 & 0 & 0 \\ 1 & 1 & 0 \\ 2 & 2 & 1 \end{bmatrix}$ ← (답)

(c) $\widetilde{A}=\left[\begin{array}{ccc:ccc}1&0&1&1&0&0\\0&2&1&1&1&0\\0&1&1&0&0&1\end{array}\right]$ 1행 + 2행 → 2행 ⇒
2행 × (−1) + 3행 → 2행

$\left[\begin{array}{ccc:ccc}1&0&1&1&0&0\\0&2&1&1&1&0\\0&1&1&0&0&1\end{array}\right]$ 3행 × (−1) + 2행 → 2행 ⇒ $\left[\begin{array}{ccc:ccc}1&0&1&1&0&0\\0&1&0&1&1&-1\\0&1&1&0&0&1\end{array}\right]$

⇒ $\left[\begin{array}{ccc:ccc}1&0&1&1&0&0\\0&1&0&1&1&-1\\0&1&1&0&0&1\end{array}\right]$ 2행 × (−1) + 3행 →3행 ⇒ $\left[\begin{array}{ccc:ccc}1&0&1&1&0&0\\0&1&0&1&1&-1\\0&0&1&-1&-1&2\end{array}\right]$

⇒ $\left[\begin{array}{ccc:ccc}1&0&1&1&0&0\\0&1&0&1&1&-1\\0&0&1&-1&-1&2\end{array}\right]$ 3행 × (−1) + 1행 → 1행 ⇒

$\left[\begin{array}{ccc:ccc}1&0&0&2&1&-2\\0&1&0&1&1&-1\\0&0&1&-1&-1&2\end{array}\right]=IA^{-1}$

따라서, 역행렬은 $A^{-1}=\begin{bmatrix}2&1&-2\\1&1&-1\\-1&-1&2\end{bmatrix}$ ← (답)

■ 기본변형에 의한 역행렬의 결정

일반적으로 행렬 A에 기본변형을 유한 번 실행하여 행렬 A_E가 얻어졌다면, A_E에서 기본변형의 역순으로 실행하면 원래의 행렬 A를 얻을 수 있다. 이때 A와 A_E는 행동치(row equivalent)라고 한다. 행렬 A에 기본변형을 유한회 실행하면 단위행렬 I 가 되고 I 에 역으로 변형하면 다시 A가 된다면 A와 I 는 행동치이다. 이는 기본변형과 Gauss−Jordan소거법과 그 원리가 같다는 것을 의미한다.

보기7

다음 역행렬을 구하라.

$$A=\begin{bmatrix}2&9&5\\1&3&2\\-1&-5&-3\end{bmatrix}$$

풀이

첨가행렬 $[A : I]$의 형태로 나타낸 후 기본변형에 의하여 $[I : A^{-1}]$의 형태로 변형시켜 A^{-1}을 구한다.

$$[\boldsymbol{A} : \boldsymbol{I}] = \left[\begin{array}{rrr:rrr} 2 & 9 & 5 & 1 & 0 & 0 \\ 1 & 3 & 2 & 0 & 1 & 0 \\ -1 & -5 & -3 & 0 & 0 & 1 \end{array}\right]$$

$$\left[\begin{array}{rrr:rrr} 2 & 9 & 5 & 1 & 0 & 0 \\ 1 & 3 & 2 & 0 & 1 & 0 \\ -1 & -5 & -3 & 0 & 0 & 1 \end{array}\right] \quad 1\text{행} - 2\text{행} \rightarrow 1\text{행} \quad \Rightarrow \left[\begin{array}{rrr:rrr} 1 & 6 & 3 & 1 & -1 & 0 \\ 1 & 3 & 2 & 0 & 1 & 0 \\ -1 & -5 & -3 & 0 & 0 & 1 \end{array}\right]$$

$$\Rightarrow \left[\begin{array}{rrr:rrr} 1 & 6 & 3 & 1 & -1 & 0 \\ 1 & 3 & 2 & 0 & 1 & 0 \\ -1 & -5 & -3 & 0 & 0 & 1 \end{array}\right] \quad \begin{array}{l} 1\text{행} - 2\text{행} \rightarrow 2\text{행} \\ 1\text{행} + 3\text{행} \rightarrow 3\text{행} \end{array} \quad \Rightarrow \left[\begin{array}{rrr:rrr} 1 & 6 & 3 & 1 & -1 & 0 \\ 0 & 3 & 1 & 1 & -2 & 0 \\ 0 & 1 & 0 & 1 & -1 & 1 \end{array}\right]$$

$$\Rightarrow \left[\begin{array}{rrr:rrr} 1 & 6 & 3 & 1 & -1 & 0 \\ 0 & 3 & 1 & 1 & -2 & 0 \\ 0 & 1 & 0 & 1 & -1 & 1 \end{array}\right] \quad \begin{array}{l} 2\text{행} \times (-2) + 1\text{행} \rightarrow 1\text{행} \\ 3\text{행} \times (-2) + 2\text{행} \rightarrow 2\text{행} \end{array} \quad \Rightarrow \left[\begin{array}{rrr:rrr} 1 & 0 & 1 & -1 & 3 & 0 \\ 0 & 1 & 1 & -1 & 0 & -2 \\ 0 & 1 & 0 & 1 & -1 & 1 \end{array}\right]$$

$$\Rightarrow \left[\begin{array}{rrr:rrr} 1 & 0 & 1 & -1 & 3 & 0 \\ 0 & 1 & 1 & -1 & 0 & -2 \\ 0 & 1 & 0 & 1 & -1 & 1 \end{array}\right] \quad \begin{array}{l} 2\text{행} \rightarrow 3\text{행}(\text{교환}) \\ 3\text{행} \rightarrow 2\text{행}(\text{교환}) \end{array} \quad \Rightarrow \left[\begin{array}{rrr:rrr} 1 & 0 & 1 & -1 & 3 & 0 \\ 0 & 1 & 0 & 1 & -1 & 1 \\ 0 & 1 & 1 & -1 & 0 & -2 \end{array}\right]$$

$$\Rightarrow \left[\begin{array}{rrr:rrr} 1 & 0 & 1 & -1 & 3 & 0 \\ 0 & 1 & 0 & 1 & -1 & 1 \\ 0 & 1 & 1 & -1 & 0 & -2 \end{array}\right] \quad 2\text{행} \times (-1) + 3\text{행} \rightarrow 3\text{행} \quad \Rightarrow \left[\begin{array}{rrr:rrr} 1 & 0 & 1 & -1 & 3 & 0 \\ 0 & 1 & 0 & 1 & -1 & 1 \\ 0 & 0 & 1 & -2 & 1 & -3 \end{array}\right]$$

$$\Rightarrow \left[\begin{array}{rrr:rrr} 1 & 0 & 1 & -1 & 3 & 0 \\ 0 & 1 & 0 & 1 & -1 & 1 \\ 0 & 0 & 1 & -2 & 1 & -3 \end{array}\right] \quad 3\text{행} \times (-1) + 1\text{행} \rightarrow 1\text{행}$$

$$\Rightarrow \left[\begin{array}{rrr:rrr} 1 & 0 & 0 & 1 & 2 & 3 \\ 0 & 1 & 0 & 1 & -1 & 1 \\ 0 & 0 & 1 & -2 & 1 & -3 \end{array}\right] = [\boldsymbol{I} : \boldsymbol{A}^{-1}]$$

따라서, 역행렬은 $\boldsymbol{A}^{-1} = \begin{bmatrix} 1 & 2 & 3 \\ 1 & -1 & 1 \\ -2 & 1 & -3 \end{bmatrix} \leftarrow (\text{답})$

보기8

다음 역행렬을 구하라.

$$\boldsymbol{B} = \begin{bmatrix} 1 & 2 & 3 \\ 1 & -1 & 1 \\ -2 & 1 & -3 \end{bmatrix}$$

풀이

보기7의 역행렬이 원래의 행렬$\boldsymbol{A}$가 되는지 알아본다. 보기7의 과정과 마찬가지로 첨가행렬 $[\boldsymbol{B} : \boldsymbol{I}]$의 형태로 나타낸 후 기본변형에 의하여 $[\boldsymbol{I} : \boldsymbol{B}^{-1}]$의 형태로 변형시킨다.

$$[\boldsymbol{B} : \boldsymbol{I}\,] = \left[\begin{array}{ccc:ccc} 1 & 2 & 3 & 1 & 0 & 0 \\ 1 & -1 & 1 & 0 & 1 & 0 \\ -2 & 1 & -3 & 0 & 0 & 1 \end{array}\right]$$

$$\left[\begin{array}{ccc:ccc} 1 & 2 & 3 & 1 & 0 & 0 \\ 1 & -1 & 1 & 0 & 1 & 0 \\ -2 & 1 & -3 & 0 & 0 & 1 \end{array}\right] \begin{array}{l} \\ 1\text{행} \times (-1) + 2\text{행} \to 2\text{행} \\ 1\text{행} \quad \times 2 \quad + 3\text{행} \to 3\text{행} \end{array} \Rightarrow \left[\begin{array}{ccc:ccc} 1 & 2 & 3 & 1 & 0 & 0 \\ 0 & -3 & -2 & -1 & 1 & 0 \\ 0 & 5 & 3 & 2 & 0 & 1 \end{array}\right]$$

$$\Rightarrow \left[\begin{array}{ccc:ccc} 1 & 2 & 3 & 1 & 0 & 0 \\ 0 & -3 & -2 & -1 & 1 & 0 \\ 0 & 5 & 3 & 2 & 0 & 1 \end{array}\right] \; 2\text{행} + 3\text{행} \to 2\text{행} \Rightarrow \left[\begin{array}{ccc:ccc} 1 & 2 & 3 & 1 & 0 & 0 \\ 0 & 2 & 1 & 1 & 1 & 1 \\ 0 & 5 & 3 & 2 & 0 & 1 \end{array}\right]$$

$$\Rightarrow \left[\begin{array}{ccc:ccc} 1 & 2 & 3 & 1 & 0 & 0 \\ 0 & 2 & 1 & 1 & 1 & 1 \\ 0 & 5 & 3 & 2 & 0 & 1 \end{array}\right] \; 2\text{행} \times (1/2) \to 2\text{행} \quad \Rightarrow \left[\begin{array}{ccc:ccc} 1 & 2 & 3 & 1 & 0 & 0 \\ 0 & 1 & \frac{1}{2} & \frac{1}{2} & \frac{1}{2} & \frac{1}{2} \\ 0 & 5 & 3 & 2 & 0 & 1 \end{array}\right]$$

$$\Rightarrow \left[\begin{array}{ccc:ccc} 1 & 2 & 3 & 1 & 0 & 0 \\ 0 & 1 & \frac{1}{2} & \frac{1}{2} & \frac{1}{2} & \frac{1}{2} \\ 0 & 5 & 3 & 2 & 0 & 1 \end{array}\right] \; 2\text{행} \times (-5) + 3\text{행} \to 3\text{행} \quad \Rightarrow \left[\begin{array}{ccc:ccc} 1 & 2 & 3 & 1 & 0 & 0 \\ 0 & 1 & \frac{1}{2} & \frac{1}{2} & \frac{1}{2} & \frac{1}{2} \\ 0 & 0 & \frac{1}{2} & -\frac{1}{2} & -\frac{5}{2} & -\frac{3}{2} \end{array}\right]$$

$$\Rightarrow \left[\begin{array}{ccc:ccc} 1 & 2 & 3 & 1 & 0 & 0 \\ 0 & 1 & \frac{1}{2} & \frac{1}{2} & \frac{1}{2} & \frac{1}{2} \\ 0 & 0 & \frac{1}{2} & -\frac{1}{2} & -\frac{5}{2} & -\frac{3}{2} \end{array}\right] \begin{array}{l} 2\text{행} \times (-2) + 1\text{행} \to 1\text{행} \\ \\ 3\text{행} \times 2 \to 3\text{행} \end{array} \Rightarrow$$

$$\left[\begin{array}{ccc:ccc} 1 & 2 & 3 & 1 & 0 & 0 \\ 0 & 1 & \frac{1}{2} & \frac{1}{2} & \frac{1}{2} & \frac{1}{2} \\ 0 & 0 & \frac{1}{2} & -\frac{1}{2} & -\frac{5}{2} & -\frac{3}{2} \end{array}\right] \begin{array}{l} 2\text{행} \times (-2) + 1\text{행} \to 1\text{행} \\ 3\text{행} \times \left(-\frac{1}{2}\right) + 2\text{행} \to 2\text{행} \\ \\ \end{array} \Rightarrow$$

$$\left[\begin{array}{ccc:ccc} 1 & 0 & 0 & 2 & 9 & 5 \\ 0 & 1 & 0 & 1 & 3 & 2 \\ 0 & 0 & 1 & -1 & -5 & -3 \end{array}\right]$$

따라서, 역행렬은 $\boldsymbol{A} = \begin{bmatrix} 2 & 9 & 5 \\ 1 & 3 & 2 \\ -1 & -5 & -3 \end{bmatrix} \leftarrow$ (답)

■ 수반행렬(adjoint matrix)

$(n \times n)$인 행렬 $\boldsymbol{A}$의 여인수행렬 $\boldsymbol{D}_{ij}$는 a_{ij}가 속한 행과 열을 제거한 나머지 성분으로 이루어진 $(n-1) \times (n-1)$행렬($n-1$차 행렬) 정사각형 행렬식을 소행렬식(minor)이라 하고

L_{ij}로 나타낸다. 행렬 $\boldsymbol{A}=(a_{11})$인 경우 $L_{11}=1$로 정의한다.

$$D_{ij}=(-1)^{i+j}L_{ij}$$

를 a_{ij}의 여인수(cofector)라 하고 여인수 D_{ij}를 ji-성분으로 가지는 행렬을 $\boldsymbol{A}$의 **수반행렬**(adjoint matrix; $adj\boldsymbol{A}$)라 한다.

[정리] 여인수행렬과 수반행렬

$(n\times n)$인 행렬 $\boldsymbol{A}$의 여인수핼렬의 성분을 D_{ij}라 할 때 $[D_{ij}]$는

$$[D_{ij}]=\begin{bmatrix} D_{11} & D_{12} & D_{13} & \cdots\cdots & D_{1n} \\ D_{21} & D_{22} & D_{23} & \cdots\cdots & D_{2n} \\ D_{31} & D_{32} & D_{33} & \cdots\cdots & D_{3n} \\ \vdots & \vdots & \vdots & \cdots\cdots & \vdots \\ D_{n1} & D_{n2} & D_{n3} & \cdots\cdots & D_{nn} \end{bmatrix}$$

이고 이것을 행렬 $\boldsymbol{A}$의 **여인수행렬**(matrix of cofactor form $\boldsymbol{A}$)이라 하고, 이 여인수행렬의 전치행렬을 **$\boldsymbol{A}$의 수반행렬**(adjoint of a matrix $\boldsymbol{A}$)이라 하고 $adj\boldsymbol{A}$로 나타낸다.

$$adj\boldsymbol{A}=\begin{bmatrix} D_{11} & D_{12} & D_{13} & \cdots\cdots & D_{1n} \\ D_{21} & D_{22} & D_{23} & \cdots\cdots & D_{2n} \\ D_{31} & D_{32} & D_{33} & \cdots\cdots & D_{3n} \\ \vdots & \vdots & \vdots & \cdots\cdots & \vdots \\ D_{n1} & D_{n2} & D_{n3} & \cdots\cdots & D_{nn} \end{bmatrix}^T=\begin{bmatrix} D_{11} & D_{21} & D_{31} & \cdots\cdots & D_{n1} \\ D_{12} & D_{22} & D_{32} & \cdots\cdots & D_{n2} \\ D_{13} & D_{23} & D_{33} & \cdots\cdots & D_{n3} \\ \vdots & \vdots & \vdots & \cdots\cdots & \vdots \\ D_{1n} & D_{2n} & D_{3n} & \cdots\cdots & D_{nn} \end{bmatrix}$$

보기9

다음 행렬 $\boldsymbol{A}$의 소행렬식 $|L_{ij}|$과 여인수 D_{ij} 및 수반행렬 $adj\boldsymbol{A}$을 구하라.

(a) $\boldsymbol{A}=\begin{bmatrix} a_{11} & a_{12} \\ a_{21} & a_{22} \end{bmatrix}$ (b) $\boldsymbol{A}=\begin{bmatrix} 7 & 8 & 9 \\ 4 & 5 & 6 \\ 1 & 2 & 3 \end{bmatrix}$ (c) $\boldsymbol{A}=\begin{bmatrix} 3 & -2 & 4 \\ 0 & 1 & 3 \\ 0 & 0 & 2 \end{bmatrix}$

풀이

(a) $\boldsymbol{A}$의 소행렬식 $|L_{ij}|$은

$L_{11}=a_{22},\ L_{12}=a_{21},\ L_{21}=a_{12},\ L_{22}=a_{11}$

따라서,

$$\therefore |L_{ij}|=\begin{vmatrix} L_{11} & L_{12} \\ L_{21} & L_{22} \end{vmatrix}=\begin{vmatrix} a_{22} & a_{21} \\ a_{12} & a_{11} \end{vmatrix}.$$

이고, $\boldsymbol{A}$의 여인수 D_{ij}는

$$\therefore\ D_{11} = L_{11} = a_{22},\ D_{12} = -L_{12} = -a_{21},$$
$$D_{21} = -L_{21} = -a_{12},\ D_{22} = L_{22} = a_{11}.$$

이다. 따라서, 수반행렬 $adj\boldsymbol{A}$는 여인수행렬의 전치행렬이므로

$$\therefore\ adj\boldsymbol{A} = \begin{bmatrix} D_{11} & -D_{12} \\ -D_{21} & D_{22} \end{bmatrix}^T = \begin{bmatrix} L_{11} & -L_{21} \\ -L_{12} & L_{22} \end{bmatrix} = \begin{bmatrix} a_{22} & -a_{21} \\ -a_{21} & a_{11} \end{bmatrix}$$

(b) $\boldsymbol{A}$의 소행렬식 $|L_{ij}|$은

$$L_{11} = \begin{vmatrix} 5 & 6 \\ 2 & 3 \end{vmatrix} = 3, \qquad L_{12} = -\begin{vmatrix} 4 & 6 \\ 1 & 3 \end{vmatrix} = -6. \quad L_{13} = \begin{vmatrix} 4 & 5 \\ 1 & 2 \end{vmatrix} = 3,$$
$$L_{21} =-\begin{vmatrix} 8 & 9 \\ 2 & 3 \end{vmatrix} = -6, \quad L_{22} = \begin{vmatrix} 7 & 9 \\ 1 & 3 \end{vmatrix} = 12, \qquad L_{23} =-\begin{vmatrix} 7 & 8 \\ 1 & 2 \end{vmatrix} = -6,$$
$$L_{31} = \begin{vmatrix} 8 & 9 \\ 5 & 6 \end{vmatrix} = 3, \qquad L_{32} = -\begin{vmatrix} 7 & 9 \\ 4 & 6 \end{vmatrix} = -6, \quad L_{33} = \begin{vmatrix} 7 & 8 \\ 4 & 5 \end{vmatrix} = 3$$

이다. 여인수 D_{ij}는

$$\therefore\ D_{11} = L_{11} = 3,\ D_{12} = -L_{12} = -6,\ D_{13} = -L_{13} = 3,$$
$$D_{21} = -L_{21} = -6,\ D_{22} = L_{22} = 12,\ \ D_{23} = -L_{23} = -6,$$
$$D_{31} = L_{31} = 3,\ D_{32} = -L_{32} = -6,\ \ D_{33} = L_{33} = 3.$$

따라서, 수반행렬 $adj\boldsymbol{A}$는

$$adj\boldsymbol{A} = \begin{bmatrix} D_{11} & D_{12} & D_{13} \\ D_{21} & D_{22} & D_{23} \\ D_{31} & D_{32} & D_{33} \end{bmatrix}^T = \begin{bmatrix} 3 & -6 & 3 \\ -6 & 12 & -6 \\ 3 & -6 & 3 \end{bmatrix}^T$$

$$\therefore\ adj\boldsymbol{A} = \begin{bmatrix} 3 & -6 & 3 \\ -6 & 12 & -6 \\ 3 & -6 & 3 \end{bmatrix}$$

(c) $\boldsymbol{A} = \begin{bmatrix} 3 & -2 & 4 \\ 0 & 1 & 3 \\ 0 & 0 & 2 \end{bmatrix}$

$\boldsymbol{A}$의 소행렬식 $|L_{ij}|$은

$$L_{11} = \begin{vmatrix} 1 & 3 \\ 0 & 2 \end{vmatrix} = 2, \qquad L_{12} = -\begin{vmatrix} 0 & 3 \\ 0 & 2 \end{vmatrix} = 0. \qquad L_{13} = \begin{vmatrix} 0 & 1 \\ 0 & 0 \end{vmatrix} = 0,$$

$$L_{21} = -\begin{vmatrix} -2 & 4 \\ 0 & 2 \end{vmatrix} = 4, \qquad L_{22} = \begin{vmatrix} 3 & 4 \\ 0 & 2 \end{vmatrix} = 6, \qquad L_{23} = -\begin{vmatrix} 3 & -2 \\ 0 & 0 \end{vmatrix} = 0,$$

$$L_{31} = \begin{vmatrix} -2 & 4 \\ 1 & 3 \end{vmatrix} = -10, \qquad L_{32} = -\begin{vmatrix} 3 & 4 \\ 0 & 3 \end{vmatrix} = -9, \qquad L_{33} = \begin{vmatrix} 3 & -2 \\ 0 & 1 \end{vmatrix} = 3$$

이다. 따라서, 수반행렬 $adj\boldsymbol{A}$는

$$\therefore\ adj\boldsymbol{A} = \begin{bmatrix} 2 & 0 & 0 \\ 4 & 6 & 0 \\ -10 & -9 & 3 \end{bmatrix}^T = \begin{bmatrix} 2 & 4 & -10 \\ 0 & 6 & -9 \\ 0 & 0 & 3 \end{bmatrix}$$

■ 역행렬공식: 행렬식 적용

역행렬을 구하는 것은 결국 선형연립방정식을 푸는 것과 밀접한 관계가 있다. 그러므로 역행렬을 구하는 공식은 크레머공식과 형태적으로 유사한 점을 가진다. 다음에 소개되는 공식은 이론적으로는 유용하게 이용되지만 실제 계산하는데는 복잡하게 될 수도 있다. 다만 (2×2) 행렬의 역행렬을 구하는 데는 매우 편리하게 이용된다.

[정리] 행렬식을 이용한 역행렬공식

$(n\times n)$인 역원이 존재하는 행렬 $\boldsymbol{A}=[a_{ij}]$의 역행렬 $\boldsymbol{A}^{-1}$은

$$\boldsymbol{A}^{-1}=\frac{1}{\det\boldsymbol{A}}[\boldsymbol{D}_{ij}]^T=\frac{1}{\det\boldsymbol{A}}\begin{bmatrix} D_{11} & D_{21} & D_{31} & \cdots\cdots & D_{n1} \\ D_{12} & D_{22} & D_{32} & \cdots\cdots & D_{n2} \\ D_{13} & D_{23} & D_{33} & \cdots\cdots & D_{n3} \\ \vdots & \vdots & \vdots & \cdots\cdots & \vdots \\ D_{1n} & D_{2n} & D_{3n} & \cdots\cdots & D_{nn} \end{bmatrix}$$

이 된다. 여기서, D_{ij}는 $\det\boldsymbol{A}$에서 a_{ij}의 여인수이고, 윗 식의 행렬부분은 수반행렬 $adj\boldsymbol{A}$이다.

위 역행렬을 간략히 표현하면 다음 식과 같다.

$$\boldsymbol{A}^{-1}=\frac{adj\boldsymbol{A}}{|\boldsymbol{A}|}$$

특히 (2×2)행렬 $\boldsymbol{A}$의 역행렬은

$$\boldsymbol{A}=\begin{bmatrix} a_{11} & a_{12} \\ a_{21} & a_{22}\end{bmatrix} \text{일 때, } \boldsymbol{A}^{-1}=\frac{1}{\det\boldsymbol{A}}\begin{bmatrix} a_{22} & -a_{12} \\ -a_{21} & a_{11}\end{bmatrix}$$

이다.

〈증명〉

위 역행렬공식의 우변을 행렬 $\boldsymbol{D}$로 표시하면, $\boldsymbol{DA}=\boldsymbol{I}$ 임을 보인다.

$$\boldsymbol{DA}=\boldsymbol{H}=[\,h_{kl}]$$

라 하자.

여기서 행렬의 곱에 대한 정의와 $\boldsymbol{D}$의 형태에 의하여

$$h_{kl}=\sum_{i=1}^{n}\frac{D_{ik}}{\det\boldsymbol{A}}a_{il}=\frac{1}{\det\boldsymbol{A}}(a_{1l}D_{1k}+a_{2l}D_{2k}+\cdots+a_{m;}D_{nk})$$

윗 식의 우변 괄호의 합은 $l=k$인 경우 $D=\det\boldsymbol{A}$이고, $l\neq k$인 경우 0이다. 따라서,

$$h_{kk}=\frac{1}{\det\boldsymbol{A}}det\boldsymbol{A}=1$$

$$h_{kl}=0 \quad (l\neq k)$$

가 된다.

특히 $n=2$(2×2행렬)인 경우, 첫 번째 행은 $D_{11}=a_{22}$, $D_{21} = -a_{12}$이 되고, 두 번째 행에서 $D_{12} = -a_{21}$, $D_{22}=a_{22}$가 된다.

위 정리에서 D_{ij}가 놓인 위치는 행렬 $\boldsymbol{A}$의 성분 a_{ij}가 놓인 자리가 이성분 a_{ji}가 있는 자리인 것에 주의한다.

보기10

다음 행렬 $\boldsymbol{A}=\begin{bmatrix}3 & 1\\4 & 2\end{bmatrix}$의 역행렬을 구하라.

풀이

$$\det\boldsymbol{A} = (3\cdot 2)-(1\cdot 4)=2$$

$$\boldsymbol{A}^{-1} = \frac{1}{\det\boldsymbol{A}}\begin{bmatrix}a_{22} & -a_{12}\\-a_{21} & a_{11}\end{bmatrix} = \frac{1}{2}\begin{bmatrix}2 & -1\\-4 & 3\end{bmatrix} = \begin{bmatrix}1 & -0.5\\-2 & 1.5\end{bmatrix} \quad \leftarrow(\text{답})$$

보기11

다음 행렬 $\boldsymbol{A}$에서 (a) 수반행렬, (b) 역행렬을 구하라.

$$\boldsymbol{A}=\begin{bmatrix}3 & -2 & 4\\0 & 1 & 3\\0 & 0 & 2\end{bmatrix}$$

풀이

(a) 여인수를 이용해 수반행렬을 구한다.

$$adj\boldsymbol{A} = \begin{bmatrix}\begin{vmatrix}1 & 3\\0 & 2\end{vmatrix} & -\begin{vmatrix}-2 & 4\\0 & 2\end{vmatrix} & \begin{vmatrix}-2 & 4\\1 & 3\end{vmatrix}\\ -\begin{vmatrix}0 & 3\\0 & 2\end{vmatrix} & \begin{vmatrix}3 & 4\\0 & 2\end{vmatrix} & -\begin{vmatrix}3 & 4\\0 & 3\end{vmatrix}\\ \begin{vmatrix}0 & 1\\0 & 0\end{vmatrix} & -\begin{vmatrix}3 & 2\\0 & 0\end{vmatrix} & \begin{vmatrix}3 & -2\\0 & 1\end{vmatrix}\end{bmatrix} = \begin{bmatrix}2 & 4 & -10\\0 & 6 & -9\\0 & 0 & 3\end{bmatrix} \quad \leftarrow(\text{답})$$

이 수반행렬은 보기9의 (c)와 같은 결과이다.

(b) 역행렬

$$\det\boldsymbol{A} = \begin{vmatrix}3 & -2 & 4\\0 & 1 & 3\\0 & 0 & 2\end{vmatrix} = 3\cdot 1\cdot 2 = 6$$

이므로,

$$\therefore\ \boldsymbol{A}^{-1} = \frac{adj\boldsymbol{A}}{\det\boldsymbol{A}} = \frac{1}{6}\begin{bmatrix}2 & 4 & -10\\0 & 6 & -9\\0 & 0 & 3\end{bmatrix} \quad \leftarrow(\text{답})$$

보기12

다음 (3×3)행렬 $\boldsymbol{A}$의 역행렬을 행렬식과 역행렬공식에 의하여 구하라.

$$\boldsymbol{A}=\begin{bmatrix}-1 & -2 & -3\\ 2 & 1 & 3\\ -2 & 0 & 2\end{bmatrix}$$

풀이

$\det\boldsymbol{A}=(-2)[(-2)\cdot3-(-3)\cdot1]+2[(-1)\cdot1-(-2)\cdot2]=12$

여인수행렬 $D_{ij}=(-1)^{i+j}|L_{ij}|$ 이고

$$D_{ij}=\begin{bmatrix}D_{11} & D_{12} & D_{13}\\ D_{21} & D_{22} & D_{23}\\ D_{31} & D_{32} & D_{33}\end{bmatrix}$$

에서 각 성분을 구하면,

$D_{11}=(-1)^{1+1}\begin{vmatrix}1 & 3\\ 0 & 2\end{vmatrix}=2,\qquad D_{12}=(-1)^{1+2}\begin{vmatrix}2 & 3\\ -2 & 2\end{vmatrix}=-10,$

$D_{13}=(-1)^{1+3}\begin{vmatrix}2 & 1\\ -2 & 0\end{vmatrix}=2,\qquad D_{21}=(-1)^{2+1}\begin{vmatrix}-2 & -3\\ 0 & 2\end{vmatrix}=-4,$

$D_{22}=(-1)^{2+2}\begin{vmatrix}-1 & -3\\ -2 & 2\end{vmatrix}=-8,\quad D_{23}=(-1)^{2+3}\begin{vmatrix}-1 & -2\\ -2 & 0\end{vmatrix}=4,$

$D_{31}=(-1)^{3+1}\begin{vmatrix}-2 & -3\\ 1 & 3\end{vmatrix}=-3,\quad D_{32}=(-1)^{3+2}\begin{vmatrix}-1 & -3\\ 2 & 3\end{vmatrix}=-3,$

$D_{33}=(-1)^{3+3}\begin{vmatrix}-1 & -2\\ 2 & 1\end{vmatrix}=3$

따라서 $\boldsymbol{A}$의 여인수행렬은

$$\boldsymbol{D_{ij}}=\begin{bmatrix}2 & -10 & 2\\ -4 & -8 & 4\\ -3 & -3 & 3\end{bmatrix}$$

이고, 수반행렬은

$$adj\boldsymbol{A}=[\boldsymbol{D_{ij}}]^T=\begin{bmatrix}2 & -4 & -3\\ -10 & -8 & -3\\ 2 & 4 & 3\end{bmatrix}$$

이다. 따라서 구하는 역행렬은 다음과 같다.

$$\boldsymbol{A}^{-1}=\frac{adj\boldsymbol{A}}{\det\boldsymbol{A}}=\frac{1}{12}\begin{bmatrix}2 & -4 & -3\\ -10 & -8 & -3\\ 2 & 4 & 3\end{bmatrix}\qquad\leftarrow(\text{답})$$

위 결과를 검산한다.

$\boldsymbol{AA}^{-1}=\boldsymbol{I}$ 로 부터

$$\therefore \boldsymbol{AA}^{-1} = \begin{bmatrix} -1 & -2 & -3 \\ 2 & 1 & 3 \\ -2 & 0 & 2 \end{bmatrix} \frac{1}{12} \begin{bmatrix} 2 & -4 & -3 \\ -10 & -8 & -3 \\ 2 & 4 & 3 \end{bmatrix} = \begin{bmatrix} 1 & 0 & 0 \\ 0 & 1 & 0 \\ 0 & 0 & 1 \end{bmatrix} = \boldsymbol{I}$$

보기12의 결과에서 알 수 있듯이 (3×3)행렬에서 수반항렬을 구하려 하면 9개의 (2×2) 행렬식을 계산해야 한다. 또한 (4×4)의 행렬에서 수반행렬을 계산하려면 16개의 (3×3)행렬식을 계산해야 한다. 이는 행렬의 차수가 높을수록 계산량은 기하급수적으로 늘어남을 알 수 있다.

[정리] 대각행렬의 역행렬

$(n\times n)$인 대각행렬 $\boldsymbol{A} = [a_{ij}]$ ($i=j$일 때 $a_{ij}\neq 0$, $i\neq j$일 때 $a_{ij}=0$)가 역행렬의 가질 필요충분조건은 주대각선상의 모든 성분 a_{ii}가 0이 아니어야 한다.

이 때, 역행렬 $\boldsymbol{A}^{-1}$은 $\dfrac{1}{a_{11}}, \dfrac{1}{a_{22}}, \cdots, \dfrac{1}{a_{nn}}$이 대각성분인 대각행렬이 된다.

보기13

다음 행렬의 역행렬을 구하라.

$$\boldsymbol{A} = \begin{bmatrix} -4 & 0 & 0 \\ 0 & 1 & 0 \\ 0 & 0 & 2 \end{bmatrix}$$

풀이

행렬 $\boldsymbol{A}$는 대각행렬 이므로 윗 정리에 의해,
$\boldsymbol{A}$의 대각원소 각각의 역수를 취하여 얻을 수 있다. 즉,

$$a_{11} = -\frac{1}{4} = -0.25,\ a_{22} = \frac{1}{1} = 1,\ a_{33} = \frac{1}{2} = 0.5.$$

따라서,

$$\therefore\ \boldsymbol{A}^{-1} = \begin{bmatrix} -0.25 & 0 & 0 \\ 0 & 1 & 0 \\ 0 & 0 & 0.5 \end{bmatrix} \qquad \leftarrow(\text{답})$$

[연습문제]

*문제1~3에서 다음 역행렬의 기본성질에서 다음식이 성립함을 적절한 행렬의 예를 들어서 보여라.

1. $\boldsymbol{A}$가 정칙(가역)이면 $\boldsymbol{A}^{-1}$도 정칙이고, $(\boldsymbol{A}^{-1})^{-1}=\boldsymbol{A}$ 이다.
2. $\boldsymbol{A}$가 정칙이면 $\boldsymbol{A}^{T}$도 정칙이고, $(\boldsymbol{A}^{-1})^{T}=(\boldsymbol{A}^{T})^{-1}$ 이다.
3. $\boldsymbol{A}$가 정칙이면 $(\boldsymbol{A}^{-1})^{n}=(\boldsymbol{A}^{n})^{-1}$ 이다. 여기서 $n=1, 2, 3, \cdots$.
4. $\boldsymbol{A}$가 정칙이면 $\det\boldsymbol{A}^{-1}=(\det\boldsymbol{A})^{-1}$
5. 대칭행렬의 역은 대칭행렬이 된다.
6. 위(아래) 삼각행렬의 역은 아래(위) 삼각행렬이다.

*문제7~12에서 기본행 변형을 적용한 행렬이다. 다음 (a), (b), (c) 중 어떤 방법을 적용했는지 설명하라.

<기본행 변형>
(a) 한 행에 0이 아닌 수를 곱한다.
(b) 두 행을 서로 바꾼다.
(c) 한 행의 실수배를 다른 행에 더한다.

7. $\begin{bmatrix}1&0&0\\0&3&0\\0&0&1\end{bmatrix}$
8. $\begin{bmatrix}1&0&0\\0&1&5\\0&0&1\end{bmatrix}$
9. $\begin{bmatrix}0&0&1\\0&1&0\\1&0&0\end{bmatrix}$
10. $\begin{bmatrix}1&0&0\\-2&1&0\\0&0&1\end{bmatrix}$
11. $\begin{bmatrix}1&0&0&0\\0&1&-1&0\\0&0&1&0\\0&-1&0&1\end{bmatrix}$
12. $\begin{bmatrix}1&-2&0&0\\0&1&0&-2\\0&0&1&0\\0&0&0&1\end{bmatrix}$

*문제13~22에서 확장행렬을 적당히 만들고 **기본 행연산**을 사용하여 다음 행렬의 역행렬을 구하라.

13. $\begin{bmatrix}2&1&5\\2&1&-1\\1&3&7\end{bmatrix}$
14. $\begin{bmatrix}1&-3&1\\2&1&4\\-4&1&0\end{bmatrix}$

15. $\begin{bmatrix} 1 & 2 & 0 \\ 2 & 3 & 1 \\ 2 & 4 & 1 \end{bmatrix}$

16. $\begin{bmatrix} 0 & 4 & 5 \\ 3 & 0 & 1 \\ 1 & -1 & 1 \end{bmatrix}$

17. $\begin{bmatrix} 3 & -1 & 1 \\ 1 & 4 & 0 \\ 2 & 1 & -3 \end{bmatrix}$

18. $\begin{bmatrix} 1 & 0 & 1 \\ -1 & 2 & 0 \\ 0 & 1 & 1 \end{bmatrix}$

19. $\begin{bmatrix} 1 & 3 & 4 \\ 0 & -2 & 1 \\ 2 & -6 & 1 \end{bmatrix}$

20. $\begin{bmatrix} 1 & 6 & 2 \\ 1 & 1 & 3 \\ 5 & 2 & 1 \end{bmatrix}$

21. $\begin{bmatrix} 2 & 2 & -4 & 2 \\ 0 & 1 & 2 & 3 \\ 3 & 1 & 1 & 0 \\ 1 & 3 & 0 & 1 \end{bmatrix}$

22. $\begin{bmatrix} 1 & 0 & -3 & 4 \\ 1 & 2 & 0 & 1 \\ 2 & -1 & 2 & 2 \\ 0 & 1 & 2 & 5 \end{bmatrix}$

*문제23~28에서 다음 행렬의 **수반행렬**을 구하라.

23. $\begin{bmatrix} 1 & -3 \\ 3 & -6 \end{bmatrix}$

24. $\begin{bmatrix} -2 & 3 \\ 2 & -3 \end{bmatrix}$

25. $\begin{bmatrix} 1 & 2 \\ 3 & 4 \end{bmatrix}$

26. $\begin{bmatrix} 0 & 1 \\ 2 & 3 \end{bmatrix}$

27. $\begin{bmatrix} 0 & 2 & 3 \\ 2 & 6 & 5 \\ 1 & -4 & -1 \end{bmatrix}$

28, $\begin{bmatrix} -3 & -2 & 1 \\ 2 & 3 & 5 \\ -1 & 0 & 4 \end{bmatrix}$

*문제29~38에서 수반행렬을 이용하여 다음 행렬의 **역행렬**을 구하고 $AA^{-1} = I$ 임을 보여서 그 결과를 검증하라.

29. $\begin{bmatrix} 1 & -3 \\ 3 & -6 \end{bmatrix}$

30. $\begin{bmatrix} -2 & 3 \\ 2 & -3 \end{bmatrix}$

31. $\begin{bmatrix} 1 & 2 \\ 3 & 4 \end{bmatrix}$

32. $\begin{bmatrix} 0 & 1 \\ 2 & 3 \end{bmatrix}$

33. $\begin{bmatrix} 1 & 1 & 0 \\ 1 & 1 & 1 \\ 0 & 2 & 1 \end{bmatrix}$

34. $\begin{bmatrix} 1 & 0 & 1 \\ 2 & 1 & 2 \\ 0 & 4 & 6 \end{bmatrix}$

35. $\begin{bmatrix} 0 & 2 & 3 \\ 2 & 6 & 5 \\ 1 & -4 & -1 \end{bmatrix}$

36. $\begin{bmatrix} -3 & -2 & 1 \\ 2 & 3 & 5 \\ -1 & 0 & 4 \end{bmatrix}$

37. $\begin{bmatrix} 1 & 1 & 1 & 1 \\ 1 & 1 & 3 & 4 \\ 1 & 2 & 1 & 1 \\ 1 & 3 & 2 & 1 \end{bmatrix}$

38. $\begin{bmatrix} 0 & 1 & -4 & 1 \\ 1 & -2 & 6 & 0 \\ 3 & 7 & 5 & 2 \\ 0 & 1 & 3 & 2 \end{bmatrix}$

*문제 39~44에서 **크레머법칙**을 이용하여 다음 연립방정식의 해($\boldsymbol{x} = \boldsymbol{A}^{-1}\boldsymbol{b}$) 를 구하라.

39. $\begin{aligned} 3x_1 + 4x_2 &= -1 \\ x_1 - 2x_2 &= -7 \end{aligned}$

40. $\begin{aligned} 3x_1 + 4x_2 &= 5 \\ 2x_1 - x_2 &= 7 \end{aligned}$

41. $\begin{aligned} x_1 + 2x_2 &= -5 \\ 2x_1 - 3x_2 &= 4 \end{aligned}$

42. $\begin{aligned} 3x_1 + x_2 + 2x_3 &= 0 \\ 2x_1 + 3x_2 + x_3 &= 5 \\ x_1 + 2x_2 + 3x_3 &= 1 \end{aligned}$

43. $\begin{aligned} 3x_1 + 2x_2 - 2x_3 &= -2 \\ 2x_1 + x_2 + 3x_3 &= 4 \\ x_1 - 2x_2 - 5x_3 &= 3 \end{aligned}$

44. $\begin{aligned} 3x_1 - x_2 \qquad\qquad &= -4 \\ x_1 \qquad\qquad - x_4 &= -3 \\ 3x_2 + x_3 \qquad &= 1 \\ 2x_3 + 3x_4 &= 2 \end{aligned}$

*문제45~58에서 Gauss-Jordan 소거법을 이용하여 다음 행렬의 **역행렬**을 계산하고, $\boldsymbol{A}\boldsymbol{A}^{-1} = \boldsymbol{I}$ 임을 보여서 그 결과를 검증하라.

45. $\begin{bmatrix} 1 & -3 \\ 3 & -6 \end{bmatrix}$

46. $\begin{bmatrix} -2 & 3 \\ 2 & -3 \end{bmatrix}$

47. $\begin{bmatrix} 1 & 2 \\ 3 & 4 \end{bmatrix}$

48. $\begin{bmatrix} 0 & 1 \\ 2 & 3 \end{bmatrix}$

49. $\begin{bmatrix} -5 & -\frac{3}{2} \\ \frac{1}{2} & -\frac{1}{4} \end{bmatrix}$

50. $\begin{bmatrix} \cos 4\theta & \sin 4\theta \\ -\sin 4\theta & \cos 4\theta \end{bmatrix}$

51. $\begin{bmatrix} 1 & 0 & 0 \\ 0 & 0 & 1 \\ 0 & 1 & 0 \end{bmatrix}$

52. $\begin{bmatrix} 1 & -2 & 5 \\ 0 & 1 & -4 \\ 0 & 0 & 1 \end{bmatrix}$

53. $\begin{bmatrix} 0 & 8 & 0 \\ 0 & 0 & 4 \\ 2 & 0 & 0 \end{bmatrix}$

54. $\begin{bmatrix} 1 & 0 & 0 \\ -1 & 1 & 0 \\ 3 & -2 & 1 \end{bmatrix}$

55. $\begin{bmatrix} 0 & 2 & 3 \\ 2 & 6 & 5 \\ 1 & -4 & -1 \end{bmatrix}$

56. $\begin{bmatrix} -3 & -2 & 1 \\ 2 & 3 & 5 \\ -1 & 0 & 4 \end{bmatrix}$

57. $\begin{bmatrix} 1 & 1 & 1 & 1 \\ 1 & 1 & 3 & 4 \\ 1 & 2 & 1 & 1 \\ 1 & 3 & 2 & 1 \end{bmatrix}$

58. $\begin{bmatrix} 0 & 1 & -4 & 1 \\ 1 & -2 & 6 & 0 \\ 3 & 7 & 5 & 2 \\ 0 & 1 & 3 & 2 \end{bmatrix}$

*문제59~66에서 **역행렬공식**으로 역행렬을 구하고 **Gauss-Jordan소거법**을 사용한 답과 비교하라.

59. $\begin{bmatrix} -5 & -\frac{3}{2} \\ \frac{1}{2} & -\frac{1}{4} \end{bmatrix}$

60. $\begin{bmatrix} \cos 4\theta & \sin 4\theta \\ -\sin 4\theta & \cos 4\theta \end{bmatrix}$

61. $\begin{bmatrix} 1 & 0 & 0 \\ 0 & 0 & 1 \\ 0 & 1 & 0 \end{bmatrix}$

62. $\begin{bmatrix} 1 & -2 & 5 \\ 0 & 1 & -4 \\ 0 & 0 & 1 \end{bmatrix}$

63. $\begin{bmatrix} 0 & 8 & 0 \\ 0 & 0 & 4 \\ 2 & 0 & 0 \end{bmatrix}$

64. $\begin{bmatrix} 1 & 0 & 0 \\ -1 & 1 & 0 \\ 3 & -2 & 1 \end{bmatrix}$

65. $\begin{bmatrix} 0 & 2 & 3 \\ 2 & 6 & 5 \\ 1 & -4 & -1 \end{bmatrix}$

66. $\begin{bmatrix} -3 & -2 & 1 \\ 2 & 3 & 5 \\ -1 & 0 & 4 \end{bmatrix}$

67. 행교환에 의한 역행렬은 어떻게 이용되는지 설명하고 문제55의 결과에서 확인하라.

68. 삼각행렬의 역행렬은 다시 삼각행렬이 되는지 문제56과 문제58의 결과에서 확인하라. 그 이유를 설명하라.

69. 다음 행렬 $\boldsymbol{A}$의 역행렬이 존재하기 위한 c값을 모두 구하고, 역행렬이 존재할 때, $\boldsymbol{A}^{-1}$를 구하라.

$$\boldsymbol{A} = \begin{bmatrix} 1 & 1 & 0 \\ 1 & 0 & 0 \\ 1 & 3 & c \end{bmatrix}$$

70. 다음 행렬에 대하여 $(\boldsymbol{A}^{-1})^T = (\boldsymbol{A}^T)^{-1}$ 와 $(\boldsymbol{A}^2)^{-1} = (\boldsymbol{A}^{-1})^2$ 가 성립함을 확인하라

$$\boldsymbol{A} = \begin{bmatrix} 1 & 3 & 0 \\ 2 & 1 & 1 \\ 1 & 0 & 1 \end{bmatrix}$$

71. $(n \times n)$의 정사각형렬 $\boldsymbol{A}$가 정칙이고 $\boldsymbol{A}^3 - 2\boldsymbol{A}^2 + 3\boldsymbol{A} - \boldsymbol{I} = 0$ 을 만족할 때, $\boldsymbol{A}$의 역행렬은 다음 식을 만족함을 보여라.

$$\boldsymbol{A}^{-1} = \boldsymbol{A}^2 - 2\boldsymbol{A} + 3\boldsymbol{I}$$

여기서, $(n \times n)$인 $\boldsymbol{I}$ 는 단위행렬이다.

72. 다음 행렬 $\boldsymbol{A}$와 $\boldsymbol{B}$에 대해 $(\boldsymbol{AB})^{-1} = \boldsymbol{B}^{-1}\boldsymbol{A}^{-1}$ 이 성립함을 확인하라.

$$\boldsymbol{A} = \begin{bmatrix} 2 & 1 & -2 \\ 1 & 1 & -1 \\ -1 & -1 & 2 \end{bmatrix}, \quad \boldsymbol{B} = \begin{bmatrix} 1 & 0 & 1 \\ -1 & 2 & 0 \\ 0 & 1 & 1 \end{bmatrix}$$

73. $(\boldsymbol{A}^{-1})^{-1} = \boldsymbol{A}$ 임을 증명하라.

74. $(adj\boldsymbol{A})\boldsymbol{A} = \boldsymbol{A}(adj\boldsymbol{A})$ 임을 증명하라.

75. $\det(adj\boldsymbol{A}) = (\det\boldsymbol{A})^{n-1}$ 임을 증명하라.

76. $(n \times n)$인 정사각형 행렬 $\boldsymbol{A}$와 $\boldsymbol{B}$에 대하여 다음 식이 성립함을 보여라.

$$adj\boldsymbol{AB} = (adj\boldsymbol{A})(adj\boldsymbol{B})$$

제9장

벡터공간

9.1 R^3 내에서 벡터공간

제 8장에서 R^2와 R^3에 대하여 벡터의 개념에 대하여 알아보았다. 이를 요약하여 기술하면 다음과 같다.

일반적으로 양(quantity)를 기술할 때는 2가지로 표현된다. 하나는 크기(magnitude)만을 가진 스칼라(scalar)이며 또 하나는 크기와 방향을 동시에 가진 것으로 이를 벡터(vector)라고 한다. 벡터의 표시는 크기와 방향을 표시하기 위하여 유향선분[25](directed segment, 또는 화살표)을 사용한다. 벡터의 크기는 유향선분의 길이로 나타내고 유향성분의 방향으로 벡터의 방향을 나타낸다. 공간상의 점 A에서 점 B로 향하는 벡터를 $\overrightarrow{AB}$로 나타내고 점 A를 시점(initial point), 점 B를 종점(terminal point)라고 한다. 이 때 선분 $\overrightarrow{AB}$의 길이가 벡터 $\overrightarrow{AB}$의 크기를 나타낸다. 기호로 쓰면 $|\overrightarrow{AB}|$로 표기한다. 또한 크기가 같고 방향이 같은 벡터들을 동치(euivalent)라고 한다. 벡터는 크기와 방향에 의해서만 결정되므로 동치인 벡터들은 시점이 서로 다르더라도 동일한 벡터로 간주된다. 따라서 벡터 $\vec{P}$와 벡터 $\vec{Q}$가 동치이면, $\vec{P}=\vec{Q}$로 표시한다.

다음은 2장에서 언급한 벡터의 연산에 대하여 간략히 복습한다.

■ 벡터의 합

[정의] 벡터의 합(sum of vector)
두 벡터 $\vec{P}$와 $\vec{Q}$에 대하여 $\vec{Q}$의 시점이 $\vec{P}$의 종점에 놓이는 벡터라 할 때, 합(sum) $\vec{P}+\vec{Q}$는 $\vec{P}$의 시점에서 $\vec{Q}$의 종점까지의 벡터이다.

그림1은 벡터의 합을 나타낸다.

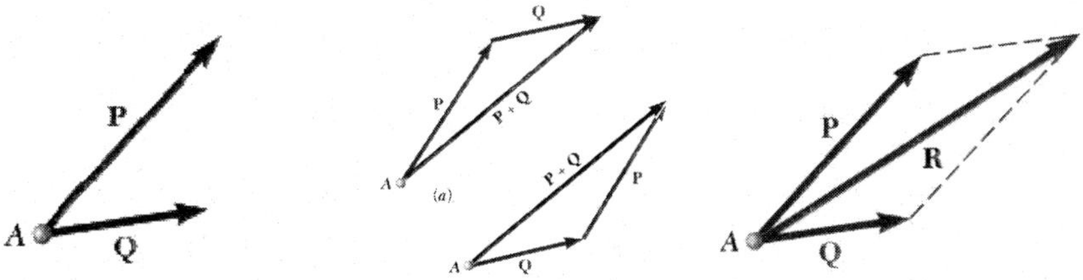

(a) 두 벡터 (b) 두 벡터의 합

그림1 벡터의 합

25) 有向線分: 방향이 있는 선분을 말하며, 유향선분은 보통의 의미의 길이에 유향선분의 방향이 직선의 방향과 일치하면 양(+)의 부호, 반대이면 음(-)의 부호를 붙인 수로 나타내어 진다.

크기가 0인 벡터(시점과 종점이 같은 벡터)를 영벡터(zero vector)라 하고 0으로 표시한다. 임의의 벡터 $\vec{P}(\neq 0)$와 크기가 같으면서 방향이 반대인 벡터를 $\vec{P}$의 부벡터(negative vector of $\vec{P}$)라 하고 $-\vec{P}$로 표기한다. 그러므로 $\vec{P}+(-\vec{P})=0$임을 알 수 있다.

■ 벡터의 스칼라곱

> **[정리] 벡터의 스칼라곱(scalar multiplication of vector)**
> 임의의 스칼라(실수) c와 벡터 $\vec{a}=< a_1, a_2, a_3 >$가 주어졌을 때
> (1) $c \geq 0$이면 $c\vec{a}$는 벡터 $\vec{a}$의 크기의 c배이고 방향은 $\vec{a}$의 방향과 같은 벡터이다. 즉, $|c\vec{a}| = c|\vec{a}|$이고, $\vec{a}$와 $c\vec{a}$는 같은 방향을 가진다.
> (2) $c \leq 0$이면 $c\vec{a}$는 $\vec{a}$의 크기의 $|c|$배이고 방향은 $\vec{a}$의 방향과 반대인 벡터이다. 즉 $|c\vec{a}| = c|\vec{a}|$이고, $\vec{a}$와 $c\vec{a}$는 서로 반대방향의 벡터이다.
> (3) $c=0$이거나 $\vec{a}=0$이면 $c\vec{a}=0$이다.

> **[정의] 벡터의 차(difference of vector)**
> 두 벡터 $\vec{P}$와 $\vec{Q}$에 대하여 $\vec{P}-\vec{Q}=\vec{P}+(-\vec{Q})$를 벡터 $\vec{P}$와 벡터 $\vec{Q}$의 차(difference)라고 한다.

정리에서 알 수 있듯이 $c\vec{a}$의 크기는 $\vec{a}$의 크기의 $|c|$배이다. $c>0$이면, $\vec{a}$와 $c\vec{a}$는 방향이 같은 벡터이고, $c<0$이면, $\vec{a}$와 $c\vec{a}$는 서로 반대방향이 되며 $c=0$이면, $c\vec{a}$는 영벡터($\vec{0}$)이다.

직교좌표계의 공간 R^3상의 임의의 두 점 $P_1(x_1, y_1, z_1)$과 $P_2(x_2, y_2, z_2)$의 벡터를 표현하는 방법을 알아보자. $\overrightarrow{P_1P_2}$의 시점이 원점 O가 되도록 평행이동해 보자. 그러면 점 $Q(x_2-x_1, y_2-y_1, z_2-z_1)$에 대하여 $\overrightarrow{P_1P_2}=\overrightarrow{OQ}$가 됨을 알 수 있다. 따라서 상의 모든 벡터들의 집합을

$$\{\overrightarrow{OP} | P(x, y, z) \in R^3\}$$

으로 나타낼 수 있다.

또한 벡터 $\overrightarrow{OP}$의 시점은 언제나 원집 O이므로 $\overrightarrow{OP}$는 종점 $P(x, y, z)$에 의하여 결정된다. 따라서 벡터 $\overrightarrow{OP}$를 종점 P의 좌표로 표기하면 편리하다. 즉, 점 $P(x, y, z)$에 대하여 $\overrightarrow{OP}=(x, y, z)$와 같이 표기할 수 있으며, 이 경우 x, y, z를 벡터 $\overrightarrow{OP}$의 성분(components)이라 한다. 지금까지 살펴본 것 들을 종합하면 다음과 같은 성질을 알 수 있다.

[정리]

임의의 벡터 $(x, y, z) \in R^3$와 스칼라 $c \in R$에 대하여 다음 성질이 성립한다.

(1) $|(x, y, z)| = \sqrt{x^2 + y^2 + z^2}$

(2) $c(x, y, z) = (cx, cy, cz)$

(3) 임의의 벡터 $(l, m, n) \in R$에 대하여

$$(x, y, z) + (l, m, n) = (x+l, y+m, z+n)$$

[정의] 벡터의 길이(norm of vector)

벡터 $\vec{a}$의 길이(length)를 $\vec{a}$의 놈(norm)이라 하고 $|a|$ 또는 $\|a\|$와 같이 표기하고 놈이 1인 벡터를 단위벡터(unit)라 한다.

위 정리의 (1)에 의해 $\vec{a} = (a_1, a_2) \in R^2$일 때 $\vec{a}$의 놈은 $|\vec{a}| = \sqrt{a_1^2 + a_2^2}$이고, $\vec{a} = (a_1, a_2, a_3) \in R^3$의 놈은 $|\vec{a}| = \sqrt{a_1^2 + a_2^2 + a_3^2}$이다. 두 점 $P_1(x_1, y_1, z_1)$, $P_2(x_2, y_2, z_2) \in R^3$에 대하여 벡터 $\overrightarrow{P_1P_2}$의 놈(norm)을 두 벡터 사이의 거리(distance)라 한다. $\overrightarrow{P_1P_2} = (x_2 - x_1, y_2 - y_1, z_2 - z_1)$이므로 두 베터사이외 거리 d는 다음과 같다.

$$\therefore\ d = \sqrt{(x_2 - x_1)^2 + (y_2 - y_1)^2 + (z_2 - z_1)^2}$$

[징의] 벡터의 유클리느곱(Euclid product of vector, 내적)

두 벡터 $\vec{a}$와 $\vec{b}$가 R^3상의 벡터이고 $\vec{a}$와 $\vec{b}$의 사이각이 θ일 때 $\vec{a}$와 $\vec{b}$의 내적(dot product, Euclid product)은 다음과 같이 정의한다.

$$\vec{a} \cdot \vec{b} = \begin{cases} |\vec{a}|\,|\vec{b}| \cos\theta & (\vec{a} \neq 0 \text{ 이고 } \vec{b} \neq 0 \text{ 일때}) \\ 0 & (\vec{a} = 0 \text{ 또는 } \vec{b} = 0 \text{ 일때}) \end{cases}$$

지금까지 제9장에서 기술한 내용을 우리에게 익숙한 벡터공간 R^3에 대하여 간단한 성질들을 알아보았다. 이들 내용을 바탕으로 다음 절에서는 일반적인 벡터공간에 대하여 알아보기로 한다.

9.2 벡터공간

이 절에서는 앞에서 다룬 벡터공간을 확장하여 R^n에서의 일반적인 벡터공간을 정의하고 주요 내용을 알아본다. 일반적인 벡터공간의 정의는 다음과 같다.

[정의] 벡터공간(vector space)

공집합이 아닌 집합 V에 임의의 $x, y \in V$와 $c \in R$에 대하여 합 $x+y$와 스칼라곱 cx가 정의되어 있고 다음을 만족시키면 V를 벡터공간(vector space)[26]이라 한다. 이때 V의 원소를 벡터(vector)라 하고 실수를 스칼라(scalar)라 한다.

<벡터공간의 공리(axiom)[27]>

(1) V집합 상에 덧셈이 정의 되어 있다.

$$x, y \in V \Rightarrow x+y \in V$$

그리고, $x, y, z \in V$에 대하여 다음이 성립한다.

ⓐ $x+y=y+x$

ⓑ $(x+y)+z=x+(y+z)$

ⓒ 모든 $x \in V$에 대하여 벡터 $\mathbf{0}$이 V에 존재할 때 다음식이 성립한다.

$$x+\mathbf{0}=\mathbf{0}+x=x$$

여기서, $\mathbf{0}$을 V의 영벡터(zero vector)라고 한다.

ⓓ 모든 $x \in V$에 대하여 $-x \in V$이면

$$x+(-x)=\mathbf{0}$$

이 오직 하나 존재한다. 여기서, $-x$를 x의 음벡터(negative of x)라 한다.

(2) V집합 상에 스칼라배가 정의 되어 있다. 임의의 스칼라 c에 대하여

$$x \in V \Rightarrow cx \in V$$

$x, y \in V$, c, k는 스칼라일 때 다음이 성립한다.

ⓔ $c(x+y)=cx+cy$

ⓕ $(c+k)x=cx+kx$

ⓖ $c(kx)=(ck)x$

ⓗ $1x=x$

---

26) 스칼라를 실수로 하는 벡터공간을 실벡터공간(real vector space)이라 하고, 스칼라를 복소수로 하는 벡터공간을 복소벡터공간(complex vector space)이라 한다.

27) 여기서 말하는 벡터공간은 정해진 조건에서의 집합을 의미하며 벡터의 의미는 이 공간의 원소를 의미한다. 즉, 벡터가 크기와 방향만을 가지는 물리적인 대상을 포함하는 포괄적인 의미이다.

벡터공간에 대한 위의 공리를 만족하는 집합이면 그 집합은 벡터공간이다. 따라서 벡터공간은 R^2, R^3 외에도 매우 다양하게 존재한다.

보기1

$R^n = \{(\alpha_1,\alpha_2, \cdots \alpha_n) | \alpha_1, \alpha_2, \cdots, \alpha_n \in R\}$이라고 하면, 임의의
$x = (a_1, a_2, \cdots, a_n)$, $y = (\beta_1, \beta_2, \cdots, \beta_n) \in R^n$와 임의의 스칼라 c에 대하여

$$x + y = (\alpha_1 + \beta_1, \alpha_2 + \beta_2, \cdots, \alpha_n + \beta_n),\ cx = (c\alpha_1, c\alpha_2, \cdots, c\alpha_n)$$

로 정의하면 R^n은 벡터공간이 된다.

> **[정의] 표준연산(standard operation)**
> n차 유클리드 공간(Euclidean space) R^n에서 임의의 x, $y \in R^n$과 스칼라 c에 대하여 표준연산은 두 벡터의 합 $x+y$과 스칼라곱 cx, cy을 표준연산이라 한다.

보기1의 경우를 n차 유클리드 공간(Euclidean space)이라고 한다. 또한 보기1과 같이 정의된 두 벡터의 합과 스칼라곱을 R^n에서의 **표준연산**(standart operations)이라고 한다. 보기1의 결과를 보기2를 통해 일반화해 보자.

보기2

R^n은 벡터공간임을 보여라.

풀이

$V = R^n = \{(x_1, x_2, \cdots, x_n) | x_j \in R; j = 1, 2, \cdots, n)\}$이라 하고
$\vec{x} = (a_1, a_2, \cdots, a_n)$, $\vec{y} = (b_1, b_2, \cdots, b_n)$, $\vec{z} = (c_1, c_2, \cdots, c_n)$
이라 하면 $\vec{x}, \vec{y}, \vec{z} \in V$이다. 따라서,

$$\begin{aligned}\vec{x} + \vec{y} &= (a_1, a_2, \cdots, a_n) + (b_1, b_2, \cdots, b_n)\\ &= (a_1 + b_1, a_2 + b_2, \cdots, a_n + b_n),\ (\in V)\\ &= (b_1 + a_1, b_2 + a_2, \cdots, b_n + a_n)\ (\text{성분의 교환})\\ &= (b_1, b_2, \cdots, b_n) + (a_1, a_2, \cdots, a_n)\\ &= \vec{y} + \vec{x} \in V\end{aligned}$$

스칼라 c에 대하여

$$\begin{aligned} c\vec{x} &= c(a_1,\ a_2,\ \cdots,\ a_n) \\ &= (ca_1,\ ca_2,\ \cdots,\ ca_n) \in V \end{aligned}$$

그러므로, V는 벡터공간의 공리 (1) ⓐ와 (2) ⓗ를 만족한다.

$$\begin{aligned} (\vec{x}+\vec{y})+\vec{z} &= (a_1+b_1,\ a_2+b_2,\ \cdots,\ a_n+b_n)+(c_1,\ c_2,\ \cdots,\ c_n) \\ &= [(a_1+b_1)+c_1,\ (a_2+b_2)+c_2,\ \cdots,\ (a_n+b_n)+c_n] \\ &= [a_1+(b_1+c_1),\ a_2+(b_2+c_2),\ \cdots,\ a_n+(b_n+c_n)] \\ &= (a_1,\ a_2,\ \cdots,\ a_n)+(b_1+c_1,\ b_2+c_2,\ \cdots,\ b_n+c_n) \\ &= \vec{x}+(\vec{y}+\vec{z}) \end{aligned}$$

$\vec{0} = (0,\ 0,\ \cdots,\ 0)$이므로, $\vec{x}+\vec{0} = \vec{0}+\vec{x} = \vec{x}$이다.

$-\vec{x} = -(a_1,\ a_2,\ \cdots,\ a_n) = (-a_1,\ -a_2,\ \cdots,\ -a_n)$

$$\begin{aligned} \vec{x}+(-\vec{x}) &= (a_1,\ a_2,\ \cdots,\ a_n)+(-a_1,\ -a_2,\ \cdots,\ -a_n) \\ &= (a_1-a_1,\ a_2-a_2,\ \cdots,\ a_n-a_n) \\ &= (0,\ 0,\ \cdots,\ 0) = \vec{0} \end{aligned}$$

이다. 따라서, V는 공리 ⓑ, ⓒ, ⓓ를 만족한다. 또한,

$$\begin{aligned} c(\vec{x}+\vec{y}) &= c(a_1+b_1,\ a_2+b_2.\ \cdots,\ a_n+b_n) \\ &= [c(a_1+b_n),\ c(a_2+b_2),\ \cdots,\ c(a_n+b_n)] \\ &= (ca_1+cb_1,\ ca_2+cb_2,\ \cdots,\ ca_n+cb_n) \\ &= (ca_1,\ ca_2,\ \cdots,\ ca_n)+(cb_1,\ cb_2,\ \cdots,\ cb_n) \\ &= c(a_1,\ a_2,\ \cdots,\ a_n)+c(b_1,\ b_2,\ \cdots,\ b_n) \\ &= c\vec{x}+c\vec{y} \end{aligned}$$

위의 결과로부터 V는 공리 ⓔ를 만족한다. 같은 방법으로 V는 ⓕ, ⓖ, ⓗ를 만족한다. 따라서 $V = R^n$은 벡터공간이다.

보기3

$V = \{f \mid f : (-\infty,\ \infty) \rightarrow R : function\}$라 하고 임의의 벡터 $f, g \in V$와 임의의 스칼라 c에 대하여

$$(f+g)(x) = f(x)+g(x),\ (cf)(x) = cf(x) \quad (x \in R)$$

로 정의하면 V는 벡터공간[28]이 된다.

보기3과 같은 경우 $f = g$가 되기 위한 필요충분조건은 임의의 모든 $x \in R$에 대하여 $f(x) = g(x)$이다. 또한 V에서의 영벡터는 모든 $x \in R$에 대하여 $\boldsymbol{O} = z(x) = 0$인 함수이며 임의의 벡터 $f \in V$[29]의 부(−)벡터는 $-f = -f(x)$이다.

보기4

집합 $\{0\}$은 벡터공간임을 보여라.

풀이

$V = \{0\}$이라 두면, $0+0 = 0 \in V$, $1 \cdot 0 = 0 \in V$,

$0 + (0+0) = (0+0) + 0$, $c(0+0) = c \cdot 0 + c \cdot 0 = 0$

이 된다. 따라서 V는 벡터공간[30]이다.

보기5

실수의 성분을 가지는 $m \times n$행렬의 집합 $A_{m \times n}$은 벡터공간임을 보여라.

풀이

$P, Q \in A_{m \times n}$인 $m \times n$행렬 P와 Q를 다음과 같이 두면,

$$P = \begin{bmatrix} p_{11} & p_{12} & \cdots & p_{1n} \\ p_{21} & p_{22} & \cdots & p_{2n} \\ \vdots & \vdots & \cdots & \vdots \\ p_{m1} & p_{m2} & \cdots & p_{mn} \end{bmatrix}, \quad Q = \begin{bmatrix} q_{11} & q_{12} & \cdots & q_{1n} \\ q_{21} & q_{22} & \cdots & q_{2n} \\ \vdots & \vdots & \cdots & \vdots \\ q_{m1} & q_{m2} & \cdots & q_{mn} \end{bmatrix}$$

에서

$$P + Q = \begin{bmatrix} p_{11}+q_{11} & p_{12}+q_{12} & \cdots & p_{1n}+q_{1n} \\ p_{21}+q_{21} & p_{22}+q_{22} & \cdots & p_{2n}+q_{2n} \\ \vdots & \vdots & \cdots & \vdots \\ p_{m1}+q_{m1} & p_{m2}+q_{m2} & \cdots & p_{mn}+q_{mn} \end{bmatrix}$$

$$= \begin{bmatrix} p_{11}+q_{11} & p_{12}+q_{12} & \cdots & p_{1n}+q_{1n} \\ p_{21}+q_{21} & p_{22}+q_{22} & \cdots & p_{2n}+q_{2n} \\ \vdots & \vdots & \cdots & \vdots \\ p_{m1}+q_{m1} & p_{m2}+q_{m2} & \cdots & p_{mn}+q_{mn} \end{bmatrix} = Q + P$$

$\therefore\ P + Q = Q + P \in A_{m \times n}$

---

28) V에서의 영벡터는 모든 $x \in R$에 대하여 $0(x) = 0$인 함수이다. 또한 임의의 벡터 $f \in V$의 f 음벡터(negative vector)는 $-f = -f(x)$이다. 이러한 벡터공간 V를 $f(R)$ 또는 $f(-\infty, \infty)$로 표기하기도 한다.

29) 이러한 벡터공간 V를 $F(R)$로 표시하거나 $F(-\infty, \infty)$로 표시하기도 한다.

30) 영벡터 하나만을 가진 벡터공간을 영벡터공간(zero vector space)이라 한다.

스칼라 c에 대하여

$$cP = \begin{bmatrix} cp_{11} & cp_{12} & \cdots & cp_{1n} \\ cp_{21} & cp_{22} & \cdots & cp_{2n} \\ \vdots & \vdots & \cdots & \vdots \\ cp_{m1} & cp_{m2} & \cdots & cp_{mn} \end{bmatrix} \in A_{m \times n}$$

마찬가지로, P, Q, R이 $m \times n$행렬일 때

(1) $P+Q = Q+P$
(2) $(P+Q)+R = P+(Q+R)$
(3) $P+0 = 0+P = P$
(4) $P+(-P) = (-P)+P = 0$
(5) $(ck)P = c(kP)$
(6) $1P = P$
(7) $(c+k)P = cP+kP$
(8) $c(P+Q) = cP+cQ$

(1)~(8)의 벡터공간의 공리 모두를 만족한다. 그러므로 $A_{m \times n}$은 벡터공간이다.

다음의 정리는 기본적인 벡터의 성질이며 벡터공간을 이해하는데 유익하게 활용된다.

[정리] 벡터공간(vector space)의 성질

V가 벡터공간일 때 임의의 벡터 $\vec{a} \in V$와 스칼라 c에 대하여 다음의 성질들이 성립한다.

(1) $0\vec{a} = 0$
(2) $c0 = 0$
(3) $(-1)\vec{a} = -\vec{a}$
(4) $c\vec{a} = 0$이면, $c = 0$ 또는 $\vec{a} = 0$

증명 (1)

벡터공간의 공리 (2)- ⓕ $(c+k)x = cx+kx$에 의해

$$0\vec{a} + 0\vec{a} = (0+0)\vec{a} = 0\vec{a}$$

이므로 양변에 $0\vec{a}$의 음(-)벡터 $-0\vec{a}$를 더하면

$$(0\vec{a}+0\vec{a}) + (-0\vec{a}) = 0\vec{a}+(-0\vec{a})$$

이고, 벡터공간의 공리 (1)-ⓑ, ⓒ, ⓓ 에 의해

$$\therefore\ 0\vec{a} = 0$$

증명 (2) "생략"

증명 (3)

$$\vec{a} + (-1)\vec{a} = 1\vec{a} + (-1)\vec{a} = (1+(-1))\vec{a} = 0\vec{a} = 0$$

이므로,

$$\therefore\ (-1)\vec{a} = -\vec{a}$$

증명 (4) "생략"

보기6

집합 $\{2\}$는 벡터공간인가?

풀이

$2+2=4 \not\in \{2\}$이므로 집합 $\{2\}$는 벡터공간이 아니다.

보기7

표준연산이 정의된 V가 정수 전체의 집합일 때 V는 벡터공간인가?

풀이

스칼라 $c = \dfrac{1}{3}$이고, $\vec{a} = 1 \in V$일 때

$$c\vec{a} = \left(\frac{1}{3}\right)(1) = \frac{1}{3} \not\in V$$

이므로, 스칼라곱에 대하여 닫혀 있지 않으므로 벡터공간이 아니다.

보기8

표준연산이 정의된 $V = R^2$에서 V는 보기1에 의하여 벡터공간이 된다. 만약 임의의 스칼라 c에 대하여 스칼라곱을 다음과 같이 정의하면 V는 벡터공간이 되는가?

$$c\vec{a} = c(a_1,\ a_2) = (ca_1,\ 0)$$

풀이

$1(1,\ 1) = (1,\ 0) \neq (1,\ 1)$이므로 벡터공간의 공리 (2)-ⓗ $1x = x$을 만족하지 못하므로 V는 벡터공간이 되지 않는다.

[연습문제]

*문제1~10에서 다음 집합은 벡터공간인지를 말하라. 벡터공간이 아니면 공리의 어떤 조건을 만족하지 않는지를 말하여라.

1. 행렬의 연산인 덧셈과 스칼라배를 가지는 3×3행렬 $\begin{bmatrix} a & 0 & 0 \\ 0 & b & 0 \\ 0 & 0 & c \end{bmatrix}$의 집합
2. 데카르트 좌표평면에서 제3사분면에 있는 벡터들의 집합
3. 문제1과 같은 연산을 갖는 3×3행렬 $\begin{bmatrix} a & 1 & 1 \\ 1 & b & 1 \\ 1 & 1 & c \end{bmatrix}$의 집합
4. 다음과 같이 정의되는 순서쌍 (α, β)의 집합
   합 $(\alpha_1, \beta_1)+(\alpha_2, \beta_2) = (\alpha_1+\alpha_1, \beta_1+\beta_2)$, 스칼라배 $c(\alpha_1, \beta_1) = (0, 0)$
5. 실수계수를 가지는 n차 다항식의 집합
6. R^2상에서 원점을 지나는 직선들의 집합
7. R^3상에서 순서쌍이 $(x_1, x_2, \cdots, x_n)$의 형태를 가지는 벡터들의 집합
8. R^2상에서 집합 $\{(x, y) | y \geq 0\}$인 x축 위의 평면
9. R^3상에서 직선 $x=2t$, $y=3t-2$, $z=t-1$ 위의 점들의 집합
10. 구간 $[\alpha, \beta]$에서 연속인 두 함수 f, g에 대하여 $(f+g)(x) = f(x)+g(x)$, $(cf)(x) = c[f(x)]$로 정의할 때, $[\alpha, \beta]$에서 미분가능한 함수들의 집합

*문제11~10에서 다음 집합들이 주어진 연산에서 벡터공간이 되는지를 알아보라.

11. 표준연산(standard operation)이 정의된 집합 $V = \{(x, x) | x \in R\}$
12. 표준연산이 정의된 집합 $V = \{(x, y) | x, y \in R,\ x \geq 0\}$
13. 표준연산이 정의된 집합 $V = \{(x, 0) | x \in R\}$
14. 표준연산이 정의된 집합 R^3상에서 원점을 지나는 모든 직선들의 집합
15. 행렬의 합과 스칼라배가 정의된 $\left\{\begin{bmatrix} a & b \\ c & 0 \end{bmatrix} \middle|\ a, b, c \in R\right\}$
16. 행렬의 합과 스칼라배가 정의된 $\left\{\begin{bmatrix} a & b \\ c & 1 \end{bmatrix} \middle|\ a, b, c \in R\right\}$

21. V가 벡터공간일 때 임의의 $\vec{a} \in V$에 대하여 음벡터(negative vector) $-\vec{a}$는 유일하다는 것을 보여라.

9.3 곡률과 가속도성분의 벡터형식

주어진 점에서 곡선이 얼마나 많이 휘어지는 정도를 나타내는 수를 곡률(curvature)이라 한다. 그림1과 같이 직선의 곡률은 0이고 많이 휘어진 곡선은 곡률이 크다.

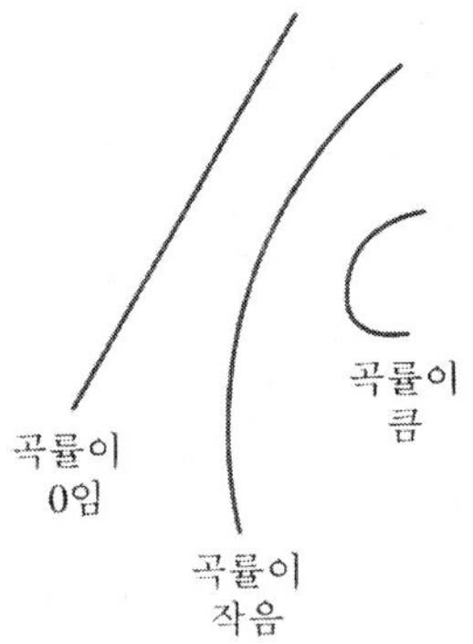

그림1 곡률

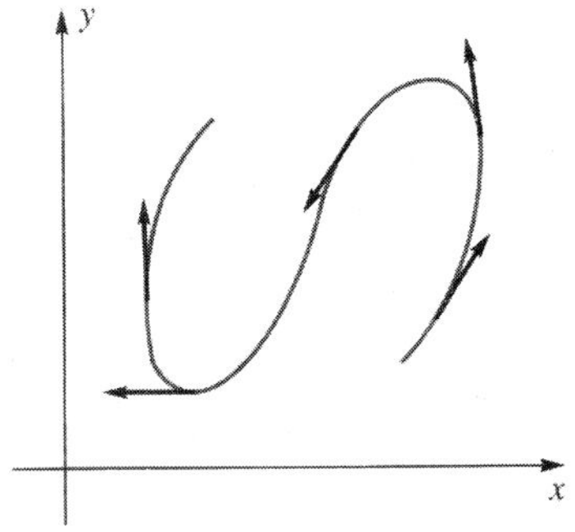

그림2 단위접선벡터 $T(t)$

$r(t) = f(t)i + g(t)j + h(t)k$를 시각 t에서 입자의 위치벡터라 하면, $r'(t)$가 연속이고 영벡터가 아니라고 가정한다. t가 증가할 때 호의 길이 $s(t)$는 증가한다는 의미이다. 곡률을 측정하여 접선벡터가 얼마나 빠르게 변화하는지 알 수 있다. 여기서는 접선벡터 $r'(t)$보다는 다음 식과 같은 단위접선벡터 $T(t)$를 주로 이용한다.

$$T(t) = \frac{r'(t)}{\| r'(t) \|}$$

그림3과 그림4는 주어진 곡선에서의 단위접선벡터의 변화율 크기를 나타내고 있다. 시간 Δt에서 입자가 점 A에서 점 B까지 움직일 때 단위접선벡터는 상대적으로 작게 변한다(그림3). 즉, $T(t+\Delta t) - T(t)$의 크기가 그림4에 비하여 작다. 반면에 입자가 C에서 D로 이동할 때 시간 Δt에서 단위접선벡터는 그림3에 비해 더 많이 변했다(그림4). 즉, $T(t+\Delta t) - T(t)$의 크기는 크다. 이 크기의 변화율인 곡률 κ는 호의 길이 s에 관한 단위접선벡터의 변화율로 정의한다.

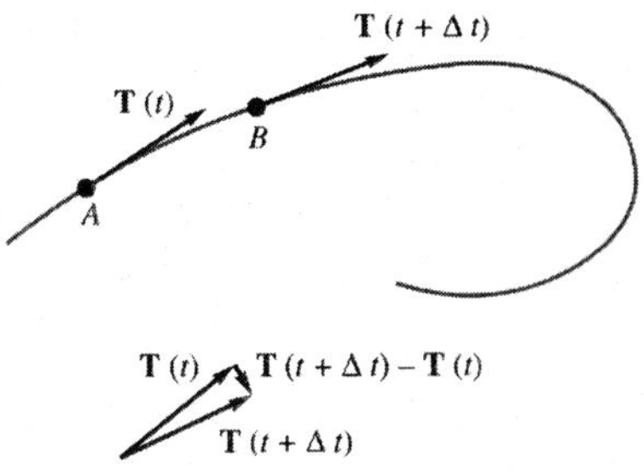

그림3 작은 단위접선벡터

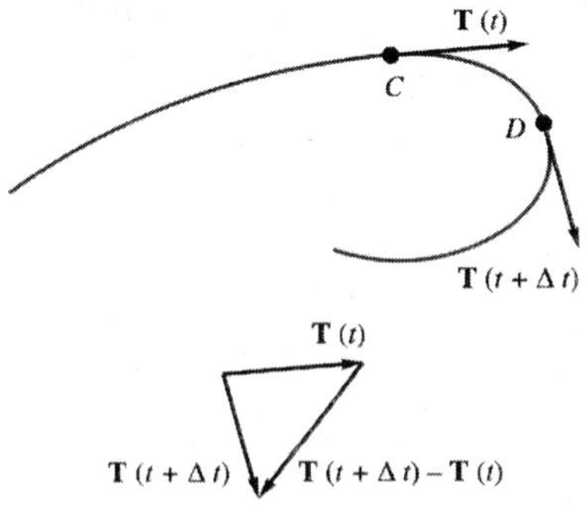

그림4 큰 단위접선벡터

[정의] 곡률(curvature) κ

호의 길이 s에 관한 단위접선벡터의 변화율이며 다음 식으로 표현한다.

$$\kappa = \left\| \frac{dT}{ds} \right\|$$

곡률은 입자가 얼마나 빠르게 곡선을 따라 움직이는 지가 아니고, 곡률을 표시하는 것이기 때문에 t에 관하여 미분하는 것이 아니며 호의 길이 s에 관하여 미분한다. 예를 들어 원운동하는 입자의 곡률은 입자가 곡선 둘레를 얼마나 빠르게 이동하는지를 뜻하는 것이 아니다.

위와 같은 곡률의 정의는 특별한 곡선의 곡률을 실제로 계산하는데 도움이 되지 않는 개념적인 정의이다. 따라서 활용이 편한 수식을 얻기 위해 다음과 같이 전개해 보자.

■ 곡선운동

벡터값 함수의 여러 가지 성질을 이용하여, 평면에서 점의 움직임을 알아보자. 시간 변수를 t라 하고, 움직이는 점 P의 좌표가 매개변수방정식 $x=f(t)$, $y=g(t)$, $z=h(t)$로 주어진다고 하자. 이때 벡터

$$r(t) = f(t)i + g(t)j + h(t)k$$

의 시점을 원점이라 가정하고 이 식을 **위치벡터**(position vector)라고 한다. t가 변함에 따라, $r(t)$의 끝점은 움직이는 점 P의 자취를 그리게 된다(그림5). 그림5와 같이 이 자취는 곡선이며, 그에 대응하는 움직임을 **곡선운동**이라 한다.

직선을 따르는 운동과 마찬가지로 곡선으로 움직이는 점 P의 속도 $v(t)$와 가속도 $a(t)$는 다음과 같이 정의한다.

$$v(t) = r'(t) = f'(t)i + g'(t)j + h'(t)k$$
$$a(t) = r''(t) = f''(t)i + g''(t) + h''(t)k$$

$v(t)$는

$$v(t) = \lim_{\Delta t \to 0} \frac{r(t+\Delta t) - r(t)}{\Delta t}$$

이므로, $v(t)$의 방향은 접선의 방향이 된다. 속도벡터의 크기 $\| v(t) \|$를 움직이는 점 P의 속력이라 한다. 가속도 벡터 $a(t)$는 곡선이 굽어가는 안쪽을 향한다.

$r(t)$가 임의의 위치벡터이면, 시각 $t=c$에서 $t=d$까지 지나간 호의 길이 L은 다음과 같다.

$$L = \int_c^d \sqrt{[f'(t)]^2 + [g'(t)]^2 + [h'(t)]^2}\, dt = \int_c^d \| r'(t) \| \, dt$$

$t=c$에서 임의의 시각 t까지 움직인 호의 전체 길이 s는

$$s = \int_c^t \sqrt{[f'(w)]^2 + [g'(w)]^2 + [h'(w)]^2}\, dw = \int_c^t \| r'(w) \| \, dw$$

미적분학의 기본정리로부터 호의 길이 s의 도함수 ds/dt는 다음식과 같다.

$$\frac{ds}{dt} = \sqrt{[f'(t)]^2 + [g'(t)]^2 + [h'(t)]^2} = \| r'(t) \|$$

그러나 우리가 알고 있는 입자의 속력(speed)은

$$\text{속력(speed)} = \frac{ds}{dt} = \| r'(t) \| = \| v(t) \|$$

이다. 그러므로 속력은 스칼라양이고 속도는 벡터량이다.

곡선운동의 가장 기본적인 운동은 **등속원운동**(uniform circular notion)이다. 이 운동은 2차원 평면에서 발생한다. 입자가 xy평면에서 매초당 ω라디안의 각속력으로 운동하고 있을 때,

중심이 $(0, 0)$이고, 반지름이 a인 원둘레를 반시계방향으로 움직인다고 한다. 이때 초기 위치를 $(a, 0)$으로 하면, 위치벡터는 다음과 같다.

$$r(t) = a\cos\omega t\boldsymbol{i} + a\sin\omega t\boldsymbol{j}$$

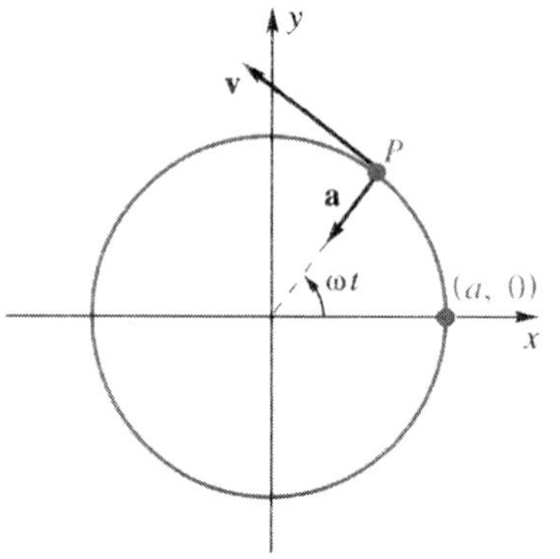

그림5 등속원운동

보기1

등속원운동하는 입자의 속도, 가속도, 속력을 구하라.

풀이

위치벡터 $r(t) = a\cos\omega t\boldsymbol{i} + a\sin\omega t\boldsymbol{j}$ 를 미분하면,

$$\therefore\ v(t) = r'(t)co = -a\omega\sin\omega t\boldsymbol{i} + a\omega\cos\omega t\boldsymbol{j}$$

$$\therefore\ a(t) = v'(t) = -a\omega^2\cos\omega t\boldsymbol{i} - a\omega^2\sin\omega t\boldsymbol{j}$$

속력은

$$\therefore\ \frac{ds}{dt} = \| v(t) \| = \sqrt{(-a\omega\sin\omega t\boldsymbol{i})^2 + (a\omega\cos\omega t)^2}$$

$$= \sqrt{a^2\omega^2(\sin^2\omega t + \cos^2\omega t)} = a\omega$$

가속도 벡터 $\vec{a}$를 점 P에서 시작하는 것으로 생각하면, 가속도 $\vec{a}$는 원점을 향하며, $\vec{v}$와 수직인 방향을 향한다(그림5).

위치벡터가

$$\vec{r}(t) = a\cos\omega ti + a\sin\omega tj + ctk$$

로 주어지는 입자가 지나가는 자취를 **나선(helix)**이라고 한다.

윗 식을 살펴보면 운동에 대한 x, y성분만 고려하면, 등속원운동이라는 것을 알 수 있고, 운동의 z성분만을 고려한다면 등속직선운동을 하는 것을 알 수 있다. 이 두가지를 함께 생각하면, 입자가 점차 위로 운동할 때($c>0$일 때) 입자는 달팽이 등껍질처럼 빙빙 돌면서 올라가는 것을 알 수 있다.

■ 3차원 공간의 곡선길이

3차원 공간의 곡선은 매개변수 방정식

$$z=f(t),\ y=g(t),\ z=h(t);\quad a \leqq t \leqq b$$

에서, $f'(t)$, $g'(t)$, $h'(t)$가 존재하고 동시에 0이 아니면 이 곡선은 매끄럽다(smooth)고 한다. 위에서 정의한 매개변수곡선에 대한 호의 길이 L은

$$L=\int_0^b \sqrt{[f'(t)]^2+[g'(t)]^2+[h'(t)^2}\,dt$$

이다.

보기2

시각 t에서 입자의 위치가 매개변수로 이루어진 곡선 $x=\cos t$, $y=\sin t$, $z=1/\pi$ $(0 \leqq t \leqq 2\pi)$로 주어졌을 때 이 곡선의 형태를 보이고, 호의 길이를 구하라.

풀이

위 각각의 식들을 표를 만들어 표시한 후 3차원 공간에 각 점을 연결한다. 그 결과는 그림 9와 같이 표현된다.

t	0	$\pi/4$	$2\pi/4$	$3\pi/4$	$4\pi/4$	$5\pi/4$	$6\pi/4$	$7\pi/4$	2π
x	1	$\frac{\sqrt{2}}{2}$	0	$-\frac{\sqrt{2}}{2}$	-1	$-\frac{\sqrt{2}}{2}$	0	$\frac{\sqrt{2}}{2}$	1
y	0	$\frac{\sqrt{2}}{2}$	1	$\frac{\sqrt{2}}{2}$	0	$-\frac{\sqrt{2}}{2}$	-1	$-\frac{\sqrt{2}}{2}$	0
z	0	$\frac{1}{4}$	$\frac{2}{4}$	$\frac{3}{4}$	$\frac{4}{4}$	$\frac{5}{4}$	$\frac{6}{4}$	$\frac{7}{4}$	2

호의 길이 L은 식

$$L=\int_0^b \sqrt{[f'(t)]^2+[g'(t)]^2+[h'(t)^2}\,dt$$

으로부터,

$$L = \int_0^{2\pi} \sqrt{(-\sin t)^2 + (\cos t)^2 + (1/\pi)^2}\, dt$$

$$= \int_0^{2\pi} \sqrt{\sin^2 t + \cos^2 t + 1/\pi^2}\, dt$$

$$= \int_0^{2\pi} \sqrt{1 + 1/\pi^2}\, dt$$

$$= 2\pi\sqrt{1 + 1/\pi^2}$$

보기2와 같은 곡선은 나선(helix)이 된다(그림9). 이 곡선의 길이를 얻는 또다른 방법은 그림10의 원기둥을 그림11과 같이 만들면 나선은 직사각형($2\pi \times 2$)의 대각선이 된다. 따라서 이 길이는

$$\sqrt{4 + 4\pi^2} = \sqrt{4\pi^2(1 + 1/\pi^2)} = 2\pi\sqrt{1 + 1/\pi^2}$$

이 된다.

보기3

평면에서 운동하는 점 P의 매개변수 방정식이 $x = 6\cos t$, $y = 4\sin t$인 타원운동을 한다. 여기서 t는 시간을 나타내며 $0 \leq t \leq 2\pi$이다. 다음을 구하라.

(a) 점 P의 자취

(b) 속도 $\vec{v}(t)$, 속력 $\| v(t) \|$, 가속도 $\vec{a}(t)$의 식을 구하라.

(c) 최고 속력과 최저 속력을 구하고 어느 지점에서 일어나는지를 구하라.

(d) 점 P를 시점으로 하는 가속도벡터는 항상 원점을 향함을 밝혀라.

풀이

(a) $x^2/36 + y^2/16 = 1$이므로 자취는 그림6과 같은 타원이 된다.

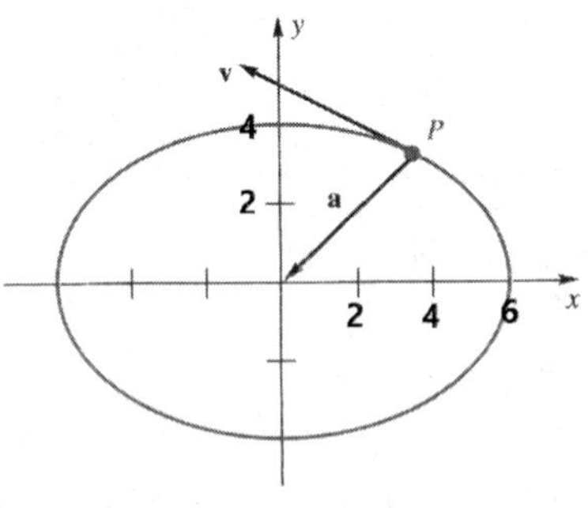

그림6 $\vec{r}(t) = 6\cos t i + 4\sin t j$

(b) 위치벡터는

$\vec{r}(t) = 6\cos ti + 4\sin tj$

이므로

$$\therefore \vec{v}(t) = -6\sin ti + 4\cos tj$$

$$\therefore \| v(t) \| = \sqrt{36\sin^2 t + 16\cos^2 t} = \sqrt{20\sin^2 t + 16\sin^2 t + 16\cos^t}$$

$$= \sqrt{20\sin^2 t + 16}$$

$$\therefore \vec{a}(t) = -6\cos ti - 4\sin tj$$

(c) 속력은 $\sqrt{20\sin^2 t + 16}$가 되므로

$\sin t = \pm 1$일 때 최대속력 6이 된다. 그러므로 $t = \pi/2$또는 $3\pi/2$일 때이고, 타원상의 점 $(0, \pm 4)$인 점이다. 그리고 $\sin t = 0$인 점에서 최저속력 4가 되며, 타원상에서 점$(\pm 6, 0)$인 점에 해당한다.

(d) $\vec{a}(t) = -\vec{r}(t)$가 된다는 점을 고려해 본다.

그러므로 $\vec{a}(t)$의 시작점이 점 P라면, 이 벡터는 원점을 향하고 반드시 원점에서 끝나게 된다. 따라서 $\| \vec{a}(t) \|$는 $(\pm 6, 0)$에서 가장 크고, $(0, \pm 4)$에서 가장 작다.

보기4

야구경기에서 높이가 $2.2m$인 지점에서 x축의 양의 방향으로 수평선보다 2° 위로 야구공을 던졌다. 야구공은 시간당 $120\,km/h$(초당 $33.3m$)의 속도로 날아갔다. 처음의 위치는 $\vec{r}(t) = 2k$이다. 중력가속도 이외에, 공에 스핀이 생겨 y축의 양의 방향으로 초당 $0.5m$의 가속도가 붙는다. x성분이 $16m$일 때 공은 어디에 위치하는가?

풀이

위치벡터 $\vec{r}(0) = 2.2k$이고 처음 속도벡터는 $\vec{v}(0) = 33.3\cos 2^\circ i + 33.3\sin 2^\circ k$이다. 가속도 벡터는 $\vec{a}(t) = 0.5j - 9.8k$이다.

따라서,

$$\vec{v}(t) = \int \vec{a}(t)dt = \int (0.5j - 9.8k)dt = 0.5tj - 9.8tk + C_1$$

윗 식에서 상수 C_1을 구하기 위하여

$\vec{v}(0) = C_1 = 33.3\cos 2^\circ i + 33.3\sin 2^\circ k$

이다. 그러므로,

$$\vec{v}(t) = 0.5tj - 9.8tk + 33.3\cos 2^\circ i + 33.3\sin 2^\circ k$$
$$= 33.3\cos 2^\circ i + 0.5tj + (33.3\sin 2^\circ - 9.8t)k$$

속도벡터 $\vec{v}(t)$를 적분하면

$$\therefore \vec{r}(t) = \int \vec{v}(t)dt = \int [33.3\cos 2^\circ i + 0.5tj + (33.3\sin 2^\circ - 9.8t)k]dt$$
$$= 33.3(\cos 2^\circ)ti + \frac{1}{4}t^2 j + [33.3(\sin 2^\circ)t - 4.9t^2]k + C_2$$

적분상수 C_2를 구하기 위하여, 처음 위치가 $\vec{r}(0) = 2.2k$이므로, $C_2 = 2.2k$임을 알 수 있다. 따라서,

$$\therefore \vec{r}(t) = 33.3(\cos 2^\circ)ti + \frac{1}{4}t^2 j + [33.3(\sin 2^\circ)t - 4.9t^2]k + 2.2k$$
$$= 33.3(\cos 2^\circ)ti + \frac{1}{4}t^2 j + [2.2 + 33.3(\sin 2^\circ)t - 4.9t^2]k$$

그러므로,

x성분이 $16m$일 때 t는 $33.3(\cos 2^\circ)t = 16$ 에서

$$\therefore t = 16/(33.3\cos 2^\circ) \approx 0.48077 \text{ (sec)}$$

가 된다. 이 시각에서 공의 위치는

$$\therefore \vec{r}(t) = 33.3(\cos 2^\circ)ti + \frac{1}{4}t^2 j + [2.2 + 33.3(\sin 2^\circ)t - 4.9t^2]k$$

에서 다음과 같이 된다.

$$\therefore r(0.48077) = 33.3(\cos 2^\circ)(0.48077)\boldsymbol{i} + 0.25(0.48077)^2\boldsymbol{j}$$
$$+ [2.2 + 33.3(\sin 2^\circ)(0.48077) - 4.9(0.48077)^2]\boldsymbol{k}$$
$$\approx 0.16000i + 0.05778j + 1.6261k$$

이 야구경기에서 투수가 타자에게 공을 던졌다면, 공은 바닥에서 1.626m위로 홈플레이트의 거의 중앙(0.05778m)으로 떨어져 들어올 것이다. 따라서,이 공은 볼-스트라이크(ball-strike)중 볼(ball)이 될 것이다.

보기5

임의의 물체를 원점에서 양의 x축으로부터 각 θ가 되도록 발사하였으며, 초기 속력은 초속 v_0미터이다(m/s)(그림7). 속도 $\vec{v}(t)$와 이 시각에서의 위치벡터 $\vec{r}(t)$를 구하라. 또한 이 자

취는 포물선임을 보여라. 단, 마찰은 무시한다.

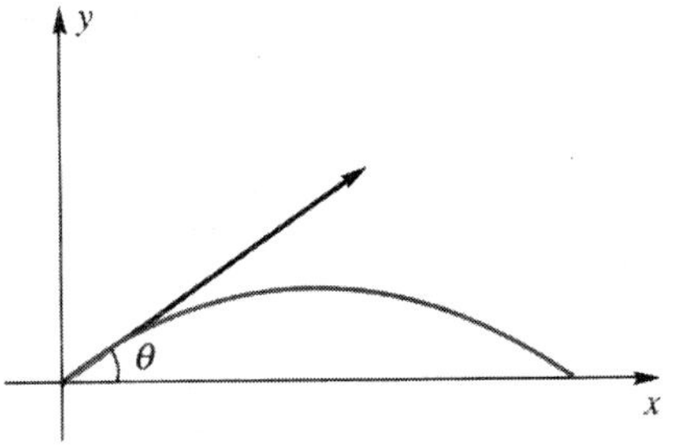

그림7 보기4의 포물선

풀이

이 보기의 문제는 중력가속도를 포함하는 문제이다. 중력가속도 $\vec{a}(t) = -9.8m/s^2$이다. 초기 조건은 $r(0) = 0$, 그리고 $\vec{v}(0) = v_0\cos\theta i + v_0\sin\theta j$, $\vec{a}(t) = -9.8j$를 가지고 두 번 적분을 한다.

$$\vec{v}(t) = \int \vec{a}(t)dt = \int -9.8dtj = -9.8tj + C_1$$

초기조건 $\vec{v}(0) = v_0\cos\theta i + v_0\sin\theta j$으로부터 상수 C_1을 계산할 수 있다. 그러면, $C_1 = v_0\cos\theta i + v_0\sin\theta j$. 따라서,

$$\vec{v}(t) = (v_0\cos\theta)i + (v_0\sin\theta - 9.8t)j$$

위 결과를 한 번 더 적분하면,

$$\vec{r}(t) = \int \vec{v}(t)dt = (t\, v_0\cos\theta)i + (t\, v_0\sin\theta - 4.9t^2)j + C_2$$

상수 C_2를 구하기 위해서, 초기조건 $r(0) = 0$d서 $C_2 = 0$이 된다. 따라서,

$$\vec{r}(t) = \int \vec{v}(t)dt = (t\, v_0\cos\theta)i + (t\, v_0\sin\theta - 4.9t^2)j$$

자취의 방정식을 구하려면, 방정식

$$x = (v_0\cos\theta)t, \quad y = (v_0\sin\theta)t - 4.9t^2$$

로부터 매개변수 t를 소거한다. 즉, 처음 방정식을 t에 관하여 풀고, 이것을 두 번째 방정식에 대입하여 y에 관하여 푼다.

첫 번째 방정식에서 $t = \dfrac{x}{v_0\cos\theta}$를 두 번째 방정식에 대입하면,

$$y = (v_0\sin\theta)\left(\frac{x}{v_0\cos\theta}\right) - 4.9\left(\frac{x}{v_0\cos\theta}\right)^2$$

위 결과로부터 다음 방정식을 얻는다.

$$\therefore\ y = \tan\theta x - 4.9\left(\frac{1}{v_0\cos\theta}\right)^2 x^2$$

윗 식은 포물선의 방정식이다.

■ 3차원 공간 곡선의 접선과 평면의 방정식

위치벡터

$$\vec{r} = \vec{r}(t) = f(t)i + g(t)j + h(t)k = \ < f(t),\ g(t),\ h(t) >$$

이 3차원 공간에서 곡선을 결정한다고 하면 곡선의 접선은 방향벡터

$$r'(t) = f'(t)i + g'(t)j + h'(t)k = \ < f'(t),\ g'(t),\ h'(t) >$$

를 갖는다(그림8)

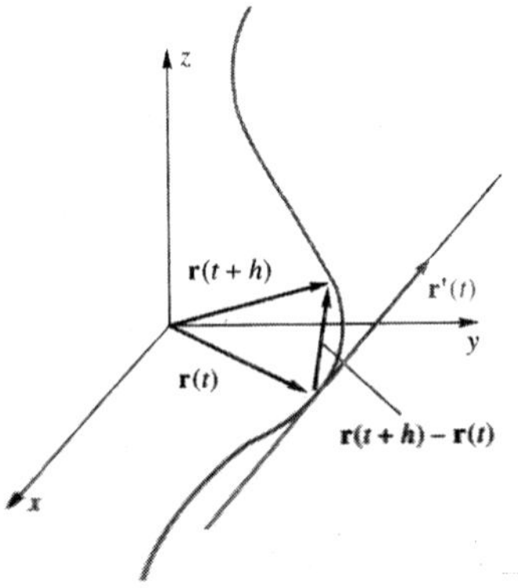

그림8 접선방향벡터

보기8

위치벡터

$$\vec{r} = \vec{r}(t) = ti + \frac{1}{3}t^2 j + \frac{1}{2}t^3 k$$

를 결정하는 곡선상의 점 $\left(2,\ \frac{4}{3},\ 4\right)$에서 다음을 구하라.

(a) 접선의 방향, (b) 접선의 대칭방정식, (c) 매개방정식

풀이

(a) $\vec{r}'(t) = i + \frac{2}{3}tj + \frac{3}{2}t^2 k$

그리고

$\vec{r}(2) = 2i + \frac{4}{3}j + 4k$ 에서

$\vec{r}'(2) = i + \frac{4}{3}j + 6k$

이므로 접선의 방향은 $< 2,\ \frac{4}{3},\ 6 >$

(b) (a)의 결과에 의해 대칭방정식은

점 $P_0(x_0,\ y_0,\ z_0)$를 지나고 벡터 $\vec{v} = (a,\ b,\ c)$에 평행한 직선의 대칭방정식[31)]은

$$\frac{x - x_0}{a} = \frac{y - y_0}{b} = \frac{z - z_0}{c}$$

로 표시되므로, 대칭방정식은 다음과 같다.

$$\therefore\ \frac{x-2}{2} = \frac{y - \frac{4}{3}}{\frac{4}{3}} = \frac{z-4}{6}$$

(c) 매개방정식은

$$\therefore\ x = 2 + 2t,\ y = \frac{4}{3} + \frac{4}{3}t,\ z = 4 + 6t$$

보기8에서 알 수 있듯이 점 P에서 매끄러운 곡선에 수직인 평면은 하나밖에 없다. 또한, 점 P에서 곡선의 접선에 대한 방향벡터는 그 평면의 법선벡터가 된다(그림16).

31) 2.6절 공간상의 직선과 평면 참조

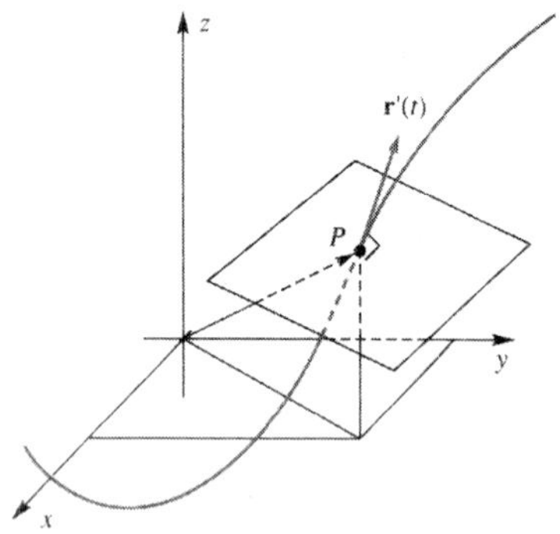

그림9 곡선에 수직인 평면

보기9

점 $P(2, 0, 16)$에서 곡선 $\vec{r}(t) = \cos\pi t i + 2\sin\pi t j + 2t^3 k$에 수직인 평면의 방정식을 구하라.

풀이

먼저 주어진 점에 해당하는 t의 값을 구한다.

z-성분을 구하면 $2t^3 = 16$이므로 $t = 2$이다. 그러므로 $t = 2$로부터 점 P의 x-성분, y-성분을 알 수 있다.

$$\vec{r}'(t) = -\pi\sin\pi t i + 2\pi\cos\pi t j + 6t^2 k$$

이므로, 점 P에서 접선에 대한 방향벡터는 구하는 평면의 법선벡터이므로,

$$\begin{aligned}\vec{r}'(2) &= -\sin 2\pi i + 2\cos 2\pi j + 6(2)^2 k \\ &= 0 + 2\pi j + 24k = < 0, 2\pi, 24 >\end{aligned}$$

이다. 따라서, 평면의 방정식은

$$0x + 2\pi y + 24z = A$$

A를 결정하기 위해서, $x = 2$, $y = 0$, $z = 16$을 대입한다.

$$A = 0(2) + 2\pi(0) + 24(16) = 384$$

따라서, 구하는 평면의 방정식은

$$\therefore 2\pi y + 24z = 384$$

앞에서 다룬 보기를 살펴본 바와 같이 입자는 그 입자가 얼마나 빠르게 곡선을 따라 움직이는 것이 아니라, 곡률이 곡선의 본질적인 성질이기 때문에 시간변수 t보다는 거리변수인 호의 길이 s에 관하여 미분하게 된다. 예를 들면 원의 곡률은 입자가 곡선 둘레를 얼마나 빠르게 이동하는지를 살펴보는 것이 아니라, 이 곡선이 얼마나 휘어져 있는지에 의존한다.

곡선의 곡률의 정의만으로는 실제 필요한 계산에는 도움이 되지 않는다. 실제로 활용이 가능한 식을 얻기 위하여 다음과 같이 진행한다.

앞 절에서 입자의 속력은

$$\text{속력} = \|\vec{v}(t)\| = \frac{ds}{dt}$$

임을 다루었다. t가 증가할수록 s도 증가하므로 역함수정리[32]를 적용하면 $s(t)$의 함수가 존재하며

$$\frac{dt}{ds} = \frac{1}{ds/dt} = \frac{1}{\|\vec{v}(t)\|}$$

가 성립한다. 따라서 곡률 κ는 다음 식으로 나타낼 수 있다.

$$\kappa - \left\| \frac{dT}{ds} \right\| - \left\| \frac{dT}{dt}\frac{dt}{ds} \right\| = \left| \frac{dt}{ds} \right| \left\| \frac{dT}{dt} \right\| = \frac{1}{\|\vec{v}(t)\|} \| T'(t) \| = \frac{\| T'(t) \|}{\| \vec{v}'(t) \|}$$

곡률에 관한 보기를 몇 가지 예로 든다.

보기10

직선의 곡률은 항상 0임을 보여라.

풀이

---

32) 역함수정리(Inverse function theorem): 함수 f는 열린구간 (a, b)에서 미분가능하고 $a < x < b$일 때 $f'(x) > 0$이라 하면, $y = f(x)$의 미분 가능한 역함수 $x = f^{-1}(y)$가 존재한다. 이때 다음이 성립한다.

$$\frac{df^{-1}(y)}{dy} = \frac{1}{df(x)/dx} \quad \text{또는} \quad \frac{dx}{dy} = \frac{1}{dy/dx}$$

직선의 단위접선벡터는 상수이므로 그 도함수는 0이다. 운동의 매개방정식이

$$x = x_0 + at$$
$$y = y_0 + bt$$
$$z = z_0 + ct$$

인 직선을 따라 움직인다면, 위치벡터는 다음과 같이 나타낼 수 있다.

$\vec{r}(t) = < x_0, y_0, z_0 > + t < a, b, c >$

그러므로

$$\vec{v}(t) = \vec{r}'(t) = < a, b, c >$$
$$\boldsymbol{T}(t) = \frac{< a, b, c >}{\sqrt{a^2+b^2+c^2}}$$
$$\kappa = \frac{\| T'(t) \|}{\| \vec{v}'(t) \|} = \frac{\| \mathbf{0} \|}{\sqrt{a^2+b^2+c^2}} = 0$$

보기11

2차원 평면에서 반지름이 c인 원의 곡률을 구하라.

풀이

중심이 원점이고 반지름이 c인 원이 xy평면상에 있다고 하면, 위치벡터는

$$\vec{r}(t) = c\cos t i + c\sin t j$$

따라서,

$$\vec{v}(t) = \vec{r}'(t) = -c\sin t i + c\cos t j$$
$$\| \vec{v}(t) \| = \sqrt{c^2\sin^2 t + c^2\cos^2 t} = c$$
$$\boldsymbol{T}(t) = \frac{\vec{v}(t)}{\| \vec{v}(t) \|} = \frac{-c\sin t i + c\cos t j}{c} = -\sin t i + \cos t j$$
$$\boldsymbol{T}'(t) = -\cos t i - \sin t j$$
$$\therefore \ \kappa = \frac{\| T'(t) \|}{\| \vec{v}'(t) \|} = \frac{\| -\cos t i - \sin t j \|}{c} = \frac{1}{c}$$

보기11에서 알 수 있듯이 κ는 지름의 역수가 되므로 작은 원은 곡률이 크고, 큰원은 곡률이 작다(그림10).

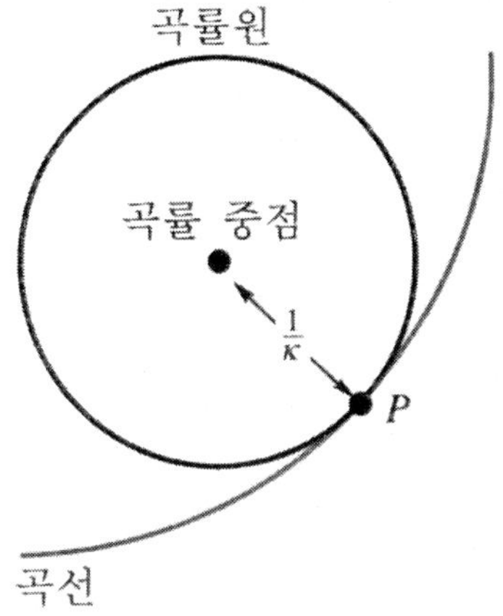

그림10 큰 원과 작은 원의 곡률

보기12

나선 $\vec{r}(t) = c\cos ti + c\sin tj + btk$의 곡률을 구하라.

풀이

$$\vec{v}(t) = \vec{r}'(t) = -c\sin ti + c\cos tj + bk$$
$$\| \vec{v}(t) \| = \sqrt{c^2\sin^2 t + c^2\cos^2 t + b^2} = \sqrt{c^2 + b^2}$$
$$\boldsymbol{T}(t) = \frac{\vec{v}(t)}{\| \vec{v}(t) \|} = \frac{-c\sin ti + c\cos tj + bk}{\sqrt{c^2 + b^2}}$$
$$\boldsymbol{T}'(t) = \frac{-c\cos ti + c\sin tj}{\sqrt{c^2 + b^2}}$$
$$\therefore\ \kappa = \frac{\| T'(t) \|}{\| \vec{v}'(t) \|} = \frac{\left\| \frac{-c\cos ti - c\sin tj}{\sqrt{c^2 + b^2}} \right\|}{\sqrt{c^2 + b^2}} = \frac{c}{c^2 + b^2}$$

보기10~12의 결과를 통해 직선, 원, 나선의 세 곡선은 모두 곡률이 상수값을 가진다. 이러한 결과는 특별한 곡선에서만 일어난다. 일반적으로 곡률은 t에 관한 함수가 된다. 즉, 일반적인 곡률은 상수값이 아니다.

■ 평면위 곡선의 곡률

각 ϕ를 기준 i에서 T로 반시계바향으로 회전한 각이라고 하자(그림19). 그러면,

$$T = \cos\phi i + \sin\phi j$$

$$\frac{dT}{d\phi} = -\sin\phi i + \cos\phi j$$

여기서, $dT/d\phi$는 단위벡터이고, $T \cdot dT = 0$이 된다. 그러므로 다음 식이 성립한다.

$$\kappa = \left\| \frac{dT}{ds} \right\| = \left\| \frac{dT}{d\phi}\frac{d\phi}{ds} \right\| = \left\| \frac{dT}{d\phi} \right\| \left| \frac{d\phi}{ds} \right| = \left| \frac{d\phi}{ds} \right|$$

κ에 관한 식은 곡률을 직관적으로 이해하는데 도움을 준다. 즉, 이 식은 s에 관한 ϕ의 변화율로 나타내 지며, 다음 정리를 이해하는데 간단히 설명할 수 있게 해 준다.

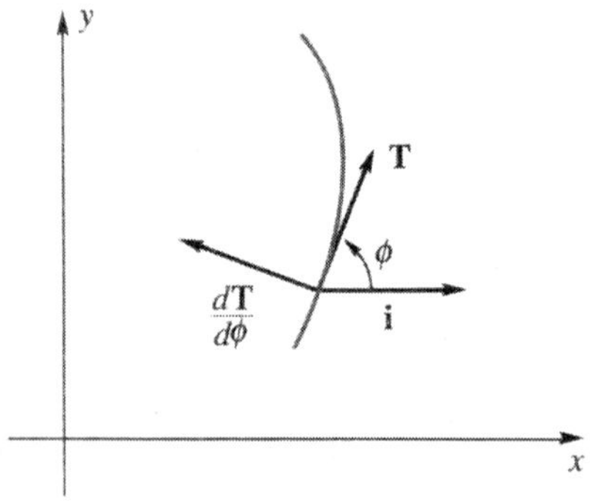

그림11 κ와 s 및 ϕ의 관계

[정리] 곡률공식(κ)

벡터방정식 $\vec{r}(t) = f(t)i + g(t)j$로 이루어진 평면곡선이 매개변수 방정석 $x = f(t)$, $y = g(t)$로 주어진 곡선이라 하면,

$$\kappa = \frac{|x'y'' - y'x''|}{[(x')^2 + (y')^2]^{3/2}}$$

이다. 특히, 곡선이 $y = g(x)$의 그래프이면,

$$\kappa = \frac{|y''|}{[1 + (y')^2]^{3/2}}$$

이다. 여기서, 첫 번째 식은 t에 관한 미분이고, 두 번째 식은 x에 관한 미분이다.

〈증명〉

공식 $\kappa = |d\phi/ds|$와 그림11로부터,

$\tan\phi = \dfrac{dy}{dx} = \dfrac{dy/dt}{dx/dt} = \dfrac{y'}{x'}$

이 식의 양변을 r에 관해서 미분하면,

$\sec^2\phi \dfrac{d\phi}{dt} = \dfrac{x'y''-y'x''}{(x')^2}$

따라서,

$$\begin{aligned}\frac{d\phi}{dt} &= \frac{x'y''-y'x''}{(x')^2\sec^2\phi} = \frac{x'y''-y'x''}{(x')^2(1+\tan^2\phi)} \\ &= \frac{x'y''-y'x''}{(x')^2\left(1+\dfrac{(y')^2}{(x')^2}\right)} = \frac{x'y''-y'x''}{(x')^2+(y')^2} \end{aligned} \tag{1}$$

그리고

$$\kappa = \left|\frac{d\phi}{ds}\right| = \left|\frac{d\phi}{dt}\frac{dt}{ds}\right| = \left|\frac{\dfrac{d\phi}{dt}}{\dfrac{ds}{dt}}\right| = \frac{\left|\dfrac{d\phi}{dt}\right|}{\sqrt{(x')^2+(y')^2}} = \frac{|d\phi/dt|}{[(x')^2+(y')^2]^{1/2}} \tag{2}$$

위 식(1)과 (2)를 결합하면 다음 식을 얻는다.

$$\therefore\ \kappa = \frac{|x'y''-y'x''|}{[(x')^2+(y')^2]^{3/2}}$$

이 정리의 두 번째 식은 $y=g(x)$를 이에 대응하는 매개변수 방정식 $x=t$, $y=g(t)$로 놓고 생각하면 된다. 그 결과 $x'=1$, $x''=0$이므로 이 결과를 대입하면 두 번째 식을 얻을 수 있다.

$$\therefore\ \kappa = \frac{|y''|}{[1+(y')^2]^{3/2}}$$

보기13

다음 매개변수 방정식은 타원을 나타낸다. 다음을 구하라.

(a) $x=2\cos t$, $y=3\sin t$ (b) $x=3\cos t$, $y=2\sin t$

$t=0$과 $t=\pi/2$에 대응하는 점, $(3, 0)$과 $(0, 2)$에서의 곡률을 구하라. 또한 (b)에서 타원을 그려보고, 그에 대응하는 곡률원은 그려라.

풀이

(a) 주어진 방정식을 t에 관하여 미분하면,

$$x' = -2\sin t, \qquad y' = 3\cos t$$
$$x''(t) = -2\cos t, \qquad y'' = -3\sin t$$

따라서,

$$\kappa = \frac{|x'y''-y'x''|}{[(x')^2+(y')^2]^{3/2}} = \frac{6\sin^2 t+6\cos^2 t}{[4\sin^2 t+9\cos^2 t]^{3/2}}$$
$$= \frac{6}{[4+5\cos^2 t]^{3/2}}$$

그러므로,

$$\therefore\ \kappa(0) = \frac{6}{9^{3/2}} = \frac{2}{3}$$
$$\therefore\ \kappa\left(\frac{\pi}{2}\right) = \frac{6}{4^{3/2}} = \frac{3}{2}$$

$\kappa\left(\frac{\pi}{2}\right)$는 $\kappa(0)$보다 큰 곡률원을 가진다.

(b) (a)에서와 마찬가지로, 주어진 타원방정식을 미분하면

$$x' = -3\sin t, \qquad y' = 2\cos t$$
$$x''(t) = -3\cos t, \qquad y'' = -2\sin t$$

따라서,

$$\kappa = \frac{|x'y''-y'x''|}{[(x')^2+(y')^2]^{3/2}} = \frac{6\sin^2 t+6\cos^2 t}{[9\sin^2 t+4\cos^2 t]^{3/2}} = \frac{6}{[5\sin^2 t+4]^{3/2}}$$

그러므로,

$$\therefore\ \kappa(0) = \frac{6}{4^{3/2}} = \frac{3}{4}$$

$$\therefore\ \kappa\left(\frac{\pi}{2}\right) = \frac{6}{9^{3/2}} = \frac{2}{9}$$

$\kappa(0)$은 $\kappa\left(\frac{\pi}{2}\right)$보다 큰 곡률을 나타낸다. 그림12는 보기13(b)의 곡률원을 보여주고 있다. 즉, (3, 0)에서 반지름이 $\frac{4}{3}$인 곡률원과 (0, 2)에서 반지름이 $\frac{9}{2}$인 곡률원을 그래프로 나타낸 결과이다.

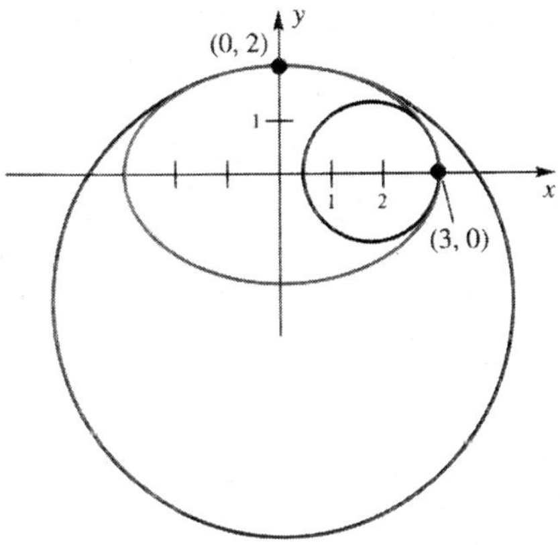

그림12 보기13(b)의 곡률원

보기14

앞 정리의 두 번째 곡률공식

$$\kappa = \frac{|y''|}{[1+(y')^2]^{3/2}}$$

을 사용하여, $x = \pi/4$에서 $y = \ln|\cos x|$의 곡률을 구하라.

풀이

$y' = \tan x$, $y'' = \sec^2 x$ 이므로

$$\kappa = \frac{\sec^2 x}{(1+\tan^2 x)^{3/2}} = \frac{\sec^2 x}{(\sec^2 x)^{3/2}} = |\cos x|$$

그러므로, $x = \pi/4$에서, $\kappa = \frac{\sqrt{2}}{2}$ ← (답)

■ 가속도 성분의 접선벡터

위치벡터 $\vec{r}(t)$인 곡선을 따르는 운동에서 단위접선벡터는 $\boldsymbol{T}(t) = \vec{r}(t) / \| \vec{r}'(t) \|$ 이다. 이 벡터는 모든 t에 대하여

$\boldsymbol{T}(t) \cdot \boldsymbol{T}(t) = 1$

을 만족한다. 윗 식의 양변을 t로 미분하고, 좌변에 곱법칙을 적용하면 다음 식이 된다.

$\boldsymbol{T}(t) \cdot \boldsymbol{T}(t) + \boldsymbol{T}(t) \cdot \boldsymbol{T}'(t) = 0$

이것은 $\boldsymbol{T}(t) \cdot \boldsymbol{T}'(t) = 0$ 이므로 $\boldsymbol{T}(t)$와 $\boldsymbol{T}'(t)$가 모든 t에 수직임을 나타낸다. 일반적으로, $\boldsymbol{T}'$ 은 단위벡터가 아니므로 **주(主)단위법선벡터(principal normal vector)**를 다음 식으로 정의한다.

> **[정의] 주단위법선벡터(principal normal vector, $\vec{N}$)**
> 주단위법선벡터 $\vec{N}$은 다음 식과 같다.
> $$\vec{N}(t) = \frac{\boldsymbol{T}'(t)}{\| \boldsymbol{T}'(t) \|}$$

한 위성이 행성 주위를 따라 반시계방향으로 타원운동을 한다고 가정한다. 이때, 위성이 가속으로 운동을 하면 반대쪽으로 힘을 받을 것이다. 가속운동을 하면, 뒤로 밀리는 힘을 받고, 왼쪽으로 회전운동을 하면 오른쪽으로 밀리는 힘을 받게 된다. 이러한 두 종류의 가속도를 각각 가속도의 **접선성분**과 **법선성분**이라 한다.

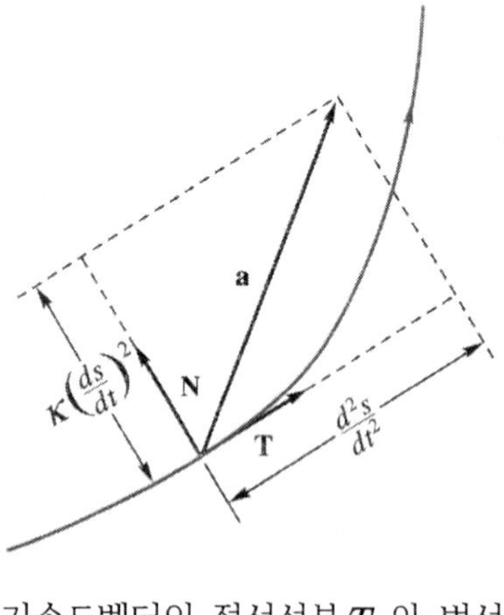

그림13 가속도벡터의 접선성분$\boldsymbol{T}$ 와 법선성분$\vec{N}$

가속도벡터 $\vec{a}(t) = \vec{r}''(t)$를 단위접선벡터 $\boldsymbol{T}(t)$와 단위법선벡터 $\vec{\boldsymbol{N}}(t)$로 다음 식과 같이 나타낼 수 있다.

$$\vec{a} = a_T\boldsymbol{T} + a_N\vec{\boldsymbol{N}}$$

윗 식을 만족하는 스칼라 a_T와 a_N을 찾는다. 이를 찾기 위하여 다음 두 식을 이용한다.

$$\boldsymbol{T} = \frac{\vec{v}}{\| \vec{v} \|} = \frac{\vec{v}}{ds/dt}$$

$$\vec{v} = \frac{ds}{dt}\boldsymbol{T}$$

윗 식의 양변을 t로 미분하고 곱법칙을 사용하면 다음 식을 얻는다.

$$\vec{v}' = \frac{ds}{dt}\boldsymbol{T}' + \boldsymbol{T}\frac{d^2s}{dt^2}$$

$\vec{a} = \vec{v}'$, $\boldsymbol{T}' = \| \boldsymbol{T}' \| \vec{\boldsymbol{N}}$, $\| \boldsymbol{T}' \| = \kappa\frac{ds}{dt}$를 이용하면,

$$\therefore\ \vec{a} = \frac{d^2s}{dt^2}\boldsymbol{T} + \frac{ds}{dt}\| \boldsymbol{T}'' \| \vec{\boldsymbol{N}} = \frac{d^2s}{dt^2}\boldsymbol{T} + \left(\frac{ds}{dt}\right)^2\kappa\vec{\boldsymbol{N}}$$

따라서, 가속도벡터의 접선성분과 법선성분은 다음과 같다.

$$\therefore\ a_T = \frac{d^2s}{dt^2}$$

$$\therefore\ a_N = \left(\frac{ds}{dt}\right)^2\kappa$$

가속도의 접선성분과 법선성분은 물리학적 관점에서 주요하다. 직선으로 운동하는 물체가 속도를 내면 a_T성분은 $a_T = d^2s/dt^2 > 0$이고 $\kappa = 0$이므로 $a_N = 0$이다. 그러므로 이 경우에 뒤로 밀리는 느낌만 받게 된다. 다른 쪽으로는 밀리는 느낌을 받지 않는다. 그러나 일정한 속력 ds/dt으로 곡선으로 이동하는 경우에는 $a_T = d^2s/dt^2 = 0$이고 $\kappa > 0$이 되므로 a_N은 양(+)의

값이다. 다음으로는 곡선으로 이동하는 물체가 속도가 늘어나는 경우를 생각해 보자. 이 경우에 a_T, a_N이 둘 다 양수(+)이고 $\vec{a}$는 그림21에서와 같이 앞으로 향하며 안쪽을 가리킨다. 그래서 뒤로 밀리면서 동시에 오른쪽으로 밀리는 느낌을 받게 된다. 이 때, a_N을 계산하기 위해서는 κ를 계산해야 하지만 $\boldsymbol{T}$와 $\overrightarrow{\boldsymbol{N}}$이 서로 수직이므로 그 값이 다음 식과 같이 상쇄된다. 즉,

$$\| \vec{a} \|^2 = a_T^2 + a_N^2$$

따라서, 다음 식을 얻는다.

$$\therefore\ a_N = \sqrt{\| \vec{a} \|^2 - a_T^2}$$

$$\therefore\ \overrightarrow{\boldsymbol{N}} = \frac{\vec{a} - a_T^2 \boldsymbol{T}}{a_N}$$

■ 가속도 성분의 벡터

위치벡터 $\vec{r}(t)$를 가속도 성분의 벡터로 나타내 보자. 그러기 위하여 다음 관계식

$$\vec{a} = a_T \boldsymbol{T} + a_N \overrightarrow{\boldsymbol{N}}$$

의 양변에 $\boldsymbol{T}$와 내적을 취하면($\boldsymbol{T}$와 $\overrightarrow{\boldsymbol{N}}$은 서로 수직),

$$\begin{aligned} \boldsymbol{T} \cdot \vec{a} &= \boldsymbol{T} \cdot (a_T \boldsymbol{T} + a_N \overrightarrow{\boldsymbol{N}}) = a_T \boldsymbol{T} \cdot \boldsymbol{T} + a_N \boldsymbol{T} \cdot \overrightarrow{\boldsymbol{N}} \\ &= a_T(1) + a_N(0) = a_T \end{aligned}$$

따라서,

$$\therefore\ a_T = \boldsymbol{T} \cdot \vec{a} = \frac{\boldsymbol{T}'}{\| \vec{r}' \|} \cdot \vec{r}'' = \frac{\vec{r}' \cdot \vec{r}''}{\| \vec{r}' \|}$$

두 번째로 윗 식 $\vec{a} = a_T \boldsymbol{T} + a_N \overrightarrow{\boldsymbol{N}}$에 $\boldsymbol{T}$와 외적을 취하여 a_N에 관한 식을 얻을 수 있다. 즉,

$$\boldsymbol{T} \times \vec{a} = a_T \boldsymbol{T} \times \boldsymbol{T} + a_N \boldsymbol{T} \times \overrightarrow{\boldsymbol{N}} = a_T \vec{0} + a_N (\boldsymbol{T} \times \overrightarrow{\boldsymbol{N}})$$

양 변에 놈(norm, ‖ ‖)을 취하면,

$$\|\boldsymbol{T}\times\overrightarrow{\boldsymbol{N}}\| = |a_N|\ \|\ \boldsymbol{T}\times\overrightarrow{\boldsymbol{N}}\ \| \ = a_N\|\boldsymbol{T}\|\,\|\overrightarrow{\boldsymbol{N}}\|\sin\frac{\pi}{2}$$
$$= a_N(1)(1)(1) = a_N$$

$a_N = (ds/dt)^2\kappa > 0$이므로 $|a_N| = a_N$이다. 따라서,

$$\therefore\ a_N = \|\boldsymbol{T}\times\vec{a}\| = \left\|\frac{\vec{r}'}{\|\vec{r}'\|}\times\vec{r}''\right\|$$

마지막으로, κ에 관한 식을 얻을 수 있다.

$$\therefore\ \kappa = \frac{a_n}{\left(\dfrac{ds}{dt}\right)^2} = \frac{\|\vec{r}'\times\vec{r}''\|/\|\vec{r}'\|}{\|\vec{r}'\|^2} = \frac{\|\vec{r}'\times\vec{r}''\|}{\|\vec{r}'\|^2}$$

[연습문제]

*문제1~6에서 다음 벡터함수들의 정의역을 구하라.

1. $\vec{r}(t) = \frac{3}{t-9}i + \sqrt{2-t}\,j + \ln|3-t|k$

2. $\vec{r}(t) = [\![t^2]\!]\, i - \sqrt{10-t}\,j + 2k$, ($[\![\ ]\!]$는 최대 정수함수를 나타낸다.)

3. $\vec{r}(t) = \cos ti + \sin tj + \sqrt{4-t^2}\,k$

4. $\vec{r}(t) = \ln ti + \sqrt{4-t}\,j$

5. $\vec{r}(t) = \ln\left(\frac{1}{t}\right)i + \tan^{-1}tj + tk$

6. $\vec{r}(t) = \frac{1}{\sqrt{1-t^2}}i + \frac{1}{\sqrt{4-t^2}}k$

*문제7~16에서 거리 $\vec{r}(t)$에서 주어진 시간 $t = t_a$일 때, 속도 $\vec{v}$, 가속도 $\vec{a}$, 속력 s를 구하라.

7. $\vec{r}(t) = 2ti + 3(t^2-1)j + 4tk$; $t_a = 1$

8. $\vec{r}(t) = 2ti + (t-1)^2 j + (t-2)^3 k$; $t_a = 0$

9. $\vec{r}(t) = \left(\frac{1}{t}\right)i + \frac{1}{(t^2-2)}j + t^3 k$; $t_a = 2$

10. $\vec{r}(t) = t^5 i + (3t^2-2)^5 j + tk$; $t_a = 1$

11. $\vec{r}(t) = \int_1^t [x^2 i + 3(x-1)^2 j + (\sin\pi x)k]dx$; $t_1 = 2$

12. $\vec{r}(t) = i + \left(\int_0^t x^2 dx\right)j + t^{\frac{2}{3}}k$; $t_a = 2$

13. $\vec{r}(t) = \cos ti + \sin tj + tk$; $t_a = \pi/2$

14. $\vec{r}(t) = \sin 2ti + \cos 3tj + \cos 4tk$; $t_a = \pi/3$

15. $\vec{r}(t) = \tan ti + 2e^x j + \cos 3tk$; $t_a = \pi/6$

16. $\vec{r}(t) = t\sin\pi ti + t\cos\pi j + e^{-t}k$; $t_a = 3$

17. 움직이는 입자의 속력 s가 상수이면, 가속도 벡터는 언제나 속도 벡터와 수직임을 보여라.

18. $\|r(t)\|$가 상수일 필요충분조건은 $\vec{r}(t) \cdot \vec{r}'(t) = 0$임을 보여라.

*문제19~24에서 주어진 벡터방정식을 가지는 곡선의 길이를 구하라.

19. $r(t) = 2ti + \sin tj + \cos tk$; $0 \leq t \leq 4$

20. $r(t) = t\sin ti + t\cos tj + \sqrt{2}\,tk$; $0 \leq t \leq 2$

21. $r(t) = \sqrt{3}\,t^2 i + \frac{1}{2}t^3 j + 3tk$; $2 \leq t \leq 4$

22. $r(t) = t^2 i - 3t^3 j + 4t^3 k$; $0 \leq t \leq 1$

23. $r(t) = t^3 i - 3t^3 j + 4t^3 k$; $0 \leq t \leq 1$

24. $r(t) = 3t^2 i - \sqrt{2}\,t^2 j + 3t^2 k$; $0 \leq t \leq 1$

25. 어떤 점이 원 $x^2 + y^2 = 16$을 따라서 움직이고 있다. 각속도는 초속 4rad으로 일정하며, $(4, 0)$에서 출발하였다. 거리 $\vec{r}(t)$, 속도 $\vec{v}(t)$, 속력 $\|v(t)\|$, 가속도 $\vec{a}(t)$를 구하는 공식을 구하라. (*보기1 참조)

26. 어떤 입자의 운동이 $\vec{r}(t) = \sin ti + \cos tj + (t^2 - 5t + 6)k$로 주어져서 나선을 따라 움직인다. 여기서 k성분은 지면에서의 높이(m)를 나타내며, $t \geq 0$이다. 다음을 구하라.

(a) 입자가 아래로 움직이는 때가 있는가?
(b) 입자가 움직임을 멈추는 때가 있는가?
(c) 지면에서 15m 높은 위치에 도달할 때는?
(d) 지면에서 15m 높이에 위치할 때 입자의 속도는?

27. 등속으로 원운동하는 입자의 속력에 대하여 가속도 벡터는 항상 속도 벡터와 수직임을 밝혀라.

28. $t = -1$에서 곡선 $x = 2t$, $y = 3t^2$, $z = t^3$과 수직인 평면의 방정식을 구하라.

29. $t = \pi/3$에서 곡선

$$\vec{r}(t) = t\sin ti + 2tj + 3t\cos tk$$

와 수직인 평면의 방정식을 구하라.

30. 곡선

$$\vec{r}(t) = \sin t\cos ti + \sin^2 tj + 2\cos tk \quad (0 \leq t \leq 2\pi)$$

에 대하여 평면의 방정식을 구하고, $t=\pi/4$일 때 접선이 어디에서 xy평면과 만나는가?

31. 곡선
$\vec{r}(t) = 2ti + t^2j + (2-t^2)k$
에 대하여 다음을 구하라.
  (a) 곡선은 평면곡선임을 보이고 평면의 방정식을 구하라.
  (b) $t=2$일 때 접선이 어디에서 xy평면과 만나는지를 밝혀라.

*문제32~37에서, 주어진 t에 정의구역에서 곡선을 그리고 $t=t_1$인 점에서 $\vec{v}$, $\vec{a}$, $\boldsymbol{T}$, κ를 구하라.

32. $\vec{r}(t) = ti + t^{3j}$; $0 \leqq t \leqq 2$, $t_1 = 1$
33. $\vec{r}(t) = t^2i + (t+1)j$; $0 \leqq t \leqq 1$, $t_1 = 1$
34. $\vec{r}(t) = ti + \cos tj + \sin tk$; $0 \leqq t \leqq 2\pi$, $t_1 = 1/2\pi$
35. $\vec{r}(t) = 3\cos ti + 2tj + 3\sin tk$; $0 \leqq t \leqq 4\pi$, $t_1 = 1/2\pi$
36. $\vec{r}(t) = \dfrac{1}{8}t^2i + 5\cos tj + 5\sin tk$; $0 \leqq t \leqq 4\pi$, $t_1 = \pi$
37. $\vec{r}(t) = \dfrac{1}{2}t^2i + \cos tj + \sin tk$; $0 \leqq t \leqq 4\pi$, $t_1 = \pi$

*문제38~46에서, $t=t_1$인 점에서 단위접선벡터 $\boldsymbol{T}(t)$, 곡률 $\kappa(t)$를 구하라.

38. $\vec{a}(t) = 2t^2i + 2tjv$; $t_1 = \dfrac{1}{2}$
39. $\vec{r}(t) = \dfrac{1}{2}t^2i + \dfrac{1}{3}t^3j$; $t_1 = 1$
40. $\vec{b}(t) = 2\cos ti + 3\sin tj$; $t_1 = \dfrac{\pi}{6}$
41. $\vec{r}(t) = e^ti + e^tj$; $t_1 = \ln 2$
42. $\vec{x}(t) = 1-t$, $\vec{y}(t) = 1-t^2$; $t_1 = 1$
43. $\vec{x}(t) = 1-t^2$, $\vec{y}(t) = 1-t^3$; $t_1 = 1$
44. $\vec{x}(t) = \sinh t$, $\vec{y}(t) = \cosh t$, $t_1 = \ln 2$
45. $\vec{r}(t) = t\cos ti + t\sin tj$; $t_1 = 1$
46. $\vec{x}(t) = e^{-t}\cos t$, $\vec{y}(t) = e^{-t}\sin t$; $t_1 = 0$

*문제47~58에서, (a) xy평면 위에 **곡선을 그려라**. 그리고 주어진 점에서 (b) **곡률**과 (c) **곡률반경**을 구하라. 이 점에서의 (d) **곡률원**[33)]을 그려라.

47. $y=x^2$; $(1, 1)$ 그리고 $(-1, 1)$
48. $y=x(x-2)^2$; $(2, 0)$
49. $y=\sin x$; $\left(\frac{\pi}{6}, \frac{1}{2}\right)$
50. $y^2=x-2$; $(2, 0)$
51. $y^2-2x^2=8$; $(2, 4)$
52. $y^2-2x^2=8$; $(2, -4)$
53. $y=\cos 3x$; $\left(\frac{1}{6}\pi, 1\right)$ 그리고 $\left(\frac{1}{9}\pi, \frac{1}{2}\right)$
54. $y=e^{-x^2}$; $\left(1, \frac{1}{e}\right)$, 그리고 $\left(-1, \frac{1}{e}\right)$
55. $y=\tan x$; $\left(\frac{\pi}{3}, \sqrt{3}\right)$
56. $y=\sqrt{x}$; $(1, 1)$ 그리고 $(2, \sqrt{2})$
57. $y=\sqrt[4]{x}$; $(1, 1)$
58. $y=\tanh x$; $\left(\ln 2, \frac{3}{5}\right)$

*문제59~에서 $t=t_1$인 점에서 곡률 κ, 단위접선벡터 $\boldsymbol{T}$, 단위법선벡터 $\vec{\boldsymbol{N}}$, 종법선벡터 $\vec{\boldsymbol{B}}$를 구하라.

59. $\vec{r}(t)=t^2i+2tj+\frac{1}{2}t^2k$; $t_1=1$
60. $x=\sin 2t,\ y=\cos 2t,\ z=t$; $t_1=\pi/4$
61. $x=6\sin 2t,\ y=6\cos 2t,\ z=12t$; $t_1=\pi/3$
62. $\vec{r}(t)=\cos^3 t i+\sin^3 t k$; $t_1=\pi$
63. $\vec{r}(t)=e^{-2t}i+e^{2t}j+2\sqrt{2}tk$; $t_1=0$
64. $x=2\ln t,\ y=2t,\ z=t^2$; $t_1=2$

---

33) 곡률, 곡률반경 및 곡률원은 곡률정리의 두 번째 곡률공식

$$\kappa=\frac{|y''|}{[1+(y')^2]^{3/2}}$$

을 이용하여 구한다.

*문제65~70에서 다음 공식을 이용하여 각 문제의 곡률 κ을 구하라.

<극좌표의 곡률공식>

$$\kappa = \frac{|r^2 + 2(r')^2 - rr''|}{(r^2 + (r')^2)^{3/2}}$$

여기서 y'과 y''은 θ에 대한 미분이다.

65. 원 $r = 3\cos\theta$
66. 카디오이드(cardioid)[34] $r = 1 + \cos\theta$, $\theta = 1$인 점
67. 나선(spiral) $r = \theta$, $\theta = 1$인 점
68. $r = 8(1 + \cos\theta)$, $\theta = \pi/4$인 점
69. $r = e^{2\theta}$, $\theta = 1$인 점
70. $r = 8(1 + \sin\theta)$, $\theta = \pi/4$인 점

71. 극좌표 곡선 $r = e^{3\theta}$의 곡률은 $1/r$에 비례함을 보여라.

34) cardioid: “하트형”이란 뜻으로 지형 특성패턴이 하트 모양이어서 사용되었다.

부록

■ 자주 사용하는 수학 기호

기호	의미l
=6	왼쪽과 오른쪽이 같음
$\neq$	왼쪽과 오른쪽이 같지 않음
$\propto$	왼쪽은 오른쪽에 비례함
$>$	왼쪽은 오른쪽보다 큼
$<$	왼쪽은 오른쪽보다 작음
$\approx$	왼쪽은 오른쪽과 근사적으로 같음
$\|x\|$	절대값 x (이 값은 항상 양수로 취급함)
Δ	두 변수들 사이의 차(예: Δv는 최종속도에서 초기속도를 뺌)
$\sum$	2개 이상의 변수들의 합(예: $\sum_{i=1}^{3} x_i = x_1 + x_2 + x_3$

그리스문자

대문자	소문자	명칭
A	α	alpha
B	β	beta
Γ	γ	gamma
Δ	δ	delta
E	ϵ	epsilon
Z	ζ	zeta
Θ	η	eta
I	θ	theta
K	ι	iota
Λ	κ	kappa
M	λ	lambda
N	μ	mu
Ξ	ν	nu
O	ξ	xi
Π	o	omicron
P	π	pi
Σ	ρ	rho
T	σ	sigma
Y	τ	tau
Φ	υ	upsilon
X	ϕ	phi
X	χ	chi
Ψ	ψ	psi
Ω	ω	omega

Ⅰ. 대수(代數, *algebra*)

1. 이차방정식의 근의 공식 $ax^2+bx+c=0$, $a\neq0$이면,

$$x=\frac{-b\pm\sqrt{b^2-4ac}}{2a}$$

2. log의 성질

(a) $\log(MN)=\log M+\log N$

(b) $\log(M/N)=\log M-\log N$

(c) $\log M^n=n\log M$

(d) $\log\sqrt[n]{M}=\frac{1}{n}logM$

(e) $\log_a a=1$

(f) $\log_a 1=0$

3. 계승(階乘, *factorial*) $n!=1\cdot2\cdot3\cdot\cdot\cdot(n-1)\cdot n$, $0!=1$

4. 이항전개

$$(a+b)^n=a^n+{}_nC_1a^{n-1}b+{}_nC_2a^{n-2}b^2+\cdot\cdot\cdot\cdot+{}_nC_ra^{n-r}b^r+\cdot\cdot\cdot\cdot+b^n$$

여기서, $\cdot{}_nC_1=\frac{n}{1}$, $\cdot{}_nC_2=\frac{n(n-1)}{1\cdot2}$, $\cdot{}_nC_r=\frac{n!}{r!(n-r)!}$

5. 등차급수 a를 초항, d를 공차, n을 항수, l을 끝항, S를 총합이라 하면,

$$l=a+(n-1)d,\quad S=\frac{1}{2}n(a+l),\ S-\frac{1}{2}n[2a+(n-1)d]$$

6. 등비급수 a를 초항, r을 공비, n을 항수, l을 끝항, S를 총합이라 하면,

$$l=ar^{n-1},\quad S-a\frac{1-r^n}{1-r},\quad S=\frac{a-rl}{1-r}$$

7. 무한등비급수 $r^2<1$이면, $S=\frac{a}{1-r}$

Ⅱ. 기하(幾何, *geometry*)

1. 기하 일반

1. 삼각형 넓이 $A = \frac{1}{2}bh$
2. 직사각형 넓이 $A = bh$, 대각선 $d_i = \sqrt{b^2 + h^2}$
3. 사다리꼴 넓이 $A = \frac{1}{2}h(b_1 + b_2)$
4. 원 호 $\text{arc} = r\theta$, 원주 $c_{ir} = 2\pi r$, 넓이 $A = \pi r^2$
5. 부채꼴 넓이 $A_{pen} + \frac{1}{2}r^2\theta$
6. 활꼴 넓이 $A_{seg} = \frac{1}{2}r^2(\theta - \sin\theta)$
7. 직육면체 세모서리를 a, b, c라 하면

   부피 $V = abc$, 대각선 $d_i = \sqrt{a^2 + b^2 + c^2}$
8. 기둥 부피 $V = Bh$(B= 밑면의 넓이)
9. 각뿔 부피 $v = \frac{1}{3}Bh$
10. 직원기둥 옆넓이 $A_{side} = 2\pi rh$, 부피 $V = \pi r^2 h$
11. 직원뿔 옆넓이 $A_{side} = \pi rl$, 부피 $V = \frac{1}{3}\pi r^2 h$
12. 구(球, globe) 겉넓이 $A_{globe} = 4\pi r^2$, 부피 $V_{gl} = \frac{4}{3}\pi r^3$
13. 구대(球臺, *segment of a sphere*) 부피 $V_s = \frac{1}{3}\pi h^2(3r - h)$
14. 각뿔대(*frustumof a pyramid*) 부피 $V_p = \frac{1}{3}h(B_1 + B_2 + \sqrt{B_1 B_2})$

2. 평면해석기하(平面解析幾何, *analytical geometry of plane*)

1. 두 점 $P_1(x_1, y_1)$과 $P_2(x_2, y_2)$에 대하여

   P_1과 P_2사이의 거리 $d = \sqrt{(x_1 - x_2)^2 + (y_1 - y_2)^2}$

   P_1과 P_2사이의 기울기 $m = \frac{y_1 - y_2}{x_1 - x_2}$

P_1과 P_2의 중점 $x = \frac{1}{2}(x_1 + x_2)$, $y = \frac{1}{2}(y_1 + y_2)$

2. 기울기가 m_1, m_2인 두 직선 사이의 각 θ

$$\tan\theta = \frac{m_1 - m_2}{1 + m_1 m_2}$$

평행인 직선일 때 $m_1 = m_2$, 수직인 직선일 때 $m_1 = -\frac{1}{m_2}$

3. 직선의 방정식
   - 한 점(x_1, y_1)에 대해서, $y - y_1 = m(x - x_1)$ 여기서, m: 기울기
   - 기울기 m, y절편 $y = mx + b$
   - 두 점 $P_1(x_1, y_1)$, $P_2(x_2, y_2)$에 대해서, $\frac{y - y_1}{x - x_1} = \frac{y_2 - y_1}{x_2 - x_1}$
   - x절편, y절편에 대해서, $\frac{x}{a} + \frac{y}{b} = 1$
   - 수평선 $y = b$
   - 수직선 $x = a$

4. 한 점 $P_1(x_1, y_1)$에서 직선 $Ax + By + C = 0$까지의 거리 d

$$d = \frac{Ax_1 + By_1 + C}{\pm\sqrt{A^2 + B^2}}$$

5. 직교좌표와 극좌표의 관계

$$x = r\cos\theta, \qquad r = \pm\sqrt{x^2 + y^2}$$

$$y = r sin\theta, \qquad \theta = \tan^{-1}\frac{y}{x}$$

6. 원의 방정식

중심 (a, b), 반경 r일 때, $(x - a)^2 + (y - b)^2 = r^2$

7. 타원방정식

중심 (p, q), 장축반지름 a, 단축반지름 b일 때,

$$\frac{(x-p)^2}{a^2} + \frac{(y-q)^2}{b^2} = 1 \text{ 또는 } \frac{(y-q)^2}{a^2} + \frac{(x-p)^2}{b^2} = 1$$

8. 쌍곡선 방정식

중심 (p, q), 단축반지름 a, 반공액축이 b일 때,

$$\frac{(x-p)^2}{a^2} - \frac{(y-q)^2}{b^2} = 1 \text{ 또는 } \frac{(y-q)^2}{a^2} - \frac{(x-p)^2}{b^2} = 1$$

9. 포물선 방정식

정점 (p, q), 초점거리 p

$$(y-q)^2 = 4p(x-p) \quad \text{또는} \quad (x-p)^2 = 4p(y-q)$$

3. 입체해석기하(立體解析幾何, *analytical geometry of solid*)

1. 두 점 $P_1(x_1, y_1, z_1)$과 $P_2(x_2, y_2, z_2)$에 대하여

P_1과 P_2사이의 거리 $\quad d = \sqrt{(x_1-x_2)^2 + (y_1-y_2)^2 + (z_1-z_2)^2}$

P_1과 P_2사이의 방향수(*direction number*) $\quad [x_1-x_2,\ y_1-y_2,\ z_1-z_2]$

P_1과 P_2의 중점 $\quad x = \frac{1}{2}(x_1+x_2),\ y = \frac{1}{2}(y_1+y_2),\ z = \frac{1}{2}(z_1+z_2)$

2. 방향수가 $[a_1, b_1, c_1]$, $[a_2, b_2, c_2]$인 두 직선 사이의 각 θ

$$\cos\theta = \pm \frac{a_1a_2 + b_1b_2 + c_1c_2}{\sqrt{a_1^2+b_1^2+c_1^2}\sqrt{a_2^2+b_2^2+c_2^2}}$$

평행인 직선 $\quad \frac{a_1}{a_2} = \frac{b_1}{b_2} = \frac{c_1}{c_2}$

수직인 직선 $\quad a_1a_2 + b_1b_2 + c_1c_2 = 0$

3. 점 $P_1(x_1, y_1, z_1)$을 지나고 방향수가 $[A, B, C]$인 직선의 방정식

$$\frac{x-x_1}{A} = \frac{y-y_1}{B} = \frac{z-z_1}{C}$$

4. 점 $P_1(x_1, y_1, z_1)$을 지나고 방향수가 $[A, B, C]$인 직선과 수직인 방정식

$$A(x-x_1) + B(y-y_1) + C(z-z_1) = 0$$

5. 점 $P_1(x_1, y_1, z_1)$ 에서 평면 $Ax+By+Cz+D=0$ 까지의 거리 d

$$d = \frac{Ax_1 + By_1 + Cz_1 + D}{\pm\sqrt{A^2+B^2+C^2}}$$

6. 직교좌표와 극좌표와의 관계

$x = r\cos\theta$, $\quad y = r\sin\theta$, $\quad z = z$;

$r = \sqrt{x^2+y^2}$, $\quad \theta = \tan^{-1}\frac{y}{x}$, $\quad z = z$

7. 직교좌표와 구면좌표와의 관계

$x = \sin\theta\cos\phi$, $\quad y = r\sin\theta\sin\phi$, $\quad z = r\cos\theta$,

$r = \sqrt{x^2+y^2+z^2}$, $\quad \phi = \tan^{-1}\frac{y}{x}$, $\quad \theta = \tan^{-1}\frac{\sqrt{x^2+y^2}}{z}$

찾아보기

(N)

(S)

(T)

(X)

(Y)

저자 약력

김 웅 용

신한대학교 리나시타 교양대학 교수
전 충북개발공사 사업처장
전 KAIST 대우교수

대학 LIFE 수학

2024년 03월 05일 초판 1 쇄발행
2025년 03월 05일 초판 2 쇄발행

저 자 : 김웅용
발행인 : 유수경
발행처 : 도서출판 영민

등 록 : 2001. 7. 16 제1-2888호
주 소 : 서울시 성북구 보문로 26길 18 201동 1202호
전 화 : 02-904-7204
팩 스 : 02-921-7202

ISBN 978-89-6341-451-5 93560

정가 40,000원